HANDBUCH DER MINERALCHEMIE

HANDBUCH
DER
MINERALCHEMIE

bearbeitet von

Prof. Dr. G. d'Achiardi-Pisa, Dr.-Ing. R. Amberg-Nürnberg, Dr. F. R. von Arlt-Wien, Geh.-Rat Prof. Dr. M. Bauer-Marburg †, Prof. Dr. E. Baur-Zürich, Hofrat Prof. Dr. F. Becke-Wien, Dr. E. Berdel-Grenzhausen, Prof. Dr. F. Berwerth-Wien †, Priv.-Doz. Dr. A. Bruckl-Wien, Hofrat Dr. F. W. von Dafert-Wien, Prof. Dr. E. Dittler-Wien, Prof. Dr. M. Dittrich-Heidelberg †, Hofrat Prof. Dr. E. Donath-Brünn, Hofrat Prof. Dr. C. Doelter-Wien, M. Doelter-Wien, Prof. Dr. L. Duparc-Genf, Betriebsleiter Dr.-Ing. K. Eisenreich-Schindlerswerk bei Bockau i. Sa., Prof. Dr. K. Endell-Berlin, Prof. Dr. A. von Fersmann-Moskau, Prof. Dr. G. Flink-Stockholm, Priv.-Doz. Dr. R. von Görgey-Wien †, Dr. M. Goldschlag-Wien †, Prof. Dr. W. Heinisch-Brünn, Prof. Dr. M. Henglein-Karlsruhe, Dr. K. Herold-Wien, Dr. M. Herschkowitsch-Jena, Dr. v. Hevesy-Kopenhagen, Prof. Dr. A. Himmelbauer-Wien, Dr. C. Hlawatsch-Wien, Prof. Dr. O. Hönigschmid-München, Prof. Dr. Ernst Jännecke-Heidelberg, Prof. Dr. P. Jannasch-Heidelberg †, Hofrat Dr. L. Jesser-Wien, Prof. Dr. A. Kailan-Wien, Prof. Dr. E. Kaiser-München, Priv.-Doz. Dr. G. Kirsch-Wien, Prof. Dr. A. Klemenc-Wien, Hofrat Dr. R. Koechlin-Wien, Prof. Dr. J. Koenigsberger-Freiburg i. Br., Prof. Dr. R. Kremann-Graz, Prof. Dr. St. Kreutz-Krakau, Prof. Dr. A. Ledoux-Brüssel, Prof. Dr. H. Leitmeier-Wien, Dr. R. E. Liesegang-Frankfurt a. M., Geh.-Rat Prof. Dr. G. Linck-Jena, Obercustos Dr. J. Loczka-Budapest †, Prof. Dr. M. Margosches-Brünn, Dr. R. Mauzelius-Stockholm †, Prof. Dr. W. Meigen-Freiburg i. Br., Prof. R. J. Meyer-Berlin, Prof. Dr. St. Meyer-Wien, Priv.-Doz. Direktor Dr. H. Michel-Wien, Prof. Dr. L. Moser-Wien, Prof. Dr. R. Nasini-Pisa, Prof. Dr. F. Paneth-Hamburg, Dir. Dr. K. Peters-Oranienburg-Berlin, Prof. Dr. W. Prandtl-München, Hofrat Prof. Dr. R. Pribram-Wien, Prof. Dr. G. T. Prior-London, Prof. Dr. K. Redlich-Prag, Dr. R. Rieke-Charlottenburg, Prof. Dr. A. Ritzel-Jena †, Prof. Dr. J. Samojloff-Moskau, Hofrat Prof. Dr. R. Scharizer-Graz, Prof. Dr. H. Schneiderhöhn-Aachen, Dr. M. Seebach-Leipzig, Priv.-Doz. Dr. H. Sirk-Wien, Prof. Dr. Hj. Sjögren-Stockholm †, Prof. Dr. F. Slavík-Prag, Prof. Dr. E. Späth-Wien, Prof. Dr. H. Stremme-Berlin, Prof. Dr. St. J. Thugutt-Warschau, Prof. Dr. St. Tolloczko-Lemberg, Hofrat Prof. Dr. G. v. Tschermak-Wien, Prof. Dr. P. v. Tschirwinsky-Nowo-Tcherkassk, Direktor Dr. C. Ulrich-Wien, Prof. Dr. R. Vogel-Göttingen, Prof. Dr. J. H. L. Vogt-Trondhjem, Hofrat Prof. Dr. R. Wegscheider-Wien, Prof. Dr. F. Zambonini-Neapel, Dr. E. Zschimmer-Jena

herausgegeben von

C. DOELTER und H. LEITMEIER

VIER BÄNDE

MIT VIELEN ABBILDUNGEN, TABELLEN, DIAGRAMMEN UND TAFELN

SPRINGER-VERLAG BERLIN HEIDELBERG GMBH
1926

HANDBUCH
DER
MINERALCHEMIE

Unter Mitwirkung von zahlreichen Fachgenossen

herausgegeben

von

C. DOELTER und H. LEITMEIER

BAND IV

Erste Hälfte

Schwefel-Verbindungen

MIT 71 ABBILDUNGEN

SPRINGER-VERLAG BERLIN HEIDELBERG GMBH
1926

Alle Rechte vorbehalten.

Copyright 1926 by Springer-Verlag Berlin Heidelberg
Ursprünglich erschienen bei Theodor Steinkopff Dresden und Leipzig 1926
Softcover reprint of the hardcover 1st edition 1926

ISBN 978-3-642-49574-8 ISBN 978-3-642-49865-7 (eBook)
DOI 10.1007/978-3-642-49865-7

VORWORT.

Nach mehreren durch die ungünstigen wirtschaftlichen Verhältnisse verursachten Unterbrechungen, ist es nunmehr, Dank der Opferwilligkeit des Herrn Verlegers, sowie der Mitarbeiter, gelungen, das Handbuch der Mineralogie in rascherem Tempo weiter herauszugeben. Der jetzige Band konnte daher innerhalb einer Frist von wenig mehr als einem Jahre erscheinen. Er enthält die sulfidischen Verbindungen und ihre Analogen.

Es ist jetzt begründete Hoffnung vorhanden, daß das ganze Werk im Jahre 1927 seine Vollendung erfahren wird. Der letzte Band, welcher bald beginnt, wird zunächst die Sulfate, dann die übrigen noch fehlenden Verbindungen enthalten.

Herr Professor Dr. H. Leitmeier, welcher bereits früher sich um die Herausgabe bemüht hatte, ist nun als Mitherausgeber aufgenommen worden.

Der Verlagsbuchhandlung, welche für die rasche Fortsetzung sich verdient gemacht hat, statte ich meinen Dank ab.

Wien, März 1926.

C. DOELTER.

Inhaltsverzeichnis.

Schwefel (S).

Von **Alfred Himmelbauer** (Wien).

Der Schwefel tritt im festen, flüssigen und gasförmigen Zustande in verschiedenen Modifikationen auf. Als Mineral kommt von den kristallisierten Arten wohl fast ausschließlich die rhombisch kristallisierende Modifikation (S I) in Betracht; eine monokline dürfte in der Natur gelegentlich entstehen, wandelt sich aber rasch in erstere um, so daß nur Paramorphosen vorkommen können.[1]) Eine kolloidale Modifikation wird mit der Färbung mancher S-haltiger Minerale in Zusammenhang gebracht. Kolloidaler Schwefel bildet sich in manchen H_2S-führenden Thermen als Schwefelmilch, ferner in teilweise abgeschnürten Meeresteilen und im Faulschlamme unter Mitwirkung von Bakterien und im Boden. Flüssiger und gasförmiger Schwefel findet sich in vielen Vulkanen.

Übersicht über die Schwefelmodifikationen[2]):

Symbol	Beschreibung	Stabilität	Bemerkung
	a) *Feste Modifikationen.*		
S I	Rhombischer (α-) S	bis 95,5° beständig (1 Atm. Druck)	Muthmanns erste Mod.
S II	Monokliner (β-) S	von 95,5 bis 119,25° best. (1 Atm. Druck)	Muthmanns zweite Mod.
S III	Perlmutterartig. monokl. S	labil	Muthmanns dritte Mod. Der „soufre nacré" (Gernez) damit identisch?
S IV	Monokliner S	sehr labil	Muthmanns vierte Mod.
S V	Trigonaler S	labil	Engel
S VI	Trikliner (?) S	sehr labil	Friedel

Von R. Brauns werden weiter folgende vier kristalline Modifikationen unterschieden:

Beschreibung	Stabilität	Bemerkung
Konzentrisch-schaliger S	labil	Wahrscheinlich gleichzustellen Muthmanns dritter Modifikation
Radialstrahliger monokl. S	labil	Nach Brauns gleichzustellen dem (selbständigen) „soufre nacré"
Radialfaseriger rhomb. S	labil	Selbständig?
Trichitischer (trikliner?) S	sehr labil	Selbständig?

Dazu noch nach Gaubert:

Beschreibung	Stabilität	Bemerkung
„Trichitischer Schwefel Lehmanns"	sehr labil	Selbständig?

[1]) Gerh. v. Rath, Ergänzungsbd. **6**, 356 (1873).

[2]) Vgl. R. Brauns, N. JB. Min. etc. **13**. Beil.-Bd., 39 (1899). — W. Muthmann, Z. Kryst. **17**, 336 (1890). — A. Smith u. C. M. Carson, Z. f. phys. Chem. **77**, 661 (1911).

Amorpher Schwefel:

Als weicher plastischer Schwefel = unterkühlter geschmolzener Schwefel, Gemenge von mindestens zwei Modifikationen S_λ — in CS_2 löslich und S_μ — in CS_2 unlöslich.

Schwefel (Hydro-) Gele und (Hydro-) Sole.

Flüssige Modifikationen:

S_λ Dünnflüssiger gelber S.

S_μ Dickflüssiger braungelber S.

Dazu noch wahrscheinlich:

S_π.

S_ϱ.

Gasförmige Modifikationen:

S_8.

S_2.

S.

Wahrscheinlich auch S_6, vielleicht auch S_4.

S I. Gewöhnlicher rhombischer α-Schwefel.

Rhombisch-disphenoidisch.

$a:b:c = 0{,}813314:1:1{,}90378$ (+ 20°) [V. M. Goldschmidt[1])]

Zwillingsbildung selten, Zwillingsebene (101), (110), (011).

Analysen.

Analytische Untersuchungen von reinem natürlichen Schwefel finden sich in der Literatur fast gar nicht vor. Einige wenige Angaben betreffen die Beimischung von Selen, Tellur oder färbender Substanz.

G. Magnus[2]) fand, daß beim Auflösen von rotem Schwefel aus Radoboj in Schwefelkohlenstoff ein dunkelbrauner Rückstand einer bitumenhaltigen, tonartigen Substanz übrig blieb, im Mittel 0,199% (analytisch nachgewiesen Bitumen, SiO_2, Al_2O_3, CaO, Fe_2O_3).

E. Divers u. T. Shimidzu[3]) analysierten eine orangerote, seki–rin–seki genannte Schwefelvarietät, die neben gelbem Schwefel in mehreren japanischen Vulkanen gefunden wurde, und fanden:

Te 0,17%.
Se 0,06%.
As 0,01% (als Schwefelarsen vorhanden).
S 99,76% (als Differenz).
Spuren von Mo, unlöslichem Rückstand.

Auch in dem gelben Schwefel aus den gleichen Fundorten wurden Se und Te in Spuren nachgewiesen.

G. V. Broom[4]) prüfte besonders den Selengehalt verschiedener Schwefelvorkommen und fand bei Schwefel von

---

1) V. M. Goldschmidt, Z. Kryst. **51**, 1 (1913). Über die Zugehörigkeit zur disphenoidischen Klasse siehe V. Rosicky, Z. Kryst. **58**, 113 (1923).

2) G. Magnus, Berliner Monatsberichte 1854, 428. Ref. N. JB. Min. etc. 1854, 701.

3) E. Divers u. T. Shimidzu, Ch. N. **48**, 284, 1883. Ref. J. B. 1883, 1828.

4) G. V. Broom, The American Mineralogist Vol II. 116 (1917).

Kilauea, orange gefärbt	(vulk. Sublimat) . .	5,18 % Se
Neuseeland, blaß orangegelb	„ . .	0,298
Lipari, blaß braungelb	„ . .	0,285
Lipari, blaßgelb	„ . .	0,272
Neuseeland, orangegelb	(aus Lösungen) . .	0,195
Sizilien, braungelb	„ . .	0,070
Sizilien, braungelb	„ . .	Spur

Physikalische Eigenschaften.

Spaltbarkeit undeutlich nach (111), (001), (110), Bruch muschelig.

Translation. Translationsfläche $T = (111)$, $t? = [110]$. Vollkommene Absonderung parallel (111).[1])

Härte 1,5 bis 2,5. Sehr spröde. Knistert beim Erwärmen.

Optisches Verhalten.

Glanz fettartig bis harzartig.

Farbe schwefelgelb, strohgelb, durch bituminöse oder Selenbeimischungen dunkler braun, auch rötlich, durch mechanische Beimischung von Ton grünlichgrau. Bei 0° blasser, bei 100° stärker gelb. Strichfarbe weiß mit schwachem Stiche ins Gelbliche.

Durchsichtig bis durchscheinend.

Optisch positiv zweiachsig: $c = \gamma$, Ebene der optischen Achsen (010).

Brechungsquotienten nach A. Schrauf[2]) (20° C, bezogen auf den leeren Raum):

Li $N_\alpha = 1{,}93975$, $N_\beta = 2{,}01709$, $N_\gamma = 2{,}21578$,
Na $N_\alpha = 1{,}95791$, $N_\beta = 2{,}03770$, $N_\gamma = 2{,}24516$,
Tl $N_\alpha = 1{,}97638$, $N_\beta = 2{,}05865$, $N_\gamma = 2{,}27545$.

$2V = 68^\circ 58'$ (Na), $58^\circ 46'$ (Tl). Dispersion $\varrho < v$.

Elektrische Eigenschaften.

Schwefel wird beim Reiben negativ elektrisch geladen. Er ist bei gewöhnlicher Temperatur ein elektrischer Isolator. J. Monckmann gibt den spez. Widerstand bei 440° mit $5 \times 10^5\ \Omega$ an, bei 260° $5 \times 10^8\ \Omega$.[3]) Der Widerstand beträgt nach R. Threlfall, H. D. Brearley u. J. B. Allen[4]) für rhombischen Schwefel bei 75° und 285 V. pro qmm ungefähr $6{,}8 \times 10^{25}$ C.-G.-S.-Einheiten; beim Schmelzpunkte steigt die Leitfähigkeit stark an. Elektrolytische Leitfähigkeit (Einfluß des Gehalts an unlöslichem Schwefel, ferner der Belichtung siehe Sh. Bidwell).[5])

Dielektrizitätskonstante am rhombischen Schwefel in der Richtung der drei kristallographischen Achsen:[6])

	D_1	D_2	D_3
durch Versuche gef. .	4,773	3,970	3,811
theoretisch ber. . . .	4,596	3,886	3,591

[1]) O. Mügge, N. JB. Min. etc. 1920 (I), 24.

[2]) A. Schrauf, Z. Kryst. **18**, 157 (1891) (A. Schrauf bezeichnet die Brechungsquotienten anders: $\gamma = \frac{1}{\alpha}$!)

[3]) J. Monckmann, J. B. 1889, 286.

[4]) R. Threlfall, H. D. Brearley u. J. B. Allen, Proc. Roy. Soc. London **56**, 32 (1894); J. B. 1894, 40.

[5]) Sh. Bidwell, Phil. Mag. [5] **20**, 178 (1885); Ber. Dtsch. Chem. Ges. **18**, 1885; R. 696.

[6]) E. Boltzmann, Sitzber. Wiener Ak. **70** (II) 342 (1874).

Nach Ch. B. Thwing[1]) 2,69, berechnet 2,15. Nach J. Curie[2]) 4,0.
Magnetisches Verhalten. Schwefel ist diamagnetisch [Th. Carnelley[3])].
Ausdehnungskoeffizient.

A. Schrauf[4]) bestimmte den mittleren linearen Ausdehnungskoeffizienten von rhombischem Schwefel für 1^0:

$$l_m = 0{,}000046118 \; (16{,}75^0),$$

den kubischen:

$$3l_m = 0{,}000138354 \text{ (bestimmt d. hydrostat. Wägung).}$$

Durch goniometrische Messung bei verschiedenen Temperaturen wurde bestimmt:

$l_a = 0{,}00006698165$ f. d. kristallogr. (u. opt.) *a*-Achse; mittl. Beobachtungst. 17,96°,
$l_b = 0{,}00007803127$ „ *b*-Achse „
$l_c = 0{,}00001982486$ „ *c*-Achse „
$l_m = 0{,}00005494593$

Durch Winkelmessung bei der Temperatur des festen Kohlendioxydes (-72^0) und der flüssigen Luft (-175^0) fand V. M. Goldschmidt[5]) folgende Änderung des kristallographischen Achsenverhältnisses von rhomb. Schwefel (natürliche Kristalle von Sicilien und künstliche Kristalle):

$$+20^0 \quad a:b:c = 0{,}813314:1:1{,}90378,$$
$$-72^0 \quad a:b:c = 0{,}813930:1:1{,}91195,$$
$$-175^0 \quad a:b:c = 0{,}815083:1:1{,}92075.$$

Unter Zugrundelegung der von J. Dewar[6]) für die Dichte des Schwefels bei $+17^0$ (2,0522) und bei -188^0 (2,0989) angegebenen Zahlen berechnet V. M. Goldschmidt die topischen Parameter χ, ψ, ω:

t	χ	ψ	ω
	cm	cm	cm
$+20^0$	1,75777	2,16124	4,11453
-175^0	1,74228	2,13754	4,10569
Differenz	$-0{,}01549$	$+0{,}02370$	$+0{,}00884$

Die mittleren linearen Ausdehnungskoeffizienten l_a, l_b, l_c für die drei Achsen *a*, *b*, *c* ergeben sich zwischen $+20^0$ und -175^0 zu:

$$l_a = 0{,}0000454, \quad l_b = 0{,}0000565, \quad l_c = 0{,}000110.$$

Diese Werte lassen sich mit den von A. Schrauf (oben) angegebenen gut vereinigen:

Lin. Ausdehnungskoeff.	Nach V. M. Goldschmidt zwischen -175^0 und $+20^0$	Nach A. Schrauf (gerechnet) bei $+17{,}96^0$	$+30^0$
$l_a \cdot 10^7$	454	670	831
$l_b \cdot 10^7$	565	780	1073
$l_c \cdot 10^7$	110	198	257

[1]) Ch. B. Thwing, Z. f. phys. Chem. **14**, 286 (1896).
[2]) J. Curie, Ann. chim. phys. [6] **17**, 385; **18**, 207 (1889).
[3]) Th. Carnelley, Ch. N. **40**, 183 (1879); Ber. Dtsch. Chem. Ges. **12**, 1958 (1879).
[4]) A. Schrauf, Z. Kryst. **12**, 321 (1887). Ältere Angaben hier, ferner H. Fizeau, C. R. **68**, 1125 (1869).
[5]) V. M. Goldschmidt, Z. Kryst. **51**, 1 (1913).
[6]) J. Dewar, Proceed. Roy. Soc. London **70**, 237 (1902).

Thermische Eigenschaften.

Mittlere spezifische Wärme:

R. Bunsen[1]): 0,1712 (zwischen 0° u. 100°) an altem Stangenschwefel gemessen; O. Silvestri[2]): 0,1776; H. F. Wiebe[3]): 0,1710; H. Hecht[4]): 0,187 (0° u. 100°); Th. Richards[5]): 0,131 (— 186° und + 19,9°). Siehe auch S. 9, 23.

Temperaturleitungsfähigkeit 0,0017 (H. Hecht).[6])
Inneres Wärmeleitungsvermögen 0,00063 (H. Hecht).[6])
Schmelzpunkt: „Idealer" 112,8°. „Natürlicher" 110,2°. Siehe S. 19.

Dichte (ältere Angaben weggelassen).

An natürlichen Kristallen:

2,069 (W. Spring),[7])
2,069 (18°) (V. Goldschmidt),[8])
2,06665 (16,75°, bezogen auf 4°) (A. Schrauf),[9])
2,0748 (0°) (G. Vicentini u. D. Omodei),[10])
2,091 (21,4°) (L. Zehnder).[11])

An künstlichen Kristallen (aus CS_2):

2,01 (in ganzen Stücken), 1,99 (als Pulver) (E. Petersen),[12])
2,07 (I. Arons),[13])
2,03 (H. Hecht).[14])

Siehe auch J. Dewar vorige Seite.

Chemisches Verhalten.

Löslichkeit: a) in Schwefelkohlenstoff[15])

bei	— 11°	— 6°	0°	+ 15°	+ 18,5°	
	16,54	18,75	23,99	37,15	41,65	Teile Schwefel

bei	+ 22°	+ 38°	+ 48,5°	+ 55°	
	46,05	94,75	146,21	181,34	Teile Schwefel.

Von allen kristallisierten Modifikationen des Schwefels ist S I bei Zimmertemperatur am schwersten löslich (R. Brauns).[16])

---

[1]) R. Bunsen, Ann. d. Phys. (Pogg.) **141**, 1 (1870).
[2]) O. Silvestri, Gazz. chim. It. 1873, 578.
[3]) H. F. Wiebe, Ber. Dtsch. Chem. Ges. **12**, 788 (1879).
[4]) H. Hecht, Ann. d. Phys. (Wied.) [4] **14**, 1008 (1904).
[5]) Th. Richards u. F. G. Jaksen, Z. f. phys. Chem. **70**, 414 (1918).
[6]) H. Hecht, Ann. d. Phys. (Wied.) [4] **14**, 1008 (1904).
[7]) W. Spring, Bull. Acad. Roy. Belg. [3] **2**, 83 (1881).
[8]) V. Goldschmidt, Verh. k. k. geol. R.A. 1886, 438.
[9]) A. Schrauf, Z. Kryst. **12**, 321 (1887).
[10]) G. Vicentini und D. Omodei, Ann. d. Phys. Beibl. **12**, 176 (1888); J. B. 1888, 155.
[11]) L. Zehnder, Ann. d. Phys. (Wied.) [4] **15**, 337 (1904).
[12]) E. Petersen, Z. f. phys. Chem. **8**, 609 (1891).
[13]) L. Arons, Ann. d. Phys. (Wied.) [2] **53**, 106 (1894).
[14]) H. Hecht, Ann. d. Phys. (Wied.) [4] **14**, 1008 (1904).
[15]) A. Cossa, Ber. Dtsch. Chem. Ges. **1**, 138 (1868).
[16]) R. Brauns, N. JB. Min. etc., Beil.-Bd. **13**, 39 (1899).

b) in 100 Teilen	Benzol	bei	26°	0,965	Teile Schwefel
„ 100 „	„	„	71°	4,377	„ „
„ 100 „	Toluol	„	23°	1,497	„ „
„ 100 „	Äthyläther	„	23,5°	0,972	„ „
„ 100 „	Chloroform	„	22°	1,205	„ „
„ 100 „	Phenol	„	174°	16,35	„ „
„ 100 „	Anilin	„	130°	85,27 [1])	„ „

CH_2J_2 löst bei 10° 10% Schwefel. Die Lösung ist bei 113° mit geschmolzenem Schwefel mischbar; aus der heißen Lösung kristalliert rhombischer Schwefel (J. W. Retgers).[2]) Siehe auch S. 11.

Künstliche Darstellung.

S I bildet sich aus Lösungen von Schwefelkohlenstoff, Chloroform, Bromoform, Acetylentetrabromid, Benzol, Alkohol u. a. Flüssigkeiten;[3]) die gebildeten Kristalle sind im allgemeinen flächenarm.

Unter besonderen Bedingungen entsteht er aus H_2S durch Oxydation,[4]) ferner bei der freiwilligen Zersetzung von Schwefelammoniumlösung.[5])

Nur bei hohen Drucken erstarrt Schwefel aus Schmelzen unmittelbar rhombisch, sonst monoklin (s. S. 8). Aus künstlich unterkühlten Schmelzen wird S I durch Impfen bei höherer Temperatur erzeugt.[6])

Durch Sublimation gebildeter rhombischer Schwefel ist meist flächenreich (G. A. Daubrée),[7]) (vgl. natürliche Entstehung unter vulkan. Schwefel).

Bei der Wechselzersetzung $SO_2 + H_2S$ namentlich bei feuchten Gasen.[8]) Meist bilden sich aber bei der Abkühlung von Schwefeldampf auf gewöhnliche Temperatur zunächst amorphe Tropfen, die erst nach einiger Zeit rhombisch-kristallinisch werden.

Wiederholt wurde beobachtet, daß sich aus Lösungen von Schwefel in Benzol, Alkohol, Schwefelkohlenstoff bei gewöhnlicher Temperatur intermediär eine andere Modifikation (meist S II) bildet, die dann erst in den stabilen rhombischen Schwefel übergeht[9]) (vgl. auch die Angaben bei den anderen kristallisierten Modifikationen des Schwefels [Ostwaldsche Stufenregel]).

S II. Monokliner β-Schwefel.

Monoklin holoedrisch.

$a:b:c = 0{,}9958:1:0{,}9998$; $\beta = 95°46'$ (E. Mitscherlich).[10]) Meist Zwillinge nach (100) und (011).

[1]) A. Cossa, Ber. Dtsch. Chem. Ges. **1**, 138 (1868).
[2]) J. W. Retgers, Z. anorg. Chem. **3**, 343 (1893).
[3]) Vgl. z. B.: P. Gaubert, Bull. soc. min. **28**, 157 (1905). — E. Mitscherlich, Abh. Berliner Ak. 1822—23, 43.
[4]) P. Spica, Z. Kryst. **11**, 409 (1886). — F. P. Ahrens, Ber. Dtsch. Chem. Ges. **23**, 2708 (1890).
[5]) P. v. Groth, Chem. Mineralogie **1**, 27 (1906).
[6]) R. Brauns, N. JB. Min. etc. Beil.-Bd. **13**, 39 (1900).
[7]) G. A. Daubrée, Ann. Min. [5] **1**, 121 (1852); J. B. 1852, 829.
[8]) L. Ilosvay, Földtani Közlöny **14**, 38 u. 147 (1884). Ref. Z. Kryst. **10**, 91 (1885).
[9]) St. Claire Ch. Deville, C. R. **34**, 561 (1852). — A. Payen, C. R. **34**, 508 (1852). — H. Debray, C. R. **56**, 576 (1858). — R. Brauns, N. JB. Min. etc., Beil.-Bd. **13**, 84 (1899).
[10]) E. Mitscherlich, Abh. Berliner Ak. 1822—23, 43; Ann. chim. phys. **24**, 264 (1823). — Siehe auch W. Muthmann, Z. Kryst. **17**, 336 (1890).

Physikalische Eigenschaften.

Spaltbarkeit nach (110) deutlich.

Härte etwas höher als bei S I (A. Breithaupt).[1])

Farbe hellgelb, fast farblos. Die aus Schmelzen erhaltenen Kristalle sind durch einen kleinen Gehalt von organischer Substanz häufig bräunlich gefärbt.

Optisches Verhalten. Schwache negative Doppelbrechung, Achsenebene (010), $2V = 58^{0}$ ca., die erste Mittellinie bildet mit der kristallogr. *c*-Achse einen Winkel von 44^{0} (P. Gaubert).[2]) R. Brauns gibt symmetrische Auslöschung α' zur Zwillingsebene (100) ca. 30^{0} an. (Orientierung der Schnitte?)

Kubischer Ausdehnungskoeffizient 0,000 27 (15^{0}),
0,000 35 (100^{0}) (M. Toepler).[3])

Die *spezifische Wärme* ist größer als bei S I. Nach A. Wigand

$\bar{C}_{0-33} = 0{,}1774$

$\bar{C}_{0-53} = 0{,}1809$

C'_{119} (Schmelzpunkt) $= 0{,}217$. Vergl. auch S. 9, 23.

Schmelzpunkt: „Idealer 119,25⁰. „Natürlicher" 114,6⁰. Siehe S. 8, 19 u. 21.

Schmelzwärme 10,4 (A. Wigand).[4])

Dichte 1,960 (B. Rathke),[5])
1,94 (E. Petersen),[6])
1,957 ($25{,}15^{0}$)
1,954, 955 (31^{0}) } (M. Toepler).[7])
1,950 (41 bis 45^{0})

Künstliche Darstelluug.

S II bildet sich aus Schmelzen von Schwefel bei gewöhnlichem Druck. Intermediär entsteht er auch als (meist instabile) Phase aus Lösungen, namentlich bei höherer Temperatur, so aus heiß gesättigter Lösung in Alkohol, Äther, Benzol, Chloroform (St. Claire Ch. Deville),[8]) Terpentinöl (E. Royer,[9]) W. Muthmann),[10]) Acetylentetrabromid, wenn die Kristallisation bei höherer Temperatur beginnt (P. Gaubert).[11])

Als Sublimationsprodukt wurde S II bisher nicht beobachtet.

Neben S II wird häufig S III beobachtet.

Verhältnis von S I und S II.

Durch G. Tammann[12]) wurde auf Grund der Phasenlehre das Verhältnis zwischen rhombischem, monoklinem und flüssigem bzw. gasförmigem Schwefel geklärt (ohne Rücksicht auf die Komplikationen namentlich in der flüssigen Phase). Für die Lage der hier auftretenden Tripelpunkte wurde von G. Tammann angegeben:

[1]) A. Breithaupt, Journ. prakt. Chem. **4**, 257 (1834).
[2]) P. Gaubert, Bull. soc. min. **28**, 157 (1905).
[3]) M. Toepler, Ann. d. Phys. (Wied.) [2] **47**, 173 (1892).
[4]) A. Wigand, Z. f. phys. Chem. **63**, 293 (1908); hier auch ältere Literatur angeführt.
[5]) B. Rathke, Journ. prakt. Chem. **198**, 235 (1869).
[6]) E. Petersen, Z. f. phys. Chem. **8**, 609 (1891).
[7]) M. Toepler, Ann. d. Phys. (Wied.) [2] **47**, 173 (1892).
[8]) St. Claire Ch. Deville, Ann. chim phys. [3] **47**, 103 (1856).
[9]) E. Royer, C. R. **48**, 845 (1859).
[10]) W. Muthmann, Z. Kryst. **17**, 336 (1890).
[11]) P. Gaubert, Bull. soc. min. **28**, 157 (1905).
[12]) G. Tammann, Kristallisieren u. Schmelzen 1903.

Punkt O_2 Tripelpunkt: Rhombischer Schwefel, monokliner Schwefel, Dampf. Umwandlungspunkt S I $\rightleftarrows$ S II 95,5° (Druck sehr nahe 1 Atmosphäre).[1])

Punkt O_1 Tripelpunkt: Monokliner Schwefel, Flüssigkeit und Dampf. Schmelzpunkt des monoklinen Schwefels 120°, annähernd Atmospärendruck.

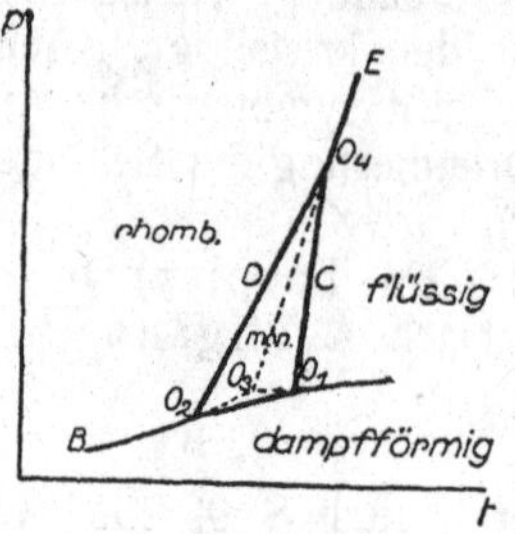

Fig. 1.

Bei einer Vergrößerung des Druckes um 1 Atmosphäre wird der Umwandlungspunkt S I $\rightleftarrows$ S II um 0,04° bis. 0,05° erhöht (L. Th. Reicher),[2]) Umwandlungskurve $O_2 O_4$. Der Schmelzpunkt des monoklinen Schwefels wird durch Druck langsamer erhöht — Umwandlungskurve $O_1 O_4$.

Der Schnittpunkt der Kurven $O_2 O_4$ und $O_1 O_4$ liefert einen neuen Tripelpunkt O_4, dessen Koordinaten nach G. Tammann[3]) 153,5°, 1440 kg sind. (Vgl. die schematische Fig. 1.)

Bei höheren Drucken und Temperaturen ist wieder rhombischer Schwefel die stabile Modifikation.

Ein instabiler Tripelpunkt O_3 bei 114,5°, annähernd Atmosphärendruck, gibt den metastabilen Schmelzpunkt des rhombischen Schwefels an (Gleichgewicht: rhombischer Schwefel, Schmelze, Dampf).

Die Kurve $O_3 O_4$ gibt die Schmelzpunktsänderung des rhombischen Schwefels mit der Temperatur an; diese Kurve wurde von G. Tammann bis zu Drucken von 3000 Atm. und etwa 190° realisiert; sie ist bis O_4 eine instabile, darüber hinaus eine stabile Schmelzkurve (Fig. 2).

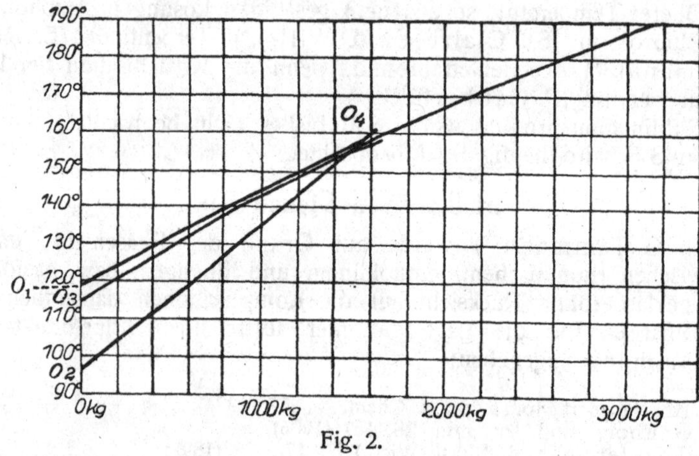

Fig. 2.

Das Verhalten S I : S II bei hohen Drucken und Temperaturen wurde von H. Rose und O. Mügge[4]) über die bei G. Tammann angegebenen

[1]) Vergl. hierzu: A. Findlay, Phasenlehre 1907, 22.

[2]) L. Th. Reicher, Rec. trav. chim. Pay. Bas. **2**, 246 (1883); Z. Kryst. **8**, 593 (1884). Auch H. W. Bakhuis-Roozeboom, Die heterogenen Gleichgewichte I, 1901, 180.

[3]) G. Tammann, Ann. d. Phys. (Wied.) [3] **68**, 633 (1899).

[4]) H. Rose und O. Mügge, N. JB. Min. etc. **48**. Beil.-Bd. 250 (1923); Nachr. kgl. Ges. d. Wiss. Göttingen 1923, Heft 2, 107.

Größen hinaus untersucht mit dem Ergebnisse, daß bis zu Drucken von 19300 kg/cm² die Schmelztemperatur des (hier allein beständigen) S I bis etwa 263° anstieg (also noch kein Maximum erreichte); der Anstieg ist in den oberen Druckbereichen flacher als in dem bei G. Tammann untersuchten Intervalle.

Bemerkenswert ist, daß der Schwefel bei diesen hohen Drucken und Temperaturen keine einfachen Schiebungen zeigte, ebenso, daß seine Plastizität scheinbar nicht merklich gesteigert war. [Bei 10000 mm Druck und gewöhnlicher Temperatur zeigte dagegen Schwefel starke Translation nach (111)[1])].

Der Umwandlungspunkt S I $\rightleftarrows$ S II variiert je nach der Abstammung des rhombischen Schwefels (P. Duhem);[2]) siehe auch H. R. Kruyt (S. 19). Ebenso hängt auch die Umwandlungsdauer von der Vorbehandlung des Schwefels ab (je höher und je länger erhitzt, desto rascher im allgemeinen die sonst sehr träge verlaufende Umwandlung);[3]) Impfen beschleunigt sie, auch Erwärmen des in Umwandlung begriffenen Kristalles (R. Brauns).[4])

Über genauere Angaben der Schmelztemperatur von S I und S II siehe S. 19 (Unterscheidung von idealem und natürlichem Schmelzpunkt).

Die Umwandlungswärme (S I $\rightleftarrows$ S II) beträgt 77 cal. (J. N. Brönsted).[5])

Das Verhältnis der mittleren spezifischen Wärmen (*c*) von S I rhombisch und S II monoklin wurde von W. Nernst und seinen Mitarbeitern untersucht:[6])

	c	zwischen			Anzahl d. Versuche
S rhombisch	0,1705	+ 46,5°	und	+ 1,7°	2
	0,1708	+ 30,6°	„	+ 1,0°	3
	0,1537	0	„	− 76,9°	3
	0,1131	− 80,7°	„	− 189,5°	2
S monoklin	0,1794	+ 43,4°	und	+ 1,9°	2
	0,1612	0	„	− 76,2°	2
	0,1187	− 80,1°	„	− 189,0°	2

ferner bei W. Nernst,[7]) angegeben wahre spezifische Wärmen γ:

($\gamma = \frac{dQ}{dt}$ Wärmemenge, die 1 g der Substanz von t^0 auf $(t+1)^0$ erwärmt, $c = \frac{Q_2 - Q_1}{t_2 - t_1}$ mittlere spez. Wärme zwischen $t_2{}^0$ und $t_1{}^0$, d. h. die Wärmemenge, die zwischen den Temperaturen t_2 und t_1 1 g der Substanz um 1° erwärmt.) *T* absolute, *t* gewöhnliche Mitteltemperatur während des Versuches:

---

[1]) O. Mügge, N. JB. Min. etc. 1920, 24.

[2]) P. Duhem, Z. f. phys. Chem. **23**, 250 (1897).

[3]) P. Duhem, Z. f. phys. Chem. **23**, 250 (1897). — D. Gernez, C. R. **100**, 1343, 1382 (1885).

[4]) R. Brauns, Verh. Vers. Deutsch. Naturf. u. Ärzte 1899, II 189; Chem. ZB. 1900 [2] 541.

[5]) Andere Angaben z. B. bei Küster-Thiel, Lehrbuch der allgemeinen, physikalischen und theoretischen Chemie. Bd. II, 908 (1923); ferner J. Thomsen, Therm. Untersuchungen (übers. von J. Traube) Stuttgart **2**, 247 (1906); J. N. Brönsted, Z. f. phys. Chem. **55**, 371 (1900).

[6]) W. Nernst, F. Koreff u. F. A. Lindemann, Sitzber. Berliner Ak. 1910, 247.

[7]) W. Nernst, Sitzber. Berliner Ak. 1910, 262; Ann. d. Phys. (Wied.) [4] **36**, 395 (1911).

	T	t	γ
Schwefel, rhombisch	22,6°	—	0,0300
	25,9	—	0,0309
	27,5	—	0,0324
	28,3	—	0,0337
	29,9	—	0,0356
	57,0	—	0,0643
	69,0	—	0,0714
	84,8	—	0,0886
	—	— 71	0,1520
	—	— 75	0,1459
	—	— 76	0,1459
	—	— 180°	0,0911
	—	— 185	0,0880
	—	— 186	0,0874
	—	— 189	0,0886
	—	— 190	0,0835
Schwefel, monoklin	—	— 72	0,1498
	—	— 73	0,1558
	—	— 79	0,1532
	—	— 171	0,0983
	—	— 176	0,0935
	—	— 182	0,0920
	—	— 184	0,0905
	—	— 186	0,0881
	—	— 186	0,0904
	—	— 190	0,0826

Eine Zusammenstellung ergibt:

T	γ für monokl. S	γ für rhomb. S	$\frac{dU}{dT} = \gamma\,(\text{mon.}) - \gamma\,(\text{rhomb.})$
83°	0,0854	0,0843	0,0011
93	0,0925	0,0915	0,0010
138	0,1185	0,1131	0,0054
198	0,1529	0,1473	0,0056
235	0,1512	0,1537	0,0075
290	0,1774	0,1720	0,0054
293	0,1794	0,1705	0,0089
299	0,1809	0,1727	0,0082 [1])
329	0,1844	0,1764	0,0080 [2])

Das Verhältnis der Löslichkeiten von S I und S II wurde von J. Meyer[3]) geprüft (Gramm Substanz in 100 ccm Lösungsmittel; Mittelwerte):

[1]) Angegeben nach A. Wiegand.
[2]) Angegeben nach J. Regnault.
[3]) J. Meyer, Z. anorg. Chem. **33**, 140 (1903).

S I		25°	13,3°
	Chloroform	1,6536	1,2508
	Benzol . .	1,8562	1,3239
	Äther . .	0,1808	0,1196

S II (Genauigkeit geringer wegen Versuchsschwierigkeiten):

	25,1°	13,3°
Chloroform	1,6612	1,2603
Benzol . .	1,8656	1,3278
Äther . .	0,1815	0,1197

Das Verhältnis der Löslichkeiten ist bei gleicher Temperatur konstant und unabhängig vom Lösungsmittel.

S III. Monokliner γ-Schwefel.[1])

Monoklin. $a:b:c = 1{,}06094:1:0{,}70944$; $\beta = 88^0 13'$ (W. Muthmann).[2])

Physikalische Eigenschaften.

Optisches Verhalten. Farbe hellgelb, fast farblos. Perlmutterglanz. Auslöschungsrichtung γ' auf der Symmetrieebene der Längsrichtung parallel. Doppelbrechung sehr stark negativ. Achsenebene (010).[3]) Teilweise deutlicher Pleochroismus (von Beimischung organischer Substanz herrührend?) γ' = schwach rosa bis gelblich, α' = gelbgrün bis bläulich.[4])

Schmelzpunkt 113,5° (W. Muthmann). „Idealer" Schmelzpunkt 106,8°. „Natürlicher" Schmelzpunkt 103,4°. Siehe S. 19.

Kristallisationsgeschwindigkeit zwischen der von S I (langsam) und S II (schnell). (D. Gernez, Ch. Malus).[5])

Künstliche Darstellung. S III bildet sich, meist intermediär, im allgemeinen bei langsamer Abscheidung von Schwefel aus chemischen Verbindungen, so bei Diffusion von wäßrigen Lösungen von $Na_2S_2O_3$ und $KHSO_4$ (D. Gernez),[6]) von Wasserstoffsupersulfid mit Alkohol, Äther u. a. oder Äther in eine gesättigte Lösung von Schwefel in Schwefelkohlenstoff (P. Sabatier),[7]) Calciumpolysulfid und Salzsäure (P. Spica),[8]) bei langsamer Zersetzung von S_2Cl_2 und S_2Br_2 an der Luft (S. Cloëz),[9]) bei freiwilliger Zersetzung einer alkoholischen Lösung von Ammonpolysulfid bei gew. Temperatur (W. Muthmann)[10]) aus heiß gesättigter alkoholischer Lösung von Schwefel bei langsamem Abkühlen (W. Muthmann). Auch aus dem Schmelzflusse wird er in Kristallen

[1]) Entdeckt von D. Gernez, als „soufre nacré" bezeichnet, C. R. **97**, 1477 (1883); **98**, 144 (1884); **100**, 1584 (1885).
[2]) W. Muthmann, Z. Kryst. **17**, 336 (1890).
[3]) P. Gaubert, Bull. soc. min. **28**, 157 (1905).
[4]) W. Salomon, Z. Kryst. **30**, 605 (1899).
[5]) Ch. Malus, Ann. chim. phys. [7] **24**, 503 (1901).
[6]) D. Gernez, C. R. **97**, 1477 (1883).
[7]) P. Sabatier, C. R. **100**, 1346 (1885).
[8]) P. Spica, Z. Kryst. **11**, 409 (1886).
[9]) S. Cloëz, C. R. **46**, 485 (1858).
[10]) W. Muthmann, Z. Kryst. **17**, 336 (1890).

beobachtet (W. Muthmann, P. Gaubert,[1]) A. Smith und C. M. Carson),[2]) aus unterkühltem Schwefel in mikroskopischen Kriställchen, die durch Sublimation weiter wachsen oder direkt aus Schwefeldampf (E. Bütschli,[3]) W. Salomon).[4]) (Die Übereinstimmung mit S III ist nicht in allen Fällen unzweifelhaft sichergestellt.)

Manchmal bilden sich die drei Modifikationen S I, S II und S III nebeneinander. Kristalle der dritten Modifikation, die sich neben solchen der ersten bei schneller Abkühlung einer gesättigten Lösung von Schwefel in Terpentinöl bilden, werden, wo beide Arten sich berühren, von der rhombischen Form aufgezehrt (W. Muthmann).[5]) Dagegen bleiben S III-Kriställchen allein lange unverändert (nach W. Salomon über ein halbes Jahr).

Die Idendifizierung von W. Muthmanns dritter Modifikation mit dem „soufre nacré" von D. Gernez, wie sie von W. Muthmann selbst durchgeführt wurde, wird von R. Brauns[6]) angezweifelt; letzterer trennt daher den „soufre nacré" als selbständig ab.

[Diese Modifikation bildet mit Selen Mischkristalle mit 35—66% Se (G. v. Rath, W. Muthmann).]

S IV. Monokliner δ-Schwefel.

Wahrscheinlich monoklin (pseudotrigonal) (W. Muthmann).[7])

Physikalische Eigenschaften.

Optisches Verhalten. Optisch zweiachsig, auf der Basis eine optische Achse austretend; sehr schwach doppelbrechend.

Darstellung. S IV. Bildet sich (neben S III) aus Lösungen bei niedriger Temperatur, nicht über 14°; am besten aus mit Schwefel gesättigtem alkoholischen Ammonsulfid, mit der vierfachen Menge Alkohol verdünnt, bei der Zersetzung an der Luft (+ 5°). Bei einem Versuche erhielt W. Muthmann alle vier Modifikationen S I, S II, S III und S IV nebeneinander.

Die Modifikation ist sehr unbeständig und wandelt sich sehr leicht in S I um.

Vermutlich identisch mit dieser Schwefelart sind O. Lehmanns „eigentümlich gekrümmte Kristalle".[8])

S V. Trigonaler Schwefel.

Trigonal. Flache Rhomboeder mit Polkantenwinkel 40° 50′ (± 10′ ca.) (C. Friedel).[9])

Physikalische Eigenschaften.

Optisches Verhalten. Farbe orangegelb, durchsichtig. Optisch negativ.

[1]) P. Gaubert, Bull. soc. min. **28**, 157 (1905).

[2]) A. Smith u. C. M. Carson, Z. f. phys. Chem. **77**, 661 (1911). Beim Abkühlen von geschmolzenem Schwefel in einem Versuchsrohre von 150° auf 98°.

[3]) E. Bütschli, Untersuchung über Strukturen (Leipzig 1898).

[4]) W. Salomon, Z. Kryst. **30**, 605 (1899).

[5]) W. Muthmann, Z. Kryst. **17**, 336 (1890).

[6]) R. Brauns, N. JB. Min. etc. Beil.-Bd. **13**, 39 (1900).

[7]) W. Muthmann, Z. Kryst. **16**, 336 (1890).

[8]) O. Lehmann, Z. Kryst. **1**, 97 (1897).

[9]) C. Friedel, C. R. **112**, 834 (1891).

Schmelzpunkt unter 100°, Umwandlung in amorphen weichen Schwefel (der zum Teil in CS_2 löslich ist).

Dichte 2,135.[1])

Darstellung. Unterschwefelige Säure, aus gesättigter $Na_2S_2O_3$-Lösung und HCl bereitet, zersetzt sich an der Luft unter SO_2-Abscheidung zu einer gelben Flüssigkeit, die Schwefel gelöst enthält; letzterer wird mit Chloroform ausgeschüttelt, ehe Ausscheidung eintritt; beim Verdunsten bilden sich die Kristalle (M. Engel).

S V wandelt sich unter Trübung und Volumzunahme nach einigen Stunden in amorphen, in CS_2 unlöslichen S_μ um.

Überläßt man die Lösung von unterschwefeliger Säure in Salzsäure sich selbst, so scheidet sich Schwefel in Flocken aus, die in Wasser löslich sind, also bald in weichen unlöslichen Schwefel sich umwandeln.

[S V soll der von W. Muthmann gefundenen trigonalen Modifikation des metallischen Selen und dem Tellur entsprechen.]

S VI (?). Trikliner (?)-Schwefel.

Triklin (C. Friedel).[2])

Nähere Angaben fehlen. C. Friedel hebt nur hervor, daß die Kristalle sehr unbeständig waren und sich rasch in S I umwandelten.

Diese Modifikation wurde gelegentlich einer Dampfdichtebestimmung in dem oberen Teile eines Schwefelbades erhalten.

Die Selbständigkeit dieser Schwefelmodifikation erscheint zunächst noch zweifelhaft.

Besondere kristallinische Modifikationen.

Von R. Brauns[3]) wurden mehrere Schwefelmodifikationen aufgestellt, die er nur in mikroskopischen Präparaten und auf dem Objektträger in kristallinischer Form beobachtete. R. Brauns unterscheidet:

a) *„Konzentrisch-schaliger Schwefel"*. Sphärokristalle mit konzentrischen Sprüngen. Farblose bis hellgelb gefärbte radialfaserige Aggregate, starke Doppelbrechung α' in der Faserrichtung. In dickeren Schichten Pleochroismus, γ' gelbbraun, α' farblos.

Die Modifikation bildet sich spontan im unterkühlten Schwefel, besonders wenn dieser stärker, bis auf 100° erwärmt worden war. Umwandlung beim Erwärmen zunächst in S II (Umwandlungstemperatur bei 75°). Bei vorsichtigem Erwärmen kann die Modifikation rein zum Schmelzen gebracht werden, es kristallisieren dann manchmal nahezu rechteckige, langgestreckte Stäbchen aus, wieder mit α' in der Längsrichtung, Auslöschung gerade oder schief bis 3°, Zwillingsbildung mit symmetrischer Auslöschungsschiefe (6°).[4]) Schmelzpunkt niedriger als der des S I.

R. Brauns möchte diese Modifikation mit S III „W. Muthmanns dritter Modifikation" vereinigen.

---

[1]) M. Engel, C. R. **112**, 866 (1891).
[2]) C. Friedel, Bull. soc. chim. **32**, 14 (1879).
[3]) R. Brauns, N. JB. Min. etc. Beil.-Bd. **13**, 39 (1899—1901).
[4]) Vgl. dazu auch P. Gaubert, Bull. soc. min. **28**, 157 (1905).

b) „*Radialstrahliger monokliner Schwefel.*“ Faserig, meist radialfaserig, perlmutterglänzend, fast farblos. Die radialfaserigen Aggregate geben im polarisierten Lichte ein schiefstehendes Brewstersches Kreuz, Auslöschungsschiefe der einzelnen Fasern ziemlich genau 45°, an (anders orientierten) Präparaten 17° (P. Gaubert), γ' in der Längsrichtung. Doppelbrechung schwach.

Diese Modifikation bildet sich aus langsam abgekühlter, stark unterkühlter und dann plötzlich erschütterter Schmelze oder auch bei schneller Abkühlung von stark erhitzten Präparaten. Sehr rasches Wachstum (im Gegensatz zu den anderen Modifikationen). Beim Erwärmen erfolgt Umwandlung in S II, ebenso durch Behandlung mit CS_2 bei gewöhnlicher Temperatur.

R. Brauns denkt an eine Gleichstellung dieser Modifikation mit D. Gernez' „soufre nacré“, der aber dann nicht mit W. Muthmanns dritter Modifikation identisch wäre. (Eine Entscheidung wäre erst denkbar, wenn der nach D. Gernez' Verfahren dargestellte soufre nacré optisch untersucht würde.)

c) „*Radialfaseriger rhombischer Schwefel*“. Farblos bis milchig getrübt, im polarisierten Lichte entweder radialfaserig erscheinend mit gewöhnlichem Brewsterschen Kreuze oder zierliche, blumigfaserige Aggregate bildend. Von allen vier Modifikationen die niedrigste Doppelbrechung aufweisend, γ' in der Faserrichtung. Achsenebene senkrecht zu den Blättchen, parallel zur Längsrichtung derselben. α Mittellinie, Achsenbild im Gesichtsfelde. Er bildet sich am leichtesten aus Schwefelschmelzen, die bis zur starken Bräunung erhitzt und dann rasch abgekühlt wurden und zwar entsteht er gewöhnlich nach der konzentrisch-schaligen oder der trichitischen Modifikation.

Diese Schwefelart ist durch geringe Kristallisationsgeschwindigkeit und verhältnismäßig größere Beständigkeit bei gewöhnlicher Temperatur ausgezeichnet. Beim Erwärmen bildet sich S II, mit Schwefelkohlenstoff unter Trübung S I, entweder unmittelbar oder mittelbar über S II.

d) „*Trichitischer Schwefel*“. (Triklin?) Gelbe Flecke, unter dem Mikroskope in breiteren, oft zu sternförmigen Aggregaten vereinigten Kristallen faserig, auch wirbelartig gedreht, am Rande in harkig gekrümmte Fasern auslaufend. Sehr stark doppelbrechend (Weiß höherer Ordnung): γ' in der Faserrichtung, starker Pleochroismus: γ' dunkelbraun, α' hellgelb. Auch deutliche Kristalle beobachtet (P. Gaubert).

Der trichitische Schwefel entsteht aus sehr stark erhitzten und dann schnell abgekühlten Schwefelschmelzen, meist nach dem konzentrisch-schaligen Schwefel. Sehr unbeständig. Beim Erwärmen geht er in radialfaserigen rhombischen Schwefel über. (Vielleicht ergibt sich die Möglichkeit einer Gleichstellung dieser Modifikation mit S VI).

P. Gaubert möchte zu diesen Modifikationen noch als selbständig anfügen:

e) *Trichitischer Schwefel* nach O. Lehmann[1]) (von R. Brauns der Form d gleichgestellt). Faserrichtung α', sehr schwach doppelbrechend.

(Die Selbständigkeit dieser Schwefelmodifikationen, bzw. die Gleichstellung einzelner derselben mit den deutlich kristallisierenden erscheint noch nicht vollständig sichergestellt.) Vergl. auch die neuen Angaben von P. Gaubert.[2])

[1]) O. Lehmann, Z. Kryst. **1**, 482 (1877).
[2]) P. Gaubert, C. R. **162**, 554, (1916).

Amorpher Schwefel.

Amorpher Schwefel hat zwei grundsätzlich verschiedene Bildungsarten. Er entsteht:

a) Bei dem Abschrecken von Schwefelschmelzen. — Weicher plastischer Schwefel (unterkühler flüssiger Schwefel). Je nach der Vorbehandlung, namentlich je nach der Temperatur, auf die der flüssige Schwefel ursprünglich erhitzt worden war, scheint das Verhältnis von in CS_2 löslichem und unlöslichem Schwefel (S_λ und S_μ. Siehe S. 18) zu schwanken. Der in CS_2 zurückbleibende unlösliche Schwefel (in der älteren Literatur manchmal als Gamma-Schwefel bezeichnet) ist zitronengelb, weich, locker-blasig, erhärtet allmählich. (E. Mitscherlich).[1]) — „Krümeliger" Schwefel, in CS_2 vollständig unlöslich (G. Magnus).[2])

Darstellung.

1. Stark erhitzte Schwefelschmelzen werden in möglichst kaltes Wasser eingegossen.
2. Schwefeldampf wird mit Wasser, Wasserdampf oder an der Luft verdichtet (unlöslicher Schwefel der Schwefelblumen).
3. H_2S oder CS_2 werden zur unvollständigen Verbrennung gebracht.
4. Auf geschmolzenen Schwefel werden HNO_3, Halogene, SO_2 einwirken gelassen.

b) Der aus gelösten Schwefelverbindungen durch chemische Umsetzungen sich ausscheidende Schwefel ist zumeist amorph und zwar je nach den Entstehungsbedingungen Schwefel als Gel (Hydrogel) oder Sol (Hydrosol) gebildet. Die Hydrogele bilden zähflüssige, ölige Massen von gelber Farbe oder werden als weiche Schwefelmilch in fein verteilter Form ausgeschieden. Auch hier besteht der amorphe Schwefel aus wechselnden Anteilen von in CS_2 löslichem und unlöslichem Schwefel. Entsprechend ihrer Natur als Gele enthalten aber alle überdies noch Schwefelverbindungen, vor allem Wasserstoffsupersulfide, adsorbiert (daher wohl auch die überaus wechselvollen Angaben in der Literatur).

Die wichtigsten **Darstellungsmethoden** sind:

1. Alkali oder Erdalkalipolysulfide werden mit Salzsäure oder Schwefelsäure zersetzt.
2. Schwefelwasserstoff und Wasserstoffsupersulfid zersetzen sich an der Luft.

Bei diesen Methoden scheint der Anteil von weichem löslichen Schwefel besonders groß zu sein.

3. $Na_2S_2O_3$ und ähnliche Verbindungen mit Säuren.
4. Zersetzung von Chlor-, Brom-, Jodverbindungen, z. B. $S_2Cl_2 + H_2O$.
5. Umsetzung $SO_2 + H_2S$.
6. Elektrolyse von SO_2 in Wasser, H_2SO_4.
7. Sonnenlicht (ultraviolette Strahlen) scheiden in einer konzentrierten Lösung von S in CS_2 unlöslichen Schwefel aus.

Nach A. Smith und R. H. Brownlee[3]) soll bei chemischen Reaktionen zunächst immer (instabiler) S_μ flüssig gebildet werden. In reinem Wasser

---

[1]) E. Mitscherlich, Journ. prakt. Chem. **67**, 639 (1856).
[2]) G. Magnus, Ann. d. Phys. (Pogg.) **99**, 145 (1856).
[3]) A. Smith u. R. H. Brownlee, Z. f. phys. Chem. **61**, 209 (1908).

oder in alkalischer Lösung (positiver Katalysator) durchschreiten dann die Tröpfchen (bzw. nach dem Zusammenfließen der Tröpfchen: die Flüssigkeit) nacheinander die Stufen: flüssiger S_λ,[1]) fester S_λ (zunächst auch in einer instabilen Modifikation S II oder andere, dann S I).

Ist ein verzögernder Katalysator, wie Salzsäure, im Überschusse anwesend, oder wird er rasch mit dem S_μ vermengt, so wird die Umwandlung des letzteren in S_λ gehemmt, und viel S_μ erhärtet zu amorph-festen S_μ (unterkühlter S_μ). Ein Einfluß der $H^{\cdot}$-Ionenkonzentration auf dem S_μ-Gehalt scheint zu bestehen.

Essigsäure und Thiosulfat geben überhaupt kein S_μ.

Der aus Polysulfiden durch Säuren abgeschiedene, fast weiße Schwefel (vielfach als „löslicher amorpher Schwefel" beschrieben) besteht nach Beobachtungen von J. P. Iddings[2]) zunächst aus (mikroskopisch) kleinen, isotropen Flüssigkeitskugeln; diese werden dann, ohne ihre Form wesentlich zu ändern, in ein radialschaliges Aggregat doppelbrechender Nadeln umgewandelt, und plötzlich wandelt sich die ganze Kugel, wieder ohne Formänderung, in einen homogenen, durchsichtigen, rhombischen Kristall um.

Bemerkenswert sind auch die Angaben von P. Gaubert[3]) über das optische Verhalten des „weichen" Schwefels.[4]) Dieser besitzt von allen bekannten amorphen Körpern die größte Doppelbrechung bei Einwirkung von Druck oder Zug. Es scheint sich um feinste Fasern zu handeln, die schon bei schwacher Zugwirkung sich parallel stellen und den Gesamteindruck von Weiß höherer Ordnung zwischen gekreuzten Nicols hervorrufen, wobei γ' in die Faserrichtung fällt.

Bei der Umwandlung gibt der weiche Schwefel gleichzeitig drei kristallinische Formen: radialfaserigen rhombischen Schwefel, trichitischen Schwefel R. Brauns und trichitischen Schwefel O. Lehmann.

Schwefelhydrosole (Emulsoide) mit amikroskopischen Teilchen stellen klare, gelbe Flüssigkeiten dar, die bei wachsendem S-Gehalt ölige bis honigartige Beschaffenheit erhalten. Genügend elektrolytfrei können sie ohne Zerstörung gekocht werden. Beim Gefrieren erhält man harte, gelblich gefärbte, eisähnliche Massen. Bei Gegenwart größerer Elektrolytmengen werden die Sole beim Erhitzen zerstört, beim Gefrieren tritt eine Trennung in einen halbfesten, salbenartigen Bodensatz und flüssiges Sol ein.

Sole mit größeren Teilchen haben ein milchiges Aussehen und gelatinieren leichter, sind auch beim Erhitzen unbeständiger. Die Zustandsänderungen beim Abkühlen sind reversibel, die beim Kochen bei Elektrolytgegenwart dagegen nicht (Ausscheidung von weichem Schwefel oder Schwefeltröpfchen).

In den kolloiden Schwefellösungen ist nach Sven Oden[5]) der Schwefel als flüssiger S_μ (in CS_2 unlöslich) vorhanden.

Über weitere physikalische Konstanten siehe die Arbeit von Sven Oden.[6])

Der „wasserlösliche" kolloidale Schwefel von M. Engel[7]) (salzsaure Lösung von $H_2S_2O_3$ mit $CHCl_3$ ausgeschüttelt, scheidet Schwefel in Flocken

---

[1]) Siehe S. 18.

[2]) Nach A. Smith u. R. H. Brownlee, siehe oben.

[3]) P. Gaubert, Bull. soc. min. **28**, 157 (1905).

[4]) Bei dem Versuche wurde eine kleine Menge von weichem Schwefel bis an 270° auf einen Objektträger erhitzt und dann rasch abgekühlt (also S_μ, S_λ und S_ϱ, siehe S. 21).

[5]) Sven Oden, Nova acta roy. Soc. Upsalensis 1911.

[6]) Sven Oden, Z. f. phys. Chem. **80**, 709 (1912).

[7]) M. Engel, C. R. **112**, 867 (1891).

aus) ist wohl nur ein reversibles Schwefelhydroxyd. Die gelben Flocken wandeln sich in unlöslichen Schwefel um.[1]) W. Biltz und W. Gahl[2]) nehmen dagegen hier eine übersättigte, vollständig farblose echte Lösung von Schwefel in Wasser an.

Bei Gegenwart von Schutzkolloiden (Eiweißkörper) bleiben Schwefelhydrosole haltbar.

„Schwarzer Schwefel".

Ob der „schwarze Schwefel", den G. Magnus[3]) bei wiederholtem Erhitzen von Schwefelschmelzen auf 300° und darauffolgendem raschen Abkühlen erhielt, eine selbständige Modifikation ist, erscheint fraglich. Wesentlich für seine Bildung ist Gegenwart einer kleinen Menge Fett oder einer ähnlich wirkenden organischen Substanz (Harz, Zucker, Stärke). Er wird namentlich erhalten bei der Auflösung von Natriumschwefelleber und Behandeln des schwarzen Rückstandes mit gelöstem KCN (zur Entfernung von FeS-Resten). Dieser schwarze Schwefel ist unlöslich in Äther, Alkohol, Schwefelkohlenstoff, chemisch sehr träge, Umwandlung in Dampf hoch über dem Siedepunkt des gelben Schwefels.

Ein natürlicher schwarzer Schwefel von Mexico enthielt nach B. Neumann[4]) Einschlüsse von Kohle und Metallsulfiden.

Farbe tiefschwarz, bei einigen Darstellungsmethoden metallisch glänzend, in dünnen Schichten blau.

Blauer Schwefel.

Blauer Schwefel wird als Zwischenprodukt zu kolloidalem weißen Schwefel (Schwefelmilch) erhalten, so beim Mischen konzentrierter Eisenchloridlösung mit dem 50- bis 100 fachen Volumen Schwefelwasserstoff (L. Wöhler),[5]) bei der Reaktion $CS_2 + 2S_2Cl_2 = CCl_4 + 6S$, ebenso S_2Cl_2 mit CdS (N. A. Orloff).[6])

Ähnlich die Blaufärbung von Alkohol durch Polysulfide, vgl. N. A. Orloff.[6])

Die Farben der Ultramarine, vielleicht auch anderer blauer Mineralfarben beruhen wohl auf der Gegenwart von (kolloidalem?) „blauen", bes. „schwarzem Schwefel". (Vgl. C. Doelter).[7])

Flüssiger Schwefel.

Seit langer Zeit wurde von verschiedenen Beobachtern auf ein unregelmäßiges Verhalten von Schwefelschmelzen (Farbänderung, Änderung der Abkühlungskurve des Erstarrungspunktes) namentlich im Zusammenhange mit der Vorerhitzung der Schmelze hingewiesen. B. C. Brodie,[8]) D. Gernez[9]) und

[1]) Vgl. Lobry de Bruyn, Rec. trav. chim. Pays. Bas. **19**, 236 (1900); Chem. ZB. 1900 [1] 889.

[2]) W. Biltz u. W. Gahl, Nachr. kgl. Ges. Wiss. Göttingen 1904, 300; Chem. ZB. 1904 [2] 1367.

[3]) G. Magnus, Pogg. Ann. **92**, 308 (1854).

[4]) B. Neumann, Z. f. angew. Chem. **30**, I. 165 (1917).

[5]) L. Wöhler, Ann. Pharm. **86**, 373 (1853).

[6]) N. A. Orloff, Journ. russ. phys.-chem. Ges. **33**, 397 (1901); Chem. ZB. 1901 [2] 522; 1902 [1] 1264.

[7]) C. Doelter, Sitzber. Wiener Ak. **124** (I), 37 (1915); ferner F. Kirchhoff, Kolloid-Zeitschrift **22**, 98 (1918); hier Angaben über verschiedene Farben der S-Kolloide.

[8]) B. C. Brodie, Proc. Roy. Soc. **7**, 24 (1854).

[9]) D. Gernez, Ann. chim. phys. [6] **7**, 233 (1886).

P. Duhem[1]) gaben auch bereits eine Erklärung dieser Unregelmäßigkeiten: Geschmolzener Schwefel bestehe aus einem Gemische von „löslichem" und „unlöslichem" (in CS_2) Schwefel.

Ausführliche Untersuchungen von A. Smith und seinen Mitarbeitern[2]) führten zur Annahme, daß sich zwei Formen des flüssigen Schwefels unterscheiden lassen: S_λ — bei niedriger Temperatur kristallisiert, in CS_2 löslich, in der Schmelze gelb, leichtflüssig; S_μ — bei niedriger Temperatur amorph, in CS_2 unlöslich, in der Schmelze braun, zähflüssig. Bei allen Temperaturen zwischen Gefrier- und Siedepunkt seien diese beiden Modifikationen als dynamische Isomerie (oder Allotropie) miteinander im Gleichgewichte, dasselbe verschiebe sich bei steigender Temperatur auf die Seite von S_μ; SO_2 und H_2SO_4 beschleunigten katalytisch die Umwandlungsgeschwindigkeit, NH_3 verzögere sie.

Plastischer Schwefel, durch Abschrecken des geschmolzenen erhalten, sei eine überkaltete Schmelze von S_λ und S_μ.

Der Gehalt des flüssigen Schwefels an den beiden allotropen Modifikationen bedingt zunächst eine Prüfung der Schmelz- (Erstarrungs-) Punkte der einzelnen festen Modifikationen. Genaueres hierüber ließ sich bisher nur bei den drei ersten Modifikationen S I, S II, S III ermitteln.

Theoretisch müßte für jede kristallisierte Phase und geschmolzenen Schwefel bei einer anderen Temperatur Gleichgewicht herrschen, die Verhältnisse sind aber dadurch kompliziert, daß die Flüssigkeit, wie angenommen, aus einer Mischung von S_λ und S_μ besteht, wobei letzterer proportional zu seiner im Momente des Gefrierens vorhandenen Menge den Gefrierpunkt der Schmelze erniedrigt.[3]) Es gibt daher in Wirklichkeit nicht drei Gefrierpunkte (entsprechend den genauer bekannten festen S I, S II und S III), sondern drei Gefrierpunktskurven entsprechend den Gefriertemperaturen von Schmelzen, aus welchen je eine feste Schwefelvarietät bei Anwesenheit von verschiedenen Mengen S_μ kristallisiert. Die Endpunkte dieser Kurven (Gleichgewicht zwischen krist. Phase und reinem S_λ), die eigentlichen „idealen" Gefrierpunkte lassen sich nur annähernd (durch verzögernde Katalysatoren) bestimmen. Der andere ausgezeichnete Punkt jeder Kurve ist der, bei welchem S_μ in der Menge vorhanden ist, welche zum Gleichgewicht mit S_λ beim Gefrierpunkt der Mischung nötig ist — „natürlicher" Gefrierpunkt. Durch Katalysatoren-Gegenwart können die natürlichen Gefrierpunkte noch unterschritten werden. Bei genügend langsamer Erhitzung schmelzen alle festen Proben (unabhängig, ob S_μ ursprünglich enthalten war oder nicht und welche kristallisierte Phase verwendet wurde) beim natürlichen Schmelzpunkt von S II 114,5° unter Ausdehnung (C. Marx).[4])

In dem Temperatur-Zustandsdiagramme der Fig. 4 ist *A* der „ideale" Schmelzpunkt des monoklinen Schwefels (S_λ) bei 119,25°. Durch Zumischung von S_μ wurde die Schmelzpunkterniedrigung bis 112,45 fest bestimmt, der weitere Verlauf (nach Analyse einer eutektischen Mischung) ist nur theo-

---

[1]) P. Duhem, Z. f. phys. Chem. **23**, 224 (1897).

[2]) A. Smith u. W. B. Holmes, Z. f. phys. Chem. **42**, 469 (1903). — A. Smith u. C. M. Carson, Z. f. phys. Chem. **52**, 602 (1905); **54**, 257 (1906); **57**, 685 (1907); **61**, 200 (1908); **77**, 661 (1911).

[3]) A. Smith u. W. B. Holmes, Z. f. phys. Chem. **42**, 469 (1903).

[4]) C. Marx, Schweiggers Journ. Chem. Phys. **60**, 1 (1830). — Auch H. Kopp, Ann. Chem. Pharm. **93**, 129 (1855) (Volumzunahme 5%, angegeben).

retisch. Die Kurve *GD* gibt das Verhältnis an zwischen S_λ und S_μ in der Schmelze bei Temperaturen von ungefähr 220° bis 110° *D* ist der „natürliche Schmelzpunkt" ($t = 114{,}5^0$ mit 3,6% S_μ).

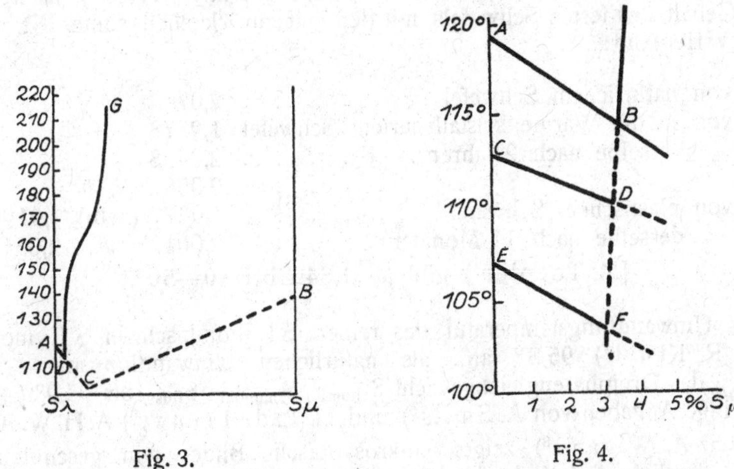

Fig. 3. Fig. 4.

In der folgenden Übersicht[1]) der Angaben über Schwefelgefrierpunkte und des Einflusses des Gehaltes an S_μ auf diese Gefrierpunkte sind die Autoren wie folgt angegeben: A. Wigand (*W*), H. R. Kruyt (*K*), A. Smith (*S*), W. B. Holmes (*H*), C. M. Carson (*C*), K. Schaum (*Sch*) (siehe auch Fig. 4).

(Die älteren Schmelzpunktsbestimmungen werden hier nicht berücksichtigt).[2])

Feste Phase	Punkt im Diagramm	Gefrierpunkt, bestimmt durch Schmelzen	Gefrierpunkt, bestimmt durch Gefrieren	%-Gehalt S_μ
S II	*A* idealer Gefrierpunkt	118,75 (*Sch*) 118,95 (*W*) 118,5 (*K*)	**119,25** (Su. H)	0,0
	B natürl. „		**114,5** (Su. C)	3,6
S I	*C* idealer „	**112,8** (*K*)	**112,8** „	minimal
	D natürl. „	110,5 (*K*)	**110,2** „	3,4
S III	*E* idealer „		**106,8**	minimal
	F natürl. „		**103,4**	3,1

Auf die ergänzenden Annahmen von H. R. Kruyt[3]) und die Theorie der Allotropie von A. Smits[4]) in ihrer Anwendung auf den Schwefel kann hier nur hingewiesen werden. H. R. Kruyt sucht durch die Annahme einer teilweisen Löslichkeit von S_μ in kristallisiertem S I und S II verschiedene Anomalien zu

[1]) A. Smith u. C. M. Carson, Z. f. phys. Chem. **77**, 661 (1911), dort auch die ältere Literatur.

[2]) Siehe H. R. Kruyt, Z. f. phys. Chem. **64**, 513 (1908).

[3]) H. R. Kruyt, Z. f. phys. Chem. **64**, 513 (1908); **65**, 486 (1909); **67**, 321 (1909); **81**, 726 (1913) (mit H. S. van Klooster u. M. J. Smit); Z. f. Elektroch. **81**, 729 (1912).

[4]) A. Smits, Z. f. phys. Chem. **83**, 221 (1913). Siehe auch H. L. de Leeuw, Z. f. phys. Chem. **83**, 245 (1913).

erklären, so die Angabe G. Tammanns,[1]) daß im *PT*-Diagramme des Schwefels sich die Gleichgewichtslinie *AT* zwischen $S_{rhomb.}$ und $S_{monokl.}$ bei Gegenwart von S_μ verschiebe, wenn einmal frischer, das andere Mal mehrmals erhitzter Schwefel verwendet wurde (in Fig. 1 im letzteren Falle Verschiebung nach links), ferner die Dichtebestimmungen von St. Claire Ch. Deville,[2]) nach denen der S_μ-Gehalt des festen Schwefels mit der Zeit zurückgehen sollte. St. Claire Ch. Deville fand:

Dichte von natürlichem Schwefel	2,07	
Dichte von in der Wärme kristallisiertem Schwefel	1,9578	
derselbe nach 2 Jahren	2,0498	
„ „ 8 „	2,0508	
Dichte von plastischem Schwefel	1,9277 (gelb)	1,9191 (rot)
derselbe nach 11 Monaten	2,0613 „	2,0510 „

[M. Toepler[3]) gibt an 1,849 bei 40—50°.]

Als Umwandlungstemperatur des reinen S I rhombisch in S II monoklin gab H. R. Kruyt[4]) 95,3° an, als natürlichen Umwandlungspunkt 95,5°, 3,1% S_μ, das Dreiphasengleichgewicht $S_{rhomb.}$, $S_{monokl.}$, $S_{flüss.}$ bei 95,9° (±0,1°). Gegenteilige Angaben von A. Smits[5]) und H. L. de Leeuw,[6]) A. H. W. Aten.[7])

Nach A. Wigand[8]) zeigen mikroskopische Bilder von geschmolzenem Schwefel deutliche Entmischung des festen kristallisierten S_λ und amorphen S_μ. Eine andere Deutung bei A. H. W. Aten (siehe folgendes).

Die Annahmen von A. Smith und seinen Mitarbeitern erfuhren eine Erweiterung und teilweise Abänderung durch A. H. W. Aten.[9]) Hiernach sind in der Schwefelschmelze drei Modifikationen anzunehmen:

S_λ (in CS_2 löslich, kristallisiert identisch mit S I; Molekulargröße S_8),

S_μ (in CS_2 unlöslich, amorph und mikroskopisch oder submikroskopisch kristallinisch(?), Molekulargröße nicht sicher bestimmt, vieleicht ein Polymeres von S_8[10]) oder S_6,[11])

S_π (in CS_2 leicht löslich, in festem Zustande dem „krümeligen" Schwefel von G. Magnus[12]) entsprechend; Molekulargröße S_4).

S_π entsteht in kleineren Mengen, wenn geschmolzener Schwefel abgeschreckt wird, ferner beim Erwärmen der Lösungen von S_λ in Chlorschwefel; dagegen fehlt er in aus Lösungen umkristallisiertem Schwefel.

---

[1]) Bei H. R. Kruyt, Z. f. phys. Chem. **64**, 538 (1908).
[2]) St. Claire Ch. Deville, C. R. **25**, 857 (1847).
[3]) M. Toepler, Ann. d. Phys. (Wied.) **47**, 169 (1892).
[4]) H. R. Kruyt, Z. f. phys. Chem. **81**, 726 (1913) (mit H. S. van Klooster und M. J. Smit).
[5]) A. Smits, Z. f. phys. Chem. **83**, 221 (1913).
[6]) H. L. de Leeuw, Z. f. phys. Chem. **83**, 245 (1913).
[7]) A. H. W. Aten, Z. f. phys. Chem. **86**, 1 (1913).
[8]) A. Wigand, Z. f. phys. Chem. **72**, 752 (1910).
[9]) A. H. W. Aten, Z. f. phys. Chem. **81**, 257 (1912); **83**, 442 (1913); **86**, 1 (1913); **88**, 321 (1914). Bestätigt ferner durch E. Beckmann, R. Paul und O. Liesche, Z. anorg. Chem. **103**, 189 (1918).
[10]) H. Erdmann, Ann. d. Chem. **362**, 133 (1908).
[11]) E. Beckmann, Sitzber. Berliner Ak. 1913, 889.
[12]) G. Magnus, siehe S. 15.

Zwischen S_λ, S_μ und S_π besteht in der Schmelze für jede Temperatur ein Gleichgewicht.

Gleichgewicht zwischen S_λ, S_μ und S_π nach A. H. W. Aten:

Temperatur	Prozente S_μ	Prozente S_π	Prozente S_λ
120°	0,1	3,5	96,4
125	0,2	4,1	95,7
130	0,3	4,3	95,4
140	1,3	5,0	93,7
145	1,6	5,3	93,1
160	4,1	6,7	89,2
170	13,3	5,8	80,9
180	20,4	6,5	73,1
184	23,6	6,3	70,1
196	28,6	6,4	65,1
220	32,2	5,3	62,7
445	36,9	4,0	59,1

Damit läßt sich das von G. Pisati[1]) angegebene Minimum der Ausdehnung von Schwefelschmelzen bei 159,5—160,5° in Einklang bringen, das beim Abkühlen einer höher erhitzten Schwefelschmelze deutlich hervortritt.

Aus der Tabelle ist unmittelbar zu ersehen, daß beim „natürlichen Gefrierpunkte" der S_μ-Gehalt gegenüber dem von S_π unwesentlich ist, es würde also das bei A. Smith von S_μ Gesagte für S_π gelten. Genauere Untersuchungen ergaben als „natürlichen Schmelzpunkt" von S II 114,6° mit einem Gehalte von 2,78 g S_π und 97,22 g S_λ in 100 g der Gleichgewichtsschmelze (E. Beckmann, R. Paul und O. Liesche). Da ein Zusatz von S_μ in der Schwefelschmelze vom „natürlichen Gefrierpunkte" keine wesentliche Änderung des Erstarrungspunktes hervorrief, wurde angenommen, daß ein rascher Zerfall des S_μ in S_π und S_λ von der Zusammensetzung der Schwefelschmelze selbst eintrete. S_μ für sich untersucht, schmolz rascher als S II, ohne scharfen Schmelzpunkt und führte sofort zu einer Schmelze vom „natürlichen Gefrierpunkte" 114,6° unter Zerfall in S_π und S_λ.

In der erstarrten Schmelze wandelt sich dagegen S_π rasch um, und zwar zunächst in S_μ, dann in S_λ.

Von A. H. W. Aten[2]) wurde noch der zuerst von M. Engel[3]) beschriebene S V näher untersucht und als S_ϱ bezeichnet. Er wurde erhalten, indem man starke Salzsäure bei 0° mit einer Lösung von $Na_2S_2O_3$ versetzte, die wäßrige Lösung mit Toluol ausschüttelte und kristallisieren ließ. Lösungen von S_ϱ sind hochgelb gefärbt, haben aber ein anderes Löslichkeitsverhältnis als S_π und S_λ.

Löslichkeit von S_λ (rhombisch) in Toluol 0,92% (0° C),
„ „ S_ϱ 0,54% (0° C),
„ „ S_π ungefähr 4,5% (0° C).

Die Molekulargröße für S_ϱ wurde zu S_6 bestimmt.

Sowohl fester S_π als auch S_ϱ sind im Dunklen längere Zeit haltbar,

---

1) G. Pisati, Gazz. chim. It. **4**, 29 (1874). — Siehe dazu: S. Scichilone, Gazz. chim. It. **7**, 501 und Referat Fortschritte Min. etc. **5**, 302, 305 (1916).

2) A. H. W. Aten, Z. f. phys. Chem. **88**, 321 (1914).

3) M. Engel, C. R. **112**, 866 (1891).

wandeln sich aber dann in S_λ und S_μ um; rascher geht die Umwandlung im Lichte und in Lösungen.

S_μ wandelt sich langsam in S_λ um. Dies ergibt sich aus der Verbrennungswärme:[1])

Natürlicher Schwefel 2220,9 cal.

„Weicher" Schwefel frisch dargestellt 2258,4 cal.

„Weicher" Schwefel, nach 7 Jahren, 2216,9 cal.

Auch durch hohen Druck wird amorpher Schwefel (S_μ) zum Teil in rhombischen umgewandelt.[2])

Umgekehrt wird durch Belichtung das Gleichgewicht $S_\lambda \rightleftarrows S_\mu$ nach rechts verschoben.[3])

Die Umwandlungswärme von S_μ (erhalten durch Zersetzen von Schwefelchlorür, Extraktion des S_λ durch CS_2) in S I (rhombisch) beträgt 910 cal. (K. Petersen),[4]) 2010 cal. (J. Thomsen).[5])

S_μ hat größere spezifische Wärme als S_λ. Dies ergibt sich aus Versuchen von J. Classen[6]) (Temperaturintervall der Untersuchung 116—136°):

Schwefelschmelze wenig über den Schmelzpunkt erhitzt, *c* (spez. Wärme):

0,2324 0,2308 0,2341 0,2307

Schwefelschmelze vor dem Versuche einige Stunden auf 200—220° oder 236° erhitzt, *c* fällt von 0,2408 auf 0,2353
0,2386 auf 0,2318

Schwefel wurde flüssig erhalten, der Versuch am nächsten Tage fortgesetzt, *c* = 0,2298 (Übergang von S_μ in S_λ)!

Dagegen bewirkt Zusatz von geringen Mengen Zitronenöl eine Steigerung des *c* von 0,243 auf 0,258 (Zunahme des S_μ, in Übereinstimmung mit Angaben von M. Berthelot.[7])

J. Dussy[8]) gibt für S_λ flüssig (S_μ durch die Versuchsanordnung zurückgedrängt) an:

c	zwischen	
0,279	160 und	210°
0,300	160	232,8
0,300	160	264
0,331	201	232,8
0,324	232,8	264

A. Wigand[9]) gibt folgende Zusammenstellung von spez. Wärmen:

[1]) P. A. Favre u. J. T. Silbermann, Ann. chim. phys. [3] **34**, 447 (1852).
[2]) W. Spring, Bull. trad. Roy. Belgiques [3] **2**, 83 (1881).
[3]) Angaben bei H. R. Kruyt, s. oben.
[4]) K. Petersen, Z. f. phys. Chem. **8**, 601 (1891).
[5]) J. Thomsen, System. Durchführung thermochemischer Untersuchungen (Übers. von J. Traube) 141 (1906).
[6]) J. Classen, Jahrb. Hamb. Wiss. Anstalten **6** (1889). Referat Fortschritte Min. etc. **2**, 293 (1912).
[7]) M. Berthelot, Ann. d. Phys. (Pogg). **100**, 620 (1857).
[8]) J. Dussy, C. R. **123**, 305 (1896).
[9]) A. Wigand, Ann. d. Phys. (Wied.) [4] **22**, 64 (1907).

	c	zwischen 0° und	Differenz	Anz. d. Vers.
S rhombisch	0,1719	32°	—	1
	0,1728	54	—	1
	0,1751	95	—	1
S monoklin frei von unlöslichem S	0,1774	33	0,0019	2
	0,1809	52	—	1
S „plastisch"[1] (49,4 % unlöslicher S)	0,2196	45	0,0048	5
S amorph, unlöslich	0,1902	53	0,0058	5
(S amorph löslich, berechnet aus „plastischem Schwefel")	0,2483	50	—	—

Nach G. N. Lewis und M. Randall[2]) beträgt die Schmelzwärme:

beim Gleichgewichtszustande $S_{rhomb.}$ zu $S_{flüss.}$ 14,9 cal. (berech. auf 100°)
$S_{mon.}$ zu $S_{flüss.}$ 11,1 cal. „
für reinen flüssigen S_λ $S_{rhomb.}$ zu S_λ 14,5 cal. „
$S_{mon.}$ zu S_λ 11,1 cal. „

Die Umwandlungswärme von $S_{\lambda\,flüss.}$ zu $S_{\mu\,flüss.}$ (S_π?) ist ungefähr 13 cal.

Die chemischen Eigenschaften sind zum Teile bei S_λ, S_π und S_ϱ verschieden (Einwirkung auf Silber und Quecksilber).

Dampfförmiger Schwefel.

Bei niedrigen Temperaturen und großen Dampfdichten besteht der Schwefeldampf aus S_8-Molekülen; diese zerfallen beim Erhitzen des gesättigten Dampfes auf ca. 800° in S_2-Moleküle, die sich bei 2000° schließlich in einzelne Atome zerlegen.[3]) Beim Zerfall $S_8 = 4S_2$ bilden sich untermediär auch S_6-Moleküle[4]) (möglicherweise sind in kleinen Mengen auch S_4-Molekeln vorhanden, A. H. W. Aten).

Allgemeine chemische Eigenschaften des Schwefels.

Schwefel verbindet sich direkt mit fast allen Elementen, ausgenommen N, den Elementen der Argongruppe, Au, Pt, Sr, Be. Er ist elektropositiv gegenüber O, Fl, Cl, Br, J.

Die Verbindung mit Sauerstoff vollzieht sich langsam bereits bei gewöhnlicher, rascher (Phosphoreszenz) bei höherer Temperatur; Entzündungstemperatur nach H. Moissan in Luft bei 363°, in Sauerstoff bei 282° unter Bildung von SO_2. Verbrennungswärme S I, $O_2 = SO_2 + 71080$ cal.
S II, $O_2 = SO_2 + 71720$ cal.
S_μ, $O_2 = SO_2 + 71990$ cal. (E. Petersen).[5])

In Wasser ist Schwefel unlöslich. Feuchter Schwefel oxydiert sich langsam zu SO_2 (angeblich Ozonwirkung).

Mit heißem Wasserdampf sublimiert Schwefel (B. Reinitzer, siehe S. 25).

---

[1]) Schwefel eine Stunde lang zum Sieden erhalten auf −15° abgeschreckt; die Fäden 20 Minuten lang bei 30° getrocknet.

[2]) G. N. Lewis und M. Randall, Am. Journ. Chem. Soc. **33**, 485 (1911); Chem. ZB. 1911, I, 1624.

[3]) W. Nernst, Z. f. Elektroch. **9**, 627 (1903).

[4]) O. J. Stafford, Z. f. phys. Chem. **77**, 66 (1911).

[5]) E. Petersen, Z. f. phys. Chem. **8**, 609 (1891).

Mit NH_3 liefert Schwefel beim Erhitzen unter Druck Ammoniumpolysulfid und -thiosulfat (Bloxam,[1]) H. Moissan).[2])

Schwefel mit wäßrigen Lösungen von Alkali, bzw. Erdalkalihydroxyden gekocht setzt sich zu Polysulfid und Thiosulfat um; für konzentrierte Lösungen gilt die Gleichung $3M''O + nS + H_2O = 2M''S_{n-2} + M''S_2O_3 + H_2O$; in verdünnter Lösung tritt teilweise Zersetzung des Polysulfides zu Thiosulfat und Schwefelwasserstoff dazu (Senderens).[3])

Bezüglich der Einwirkung von Schwefel auf Metalle und Metalloxyde muß auf die Besprechung der betreffenden Verbindungen in diesem Handbuche verwiesen werden.

Von Sulfaten, Nitraten, Chloriden werden im allgemeinen nur die der Schwermetalle beim Kochen der betreffenden wäßrigen Lösungen mit Schwefel teilweise zersetzt. Ag- und Cu-Phosphate, -Arsenate werden vollständig umgewandelt, teilweise auch deren Alkali und Erdalkalisalze, dagegen nicht die Pb-, Ni-Salze. Chromate und Silicate der Erdalkalien (auch Glas!) werden beim Kochen mit Schwefel in Wasser zersetzt (Senderens).[3])

Schwefel in geschmolzenes Glas eingetragen liefert ein gelbes bis schwarzes Glas; die Färbung soll von Alkalipolysulfiden, die Schwarzfärbung von FeS herrühren (W. Selezner).[4])

Vorkommen und Entstehung des Schwefels in der Natur.

Die Entstehung des Schwefels in der Natur ist eine mannigfaltige. Man beobachtet:

1. Bildung bei vulkanischen Vorgängen. Hierbei scheidet sich Schwefel zum Teil direkt aus dem gasförmigen oder flüssigen Zustande ab. Der sublimierte Schwefel ist immer rhombisch, bei dem aus Schmelzfluß abgeschiedenen liegen vereinzelte Angaben vor, die es wahrscheinlich erscheinen lassen, daß der Schwefel dabei zunächst in monokliner Form abgeschieden und erst sekundär in rhombischen umgewandelt wurde.[5])

Genetisch die gleiche Entstehung haben die Sublimationen von Schwefel, die sich auf brennenden Halden bilden.

Die größte Menge des vulkanischen Schwefels bildet sich wohl durch Zersetzung der zusammen mit Wasserdämpfen ausgehauchten H_2S- und SO_2-Gase. Meist wird hierbei eine Wechselzersetzung von SO_2 und H_2S angenommen, entsprechend der chemischen Gleichung $SO_2 + H_2S = H_2O + 3S$.[6]) Diese Deutung ist schon aus dem Grunde unwahrscheinlich, weil die beiden Gasbildungen verschiedenen Fumarolenstadien entsprechen und daher meist räumlich getrennt sind (SO_2 gehört nach F. Fouqué und St. Claire Ch. Deville zu den heißeren sauren, H_2S zu den kälteren Fumarolenbildungen).

J. Habermann[7]) leitet daher den Schwefel nur von der Zersetzung des

---

[1]) Bloxam, Journ. chem. Soc. London **67**, 277 (1895); Chem. ZB. 1895 [1], 946.
[2]) H. Moissan, C. R. **132**, 510 (1901); Chem. ZB. 1901 [1], 773.
[3]) Senderens, Bull. Soc. Paris [3] **6**, 800 (1891); **7**, 511 (1892); Chem. ZB. 1892 [1], 148.
[4]) W. Selezner, J. Russ. phys. Ges. 1892 [1], 124; Ber. Dtsch. Chem. Ges. **15**, 1191 (1882).
[5]) G. vom Rath, Ann. d. Phys. (Pogg.) Erg.-Bd. **6**, 358 (1873).
[6]) B. L. Ilosvay, Földtani Közlony **14**, 38 (1884). Ref. Z. Kryst. **10**, 91 (1885).
[7]) J. Habermann, Z. f. anal. Chem. **38**, 101 (1904).

H_2S ab: $2H_2S + O_2 = 2H_2O + S_2$. B. Reinitzer[1]) erklärt die Bildung des rhombisch kristallisierten Schwefels in der Solfatara bei Pozzuoli durch die Flüchtigkeit des Schwefels in Gegenwart von heißen Wasserdämpfen; er macht dabei auf die Tatsache aufmerksam, daß der dem Kraterboden der Solfatara entströmende Wasserdampf weder H_2S noch SO_2 enthält, dagegen den eigentümlichen Geruch von verdampfendem Schwefel aufweist. Laboratoriumsversuche ergaben tatsächlich ein Verdampfen von Schwefel mit Wasserdampf, wahrscheinlich daneben Bildung kleinerer Mengen von Wasserstoffsupersulfid.

Mit 1000 g Wasser gingen über:

a) aus Schwefelmilch: mit Wasser allein (732 mm Druck) 0,11189 g S
(734 mm ") 0,11439 g S

mit Bleinitratlösung (zur Zurückhaltung des Wasserstoffsupersulfides) . . (724 mm ") 0,10297 g S
(728 mm ") 0,10492 g S

b) aus gereinigten Schwefelblumen: mit Wasser allein . . 0,10490 g S
Wasser mit Zusatz von Kaliumdichromat und Schwefelsäure } . . . . { 0,09859 g S, 0,09753 g S

Ob dieser Erklärungsversuch der Schwefelbildung bei Solfataren auch auf die sizilianischen und amerikanischen Schwefellager in Sedimenten ausgedehnt werden soll, wie dies B. Reinitzer will, muß noch näher untersucht werden. Bezüglich der Genesis der sizilischen Vorkommen siehe die Arbeiten von A. v. Lasaulx[2]) und G. Spezia.[3])

2. Aus H_2S-haltigen Quellen scheidet sich Schwefel zunächst in kolloidaler Form als Schwefelmilch ab: $2H_2S + O_2 = 2H_2O + S_2$. Daneben wird aber auch die Bildung kristallisierten Schwefels beobachtet.[4]) Schwefelbakterien wirken hier mit.[5]) Eine komplizierte Deutung versucht J. Knett,[6]) um das plötzliche Auftreten von H_2S und S in der Karlsbader Therme zu erklären, als Kiefernholz zu Steigrohren des Thermalwassers verwendet wurde. J. Knett schreibt die chemischen Gleichungen:

$$Na_2SO_4 + 2C + 2H_2O = H_2S + 2NaHCO_3,$$
$$2Na_2SO_4 + 3C + 2H_2O + CO_2 = 2S + 4NaHCO_3.$$

3. Die Sulfate in teilweise oder ganz abgeschnürten größeren oder kleineren Wassermassen werden namentlich durch Spaltpilze, aber wohl auch durch verwesende organische Substanz zu Sulfiden, bzw. H_2S reduziert; letztere Verbindungen können durch einen chemischen Kreislaufprozeß, zum Teil auf dem Umwege über Schwefel, wieder in Sulfate rückverwandelt werden. Der unter Mitwirkung von Bakterien verlaufende Kreislaufvorgang ist etwas genauer studiert. Es wirken hier hauptsächlich drei Gruppen von Bakterien mit. Die der ersten Gruppe (Proteus vulgaris, Bacillus mycoides, Bact. alboluteum, Bacillus salinus u. a.) entbinden H_2S und NH_3 teils zugleich, teils einzeln. Im Schwarzen Meere bildet sich H_2S namentlich durch Bacterium hydrosul-

[1]) B. Reinitzer, VI. Congresso Internat. di Chimica applicata Roma 1906, Communicazione fatta nello Sezione II, S. 489.
[2]) A. v. Lasaulx, N. JB. Min. etc. 1879, 514.
[3]) G. Spezia, Z. Kryst. **24**, 412 (1895).
[4]) Literatur bei C. Hintze.
[5]) A. Étard u. L. Olivier, C. R. **45**, 846 (1882).
[6]) J. Knett, N. JB. Min. etc. 1899 II, 81.

furicum ponticum (Selinsky und Brusilovsky);[1]) im Meeresschlamm der holländischen Küste, dort, wo er Schwefeleisen enthält, wirkt ähnlich Microsporia aestuaria (M. Beijerinck).[2]) Das durch diese reduzierend wirkenden Spaltpilze erzeugte H_2S dient als Nahrung für die eigentlichen Schwefelbakterien, welche H_2S auf dem Umwege über S zu H_2SO_4 verbrennen (Winogradsky).[3]) [Überführungsdauer in einer Zelle nach M. Jegunow[4]) etwas mehr als 5 Minuten.] Der dabei intermediär erzeugte Schwefel findet sich im Protoplasma in Form kleiner, öliger weicher Kügelchen aufgespeichert, ist amorph,[5]) geht aber in abgestorbenen Zellen in kristallisierten Schwefel über. Die frei werdende H_2SO_4 muß durch Carbonate sofort reduziert werden, sonst sterben die Schwefelbakterien ab. Schließlich sind als Sauerstoffüberträger bei der Oxydation des Schwefels noch Aeroben tätig.[6])

Im Schwarzen Meere schwimmen diese Spaltpilze in einer Schichte, die in etwa 200 m Tiefe beginnt; in großen Mengen treten sie auch im Brackwasser und im Meeresschlamm auf (Limane Südrußlands, heilsamer Meeresschlamm von Arensburg bei Ösel, in Holland, in vielen Salztümpeln und Salzseen, z. B. in Turkestan). Manche von den Bakterien fallen durch rote und weiße Färbungen auf.

Nach M. Beijerinck[7]) kommen als vierte Gruppe noch Thionsäurebakterien hinzu, durch deren Lebenstätigkeit aus Thiosulfaten und Tetrathionaten des Meerwassers, aber auch aus Schwefelwasserstoff und Schwefelcalcium freier (nicht intercellular gebildeter) Schwefel ausgeschieden wird.

Jedenfalls dürften diese Reduktionsvorgänge der im Meerwasser gelösten Sulfate, zum Teil auch des Schwefelwasserstoffes, durch Spaltpilze und verwesende organische Substanzen am ehesten für eine Erklärung der großen Schwefellager in Absatzgesteinen heranzuziehen sein. Im Einklange damit steht der Bitumengehalt im Schwefel aus mehreren Lagerstätten (z. B. Sizilien, Truscaviče), ferner die Paragenesis mit Sulfaten, namentlich Gips. Einen besonderen Reichtum des Miocäns an Schwefel-Gips-Vorkommen möchte Br. Doss[8]) durch die Annahme eines höheren Gehaltes von Sulfaten in jenen Meeren (neben Armut an Eisensalzen) erklären.

Teilweise im Zusammenhange mit diesen organogenen Schwefelbildungen steht wohl auch der Schwefelgehalt von Torfen. Torf aus dem Franzensbader Moor, getrocknet, dann mit Benzol und Toluol extrahiert, gab einen Auszug, der nach dem Verdunsten des Lösungsmittels eine wachsähnliche Masse mit darin eingebetteten Schwefelkristallen hinterließ.[9])

Auch ostgalizischer Ozokerit enthält 0,148% S. Ebenso besteht der Absatz aus dem Petroleum von Beaumont zu 63,63 Teilen aus amorphem Schwefel, 6,81 Teilen kristallisiertem Schwefel und 29,56 Teilen Rohpetroleum.[10])

---

[1]) Selinsky u. Brusilovsky, C. R. d. séances Soc. Balnéol. Odessa 1898. — S. Andrussov, Guide des excurs. VII. Congr. géol. Int. St. Petersburg, Nr. 29, 7 (1897).

[2]) M. Beijerinck, ZB. f. Bakteriol. [2. Abt.] **11**, 595 (1904).

[3]) Winogradsky, Botanische Zeitschr. **45**, Nr. 31—37 (1887).

[4]) M. Jegunow, ZB. f. Bakteriol. [2. Abt.] **2**, 18 (1896).

[5]) A. Corsini, ZB. f. Bakteriol. [2. Abt.] **14**, 272; Chem. ZB. 1905 [1], 1723.

[6]) Vgl. hierzu auch die Referate von Br. Doss in N. JB. Min. etc. 1900, I, 224; 1901, II, 382.

[7]) M. Beijerinck, ZB. f. Bakteriol. [2. Abt.] **11**, 595 (1904).

[8]) Br. Doss, Z. prakt. Geol. **20**, 453 (1912).

[9]) G. Krämer u. A. Spilker, Ber. Dtsch. Chem. Ges. **32**, 2940 (1899).

[10]) F. E. Thiele, Chem.-Ztg. N. Orleans **26**, 896 (1902); Chem. ZB. 1902 [2], 1163.

Bei allen diesen Vorgängen kann aber auch der Schwefelgehalt von Eiweißverbindungen eine Rolle spielen.

Die wiederholten Angaben über Schwefel im Boden, namentlich in Großstädten, erklären sich durch Reduktionswirkung faulender organischer Substanzen auf Gips. So berichtet G. Ulex[1]) über Schwefel (mit Gips, H_2S-Geruch) in Hamburg, G. A. Daubrée[2]) auf der Place de la Republique in Paris. Daneben mögen auch hier Bakterien tätig sein (vgl. Br. Doss,[3]) E. Erdmann.)[4])

Interessant ist eine Angabe von B. Popoff[5]) über Schwefel, der in Spalten eines sarmatischen, asphalt- und naphtahaltigen Kalksteines bei Kertsch (Krimhalbinsel) gefunden wurde. Neben gewöhnlichen rhombischen Kristallen wurden dort kleine undurchsichtige, gelbe oder graugelbe Kristalle einer anscheinend monoklinen Modifikation mit (001), (011), ($\bar{1}$11) gefunden; die Kriställchen waren Paramorphosen von rhombischem Schwefel nach monoklinen. Die Bildung des S II wird mit der Gegenwart von Naphta und Asphalt in Zusammenhang gebracht.

4. Von untergeordneter Bedeutung ist die Bildung von Schwefel bei Zersetzungs- (Verwitterungs-) Vorgängen an Sulfiden. Bildung von kristallisiertem Schwefel auf zersetzten Pyrit, Antimonit, Bleiglanz u. a. wurde wiederholt beschrieben.[6])

Arsensulfurit.

Von F. Rinne[7]) wurde als Arsensulfurit ein Krustenmaterial des Vulkanes Papandajan (Java) beschrieben.

Amorph. Bräunlichrot, in dünnen Schichten rötlichgelb durchscheinend. Härte $2^1/_2$. Spröde.

In CS_2 unlöslich.

Eine Analyse des mit G. Lungescher Flüssigkeit isolierten Materiales ergab:

S 70,78 %, As 29,22 %, Kein Selen.

Scheinbar ein ähnliches Material hatte bereits T. L. Phipson[8]) geprüft. Er gibt von einem orangefarbenen Schwefel aus der Solfatara (bei Neapel) an, daß er nur teilweise in CS_2 löslich war. Eine Analyse ergab:

S	87,60 %
As	11,16 %
Se	0,26 %
	99,02 %

[1]) G. Ulex, Erdm. Journ. Prakt. Chem. **57**, 330 (1852), nach dem Referate im N. JB. Min. etc. 1853, 837.
[2]) G. A. Daubrée, C. R. **92**, 101 (1881).
[3]) Br. Doss, N. JB. Min. etc. Beil.-Bd. **23**, 662 (1912).
[4]) E. Erdmann, Geol. För. Förh. 1901, 379; Ref. Z. Kryst. **37**, 282 (1903).
[5]) B. Popoff, Bull. Soc. Imp. Natur. Moscou **4**, 477 (1900).
[6]) Literatur bei C. Hintze.
[7]) F. Rinne, ZB. Min etc. 1902, 499.
[8]) T. L. Phipson, C. R. **55**, 108 (1862); Ref. N. JB. Min. etc. 1863, 366.

Daiton-sulfur.

Mit dem Namen Daiton-sulfur wird bei T. Wada[1]) eine besondere Schwefelmodifikation von Daiton in Japan angegeben, der monoklin kristallisieren, dabei aber von S II und S III (β- und γ-) verschieden sein soll.

Rubber-sulfur.

Ein amorpher plastischer Schwefel (mit Eigenschaften ähnlich dem Gummi) wird bei T. Wada[2]) von dem gleichen Fundorte Daiton in Japan angegeben.

Zur Analyse sulfidischer Minerale.

Von **A. Klemenc** (Wien).

Es gibt vier Grundmethoden zur Analyse der sulfidischen Minerale. Da die Bestimmung des im Mineral enthaltenen Schwefels stets dessen Oxydation zu Schwefelsäure erfordert, ist der dazu einzuschlagende Weg oft weniger geeignet, die begleitenden Metalle in analytisch günstiger Lösungsform zu erhalten. Man ist deshalb häufig genötigt, zur Analyse der sulfidischen Minerale mehrere der genannten Methoden anzuwenden.

I. Man behandelt das auf das Feinste pulverisierte und gebeutelte Mineral mit Königswasser (3 Vol. Salpetersäure spez. Gew. 1,4 und 1 Vol. konz. Salzsäure), wobei der Schwefel zu Schwefelsäure oxydiert und die Metalle nach dem Eindampfen mit Wasser als Chloride vorhanden sind. Diese Methode führt in sehr vielen Fällen zur glatten Lösung des Minerals, die Schwefeloxydation gelingt nicht bei allen Mineralen gleich vollständig. Die genaue Schwefelbestimmung muß immer in so einem Falle nach der unter II. angegebenen Methode erfolgen. Sind von den Metallen Blei, Barium und eventuell Silber vorhanden, so bleiben diese als Sulfate bzw. als Silberchlorid unlöslich zurück, die dann mit der Gangart zusammen vorkommen. Bei einer exakten Analyse wird man sie getrennt untersuchen müssen.

II. Bestimmung des Gesamtschwefels. Das auf das Feinste pulverisierte Mineral wird mit der zwölffachen Menge einer Mischung von 2 g Natriumcarbonat und 0,5 g Salpeter innig vermengt und bis zum Schmelzen erhitzt, Schwefel wird oxydiert und es bilden sich Sulfate. Dieser Vorgang bestimmt den Gesamtschwefel, also den Sulfid- und Sulfatschwefel. Diese Methode ist von allgemeinster Anwendung, sie wird immer dann angewendet, wenn es sich um eine genaue S-Bestimmung handelt.

Die Bestimmung des Sulfidschwefels neben Sulfatschwefel erfolgt nach besonders ausgearbeiteten Methoden. Am besten wird nach der, auf Grund einer von Aug. Harding[3]) stammenden Arbeit, von E. P. Treadwell[4]) angegebenen Methode vorgegangen.

Feier Schwefel wird durch Extraktion mit Schwefelkohlenstoff bestimmt.[5])

III. Der Aufschluß mit Chlor oder Brom. Dieser Vorgang wird nicht so häufig angewendet wie die vorhergegangenen. Er findet bei kompliziert zusammengesetzten Arsen und Antimon enthaltenen Mineralen Anwendung, ferner bei solchen, die nach I. nicht glatt in Lösung zu bringen

[1]) T. Wada, Minerals of Japan 2. Ausg. 1916. Siehe auch die erste Beschreibung von M. Suruki, J. Geol. Soc. Tokyo **22**, 343 (1915); J. Wash. Acad. Sci. **7**, 451 (1917).

[2]) Siehe oben. [3]) Aug. Harding, Ber. Dtsch. Chem. Ges. **14**, 2085 (1881).

[4]) E. P. Treadwell, ebenda **25**, 2379 (1892).

[5]) Siehe A. Classen, Handbuch ausgew. Methoden d. anal. Ch. **2**, 220 (1903).

sind (z. B. Antimonglanz). Bei Bleiglanz kann man den einfachen Weg, durch Behandlung des fein gepulverten Minerals mit Brom in der Schale anwenden.[1])

IV. Mehr technische Bedeutung besitzt noch der Vorgang, nach dem man unter Luft- oder reinem Sauerstoffzutritt das sulfidische Mineral erhitzt („Rösten"), wobei der Schwefel zu Schwefeldioxyd und Schwefeltrioxyd verbrennt. Es bleiben als Rückstand die mehr oder weniger reinen (bezüglich S-Gehalt) Metalloxyde zurück.

Man kann auch die abziehenden Gase durch eine alkalische Wasserstoffsuperoxydlösung leiten und darin dann den Schwefel quantitativ bestimmen. Derartige Ausführungsbeispiele finden sich, neben anderen Besonderheiten in P. Jannasch, Praktischer Leitfaden der Gewichtsanalyse, Leipzig, Veit & Co. (1909), auf das hier nur hingewiesen sei.

Es sei der Reihe nach an Hand von Beispielen die praktische Ausführung der oben angedeuteten Methoden erläutert.

Die Analyse des Pyrites.

Vorgang I. Pyrit wird in einem Achatmörser auf das Feinste pulverisiert, gebeutelt und davon in einem 750 ccm fassenden Erlenmeyekrolben mit Hilfe eines 10 cm langen Wägeröhrchens etwa 0,5 g auf den Boden des Kolbens gebracht, dann das Wägeröhrchen zurückgewogen. Dann fügt man etwa 10 ccm einer Mischung von 3 Vol. Salpetersäure und 1 Vol. konzentrierte Salzsäure (Prüfung der HCl und H_2SO_4!) und läßt in der Kälte stehen. In den meisten Fällen tritt, ohne daß man erwärmt, unter reichlicher Entwicklung brauner Dämpfe Reaktion ein. Ist dies nicht der Fall, so erwärmt man das Gemisch auf dem Wasserbad. Sollte sich freier Schwefel ausscheiden, so kann man durch vorsichtigen Zusatz von wenig chlorsaurem Kalium oder Bromsalzsäure diesen in Lösung bringen. Man dampft den Kolbeninhalt in einer Berliner Porzellanschale ein, fügt dann etwa 10 ccm konzentrierte Salzsäure dazu und dampft nochmals zur Trockene. Man hat das meist nochmals zu wiederholen, um die Salpetersäure sicher zu zerstören. Für die Bestimmung des Eisens ist es wichtig zu wissen, daß beim Eindampfen mit HCl sich merkliche Mengen $FeCl_3$ verflüchtigen können. Der Rückstand wird dann mit 20 Tropfen konz. Salzsäure befeuchtet, 100 ccm heißes Wasser dazugegeben, und von der Gangart (Quarz, Silicat, $BaSO_4$, $PbSO_4$, $AgCl$) abfiltriert und der Filtrierrückstand noch mit heißem Wasser nachgewaschen. Das Filtrat versetzt man dann mit reichlichem Überschuß von Ammoniak und läßt längere Zeit auf dem Wasserbade stehen. Man filtriert den Niederschlag ab und wäscht so lange, bis in dem ablaufenden Filtrat mit $BaCl_2$ keine Schwefelsäure mehr nachzuweisen ist. Das Filtrat wird, wenn zu viel Waschwasser vorhanden, etwas eingeengt und in etwa 100 ccm die Schwefelsäure nach bekannter Vorschrift gefällt, nachdem vorher mit reiner Salzsäure schwach angesäuert worden ist. Die weitere Behandlung des Niederschlages ist bekannt.

Hat man darauf Bedacht genommen, daß keine Verflüchtigung des Eisens eingetreten ist, was sich durch Aufsetzen eines dicht aufsitzenden größeren Uhrglases an die nicht zu kleine Porzellanschale erreichen läßt, so kann das Eisen ebenfalls zur quantitativen Wägung gebracht werden.

Sind noch andere Metallbestandteile zu bestimmen (Cu, Ca, Mg), so wird man eine zweite Probe mit mehr Einwage in Königswasser lösen und im

[1]) P. Jannasch u. K. Aschoff, Journ. prakt. Chem. [2] **45**, 111 (1892).

übrigen gleich verfahren. Nach dem Abfiltrieren der Gangart fällt man das Kupfer mit Schwefelwasserstoff und bestimmt es als Cu_2S. Nach Entfernung des Schwefelwasserstoffes oxydiert man das Eisen mit einigen Tropfen Perhydrol oder Salpetersäure und fällt das Eisen als Hydroxyd mit Ammoniak (CO_2-frei!). Im Filtrat sind dann das Calcium und das Magnesium zu bestimmen.

Ganz gleich lassen sich Kupferkiese,[1]) Zinkblenden, die fast immer bleihaltig sind, Arsenkiese, untersuchen.

Als Beispiel, bei dem Methoden I und II kombiniert anzuwenden sind, sei die Analyse des Zinnobers angeführt. Bei der Behandlung mit Königswasser erfolgt hier nämlich nicht die glatte Oxydation des Schwefels, da das anwesende Quecksilber der Oxydation der Salpetersäure stark entgegenwirkt. Man bestimmt daher nach I das Quecksilber und die übrigen vorhandenen Metalle, ferner nach Vorgang II den Schwefel.

Analyse des Zinnobers.

Vorgang II. Man bestimmt das Quecksilber und die anderen Metalle in dem mit Königswasser in Lösung gebrachten Teil. Nach der Reduktion des $Fe^{\cdots}$ mit SO_2 (nur nötig, wenn größere Mengen vorhanden) wird das Quecksilber mit Schwefelwasserstoff gefällt, durch einen gewogenen Goochtiegel filtriert, der Niederschlag von vorhandenem Schwefel durch Extraktion mit Schwefelkohlenstoff gereinigt (F. P. Treadwell) und gewogen. Ist Kupfer vorhanden, so sind die Methoden zu deren Trennung anzuwenden.

Die S-Bestimmung. Das äußerst fein pulverisierte Mineral (0,5 g) mischt man in einem nicht zu kleinen Nickeltiegel innig mit der zwölffachen Menge einer Mischung von 2 g Natriumcarbonat und 0,5 g Salpeter, bedeckt mit einer dünnen Schicht der Salpetersodamischung, erhitzt anfangs ganz gelinde in einer schiefgestellten Asbestscheibe, in der sich ein Loch zur Aufnahme des Tiegels befindet, oder noch besser in einem elektrisch heizbaren Tiegelofen (Heraeus). Man steigert allmählich die Hitze bis zum Schmelzen und hält ca. $^1/_4$ Stunde bei dieser Temperatur. Nach dem Erkalten laugt man die Schmelze mit Wasser aus, filtriert, kocht den Rückstand mit reiner Sodalösung und wäscht schließlich mit Wasser bis zum Verschwinden der alkalischen Reaktion aus, übersättigt das Filtrat im bedeckten Becherglas mit Salzsäure, vertreibt die Kohlensäure durch Kochen und dampft zur Trockene ein. Um nun die Salpetersäure vollkommen zu vertreiben, versetzt man die trockene Masse nochmals mit 10 cm konzentierter Salzsäure und dampft nochmals zur Trockene ein. Den Rückstand befeuchtet man nun mit etwa 1 cm konzentrierter Salzsäure, fügt 100 ccm Wasser dazu und filtriert, wenn nötig. Das Filtrat verdünnt man auf etwa 350 ccm, erhitzt zum Sieden und fällt die Schwefelsäure mit 20 ccm $^1/_1$ n-Bariumchloridlösung, die man vorher auf 100 ccm verdünnte und die man ebenfalls zum Sieden erhitzt hat.

Vorgang III. Zur Anwendung sei auf die reichlich vorhandene Literatur verwiesen, die sich in den am Schlusse dieses Kapitels genannten Büchern vorfindet.

Methoden die bei gewissen sulfidischen Erzen angewendet werden.

Es muß betont werden, daß die allgemeine quantitative Analyse nicht in allen Fällen für die genaue Bewertung eines Mineralvorkommens genügt,

[1]) Mohr, Z. f. anal. Chem. **3**, 490 (1864). — O. N. Heidenreich, Z. f. anal. Chem. **40**, 15 (1901). — H. Haas, Z. f. anal. Chem. **40**, 789 (1901).

sondern daß oft besondere Wege der quantitativen Bestimmung einzuschlagen sind. Dazu gehören ganz besonders die Methoden zur Bestimmung der Edelmetalle, welche sehr häufig Begleiter der sulfidischen Minerale sind. Die Analyse richtet sich dann lediglich danach, das im Mineral vorhandene Edelmetall zu bestimmen. Es geschieht nach besonders ausgearbeiteten Methoden, wobei meist mit einem Probierofen gearbeitet wird. Weiteres findet man in der bei Gold angegebenen Literatur.

Zur besonderen Belehrung bei der Ausführung der Analyse sulfidischer Minerale sind folgende Werke maßgebend:

1. F. P. Treadwell, Kurzes Lehrbuch der analytischen Chemie, 2 Bde. Leipzig, Wien, Deuticke. — 2a. A. Classen, Handbuch der quantitativen chemischen Analyse, 2 Bde. Encke, Stuttgart. 2b. A. Classen, Ausgewählte Methoden der analyt. Chemie, 2 Bde. Vieweg & Sohn, Braunschweig. 3. P. Jannasch, Praktischer Leitfaden der Gewichtsanalyse, Veit & Comp., Leipzig. 4. A. Rüdisüle, Nachweis, Bestimmung und Trennung der chemischen Elemente, Bern, Akademische Buchhandlung, Drechsel, 1913.

Hier findet man eine verwirrende Fülle von Methoden angegeben, wo aber in gewissen besonderen Fällen der geübte Mineralanalytiker Wertvolles wird finden können.

Methoden, die mehr von chemisch-technischer Seite zu werten sind, findet man in

5. G. Lunge, Chemisch technische Untersuchungsmethoden. Berlin, Springer.
6. Ullmann, Enzyklopädie der technischen Chemie.

Analysenmethoden der Fahlerze.

Von **E. Dittler** (Wien).

Die Fahlerze sind meist keine stöchiometrischen Verbindungen, sondern Mischungen der beiden Sulfoverbindungen $R_3^{\cdot}As(Sb)S_3$ mit $R_6^{\cdot\cdot}As_2(Sb_2)S_9$, woraus sich die meisten Analysen erklären lassen; außer Cu und Ag können auch wechselnde Mengen von Hg, Se, Zn und Pb in die Mischung der beiden Endglieder eintreten, so daß bis heute eine allseits befriedigende Formel für Fahlerz nicht angegeben werden kann; auch Ni, Co und Bi finden sich untergeordnet als Bestandteile. Die Analysenmethoden werden also diese Elemente zu berücksichtigen haben.[1]) Auch heute noch gibt die von P. Jannasch[2]) vorgeschlagene Trennung und quantitative Bestimmung der Elemente Hg, As, Sb, Sn und Bi als Bromide oder Bromüre, bzw. Gemische derselben von Ag, Co, Ni, Pb, Cu, Cd, Zn und Fe, die im Bromstrome nicht flüchtig sind, die besten Werte.

An Stelle von Brom wird auch häufig Chlor angewendet, welche Methode trotz des Einwandes von P. Jannasch, daß die Chloride des Bleis, Kupfers, Cadmiums, Zinks und besonders des Eisens flüchtiger sind als die entsprechenden Bromide und sich leicht dem Arsen beimengen, immer noch Anwendung in den Laboratorien findet.

Aufschluß nach der Chlormethode.

Nach F. P. Treadwell[3]) kann die Analyse eines Fahlerzes, das die oben genannten Elemente enthält, folgendermaßen vorgenommen werden:

[1]) A. Rüdisüle, Nachweis, Bestimmung und Trennung der chemischen Elemente. Bern 1917.
[2]) P. Jannasch, Praktischer Leitfaden für die Gewichtsanalyse. Leipzig 224, 1904.
[3]) F. P. Treadwell, Quantitative Analyse, 307, 1922.

0,5—1 g sehr fein gepulverte Substanz bringt man in das Porzellanschiffchen *s*, schiebt dieses in das Zersetzungsrohr *R* und hierauf die Diffusionsröhre *d* (eine an beiden Enden zugeschmolzene Röhre von solchem Durchmesser, daß die Zersetzungsröhre fast damit angefüllt wird), nun schiebt man die Zersetzungsröhre durch einen Trockenschrank, ähnlich wie dies bei der Bestimmung des Antimons als Trisulfid geschieht, verbindet das Zersetzungsrohr einerseits mittels Hahnrohres *H* mit den Gasreinigungsgefäßen *A*, *B*, *C* und *D* (*A* Wasser, *B* konz. Schwefelsäure, *C* und *D* mit Kalcitstückchen und konz. Schwefelsäure; der Kalcit dient zur Zurückhaltung von Spuren mitgerissener Säure), anderseits mit den Absorptionsröhren *E* und *G*.

E enthält etwa 100 ccm Salzsäure (1 : 4), der man 3,5 g Weinsäure zusetzt, und *G* (Landoltsche Röhre) enthält bis zum Ableitungsrohr *K* Glasperlen, auf die während der Dauer des ganzen Versuchs aus dem Scheidetrichter *T* weinsäurehaltige Salzsäure langsam zutröpfelt.

Nun leitet man in der Kälte einen langsamen, aber regelmäßigen Chlorstrom (im Kippschen Apparat aus Chlorkalk und Salzsäure bereitet) durch den Apparat. Sobald das Chlor die Substanz in *s* erreicht, beginnt augenblicklich die Zersetzung. Es tritt lebhafte Wärmeentwicklung ein und die flüchtigen Chloride gelangen zum Teil in die Vorlage *E*, zum Teil kondensieren sie sich in der Kugel *O* und im vorderen Teil der Röhre außerhalb des Trockenschrankes. Durch sorgfältiges Erhitzen mit einer Bunsenflamme gelingt es leicht, auch diese Anteile in die Kugel *O* hinüberzutreiben.

Nach beendigtem Aufschluß ($^3/_4$—$^5/_4$ Stunden), erkenntlich daran, daß keine neuen Sublimate mehr zu beobachten sind, läßt man im gemäßigten Chlorstrom erkalten; während des

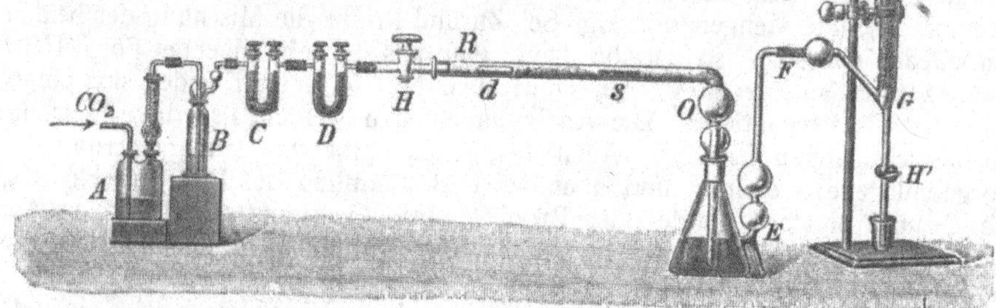

Fig. 5.

Aufschlusses muß man sich vor zu starker Hitze in acht nehmen, weil dann auch Fe und mit ihm die eingangs erwähnten Metalle mit übergehen. Schwer flüchtige, dunkle bzw. schwärzliche Anflüge sind häufig Anzeichen von zu starker Hitze und beendeter Destillation. Das Chlor wird nun durch Kohlendioxyd verdrängt. Hiernach wird der Apparat auseinandergenommen, die Diffusionsröhre *d* und das Schiffchen mit den schwerflüchtigen Chloriden entfernt, die Verbindung mit der Landolt'schen Röhre gelöst und die in *E* befindliche Salzsäure durch sorgfältiges Hineinblasen bei *F* mehrmals in die Kugel *O* getrieben; nun spült man die ganze Röhre mit weinsäurehaltiger Salzsäure in die Vorlage *E* und wiederholt diesen Prozeß mit der Landoltröhre.

Der Rückstand im Schiffchen enthält Silber-, Blei-, Wismut- und Kupferchlorid, fast alles Zink und Blei, noch viel Eisen und die Gangart.

Die Lösung in der Vorlage *E* enthält allen Schwefel als Schwefelsäure, Arsen und Antimon als Pentoxydverbindungen, das Quecksilber als Chlorid, ferner einen Teil des Zinkes, Bleies und des Eisens als Chlorid.

A. Behandlung des Rückstandes.

Der Rückstand wird längere Zeit mit verdünnter Salzsäure behandelt, hierauf mit Wasser verdünnt und der aus Chlorsilber und Gangart bestehende Rückstand abfiltriert. Nach gründlichem Waschen mit Wasser, um alles Bleichlorid zu entfernen, behandelt man mit verdünntem Ammoniak auf dem Filter und fällt aus dem ammoniakalischen Filtrat durch Ansäuern mit Salzsäure das Silber als Chlorid aus und bestimmt es nach Vorschrift.

Die im Filter zurückbleibende Gangart wird naß im Platintiegel verbrannt und gewogen.

In das Filtrat von Chlorsilber und Gangart leitet man nach gehörigem Ansäuern H_2S bis zur Sättigung, filtriert den aus Kupfer-, Wismut- und Bleisulfid bestehenden Niederschlag, löst in Salpetersäure und trennt das Blei von Wismut und Kupfer als Sulfat in der üblichen Weise. Man versetzt die bleifreie Lösung weiter mit Ammoncarbonat und Ammoniak im Überschuß und trennt Kupfer und Wismut. Das erste Filtrat vom Pb-, Bi und Cu-Niederschlag vereinigt man mit dem bei der Verarbeitung von der „Lösung" erhaltenen Filtrat des Schwefelwasserstoffniederschlages dieser Flüssigkeit.

B. Behandlung der Flüssigkeit in der Vorlage *E*.

Zuerst leitet man mehrere Stunden (2—3) lang H_2S bei Wasserbadtemperatur ein. Den Niederschlag, bestehend aus Arsen-, Antimon-, Quecksilber, eventuell Blei- und Wismutsulfid, filtriert man nach 12stündigem Stehen und trennt Arsen und Antimon vom Quecksilber und Wismut mittels Schwefelammon. Aus der Schwefelammoniumlösung scheidet man das Arsen und Antimon durch Ansäuern mit verdünnter Salz- oder Schwefelsäure aus, filtiert und trennt das Arsen von Antimon.

Den in Ammoniumsulfid unlöslichen Rückstand, der, wenn der Aufschluß richtig geleitet war, nur aus Quecksilbersulfid und Schwefel bestehen soll, wäscht man zuerst mit Alkohol, dann mehrere Male mit Schwefelkohlenstoff, dann nochmals mit Alkohol, trocknet bei 110° und wägt.

Ist Wismut und Blei vorhanden, so behandelt man den Sulfidniederschlag zur Lösung mit Salpetersäure von der Dichte 1,2—1,3, kocht, fügt ein gleiches Volum Wasser hinzu und trennt das in Salpetersäure unlösliche Mercurisulfid von Blei und Wismut. Wismut wird von Blei nach der Methode von Löwe[1]) getrennt.

Das Filtrat vom Schwefelwasserstoffniederschlag, welches noch Eisen und Zink enthält, vereinigt man mit dem Eisen und Zink enthaltenden Filtrat vom „Rückstand", fällt mit Ammoniak und Schwefelammon, filtriert, löst in Salzsäure, oxydiert mit Salpetersäure und trennt das Eisen vom Zink nach der Acetatmethode.

Die Bestimmung des Schwefels führt man am zweckmäßigsten in einer besonderen Probe durch Schmelzen mit Soda und Salpeter aus.

[1]) E. P. Treadwell, l. c. S. 163.

Aufschluß nach der Brommethode.

Die unangenehmen Eigenschaften des Chlors und die große Schwierigkeit, eine vollständige Trennung der Metalle Blei, Kupfer, Cadmium, Zink und Eisen von den nicht flüchtigen Elementen zu erzielen, veranlaßten P. Jannasch, den Aufschluß im Bromstrome vorzunehmen; ein großer Vorteil besteht darin, die Analyse am Arbeitsplatz auszuführen.

Der Aufschluß erfolgt übrigens ganz so wie im Chlorstrome. Man muß sich nur hüten, Cl-haltiges Brom zu verwenden, weil dann leicht Blei und Kupfer mit überdestillieren.

Vorteile der Brommethode gegenüber der Chlormethode.

Schon P. Jannasch[1]) hatte gefunden, daß der Bromaufschluß bequemer und die Trennung der Elemente genauer ist als nach dem Chlorverfahren. Nun soll nach F. Schäfer[2]) Brom einfach zusammengesetzte Sulfide, wie Kupferglanz und Zinkblende, besonders dann, wenn sie völlig eisen-, arsen- und antimonfrei sind, nicht immer vollständig aufschließen. Derartige Sulfide sind aber besser, wie A. Kretschmer hervorhebt, nicht mittels Halogenaufschluß zu analysieren, sondern nach hierfür geeigneten einfacheren Spezialverfahren. Die Brommethode ist aber immer dort vorzüglich geeignet, wo es sich um eine genaue Trennung der Elemente As und Sb von den Schwermetallen handelt.

A. Kretschmer[3]) empfiehlt, an Stelle der Kautschukverbindungen das Reaktionsrohr mlt der ersten Vorlage zusammenzuschmelzen und verwendet eine Anordnung wie sie unten beschrieben ist.

Auch A. Kretschmer[4]) hat die Brommethode an zahlreichen Fahlerzanalysen geprüft und ihre Brauchbarkeit gegenüber dem Chloraufschluß bestätigen können.

An Stelle des Kohlensäureapparates von Kipp sind zwei verstellbare Gefäße vorzuziehen, weil diese einen kontinuierlicheren Strom von CO_2 liefern. Sobald der Apparat mit Bromdampf gefüllt[5]) ist und man sich überzeugt hat, daß alle Verbindungsstellen schließen, wobei es zweckmäßig ist, gute Glasschliffe herzustellen, bringt man das Schiffchen mit der feingepulverten Substanz (1 g) in das Aufschlußrohr. Eine Flamme hinter der Substanz verhindert das Rückwärtsdestillieren, was bei Versagen des Kohlensäurestroms leicht eintreten kann. Der Bromstrom wird aus käuflichem Brom (durch Schütteln mit Bromkaliumlösung von Chlor und durch wiederholtes Waschen mit Wasser wieder von den Kaliumhalogeniden und von Schwefelsäurespuren befreit) erzeugt. Die Bromflasche wird hochgestellt, um ein bei den Fahlerzen allerdings nicht erforderliches Erwärmen zu ermöglichen. Die Geschwindigkeit des Gasstromes ist nur so groß zu nehmen, daß sie eben den Druck der Vorlagen überwindet (10,4 Blasen in der Sekunde). Das Mineralpulver wird eine Zeitlang der Einwirkung des Broms in der Kälte überlassen. Dann erwärmt

---

[1]) P. Jannasch, Ber. Dtsch. Chem. Ges. Berlin **24**, 3746 (1891); **25**, 124 (1892).

[2]) F. Schäfer, Z. f. anal. Chem. **45**, 145 (1906). Siehe auch A. Guillemain „Beiträge zur Kenntnis der Sulfosalze". Inaug.-Diss. Breslau 1893.

[3]) A. Kretschmer, Z. Kryst. **48**, 497/498 (1911).

[4]) Derselbe, Z. Kryst. **48**, 497 (1911).

[5]) Eine Glasspirale gestattet, das Schiffchen im Bromdampf in das Rohr zu bringen

man gelinde mit der Flamme eines kleinen Bunsenbrenners und treibt das entstehende Sublimat langsam in die Vorlage, wie oben beim Chloraufschluß angegeben. Ein Zusammenschmelzen der Substanz ist unbedingt zu vermeiden. Dies ist unnötig, erschwert später das Auflösen der im Schiffchen verbleibenden Bromide und kann bei längerem, zu starkem Erhitzen zur Verflüchtigung von Blei- und Kupferbromid führen. Wenn diese Bedingungen eingehalten werden, hat man ein Flüchtigwerden von Blei und Kupfer nicht zu befürchten. Die Analyse der flüchtigen und nichtflüchtigen Verbindungen erfolgt wie beim Chloraufschluß. Bei der Analyse der flüchtigen Verbindungen ist es zweckmäßig, zur Vertreibung des Broms wiederholt mit einigen Tropfen Salpetersäure zu versetzen. Die Salpetersäure verhindert eine Reduktion der nichtflüchtigen Arsensäure, während bei Gegenwart von arseniger Säure starker Arsenverlust eintritt.

Bei der Analyse der nichtflüchtigen Verbindungen ist zur Trennung des Eisens vom Zink auch die Succinatmethode zu empfehlen; die Lösung muß sehr genau neutralisiert werden; freie Säure macht Bernsteinsäure frei, in welcher der Niederschlag ein wenig löslich ist, durch freies Alkali werden Spuren der übrigen Metalle mitgefällt. Man erwärmt die Eisenoxydlösung mit kleiner Flamme, weil sich der Niederschlag in der Wärme besser absetzt und läßt die Succinatlösung aus einem Hahntrichter tropfenweise zufließen. Nach beendeter Fällung läßt man erkalten, dekantiert mehrmals und wäscht mit kaltem Wasser.

Allgemeines über die Schwefelverbindungen des Mineralreiches.

Von **C. Doelter** (Wien).

Schwefel ist auf der Erde in nicht geringer Menge vorhanden. C. W. Clarke[1]) berechnet für dieses Element 0,10% und für SO_3 0,03% der Erdkruste. Die Mengen von gediegenem Schwefel sind gegenüber den Mengen, welche in Verbindungen vorkommen, gering.

Wir unterscheiden namentlich die Sulfide oder Verbindungen von Schwefel mit Metallen, oder Nichtmetallen, ohne Sauerstoff und die Verbindungen des Schwefels mit Sauerstoff und Metallen, die Sulfate. Diese beiden Mineralklassen sind von großer Wichtigkeit, und sie enthalten sehr viele Mineralarten; die Hauptmasse des in der Erdkruste vorhandenen Schwefels tritt in Gestalt dieser beiden Arten von Verbindungen auf. Bei der Betrachtung und Aufzählung der Schwefelmineralien müssen diese beiden Klassen getrennt behandelt werden.

Die Sulfidmineralien müssen vom chemischen Standpunkte in zwei Klassen geschieden werden. In den mineralogischen Lehrbüchern werden gewöhnlich diese beiden verschiedenen Verbindungsarten ganz voneinander getrennt. Man unterscheidet nämlich die eigentlichen Sulfide und die Sulfosalze.

Erstere sind Verbindungen vom Typus RS, R_2S, RS_2, R_2S_3 oder im allgemeinen R_nS_m, worin R ein Metall oder ein Metalloid sein kann. Analog

1) The Data of Geochemistry. Washington 1916, 32.

sind die Verbindungen der Metalle mit Arsen, Antimon, Wismut oder Selen, Tellur.

Die Zahl der eigentlichen Sulfide, wenn wir von den Seleniden und Telluriden absehen wollen, ist keine sehr bedeutende. Was aber die Abtrennung der Sulfide von den Sulfosalzen, welche letztere sehr zahlreich sind, betrifft, so ist sie theoretisch sehr einfach, da die ersteren Basen oder Säuren sind, während die Sulfosalze, wie ihr Name besagt, Salze sind. Indessen ist praktisch die Unterscheidung nicht immer ganz leicht, da sie manchmal recht hypothetisch ist, wie bei den Sulfoferriten, bei welchen eine Säure $Fe(SH)_3$ angenommen wird, von welcher wir nicht wissen, ob sie existiert. Auch die anderen Sulfosäuren sind zum Teil nicht sichergestellt, indessen ist es doch mit großer Wahrscheinlichkeit anzunehmen, daß die Säuren:

$$As(SH)_3, \quad Sb(SH)_3, \quad Bi(SH)_3,$$

also die sulfarsenige, die sulfantimonige, die sulfobismutige Säure wirklich existieren. Man hat aber auch noch andere Sulfo- oder Thiosäuren anzunehmen, welche aus den oben angegebenen durch Austritt von H_2S ableitbar sind. Es wird auch eine Säure HAs_3S_5 für die sauersten Salze angenommen. Auch gibt es saure und basische Salze der obigen Säuren.

Endlich hat man auch anzunehmen die Orthosäure $AsS(SH)_3$, welche in den Sulfarseniaten und Sulfantimoniaten (auch Sulfvanadaten) vorkommt.

Endlich wären noch zu erwähnen die seltenen Sulfostannate und Sulfogermanate.

Über die Konstitution der Sulfide und namentlich der Sulfosalze wissen wir nicht gerade viel. Bei ersteren können wir wohl annehmen, daß die einfacheren Basen oder Säuren der sulfarsenigen bzw. sulfantimonigen Säuren sind, und zwar Basisanhydride bzw. Säureanhydride; so wären die Verbindungen As_2S_3, Sb_2S_3 (und auch Bi_2S_3), die aus Thiosäuren durch Verlust von H_2S abgeschieden werden, Säurenanhydriden vergleichbar. Daher schreibt man auch die Formel eines Sulfosalzes RS, As_2S_3. Die in der Natur vorkommenden Sulfide, wie PbS, ZnS, Ag_2S, HgS, NiS, NiAs werden als Basen betrachtet. Bei manchen anderen wissen wir dies nicht so sicher.

Bei den Sulfosalzen ist, mit Ausnahme mancher Fälle, die Säure nicht ohne weiteres ersichtlich. Wir haben allerdings angenommen, daß die sulfarsenige, die sulfantimonige, die sulfobismutige Säure Salze bilden, und zwar entweder neutrale, oder auch basische, aber außerdem haben wir aus ihnen noch Säuren durch Austritt von H_2S abzuleiten. Es gibt nach Weinland Sulfosalze, welche sich aus Sulfosäuren, die sich durch Subtraktion von $m\,H_2S$ von $m\,As(HS)_3$ ableiten lassen.

Man muß annehmen, daß die Anionen dieser Säuren teils die Koordinatenzahl zwei, teils drei besitzen, z. B.:

$$\text{Boulangerit} = \begin{pmatrix} 3\,SbS_3 \\ SbS_2 \end{pmatrix} Pb.$$

Viele Sulfosalze sind wahrscheinlich Molekülverbindungen, vielleicht Komplexsalze im Sinne von A. Werner. Für solche ist gegenwärtig eine Konstitutionsformel nicht möglich. Man[1]) kann solche schreiben:

$$AS(RS)_3 + R_2S \quad \text{oder} \quad + RS.$$

[1]) P. Groth u. K. Mieleithner, Mineralog. Tabellen 1921, 6.

Bei Stephanit wäre nach P. Groth zu schreiben:

$$Ag_5(SbS_4) = Ag_5 \left[{}^{S}_{S} Sb {}^{S}_{S} \right].$$

Selbst bei einem so einfachen Salz, wie Kupferkies $CuFeS_2$ sind die Ansichten sehr verschieden (siehe unten).

Dies zeigt, daß die Einteilung nach der chemischen Konstitution mit Schwierigkeiten verbunden ist.

E. H. Kraus und J. P. Goldberry[1]) stellen 6 Abteilungen aller Sulfomineralien auf und zwar mit folgenden allgemeinen Formeln:

$$1.\quad \overset{\text{I}}{M}_x \overset{\text{III}}{R}_2 S_y, \quad \text{worin} \quad y = \frac{x}{2} + 3,$$

$$2.\quad \overset{\text{I}}{M}_x \overset{\text{III}}{R}_4 S_y, \quad " \quad y = \frac{x}{2} + 6,$$

$$3.\quad \overset{\text{I}}{M}_x \overset{\text{III}}{R}_6 S_y, \quad " \quad y = \frac{x}{2} + 9,$$

$$4.\quad \overset{\text{I}}{M}_x \overset{\text{III}}{R}_8 S_y, \quad " \quad y = \frac{x}{2} + 12,$$

$$5.\quad \overset{\text{I}}{M}_x \overset{\text{IV}}{R}_2 S_y, \quad " \quad y = \frac{x}{2} + 4,$$

$$6.\quad \overset{\text{V}}{M}_x \overset{\text{V}}{R}_2 S_y, \quad " \quad y = \frac{x}{2} + 5.$$

Die meisten Sulfosalze gehören zur ersten Gruppe, so Fahlerz, Kupferkies, Miargyrit, Linneit, Jamesonit, Bournonit, Buntkupfer, Polybasit. Andere Reihen enthalten, wie Reihe 2 Klaprothit, Rathit, Schirmerit, Warrenit. Die Reihe 3 enthält nur Baumhauerit, ebenso enthält Reihe 4 nur ein Mineral, den Plagionit. Zur Reihe 5 gehören die Sulfostannatmineralien und Sulfogermantsalze, so Stannin, Canfieldit, Argyrodit. In die letzte Reihe sind Enargit, Luzonit, Famatinit und Sulvanit zu stellen. Wegen der ungleichen Verteilung der Mineralien in diese Reihen (weitaus die meisten gehören zur ersten), kann dies keine brauchbare Klassifikation abgeben, doch sind diese Beziehungen immerhin von Interesse.

P. Groth[2]) teilt die Sulfosalze in fünf Abteilungen: 1. Sulfoferrite, 2. Sulfarsenite (bzw. -antimonite und -bismutite), 3. Sulfarseniate, -antimoniate, -vanadate, 4. Sulfostannate und -germanate, 5. Verbindungen von Sulfostannaten mit Sulfantimoniten.

Nach der in diesem Werke angenommenen Einteilung der Mineralien, welche sich innerhalb der einzelnen großen Klassen des Mineralreiches wie Schwefelverbindungen, Oxysalzen, Haloidsalzen wesentlich auf die betreffenden Metalle stützt, mußte auch in der vorliegenden Klasse der Schwefelmineralien, erstens eine Einteilung in die zwei großen Abteilungen der Sulfide (bzw. Sulfosalze) einerseits, der sauerstoffhaltigen Schwefelverbindungen, also der Sulfate andererseits vorgenommen werden.

(Die Einteilung der Sulfate siehe unten.)

Die weitere Einteilung der Sulfide und Sulfosalze erfolgt nach den Metallen und zwar im allgemeinen nach der Reihenfolge der Elemente im perio-

[1]) E. H. Kraus u. J. P. Goldberry, N. JB. Min. etc. 1914, II, 136.

[2]) P. Groth u. K. Mieleithner, l. c. 22.

dischen System. Daher kämen zuerst die Verbindungen, welche Cu, Ag, Au enthalten (Goldverbindungen sind ganz selten). Dann hätten wir die Verbindungen von S mit Zn, Cd und Hg. Ferner solche mit Ge, Sn, Pb, dann jene mit Tl, As, Sb, Bi. Dann kommen solche mit Se, Te, Mo (wobei jedoch die Selen- und Tellurverbindung unter Selen bzw. Tellur eingereiht wurden). Auch wurden die Sulfide der Metalloide abgesondert vor denen der Metalle behandelt.

Es reihen sich dann an die Schwefelverbindungen des Eisens, Mangans, Kobalts und Nickels, sowie der Platinmetalle, soweit solche vorhanden sind.

Eine Schwierigkeit bereiten die vielen Fälle, in welchen zwei oder mehr Metalle mit Schwefel verbunden sind. Hier entscheidet die Praxis dahin, daß man z. B. Kupferkies bei Kupfer suchen wird, Rotgiltigerz bei Silber, Polybasit bei Silber.

Bei einigen, wie Bournonit, kann man allerdings willkürlich vorgehen und man könnte ihn ebenso zu Kupfer als zu Blei stellen, doch ist es immerhin besser, ihn unter Blei einzureihen, für Fahlerz gilt das Kupfer als maßgebend.

Schwefel kommt außer in den Hauptverbindungen, welche eben erwähnt wurden, auch noch in manchen anderen Salzen vor, so enthalten den Schwefel einige Silicate, wie Helvin, dann der Hauyn und der Lasurstein; im letzteren wird der Schwefel meistens als Sulfat angenommen, in ersterem nimmt man Sulfid an. Eine Abteilung der Skapolithe, die Sulfoskapolithe (siehe diese) enthalten Schwefelsäure. Hierher gehört auch der Thaumasit.

Unter den Organolithen sind wenige schwefelhaltige zu nennen, z. B. Tasmanit, dann manche Kohlen und Petroleum.

Isomorphie der Sulfide mit Telluriden, Seleniden.

Chemisch schließen sich an die Sulfide einige Verbindungen an, welche analog wie die Sulfide zusammengesetzt sind, welche aber statt Schwefel Tellur oder Selen enthalten. Viele dieser Verbindungen sind isomorph mit den Sulfiden, so haben wir die Bleiglanzgruppe:

$$PbS, \quad PbSe, \quad PbTe,$$

ferner die Quecksilberverbindungen:

$$HgS, \quad HgSe, \quad HgTe,$$

alle drei kubisch-hexakistetraedrisch. Ferner die Argentitgruppe:

$$Ag_2S, \quad Ag_2Se, \quad Ag_2Te, \quad (Ag, Au)_2Te.$$

Wegen der Analogie in der Zusammensetzung der drei Arten von Verbindungen folgen auf die Sulfide die allerdings sehr wenig zahlreichen Selenide und die Telluride. Es wurden diese Verbindungen, schon auch wegen des genetischen Zusammenhanges gleich nach den Sulfiden vor den Sulfaten behandelt.

Isomorphie der Schwefel-, Arsen-, Antimon- u. Wismutverbindungen.

Ebenso wie im obigen Falle sind bei den Sulfiden jene Verbindungen untergebracht, welche statt Schwefel Arsen oder Antimon, bzw. Wismut enthalten.

Auch hier handelt es sich meistens (wenn auch nicht immer) um isomorphe Vertretung des S durch As, Sb oder Bi.

So z. B. in der trigonalen (oder hexagonalen) Gruppe des Nickels wird bei NiS der Schwefel durch As oder Sb vertreten, welche zwar nicht streng isomorph sind, aber doch chemisch-kristallographisch verwandt sind. In der isomorphen Reihe der Mineralien der Pyritgruppe wird der Schwefel im Chloanthit $(Ni, Co, Fe)As_2$ und im Smaltin $(Co, Ni, Fe)As_2$ durch Arsen vertreten.

In der rhombischen Reihe (der Markasitgruppe) wird Schwefel durch Arsen im Löllingit $FeAs_2$, im Safflorit $(Ni, Co, Fe)As_2$, und im Rammelsbergit $(Ni, Co, Fe)As_2$ vertreten.

Bei einzelnen Arseniden (oder Antimoniden) liegt allerdings keine analoge Schwefelverbindung vor, wie bei Sperrylit $PtAs_2$ oder bei Skutterudit $CoAs_3$, Whitneit Cu_9As, Dyskrasit Ag_3Sb.

Diese Arsenide und Antimonide, hätten zwar nach unserer Systematik bei Arsen bzw. Antimon behandelt werden können. Es schien jedoch zweckmäßiger in diesem Falle die übliche mineralogische Einteilungsweise, welche hier in der Genesis der betreffenden Mineralien begründet ist, beizubehalten, und so erscheinen diese Arsenide und Antimonide zusammen mit den analogen Sulfiden.

Reaktionen zur Erkennung des Schwefels in Mineralien. In Sulfiden wird man am besten durch Erhitzen mit konzentrierter Salpetersäure (eventuell unter Druck in einem zugeschmolzenen Glasrohr) den Schwefel in Schwefelsäure überführen, welche dann durch Fällung mit Bariumchlorid in saurer Lösung leicht zu konstatieren ist.

Auf trockenem Wege kann durch Schmelzen mit Soda und Kohle die Heparreaktion nachgewiesen werden: Die geschmolzene, befeuchtete Masse schwärzt Silber. Manche Sulfide geben im offenen Glasrohr erhitzt schweflige Säure ab, am Geruch erkennbar.

Anordnung des Stoffes.

Wie oben erwähnt, reihen wir die hierher gehörigen Verbindungen nach den Metallen, wobei neben den Sulfiden auch die betreffenden Arsenide, Antimonide, Bismutide eingereiht werden. Die Reihenfolge ist die des periodischen Systems, nur wurden die Verbindungen der Metalloide, wie in den mineralogischen Werken üblich, zuerst besprochen.

1. Sulfide der Metalloide: As, Sb, Bi, Mo, V und W.
2. Verbindungen von S (As, Sb, Bi) mit Kupfer.
   A. Verbindungen mit Kupfer allein.
   B. Verbindungen mit Kupfer und einem anderen Metall
3. Verbindungen von S, As, Sb, Bi mit Silber.
   A. Verbindungen mit Silber allein.
   B. Verbindungen mit Silber und einem zweiten Metall.
4. Verbindungen von Bi mit Gold.
5. Verbindungen von S mit Zink.
6. Verbindungen von S mit Cadmium.
7. Verbindungen mit Quecksilber.
8. Verbindungen von S, As, Sb mit Thallium.

9. Verbindungen von S, As, Sb mit Germanium und anderen Metallen.
10. Verbindungen von S, As, Sb mit Zinn und anderen Metallen.
11. Verbindungen von S, As, Sb, Bi mit Blei.
    A. Verbindungen mit Blei allein.
    B. Verbindungen mit Blei und anderen Metallen.
12. Verbindungen von S, As mit Mangan.
13. Verbindungen von S, As, Sb mit Eisen.
    A. Verbindungen von S, As, Sb mit Eisen allein.
    B. Verbindungen von S, As, Sb mit Eisen und anderen Metallen.
14. A. Verbindungen von S, As, Sb mit Kobalt oder Nickel allein.
    B. Verbindungen von S, As, Sb mit Kobalt, Nickel und anderen Metallen.
15. Verbindungen von S bzw. As mit Platin und Platinmetallen.

Weiter folgen die Selenide und Telluride nach derselben Anordnung. Es wurde bereits oben bemerkt, daß, wo zwei Metalle in gleichen Mengen vorhanden sind, eine gewisse Willkür bei der Einreihung nicht zu vermeiden ist. Wo es sich um Erze handelt, wird man das wichtigere Metall als ausschlaggebend betrachten, z. B. bei solchen, welche Pb oder Cu, daneben aber merkliche Mengen von Ag enthalten, wird man das Hauptgewicht auf das Silber legen, da es sich um Silbererze handelt, ebenso ist Kupferkies als Kupfererz anzusehen. Sonst entscheidet das in größerer Menge vorkommende Element für die Einreihung.

Fahlerze wurden zu Kupfer gestellt, weil dieses Metall in allen enthalten ist.

1. Sulfide der Metalloide.

Hierher gehören: Realgar, Dimorphin, die isomorphe Gruppe des Auripigments, Antimonits und Wismutglanzes, ferner Molybdänsulfid, Wolframsulfid und Patronit.

Realgar (AsS).

Von **M. Seebach** (Leipzig).

Monoklin-prismatisch. $a:b:c = 1,4403:1:0,9729$; $\beta = 113^\circ 55'$ (J. C. Marignac).[1])

Synonyma: Rauschrot, rote Arsenblende; „die Namen Rubinschwefel und Sandarach werden namentlich für die künstlich dargestellte amorphe Verbindung gebraucht".

Analysen.

	1.	2.	3.	4.	5.	6.	7.
As	70,08	69,00	69,57	70,25	69,57	69,54	70,00
S	29,92	31,00	30,45	30,00	30,55	30,29	30,00
	100,00	100,00	100,02	100,25	100,12	99,94*)	100,00

[1]) J. C. Marignac bei A. Des Cloizeaux, Ann. chim. phys. **10**, 423 (1844).

1. Theor. Zusammensetzung.
2. Banat; anal. H. Klaproth, Beitr. z. chem. Kenntn. d. Mineralkörper 5, 234 (1810).
3. Fundort unbekannt; anal. A. Laugier, Ann. chim. phys. 85, 46 (1813).
4. Pola de Lena, Asturien, Spanien; anal. H. Müller, Am. Journ. Chem. Soc. 11, 240 (1858).
5. Kristalle von Allchar, Mazedonien; anal. P. Jannasch bei V. Goldschmidt, Z. Kryst. 39, 113 (1904).
6. Ausgesucht reines Material vom Binnental, Wallis, Schweiz; anal. P. Jannasch bei V. Goldschmidt, wie oben. *) Inkl. 0,11 Gangart.
7. Künstliche Kristalle; anal. H. H. de Sénarmont, C. R. 32, 409 (1851).

Formel. Die Analysen entsprechen zum Teil genau der Formel AsS, die man unter Annahme der Konstitution S=As—As=S auch As_2S_2 schreiben kann.

Eigenschaften.

Die nach der *c*-Achse meist kurzsäuligen natürlichen Kristalle, sowie die körnigen bis dichten Aggregate sind durchsichtig bis durchscheinend von morgenroter bis orangeroter Farbe mit pomeranzengelbem Strich.

Glanz diamant- bis fettartig.

Spaltbarkeit deutlich nach (001), meist undeutlich nach (010); Bruch muschlig.

Starke negative Doppelbrechung, Achsenebene || (010). Kräftiger Pleochroismus: || *c* rot, ⊥ *c* gelb.

Für Röntgenstrahlen nach C. Doelter[1]) auch in den dünnsten Schichten vollkommen undurchlässig.

Von ultravioletten Strahlen wird der Realgar in 20 Stunden von Zinnober 1*i* zu Orange 2*o*, von Radium nach 14 tägiger Bestrahlung von 1*i* in 30*k*, also stark in Karminrot umgewandelt. Im letzteren Falle also umgekehrte Wirkung wie bei den ultravioletten Strahlen.

Kathodenstrahlen zeigen keine Luminiszenzerscheinungen und keine Veränderungen.[2])

Im Spektrum konnte A. de Gramont[3]) nur schwierig die Linien des Schwefels, ausgezeichnet die des Arsens beobachten.

Die **spezifische Wärme** von käuflichem Realgar ist nach F. E. Neumann[4]) $C_p = 0{,}1111$. W. P. A. Jonker[5]) untersuchte das Zustandsdiagramm Arsen-Schwefel und fand bei der Zusammensetzung AsS einen maximalen Schmelzpunkt (Fig. 5). Eine zweite intermediäre Kristallart scheint ein Maximum bei As_2S_3 zu besitzen. Bei dieser Zusammensetzung ist aber ohne Zweifel ein Maximum der Siedekurve der Schmelze vorhanden; diese Verbindung (siehe Auripigment) destilliert demnach undissoziiert über. [Vgl. über das System As-S auch W. Borodowsky, Sitzber. Natfor. Ges. Dorpat 14, 159 (1906).]

Nach F. Beijerinck[6]) leitet Realgar nicht die Elektrizität, besonders, wenn die Kristalle vorher mit Ammoniak gereinigt wurden; eine geringe Leitfähigkeit wird zuweilen durch das oberflächliche hygroskopische Zersetzungsprodukt vorgetäuscht.

---

1) C. Doelter, N. JB. Min. etc. Beil.-Bd. 2, 91 (1896).
2) C. Doelter, Das Radium und die Farben (Dresden 1910), 18.
3) A. de Gramont, Bull. soc. Min. 18, 291 (1895).
4) F. E. Neumann, Pogg. Ann. 23, 1 (1831).
5) W. P. A. Jonker, Z. anorg. Chem. 62, 89 (1909).
6) F. Beijerinck, N. JB. Min. etc. Beil.-Bd. 11, 423 (1897).

Dichte 3,56 für natürliches, 3,4—3,6 für künstliches Material.
Härte 1,5—2.

Lötrohrverhalten und Reaktionen. Vor dem Lötrohr schmilzt Realgar sehr leicht und verflüchtigt sich unter Arsengeruch. Im luftleeren Raume tritt die Verflüchtigung nach A. Schuller[1]) schon erheblich vor der Schmelzung ein. A.K. verbrennt er mit weißgelber Flamme; liefert bei schwachem Erhitzen im offenen Glasröhrchen schweflige Säure und ein weißes kristallinisches Sublimat von arseniger Säure, während er bei starkem Erhitzen zum Teil unverändert sublimiert. In der geschlossenen Glasröhre erhitzt, gibt er ein nach der Abkühlung rotes, durchsichtiges Sublimat. Erhitzt man eine kleine in Kupferfolie eingewickelte Probe des Minerals in einer Glasröhre mit der Lötrohrflamme, so entsteht außer einem Sublimat von Schwefelarsen auch ein Spiegel von metallischem As. Bricht man die Röhre in der Nähe des Spiegels ab und erhitzt diesen, so ist der charakteristische knoblauchartige Geruch des Arsenrauches wesentlich deutlicher wahrnehmbar als beim direkten Schmelzen der Probe.

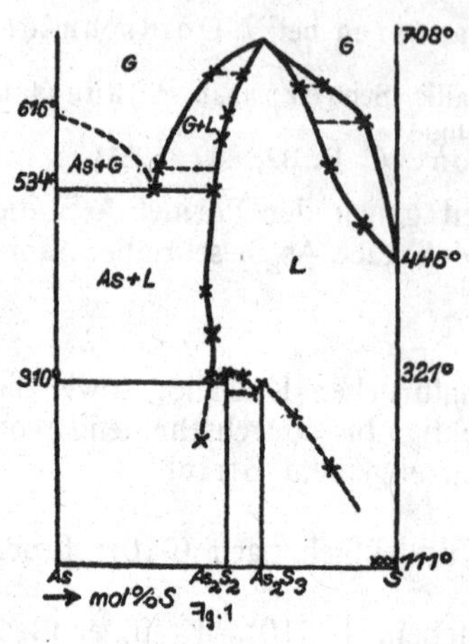

Fig. 6.

Der **Schmelzpunkt** liegt nach R. Cusack[2]) bei 377 (?)° C. Nach L. H. Borgström[3]) schmilzt Realgar von verschiedenen Fundorten bei 307 - 314° C; das bei weiterem Erhitzen erhaltene Material schmitzt bei 589° C. W. P. A. Jonker[4]) ermittelte für As_2S_3 durch Schmelzen und Abkühlen den Wert 320° C, W. Borodowsky) 308° C.

Löslichkeit. In Alkalien unvollkommen löslich; aus der Lösung fällt Salzsäure zitronengelbe Flocken. Durch Salpetersäure oder leichter durch Königswasser zersetzbar. Ein wenig auch in Schwefelkohlenstoff und Benzol, namentlich bei höherer Temperatur löslich (A. Schuller).[1]) Von Bromlauge zu Arsensäure oxydiert, welche mit starker Chlorkalklösung einen Niederschlag von weißem, arsensaurem Kalk gibt, der sich mit einer Lösung vom Silbernitrat zu braunem, arsensaurem Silber umsetzt. Diese sehr empfindliche Reaktion eignet sich auch zum Nachweis von Arsenverbindungen im Lötrohrbeschlage (J. Lemberg).[5])

Synthese. Schmilzt man Realgar, so erstarrt er zu einer kristallinischen Masse, die in Drusenräumen Kristallspitzen zeigt (J. F. L. Hausmann).[6]) Bei der Sublimation im luftleeren Raum bilden sich nach A. Schuller[7]) schöne bis über 10 mm lange Kristalle.

[1]) A. Schuller, Math. és term. tud. Érsitö **12**, 255 (1894); Z. Kryst. **27**, 97 (1896).
[2]) R. Cusack, Proc. Roy. Irish Acad. [3] **4**, 399 (1897).
[3]) L. H. Borgström, Ofv. af Finska Vet.-Soc. Förh. **57**, 1 (1914/15); N. JB. Min. etc. 1916, I, 10.
[4]) W. P. A. Jonker, Z. anorg. Chem. **62**, 89 (1909).
[5]) J. Lemberg, Z. Dtsch. geol. Ges. **46**, 788 (1894).
[6]) J. F. L. Hausmann, Ges. Wiss. Göttingen Nr. 1, 1 (1850); N. JB. Min. etc. 1850, 698.
[7]) A. Schuller, Math. és term. tud. Érsitö **12**, 255 (1894); Z. Kryst. **27**, 97 (1896).

Eine Schmelzmasse von Arsen und Schwefel im Verhältnis AsS erstarrt in ähnlicher Weise wie das geschmolzene Mineral.

H. de Sénarmont[1]) erhitzte Realgar oder künstlich dargestelltes AsS mit Schwefel im Überschuß im geschlossenen Glasrohr mit Natriumbicarbonatlösung auf 150° C und erhielt an den Wänden des Rohres prismatische Kristalle, die mit natürlichem Realgar in Zusammensetzung und Eigenschaften übereinstimmten (Analyse 7, $\delta = 3{,}4-3{,}6$). Realgarkristalle entstehen auch gelegentlich als Hüttenprodukt bei Rösthaufen von Arsen- und Schwefelerzen.[2]) Die künstlich dargestellte, in der Feuerwerkerei usw. als „Rubinschwefel" oder „Sandarach" benutzte Verbindung ist amorph und kann im großen leicht durch Destillation von Schwefelkies mit Arsenkies als rotes Arsenikglas gewonnen werden. C. W. C. Fuchs[2]) beobachtete Kristalle von Realgar auch bei der technischen Bereitung des roten Schwefelarsens.

Vorkommen und Genesis. Der Realgar, häufig begleitet von Auripigment, hat seine hauptsächliche Verbreitung auf den Erzgängen von Ungarn, Böhmen, Südamerika und andern Orten, wo er an Menge hinter Antimonglanz, Arsen-, Blei-, Silber- und Golderzen zurückbleibt. Er findet sich ferner in den Phylliten von Křešewo in Bosnien und Allchar in Mazedonien, in den sandigen Tonen von Tajowa bei Neusohl, im Kalkstein (Steiermark, Salzburg und Tirol) und im Dolomit des Binnentals. Als Sublimationsprodukt am Vesuv[3]) in vorzugsweise oberflächlichen kälteren Schichten als glasige, isotrope, tiefrote Krusten und in Kristallen[4]), sowie am Ätna, in den Phlegräischen Feldern, auf Vulcano und Guadeloupe. Die wärmsten Fumarolen (210° und 270° C) von Papandayan auf Java sind von einem Ring aus halbweichem, dunkelrotem Realgar umgeben, der wahrscheinlich durch fraktionierte Destillation sich ziemlich scharf vom Schwefel abgeschieden hat.[5]) Im Yellowstone National Park findet er sich mit Kieselsinter als Absatz heißer Quellen. Beispiele für seine Entstehung bei Halden- und Kohlenbränden sind die Vorkommen vom Plauenschen Grunde bei Dresden, von Groß-Dombrowka in Schlesien und vom Plateau-Central in Frankreich.

Umwandlung. Unter dem Einfluß von Licht und Luft wird das Mineral allmählich gelb und undurchsichtig unter Bildung eines Gemenges von As_2S_3 (Auripigment) und As_2O_3; nach A. Schuller[6]) entsteht hierbei auch As_4O_3.

Auripigment (As_2S_3).

Nach den Messungen von F. Mohs[7]) an Kristallen von Tajowa in Ungarn ist das Mineral rhombisch; $a:b:c = 0{,}60304:1:0{,}67427$. P. Groth[8]) ist geneigt, es für monoklin-prismatisch — $a:b:c = 1{,}2061:1:0{,}6743$, β = etwa 90° — mit starker Annäherung an das rhombische System zu halten und weist auf die Analogien von Auripigment mit dem monoklinen Claudetit As_2O_3 hin.

[1]) H. de Sénarmont, C. R. **32**, 409 (1851).
[2]) C. W. C. Fuchs, Künstl. dargest. Mineralien, Haarlem 1872, 50.
[3]) F. Zambonini, R. Acc. d. Linc. [5] **15**, 235 (1906).
[4]) A. Lacroix, C. R. **143**, 727 (1906); **144**, 1397 (1907); Bull. soc. min. **30**, 219 (1907).
[5]) A. Brun, Bull. soc. min. **33**, 127 (1910).
[6]) A. Schuller, Math. és term. tud. Értitö **12**, 255 (1894); Z. Kryst. **27**, 97 (1896).
[7]) F. Mohs, Grundr. d. Min. **2**, 613 (1824).
[8]) P. Groth, Tab. Übers. d. Min. Braunschweig 1898, 17. Vgl. F. Rinne, Z. Dtsch. geol. Ges. **42**, 64 (1890).

Die Grothsche Auffassung wird durch kristallographische Untersuchungen und Ätzversuche an Kristallen von Allchar von S. Stevanović[1]) bestätigt, welcher die Elemente $a:b:c = 0{,}5962:1:0{,}6650$, $\beta = 90^\circ 41'$ angibt. S. L. Penfield[2]) konnte ebenfalls den monoklinen Charakter des Auripigments an kleinen Kristallen von Mercur, Utah nachweisen.

Synonyma: Rauschgelb, gelbe Arsenblende, Operment.

Analysen.

	1.	2.	3.	4.	5.	6.
As . .	60,96	62,00	61,86	[61,04]*)	61,10	59,33
S . . .	39,04	38,00	38,14	38,96	37,57	38,74
	100,00	100,00	100,00	100,00	98,67	98,07

1. Theor. Zusammensetzung.
2. Türkei; anal. H. Klaproth, Beitr. z. chem. Kenntn. d. Mineralkörper 5, 234 (1810).
3. Fundort unbekannt; anal. A. Laugier, Ann. chim. phys. **85**, 46 (1813).
4. Allchar, Mazedonien; anal. S. Stevanović, Z. Kryst. **39**, 18 (1904). $\delta = 3{,}49$ bis 22° C. *) Nicht bestimmt.
5. u. 6. Dünne, lamellare gelbe Massen mit Quarz und zuweilen mit Realgar, Jōzankei, Prov. Ishikari, Japan; anal. T. Wada, Minerals of Japan, Tokio 1904, 14.

Neuere bzw. genaue vollständige Analysen sind nicht vorhanden. Die beiden älteren Analysen entsprechen ziemlich der Formel As_2S_3.

Eigenschaften.

Selten kurzsäulige, meist undeutliche Kristalle — außergewöhnlich große (20:17 mm) flächenreiche Kristalle von Mercur, Utah)[3] — gewöhnlich blättrige, breitstenglige und körnige Aggregate.

Vollkommene Spaltbarkeit nach (010); Gleitung nach (001); die Spaltflächen horizontal gestreift. Nach C. Hintze (Hdb. Min. I [1], 359) auf den Endflächen zuweilen deutliche Translationsstreifen parallel (010). Mild; dünne Blättchen gemein biegsam; vgl. auch O. Mügge.[4])

Glanz. Auf der Spaltfläche Perlmutterglanz, sonst fettartig glänzend. Durchsichtig bis durchscheinend.

Farbe zitronen- bis pomeranzengelb, Strich zitronengelb.

Starke negative Doppelbrechung, Achsenebene ‖ (001). Kräftiger Pleochroismus von zitronen- bis orangegelb in künstlichen Kristallen, im Realgar von Tajowa rötlich- bis grünlichgelb.

Für Röntgenstrahlen nicht durchlässig wie Realgar.[5])

Durch Bestrahlung mit Radium wird das Auripigment nach 14 Tagen mehr reingelb von 5^{q-r} zu $6^{t} - 7^{r}$; ultraviolette Strahlen wirken umgekehrt, sie färben schon nach 20 Stunden mehr orange. Durch kurze Beleuchtung mit Kathodenstrahlen, die eine Spur von Phosphoreszenz bewirken, wird die Farbe nicht verändert.[6])

---

[1]) S. Stevanović, Z. Kryst. **39**, 15 (1904).

[2]) S. L. Penfield bei E. S. Dana, Syst. of Min. App. I, New York 1909, 50.

[3]) O. C. Farrington u. E. W. Tillotson, Field Columb. Mus., Geol. Ser. **3**, 131 (1908); Z. Kryst. **48**, 117 (1911).

[4]) O. Mügge, N. JB. Min. etc. 1883, II, 19; 1898, I, 81.

[5]) C. Doelter, N. JB. Min. etc. Beil.-Bd. **2**, 91 (1896).

[6]) C. Doelter, Das Radium und die Farben (Dresden 1910), 17.

A. de Gramont[1]) erhielt bei der spektroskopischen Prüfung nur sehr schwierig die Arsenlinien.

Die **spezifische Wärme** wurde am Auripigment von Persien von F. E. Neumann[2]) zu 0,1132 bestimmt.

H. R. Kruyt u. Jac. van der Spek[3]) untersuchten die **Flockungswärme** von Arsentrisulfidsolen verschiedener Konzentration mit verschiedenen Elektrolyten und beobachteten stets nur eine äußerst geringe positive Wärmetönung (0,01—0,05 g-cal pro g As_2S_3). Der Fällungswert von As_2S_3-Sol steigt mit zunehmender Verdünnung für ein einwertiges flockendes Ion, fällt für ein dreiwertiges und zeigt für ein zweiwertiges eine geringe Abnahme.

W. P. A. Jonker[4]) fand im System Arsen-Schwefel bei As_2S_3 kein sicheres Anzeichen für eine Verbindung in der Schmelzkurve, indes ein unzweifelhaftes in der Siedepunktkurve bei As_2S_3, woraus zu entnehmen ist, daß diese Verbindung unzersetzt destilliert.

Die Eigenschaften des kolloiden As_2S_3 wurden von A. Dumanski[5]) studiert.

Nach F. Beijerinck[6]) leitet Auripigment die Elektrizität nur oberflächlich infolge Bildung hygroskopischer Zersetzungsprodukte, die mit Ammoniak entfernt werden können.

G. Wiedemann[7]) untersuchte die Entladungsfigur auf mit Lycopodium bestreuten Kristallflächen; es entsteht eine Ellipse, deren große Achse auf Flächen senkrecht zur Spaltbarkeit parallel der *b*-Achse liegt.

O. Weigel[8]) fand aus der elektrischen Leitfähigkeit gesättigter reiner Lösungen für gefälltes As_2S_3 als Löslichkeit bei 18° C $2,1 \times 10^{-6}$ g-Mole im Liter.

Dichte 3,4—3,5; $\delta = 3,49$ bei 22° C nach S. Stevanović,[9]) = 3,480 nach F. Mohs.[10])

Härte 1,5—2.

Lötrohrverhalten und Reaktionen. Das Auripigment gibt im Kölbchen ein dunkelgelbes Sublimat und ist wesentlich weniger flüchtig als der Realgar. Im übrigen verhält es sich vor dem Lötrohre ebenso wie dieser. Beim Kochen mit Silberlösung überzieht das Mineral sich mit Schwefelsilber. Es wird beim Erhitzen allmählich rot und bei etwa 100° C dem Realgar ähnlich; wenn die Erhitzung 150° C nicht übersteigt, kommt bei der Abkühlung die gelbe Farbe wieder zum Vorschein.

Schmelzpunkt. Auripigment sintert schwach bei 320° C und schmilzt vollständig bei 325° C. Das Sieden beginnt bei 960° C.[11]) W. P. A. Jonker[12]) gibt als Schmelztemperatur den Wert 310° C, für den Siedepunkt 707° C.

---

[1]) A. de Gramont, Bull. soc. min. **18**, 291 (1895).
[2]) F. E. Neumann, Pogg. Ann. **23**, 1 (1831).
[3]) H. R. Kruyt u. J. van der Spek, Chem. ZB. 1919, III, 370, 512.
[4]) W. P. A. Jonker, Z. anorg. Chem. **62**, 89 (1909).
[5]) A. Dumanski, Koll.-Z. **13**, 222 (1913).
[6]) F. Beijerinck, N. JB. Min. etc. Beil.-Bd. **11**, 423 (1897).
[7]) G. Wiedemann bei E. Jannettaz, C. R. **116**, 317 (1893).
[8]) O. Weigel, Nachr. d. Göttinger Ges. d. Wiss. Math.-nat. Kl. 1906, 1.
[9]) S. Stevanović, Z. Krist. **39**, 18 (1904).
[10]) F. Mohs, Grundr. d. Min. **2**, 614 (1824).
[11]) L. H. Borgström, Öfv. af Finska Vet.-Soc. Förh. **57**, 1 (1914/15); N. JB. Min. etc. 1916, I, 10. — R. Cusack, Proc. Roy. Irish Acad. **4**, 399 (1897); Z. Kryst. **31**, 284 (1899) bestimmte mit dem Jolyschen Meldometer denselben Schmelzpunkt.
[12]) W. P. A. Jonker, Z. anorg. Chem. **62**, 95, 105 (1909).

Die **Löslichkeit** ist im allgemeinen ähnlich wie beim Realgar: in Alkalien, Alkalisulfiden und Carbonaten erfolgt vollständige Lösung unter Bildung von Sulfarseniten $As(SR)_3$, $As_2S(SR)_4$ und $AsS(SR)$; rauchende Salpetersäure wirkt sehr heftig ein, fein verteiltes As_2S_3 verpufft damit; in Schwefelkohlenstoff und Benzol ist auch bei Temperaturen bis zu 150° C keine Andeutung von Auflösung vorhanden. Wasser zersetzt in der Siedehitze nur äußerst wenig As_2S_3 unter Entwicklung von Schwefelwasserstoff und Bildung von sich lösender arseniger Säure; durch Anwesenheit von Salz- oder Schwefelsäure wird die Zersetzung befördert.

Synthese. Auripigment bildet sich beim Zusammenschmelzen von Arsen und Schwefel durch Sublimation. Das Operment oder „gelbe Arsenikglas" des Handels wird namentlich auf den Arsenerze verarbeitenden Hütten durch Sublimation von arseniger Säure mit Schwefel erzeugt und besteht wesentlich aus arseniger Säure; der Gehalt an As_2O_3 beträgt häufig nur 2,7—6,4%.[1]) In einer mit einer Mineralsäure versetzten Lösung von As_2O_3, $AsCl_3$ oder Arseniten fällt Schwefelwasserstoff gelbes Schwefelarsen als amorphen Körper; wird die amorphe Verbindung in einer Lösung von Na_2CO_3 bis zur Sättigung gelöst und längere Zeit auf 70—80° C erhitzt, so scheidet sich nach L. F. Nilson[2]) kristallisiertes As_2S_3 ab. — Bei Hüttenbetrieben wird es zuweilen als zufällige Bildung erhalten.[3]) In fast durchweg skelettartig ausgebildeten langsäulenförmigen, stark pleochroitischen Kristallen konnte E. Weinschenk[4]) die Verbindung durch Behandlung von arseniger Säure in einer H_2S-Atmosphäre von hohem Druck darstellen.

W. Springs[5]) Versuche, durch hohen Druck und gleichzeitiges Erhitzen auf 150° C gefälltes As_2S_3 in Kristalle umzuwandeln, führten zu negativem Ergebnis, er erhielt eine im Bruche dem geschmolzenen Auripigment ähnliche Masse. A. Gages[6]) gelang die Bildung des Minerals in kleinen Flecken, als er eine Stufe von arsenhaltigem Eisenkies und Bleiglanz in Schwerspat, der an einigen Stellen schon einen Anflug von Auripigment aufwies, in verdünnte Salzsäure legte und mit kaltem Wasser wusch. — Die leicht flüchtigen Substanzen As_2S_2 und As_2S_3 lassen sich in geeigneter Weise durch Sublimation kristallisiert erhalten (R. Brauns).[7])

Vorkommen und Genesis. Das geologische und örtliche Vorkommen des Auripigments stimmt in der Hauptsache mit dem des Realgars, welchen es häufig begleitet, überein. Auf Erzgängen scheint das Mineral seltener zu sein als Realgar, aus dem es vielfach durch Umwandlung entsteht. Es bildet sich auch bei der Verwitterung von Arsen und manchen Silbererzen, wie Proustit, Tennantit, Enargit u. a.

Nach L. H. Borgström[8]) gehören Realgar und Auripigment zu denjenigen Sulfiden, die wegen ihres niedrigen Schmelzpunktes unmittelbar oder

---

[1]) J. F. L. Hausmann, Ann. d. Chem. **74**, 199 (1850).
[2]) L. F. Nilson, Journ. prakt. Chem. [2] **14**, 169 (1876).
[3]) C. W. C. Fuchs, Künstl. Mineralien, Haarlem 1872, 53. — N. Zenzén, Arkiv för kemi, mineralogi o. geologi **8**, 3 (1922).
[4]) E. Weinschenk, Z. Kryst. **17**, 499 (1890).
[5]) W. Spring, Z. f. phys. Chem. **18**, 556 (1895).
[6]) A. Gages, Journ. Geol. Soc. Dublin **8**, 243 (1860).
[7]) R. Brauns, Chem. Mineralogie, Leipzig 1896, 230.
[8]) L. H. Borgström, Öfv. af Finska Vet.-Soc. Förh. **57**, 1 (1914/15); N. JB. Min. etc. 1916, I, 10.

nahe an der Erdoberfläche entstanden sind. — Realgar und Auripigment sind im wesentlichen magmatische Mineralbildungen: perimagmatische, wo sie ihre Entstehung der Fumarolentätigkeit verdanken, apomagmatische, z. B. in den Antimonglanzgängen, wo sie namentlich mit Bleiglanz, Zinkblende, Schwefelkies, Arsenkies, Kupferkies, Quarz, Schwerspat und Carbonaten vergesellschaftet auftreten. Als metamorpher Entstehung mögen die bekannten, durch ihren Reichtum an seltenen Mineralien ausgezeichneten Vorkommen in den im Verlauf der Alpenfaltung metamorphosierten Dolomiten des Binnentals in Wallis erwähnt werden; hier finden sich beide Sulfide sowohl eingesprengt als auch in Drusenräumen des Gesteins.

Umwandlung. Auripigment verwittert zu Arsenblüte.

Dimorphin.

Von A. Scacchi[1]) als selbständiges auf den Phlegräischen Feldern mit und auf Realgar in zwei Typen vorkommendes rhombisch kristallisierendes Arsensulfid von der Formel As_4S_3 beschrieben.

$$\text{Typus I.}\quad a:b:c = 0{,}895:1:0{,}776,$$
$$\text{Typus II.}\quad a:b:c = 0{,}907:1:0{,}603.$$

Er betonte die Ähnlichkeit einiger Winkel mit solchen des Auripigments. Nach A. Kenngott,[2]) E. S. Dana,[3]) S. Stevanović[4]) u. a. läßt sich der eine oder andere der beiden Typen je nach der Aufstellung mit Auripigment identifizieren.

Eine Analyse A. Scacchis, nach Auflösung der Substanz in Salpetersäure ergab neben As 24,55 % S (der Formel würde 24,26 % S entsprechen). In 0,560 g Substanz war 0,0001 g Rückstand.

Eigenschaften. Die meist in Gruppen parallel angeordneten pomeranzengelben, sehr spröden Kriställchen besitzen keine deutliche Spaltbarkeit und sind durchscheinend bis durchsichtig.

Glanz stark, bis diamantartig; $\delta = 3{,}58$. Strich saffrangelb.

Beim Erhitzen entwickelt das gepulverte Mineral einen angenehmen Geruch und wird nach dem Schmelzen rot. Unterbricht man das Erwärmen, behält die Schmelze mehrere Tage lang ihre Farbe und Durchsichtigkeit. Durch weiteres Erhitzen wird sie unter Entwicklung reichlicher gelber Dämpfe braun, entzündet sich und hinterläßt beim Verbrennen keinen Rückstand.

Lötrohrverhalten. Gibt im Kölbchen mit Soda Knoblauchgeruch und ein dunkelgraues metallisches Sublimat.

Löslichkeit. In mäßig warmer Salpetersäure vollkommen löslich, in Ätzlauge nur teilweise mit braunem Rückstande.

Die Frage, ob Dimorphin als selbständiges Mineral oder als eine besondere Ausbildungsform von Auripigment anzusprechen sei, scheint man zugunsten ersterer Auffassung entscheiden zu sollen, nachdem A. Schuller[5])

---

[1]) A. Scacchi, Mem. Geol. Sulla Campania, Nap. 1849, 116.
[2]) A. Kenngott, N. JB. Min. etc. 1870, 537.
[3]) E. S. Dana, Syst. of Min. New York 1909, 36.
[4]) S. Stevanović, Z. Kryst. **39**, 18 (1904).
[5]) A. Schuller, Math. u. natw. Ber. aus Ungarn **12**, 74 (1894); Z. Kryst. **27**, 97 (1897).

bei der Analyse **künstlich dargestellter Produkte** fand, daß eine Verbindung mit 24,21 % S, $\delta = 2{,}60$, existenzfähig sei, welche er als Tetraarsentrisulfid (As_4S_3) bezeichnete. Er beobachtete, daß As_4S_3 im Vakuum schon unter 200° verdampft und einige Grade über der erwähnten Temperatur schmilzt. Es scheint in zwei Modifikationen zu bestehen. Der durch Sublimation entstandene überwiegende Teil, welcher sich an den wärmeren Stellen des Destillationsrohres ablagert, beginnt während des Erkaltens oder hinterher plötzlich zu knistern, wobei er sich auffallend erhitzt, so daß ein Teil von neuem verdampft und einen hellgelben Beschlag verursacht. Inzwischen erfolgt eine merkliche Kontraktion, die Masse löst sich von der Glaswand los, und die neuen Kristalle lagern sich auf die nun freigewordene Glasfläche. Es scheint demnach, daß sich bei der Sublimationstemperatur die eine Modifikation bildet, die bei Zimmertemperatur unter Wärmeentwicklung in die andere beständigere übergeht.

As_4S_3 löst sich bei gewöhnlicher Temperatur in 200 Teilen Schwefelkohlenstoff; es ist weniger löslich in Benzol, unlöslich in Ammoniak und farblosem Schwefelammonium. Bei höherer Temperatur vergrößert sich die Löslichkeit in Schwefelkohlenstoff und Benzol ein wenig. Im luftleeren Raume ist die Lösung unbegrenzt haltbar, bei Luftzutritt scheidet sie ein gelbes Pulver ab.

J. Krenner[1]) untersuchte kristallographisch die durch Sublimation im Vakuum erhaltenen tafelförmigen und die aus Schwefelkohlenstoff kristallisierenden säulenförmigen Kristalle. Erstere sind schwefel- oder orangegelb und durchsichtig, mit starkem, diamantartigem Glanze, letztere wachsgelb, undurchsichtig und glasglänzend. Beide sind rhombisch mit den Elementen $a:b:c = 0{,}58787:1:0{,}88258$. — Bei entsprechender Aufstellung und kristallographischer Orientierung stimmen die von J. Krenner gemessenen Kristalle mit A. Scacchis Dimorphintypus II überein.

Antimonglanz (Sb_2S_3) (Antimonit).

Rhombisch-bipyramidal. $a:b:c = 0{,}99257:1:1{,}01788$ (E. S. Dana).[2])

Die Kristalle sind nach der *c*-Achse lang gestreckt, die Flächen der Prismenzone gewöhnlich vertikal gestreift. Radiale Gruppierungen nadelförmiger Kristalle sind häufig, sonst stenglige, körnige und dichte Massen.

H. Haga und F. M. Jaeger[3]) untersuchten Röntgenogramme von Antimonglanz, dessen Beugungsbilder der Theorie entsprechen. Die Translation nach (010) äußerte keinen störenden Einfluß auf die Beugungsbilder.

Auf die morphotropischen Beziehungen zwischen Sb_2S_3 und Sb_2O_3 wies F. Rinne[4]) hin.

Synonyma: Spießglanz, Grauspießglanzerz, Grauspießglaserz, Grauspießglanz, Antimonit, Stibnit.

---

[1]) J. Krenner, Z. Kryst. **43**, 476 (1907).
[2]) E. S. Dana, Am. Journ. **26**, 214 (1883).
[3]) H. Haga u. F. M. Jaeger, Versl. Kon. Akad. v. Wetensch. Amsterdam **24** 1612 (1916); N. JB. Min. etc. 1918, 242.
[4]) F. Rinne, Z. Dtsch. geol. Ges. **42**, 62 (1890).

Analysen.

	1.	2.	3.	4.*)	5.
δ . . .	—	4,656	4,656	—	—
Sb . . .	71,38	71,47	71,45	71,48	70,05
S . . .	28,62	28,33	28,42	28,52	29,95
	100,00	99,80	99,87	100,00	100,00

1. Theor. Zusammensetzung.

2. u. 3. Antimonglanz, frei von jeder Beimengung, von Wolfsberg, Harz; anal. E. Schmidt u. W. Koort, in Koort, Inaug.-Diss. Freib. (1884).

4. Arnsberg, Westfalen; anal. R. Schneider, Pogg. Ann. **98**, 302 (1856). *) Mittel aus 8 Bestimmungen.

5. Niederstriegis bei Roßwein, Sachsen; anal. R. Caspari bei H. Credner, N. JB. Min. etc. (1874), 741.

	6.	7.	8.	9.	10.	11.
δ	—	—	—	—	—	4,550
Fe	0,13	2,63	2,04*)	0,71	3,85	0,11
Sb	72,02	70,09	69,08	70,77	67,00	69,87
S	27,85	27,28	28,32	28,43	28,74	27,60
	100,00	100,00	100,03**)	99,91	99,59	100,72*)

6. Arnsberg, Westfalen; anal. C. Schnabel bei C. F. Rammelsberg, Handwört. chem. Min. Supplbd. **4**, 87 (1849).

7. Arnsberg, Westfalen; anal. E. Müller, Verh. naturhist. Ver. Rheinl. Bonn 1860, Corr.-Bl. 56.

8. Luxemburg (ohne nähere Fundortangabe); anal. E. Müller, Arch. f. Pharm. **103**, 6 (1860). *) Fe_2O_3. **) Inkl. 0,59% As_2S_3.

9. Schleiz, Reuß; anal. H. Heraeus bei E. Reichardt, Dinglers Polyt. Journ. 1863, 281.

10. Eisenschwarze, langfaserige Massen von Gr. Churprinz bei Freiberg, Sachsen; anal. A. Frenzel bei C. Hintze, Hdbch. d. Min. 1904, I, 391.

11. Derber Antimonglanz von Magurka, Liptauer Komitat, Ungarn; anal. J. Loczka, Z. Kryst. **20**, 317 (1892). *) Inkl. 2,25% Pb, 0,12% Cu, 0,77% SiO_2.

	12.	13.	14.	15.	16.	17.	18.
δ	—	4,642	—	—	—	—	4,515
Pb	—	—	—	1,84	—	—	0,23
Cu	—	—	} 1,42*)	—	—	—	0,09
Fe	1,48*)	0,11		0,30	0,18	Spur	0,12
Sb	70,60	71,84	71,40	69,61	71,50	68,00	71,83
S	27,00	28,25	25,18	27,63	[28,32]*)	31,02	26,90
SiO_2 . . .	—	—	—	—	—	1,03	—
	100,00**)	100,20	98,00	99,38	100,00	100,05	99,17

12. Liptauer Komitat (Magurka?), Ungarn; anal. E. Müller, Arch. f. Pharm. **103**, 9 (1860). *) Fe_2O_3. **) Inkl. 0,92% As_2S_3.

13. Felsöbánya, Ungarn; anal. J. Loczka, wie oben.

14. Haarförmiger Antimonglanz von Gr. Bottino b. Pietrasanta b. Serravezza, Prov. Lucca, Italien; anal. E. Becchi bei A. d'Achiardi, Min. Tosc. **2**, 311 (1873). *) Inkl. Zn.

15. Faserig-blättrige Massen zwischen Quarz und Dolomit von S. Quirico b. Valdagno, Prov. Vicenza, Italien; anal. E. Luzzatto, R. Istit. Veneto **4** (1886); Z. Kryst. **13**, 303 (1888).

16. Radialstrahlige Aggregate von Montanto di Maremma, Italien; anal. A. de Angelis d'Ossat und F. Millosevich, Rassegna Min. **15**, 11 (1901); Z. Kryst. **37**, 407 (1903). *) Berechn.

17. Casal di Pari, Prov. Grosseto, Italien; anal. R. Mirolli bei G. de Angelis d'Ossat, R. Acc. d. Linc. **11**, 548 (1902); Z. Kryst. **40**, 95 (1905).

18. Calston, England; anal. Weyl bei C. F. Rammelsberg, Handb. Min. Chem. 2. Aufl. **1**, 81 (1875).

	19.	20.	21.	22.	23.	24.
δ	—	—	4,625	—	—	—
Fe	—	—	0,24	—	—	—
Sb	69,82	68,01	71,09	71,42	71,37	71,51
S	25,98	25,30	28,47	28,44	28,40	28,66
SiO_2	3,62	6,95	—	0,12*)	0,17*)	—
	100,00	100,26	99,80	99,98	99,94	100,17

19. u. 20. Feinkristalliner (19) und dichter stahlgrauer (20) Antimonglanz von Costerfield, Victoria, Australien; anal. C. Wood bei G. H. F. Ulrich u. A. R. Selwyn, Min. Victoria 1866, 60.

21. Thames-Goldgruben, Neuseeland; anal. P. Muir, Phil. Mag. **42**, 237 (1871).

22. Japan; anal. P. Jannasch, Journ. prakt. Chem. **41**, 566 (1890); N. JB. Min. etc. 1891, II, 406 (nach der Oxydationsmethode im Sauerstoffstrome). Eine andere Probe ergab 28,52% S. *) Gangart.

23. Japan; anal. P. Jannasch, wie oben (auf gewöhnlichem nassen Wege). *) Gangart.

24. Ichinokawa, Japan; anal. K. Friedrich, Metallurgie **6**, 177 (1909).

Gelegentliche Bestandteile.

Einige Analysen weisen darauf hin, daß Antimonglanz außer Antimon und Schwefel noch eine Reihe anderer Elemente, wie Kupfer, Blei, Zink, Eisen usw. enthält. Ob hier Mischbarkeit mit anderen Sulfiden vorliegt, ist nicht näher untersucht. Nicht selten ist ein Gehalt an Silber und Gold; letzteres ist bei ungarischen Vorkommen häufig, bedingt durch Goldflitter, die auf den Kristallen sitzen. Silber dürfte wohl als Sulfid beigemengt sein. Witting[1]) fand im Antimonit von Nicaragua 0,5782% Ag und 0,000044% Au, O. Stutzer[2]) im Antimonit von Martigné in der Bretagne 0,0009% Au. Die Vorkommen von Chile sind nach J. Domeyko[3]) fast immer silberhaltig. F. M. Jaeger[4]) bestimmte im Antimonglanz von Ichinokawa, Insel Shikoku, Japan, 97,5—98,4% Sb_2S_3, daneben Ca, Ba, Sr, Fe, $-SiO_2$ (als eingeschlossene Quarzkörner) und mikrochemisch Zn und Co.

Eigenschaften.

Löslichkeit und Reaktionen.

In heißer Salzsäure löslich, in Salpetersäure Zersetzung unter Bildung von unlöslichem Sb_2O_5; Königswasser löst unter Abscheidung von $SbCl_3$. In alkalischer Bromlauge findet Lösung zu antimonsaurem Kali statt. Die Löslichkeit von gefälltem Sb_2S_3 in destilliertem Wasser wurde von O. Weigel[5]) aus der Leitfähigkeit zu $5,2 \times 10^{-6}$ Mol. im Liter ermittelt. Geschlämmtes Pulver

[1]) Witting, Liebig-Kopp, Jahresber. 1852, 844.

[2]) O. Stutzer, Z. prakt. Geol. **15**, 219 (1907); Z. Kryst. **47**, 399 (1910).

[3]) J. Domeyko, Elementos de Mineral. Santiago 1879, 271.

[4]) F. M. Jaeger, Königl. Akad. v. Wetensch. Amsterdam (1907), 809.

[5]) O. Weigel, Nachr. Götting. Ges. d. Wiss. math.-nat. Kl. (1906), 1.

von Antimonglanz reagiert nach C. Doelter[1] in wäßriger Lösung alkalisch. P. de Clermont und J. Frommel[2] fanden, daß Sb_2S_3 von Wasser schon bei 95° C angegriffen wird. C. Doelter[3] erhitzte feines Pulver 30 bis 32 Tage lang im geschlossenen Rohr mit reinem Wasser bei 80° C und 24 Tage mit Natriumsulfidlösung. Es wurde im ersten Falle 5,01 %, im zweiten alles gelöst. Nach J. Lemberg[4] lassen sich Einlagerungen von Antimonglanz durch Behandeln der Erze mit Kalilauge (1 Teil KOH auf 4 Teile H_2O) oder kochendem, in der Kälte gesättigtem Barytwasser nachweisen, wobei sich die Antimonglanzpartikeln mit einem roten Gemenge von Sb_2S_3 und Sb_2O_3 (Kermes) bedecken. Das Mineralpulver wird von konzentrierter Kalilauge ockergelb gefärbt.

Alkalicarbonate in wäßriger Lösung wirken bei gewöhnlicher Temperatur nicht auf Sb_2S_3 ein, lösen dagegen vollständig beim Kochen; die Sulfide der Alkalimetalle verbinden sich mit ihm sowohl auf trocknem wie nassem Wege.

Der Schmelzpunkt liegt nach R. Cusack[5] bei 518—523° C. L. H. Borgström[6] erhielt für verschiedene Vorkommen des Antimonglanzes Werte von 546—551° C. Nach H. Pélabon[7] liegt die Schmelztemperatur von Sb_2S_3 bei 555° C.

F. Krafft und L. Merz[8] stellten fest, daß Antimontrisulfid im Vakuum bei 530° C mit großer Schnelligkeit destilliert, hingegen Wismuttrisulfid sich im Vakumm erst bei 740° C unzersetzt verflüchtigt. Wegen dieser bedeutenden Unterschiede der Flüchtigkeit im Vakuum lassen sich diese beiden Substanzen beinahe quantitativ trennen.

Antimonglanz (von Ichinokawa, Japan) dekrepitiert nach K. Friedrich[9] nicht beim Erhitzen. Im Sauerstoffstrom schmolzen feinere Körner bereits bei 370° C zu kleinen Kugeln zusammen, im Luftstrom bei 440° C. Bei 510° C schmolz die ganze Masse. Ein gröberes Korn zeigte bei 540° C beginnende Schmelzung.

Gefälltes Sb_2S_3 läßt sich mit den Sulfiden der Schwermetalle, z. B. PbS, Cu_2S, Ag_2S, HgS und BiS durch Schmelzen zu homogenen Flüssigkeiten vereinigen, die bei der Kristallisation zum Teil den in der Natur vorkommenden Sulfosalzen entsprechende Verbindungen liefern. Durch die gelösten Stoffe sinkt der Schmelzpunkt in gesetzmäßiger Weise, woraus sich die Möglichkeit ergibt, Molekulargewichtsbestimmungen an gelösten Sulfiden unter Anwendung von Antimontrisulfid als Lösungsmittel auszuführen (vgl. J. M. Guinchant und H. Chrétien[10]), sowie H. Pélabon).[11] Letzterer erhielt für die molekulare Depressionskonstante des Sb_2S_3, bestimmt mit Cu_2S als gelöstem Stoff, den

[1] C. Doelter, Tsch. min. Mit. **11**, 330 (1890).
[2] P. de Clermont u. J. Frommel, Ann. chim. phys. **18**, 189 (1879).
[3] C. Doelter, Tsch. min. Mit. wie oben 319.
[4] J. Lemberg, Z. Dtsch. geol. Ges. **46**, 792 (1894).
[5] R. Cusack, Proc. Roy. Irish Acad. [3] **4**, 399 (1897).
[6] L. H. Borgström, Öfv. af Finska Vet.-Soc. Förh. **57**, 1 (1914/15); N. JB. Min. etc. (1916) I, 10.
[7] H. Pélabon, C. R. **137** [2], 920 (1903); Journ. Chim. Phys. (1904) II, 334.
[8] F. Krafft u. L. Merz, Ber. Dtsch. Chem. Ges. **40**, 4777 (1907). — Vgl. A. Stähler, Hdb. d. Arbeitsmethod. anorg. Chem. **3** [1], 465 (1913).
[9] K. Friedrich, Metallurgie **6**, 177 (1909).
[10] J. M. Guinchant u. H. Chrétien, C. R. **138**, 1269 (1904).
[11] H. Pélabon, wie oben **140**, 1389 (1905).

Wert $K = 797$, mit HgS 788. J. M. Guinchant und H. Chrétien ermittelten mit Ag_2S und PbS als gelösten Stoffen $K = 790$.

Über die binären Schmelzen von Antimon-Schwefel, Antimonsulfid-Schwefelsilber und Antimonsulfid-Bleisulfid liegen Untersuchungen von H. Pélabon[1]), F. M. Jaeger[2]) und F. M. Jaeger und H. S. van Klooster[3]) vor. Nach H. Pélabon verhalten sich die genannten Sulfidmischungen wie Legierungen. Durch Variierung des Konzentrationsverhältnisses des Gemisches von Sb_2S_3 und Ag_2S liefert die Erstarrungskurve zwei den Verbindungen $Sb_2S_3 . Ag_2S$ und $Sb_2S_3 . 3Ag_2S$ entsprechende Maxima. Die drei eutektischen Punkte liegen annähernd bei derselben Temperatur von 440° C. Das Erstarrungsdiagramm der Gemische von Sb_2S_3 und BiS weist drei gerade, durch folgende Punkte ausgezeichnete Linien auf:

	A	B	C	D
Erstarrungstemp. .	685°	632°	591°	555°
Zus. d. Schmelze .	BiS	$3BiS.Sb_2S_3$	$BiS.4Sb_2S_3$	Sb_2S_3

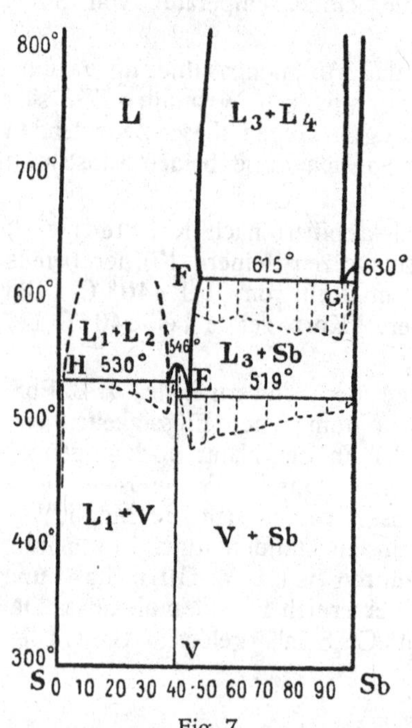

Fig. 7.

Nach F. M. Jaeger und H. S. van Klooster[4]) gibt es in dem System Antimon-Schwefel (vgl. Fig. 7) nur eine Verbindung — Sb_2S_3 —, die aus binären Schmelzen der beiden Komponenten sich auszuscheiden vermag. Diese stimmt in allen ihren Eigenschaften mit dem natürlichen Antimonglanz überein und läßt auch bei mikroskopischer Betrachtung die charakteristische Kristallisationsweise des Minerals erkennen. Schmelzpunkt bei 546° C, bei welcher Temperatur, wie schon von J. M. Guinchant und H. Chrétien[5]) beobachtet, eine geringe Dissoziation stattfindet. Die beiden Eutektika liegen bei 61,3 bzw. 55 Atomprozent S und bei 530 bzw. 519°C. Die Flüssigkeit spaltet sich unter- und oberhalb dieses Schwefelgehaltes in zwei Schichten. Die eine Transformationstemperatur liegt bei 615° C, die andere bei 530° C. Letztere fällt praktisch mit der bez. eutektischen Temperatur zusammen. In unmittelbarem Zusammenhang mit den beträchtlichen kalorischen Effekten und der Änderung in den relativen Massen der beiden Schichten mit sehr verschiedener spezifischer

[1]) H. Pélabon, Ann. chim. phys. [8] **17**, 526 (1909); C. R. **138**, 277 (1904); **140**, 1389 (1905).

[2]) F. M. Jaeger, Kon. Akad. v. Wetensch. Amsterdam 497 (1911).

[3]) F. M. Jaeger u. H. S. van Klooster, Z. anorg. Chem. **78**, 246 (1912).

[4]) F. M. Jaeger u. H. S. van Klooster, wie oben.

[5]) J. M. Guinchant u. H. Chrétien, C. R. **138**, 1269 (1904); **139**, 288 (1906); **142**, 708 (1906).

Wärme steht die Unregelmäßigkeit in der Lage der Punkte bei 615° C. Der Punkt *E* liegt praktisch unter *F*. Es ist übrigens sehr schwierig, Antimontrisulfid durch Zusammenschmelzen oder durch Fällen aus Lösungen vollkommen rein zu erhalten. Die Verbindung enthält immer zu viel oder zu wenig S, was sich durch eine Erniedrigung des Schmelzpunktes ausdrückt.

Auch beim natürlichen Antimonglanz erkennt man an der Schmelzpunkterniedrigung und dem sich auf Abkühlungskurven zeigenden Haltepunkt eutektischer Kristallisation die geringe Reinheit solcher Kristalle.

Die merkwürdige Fähigkeit des Antimontrisulfids, elementares Antimon zu lösen, wurde von J. M. Guinchant und H. Chrétien[1]) und H. Pélabon[2]) näher untersucht. Sb_2S_3 und Sb mischen sich gegenseitig, jedoch in beschränktem Maße und zwar entstehen zwei Schichten mit folgenden, bis zum Siedepunkt des Antimons (1180° C) ermittelten Eigenschaften:

Dichte der Mischungen von Sb_2S_3 und Sb.

Temperatur		13°	643°	698°	1116°	1156°
Dichte	der Sb_2S_3-Schicht	4,63	3,85	—	3,82	—
	der Sb-Schicht	6,75	—	6,55	—	6,45

Zusammensetzung der Antimonphase.

Temperatur	539°	595°	640°	660°	698°	702°	750°	800°
Proz. Metall	11,28	12,2	14,34	15,72	16,5	16,0	17,96	19,01
Temperatur	825°	960°	1036°	1108°	1130°	1167°	1180°	
Proz. Metall	20,0	20,6	21,0	21,8	21,3	21,2	21,1	

Lötrohrverhalten. Das Mineral ist für sich sehr leicht schmelzbar und gibt in der einseitig geschlossenen Glasröhre manchmal ein wenig Sublimat von Schwefel; bei längerem Erhitzen sublimiert eine Verbindung von Schwefelantimon und Antimonoxyd, die nach dem Erkalten kirsch- bis bräunlichrot ist. Im offnen Glasrohr erzeugt es außer schwefliger Säure reichlichen Antimonrauch, der sich teils als antimonige Säure an der unteren Seite der Röhre unfern der Probe, teils als Antimonoxyd in andern Teilen der Röhre ansetzt oder entweicht. Mit dem Lötrohr auf Kohle erhitzt, entwickelt der Antimonglanz schweflige Säure und liefert einen starken Beschlag von Antimonoxyd, welches die Flamme fahlgrün färbt und nach V. Goldschmidt[3]) um die Probe Oktaeder von Senarmontit und rhombische Nadeln von Valentinit bildet. Der Lötrohrbeschlag auf Glas ist erdig oder kristallin und zeigt am inneren Rande oft dicht aufeinandersitzende Oktaeder. Gibt mit Soda auf Kohle Hepar.

Die Dichte des natürlichen Antimonglanzes schwankt zwischen 4,52 und 4,66. An künstlichem, aus Schmelzfluß erhaltenem Material bestimmten H. Rose[4]) $\delta = 4{,}614$, G. Karsten[5]) $\delta = 4{,}752$, A. Ditte[6]) $\delta = 4{,}892$ und

[1]) J. M. Guinchant u. H. Chrétien, C. R. **142**, 709 (1906).
[2]) H. Pélabon, wie oben **138**, 277 (1904).
[3]) V. Goldschmidt, Z. Kryst. **21**, 330 (1893).
[4]) H. Rose, Pogg. Ann. **89**, 122 (1853).
[5]) G. Karsten bei O. Dammer, Handb. d. anorg. Chem. Stuttgart 1894, II [1], 213.
[6]) A. Ditte, C. R. **102**, 212 (1886).

J. N. Fuchs[1]) $\delta = 4{,}15$. Für das durch H_2S aus Antimonoxydsalzlösungen abgeschiedene rote Sb_2S_3 ist $\delta = 4{,}421$ (H. Rose).[2])

Kohäsion. Vollkommene Spaltbarkeit nach {010}, unvollkommene nach {100} und {110}; nach O. Mügge[3]) auch nach {001} und {101} spaltbar. Wegen der ausgezeichneten Translation nach {010} (Translationsrichtung Achse *c*) lassen sich dünne Kristalle mit den Händen leicht um die *a*-Achse verbiegen. Hierbei entsteht nach O. Mügge[4]) auf den Endflächen eine feine Streifung parallel {010}, welche auch bei der Torsion zum Ausdruck kommt.

Die Härte ist nach der Mohsschen Härteskala = 2—2,5. Mild.

Optische Eigenschaften. Der hohe Metallglanz des Antimonits tritt namentlich auf den Flächen der vollkommenen Spaltbarkeit hervor. Die Kristalle sind undurchsichtig, dünne Blättchen jedoch nach O. Mügge[5]) im Sonnenlicht tiefrot bis gelbrot durchsichtig. P. Drude[6]) beobachtete, daß bei 0,01 mm Dicke Licht von größerer als wie dem Lithiumlicht entsprechende Wellenlänge hindurchgeht. Optische Konstanten wurden von E. C. Müller,[7]) P. Drude[8]) und A. Hutchinson[9]) bestimmt. Letzterer fand an japanischen Kristallen als Ebene der optischen Achsen (100), die spitze Bisektrix senkrecht (001) und starke negative Doppelbrechung:

$$\alpha = 3{,}194, \quad \beta = 4{,}046, \quad \gamma = 4{,}303; \quad 2V = 25^0\,45'.$$

Farbe bleigrau, häufig bunt angelaufen, Strich grau.

E. C. Müller gibt für die Licht- und Doppelbrechung folgende Daten:

λ	N	k_1	N_2	k_2	$N_1 - N_2$
C	4,69	0,0537	4,47	0,120	0,22
610 $\mu\mu$ . . .	4,87	0,104	4,26	0,177	0,61
D	5,12	0,124	4,37	0,187	0,75
E	5,47	0,234	4,52	0,252	0,95
510 $\mu\mu$ . . .	5,48	0,305	4,51	0,286	0,97
F	5,53	0,404	4,49	0,344	1,04
460 $\mu\mu$ . . .	5,17	0,531	4,41	0,413	0,76
G	4,65	0,681	4,28	0,485	0,37

k_1 und k_2 sind die Absorptionsindizes. Der Antimonglanz ist also der am stärksten licht- und doppelbrechende Körper. Die Doppelbrechung ist am geringsten für die *C*-Linie, wo sie jener des Kalkspats sich nähert; am stärksten ist die Doppelbrechung in der Nachbarschaft der *F*-Linie, dort ist sie etwa viermal größer als die des Kalkspats. Nach E. C. Müller[10]) läßt sich übrigens durch einen einfachen Versuch nachweisen, daß entgegen der auf einer irrtümlichen Voraussetzung beruhenden Folgerung P. Drudes

---

[1]) J. N. Fuchs, Pogg. Ann. **31**, 578 (1834).
[2]) H. Rose, wie oben S. 316.
[3]) O. Mügge, N. JB. Min. etc. 1898, I, 79.
[4]) O. Mügge, wie oben S. 77.
[5]) O. Mügge, wie oben S. 80.
[6]) P. Drude, Wiedem. Ann. **34**, 483 (1888).
[7]) E. C. Müller, N. JB. Min. etc. Beil.-Bd. **17**, 187 (1903).
[8]) P. Drude, Z. Kryst. **18**, 644 (1891).
[9]) A. Hutchinson, Z. Kryst. **43**, 464 (1907).
[10]) E. C. Müller, wie oben S. 220.

die optischen Symmetrieachsen des Antimonglanzes mit seinen kristallographischen zusammenfallen.

A. de Grammont[1]) konnte nur schwer ein gutes Spektrum mit den Hauptlinien des Antimons und Schwefels erhalten.

Einwirkung von Radiumstrahlen, Kathodenstrahlen und ultravioletten Strahlen (C. Doelter).[2])

Antimonglanz wurde nach 21tägiger Bestrahlung mit Radium von 39g zu 39f—40f umgewandelt: er ist ein wenig mehr violettgrau und etwas dunkler geworden. Mit Kathodenstrahlen phosphoresziert er nicht.

Durch Fällen als Gel erhaltenes Sb_2S_3 wird durch Radium nicht kristallin und kaum von 39g zu 39e verändert; ultraviolette Strahlen machen es nach 60 Stunden eine Spur heller. Lösungen von Sb_2S_3 werden durch letztere nicht zum Gelatinieren gebracht. Antimontrisulfid als Sol gelatinierte nach

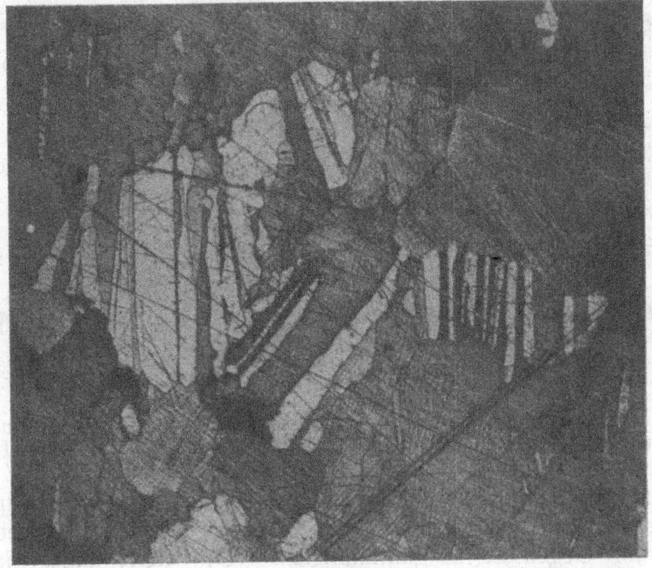

Fig. 8. Polierter Anschliff. Mit konz. KOH geätzt. Vergr. 80:1. Antimonglanz von Magurka in Ungarn. Allotriomorphes Aggregat, zwillingsartige Lamellen auf Flächen in der Zone (010) (001).

7tägiger Radiumeinwirkung in geringen Mengen und wurde etwas bräunlicher, nach weiteren 14 Tagen war es orangerot (4m) geworden. Ultraviolette Strahlen bewirkten nach 70 Stunden kein Ausfällen, sie erzeugten aber eine Bräunung der Lösung von der ursprünglichen Farbe 50 zu 33r.

Auch die Farbe des mit Leim gemengten Sb_2S_3 wird durch Radium und ultraviolette Strahlen ein wenig verändert.

[1]) A. de Grammont, Bull. soc. min. **18**, 310 (1895).

[2]) C. Doelter, Das Radium u. d. Farben, Dresden 1910, 18, 95, 97.

Chalkographische Untersuchung.[1])

Antimonglanz färbt zum Unterschiede von allen anderen Erzen das Poliertuch tief orangerot. Für angeschliffene Präparate sind als Erkennungsmerkmale hervorzuheben: seine reinweiße Farbe, die geringe Härte, der Umstand, daß die einzelnen Körner eines Aggregates ein wenig verschieden reflektieren und besonders sein Ätzverhalten, durch welches er sich von Wismutglanz, Bleiglanz, Bournonit, Zinnober und Silber, mit denen er verwechselt werden kann, unterscheidet.

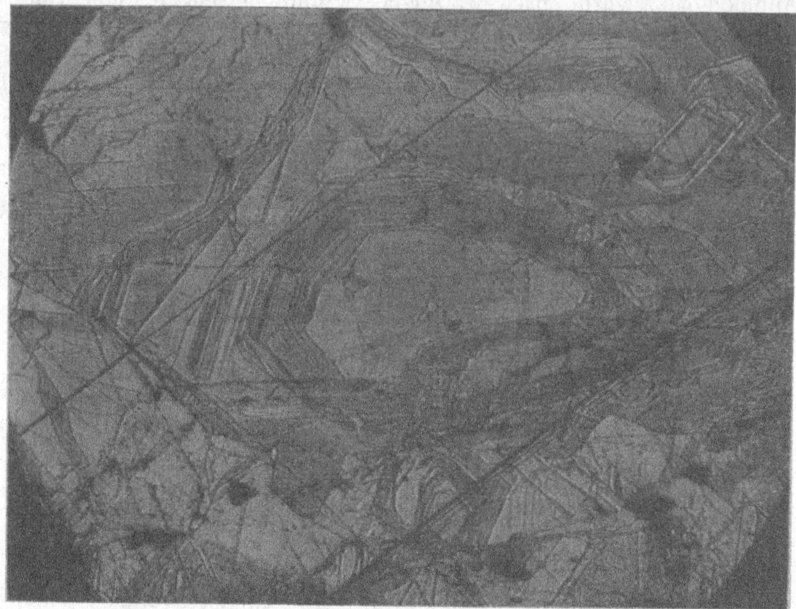

Fig. 9. Polierter Anschliff. Mit konz. KOH geätzt. Vergr. 80 : 1. Antimonglanz von Rosenau in Ungarn. Querschnitt ‖ 001 mit Zonarstruktur und Anwachszonen.

KOH ätzt ihn leicht unter Entwicklung des Gefüges; diese Eigenschaft teilt er unter den häufigen weichen Erzen zwar mit dem Rotgiltigerz, doch wird dieses im Gegensatz zu Antimonglanz von NaOH angegriffen. Die übrigen weißen Erze (Arsenkies, Speiskobalt, Glanzkobalt) schließen wegen ihrer ungleich höheren Härte, ihres stärkeren Reliefs und der schwereren Polierfähigkeit eine Verwechslung mit Antimonglanz aus. Durch die Ätzung werden Zwillingslamellen (?) auf {010}, die parallel der Kombinationskante (010) : (001) liegen und eine ausgeprägte Zonarstruktur sichtbar.

Rangordnung der Lösungsgeschwindigkeiten in KOH.

Am leichtesten löslich auf {001}, rauh, dunkel geätzt;
etwas weniger gut „ „ {100}, etwas rauh, bräunlich bis gelblich geätzt;
sehr wenig „ „ {010}, glatt und glänzend, wenig geätzt.

[1]) Nach H. Schneiderhöhn, Anleitg. z. mikrosk. Best. u. Unters. v. Erzen u. Aufbereitungsprodukt. besond. i. auffallend. Licht (Berlin 1922), 151—158.

Im polarisierten Licht erscheint jedes Korn eines Anschliffs bei gekreuzten Nicols sowohl in ungeätzten als auch geätzten polierten Anschliffen bei einer Drehung des Objekttisches um 360° viermal fast völlig dunkel und hellt in den Zwischenstellungen kräftig auf mit einer Farbe, die je nach der Lage des Korns zwischen Grau und Orange liegt.

Die **spezifische Wärme** beträgt nach F. E. Neumann[1]) für natürliche Kristalle von Felsöbánya 0,0877, für Antimonglanz ohne Fundortangabe 0,0907. V. Regnault[2]) fand 0,08403 an künstlichem blättrigen Material, L. De la Rive und F. Marcet[3]) 0,1286. A. S. Russel[4]) bestimmte mittels des Kupferkalorimeters nach Nernst-Lindemann an aus Schmelzfluß kristallisiertem Sb_2S_3

$c = 0{,}0627$ zwischen $-188{,}4^0$ C und $-83{,}2^0$ C,
$c = 0{,}0800$ „ 0^0 C „ $-73{,}2^0$ C,
$c = 0{,}0850$ „ $+45{,}7^0$ C „ $+4{,}0^0$ C.

Weitere Daten für festes Sb_2S_3 bei R. Abegg, Handb. anorg. Chem. III, 598 (1907).

Thermische Leitfähigkeit. Das Verhältnis der Halbachsen der elliptischen Schmelzfiguren ist:

auf (100) in den Richtungen $\overset{|}{c}:\bar{b} = 1{,}8$,
„ (010) „ „ „ $\overset{|}{c}:\breve{a} = 1{,}4$,
„ (001) „ „ „ $\breve{a}:\bar{b} = 1{,}3$.

Demnach sind die Wärmeleitungsfähigkeiten in den Richtungen der Symmetrieachsen: $\overset{|}{c} > \breve{a} > \bar{b}$ und es verhalten sich die Halbachsen der isothermischen Ellipsoide in den Richtungen $c:a:\bar{b} = 1{,}8:1{,}3:1$ (H. H. de Sénarmont).[5]) F. B. Peck[6]) zeigte, daß auf Spaltflächen ungarischer Kristalle das Halbachsenverhältnis je nach der Größe der Ellipsen ein wenig differiert; die erhaltenen Werte schwanken zwischen 2,94:2,27 = 1,295 und 6,22:4,40 = 1,436.

Von A. Hutchinson[7]) liegen Daten über die Diathermanie des Antimonglanzes vor. Eine zwischen gekreuzten Nicols der Bestrahlung durch ein Kalklicht ausgesetzte Spaltungsplatte nach (010) erwies sich als etwas durchlässig für strahlende Wärme. Die Menge der hindurchgegangenen Strahlen wurde mittels des Boysschen Radiomikrometers gemessen: wenn die Symmetrieebenen des Kristalls mit den Schwingungsebenen der Nicols zusammenfielen, wurde keine Wärme durchgelassen; dagegen wurde durch Drehung der Platte um 45° in ihrer Ebene der Maximaleffekt im Radiomikrometer erreicht.

C. M. Berthelot[8]) fand die Lösungswärme des amorphen orangefarbenen Antimontrisulfids in Na_2S-Lösung bei 12° zu 666 cal, die des kristallisierten zu 631 Grammkalorien. Der Unterschied von 35 cal würde der Kristallisationswärme bei 12° C gleich sein, indes erreichen die Fehler der Bestimmungen den Betrag jener Differenz.

---

[1]) F. E. Neumann, Pogg. Ann. **23**, 1 (1831).
[2]) V. Regnault, Pogg. Ann. **53**, 60, 243 (1841).
[3]) L. De la Rive u. F. Marcet, Pogg. Ann. **52**, 120 (1841).
[4]) A. S. Russel, Phys. Z. **13**, 59 (1912).
[5]) H. H. de Sénarmont bei Th. Liebisch, Phys. Krist. Leipzig 1891, 146.
[6]) F. B. Peck, Z. Kryst. **27**, 318 (1897).
[7]) A. Hutchinson, ZB. Min. etc. 1903, 333.
[8]) C. M. Berthelot, Ann. chim. phys. [6] **10**, 136 (1887).

Die Bildungswärme[1]) des Sb_2S_3 aus den Elementen ist je nach der Art der Darstellung der Präparate verschieden:

Präparat	Dichte %	Bildungswärme
Gefällt, rot	4,120	Feucht 34,0 Cal; trocken 32,6 Cal
Violett	4,278	33,9
Schwarz, geschmolzen .	4,652	38,2
„ synthetisch . .	4,659	

Für die Umwandlung der Präparate in die schwarze Form berechnen sich aus den Beträgen der Bildungswärme folgende Werte der Umwandlungswärme[1]):

violett ⟶ schwarz; gefällt (trocken ⟶ schwarz; gefällt (feucht) ⟶ schwarz
+ 4,3 Cal + 5,6 Cal + 4,2 Cal.

Die Schmelzwärme des Trisulfids ist nach den kalorimetrischen Ermittlungen von J. M. Guinchant und H. Chrétien[2]) = 17,5 Cal, aus den kryoskopischen Daten ergeben sich 16,7 Cal.

Elektrische Eigenschaften. Der Antimonglanz gehört nach C. Doelter[3]) zu den Mineralien, die sowohl bei gewöhnlicher als auch hoher Temperatur nur Elektronenleitung zeigen und welche bei gewöhnlicher Temperatur sich wie Isolatoren, bei geringer Temperaturerhöhung aber wie metallische Leiter verhalten; nach den Versuchen von H. Bäckström[4]) und G. Cesàro[5]) ist er ein sehr schlechter Leiter der Elektrizität. F. Beijerinck[6]) fand das kristallisierte Mineral bis 240° C nichtleitend. H. H. de Sénarmont[7]) erhielt dielektrische Lichtfiguren. Nach P. M. E. Jannettaz[8]) sind die elektrischen Figuren in ihrer Lage jenen beim Auripigment analog.

F. M. Jaeger[9]) bestimmte den elektrischen Widerstand eines wenige Zentimeter langen Antimonglanzstäbchens zu 500×10^6 bis 20000×10^6 Ohm. Er fand hierbei, daß das spezifische Leitungsvermögen des Antimonits (Shikoku) außerordentlich stark erhöht wird durch Bestrahlung mit Licht von bestimmter Wellenlänge. Dieser Effekt ist keine Wärmewirkung, denn Temperaturerhöhung allein vergrößert den Widerstand. Mehrere Versuche ergaben für die verschiedenen Lichtarten folgende Werte: das Leitungsvermögen wird im weißen Licht um 200—210%, im roten um 194—205%, im gelben um 150—153%, im grünen um 116—118%, im blauen um 175—176% des ursprünglichen Wertes vergrößert. Grüne Strahlen, für welche die Licht- und Doppelbrechung ihre größten Werte erreichen (vgl. S. 54), wirken also am wenigsten.

[1]) J. M. Guinchant u. H. Chrétien, C. R. **139**, 51, 288 (1904). — C. M. Berthelot, C. R. **139**, 97 (1904).
[2]) J. M. Guinchant u. H. Chrétien, C. R. **138**, 1269 (1904).
[3]) C. Doelter, Sitzber. Wiener Ak. **109**, 49 (1910); Z. Kryst. **53**, 90 (1914).
[4]) H. Bäckström u. K. Ångström, Öfv. K. Vetensk. Akad. Förh. **8**, 533 (1888); **10**, 545 (1891).
[5]) G. Cesàro, Bull. d. l. Classe d. Sc. de l'Acad. Roy. d. Belgique 1904, 115.
[6]) F. Beijerinck, N. JB. Min. etc. Beil.-Bd. **11**, 423 (1897).
[7]) H. H. de Sénarmont bei C. Hintze, Hdb. Min. **1**, 371 (1904).
[8]) P. M. E. Jannettaz, C. R. **116**, 317 (1893).
[9]) F. M. Jaeger, Kon. Akad. v. Wetensch. Amsterdam 1907, 809; 1906, 799 u. 89; Z. Kryst. **44**, 45 (1908); **45**, 411 (1908); **49**, 306 (1911).

Wurde das Mineral fein gepulvert, änderte der Widerstand sich nicht sehr bedeutend; aber auch das gepulverte Mineral hat seine Lichtempfindlichkeit vollständig eingebüßt. Diese scheint demnach der makroskopischen Struktur eigen zu sein, vielleicht hängt sie mit den am Antimonglanz so typisch auftretenden Spalt- und Gleitflächen zusammen.

Die Lichtempfindlichkeit des Minerals ist technisch wichtig, weil man bei Antimonitzellen beliebig große Potentialdifferenzen verwenden kann, was beim Selen nicht der Fall ist, und weil hier die Trägheit (in etwa 20 Minuten ist der ursprüngliche Zustand gewöhnlich wieder hergestellt) so viel kleiner ist als beim Selen. Ähnliche Untersuchungen liegen von Br. Glatzel[1]) vor. Nach Chr. Ries[2]) beeinflußt die Spannung den Widerstand des Antimonglanzes in derselben Weise wie jenen des Selens.

Synthese.

Die synthetische Darstellung des Antimonglanzes gelingt leicht durch Zusammenschmelzen entsprechender Mengen von feingepulvertem Antimon und Schwefel und langsames Abkühlen der Schmelze (H. Rose).[3]) In Drusen des geschmolzenen Schwefelantimons entstehen häufig deutliche Kristalle. Solche werden auch zuweilen bei Hüttenprozessen und bei der technischen Darstellung des „Antimonium crudum" beobachtet (C. W. C. Fuchs,[4]) P. Heberdey,[5]) J. Krenner,[6]) C. v. Leonhard).[7]) Schwarzes Trisulfid bildet sich nach W. Spring[8]) aus einem Gemenge von Schwefel und feingepulvertem Antimon bei Anwendung eines Druckes von 6500 Atm. In kristallinischer Form wird Sb_2S_3 auf wäßrigem Wege erhalten, wenn man Schwefel und Antimon unter Druck oder schweflige Säure und Antimon im geschlossenen Rohr auf 200° C erhitzt (C. Geitner).[9]) E. Weinschenk[10]) bediente sich bei seinen Versuchen einer Lösung von Brechweinstein in einer Schwefelwasserstoffatmosphäre, welche bei der Zersetzung von Rhodanammonium durch Weinsäure in einem auf 230—250° C erhitzten zugeschmolzenen Glasrohr entsteht. Er erhielt auf diese Weise kleine, mit den natürlichen übereinstimmende Antimonitkriställchen.

Auch durch Einwirkung von Schwefel oder Schwefelwasserstoff auf Antimonoxyde oder -salze oder auf gefälltes Schwefelantimon bei Rotglut bzw. im Schmelzfluß kann man das Mineral unschwer, z. T. in schönen Kristallen, künstlich darstellen. P. Jannasch und W. Remmler[11]) fügten dem Schmelzfluß von Antimonoxyd und überschüssigem Schwefel mit Vorteil Jod zu. J. Durocher,[12]) H. Arctowski,[13]) A. Carnot[14]) ließen Schwefelwasserstoff

[1]) Br. Glatzel, Verh. d. Deutsch. Phys. Ges. **14**, 607 (1912).
[2]) Chr. Ries, Ann. d. Phys. [4] **36**, 1055 (1911); Z. Kryst. **54**, 426 (1915).
[3]) H. Rose, Pogg. Ann. **89**, 122 (1853).
[4]) C. W. C. Fuchs, Künstl. dargest. Mineral. Haarlem 1872, 51.
[5]) P. Heberdey, Sitzber. Wiener Ak. **104** [1], 256 (1895).
[6]) J. Krenner, Sitzber. Wiener Ak. **51**, 481 (1865).
[7]) C. v. Leonhard, Hütten-Erzeugn. 1858, 340.
[8]) W. Spring, Ber. Dtsch. Chem. Ges. 1883, 999.
[9]) C. Geitner, Ann. Chem. u. Pharm. **129**, 350, 359 (1864).
[10]) E. Weinschenk, Z. Kryst. **17**, 495, 499 (1890).
[11]) P. Jannasch u. W. Remmler, Ber. Dtsch. Chem. Ges. **26**, II, 1422 (1893).
[12]) J. Durocher, C. R. **32**, 833 (1851).
[13]) H. Arctowski, Z. anorg. Chem. **8**, 220 (1895).
[14]) A. Carnot bei F. Fouqué u. A. Michel-Lévy, Synthèse min. 1882, 318.

auf Antimontrichloridgas, Antimonoxyd oder ein Antimonsalz in der Glühhitze einwirken.

Kolloidales Antimonsulfid wurde von H. Schulze[1]) erhalten durch Einwirkung von Schwefelwasserstoff auf Brechweinsteinlösungen oder auf Lösungen von Antimonoxyd in Weinsäure. Das Produkt ist orangerot gefärbt und kann so fein verteilt werden, daß es im auffallenden wie im durchfallenden Lichte vollkommen klar erscheint.

Amorphes Sb_2S_3 läßt sich durch Erhitzen leicht in kristallines überführen. Nach einer Stunde nimmt es bei 200—220° C dauernd die Farbe des Bleisuperoxyds an. Höher erhitzt, wandelt sich das ursprünglich orangefarbene Pulver mit großer Geschwindigkeit von einem Punkte aus in eine graue Masse mit Metallglanz um. Auch das aus Schmelzfluß durch rasche Abkühlung gewonnene amorphe Produkt geht bei 200° C schnell in kristallisiertes über, während bei 180° C diese Umwandlung auch nicht nach einer Stunde eintritt (G. Tammann).[2])

Auch durch Erhitzen im indifferenten Gasstrom oder Schwefelwasserstoffstrom (A. Carnot),[3]) im geschlossenen Rohr mit Wasser bei Gegenwart von Natriumbicarbonat oder Schwefelkalium (H. de Sénarmont),[4]) bei Gegenwart verdünnter Säuren, besonders Salzsäure (H. Rose),[5]) erhält man Kriställchen. C. Doelter[6]) konnte in 4,5 g des braunroten Niederschlags nach 102 Tage langem Schütteln mit 250 g destilliertem Wasser deutlich mikroskopisch kleine Kristallnädelchen erkennen. Nach 58tägiger Behandlung bei 60—70° C lag ein graues Pulver vor, das zum größten Teil kristallisiert erschien.

Bei den Versuchen von W. Spring,[7]) welcher zylindrisch zusammengepreßtes rotes Sulfid in luftleeren Röhren erhitzte, resultierten makroskopisch erkennbare Kriställchen. Nach A. Mourlot[8]) kristallisiert das Sulfid auch beim Schmelzen, wobei ein Teil sich zu Metall reduziert. Über die Entstehung des schwarzen Trisulfids aus Pentasulfid vgl. H. Rose,[9]) Th. Paul,[10]) B. Brauner,[11]) O. Bošeck,[12]) H. de Sénarmont,[13]) A. Mitscherlich.[14])

Vorkommen und Genesis.

Antimonglanz ist das wichtigste Antimonerz, das namentlich auf Quarzgängen in Granit und kristallinen Schiefern, auf Erzgängen oder auch lagerartig zwischen Kieselschiefer sich findet. Eine Reihe der typischen Antimonitquarzgänge Ungarns und anderer Vorkommen (Fichtelgebirge, Frankreich, Nicaragua, Victoria) ist durch einen Gehalt an gediegenem Gold ausgezeichnet.

---

[1]) H. Schulze, Journ. prakt. Chem. [2] **27**, 320 (1883). — Vgl. R. Zsigmondy, Kolloidchemie, Leipzig 1912, 197.
[2]) G. Tammann, Kristallisieren u. Schmelzen, 1903, 59.
[3]) A. Carnot, C. R. **89**, 169 (1879).
[4]) H. H. de Sénarmont, C. R. **32**, 409 (1851).
[5]) H. Rose, Pogg. Ann. **89**, 132, 138 (1853).
[6]) C. Doelter, Z. f. Kolloidchemie **7**, 90, 91 (1910).
[7]) W. Spring, Z. f. phys. Chem. **18**, 556 (1895).
[8]) A. Mourlot, C. R. **123**, 54 (1896).
[9]) H. Rose, Quant. Anal. 6. Aufl. **2**, 295 (1867—71).
[10]) Th. Paul, Z. f. analyt. Chem. **31**, 539 (1892).
[11]) B. Brauner, Journ. chem. Soc. **67**, 527 (1895).
[12]) O. Bošeck, Journ. chem. Soc. **67**, 524 (1895).
[13]) H. H. de Sénarmont, Ann. chim. phys. **32**, 129 (1851).
[14]) A. Mitscherlich bei O. Dammer, Anorg. Chem. **2** [1], 217 (1894).

Die meisten apomagmatischen Mineralassoziationen der Antimonitgänge lassen Beziehungen zu Graniten bzw. ihren lamprophyrischen Spaltungsprodukten oder jüngeren Eruptivgesteinen erkennen.[1]) Die an propylitisierte Andesite gebundenen Antimonitlagerstätten des westlichen Serbiens von Dobri Potoc, Stolica und Zajača sind nach C. Doelter[2]) als eine Kombination von kontakt- mit metasomatischen Lagerstätten aufzufassen.

Die Vorkommen in algerischen Kalken dürften wohl eher einer Imprägnation als eigentlichen Gängen entsprechen.[3])

Häufigere Begleitmineralien des Antimonglanzes sind neben Quarz, Braunspat und Baryt besonders Eisenkies, Arsenkies, Kupferkies, Bleiglanz, Zinkblende, Realgar und Auripigment.

Umwandlung in Valentinit, Antimonblende, Cervantit, Stiblith und Antimonocker.

Metastibnit.

Von **C. Doelter** (Wien).

So wurde ein amorphes Antimonsesquisulfid von G. F. Becker[4]) benannt. Es dürfte die kolloide Verbindung von Sb_2S_3 sein, entsprechend dem Antimonglanz.

Kommt als ziegelroter Anflug mit Zinnober und Arsensulfid auf Kieselsinter zu Stamboat Springs, Washoe Co., Nevada vor.

Wismutglanz (Bi_2S_3).

Von **M. Seebach** (Leipzig).

Rhombisch-bipyramidal. $a:b:c = 0{,}96794:1:0{,}98498$ (P. Groth).[5])

Habitus der nicht häufigen Kristalle wie beim Antimonglanz; gewöhnlich blättrige, strahlige und faserige Aggregate oder derbe Massen. Dem Antimonglanz sehr ähnlich.

Über morphotropische Beziehungen zwischen Bi_2S_3 und Bi_2O_3 siehe F. Rinne.[6])

Synonyma: Bismutin, Bismutinit; die seltene Form Bismutit bezeichnet eigentlich das Wismutcarbonat; der schwefelreichere Stibiobismutinit von Sonora (Mexico) enthält Antimon und Wismut.

Analysen.

	1.	2.	3.	4.	5.
Bi	81,22	80,98	81,10	80,96	80,74
S	18,78	18,72	18,90	18,28	19,26
	100,00	99,70	100,00*)	99,24	100,00*)

[1]) P. Niggli, Lehrb. Min. (Berlin 1920), 542.
[2]) C. Doelter, Z. prakt. Geol. 1917, 143.
[3]) A. Lacroix, Min. France (Paris 1897), II, 457.
[4]) G. F. Becker, Am. Phil. Soc. **25**, 168 (1888).
[5]) P. Groth, Z. Kryst. **5**, 252 (1881).
[6]) F. Rinne, Z. Dtsch. geol. Ges. **42**, 63 (1890).

1. Theor. Zusammensetzung.

2. Bastnäs-Grube bei Riddarhyttan, Westmanland, Schweden; anal. H. Rose, Gilb. Ann. **72**, 192 (1822).

3. Cornwall, England; anal. Warrington, Phil. Mag. **9**, 29; Berzel. Jahresb. **12**, 77 (1832). *) Nach Abzug von 3,70 Cu und 3,81 Fe als Sulfide.

4. Kristalline bleigraue Aggregate, Rézbánya, Ungarn; anal. Wehrle, Baumgartn. Zeitschr. **10**, 385 (1832).

5. Glänzende bleigraue, radialstrahlige breitstengelige Aggregate mit Kupferkies, Eisenglanz, Gold und Quarz, Elisabeth-Grube (Oravicza) Ungarn; anal. A. v. Hubert, Haiding. Ber. Freund. Naturw. **3**, 401 (1848). *) Die Analyse ist berechnet nach Abzug von 3,13 Cu, 2,26 Pb, 0,40 Fe (als Sulfide) und 0,53 Au.

	6.	7.	8.
δ	5,73	6,405	7,16
Bi	81,68	81,90	80,93
Si	18,32	18,10	19,61
	100,00*)	100,00*)	100,54

6. Wie 5; anal. Maderspach bei V. R. v. Zepharovich, Min. Lex. Wien 1873, **2**, 58. *) Berechnet nach Abzug von 0,61 Cu als Cu_2S, 0,85 Fe als FeS_2, 0,32 Au und 3,42 Gangart.

7. Mit Tellurwismut verwachsenes Material, Cumberland (angebl. Cornwall), England; anal. C. F. Rammelsberg, Handb. Min. Chem. 1875, 81. *) Nach Abzug von 2,42 Cu und 1,04 Fe als Sulfide, berechnet.

8. Blättrige, derbe Massen mit eingewachsenen Arsenkieskristallen, z. T. Überzug auf Wismut, Grube San Baldomero, Illampugebirge, Bolivien; anal. D. Forbes, Phil. Mag. **29**, 4 (1865).

	9.	10.	11.	12.	13.	14.	15.
δ	6,403	7,371	—	6,60	—	—	6,54–6,67
Pb	—	—	—	0,75	—	—	—
Cu	0,14	—	0,14	0,40	—	—	—
Fe	0,15	—	0,15	0,53	1,33	5,83	—
Co	—	—	—	Spur	—	—	—
As	—	—	—	3,10	—	—	—
Sb	—	—	—	0,85	1,15	1,39	0,35
Bi	79,77	80,08	79,77	78,40	77,42	75,22	79,45
S	19,12	15,29	18,82	14,25	18,90	17,56	18,61
Te. . . .	—	6,03	0,30	—	—	—	—
(Gangart) .	—	—	—	0,90	—	—	0,19*)
	99,18	101,40	99,18	99,18	98,80	100,00	98,60

9. Gjellebäck bei Kristiania; anal. Th. Scheerer, Pogg. Ann. **65**, 299 (1845).

10. Wie 7, andere Probe.

11. Bastnäs-Grube, Riddarhyttan, Westmanland, Schweden; anal. F. A. Genth, Am. Journ. **23**, 415 (1857). Berechnet von C. F. Rammelsberg, Handb. Min. Chem. 1895, 27.

12. Großstrahlige antimonitähnliche Aggregate, Meymac, Dép. Corrèze, Frankreich; anal. A. Carnot, C. R. **79**, 303 (1874).

13. u. 14. Dünnblättrige Varietät von zinn- bis antimonweißer Farbe, Chorolque, Bolivien; anal. J. Domeyko, Elementos d. Mineralogia, Santiago 1879, 304.

15. Abgerundete säulenförmige Kristalle aus den Goldseifen am Flusse Amunnaja, Transbaikalien; anal. J. Bjeloussow bei S. Kusnezow, Bull. de l'Acad. d. Sc. de St. Pétersbourg **4**, 711 (1910); Z. Kryst. **52**, 518 (1913). *) SiO_2.

	16.	17.	18.	19.	20.	21.	22.
δ	—	—	6,306	6,306	6,624	6,781	—
Pb	—	—	—	—	6,03	1,68	—
Cu	0,70	0,98	—	—	1,67	0,48	0,57
Fe	0,40	0,50	—	—	0,35	0,74	0,17
As	1,31	1,22	—	—	—	—	—
Bi	87,27	84,66	76,94	78,14	72,90	79,28	79,47
S	10,30	11,03	14,15	13,96	18,11	18,46	18,42
Se	—	—	8,80	*)	—	—	—
Te	—	—	—	—	—	—	0,94
Unlöslich	—	—	—	—	0,63	—	0,50
	99,98	98,39	99,89	—	99,69	100,64	100,07

16. u. 17. Dickblättrige Varietät von dunkler Eisenfarbe, Grube Constanzia am Cerro de Tazna, Bolivien; anal. J. Domeyko, wie oben S. 302.

18. u. 19. Selenhaltige, kleine hellgraue, in verhärtetem Ton eingebettete Kristalle, Guanajuato, Mexico; anal. F. A. Genth, Am. Journ. **41**, 402 (1891). *) Se nicht bestimmt.

20. Großblättrige Aggregate mit Kupferkies und Quarz; Sinaloa, Distrikt Rosario, Mexico; anal. W. H. Melville, Bull. geol. Surv. U.S. **90**, 65 (1892); Z. Kryst. **24**, 623 (1895).

21. Bleigrauer, blättriger Wismutglanz, Jonquière, Chicoutimi Co., Quebec, Canada; anal. J. F. W. Johnston bei C. A. S. Hoffmann, Ann. Rep. Geol. Surv. Can. **6**, 19R. (1892—1893); Z. Kryst. **28**, 324 (1897).

22. Wismutglanz (von J. J. Berzelius als Tellurwismut bestimmt), Riddarhyttan, Westmanland, Schweden; anal. G. Lindström, Geol. För. Förh. Stockholm **28**, 198 (1906); Z. Kryst. **45**, 104 (1908).

Eine größere Anzahl Analysen ergibt außer Wismut und Schwefel eine Reihe anderer Elemente, wie Blei, Kupfer, Eisen, Arsen, Antimon, Selen, Tellur. Es ist wohl anzunehmen, daß die Schwermetallsulfide mit dem Mineral heterogene Gemenge bilden, hingegen As, Sb, Se, Te in Mischkristallbindung mit Wismutglanz stehen. Es fehlen indes für diese Vermutung nähere Angaben.

Eigenschaften.

Löslichkeit. In heißer Salzsäure und Salpetersäure löslich, dagegen nicht oder nur schwer in Alkalien und Alkalisulfiden. In Na_2S sollen sich indes kleine Mengen von Bi_2S_3 lösen (J. M. Stillmann).[1]) Wismutsulfid kann unter Schwefelaufnahme den Sulfanionen des Antimons und Arsens analoge komplexe Ionen bilden, deren Bildung durch Addition von Schwefelionen aber bei weitem schwerer wie jene erfolgt. Daher löst es sich im Gegensatz zu Antimon- und Arsensulfid nicht leicht in Kaliumsulfid oder Schwefelammonium (C. H. Stone).[2]) Die Löslichkeit in destilliertem Wasser beträgt $0,35 \times 10^{-6}$ (O. Weigel).[3])

Der **Schmelzpunkt** liegt nach L. H. Borgström[4]) für Wismutglanz von verschiedenen Fundorten bei 717—720° C. Bei 740° C verflüchtigt er sich im Vakuum unzersetzt (F. Krafft und L. Merz);[5]) vgl. Antimonglanz S. 51).

[1]) J. M. Stillmann, Am. Journ. Chem. Soc. **18**, 683 (1896).

[2]) C. H. Stone, Am. Journ. Chem. Soc. **18**, 901 (1896).

[3]) O. Weigel, Götting. Ges. d. Wiss. math.-nat. Kl. 1906, 1.

[4]) L. H. Borgström, Öfv. af Finska Vetensk. Soc. Förh. **57** [1], 15 (1914); N. JB. Min. etc. 1916, I, 10.

[5]) F. Krafft u. L. Merz, Ber. Dtsch. Chem. Ges. **40**, 4777 (1907).

Bei einem von K. Friedrich[1]) durch Zusammenschmelzen von Wismut und Schwefel erhaltenen Produkt (natürlicher Wismutglanz erwies sich für die Untersuchung als zu unrein) begann im Sauerstoffstrom die Zersetzung bei etwa 400°, im Luftstrom bei etwa 500° C; der Glühbeginn liegt bei etwa 420—550° C.

A. H. W. Aten[2]) hat das Zustandsdiagramm Wismut-Schwefel aufgestellt, in welchem eine Schmelzpunktskurve von etwa 52 Atpr. Schwefel bis zu einem in nächster Nähe des Schmelzpunktes des Wismuts gelegenen eutektischen Punkte verläuft. Längs dieser Kurve erfolgt Ausscheidung von Bi_2S_3, dessen wegen hohen Partialdruckes des Schwefels nicht mit Sicherheit zu ermittelnder Schmelzpunkt schätzungsweise über 800° C liegt. Zu ähnlichen Ergebnissen gelangte H. Pélabon,[3]) welcher einen maximalen Schmelzpunkt von 685° C bei 50 Atpr. Schwefel fand.

Lötrohrverhalten. Wismutglanz schmilzt für sich wie der Antimonglanz sehr leicht (schon in der Kerzenflamme) und gibt im einseitig geschlossenen Glasrohr wenig Sublimat von Schwefel, im offenen Glasrohr schweflige Säure und einen Beschlag von schwefelsaurem Wismutoxyd, welcher vor dem Lötrohre zu braunen Tröpfchen schmilzt und nach dem Erkalten gelb und undurchsichtig erscheint. Auf Kohle schmilzt er in der Reduktionsflamme unter Kochen und Spritzen zu einer Kugel von metallischem Wismut. Der gelbliche Lötrohrbeschlag auf Glas (Wismutoxyd und schwefelsaures Wismutoxyd) färbt sich, mit gepulvertem Jodkalium erhitzt, zum Unterschiede vom ähnlichen Bleibeschlage unter Bildung von Jodwismut rot.

Dichte. Das spezifische Gewicht der natürlichen Kristalle schwankt im allgemeinen zwischen 6,4 und 6,6 und steigt in einigen Fällen, wahrscheinlich durch Verunreinigungen bis 7,1. An künstlichem Bi_2S_3 bestimmte R. Schneider[4]) δ = 6,81—7,10. Härte = 2—2,5. Mild ins Spröde.

Kohäsion. Spaltbarkeit und Translation wie beim Antimonglanz.

Farbe zinnweiß ins Bleigraue, Strich grau.

Das Spektrum kann man nach A. de Grammont[5]) leicht erhalten, jedoch werden durch die benachbarten Linien des Wismuts einige Linien des Schwefels beeinträchtigt.

Spezifische Wärme nach V. Regnault[6]) = 0,08403 zwischen 99 und 22° C.

Wismutglanz leitet die Elektrizität und zwar in Richtung der *c*-Achse viermal weniger als senkrecht dazu (F. Beijerinck).[7]) Im Kontakt mit Kupfer thermoelektrisch negativ (A. Schrauf und J. D. Dana).[8])

In geschliffenen und polierten Präparaten lassen sich Einlagerungen von metallischem Wismut leicht durch Einwirkung der Oberfläche auf einen mit neutraler Lackmustinktur gefärbten Gelatineüberzug nachweisen, indem an den betreffenden Stellen durch lokale elektrische Ströme Verfärbungen eintreten (F. Beijerinck).[9])

[1]) K. Friedrich, Metallurgie **6**, 178 (1909).
[2]) A. H. W. Aten, Z. anorg. Chem. **47**, 386 (1905).
[3]) H. Pélabon, Journ. Chim. Phys. 1904, II, 325; C. R. **131**, 416 (1900).
[4]) R. Schneider, Pogg. Ann. **91**, 414 (1854).
[5]) A. de Grammont, Bull. soc. min. **18**, 260 (1895).
[6]) V. Regnault, Ann. chim. phys. **1**, 129 (1841).
[7]) F. Beijerinck, N. JB. Min. etc. Beil.-Bd. **2**, 424 (1897).
[8]) A. Schrauf u. J. D. Dana, Sitzber. Wiener Ak. **69**, 148 (1874).
[9]) F. Beijerinck, wie oben.

Chalkographische Untersuchung.[1])

Erkennungsmittel für den Wismutglanz sind die rein weiße Farbe, geringe Härte, die gewöhnlich schon im ungeätzten Ansschliff ausgeprägte vollkommene Spaltbarkeit parallel (010) in Form langer gerader Risse (eine minder gute Spaltbarkeit parallel {001} läßt sich gelegentlich beobachten, ferner eine prismatische Absonderung nach (110)) und die Löslichkeit in HNO_3. Von KOH wird er nicht angegriffen, von HCl nur langsam. Auf {010} ist die Löslichkeit am größten. Anwachszonen und Lamellen konnten nicht beobachtet werden.

Mit Antimonglanz, Bleiglanz und Bournonit kann er verwechselt werden. Spaltbarkeit und Unlöslichkeit in KOH unterscheiden ihn von Antimonglanz, Spaltbarkeit, prismatischer Habitus und Strukturätzung von Bleiglanz, seine Angreifbarkeit durch HNO_3 von Bournonit.

Die Einwirkung auf das polarisierte Licht ist schwächer als beim Antimonglanz. Er löscht zu den Spaltrissen gerade aus, erscheint in der Auslöschungslage ein wenig dunkelgrau, in den Zwischenlagen bis hellblaugrau.

Synthese.

Die durch Zusammenschmelzen und Ausgießen der noch flüssigen Schmelze von Wismut und Schwefel erhaltenen schön kristallisierten Produkte (M. P. Lagerhjelm,[2]) Werther,[3]) W. Heintz[4]) bestehen nach R. Schneider[5]) aus einem Gemenge von Wismutsulfid mit Wismut. G. Rose[6]) bestimmte an den von Werther dargestellten Kristallen (δ = 6,81—7,10) eine Anzahl Formen des natürlichen Wismutglanzes. Um das Wismut restlos in Bi_2S_3 überzuführen, muß das Schmelzen mit Schwefel einigemal bei möglichst niedriger Temperatur wiederholt werden, weil bei höheren Temperaturen leicht eine Entschwefelung des Bi_2S_3 eintritt. Aus einer Bi—Bi_2S_3-Schmelze lassen sich nach Fr. Rössler[7]) die Wismutkristalle durch kalte verdünnte Salpetersäure isolieren. Nach seiner bei der künstlichen Darstellung des Antimonglanzes angegebenen Methode konnte W. Spring[8]) in analoger Weise auch kleine Kristalle von Wismutglanz erhalten.

J. Durocher[9]) gelang die Herstellung von kristallinischem Bi_2S_3 durch Einwirkung von Wismutchlorid in Dampfform auf Schwefelwasserstoff, H. de Sénarmont[10]) durch Erhitzen von Schwefelwismut mit Schwefelkalium in einer zugeschmolzenen Glasröhre auf 200° C und A. Carnot,[11]) indem er einen Schwefelwasserstoffstrom bei Rotglut auf gefälltes Bi_2S_3, Bi_2O_3 oder ein Wismutsalz einwirken ließ.

---

[1]) Nach H. Schneiderhöhn, Anleitg. z. mikrosk. Best. u. Unters. v. Erzen u. Aufbereitungsprodukt. besond. i. auffallend. Licht (Berlin 1922), 158, 159.
[2]) M. P. Lagerhjelm, Schweigg. Journ. **17**, 416 (1816).
[3]) Werther, Journ. prakt. Chem. **27**, 65 (1842).
[4]) W. Heintz, Pogg. Ann. **63**, 57 (1844).
[5]) R. Schneider, Pogg. Ann. **91**, 414 (1854).
[6]) G. Rose, Pogg. Ann. **91**, 401 (1854).
[7]) Fr. Rössler, Z. anorg. Chem. **9**, 31 (1895).
[8]) W. Spring, Ber. Dtsch. Chem. Ges. 1883, 1001.
[9]) J. Durocher, C. R. **32**, 823 (1851).
[10]) H. de Sénarmont, Ann. chim. phys. **32**, 129 (1851).
[11]) A. Carnot bei F. Fouqué u. A. Michel-Lévy, Synth. Min. (Paris 1882), 318.

Gelegentliche Neubildung.

Mayençon[1]) erwähnt unter den Kohlenbrand-Sublimationsprodukten aus der Gegend von Saint-Étienne im Département Loire glänzende Nadeln von Wismutglanz mit gleichfalls sublimiertem Bleiglanz.

Vorkommen und Genesis.

Wismutglanz ist ungleich seltener als Antimonglanz und hinsichtlich seiner Entstehung wesentlich auf magmatische Lagerstätten beschränkt. Perimagmatischer Natur sind die norwegischen Vorkommen des Kristianiagebietes mit Magnetit, Granat, Kalkspat, Eisenkies, Kupferkies, Bleiglanz und Zinkblende. Ferner gehören z. B. hierher das turmalinführende Kupfererzvorkommen von der Yakuojimine, Japan, sowie die Turmalinquarzgänge von Eich und Tirpersdorf im sächsischen Vogtland, vom Dear Park Distrikt (Washington, U.S.A.), von Jonquière (Chicoutimi Co., Canada) und die an Wismutglanz reichen Zinnerzlagerstätten von Chorolque in Bolivien, die zum Teil auch Wolframit führen. Von mehr apomagmatischem Charakter dürfte der Wismutglanz auf den Silberkobaltgängen im Schwarzwald und Joachimstaler Bergrevier sein. Die Erzgänge mit Wismutglanz und Bleiglanz von Schönficht und Perlsberg im Kaiserwald (Böhmen) liegen nach P. Clebius[2]) in der Nähe oder an der Kontaktzone des Kaiserwaldgranits mit kristallinen Schiefern.

Die häufigste Umwandlung des Wismutglanzes ist die in Wismutocker oder Wismutspat. Ein weißes Zersetzungsprodukt von Chorolque, in welchem das Sulfid durch Oxyd bzw. Wismutocker ersetzt ist, wurde von J. Domeyko[3]) für Oxysulfid gehalten und mit dem Namen Bolivit bezeichnet. H. A. Miers[4]) erwähnt aus der Gegend von Tavistock in Devonshire unebene geriefte Prismen von Wismutglanz, die auf der Oberfläche und auch ziemlich tief nach innen in Kupferkies umgewandelt sind. Andere Kristalle von der Fowey Consols Mine bei St. Blazey in Cornwall sind in ein Gemenge von Kupferkies und einer schwarzen, Wismut und Schwefel enthaltenden Substanz zersetzt. An letzterem Fundort wurden Pseudomorphosen von Eisenspat nach Wismutglanz gefunden. Wismutglanz ist auch als Umwandlungsprodukt von ged. Wismut bekannt.[5])

Bolivit.

Von **C. Doelter** (Wien).

J. Domeyko[6]) benannte so ein Mineral, welches jedoch nur ein Gemenge zu sein scheint. Es dürfte aus der Oxydation von Wismutglanz entstanden sein und ist nicht etwa ein Oxysulfid, sondern ein Gemenge von Wismutglanz und Wismutocker.

Dieses Mineral, welches in den Gruben von Tazna, Provinz Chorolque (Bolivia) vorkommt, dürfte kaum als selbständiges Mineral angesehen werden.

---

[1]) Mayençon, C. R. **92**, 854 (1881).
[2]) P. Clebius, Montanist. Rundschau **12**, 145, 161, 180 (1920).
[3]) J. Domeyko, Min. Chil. 6. App. 1878, 19.
[4]) H. A. Miers, Min. Mag. (London), **11**, 263 (1897).
[5]) T. Wada, Min. Jap. (Tokyo 1904), 22.
[6]) J. Domeyko, Min. Chil. 6. Nachtrag 1878, 19. Siehe auch Z. Kryst. **2**, 514 (1878).

Molybdänglanz MoS_2.

Von **M. Seebach** (Leipzig).

Synonyma: Molybdänit, Wasserblei.

Hexagonal. $a:c = 1:1{,}9077$ (A. P. Brown).[1])

Nach den röntgenographischen Untersuchungen von R. G. Dickinson und L. Pauling[2]) gehört Molybdänglanz wahrscheinlich der dihexagonal-bipyramidalen Klasse an. Künstliche Kristalle, die häufig auch in Form dreiseitiger Blättchen erhalten werden, haben vielleicht eine von dem Feinbau des Minerals abweichende Struktur.

Analysen.

	1.	2.	3.	4.	5.	6.	7.	8.
δ	—	—	4,704	4,73	4,62*)	—	—	—
Mo	59,96	60,05	59,05	59,35	59,30	58,63	57,15	57,31
S	40,04	39,64	41,17	40,28	41,20	40,57	39,71	42,00
Fe	—	—	—	—	—	—	—	1,50
Gangart . .	—	—	—	—	—	0,80	3,14	—
	100,00	99,69	100,22	99,63	100,50	100,00	100,00	100,81

1. Theor. Zusammensetzung.
2. Altenberg, Sachsen; anal. P. Jannasch, Journ. prakt. Chem. **45**, 37 (1892).
3. Rialmosso Tal b. Machetto, Gebiet von Biella, Italien; in Milchquarz mit Molybdänocker, Eisenkies und Kupferkies; anal. A. Cossa, Z. Kryst. **2**, 207 (1878).
4. Glänzend bleigraues Material mit grünlichem Strich, aus Syenit, Biella, Italien; anal. F. Zambonini, Z. Kryst. **40**, 211 (1905).
5. Stilo, Calabrien, Italien; anal. R. Nasini u. E. Baschieri, R. Acc. d. Linc. **21**, 692 (1912); Z. Kryst. **55**, 276 (1915). *) Bei 15,8° C. In warmer Kalilauge löslich.
6. Lindås in Smaland, Schweden; mit Quarz in Glimmerschiefer; anal. L. Svanberg u. H. Struve, Journ. prakt. Chem. **44**, 257 (1848).
7. Bohnslän, Schweden; anal. L. Svanberg u. H. Struve, wie oben.
8. Ungewöhnlich große Tafeln, Eleonora Grube bei Kingsgate, Glen Innes, N. S. Wales; anal. A. Liversidge, Journ. Roy. Soc. N. S. W. **29**, 316 (1895); Z. Kryst. **28**, 221 (1897).

	9.	10.	11.	12.	13.	14.	15.
Mo . . .	59,85	59,66	59,55	59,42	59,66	60,01	59,90
S	40,03	39,72	40,00	40,09	39,75	39,67	39,81
	99,88	99,38	99,55	99,51	99,41,	99,68	99,71

9. Pitkäranta, Finnland; 10. Balwandaguta, Terek Gebiet, Kaukasus; 11. Ilmengebirge, Ural; 12. Smaragdgruben am Flusse Takowaja, Ural; 13. Nertschinsk, Transbaikalien; 14. Fluß Onon, Transbaikalien; 15. Fluß Sljudiánka, Transbaikalien; anal. K. Nenadkewitsch, Trav. d. Musée Géol. Pierre le Grand près l'Acad. Imp. Sc. St. Pétersbourg 1907. I, 81; Z. Kryst. **47**, 289 (1910).

Die Analysen deuten auf eine fast vollkommene Reinheit der meisten Vorkommen des Molybdänglanzes, sie entsprechen genau der Formel MoS_2 und zeigen besonders, daß keine Mischkristallbildung mit anderen Komponenten vorliegt. A. de Gramont[3]) konnte im Spektrum nur die Linien des Molybdäns beobachten.

[1]) A. P. Brown, Proc. Acad. Nat. Sc. Philad. 1896, 210.
[2]) R. G. Dickinson, Am. Journ. Chem. Soc. **44**, 276 (1922). — R. G. Dickinson u. L. Pauling, Am. Journ. Chem. Soc. **45**, 1466 (1923).
[3]) A. de Gramont, Bull. soc. min. **18**, 274 (1895).

M. Ogawa[1]) fand in japanischem Molybdänglanz und Reinit ein neues Element, für das er den Namen Nipponium (Np) vorschlägt, außerdem noch ein anderes, auch im Thorianit vorkommendes neues Element. R. Nasini und E. Baschieri[2]) konnten in dem Vorkommen von Stilo, Calabrien (Anal. 5) kein Nipponium nachweisen.

Eigenschaften.

Löslichkeit und Reaktionen. In heißer konzentrierter Schwefelsäure wenig löslich, von siedender unter Abscheidung von Molybdänsäure zersetzt; Salpetersäure oxydiert MoS_2 zn MO_3; in warmem Königswasser vollständig löslich, nach E. F. Smith[3]) in Schwefelmonochlorid bei 300° C nur teilweise. Vollständige Zersetzung findet nach A. Cossa[4]) auch im Chlorstrom unter Bildung von kristallisiertem grauen Pentachlorid statt. Schwieriger erfolgt die Zersetzung im Bromstrom; Kupfersulfat- und Goldchloridlösungen werden reduziert. Durch starkes Glühen im Wasserstoffstrom erfolgt Reduzierung zu metallischem Molybdän.[5]) M. verpufft, mit Salpeter erhitzt, unter lebhafter Feuererscheinung zu Kaliummolybdat, welches in salzsaurer Lösung mit Stanniol eine blau gefärbte Flüssigkeit gibt.

Lötrohrverhalten. Molybdänglanz ist vor dem Lötrohr nicht schmelzbar; er geht beim Erhitzen in Molybdänsäure über, welche die äußere Flamme gelbgrün (zeisiggrün) färbt. Das Mineral liefert auf Glas einen weißen pulverigen Beschlag, der am inneren Rande unter dem Mikroskop Kristallnadeln von Molybdänsäure zeigt. Dieser weiße Beschlag wird durch Berühren mit einer schwachen Reduktionsflamme tief blau, durch eine schwache Oxydationsflamme wieder weiß.[6])

Nach G. Spezia[7]) soll MoS_2 mit Sauerstoff schmelzbar sein unter Bildung eines weißen kristallinischen Beschlags und gelblichweißer Dämpfe.

R. Cusack[8]) ermittelte den Schmelzpunkt bei 1185° C.

Der Molybdänglanz bildet selten sechsseitige Tafeln oder kurze prismatische Kristalle; gewöhnlich kommt er blättrig oder schuppig vor. Er ist milde bis geschmeidig und fühlt sich fettig an; die Spaltblättchen nach (0001) sind gemein biegsam. Farbe bleigrau mit schwachem Stich ins Violette. Strich grünlichgrau.[9]) Undurchsichtig; bei hinreichender Dünne erscheinen die Spaltblättchen nach R. Nasini[10]) lauchgrün und durchsichtig.

Härte = 1—1,5.

Dichte = 4,62—4,73 für natürliches MoS_2, = 5,06 für künstliche Kriställchen.[11])

A. J. Moses[12]) beobachtete an einigen Molybdänglanzkristallen natürliche

[1]) M. Ogawa, Journ. Japan Coll. Sci. **25**, Art. 1—11; Z. Kryst. **48**, 685 (1911).
[2]) R. Nasini u. E. Baschieri, R. Acc. d. Linc. **21**, 692 (1912).
[3]) E. F. Smith, Am. Journ. Chem. Soc. **20**, 289 (1898).
[4]) A. Cossa, Z. Kryst. **2**, 206 (1878).
[5]) v. d. Pfordten bei O. Dammer, Hdb. anorg. Chem. **3**, 611 (1893).
[6]) V. Goldschmidt, Z. Kryst. **21**, 330, 331 (1893).
[7]) G. Spezia, Z. Kryst. **14**, 503 (1888).
[8]) R. Cusack, Proc. Roy. Irish Acad. [3] **4**, 399 (1897); Z. Kryst. **31**, 284 (1899).
[9]) Nach J. L. C. Schröder van der Kolk, ZB. Min. etc. 1901, 78 ist die Hauptstrichfarbe schön grün.
[10]) R. Nasini u. E. Baschieri, R. Acc. d. Linc. **21**, 692 (1912).
[11]) A. de Schulten, Geol. För. Förh. **11**, 401 (1889); Bull. soc. min. **12**, 545 (1889).
[12]) A. J. Moses, Am. Journ. **17**, 359 (1904).

hexagonale Ätzfiguren. P. M. E. Jannettaz[1]) untersuchte die **Wärmeleitfähigkeit** auf Prismen und erhielt eine Ellipse mii dem Achsenverhältnis 1:2 bis 3 von negativem Charakter.

Die spezifische Wärme beträgt nach F. E. Neumann[2]) 0,1067, nach V. Regnault[3]) im Mittel aus drei Versuchen 0,12334; L. De la Rive und F. Marcet[4]) fanden für MoS_2 den Wert 0,1097.

Elektrische Eigenschaften. Bei gewöhnlicher Temperatur ist die elektrische Leitfähigkeit gering[5]) bzw. nicht deutlich erkennnbar[6]); Temperaturerhöhung begünstigt die Leitfähigkeit (vgl. auch J. Königsberger und O. Reichenheim).[7])

J. Königsberger[8]) stellte Beziehungen auf zwischen Lichtabsorption und elektrischer Leitfähigkeit.

J. Weiss und J. Königsberger[9]) fanden, daß zwischen Molybdänglanz und reinem Kupfer innerhalb 20° und 80° ein Thermostrom von der warmen Stelle zum Kupfer hin fließt. Im Mittel ergab sich

$$7{,}27 \times 10^{-4} \text{ Volt für } 1^0 \text{ Temperaturdifferenz.}$$

Die Thermokraft ist von der Temperatur abhängig:

Zwischen 68,7° und 57,0° C . . . . 7,60 $\times 10^{-4}$ Volt für 1° C
„ 57,0° „ 45,8° C . . . 7,46 $\times 10^{-4}$ „ „ 1° C

Andere Mitteilungen über thermoelektrische Eigenschaften finden sich bei M. Kimura, K. Yamamoto und R. Ich'inote.[10])

Chalkographische Untersuchung.[11])

Die sehr geringe Härte und charakteristische Beschaffenheit polierter Anschlifflächen (sechsseitige Vertiefungen in Schnitten annähernd senkrecht zur *c*-Achse, tiefe parallele, durch die Spaltbarkeit nach {0001} bedingte Gräben in Querschnitten) schließen eine Verwechslung mit anderen Erzen aus. Von dem sich physikalisch ähnlich verhaltenden, im Anschliff grauen Graphit unterscheidet Molybdänglanz sich leicht durch die reinweiße Farbe.

Sein Verhalten im polarisierten Licht entspricht dem der optisch einachsigen Körper.[12]) Die häufig durch Verbiegung und Zerknitterung mechanisch stark beanspruchten Spaltungsblättchen sind durch ausgeprägte undulöse Auslöschung ausgezeichnet.

Gegen Ätzmittel verhält er sich negativ.

---

[1]) P. M. E. Jannettaz, Bull. soc. min. **15**, 136 (1892).
[2]) F. E. Neumann, Pogg. Ann. **23**, 1 (1831).
[3]) V. Regnault, Pogg. Ann. **53**, 60, 243 (1841). Das Material war nicht ganz frei von Ganggestein.
[4]) L. De la Rive u. F. Marcet, Pogg. Ann. **52**, 120 (1841).
[5]) F. Beijerinck, N. JB. Min. etc. Beil.-Bd. **11**, 428 (1897).
[6]) C. Doelter, Sitzber. Wiener Ak. **109**, 49 (1910).
[7]) J. Königsberger u. O. Reichenheim, N. JB. Min. etc. 1906 II, 22.
[8]) J. Königsberger, Phys. Zeitschr. **4**, 495 (1903).
[9]) J. Weiss u. J. Königsberger, Phys. Zeitschr. **10**, 956 (1909); Z. Kryst. **51**, 312 (1913).
[10]) M. Kimura, K. Yamamoto u. R. Ich'inote, Mem. Coll. Eng. Kyoto, **2** 59 (1910).
[11]) Nach H. Schneiderhöhn, l. c. 159, 160.
[12]) Vgl. J. Königsberger, ZB. Min. etc. 1908, 601.

Synthese.

Molybdändisulfid ist die beim Glühen beständigste Schwefelverbindung des Molybdäns. K. W. Scheele[1]) erhielt die Substanz in kristallinischer Form durch Einwirkung von Schwefel oder Schwefelwasserstoff auf glühende Molybdänsäure. L. F. Svanberg und H. Struve[2]) gelang die Darstellung durch Glühen von Kaliummolybdat mit Schwefel. Nach C. W. C. Fuchs[3]) bildet sich beim Glühen eines Gemisches von Molybdänsäure mit der sechsfachen Menge Zinnober ein graues, durch Pressen Metallglanz annehmendes Pulver, das natürlichem Molybdänglanz ähnelt. H. Debray[4]) erhitzte mit gutem Erfolge ein Gemenge von Molybdaten mit überschüssigem Kalk in einem Gasgemenge von HCl und H_2S. A. de Schulten[5]) hat kleine tafelförmige hexagonale oder trigonale Kristalle dargestellt, indem er 4 g wasserfreies kohlensaures Kalium zuerst mit 6 g Schwefel, dann wiederholt mit Molybdänsäure — bis 5—6 g MoO_3 verwendet waren — zusammenschmolz. Die Dichte der grauvioletten weichen und abfärbenden Kristalle ist bei $15^0 = 5{,}06$. Sehr dünne kleine Kristalle von Molybdänglanz entstehen nach M. Guichard[6]) durch Zusammenschmelzen von Ammoniummolybdat, Schwefel und Kaliumcarbonat. G. Dickinson und L. Pauling,[7]) welche nach dieser Methode dargestellte Kristalle untersuchten, fanden neben hexagonalen häufig dreieckige Täfelchen. Einer einfachen Synthese von mannigfacher Anwendbarkeit bediente sich M. St. Meunier,[8]) welcher Ammoniummolybdat mit einem Überschuß von Schwefelblume mengte und erhitzte. Das so erhaltene Produkt besitzt alle chemischen, physikalischen und kristallographischen Eigenschaften des natürlichen Molybdänglanzes.

Vorkommen und Genesis.

Der Molybdänglanz ist das wichtigste und am häufigsten vorkommende Molybdänmineral, das aber nirgend in großen Mengen auftritt. Seine Hauptverbreitungsgebiete sind die Zinnerzlagerstätten, sowie die pegmatitischen und Quarzgänge in Graniten, Gneisen und ähnlichen Gesteinen, worin er auch eingesprengt vorkommt. Seltener findet er sich in körnigem Kalk und Granatfels. Ob er in manchen Eruptivgesteinen als primäre Bildung anzusprechen sei, ist nach G. O. Smith[9]) ungewiß. R. Brauns[10]) fand ihn in Einschlüssen des Basalts. Nach W. C. Brögger[11]) ist er in den Pegmatiten von Brevig, Norwegen enthalten. F. Schafarzik[12]) zeigt, daß das Vorkommen von MoS_2 an intensive metamorphosierende Tätigkeit gebunden ist. Deutliche Hinweise

---

[1]) K. W. Scheele bei C. Hintze, Hdb. Min. **1** [1], 418 (Leipzig 1904).
[2]) L. F. Svanberg u. H. Struve bei O. Dammer, Hdb. anorg. Chem. **3**, 610 (1893).
[3]) C. W. C. Fuchs, Künstl. Mineralien, Haarlem 1872, 57.
[4]) H. Debray bei C. Hintze, Hdb. Min. **1** [1], 418 (Leipzig 1904).
[5]) A. de Schulten, Bull. soc. min. **12**, 545 (1889); Geol. För. Förh. **11**, 401 (1889).
[6]) M. Guichard, Ann. chim. phys. **23**, 552 (1901).
[7]) R. G. Dickinson u. L. Pauling, Am. Journ. Chem. Soe. **45**, 1469 (1923).
[8]) M. St. Meunier, La Nature **36**, 32, 13 (1890).
[9]) Vgl. G. O. Smith, Bull. geol. Surv. U.S. Nr. 260, 197 (1905). — A. R. Crook, Bull. geol. Soc. Am. **15**, 283 (1904). — W. H. Emmons, Bull. geol. Surv. U.S. N. 432 42 (1910). — J. W. Wells, Canad. Min. Rev. **22**, 113 (1903).
[10]) R. Brauns, ZB. Min. etc. 1908, 97.
[11]) W. C. Brögger, Z. Kryst. **16**, 158 (1890).
[12]) Fr. Schafarzik, Földtani, Közlöny **38**, 657 (1908); Z. Kryst. **48**, 439 (1911).

auf eine perimagmatische Bildungsweise des Molybdänglanzes sind ferner sein Vorkommen auf dem kontaktpneumatolytischen Kupferkieslager des Helena Mining Distrikts in Montana, U. S. A., wo er bei ausgesprochener Skapolithisierung der Nebengesteine mit reichlichem Granat und Eisenkies vergesellschaftet ist, sowie seine Paragenese mit Zinnstein, Scheelit, Flußspat usw. auf Quarz-Wolframitgängen. In genetischer Beziehung interessant sind auch die Molybdänglanzlagerstätten von Pontiac County, Quebeck. Hier findet sich das Erz in den etwas basischeren Teilen von Graniten, Syeniten oder Gneisen zusammen mit „Flußspat, Magnetkies, Eisenkies, Turmalin und Pyroxen"![1])

Umwandlung. Zersetzungserscheinungen sind selten. Vielleicht ist der gelegentlich mit Molybdänglanz vorkommende Molybdänocker (MoO_3) aus ihm entstanden. Pseudomorphosen von Powellit nach Molybdänglanz wurden von K. Nenadkewitsch[2]) beobachtet.

Jordisit.

Von **C. Doelter** (Wien).

Jordisit wurde das kolloide Schwefelmolybdän genannt, welches mit dem kristallisierten Molybdänglanz dieselbe Zusammensetzung hat.

F. Cornu[3]) meint der Ilsemannit sei aus diesem amorphen Sulfid entstanden. Es wäre dies eine Umwandlung des Sulfids in Oxydhydrat. Der Jordisit kommt in der Natur auf der Grube Himmelsfürst vor; Weiteres ist über ihn nicht bekannt.

Patronit.

Synonyma: Rhizopatronit, Kolloid des Vanadiumsulfids.

Analyse.

$Al_2O_3(P_2O_5)$	2,00
Fe	2,92
Ni	1,87
Fe_2O_3	0,20
Mn	Spur
C	3,47
Mg	0,18
V	19,53
S	58,79
SiO_2	6,88
TiO_2	1,53
H_2O	1,90
Alkalien?	0,10

Mit einem nickelhaltigen Eisenkies, Bravoit genannt, von Minasragra, Peru; anal. W. F. Hillebrand, Am. Journ. **24**, 141 (1907); N. JB. Min. etc. 1909, I, 168.

Chemisches Verhalten. Die Auszüge von Schwefel durch CS_2 lieferten an demselben Stück verschiedene Resultate, nämlich 4,5—7%; es dürfte allmäh-

[1]) E. Thomson, Econ. Geol. **13**, 302 (1918); N. JB. Min. etc. 1922, II, 32.

[2]) K. Nenadkewitsch, Trav. d. Mus. Géol. Pierre le Grand St. Pétersbourg **5**, 37 (1911); Z. Kryst. **53**, 610 (1914).

[3]) F. Cornu, Koll.-Z. **4**, 190 1909).

lich Schwefel frei werden. Ebenso sind die Resultate des Extrakts mit Wasser verschieden, namentlich bezüglich des Verhältnisses $V:SO_3$. Wenn man den in CS_2 löslichen Schwefel entfernt und mit Wasser ausgezogen hat, gaben die Bestimmungen für die Hauptbestandteile:

V. . . 18,46—19,16,
S. . . 44,74—47,74.

Daher läßt sich aus dem Verhältnisse $V:S = 1:4$ die Formel VS_4 ableiten. Die Menge des freien Schwefels zu dem gebundenen, werden durch die Zahlen 15,44 und 31,17 gegeben.

Nach P. Groth[1]) wäre die Formel: V_2S_5.

Vorkommen. Mit einem nickelhaltigen Eisenkies, welcher im Vanadinerz eingeschlossen ist, in einem Eruptivgesteinsgange, welcher Kreideschichten und ein kohleähnliches Mineral durchbricht. Als Begleiter erscheint dieses Quisqueit benannte Mineral. Über das Vorkommen siehe J. Bravo,[2]) welcher diese Lagerstätte entdeckte.

Patronit hat wegen seines hohen Vanadingehalts auch technische Bedeutung.

Quisqueit.

Es möge hier das zweifelhafte Mineral Quisqueit, welches das Liegende der Patronitlagerstätte bildet, erwähnt werden. Doch sei gleich erwähnt, daß die Wahrscheinlichkeit für ein Gemenge spricht. Es ist auch als Mineral nicht allgemein anerkannt. In den Tabellen von P. Groth u. K. Mieleitner[1]) wird es als ein Gemenge von Patronit, Ton und Schwefel angeführt, doch enthält es viel Kohlenstoff.

Analyse.

S in CS_2 löslich	15,44	
S, gebunden	31,17	
C	42,81	
H	0,91	
N	0,47	
O	5,39	(aus der Differenz)
Asche	0,80	
Wasser bei 105°	3,01	
	100,00	

Von dem Vanadinerz Fundort Minasragra; anal. W. F. Hillebrand, siehe oben bei Patronit.

Die Analyse der Asche ergab:

Al_2O_3	0,08
Fe_2O_3	0,10
NiO	0,06
V_2O_5	0,52
SiO_2	0,04

Mit dem Quisqueit kommt ein koksähnliches Material vor, dessen Asche vanadinreich ist.

---

[1]) P. Groth u. K. Mieleitner, Tabellen, 16 (1921).

[2]) J. Bravo, Inform. y Memorias Soc. Ing. Lima, Peru **8**, 171 (1906).

Eine Formel kann natürlich nicht gegeben werden.

Tungstenit.[1]

So wird das kolloide Wolframsulfid genannt.

Formel angeblich WS_2. Er ist erdig, dunkelblaugrau, Strich ebenso, sehr weich, schreibt auf Papier, Dichte 7,4.

In Königswasser löslich, ebenso in schmelzendem Natriumcarbonat. Kommt mit Quarz, Bleiglanz, Pyrit, Tetraedrit und Argentit auf der Emmamine, Little Cottonwood, Salte Lake, vor.

2. Verbindungen des Schwefels, Arsens, Antimons, Wismuts mit Kupfer.

A. Verbindungen mit Kupfer allein.

Diese sind: 1. Sulfide: Kupferglanz, Covellin. Die in der isodimorphen Gruppe: Argentit-Kupferglanz noch zu dieser gehörigen beiden Sulfide Stromeyerit und Jalpait siehe unten bei Silber.

2. Arsenide des Kupfers: Whitneyit, Algodonit, Horsfordit, Ledouxit, Domeykit, Stibiodomeykit, Keweenawit, Lautit.

3. Vanadid: Sulvanit.

4. Sulfosalze: Enargit, Luzonit, diese sind Sulfarsenite, Sulfobismutite sind: Cuprobismutit, Emplektit, Klaprothit, Wittichenit, Dognáczkait. Sulfantimonite sind: Wolfsbergit und Famatinit.

B. Verbindungen von As, Bi, Sb mit Kupfer und Eisen.

Ein Arsenid des Kupfers und Eisens ist der Orileyit.

Salze sind folgende: Kupferkies, Bornit, Cuban, Barnhardtit, Chalmersit, Barracanit, Chalkopyrrhotin, Eichbergit, Histrixit, Epigenit.

C. Verbindungen von As, Sb, Bi mit Cu, Fe, Zn, Hg, Ag: Fahlerz und Regnolit.

Die Mineralien: Bournonit, Seligmannit, Nadelerz, Lengenbachit wurden bei Blei eingereiht.

Bei Silber finden sich die Mineralien: Stylotyp, Pearceit, Polybasit; Zinnkies bei Zinnsulfosalzen.

Kupferglanz.

Von **M. Henglein** (Karlsruhe).

Synonyma: Chalkosin, Chalcocit, Redruthit, Kupferglaserz, Kupferglas, graues und schwarzes Kupfererz, Lechererz, Coperit, Cupreïn, Cyprit, Digenit, Carmenit, Harrisit, Ducktownit.

Rhombisch. $a:b:c = 0{,}5822:1:0{,}9701$. Nach P. v. Groth[2]) gibt es auch eine kubische Modifikation, die sich bei höherer Temperatur bildet und in der Kälte in die rhombische übergeht. Th. Scheerer[3]) weist auf die Unterschiede der Dichte und die Dimorphie hin.

[1]) C. Wells u. B. S. Buttler, Wash. Acad. **4**, 896 (1917); Am. Journ. **45**, 478 (1918).
[2]) P. v. Groth, Chem. Kryst. 1906, **1**, 135.
[3]) Th. Scheerer, Ann. d. Phys. **65**, 290 (1845).

Die Zwillingsbildung nach (110), (130) hat pseudosymmetrischen Charakter und verstärkt die große Annäherung der einfachen Kristalle an die hexagonale Symmetrie.

Analysen.

1. Ältere Analysen.

	1.	2.	3.	4.	5.	6.
δ	—	—	—	5,795	5,521	—
Ag	—	—	0,24	—	—	—
Cu	79,50	79,73	70,20	77,76	79,12	74,11
Fe	0,75	—	—	0,91	0,28	3,33
S	19,00	20,27	29,56	20,43	20,36	21,81
SiO_2 . . .	1,00	—	—	—	—	—
	100,25	100,00	100,00	99,10	99,76	99,85

1. Von Gosenbach bei Siegen; anal. Ullmann, Syst. tab. Übers. 1814, 243.
2. Von Grube Montecatini (Toscana), dichter Kupferglanz; anal. Le Blanc bei Savi, Rocce ofiolit. Tosc. 1838, 94; bei A. d'Achiardi, Min. Tosc. **2**, 255 (1873).
3. Derber Kupferglanz von Sangerhausen; anal. C. F. Plattner bei A. Breithaupt, Ann. d. Phys. **61**, 673 (1844). — Digenit, bestehend aus $Cu_2S + 3CuS$ nach C. F. Rammelsberg.
4. Von der Byglandgrube im Kirchspiel Hoidalsmoe (Telemarken), derb; anal. Th. Scheerer, Ann. d. Phys. **65**, 290 (1845).
5. Vom Strömsheien in Sätersdalen; anal. Derselbe, ebenda.
6. Von Chile; anal. Wilcynski bei C. F. Rammelsberg, Mineralchem. 5. Suppl. 1853, 151.

	7.	8.	9.	10.	11.	12.
Pb	—	—	—	—	1,07	—
Ag	—	—	—	—	0,20	—
Cu	58,50	57,79	76,54	63,86	76,40	78,93
Fe	1,45	1,33	1,75	2,43	0,65	0,35
S	15,73	15,48	20,50	17,63	20,60	19,78
Fe_2O_3 . . .	24,13	25,00	—	15,75	—	—
Gangart . .	0,12	—	—	—	—	—
	99,93	99,60	98,79	99,67	98,92	99,06

7. u. 8. Vom Monte Vaso bei Chianni (Prov. Pisa) mit Kupferkies; anal. E. Bech bei J. D. Dana, Am. Journ. **14**, 61 (1852).

9. u. 10. Von Montecatini (Toscana); anal. Derselbe, ebenda.

11. Von Polk Co. (Ost-Tennessee); anal. F. A. Genth, ebenda **33**, 194 (1862).

12. Von Sangerhausen; anal. Zimmermann, Z. ges. Naturw. **17**, 47 (1863).

	13.	14.	15.	16.	17.	18.
δ	5,485	—	—	—	5,530	—
Pb	0,06	0,06	1,07	2,85	—	—
Ag	0,21	0,16	0,20	1,10	0,81	—
Cu	77,30	77,76	76,40	74,90	73,20	76,26
Fe	0,44	0,40	0,65	0,40	3,78	1,28
S	20,65	20,65	20,60	20,75	21,71	21,94
Se	—	0,05	—	—	—	—
Unlösl. . .	0,27	0,67	—	—	—	—
	98,93	99,75	98,92	100,00	99,50	99,48

13. u. 14. Von der Canton Mine (Georgia), hexaedrisch spaltbar mit Bleiglanz; anal. F. A. Genth, Am. Journ. **23**, 409 (1857). — Varietät Harrisit; ist nach F. A. Genth eine Pseudomorphose nach Bleiglanz.

15. u. 16. Polk Co. (Ost-Tennessee); anal. F. A. Genth, ebenda **33**, 194 (1862). Die Analyse 15. enthält 93,80%, 16. 89,89% Cu_2S; der Rest ist CuS, PbS, FeS_2Ag_2S. — Ebenfalls Harrisit und Pseudomorphose.

17. Von Přibram (Böhmen); anal. Eschka, Berg. u. Hüttenm. Jahrb. Bergak. Loeben **13**, 25 (1864).

18. Von Grube Neue Hardt bei Siegen (Westfalen) in Eisenglanz; anal. C. Schnabel bei C. F. Rammelsberg, Mineralchem. 1849, 121.

	19.	20.	21.	22.
δ	—	5,290	5,410	—
Ag	—	0,05	0,01	0,11
Cu	65,45	71,30	71,43	79,42
Fe	9,90	1,37	1,27	0,33
Sb	—	0,97	0,50	—
S	24,65	26,22	27,05	20,26
Rückst.	—	0,77	1,08	—
	100,00	100,68	101,34	100,12

19. Von Swarow, körnig mit Kupferkies und Zinnober; anal. F. Bořický, Sitzber. Wiener Ak. **59**, 608 (1869); Lotos 1869, 20.

20. u. 21. Von der Insel Carmen (Californien) mit Rotkupfererz, Malachit und Ziegelerz; anal. Hahn, Bg.- u. hütt. Z. **24**, 86 (1865). — Carmenit.

22. Kristalle von Bristol (Connecticut); anal. Collier bei J. D. Dana, Min. 1868, 52.

2. *Neuere Analysen.*

	23.	24.	25.	26.	27.	28.
δ	4,700	—	—	—	—	5,62
Ag	—	—	—	—	16,00	—
Zn	0,74	—	—	—	—	—
Cu	48,82	75,22	71,31	77,16	60,00	76,75
Fe	6,64	1,53	6,49	1,45	2,50	1,10
As	9,16	—	—	—	—	—
S	26,71	22,54	21,90	20,62	20,50	22,15
SiO_2	7,52	—	—	—	—	—
	99,59	99,29	99,70	99,23	99,00	100,00

23. Von Catamaria (Argentinien); anal. Schinnerer bei A. Bauer, Tsch. min. Mit. 1872, 80.

24. Vom Siegener Bezirk (Westfalen); anal. Zwick bei C. F. Rammelsberg, Mineralchem. 1875, 66.

25. Vom S. Biagio bei Montayone (Prov. Florenz); anal. von Winchenbach, ebenda.

26. Von United Mines, Gwennap (Cornwall); anal. Thomson, Outl. Min. **1**, 599.

27. Von Junge Hohe Birke bei Freiberg mit Kupferkies; anal. von Lampadius, Schrift. Dresd. Ges. Min. **2**, 229; bei A. Frenzel, Min. Lex. 1874, 64.

28. Von Brand bei Freiberg; anal. C. F. Plattner bei A. Frenzel, ebenda 65

	29.	30.	31.	32.	33.
δ	—	—	—	5,800	—
CaO	—	0,59		—	—
Cu	69,16	74,29	55,18	78,44	79,00
Co + Ni . .	—	—	1,14	—	—
Fe_2O_3 . . .	0,74	0,10	—	—	—
Fe	—	—	17,53	0,93	—
As	—	—	—	1,22	—
S	23,04	24,22	26,09	20,13	21,00
Unlösl. . .	—	0,51	—	—	—
	92,94	99,71	99,94	100,72	100,00

29. u. 30. Von den Sunnerskogsgruben im Alsheda-Kirchspiel (Småland); anal. G. Lindström, Geol. För. Förh. **7**, 678 (1885). — Wahrscheinlich ein Gemenge von Kupferglanz mit Covellin.

31. Vom Eisernhardter Tiefbau bei Eisern (Bez. Siegen, Westfalen); anal. Th. Haege, Min. Sieg. 1887, 38.

32. Von Grube Katharina bei Imsbach unweit Winnweiler (Pfalz); anal. A. Hilger bei F. Sandberger, N. JB. Min. etc. 1890, I, 100.

33. Pulveriger Kupferglanz von der Champion-Mine; anal. G. A. König, Am. Journ. **14**, 404 (1902); Z. Kryst. **38**, 684 (1904).

	34.	35.	36.	37.	38.	39.
δ	—	—	—	5,791	5,719	5,800
Ag	Spur	—	0,18	—	—	—
Cu	52,80	77,19	79,30	79,67	78,68	79,50
Fe	16,30	—	0,18	0,14	0,69	0,17
Ni	2,40	—	—	—	—	—
S	30,20	19,50	20,04	20,16	20,32	20,05
SiO_2 . . .	—	—	—	0,09	—	0,17
Gangart . .	—	3,10	0,30	—	—	—
	101,70	99,79	100,00	100,06	99,69	99,89

34. Von Sohland a. d. Spree; anal. R. Beck, Z. Dtsch. Geol. Ges. **55**, 296 (1903). Das Produkt besteht zu 65% aus Kupferglanz, zu 35% aus Magnetkies.

35. Von Grab in Koštunići (Valjevska Podgorina, Serbien); anal. S. Stevanovic, Z. Kryst. **45**, 60 (1908).

36. Von der Tsumeb-Mine, Otavi (Südwestafrika) lamellarer Kupferglanz; anal. P. Bartetzko bei H. Schneiderhöhn, Senkenbergiana 1920, II, 4. Ref. N. JB. Min. etc. 1920, 279.

37. u. 38. Von Butte (Montana); anal. E. Posnjak, E. T. Allen u. H. E. Merwin, Z. anorg. Chem. **94**, 110 (1915).

39. Von New London, Frederick Co., Md.; anal. Dieselben, ebenda.

	40.	41.	42.	43.
δ	5,797	—	—	5,710
Pb	0,20	—	—	—
Cu	79,65	77,14	77,79	78,96
Fe	—	—	0,27	—
S	20,02	19,37	19,79	20,62
Fe_2O_3 . . .	—	1,92	—	—
SiO_2	0,06	—	—	—
Rest	—	Silikat	Silikat	Malachit
	99,93	98,43	97,85	99,58

40. Von der Bristol mine, Connecticut; anal. E. Posnjak, E. T. Allen u. H. E. Merwins, Z. anorg. Chem. **94**, 110 (1916).
41. Von Descubredora mine, Mexico; anal. Dieselben, ebenda.
42. Von Cananea, Mexico; anal. Dieselben, ebenda. — Fe in Form von Pyrit.
43. Von Tularosa Dist., N.-M.; anal. Dieselben, ebenda.

	44.	45.	46.	47.	48.
δ	—	5,610	5,606	—	—
Cu	76,14	77,99	77,56	76,32	76,04
Fe	1,11	0,26	0,55	1,94	1,91
Zn	—	—	—	1,55	1,46
S	20,41	21,48	21,55	20,63	20,52
SiO_2	—	0,13	0,18	—	—
Glimmer	2,10	—	—	—	—
Unlöslich	—	—	—	0,48	0,45
	99,76	99,86	99,84	100,92	100,38

44. Von Morenci, Arizona; anal. Dieselben, ebenda. — Fe in Form von Pyrit.
45. u. 46. Von der Bonanza mine, Alaska; anal. Dieselben, ebenda. — In 45. ist Fe wahrscheinlich als Bornit, in 46. als Pyrit vorhanden.
47. u. 48. Vom Wingertsberg bei Darmstadt, verwachsen mit Zinkblende und Kupferkies; anal. R. Klemm, Z. prakt. Geol. **31**, 41 (1923).

Chemische Eigenschaften.

Formel. Die Analysen führen auf die Formel Cu_2S, der 79,85 Cu und 20,15 S entsprechen. Ein Silbergehalt von mehr als 2⁰/₀ könnte durch Schreiben von $(CuAg)_2S$ zum Ausdruck gebracht werden, welche Formel für Stromeyerit gegeben wurde. Es finden somit Übergänge von Cu_2S — $(Cu, Ag)_2S$ statt. Ein Eisen- und eventueller Nickelgehalt dürfte auf mechanische Beimengungen zurückzuführen sein, wie bei Analyse 31 und 34; eine isomorphe Mischung von Cu_2S und FeS ist nicht anzunehmen.

Doch ist auch die Möglichkeit vorhanden, daß FeS in fester Lösung vorhanden ist. C. F. Rammelsberg (Min.-Chem. 1875, 66) berechnete für den Kupferglanz von Montayone (Analyse Nr. 25) die Formel: $\begin{pmatrix} 10\,Cu_2S \\ FeS \end{pmatrix}$.

P. Krusch[1]) erwähnt Mn- und Co-haltigen Kupferglanz von Kalifornien, A. Dieseldorff jodhaltigen von Neu-Süd-Wales.

Der Ducktownit ist nach J. F. Kemp[2]) wahrscheinlich ein Gemenge von Pyrit und Kupferglanz.

E. H. Kraus und J. P. Goldsberry[3]) stellen indessen eine Tabelle auf, in der man es durch Addition von Cu_2S mit einer regelmäßigen Progression der chemischen Zusammensetzung von einem Endglied Fe_2S_3 bis zu dem andern Cu_2S zu tun hat. Die topischen Achsen, welche nicht nur die Kristallisationselemente, sondern auch die chemische Zusammensetzung und das spez. Gewicht berücksichtigen, zeigen sehr interessante Beziehungen. Näheres siehe auf S. 158 unter Buntkupfererz.

Im Funkenspektrum ergeben sich nach A. de Gramont[4]) Kupfer- und

1) P. Krusch, Z. prakt. Geol. 1899, 83.
2) J. F. Kemp, Trans. Am. Inst. Min. Eng. **31**, 244 (1902).
3) E. H. Kraus u. J. P. Goldsberry, N. JB. Min. etc. 1914, II, 137.
4) A. de Gramont, Bull. soc. min. **18**, 243 (1895).

Schwefellinien, sowie ein Violett von Eisenlinien. Vom Harrisit erhielt er keine Bleilinien, sondern das Spektrum von Kupferglanz.

Lötrohrverhalten. Im offenen Rohr entweicht schweflige Säure; auf Kohle schmilzt Kupferglanz zu einer spröden Kugel unter Spritzen. Nach Abrösten des Schwefels gibt das Pulver, mit Soda gemengt, erst auf Kohle ein Kupferkorn und in den Perlen die Kupferfärbung. Beim Erhitzen mit Ammoniumnitratpulver erhielt C. A. Burghardt[1]) eine in der Wärme blaue, in der Kälte braune Schmelze. In Wasser ist er als Kupfersulfat löslich, in Salpetersäure unter Abscheidung von Schwefel vollkommen; im Überschuß von Ammoniak ist die Lösung lasurblau. Nach E. F. Smith[2]) wird Kupferglanz durch Schwefelmonochlorid aufgelöst. Ein in die mit Schwefelsäure stark angesäuerte ammoniakalische Flüssigkeit gebrachtes blankes Eisenblech wird mit einem Niederschlag von metallischem Kupfer bedeckt. Aus einer Silberlösung scheidet Kupferglanz in kurzer Zeit in der Kälte Silberkristalle ab. Nach A. Knop[3]) wird Kupferglanz durch verdünnte Salzsäure in Kupferindig übergeführt. Nach J. Lemberg[4]) bedeckt sich Kupferglanz durch Behandlung mit Bromlauge mit schwarzem Kupferoxyd, welches mit Ferrocyanwasserstoffsäure braunes Ferrocyankupfer liefert.

C. F. Plattner konstatierte, daß Kupferglanz von Bogoslowsk in Wasserstoff 1,66 % verliert. Dieser Kupferglanz gibt nach C. F. Rammelsberg mit Salzsäure bei Luftabschluß eine blaugrüne, schwefelsäurefreie Flüssigkeit; er dürfte Cu_2O oder CuO enthalten.

Nach S. W. Young und N. P. Moore[5]) bildet Kupferglanz in saurer n/10-H_2SO_4-Lösung + H_2S nur eine kolloide Lösung, aus der sich das Sulfidgel ausflockt, ohne wieder zu kristallisieren. In alkalischen K_2S-Lösungen von verschiedener Konzentration und in reinem Wasser + H_2S bildet Kupferglanz zum Teil eine kolloide Lösung, aus der sich Sulfidgel ausflockt und auf dem Mineral zunächst einen dünnen Überzug bildet, der allmählich zu pseudohexagonalen Cu_2S-Kristallen, nach H. Schneiderhöhn wohl Drillingen, umkristallisiert. Die Menge umkristallisierten Gels ist in dem nur mit H_2S versetzten reinen Wasser am größten, nimmt mit zunehmender Alkalität ab, bis eine etwa 1/1 n-Lösung erreicht war, um bei noch wachsender Alkalität wieder zuzunehmen. Die Menge des in kolloide Lösung übergegangenen Sulfids steigt mit wachsender Alkalität. Als Verunreinigung beigemengtes Eisensulfid scheidet sich bei der Umkristallation in Form von Kupferkies ab.

Paramorphosen.

Paramorphosen von rhombischem β-Kupferglanz nach regulärem α-Kupferglanz hat H. Schneiderhöhn[6]) von der Tsumeb Mine, Otavi, beschrieben. Beide Arten von Cu_2S stehen im Verhältnis der Enantiomorphie. Ihr Umwandlungspunkt liegt bei 91°. In dem mikroskopischen Bild polierter und angeätzter Anschliffe tritt im auffallenden Licht ein System paralleler Lamellen auf, die sich untereinander in dreiseitigen, rhombenförmigen oder rechteckigen

[1]) C. A. Burghardt, Min. Mag. Lond. **9**, 227 (1891).
[2]) E. F. Smith, Am. Journ. Chem. Soc. **20**, 289 (1898).
[3]) A. Knop, N. JB. Min. etc. 1861, 533.
[4]) J. Lemberg, Z. Dtsch. Geol. Ges. **46**, 794 (1894).
[5]) S. W. Young und N. P. Moore, Econ. Geol. **11**, 349 (1916). Ref. N. JB. Min. etc. 1920, 273.
[6]) H. Schneiderhöhn, Senckenbergiana, **2**, 1—15 (1920).

Figuren durchkreuzen (Fig. 10 u. 11). Die Füllmasse in den Zwickeln zwischen den Lamellenscharen besteht auch fast völlig aus Kupferglanz, der ebenfalls lamellar aufgebaut ist; sie sind aber schmäler und nicht so scharf begrenzt. Die Lamellen des lamellaren Kupferglanzes sind parallel den Flächen eines

Fig. 10. Vergr. 19 : 1. Fig. 11. Vergr. 33 : 1.
Mikrophoto von „Lamellarem Kupferglanz" im auffallenden Licht, überzeichnet. Größere Lamellen weiß, die feinlamellierte Zwischenmasse schwarz. (Nach H. Schneiderhöhn).

regulären Oktaeders angeordnet, ebenso die Ätzlinien. Die Umwandlungstemperatur α-Cu_2S ⟶ β-Cu_2S ist nach H. Schneiderhöhn ein geologischer Thermometerfixpunkt für die Entstehungstemperaturen der Tsumeberze, welche „lamellaren Kupferglanz" führen. Näheres siehe auch S. 93.

Nach den amerikanischen Forschern bietet der „lamellare Kupferglanz" eine Reliktstruktur dar. Die oktaedrische Absonderung soll einem andern Erz ursprünglich angehört haben, aus dessen Verdrängung Kupferglanz entstanden ist. So nehmen L. C. Graton und J. Murdoch,[1]) C. C. Gilbert and M. E. Pogne,[2]) A. F. Rogers,[3]) J. Segall,[4]) W. L. Whitehead,[5]) J. C. Ray,[6]) E. Posnjak, E. T. Allen u. H. E. Merwin,[7]) H. W. Turner u. A. F. Rogers[8]) als ursprüngliches Erz meist Kupferkies, einige auch Enargit an. Nach H. Schneiderhöhn gründet sich die Theorie dieser Forscher auf Beobachtungsfehler, falsche kristallographische Begriffe und auf unrichtige Voraussetzungen. Gegen ihre Hypothese spricht vor allem der Umstand, daß in den Fällen, wo man die Verdrängung von Buntkupferkies durch Kupferglanz in den Zwischenstadien wirklich verfolgen kann, man nie eine von dem Buntkupfererz in den Kupferglanz hinübergehende oktaedrische Struktur wahrnimmt.

Umwandlungsprodukte (Pseudomorphosen).

Einen geringen Pb-Gehalt zeigten schon einige im vorstehenden angeführten Analysen. So wird der Harrisit (Analysen 13—16) als eine Pseudomorphose von Kupferglanz nach Bleiglanz angesehen. Auf den Kupfergruben in Polk Co.

[1]) L. C. Graton u. J. Murdoch, Trans. Am. Inst. Min. Eng. **45**, 26 (1913).
[2]) C. C. Gilbert and M. E. Pogne, U. S. Nat. Mus. Proc. **45**, 609 (1913).
[3]) A. F. Rogers, Min. and Sc. Press. 1914, 680; Econ. Geol. **11**, 582 (1916).
[4]) J. Segall, Econ. Geol. **10**, 462 (1915).
[5]) W. L. Whitehead, ebenda **11**, 1 (1916).
[6]) J. C. Ray, ebenda 179.
[7]) E. Posnjak, E. T. Allen u. H. E. Merwin, Econ. Geol. **10**, 524 (1915).
[8]) H. W. Turner u. A. F. Rogers, ebenda **9**, 359 (1914).

(Tennessee) umschließt der bläulichschwarze, hexaedrisch spaltende Kupferglanz oft einen Kern von nahezu unverändertem Bleiglanz. F. A. Genth[1]) gibt folgende Analysen, welche verschiedene Verdrängungsstadien erkennen lassen:

	1.	2.	3.	4.
Pb	11,38	12,55	23,31	84,33
Ag	0,73	0,50	0,21	0,72
Cu	67,45	66,27	56,10	0,94
Fe	0,40	0,51	1,50	0,20
S	20,04	20,17	18,66	14,27
	100,00	100,00	99,78	100,46

Diesen Analysen entsprechen:

	1.	2.	3.	4.
PbS	13,14	14,50	26,93	97,41
Ag_2S	0,84	0,57	0,24	0,83
CuS	4,11	5,02	—	1,41
Cu_2S	81,05	78,82	70,26	—
FeS_2	0,86	1,09	3,20	0,43

Nach J. H. Pratt[2]) wandelt sich der Harrisit weiter in Kupferindig um. Von Ozaruzawa (Prov. Rikuchu, Japan) beschreibt F. Wada[3]) ebenfalls Pseudomorphosen von Kupferglanz nach Bleiglanz. Ein grauschwarzes Würfeloktaeder von 1,5—2 cm Kantenlänge besteht aus Kupferglanz mit etwas Zink ohne jede Spur von Blei. Pseudomorphosen nach Buntkupfererz von Hohe Birke, sowie nach Bleiglanz vom Morgenstern bei Freiberg erwähnt R. Blum,[4]) A. Frenzel[5]) von Vereinigt Feld bei Brand solche nach Arsenkies. H. A. Miers[6]) beobachtete von Redruth Buntkupfererzwürfel, die in Kupferglanz umgewandelt sind, Sillem[7]) Umwandlungen nach Kupferkies von Tavistock, R. Blum umgekehrt Kupferkies nach Kupferglanz von Cornwall und an mehreren Orten Buntkupfererz nach Kupferglanz, sowie Malachit nach Kupferglanz. Oberflächliche Umwandlung in Malachit und Azurit ist häufig. Von St. Just, Cornwall, beschreibt H. A. Miers Pseudomorphosen nach Pyritwürfeln. Über Umwandlung in Kupferschwärze berichtet R. Blum von Oravicza in Ungarn. In Böhmen und im südwestlichen Oklahama finden sich fossile Hölzer in Kupferglanz umgewandelt. Die „Kornähren" von Frankenberg in Hessen-Nassau sind Vererzungen von Pflanzenteilen, Coniferen und Farnen, besonders von Ullmannia Bronni: Eine Pseudomorphose von Kupferglanz nach Kupferkies aus der Georgieffschen Goldseife im Altai analysierte J. A. Antipow bei P. v. Jeremejeff[8]) und fand:

---

[1]) F. A. Genth, Am. Journ. **33**, 194; **34**, 209 (1862).
[2]) J. H. Pratt, ebenda **22**, 449; **23**, 409 (1856).
[3]) F. Wada, Beitr. Min. Japan **1**, 16 (1905). Ref. Z. Kryst. **43**, 625 (1907).
[4]) R. Blum, Pseudom. 1843, 40. 3. Nachtrag 1863, 195.
[5]) A. Frenzel, Tsch. min. Mit. N. F. **16**, 526.
[6]) H. A. Miers, Min. Mag. Lond. **11**, 270 (1897); Z. Kryst. **31**, 193 (1899).
[7]) Sillem, N. JB. Min. etc. 1851, 387.
[8]) P. v. Jeremejeff, Bull. Acad. Imp. d. sciences Petersburg Ser. V. **6**, 37 (1897). Ref. Z. Kryst. **31**, 508 (1899).

CaO	1,03
Cu	68,76
S	17,12
Sb	0,82
As	Spuren
Fe_2O_3	1,33
CO_2	6,32
SiO_2	2,44
	97,82

Physikalische Eigenschaften.

Die **Dichte** ist von den Autoren trotz ziemlich übereinstimmender Analyse verschieden gefunden worden. Sie liegt zwischen 5,5—5,8. Verfasser hat durch Pyknometerbestimmungen an Kristallen von Joachimstal die Dichte zu 5,62 ± 0,003, an solchen von Freiberg i. Sa. zu 5,78 ± 0,005 bestimmt.

E. Posnjak, E. T. Allen u. H. E. Merwin[1]) fanden am reinsten Material 5,783. Diese Forscher führen die gefundenen niederen Dichten zurück auf unreines Material, namentlich auf die Gegenwart von gelöstem CuS. Siehe hierzu die Zusammensetzung des Chalkosins von Alaska, S. 77. Die Dichte des künstlichen Produktes ist nach C. Doelter 5,79—5,809. Nach E. Posnjak, E. T. Allen und H. E. Merwin ist die Dichte des künstlichen Cuprosulfides 5,785, also praktisch identisch mit der des reinsten natürlichen Minerals.

Die Kontraktionskonstante, welche J. J. Saslawsky[2]) durch Vergleich des Molekularvolumens von Cu_2S mit der Summe der Atomvolumina bestimmte, ist 0,95—0,90.

Die Härte ist $2^1/_2$. H. Schneiderhöhn hat gegenüber Bleiglanz keinen merkbaren Härteunterschied festgestellt.

Die Spaltbarkeit des Kupferglanzes ist undeutlich nach (110), der Bruch dicht bis flach muschelig. O. Mügge[3]) erhielt durch Druck Zwillingslamellen nach $\varkappa_1 = (201)$, mit $\sigma_2 = [100]$ und nach einem bisher nicht bekannten Gesetz:

$$\varkappa_1' = (131), \quad \text{mit } \sigma' = [110],$$

so daß nunmehr am Kupferglanz Zwillinge nach 7 Gesetzen bekannt sind. An gepreßten Kristallen beobachtete O. Mügge mehrfach Absonderung nach der Gleitfläche (201) und zuweilen Spaltung nach (111). An zwei Kristallen von Redruth wurden auch natürliche Lamellen nach (201) beobachtet, die nach ihrer Begrenzung auf (001) und (021) durch Druck entstanden sein können.

Durch **Schiebung** nach $\varkappa_1' = (131)$ mit $\sigma_2' = [110]$ erzeugte Lamellen wurden niemals ohne solche nach (201) erhalten. Sie durchkreuzen sich mit jenen.

Die beiden Schiebungen des Kupferglanzes sind von einer bisher noch nicht beobachteten Art, indem bei jeder von ihnen mit derselben Grundzone je zwei Gleitflächen sich verbinden können, nämlich mit

---

1) E. Posnjak, E. T. Allen u. H. E. Merwin, Z. anorg. Chem. **94**, 136 (1916).
2) J. J. Saslawsky, Z. Kryst. **59**, 204 (1924).
3) O. Mügge, N. JB. Min. etc. 1920, 47.

$$\text{mit}\ \begin{cases} \sigma_2 = [100] \text{ die Gleitfläche } \varkappa_1 = \{201\} \text{ und } \varkappa_1' = \{\bar{2}01\}, \\ \sigma_2' = [110] \text{ „ „ } \varkappa_1' = \{131\} \text{ „ } \varkappa_1' = \{\bar{1}\bar{3}1\}, \\ \sigma_2' = [1\bar{1}0] \text{ „ „ } \varkappa_1' = \{1\bar{3}1\} \text{ „ } \varkappa_1' = \{\bar{1}31\}, \end{cases}$$

wobei die Ebene der Schiebung für jedes Paar dieselbe ist.

Obwohl die Kupferglanzkristalle sehr viel öfter als nach (201) nach (110) und (130) verzwillingt sind, wurde trotz zahlreicher Versuche durch O. Mügge niemals Schiebung nach den beiden letzteren Flächen beobachtet. Es ist aber bemerkenswert, daß das für die Schiebungen nach (201) und (131) erforderte Gitter auch Schiebungen nach (110) und (130) gestattet, und daß dieses Gitter zugleich große Netzdichte für die am Kupferglanz häufigsten Kristallflächen wahrscheinlich macht.

O. Mügge hat unter der Annahme, daß die einfachen Schiebungen am Kupferglanz reine Gitterschiebungen sind, Gitter verschiedener Art und Stellung diskutiert.

Nach J. Königsberger[1]) verhält sich Kupferglanz auf der Basis optisch isotrop.

Der **Schmelzpunkt** des im Vakuumofen hergestellten Cuprosulfides liegt nach E. Posnjak, E. T. Allen und H. E. Merwin[2]) bei 1130 ± 1°. H. Le Chatelier[3]) hatte 1100°, E. Heyn und O. Bauer[4]) 1127°, K. Friedrich[5]) 1135 ± 10° gefunden.

Die **spezifische Wärme** ist nach A. Sella[6]) 0,1100, nach V. Régnault[7]) bei 7—97° 0,12118. K. Bornemann und O. Hengstenberg[8]) bestimmten dieselbe an durch Zusammenschmelzen von Elektrolytkupfer und Schwefel hergestelltem Kupfersulfür

bei 0—100° zu 0,1432
„ 300° „ 0,1690 (Maximum)
„ 500° „ 0,1523
„ 1100° „ 0,1369

M. Bellati und S. Sussana[9]) geben von natürlichem Kupferglanz bei 50° 0,1216, bei 190° 0,1454 an.

Elektrisches Leitungsvermögen. Nach F. Beijerinck[10]) ist der reguläre Kupferglanz ein weit weniger guter Leiter, während die rhombische Form ausgezeichnet leitet. Nach Schmelzung erhält man die reguläre Form des Cuprosulfides, welche sich leicht durch den elektrischen Strom, auch schon durch Erhitzen in einer indifferenten Atmosphäre allein, in Cuprosulfid und Kupfer spaltet. Das Kupfer drängt sich haarförmig aus der Masse hinaus, ein Verhalten, welches der rhombische nicht zeigt. Die Behauptung W. Hittorfs,[11]) daß dem natürlichen Kupferglanz immer metallisches Kupfer beigemengt sei,

[1]) J. Königsberger, ZB. Min. etc. 1908, 547.
[2]) E. Posnjak, E. T. Allen u. E. H. Merwin, Z. anorg. Chem. **94**, 95 (1916).
[3]) H. Le Chatelier, Bull. soc. chim. **47**, 300 (1887).
[4]) E. Heyn u. O. Bauer, Metallurgie **3**, 73 (1906).
[5]) K. Friedrich, ebenda S. 479.
[6]) A. Sella, Nachr. Ges. Wiss. Gött. 1891, Nr. 10, 311.
[7]) V. Régnault, Pogg. Ann. **53**, 60 (1841).
[8]) K. Bornemann u. O. Hengstenberg, Metall u. Erz, N. F. VIII, 343 (1920).
[9]) M. Bellati u. S. Sussani, Atti dell' Inst. Veneto **7**, 1051 (1889).
[10]) F. Beijerinck, N. JB. Min. etc. Beil.-Bd. **11**, 441 (1897).
[11]) W. Hittorf, Pogg. Ann. **84**, 1 (1851).

ist nirgends bewiesen. Die Gegenwart geringer Mengen von Kupfersulfid übt auf das Verhalten des Kupfersulfürs bei der Stromleitung einen weitgehenden Einfluß aus.

C. Tubandt, S. Eggert und G. Schibbe[1]) konnten die Art der Leitung im rhombischen β-Cu_2S durch die Kombinationsmethode mit AgJ nicht bestimmen. In reiner α-Form ist Cu_2S ein rein elektrolytischer Leiter mit einseitigem Stromtransport durch die Cuproionen, während die Anionen unbeweglich sind. Versuche dieser Autoren, den Einfluß von fest gelöstem CuS in Cu_2S zu bestimmen, ergaben qualitativ wahrscheinliche gemischte Leitfähigkeit.

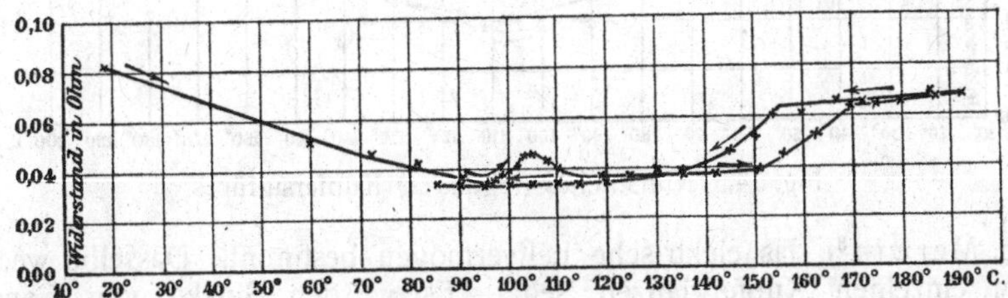

Fig. 12. Kupferglanz, Bristol.

W. Mönch[2]) preßte aus gepulverten Kupferglanzkristallen Zylinder und beobachtete die in Fig. 12 dargestellte Änderung des Widerstandes mit der Temperatur. Die Widerstandskurve fällt für wachsende Temperaturen zunächst stetig, bis für etwa 95° ein Sprung auftritt. Zwischen 100 und 110° setzt eine zweite Kurve ein, die bis gegen 150° parallel der Temperaturachse verläuft und dann steil ansteigt. Zwischen 165° und 170° bemerkt man eine zweite plötzliche Widerstandsänderung, worauf ein langsames Ansteigen folgt.

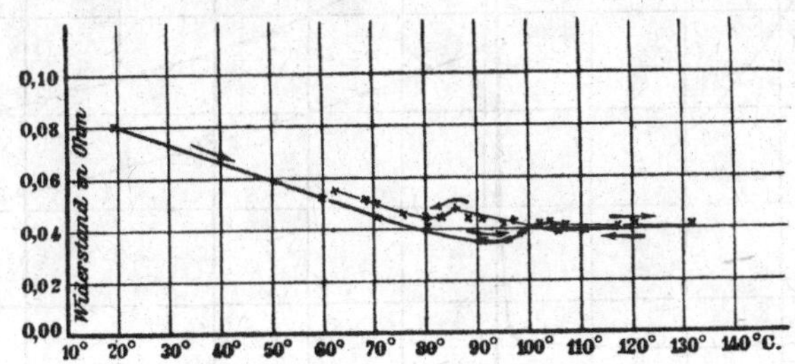

Fig. 13. Kupferglanz von Bristol.

Bei der Abkühlung ließ sich der dritte Kurvenzug rückwärts bis zu einer zwischen 155° und 150° gelegenen Temperatur verfolgen. Bei etwa 105° tritt ein deutliches Minimum auf. Ein zweiter Versuch (Fig. 13) gab Aufschluß über die bei 95° beobachtete unstetige Änderung des Widerstandes. Bei der Abkühlung war auch hier eine Verzögerung bis 85° rückwärts gut zu beobachten. Mit künstlichem Kupfersulfür und zwar α-Cu_2S traten dieselben Umwandlungserscheinungen auf (Fig. 14). Es muß doch die rhombische Modifikation vorgelegen haben. W. Mönch glaubt, daß sie durch Pressung entstanden sei.

[1]) C. Tubandt, S. Eggert u. G. Schibbe, Z. anorg. Chem. **117**, 42 (1921).
[2]) W. Mönch, N. JB. Min. etc. Beil.-Bd. **20**, 383 (1905).

Da nach R. v. Sahmen und G. Tammann[1]) die Umwandlung des Chalkosins bei 91° mit dem Dilatometer nicht aufgefunden werden konnte und, um die schon von O. Reichenheim bezweifelte von W. Mönch[2]) aufgefundene zweite Umwandlung festzustellen, haben E. Posnjak, E. T. Allen

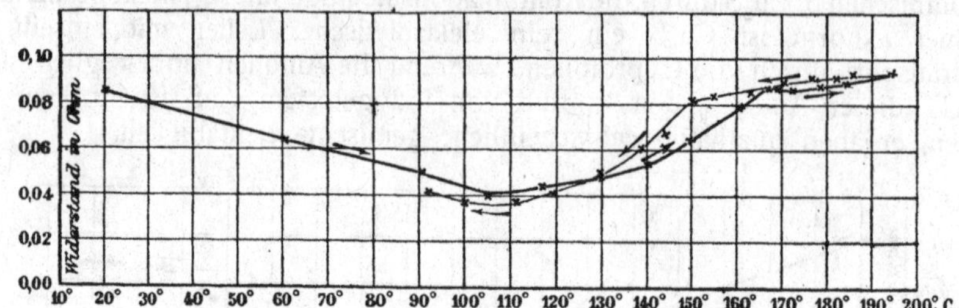

Fig. 14. Künstliches (reguläres) Kupfersulfür.

u. H. E. Merwin[3]) das elektrische Leitvermögen bestimmt. Dasselbe wechselt bei den einzelnen Kupferglanzen sehr. Es wurden Stücke von Cananea, Mexico mit einem spezifischen Widerstand von etwa 17000 Ohm bei 25° C, künstliches Cuprosulfid mit etwa 3200 Ohm und Chalkosin von Alaska mit etwa 900 Ohm Widerstand untersucht. Fig. 15 enthält die Ergebnisse dieser

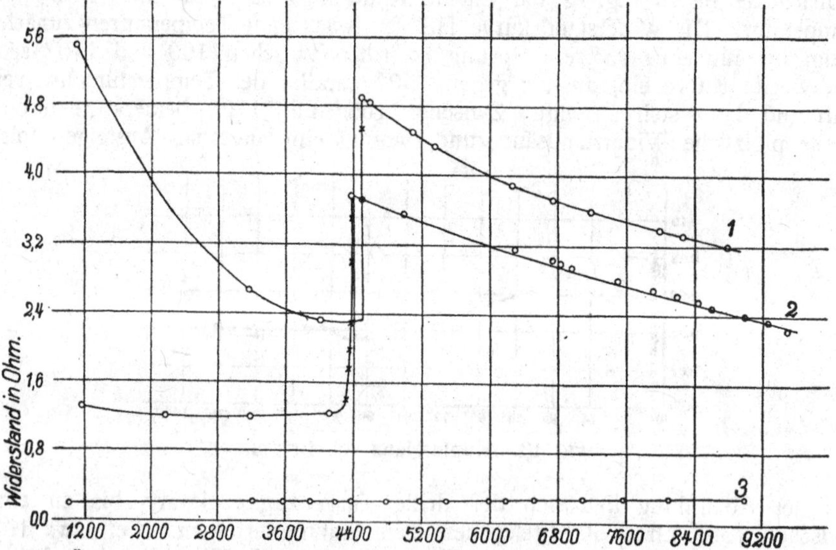

Fig. 15. Änderung des Widerstands mit der Temperatur. 1. Chalcosin von Cananea, Mexico; 2. künstlicher; 3. von der Bananzak, Alaska.

Untersuchungen. Der erste Zweig von Kurve 1 ist viel steiler, als der entsprechende von 2, was möglicherweise auf Unipolarität zurückzuführen ist. Bei etwa 104° und 102° zeigen beide Linien eine plötzliche Zunahme des

[1]) R. v. Sahmen u. G. Tammann, Ann. d. Phys. **10**, 879 (1903).
[2]) W. Mönch, N. JB. Min. etc. Beil.-Bd. **20**, 383 (1905).
[3]) E. Posnjak, E. T. Allen u. H. E. Merwin, Z. anorg. Chem. **94**, 120 (1915).

Widerstandes, worauf dann diese Größe mit zunehmender Temperatur bis etwa 200° wieder abnimmt; die beiden Kurven verlaufen fast parallel. Nach der Umwandlung bei etwa 104° findet sich kein weiterer Knick und W. Mönchs Angabe über eine Unstetigkeit der Kurve oberhalb 160° muß als Experimentfehler bezeichnet werden. Auch der von W. Mönch oberhalb der Umwandlung von 104° ermittelte positive Temperaturkoeffizient des Widerstandes, ist nach Untersuchungen von E. Posnjak u. a., ferner von G. Bodländer und Idaszewski[1]) und O. Reichenheim negativ. F. Streintz[2]) hatte einen positiven Temperaturkoeffizienten festgestellt. Die auf den Widerstandstemperaturkurven aufgefundene Umwandlungstemperatur von 104° oder 102° ist ohne Zweifel zu hoch, da die Umwandlung des Chalkosins hier durch die Kompaktheit des Materials verzögert wird. Eine ähnliche Wirkung war zu beobachten, wenn das theoretische Verfahren bei einem grobkörnigen Material zur Anwendung kam. Nach O. Weigel[3]) ist derber, unipolar leitender Kupferglanz von Bristol porös.

Die **Wärmeleitfähigkeit** von Kupfersulfür ist nach Icole[4])

$$k = 0{,}00106 + 43 \,.\, 10^{-7}\, t;$$

die Temperaturkurve der Wärmeleitfähigkeit verläuft annähernd geradlinig.

Mikrographische Untersuchung des Kupferglanzes im auffallenden Licht von H. Schneiderhöhn.[5])

Infolge seiner Weichheit muß man den Kupferglanz auf der Leinwandscheibe mit 200 min-Schmirgel lang und sorgfältig feinschleifen und die Politur auf einer frischen Flanellscheibe mit viel nassem MgO vornehmen. Das Reflexionsvermögen ist nicht sehr hoch. Die Farbe ist deutlich bläulichweiß, in Kontrast gegen Bleiglanz bläulich, gegen Rotkupfererz heller und reinbläulich. Nach der Einbettung in Zedernöl erscheint Kupferglanz sehr viel dunkler blau; das Reflexionsvermögen ist geringer.

Farbzeichen nach W. Ostwald zwischen *ec* 58 und *ge* 58, d. i. 44% Schwarz, zwischen 36 und 22% Weiß und zwischen 20 und 34% drittes Ublau.

Auf das polarisierte Licht ist der Einfluß des Kupferglanzes nur sehr gering. Zwischen gekreuzten Nicols sieht man in angeätzten Schliffen nur eine schwache Aufstellung zwischen Bläulich und Rosa, während die Dunkelstellungen sehr hell blaugrau sind. Nach Einschalten eines $^1/_4\,\lambda$-Glimmerblättchens ist der Effekt wesentlich stärker; die Auslöschungslagen sind fast dunkel und die blauen bzw. rosa Polarisationsfarben werden sehr viel intensiver. Die Auslöschung ist gerade zu den Spaltrissen.

Ätzverhalten. Durch konzentrierte Salpetersäure wird Kupferglanz unter Aufbrausen sofort stark angeätzt und dunkelstahlblau gefärbt. Diese blaue Farbe bleibt manchmal bestehen; oft verschwindet sie auch nach einigen Tagen. Konzentrierte HCl und $FeCl_3$ ätzen wie HNO_3, nur schwächer; KCN in konzentrierter Lösung schwärzt fast augenblicklich und ätzt zu stark an.

---

[1]) G. Bodländer u. Idaszewski, Z. f. Elektroch. **11**, 161 (1905).
[2]) F. Streintz, Ann. d. Phys. **9**, 884 (1902).
[3]) O. Weigel, N. JB. Min. etc. **21**, 338 (1906).
[4]) Icole, Ann. de Chim. et Phys. **25**, 137 (1912).
[5]) H. Schneiderhöhn, Anl. Mikrosk. Best. u. Unters. von Erzen usw. Berlin 1922, 210.

Die besten Resultate erhält man mit verdünnter Lösung von etwa 1:5 nach 5—10 Sekunden. Eine Blaufärbung tritt nicht ein; nur werden die stärker geätzten Teile dunkel, die weniger geätzten bleiben hell.

Innere Beschaffenheit der Individuen. Die stärkste Auflösung erfolgt auf Schnitten parallel (100), die schwächste parallel (001). Die makroskopische Absonderung nach (110) tritt als Ätzspaltbarkeit fast nie auf, dagegen eine vollkommene Ätzspaltbarkeit parallel (001), eine weniger vollkommene nach (010) und eine sehr undeutliche parallel (100), die nur als feine Riefung erscheint.

Zonarstrukturen und Deformationen scheinen zu fehlen.

Fig. 16. Polierter Anschliff. Mit KCN-Lösung 1:5 geätzt. Vergr. 60:1. Tsumeb-Mine, V. Sohle, Apliterz. Lamellarer oder paramorph umgewandelter Kupferglanz, oktaedrisch angeordnete Zwillingslamellen des ursprünglich regulären Kupferglanzes.

H. Schneiderhöhn unterscheidet zwei Arten von Kupferglanz: ursprünglich-rhombischen oder körnigen und paramorph umgewandelten oder lamellaren Kupferglanz. Die angeführte innere Beschaffenheit der Individuen und Aggregatstruktur gilt nur für den ersteren. Der lamellare Kupferglanz ist im Handstück viel heller als der körnige, fast silberweiß und stark glänzend. Er zeigt nicht den muschligen Bruch, sondern Streifensysteme, die sich unter 60° durchkreuzen. Das mikroskopische Bild polierter und angeätzter Anschliffe läßt erkennen, daß die Lamellen des lamellaren Kupferglanzes den Flächen eines Oktaeders parallel angeordnet sind, wie die Kamazitlamellen im Meteoreisen. Die Durchschnitte des lamellaren Kupferglanzes bieten dieselben Bilder dar, wie die Widmannstättenschen Figuren angeätzter Oktaedermeteoriten (Fig. 16). Durch Ätzung mit konz. HNO_3 oder verdünnter KCN-Lösung tritt die Lamellarstruktur noch besser heraus und ferner auch die Ätzspaltbarkeit auf den einzelnen Lamellen und die Anordnung und Orientierung der Ätzlinien im Vergleich mit der geometrischen Lage der Lamelle selbst auf den verschiedenen orientierten Schnitten. Nur wenige Lamellen stellen kristallographisch einheitliche Individuen dar. Die meisten bestehen trotz ihres geradlinigen Verlaufes aus zwei oder mehreren Teilstücken, die mit unregelmäßigen Grenzen quer zur Längserstreckung der Lamellen zusammenstoßen. Sie kennzeichnen sich als verschiedene kristallographische Individuen durch die verschiedene Richtung und Flächendichte der auf ihnen ausstreichenden Ätzflächen. Der über 91° entstandene „lamellare Kupferglanz" zeigt nie in sich eine besondere Ätzspaltbarkeit, sondern nur die Absonderung nach den oktaedrisch angeordneten Zwillingslamellen. Der bei gewöhnlicher Temperatur bestandfähige rhombische Kupferglanz dagegen zeigt die schon erwähnte gute Ätzspaltbarkeit parallel (001).

Synthese.

Von J. Durocher[1]) wurde Kupferglanz durch Einwirkung von Schwefelwasserstoffgas auf Chlorkupferdämpfe bei Rotglut erzeugt. H. de Sénarmont[2]) erhielt durch Zersetzung eines Kupfersalzes durch Schwefelkalium bei Gegenwart von Natriumbicarbonat bei 200° C in geschmolzener Röhre nur einen schwarzen Staub von Cu_2S. Durch Glühen von aus saurer Lösung mit Schwefelwasserstoff gefälltem Schwefelkupfer im Leuchtgasstrom erhielt A. Frenzel[3]) stark metallisch glänzende Kriställchen mit (001), (110), (010).

C. Doelter[4]) behandelte natürliches Rotkupfererz unter sehr gelinder Erwärmung im Glasrohr mit H_2S-Gas und erhielt ein Aggregat von kleinen, scheinbar hexagonalen Täfelchen, die in Glanz und Farbe mit frischem, unzersetztem Redruthit übereinstimmen. Die Dichte ist 5,809. Auch Kupferoxyd wurde von C. Doelter bei 250—400° in einer Glasröhre mit H_2S-Gas behandelt. Es entstanden deutliche Kristalle von Kupferglanz und zwar stark glänzende, blei- bis stahlgrau, sechsseitige Tafeln, welche die Dichte des Kupferglanzes 5,79 besitzen.

E. Weinschenk[5]) destillierte Kupferoxyd mit Salmiak und Schwefel und erhielt reguläre Kristalle von Kupferglanz, die (111) und (100) aufweisen. Die Flächen sind gestreift. Die Analyse ergibt:

Cu	79,20
S	20,56
	99,76

J. Margottet[6]) erhielt Oktaeder durch Einwirkung eines mit Schwefeldampf gemengten Stickstoffstroms auf rotglühendes Kupfer.

W. Hittorf[7]) hat schon gezeigt, daß die Substanz Cu_2S dimorph ist.

H. V. Winchell[8]) zeigte durch Versuche, daß durch Einwirkung von

---

[1]) J. Durocher, C. R. **32**, 825 (1851).
[2]) H. de Sénarmont, ebenda S. 129.
[3]) A. Frenzel, N. JB. Min. etc. 1875, 680.
[4]) C. Doelter, Z. Kryst. **11**, 34 (1886).
[5]) E. Weinschenk, ebenda **17**, 488 (1890).
[6]) J. Margottet, C. R. **85**, 1142 (1877).
[7]) W. Hittorf, Pogg. Ann. **84**, 17, 25 (1851).
[8]) H. V. Winchell, Bull. Geol. Soc. Am. **14**, 269 (1903). Ref. Z. Kryst. **41**, 202 (1905).

Pyrit oder Chalkopyrit auf $CuSO_4$ SO_2 erhalten wird, dieses etwas $CuSO_4$ reduziert und Cu_2S niederschlägt. Die Reaktionen sind vielleicht folgende:

1. $FeS_2 + H_2O + 6O = FeSO_4 + SO_2 + H_2O$,
2. $2CuSO_4 + SO_2 + 2H_2O = Cu_2SO_4 + 2H_2SO_4$,
3. $FeS_2 + H_2SO_4 = FeSO_4 + H_2S + S$,
4. $Cu_2SO_4 + FeS_2 = FeSO_4 + Cu_2S + S$.

E. G. Zies, E. T. Allen und H. E. Merwin[1]) mengten Eisenkies mit der dreifachen Menge Quarz, um Nebenreaktionen, wie Bildung von Kupfer, Cuprit und Eisenglanz zu vermeiden und erhielten nach 9 tägiger Behandlung mit einer 5 %igen Lösung von $CuSO_4 . 5H_2O$ bei 200° ein Reichsulfid mit 99,3 % Cu_2S. Die Molekularverhältnisse führten auf die Gleichung:

$$5FeS_2 + 14CuSO_4 + 12H_2O = 7Cu_2S + 5FeSO_4 + 12H_2SO_4.$$

Bei einer weiteren Versuchsreihe bei 200° war das Verhältnis Eisenkiesgewicht zur Raummenge der 5 %igen $CuSO_4 . 5H_2O$-Lösung dreimal so groß wie vorher. Ein großer Teil des FeS_2 blieb unangegriffen und das Reaktionsprodukt war ein Gemenge von Cu_2S und CuS im Verhältnis von 85 : 15. Für die Bildung von CuS aus Schwefelkies wird folgende Gleichung angenommen:

$$4FeS_2 + 7CuSO_4 + 4H_2O = 7CuS + 4FeSO_4 + 4H_2SO_4.$$

Das so entstandene CuS geht dann nach der angeführten Gleichung:

$$5CuS + 3CuSO_4 + 4H_2O = 4Cu_2S + 4H_2SO_4$$

weiter in Cu_2S über.

Versuche bei 100° führen ebenfalls zu einem Gemenge von Cu_2S und CuS.

Durch Umsetzung zwischen Kupferkies, 5 %iger Kupfervitriollösung und 2½ %iger H_2SO_4 erhielten dieselben Autoren bei 200° nach 8 tägiger Behandlung 93—99 % Cu_2S, den Rest als CuS.

Weitere Versuche stellten sie mit Buntkupfererz, Zinkblende und Bleiglanz an, sowie mit künstlichem und natürlichem Kupferindig. Es muß aber hier auf die Originalarbeit verwiesen werden, in der die Verfasser die Erforschung der Veredelungsvorgänge auf den Kupfererzlagerstätten anstreben.

E. Posnjak, E. T. Allen und H. E. Merwin[2]) erhielten reguläres Cuprosulfid in gut ausgebildeten Kristallen durch Erhitzung von Kupfersulfid im luftleeren Raum etwa unterhalb seines Schmelzpunktes. Durch Erhitzen von Kupfer in einem Rohr, das in ein Jenaer Glasrohr mit Schwefel eingeführt wurde, entstanden bei 125° schon Kristalle. Aber erst die bei 275° entstehenden Kristalle sind groß genug, um ihre Symmetrie zu bestimmen. Oberhalb 350° entstanden nur Würfeloktaeder, die parallel einer Oktaederfläche abgeflacht sein können, so daß dicke hexagonale Platten entstehen. Zwischen 275° und 350° treten gewöhnlich Kristallskelette mit dem Würfeloktaeder auf. Messungen von Kristallen, die auf einem Kupferdraht in Schwefeldampf bei 280° gewachsen waren, beweisen die isometrische Symmetrie.

Durch Erhitzen von Cuprochlorid mit 10 %iger Natriumsulfidlösung erhielten die drei Autoren in einem zugeschmolzenen, ausgepumpten Glasrohr

---

[1]) E. G. Zies, E. T. Allen u. H. E. Merwin, Econ. Geol. **11**, 407 (1916). Ref. in N. JB. Min. etc. 1918, 277.

[2]) E. Posnjak, E. T. Allen u. H. E. Merwin, Z. anorg. Chem. **94**, 95 (1916).

zunächst ein amorphes Sublimat. Wenn aber das Rohr etwa 8 Tage auf 250° erhitzt wurde, so entstanden gut ausgebildete Oktaeder, die durch den Würfel abgestumpft, in andern Fällen kaum mehr als gestreift waren. Die Analyse ergab 79,45% Cu und 20,61% S, woraus hervorgeht, daß infolge Oxydation etwas Cuprisulfid entstand.

Sehr kleine Kristalle, die Cuprosulfid ähnlich waren, bildeten sich auch durch Erhitzen von Kupfer mit Natriumthiosulfat auf etwa 110°. Sie waren jedoch so klein, daß sie nicht identifiziert werden konnten. Ferner wurden Röhren, in denen sich bei 0° mit H_2S gesättigtes Wasser und gepulvertes natürliches oder künstliches Cuprosulfid befanden, zugeschmolzen und mehrere Tage auf verschiedene Temperaturen erhitzt. In den auf 200° und 170° erhitzten Röhren bildeten sich gut entwickelte Kristalle. Sehr kleine Würfeloktaeder fanden sich auch in einem Rohr, das 9 Tage auf 125° erhitzt war. Die drei Autoren wiesen nach, daß die von Merz und Weith[1]) und von K. Heumann[2]) durch Einwirkung von Ammoniumsulfid auf Kupfer hergestellten Kristalle nicht Kupferglanz sind, sondern einer Verbindung, die 3,06% Ammonium enthält, entsprechen. Diese Kristalle sind tetragonal.

Reines, kristallisiertes Cuprosulfid erhielten E. Posnjak u. a.[3]) durch Erhitzen von geschmolzenen Kupfersulfidpräparaten in einem Vakuumofen bis zum Schmelzpunkt. Die Analysen ergaben:

	1.	2.	3.	Berechnet
Cu	79,76	79,80	79,74	79,85
S	20,25	20,12	—	20,15
	100,01	99,92		100,00

Beim Erhitzen wandelt sich bei 91° rhombisches Cu_2S in kubisches um. Die Größe der Körner beeinflußt die Umwandlungstemperatur erheblich. Die Angabe W. Mönchs, daß Cuprosulfid bei etwa 160° eine zweite Umwandlung erleidet, wurde nicht bestätigt. Bei der Umwandlung der kubischen in die rhombische Modifikation wird eine Rhombendodekaederfläche zur Basis.

Es existieren feste Lösungen von Cu_2S und CuS; der Schwefelgehalt ist vom Dampfdruck abhängig. Mit zunehmendem CuS-Gehalt nimmt die Dichte ab; die Färbung wird dunkler; der Umwandlungspunkt wird erhöht. Von 8% CuS-Gehalt an konnte eine Umwandlung nicht mehr wahrgenommen werden.

In Cu_2S-Gehalt an CuS	Dichte bei 25°
0,00%	5,802
6,57	5,743
8,37	5,722
9,34	5,689
9,93	5,675
10,31	5,666
13,14	5,638
16,05	5,612
17,32	5,562
100,00	4,697

Nach Umrechnung für 4° ergeben sich diese Werte um etwa 0,016 niedriger.

[1]) Merz u. Weith, Zeitschr. f. Chem. **12**, 241 (1869).
[2]) K. Heumann, Ann. d. Chem. **173**, 22 (1874).
[3]) E. Posnjak u. a., a. a. O. S. 97.

Die Dissoziation des Covellins nach der Formel $2\,CuS \rightleftarrows Cu_2S + \frac{1}{2}S_2$ wurde von E. T. Allen und R. H. Lombard[1]) untersucht. Näheres siehe bei Covellin, S. 101.

Die Systeme Kupfer-Wismut-Schwefel, Kupfer-Antimon-Schwefel, Kupfer-Mangan-Schwefel, Kupfer-Zinn-Schwefel und Kupfer-Eisen-Schwefel wurden von W. Guertler und L. Meissner[2]) näher untersucht. In dem Viereck $Cu-Sb-Sb_2S_3-Cu_2S$ sind quasibinär die Teilsysteme Cu_2S-Cu_3Sb; Cu_2S-Cu_2Sb; Cu_2S-Sb; Cu_3SbS_3-Sb und $CuSbS_2-Sb$. Durch Verbindung des Cu mit S erfolgt stets zunächst Bildung von Cu_2S. Die Affinität des Cu zu S ist stärker als die zu Sb und von Sb zu S.

In Schmelzen des Systems $MnS-Cu_2S$ zeigte sich MnS als Primärabscheidung in Cu_2S-Grundmasse. MnS und Cu_2S sind lückenlos mischbar im Schmelzfluß. Eine Beimischung von Fe zu dem Mn-Metall ändert am Gesamtbilde nichts; doch löst Fe ziemlich viel MnS. Die Gegenwart des Cu erhöht diese Lösungsfähigkeit wahrscheinlich. Das Teilsystem $FeS-Cu_2S$ ist von mehreren Seiten untersucht. Die Linie $Fe-Cu_2S$ ist quasibinär; auch das Fe steht also dem Cu in seiner Verwandtschaft zum S nach.

Die Schmelze mit Wismut zerfällt in zwei Schichten, wovon die obere stets aus Cu_2S mit Einschlüssen von wenig Wismut, die untere aus Bi mit 5—10% Cu_2 besteht. Es geht die Reaktion $Bi_2S_3 + 6\,Cu = 3\,Cu_2S + 2\,Bi$ vor sich. Auch hier ist die Affinität des Cu zu S stärker als die von Bi zu S.

Im Schnitt $Pb-Cu_2S$ trat Sonderung in zwei Schichten ein. Das Cu geht bei Zusatz desselben zu Mischungen von PbS und Cu_2S vorzugsweise in die Pb-Schicht. Je geringer der S-Gehalt der Schmelzen wird, desto mehr stellt sich das natürliche Verhältnis der Dichten der Pb- und Cu-Schicht ein und die Bodenschicht ist Pb-reicher. Ein Zusatz von wenig Pb zu einer $CuS-Cu_2S$-Mischung geht vorwiegend in die Cu-Schicht ein; er wirkt nicht verringernd auf die Mischungslücke zwischen Cu und Cu_2S, sondern erweitert dieselbe sogar.

Zufällige Bildungen von Kupferglanz an der Erdoberfläche und in Schmelzöfen.

Th. Scheerer[3]) beschreibt rhombische Kristalle auf künstlichem Bleiglanz aus einem Freiberger Flammofen stammend, dunkelgrau und stark metallisch glänzend. In den Thermen von Bourbonne-les-Bains gefundene römische Münzen sind nach G. A. Daubrée[4]) mit kleinen Kristallen bedeckt, die nach A. Lacroix[5]) teils brachydiagonalsäulig, teils pseudohexagonal sind. Die Münzen selbst waren in Kupferglanz umgewandelt. Gouvenain[6]) beschreibt Kupferglanzkristalle auf Kupferstücken aus den Thermen von Bourbon-l'Archambault. An einem bronzenen Hahn in den Bädern von Plombières beobachtete G. A. Daubrée[7]) kristallisierten Kupferglanz. Derselbe[8]) wies auch

---

[1]) E. T. Allen u. R. H. Lombard, Am. Journ. **43**, 175 (1917).
[2]) W. Guertler u. L. Meissner, Metall u. Erz **18**, 145 (1921).
[3]) Th. Scheerer, Bg. u. hütt. Z. 1855, 303.
[4]) G. A. Daubrée, Ann. min. **8**, 439 (1875).
[5]) A. Lacroix, Min. Franc. 1897, **2**, 515.
[6]) Gouvenain, C. R. **80**, 1297 (1875).
[7]) G. A. Daubrée, Ann. min. **12**, 294 (1857).
[8]) Derselbe, C. R. **92**, 57 (1881).

Schwefelkupfer auf römischen Münzen aus den Thermen von Baraccien Olmeto auf Corsica nach, das wohl auch Kupferglanz ist.

In dem Teich Mer-de-Flines bei Douai, dessen Untergrund aus tertiärem Sand mit schwarzer Asche und Eisenkies besteht, fanden sich nach G. A. Daubrée[1]) Münzen und Medaillen mit Kupferglanzkristallen überzogen. Wahrscheinlich haben organische Stoffe aus gelösten Sulfaten reduziert.

In der in römischer Zeit in Holz gefaßten Therme von Grisy-en-Saint-Symphorien-de-Marmagne (Saône-et-Loire), welche eine torfige Lage über granitischen Sanden durchsetzt, ist nach A. Lacroix[2]) vermutlich durch reduzierende Wirkung organischer Substanzen, auf Münzen derber Kupferglanz gebildet. Derselbe[3]) beobachtete auch in Kupferglanz und Covellin umgewandelte Kupfernägel, die in Holz geschlagen waren, in einem etwa 50 v. Chr. gesunkenen Schiff bei Mahdia (Tunis).

Kerner,[4]) sowie F. Haidinger und Kögeler[5]) weisen auf Dendriten von Kupferglanz hin, die Papier durchdringen, wenn das Pergamentleder schwefelhaltig war und Messingeinbandspangen vorhanden waren. Die Aufbewahrung an feuchten Orten, die Hygroskopie und reduzierende Wirkung des Papiers haben die Kupferglanzbildung hervorgebracht.

B. Davis[6]) beschreibt die Bildung von Kupferglanz an den kälteren Stellen der Futtersteine von Schmelzöfen. Von Kupferrot-Hütten in Mansfeld sind scharfkantige reguläre Kristalle, bestehend aus Oktaeder und Würfel bekannt geworden.

Bläulichschwarze, wohl ausgebildete Kristalle, 3—4 mm groß, aufsitzend auf schackenartiger metallisch-schwarzer Masse angeblich vom Hochofen des Kupferbergwerks Susun (Altai) beschreibt P. von Sustschinsky.[7]) Die Kristalle sind meistens nach der Normalen zur Oktaederfläche verkürzt, ähnlich den von E. Weinschenk erhaltenen (S. 87); an der Mehrzahl herrscht das Oktaeder vor; andere zeigen regelmäßig ausgebildete Kuboktaeder. Bei einigen Kristallen wurde auch das Triakisoktaeder (221) festgestellt, sowie Zwillingsbildung nach dem Oktaeder. Die Analyse ergab:

Cu	66,80
Fe	8,93
S	24,08
	99,81

Da die Kriställchen auf dem Bruch eine messinggelbe Farbe aufweisen, so ist das Eisen in der Analyse dem Kupferkies zuzuschreiben, der dem Kupferglanz beigemengt ist.

Vorkommen und Paragenesis.

Der Kupferglanz hat als wichtiges Kupfererz eine große Verbreitung, so daß nachfolgend nur einige paragenetische Typen herausgegriffen sind. Nament-

---

1) Derselbe, ebenda **93**, 572 (1881).
2) A. Lacroix, Bull. soc. min. **32**, 333 (1909). Ref. in N. JB. Min. etc. 1911, I, 342.
3) Derselbe, C. R. **151**, 276 (1910). Ref. in N. JB. Min. etc. 1912, I, 10.
4) Kerner, Sitzber. Wiener Ak. **51**, 192 (1865).
5) F. Haidinger u. Kögeler, ebenda S. 485 und 493.
6) B. Davis, Econ. Geol. **10**, 663 (1915).
7) P. von Sustschinsky, Z. Kryst. **38**, 279 (1904).

lich auf Kupfererzgängen neben Kupferkies, Buntkupferkies und Fahlerz, sowie gelegentlich auf Spateisenstein und Zinnerzgängen tritt er in Deutschland und andern Ländern auf. Im Siegener Revier ist er derb in Nestern und Schnüren im Eisenspat und Eisenglanz. Namentlich bei Gosenbach und auf Kohlenbach, bei Eiserfeld wurde er teilweise bis 4 m mächtig vorgefunden. Im Sangerhauser Weißliegenden tritt Kupferglanz derb und in einzelnen Körnern auf; im Kupferschiefer mit Buntkupfererz, Kupferkies, seltener Bleiglanz, Nickelin und Speiskobalt. In den Gängen der schlesischen Barytformation ist er meist silberhaltig und begleitet von Buntkupfer, Silber, Stromeyerit, Fahlerz, Polybasit, Kupferkies und Speiskobalt.

Auf Zinnerzgängen ist das Vorkommen von Kupferglanz bei Sadisdorf und Ehrenfriedersdorf im sächsischen Erzgebirge, bei Schlaggenwald in Böhmen und in Cornwall bekannt.

Im Serpentin kommt er in Piemont, Emilia und Graubünden, im Diallagserpentin gangförmig mit Kupferkies am Monte Vaso bei Chianni (Toscana), am Kontakt von diesem mit Gabbro bei Roccastrada in Grosseto, bei Castellina Marittima auf der Kupfergrube Terriccio mit Kupferkies und Buntkupfererz und auf der Kupfergrube Montecatini neben den Haupterzen Kupferkies und Buntkupfererz im tonigen, zersetzten Gabbro rosso vor.

Mit Zinnober kommt körniger Kupferglanz bei Swarow in Böhmen vor, sowie bei Obermoschel in der Pfalz als Zersetzungsprodukt von Quecksilberfahlerz. Auf den Gängen bei Kupferberg in Bayern ist das Zusammenvorkommen mit Kupfer, Rotkupfererz und Malachit bekannt geworden, ebenso von San José del Oro in Mexico.

In Drusen des Marmors von Auerbach in Hessen treten dünne Kupferglanztäfelchen auf, auch bei Rézbánya in Ungarn am Kontakt zwischen Syenitporphyr und Kalkstein. Auch mit Flußspat sind einige Vorkommen bekannt geworden, wie auf Hausbaden bei Badenweiler und Neu-Moldawa in Ungarn. Auf Magnetitlagerstätten findet er sich mit Kupferkies in Säthers-Kirchspiel zu Bipsberg in Dalarne (Schweden) und bei Berggieshübel in Sachsen.

A. Frenzel[1]) erwähnt das sporadische Auftreten von Kupferglanz im Syenit des Plauenschen Grundes und des Elbtales unterhalb Meißen, sowie in der Steinkohlenformation von Zwickau, Potschappel, Pesterwitz und im Plauenschen Grund.

In der Tsumeb-Mine, Otavi (Deutsch-Südwestafrika) durchtrümert feinkörniger bis dichter Kupferglanz nach H. Schneiderhöhn[2]) im Bereich der Zementationszone in kleinen Adern und kleineren und größeren Partien Bleiglanz, Zinkblende, Enargit und Fahlerz und verdrängt sie allmählich. Die kolossalen Kupferglanzmassen in den oberen Sohlen enthalten nur noch wenige Reste von Bleiglanz, Enargit, Zinkblende, gelb gebleichte Dolomite und schwarze Hornsteinreste; sonst besteht die ganze Masse aus Kupferglanz. Nirgends werden mit bloßem Auge Kupferkies und Buntkupfererz gefunden; nur mikrographisch sind sie nachweisbar. Im sulfidisch vererzten Aglit kommt Kupferglanz mit Bleiglanz, Enargit und Fahlerz vor; Zinkblende ist ebenso selten wie Pyrit. Im „Knottenerz" ist das Innere der Knotten meist Enargit oder Bleiglanz; darum befindet sich ein Hof von unregelmäßig verästeltem Kupferglanz oder Fahlerz; meist ist die Grundmasse ganz fein mit Kupferglanz

[1]) A. Frenzel, Min. Lex. 1874, 64 u. 74.
[2]) H. Schneiderhöhn, Metall und Erz, N. F. **8** u. **9** (1920 u. 1921).

imprägniert. Dort, wo eine gang- und breccienartige Durchtrümerung mit Erz stattgefunden hat, bestehen die Gängchen hauptsächlich aus Kupferglanz und zwar aus dem auf S. 79 beschriebenen helleren „lamellaren Kupferglanz".

H. Schneiderhöhn gibt von den in der Tsumeb-Mine auftretenden sulfidischen Mineralien folgende Bildungsfolgen:

Pyrit (Vorkommen in den größten Tiefen)
Chalmersit } nur in mikroskopischen Verdängungsresten bekannt.
Buntkupfer u. Kupferkies }
Rosa Erz ($Cu_xFe_yS_z$)
Zinkblende
α-Enargit
β-Enargit
Kupferarsenfahlerz
Bleiglanz
Lamellarer Kupferglanz
Körniger Kupferglanz
Kupferindig.

Körniger Kupferglanz und Kupferindig sind Bildungen deszendenter Zementation (S. 95).

Bei Butte in Montana ist der Kupferglanz das wichtigste Kupfererz des Feldes, das drei Fünftel der Gesamtkupferausbeute beiträgt. Er kommt in zusammengesetzten Gängen im Granit in der Nähe von Rhyolithdurchbrüchen als rußiger, derber und gut kristallisierter Kupferglanz vor mit Enargit, Buntkupfererz, Kupferkies, Tetraedrit, Tennantit, Kupferindig, Kieselkupfer, Rotkupfererz, Gediegen Kupfer, Zinkblende und Bleiglanz. Letzterer wird beim Übergang zum Silberfeld mit dem Auftreten des Baryts reichlicher, der Kupferglanz tritt zurück. W. H. Weed[1]) und R. H. Sales[2]) haben die Lagerstätten von Butte eingehend beschrieben. Der rußige Kupferglanz überkleidet Schwefelkies, auch andere geschwefelte Erze oder er bildet, aus der Verdrängung dieser Mineralien hervorgegangen, ein schwarzes Pulver. Der derbe Kupferglanz ist muschlig brechend und bildet weit verbreitet sehr reine Gänge und Massen. Er füllt Brüche in Quarz, Eisenkies und den übrigen Gangmineralien aus und bildet innerhalb und längsseits der Gänge Trümer im umgewandelten Granit.

P. Krusch[3]) beschreibt aus einer Kupfererzlagerstätte von Nieder-Californien, 3 km von der Ostküste unter 27° 30′ gelegen, ein fast muschlig brechendes, hartes Mineralgemenge, das sich durch chemische und mikroskopische Untersuchung aus Kupferglanz (Mn- und Co-haltig) mit radialstrahligem Chalcedon und Quarz bestehend erwies. Kupferglanz und dieses Gemenge sind primär; an sekundären Mineralien treten Kieselkupfer, Kupferindig, Malachit und Schwefel auf.

Die Digenit und Carmenit benannten Kupfersulfide sind nach E. S. Dana Gemische von Chalkosin und Covellin. Es ist aber wohl möglich, daß Chalkosin das Cuprisulfid in gelöster Form enthält. Das Vorkommen solcher

[1]) W. H. Weed, U.S. Geol. Surv. Prof. Paper Nr. 74, 1912.
[2]) R. H. Sales, Bull. Am. Inst. Ming. Eng. 1913, 1523 u. 2735. Ref. N. JB. Min. etc. 1918, 153.
[3]) P. Krusch, Z. prakt. Geol. 1899, 83.

Chalkosine in der Natur ist häufiger. Sie haben eine dunklere Farbe und ein geringeres spezifisches Gewicht.

Schließlich sei noch die mikroskopisch und chemisch festgestellte Zusammensetzung des ziemlich reinen Kupferglanzes von Alaska durch E. Posnjak, E. T. Allen und H. E. Merwin[1]) erwähnt, welche zeigt, wie wir uns etwa die Zusammensetzung des Kupferglanzes der analysierten Vorkommen zu denken haben.

	Analyse 45, $\delta = 5{,}610$	Analyse 46, $\delta = 5{,}606$
Quarz	0,13	0,18
Bornit	2,34	4,94
Covellin	2,00	—
Gelöstes CuS	7,45	8,92
Gelöstes Cu_2S	88,08	85,96
	100,00	100,00

Daraufhin deuten auch die Experimente von E. G. Zies, E. T. Allen u. H. E. Merwin, siehe unter Synthese, S. 89.

Die Entstehung des Kupferglanzes.

Aus den Resultaten der synthetischen und mikrographischen Untersuchungen und der Beschreibungen der Lagerstätten kann man genauere Schlüsse bezüglich der Bildung des Kupferglanzes ziehen. α-Kupferglanz wurde in der Natur noch nicht beobachtet, aber künstlich hergestellt. Der „lamellare Kupferglanz" ist eine Paramorphose nach regulärem α-Kupferglanz, gebildet bei Temperaturen über 91°. Er wurde von H. Schneiderhöhn in der Tsumeb-Mine beobachtet. Da seine Entstehungstemperatur sehr hoch ist, fällt sie aus dem Wirkungsbereich der deszendenten Zementation. Auch die gleichzeitige Verdrängung des Quarzes spricht gegen eine Tätigkeit kalter deszendenter, saurer Meteorwässer und für heiße, alkalische Hydrothermalwässer. Es ist damit die Existenz von primärem, d. h. aszendentem Kupferglanz dargelegt. Auch L. C. Graton[2]) hat durch Untersuchung von Spiegelschliffen große Mengen von ursprünglichem Kupferglanz in den Butteerzen festgestellt. H. V. Winchell,[3]) der durch seine Versuche (siehe S. 88) zu der Annahme kam, daß Kupferglanz durch eine chemische Wechselwirkung zwischen $CuSO_4$ und in der Tiefe auftretender Sulfide, wie Pyrit, entstanden ist, hält neuerdings einen großen Teil des Kupferglanzes von Butte für primär. Wenn L. C. Graton zuerst infolge der angenommenen Eutektstruktur Kupferglanz und Buntkupfererz für gleichzeitige magmatische Ausscheidungen hielt, so hat er nachträglich eine sehr unregelmäßige Verdrängungsstruktur erkannt.

Bis vor kurzem neigte man allgemein zu der Ansicht, daß der Kupferglanz ein typisches Zementationsmineral sei. Die Mikrostrukturen, die durch Verdrängung von Buntkupferkies durch Kupferglanz entstanden sind, haben im letzten Jahrzehnt eine lebhafte Diskussion in der amerikanischen Lagerstättenliteratur hervorgerufen.

H. Schneiderhöhn[4]) hat in den Erzen der Tsumeb-Mine zwei Arten von Kupferglanz unterschieden, nämlich neben dem paramorphen lamellaren

[1]) E. Posnjak, E. T. Allen und H. E. Merwin, Z. anorg. Chem. **94**, 112 (1915).
[2]) L. C. Graton, Bull. Am. Inst. Min. Eng. 1913, 782.
[3]) H. V. Winchell, Bull. Am. Inst. Min. Eng. 1913, 800.
[4]) H. Schneiderhöhn, Senckenbergiana 1920, II, 9.

auch körnigen Kupferglanz, der sich aus absteigenden, sauren Meteorwässern gebildet hat. Diese deszendente Zementation oder Zementation in engerem Sinne ist wohl auf viele Vorkommen anwendbar. A. F. Rogers[1]) erkennt noch eine „aszendente Zementation", neben der jüngeren deszendenten in den Butteerzen. Gegen eine gleichzeitige Bildung von Kupferglanz und Buntkupfererz sprechen nämlich die Struktur und die Vergesellschaftung mit Serizit und Chlorit. Unter den Verdrängungsformen herrschen rundliche Verdrängungsovoide vor, was beweist, daß die Auflösungsgeschwindigkeit von Buntkupfererz in heißen alkalischen Lösungen nicht merklich mit der kristallographischen Richtung wechselt. Im Gegensatz hierzu wirken absteigende saure und kalte Lösungen augenscheinlich in den verschiedenen kristallographischen Richtungen des Buntkupfererzes, so daß dann Verdrängungsskelette zustande kommen. Verdrängungsskelette von Buntkupferkies in Kupferglanz sowie Verdrängungsovoide sind im auffallenden Licht auf polierten Flächen deutlich zu erkennen.

Im Telkwadistrikt, Brit. Columbien wird nach V. Dolmage[2]) Kupferglanz durch aszendenten Hämatit verdrängt. Dies gab Veranlassung, den Kupferglanz als primäres, aszendentes Mineral aufzufassen, zumal auch Buntkupfererz oft deutlich jünger als Kupferglanz ist.

Im Cliftondistrikt ist Chalkosin das Haupterz, indem dieses aus 96 % Cu_2S, 2,4 % FeS_2 besteht. Nach W. Lindgren und F. W. Hillebrand[3]) ist Chalkosin hier sekundär durch Ersetzung des Pyrits mittels gelöster Kupfersulfate entstanden.

Der geologische Befund, insbesondere das Auftreten des Kupferglanzes in tieferen Gangregionen, haben neben der aszendenten Bildung auch die Annahme einer magmatischen Entstehung aufkommen lassen. Doch scheint nach den neueren Arbeiten die Bildung des Kupferglanzes nur möglich:

1. Durch Ausscheidung aus aszendenten Lösungen (lamellarer Kupferglanz).
2. Durch Verdrängung des Buntkupfererzes durch alkalische aszendente Lösungen (Zementation, Verdrängungsovoide).
3. Durch Verdrängung durch saure deszendente Lösungen (Zementation, Verdrängungsskelette).

Über die Genese des Erzinhaltes des Mansfelder Kupferschiefers hat sich in den letzten Jahren unter den deutschen Forschern eine lebhafte Diskussion entwickelt. H. Schneiderhöhn[4]) hält die Kupfersulfide des Kupferschiefers für primär, indem sie sich syngenetisch im Faulschlamm-Mergel des Kupferschiefermeeres als gemengte Eisenkupfersulfidgele unter dem herrschenden Einfluß der Bakterien des Schwefelkreislaufes gebildet haben. Nach P. Krusch[5]) ist der Mansfelder Kupferschiefer nicht geeignet, einen Schluß auf die ursprüngliche Erzführung zu machen, weil er vorzugsweise Buntkupfererz und Kupferglanz führt, wobei der reichere Kupferglanz aus dem etwas ärmeren Buntkupfererz hervorgegangen ist. Der bei Mansfeld fehlende Kupferkies ist in Thüringen und Richelsdorf häufiger und nach P. Krusch älter als Buntkupfererz, welches ihn umrandet.

[1]) A. F. Rogers, Econ. Geol. **11**, 592 (1916).
[2]) V. Dolmage, ebenda **13**, 349 (1918).
[3]) W. Lindgren u. W. F. Hillebrand, Am. Journ. **18**, 448 (1904).
[4]) H. Schneiderhöhn, N. JB. Min. etc. Beil.-Bd. **47**, 1—38 (1922).
[5]) P. Krusch, ZB. Min. etc. 1923, 65.

Mikroskopische Beobachtungen von K. Schloßmacher[1]) lassen auf einen sekundären Charakter von Buntkupfererz, Kupferglanz und Kupferkies schließen. In einer neueren Arbeit hat K. Schloßmacher[2]) in Tabellen für fünf verschiedene Schächte in den Eislebener Revieren die Beobachtungstatsachen über die Verteilung der Erze zusammengestellt. Daraus ergibt sich die sekundäre Mineralparagenesis mit der Altersfolge: Fahlerz, Buntkupfererz, Kupferglanz und Kupferkies. Die vermeintlichen Bakterien sind vererzte Pyrit- oder Markasitkonkretionen. Über die primäre Herkunft und die primäre Form des Auftretens der Metalle und Metalloide des Kupferschiefers läßt sich zurzeit nichts Bestimmtes aussagen. R. Lang[3]) hat Betrachtungen darüber angestellt, in welcher Weise sich die Umlagerungsverhältnisse abgespielt haben mögen und in einer Reihe von Formeln den Prozeß dargestellt. Er geht dabei vom Kupferkies als dem ältesten Mineral aus, das nach K. Schloßmacher gerade das jüngste ist. Es muß hier auf die Originalarbeit verwiesen werden, ebenso auf die Arbeiten von F. Beyschlag,[4]) G. Berg,[5]) P. Krusch[6]) und J. F. Pompecky.[7])

Zinkhaltiger Kupferglanz.

Von Sinaloa, Westküste Mexicos, wahrscheinlich aus dem Bezirk Rosario südöstlich Mazatlan beschreiben A. Eichler, M. Henglein u. W. Meigen[8]) ein stahlgraues Mineral, das einen schwarzgrauen Strich gibt, verrieben heller ist und unter der Lupe einen Stich ins Grünliche erkennen läßt. Die von A. Eichler angefertigte Analyse ergibt:

Cu	51,75
Zn	11,72
Fe	7,73
Pb	0,55
Au	1,90
S	23,14
Te	0,91
Gangart	2,83
	100,53

Das Erz ist im wesentlichen ein Kupferglanz, in dem ein erheblicher Teil des Kupfers durch Zink und Eisen, ein kleinerer vielleicht durch Blei ersetzt ist. Ob das Tellur einen Teil des Schwefels vertritt oder an das Gold als Tellurgold gebunden ist, läßt sich bei der kleinen Menge analytisch nicht entscheiden. Ein mechanisches Gemenge von Kupfer- und Zinksulfid erscheint ausgeschlossen.

Paragenesis. Der zinkhaltige Kupferglanz tritt als 0,7 cm breite Ader neben einem bis 2 cm mächtigen Goldquarzgang in einem stark verkieselten Nebengestein auf.

[1]) K. Schloßmacher, Metall und Erz, N. F. **10**, 109 (1922).
[2]) Derselbe, ZB. Min. etc. 1923, 257.
[3]) R. Lang, Erdmanns Jahrb. des Halleschen Verb. zur Erf. der Bodenschätze Mitteldeutschlands **3**, Lfg. 1 (1921).
[4]) F. Beyschlag, Z. prakt. Geol. 1921, 1.
[5]) G. Berg, ebenda 1919, 93.
[6]) P. Krusch, ebenda 1919, 76.
[7]) J. F. Pompecky, Z. Dtsch. geol. Ges. Monatsber. **72**, 329 (1920).
[8]) A. Eichler, M. Henglein u. W. Meigen, ZB. Min. etc. 1922, 227.

Covellin.

Synonyma: Kupferindig, blaues Kupferglas, Kupferdisulfuret, Indigokupfer, Covellit, Breithauptit,[1]) Cantonit.

Kristallsystem: Hexagonal. $a:c = 1:1,720$ nach V. Goldschmidt,[2]) 1 : 1,1455 nach P. von Groth.[3]) S. Stevanović[4]) nimmt monoklines System an; $a:b:c = 0,5746:1:0,6168$, $\beta = 90^0 46'$. Infolge Zwillingsbildung wären die seither beschriebenen Täfelchen pseudohexagonal. Näheres siehe unter Synthese, S. 100.

Analysen.

	1.	2.	3.	4.	5.	6.
δ	—	—	4,613	4,18	—	—
Ag	—	—	—	—	0,36	0,31
Pb	1,05	—	—	—	0,11	0,03
Fe	0,46	—	1,14	—	0,25	0,08
Cu	64,77	66,00	64,56	66,21	65,60	70,79
S	32,64	32,00	34,30	33,49	32,77	28,66
Unlösl. . . .	—	—	—	0,30	0,16	0,13
	98,92	98,00	100,00	100,00	99,25	100,00

1. Von Grube Hausbaden bei Badenweiler (Schwarzwald) mit Kupferkies, Kupferglanz und Bleiglanz; anal. F. A. Walchner, Schweigg. Journ. **49**, 160 (1827); Min. 1829, 438.

2. Vom Vesuv als Sublimationsprodukt; anal. N. Covelli, Ann. chim. phys. **35**, 105 (1827).

3. Von Schwarzleogang (Salzburg), mit Kupferkies; anal. C. v. Hauer bei A. Kenngott, Sitzber. Wiener Ak. **12**, 23 (1854).

4.—6. Von der Canton Mine in Georgia; 4. anal. J. H. Pratt, Am. Journ. **23**, 409 (1856).

5. u. 6. F. A. Genth, ebenda 417. — Cantonit, regulär, nach (001) spaltend; Pseudomorphose nach Bleiglanz.

	7.	8.	9.		10.	11.
δ	—	—	4,760		—	4,668
Pb	3,25	—	—		—	—
Fe	3,50	—	0,14		—	0,25
Cu	64,00	65,77	66,06		61,85	65,49
S	25,00	34,23	33,87		33,70	33,45
SO_3	1,25	—	—		—	—
Ag u. Verl. . .	3,00	—	0,11	unlösl.	—	—
	100,00	100,00	100,18		95,55	99,19

7. Von Wheal Falmouth (Cornwall); anal. L. Michel, Trans. Roy. geol. Soc. Cornw. 1832—1838; bei Davies, Min. Soc. Lond. **1**, 113 (1877). — Cantonit.

8. Von Kupfergruben der Algodonbai in Bolivien; anal. Bibra, Journ. prakt. Chem. **96**, 195 (1865).

9. Von der East Greyrock Mine bei Butte, Montana; anal. W. F. Hillebrand, Am. Journ. [4] **7**, 56 (1899). Ref. in Z. Kryst. **34**, 97 (1901).

[1]) E. J. Chapman, Min. 1843, 125.
[2]) V. Goldschmidt, Winkeltab. 1897, 206.
[3]) P. v. Groth, Tab. Übers. 1898, 28.
[4]) S. Stevanović, Z. Kryst. **44**, 349 (1908).

10. Von der Kosaka Mine, Rikuchu (Japan), tiefblaue hex. Schuppen mit Tenorit gemengt; anal. K. Tsujimoto, Beitr. Min. Jap. Nr. 3, 1907, 121. Ref. in N. JB. Min. etc. 1909, I, 167. — In der Analyse sind noch 0,0037% Ag gefunden worden.

11. Von Bor in Serbien mit Kupferglanz und Pyrit; anal. S. Stevanović, Z. Kryst. **44**, 349 (1908).

	12.	13.	14.	15.
δ	—	4,683	4,677	—
Fe	—	0,05	—	—
Cu	67,10	66,43	66,46	66,38
S	32,90	33,28	—	32,51
SiO_2	—	0,07	—	—
	100,00	99,83		98,89

12. Von der Big Coo-Grube in Galena-Joblin auf Zinkblende; anal. A. F. Rogers, The Univ. Geol. Surv. Kansas **8**, 445 (1908).

13. u. 14. Covellin von Butte (Montana); anal. E. Posnjak, E. T. Allen und H. E. Merwin, Z. anorg. Chem. **94**, 132 (1916).

15. Von der Vanderbiltgrube in Red. M.-Distr., Ouray (Colorado) mit Enargit und Pyrit; anal. J. E. Seabright bei W. M. Thornton, jr., Am. Journ. **29**, 258 (1910).

Chemische Eigenschaften.

Formel. Dieselbe ist CuS, entsprechend 66,45 Cu und 33,55 S.

Lötrohrverhalten. Kupferindig gibt nach C. F. Plattner-Kolbeck[1]) im geschlossenen Rohr Spuren von Wasser und ein starkes Sublimat von Schwefel. Im offenen Rohr entwickelt er viel SO_2 und bei rascher, starker Hitze gibt er auch ein Sublimat von Schwefel. Auf Kohle brennt er mit blauer Flamme, schmilzt zu einer Kugel, die dann wie Kupferglanz kocht, glühende Tropfen ausstößt und einen Geruch nach schwefeliger Säure verbreitet. Gepulvert und mit Soda oder neutralem, oxalsaurem Kali auf Kohle im Reduktionsfeuer behandelt, scheidet sich metallisches Kupfer aus.

Löslichkeit. Kupferindig ist in heißer Salpetersäure unter Ausscheidung von Schwefel und Bildung von Schwefelsäure löslich. In heißer konzentrierter Salzsäure nur schwer als Kupferchlorür löslich. Von Cyankalium (1:5) wird Kupferindig rasch angegriffen und kommt dieses als Ätzmittel in Betracht. Es bildet sich ein violetter, dann gelbgrauer, irisierender Beschlag. Ein gutes Ätzmittel zur Entwicklung der inneren Struktur und der Korngrenzen ist noch nicht bekannt.

S. W. Young und N. P. Moore[2]) stellten fest, daß Covellin in saurer $n/10$-H_2SO_4-Lösung $+ H_2S$ und in alkalischer K_2S-Lösung von verschiedener Konzentration und in reinem Wasser $+ H_2S$ sich ganz stabil verhält, indem anscheinend nur in der Nähe von Einschlüssen Umkristallisation spurenweise auftritt.

Synthese.

Kupferglanz geht nach A. Knop[3]) bei Behandlung mit Salzsäure, verdünnter Schwefelsäure, Essigsäure oder Ammoniak in Kupferindig über. W. Hittorf[4]) erhielt ein Kupfersulfid von der Farbe des Covellins durch Erhitzen des Kupfersulfürs mit Schwefelblumen. Durch Behandlung von Malachit mit

[1]) C. F. Plattner-Kolbeck, Probierkunst mit dem Lötrohr, Leipzig 1907, 284.

[2]) S. W. Young und N. P. Moore, Econ. Geol. **11**, 349 (1916). Ref. in N. JB. Min. etc. 1920, 273.

[3]) A. Knop, N. JB. Min. etc. 1861, 533.

[4]) W. Hittorf bei C. G. Gmelin-Kraut, Anorg. Chem. **3**, 619 (1875).

Schwefelwasserstoffwasser in einer zugeschmolzenen Röhre erhielt C. Doelter[1]) bei 80—90° schöne, kleine, indigblaue, hexagonale Täfelchen von der Dichte unter 3,9. Eine Analyse war nicht durchführbar; doch stimmen alle Eigenschaften mit Covellin überein. Auffallend ist jedoch die geringere Dichte. Weiterhin erhielt C. Doelter durch gelindes Erwärmen von Kupferoxyd bis 200° ungefähr in einer Glasröhre mit H_2S-Gas ein kristallinisches, sehr charakteristisches Aggregat von Covellin mit indigblauer Farbe, während bei höherer Temperatur sich Kupferglanz bildet.

E. Weinschenk[2]) erhielt aus Kupferoxydlösungen durch Zersetzung von Rhodanammonium in einer H_2S-Atmosphäre Covellin in stark glänzenden, stahlblauen, hexagonalen Täfelchen, die von Pyramide und Basis begrenzt sind. Sie laufen leicht blau und rot an, so beim Einlegen in Canadabalsam. Dünne Blättchen lassen das Licht mit dunkelgrüner Farbe durch.

F. Cornu[3]) behandelte reines Malachitpulver von Nischne Tagilsk mit tiefgelber Schwefelammoniumlösung mehrere Wochen bei Zimmertemperatur. Das Malachitpulver wurde in tiefblauschwarz gefärbte Substanz umgewandelt, deren Analyse nach G. Becke ergab:

Cu	57,05
S	28,18
H_2O	4,95
	90,08

Die gebildete lockere Substanz zeigte bei Luftzutritt Umwandlung in Kupfersulfat.

E. G. Zies erhielt Covellin durch Einwirkung einer Eisenalaunlösung auf Chalkopyrit in einem verschlossenen Rohr bei 200°.

A. F. Rogers[4]) ließ im geschlossenen und mit CO_2 gefüllten Rohre Kupfersulfat auf ZnS einwirken. Nach 7stündiger Erhitzung bei 150—160° an zwei aufeinanderfolgenden Tagen konstatierte er die Bildung von Covellin sowohl chemisch als auch mikroskopisch. Dieser Versuch entspricht der natürlichen Bildung von Covellin in der Big Coon Mine in Galena (Kansas) (siehe S. 105). Die Analyse ergab:

Cu	60,10
Zn	5,98
Fe	0,74
S	33,75
	100,57

E. Posnjak, E. T. Allen und H. E. Merwin[5]) stellten Cuprisulfid her, indem sie Kupfer oder Cuprosulfid in einem verschlossenen, ausgepumpten Rohre über Schwefel erhitzten. Es ist kristallin und tiefblau gefärbt. Auf nassem Wege bildet sich Cuprisulfid, wenn eine 2,5%ige Lösung von Kupfersulfat mit 1% Schwefelsäure mit Schwefelwasserstoff gefällt wird. Der mit H_2S-Wasser ausgewaschene und im Vakuum getrocknete Niederschlag enthielt 99,4—99,7% Cuprisulfid.

---

[1]) C. Doelter, Z. Kryst. 11, 34 (1886).
[2]) E. Weinschenk, ebenda 17, 497 (1890).
[3]) F. Cornu, N. JB. Min. etc. 1908, I, 22.
[4]) A. F. Rogers, School of Mines Quart. **32**, 298 (1911). Ref. in N. JB. Min. etc. 1912, I, 219.
[5]) E. Posnjak, E. T. Allen u. H. E. Merwin, Z. anorg. Chem. **94**, 131 (1916).

Die Angaben von Thomsen[1]) und Brauner,[2]) daß die Fällung von Cuprisalzen mit H_2S Gemische von Cupri- und Cuprosulfid liefert, sind nicht zutreffend. Das so gebildete Cuprisulfid ist amorph und hat eine dunkelgrüne Farbe. Beim Erhitzen in H_2S auf etwa 150° wird es dunkelblau und wahrscheinlich kristallinisch.

Cuprisulfid bildet sich nach E. Posnjak u. a. auch, wenn Cuprosulfid mit einer verdünnten Säurelösung in Gegenwart von Sauerstoff behandelt wird. Auch durch Erhitzen von Lösungen von Cuprisalzen mit einem Überschuß von Natriumthiosulfat wird Cuprisulfid und Schwefel gefällt.

Die im Laboratorium hergestellten Kristalle sind nur von mikroskopischer Größe. Die durch trocknes Erhitzen hergestellten Präparate bestehen aus dichten strahligen Aggregaten; Kristalle aus Lösungen erreichen im Maximum 0,1 mm Durchmesser und bilden immer hexagonale Platten. Hinreichend dünne Kristalle erscheinen grün im durchfallenden Licht, dunkel zwischen gekreuzten Nicols und geben keine Interferenzfigur. Wenn man sie jedoch umkippt, so erscheinen sie doppelbrechend und pleochroitisch. Ein Strahl schwingt in der Ebene der Platten; er wird stärker absorbiert. Mit Sicherheit ist so die hexagonale Symmetrie festgestellt.

Die Neigung zur Bildung subparalleler Gruppen scheint nach E. Posnjak u. a. völlig ausreichend, um die Messungen von S. Stevanović an natürlichen Kristallen zu erklären, die zur Vermutung geführt hatten, daß Covellin nicht hexagonal, sondern monoklin oder triklin sei.

Die Dichten verschiedener künstlicher Präparate wurden von E. Posnjak u. a. bestimmt. Sie fanden, daß die Zahl mit der Feinheit des benutzten Materials sich ändert, was wahrscheinlich auf den Einschluß von Luft durch Aggregate sehr feiner Kristalle zurückzuführen ist. Der höchste Wert war 4,665, der niedrigste 4,615.

Nach W. Guertler[3]) geht durch Zusatz von Schwefel zu Mischungen von Cu und Pb das Cu zuerst in Cu_2S und dann in CuS über (siehe auch unter Synthese auf S. 90 bei Kupferglanz).

Thermische Dissoziation von Cuprisulfid.

Die Dissoziation von Cuprisulfid:

$$4\,CuS \rightleftarrows 2\,Cu_2S + S_2$$

ist von G. Preuner und O. Brockmüller[4]) untersucht worden. In folgender Tabelle sind unter A die gesamten Schwefeldrucke und unter p die Teildrucke der S_2-Molekeln mitgeteilt:

Temperatur	A in mm	p in mm
450°	80	14,5
470	200	31
475	250	37
480	313	44
500	980	92

[1]) Thomsen, Ber. Dtsch. Chem. Ges. **11**, 2043 (1878).
[2]) Brauner, Chem. News **74**, 99 (1896).
[3]) W. Guertler, Metall u. Erz **17**, 192 (1920).
[4]) G. Preuner u. O. Brockmüller, Z. f. phys. Chem. **81**, 149 (1912).

Aus diesen Zahlen ersieht man, daß die Dissoziation von Cuprisulfid sehr schnell zunimmt. Die gefundenen Daten sind jedoch zu hoch gelegen, was E. T. Allen auf ungenügende Temperaturkonstanz zurückführt.

Auch E. T. Allen und R. H. Lombard[1]) haben die Dissoziation des Covellins im Bereich von 1—500 mm untersucht. Die Gleichung:

$$\log p_{mm} = -\frac{96397,5}{T} + 356,4 . \log T - 1151$$

stellt den Dissoziationsdruck des Schwefels über den Sulfiden dar. Damit stimmen auch die Untersuchungen von Frl. M. Wasjuchnow[2]) bei niedrigen Temperaturen sehr gut überein. Letztere stellte auch fest, daß die Thomsenschen Bildungswärmen der Kupfersulfide unrichtig sein müßten, da sie zu um 150° tiefer gelegenen Dissoziationstemperaturen führen. Darauf fand H. von Wartenberg,[3]) daß die Zahlen von Thomsen um 1300 bzw. 1450 cal. fehlerhaft waren.

Umwandlung von Kupferglanz in Covellin in einer Atmosphäre von Schwefelwasserstoff.

Beim Erhitzen von Cuprosulfid in einer Schwefelwasserstoffatmosphäre erfährt sein Schwefelgehalt mit Abnahme der Temperatur eine Steigerung. Nach E. Posnjak, E. T. Allen und H. E. Merwin[4]) ist dies bedingt durch die Bildung von Cuprisulfid, das sich in Cuprosulfid auflöst. Bei 358° (± 5°) kann in einer Atmosphäre von reinem Schwefelwasserstoff Cuprosulfid vollständig in Cuprisulfid umgewandelt werden; oberhalb dieser Temperatur verliert Cuprisulfid seinen Schwefel. Die folgende Tabelle zeigt, daß beim Erhitzen von Cuprisulfid in einer Atmosphäre von Schwefelwasserstoff auf 362° ein Teil seines Schwefels verloren geht, der aber allmählich wieder aufgenommen wird, wenn man auf 353° erhitzte.

Dauer des Erhitzens	Temperatur	Kupfergehalt in %
5—6 Stunden	362°	66,75
„ „	353	66,65
„ „	362	67,09
„ „	353	66,90
„ „	353	66,41

Die Fig. 17 zeigt die Zusammensetzung von Kupfersulfid nach Erhitzen in Schwefelwasserstoff bei verschiedenen Temperaturen.

Covellin kann in Schwefelwasserstoff bis 358° erhitzt werden. Bei dieser Temperatur ist er im Gleichgewicht mit dem Gas, und bei dieser Temperatur sowie darunter, kann Kupferglanz vollständig in Covellin verwandelt werden.

Physikalische Eigenschaften.

Die Dichte ist bei 25° C und auf Wasser bei 4° berechnet 4,677 bis 4,684; sie kann als 4,68 ± 0,003 recht gut bestimmt gelten (Analysen 12 u. 13). Die Dichte der künstlichen Kristalle ist infolge von Lufteinschlüssen 4,615 bis

[1]) E. T. Allen u. R. H. Lombard, Am. Journ. [4] **43**, 175 (1917).
[2]) Frl. M. Wasjuchnow, Diss. Berlin 1909.
[3]) H. von Wartenberg, Z. f. phys. Chem. **67**, 446 (1909).
[4]) E. Posnjak, E. T. Allen u. H. E. Merwin, Z. anorg. Chem. **94**, 135 (1916).

4,665 und niedriger (siehe unter Synthese, S. 100). Äußere Umwandlungen in Kupfersulfat dürfte der Grund sein, warum bei den älteren Analysen die Dichten natürlicher Mineralien ebenfalls zu niedrig bestimmt wurden.

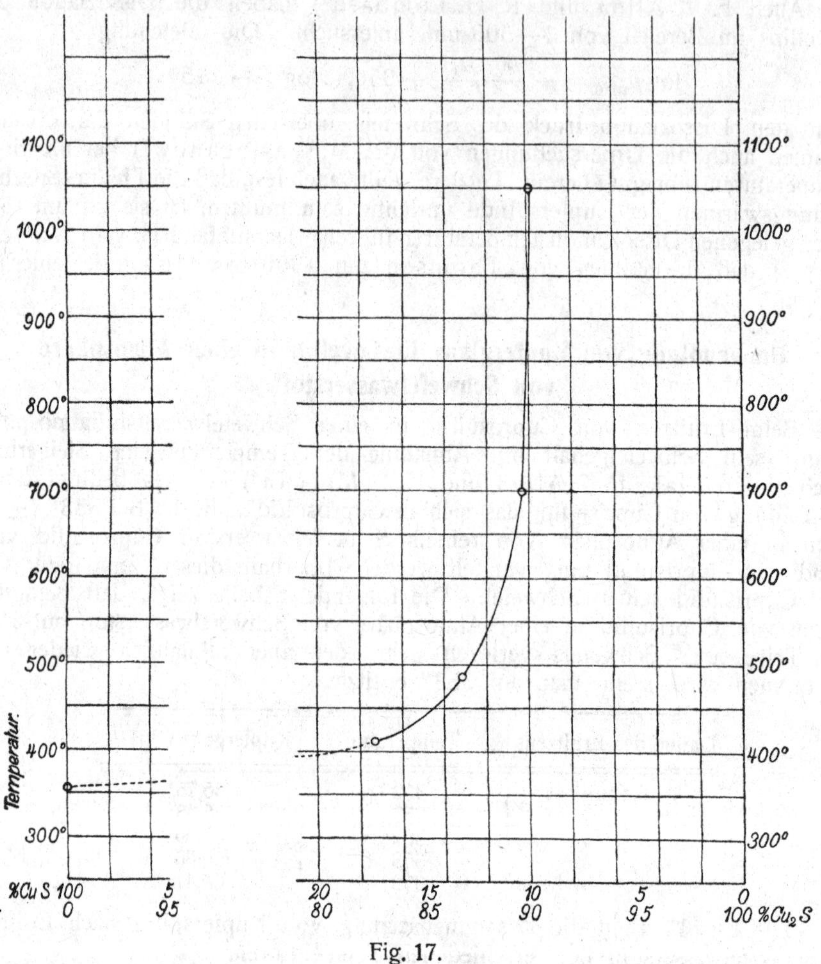

Fig. 17.

J. J. Saslawsky[1]) gibt die Kontraktionskonstante, die er durch Vergleich des Molekularvolums mit der Summe der Atomvolumina der enthaltenen Körper bestimmte, zu 1,08—0,89, wobei er die Dichten 3,8—4,6 benutzte. Von letzterem hängt die Bestimmung des Molekularvolumens ab.

Die Härte ist 2.

Die Spaltbarkeit ist ziemlich vollkommen nach der Basis, weniger gut nach dem Prisma.

Die Tenazität ist milde. In Blättchen und an den Kanten ist der Covellin biegsam. Covellin hat indigoblaue und dunklere Farbe; in feinstem Pulver ist er sehr dunkelblau. In Benzin eingetaucht, erscheint Covellin rot,

[1]) J. J. Saslawsky, Z. Kryst. **59**, 203 (1824).

weil die roten Strahlen mehr und die violetten weniger reflektiert werden. Der Strich ist bleigrau bis tief dunkel indigoblau und glänzend. Auf Spaltflächen ist der Glanz perlmutter- oder demantartig, sonst metallisierend-fettartig. Schnitte parallel zur Basis (Spaltflächen) sind viel dunkler blau als diejenigen parallel zur vertikalen Achse.

In dünnen Schnitten sind die hexagonalen Blättchen ausreichend durchscheinend, um die Bestimmung des Brechungsindex zu erlauben. E. Posnjak, E. T. Allen und H. E. Merwin[1]) haben festgestellt, daß der beim Covellin beobachtete Pleochroismus, sowie die Farbunterschiede polierter Flächen, die in verschiedenen kristallographischen Richtungen geschnitten sind, direkte Beziehungen zu den Brechungsindices und dem Absorptionsvermögen haben.

Der Brechungsindex ist:

$$\omega_{Li} < 1{,}0, \quad \omega_{Na} = 1{,}45, \quad \omega_{Tl} = 1{,}80.$$

Künstliche Kriställchen bis 0,5 mm im Durchmesser und 0,002 mm Dicke haben nach H. E. Meerwin[2]) folgende Brechungsexponenten:

Wellenlänge $\mu\mu$	n
635	1,00
610	1,33
589	1,45
570	1,60
520	1,83
505	1,97

Die Kristalle sind optisch positiv.

Nach F. Beijerinck[3]) ist Covellin ein sehr guter Leiter der Elektrizität. Da Covellin bei verhältnismäßig niedriger Temperatur dissoziiert, kann sein Schmelzpunkt unter den gewöhnlichen Bedingungen nicht bestimmt werden.

Eigenschaften im auffallenden Licht nach H. Schneiderhöhn.[4])

Trotz der geringen Härte poliert sich Kupferindig stets sehr gut. Sein Reflexionsvermögen und die Farbe ist im Anschliff sehr wechselnd, je nach der Orientierung der Schnitte, der Art der Beleuchtung und dem umgebenden Medium. Es sind folgende Fälle zu unterscheiden:

1. Bei Kupferindiganschliffen in Luft, mit gewöhnlichem Licht beleuchtet, sind die isometrischen, lappigen und ausgedehnteren Schnitte senkrecht zur *c*-Achse dunkel kornblumenblau, während langnadelige und faserige Schnitte parallel *c* hellblaßblau sind. Zwischenlagen haben Zwischenfarben. Bei Drehung des Tisches bleibt die Farbe erhalten.

2. Mit linear polarisiertem Licht beleuchtet (ohne Analysator) bleiben Schnitte senkrecht *c* gleichmäßig dunkel kornblumenblau bei voller Umdrehung des Tisches. Schnitte parallel *c* ändern die Farben 2 mal: wenn die Fasern parallel dem Nicolhauptschnitt liegen, sind sie ebenfalls dunkel kornblumenblau; liegen sie senkrecht, dann sind sie hellblaßblau.

---

[1]) E. Posnjak, E. T. Allen u. H. E. Merwin, Z. anorg. Chem. **94**, 133 (1916) Journ. Wash. Acad. Sc. **5**, 341 (1915).

[2]) H. E. Meerwin, Journ. Wash. Acad. Sc. **5**, 341 (1915).

[3]) F. Beijerinck, N. JB. Min. etc. Beil.-Bd. **11**, 441 (1897).

[4]) H. Scheiderhöhn, Anl. mikrosk. Best. u. Unters. von Erzen usw., Berlin 1922, 221.

3. In Zedernöl ($n = 1{,}515$) ergeben sich wesentlich audere Farben: Schnitte $\perp c$ leuchtend purpurrot, oft tiefviolettblau gesäumt und gestreift. Schnitte $\parallel c$ glanz blaß violettrosa, Zwischenlagen stärker gefärbte rosa und violette Töne. Bei Umdrehung bleiben die Farben erhalten.

4. In Zedernöl, mit linear polarisiertem Licht beleuchtet (ohne Analysator), haben Schnitte $\perp c$ bei allen Stellungen dieselbe leuchtende Purpurfarbe wie im gewöhnlichen Licht. Schnitte $\parallel c$ ändern die Farbe zweimal: Wenn die Fasern $\parallel$ dem Nicolhauptschnitt liegen, sind sie leuchtend purpurrot; liegen sie senkrecht zum Nicolhauptschnitt, so werden sie fast weiß mit einem Stich ins Rosa.

Die Farbe der Kupferindiganschliffe im einbettenden Medium verändert sich mit dem Brechungsexponenten dieses Mediums und zwar verschiebt sie sich von Blau über Violettrot nach Gelbrot. Es beruht dies auf der außerordentlich hohen Dispersion der Lichtbrechung und dem für verschiedene Farben ganz verschieden großen Absorptionsindex des Kupferindigs.

Farbzeichen nach W. Ostwald:

$\perp c$: *lc* 54, d. i. 9% Weiß, 44% Schwarz, 47% zweites Ublau.
$\parallel c$: *ea* 58, d. i. 36% „ , 11% „ , 53% drittes „ .

Verhalten im polarisierten Licht. Zwischen gekreuzten Nicols sind sehr starke Effekte sichtbar, die bei keinem Erz so stark beobachtet wurden

Fig. 18.

(Fig. 18). Die Dunkelstellung tritt sehr scharf und klar auf; elliptisch polarisiertes Licht wird also kaum reflektiert: Der Charakter der Hauptzone ist positiv. Da die Kristalle taflig ausgebildet sind, so ist der wahre optische Charakter von Kupferindig also negativ.

Das Gefüge ist in größeren Aggregaten meist blättrig. Verworrenstrahlige Durchschnitte durchkreuzen sich nach allen Seiten ohne erkennbare Kristallumgrenzung. Manchmal aber sind ziemlich regelmäßige gegenseitige Verwachsungen vorhanden, indem die basalen Täfelchen sich unter 90° oder 60° durchkreuzen und so recht zierliche Durchschnittsfiguren liefern.

Neubildungen von Kupferindig.

Auf einer am Salzberg bei Hallstatt gefundenen keltischen Bronzeaxt beobachtete F. v. Hochstetter[1]) eine dicke indigblaue Kruste, sowie an einem Stück metallischen Kupfer eine bis 1 cm dicke, traubignierige Rinde. Die Bildung geschah durch Wechselwirkung von Gips und Reduktion desselben durch organische Substanzen nach der Reaktion:

$$Cu + CaS + CO_2 + O = CuS + CaCO_3 .$$

Die Dichte ist 4,611. Die Analyse ergibt:

Cu	64,45
S	32,81
	97,26

A. Lacroix[2]) beobachtete auf in Holz eingeschlagenen Kupfernägeln in einem vermutlich 50 a. Chr. gesunkenen, dann in 39 m Wassertiefe aufgefundenen Schiff bei Tunis Schwefelkupfer, zunächst Cu_2S, dann CuS.

Sehr häufig ist die Neubildung aus Kupfermineralien (Pseudomorphosenbildung). Nach A. F. Rogers[3]) kommt auf 13 von 45 bekannten Lokalitäten der Covellin als Pseudomorphose nach oder als Überzug auf Kupferkies vor. Covellin wird an der Oberfläche durch Einwirkung von Wasser, wie F. Cornu[4]) experimentell feststellte, in Kupfersulfat umgewandelt. Von der Big Coon Mine zu Galena (Kansas) beschreibt er ein Vorkommen von Covellin nach Sphalerit, wo durch $CuSO_4$ führendes Wasser die Reaktion:

$$ZnS + CuSO_4 = CuS + ZnSO_4$$

hervorgebracht wurde. Die Zinkblende ist mit bläulichschwarzem Covellin überzogen; derselbe findet sich auch in den Hohlräumen des zersetzten Bleiglanzes als erdiges, blauschwarzes Pulver. Die Analyse ergab:

Cu	18,80
Fe	1,17
Zn	43,68
S	31,37
SiO_2	4,47
	99,49

R. Blum[5]) erwähnt vom Gang Herrensegen im Schapbachtal (Schwarzwald) Sphenoide von Covellin nach Kupferkies. Ebenda, sowie an vielen anderen Orten sind tiefblaue Häutchen als Überzüge auf Kupferkies bekannt. Auch Umwandlung von strahligen Malachitkugeln zu Covellin hat man auf Herren-

[1]) F. v. Hochstetter, Sitzber. Wiener Ak. **79**, 1, 122 (1879).
[2]) A. Lacroix, C. R. **151**, 276 (1910).
[3]) A. F. Rogers, School of Mines Quart. **32**, 298 (1911).
[4]) F. Cornu, N. JB. Min. etc. 1908, I, 22.
[5]) R. Blum, Pseudom. 1. Nachtr. 1847, 117.

segen gefunden. Pseudomorphosen nach Buntkupferkies, Kupferglanz und Fahlerz sind an mehreren Orten beobachtet worden. Am häufigsten sind Überzüge von Covellin, die sich mikroskopisch als tiefblaue Schüppchen erweisen. Die Analysen 4—6 sind nach F. A. Genth[1]) Verdrängungspseudomorphosen von Covellin nach Bleiglanz, die würfelig spalten. Sie enthalten (Analyse 6) teilweise noch einen Kern von Harrisit (s. S. 80). Demnach bildet sich zuerst eine Pseudomorphose von Kupferglanz nach Bleiglanz; dann wandelt sich der Kupferglanz in Covellin um. Diese Pseudomorphosen erhielten von J. H. Pratt, der eine reguläre Modifikation des Cuprisulfides annahm, den Namen Cantonit nach dem Fundort in der Cantonmine in Georgia.

Vorkommen und Genesis.

Bei Badenweiler im südlichen Schwarzwald tritt Covellin mit Kupferkies, Bleiglanz und Quarz gangförmig auf und ist mit Kupferglanz nach H. Wollemann[2]) aus Kupferkies entstanden. Auf den Wittichener Erzgängen, im oberen Kinzigtal, ist er nach F. Sandberger[3]) durch Zersetzung von Buntkupfererz, Kupferkies, auch von Wismutkupfererzen gebildet. Bei Freudenstadt sind erbsengroße Fahlerzkristalle, die in Schwerspatgängen eingesprengt sind, im Innern fast ganz in dunkelblaues Pulver von Covellin umgewandelt. Von Schwarzleogang (Salzburg) gibt A. Breithaupt[4]) folgende Paragenesis auf Tonschiefer: Kalkspat, Fahlerz, Kupferkies, Kupferindig. Hier finden sich nach E. Fugger[5]) gelegentlich Kalkspatkristalle mit Zinnoberanflug und gleichsam mit Kupferindig bespritzt, während das Muttergestein von feinen glänzenden Kupferindigadern durchzogen wird. Von Tocopilla in Chile sind reine und homogene Vorkommen mit Schwefelkieswürfeln in bläulichschwarzer erdiger Masse bekannt, von Peru mit Brochantit und Gips gemengt.

Auf der Tsumeb Mine in Otavi tritt Kupferindig nur als Umwandlungsprodukt von Kupferglanz zu Beginn der Oxydation und zwar als eine manchmal fehlende Zwischenstufe zwischen Kupferglanz und Malachit oder Kupferglanz und Rotkupfererz auf. Nach H. Schneiderhöhn[6]) ist unter dem Mikroskop seine Verbreitung sehr spärlich. Er gehört der letzten Bildungsphase an und steht nach dem körnigen Kupferglanz, der durch deszendente Lösungen aus Buntkupferkies entstanden ist (siehe auch S. 95).

Im Grubenfeld von Butte (Montana) tritt Kupferindig nach R. H. Sales[7]) auf gewissen Gängen im Norden und Osten auf. Auf dem Leonardgang brach er in erheblicher Menge als Verdrängung von Kupferkies ein. Auf der High Ore-Grube wurde eine Erzmasse, die hauptsächlich aus Kupferindig in innigem Verbande mit Enargit, etwas Buntkupfererz und viel jüngerem Kupferglanz bestand, angebrochen. Das Ganze war zum größten Teil von Eisenkies umhüllt und sämtliche Mineralien waren stellenweise oberflächlich in Kupferkies umgewandelt. Daher spricht R. H. Sales den Kupferindig von Butte

[1]) F. A. Genth, Am. Journ. **23**, 417 (1856).
[2]) A. Wollemann, Z. Kryst. **14**, 628 (1888).
[3]) F. Sandberger, Erzgänge 1885, 403.
[4]) A. Breithaupt, Paragenesis 1849, 188.
[5]) E. Fugger, Min. Salzb. 1878, 13.
[6]) H. Schneiderhöhn, Metall und Erz NF. VIII. Heft 13, 16, 19, 24 (1820).
[7]) R. H. Sales, Bull. Am. Inst. Min. Eng. 1913, 1523/1626, Diskussion 2735. Ref. in N. JB. Min. etc. 1918, 153.

ganz überwiegend für primär an. W. H. Weed[1]) dagegen hält ihn für sekundär. A. F. Rogers[2]) erwähnt, daß von 45 Lokalitäten in 24 Covellin in Begleitung von Chalkopyrit, in 10 mit Kupferglanz zusammen vorkommt. Er nimmt Entstehung durch Einwirkung von Lösungen auf Kupferkies und von Kupfersulfatlösungen auf andere Sulfide, wie Sphalerit, an.

Im Mansfelder Kupferschiefer ist Covellin zuweilen reichlicher bei Sangerhausen, Eisleben und Mansfeld vorgekommen, wo er ebenfalls durch Umlagerung anderer Kupfermineralien sekundär entstanden ist. Von Kielce in Polen erwähnt F. A. Walchner[3]) das Vorkommen von Kupferindig mit Kupferkies und Eisenkies im Muschelkalk. Aus dem Porphyr von Kohlau bei Gottesberg beschreibt H. Traube[4]) Überzüge auf Quarz, sowie das Vorkommen in Schwerspatgängen im Porphyr auf Bleiglanz. N. Covelli[5]) beobachtete unter den Sublimationsprodukten des Vesuvkraters das Kupfersulfid, welches A. Scacchi[6]) näher beschreibt.

D. F. Wiser[7]) erwähnt von der Insel Volcano zu Taraglione einen nierigen oder kugeligen, dünnen Überzug auf einem rauchgrauen, feldspatartigen Gestein mit kleinen Schwefelkristallen.

Aus den oben beschriebenen Paragenesen und den synthetischen Untersuchungen ergibt sich, daß Covellin durch Einwirkung von Lösungen auf Kupfermineralien und gelegentlich als primäres Sublimationsprodukt gebildet wird.

Algodonit.

Mikrokristallin.

Analysen.

	1.	2.	3.	4.	5.	6.	7.	8.
δ . .	6,902	7,620	7,603	—	—	—	8,393	—
Ag . .	0,31	Spur	Spur	Spur	0,32	0,30	—	—
Cu . .	83,30	81,82	82,42	83,11	84,22	82,35	83,72	83,53
As . .	16,23	17,46	16,95	16,44	15,30	16,72	16,08	16,55
	99,84	99,28	99,37	99,55	99,84	99,37	99,88	100,08

1. Von der Silbergrube Algodones, nahe Coquimbo (Chile) mit Cuprit bedeckt; anal. F. Field, Journ. chem. Soc. **10**, 289 (1857). Cu und As sind Mittel aus 7 Einzelbestimmungen.

2. bis 4. Vom Cerro de las Yeguas in Rancagua (Chile); anal. F. A. Genth, Am. Journ. **33**, 192 (1862).

5. u. 6. Von Hougton am Lake Superior, U.St.A. mit Whitneyit; anal. Derselbe, ebenda. In Analyse 3 ist der höhere Cu-Gehalt auf beigemengten Whitneyit zurückzuführen.

7. Von der Pewabic-Mine, Michigan; anal. G. A. Koenig, Z. Kryst. **34**, 76 (1901). Darin noch 0,08% Ni + Co.

8. Von der Champion-Mine, Michigan; anal. Derselbe, Am. Journ. **14**, 410 (1902). Ref. in Z. Kryst. **38**, 684 (1904).

---

[1]) W. H. Weed, U. S. Geol. Surv. Prof. Paper 1912, Nr. 74.
[2]) A. F. Rogers, School of Mines Quart. **32**, 298 (1911).
[3]) F. A. Walchner, Min. 1829, 438.
[4]) H. Traube, Min. Schlesiens 1888, 42.
[5]) N. Covelli, Ann. chim. phys. **35**, 105 (1827).
[6]) A. Scacchi, N. JB. Min. etc. 1888, II, 130.
[7]) D. F. Wiser, ebenda 1842, 519.

Eigenschaften.

Der Formel Cu_6As entsprechen 83,5 % Cu und 16,5 % As. Lötrohrverhalten wie Domeykit.

Die Dichte ist nach F. A. Genth 7, 6; G. A. Koenig findet dies zu gering und bestimmte sie zu 8,383. Das berechnete Volumgewicht ist 8,406. Die Härte 4.

Die Farbe des Algodonits ist stahlgrau, auf polierten Flächen silberweiß. Der starke metallische Glanz geht an der Luft nach einiger Zeit verloren.

Ein graues, dem Algodonit gleichendes Mineral aus der Mohawk-Mine, Keweenaw Co., Michigan bezeichnet G. A. Koenig[1]) als **Mohawkit-Algodonit.** Die Analyse ist:

Cu	80,72
As	19,12
Sb	0,84
	100,68

Daraus ergibt sich die Formel Cu_5As oder unter Berücksichtigung des Sb-Gehaltes $Cu_5(As, Sb)$. Die Dichte ist 8,364—8,378.

L. H. Borgström[2]) hat vor einigen Jahren die Mineralien Algodonit und Whitneyit nochmals untersucht, insbesondere in bezug auf ihren Schmelzpunkt und ihre elektrische Leitfähigkeit. Der Algodonit der Mohawk-Mine ergab 84,1 % Cu, während Whitneyit von da 87,2 % Cu aufwies. Der Schmelzpunkt ist (ähnlich vielleicht wie bei Silicaten) nicht einheitlich, sondern beide begannen bei 695° zu sintern, aber erst 100° darüber waren sie geschmolzen. Er will dies dem Umstande zuschreiben, daß beide Verbindungen schon vor dem Schmelzen zerfallen.

Das Erstarrungsdiagramm Cu—Cu_3As zeigt ein Eutektikum bei 79 % Cu und einer Erstarrungstemperatur von 685°.

Bei der metallographischen Untersuchung erwies sich Algodonit fast homogen, dagegen enthielt der Whitneyit von der Mohawk-Mine 3 % Kupfer. Die metallographische Untersuchung der Schmelzprodukte ergab dagegen Gemenge von Cu_3As mit Cu.

Aus den Untersuchungen ergibt sich, daß eine Verbindung Cu_6As, welche im Algodonit vermutet wurde, wirklich existiert. Sie ist aber nur unter dem Schmelzintervall beständig. Er ist der Ansicht, daß die Versuche von W. Spring der direkten Vereinigung von Arsen und Kupfer unter hohem Druck und bei hoher Temperatur, welche zur Bildung von Cu_6As führten, zu wiederholen seien.

Die Untersuchungen der elektrischen Leitfähigkeit ergaben folgende Resultate:

	K
Whitneyit, Mohawk . . .	0,341
" " . . .	0,335
Algodonit, " . . .	0,415
Geschmolzener Whitneyit .	0,469
" Algodonit .	0,634

Die Werte beziehen sich in Ohm auf Stäbe von 1 qmm Querschnitt und

---

[1]) G. A. Koenig, Am. Journ. (4) **14**, 404 (1902); Z. Kryst. **38**, 684 (1904).
[2]) L. H. Borgström, Geol. För. Förh. **38**, 95 (1916); N. JB. Min. etc. 1918, 11.

1000 mm Länge. (Bei den Versuchen wurden Stäbe von 10 mm Länge und 1,5—2 mm Dicke verwendet.)

Argentoalgodonit.

Als Argentoalgodonit bezeichnet G. A. Koenig[1]) weiße Kristalle von der Zusammensetzung $(Cu, Ag)_6As$, die er durch Einwirkung von Arsendämpfen auf eine Legierung von 1 Kupfer : 1 Silber bei niedriger Temperatur erhielt, während bei höherer Temperatur, wo die Arsenatmosphäre weniger verdünnt ist, Argentodomeykit entsteht. Siehe auch das bei Argentodomeykit Gesagte auf S. 115.

Die Analyse des nur synthetisch bekannten Argentoalgodonits ist:

Cu	80,47
Ag	2,60
As	16,93
	100,00

Daraus ergibt sich (Cu, Ag) : As = 5,77 : 1, also annähernd 6 : 1.

Whitneyit.

Synonym: Darwinit.

Feinkörnig, kristallin.

Analysen.

	1.	2.	3.	4.	5.	6.
δ	8,408	—	—	8,470	—	—
Cu	88,13	87,64	87,48	87,37	88,54	86,00
As	11,61	10,92	12,28	12,28	11,46	14,00
Ag und unlösl.	0,40	0,19	0,04	0,03	Spur	—
	100,14	98,75	99,80	99,68	100,00	100,00

1. Von Houghton Co. (Michigan); anal. F. A. Genth, Am. Journ. **27**, 400 (1859); Mittel aus zwei Analysen.
2.—4. Ebendaher; anal. Derselbe, ebenda **33**, 191 (1862).
5. Von Sonora bei Laguna (Golf von Californien); anal. Derselbe, ebenda **45**, 306 (1868).
6. Vom St. Louis River, Michigan; anal. Th. Scheerer, Bg.- u. hütt. Z. **20**, 152 (1861).

	7.	8.	9.	10.
δ	8,640 (Mittel)	—	—	—
Cu	88,35	88,07	88,11	88,02
As	11,27	11,69	11,81	11,56
Ag	0,38	0,24	0,08	0,42
	100,00	100,00	100,00	100,00

7.—10. Von Potrero Grande, südwestlich Copiapo (Chile); anal. D. Forbes, Phil. Mag. **20**, 423 (1860). Darwinit.

Chemische und physikalische Eigenschaften.

Aus den Analysen ergibt sich die Formel Cu_9As, entsprechend 11,6% As und 88,4% Cu.

[1]) C. A. Koenig, Z. Kryst. **38**, 537 (1904).

Das Lötrohrverhalten ist dasselbe wie bei Domeykit, nur weniger Arsenrauch und nicht so leicht schmelzbar.

Die Dichte ist 8,4—8,6, die Härte 3,5.

Die Farbe ist blaßrot bis grauweiß und wird an der Luft nach einiger Zeit gelb bis braun, manchmal irrisierend.

Außer von obigen Fundorten, von denen Analysen vorliegen, ist das Whitneyit noch in anderen Gegenden gefunden worden.

Ein von G. A. Koenig[1]) als **Mohawk-Whitneyit** bezeichnetes Erz von der Mohawk-Mine in Michigan enthält 85,9% Cu. Ein Gemenge von Whitneyit und Mohawkit hatte er schon vorher[2]) so benannt, nachdem er 79,36% Cu, 0,82% Co, 0,61% Ni und 15,07% As festgestellt hatte.

Semi-Whitneyit.

Analysen.

	1.	2.	3.	4.	5.
Cu	91,33	92,78	93,96	96,20	94,50
As	6,60	5,85	5,74	[3,80]	[5,50]
SiO_2	2,20	—	—	—	—
	100,13	98,63	99,70	100,00	100,00

1. Spröde Nuggets von der Baltic-Mine (Michigan); anal. G. A. Koenig, Am. Journ. (4) **14**, 415 (1902). Ref. in Z. Kryst. **38**, 684 (1904).

2.—5. Nuggets von Calumet (Michigan); anal. Derselbe, ebenda.

Die wechselnden Mengen in den Analysen zeigen, daß diese Mineralien ein Gemenge oder Legierungen darstellen, für die G. A. Koenig den Namen Semi-Whitneyit vorgeschlagen hat.

Hierher dürfte auch das von E. Bertrand[3]) von Fortuna di Paposa (Chile) erwähnte Mineral mit 7,5% Arsen zu stellen sein. E. S. Dana[4]) hält es für ein dem Whitneyit verwandtes Mineral.

Ledouxit.

Das von J. W. Richards Ledouxit benannte Mineral aus der Mohawk-Mine (Michigan) wurde von G. A. Koenig zur Serie Mohawk-Whitneyit gestellt.

Analysen.

	1.	2.	3.
δ	—	—	8,070
Cu	79,36	68,60	70,80
Fe	0,36	0,23	—
Ni	0,61	6,55	Spur
Co	0,82	1,20	6,40
As	15,07	22,67	22,80 [Diff.]
S	—	0,53	—
$CaCO_3$	2,41	—	—
$MgCO_3$	0,60	—	—
	99,23	99,78	100,00

[1]) G. A. Koenig, Am. Journ. (4) **14**, 404 (1902). Ref. in Z. Kryst. **38**, 684 (1904)

[2]) ebenda **34**, 75 (1901).

[3]) E. Bertrand, Ann. min. **1**, 413 (1872).

[4]) E. S. Dana, Syst. Min. 1893, 45.

1.—3. Aus der Mohawk-Mine in Michigan.
1. Anal. G. A. Koenig, Z. Kryst. **34**, 75 (1901). Mohawk-Whitneyit.
2. Anal. A. Ledoux, ebenda.
3. Anal. J. W. Richards, Am. Journn. [4] **14**, 457 (1901).

Das Verhältnis der zwei letzten Analysen entspricht der Formel $(Cu, Co, Ni)_4As$. Die Dichte ist 8,07. Das Mineral gleicht dem Algodonit.

Domeykit.

Synonyma: Arsenikkupfer, Weißkupfer, Cobre blanco.

Kristallsystem: Hexagonal. $a:c = 1:1,5390$ nach F. E. Wright[1]) an künstlichen Kristallen bestimmt. Nach S. Stevanovič[2]) rhombisch $a:b:c = 0,5771:1:1,026$.

Analysen.

	1.	2.	3.	4.	5.	6
δ	—	—	—	—	7,560	—
Fe	0,52	—	—	—	—	—
Cu	70,70	71,64	76,96	71,15	70,68	72,02
As	23,29	28,36	23,04	28,85	29,25	28,29
S	3,87	—	—	—	—	—
	98,38	100,00	100,00	100,00	99,93	100,31

1. Von San Antonio in Copiapo (Chile) mit Silber, Kupfer, Polybasit, öfter Kupferkies einschließend; anal. J. Domeyko, Ann. min. **3**, 5 (1843).

2. Von Calabozo bei Illapel in Coquimbo (Chile); anal. Derselbe, ebenda.

3. u. 4. Von der Condurrow Mine bei Camborne (Cornwall) in einem Mineralgemenge; 3. anal. C. F. Rammelsberg, Pogg. Ann. **71**, 305 (1847), 4. anal. Blyth, Journ. chem. Soc. **1**, 213 (1849). — Das Gemenge besteht nach F. v. Kobell aus Cuprit, arseniger Säure, Arsen, Schwefelkupfer und wird bei A. H. Phillips (Phil. Mag. **2**, 286 [1827]) Condurrit genannt. Nach C. F. Rammelsberg (Min.-Chem. 1875, 24) ein Zersetzungsprodukt, vielleicht von Tennantit. C. Winkler (Bg.- u. hütt. Z. **18**, 383 [1859]) stellte Cu_3As im Gemenge fest. Vgl. S. 114.

5. u. 6. Von Sheldon am Portage Lake (Michigan); anal. F. A. Genth, Am. Journ. (7) **33**, 193 (1892).

	7.	8.	9.	10.	11.	12.
δ	7,716	7,547	—	—	—	6,700
Ag	—	—	—	—	0,46	—
Mn + Fe	—	—	—	—	—	3,50
Cu	71,68	72,99	71,56	71,48	71,13	70,16
As	28,32	27,10	28,44	28,26	28,41	25,89
S	—	—	—	—	—	0,49
Rückstand	—	—	—	—	—	0,45
	100,00	100,09	100,00	99,74	100,00	100,49

7. u. 8. Vom Cerro de Paracatas (Mexico) mit gediegen Kupfer; 7. anal. Bergmann, Niederrh. Ges. Bonn 1866, 17; 8. anal. A. Frenzel, N. JB. Min. etc. 1873, 26.

9. Von Copiapo; anal. F. Field, Journ. chem. Soc. **10**, 289 (1857); Ann. mines **15**, 200 (1889).

10. Von Coquimbo; anal. Derselbe, ebenda.

---

[1]) F. E. Wright, Z. Kryst. **38**, 545 (1904).
[2]) S. Stevanovič, ebenda **37**, 245 (1903).

11. Von Corocoro (Bolivia) im Kupfersandstein; anal. D. Forbes, Qu. Jour. Geol. Soc. 17, 44 (1861).

12. Von San Antonio in Copiapo; anal. A. Frenzel, N. JB. Min. etc. 1873, 26.

	13.	14.	15.	16.	17.
δ	7,207	6,840	—	—	7,902
Cu	72,02	71,70	65,08	70,56	72,48
Fe	—	—	0,64	—	
Ni	—	—	0,44	—	0,24
Co	—	—	—	—	
As	28,29	28,30	26,45	29,50	26,45
Sb	—	—	—	—	0,78
Rückstand . .	—	—	3,84	—	—
	100,31	100,00	96,45	100,06	99,95

13. Von Sheldon am Portage Lake (Michigan); anal. A. Frenzel, N. JB. Min. etc. 1873, 26.

14. u. 15. Aus dem Tonsteinporphyr von Zwickau (Sachsen); anal. A. Weisbach, N. JB. Min. etc. 1873, 64.

16. Von der Mohawk-Mine; anal. G. A. Koenig, Am. Journ. (4) **14**, 404 (1902). Ref. Z. Kryst. **38**, 684 (1904).

17. Ebendaher; anal. Derselbe, Z. Kryst. **34**, 74 (1901). — Von 12 Proben wurde der Sb-Gehalt verschieden gefunden, im Maximum 1,29 % (Stibiodomeykit?).

Chemische und physikalische Eigenschaften.

Formel. Die Analysen führen auf die Formel Cu_3As, welcher 71,71 % Cu und 28,29 % As entsprechen.

Lötrohrverhalten. Im geschlossenen Rohr gibt Domeykit nichts Flüchtiges, im offenen Rohr ein Sublimat von As_2O_3; auf Kohle leicht schmelzbar unter Ausstoßung von Arsenrauch zu einer blanken Metallkugel. Durch Betropfen mit Salzsäure auf Kohle zeigt sich beim Anblasen sofort die azurblaue Färbung der Flamme, herrührend von Chlorkupfer; mit Glasflüssen gibt geröstetes Pulver die Reaktion auf Kupfer.

Domeykit ist in Salpetersäure mit hellblauer Farbe löslich. Mit Ammoniak im Überschuß ist die Lösung lasurblau.

Scharfe Ätzfiguren auf der Basis erhielt F. E. Wright[1]) bei synthetischem Domeykit; sie weisen auf hexagonale Symmetrie.

Nach A. de Gramont[2]) gibt Domeykit von Paracatas in Mexico ein gutes Spektrum von Kupfer und Arsen mit vielen feinen Eisenlinien. Von den äußeren Partien sind, wohl infolge einer Veränderung au der Luft, die Arsenlinien nicht zu erhalten.

Die Dichte ist sehr verschieden gefunden worden trotz gut übereinstimmender Analysen (13 und 14); sie mag zwischen 7,2 und 7,7 liegen.

J. J. Saslawsky[3]) fand die Kontraktionskonstante für Dichte 7,0—7,5 zu 1,09—1,01.

Die Härte liegt zwischen 3 und 4.

---

1) F. E. Wright, Z. Kryst. **38**, 49 (1904).
2) A. de Gramont, Bull. soc. min. **18**, 281 (1895).
3) J. J. Saslawsky, Z. Kryst. **59**, 203 (1924).

Die Spaltbarkeit wurde von F. E. Wright[1]) an künstlichem Domeykit nach dem Prisma {11$\bar{2}$0} bestimmt. An natürlichem Material wurde nur unebener bis muscheliger Bruch beobachtet.

An künstlichen Kristallen bestimmte S. Stevanovič[2]) die Dichte zu 7,92—8,10 bei 14° C.

Der zinnweiße bis stahlgraue Domeykit wird an der Luft gelblich bis tombackbraun; er zeigt manchmal auch das Irisieren.

Die spezifische Wärme ist nach A. Sella[3]) 0,0919.

Synthese.

G. A. Koenig[4]) erhielt durch Einwirkung von Arsendämpfen auf grobe Kupferspäne, die bei etwa 500° C. erhitzt wurden, blättrige Massen, die dem Arsensublimat gleichen. Doch ergab eine Kupferbestimmung nur 72,9%, genau der Zusammensetzung des Domeykits entsprechend. Das Arsen wird von dem Kupfer geradezu verschlungen; denn nur die der Arsenströmung zunächst liegenden Spitzen sind affiziert; alles übrige bleibt kupferblank. Verflüchtet sich bei niedrigerer Temperatur wenig Arsen in der Zeiteinheit und steht der Kupferspan gerade unterhalb der Temperatur der dunklen Rotglut, so entwickeln sich die Domeykitkristalle als äußerst dünne, hexagonale Blättchen, die man unter dem Fadenkreuz des Mikroskops messen kann. Oft sind die Kristalle nur teilweise ausgebildet und stehen bürstenförmig am Präparat, stets normal auf der Kupferfläche.

Ein weiterer Versuch, mit einem 8 mm dicken Kupferdraht ausgeführt, der wagrecht in der Rohrachse durch einen Asbeststöpsel festgehalten wurde, brachte sieben verschiedenartige Gebilde. Sie unterschieden sich durch Größe, Gestalt, Farbe und Glanz. Die Ursache war die verschiedene Temperatur in den einzelnen Zonen und die dadurch hervorgerufene Beweglichkeit der Kupferionen.

Ferner diente als Versuchsobjekt eine natürliche Quarzstufe mit aufsitzenden Kristallen von gediegen Kupfer nach Quarz, etwa 6 cm lang und 2,5 cm breit, in einem entsprechend weiten Verbrennungsrohr. Die Einwirkung dauerte 16 Stunden. Aus dem gediegen Kupfer wuchsen massenhafte Domeykitkristalle des dicktafeligen Typus, derart, daß die ganze Oberseite der Stufe davon bedeckt ist. Die künstliche Natur ist durch den Quarz so sehr maskiert, daß niemand an dem natürlichen Ursprung zweifeln würde.

F. E. Wright[5]) hat die Kristalle des von G. A. Koenig hergestellten Domeykits gemessen und folgende Formen festgestellt:

{0001}, {10$\bar{1}$0}, {11$\bar{2}$0}, 20$\bar{2}$3}, {10$\bar{1}$1}, {20$\bar{2}$1}, {11$\bar{2}$2}

und unsicher (vicinal) {10$\bar{1}$6}, {12$\bar{3}$2}.

Er berechnete aus den Winkelmessungen das vorstehend angegebene Achsenverhältnis.

[1]) F. E. Wright, Z. Kryst. **38** 551 (1904).
[2]) S. Stevanovič, Z. Kryst. **37**, 246 (1903).
[3]) A. Sella, Ges. Wiss. Gött. 1891, Nr. 10, 311.
[4]) G. A. Koenig, Z. Kryst. **38**, 532 (1904).
[5]) F. E. Wright, Z. Kryst. **38**, 545 (1904).

Vorkommen und Entstehung.

Domeykit kommt in Chile an verschiedenen Orten auf Kupfergruben zusammen mit gediegen Knpfer, Cuprit und Silber vor, ebenso in Mexico, Bolivien und Michigan. Auf der Insel Michipicoten im Lake Superior tritt er auf einem Gang im Mandelstein mit Nickelin gemengt auf. Die Analyse von S. Hunt[1]) weist 17—24,5 Ni auf und bezieht sich entweder auf das Gemenge oder es liegt das neue Mineral Keweenawit vor. Siehe auch die Analysen auf S. 119.

Auf der Condurrow Mine bei Camborne in Cornwall bilden knollige, flachmuschelig brechende, äußerlich bräunlichschwerze erdig aussehende Massen den Condurrit, vgl. unten, sowie auch S. 111.

Auf der Grube Haardt bei Benolpe bei Siegen ist Domeykit nach Th. Haege[2]) als Seltenheit im zersetztem Tonschiefer mit Kupferkies, Malachit und Kupferkies in zinnweißen oder bunt angelaufenen schmalen Schnüren gefunden worden, ebenso in Tonsteinporphyr von Zwickau.

Die Synthese und die natürlichen Vorkommen weisen darauf hin, daß Domeykit durch Einwirkung von Arsendämpfen auf Kupfer entstanden ist.

Condurrit.

Von **C. Doelter** (Wien).

Obgleich der Condurrit heute kaum mehr als eigene Mineralart aufzufassen ist, da er aller Wahrscheinlichkeit nach ein Gemenge oder ein Zersetzungsprodukt, vielleicht von Tennantit ist, muß er doch erwähnt werden da er in den Lehr- und Handbüchern genannt wird.[3])

Analysen.

	1.	2.	3.	4.
δ	—	0,25	0,66	0,64
Cu	60,50	60,21	70,26	51,29
As	19,66	19,51	18,77	23,60
S	3,06	2,33	2,20	0,52
Mn	—	—	—	0,15
SiO_2	—	—	—	0,18
O	—	13,17	—	—
C	—	1,62	—	—
H	—	0,44	—	—
N	—	0,06	—	—
		100,00		

1. Von der Condurrow-Mine, Cornwall; anal. A. Faraday, siehe C. F. Rammelsberg, Min.-Chem. 1875, 24.

2. Von ebenda; anal. Blyth, Journ. chem. Soc. 1, 213 (1849).

---

[1]) S. Hunt, Geol. Surv. Can. 1853—56, 388; Geol. Can. 1863, 506.
[2]) Th. Haege, Min. Sieg. 1887, 38.
[3]) Vgl. bei Domeykit, S. 111.

3. Von ebenda; anal. C. F. Rammelsberg, Min.-Chem. 1875, 71.
4. Von ebenda; anal. C. Winkler, Bg.- u. hütt. Z. **18**, 383 (1859).

Der Condurrit zerfällt bei Behandlung mit konzentrierter Salzsäure in einen löslichen und in einen unlöslichen Teil.

Analyse des löslichen Teiles.

	I	II
As_2O_3	5,15	32,37
As_2O_5	—	1,20
Cu_2O	86,73	60,21
CuO	—	2,19
Fe_2O_3	—	1,09
MnO	—	0,18
H_2O	8,12	2,85
	100,00	100,00

Analyse des unlöslichen Teiles.

	I	II
As	46,92	37,67
Cu	43,30	49,15
S	7,43	9,80
SiO_2	2,35	3,38
	100,00	100,00

Analyse I von C. F. Rammelsberg,[1]) Analyse II von C. Winkler.[2])

Aus diesen Untersuchungen ergibt sich, daß der Condurrit entweder ein Gemenge oder ein Zersetzungsprodukt ist.

Argentodomeykit.

Von **M. Henglein** (Karlsruhe).

Dieses Produkt wurde von G. A. Koenig[3]) synthetisch hergestellt durch Einwirkung von Arsendämpfen auf eine Legierung von 1 Kupfer: 1 Silber. Die Kristalle wachsen aus diesem Material dem Arsen entgegen fast ebenso schnell wie aus reinem Kupfer; sie sind tafelig, von mittlerer Dicke und haben meist hohle Prismenflächen. Die der Mutterlegierung zunächst liegende Zone weist silberweiße Kristalle (Argentoalgodonit), die entferntere schwarzgraue Kristalle auf. Die letzteren haben die Zusammensetzung:

Cu	70,04
Ag	2,03
(Differenz) As	27,03
	100,00

Das Verhältnis ist (Cu, Ag) : As = 3 : 1. Es ergibt sich die Formel $(Cu, Ag)_3As$. Diesen Körper nannte G. A. Koenig Argentodomeykit und glaubt, daß seine Auffindung in der Natur lediglich eine Frage der Zeit sei. Die Verbindung ist mit dem Stromeyerit zu vergleichen, in dem Kupfer und Silber sich in allen Verhältnissen ersetzen.

[1]) C. F. Rammelsberg, Min.-Chem. 1875, 71.
[2]) C. Winkler, l. c., siehe bei Domeykit S. 111.
[3]) G. A. Koenig, Z. Kryst. **38**, 537 (1904).

Argentodomeykit entsteht bei höherer Temperatur, also in konzentrierter Arsenatmosphäre; bei zurückgehender Temperatur und dadurch mehr verdünnter Arsenatmosphäre bilden sich die silberweißen Argentoalgodonitkristalle, die zunächst der Legierung auftreten, wenn die Temperatur so sinkt, daß das Rohr sich gerade noch warm anfühlt. Die Beweglichkeit der Kupferionen besteht dann noch fort. Sie dringen in die nächstgelegenen Domeykitmoleküle ein und verwandeln diese in Algodonit.

Nach F. E. Wright[1]) gehören die Kristalle des Argentodomeykit ebenfalls dem hexagonalen System, holoedrische Abteilung, an. Die Messungen zeigen, daß das Eintreten des Silbers in den Domeykit eine Veränderung seines Elementes bedingt; die Pyramiden werden steiler. Die Prismen zeigen regelmäßig eine horizontale Streifung. Bei tafeligen Formen ist das Prisma nur schmal ausgebildet und die Pyramide zeigt eine schwache zylindrische Rundung. Die Formen sind $\{11\bar{2}0\}$, $\{10\bar{1}1\}$, $\{20\bar{2}1\}$.

Stibiodomeykit.

Stibiodomeykit nennt G. A. Koenig[2]) ein durch Einwirkung von Arsendämpfen auf die Legierung Cu_3Sb erhaltenes Produkt von hellstahlgrauer Farbe, schwer anlaufend und muscheligem Bruch. Die Härte ist 3—4. Nach F. E. Wright sind die Kristalle von zwei Typen, dünntafelförmig und langprismatisch. Die Flächen sind uneben und zur Messung ungeeignet. Es seien zunächst die 4 Analysen nebeneinander gestellt:

	1.	2.	3.	4.	5.
Cu	69,34	55,44	69,79	45,10	67,74
Sb	1,26	3,51	9,74	36,83 [Diff.]	1,02
As	28,40 [Diff.]	40,66	20,32	18,07	11,26
	100,00	99,61	99,85	100,00	100,02

Siehe auch die Analyse 17 eines natürlichen Domeykits auf S. 112 mit einem geringen Sb-Gehalt.

Die Analyse 1 rührt von großen, tafelförmigen Kristallen her, die bei niederer Temperatur entstanden sind. Es ergibt sich daraus, daß das Arsen sich der Antimonlegierung nicht addiert, daß im Gegenteil die vorzugsweise Anziehung von Kupfer und Arsen sich kundgibt. Die Ionenbeweglichkeit des Antimons ist sehr gering. Nimmt man das Antimon als mechanisch dem Kupferarsenid, also nicht dem Molekül angehörend an, so wird das Verhältnis Cu : As = 2,82 : 1,00. Dieses ist zu weit von 3 : 1 abstehend. Die den Kristallen unter- und hinterliegende Substanz besteht aus losen, eckigen Körnern, nicht schuppig, blättrig, wie die Kristallsubstanz. Die Farbe ist dunkelgrau. Die Zusammensetzung ergab die Analyse 2. Daraus ergibt sich:

$$\mathrm{Cu : (As, Sb) = 3{,}08 : 2.}$$

Dies neue, unerwartete Verhältnis ist nach dem Dafürhalten G. A. Koenigs reell, nicht etwa ein Gemenge von 1 : 1 und 2 : 1, was immerhin möglich wäre. Die Kristalle bestehen aus $10 \times (3:1) + (3:2) = 2{,}75:1$. Der zehnfach überwiegende Domeykit bestimmt natürlich die Form und den Habitus.

---

[1]) F. E. Wright, Z. Kryst. **38**, 552 (1904).
[2]) G. A. Koenig, ebenda S. 540.

Dem Antimon kommt die Rolle zu, das Arsen in die Bindung 3 : 2 zu drängen, ohne wesentlich in diese selbst einzutreten.

Dieselbe Legierung Cu_3Sb ließ bei etwa 550° C und 36 Stunden Einwirkungszeit zweierlei Produkte entstehen. Dem Arsen zunächst entstand eine graue Masse als zweiteilige Kruste, welche die Analyse 4 lieferte; also:

$$Cu : (Sb, As) = 4 : 3.$$

Die äußere Kruste mag aus 1 : 1 und die innere aus 3 : 2 bestehen; 1 : 1 + 3 : 2 = 4 : 3; 1 : 1 ist allerdings hypothetisch.

Das zweite Produkt besteht aus Kristallen, dem Domeykittypus angehörend, sowohl vom dünn- als dicktafeligem Habitus. Fast alle Kristalle weisen abgerundete Ecken und Kanten auf, also anfangende Schmelzung. Analyse 3 gibt ihre Zusammensetzung. Also:

$$Cu : (As, Sb) = 3{,}11 : 1{,}00.$$

Aus diesem Ergebnis schließt G. A. Koenig, daß das Antimon bei hinreichender Temperatur das Arsen im Domeykit in wechselnder Menge isomorph vertreten kann und daß höhere Temperatur die Beweglichkeit der Antimonen vermehrt.

Für diese Körper ist der Name Stibiodomeykit wohl geeignet, dem die Formel $Cu_3(As, Sb)$ zukommt.

Noch einen weiteren Versuch machte G. A. Koenig mit einem Bruchstück der Legierung Cu_3Sb, indem er eine Temperatur einhielt, die zwischen den beiden vorhergehenden Versuchen liegt. Die Versuchsdauer war 40 Stunden. Es entstanden dreierlei Produkte:

1. Eine dünne Kruste auf der Legierung, feinkörnig grau.
2. Darüber eine Lage dicker Kristalle von starkem Glanz und hellgrauer Farbe. Die Flächen sind gestreift und gerundet.
3. Schlanke, sehr spitz verlaufende pyramidale Kristalle von hexagonalem Habitus. Der Cu-Gehalt ist 72%. Es liegt also reiner Domeykit vor, da nur Spuren von Antimon vorhanden sind.

Die unter 2 genannten Kristalle ergeben die Analyse 5, also:

$$Cu : (As, Sb) = 2{,}529 : 1 = 5 : 2, \text{ d. h. } 4 \times (3 : 1) + 3 : 2 = 2{,}5 : 1 = 5 : 2.$$

Da dieses Material durchaus kristallisiert ist, wird auch hier eine molekulare Mischung angenommen und zwar von 3 : 1 mit 3 : 2, da der Domeykittypus ausgeprägt ist. Auffällig ist der geringe Antimongehalt.

Mohawkit.

Kristallform: Hexagonal, hol. $a : c = 1 : 1{,}5010$ nach F. E. Wright[1]) bei künstlichen Kristallen; in der Natur meist feinkörnig.

Analysen.

	1.	2.
δ	8,070	—
Cu	61,67	67,86
Fe	Spur	—
Ni	7,03	3,32 (Ni + Co)
Co	2,20	
As	28,85	28,10
	99,75	99,28

[1]) E. F. Wright, Z. Kryst. **38**, 553 (1904).

1. Mohawkit aus der Mohawk-Mine; anal. G. A. Koenig, Z. Kryst. **34**, 70 (1901).
2. Ebendaher; anal. Derselbe, Am. Journ. (4), **14**, 404 (1902).

Chemische und physikalische Eigenschaften.

Formel. Dieselbe ergibt sich als $(Cu, Ni, Co)_3As$. Nach G. A. Koenig hat der Mohawkit genau dasselbe Verhältnis wie Domeykit, so daß es sich um ein isomorphes Eintreten von Nickel und Kobalt an Stelle des Kupfers handelt.

Lötrohrverhalten. Im geschlossenen Rohr schmilzt das Mineral bei Rotglut; es bildet sich ein leichter Anflug von As_2O_3, aber kein Arsenspiegel. Im offenen Rohr As_2O_3, auf Kohle viel Arsenrauch und schließlich ein hämmerbares Metallkorn. An der Berührungsstelle zwischen Korn und Glas färbt sich letzteres sofort blau. Ersetzt man nach dem Verfahren von C. F. Plattner das gefärbte Glas häufig durch frisches, so erhält man bald ein braunes Nickelglas und schließlich ein blaugrünes Kupferglas. In kochender Salpetersäure löst sich Mohawkit vollkommen. Die Farbe ist zuerst tiefgrün und wird dann graublau.

Die Dichte ist 8,07, die Härte 3—4. Die Farbe ist auf frischem Bruch grau mit gelblichem Anflug. Er läuft rasch an und wird blauviolett.

Synthese.

G. A. Koenig[1]) verwandte an Stelle der Feilspäne zwei abgehauene Stücke der beim Keweenawit benutzten Legierung als Versuchsobjekt. Die Einwirkung der Arsendämpfe bei niederer Temperatur dauerte 27 Stunden. Die Legierung hatte sich mit einer Kruste bedeckt, sehr feinkörnig und etwa 0,1 mm dick. Auf dieser Kruste standen rechtwinklig viele sechsseitige Blättchen. Die Kriställchen, die sehr klein und nicht besonders gut ausgebildet sind, wurden von F. E. Wright[2]) gemessen; er gibt die Formen (0001), $(11\bar{2}0)$, $(10\bar{1}0)$, $(20\bar{2}3)$, $(10\bar{1}1)$, $(20\bar{2}1)$ an.

Die Analyse des reinen ausgesuchten Materials ergab nach G. A. Koenig:

Cu	69,31
(Ni + Co)	2,70
As	28,12
	100,13

Da (Cu, Ni, Co) : As = 3,06 : 1,00, so liegt Mohawkit vor.

Es ergibt sich aus diesem und dem bei Keweenawit geschilderten Versuch, daß unter gleichen Umständen die Beweglichkeit des Kupferions annähernd sechsmal großer ist als die des Kobalt- und Nickelions. Denn in der Legierung ist Cu : (Ni + Co) = 4 : 1, in den Kristallen 25 : 1.

Antimonkupfer (Horsfordit).

Antimonkupfer ist bisher nur aus der Gegend von Mytilene in Kleinasien bekannt, wo derbe Massen ein ausgedehntes Lager bilden. A. Laist und T. H. Norton[3]) geben die Analyse:

[1]) G. A. Koenig, Z. Kryst. **38**, 536 (1904).
[2]) E. F. Wright, ebenda **38**, 553 (1904).
[3]) A. Laist und T. H. Norton, Am. Chem. Journ. **10**, 60 (1888).

Cu	73,37
Sb	26,86
	100,23

Daraus ergibt sich die Formel Cu_5Sb bis Cu_6Sb.

Antimonkupfer ist leicht schmelzbar und gibt auf Kohle einen Beschlag von flüchtigem Sb_2S_3. Nach abwechselndem oxydierendem und reduzierendem Blasen bleibt ein Kupferkorn zurück.

Das silberweiße, leicht anlaufende Mineral hat die Dichte 8,812 und die Härte 4.

C. Hintze[1]) erwähnt, daß durch Zusammenschmelzen von 200 g Cu und 74 g Sb eine dem Horsfordit ähnliche Masse mit 27% Sb und 73% Cu entsteht. Diese Zusammensetzung würde auf die Formel Cu_5Sb führen.

Nach A. Brand[2]) tritt Antimonkupfer von der Zusammensetzung Cu_6Sb in isomorpher Mischung mit NiSb, PbS, PbSb und Cu_2S in einem regulären Hüttenprodukt von Mechernich auf.

Keweenawit.

Keweenawit ist nur aus der Mohawk-Mine, Keweenaw Co. (Michigan) als feinkörniges, sehr sprödes Mineral von muscheligem Bruch bekannt. G. A. Koenig[3]) gibt folgende 4 **Analysen:**

Cu	39,12	53,96	40,72	29,30
Fe	Spur	—	Spur	0,20
Ni	17,96	9,74	19,42	30,70
Co	0,94	0,94	0,82	0,80
As	36,96	34,18	[38,44)	38,60
SiO_2	4,98	0,78	0,60	—
	99,96	99,60	100,00	99,60

Formel. Das Verhältnis von (Cu, Ni, Co) : As ist annähernd 2 : 1, daher die Formel $(Cu, Ni, Co)_2As$. Nach den Analysen ist der Gehalt an Cu und Ni ziemlich schwankend; Co ist nur in geringer Menge ziemlich konstant in allen Analysen gefunden worden.

Vor dem Lötrohr schmilzt der Keweenawit leicht unter Entwicklung von Arsendämpfen; in der Perle erhält man die Reaktion auf Co, Ni und Cu. Er ist löslich in Salpetersäure.

Die Dichte ist bei 20° = 7,681, die Härte etwa 4.

Die Farbe ist blaß rötlichbraun, dabei dunkel braunrot anlaufend.

Synthese.

Aus einer in Stabform gegossenen Legierung von 74% Cu, 21% Ni, 5% Co, also im Verhältnis des Mohawkits, stellte G. A. Koenig[4]) Feilspäne her, die er unter wechselnder Temperatur Arsendämpfen aussetzte. Es bildeten sich Kristalle von dicktafeligem Typus mit vorherrschender Pyramide. Sie

[1]) C. Hintze, Handb. Min. 1904, I, 423.
[2]) A. Brand, Z. Kryst. **17**, 268 (1890).
[3]) G. A. Koenig, Am. Journ. **14**, 404 (1902) und Z. Kryst. **38**, 683 (1904).
[4]) Derselbe, Z. Kryst. **38**, 535 (1904).

hängen seitlich zusammen, eine Kruste bildend; darunter schied sich eine lose, hellgraue, glänzende, kristallinische Masse aus, die ihre Farbe auch nach längerer Zeit behielt, während die Kristallkruste stark angelaufen war. Die Analyse des losen, nicht anlaufenden Materials (angewandt 0,2325 g) ergab:

Cu	44,30
Ni	12,54
Co	4,00
As	39,25
	100,09

Darin ist (Cu, Ni, Co) : As = 1,88 : 1, also annähernd 2 : 1. G. A. Koenig hält dies Produkt für Keweenawit, da auch der natürliche in Jahresfrist in der Luft des Laboratoriums nicht angelaufen ist.

Lautit.

Von **C. Doelter** (Wien).

Kristallform: rhombisch dipyramidal.

Analysen.

	1.	2.	3.	4.	5.	6.
Cu	27,60	28,29	33,54	36,20	27,46	38,33
Ag	11,74	11,62	3,03*)	Spur	1,36	0,90
Fe	—	—	0,44	—	0,91	0,09
As	42,06	41,06	42,60	45,66	57,14	41,87
Si	—	—	0,58	—	—	1,36
S	18,00	17,60	18,57	17,88	13,43	17,38
	99,40	98,57	98,76	99,74	100,30	99,93

*) Eine andere Bestimmung ergab 7,78 Ag.

1.—6. Sämtliche von der Grube Rudolfsschacht zu Lauta bei Marienberg, Anal. 1—4; anal. A. Frenzel, Tsch. min. Mit. **3** 515 (1887) und **4**, 97 (1888); **14**, 125. Die zwei letzten Analysen, A. Weisbach, N. JB. Min. etc. 1882, II, 251.

Immerhin wäre es möglich, daß das Ag von Beimengungen herrührt, namentlich bei den ersten Analysen.

Eine neue Analyse ergab:

	7.
Cu	37,07
As	44,53
S	18,31
	99,91

7. Aus einem Erzgange in der Grube Gottes bei Markirch (Elsaß); anal. L. Dürr, Mitt. geol. L.-Anst. Elsaß-Lothringen, **6**, 249 (1907); Z. Kryst. **47**, 202 (1910).

A. Frenzel stellte zuerst die **Formel** (Cu, Ag)AsS für die vier ersten Analysen auf, für die zwei späteren: CuAsS.

Diese Formel wurde auch von C. Rammelsberg adoptiert, ebenso in seinen Tabellen von P. Groth. A. Weisbach behauptete, daß es sich bei dem Lautit um ein Gemenge von Tennantit und Arsen handle, was aber nicht stichhaltig sein dürfte und auch von L. J. Spencer als unrichtig bezeichnet wurde. (Min. Mag. **11**, 78 [1897].)

P. Groth[1]) reiht ihn in die rhombische Reihe der Pyritgruppe ein, zu Markasit, mit welchem er isomorph ist.

Eigenschaften. Undurchsichtig, metallglänzend, eisenschwarz. Dichte 4,53 bis 4,96. Härte über 3. Vollkommnne Spaltbarkeit.

Schmilzt vor dem Lötrohr leicht zu blanker Kugel, wobei das Mineral dekrepitiert und Arsenrauch gibt. In Salpetersäure löslich, Ammoniak und Magnesiumsulfat fällen aus der Lösung arsensaures Ammoniak-Magnesia.

Kommt mit gediegen Arsen, Fahlerz, Rotgülden, Kupferkies, Bleiglanz und Baryt vor.

Sulvanit.

Vielleicht rhombisch, kommt in prismatischen Kristallen vor.

Analysen.

	1.	2.	3.	4.	5.
Cu	58,82	47,98	48,95	51,57	52,96
V	11,88	12,53	12,68	13,46	13,72
S	26,44	32,54	30,80	35,97	33,32
Fe_2O_3	—	0,42	1,53	—	—
SiO_2	—	4,97	0,42	—	—
	97,14	98,44	96,68	100,00	100,00

1.—5. Sämtliche anal. G. A. Goyder, Journ. chem. Soc. **77**, 1094 (1900); Trans. Roy. Soc. S. Australia 1900, 69; Z. Kryst. **36**, 90 (1902).

Von einer Grube in der Nähe der bekannten Burra-Burragrube, Süd-Australien mit anderen Kupfermineralien.

Eine neue Analyse ergab:

	6.	7.
δ	3,08	4,01
Cu	47,90	48,05
V	12,08	12,23
S	32,34	30,97
Fe_2O_3 / Al_2O_3	1,04	1,04
Gangart	6,53	6,37

6. u. 7. Von demselben Fundort; anal. H. Schultze, Inaug.-Diss. München 1908; Z. Kryst. **49**, 640 (1911).

Formel. Aus den Analysen berechnete G. A. Goyder zuerst

$$4(Cu_2S).V_2S_3,$$

später gab er auf Grund neuer Analysen die Formel:

$$3Cu_2S.V_2S_5.$$

H. Schultze und H. Steinmetz kommen zu der Formel:

$$Cu_3VS_4.$$

Demnach ist das Mineral ein Cuprosulfanadat.

[1]) P. Groth u. K. Mieleitner, Tab. 1921, 21.

Eigenschaften. Hell bronzegelb, derb, Strich tiefschwarz, metallglänzend, undurchsichtig. Spaltbar nach drei zueinander senkrechten Ebenen, wohl die drei Pinakoide, spröde. Härte 3—4. Dichte 4,00 (3,92—4,01).

Nach A. Dieseldorff[1]) wahrscheinlich isomorph mit Enargit und Famatinit.

Gibt im Kölbchen einen Ring von Schwefel.

Enargit.

Von **M. Henglein** (Karlsruhe).

Synonyma: Guayacanit, Garbyit, Clarit.

Kristallsystem: Rhombisch. $a:b:c = 0{,}8694:1:0{,}8308$. Wahrscheinlich nach H. Schneiderhöhn[2]) eine Paramorphose einer regulären Modifikation nach der rhombischen.

Analysen.

	1.	2.	3.	4.	5.	6.
δ . . .	4,300	4,445	—	—	4,390	4,370
Fe . . .	3,50	0,57	0,27	—	—	0,47
Cu . . .	44,20	47,20	46,62	50,59	48,50	48,89
Ag . . .	—	0,02	—	—	Spur	—
Zn . . .	0,40	0,23	—	—	—	Spur
Sb . . .	2,60	1,61	1,29	—	—	—
As . . .	13,40	17,60	16,31	15,63	19,14	18,10
S . . .	33,40	32,22	34,50	33,78	31,82	32,11
Gangart .	0,80	—	—	—	—	—
	98,30	99,45	98,99	100,00	99,46	99,57

1. u. 2. Von Morococha (Peru); 1. anal. J. Domeyko, Min. 1845, 134; 1879, 226; 2. anal. F. Plattner bei A. Breithaupt, Pogg. Ann. **80**, 383 (1850).

3. Von Santa Anna (Columbia); anal. Taylor, Am. Journ. **26**, 349 (1858).

4. Von Brewers Goldmine, Chesterfield Co. (Süd-Karolina); anal. F. A. Genth, Am. Journ. **23**, 420 (1857).

5. u. 6. Von der Grube Hedionda in Coquimbo (Chile), großblättrig; 5. anal. F. Field, ebenda **27**, 52; **28**, 134 (1859) — Guayacanit —; 6. anal. F. v. Kobell, Sitzber. Akad. München **1**, 161 (1865), enthält außerdem 0,05% Te.

	7.	8.	9.	10.	11.	12.
δ . . .	—	—	—	4,475	4,861	—
Cu . . .	49,21	50,08	47,58	47	46,94	33,25
Fe . . .	1,58	0,09	1,04	—	1,06	5,66
Ag . . .	—	—	—	—	Spur	0,04
Zn . . .	—	—	—	—	Spur	7,72
Sb . . .	—	—	1,37	6	0,95	—
As . . .	15,88	17,17	17,80	14	17,20	15,23
SiO_2 . .	32,45	31,86	31,56	32	34,35	37,45
	99,12	99,20	99,35	99	100,50	99,35

[1]) A. Dieseldorff, Z. prakt. Geol. 1901, 421.

[2]) H. Schneiderhöhn, Anl. zur mikrosk. Best. 1922, 240.

7. u. 8. Von den Gruben von Cosihuriachic, Chihuahua (Mexico), derb und blättrig; anal. C. F. Rammelsberg, Z. d. geol. Ges. **18**, 243 (1866).

9. Von Black Hawk, Willis Gulch, Gilpin Co. (Colorado); anal. W. M. Burton, Am. Journ. **45**, 34 (1868).

10. Von Parád (Ungarn); anal. N. Petko u. V. Zepharowich, Lotos 1867, 20.

11. Von der Shoebridge Mine, Millard Co. (Tintic Distrikt, Utah); anal. E. S. Dana bei E. Silliman, Am. Journ. **6**, 127 (1873).

12. Von Morococha (Peru); anal. A. D'Achiardi, Nuov. Cim. Pisa 1870, 19.

	13.	14.	15.	16.	17.
δ	4,340	—	4,350	4,370	—
Fe	0,72	0,36	1,18	1,41	1,31
Cu	45,95	48,05	46,38	47,82	47,83
Ag	—	—	0,18 (Au)	Spur Au	—
Zn	—	—	0,43	0,61	0,52
Pb	—	—	0,68	0,74	0,73
Sb	6,03	—	2,44	1,42	1,97
As	13,70	18,78	16,11	17,66	17,16
S	31,66	33,40	29,92	30,28	30,48
SiO_2	1,08	—	2,68	1,23	—
	99,14	100,59	100,00	101,35	100,00

13. Von der Morning Star Mine in Alpine Co. (Californien) mit Pyrit, Quarz und Menaccanit; anal. Root bei E. Silliman, Am. Journ. **46**, 201 (1868).

14. Von Grube Ortiz, Sierra de las Capillitas (Catamarca, Argentinien); anal. F. Schickendantz bei A. Stelzner, Tsch. min. Mit. 1873, 249.

15.—17. Von Mejicana S. Pedro Alcantara (Argentinien); 15. anal. von Siewert, 16. inkl. 0,18 Mn; anal. von Döring bei A. Stelzner, ebenda 242. Analyse 17 ist das Mittel aus 15. und 16.

	18.	19.	20.	21.	22.	23.
δ	4,460	—	—	—	4,300	4,510
Fe	0,83	14,44	2,80	4,80	—	1,22
Cu	46,29	28,77	48,19	48,50	47,84	47,96
Ag	—	0,62	—	0,30	—	—
Zn	Spur	5,97	—	2,30	—	0,57
Sb	1,09	—	0,53	6,40	—	—
As	17,74	18,36	16,13	11,40	19,47	18,16
Si	32,92	31,84	33,45	21,10	32,69	32,21
	98,87	100,00	101,10	94,80	100,00	100,12

18. Von der Schwerspatgrube Clara bei Schapbach (nördl. Schwarzwald); anal. Th. Petersen bei F. Sandberger, N. JB. Min. etc. 1875, 386. (Clarit.)

19. Von Grube Camotera bei Sayapullo (Prov. Cajabamba, Peru); anal. A. Raimondi, Min. Pérou 1878, 122.

20. Von Mancayan, Distrikt Lepanto (Philippinen); anal. Wagner bei A. Knop, N. JB. Min. etc. 1875, 70.

21. Von San-Pedro-Nolasco (Santiago) mit Kupferglanz, Bleiglanz, Blende, Perlspat; ana. J. Domeyko, Min. 1879, 226.

22. Von der Liquidator Mine bei Butte (Montana) mit Pyrit, Covellin, Bornit und Quarz; anal. Terrill bei W. H. Semmons, Min. Soc. Lond. **6**, 51 (1884).

23. Von den Gruben des Cerro Blanco in Atacama mit Kupferkies, Fahlerz, Bleiglanz und Kalkspat; anal. R. de Neufville, Z. Kryst. **19**, 76 (1891).

	24.	25.	26.	27.	28.	29.
Fe	1,18	1,25	1,31	1,49	2,20	2,18
Cu	47,91	47,70	47,90	47,67	46,23	46,27
Sb	1,59	1,68	1,62	1,48	—	—
As	15,24	15,35	15,21	15,28	16,53	16,54
S	33,96	33,86	34,02	33,53	34,83	34,95
	99,88	99,84	100,06	99,45	99,79	99,94

24.—27. Von San Juan, Gilpin Co. (Colorado) mit Pyrit; anal. C. Guillemain, Diss. Breslau 1898, 43. Ref. Z. Kryst. **33**, 77 (1900). Bei den 4 Analysen wurde Fe als FeS_2 verrechnet und in Abzug gebracht.

	30.	31.	32.
Fe	1,59	1,42	0,33
Cu	47,09	46,76	48,67
Zn	—	—	0,10
Sb	1,18	1,34	1,76
As	15,25	15,41	17,91
S	34,44	34,35	31,44
Unlöslich . .	—	—	0,11
	99,55	99,28	100,32

28.—31. Von Morococha (Peru) mit Pyritschnüren dicht durchsetzt; anal. C. Guillemain, ebenda 44.

32. Von der Rarus Mine bei Butte (Montana); anal. C. F. Hillebrand, Am. Journ. 7, 56 (1899).

	33.	34.	35.	36.
δ	4,464	—	—	—
Ni	—	0,15	—	—
Fe	—	4,76	—	—
Cu	48,53	41,69	49,00	50,82
Au	—	0,12	—	—
Ag	—	0,22	—	—
Zn	—	2,68	—	0,33
Pb	—	0,10	—	—
As	19,08	16,87	15,88	17,28
Sb	—	4,30	1,54	—
S	32,42	28,43	33,23	32,53
Te	—	0,05	—	—
Gangart	—	0,26	—	—
	100,03	99,63	99,65	100,96

33. Von Caudalosa (Peru) auf Stylotyp oder Famatinit; anal. S. Stevanovič, Z. Kryst. **37**, 242 (1903).

34. Von den Coolgardie-Goldfeldern (West-Australien); anal. P. Krusch, Z. prakt. Geol. **9**, 215 (1901).

35. Von Bor in Serbien mit Covellin; anal. S. Stevanovič, Z. Kryst. **44**, 354 (1908). Mehr S und weniger Cu, weil dieser Enargit Covellin enthält.

36. Von der Genesse Vanderbiltgrube, Ouray Co. (Colorado) mit Covellin und Pyrit; anal. W. M. Thornton, Am. Journ. **29**, 358 (1910). Ref. in Z. Kryst. **52**, 69 (1913).

Formel. C. F. Plattner[1]) stellte die Formel $3 Cu_2S . As_2S_5$ auf. C. F. Rammelsberg[2]) nahm infolge des Schwankens des Verhältnisses As : Cu ein wechselndes Verhältnis von Cu_2S und CuS an. Er stellte dann zwei Formeln für Enargit auf:

1. $4 CuS . Cu_2S . As_2S_3 = Cu_6As_2S_8$,
2. $5 CuS . Cu_2S . As_2S_3 = Cu_7AsS_9$.

C. F. Rammelsberg berechnete die älteren Analysen bis 1895. Hier seine Resultate:

Fundort	Analytiker	Cu(Fe) : As, Sb : S	As : Sb
Mipillas	C. F. Rammelsberg	3,6 : 1 : 4,5	0
Brewers	F. A. Genth	3,8 : 1 : 5,4	0
Cerro Blanco	R. de Neufville	3,2 : 1 : 4,2	0
Gr. Frediendas	F. v. Kobell	3,2 : 1 : 4,2	0
Montana	A. Terreil	2,9 : 1 : 4	0
Guaycamas	F. Field	3 : 1 : 3,9	0
Utah	E. S. Dana	3,2 : 1 : 4,5	30 : 1
Gr. S. Anna	Taylor	3,4 : 1 : 5	22 : 1
Colorado	W. M. Burton	3,1 : 1 : 4	22 : 1
Morococha	F. Plattner	3,2 : 1 : 4,2	18 : 1
S. Famatina	Siewert*)	3,2 : 1 : 4	11 : 1
Cerro de Pasca	R. Frenzel*)	3,37 : 1 : 4,2	1 : 1
S. Famatina	Siewert*)	3,3 : 1 : 4,1	1 : 1

Die mit *) bezeichneten sind Famatinite (siehe S. 130).

C. F. Rammelsberg bemerkt, daß, wenn Cu : As(Sb) = 3 : 1 ist, würde für den Schwefel die Zahl 3 sich ergeben, was aber den Analysen nicht entspricht, daher muß man neben Cu_2S auch CuS annehmen.

C. Guillemain berechnete seine Analysen, indem er das Eisen als Pyrit voraussetzt und die entsprechenden Mengen von FeS_2 in Abzug bringt; berechnet ergeben sich folgende Zahlen:

	37.	38.	39.	40.	41.	42.	43.	44.
Cu .	49,22	49,10	49,27	49,54	48,62	48,48	48,98	48,49
As . .	15,65	15,80	15,64	15,88	17,38	17,33	15,86	15,98
Sb . .	1,63	1,73	1,66	1,53	—	—	1,23	1,39
S . .	33,50	33,86	33,43	33,05	34,00	34,19	33,93	34,14
	100,00	100,00	100,00	100,00	100,00	100,00	100,00	100,00

Für die ersten vier Analysen erhält er:

	As : Cu : S
1.	1 : 3,50 : 4,7
2.	1 : 3,45 : 4,62
3.	1 : 3,5 : 4,59
4.	1 : 3,49 : 4,61

Dies ergibt im Mittel: 2 : 6,98 : 9,26.

---

[1]) C. F. Plattner bei A. Breithaupt, Pogg. Ann. **80**, 383 (1850).
[2]) C. F. Rammelsberg, Mineralchem. 1875, 119; 1895, 49.

Für die vier weiteren Analysen ergibt sich:

	As : Cu : S
5.	2 : 6,62 : 9,16
6.	2 : 6,64 : 9,24

Im Mittel erhält man aus diesen Analysen: 2 : 6,63 : 9,20.
Aus den zwei letzten berechnet er:

	As : Cu : S
7.	2 : 7 : 9,56
8.	2 : 6,82 : 9,48

Im Mittel aus diesen zwei letzten Analysen: 2 : 6,91 : 9,52. Er nimmt die beiden Formeln von C. F. Rammelsberg an.

P. Groth und K. Mieleitner schreiben die Formel Cu_3AsS_4 (Tab. 1921, 29).

Nach E. H. Kraus u. J. P. Goldsberry[1]) gehören die Sulfomineralien mit fünfwertigem Arsen, Antimon und Vanadin der allgemeinen Formel $M_x^{I}R_2^{V}S_y$ an, wo $y = \frac{x}{2} + 5$.

Lötrohrverhalten. Enargit entwickelt im offenen Rohr schweflige und arsenige Säure, auch in der Nähe der Probe öfter ein nicht flüchtiges Sublimat von antimonsaurem Antimonoxyd. Im geschlossenen Rohr dekrepitiert er ziemlich heftig und gibt bei schwacher Hitze ein Sublimat von Schwefel. Bei stärkerer Hitze schmilzt er; das Sublimat vermehrt sich durch Schwefelarsen. Auf Kohle schmilzt das gepulverte Mineral unter Abgabe von Schwefelarsen sehr leicht zu einer Kugel, wobei sich ein Beschlag von arseniger Säure bildet, mitunter auch ein schwacher Beschlag von Antimonoxyd. Die zurückbleibende Kugel gepulvert und das geröstete Pulver mit Borax am Draht geprüft, gibt nur die Kupferreaktion. Wird aber die Glasperle fast übersättigt und hierauf auf Kohle so lange im Reduktionsfeuer behandelt, bis das Kupfer metallisch ausgefällt ist, so zeigt sich ein geringer Gehalt an Eisen sowohl durch die grünliche Farbe des Glases, als auch durch die gelbe Farbe der am Drahte im Oxydationsfeuer umgeschmolzenen Perle. Enargit ist im Königswasser löslich.

A. de Gramont[2]) erhielt im Spektrum einen grünlichen Funken mit graulichweißen Dämpfen, sowie die roten Arsenlinien.

Physikalische Eigenschaften.

Die Dichte ist 4,3—4,5, die Härte 3. Die Kontraktionskonstante ist nach J. J. Saslawsky[3]) 0,92—0,88.

Enargit spaltet vollkommen nach (110), deutlich nach (100) und (010), undeutlich nach (001).

O. Mügge[4]) konnte durch Pressung bis 20000 Atm. bei Enargit keine merkliche Einwirkung beobachten. Am Enargit der Tsumeb-Mine beobachtete H. Schneiderhöhn[5]) Translationslamellen.

---

[1]) E. H. Kraus u. J. P. Goldsberry, N. JB. Min. etc. 1914, II, 141.
[2]) A. de Gramont, Bull. soc. min. **18**, 300 (1895).
[3]) J. J. Saslawsky, Z. Kryst. **59**, 203 (1924).
[4]) O. Mügge, N. JB. Min. etc. 1920, 54.
[5]) H. Schneiderhöhn, Metall u. Erz 1920, 18.

Nach A. Sella[1]) ist die spezifische Wärme 0,1202.

Der metallglänzende Enargit ist graulich- bis eisenschwarz. Der Strich ist graulichschwarz und fein grau mit gelbbraunem Stich nach C. Schroeder van der Kolk.[2])

Chalkographische Untersuchungen von H. Schneiderhöhn.[3])

Enargit läßt sich sehr gut polieren. Die Oberfläche ist glatt und glänzend, hat aber infolge der Spaltbarkeit oft herausgesprungene Teilchen. Das Reflexionsvermögen ist nicht sehr hoch. Die Mehrzahl der Enargite ist grauweiß mit sehr deutlichem Stich ins Rosa (Rosa Enargit). Einzelne Teilstücke der Individuen, die teils orientiert eingelagert sind, teils als unregelmäßiges Netzwerk die scherbenartigen rosa Partien umgeben, haben einen deutlichen Stich ins Grüne und sind von Fahlerz der Farbe nach nicht zu unterscheiden (grünlicher Enargit). Nach Einbettung in Zederholzöl deutliche Abnahme des Reflexionsvermögens und Dunklerwerden der Farbe.

Farbzeichen nach Oswald: Rosa Enargit *ec* 50, d. i. 36 % Weiß, 44 % Schwarz, 20 % erstes U-blau.

Verhalten im polarisierten Licht. „Rosa Enargit" wirkt sehr stark auf das polarisierte Licht ein. Die verschieden orientierten Schnitte zeigen sehr verschiedene Höhe der Polarisationsfarbe. Die Querschnitte $\perp c$ scheinen eine wesentlich höhere Doppelbrechung zu besitzen als die Längsschnitte. Meist sind in der einen Aufhellungsstellung rosa, hochrote und gelbrote Farbentöne, in der andern grüne bis blaue. Die Auslöschungslage wird meist ziemlich dunkel. Die Auslöschung ist in den Längsschnitten gerade und in den Querschnitten symmetrisch zu den Spaltrissen. „Grüner Enargit" zeigt in allen Stellungen dieselbe diffuse Aufhellung, verhält sich also isotrop und scheint regulär zu sein.

Ätzverhalten. Während HNO_3, HCl, $FeCl_3$, KOH negativ bleiben, ätzt konz. KCN-Lösung rosa Enargit sehr stark und gut an, während der grüne Enargit viel weniger stark angegriffen wird.

In der KCN-Lösung werden Querschnitte des Enargits rascher angegriffen als Längsschnitte; die Lösungsgeschwindigkeit ist also in Richtung der *c*-Achse anscheinend am größten. Die Spaltrisse ∥ (110) kommen sehr viel besser heraus, aber auch noch andere Spaltrisse erscheinen, anscheinend nach den Pinakoiden. Zwillinge sind selten. Es laufen dann einzelne Lamellen durch ein Korn. Zonarstruktur ist weit verbreitet in Form von sehr schmalen Anwachszonen, die durch äußerst dünne Ätzstriche getrennt sind. Die inneren Zonen sind meist sehr flächenreich. Sie treten auf Längsschnitten häufiger auf als auf Querschnitten.

Im **grünen Enargit** konnte keine charakteristische Individualstruktur beobachtet werden.

Die rhombische rosa Modifikation ist gegenüber der grünen regulären instabil. Weiteres siehe unter Vorkommen.

Entstehung, Vorkommen und Paragenesis des α- und β-Enargit.

Auf europäischen Lagerstätten kommt der Enargit nur als untergeordnetes, ja verhältnismäßig seltenes Mineral in Verbindung mit andern Kupfererzen

[1]) A. Sella, Z. Kryst. **22**, 180 (1894).
[2]) C. Schroeder van der Kolk, ZB. Min. etc. 1901, 79.
[3]) H. Schneiderhöhn, Anl. z. mikroskop. Best. 1922, 240.

vor. Nur von Cuka Dulkan in Serbien ist eine größere Lagerstätte von Enargit und Covellin bekannt geworden. Während M. Lazarevic den Enargit für eine primäre Bildung hält, kommt G. Berg[1]) auf Grund mikroskopischer Untersuchung zur Annahme einer sekundären Bildung. Er nimmt eine zweistufige Zementationsneubildung an, eine ältere tiefergreifende, die Enargit erzeugende und eine jüngere, die in nächster Nähe der Oberfläche den Enargit in Covellin umwandelte. Im Butte-Distrikt in Montana liefert Enargit $^1/_4$ bis $^1/_5$ der Kupferausbeute. Er ist in den unteren Teufen einiger Gruben nach R. H. Sales[2]) das herrschende Kupfererz und bildet reiche, anhaltende Mittel. Er steigt von den ältesten Gängen bis in den Stewardzug hinauf. Auf den Anaconda- wie auf den übrigen wichtigen Gängen kommt er sowohl in den oberen wie in den unteren Teufen vor. Auf der Gagnon-Grube im Westen des Anacondazuges sind die größeren Teufen besonders reich an Enargit, der stark von Kupferkies verdrängt ist. Als Gangmineral bildet der Enargit bei Butte gewöhnlich geschlossene Massen unvollkommen begrenzter, deutlich spaltbarer Kristalle. Mehr derb füllt der Enargit Brüche in den Quarz-Eisenkiesgängen aus oder er verdrängt den veränderten Ganggranit in Trümern, Adern und in fleckigen Massen. Er ist oft entweder mit Eisenkies, Quarz und Kupferglanz oder mit Bornit, seltener mit Covellin verwachsen. Kristallgruppen von Enargit, Pyrit und Schwerspat bekleiden oft Drusenräume. R. H. Sales hält den Enargit in der Hauptsache für primär. L. C. Graton und J. Murdoch nennen den merkwürdig mit Arsenfahlerz verwachsenen Enargit von Butte „gefleckten Enargit“. Das angebliche Fahlerz scheint mit dem grünen β-Enargit identisch zu sein.

In den Erzlagerstätten von Tsumeb in Otavibergland, Deutsch-Südwestafrika, ist nach H. Schneiderhöhn[3]) der Enargit das wichtigste aszendente Kupfererz. In den Erzen der aszendent-deszendenten Mischzone hebt er sich oft gut heraus, wenn er von Kupferglanz umrahmt wird, der auch noch auf den Absonderungsflächen in ihn hineindringt und ihn so allmählich verdrängt. Auch im derben großstückigen Kupferglanz treten oft noch bis erbsengroße gerundete Verdrängungsreste von Enargit auf. Im aszendenten Erz ist Enargit nur mikroskopisch zu erkennen und zwar ein ganz bedeutender Gehalt. Enargitkristalle von 8 cm Länge, 2 cm Breite sind nur an zwei Stellen der Tsumeb Mine gefunden worden. Meist tritt er in Einzelkörnern von 2—5 mm Größe auf, die rundlich bis rechteckig mit abgerundeten Ecken, oft buchtenartig von Bleiglanz oder Kupferglanz angefressen sind. Trotz der nach der Analyse gut stimmenden Formel ergibt das mikroskopische Bild, daß aller Enargit aus zwei Komponenten besteht, die sich optisch scharf unterscheiden. Die eine Komponente ist grünlich, die andere rosa im polierten Schliff (siehe auch S. 127). An gewissen Stellen findet sich nur rosa Enargit mit parallelen Gleitflächen, längs deren eine treppenförmige Translation der Kristallamellen stattgefunden hat. Die rosa Komponente allein tritt in größeren unverdrängten Kristallen nur im sulfidisch vererzten Aplit auf und zeigt dann die oben beschriebenen Gleitflächen. In deszendenten Kupferglanzmassen der oberen Sohlen bestehen manche stark zerfressene Enargitreste auch nur noch aus der rosa Modifikation. Dort ist bei der Verdrängung durch deszendenten Kupferglanz zuerst die

[1]) G. Berg, Z. prakt. Geol. 1918, 108.
[2]) R. H. Sales, Bull. Am. Inst. Min. Eng. 1913, 1523/1626, 2735.
[3]) H. Schneiderhöhn, Metall u. Erz 1920/21, 18; Ref. N. JB. Min. etc. I, 18 (1924).

grüne Komponente, die sich außen befand, aufgefressen worden. Allein tritt die grüne Komponente kaum auf. Die rosa Komponente ist die ältere und die unter den jetzigen Temperaturen nicht mehr beständige Modifikation des Enargit, die der grünen gegenüber instabil ist. α- und β-Enargit sind kristallographisch gleich orientiert und oft gesetzmäßig miteinander verwachsen. Die zwei allotropen Modifikationen haben kristallographisch viel Ähnlichkeit. Die thermometrische Fixierung des wahrscheinlich zu erwartenden Umwandlungspunktes des rosa α-Enargits in den grünen β-Enargit gäbe ein wertvolles geologisches Thermometer für die Bildungstemperatur der Tsumeberze. Denn der Enargit müßte sich natürlich, ebenso wie die älteren Erze, über dieser Umwandlungstemperatur gebildet haben, während Fahlerze u. a. sich bei einer etwas tieferen Temperatur gebildet haben müssen. Über die Altersfolge siehe die Reihe bei Kupferglanz, Seite 93.

In südamerikanischen Erzen sieht man manchmal idiomorph begrenzte Enargite neben allotrimorphen. Sonst sind die Aggregate körnig, die einzelnen Individuen sehr ungleich groß und oft miteinander verzahnt.

Enargit wird oft durch jüngere Erze verdrängt, wie in der Tsumeb Mine durch Fahlerz, Bleiglanz und Kupferglanz.

Luzonit.

Kristallsystem nach A. J. Moses[1]) rhombisch; $a:b:c = 0{,}8698:1:0{,}8241$. Da dies ziemlich das Achsenverhältnis des Enargit ist, schließt A. J. Moses, daß Luzonit keine besondere Spezies darstellt, sondern bloß eine Varietät des Enargit ist. Vielleicht ist er auch monosymmetrisch nach A. Frenzel;[2]) er kommt meist nur derb und dicht vor.

Analysen.

	1.	2.
δ	4,440	4,390
Fe	0,93	—
Cu	47,51	47,36
Sb	2,15	3,08
As	16,52	16,94
S	33,14	32,40
	100,25	99,78

1. Von Mancayan auf Luzon (Philippinen); anal. Cl. Winkler, Tsch. min Mitt. 1874, 257.

2. Vom Cerro de la Mejicana in der Sierra Famatina (Argentinien); anal. G. Bodländer, Z. Kryst. **19**, 275 (1891).

Die Analysen führen auf die Formel Cu_3AsS_4, genau wie Enargit. Doch unterscheidet er sich durch die rötlichstahlgraue Farbe und den schwachen nur an Bruchflächen starken Metallglanz. Ferner fehlt ihm die Spaltbarkeit. Es liegen keine weiteren chemisch-physikalischen Untersuchungen über das Verhältnis von Enargit zu Luzonit vor. Das thermische Verhalten bei höheren Temperaturen ist noch unbekannt. H. Schneiderhöhn,[3]) der unter dem Metallmikroskop in den Erzen der Tsumeb Mine einen rhombischen rosa und

[1]) A. J. Moses, Am. Journ. **20**, 277 (1905); Ref. in Z. Kryst. **43**, 317 (1907).
[2]) A. Frenzel, Tsch. min. Mitt. 1877, 303.
[3]) H. Schneiderhöhn, Anl. z. mikr. Best. 1922, 242.

regulären grünen Enargit, letzteren ohne charakteristische Individualstruktur, fand, bringt den Luzonit mit dieser Dimorphie in Zusammenhang. L. J. Spencer[1]) hält den Luzonit wahrscheinlich für identisch mit Binnit.

Die Dichte ist 4,4, die Härte 3—4. J. J. Saslawsky[2]) gibt für die Dichte 4,2, die Kontraktionskonstante 0,94.

Vor dem Lötrohr dasselbe Verhalten wie Enargit.

Vorkommen und Paragenesis.

Auf Luzon tritt der Luzonit auf den Kupfererzgängen zu Mancayan mit Quarz, dünner Haut von Pyrit, Enargit, Drusenhäuten von Quarz, Fahlerz und Baryt auf. Er selbst steht zwischen Pyrit und Enargit in der Reihenfolge. In der Sierra Famatina ist der Luzonit mit Baryt verwachsen.

Famatinit.

Synonym: Stibioluzonit, Antimonluzonit.

Kristallsystem unbestimmt. Die sehr kleinen Kristalle sind jedoch flächenreich und zu Rinden verwachsen. Wenn isomorph mit Luzonit, so monosymmetrisch; nach H. W. Witt[3]) wahrscheinlich isomorph mit Enargit und mit rhombischem oder ähnlichem Achsenverhältnis.

Analysen.

	1.	2.	3.	4.	5a.	5b.
δ	4,59	—	4,52	—	—	—
Fe	0,83	0,81	0,57	0,46	6,43	—
Cu	43,64	44,59	45,39	45,28	41,11	47,93
Zn	0,59	0,59	0,59	0,59	—	—
As	4,09	4,05	3,23	4,03	7,62	8,88
Sb	21,78	20,68	21,64	19,44	10,93	12,74
S	29,07	29,28	29,05	30,22	33,46	30,45
	100,00	100,00	100,47	100,02	99,55	100,00

1.—4. Von der Sierra Famatina (Argentinien) mit Enargit und Kupferkies; anal. Siewert, Tsch. min. Mitt. 1873, 243.

5a. Vom Cerro de Pasco (Peru) mit Enargit auf Eisenkies, derb; anal. A. Frenzel, N. JB. Min. etc. 1875, 679; Tsch. min Mitt. 1874, 279.

5b. Aus 5a. berechnet nach Abzug von 13,77% Schwefelkies.

	6.	7.
δ	4,47	—
Fe	0,67	3,20
Cu	45,43	44,80
As	9,09	10,20
Sb	12,74	11,30
S	31,01	30,50
Rückstand	0,65	—
	99,59	100,00

6. Von Grube Caudalosa, Peru; anal. S. Stevanovič, Z. Kryst. **37**, 240 (1903). — Enthält 1,44% FeS_2; Mittel aus zwei Analysen.

[1]) L. J. Spencer, Min. Soc. Lond. **11**, 78 (1895).

[2]) J. J. Saslawsky, Z. Kryst. **59**, 204 (1924).

[3]) H. W. Witt bei E. V. Schannon, Am. Journ. **44**, 469 (1917).

7. Von Goldfield (Nevada); anal. W. T. Schaller bei F. L. Ransome, Bull. geol. Surv. U.S. (Prof. Paper) 1909 Nr. 66; Ref. in Z. Kryst. **50**, 189 (1912).

A. Stelzner[1]) stellte auf Grund der Analysen von Siewert die Formel auf:

$$4(3\,Cu_2S\,.\,Sb_2S_3)(3\,Cu_2S\,.\,As_2S_3)\,.$$

Er berechnete dafür die Zahlen:

Cu	44,14
As	3,50
Sb	22,65
S	29,71

Die Übereinstimmung ist eine ziemlich gute. C. F. Rammelsberg[2]) nimmt CuS und Cu_2S an und meint, daß vielleicht die Formel:

$$(4\,CuS\,.\,Cu_2S)\,.\,Sb_2S_3$$

angebracht sei.

A. Frenzel schrieb die Formel:

$$3\,Cu_2S\,.\,Sb_2S_3\,,$$

wobei ein Teil des Antimons durch Arsen vertreten ist.

S. Stevanovič,[3]) welcher das Mineral von Caudalosa als Antimonluzonit, nicht als Famatinit bezeichnet, erhielt aus den Zahlen seiner Analyse, nach Abzug von 1,44 % FeS_2 und nach Berechnung auf 100 % das Verhältnis: As, Sb : S : Cu = 1 : 4,11 : 3,1. Er stellt die Formel auf:

$$Cu_3(As, Sb)S_4\,.$$

P. Groth und K. Mieleitner[4]) ziehen Enargit und Luzonit zusammen, diese haben eine ähnliche Formel, wie Famatinit, obgleich der Isomorphismus noch nicht sichergestellt ist. Sie schreiben die Formel des Famatinits:

$$Cu_3SbS_4\,.$$

Das Arsen hat man sich in der analogen Formel des Enargits Cu_3AsS_4 beigemengt zu denken. Luzonit ist daher keine eigentliche Mineralspezies.

Lötrohrverhalten wie Enargit mit besonders starker Reaktion auf Antimon.

A. de Gramont[5]) erhielt ein gutes Funkenspektrum mit besonders deutlichen Schwefellinien, auch solchen von As, Fe und Zn.

Physikalische Eigenschaften.

Die Dichte ist 4,5—4,6; die Härte liegt zwischen 3 und 4. Für die Dichte 4,57 gibt J. J. Saslawsky[6]) die Kontraktionskonstante 0,93.

Keine Spaltbarkeit.

Die Farbe, ein Gemisch von Kupferrot und Grau, dunkelt an der Luft nach und läuft zuweilen stahlfarbig an. Der Strich ist schwarz.

Vorkommen. A. Stelzner[7]) erwähnt aus der Sierra Famatina in den an Enargit reichen Stellen der Gänge das Vorkommen des Famatinits, derb und

[1]) A. Stelzner, Tsch. min. Mit. Beilage J. k. k. geol. R.A. 1873, 273.
[2]) C. F. Rammelsberg, Erg.-Heft I, 83 (1886).
[3]) S. Stevanovič, l. c. 240.
[4]) P. Groth u. K. Mieleitner, Tab. 1821, 28.
[5]) A. de Gramont, Bull. soc. min. **18**, 319 (1895).
[6]) J. J. Saslawsky, Z. Kryst. **59**, 203 (1924).
[7]) A. Stelzner, Tsch. min. Mitt. 1873, 242.

eingesprengt, zuweilen innig mit der Gangart verwachsen und dann körnig erscheinend, auch nierige mit Kupferkies überzogene Massen, sehr selten kleine verwachsene Kristalle. Der arsenreiche Famatinit von Goldfield ist gewöhnlich mit hochwertigem Goldvorkommen vergesellschaftet.

Wolfsbergit.

Synonyma: Kupferantimonglanz, Rosit, Chalkostibit, Guejarit.

Kristallklasse: Rhombisch-bipyramidal $a:b:c = 0{,}5312:1:0{,}6395$, isomorph mit Zinckenit.

Analysen.

	1.	2.	3.	4.	5.
δ . . .	4,748	5,015	5,030	—	4,959
Fe . . .	1,39	1,23	0,50	—	0,49
Cu . . .	24,46	25,36	15,50	25,92	25,23
Zn . . .	—	—	—	—	0,18
Pb . . .	0,56	—	Spur	—	0,32
Sb . . .	46,81	48,30	58,50	48,50	48,44
S	26,34	25,29	25,00	(25,58)	26,12
	99,56	100,18	99,50	100,00	100,78

1. Von der Jost-Christianszeche bei Wolfsberg (Harz) mit Federerz und Kupferkies; anal. H. Rose, Pogg. Ann. **35**, 361 (1835).

2. Von Guadiz bei Landeira (Andalusien); anal. Th. Richter, Bg.- u. hütt. Z. **16**, 220 (1857).

3. Von Capileira, Distrikt Guejar am Nordabhang der Sierra Nevada; anal. E. Cumenge, Bull. soc. min. **2**, 202 (1878). — Wahrscheinlich mit Antimonglanz; daher der hohe Sb-Gehalt (Guejarit).

4. bis 6. Ebendaher; anal. A. Frenzel, Z. Kryst. **28**, 602 (1897).

	6.	7.	8.
δ	4,960	—	—
Fe	0,42	—	—
Cu	24,44	24,72	25,64
Pb	0,58	—	—
Sb	48,86	48,45	48,45
S	26,28	26,20	25,91
	100,58	99,37	100,00

7. Von Grube Pulacayo, Huanchaca (Bolivien); anal. Derselbe, ebenda.

8. Theoret. Zus.

Formel. Aus den gut übereinstimmenden Analysen ergibt sich die Formel $Cu_2S.Sb_2S_3$, als Komplexsymbol $[SbS_2]Cu$ geschrieben. Der von E. Cumenge[1]) beschriebene Guejarit (Analyse 3) führt auf die Formel $Cu_2Sb_4S_7$. Doch haben S. L. Penfield[2]) und A. Frenzel[3]) die Identität mit Wolfsbergit erwiesen.

Sie analysierten dieselben Stücke, welche E. Cumenge untersucht hatte und die Analysen 5 und 6 dieser ergeben die Formel $CuSbS_2$. Demnach ist der Guejarit kein besonderes Mineral.

---

[1]) E. Cumenge, Bull. soc. min. **2**, 201 (1879).
[2]) S. L. Penfield, Am. Journ. Chem. Soc. **4**, 27 (1897).
[3]) A. Frenzel, Z. Kryst. **28**, 598 (1897).

Lötrohrverhalten. Im geschlossenen Rohre kirschrotes Schwefelantimon, im offenen schwefelige Säure und Sb_2O_3-Dämpfe; auf Kohle weißer Beschlag von Sb_2O_3 und Metallkorn, das beim Schmelzen mit Soda nach längerem Blasen ein geschmeidiges Kupferkorn wird.

Wolfsbergit wird durch Salpetersäure unter Abscheidung von Schwefel und Sb_2O_3 zersetzt.

Nach A. de Gramont[1]) gibt Wolfsbergit ein gutes Funkenspektrum mit besonders deutlichen Sb-Linien.

Physikalische Eigenschaften. Der blei- bis stahlgraue Wolfsbergit hat schwarzen Strich und ist öfter pfauenschwanzartig angelaufen. Die Dichte ist 4,8—5; die Härte 3—4; die Kontraktionskonstante nach J. J. Saslawsky[2]) 0,92.

Die Spaltbarkeit ist nach (001) vollkommen, nach (010) und (100) unvollkommen.

Paragenesis. Wolfsbergit ist zuerst von der Antimongrube bei Wolfsberg (Harz) bekannt geworden, woselbst er in drusig-kristallinischem Quarz zusammen mit Federerzen und Kupferkies vorkommt. Im Distrikt Guejar, Sierra Nevada, tritt er in einem Eisenspatgang auf, bei Oruro in Bolivien mit Quarz, Pyrit, Fahlerz, Andorit und Stannin, bei Machacamarca auf weißem Quarz mit Baryt und Bournonit. Pseudomorphosen von Kupferlasur nach Wolfsbergit und solche eines noch unbekannten, lichtgrünen Minerals von hohem spez. Gewicht beschreibt H. Ungemach[3]) von Rar-eb-anz, östlich Casablanca (Marokko).

Synthese.

H. Sommerlad[4]) erhitzte in einer Retorte im Sandbad $3CuCl + 2Sb_2S_3$ und erhielt eine stahlgraue kristallinische Masse, aus der blättrige, stärker glänzende Partien hervortreten. Sie ist leicht zu schwarzem Pulver verreibbar und hat die Dichte 4,885. Die physikalischen und chemischen Eigenschaften entsprechen nach H. Sommerlad denen des natürlichen Minerals. Ob wirklich Wolfsbergit vorliegt, ist nicht entschieden; jedenfalls ist er in der Natur nicht aus einer Schmelze erstarrt, sondern aus wäßriger Lösung ausgeschieden. H. Sommerlad gibt folgende Analysen:

	1.	2.	3.
Cu	25,57	25,78	25,07
Sb	48,28	47,94	49,01
S	25,44	—	25,13
	99,29		99,21

Die beiden ersten Analysen stammen von dem obigen Kunstprodukt, während 3. von einem ebenso aussehenden Produkt herrührt, das jedoch durch Zusammenschmelzen von Kupfersulfür und Antimontrioxyd erhalten wurde.

[1]) A. de Gramont, Bull. soc. min. **18**, 321 (1895).
[2]) J. J. Saslawsky, Z. Kryst. **59**, 206 (1924).
[3]) H. Ungemach, C. R. **169**, 918 (1919).
[4]) H. Sommerlad, Z. anorg. Chem. **18**, 445 (1898).

Emplektit.

Synonyma: Kupferwismutglanz, Wismutkupfererz, Tannenit, Hemichalcit.

Kristallklasse: Rhombisch-dipyramidal; $c:b:c = 0,5430:1:0,6256$.

Analysen.

	1.	2.	3.	4.	5.	6a.
δ	—	—	—	—	—	6,521
Fe	—	—	4,10	0,40	—	0,11
Cu	18,45	18,99	20,60	20,32	17,23	16,84
Ag	—	—	—	—	2,91	0,20
Pb	—	—	—	—	Spur	1,14
Bi	62,66	61,67	52,70	59,09	57,72	63,20
S	19,01	18,65	22,40	19,06	19,20	18,61
SiO_2	—	—	—	—	1,30	—
	100,12	99,31	99,80	98,87	98,36	100,10

1.—2. Vom Tannenbaumstollen bei Schwarzenberg (Sachsen) mit Kobalt-, Nickel- und Wismuterzen; anal. R. Schneider, Pogg. Ann. **90**, 166 (1853). — Tannenit.

3. Vom Cerro Blanco bei Copiapo (Chile); anal. J. Domeyko, Ann. mines **5**, 459 (1865); Journ. prakt. Chem. **94**, 192 (1865); Min. 1879, 305.

4. Vom Christophstollen bei Freudenstadt (nördl. Schwarzwald); anal. Th. Petersen, N. JB. Min. etc. 1869, 847.

5. Von Aamdals Kobbervaerk, Skafse (Telemarken); anal. F. R. Daw, Chem. News **40**, 225 (1879).

	6b.	7.	8.	9.
δ	—	—	—	6,310
Fe	—	—	—	2,13
Cu	18,78	18,69	18,91	15,96
Ag	—	—	—	0,89
Bi	62,24	62,06	61,84	60,80
S	18,98	19,11	19,21	19,94
	100,00	99,86	99,96	99,82

6a—b. Von Rézbánya (Ungarn) stenglig-körnige Massen, mit eingewachsenem stengligen Wollastonit; anal. von J. Loczka bei J. A. Krenner, Földt. Közl. **14**, 519 u. 564 (1884). Ref. in Z. Kryst. **11**, 265 (1886). — In 6a. außerdem 0,16 Te enthalten; 6b. berechnet.

7.—8. Von Grube Tannenbaum bei Schwarzenberg (Sachsen) mit Quarz verwachsen; anal. C. Guillemain, Z. Kryst. **33**, 73 (1900).

9. Von der Missouri Mine in Hall's Valley (Colorado); anal. C. F. Hillebrand, Am. Journ. **27**, 355 (1884). — Enthält 0,10% Zn; in der Literatur zu Cuprobismutit als selbständiges Mineral gestellt (s. auch S. 136).

Formel. Aus den Analysen ergibt sich die Formel:

$$CuBiS_2 = Cu_2S \cdot Bi_2S_3,$$

der 19,1 S, 62,0 Bi und 18,9% Cu entsprechen.

Nach E. H. Kraus u. J. B. Goldsberry[1]) läßt sich die Formel von der allgemeinen Formel:

$$M_x{}^1 R_2{}''' S_y, \quad \text{wo} \quad y = \frac{x}{2} + 3,$$

herleiten. Sie stellen folgende morphotropisch-genetische Reihe auf:

[1]) E. H. Kraus u. J. P. Goldsberry, N. JB. Min. etc. 1914, II. 139, 143.

		Dichte
Bismutit	Bi_2S_3	6,5
:	:	:
Emplektit	$Cu_2Bi_2S_4$	6,3—6,5
:	:	:
Chalkosin	Cu_2S	5,51

Der Name Hemichalcit wurde von F. v. Kobell gegeben, weil Emplektit im Vergleich zu Wittichenit nur die Hälfte des Kupfers enthält.

Lötrohrverhalten. Im offenen Rohr schweflige Säure; auf Kohle unter Spritzen leicht schmelzbar; mit Soda reduziert, dunkelgelben Beschlag und ein Kupferkorn gebend.

Emplektit löst sich durch Salpetersäure unter Schwefelabscheidung.

Physikalische Eigenschaften.

Die Dichte liegt zwischen 6,3 und 6,5. Für Dichte 6,23—6,52 gibt J. J. Saslawsky[1]) die Kontraktionskonstante 0,84. Die Härte ist 2.

Emplektit spaltet vollkommen nach der Basis, weniger gut nach (010) und (101). Der Bruch ist muschelig bis uneben; er ist spröde.

Die Farbe ist graulich- bis zinnweiß, bisweilen bunt angelaufen. Der Strich ist schwarz und wird nach C. Schroeder van der Kolk[2]) nach längerem Reiben mehr und mehr gelb.

Synthese.

Durch Umsetzen von $K_2S . Bi_2S_3$ mit ammoniakalischer Cu_2Cl_2-Lösung, Entfernen von basischem Chlorwismut und Schwefelkalium mit Salzsäure und zugesetztem H_2S-Wasser und Schmelzen unter Luftabschluß erhielt R. Schneider[3]) eine lichtgrau- bis zinnweiße Masse, die in Hohlräumen dünnsäulige gestreifte Kristalle der Dichte 6,10 enthielt.

Durch Zusammenschmelzen von reinem Kupferglanz und künstlichem Bi_2S_3 in molekularen Verhältnissen wurde ein ähnliches Produkt erhalten.

W. Guertler und L. Meissner[4]) haben das System Cu—Bi—S untersucht und festgestellt, daß die Affinität des Cu zu S größer ist als die von Bi zu S. Das System $Cu_2S—Bi_2S_3$ enthält nach Rössler[5]) die ternäre Verbindung $CuBiS_2$.

Vorkommen und Paragenesis.

Die meist nadeligen, auch körnigen, stengligen und radialbreitstengligen Aggregate kommen bei Schwarzenberg und Annaberg (Sachsen) auf einem Kobalt-, Nickel- und Wismuterze führenden Gang der Schwerspatformation zusammen mit Quarz, Kupferkies, Braunspat, Eisenspat und Fluorit vor. Die nadeligen Kristalle sind zuweilen in Quarzkristallen eingeschlossen oder durchbohren Eisenspatrhomboeder. Auch in Gängen der Zinnerzformation, wie bei Sadisdorf (sächs. Erzgebirge), kommt nadeliger Emplektit mit Kupferkies,

[1]) J. J. Saslawsky, Z. Kryst. **59**, 203 (1924).
[2]) C. Schroeder van der Kolk, ZB. Min. etc. 1901, 79.
[3]) R. Schneider, Journ. prakt. Chem. **40**, 565 (1889).
[4]) W. Guertler u. L. Meissner, Metall u. Erz **18**, N.F. **9**, 358 (1921).
[5]) Rössler, Z. anorg. Chem. **9**, 31 (1895).

Wolframit und Molybdänglanz vor, in Schlaggenwald (Böhmisches Erzgebirge) in feinen Nadeln in Drusenräumen mit Fluorit, Apatit, Pyrit, Kupferkies und Blende. Auf den Gängen des Wittichener Reviers (nordöstl. Schwarzwald) und bei Freudenstadt kommt Emplektit mit Wismutfahlerzen, bei Schwarzenberg im oberen Murgtal in Quarz eingewachsen vor. F. Sandberger[1]) erwähnt Umwandlungspseudomorphosen von Kupferkies mit guter Erhaltung der Form.

Sonst ist Emplektit nur noch von Ungarn, Telemarken und Copiapo bekannt geworden. Wegen der den Kupferbismutsulfiden allgemeinen Bezeichnung Wismutkupfererz sind in der Literatur auch noch andere Fundorte erwähnt, die aber für Emplektit fraglich sind.

Cuprobismutit.

Synonym: Kupfersulfobismutit.

Kristallsystem unbestimmt; nur dünne, längs gestreifte Kristalle oder derb.

Analysen.

	1.	2.	3.
δ	6,310	—	66,80
Fe	2,13	0,59	0,10
Cu	15,96	12,65	6,68
Ag	0,89	4,09	9,89
Zn	0,10	0,07	0,07
Pb	—	—	2,74
Bi	60,80	63,42	62,51
S	19,94	18,83	17,90
	99,82	99,65	99,89

1.—3. Von der Missouri Mine in Hall's Valley (Colorado) mit Kupferkies und Wolframit in einem Quarzgang, zuweilen goldhaltig; anal. C. F. Hillebrand, Am. Journ. **27**, 355 (1884). — Analyse 1 entspricht so ziemlich dem Emplektit (s. auch S. 134).

C. F. Hillebrand rechnet das Fe und Zn zu Kupferkies und Zinkblende. Er nimmt einen Teil des Cu durch Ag und Pb vertreten an und schreibt die Formel $3(Cu_2, Ag_2, Pb)S \cdot 4Bi_2S_3$.

Lötrohrverhalten wie Wittichenit und Emplektit, dazu auch Silberreaktion.

Die Dichte ist 6,31—6,68. Die dunkelblaugrauen bis schwarzen Kristalle laufen bronzefarben an. Der Strich ist schwarz.

Dognácskait.

Synonym: Wismutkupfererz.

Kristallsystem unbestimmt, doch ausgezeichnet monotom spaltend.

Analyse.

Cu	12,28
Bi	71,79
S	15,75
	99,82

Von Dognácska (Ungarn) mit Gold, Pyrit, Kupferglanz, Wismutocker; anal. Maderspach bei J. A. Krenner, Földt. Közl. **14**, 519, 564 (1884). Ref. in Z. Kryst. **11**, 265 (1886).

[1]) F. Sandberger, Erzgänge 1885, 391.

Die **Formel** wäre $Cu_2Bi_4S_7 = Cu_2S . 2Bi_2S_3$.

Ein Kupferwismuterz, $Cu_2S . 6Bi_2S_3$.

Von der Grube Guia bei Copiapo (Chile) erwähnt J. Domeyko[1]) ein weiches Kupferwismuterz, derb und zuweilen in unvollkommenen Kristallen mit Kupferkies in Quarz.

Analyse.

Cu	5,15
Bi	63,48
Sb	0,60
S	16,16
Fe_3O_3	5,75
Quarz	4,09
	95,23

Eichbergit.

Kristallsystem nicht bestimmt.

Analysen.

	1a.		1b.	
δ	5,360		—	
Cu	3,62	5,07	2,65	4,97
Fe	1,45		2,32	
Bi	51,53		51,79	
Sb	30,00		29,94	
S	12,74		13,30	
	99,34		100,00	

1a. Vom Eichberg am Semmering; anal. O. Grosspietsch, ZB. Min. etc. 1911, 435. — 1b. Nach der Formel berechnet.

Die Zusammensetzung entspricht der Formel:

$$(CuFe)Bi_3Sb_3S_5,$$

die man nach O. Grosspietsch[2]) als $3(Bi, Sb)_2S_3 . (CuFe)_2S$ auffassen kann. Letzterer deutet Cu und Fe, deren Werte als die einzigen mit den berechneten nicht übereinstimmen, während ihre Summe in Beobachtung und Theorie fast gleich sind, so, daß Fe vikariierend das Cu ersetzt.

Die Dichte ist, an ausgesuchten Splittern mit dem Pyknometer bestimmt, 5,36, die Härte über 6.

Vorkommen und Paragenesis.

Das einzige Stück Eichbergit, das am Eichberg gefunden wurde, bildet eine flachgedrückte, gegen den umgebenden Magnesit unscharf abgegrenzte Masse von eisengrauer Farbe. Nur der innerste Teil ist unzersetzt. Nach außen folgt ohne scharfe Abgrenzung eine Schicht eines graugrün gefärbten Minerals von glasigem Aussehen und fast muscheligem Bruch. Dieses graugrüne Produkt ist spezifisch bedeutend leichter und optisch anisotrop.

[1]) J. Domeyko, Min. 1879, 305.

[2]) O. Grosspietsch, ZB. Min. etc. 1911, 435.

Wittichenit.

Synonyma: Kupferwismuterz, Wismutkupfererz, Wittichit.

Kristallsystem: Rhombisch; stenglige, nadelige und tafelige Kristalle, isomorph mit Bournonit.

Analysen.

	1.	2.	3.	4.	5.	5a.
Fe	—	2,54	2,91	—	—	—
Cu	34,66	31,14	31,56	31,31	33,19	37,53
Bi	47,24	48,13	49,65	51,83	50,62	43,05
S	12,58	17,79	17,26	16,15	15,87	19,42
	94,48	99,60	101,38	99,29	99,68	100,00

	6.	6a.	7.	8.	9.
δ	—	—	—	4,3	4,45
Fe	0,20	—	3,13	—	0,35
Co	0,36	—	—	—	—
Cu	34,09	38,09	36,91	36,22	36,76
Bi	47,44	42,80	41,53	44,34	41,13
S	17,10	19,11	18,21	19,44	20,30
	99,19	100,00	99,78	100,00	100,02*)

1.–8. Von Grube Neuglück, 9. vom König David, beide in Wittichen (nördl. Schwarzwald).

1. anal. M. H. Klaproth, Beitr. **4**, 96 (1807); 2. anal. A. Schenk bei Weltzien, Ann. Chem. Pharm. **91**, 232 (1854); 3. anal. Tobler, ebenda **96**, 207 (1855); 4. u. 5. anal. R. Schneider, Pogg. Ann. **93**, 305, 472 (1854); **97**, 476 (1856). — 5a. aus 4. und 5. berechnet unter Abzug von gediegen Wismut. 6. Derselbe, ebenda **127**, 308 (1866). — 6a. berechnet; 7. anal. A. Hilger, Pogg. Ann. **125**, 144 (1865) (vielleicht Grube Daniel); 8. anal. Th. Petersen bei F. Sandberger, N. JB. Min. etc. 1868, 418; 9. anal. Th. Petersen, Pogg. Ann. **136**, 501 1869; N. JB. Min. etc. 1869, 337. — *) Darunter noch 0,79 As, 0,41 Sb, 0,15 Ag, 0,13 Zn.

Formel. Aus den Analysen ergibt sich die Formel:

$$Cu_3BiS_3 = 3\,Cu_2S\,.\,Bi_2S_3\,.$$

Ihr würden genau entsprechen 38,4 Cu, 42,1 Bi und 19,5 Schwefel.

In dem älteren Analysenmaterial nur gediegen Wismut beigemengt, nach Th. Petersen ursprünglich $3\,Bi_2S_2$, das später in $2\,Bi_2S_3$ und 2 Bi zersetzt wurde.

Lötrohrverhalten. Im offenen Rohr entweichen Schwefeldämpfe; es entsteht ein weißes Sublimat von Wismutsulfat. Auf Kohle, anfangs Funken sprühend, leicht schmelzbar und einen Beschlag von gelbem Wismutoxyd gebend, mit Schwefel-Jodkaliumgemisch den charakteristischen scharlachroten Wismutjodidbeschlag. In der Reduktionsflamme mit Soda behandelt, bildet sich ein Kupferkorn.

Wittichenit wird unter Schwefelabscheidung durch Salpetersäure gelöst, in Salzsäure unter H_2S-Entwicklung.

Synthese.

Ein dem derben Wittichenit ähnliches Produkt stellte R. Schneider[1]) durch Behandlung von Wismut mit siedender salzsaurer Kupferchloridlösung her:

[1]) R. Schneider, Pogg. Ann. **127**, 317 (1866); Journ. prakt. Chem. **40**, 565 (1889).

$$Bi_2 + 6\,CuCl_2 = 2\,BiCl_3 + 3\,Cu_2Cl_2\,.$$

Fällung der mit Weinsteinlösung versetzten Flüssigkeit mit Schwefelwasserstoff (+ $6\,H_2S$ ergibt $12\,HCl + 3\,Cu_2S\,.\,Bi_2S_3$), Trocknen und Schmelzen des Niederschlags.

Analyse.

Cu	38,25
Bi	41,68
S	19,28
	99,21

Physikalische Eigenschaften.

Die Dichte ist 4,3—4,5, die Härte 2—3. Als Kontraktionskonstante gibt J. J. Saslawsky[1]) 0,83.

Eine Spaltbarkeit ist nicht beobachtet worden. Der Bruch ist muschelig. Die dunkelstahlgraue Farbe läuft bleigrau an. Der Strich ist schwarz.

Vorkommen und Paragenesis. Der Wittichenit findet sich auf verschiedenen Gängen der Umgebung von Wittichen, im Heubach und in der Reinerzau, alle drei im nördlichen Schwarzwald in Baryt oder blauem Fluorit eingewachsen. Die anderen Vorkommen in der Schweiz, in Spanien und England sind fraglich.

Klaprothit.

Synonyma: Kupferwismuterz, Klaprotholit.

Kristallsystem: Wahrscheinlich rhombisch; $a:b = 0{,}74:1$.

Analysen.

	1.	2.	3.	4.	5.	6.
Fe	0,85	0,96	1,66	1,76	1,68	0,59
Cu	30,11	27,54	24,00	23,91	24,13	25,36
Bi	50,27	52,53	53,69	54,64	53,35	47,52
S	18,75	18,63	19,18	18,70	18,22	14,46
	99,98	99,66	98,53	99,01	97,38	101,00

1. u. 2. Von Grube Daniel im Gallenbach bei Wittichen (nördl. Schwarzwald); anal. R. Schneider, Pogg. Ann. **127**, 313 (1866).

3.—5. Ebendaher; anal. Th. Petersen, ebenda **134**, 96 (1868).

6. Von Grube Ceres bei Vormwald (Spessart); anal. Th. Petersen, N. JB. Min. etc. 1881, I, 263. — In der Analyse sind 13,07% (As, Sb, Co, Zn, CO_2, H_2O) inbegriffen.

Die **Formel** ist:

$$Cu_6Bi_4S_9 = 3\,Cu_2S\,.\,2\,Bi_2S_3\,,$$

der 55,4 Bi, 25,3 Cu und 19,3 Schwefel entsprechen würden.

E. H. Kraus und J. P. Goldsberry[2]) stellen eine Klaprothitgruppe auf mit der allgemeinen Formel $M_x{}'R'''_4S_y$, wo $y = \frac{x}{2} + 6$. Dazu gehören außer Klaprothit noch Rathit, Warrenit und Schirmerit.

Lötrohrverhalten wie Wittichenit.

[1]) J. J. Saslawsky, Z. Kryst. **59**, 206 (1924).

[2]) E. H. Kraus u. J. P. Goldsberry, N. JB. Min. etc. 1914, II, 141.

Die Dichte ist nach Th. Petersen[1]) 4,6, die Härte 2,5. J. J. Saslawsky[2]) gibt für Dichte 4,6 die Kontraktionskonstante 1,20. Spaltbar nach (100). Die Farbe ist stahlgrau mit Stich ins Speisgelbe. Der Strich ist schwarz. Der Klaprothit unterliegt öfter Umwandlungen. So beginnt die Verwitterung mit messinggelben, später bunten Anlauffarben. F. Sandberger[3]) beobachtete Umwandlungen in Malachit, Wismutspat und Kieselwismut, sowie auf Grube Daniel auch Pseudomorphosen von Kupferkies nach Klaprothit.

Vorkommen und Paragenesis.

Klaprothit ist zuerst in der Umgebung von Wittichen in weißem Baryt, seltener in Fluorit eingewachsen als Begleiter von Kobaltfahlerz, später auch auf Barytgängen von Schottenhöfen im unteren Kinzigtal, bei Schriesheim im Odenwald und im Spessart gefunden worden. Er wurde früher mit dem Wittichenit vereinigt.

Orileyit.

Synonym: Eisenhaltiges Arsenkupfer.

Analyse.

	1a.	1b.
Cu	12,13	12,87
Fe	42,12	45,76
As	38,45	40,80
Sb	0,54	0,57
X.	6,19	—
Unlösl.	0,12	—
	99,55	100,00

Aus Birma; anal. Waldie, Proc. Asiat. Soc. Beng. Sept. 1870, 279. — In 1a ist X = 1,21 CuO, 1,97 FeO, 1,89 PbO, 1,12 As_2O_3. 1b von C. F. Rammelsberg (Mineralchemie 1875) umgerechnet auf 100.

Die Formel ist nach C. F. Rammelsberg,[4]) da andere Analysen dasselbe Verhältnis gaben, $4Fe_2As + Cu_2As$. F. R. Mallet[5]) nimmt eine Vertretung von Cu_2 und Fe an, um die Formel ungefähr der des Domeykit analog zu schreiben $(Cu_2, Fe)_3(As, Sb)_3$. Dieses eisenhaltige Arsenkupfer ist in Salpetersäure löslich, hat stahlgraue Farbe und grauen Strich. Frische Bruchflächen haben einen Stich ins Rötliche.

Kupferkies.

Synonyma: Chalkopyrit, Geelkies, Towanit, Homichlin.

Kristallisiert tetragonal, sphenoidisch-hemiedrisch (pseudokubisch); $a:c = 1:0{,}98525$ nach W. Haidinger, nach V. Goldschmidt[6])

---

[1]) Th. Petersen, N. JB. Min. etc. 1868, 415.
[2]) J. J. Saslawsky, Z. Kryst. **59**, 204 (1924).
[3]) F. Sandberger, N. JB. Min. etc. 1868, 417; 1865, 277.
[4]) C. F. Rammelsberg, Min.-Chem. 1875, 25.
[5]) F. R. Mallet, Min. Ind. 1887, 14.
[6]) V. Goldschmidt, Kryst. Winkeltabellen 1897, 206.

$a:c = 1:1{,}3933$. Nach J. Beckenkamp[1]) ist Kupferkies von Arakawa rhombisch-pyramidal; Zwillinge sind sehr häufig und zwar nach 4 Gesetzen.

Ältere Analysen.

	1.	2.	3.	4.	5.	6.
Cu . . .	34,40	33,12	30,15	32,20	34,00	32,10
Fe . .	30,47	30,00	31,40	30,03	32,00	31,50
S . .	35,87	36,52	35,16	36,33	30,80	36,30
SiO_2 .	0,27	0,39	3,29 (+ Pb, As, Verl.)	2,23	2,00	—
	101,01	100,03	100,00	100,79	98,80	99,90

1. Zwillingskristall von Ramberg bei Daaden bei Altenkirchen (Rheinprov.); anal. H. Rose, Gilb. Ann. d. Phys. **72**, 187 (1822).

2. Von Schapbach i. Kinzigtal (Schwarzwald), wahrscheinlich vom Herrensegener Gangtrum; anal. Derselbe, ebenda.

3. Von Cornwall; anal. W. Phillips, Ann. Phil. **3**, 296 (1822). — Mittel aus 3 Analysen, welche bei C. Hintze, Handb. Min. I, 1, 955, aufgeführt sind.

4. Von Orijärvi (Finnland); anal. V. Hartwall, Ann. Phil. 1824, 155.

5. Von Combelles bei Saint-Sauveur (Dép. Lozère); anal. P. Berthier, Ann. mines **8**, 494 (1839).

6. Von Allevard (Dép. Isère); anal. Derselbe, ebenda.

	7.	8.	9.	10.	11.	12.
δ	—	—	—	—	4,185	—
Cu	37,10	36,70	28,30	32,73	32,65	27,54
Fe	32,10	26,00	26,40	28,51	32,77	38,80
S	30,60	33,80	29,00	38,76	33,88	30,07
SiO_2 . . .	1,10	2,60	16,00	—	0,32	3,45
	100,90	99,10	99,70	100,00	99,62	99,86

7. Von Higuera (Chile); anal. J. Domeyko, Ann. mines **18**, 82 (1840).

8. u. 9. Von Brillador (Chile); anal. Derselbe, ebenda.

10. Von der Kaafjordbucht in Finmarken (Norwegen); anal. F. Malaguti und J. Durocher; Ann. mines **17**, 229 (1850).

11. Von Gustafsberg in Jemtland; anal. D. Forbes, Edinb. N. Phil. Journ. **50**, 278 (1851).

12. Von Castellina Marittima; anal. E. Bechi, Am. Journ. **14**, 61 (1852).

	13.	14.	15.	16.	17.	18.
Cu	32,79	32,17	33,53	27,54	31,30	18,01
Fe	29,75	32,39	34,85	38,83	34,67	43,34
S	36,16	32,39	30,00	30,09	34,03	30,35
Gangart . .	0,86	1,10	1,62	3,25	—	8,62
	99,56	98,45	100,00	99,71	100,00	100,32

13. u. 14. Von Montecatini di Val di Cecina (Italien); 13. anal. E. Bechi, Am. Journ. **14**, 61 (1852); 14. anal. Le Blanc bei A. d'Achiardi, Min. Tosc. **2**, 304 (1873).

15. Von Poggio della Faggeta, bei Miemo (Italien) im Diallag-Serpentin; anal. Mori bei A. d'Achiardi, ebenda.

16. Von Riparbella (Italien); anal. E. Bechi, Am. Journ. **14**, 61 (1852).

17. Von der Kupfergrube Temperino bei Campiglia Marittima (Italien) in strahligem Augit; anal. Derselbe, ebenda.

18. Von Capanne Vecchie in Grosseto bei Massa Marittima; anal. Derselbe, ebenda.

---

[1]) J. Beckenkamp, Z. Kryst. **43**, 52 (1907).

	19.	20.	21.	22.	23.	24.
Ag	—	—	—	—	—	0,13
Pb	—	0,35	—	—	0,30	—
Cu	34,09	32,85	30,10	33,09	32,43	34,96
Fe	30,29	29,93	31,96	32,97	31,25	30,81
S	35,62	36,10	35,54	35,63	36,65	34,03
SiO_2 . . .	—	—	3,23	—	0,20	—
	100,00	99,23	100,83	101,69	100,83	99,93

19. Vom Val Castrucci in Grosseto bei Massa Marittima; anal. E. Bechi, Am. Journ. **14**, 61 (1852).

20. Kristalle von der Wheatley Mine bei Phenixville (Pennsylvanien); anal. L. Smith, Am. Journ. **20**, 249 (1855).

21. u. 22. Von Claustal (Harz); 21. anal. von Stölting, Bg.- u. hütt. Z. **20**, 281 (1861); 22. anal. von Bargun, ebenda.

23. Von Ellenville in Ulster Co. (New York), häufig mit Bleiglanzkern; anal. Ch. Joy bei J. D. Dana, Min. 1868, 66.

24. Von Grube Oropesa, Distr. Recuay (Peru); anal. A. Raimondi, Min. Per. 1878, 30, 105.

	25.	26.	27.	28.	29.	30.
Cu . . .	30,00	30,34	28,13	34,37	25,78	30,66
Fe . . .	31,00	30,71	30,33	30,03	35,16	34,11
S	33,00	32,95	33,89	31,92	37,52	[35,23]
SiO_2 . . .	3,00	5,40 (Gangart)	7,65 (Gangart)	4,19	0,28	—
Pb, As, Verl.	3,00	—	—	—	—	—
	100,00	99,40	100,00	100,51	98,74	100,00

25. Von Huel Towan (Cornwall); anal. L. Michel bei J. H. Collins, Min. Cornwalls 1876, 28.

26. Von Poschorita (Bukowina); anal. Pilide, Verh. geol. Reichsanst. 1876, 211.

27. Von Caleo (Chile); anal. Prado u. Mieres bei J. Domeyko, Min. 1879, 105.

28. Kristalle von den Pool Mines bei Redruth (Cornwall); anal. W. Flight bei L. Fletscher, Z. Kryst. **7**, 333 (1883).

29. u. 30. Von Freiberg i. Sa.; anal. Derselbe, ebenda 332.

Neuere Analysen.

	31.	32.	33.	34.	35.
δ	—	4,301	—	4,170	—
Ag	—	0,0083	—	—	—
Cu	28,98	34,27	34,68	34,30	34,89
Fe	31,22	31,02	31,12	30,59	30,04
S	34,96	35,14	34,33	34,82	34,51
SiO_2	4,92	—	—	—	—
Unlöslich . . .	—	—	0,10	0,20	—
	100,08	100,44	100,23	99,91	99,44

31. Von Göllnitz (Ungarn); anal. A. v. Kalecsinszki, Földt. Közl. **13**, 55 (1883). Ref. Z. Kryst. **8**, 537 (1884).

32. Von Grube Wildermann bei Müsen (Rev. Siegen, Westfalen); anal. Th. Haege, Min. Sieg. 1887, 40.

33. Von Neudorf (Harz); anal. P. Jannasch, N. JB. Min. etc. 1891, II, 406.

34. Von der Friedensgrube bei Lichtenberg (Fichtelgebirge); anal. A. Frenzel bei C. Hintze, Handb. Min. 1904, I, 1, 955. — Homichlin.

35. Von Grube Heinrichsegen bei Müsen; anal. H. Laspeyres, Z. Kryst. **20**, 530 (1892).

	36.	37.	38.
δ	4,170	4,100	4,120
Cu	33,60	34,00	33,10
Fe	30,92	30,00	30,60
S	34,90	[36,00]	35,12
SiO_2	—	—	1,43
	99,42	100,00	100,25

36. Von Wheal Towan, St. Agnes (Cornwall), anscheinend regulärer Dodekaeder mit Quarz und Arsenkies; anal. G. T. Prior, Min. Mag. u. Journ. Min. Soc. Lond. **13**, 186 (1902). Ref. in Z. Kryst. **39**, 100 (1904).

37. Von La Bréole (Basses Alpes); anal. A. Lacroix, Bull. Soc. franc. Min. **31**, 349 (1908). — Der anal. Kristall ist ein Rhombendodekaeder und vielleicht eine Pseudomorphose nach einem reg. Kristall; $CuFeS_2$ könnte auch dimorph sein.

38. Aus der Syrianowskigrube (westl. Altai); anal. P. Pilipenko, Min. des westl. Altai, Univ. Tomsk **62**, 387 (1915).

Diskussion der Analysen und Formel.

Die in den Analysen ermittelten Elemente wurden auch von A. de Gramont[1]) im Funkenspektrum nachgewiesen. Drei helle Kupferlinien heben sich stark von den vielen Eisenlinien ab. Häufig sind einige Zinklinien festzustellen; schwache Linien scheinen dem Selen anzugehören. Solches ist im Kupferkies der Grube Emanuel zu Reinsberg durch C. Kersten[2]) und in dem vom Rammelsberg bei Goslar auch chemisch nachgewiesen.

Silber und Gold sind in geringen, in der Regel nicht bestimmten Mengen in fast allen Kupferkiesen. Besonders goldreich ist nach A. Dieseldorff[3]) der Kupferkies von Worturpa, Südaustralien. Die Mengen werden in der Regel in g pro Tonne Erz angegeben. Zink und Blei mögen wohl von Verunreinigungen herrühren, da Kupferkies meist mit Zinkblende und Bleiglanz vorkommt.

Für Aufstellung einer Formel kommen nur die Elemente Fe, Cu und S in Betracht. Die angeführten alten und neueren Analysen geben schwankende Werte. R. Phillips[4]) haben aus der Analyse das Kupferkies von Cornwall (Analyse 3), H. Rose[5]) aus Ramberger und Schapbacher Material (1 u. 2) die Formel $FeCuS_2$ aufgestellt. Letzterer hielt die Formel $Cu_2S + Fe_2S_3$ für wahrscheinlicher, als die von R. Phillips angenommene CuS + FeS, da ein Kupferkies mit FeS magnetisch sein müßte. G. Rose[6]) schloß sich dieser Auffassung an, ebenso A. Knop[7]) wegen des Verhaltens gegen Salzsäure.

Die auch heute gültige Formel wurde durch C. F. Rammelsberg[8]) begründet. Die Berechnung der älteren Analysen ergab:

$$S:Cu:Fe = 2:1:1.$$

Wenn beim Glühen im Wasserstoff oder im Kohlentiegel $^1/_4$ des Schwefels

[1]) A. de Gramont, Bull. soc. min. **18**, 252 (1895).
[2]) C. Kersten bei C. F. Rammelsberg, Mineralchem. 1875, 70.
[3]) A. Dieseldorff, ZB. Min. etc. 1900, 98.
[4]) R. Phillips, Ann. Phil. **3**, 301 (1822).
[5]) H. Rose, Gilb. Ann. **72**, 187 (1822).
[6]) G. Rose, Kryst. 1833, 146.
[7]) A. Knop, N. JB. Min. etc. 1861, 562.
[8]) C. F. Rammelsberg, Mineralchem. 1875, 70; 1895, 32.

weggeführt wird, indem $Cu_2S.2FeS$ zurückbleibt, so macht dies 8,72% aus. Kristallisierter Kupferkies von der Insel Man verlor 8,71%, einer von Neudorf 8,03%. Ein derber verlor sogar 10, einer von Tavistock sogar 12%.

C. F. Rammelsberg entschied 1875 für die erste Formel:

$CuS.FeS$ und nicht für $Cu_2S.Fe_2S_3$.

P. v. Groth[1]) faßt den Kupferkies als ein Sulfosalz auf und schreibt die Formel FeS_2Cu. J. Beckenkamp[2]) weist auf die analoge Atomanordnung des Kupferkieses und der regulär-hexakistetraedrischen Zinkblende $ZnZnS_2$ hin. Nur wechseln beim Kupferkies nach Schichten senkrecht zueinander der drei im regulären System gleichwertigen Hauptachsen die Atome Fe und Cu miteinander ab. Daher ist der Chalkopyrit didigonal-skalenoedrisch und das Achsenverhältnis unterscheidet sich nur wenig von dem Wert 1:1.

L. P. Morgan und E. F. Smith[3]) bestimmten durch Titrierung mit übermangansaurem Kalium ohne vorherige Reduktion den Eisengehalt zu 30,65%. Der ganze Eisengehalt ist nach diesen Autoren im Ferrozustande. Sie sprechen die Vermutung aus, daß Chalkopyrit vielleicht nur ein Markasit ist, in welchem Eisen zum Teil durch Kupfer ersetzt ist.

Die Beziehungen des Raumgitters des Kupferkieses zum Zinnkies und zur Zinkblende, sowie die Struktur von Kupferkies wurden von R. Groß und N. Groß[4]) neuerdings untersucht. Es wurden die genauen Atomörter für Kupferkies röntgenographisch ermittelt.

$CuFeS_2$ ist eine chemische Verbindung vom gleichen Charakter, wie er dem Dolomit zukommt. Der Kupferkies ist als eine Mischung aus den beiden in reiner Form noch nicht beobachteten hexakistetraedrischen Komponenten CuS und FeS zu betrachten. Nach den Beugungsfähigkeiten der den Kupferkies aufbauenden Partikeln müßte auf ungeladene Atome geschlossen werden.

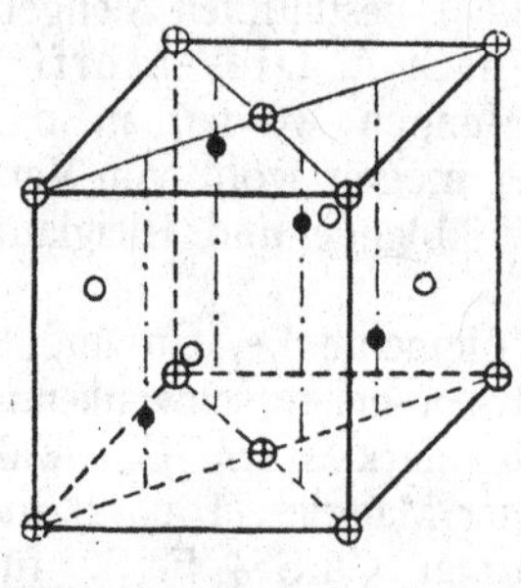

Fig. 19.
Gitter des Kupferkieses.

Wie der Kupferkies ein der Zinkblende affines Gitter besitzt, so ist weiterhin die Struktur des Zinnkieses dem Kupferkies angenähert und bis auf die genauen Koordinaten der Schwefelatome erschlossen.

Die von F. Rinne[5]) gegebenen Lauediagramme von Magnetit und Kupferkies zeigen die innerliche Verwandtschaft der beiden. Schreibt man die Formel des isometrischen Magnetits $FeFe_2O_4$ und vergleicht mit $Cu_2Fe_2S_4$, so erkennt man, daß der morphotropische Effekt hiernach in einer Symmetrieerniederung bei geringer Winkelwandlung heraustritt.

Der Formel $CuFeS_2$ würden entsprechen 34,55 Cu, 30,50 Fe, 34,95 S. Es gibt nur eine Formel für Kupferkies; Abweichungen von der theoretischen Zusammensetzung sind einerseits auf mechanische Verunreinigungen, andrerseits auf chemische Umwandlungen zurückzuführen (siehe auch S. 150).

---

[1]) P. v. Groth, Tab. Übers. 1898, 29.
[2]) J. Beckenkamp, Z. Kryst. **56**, 326 (1921—22).
[3]) L. P. Morgan u. E. F. Smith, Am. Journ. Chem. Soc. **23**, 107 (1901).
[4]) R. Groß u. N. Groß, N. JB. Min. etc. Beil.-Bd. **48** (Th. Liebisch) 113 (1923).
[5]) F. Rinne, N. JB. Min. etc. 1916, II, 103.

Chemische Eigenschaften.

Lötrohrverhalten, Löslichkeit und Ätzung. Im geschlossenen Rohr dekrepitiert Kupferkies beim Erhitzen, gibt ein Schwefelsublimat und färbt sich dunkler, indem er bunt anläuft. Im offenen Rohr erhitzt, entweicht viel SO_2. Auf Kohle schmilzt er ziemlich leicht und zwar nach C. F. Plattner-F. Kolbeck[1]) unter Funkensprühen zu einer Kugel, die nach Abkühlung dem Magneten folgt. Sie besitzt eine schwarze, rauhe Oberfläche und erscheint auf dem Bruch dunkelgrau.

Nach Abrösten des Pulvers auf Kohle (Schwefelentfernung) erhält man in der Borax- und Phosphorsalzperle eine gelbgrüne Mischfärbung. Wird die Perle auf Kohle reduziert, so scheidet sich metallisches Kupfer ab. Das Kupfer läßt sich auch durch Zugabe von Salzsäure zur pulverisierten Substanz auf Kohle und Berühren mit der Flamme des Lötrohrs sofort erkennen an der azurblauen Flammenfärbung von Chlorkupfer, die nach Verbrauch der Salzsäure grün wird.

Beim Erhitzen mit Ammoniumnitrat entsteht nach C. A. Burghardt[2]) eine in der Wärme blaue, in der Kälte braune Schmelze, wozu noch ein rötlichbrauner Schmelzrückstand von Fe_2O_3 tritt.

Kupferkies ist unter Schwefelabscheidung in Salpetersäure vollkommen löslich. Die grüne Lösung wird mit Ammoniak im Überschuß blau unter Niederschlag von rotem Eisenhydroxyd. Mit Salzsäure geht nur Eisen als Oxyd in Lösung, Kupfer nur in Spuren. Eine Wasserstoffentwicklung findet nach A. Knop[3]) während der Einwirkung der Säure nicht statt. Am besten ist Kupferkies in Königswasser löslich; nach E. F. Smith[4]) auch in Schwefelmonochlorid. Durch Behandlung mit schwefelsaurer Silbersulfatlösung bei 50° tritt rotviolette Färbung auf. Bei Gegenwart von Erzen, die Silber abscheiden, bedeckt sich Kupferkies mit Silber. Nach J. Lemberg[5]) wird er durch alkalische Bromlauge bronzebraun gefärbt. Wirkt diese länger ein, so bedeckt sich der Kupferkies mit dunkelbraunem Kupfer- und Eisenoxyd. Ferrocyankaliumlösung mit Essigsäure versetzt, gibt allmählich braunes Ferrocyankupfer und später Berlinerblau. Durch Kochen mit konzentrierter Kalilauge werden angeschliffene Platten von Kupferkies stark dunkel und matt. Nach S. W. Young und N. P. Moore[6]) wird Kupferkies in saurer n/10-H_2SO_4-Lösung + H_2S um Verunreinigungen herum getrübt; in alkalischen K_2S-Lösungen von verschiedener Konzentration und in reinem Wasser + H_2S ist Kupferkies stabil und zeigt nur eine lokale Trübung in der Nähe von Verunreinigungen.

Stellt man nach F. Beijerinck[7]) Kupferkies auf Zink in verdünnte Salzsäure, dann überzieht sich das Mineral unter H_2S-Entwicklung sofort mit einer schwarzen Haut. In der Flüssigkeit kann Ferrochlorid, Kupfer aber nur spurenweise nachgewiesen werden. Bei weiterem Fortgang des Prozesses bildet sich unter der schwarzen Schicht eine Lage von metallischem Kupfer,

---

1) F. Kolbeck u. C. F. Plattners Probierkunst 1907, 285.
2) C. A. Burghardt, Min. Soc. Lond. **9**, 227 (1891).
3) A. Knop, N. JB. Min. etc. 1861, 562.
4) E. F. Smith, Am. Journ. Chem. Soc. **20**, 289 (1898).
5) J. Lemberg, Z. Dtsch. geol. Ges. **46**, 794 (1894); **52**, 493 (1900).
6) S. W. Young und N. P. Moore, Econ. Geol. **11**, 349 (1916). Ref. in N. JB. Min. etc. 1920, 273.
7) F. Beijerinck, N. JB. Min. etc. Beil.-Bd. **11**, 437 (1897—98).

ohne daß die H_2S-Entwicklung nachläßt. Nach 24 Stunden bedeckt sich der Kupferkies mit einem hellbraunen Niederschlag von basischen Eisensalzen.

Stellt man eine mikroelektrolytische Spitze auf ein Kiespartikelchen im Dünnschliff, dann wird dies schwarz, wenn Kupferkies vorliegt. Pyrit und Magnetkies bleiben unvermindert hell, während Gasentwicklung stattfindet.

Auflösungsversuche mit Salpetersäure ließen nach Z. Toborffy[1]) am Kupferkies von Pulacayo erkennen, daß die Fläche $(1\bar{1}1)$ widerstandsfähiger als (111) ist. Mit H_2SO_4 erhielt er auf $(1\bar{1}1)$ kleine Ätzfiguren, welche die sphenoidische Symmetrie des Kupferkieses bewiesen. A. Himmelbauer[2]) dagegen erhielt mit H_2SO_4 keine Ätzfiguren. Königswasser erwies sich von allen Säuren als einziges Ätzmittel. Versuche mit Laugen, Ätzfiguren zu erhalten, waren zunächst ohne Erfolg. A. Himmelbauer ließ dann einen Kupferkieskristall an einem Silberdraht mehrere Stunden in stark konzentriertes Natriumhydroxyd bei der Temperatur des Wasserbades eintauchen. Durch vorsichtiges Entfernen der Oxydschicht mit Salzsäure konnte er die Ätzfiguren bloßlegen. Die Verteilung der Ätzzonen, die Gestalt der Ätzfiguren, ebenso wie die Annäherung der Winkelwerte an die entsprechenden tesseralen Formen weisen auf einen pseudotesseralen Aufbau der Kupferkiese hin.

C. Doelter[3]) untersuchte die Löslichkeit sowohl in reinem Wasser, als auch in Schwefelnatrium.

Es wurde nur eine nicht bestimmbare Spur von Kupfer gelöst, während die gelöste Menge von Eisen 0,1660 % der angewandten Menge betrug. Es wurden auch neugebildete Kristalle von Kupferkies beobachtet.

In Schwefelnatrium wurden 0,11 % Eisen gelöst. Auch hier sind Sphenoide (oft mit abgerundeten Kanten) von neugebildetem Kupferkies beobachtet worden.

Physikalische Eigenschaften.

Die Dichte ist 4,12—4,17. J. Beckenkamp[4]) gibt vom Kupferkies von Arakawa in Japan die Dichte 4,139, J. Samojloff[5]) von Slobodá Nagolnaja (Donetzbecken) 4,21. M. v. Schwarz[6]) gibt 4,1—4,3 an. Die Kontraktionskonstante ist nach J. J. Saslawsky[7]) 0,98—0,91. Die Härte ist 3,5—4.

Spaltbar ist Kupferkies nach (201). Bei einigen Vorkommen ist die Spaltung gar nicht, bei andern deutlicher hervorgetreten. A. Himmelbauer berichtet von vollkommener Spaltung des Kupferkieses von Schlaggenwald und Burgholdingshausen. Über Ätzung mit alkalischer Kaliumpermanganatlösung, siehe nächste Seite.

Translation. Derbe, etwas spätige Stücke von Kupferkies lassen zuweilen Streifen erkennen, welche anscheinend parallel (111) verlaufen und den Eindruck mechanischer Entstehung machen. O. Mügge[8]) hat durch Pressung bei 15000 Atmosphären zahlreiche Streifen erhalten, die || (111) verliefen. Dieselbe Lamelle und parallele Scharen solcher, ließen sich über die ursprünglich sehr glatten Flächen von (001), (203), (101), (201) und beide (111) verfolgen.

---

[1]) Z. Toborffy, Z. Kryst. **39**, 366 (1904).
[2]) A. Himmelbauer, Tsch. min. Mit. **27**, 327 (1908).
[3]) C. Doelter, Tsch. min. Mit. **11** 323 (1890).
[4]) J. Beckenkamp, Z. Kryst. **43**, 53 (1907).
[5]) J. Samojloff, Min. Rußl. **23**, 1 (1906). Ref. Z. Kryst. **46**, 289 (1909).
[6]) M. v. Schwarz, Zbl. 1915, 104.
[7]) J. J. Saslawsky, ebenda **59**, 204 (1924).
[8]) O. Mügge, N. JB. Min. etc. 1920, 30.

Die Abweichungen der Reflexe dieser Lamellen von der Hauptfläche sind nach Größe und Sinn durchaus schwankend. Es liegt also nur Translation vor und dementsprechend erscheinen bei der Pressung, d. h. wohl nach der Translation entstandene muschlige Bruchflächen öfter frei von Streifung, auch wenn die angrenzenden ursprünglichen Oberflächen voll davon sind. Da keine von Streifen freie Fläche beobachtet wurde, läßt sich keine bevorzugte Translationsrichtung angeben. Die Kristalle werden schon bei mäßiger Pressung stark verbogen.

Zwillingslamellen wurden auch bei Pressungen bis 25000 Atmosphären nicht beobachtet. Feinste Splitter gepreßter Kristalle zeigen im Licht der Bogenlampe zwischen gekreuzten Nicols graubraune Farben (etwas oliv) und löschen einheitlich aus, keine Spur von Zwillingslamellen erkennbar.

Die elektrische Leitfähigkeit des Kupferkieses ist nach F. Beijerinck[1]) gut und veränderlich mit der Temperatur. Bemerkenswert ist das Verhalten des Kupferkieses bei der Elektrolyse und zur Diagnose durch Mikroelektrolyse. Näheres siehe unter chemischen Eigenschaften, S. 146.

Die elektrische Leitfähigkeit des Kupferkieses ist nach H. Löwy[2]) $\sigma = 5.10^{13}$ ($\sigma = 4\pi c^2 \sigma$ mg, wobei c = Lichtgeschwindigkeit, σ mg = elektromagnetisch in in C.G.S.-Einheiten gemessene Leitfähigkeit).

Die spez. Wärme ist nach P. W. Öberg[3]) 0,1291, nach J. Joly[4]) 0,1271, nach A. Sella[5]) 0,1278.

Die charakteristische Farbe des Kupferkieses ist messinggelb mit Stich ins Grünliche; oft ist er bunt angelaufen. Der Strich ist schwarz, nach Schroeder van der Kolk[6]) im feinen Pulver tief violett.

Nach A. Pochettino[7]) zeigt Kupferkies rötlichgelbe Kathodenlumineszenz. J. Königsberger[8]) stellte die Anisotropie fest.

Untersuchungen am Kupferkies unter dem Metallmikroskop von H. Schneiderhöhn.[9])

Kupferkies läßt sich vorzüglich polieren; das Reflexionsvermögen ist sehr hoch, die Farbe lebhaft schwefel- bis messinggelb, stark leuchtend. Im Zedernholzöl eingebettet, treten keine merkbaren Unterschiede ein.

Farbzeichen nach W. Ostwald: *ga* 04, d. i. 22% Weiß, 11% Schwarz, 67% zweites Gelb.

Bei gekreuzten Nicols ist er ziemlich düster, dunkelgrau in den Auslöschungslagen mit schwacher trübgrün und trübrosa gefärbter Aufhellung. So kommen schon in den polierten Schliffen die Individuengrenzen und die Zwillingslamellen schwach angedeutet zum Vorschein; etwas stärker ist dies bei geätzten Anschliffen.

Ätzverhalten. Mit konz. HNO_3 wird die Farbe tief gelber; Ätzung findet nicht statt; konz. HCl, KCN, $FeCl_3$ sind negativ. Mit schwefelsaurer Kaliumpermanganatlösung findet gute Ätzung statt, doch bedecken sich die

[1]) F. Beijerinck, N. JB. Min. etc. Beil.-Bd. **11**, 437 (1897—98).
[2]) H. Löwy, Ann. d. Phys. [4] **36**, 125 (1911).
[3]) P. W. Öberg, Öfv. Vet. Ak. 1885, Nr. 8, 43.
[4]) J. Joly, Proc. Roy. Soc. Lond. **41**, 250 (1887).
[5]) A. Sella, Nachr. Ges. d. Wiss. Götting. 1891, 311.
[6]) Schroeder van der Kolk, ZB. Min. etc. 1901, 78.
[7]) A. Pochettino, R. Acc. d. Linc. [5] **14**, 2. Sem. 220 (1905).
[8]) J. Königsberger, ZB. Min. etc. 1908, 601.
[9]) H. Schneiderhöhn, Anleit. zur mikr. Best. von Erzen 1922, 227

Kaliumpermanganatlösung; Ätzdauer etwa 5 Minuten. Ein entstehender brauner Niederschlag löst sich in konz. HCl leicht auf. Auf vielen geätzten Flächen mit einem irisierenden Beschlag. Das beste Ätzmittel ist alkalische

Fig. 20. Polierter Anschliff. Mit schwefelsaurer Permanganatlösung geätzt. Vergr. 36:1. Radebek im Kaukasus, Siemenssche Kupfergruben. Kupferkies mit komplizierter Zwillingslamellierung. (Nach H. Schneiderhöhn.)

Kupferkiesen treten bei starker Vergrößerung außerordentlich dünne Zwillingslamellen auf. Echte Anzeichen von Ätzspaltbarkeit wurden nicht gefunden.

Deformationen prägen sich in Knickungen und Wellungen der Zwillingslamellen aus.

Synthese.

H. de Sénarmont[1]) versuchte, den Kupferkies durch Einwirkung einer Lösung von kohlensaurem Natron und Schwefelnatrium auf Chlorkupfer und Eisenchlorür bei 270° zu erzeugen. Er erhielt jedoch nur einen schwarzen, nichtkristallinischen Niederschlag, der bisweilen die Wände mit metallgelber Haut bedeckte. C. Doelter[2]) erhielt binnen einer Viertelstunde schöne, kleine Kupferkieskristalle durch Einwirkung von Schwefelwasserstoffgas auf eine Mischung von $2CuO + Fe_2O_3$, welche in einer Glasröhre schwach erhitzt wurde. Die stark glänzenden, messinggelben Kristalle zeigen die Sphenoidform; Zwillinge sind häufig. Der Strich ist schwärzlich, die Härte 3—4, die Dichte 4,196. Ferner versuchte C. Doelter den Kupferkies auf wäßrigem Wege herzustellen, indem er ein Gemenge von kohlensaurem Kupferoxyd und schwefelsaurem

[1]) H. de Sénarmont, C. R. **32**, 409 (1851).
[2]) C. Doelter, Z. Kryst. **11**, 35 (1886).

Eisenoxyd durch H_2S-Wasser in einer zugeschmolzenen Glasröhre durch 3 Tage behandelte. Es bildeten sich kleine messinggelbe, oft bunt angelaufene Sphenoide, die zweifellos Kupferkies waren. Daneben dürften sich auch andere Sulfide gebildet haben, da ein dunkelblauer, kristallinischer Niederschlag gleichfalls beobachtet wurde.

Durch Behandeln von Kalium-Eisensulfid mit einer schwach ammoniakalischen Lösung von Kupferchlorür stellte R. Schneider[1]) ein Cuprosulfid $Cu_2Fe_2S_4$ dar; die Analysen ergaben:

	1.	2.	3.	4.
Cu	34,75	34,21	34,62	34,36
Fe	30,20	30,39	30,06	30,50
S	34,22	34,07	34,40	34,42
	99,17	98,67	99,08	99,28

Die gold- bis messinggelbe Farbe und der hohe Metallglanz lassen künstlichen Kupferkies vermuten, der nach der Formel $Cu_2S . Fe_2S_3$ zusammengesetzt ist. Doch ist die Dichte 3,6 auffallend gering; ferner wird das Produkt, das sich vor dem Lötrohr wie Kupferkies verhält, von konzentrierter Salzsäure kräftig angegriffen und von Salpetersäure völlig zersetzt. Es handelt sich um Pseudomorphosen nach Kaliumeisensulfid.

S. W. Young und N. P. Moore[2]) erhielten aus Kupferglanz in alkalischen K_2S-Lösungen und in reinem Wasser + H_2S zunächst kolloide Kupfersulfidlösung, aus der sich bald das Sulfidgel ausflockte, dessen Menge mit wachsender Alkalität stieg. Wird dazu Ferrosulfat oder kolloides Ferrosulfid oder endlich Magnetit in Stücken zugefügt, so bildete sich zunächst eine Kruste von Magnetkies. Die in der Lösung schon vorher vorhandenen Kupfersulfide reagieren ihrerseits mit der stark Fe-haltigen, mit H_2S versetzten Lösung durch reichliche Bildung von Kupferkies.

Neubildungen von Kupferkies in Hütten und an der Erdoberfläche.

Auf der Ockerhütte bei Goslar wurden an Stücken des zum zweitenmal gerösteten Erzes, das ein Gemenge von Kupferkies und Pyrit vom Rammelsberg war, neugebildete Kristalle mit (111) und ($1\bar{1}1$) und in sphenoidischer Ausbildung von F. Hausmann[3]) beschrieben. Von Halsbrücke bei Freiberg beobachtete A. Reich[4]) auf der Sohle eines abgebrochenen Flammenofens, A. Reuss[5]) in den Hochofenprodukten von Hermannseifen bei Trautenau Kupferkies. Nach J. Stolba enthielten quadratische Säulen mit Pyramiden, von A. Reuss als Rohstein (Kupferstein) bezeichnet, 38 Cu, 32 Fe, 30 S.

C. F. Plattner und B. v. Cotta[6]) beschreiben Produkte von Muldener Hütte bei Freiberg, die mehr der Formel $Cu_2Fe_5S_4$ entsprechen.

F. Gonnard[7]) beschreibt einen Kupferkiesüberzug in einem Topf der Kristallglasfabrik zu Lyon.

---

[1]) R. Schneider, Journ. prakt. Chem. **38**, 572 (1888).
[2]) S. W. Young u. N. P. Moore, Econ. Geol. **11**, 574 (1916). Ref. N. JB. Min. etc. 1920, 274.
[3]) F. Hausmann, Göttg. gel. Nachr. 1852, Nr. 12, 177; N. JB. Min. etc. 1853, 177.
[4]) A. Reich, Bg.- u. hütt. Z. **18**, 412 (1859).
[5]) A. Reuss, Lotos **10**, 41 (1860); N. JB. Min. etc. 1861, 79.
[6]) B. v. Cotta, Chem. Jahresber. 1851, 827.
[7]) F. Gonnard, Bull. soc. min. **2**, 186 (1879).

Nach A. N. Winchell[1]) ersetzen Kupferkies und etwas Bornit die Eisenschiene eines Kalkofens zu Allen-O'Harra in Butte (Montana). Der Bornit sitzt als dünner Beschlag auf dem Kupferkies. Von letzterem sitzen Sphenoide in einer Druse, worunter Zwillinge nach (111). Die Analysen ergaben:

Cu	25,63	25,15	15,8
Fe	34,51	35,79	39,4
S	28,40	28,85	29,0
SiO_2	8,62	9,20	9,2
	97,16	98,99	93,4

Kupferkies und Bornit wurden durch Sublimation unter Ersetzung des Eisens und nicht durch Schmelzung gebildet.

Neubildung von Kupferkies durch Einwirkung von Thermalwässern auf römische Münzen beschreiben A. Daubrée[2]) von Bagnères-de-Bigorre, Bourbonne-les-Bains und Gouvenain[3]) von Bourbon l'Archambault. Aus dem Teich Mer-de-Flines bei Douai, der H_2S-frei ist und dessen Boden aus tertiärem Sand mit schwarzer Asche und Eisenkies besteht, wurden von A. Daubrée,[4]) ferner aus kupfernen Leitungsröhren der Thermalwasser der Margaretheninsel bei Pest von F. Klockmann[5]) Neubildungen beobachtet.

E. Chuard[6]) hat eine dünne Haut von zinnhaltigem Kupferkies auf Bronzewaffen festgestellt, die im Schlamm von Pfahlbauten lagen.

Neubildungen und Umbildungen in der Erdrinde (Pseudomorphosen).

1. Pseudomorphosen nach Mineralien. Am verbreitetsten sind die Pseudomorphosen nach Fahlerzen. Überzüge von Kupferkies auf diesem, sowie vollständige Umwandlung sind von vielen Fundorten bekannt. Die Zersetzung geht oft weiter, indem Kupferkies wiederum in Malachit und Brauneisen umgewandelt ist. Solche Pseudomorphosen beschreibt A. Sadebeck[7]) von Kamsdorf in Thüringen, vom Stahlberg bei Siegen Fahlerzkristalle mit einem Kupferkieskern. Nach Kupferglanz sind Pseudomorphosen von P. v. Jereméjew[8]) von den Turjinskischen Kupfergruben bei Bogoslowsk (Ural) bekannt geworden. F. Sandberger[9]) beschreibt solche nach Bleiglanz von Schapbach im mittleren Schwarzwald; zerfressener Bleiglanz wird hier von Kupferkies umhüllt. Nach Bournonit beschreibt H. A. Miers[10]) Pseudomorphosen von der Herodsfost Mine, Liskeard in England, E. Döll[11]) solche nach Rotkupfererz von Nishne Tagilsk. Ebendaher beschreiben G. N. Maier[12]) und A. Arzruni[13]) Pseudomorphosen nach Magnetit. Kupferkies nach Wismutglanz wird von Tavistock von H. A. Miers[10]) genannt. Des öfteren wurden

[1]) A. N. Winchell, Am. Geol. **28**, 244 (1901).
[2]) A. Daubrée, Bull. soc. géol. **19**, 529 (1862); C. R. **80**, 461, 604 (1875); **81**, 182, 834, 1008.
[3]) Gouvenain, ebenda **80**, 129 (1875).
[4]) A. Daubrée, C. R. **93**, 572 (1881).
[5]) F. Klockmann, Min. 1922, 385 und ältere Ausgaben.
[6]) E. Chuard, C. R. **113**, 194 (1891).
[7]) A. Sadebeck, Z. Dtsch. geol. Ges. **24**, 456 (1872).
[8]) P. v. Jereméjew, Russ. min. Ges. **31**, 398 (1894).
[9]) F. Sandberger, Erzgänge 1885, 100.
[10]) H. A. Miers, Min. Soc. London **11**, 265, 396 (1897).
[11]) E. Döll, Tsch. min. Mit. 1875, 31.
[12]) G. N. Maier, Russ. min. Ges. **15**, 193 (1879).
[13]) A. Arzruni, Z. Dtsch. geol. Ges. **32**, 25 (1880).

verkieste Fossilien, wie Ammoniten, Brachiopoden und Schnecken gefunden. Als Anflug findet sich der Kupferkies nach R. Blum[1]) auf Fischresten des Kupferschiefers.

2. Pseudomorphosen nach Kupferkies. Umwandlungen in Malachit und Azurit finden überall dort statt, wo Kupferkies der Einwirkung von kohlesäurehaltigem Wasser ausgesetzt ist; man findet sie nahezu auf allen Kupferkieslagerstätten. Die Umwandlung in Kupferglanz ist vielfach beobachtet. Auf manchen Lagerstätten, wo heute Kupferglanz die Hauptsache bildet, ist dieser aus ursprünglichem Kupferkies gebildet worden. Die oberflächliche Umwandlung in Covellin ist sehr häufig. Umwandlungen in Bornit und Calcit beschreibt H. A. Miers von Cornwall; solche in Eisenkies finden häufig statt; E. Döll[2]) beschreibt Pseudomorphosen nach Kupferkies von dichtem und feinstengligem Pyrit von Kapnik und solche von Tetraedrit von Felsöbanya. Von Arakawa (Japan) beschreibt T. Wada[3]) eine Pseudomorphose von Kupfer nach Kupferkies. Von Ducktown (Tennessee) beobachtete F. A. Genth[4]) die Umwandlung in Hisingerit.

K. Schloßmacher[5]) beobachtete mikroskopisch im Kupferschiefer die Neubildung von Kupferkies auf Kosten des Buntkupfererzes, welche von Klüften ausgeht. Auf der Grenze von Bornitknötchen gegen das umgebende Gestein, sowie auf Rissen im Bornit, als den besten Zirkulationswegen für die die Reaktionen bewirkenden Lösungen, hat sich der Kupferkies gebildet. Diese Verhältnisse, daß nämlich der Kupferkies jünger als Bornit ist, stellen eine Abweichung von der für Zementationslagerstätten aufgestellten Regel der Erzfolge dar.

Vorkommen und Paragenesis.

Kupferkies kommt mit Eisen-, Magnet- und Arsenkies, Pentlandit, Buntkupfererz, Fahlerz und Kupferglanz meist eng verwachsen vor, so auf den Gängen bei Kupferberg-Rudelstadt in Nestern und Schnüren. Als regelmäßige Verwachsungen, in denen beide Komponenten ein gleiches Atom oder eine gleiche Atomgruppe haben, werden von O. Mügge[6]) erwähnt: Bleiglanz-Kupferkies, Kobaltglanz-Kupferkies, Zinkblende-Kupferkies, Fahlerz-Kupferkies, Kupferkies-Polybasit. A. Sadebeck[7]) beschreibt einen Fünfling von Kupferkies, der an seinen Ecken Fahlerzkristalle trägt, die teils wie eingedrückt in den Ecken sitzen, teils aus den Flächen des Fünflings hervorragen.

Als magmatische Ausscheidung kommt Kupferkies auf Nickelmagnetkieslagerstätten vor. Nach F. Zambonini[8]) ist er in der Bocca nel Pigna am Vesuv in blasigen Schlacken durch Einwirken von H_2S auf Cu- und Fe-Chloride gebildet worden. O. v. Huber[9]) erwähnt das Vorkommen großer Sphenoide im Pegmatit des Predazzogranits. Auf Kontaktlagerstätten ist er neben Magnetit, Blende und Pyrit im Banat, in der Gegend von Kristiania,

[1]) R. Blum, Pseudom., 1. Nachtrag 1847, 210.
[2]) E. Döll, Verh. geol. Reichsanst. 1884, 130.
[3]) T. Wada, Z. Kryst. **43**, 106 (1907).
[4]) F. A. Genth, Z. Kryst. **14**, 296 (1889).
[5]) K. Schloßmacher, Metall u. Erz 1922, 110.
[6]) O. Mügge, N. JB. Min. etc. Beil.-Bd. **16**, 335 (1893).
[7]) A. Sadebeck, Z. Dtsch. geol. Ges. **24**, 440 (1872).
[8]) F. Zambonini, Att. R. Acc. **13** u. **15**, 235 (1906).
[9]) O. v. Huber, Z. Dtsch. geol. Ges. **51**, 89 (1899).

im Clifton-Morenci und Bisbee-Distrikt (Arizona) und anderwärts unbekannt. Weit verbreitet ist der Kupferkies auf Gängen, die in kristallinen Schiefern und Schichtgesteinen aufsetzen, meist in der Nähe von Eruptivgesteinen, wie Granit, Diabas und Melaphyr. Im Erzgebirge, Schwarzwald und Harz tritt er so auf den silberhaltigen Zinkbleierzgängen, im Siegenschen, sowie bei Mitterberg in Salzburg, in Tirol und in Steiermark auf Eisenspatgängen, ferner in Cornwall auf Zinnerzgängen als beibrechendes Mineral auf. Reine Kupferkiesgänge sind in Toskana, in den Vereinigten Staaten, Bolivien, Chile und Argentinien. Auf den sogenannten Kieslagern findet er sich nach F. Klockmann[1]) in inniger, nicht immer sichtbarer Verwachsung mit Pyrit sowohl in kristallinischen wie paläozoischen Schiefern von Falun, Röros, Sulitelma, Rammelsberg bei Goslar, Schmöllnitz in Ungarn, Rio Tinto in Spanien und andern Orten. Fahlbandartig ist er in den kristallinen Schiefern Skandinaviens und als Imprägnation im Mansfelder Kupferschiefer verbreitet.

In den sulfidischen Lagerstätten der Tsumeb-Mine in Otavi tritt Kupferkies nach H. Schneiderhöhn[2]) neben dem Bornit mikroskopisch nur ganz vereinzelt auf und bildet stets Verdrängungsreste in Kupferglanz von teils ganz eigenartiger Struktur. Siehe Näheres S. 92 bei Kupferglanz.

Die Umwandlung von Kupferkies in Bornit, ausgehend von Rissen und Korngrenzen, beobachtete M. Brinkmann[3]) in der kontaktpneumatolytischen Kupfererzlagerstätte der Hendersongrube bei Usakos in Deutsch-Südwestafrika. Doch wurde auch der umgekehrte Fall beobachtet. Bornit ist im Skarngestein dort noch fast vollkommen enthalten, während er in den übrigen Gesteinen zum großen Teil dem Kupferkies Platz gemacht hat. Bei der Umbildung mußte Fe_2S_3 zugeführt werden. Der Vorgang ginge nach der Gleichung:

$$Cu_3FeS_3 + Fe_2S_3 = Cu_3Fe_3S_6$$
$$\text{Bornit} + Fe_2S_3 = \text{Kupferkies.}$$

Bornit.

Von **M. Henglein** (Karlsruhe).

Synonyma: Buntkupfererz, Buntkupferkies, Buntkupfer, Braunkupfererz, blaues oder violettes Kupfererz, Kupferlebererz, Leberschlag, Kupferlazul, Kupferlasurerz, Poikilopyrit, Poikilit, Chalkomiklit, Phillipsit, Erubescit, Castellit.

Kristallklasse: Hexakisoktaedrisch.

Ältere Analysen.

	1.	2.	3.	4.	5.	6.
Cu	61,07	58,28	70,00	59,20	71,00	69,72
Fe	14,00	12,13	7,90	13,00	6,41	7,54
S	23,75	22,03	20,00	22,80	22,58	22,65
Gangart . .	0,50	7,56	0,20	5,00	—	—
	99,32	100,00	98,10	100,00	99,99	99,91

[1]) F. Klockmann, Min. 1922, 385.
[2]) H. Schneiderhöhn, Senckenbergiana 1920, II, 62.
[3]) M. Brinkmann, Z. prakt. Geol. **32**, 56 (1924).

1. Vom Lake of Killarney auf Ross Island (Irland); anal. bei W. Phillips, Min. 1823, 299.

2. Von der Grube Monte Castelli bei Castelnuovo (Pisa); anal. P. Berthier, Ann. mines **3**, 48 (1834).

3. Von Nadaud (Dép. Haute-Vienne), wohl Gemenge mit Kupferglanz; anal. Derselbe, ebenda.

4. Von Saint-Pancrasse en Montboumet (Frankreich) mit Kupferkies und Bleiglanz; anal. Derselbe, ebenda.

5. Von Sangerhausen (Harz) im Sanderz; anal. F. Plattner, Pogg. Ann. **47**, 351 (1839).

6. Von Eisleben im Kupferschiefer; anal. Derselbe, ebenda.

	7.	8.	9.	10.	11.	12.
Cu	56,76	56,10	58,20	63,03	62,75	57,89
Fe	14,84	17,36	14,85	11,56	11,64	14,94
S	28,24	25,80	26,98	25,06	25,70	26,84
SiO_2 . . .	—	0,13	—	—	0,04	0,04
	99,84	99,39	100,03	99,65	100,13	99,71

7. Von der Condorra Mine bei Camborn (Cornwall) Kristalle; anal. F. Plattner, Pogg. Ann. **47**, 351 (1839).

8. u. 9. Von Mårtanbergs Kupfergruben im Rättwiks-Kirchspiel (Dalarne); anal. Derselbe, ebenda. — Analyse 9 von Varrentrapp, vielleicht auch von Cornwall nach J. B. Harrington.

10. Von den Woitzkigruben am Weißen Meer mit Kupferkies und Quarz; anal. Derselbe, ebenda.

11. Kristalle von der Kupfergrube Bristol (Connecticut); anal. Bodemann, Pogg. Ann. **55**, 115 (1842).

12. Von Redruth (Cornwall); anal. Chodney, ebenda **61**, 395 (1844).

	13.	14.	15.	16.	17.	18.
Cu	52,29	60,01	55,88	59,47	59,67	60,16
Fe	18,19	15,99	18,03	13,87	13,87	15,09
S	24,11	24,70	24,93	23,36	23,41	23,98
Fe_2O_3 . . .	—	—	—	1,50	—	—
Gangart . .	4,75	—	—	0,75	2,69	—
	99,34	100,70	98,84	99,95	99,64	99,23

13. Von Castagno (Toskana); anal. E. Bechi, Am. Journ. **14**, 61 (1852).

14. Von Grube Ferriccio bei Castellina Marittima mit Kupferkies im Gabbro; anal. Derselbe, ebenda.

15., 16. u. 17. Von Montecatini di Val di Cecina als Haupterz neben Kupferkies im Serpentin und Steatit; anal. Derselbe, ebenda.

18. u. 19. Von Poggio della Faggeta bei Miemo; anal. Derselbe, ebenda und von Mori bei A. d'Achiardi, Min. Tosc. 1873, **2**, 261.

	19.	20.	21.	22.	23.	24.
δ	—	—	4,432	—	—	—
Ag	—	—	—	—	—	2,58
Cu	67,85	60,56	59,71	66,33	60,80	62,17
Fe	9,00	10,24	11,12	9,04	13,67	11,97
S	21,75	[25,22]	24,49	24,63	25,46	23,46
Gangart . .	1,40	4,09	3,83	—	—	—
	100,00	100,11	99,15	100,00	99,93	100,00

20. Von den Eriksgruben im Vestanforss-Kirchspiel (Westmanland, Schweden; anal. Staaf, Öfv. Akad. Stockh. **5**, 66 (1848).

21. Vom Gustafsberg in Jemtland (Schweden); anal. D. Forbes, Edinb. N. Phil. Journ. **50**, 278 (1851).

22. Von Pižaje (Kroatien) mit Kupferglanz und Malachit; anal. L. Mrazek, Jahrb. geol. Reichsanst. **3**, 163 (1852).

23. Von Coquimbo mit Turmalin; anal. Böcking, Diss. Göttingen 1855, 27.

24. Von Ramos (Mexico); anal. F. Bergmann, N. JB. Min. etc. 1857, 394.

	25.	26.	27.	28.	29.	30.	31.
δ . .	—	—	—	5,030	—	—	—
Ag . .	0,45	—	Spur	1,90(+Pb)	—	—	—
Cu . .	69,78	60,18	61,79	61,66	50,00	68,73	63,42
Fe . .	6,40	13,69	11,77	11,80	15,40	7,63	11,57
S . .	23,01	26,13	25,83	25,27	26,30	23,75	24,66
Gangart	—	—	—	—	8,10	—	—
	99,64	100,00	99,39	100,63	99,80	100,11	99,65

25. Von der Mürtschenalp am Wallensee (Glarus) mit Kupferglanz, Kupferkies, Fahlerz; anal. Stockar Escher bei A. Kenngott, Übers. min. Forsch. 1856, 167.

26. Von Algodonbai (Bolivien); anal. von Bibra (als Kupferglanz angegeben), Journ. prakt. Chem. **96**, 193 (1863). — Die Analyse ist von C. F. Rammelsberg nach Abzug von 12% Gangart auf 100% umgerechnet, Mineralchem. 1875, 74.

27. Von der Kupfergrube bei Bristol (Connecticut); anal. Collier bei J. D. Dana, Min. 1868, 45.

28. Von Ramos (Mexico) mit Kupferglanz, Bleiglanz; anal. C. F. Rammelsberg, Z. Dtsch. geol. Ges. **18**, 19 (1866).

29. Von Monte-Lucia (Corsica); anal. Ch. Mène, C. R. **63**, 54 (1866).

30. Von Lauterberg am Harz mit Kupferkies, Ziegelerz, Fluorit, Kupferlasur und Baryt; anal. C. F. Rammelsberg, Z. Dtsch. geol. Ges. **18**, 20 (1866).

31. Von Vieil-Salm (Belgien); anal. L. de Koninck, Bull. Akad. Belg. **27**, 290 (1871); Kon. Inst. 1872, 126.

	32.	33.	34.	35.	36.	37.
δ	5,425	4,988	5,060	5,071	4,990	5,248
Cu	68,75	62,76	62,90	62,84	62,40	67,14
Fe	8,60	11,64	11,14	11,46	11,77	8,43
S	23,37	25,34	25,55	25,87	26,08	24,16
	100,72	99,74	99,59	100,17	100,25	99,73

32. Von Aardal im Bergenstift (Norwegen); anal. Ekelund bei P. T. Cleve, Geol. För. Förh. **2**, 526 (1875).

33. Von Nummedalen (Norwegen); anal. G. Paijkull, ebenda.

34. Von Dahlsland im Åmingskogs-Kirchspiel (Schweden); anal. Ekman, ebenda.

35. Von Tunaberg in Södermanland (Schweden); anal. Euren, ebenda.

36. Von Svappavara (Torneå Lappmark) mit Kupferglanz und Kupferkies; anal. Fr. Svenonius, ebenda.

37. Von Ragisvara (Torneå Lappmark); anal. Björklund, ebenda.

Neuere Analysen.

	38.	39.	40.	41.	42.	43.
δ	5,050	4,81	5,700	—	—	—
Cu	62,34	61,04	64,03	66,70	56,10	59,50
Fe	12,18	12,81	11,31	8,00	17,70	18,20
S	25,79	26,03	23,95	22,80	23,10	20,50
Gangart . .	—	—	—	1,60	3,10	1,80
	100,31	99,88	99,29	99,10	100,00	100,00

38. Von Ranavara (Tornea Lappmark); anal. N. Engström bei P. T. Cleve, Geol. För. Förh. **2**, 256 (1875).
39. Von Fahlun (Schweden); anal. Derselbe, ebenda.
40. Von Wittichen, nordöstl. Schwarzwald; anal. A. v. Gerichten bei F. Sandberger, N. JB. Min. etc. 1874, 606.
41. Von Tamaya (Chile); anal. J. Domeyko, Min. 1879, 220.
42. Von Sapos (Chile); anal. Derselbe, ebenda.
43. Von Higuera (Chile); anal. Derselbe, ebenda.

	44.	45.	46.	47.	48.	49.
δ	—	4,910	5,085	5,055	5,090	5,029
Cu	60,02	59,85	63,55	62,78	62,73	63,34
Fe	16,08	15,62	10,92	11,28	11,05	10,83
S	23,86	23,76	25,63	25,39	25,79	25,54
Unlösl.	—	1,23	—	0,30	—	0,38
	99,96	100,46	100,10	99,75	99,57	100,09

44. Von Kishorn, Ross-shire, Schottland; anal. E. Macadam, Min. Soc. Lond. **8**, 136 (1889).
45. Von Woděrad (Böhmen), derbe Knollen mit Kupferglanz und Malachit bedeckt; anal. K. Preis bei F. Katzer, Tsch. min. Mit. N. F. **9**, 405 (1888).
46. Von Harvey Hill, Quebec (Canada); anal. B. J. Harrington, Am. Journ. [4] **16**, 151 (1903). Ref. in Z. Kryst. **41**, 194 (1905).
47. Von der Bruce Mine, Ontario; anal. Derselbe, ebenda.
48. Von Dean Channel, How Sound (Brit. Columbia); anal. Derselbe, ebenda.
49. Vom Copper Mountain, Südgabelung des Similkameen River (Brit. Columbia); anal. J. E. A. Egleson, ebenda.

	50.	51.	52.	53.	54.
δ	—	5,072	—	—	—
Ag	—	—	—	—	0,2
Cu	63,18	63,24	57,68	57,71	62,1
Fe	11,28	11,20	15,11	13,89	—
S	24,88	25,54	26,46	27,17	—
Unlösl.	0,24	—	—	—	—
	99,58	99,98	99,25	98,77	

50. Von der Texadainsel (Brit. Columbia); anal. von J. E. A. Egleson bei B. J. Harrington, Am. Journ. [4] **16**, 151 (1903).
51. Von Bristol (Connecticut); anal. B. J. Harrington, ebenda.
52. u. 53. Von Cornwall; anal. Derselbe, ebenda.
54. Kristalle mit Kupferkies, Granat, Bleiglanz, Enargit, goldhaltig 0,0033% von Grube Santa Fe, Chiapas (Mexico); anal. H. F. Collins, Eng. and Min. Journ. **69**, 464 (1900).

	55.	56.	57.	58.
δ	—	5,086	—	—
Cu	63,18	65,42	65,91	65,66
Fe	11,38	9,74	9,67	9,71
S	25,43	24,79	24,51	24,65
	99,99	99,95	100,09	100,02

55.—58. Von Bristol (Connecticut); anal. von E. H. Kraus u. J. P. Goldsberry, N. JB. Min. etc. 1914, II, 132. — 55 ist von derselben Stufe wie das Material der Analyse 51; zu 56 u. 57 wurden gemessene, von Überzügen befreite Kristalle verwendet, deren Homogenität durch metallograppische Untersuchung bestätigt wurde; 58 ist das Mittel aus 58 und 59.

A. de Gramont[1]) erhielt im Funkenspektrum die Kupferlinien besser als beim Kupferkies. Ein Bornit aus Cornwall gab auch eine Thalliumlinie. Ag- und Au-haltiger Bornit ist von mehreren Fundorten bekannt, Zn-haltiger von der Gagnon Mine in Butte (Montana).

Diskussion der Analysen und Formel.

Die ältesten quantitativen Analysen von M. N. Klaproth[2]) sind mit Bornit von Hitterdahl in Norwegen (Cu 69,5, Fe 7,5, S 19, „Säurestoff" 4) und Rudelstadt in Schlesien (Cu 58, Fe 18, S 19, „Säurestoff" 5) ausgeführt. Den Säurestoff hielt er für einen Mitbestandteil und für die Ursache der bunten Farbe. W. Phillips,[3]) sowie J. J. Berzelius[4]) nahmen eine Mischung von Kupfer- und Eisensulfür an, indem sie die Formel $2Cu_2S + FeS$ aufstellten.

C. F. Plattner[5]) erkannte aus seinen Analysen, daß der derbe Bornit keine homogene Substanz bilde; seine Zusammensetzung sei ein Gemenge von Buntkupfer mit Kupferkies oder Kupferglanz. Die Analyse 7 veranlaßte ihn zur Aufstellung der Formel $3Cu_2S + Fe_2S_3$. Diese Formel nahm ursprünglich auch C. F. Rammelsberg[6]) an, gelangte aber später[7]) zur Aufstellung des Ausdrucks

$$\begin{matrix} m\,Cu_2S \\ n\,CuS \\ FeS\,. \end{matrix}$$

Er nahm eine Isomorphie dieser drei Verbindungen an; die reguläre Form des Bornits ist dieser Annahme konform. Bei Annahme von Fe_2S_3 müßte auch FeS vorhanden sein; dennoch wären einige Prozent zu wenig Schwefel. Der Verlust an Schwefel in Wasserstoff bietet nach C. F. Rammelsberg[7]) keine Kontrolle für die Zusammensetzung des Bornits. Er unterscheidet für Buntkupfererz folgende 4 Gruppen (R=Cu und Fe):

			S : R
1.	$\left.\begin{matrix} Cu_2S \\ 3RS \end{matrix}\right\}$	Homichlin; Barnhardtit[8])	1 : 1,25
2.	$\left.\begin{matrix} Cu_2S \\ 2RS \end{matrix}\right\}$	kristallisierter Bornit	1 : 1,33
3.	$\left.\begin{matrix} Cu_2S \\ RS \end{matrix}\right\}$	die Mehrzahl der derben Massen .	1 : 1,5
4.	$\left.\begin{matrix} 3Cu_2S \\ RS \end{matrix}\right\}$	die Kupferreichsten	1 : 75

C. F. Rammelsberg[9]) unterscheidet 1895 die vier erwähnten Gruppen, wobei die ersten 45—50 % Cu haben, die zweiten 56—58 % Cu, die dritten

[1]) A. de Gramont, Bull. soc. min. **18**, 256 (1895).
[2]) M. H. Klaproth, Beitr. Min. 1797, 2, 283.
[3]) W. Phillips, Min. 1823, 299.
[4]) J. J. Berzelius, Årsber. 1823, 140.
[5]) C. F. Plattner, Pogg. Ann. **47**, 351 (1839).
[6]) C. F. Rammelsberg, Mineralchem. 1841, 140.
[7]) Derselbe, ebenda 1875, 74.
[8]) Wird von Buntkupferkies abgesondert und als besonderes Mineral aufgestellt.
[9]) C. F. Rammelsberg, Min.-Chem. Erg.-Heft I!, 32 (1895).

60—68% Cu und die letzten 69—71% Cu. Er hat auch das Verhältnis Cu : Fe berechnet. Hier einige seiner Daten. Zur Gruppe 2 gehören folgende:

	Cu-Gehalt	Cu : Fe
Gr. Mårtanberg . .	56,10%	2,8 : 1
Monte Catini . . .	55,98	2,74 : 1
Coquimbo	60,80	3,9 : 1
Algodonbai	60,18	3,9 : 1
Bristol	62,90	4,8 : 1
Jemtland	62,64	4,7 : 1
Woizkische Grube .	62,03	4,8 : 1
Ramos	62,64	4,6 : 1

Das Verhältnis 1,60—1,66 : 1 findet sich bei folgenden Analysen:

	Cu-Gehalt	Cu : Fe
Wonderad	58,85%	3,37 : 1
Ferriccio	60,01	3,33 : 1
Miemo	66,16	3,5 : 1
Kishore	60,62	3,3 : 1
Ross Island . . .	61,07	3,8 : 1
S. Pancrace	62,30	4 : 1
Vestanforss	63,33	4,8 : 1
Vieil Salm	63,42	4,8 : 1

Von den nicht kristallisierten würden nur diejenigen, in welchen R : S = 1,5 : 1 und zugleich das Verhältnis Cu : Fe = 5,1 zeigen, die Formel:

$$5\,Cu_2S\,.\,Fe_2S_3$$

gestatten, die übrigen aber nicht.

Der kristallisierte Bornit hätte die Formel $Cu_2S\,.\,CuS\,.\,FeS = Cu_3FeS_3$.

Graf F. Schaffgotsch[1]) nahm Verbindungen von Fe_2S_3 mit $3\,Cu_2S$, $5\,Cu_2S$ oder $9\,Cu_2S$ an. C. Doelter[2]) suchte die Frage, ob mechanische Gemenge oder isomorphe Mischungen von Cu_2S, CuS, FeS oder Fe_2S_3 durch die Synthese zu lösen. Näheres unter Synthese, S. 162.

D. Forbes[3]) vermutet folgende drei Mischungen:

CuS mit $2\,Cu_2S$,
CuS mit $1\,Cu_2S$,
2 CuS mit $1\,Cu_2S$,

worin das Kupfer teilweise durch Eisen ersetzt wird.

G. Nordenström[4]) schreibt die Formel in Analogie mit dem Kupferkies $3\,Cu_2S\,.\,Fe_2S_3$ und weist auf die Beziehung zu Magnetit hin.

P. v. Groth[5]) leitet die Formel von der normalen Sulfosäure $Fe(SH)_3$ ab und schreibt sie FeS_3Cu_3. Die allgemeine Schreibweise ist Cu_3FeS_3 geworden. P. T. Cleve[6]) wies auf die Formel $5\,Cu_2S\,.\,Fe_2S_3$ hin, auf Grund der Ana-

[1]) Graf F. Schaffgotsch, Pogg. Ann. **50**, 539 (1840).
[2]) C. Doelter, Z. Kryst. **11**, 36 (1886).
[3]) D. Forbes, Edinb. N. Phil. Journ. **50**, 278 (1851).
[4]) G. Nordenström, Geol. För. Förh. **4**, 341 (1878).
[5]) P. v. Groth, Tab. Übers. 1882, 22; 1921, 22.
[6]) P. T. Cleve, Geol. För. Förh. **2**, 526 (1875).

lysen des norwegischen Bornits. G. Tschermak[1]) erkannte die schwankende Zusammensetzung, die bisweilen im Verhältnis Cu_3FeS_3 oder Cu_5FeS_4 ist.

Der Formel Cu_3FeS_3 würden 55,5% Cu, 16,4 Fe, 28,1 S entsprechen, worauf nur wenige der Analysen führen. Auf Grund der Analysen 46—51 stellt B. J. Harrington[2]) die Formel Cu_5FeS_4 für Bornit auf. Er diskutierte die Analysen des Cornwaller Bornits und nimmt an, daß dem Bornit etwas Chalkopyrit beigemischt ist. Eine Mischung von einem Teil Bornit Cu_5FeS_4 mit einem Teile Chalkopyrit Cu_3FeS_2 ergibt die gewöhnliche Formel für Bornit, nämlich $2Cu_3FeS_3$. Eine solche Mischung erfordert 72,20% Bornit und 26,8% Chalkopyrit.

Die Analysen 56—58 von E. H. Kraus und J. P. Goldsberry[3]) führen zur Formel $Cu_{12}Fe_2S_9$.

Aus der großen Anzahl der Analysen von gut kristallisiertem und homogenem Bornit ergeben sich verschiedene Dichten und wechselnde chemische Zusammensetzung, die mindestens durch die Formeln: $Cu_6Fe_2S_6$,
$Cu_{10}Fe_2S_8$,
$Cu_{12}Fe_2S_9$
angedeutet werden kann. E. H. Kraus und J. P. Goldsberry versuchten eine Erklärung für die großen Abweichungen der Zusammensetzung zu geben, indem sie die verschiedenen von C. Hintze[4]) angegebenen Analysen des Bornits und des Kupferglanzes auf ihre Formeln berechneten. Sie schlossen die Analysen des Kupferglanzes mit ein, da dieses Mineral stets verschiedene Mengen von Eisen enthält und öfter dem Buntkupfererz ähnelt; eine Formel eines Kupferglanzes führte direkt auf $Cu_6Fe_2S_6$, also auf Bornit. Von diesen Analysen führten 38 auf definitive Formeln, die in nachfolgender Tabelle aufgeführt sind. Durch Hinzufügen der in der Natur noch nicht gefundenen Verbindung Fe_2S_3, sowie von Kupferkies, Barnhardtit und Kupferglanz kann man die interessante Reihe von Fe_2S_3 bis zu Cu_2S anordnen:

Mineralname	Dichte	Formel	Zahl der Analysen
—	—	Fe_2S_3	—
Kupferkies	4,2	$Cu_2Fe_2S_4$	—
Barnhardtit	4,521	$Cu_4Fe_2S_5$	—
Buntkupfererz	4,9	$Cu_6Fe_2S_6$	4
" [5])	—	$Cu_8Fe_2S_7$	3
"	5,072	$Cu_{10}Fe_2S_8$	17
"	5,086	$Cu_{12}Fe_2S_9$	4
"	5,248	$Cu_{14}Fe_2S_{10}$	5
"	—	$Cu_{16}Fe_2S_{11}$	2
"	—	$Cu_{18}Fe_2S_{12}$	1
:	:	:	
"	—	$Cu_{34}Fe_2S_{20}$	1
:	:	:	
"	—	$Cu_{40}Fe_2S_{23}$	1
:	:	:	
"	—	$Cu_{76}Fe_2S_{41}$	1
Kupferglanz	5,51	Cu_2S	—

[1]) G. Tschermak, Min. 1905, 408.
[2]) B. J. Harrington, Am. Journ. [4] **16**, 151 (1903). Ref. in Z. Kryst. **41**, 194 (1905).
[3]) E. H. Kraus u. J. B. Goldsberry, N. JB. Min. etc. 1914, II, 133.
[4]) C. Hintze, Handb. Min. 1904 I, 1, 914 u. 537.
[5]) Diese Formel stimmt der Form nach mit der gewöhnlich für Fahlerz angenommenen überein.

Durch Addition von Cu_2S zum Anfangsglied und so fort bis zum Endglied Cu_2S erhält man eine regelmäßige Progression der chemischen Zusammensetzung. Diese letztere kann für irgendein Glied der Reihe durch folgende allgemeine Formel angegeben werden:

$$Cu_xFe_2S_y, \quad \text{wo} \quad y = \frac{x}{2} + 3.$$

Die Kristallisation dieser Glieder ist kubisch oder pseudokubisch. Um die kristallographischen Beziehungen der Serie in Einklang mit der Annahme einer regelmäßigen Progression der chemischen Zusammensetzung zu bringen und zu prüfen, wurden von E. H. Kraus und J. P. Goldsberry die Daten über Dichte und Kristallisation benutzt, um die topischen Achsen der Glieder zu berechnen. Die Glieder $Cu_6Fe_2S_6$ bis $Cu_{12}Fe_2S_9$ sind sicher kubisch; Kupferkies, obgleich tetragonal, ist pseudokubisch (siehe auch S. 144); Cu_2S rhombisch erhält bei Verdoppelung der α-Achse (siehe S. 73) einen pseudokubischen Charakter und kommt auch als reguläre Modifikation bei höherer Temperatur vor. Die Molekulargewichte werden so bestimmt, daß z. B. Kupferkies $Cu_2Fe_2S_4$ als $Cu_2S + Fe_2S_3$ angenommen und das Molekulargewicht dieser Substanz als gleich der Hälfte der Molekulargewichte von Cu_2S und Fe_2S_3 angesehen wird; in gleicher Weise werden die der übrigen Glieder berechnet:

Mineral	Chem. Zusammen-setzung	Mol.-Gew. M	Dichte	Äquiv.-Vol. V	χ	ψ	ω
—	Fe_2S_3	207,91	—	—	—	—	—
Kupferkies	$Cu_2Fe_2S_4$	183,56	4,2	43,705	3,5407	3,5407	3,4897
Barnhardtit	$Cu_4Fe_2S_5$	175,44	4,521	38,806	3,3856	3,3856	3,3856
Buntkupfererz	$Cu_6Fe_2S_6$	171,39	4,9	34,977	3,2704	3,2704	3,2704
"	$Cu_8Fe_2S_7$	168,95	—	—	—	—	—
"	$Cu_{10}Fe_2S_8$	167,33	5,072	32,989	3,2072	3,2072	3,2072
"	$Cu_{12}Fe_2S_9$	166,17	5,086	32,672	3,1950	3,1950	3,1950
"	$Cu_{14}Fe_2S_{10}$	165,40	5,248	31,516	3,1587	3,1587	3,1587
"	$Cu_{16}Fe_2S_{11}$	164,62	—	—	—	—	—
"	$Cu_{18}Fe_2S_{12}$	164,08	—	—	—	—	—
	:						
Kupferglanz	Cu_2S	159,21	5,51	28,895	3,4302	2,9466	2,8586

Von den Achsen ändern sich ψ und ω sehr regelmäßig von ihren Maximalwerten für $Cu_2Fe_2S_4$ bis zu den Minimalen für Cu_2S; bei ψ zeigt diese Achse ebenfalls zunächst eine beständige Verkleinerung, dann eine Vergrößerung für Cu_2S. Diese Änderung wird durch den Übergang vom kubischen zum rhombischen System verursacht.

E. H. Kraus und J. P. Goldsberry verallgemeinern die für die Fe_2S_3-Cu_2S-Reihe angegebene, allgemeine Formel:

$$\underline{Cu_xFe_2S_y}, \quad \text{wo} \quad y = \frac{x}{2} + 3$$

$$\text{zu} \quad \underline{M_x'R_2^{III}S_y}, \quad \text{wo wieder} \quad y = \frac{x}{2} + 3.$$

Hier soll M′ hauptsächlich Cu, Ag oder Pb, seltener aber auch Zn, Sn, Hg Th oder auch zweiwertiges Fe, Cu, Co oder Ni bedeuten. R‴ sind Sb, Bi,

As und dreiwertiges Fe, Cr, Co oder Ni. Der Schwefel kann öfter teilweise durch Selen ersetzt sein. In einer aufgestellten Liste, welche die verschiedenen Sulfomineralien enthält, die auf der Formel $M_x'R_2'''Sy$ basieren, ist leicht zu ersehen, daß die verschiedenen Glieder der Fe_2S_3-Cu_2S-Reihe der Zusammensetzung nach vielen wohlbekannten und als festgestellt angesehenen Mineralien ganz analog sind.

A. F. Rogers[1]) ist der Meinung, daß die chemische Variabilität durch Annahme fester Lösungen von Cu_2S in $CuFeS_2$ am besten zu erklären ist. Doch würde diese Annahme nach E. H. Kraus[2]) nicht das Vorkommen der vielen Sulfosalze, deren Zusammensetzungen denen des Bornits ganz analog sind, erklären.

Neue Analysen von E. T. Allen.

	1.	2.	3.	4.	5.	6.	7.
Cu . .	62,99	63,19	63,08	63,26	63,90	63,24	63,33
Fe . .	11,23	11,31	11,22	—	10,79	11,12	11,12
Ag . .	—	0,02	—	—	—	—	—
Pb . .	0,10	—	—	—	—	—	—
S . .	25,58	25,44	25,54	—	25,17	25,54	25,55
	99,90	99,96	99,84		99,86	99,90	100,00
Gangart	2,6	0,62	—	—	1,3	—	—

1. Superior Arizona. 2. Unbekannter Fundort. 3. Costa Rica. 4. Bristol, Connecticut. 5. Guilford Co., N. Car. 6. Messina, Transvaal. 7. Berechnet für Cu_5FeS_4. Sämtliche Analysen E. T. Allen, Am. Journ. **41**, 410 (1916).

Die Dichten sind	1.	2.	3.	4.	5.	6.
bei 25° / Wasser bei 25°	5,076	5,076	5,052	5,079	5,103	5,094
Mineral bei 25° / Wasser bei 4°	5,061	5,061	5,037	5,064	—	5,079

E. T. Allen kritisiert auf Grund seiner Analysen die Formel von E. H. Kraus und J. P. Goldsberry und ist der Ansicht, daß ihr Material nicht rein war. Seine Analysen beziehen sich dagegen auf Material, welches von H. E. Merwin chalkographisch untersucht war.

Eine Analyse von Ch. Palmer an einem Bornit von Virginia ergab:

Cu . . .	62,50
Fe . . .	11,64
S	25,40
	99,54

Diese Analyse stimmt mit der Berechnung nach der Formel Cu_5FeS_4 gut überein. Er bezieht sich auch auf die chalkographischen Untersuchungen von Murdoch und kommt schließlich zu dem Resultate, daß die Zusammensetzung des Bornits keine variable sei, sondern, daß die Formel:

$$Cu_5FeS_4$$

ist.

[1]) A. F. Rogers, Science **42**, 386 (1915).

[2]) E. H. Kraus, N. JB. Min. etc. 1916, II, 260 (als Bemerkung zum Rererat der Arbeit von A. F. Rogers.

Chemische Eigenschaften.

Lötrohrverhalten. Im geschlossenen Rohr gibt der Bornit nichts Flüchtiges ab; er wird aber an der Oberfläche dunkler. Im offenen Rohr entwickelt er SO_2. Auf Kohle schmilzt er leicht zu einer spröden magnetischen Kugel, die graulichroten Bruch hat. Nach Abrösten des Mineralpulvers zwecks Entfernung des Schwefels erhält man durch Auflösen des Mineralpulvers in den Glasflüssen die Reaktionen des Eisen- und Kupferoxyds. Im Reduktionsfeuer erhält man mit Soda oder neutralem, oxalsaurem Kali metallisches Kupfer und Eisen. Das ausgeschiedene Kupfer hinterläßt beim Abtreiben mit Blei auf Knochenasche häufig Silber.

Löslichkeit. Bornit ist in Salpetersäure und konzentrierter Salzsäure unter Schwefelabscheidung löslich, sowie nach J. Lemberg[1]) in siedender Cyankaliumlösung, wodurch Einschlüsse von Pyrit, Kupferkies, Magnetit und Löllingit abgetrennt werden können. Aus schwefelsaurer Silbersulfatlösung scheidet Bornit in der Kälte nach wenigen Minuten Silberkristalle ab. J. Lemberg[2]) erhielt mit alkalischer Bromlauge einen braunschwarzen Überzug von Kupfer- und Eisenoxyd. Durch Zusatz von Ferrocyankalium mit Salzsäure bilden sich braunes Ferrocyankupfer und Berlinerblau. Nach S. W. Young und N. P. Moore[3]) löst sich Buntkupferkies in alkalischen K_2S-Lösungen von verschiedener Konzentration und in reinem Wasser $+ H_2S$ rasch kolloid und kristallisiert in mehreren Monaten zu Kupferindig, Kupferglanz und Kupferkies in guten Kristallen um. Die Intensität der Lösung scheint ebenso wie die Menge der auskristallisierten Substanz in H_2S-haltigem Wasser und in ganz schwach alkalischen Lösungen am größten zu sein.

In saurer n/10-H_2SO_4-Lösung $+ H_2S$ scheint Bornit sehr widerstandsfähig, vielleicht sogar stabil zu sein.

Synthese.

Analysen von synthetischem Bornit.

	1.	2.	3.
δ	—	4,85	4,999
Cu	55,74	50,11	36,11
Fe	15,93	20,18	32,17
S	27,99	[29,71]	32,12
	99,66	100,00	100,40

Das bunt angelaufene, spröde und in Analyse 1 enthaltene Produkt wurde von Böcking[4]) durch Zusammenschmelzen von 36 g Kupfer und 10 g Eisen mit Schwefel im Überschuß unter einer Kochsalzdecke erhalten.

Ein Aggregat von Kristallen erhielt F. Marigny[5]) durch Schmelzen von 20 Teilen Schwefelkies, 45 Teilen Kupferspänen und 20 Teilen Schwefel unter einer Boraxdecke.

[1]) J. Lemberg, Z. Dtsch. geol. Ges. **52**, 489 (1900).
[2]) Derselbe, ebenda **46**, 794 (1894).
[3]) S. W. Young und N. P. Moore, Econ. Geol. **11**, 349 (1916). Ref. in N. JB. Min. etc. 1920, 273.
[4]) Böcking, Diss. Göttingen 1855, 29.
[5]) F. Marigny, C. R. **58**, 967 (1864).

C. Doelter[1]) stellte durch Einwirkung von H_2S-Gas auf eine entsprechende Mischung von $3Cu_2O$, $3CuO$ und $2Fe_2O_3$ schon bei 100—200° ohne Schmelzung der Oxyde ein buntes Produkt her, das dem natürlichen Bornit sehr ähnlich ist. Die Analyse 2 entspricht der Formel $Cu_9Fe_4S_{10}$, was sich nach C. Doelter deuten läßt als:

$$3Cu_2S + 3CuS + 4FeS.$$

Eine eisenreichere Mischung, nämlich $Cu_2O + 2CuO + 2Fe_2O_3$ ergab bei derselben Behandlung ein kristallines Aggregat von kleinen Würfeln, das die Farben tombackbraun, braunrot, dunkelblau zeigt, also etwas dunklere Farben als das erste. Die Analyse 3 von J. Traydl ergibt die Formel:

$$Cu_4Fe_3S_7 = Cu_2S + 2CuS + 4FeS.$$

Diese Zusammensetzuug steht dem Kupferkies sehr nahe. C. Doelter weist darauf hin, daß sich kein Kupferkies bildet, was wohl in dem Vorhandensein von CuO und Cu_2O in der Mischung begründet sein dürfte.

Bei Verwendung einer sehr kupferreichen Mischung, nämlich $12CuO + Fe_2O_3$ erhielt C. Doelter ein Aggregat durchwegs dunkelblauer Kriställchen. Unter dem Mikroskop zeigte sich jedoch ein nicht homogenes Produkt, das aus Bornitwürfelchen und aus einem hexagonalen Mineral, wohl Covellin, bestand. Die Dichte 4,67 würde diesem Gemenge entsprechen. Er schließt daraus, daß man nicht beliebige isomorphe Gemenge von Schwefelkupfer und Schwefeleisen herstellen kann, und daß die Gegenwart der beiden Sulfide Cu_2S und CuS wohl notwendig zur Bildung von Buntkupfer erscheint. Das Verhältnis der beiden zu FeS scheint nicht absolut fest zu sein, denn sonst müßte sich bei überschüssigem Eisen Pyrit bilden, der aber nirgends beobachtet wurde.

Neubildungen und Umwandlungen des Bornits.

Derbes Buntkupfer, mit Kupferkies unregelmäßig verwachsen, hat A. Reuss[2]) in den Hochofenprodukten von Herrmannseifen bei Trautenau in Böhmen sowohl in gefrittetem kieselig-tonigen Gestein, als auch in Streifen einer das Gestein durchziehenden schwarzen Schlacke beobachtet.

In den Thermen von Bourbon-l'Archambault im Dép. Allier sind römische Münzen in Buntkupfer und Kupferkies umgewandelt. Von Bourbonne-les Bains beschreibt A. Lacroix[3]) kleine Bornitkristalle als Neubildungen in einer Wasserleitung. In einem Kalkofen zu Allen-O'Harra in Butte (Montana) wird eine Eisenschiene durch sublimierten Bornit und Chalkopyrit nach A. N. Winchell[4]) ersetzt.

Pseudomorphosen nach Kupferglanz und Kupferkies und umgekehrt in solche sind häufig, ebenso Umwandlungen in Covellin, Rotkupfererz, Kieselkupfer, Malachit und Azurit. G. Leonhard[5]) hielt den Bornit für „Kupferkies im Zustande eigentümlicher Zersetzung". Der bunte Überzug auf Kupferkies und Kupferglanz dürfte wohl in den meisten Fällen Bornit sein oder ein Gemenge mit Covellin darstellen, das oberflächlich wiederum in

[1]) C. Doelter, Z. Kryst. **11**, 38 (1886).
[2]) A. Reuss, Lotos **10**, 41 (1860); N. JB. Min. etc. 1861, 79.
[3]) A. Lacroix, Min. France 1897, **2**, 677.
[4]) A. N. Winchell, Am. Geologist **28**, 244 (1901).
[5]) G. Leonhard, Oryktogn. 1821, 257.

Kupfersulfat umgewandelt ist. F. P. Mennel[1]) berichtet über Pseudomorphosen von Buntkupfererzknollen im Schiefer der Umkondogrube in Südwest-Maschonaland nach Pyritkonkretionen. Die Fischreste im Mansfelder Kupferschiefer sind meist Überzugpseudomorphosen von Bornit. K. Schloßmacher[2]) beschreibt die Verdrängung von Kalkspat durch Bornit, sowie die Bildung von Kupferkies aus Bornit im Kupferschiefer. Über Umwandlung von Bornit in Kupferkies und umgekehrt, siehe S. 152.

Physikalische Eigenschaften.

Die Farbe des Bornits ist auf frischer Bruchfläche kupferrot-tombackbraun. Sie läuft bald blau und rot an, besonders, wie F. Hausmann[3]) schon beobachtete, in feuchter Luft. Der Glanz ist metallisch. Der ausgeriebene Strich ist nach J. L. C. Schroeder van der Kolk[4]) verschiedentlich gefärbt, je nachdem man mit einer frischen Bruchstelle oder mit der angelaufenen bzw. verwitterten Rinde operiert. Im ersteren Falle ist der Strich grau mit schwach bläulichem Strich, in letzterem Falle deutlich grün. Wenn die Luft nicht abgeschlossen wird, wird auch der graue Strich nach einiger Zeit grünlich. Die Farbe des Strichs wird also mit der Zeit veränderlich. Da auch der ausgeriebene Strich des Covellins grünlich ist, so haben wir es bei der Änderung der Strichfarbe vielleicht mit einer analogen Umwandlung zu tun, welche nur infolge der überaus feinen Zerteilung bedeutend beschleunigt wird.

Dichte. Entsprechend der wechselnden chemischen Zusammensetzung ändern sich auch die Dichten (siehe die Tabelle S. 159). Für die meisten Bornite liegt sie zwischen 4,9 und 5,2.

Die Kontraktionskonstante, von J. J. Saslawsky[5]) berechnet, ist 0,95—0,86.

Die Härte ist 3.

Die Spaltbarkeit ist sehr unvollkommen nach (111). Der Bruch ist muschlig bis uneben; Bornit ist ziemlich mild und wenig spröde.

Nach A. Sella[6]) ist die spezifische Wärme 0,1177, berechnet 0,1195.

Bornit ist nach F. Beijerinck[7]) ein guter Leiter der Elektrizität. Der Widerstand nimmt mit der Temperatur stark ab.

Metallographische Untersuchung des Bornits von H. Schneiderhöhn.[8])

Bornit ist sehr gut polierbar. Das Reflexionsvermögen ist gut, aber nicht sehr hoch. Frische Anschliffe haben im Mikroskop eine schwer zu definierende Mischfarbe zwischen Rosa und Braun, manchmal direkt Kupferrot. Nach längerem Liegen wird die Farbe rein rosaviolett, ohne aber direkt anzulaufen. Nach Einbettung in Zedernholzöl ändert sich die Farbe nach Orange hin.

Farbzeichen nach W. Ostwald. Bornit ist bei den einzelnen Vorkommen frisch poliert verschieden; 1 Tag alter Schliff: *ge* 46—*ge* 50, d. i. 22% Weiß, 44% Schwarz, 31% Drittes Veil bis erstes Ublau.

Ebenso verhält sich Buntkupfererz von verschiedenen Lagerstätten nicht

[1]) F. P. Mennel, Lon. Min. Mag. 17. März 1914.
[2]) K. Schloßmacher, Metall u. Erz 1922, 110.
[3]) F. Hausmann, Min. 1847, 139.
[4]) J. L. C. Schroeder van der Kolk, ZB. Min. etc. 1901, 519.
[5]) J. J. Saslawsky, Z. Kryst. **59**, 203 (1924).
[6]) A. Sella, Z. Kryst. **22**, 180 (1894).
[7]) F. Beijerinck, N. JB. Min. etc. Beil.-Bd. XI, 437 (1897—98).
[8]) H. Schneiderhöhn, Anleit. z. mikr. Best. von Erzen 1922, 131.

einheitlich zwischen gekreuzten Nicols. Während manche Vorkommen völlig isotrop sind, treten in andern schwache Polarisationseffekte auf.

Ätzverhalten. Konzentrierte HNO_3, HCl und KCN, sowie kochende $FeCl_3$-Lösung erzeugen eine Pseudostruktur. Nur die Oberflächenhaut scheint „aufgebrochen" zu werden. Denn nach einer neuen Politur und abermaligen Ätzung erscheinen die Risse an ganz anderen Stellen. Ein Ätzmittel, das Korngrenzen oder Innenstruktur entwickelt, konnte noch nicht gefunden werden. Die Mikrostruktur schwedischer Bornite hat P. Geijer[1]) eingehend untersucht.

Vorkommen und Entstehung.

Buntkupferkies ist derb sehr verbreitet, weniger in Kristallen, auf den Gängen der Kupfererzformation mit Kupferkies, Pyrit, Magnetkies, Markasit, Arsenkies, Kupferglanz, Covellin, Fahlerz und verschiedenen Gangarten. Im Siegener Gebiet tritt der Bornit in Eisenspat und Bleiglanz auf, im Schwarzwald bei Schapbach und Wittichen mit Bleiglanz und Kupferglanz, namentlich im Schwerspat, sonst wie bei Prinzbach auch im Quarz; bei Schlaggenwald und Schönfeld in Böhmen, sowie bei Sadisdorf im Erzgebirge mit Zinnerz, Kupferkies und Quarz. Auf der Magnetitlagerstätte von Berggieshübel im sächsichen Elbtal ist der Bornit mit Granat, Magnetit und Blende verknüpft. Nach A. Frenzel[2]) wurde er im liegenden Salbande eines im Serpentin von Böhringen bei Roßwein aufsetzenden Granitganges beobachtet. An der Schwarzen Wand in der Scharn (Tirol) ist Bornit im Asbest des Serpentingebietes eingewachsen und an der Gosler Wand in Kalkspat mit Kupferkies. Im Diallagserpentin der Grube Monte Castelli bei Castelnuovo, bei Riparbella und Monte Catini kommt der Bornit mit Kupferkies als gangartige Lagerstätte in bräunlich rotem Gabbro rosso vor. Das Ganggestein ist teils Serpentin, teils Steatit, teils ein Konglomerat von gerundeten und zersetzten Melaphyr- und Serpentinstücken, die durch ein talkiges Bindemittel verbunden sind. Von Prägatten und der Froßnitzalpe in Tirol sind nach C. Klein[3]) bis 5 cm große Kristalle bekannt geworden. E. Weinschenk[4]) beschrieb von da einen mit Gold, Albit und Kalkspat verwachsenen 35 mm großen Kristall. Charrier bei La Prugne (Dép. Loire) ist das bedeutendste französische Vorkommen auf einem Gang in dunkelgrünem, chloritischem, metamorphem Schiefer als derbe Massen mit Kupferkies. Ch. Baret[5]) erwähnt das Vorkommen schöner, bunter Massen mit Kupferkies im grobkörnigen Pegmatit von Miseri bei Nantes.

In den Gängen des Buttedistriktes (Montana) ist Bornit gewöhnlich in untergeordneten Mengen allgegenwärtig in den Kupfererzen unabhängig vom Alter der Gänge und von der Teufe. Nur selten ist er Hauptkupfererz; er begleitet oft den Kupferglanz, Enargit, Kupferkies und andere Sulfide. Er ist nach R. H. Sales[6]) im allgemeinen primär.

In den sulfidischen Erzen der Tsumeb Mine ist Buntkupferkies mit bloßem Auge nach H. Schneiderhöhn[7]) nicht sichtbar und tritt auch mikroskopisch nur ganz vereinzelt auf. Stets bildet er Verdrängungsreste in Kupferglanz. Die Buntkupferkiesteilchen sind die Überreste von einst größeren, kompakten

[1]) P. Geijer, Sveriges Geol. Undersöck. Årsbok 1923, 17, Nr. 2.
[2]) A. Frenzel, Min. Lex. 1874, 75.
[3]) C. Klein, Sitzber. Berliner Ak. 1898, 385, 521.
[4]) E. Weinschenk, Z. Kryst. **26**, 392 (1896).
[5]) Ch. Baret, Bull. soc. min. **10**, 131 (1887).
[6]) R. H. Sales, Inst. Min. Eng. 1913, 1523, 1326.
[7]) H. Schneiderhöhn, Senckenbergiana 1920, II, 2 S. 62.

Buntkupferkiespartien, welche bei der Zementation des Kupferglanzes bis auf die Skelettformen aufgefressen wurden. Siehe auch die Abbildungen bei Kupferglanz, S. 93, und die dort gegebene Altersfolge. Bornit ist in Tsumeb über 100° aus aszendenten Hydrothermallösungen entstanden. Auch von andern amerikanischen Kupfererzlagerstätten sind durch A. F. Rogers[1]) Verdrängungen von Buntkupferkies durch Kupferglanz durch aszendente, hydrothermale Wässer beobachtet worden. F. B. Laney[2]) hatte die innige Verwachsung von Bornit und Kupferglanz anfangs als Eutektikum gedeutet. Parallel den Oktaederspaltflächen des Bornits verwachsen ist damit Chalkosin von Usk, B. C. nach T. L. Walker.[3]) Der Bornit besteht aus 67,51 Cu, 8,49 Fe, 24,88 S; Dichte 5,28. R. M. Overbeck[4]) beschreibt ebenfalls primären Bornit von Maryland, der „pseudoeutektisch" verdrängt wird.

Das Vorkommen von Bornit im Kupferschiefer von Norddeutschland wird von H. Schneiderhöhn[5]) für syngenetisch gehalten; er erklärt die mit Buntkupferkies erfüllten Klüfte als primär mit Erzen ausgefüllte Schrumpfungsrisse einer Kalkspatkonkretion. Demgegenüber vertreten P. Krusch,[6]) F. Beyschlag[7]) und K. Schloßmacher[8]) die Ansicht, daß im Kupferschiefer eine sekundäre Mineralparagenesis mit der Altersfolge Fahlerz, Buntkupfererz, Kupferglanz und Kupferkies vorhanden ist.

Schließlich sei noch auf reiche Bornitvorkommen mit Silber- und Goldgehalt in Chile, Bolivien, Peru, Mexiko und Canada hingewiesen, sowie in den Magnetitlagerstätten und Kupfergruben Schwedens.

Silber-Zink-haltiger Bornit(?) (Castillit).

Von der Gagnon Mine in Butte (Montana) beschreibt R. Pearce[9]) ein derbes Mineral, das dem Bornit gleicht. Es hat die Härte 3,5—4, die Dichte 4,95. Er ist geneigt, das Mineral als einen Bornit zu betrachten, in welchem Kupfer zum Teil durch Silber und Eisen durch Zink ersetzt ist.

Analysen.

	1.	2.
Ag	24,66	4,64
Pb	—	10,04
Zn	9,80	12,09
Cu	41,10	41,11
Fe	2,09	6,49
S	20,51	25,65
Unlösl.	1,02	—
	99,18	100,02

R. Pearce berechnete aus der Analyse 1 die Formel: $3Cu_2S, Ag_2S . 2ZnS$.

Analyse 2 von C. F. Rammelsberg[10]) rührt von einem derben, bunt angelaufenen Mineral von Guanasevi in Mexiko her, mit der Dichte 5,18—5,24.

[1]) A. F. Rogers, Econ. Geol. **11**, 582 (1916).
[2]) F. B. Laney, Proc. U.St. Nat. Mus. **40**, 513 (1911).
[3]) T. L. Walker, Am. Min. **6**, 3 (1921).
[4]) R. M. Overbeck, Econ. Geol. **11**, 151 (1916).
[5]) H. Schneiderhöhn, N. JB. Min. etc. Beil.-Bd. **47**, 23 (1923).
[6]) P. Krusch, Z. prakt. Geol. 1919.
[7]) F. Beyschlag, ebenda 1921.
[8]) K. Schloßmacher, ZB. Min. etc. 1923. 257.
[9]) R. Pearce, Z. Kryst. **17**, 402 (1890).
[10]) C. F. Rammelsberg, Mineralchem. 1875, 77.

Die spezielle Formel wäre hierfür:

$$\left.\begin{matrix}10\,Cu_2S\\ Ag_2S\end{matrix}\right\} + 2\left\{\begin{matrix}4\,CuS\\ 4\,ZnS\\ 2\,FeS\\ PbS\end{matrix}\right. .$$

Die Mischung wäre analog der eines Buntkupfererzes. Das Mineral erhielt den Namen Castillit. Nach E. S. Dana[1]) liegt ein unreiner Bornit vor, nach G. Kalb[2]) ein Gemenge von 5 Mineralien, namentlich Fahlerz.

Homichlin.

A. Breithaupt[3]) hat für ein mehr speis- als messinggelbes Kupfereisensulfid, das aber bald messinggelb anläuft, den Namen Homichlin vorgeschlagen, nachdem auch am Material von Plauen i. Sa. Th. Richter[4]) eine vom Kupferkies abweichende chemische Zusammensetzung fand, nämlich:

Cu	43,76
Fe	25,81
S	30,21
	99,78

Das Vorkommen dieses mehr speisgelben Minerals ist mehrfach festgestellt, so außer an verschiedenen Orten in Sachsen, auch in Thüringen, Harz, Rheinland, Spanien, Chile, Japan und im Ural. Von Lichtenberg in Oberfranken stammendes Material hat nach A. Frenzel[5]) dieselbe Zusammensetzung wie Kupferkies (Analyse 34, S. 142).

Formel. C. F. Rammelsberg[6]) berechnete aus der Analyse von A. Breithaupt die Homichlinformel:

$$Fe_2Cu_3S_4 = Cu_2S \,.\, CuS \,.\, 2\,FeS\,.$$

Er stellt Homichlin zu Buntkupfererz. C. Hintze nimmt die Formel C. F. Rammelsbergs an. P. Groth[7]) stellt ihn zu Chalkopyrit. Er scheint in der Tat nur eine Varietät dieses Minerals zu sein.

E. S. Dana[8]) weist auf die dem Barnhardtit ähnliche Zusammensetzung hin und nimmt einen teilweise in Bornit umgewandelten Kupferkies an.

Die Dichte ist 4,472—4,480, die Härte 4—5.

Ein anscheinend homogenes Erz von Pioneer Mills (Nordcarolina) ist blasser als Kupferkies und hat folgende Zusammensetzung:

	1.	2.
Cu	40,2	40,5
Fe	28,4	28,3
S	32,9	31,1
	101,5	99,9

1. Anal. von W. Taylor bei F. A. Genth, Am. Journ. **19**, 18 (1855).
2. Anal. von Froebel bei F. A. Genth, Min. Nordcar. 1891, 26.

---

[1]) E. S. Dana, Syst. Min. 1894, 78.
[2]) G. Kalb, ZB. Min. etc. 1923, 545.
[3]) A. Breithaupt, Bg.- u. hütt. Z. **17**, 385, 424 (1858); **18**, 321 (1859).
[4]) Th. Richter, ebenda **18**, 321.
[5]) Briefl. Mitt. bei C. Hintze, Handb. Min. 1904, I, 1; 923.
[6]) C. F. Rammelsberg, Min.-Chem. 1875, 72.
[7]) P. Groth u. K. Mieleitner, Tabellen 1921, 22.
[8]) E. S. Dana, Syst. Min. 1894, 83.

Wollte man annehmen, daß eigene Mineralspecies für solche Kiese mit speisgelber Farbe durch den höheren Cu-Gehalt gegenüber dem Kupferkies gerechtfertigt sind, so bietet doch der Chalmersit mit niedrigem Cu-Gehalt sich ebenfalls in speisgelber Farbe dar, sowie das von F. v. Dieffenbach[1]) analysierte Erz von Cabarrus Co. (Nordcarolina) mit 22,15 Cu, 47,72 Fe und 29,85 S.

Ein neues **rosa Mineral,** wahrscheinlich $CuFeS_4$ ist in der Tsumeb-Mine an zwei Stellen bis jetzt in größeren Klumpen vorgekommen und ursprünglich für Bornit gehalten worden. Nach H. Schneiderhöhn[2]) ist das Mineral eng mit Fahlerz verwachsen. Es läuft an der Luft nicht an, ist braunrot bis violettbraun, hat stumpfen Metallglanz und mittlere Härte, schwarzen Strich. Spaltbarkeit ist nicht wahrzunehmen.

Chalmersit.

Kristallklasse: Rhombisch-bipyramidal. $a:b:c = 0,5725:1:0,9637$ nach C. Palache,[3]) nach C. Hlawatsch 0,5822:1:0,5611.[4]) Sehr häufig sind Zwillinge und Drillinge. F. Rinne[5]) weist auf die Isotypie mit Kupferglanz und Magnetkies hin. C. Palache stellt den Chalmersit in die Chalkosingruppe. Der nachfolgend beschriebene Cuban ist nach G. Kalb u. M. Bendig, sowie nach H. E. Merwin und Mitarbeitern Chalmersit.

Chemische und physikalische Eigenschaften.

Analysen.

	1.	2.	3.	4.	5.	6.	7.	8.
δ . .	4,680	—	4,04	—	—	—	—	—
Fe . .	46,95	43,13	41,25	40,70	41,14	41,92	41,24	41,36
Cu .	17,04	22,27	23,69	23,83	23,52	22,67	23,57	22,83
S . .	35,30	35,11	35,14	35,09	35,30	35,29	36,00	36,31
	99,29	100,51	100,08	99,62	99,96	99,88	100,81	100,50

1. Von Morro Velho am Fuße der Serra do Curral (Minas Geraes) mit Magnetkies und Kupferkies; 0,015 g anal. von W. Florence bei E. Hussak, ZB. Min. etc. 1902, 71.

2. Ebendaher, 0,0896 g von großen Kristallen; anal. von Demselben, ebenda 1906, 332.

3. u. 4. Von Home Lodi, Mummy Bay, Knight Island (Prince William Sound, Alaska); anal. E. T. Allen bei B. L. Johnson, Econ. Geol. **12**, 519 (1917). Ref. in N. JB. Min. etc. 1921, I, 279.

5. u. 6. Von Threeman Mining Co., Landlocked Bay (Prince William Sound, Alaska); anal. Derselbe, ebenda.

7. u. 8. Von Tunaberg (Schweden) mit Kupferkies; anal. G. Kalb u. M. Bendig, ZB. Min. etc. 1923, 643.

Formel und Eigenschaften.

E. Hussak[6]) gibt aus Analyse 1 die Formel $2CuFe_2S_4 = Cu_2S.Fe_6S_7$, die auch C. Palache annimmt, aus Analyse 2 $CuFe_2S_3 = Cu_2S.Fe_4S_5$. Dieser letzteren Formel, welcher 41,14 % Fe, 23,42 % Cu und 35,44 % S entsprechen, genügen am besten die 4 Analysen von E. T. Allen und die 2 von G. Kalb u. M. Bendig. P. v. Groth u. K. Mieleitner[7]) stellen den Chalmersit zu den Sulfosalzen und schreiben die Formel $FeS_3.FeCu$; G. Kalb u. M. Bendig schreiben $CuFe_2S_3$.

[1]) F. v. Dieffenbach, N. JB. Min. etc. 1854, 667.
[2]) H. Schneiderhöhn, Metall und Erz **17** (1921).
[3]) C. Palache, Z. Kryst. **49**, 16 (1908). [4]) C. Hlawatsch, ebenda **48**, 207 (1911).
[5]) F. Rinne, ZB. Min. etc. 1902, 207. [6]) E. Hussak, ebenda 71.
[7]) P. v. Groth u. K. Mieleitner, Min. Tab. 1921, 23.

F. Rinne[1]) hält den Isomorphismus zwischen Chalmersit und Kupferglanz, den E. Hussak behauptet hatte, nicht für annehmbar, da keine chemische Analogie vorliegt. Eine große kristallographische Ähnlichkeit besteht zwischen Magnetkies und Chalmersit. Man kann die Formeln schreiben: $Cu_2S . Fe_6S_7$ (Chalmersit) und $FeS . Fe_6S_7$ (Magnetkies). Die Winkel (110) : (1$\bar{1}$0), dann (001) : (111) stimmen bei beiden, aber auch bei Kupferglanz gut überein. Es liegt ein Beispiel für Isotypie vor.

Lötrohrverhalten wie Bornit. Mit KOH bunt anlaufend, später braun.

Der Schmelzpunkt liegt bei 910—920° C.

Die Dichte ist 4,04 beim Chalmersit von Alaska, bei dem von Morro Velho höher wohl infolge Verunreinigung, worauf auch die Analyse deutet; die Härte ist 3,5.

Der Bruch ist ausgesprochen muschlig; Spaltbarkeit deutlich nach (110) und (001).

Chalmersit hat speisgelbe bis bronzegelbe Farbe und ist oft bunt angelaufen. Er ist stark magnetisch wie der Magnetkies.

Im polierten Anschliff ist die Farbe zitronengelb. Bei minutenlanger Ätzdauer mit konz. HNO_3 tritt nach H. Schneiderhöhn ein auf polysynthetische Verzwillingung hindeutendes Zickzackmuster zum Vorschein.

Paragenesis.

Auf Quarz, Albit und Carbonaten sitzen nach E. Hussak[2]) in der Morro Velho Mine die Sulfide und zwar Magnetkies mit etwas Pyrit und Freigold, auf dem der Chalmersit aufsitzt. Dieser zeigt auf der Basis winzige Kupferkieszwillinge aufgewachsen. Häufiger ist das Vorkommen des Chalmersits am Prince William Sound, Alaska, wo er eng mit Kupferkies verwachsen ist und auch häufig mit Magnetkies auftritt. B. L. Johnson[3]) hält die Erze für Verdrängungslagerstätten und Imprägnationen in Trümmerzonen von Grünsteinen. H. Schneiderhöhn[4]) gibt als dritten Fundort die Tsumeb Mine in Otavi an, wo er als eines der ältesten aszendenten Erze, ungefähr gleichaltrig mit Pyrit und noch älter als Kupferkies und Zinkblende, auftritt. Auf Chalmersit und auf seine Kosten zementierten sich Kupferkies und Buntkupfererz, die an anderen Stellen der Tsumeb Mine so gut wie gar nicht vorkommen.

Cuban.

Synonyma: Cubanit, eisenreiches Buntkupfererz.

Kristallisiert regulär, kubisch-hexakisoktaedrisch.

Analysen.

	1.	2.	3.	4.	5.	6.
δ	—	—	—	4,030	—	—
Zn	—	—	—	—	—	1,11
Cu	22,96	24,32	23,00	23,32	24,68	22,69
Fe	42,51	41,15	42,51	40,04	40,26	40,71
S	34,78	34,37	34,01	35,86	34,77	34,62
	100,25	99,84	99,52	99,22	99,71	99,51

[1]) F. Rinne, Z. Kryst. **40**, 412 (1904).
[2]) E. Hussak, ZB. Min. etc. 1902, 71.
[3]) B. L. Johnson, Econ. Geol. **12**, 519 (1917).
[4]) H. Schneiderhöhn, Senckenbergiana 1919, I, Nr. 5, 156.

1.—3. Von Barracanao auf Cuba mit Kupferkies und Magnetkies; 1. mit Spur von Pb anal. von Scheidhauer, Pogg. Ann. **64**, 280 (1855); 2. u. 3. anal. von R. Schneider, Journ. prakt. Chem. N. F. **52**, 556 (1895).

4. u. 5. Von Tunaberg in Schweden; anal. von Carlin und Brodin bei P. T. Cleve, Geol. För. Förh. **1**, 105 (1873). — Ist nach G. Kalb wahrscheinlich Chalmersit.

6. Von Kafveltorp bei Nyakopparberg im Kupferkies; anal. G. Lindström bei P. T. Cleve, ebenda. — Inkl. 0,38 unlösl.

Diese Analysen stimmen mit denjenigen des Chalmersits zum Teil überein. C. F. Rammelsberg[1]) betrachtet den Cuban mit A. Kenngott[2]) als Bornit, dem Cu_2S fehlt. Es läge also ein eisenreiches Buntkupfererz vor. Doch sind mehrere Analysen, auch noch von andern Fundpunkten inzwischen hinzugetreten, die auffallend übereinstimmen, so daß die Formel $CuFe_2S_3$, welche P. Groth und K. Mieleitner FeS_3FeCu schreiben, ziemlich gut stimmt.

R. Schneider veröffentlichte im Anschluß an seine Analysen auch seine Ansichten über die Konstitution des Cubans und Barracanits, er trennte dieses Mineral vom Cuban ab, welches Mineral die Formel $CuFeS_4$ hat.

Den eigentlichen Cuban deutet er wie C. F. Rammelsberg. Man kann den Cuban jedoch schreiben:

$$Cu_2S . Fe_4S_5, \text{ wobei } Fe_4S_5 = FeS_2 . 3\,FeS \text{ ist, daher}$$
$$Cu_2Fe_4S_6 = (Cu_2S)FeS_2 . FeS . FeS . FeS .$$

Diese letztere Formel begründet er durch das Verhalten gegen Silbernitrat. Dieses zersetzt einen kleinen Teil des Cubans, so daß die Lösung Cuprinitrat und Ferronitrat enthält im Verhältnisse Cu : Fe = 2 : 3. Er stellt folgende Reaktionsgleichung auf:

$$Cu_2S . 3\,FeS . FeS_2 + 10\,AgNO_3 = 4\,Ag_2S . FeS_2 + 2\,CuN_2O_6 + 3\,FeN_2O_6 + 2\,Ag.$$

Diese Ansicht ist aber bestreitbar.

Auch die Dichte und Farbe ist dieselbe wie beim Chalmersit. Die Härte wird zu 3,5 angegeben, also auch nicht besonders abweichend von der des Chalmersits. Nur die Spaltbarkeit nach dem Würfel wäre ein Unterschied; $CuFe_2S_3$ wäre dann dimorph.

Doch scheint es nicht ausgeschlossen, daß Cuban und Chalmersit identisch sind. H. E. Merwin und Mitarbeiter[3]) haben dies soeben bestätigt. Vor dem Lötrohr verhält sich Cuban wie Kupferkies.

Nur die *a*-Achse ist von hoher magnetischer Susceptibilität, parallel *b* und *c* ist sie schwach.

Barracanit.

Kristallisiert regulär.

Barracanit (Cupropyrit) wurde von C. F. Rammelsberg[4]) ursprünglich für ein Gemenge von Kupferkies und Eisenkies gehalten. Er hat dieselben physikalischen Eigenschaften wie der vorher beschriebene Cubanit. Er unterscheidet sich aber durch die chemische Zusammensetzung und den entsprechenden Unterschied der Dichte. Bei E. S. Dana[5]) sind die beiden Mineralien unter dem Namen Cubanit zusammengefaßt mit der Formel des Barracanits.

Die Analysen enthalten:

---

1) C. F. Rammelsberg, Mineralchem. 1875, 71.
2) A. Kenngott, Min. Unters. 1849, 20.
3) H. E. Merwin, R. H. Lombard u. E. T. Allen, Am. Min. **8**, 135 (1923).
4) C. F. Rammelsberg, Mineralchem. 1860, 118.
5) E. S. Dana, Syst. Min. 1894, 79.

	1.	2.	3.	4.
δ	—	—	4,169	4,18
Cu	19,80	21,05	20,12	18,23
Fe	38,01	38,80	38,29	37,10
S	39,01	39,35	39,05	39,57
SiO_2	2,30	1,90	2,85	4,23
Fe_2O_3 . . .	—	—	—	
	99,12	101,10	100,31	99,13

1.—4. Von Barracanao auf Cuba; 1. anal. von Eastwick, 2. von Magec, 3. von Stevens bei J. C. Booth, J. D. Dana, Min. 1854, 68; 4. anal. von J. L. Smith, Am. Journ. **18**, 381 (1854).

Für Barracanit wird die Formel $CuFe_2S_4$ gegeben. Sie würde aber einen Schwefelgehalt von über 42% verlangen. P. Groth[1]) schreibt $(FeS_2)_2Cu$. Er stellt ihn zu reinen Sulfosalzen zweiwertiger Metalle in die Linneitgruppe.

Die Dichte ist 4,17—4,18.

C. F. Rammelsberg[2]) hatte die von ihm als Cuban bezeichneten Barracanite von Eastwick, Magee und Stevens berechnet und fand für diese drei Analysen die Atomverhältnisse:

1. S : Fe : Cu = 1,25 : 0,69 : 0,32 = 4 : 2,16 : 1,
2. S : Fe : Cu = 1,25 : 0,70 : 0,34 = 3,7 : 2 : 1,
3. S : Fe : Cu = 1,25 : 0,70 : 0,33 = 3,8 : 2,1 : 1.

Daraus schloß er auf die Formel:

$$CuFe_2S_4.$$

Diese Formel kann geschrieben werden entweder $CuS . FeS . FeS_2$ oder $CuS . Fe_2S_3$.

P. Groth[3]) nimmt für Cuban nicht die Formel des Barracanits an, er schreibt: $Cu(FeS_2)_2$.

Chalkopyrrhotin.

Synonym: Chalkopyrrhotit.

Der Chalkophyrrhotin kommt zu Kafveltorp bei Nyakopparberg (Schweden) mit Magnetit, Blende, Kalkspat und Chondrodit derb vor. Die Farbe ist die des Pyrits mit Stich ins Braune, die Dichte 4,28 und die Härte 3,5—4.

C. W. Blomstrand[4]) gibt die Analyse:

Cu	12,98
Fe	48,22
S	38,16
Unlösl.	0,74
	100,10

Daraus wird die Formel $CuFe_4S_6 = [FeS_3]_2(Fe, Cu)_3$ abgeleitet. C. W. Blomstrand deutet die Analyse $CuSFe_2S_3 . 2FeS$, während C. F. Rammelsberg[5]) $Cu_2S . 2FeS . 4Fe_2S_3$ schreibt. Cu : Fe : S = 1 : 4,2 : 5,8.

---

1) P. Groth u. K. Mieleitner, Tab. 1921, 23.
2) C. F. Rammelsberg, Min.-Chem. 1875, 71.
3) P. Groth u. K. Mieleitner, Tab. 1921, 23.
4) C. W. Blomstrand, Öf. Ak. Stockh. **27**, 23 (1870).
5) C. F. Rammelsberg, Mineralchem. 1895, 73.

Es ist sehr fraglich, ob im Chalkopyrrhotin ein besonderes Mineral vorliegt. Nach P. Groth und K. Mieleitner gehört er zur Linneitgruppe, es liegt vielleicht ein normales Salz $(Fe, Cu)_3[FeS_3]_2$ vor.

Barnhardtit.

Nur mikrokristallin bis jetzt bekannt.

Analysen.

	1.	2.	3.	4.	5.
Cu	47,61	46,69	48,40	50,41	48,24
Fe	22,23	22,41	21,08	20,44	21,30
S	29,40	29,76	30,50	28,96	30,46
	99,24	98,86	99,98	99,81	100,00

1. Von Daniel Barnhardts Land (Nordcarolina); anal. W. T. Taylor bei F. A. Genth, Am. Journ. **19**, 18 (1855).
2. u. 3. Von der Pioneer Mill's Mine (Nordcarolina); 2. anal. F. A. Genth, ebenda; 3. anal. P. Keyser bei F. A. Genth.
4. Von Bill William's Fork (Californien); anal. Higgins, ebenda **45**, 319 (1868).
5. Theoretische Zus.

Zu Barnhardtit dürfte auch das folgende analysierte Erz gehören:

Cu	22,15
Fe	47,72
S	29,85
	99,72

Von Cabarras Co., Nord-Carolina; anal. F. v. Dieffenbach, N. JB. Min. etc. 1854, 667.

Formel. Die Analysen führen auf die Formel $Cu_4Fe_2S_5 = 2Cu_2S.Fe_2S_3$, welcher die in 5 gegebene theoretische Zusammensetzung entspricht.

F. A. Genth[1]) hat erst später den Barnhardtit als eine besondere Mineralspecies aufgestellt, früher hatte er ihn mit Homichlin identifiziert und als ein Umwandlungsstadium von Kupferkies in Kupferglanz charakterisiert. C. F. Rammelsberg[2]) stellte ihn zum Buntkupferkies und gibt die Formel:

$$Fe_5Cu_{10}S_{12} = \left\{ \begin{array}{l} 3\,Cu_2S \\ 4\,CuS \\ 5\,FeS \end{array} \right. .$$

Nach E. S. Dana[3]) mag ein Chalkopyrit vorliegen, der teilweise in Chalkosin umgewandelt ist. P. Groth und K. Mieleitner[4]) schreiben die Formel: $Fe_2S_5Cu_4$.

Eigenschaften. Barnhardtit schmilzt auf Kohle leicht zu einer schwarzen magnetischen Kugel.

Die Farbe des Barnhardtits ist auf frischem Bruch bronzegelb; er läuft rasch tombackbraun, auch bunt mit rosaroter oder purpurner Farbe an. Der Strich ist grauschwarz.

Die Dichte ist 4,521, die Härte 3—4. Er ist spröde und hat muschligen bis unebenen Bruch.

---

[1]) F. A. Genth, Min. Nordcar. 1891, 25; Am. Journ. **19**, 17 (1855). — F. v. Dieffenbach, N. JB. Min. etc. 1854, 667.

[2]) C. F. Rammelsberg, Mineralchem. 1875, 72.

[3]) E. S. Dana, Syst. Min. 1894, 83.

[4]) P. Groth u. K. Mieleitner, Tabellen 1921, 22.

Vorkommen. Barnhardtit kommt auf verschiedenen Gruben in Cabarras Co. in Nordcarolina mit andern Eisen- und Kupfersulfiden zusammen vor, so daß er selbst wohl ein Gemenge solcher oder ein durch Verdrängung entstandenes Produkt darstellt.

Epigenit.

Synonym: Arsenwismutkupfererz.

Kristallsystem: Rhombisch; Prismenwinkel 69° 10′.

Analysen.

	1a.	1b.
Fe . . .	13,43	14,20
Cu . . .	40,32	40,68
Zn . . .	Spuren	Spuren
Ag . . .	Spuren	Spuren
Bi . . .	2,12	—
As . . .	12,09	12,78
S . . .	31,57	32,34
	99,53	100,00

1a. u. 1b. Von Grube Neuglück bei Wittichen (nördl. Schwarzwald) mit Wittichenit im Baryt; anal. Th. Petersen, Pogg. Ann. **136**, 502 (1869). — 1b. $3Cu_2S.Bi_2S_3$ abgezogen, davon Bi-Verunreinigung mit Wittichenit herrührend.

Formel. Aus 1b berechnete F. Sandberger[1]) die Formel

$$6RS.As_2S_5, \text{ worin } 6R = 3Cu_2 + 3Fe.$$

P. Groth und K. Mieleitner[2]) nehmen $As_2S_{12}Cu_8'Fe_3$ an, also $7R''S.As_2S_5$. C. F. Rammelsberg[3]) schreibt die Formel

$$(9CuS.3Cu_2S.6FeS).2As_2S_3 = 9RS.2As_2S_3.$$

Eigenschaften. Vor dem Lötrohr schmilzt Epigenit unter Arsenentwicklung zu einer Schlacke, die Kupferkörner enthält. Im geschlossenen Rohr entsteht ein Sublimat von Schwefelarsen und Schwefel. Die reinen Kristalle sind wismutfrei. Epigenit löst sich unter Abscheidung von Schwefel leicht in Salpetersäure.

Das stahlgraue, schwarz und blau anlaufende Mineral hat schwarzen Strich. Die Dichte ist 4,5, die Härte 3—4. Spaltbarkeit ist nicht wahrzunehmen.

Vorkommen. Einzelne Kristalle und krustige Überzüge des Epigenit sind bisher nur auf Klüften des Baryt auf Grube Neuglück bei Wittichen mit Wittichenit, jüngeren Baryttäfelchen und gelbem Flußspat als jüngste Bildungen bekannt geworden.

Histrixit.

Von **C. Doelter** (Wien).

Kristallsystem: rhombisch.

Analysen.

	1.	2.
Cu	6,86	6,12
Fe	5,18	5,44
Sb	10,08	9,33
Bi	55,93	56,08
S	24,05	23,01
	102,10	99,98

[1]) C. F. Sandberger, N. JB. Min. etc. 1868, 412 u. 1869, 205; Erzgänge 1885, 391.
[2]) P. Groth und K. Mieleitner, Min. Tab. 1921, 29.
[3]) C. F. Rammelsberg, Min.-Chem. 1875, 112.

1. u. 2. Mit Pyrit Kupferkies und Fahlerz in der Curtin-Davismine bei Ringville, Tasmania; anal. W. J. Petterd, Proc. Roy. Soc. Tasmania 1902, 18; Z. Kryst. **42**, 393 (1907).

Formel. Die Analysen ergeben: $5CuFeS_2 . 2Sb_2S_3 . 7Bi_2S_3$.

Eigenschaften. Farbe stahlgrau, Strich ebenso, metallischer Glanz, Härte 2. Dichte ist nicht bestimmt.

Fahlerze.

Von **M. Henglein** (Karlsruhe).

Synonyma: Fahlkupfererz, Fahlit, Klinoëdrit, Tetraedrit, Panabas.

Kristallklasse: Hexakistetraedrisch.

Die Bezeichnung Fahlerz, sowie die oben angegebenen Synonyma sind Sammelnamen für hexakistetraedrische Mineralien, die in physikalischer Hinsicht im allgemeinen übereinstimmen, doch in der Dichte und Härte merkliche Unterschiede aufweisen. Die chemische Zusammensetzung ist ziemlich wechselnd. Um zunächst die Analysen übersichtlich zu machen, ist nach dem Arsen- und Antimongehalt, wie bei C. F. Rammelsberg[1]) eine Einteilung in Antimon-, Arsen- und Mischfahlerze getroffen und innerhalb dieser Gruppen noch nach dem Metallgehalt unterschieden worden. Sofern mehrere ältere Analysen ein und desselben Fundortes vorlagen, wurden nachfolgend nur die besseren angeführt. C. Hintze[2]) hat 158, A. Kretschmer[3]) 162 Analysen aufgezählt. Davon wurden etwa 30 ältere nicht aufgenommen; doch kam eine Anzahl neuer dazu, so daß 179 Analysen folgen und zwar innerhalb ihrer Gruppe nach der Zeit geordnet.

I. Antimonfahlerze.

Hierunter sind Fahlerze mit hohem Sb- und höchstens 4% As-Gehalt zusammengefaßt.

1. Antimonfahlerz.

Der Silber- und Quecksilbergehalt bleibt unter 1%.

Synonyma: Kupferantimonfahlerz, Spießglanzerz, Fieldit, Coppit.

Ältere Analysen.

	1.	2.	3.	4.
Fe	1,52	0,86	1,59	2,24
Ni	—	—	Spur	—
Cu	38,42	37,98	38,17	37,95
Zn	6,85	7,29	6,28	2,52
Ag	0,83	0,62	0,62	0,67
As	2,26	2,88	1,65	—
Sb	25,27	23,94	25,65	28,78
S	25,03	25,77	24,61	25,82
	100,18	99,34	98,57	97,98

[1]) C. F. Rammelsberg, Handb. d. Mineralchemie 1875, 105.
[2]) C. Hintze, Handb. Min. I, 1, 1114 (1904).
[3]) A. Kretschmer, Z. Kryst. **48**, 486 (1911).

1. Kristalle von Grube Aurora bei Roßbach bei Dillenburg (Hessen-Nassau), mit Bleiglanz, Kupferkies und Blende; anal. H. Rose, Pogg. Ann. **15**, 578 (1829). Siehe Analyse 22.

2. Kristalle von Kapnik in Ungarn; anal. Derselbe, ebendort.

3. Derb von der Amelose bei Mornshausen bei Biedenkopf (Hessen-Nassau); anal. Sandmann, Ann. Chem. Pharm. **89**, 364 (1854).

4. Vom Rammelsberg bei Goslar; anal. von B. Kerl, Bg.- u. hütt. Z. **20** (1853).

	5.	6.	7.
Fe	2,92	1,23	8,41
Cu	40,57	36,72	42,02
Zn	5,07	7,26	1,89
Ag	0,56	0,07	0,06
Au	—	0,03	—
As	2,42	3,91	2,40
Sb	21,47	20,28	17,40
S	26,10	30,35	27,27
	99,11	99,85	99,45

5. Von Pyschminsk bei Beresowsk, Rußland auf Goldgängen; anal. J. Löwe bei G. Rose, Reise I, 198 (1837).

6. Von der Altar Mine, Coquimbo (Chile); anal. F. Field, Qu. Journ. Chem. Soc. **4**, 332 (1851) und von A. Kenngott als neues Mineral Fieldit bezeichnet.

7. Kristalle von Prophet Jonas, Freiberg i. Sa.; anal. Wandesleben, Chem. Jahresber. 1854, 814.

Neuere Analysen.

	8.	9.	10.	11.	12.
δ	4,713	—	4,75	—	—
Fe	13,08	6,33	3,60	1,59	11,11
Co	—	—	0,50	—	—
Mn	—	0,92	—	—	—
Cu	30,10	36,09	36,30	38,60	37,60
Zn	—	2,92	4,50	6,80	1,11
Pb	—	0,15	—	—	0,25
Hg	—	—	—	—	0,50
Ag	—	0,15	0,50	—	—
Bi	—	—	Spur	—	—
As	—	0,71	2,60	—	—
Sb	29,61	26,80	24,90	20,30	24,00
S	27,01	25,85	25,90	30,50	23,70
	99,80	99,92	98,80	97,79	98,27

8. Derb vom Valle del Frigido oberhalb Massa (Toskana), mit Kupfer- und Magnetkies auf Eisenspat; anal. E. Bechi bei A. d'Achiardi, Min. Tosk. **2**, 342 (1873). Coppit benannt.

9. Derb von Müsen im Siegerland; anal. Hengstenberg bei C. F. Rammelsberg, Mineralchemie 1875, 107.

10. Von Kahl bei Biber (Hessen); anal. Mutzschler bei F. Sandberger, N. JB. Min. etc. 1877, 275.

11. Von Teniente in Rancagua (Chile); anal. A. Orrego bei J. Domeyko, Min. 1879, 229.

12. Von den Cerros Alcocupa, Prov. Lampa (Peru); anal. F. Ovalle bei J. Domeyko, ebenda 239.

	13.	14.	15.	16.	17.	18.	19.
δ . . .	4,89	4,885	4,921	4,969	5,079	—	4,781
Ca . . .	—	—	—	—	—	1,04	—
Mg . . .	—	—	—	—	—	0,30	—
Fe . . .	1,38	0,64	1,32	1,02	1,10	5,70	2,00
Co . . .	—	—	—	—	—	—	0,23
Mn . . .	—	0,10	—	—	—	—	—
Cu . . .	23,20	37,68	45,39	41,55	37,75	45,20	39,16
Zn . . .	7,14	7,15	—	2,63	6,51	1,10	4,87
Pb . . .	1,19	—	0,11	0,62	0,71	—	—
Ag . . .	—	0,60	—	—	0,11	—	Spur
Bi . . .	—	0,37	—	0,83	0,53	0,22	—
As . . .	—	3,22	Spur	Spur	—	—	1,68
Sb . . .	34,47	25,51	28,85	28,32	28,66	15,90	25,71
S . . .	26,88	25,97	24,48	24,35	24,61	23,28	24,48
Se . . .	—	—	—	—	—	—	0,13
Cl . . .	—	—	—	—	—	0,29	—
SO_3 . .	—	—	—	—	—	3,43	—
Unlösl. . .	—	—	—	—	—	3,84	—
Gangart .	5,86	—	—	—	—	—	0,95
	100,12	101,24	100,15	99,30	99,98	100,30	99,21

13. Derbes Erz von Great Eastern Mine in Park Co. (Colorado); anal. W. P. Page bei J. W. Mallet, Z. Kryst. **9**, 629 (1884).

14. Derb von Governor Pitkin Mine bei Lake City (Colorado); anal. F. A. Genth, Am. Journ. Soc. **23**, 38 (1885).

15. Kristalle von Fresney d'Oisans, Dauphiné mit Eisenspat; anal. G. T. Prior, Min. Soc. Lond. **12**, 197 (1899). Ref. Z. Kryst. **34**, 93 (1901).

16. Vor Horhausen, Westerwald (Rheinprovinz); Kristalle auf Eisenspat mit Blende, Bleiglanz, Bournonit und Kupferkies; anal. Derselbe, ebendort.

17. Ebendaher; anal. A. Kretschmer, Z. Kryst. **48**, 502 (1911).

18. Von Southtown (New Jersey), gemengt mit Kalkspat und Dolomit; anal. A. H. Chester, Geol. Surv. of New Jersey 1901, 175. Ref. N. JB. Min. etc. I, 360 (1902).

19. Von der Besymjannij-Grube, unweit der Kolywansker Hütte im Altai; anal. J. Pilipenko, Bull. Ac. S. Petersb. 1909, 1115. Ref. N. JB. Min. etc. I, 390 (1912).

	20.	21.	22.	23.	24.	25.	26.
δ . .	4,68	4,780	4,736	4,794	—	4,78	—
Fe . .	4,77	0,60	0,94	1,05	8,24	2,00	5,13
Cu . .	38,95	37,93	38,52	38,59	44,57	39,16	37,70
Zn . .	2,21	7,57	7,05	6,16	—	4,87	3,87
Ag . .	0,02	0,45	0,08	0,68	0,17	Spur	Spur
As . .	1,40	1,84	2,69	2,25	Spur	1,68	Spur
Sb . .	27,00	26,12	25,26	24,98	21,35	25,71	26,81
S . .	25,66	25,21	25,22	25,35	23,52	24,48	26,49
SiO_2 .	—	—	—	0,14	1,20	0,95	—
	100,01	99,72	99,76	99,20	99,05	99,21	100,00

20. Derb von Hornachuelos, Prov. Cordoba; anal. A. Kretschmer, Z. Kryst. **48**, 503 (1911). Mittel aus zwei gut übereinstimmenden Analysen.

21. Tetraëder von Schemnitz (Ungarn); anal. 1,1440 g von Demselben, ebenda.

22. Kristalle von Grube Aurora bei Dillenburg in Nassau mit Bleiglanz, Kupferkies, Malachit; anal. 0,9743 g von Demselben, ebenda. Diese Analyse bestätigt die Analyse 1 von G. Rose aus dem Jahre 1825.

23. Kristalle von Kapnik (Ungarn); anal. 0,5785 g von Demselben, ebenda.

24. u. 25. Aus den Bogojawenski-Gruben, Altai; anal. P. Pilipenko, Nachr. Univ. Tomsk **62**, 402 (1915); in Analyse 25 sind noch 0,23% Co und 0,13% Se inbegriffen.

26. Vom Pine Creek (Idaho); anal. E. V. Shannon, Proc. U.S. Nat. Mus. **58**, 437 (1921).

Formel. Die Analysen führen nicht genau auf die Formel $3Cu_2S.Sb_2S_3$, welcher 46,83 Cu, 29,55 Sb und 23,62% S entsprechen würde. Der Fieldit (Anal. 6) kommt dem Enargit nahe, ebenso das Fahlerz von Teniente (Anal. 11). Aus den vielen anderen Analysen, namentlich den neueren, läßt sich nicht verkennen, daß eine starke Variabilität herrscht, daß vor allem die teilweise hohen Fe- und Zn-Gehalte zum Ausdruck zu bringen sind. Die Formel wäre nach G. T. Prior und L. J. Spencer[1]) zu schreiben:

$$3Cu_2S . Sb_2S_3 + x[6(Fe, Zn)S . Sb_2S_3],$$

worin x beim Coppit (Anal. 8) den höchsten Wert $^1/_2$ erreicht, beim Fahlerz von Dillenburg (Anal. 1 u. 22) $^1/_5$, bei dem von Horhausen (Anal. 16—17) $^1/_{10}$, bei dem von Dauphiné (Anal. 15) den niedersten, so daß für letzteres (ohne FeS_2 und PbS) annähernd die Formel $3Cu_2S . Sb_2S_3$ geschrieben werden kann.

2. Silberfahlerz.

Synonyma: Freibergit, Leukargyrit, dunkles Weißgiltigerz, Graugüldigerz, Polytelit, Aphtonit.

Es folgen Analysen mit mehr als 1% Silber. Sonst sind die Bestandteile, wie bei den vorhergehenden Antimonfahlerzen; der Arsengehalt ist noch geringer, vielfach 0.

Ältere Analysen.

	1.	2.	3.	4.	5.	6.
δ	—	5,007	—	4,852	4,92	4,526
Fe	5,98	3,72	4,50	3,52	4,36	4,19
Cu	14,81	25,23	35,70	30,47	31,53	32,46
Zn	0,99	3,10	—	3,39	3,25	3,00
Pb	—	—	0,90	0,78	—	—
Ag	31,29	17,71	8,90	10,48	7,27	7,55
Sb	24,63	26,63	26,80	26,56	26,44	25,74
S	21,17	23,52	24,10	24,80	24,22	24,69
	98,87	99,91	100,90	100,00	97,07	97,63

1. Kristalle von Grube Hab Acht (Bescheert Glück), Freiberg i. Sa. mit Bleiglanz und Rotgülden; anal. H. Rose, Pogg. Ann. **15**, 579 (1829).

2. Vom Wenzelgang im Frohnbachtal bei Wolfach (nördl. Schwarzwald), derb mit Bleiglanz und Kupferkies gemengt; anal. Derselbe, ebendort.

3. Von Claustal i. Harz; anal. Sander bei C. F. Rammelsberg, Mineralchemie, 1. Suppl. 51 (1843).

4. Kristalle vom Meiseberg bei Harzgerode; anal. C. F. Rammelsberg, Pogg. Ann. **77**, 247 (1849).

5. u. 6. Derb vom Tannhöfer Gesenk bei Harzgerode; anal. Derselbe, ebenda.

[1]) G. T. Prior u. L. J. Spencer, Min. Soc. Lond. Nr. 56, **12**, 203 (1899).

	7.	8.	9.	10.	11.
δ	—	—	4,90	4,870	4,890
Fe	2,73	6,23	3,94	1,82	0,95
Cu	33,15	34,59	37,18	33,23	41,06
Zn	5,77	3,43	5,00	6,47	0,71
Ag	5,14	3,18	1,58	3,12	6,16
As	—	—	0,67	Spur	—
Sb	28,52	27,64	27,38	25,01	26,85
S	25,65	25,54	25,22	30,35	23,56
	100,96	100,61	100,97	100,00	99,29

7. Vom Rosenhöfer Zug, Claustal; anal. Schinding, N. JB. Min. etc. 1856, 335.
8. Vom Silbersegen, Claustal; anal. C. Kühlemann, Ztschr. Ges. Naturw. **8**, 500 (1856). Mittel aus 2 Analysen.
9. Von St. Andreasberg i. Harz; anal. Derselbe, ebendort.
10. Derb von Gärdsjon bei Wermskog in Wermland mit Kupfer- und Eisenkies; anal. J. Svanberg, Öfv. Ak. Stockh. **4**, 85 (1847). Dieses Fahlerz wurde, weil „freigebig" und viel Silber versprechend Aphtonit (oder auch Aftonit) genannt.
11. bis 14. ebendaher; anal. L. F. Nilson, Z. Kryst. **1**, 421 (1877).

	12.	13.	14.	15.	16.	17.
δ	4,89	—	—	—	—	5,00
Fe	0,83	0,79	2,84	1,86	2,36	4,27
Cu	35,70	36,53	36,96	30,04	36,02	27,41
Zn	5,42	4,73	4,72	6,02	4,52	2,31
Ag	6,07	6,15	6,07	10,00	3,41	14,54
As	—	—	—	—	3,05	—
Sb	26,70	27,48	26,13	28,76	23,21	27,60
S	23,47	24,16	22,78	23,32	26,83	24,44
	98,19	99,84	99,50	100,00	99,40	100,57

15. Von Långban (Schweden); anal. C. W. Paijkull, Öfv. Ak. Stockh. 1866, 85; Journ. prakt. Chem. **100**, 62. Sb ist aus der Differenz bestimmt worden.
16. Von Chile; anal. S. Smith bei J. D. Dana, Min. 1868, 102.
17. Von der Soto Mine bei Star City in Nevada; anal. W. M. Burton, Am. Journ. Sc. **45**, 320 (1868).

	18.	19.	20.	21.	22.
δ	4,97	—	—	—	—
Fe	4,80	0,82	1,89	1,05	3,30
Cu	22,62	33,20	36,40	38,16	38,78
Pb	1,43	—	—	—	—
Zn	4,65	6,10	4,20	6,23	3,78
Ag	13,57	4,97	2,30	3,21	1,13
As	—	0,61	1,02	Spur	1,56
Sb	25,85	27,01	26,50	24,67	25,86
S.	27,78	25,32	26,71	26,97	24,59
Unlösl. . . .	0,34	—	—	—	—
	99,74	98,03	99,02	100,29	99,00

18. Von der Foxdale Mine, Insel Man; anal. D. Forbes, Phil. Mag. **34**, 350 (1867).
19. u. 20. Von den Kellogg Mines (Arkansas), mit Bleiglanz; anal. S. Smith, Am. Journ. Sc. **43**, 67 (1867).

21. Derb von der Goodwin Mine bei Prescott (Arizona); anal. F. A. Genth, ebendort **45**, 320 (1868).

22. Von Landeskrone bei Wilnsdorf im Siegerland; anal. Aldendorf bei C. F. Rammelsberg, Mineralchemie 1875, 107.

Neuere Analysen:

	23.	24.	25.	26.	27.	28.
Fe	2,66	—	6,59	4,70	6,60	3,55
Cu	35,85	26,40	30,10	23,80	27,10	10,80
Zn	5,15	12,70	0,15	10,00	0,60	—
Ag	2,30	10,45	12,43	8,00	14,30	23,95
As	Spur	—	—	—	—	0,97
Sb	25,87	25,25	32,93	30,50	28,30	37,07
S	27,60	22,00	16,87	22,60	21,00	23,37
Gangart	—	3,25	—	—	—	—
	99,43	100,05	99,07	99,60	97,90	99,71

23. Von Newburgport (Massachusetts); anal. Ellen Swallow, Proc. Bost. Soc. **17**, 465 (1875).

24. u. 25. Von Grube Pulacayo bei Huanchaca, Prov. Porco (Bolivien), aus im Dacit aufsetzenden Gängen mit Blende, Bleiglanz und Kiesen; anal. Gonzales bei J. Domeyko, Min. 1878, 395.

26. Körniges Fahlerz von Aullagas bei Coquechaca (Bolivien); anal. Derselbe, ebendort.

27. Unvollkommene Kristalle von Oruro (Bolivien); anal. J. Domeyko, Min. 1879, 394.

28. Derb von Hualgayoc in Peru; anal. Derselbe, ebendort.

	29.	30.	31.	32.	33.	34.
δ	—	5,090	—	4,910	4,885	—
Fe	17,20	2,17	5,37	0,94	0,90	6,53
Mn	—	—	—	Spur	0,83	—
Cu	46,00	44,08	34,34	37,83	32,59	23,56
Zn	—	3,64	3,52	7,25	5,77	2,34
Ag	1,80	1,31	5,33	1,32	6,76	19,03
As	—	—	—	2,88	1,08	—
Sb	21,00	23,97	26,79	24,21	25,63	22,30
S	14,00	23,95	25,08	25,31	24,25	24,35
	100,00	99,12	100,43	99,74	97,81	98,11

29. Von der Crinnis Mine (Cornwall); anal. L. Michel bei H. F. Collins, Min. Cornw. 1876, 45.

30. Von der Herodsfoot Mine bei Liskeard (Cornwall); anal. M. Reuter bei C. F. Rammelsberg, Mineralchem. 1875, 106.

31. Von Gaablau (Schlesien); anal. Krieg, ebenda.

32. Tetraëdrische Kristalle von Kapnikbánya (Ungarn), mit Sphalerit, Quarz und manganhaltigen Mineralien; anal. mit 0,9312 g von K. Hidegh, Tsch. min. Mit. N. F. **2**, 354 (1880).

33. Derbes, glänzendes Fahlerz, ebendaher; anal. mit 0,9852 g von Demselben, ebendort.

34. Von der Grube Pranal bei Pontgibaud in Puy-de-Dôme auf Bleiglanz; anal. Eissen bei F. Gonnard, Bull. soc. min. Paris **5**, 89 (1882).

	35.	36.	37.	38.	39.	40.
δ	—	—	—	4,968	5,047	4,620
Fe	7,28	2,36	0,93	0,80	3,51	1,14
Mn	—	—	—	0,69	—	—
Cu	24,34	33,65	22,14	37,22	30,56	43,06
Zn	10,70	5,29	6,22	6,29	Spur	6,29
Pb	—	—	—	0,33	0,05	—
Ag	5,32	3,36	11,20	1,51	15,26	1,64
As	—	—	0,23	0,38	Spur	—
Sb	21,20	28,63	28,22	26,61	27,73	23,66
S	22,89	24,72	21,68	25,16	23,15	23,56
Verlust	8,30	—	—	—	—	—
	100,03	100,01	90,62	99,29	100,26	99,35

35. Vom oberen Schwarzgrübner Gang, Příbram; anal. C. Mann bei F. Babanek, Tsch. min. Mit. **6**, 83 (1885). Eisen von Siderit herrührend.

36. Von Claustal; anal. Fraatz bei W. Hampe, Chemiker-Ztg. **17**, 1691 (1893).

37. Von Kaslo-Slocan (Brit. Col.); anal. R. A. A. Johnston bei C. Hoffmann, Am. Journ. Sc. **50**, 273 (1895).

38. Vom Berge Botes (Siebenbürgen), auf Quarz mit Kupferkies und Bleiglanz; anal. J. Loczka, Z. Kryst. **34**, 86 (1901).

39. Vom Wenzelgang im Frohnbachtal bei Wolfach (nördl. Schwarzwald); anal. G. T. Prior und L. J. Spencer, Min. Soc. Lond. **12**, Nr. 56, 202 (1899).

40. Derb von der Grube Palmavexi bei Iglesias (Sardinien); anal. C. Rimatori, R. Acc. d. Linc. [5] **12**, 471 (1903). Ref. in N. JB. Min. etc. **2**, 350 (1904).

	41.	42.	43.	44.	45.	46.	47.
δ	—	—	4,870	4,769	4,550	4,850	4,650
Fe	3,47	3,79	0,78	3,29	6,110	3,40	3,580
Mn u. Ca	—	—	0,26	—	—	—	1,876
Cu	30,69	34,15	36,10	29,99	28,669	31,30	32,704
Zn	6,89	4,86	6,44	2,49	8,026	9,20	4,612
Pb	—	—	2,72	0,25	1,580	4,20	0,269
Ag	6,62	5,94	1,51	12,74	5,390	3,76	7,318
As	—	1,21	2,75	0,58	2,841	3,30	3,580
Sb	27,73	25,24	24,00	26,42	21,634	18,50	12,764
S	23,41	25,22	24,99	23,71	23,982	23,50	28,340
SiO_2	—	—	0,32	—	1,031	1,36	3,800
	98,81	100,41	99,87	99,47	99,263	98,52	98,843

41. Von Boccheggiano (Toskana); anal. E. Tacconi, R. Ac. d. Linc. **13**, 337 (1904).

42. Bis 1 cm große Kristalle vom Weilertal (Elsaß), mit Kupferkies, Bleiglanz und Blende; anal. H. Ungemach, Bull. soc. min. **29**, 194 (1906). Ref. in N. JB. Min. etc. **1**, 200 (1908).

43. Stark glänzende, große Tetraëder vom Berge Botés in Siebenbürgen mit Pyrit auf Quarz; anal. A. Kretschmer, Z. Kryst. **48**, 504 (1911). Mittel aus 2 Analysen; A. Kretschmer gibt die Summe 100,13 an.

44. Derbes Fahlerz von Huanchaca (Süd-Bolivien); anal. von Demselben, ebendort 503.

45.—47. Vom westlichen Altai; anal. P. Pilipenko, Nachr. Univ. Tomsk **62**, 402 (1915).

Formel. Neben dem stark variierenden Silbergehalt ist in diesen Silberfahlerzen ebenso wechselnd der Fe- und Zn-Gehalt. J. Loczka[1]) konnte aus

[1]) J. Loczka, Z. Kryst. **34**, 87 (1901).

den Analysen des Fahlerzes von Botés (Anal. 38) und von St. Andreasberg (Anal. 8) keine befriedigende Formel berechnen. Im allgemeinen lassen sich aber die von G. T. Prior und L. J. Spencer[1]) aufgestellten Formeln ableiten:

$$3(Cu,Ag)_2S.Sb_2S_3 + x[6(Fe,Zn)S.Sb_2S_3],$$

worin $x = \frac{1}{10}$ bis $\frac{1}{2}$, meist $\frac{1}{5}$ ist. A. Kretschmer[2]) schreibt die Formel:

$$x\,Cu_9Sb_3S_9 + Zn_6Sb_2S_9$$

mit den äquivalenten Atomgruppen (Cu_9Sb_3) und (Zn_6Sb_2), worin Cu durch Ag, Zn durch Fe, Mn und Sb durch As vertreten werden können.

Die von G. Tschermak[3]) für Freibergit gegebene Formel:

$$3Ag_3SbS_3 + CuFe_2SbS_4$$

dürfte sich nur auf das Fahlerz von Freiberg der Analyse 1 beziehen. Die Analysen der übrigen Freiberger Fahlerze haben einen weit geringeren Ag-Gehalt ergeben. Der Name Freibergit wäre also nur für das Fahlerz von Fundgrube Hab Acht zu Freiberg zutreffend; er wird aber allgemein für silberreiche Antimonfahlerze angewandt. E. T. Wherry und W. F. Foshag[4]) schreiben für Freibergit:

$$5(Cu,Ag)_2S.2(Cu,Fe)S.2Sb_2S_3.$$

3. Quecksilberfahlerz.

Synonyma: Spaniolith, Hermesit, Merkurfahlerz, Graugüldigerz, Schwazit (auch Schwatzit), Schwarzerz.

Analysen.

	1.	2.	3.	4.	5.	6.
δ	5,092	—	—	4,605	4,762	5,107
Fe	1,89	1,50	5,21	7,11	9,46	1,46
Cu	35,80	33,60	37,54	36,59	34,23	30,58
Zn	6,05	Spur	1,07	—	—	—
Hg	2,70	24,00	7,87	3,07	3,57	16,69
Ag	0,33	—	Spur	0,11	0,10	0,09
As	—	—	4,23	Spur	—	—
Sb	27,47	20,70	19,34	26,70	33,33	25,48
S	24,17	20,20	24,74	25,90	19,38	24,37
	98,41	100,00	100,00	99,48	100,07	98,67

1. Von der Grube Pietrasanta (Toskana); anal. C. Kersten, Pogg. Ann. **59**, 131 (1843).

2. Von Grube Manto de Valdivia Punitaqui (Chile); anal. J. Domeyko, Ann. mines **6**, 183 (1844).

3. Von Kotterbach (Ungarn); anal. Scheidhauer, Pogg. Ann. **58**, 183 (1844).

---

[1]) G. T. Prior u. L. J. Spencer, Min. Soc. Lond. Nr. 56, **12**, 203 (1899).
[2]) A. Kretschmer, Z. Kryst. **48**, 511 (1911).
[3]) G. Tschermak, Min. 1905, 418.
[4]) E. T. Wherry u. W. F. Foshag, Journ. Wash. Ac. Sci. **11**, 6 (1921).

4. Von Apollonia, Zawatker Terrain (Ungarn); anal. C. v. Hauer, J. k. k. geol. R.A. **3**, Heft 4, 102 (1852).

5. Von Andrei Berghandlung, 6. von Gustav Friderici, Poratscher Terrain, bei Schmölnitz (Ungarn); anal. C. v. Hauer, ebendort.

	7.	8.	9.	10.	11.	12.
δ	4,733	4,582	5,108	—	—	—
Fe	5,85	7,38	2,24	5,39	2,05	0,80
Cu	32,80	39,04	34,57	38,80	35,12	35,64
Zn	—	—	1,34	1,20	0,62	8,19
Hg	5,57	0,52	15,57	6,69	17,59	2,67
Ag	0,07	0,12	—	—	—	0,18
As	—	—	—	4,27	—	28,07
Sb	30,18	31,56	21,35	19,29	22,21	
S	24,89	22,00	22,96	24,16	22,41	24,74
Gangart	—	—	0,88	—	—	—
	99,36	100,62	98,91	99,80	100,00	100,29

7. Vom Heilig Geist Transaktion; 8. vom Rotbauer Stollen; anal. C. v. Hauer, J. k. k. geol. R.A. IV, 102 (1852).

9. Kristalle von Schwaz (Tirol); anal. H. Weidenbusch, Pogg. Ann. **76**, 86 (1849).

10. Von Oberungarn; anal. J. Löwe, Bg.- u. hütt. Z. **13**, 24 (1846).

11. Von der Gand bei Landeck im Ober-Inntal; anal. Derselbe, ebendort.

12. Aus der Kupfergrube am Mte. Avanza bei Forni Avoltri, Prov. Undine (Italien); anal. v. Lill, ebendort.

	13.	14.	15.	16.	17.
δ	—	5,070	—	—	5,095
Fe	1,64	0,80	0,99	1,30	7,01
Cu	37,72	35,42	34,83	39,00	33,31
Zn	6,23	0,64	0,75	—	3,72
Pb	—	0,21	0,21	—	—
Hg	3,03	17,27	17,27	11,00	1,24
Ag	0,45	—	—	—	—
Bi	—	0,96	0,66	—	0,12
As	—	3,18	3,13	4,00	—
Sb	26,52	18,56	19,54	20,40	25,49
S	24,14	22,54	22,11	24,30	28,14
Gangart	—	—	—	—	0,75
	99,73	99,58	99,49	100,00	99,88

13. Von Grube Guglielma bei Pietrasanta (Toskana); anal. E. Bechi, Am. Journ. Sc. **14**, 60 (1852).

14. u. 15. Von Kotterbach in der Zips (Ungarn); anal. G. vom Rath, Pogg. Ann. **96**, 322 (1855).

16. Von Lajarilla bei Andacollo (Chile); anal. J. Domeyko, Ann. mines **5**, 472 (1864).

17. Große Kristalle von Serfaus bei Landeck; anal. Oellacher bei F. Sandberger, N. JB. Min. etc. 1865, 596.

	18.	19.	20.	21.	22.
δ	5,095	—	—	—	4,651
Fe	1,41	0,17	1,19	1,46	4,53
Co	0,23	—	—	—	—
Cu	32,19	32,27	52,89	32,76	40,57
Zn	0,10	—	Spur	0,38	1,61
Hg	17,32	3,80	3,83	13,71	1,52
Ag	—	—	—	1,51	0,03
Bi	1,57	—	—	—	—
As	0,31	—	—	0,84	5,07
Sb	23,45	34,90	12,83	27,90	20,60
S	21,90	27,85	18,30	20,60	25,21
Gangart . .	1,39	—	—	—	0,75
Quarz . . .	—	—	9,80	—	—
	99,87	98,99	98,87	99,16	99,89

18. Von Moschellandsberg (Pfalz); anal. Oelacher bei F. Sandberger, N. JB. Min. etc. 1877, 275.

19. Von Grube Fortuna bei Talca (Chile); anal. Castillo bei J. Domeyko, Min. 1879, 238.

20. Von Vallenar, Bezirk Huasco (Chile); anal. Derselbe, ebendort 239.

21. Von Bellagarda; anal. M. Zecchini bei V. Novarese, Boll. R. Com. geol. it. 1902, 23.

22. Derbes Erz von Kotterbach in der Zips (Ungarn), von Kupferkies und Barytadern durchwachsen; anal. A. Kretschmer, Z. Kryst. **48**, 506 (1911). Mittel aus 2 Analysen. Zieht man $CuFeS_2$ ab, so wird der Hg-Gehalt höher, erreicht aber nicht den von G. vom Rath (Anal. 14—15) gefundenen Betrag. Er wurde von A. Kretschmer 1 mal zu 1,59, das andere Mal zu 1,46 gefunden.

Formel. Es ist auffallend, daß das Quecksilber nur in den Antimonfahlerzen nachgewiesen wurde, und daß Silber gar nicht oder nur in geringen Bruchteilen eines Prozent auftritt; auch der Zinkgehalt tritt gegenüber den anderen Antimonfahlerzen zurück. Die zahlreichen Analysen stammen aus früherer Zeit, gestatten aber doch die Prior-Spencersche Formel anzuwenden und Hg einzusetzen. Die Formel lautet dann:

$$3\,Cu_2S\,.\,Sb_2S_3 + x\,[6\,(Fe, Zn, Hg)\,S\,.\,Sb_2S_3]\,;$$

Sb kann durch Bi vertreten werden (Anal. 14, 15, 17, 18).

C. v. Hauer[1]) stellte Formeln auf, in denen er auf Grund seiner Analysen das Mengenverhältnis von Kupfer und Quecksilber zum Ausdruck brachte und ein besonderes Molekül $4\,Cu_2S\,.\,Sb_2S_3$ annahm.

G. Tschermak[2]) gibt für Spaniolith die Formel:

$$3\,Cu_3SbS_3 + CuHg_2SbS_4\,.$$

P. Groth[3]) für Schwazit:

$$[(Sb, As)S_3]_2(Cu_2, Hg, Fe, Zn)_3\,.$$

E. T. Wherry und W. F. Foshag schreiben:

$$5\,Cu_2S\,.\,2\,(Cu, Hg)S\,.\,2\,Sb_2S_3\,.$$

Außer diesen Analysen finden sich in der Literatur mehrfach Angaben über einen Hg-Gehalt in Fahlerzen. So enthält das Fahlerz von Mackara (Bosnien),

[1]) C. v. Hauer, J. k. k. geol. R.A. IV, 103 (1852).

[2]) G. Tschermak, Min. 1905, 418.

[3]) P. Groth u. K. Mieleitner, Min. Tab. 1921, 27.

nach M. Kispatic[1]) 7—16 °/₀ Hg; Hg-haltig ist das Fahlerz von Ebersdorf bei Neurode in Schlesien. Geringe Hg-Gehalte sind mehrfach in den übrigen Fahlerzanalysen angeführt.

4. Silberbleifahlerz.

Synonyma: Malinowskit, Bleisilberfahlerz.

	1.	2.	3.	4.	5.	6.
δ . . .	4,950	4,950	—	4,350	—	5,082
Fe . . .	10,59	10,02	9,12	0,56	2,40	0,93
Cu . . .	14,38	18,78	14,38	33,53	10,80	22,14
Zn . . .	6,37	2,75	1,93	—	2,00	6,22
Pb . . .	8,91	8,83	13,08	16,23	10,80	9,38
Ag . . .	10,26	13,14	11,92	1,80	26,10	11,20
As . . .	1,46	1,02	0,56	—	—	0,23
Sb . . .	25,36	22,49	24,74	24,72	23,00	28,22
S . . .	22,67	22,97	24,27	21,67	24,90	21,68
	100,00	100,00	100,00	98,51	100,00	100,00

1. bis 3. Huaraz, Distr. Recuay auf Acacocha (Peru); licht eisengrau und derb fein verteilt im Quarz; anal. A. Raimondi, Min. Peru 1878, 125.

4. Von Arizona; anal. F. W. Clarke u. Mary Owens, Am. Chem. Journ. **2**, 173 (1880).

5. Kleine Kristalle vom Fundgrübner Gang der Annagrube (Přibram); anal. mit 0,215 g C. Mann bei F. Babanek, Min. Mitt. N. F. **6**, 85 (1885). Der Schwefel ist aus der Differenz bestimmt.

6. Von Antelope Claim, West Kootanie-Distrikt (Brit. Columbia); derb, etwas faserig mit Quarz; anal. R. A. Johnston bei C. Hoffmann, Am. Journ. Sc. **50**, 273 (1895).

	7.
Fe	2,58
Cu	14,91
Zn	5,80
Pb	12,00
Ag	3,40
Sb	17,86
S	16,84
Quarz	17,50
$CaCO_3$	4,80
CO_2 u. O	2,70
	98,39

7. Vom Franziscigang (Přibram), mit Siderit und Sphalerit innig gemengt; anal. C. Mann bei F. Babanek, Min. u. petr. Mitt. N. F. **6**, 82 (1885). Die Analyse ist wahrscheinlich ein Gemenge verschiedener Mineralien.

Formel. Aus Analyse 5 ergibt sich nach F. Babanek so ziemlich

$$4(\mathrm{Fe, Cu_2, Zn, Ag_2, Pb})\mathrm{S} + \mathrm{SbS_3}, \quad \text{aus 7} \quad 5(\mathrm{Cu_2, Pb, Ag_2})\mathrm{S} + 2\mathrm{SbS_3}.$$

Da sich das Eisen mit verdünnter Salzsäure fast vollständig extrahieren läßt, so hat es keinen Anteil nach F. Babanek am Fahlerz; Siderit und Blende sind, wie mit freiem Auge leicht erkennbar, im Fahlerz eingelagert.

[1]) M. Kispatic, Tsch. min. Mit. **28**, 297 (1909).

Nach Ansicht des Verfassers ist der Bleigehalt der Fahlerze sehr zweifelhaft. Die Analysen deuten auf Verunreinigung von Bleiglanz. Siehe das bei Pseudomorphosen beim Clayit Gesagten (S. 197).

5. Nickelfahlerz.

Synonym: Frigidit.

	1.	2.	3.	4.	5.	6.	7.
δ . . .	4,815	4,793	4,800	—	—	—	4,779
Fe . . .	0,69	3,43	12,67	6,60	6,01	9,83	2,66
Co . . .	0,12	1,64 (Co + Ni)	—	—	—	—	—
Ni . . .	0,49		7,55	0,23	0,14	3,46	2,49
Cu . . .	33,94	39,88	19,32	37,42	37,54	30,04	33,30
Sn . . .	—	—	—	—	Spur	Spur Hg	0,75
Zn . . .	6,00	3,50	Spur	1,72	1,98	0,59	5,32
Pb . . .	—	—	—	Spur	Spur	0,26	0,83
Ag . . .	3,31	0,60	0,04	—	—	—	1,70
As . . .	Spur	4,93	—	—	Spur	1,50	4,48
Sb . . .	26,66	19,15	25,59	29,28	29,54	28,82	23,44
S . . .	29,78	25,46	29,60	25,70	25,48	24,48	23,83
SiO_2 . . .	—	—	2,20	—	—	—	0,26
	99,99	98,59	96,97	100,95	100,69	98,98	99,06

1. Von Gärdsjön in Wermland; anal. Peltzer, Ann. Chem. Pharm. **126**, 344 (1862). — Die Summe gibt 100,99.

2. Von der Schwabengrube, Müsen; anal. C. F. Rammelsberg 1875, 107.

3. Aus der Frigidogrube oberhalb Massa, mit Magnetkies; anal. A. Funaro bei A. d'Achiardi, Soc. Tosc. sc. nat. prov. verb. 1881, 172.

4. bis 6. ebendaher; anal. E. Manasse, ebenda **22**, 81 (1906). Ref. Z. Kryst. **44**, 662 (1908).

7. Von der Schwabengrube bei Müsen (Siegerland); anal. A. Kretschmer, Z. Kryst. **48**, 505 (1911).

Formel. E. Manasse[1]) berechnet aus 4 und 5 die Formel:

$$3\,Cu_2S \cdot Sb_2S_3 + \tfrac{1}{4}[6\,(Fe, Ni, Zn)S \cdot Sb_2S_3]$$

aus 6

$$3\,Cu_2S \cdot Sb_2S_3 + \tfrac{1}{2}[6\,(Fe, Ni, Zn)S \cdot (Sb, As)_2S_3].$$

Diese Formel mit anderer Bruchzahl läßt sich auch auf die anderen Analysen anwenden; Cu_2 wird bei einigen durch Ag_2 teilweise vertreten. Da bei Anal. 7 3% S fehlen, so scheinen nach A. Kretschmer[2]) nicht sulfidische Erze dabei zu sein; er nimmt NiAs oder NiSb als vermutliche Beimengung an. Demnach läge kein Nickelfahlerz vor.

II. Arsenfahlerze.

Synonyma: Arsenikfahlerz, Tennantit, Erythroconit, Arsenkupferfahlerz.

Der Sb-Gehalt ist, abgesehen vom Julianit mit 1,42%, verschwindend, meist gar nicht nachgewiesen. Mit Rücksicht auf den Zink- und Silbergehalt können 3 Arten unterschieden werden.

---

[1]) E. Manasse, Soc. Tos. sc. nat. prov. verb. **22**, 81 (1906); Z. Kryst. **44**, 662 (1908).

[2]) K. Kretschmer, Z. Kryst. **48**, 505 (1911).

1. Zink- und silberfreies Arsenfahlerz.

Synonyma: Lichtes Arsenfahlerz, Tennantit, Julianit.

	1.	2.	3.	4.	5.	6.	7.
δ	—	4,690	—	—	4,530	4,926	4,746
Fe	3,57	3,09	1,95	2,82	9,21	0,39	1,58
Cu	48,94	48,68	51,62	52,97	42,60	53,60	53,24
Zn	—	—	—	—	—	—	0,23
Ag	Spur	—	—	—	—	0,08	—
As	19,10	20,53	19,03	18,06	19,01	19,11	18,29
Sb	—	—	—	—	—	0,10	—
S	27,76	26,88	26,61	26,34	29,18	25,98	26,54
Rückstand	—	—	—	—	—	—	0,23
	99,37	99,18	99,21	100,19	100,00	99,26	100,11

1. Von Cornwall; anal. J. Kudernatsch, Pogg. Ann. **38**, 397 (1836).

2. u. 3. Ebendaher; anal. Wackernagel bei C. F. Rammelsberg, Mineralchemie 1860, 88.

4. Ebendaher; anal. Baumert bei G. vom Rath, Niederrhein. Ges. **15**, 73 (1858).

5. Von den Kobaltgruben von Modum (Norw.), mit Kupferkies; anal. Fearnley bei Th. Scheerer, Pogg. Ann. **65**, 298 (1845).

6. Kristalle von Szászka (Ungarn), begleitet von Redruthit; 0,6246 g anal. K. Hidegh, Min. u. petr. Mitt. N. F. **2**, 355 (1880).

7. Von Cooks Kitchen, Illogan bei Redruth (Cornwall); anal. A. Kretschmer, Z. Kryst. **48**, 509 (1911).

Formel. Die Analysen dieser Gruppe stammen aus älterer Zeit. Doch ergibt sich eine ziemliche Übereinstimmung; nur der Eisengehalt ist ziemlich verschieden. Es scheint, daß Eisen an Stelle von Kupfer in kleinen Beträgen treten kann, falls man Analyse 5 nicht besonders berücksichtigt. Die Analyse von K. Hidegh ist wohl einwandfrei und führt mit den übrigen so ziemlich auf die Formel:

$$Cu_3AsS_3 = 3\,Cu_2S\,.\,As_2S_3\,,$$

welche 26,60 % S, 20,76 % As und 52,64 % Cu verlangt. A. Kretschmer nimmt in seiner Analyse (7) eine Vermischung von Fahlerzsubstanz mit Buntkupfererz an und erhält nach Abzug von Cu_3FeS_3 die Fahlerzformel. Er betrachtet den Tennantit als eine seltene Fahlerzvarietät mit dreiwertigem Eisen und glaubt ihn vom eigentlichen Arsenfahlerz mit nur zweiwertigem Eisen trennen zu müssen.

G. Tschermak[1]) gibt für das gewöhnliche As-Fahlerz mit der Dichte 4,9 die Formel:

$$3\,Cu_3AsS_3 + Cu_5AsS_4\,.$$

Sie trifft annähernd nur für Analyse 6 zu. Für eisenhaltiges Fahlerz von der Dichte 4,4 bis 4,6 schreibt er:

$$3\,Cu_3AsS_3 + CuFe_2AsS_4\,.$$

---

[1]) G. Tchermak, Min. 1905, 421.

P. Groth gibt die Formel:

$$(AsS_3)_2Cu_2Fe.$$

Hierher gehört auch der Julianit mit geringem Sb- und Ag-Gehalt. Aus der nachfolgenden Analyse ergibt sich:

	8.	9.
δ	5,120	4,692
Fe	0,79	2,77
Cu	52,30	48,50
Ag	0,54	0,23
As	16,78	18,82
Sb	1,42	2,44
S	26,50	27,04
Rückstand	—	0,44
	98,33	100,24

8. Von Grube Friederike Juliana bei Kupferberg (Schlesien); anal. M. Websky, Z. Dtsch. geol. Ges. **23**, 489 (1871).

9. Ebendaher; anal. 0,6130 g von A. Kretschmer, Z. Kryst. **48**, 508 (1911).

2. Zinkfahlerz.

Synonym: Kupferblende.

	10.	11.
δ	4,240	4,652
Fe	2,22	6,40
Cu	41,07	46,88
Zn	8,89	1,33
Pb	0,34	—
Ag	Spur	—
As	18,88	18,72
Sb	Spur	—
S	28,11	25,22
	99,51	98,55

10. Von Grube Prophet Jonas, Freiberg i. Sa.; anal. C. F. Plattner, Pogg. Ann. **67**, 422 (1846).

11. Von Cornwall; anal. G. vom Rath, Niederrhein. Ges. **15**, 43 (1858).

Siehe auch S. 190, Analysen 26 u. 27.

Formel. In beiden Analysen stimmt der Arsengehalt überein, die anderen Bestandteile variieren stark, so daß sich schwer eine eindeutige Formel aufstellen läßt. Es scheinen Verunreinigungen durch Zinkblende und Bleiglanz bei Anal. 9, bei 10 durch Eisenkies vorzuliegen. In diesem Falle würde die Formel des zinkfreien Arsenfahlerzes gelten. Nimmt man keine Verunreinigungen, so wäre das Eisen durch Zink teilweise zu ersetzen.

3. Silber-Arsenfahlerz.

Synonyma: Binnit, Fredricit, silber- und arsenreicher Tennantit.

Analysen: a) ohne Zn-Gehalt:

	1.	2.	3.	4.	5.	6.
δ	4,477	—	4,52	4,620	4,598	4,65
Fe	0,82	—	—	1,11	3,68	6,02
Cu	37,74	46,24	46,05	49,83	44,12	42,23
Sn	—	—	—	—	—	1,41
Pb	2,75	—	—	—	—	3,34
Ag	1,23	1,91	2,43	1,87	4,77	2,87
As	30,06	18,98	18,79	19,04	20,49	17,11
Sb	—	—	—	—	—	Spur
S	27,55	32,73	32,46	27,60	26,94	27,18
	100,15	99,86	99,73	99,62	100,00	100,16

1. bis 5. Aus zuckerkörnigem Dolomit bei Imfeld im Binnental (Wallis), flächenreiche Kristalle.

1. Anal. Sart. v. Waltershausen u. Urlaub, Pogg. Ann. **94**, 120 (1855).

2. Anal. Stockar-Escher bei A. Kenngott, Übers. min. Forsch. 1856 bis 1857, 175.

3. Anal. Mac Ivor, Ch. N. **30**, 103 (1874).

4. u. 5. G. T. Prior, Min. Soc. Lond. **12**, 191 (1899). Bei 5 ist As aus der Differenz bestimmt.

6. Von der Falungrube bei Fredriksschacht (Schweden), mit Bleiglanz und Geokronit; anal. Hj. Sjögren, Geol. För. Förh. **5**, 82 (1880). Benannt Fredricit.

b) Mit Zn-Gehalt:

	7.	8.
δ	4,560	4,610
Fe	0,42	0,62
Cu	35,72	42,03
Zn	6,90	7,76
Pb	0,86	—
Ag	13,65	1,24
As	17,18	19,80
Sb	0,13	—
S	25,04	28,08
	99,90	99,53

7. Von der Mollie Gibsonmine bei Aspen (Colorado), mit Polybasit; anal. S. L. Penfield, Am. Journ. Sc. **44**, 18 (1892). Ref. Z. Kryst. **23**, 525 (1894).

8. Aus dem Dolomit vom Lengenbach im Binnental; anal. G. T. Prior, Min. Mag. **15**, 386 (1910); Z. Kryst. **52**, 92 (1913).

Formel. Die Bleigehalte sind auf Verunreinigungen zurückzuführen. Der Fredricit ist das einzige Fahlerz mit genauer angegebenem Zinngehalt. F. Sandberger fand kleine Mengen Zinn sonst in verschiedenen Fahlerzen.

Entgegen der Meinung, daß Silber nur an Antimonfahlerze gebunden ist, wurden in diesen Arsenfahlerzen beträchtliche Mengen Ag nachgewiesen. Von den neueren Analysen führt Analyse 4 auf:

$$3\,Cu_2S\,.\,As_2S_3\,,$$

Analyse 5 auf:

$$[3\,(Cu, Ag)_2S\,.\,As_2S_3 + \tfrac{1}{12}(6\,FeS\,.\,As_2S_3)]$$

nach G. T. Prior und L. J. Spencer. Der Zn-Gehalt kommt zum Ausdruck durch Schreiben von 6(Fe, Zn)S in der zweiten Gruppe. Die Analysen 2 und 3 führen nahezu auf Enargit.

Für den neben Zn besonders silberreichen Tennantit von Colorado (Anal. 8) schreiben S. L. Penfield und J. N. Pearce die Formel:

$$9[3Cu_2S . As_2S_3] + 2[6ZnS . As_2S_3] + [9(Ag, Cu)_2S . As_2S_3];$$

letzteres ist ein Polybasitmolekül.

III. Mischfahlerze (Arsenantimonfahlerze).

Unter Mischfahlerzen sind alle nicht bei I und II genannten in der Literatur als Fahlerze bezeichneten Verbindungen zusammengefaßt. Die Sb- und As-Gehalte sind stark wechselnd, ebenso die Metallgehalte. Wegen der letzteren wurden daher wieder verschiedene Glieder innerhalb der Mischfahlerzgruppe unterschieden. Obwohl vielfach besondere Namen derartigen Mineralien gegeben wurden und die Autoren gar nicht an Fahlerze dachten, wurden sie doch in der Literatur zu den Fahlerzen mit der Zeit in Beziehung gebracht. Hier wurden die Analysen daher auch zwischen die Fahlerzanalysen gestellt, um einen besseren Vergleich zu ermöglichen.

1. Antimonarsenfahlerz.

Synonym: Sandbergerit (Anal. 8), Arsen-Antimonkupferfahlerz.

Außer Kupfer, Eisen und Zink sind in den folgenden Analysen keine besonders hohen Schwermetallgehalte.

Ältere Analysen:

	1.	2.	3.	4.	5.	6.	7.
δ	—	4,749	4,730	—	4,803	4,875	—
Fe	4,66	4,66	6,99	4,24	4,41	3,38	6,33
Cu	40,60	41,57	39,18	40,64	42,46	38,16	38,72
Zn	3,69	2,24	Spur	3,39	2,81	4,51	—
Hg	—	—	—	—	—	0,25	—
Ag	0,60	—	Spur	0,42	0,55	—	0,45
As	10,19	9,12	4,40	16,99	6,65	6,39	20,05
Sb	12,46	14,77	23,66	5,10	16,85	20,86	11,64
S	26,83	27,25	25,64	28,46	25,65	26,65	21,14
Quarz	0,41	—	—	1,24	—	—	—
	99,44	99,61	99,87	100,48	99,38	100,20	98,33

1. Kristalle von Markirch (Elsaß); anal. H. Rose, Pogg. Ann. **15**, 577 (1829).
2. Von Mouzaïa (Algier); anal. L. Ebelmen, Ann. mines **11**, 47 (1847).
3. Von Cornwall; anal. J. G. Wittstein, Vierteljahrsschr. pr. Pharm. **4**, 72 (1855).
4. Von der Elridge Mine, Buckingham Co. (Virginia); anal. Taylor bei F. A. Genth, Am. Journ. Sc. **19**, 15 (1855). Enthält Spuren von Gold.

5. u. 6. Derbes Fahlerz von Schwaz (Tirol); anal. Peltzer, Ann. Chem. Pharm. **126**, 340 (1863).

7. Algodonbai; anal. v. Bibra, Journ. prakt. Chem. **96**, 204 (1865).

Neuere Analysen:

	8.	9.	10.	11.	12.	13.
δ	4,369	—	—	—	—	—
Fe	2,38	4,69	3,26	8,28	4,00	7,70
Cu	41,08	42,92	39,37	42,00	43,30	38,90
Zn	7,19	5,70	4,43	0,49	2,00	—
Pb	2,77	—	—	—	—	—
Ag	—	0,65	—	0,55	Spur	0,55
As	14,75	7,88	6,96	7,67	16,78	7,25
Sb	7,19	9,97	20,44	17,21	6,12	18,40
S	25,12	26,37	25,59	23,51	26,05	26,20
	100,48	98,18	100,05	99,71	98,25	99,00

8. Von Grube Señor de la Carcel, Morococha im Distr. Yauli, Prov. Tarma (Peru), eisenschwarze Tetraeder zusammen mit Enargit; anal. Merbach bei A. Breithaupt, Min. Stud. 1866, 108. Als Sandbergerit bezeichnet.

9. Von Montchonay en les Ardillats; anal. Grüner bei Lamy, Bull. ind. min. **13**, 422 (1869). A. Lacroix, Min. France **2**, 722 (1897).

10. Von Brixlegg (Tirol); anal. A. Untchj, N. JB. Min. etc. 1872, 874.

11. Von Araqueda, Cajabamba (Peru); anal. Raimondi, Min. Peru 1878, 115.

12. Von Yucad, Cajamarca (Peru); anal. Oresi, ebendort 116.

13. Von Lagueda, Dep. Libertad (Peru); anal. Fonseca bei J. Domeyko, Min. 1879, 239.

	14.	15.	16.	17.	18.
δ	4,721	—	—	4,770	4,610
Fe	1,44	2,00	4,20	4,75	1,77
Mn	—	—	—	—	1,23
Cu	40,84	34,20	40,20	39,81	39,75
Zn	6,26	—	3,00	1,44	5,55
Ag	0,23	0,20	0,90	0,05	0,29
Bi	—	—	0,40	—	—
As	8,50	7,90	11,20	4,75	12,07
Sb	15,80	29,10	17,00	22,82	11,35
S	26,55	24,30	23,00	25,75	26,52
	99,62	97,70	99,90	99,37	98,53

14. Vom Klein-Kogel bei Brixlegg; anal. F. Becke, Min. Mitt. 1877, 274.

15. Von San Pedro Nolasco (Chile); anal. P. del Barrio bei J. Domeyko, Min. 1879, 232.

16. Teilweise zersetztes Fahlerz von Grube Clara im Schapbachtal (nördl. Schwarzwald); anal. Mutzschler bei A. Hilger, Ann. Chem. u. Pharm. **185**, 205.

17. Unvollkommene, etwas angegriffene Kristalle von Herrengrund (Ungarn); anal. K. Hidegh. Min. u. petr. Mitt. N. F. **2**, 356 (1880).

18. Tetraedrische Kristalle von Nagyag (Siebenbürgen); anal. Derselbe, ebendort.

	19.	20.	21.	22.	23.	24.	25.
δ . .	4,622	4,885	4,610	4,738	4,740	4,597	—
Fe . .	3,77	0,64	3,48	2,57	4,31	1,48	0,86
Mn . .	—	0,10	—	—	—	—	—
Cu . .	42,09	37,68	42,13	40,91	42,35	42,05	48,60
Zn . .	4,56	7,15	4,40	4,85	1,48	6,09	—
Pb . .	0,25	—	—	Hg 0,80	—	—	—
Ag . .	0,21	0,60	Spur	0,23	0,09	0,04	0,62
Bi . .	—	0,37	—	—	—	—	—
As . .	15,34	3,22	9,74	9,03	10,24	12,57	8,72
Sb . .	4,52	25,51	12,44	15,77	14,51	10,87	12,46
S . .	27,99	25,97	27,00	26,34	26,38	27,12	26,83
SiO_2 .	—	—	—	—	—	—	0,83
	98,73	101,24	99,19	100,50	99,36	100,22	98,92

19. Von Capelton (Quebec); anal. J. Harrington, Trans. Roy. Soc. Can. 1, 80 (1883).
20. Von Lake City (Colorado); anal. F. A. Genth, Am. Journ. Soc. **23**, 38 (1885).
21. Von Markirch (Elsaß); anal. L. Dürr, Z. Kryst. **47**, 305 (1910).
22. Kristalle vom Groß-Kogel bei Brixlegg (Tirol); anal. A. Kretschmer, Z. Kryst. **48**, 506 (1911). Mittel aus 2 Analysen.
23. Von Algier (wahrscheinlich Mouzaïa); anal. Derselbe, ebendort 507.
24. Bruchstücke großer Kristalle von Grube San Lorenzo, Santiago (Chile)., mit Kupferkies; anal. Derselbe, ebendort. Mittel aus zwei gut übereinstimmenden Analysen.
25. Vom westlichen Altai; anal. P. Pilipenko, Nachr. Univ. Tomsk **62**, 402 (1915).

	26.	27.
δ	4,610	—
Fe	0,17	0,03
Cu	43,19	43,60
Zn	9,27	9,24
Pb	0,08	0,22
Ag	nicht best.	0,11
Au	„	0,01
Sb	4,03	4,66
As	19,65	17,94
S	22,65	23,35
SiO_2	0,81	0,97
	99,85	100,13

26. u. 27. Derbes, schwärzliches Erz in Nestern mit Bleiglanz und Kupferglanz von Tsumeb in Otavi (Südwestafrika); anal. O. Pufahl, ZB. Min. etc. 1920, 289. — Von O. Pufahl als zinkreiches Arsenfahlerz bezeichnet.

Formel. Der As- und Sb-Gehalt ist in den verschiedensten Verhältnissen, Eisen stets, Zink in den meisten Fällen vorhanden. Silber tritt auffallend in den Sb-reicheren Mischfahlerzen auf. Die Analysen führen so ziemlich auf die Formel: $3\,Cu_2S\,.\,(Sb, As)_2S_3 + x\,[6\,(Fe, Zn)S\,.\,(Sb, As)_2S_3]$.

2. Silber-Antimonarsenfahlerze.

Antimonarsenfahlerze mit Ag-Gehalt über 1 %.

	1.	2.	3.	4.	5.
δ	—	—	—	4,700	—
Fe	4,50	4,89	1,42	5,46	1,20
Cu	39,20	38,63	30,73	39,09	36,70
Zn	—	2,76	2,53	2,14	6,90
Ag	1,00	2,37	10,53	3,86	2,90
As	25,00	7,21	11,55	13,49	6,50
Sb	4,50	16,52	17,76	9,06	20,70
S	22,80	26,33	25,48	26,74	25,30
	97,00	98,71	100,00	99,84	100,20

1. Von Markirch (Oberelsaß); anal. P. Berthier, Ann. mines **11**, 127 (1825).
2. Von Segen Gottes zu Gersdorf, Bergrevier Freiberg i. Sa., Kristalle; anal. H. Rose, Pogg. Ann. **15**, 577 (1829).
3. Von der Makine Mine, Cabarrus Co. (Nord-Carolina); anal. F. A. Genth, Am. Journ. Sc. **16**, 83 (1853).
4. Von Huallanca (Peru); anal. W. J. Comstock, ebenda **17**, 401 (1879).
5. Von Machetillo (Chile); anal. J. Domeyko, Min. 1879, 229.

	6.	7.	8.	9.	10.	11.
δ	4,776	—	4,576		4,800	5,000
Mn	0,45	0,02	—	siehe Anal. 7	—	—
Fe	2,05	0,95	5,44	bei Nickel-	3,86	2,62
Cu	37,45	37,87	42,15	fahlerz S. 184.	35,54	46,54
Pb	—	—	—		—	3,60
Zn	5,67	7,58	2,62		3,31	2,68
Ag	6,47	1,49	1,31		6,20	5,85
As	13,49	5,54	16,68		5,54	7,70
Sb	6,99	21,30	4,66		20,38	9,67
S	26,55	25,66	27,61		25,63	22,19
	99,12	100,41	100,47		100,46	100,85

6. Von der Mc Makin Mine, Cabarrus Co. (Nordcarolina); anal. De Benneville bei F. A. Genth, Min. Nordcarolina 1891, 27.
7. Von der Daly-Judge Mine, Park City, Distrikt Utah; anal. G. Steiger bei F. W. Clarke, Bull. geol. Surv. U.S. Nr. 419, 323 (1910). Ref Z. Kryst. **52**, 82 (1913).
8. Von Guanajuato (Mexico); anal. A. Kretschmer, Z. Kryst. **48**, 508 (1911). Mittel aus 2 Analysen.
9. Von der Schwabengrube bei Müsen; anal. Derselbe, ebendort 505. Verrechnet man die 2,49% Ni auf Sb oder As, so ist die Analyse hierher zu stellen.
10. u. 11. Vom westlichen Altai; anal. P. Pilipenko, Nachr. Univ. Tomsk **62**, 402 (1915).

Formel. Diese Analysen führen auch auf die G. T. Prior und L. J. Spencersche Formel,[1]) wie sie beim Freibergit aufgestellt wurde. Sb und As vertreten sich isomorph:

$$3(Cu, Ag)_2S \,.\, (Sb, As)_2S_3 + x\,[6\,(Fe, Zn)S \,.\, (Sb, As_2)S_3].$$

3. Wismutfahlerz.

Synonyma: Annivit, Studerit, Rionit, Kobaltwismutfahlerz, Kobaltfahlerz, Nepaulit.

[1]) G. T. Prior u. L. J. Spencer, Min. Soc. Lond. **12**, 203 (1899).

Analysen.

	1.	2.	3.	4.	5.
δ	—	4,900	4,800	4,657	4,908
Fe	3,85	6,40	4,85	2,76	3,74
Co	—	4,21	2,95	—	Spur
Cu	35,57	33,83	32,04	38,17	41,43
Zn	2,01	—	3,84	5,11	3,82
Pb	—	—	0,43	0,38	1,52
Ag	—	1,37	0,22	0,96	Spur
Bi	4,94	4,55	1,83	0,58	6,33
As	10,96	6,98	10,19	11,49	13,53
Sb	8,80	14,72	15,05	15,58	4,28
S	23,75	26,40	28,34	24,97	24,85
Quarz . . .	9,40	—	—	—	—
	99,28	98,46	99,74	100,00	99,50

1. Vom Annivier-Tal in Oberwallis; anal. Brauns, Naturf. Ges. Bonn 1854, 57. Nach dem Fundort Annivit benannt.

2. Von Christophsaue bei Freudenstadt im württemb. Schwarzwald; stahlgraue Kristalle; anal. A. Hilger, Pogg. Ann. **124**, 500 (1865). Kobaltfahlerz benannt; enthält auch Spuren von Ni. Schwefel und Kobalt sind doppelt bestimmt worden.

3. Von Kaulsdorf, Bayern (Thüringer Wald); anal. H. A. Hilger, Pogg. Ann. **124**, 500 (1865). — F. Sandberger, N. JB. Min. etc. 1865, 592. Mittel aus 2 Analysen.

4. Von Großtrog am Außerberg (Oberwallis); anal. R. L. v. Fellenberg, Mitt. nat. Ges. Bern 1864, 178; N. JB. Min. etc. 1865, 477. Studerit benannt.

5. Von Neubulach im württemb. Schwarzwald; anal. Senfter bei Th. Petersen, N. JB. Min. etc. 1870, 464.

	6.	7.	8.	9.	10.
δ	—	4,870	4,969	—	5,079
Fe	6,51	3,03	1,02	3,77	1,10
Co	1,20	0,30	—	—	—
Cu	37,52	46,66	41,55	38,15	37,75
Zn	—	0,88	2,63	5,05	6,51
Pb	—	—	0,62	0,53	0,71
Ag	0,04	—	—	Spur	0,11
Bi	13,07	0,98	0,83	1,63	0,53
As	11,44	20,63	Spur	6,75	—
Sb	2,19	Spur	28,32	17,47	28,66
S	29,10	27,45	24,35	25,58	24,61
	101,07	99,93	99,30	98,93	99,98

6. Von Cremenz im Einfischtal (Oberwallis), eisenschwarz mit Kupferkies; anal. Brauns bei Th. Petersen, ebendort 590. Rionit benannt. Th. Petersen fand 26,97% Schwefel.

7. Von Grube Wilhelmine bei Sommerkahl (Unterfranken); anal. Th. Petersen, N. JB. Min. **1**, 262 (1881).

8. Von Horhausen, Bez. Koblenz; schöne Kristalle auf Eisenspat mit Blende, Bleiglanz, Kupferkies, Bournonit; anal. G. T. Prior, Min. Soc. Lond. **12**, 200 (1899). Ref. Z. Kryst. **34**, 92 (1901).

9. Ebendaher, Kristalle mit Siderit, Bleiglanz und Zinkblende; anal. 0,6816 g A. Kretschmer, Z. Kryst. **48**, 502 (1910).

10. Vom Weilertal im Elsaß; bis 5 cm große Kristalle; anal. H. Ungemach, Bull. soc. min. **29**, 194 (1906). Ref. N. JB. Min. etc. **1**, 200 (1908).

Der von H. Piddington[1]) als ein Carbonat von Wismut, Kupfer usw. bezeichnete Nepaulit von Khatmandu, Nepal (Indien), wurde von F. R. Mallet[2]) als Fahlerz erkannt.

H. Ungemach[3]) führt den Wismutgehalt vielleicht auf Einschlüsse von gediegen Wismut zurück, ebenso den Gehalt an Zink. G. T. Prior[4]) bringt das Wismut in der Formel nicht zum Ausdruck, wohl infolge des geringen Gehalts. Immerhin ist es sehr wahrscheinlich, daß an Stelle von Sb und As auch Bi getreten ist. Die Formel wäre dann:

$$3\,Cu_2S\,.\,(As, Sb, Bi)_2S_3 + x\,(6\,Fe, Co, Zn)S\,.\,(Sb, As, Bi)_2S_3\,,$$

wo x wiederum eine Bruchzahl ist. Der Kobaltgehalt ist wohl durch Verunreinigung zu erklären.

4. Fournetit (Bleifahlerz?).

Analysen.

	1.	2.	3.
δ	5,137	5,040	—
Fe	4,50	3,00	2,79
Cu	30,80	32,00	47,05
Zn	—	—	2,08
Pb	11,50	12,00	15,06
As	10,00	8,00	0,37
Sb	21,50	22,00	3,11
S	21,70	23,00	29,12
	100,00	100,00	99,58

1. Von Valgodemar, Dep. Rhône; anal. Ch. Mène, C. R. **53**, 1326 (1861).
2. Von Montchonay, les Ardillats, Rhône; stahlgraues Erz mit Bleiglanz; anal. Derselbe, ebendort **51**, 463 (1860).
3. Typische Kristalle aus der Kirgisensteppe; anal. J. Antipow bei S. F. Glinka; ZB. Min. etc. 1901, 281.

Auffallend ist, daß bei dem hohen Bleigehalt kein Silber nachgewiesen wurde.

Ch. Mène nannte dieses bleihaltige Fahlerz Fournetit zu Ehren M. J. Fournets. Doch zweifelt letzterer[5]) die Analysen an, indem er höchstens ein Gemenge von Bleiglanz und Fahlerz zugibt. A. Lacroix[6]) fand in keinem der Fahlerze von les Ardillats Blei, gibt aber zu, daß ein bleihaltiges Fahlerz, ähnlich dem Malinowskit von Peru (siehe unter Antimonfahlerz S. 183) vorliegen mag. Jedenfalls sind diese Analysen, wie auch Analyse 3, mit großer Vorsicht zu betrachten. Sie wurden hier nur als besondere Art angeführt wegen des auffallend hohen Pb-Gehalts und des eigenen Namens. Neigt man der Meinung

[1]) H. Piddington, J. Asiat. Soc. **23**, 170 (1854).
[2]) F. R. Mallet, Min. Ind. 1887, 30.
[3]) H. Ungemach, Bull. soc. min. **29**, 194 (1906). Ref. N. JB. Min. etc. **1**, 199 (1908).
[4]) G. T. Prior u. L. J. Spencer, Min. Soc. Lond. **12**, 200 (1899). Ref. Z. Kryst. **34**, 92 (1899).
[5]) M. J. Fournet, C. R. **54**, 1096 (1862). — A. Kenngott, Übers. min. Forsch. 1862—65, 290.
[6]) A. Lacroix, Min. France **2**, 728 (1897).

M. J. Fournets zu, so ist der Fournetit zum zink- und silberfreien Antimonarsenfahlerz zu rechnen.

Für das Mineral aus der Kirgisensteppe gibt S. F. Glinka[1]) die Formel mCuS + PbS, wo m ungefähr 9 ist. Sie weicht erheblich von der Fahlerzformel ab, nicht nur etwas wie S. F. Glinka meint. Im Fournetit können auch Pseudomorphosen vorliegen (siehe S. 197).

Über die Konstitution der Fahlerze wird weiter unten berichtet.

Chemische Eigenschaften.

Lötrohrverhalten. Im geschlossenen Rohr dekrepitiert Fahlerz zunächst beim Erhitzen, um dann zu schmelzen. Bei weiterer Erhitzung mit Hilfe der Lötrohrflamme entsteht ein dunkelrotes Sublimat von Schwefelantimon oder orangefarbenes Schwefelarsen oder ein Gemenge von beiden, je nachdem ein Sb-, As- oder Mischfahlerz vorliegt. Ist Hg im Fahlerz vorhanden, so bildet sich ein dunkelgrauer bis schwarzer Beschlag von Schwefelquecksilber bei schwacher Rotglühhitze. Im offenen Rohr schmilzt das Fahlerz, gibt Antimonoxyd oder arsenige Säure und stets schwefelige Säure ab. Vorhandenes Quecksilber geht flüchtig und liefert den Metallspiegel bei gelindem Erhitzen; anderenfalls sublimiert schwarzes Schwefelquecksilber.

Auf Kohle schmilzt Fahlerz ebenfalls leicht zu einer stark rauchenden Kugel und beschlägt die Kohle mit Antimonoxyd oder arseniger Säure. Während der weiße, leicht flüchtige Antimonoxydbeschlag ziemlich in der Ferne der Probe sich absetzt, erscheint namentlich im Reduktionsfeuer der in der Hitze gelbliche, nach Abkühlung weiße Zinkoxydbeschlag, der, mit Kobaltsolution befeuchtet, im Oxydationsfeuer geglüht, eine grasgrüne Farbe (Kobaltozinkat) annimmt.

Mengt man nach F. Kolbeck und C. F. Plattner[2]) einen Teil des gepulverten Minerals mit Soda und schmilzt das Gemenge auf Kohle im Reduktionsfeuer, so wird der Schwefel zurückgehalten, und man kann sich durch den Geruch von etwa vorhandenem Arsen überzeugen.

Ein Gehalt an Wismut oder Blei, bzw. Verunreinigungen des Fahlerzes durch letzteres Metall, die ja sehr häufig sind, ergeben einen Wismut- oder Bleioxydbeschlag, der den Zinkoxydbeschlag häufig verdeckt. Anderseits wird auch der Bleibeschlag durch vorhandenes Schwefelantimon verdeckt. F. Kolbeck und C. F. Plattner schlagen vor, die Probe auf einer anderen Stelle der Kohle erst einige Zeit für sich zu schmelzen, um die flüchtige Schwefelverbindung vollständig zu entfernen, ehe man den Blei- bzw. Wismutbeschlag herstellt. Zur Unterscheidung von Bleioxyd und Wismutoxyd stellt man schließlich noch die charakteristischen Jodidbeschläge her. Der scharlachrote Wismutjodidbeschlag wird selbst durch große Bleigehalte nicht beeinträchtigt. Doch ist ein ganz geringer Wismutgehalt nicht auf diese Art wahrzunehmen. Cornwall[3]) empfiehlt daher, die von Antimondämpfen befreite Probe zu pulvern und mit 5 Teilen Schwefel und 1 Teil Jodkalium zu mengen und die Mischung in einem offenen Rohr von etwa 10 cm Länge und 1 cm Durch-

[1]) S. F. Glinka, ZB. Min. etc. 1901, 281.

[2]) C. F. Plattners Probierkunst mit dem Lötrohr, bearbeitet von F. Kolbeck, 7. Aufl. 1907, 287.

[3]) Cornwall, Bg.- u. hütt. Z. 1872, 428. — C. F. Plattner, Probierkunst 1907, 267.

messer zu erhitzen. Man erhält dann an der Kante des sich bildenden gelben Sublimates einen deutlich roten oder bei sehr geringer Wismutmenge orangeroten Ring von Wismutjodid.

Das Kupfer wird nachgewiesen durch Betupfen der Probe mit Salzsäure auf Kohle und Berühren mit der Flamme; es zeigt sich die azurblaue Flammenfärbung von Chlorkupfer und darnach Grünfärbung durch metallisches Kupfer. Das abgeröstete Pulver gibt mit Glasflüssen die Reaktion auf Kupfer und bei Gegenwart von Eisen auch auf dieses. Die in der Hitze grüne Farbe wird während der Abkühlung hellgrün oder gelblich, je nach dem Grade der Sättigung und dem Mengenverhältnis von Cu:Fe. Bis 1 $^0/_0$ Kobalt ist ebenfalls durch die Perlen wahrnehmbar, Nickel nur auf nassem Wege nachweisbar.

Der Silbergehalt ist nicht bei allen Silberfahlerzen durch Röten des weißen Antimon- und Zinkbeschlags nachzuweisen. Nach C. F. Plattner findet man das Silber im Fahlerz durch Zusammenschmelzen einer kleinen Menge mit Probierblei neben Borax auf Kohle und Abtreibung des Bleies.

Ein geringer Quecksilbergehalt ist mit Sicherheit nachweisbar, wenn das Material fein pulverisiert, mit der drei- bis vierfachen Menge getrockneter Soda oder besser mit neutralem oxalsauren Kali und Cyankalium innig gemischt im Glaskölbchen bis zum Glühen erhitzt wird. Das Quecksilber verdichtet sich im Hals des Kölbchens zu einem grauen, metallisch glänzenden Beschlag, der durch Klopfen sich zu Kügelchen verdichtet, die sich mit der Lupe als Quecksilber zu erkennen geben. Nach C. v. Hauer[1]) geschieht dies noch leichter, wenn das Pulver mit Eisenfeilspänen gemengt wird. Ist der Beschlag undefinierbar und sind die Kügelchen nicht mit Bestimmtheit als Quecksilber zu erhalten, was bei ganz geringem Quecksilbergehalt meist der Fall ist, so hält man während des Erhitzens ein mit echtem Blattgold belegtes Ende eines Eisendrahtes nahe an das Gemenge. Das Gold wird auffallend weiß; Bildung von Goldamalgam.

Löslichkeit. Die Fahlerze sind durch Salpetersäure und später durch Zugabe von Salzsäure bei gewöhnlicher Temperatur schon zersetzbar unter Abscheidung von Schwefel und Antimonoxyd. Durch Wasser wird die Lösung von Antimonfahlerz in Königswasser getrübt; beim Arsenfahlerz tritt keine Trübung auf. Nach E. F. Smith[2]) wird Fahlerz durch Einwirkung von Schwefelmonochlorid aufgelöst. Der Aufschluß geschieht durch den Chlor- oder Bromstrom. P. Jannasch[3]) gibt letzterem den Vorzug.

Kocht man eine Lösung, die Cyankalium und Kalihydroxyd enthält, so lösen sich nach J. Lemberg[4]) die Fahlerze mehr oder weniger rasch auf, die reinen Silberfahlerze am langsamsten. Mit konzentrierter Kalilauge gekochte Fahlerzkörner werden nach J. Lemberg unter teilweiser Lösung von $Sb_2S_3(As_2S_3)$ oberflächlich mit einem matten, braunschwarzen Überzug bedeckt, der durch Bromlauge rasch oxydiert wird und dann mit Essigsäure und Ferrocyankalium sehr deutlich die Kupferreaktion gibt. Durch diese Reaktion, sowie durch die vollständige Löslichkeit in alkalihaltiger Cyankaliumlösung ist das Mineral als Fahlerz gekennzeichnet. Das oberflächliche Matt- und Dunkelwerden der Fahlerze (Pulver und Schliffe) beim Kochen mit Kalilauge kann

[1]) C. v. Hauer, J. k. k. geol. R.A. 1852, IV, 99.
[2]) E. F. Smith, Am. Journ. Chem. Soc. **26**, 290 (1898).
[3]) P. Jannasch, Ber. Dtsch. Chem. Ges. **24**, 374 und **25**, 124.
[4]) J. Lemberg, Z. Dtsch. geol. Ges. **52**, 490 (1900).

zur Erkennung des Fahlerzes neben Bleiglanz, Zinkblende, Kobaltkies, Pyrit, Smaltin, Löllingit, Millerit und Rotnickelkies verwendet werden, während Kupferkies, Magnetkies, Kupferglanz und Buntkupferkies eine ähnliche Veränderung wie Fahlerz erleiden. Quecksilberfahlerze hat J. Lemberg nicht untersucht.

A. Burghardt[1]) untersuchte den Einfluß schmelzenden reinen Ammoniumnitrats auf verschiedene Sulfide, darunter auch auf Fahlerz. Fahlerz gibt eine heiß grüne, kalt braune Schmelze. Beim Auslaugen mit Wasser entsteht eine blaue Lösung, in welcher Kupfersulfat, Ferrisulfat, Spuren von Zinksulfat und arseniger Säure enthalten waren. Der Rückstand, in Wasser unlöslich, besteht aus Sb_2O_5 und Fe_2O_3.

Im Funkenspektrum treten nach A. de Gramont[2]) die grünen Kupfer- und roten Antimonlinien lebhaft hervor auf einem Hintergrund feiner Eisen- und Schwefellinien. Zink, Silber und Arsen sind ebenfalls deutlich. Auch zum Nachweis anderer Metalle in den Fahlerzen dürfte das Funkenspektrum zu wählen sein. Es kann damit das Fahlerz näher bestimmt werden.

Die Dissoziationstemperatur von Tennantit liegt nach L. H. Borgström[3]) bei 60 Atmosphären über 800—1000°. Er kann demnach auch als primärer Gemengteil in Tiefengesteinen angetroffen werden.

Umwandlung der Fahlerze (Pseudomorphosen).

Pseudomorphosenbildung ist bei den Fahlerzen ziemlich häufig beobachtet worden. Von Grube Hilfe Gottes zu Memmendorf bei Öderan i. Sa. sind Pseudomorphosen von Quarz, von Könitz bei Saalfeld von Brauneisen und vom roten Berg ebenda solche von Kupferkies nach Fahlerz bekannt. Fahlerztetraeder von Schrießheim an der Bergstraße sind in Ziegelerz umgewandelt. Häufig sind Umwandlungen in Azurit und Malachit, bei Arsenfahlerzen auch in grüne Kupferarseniate. A. Sadebeck[4]) beschreibt von Gottes Vorsorge bei Kamsdorf in Thüringen Kristalle mit einer Hülle von geschwärztem Kupferkies, worunter noch weiter vorgeschrittene Zersetzungszonen mit Malachit, Kupferkies, Brauneisenerz und schließlich als Kern der Kristalle Brauneisenocker sich finden. Von ebendaher berichtet R. Blum[5]) über einen Umwandlungsbezug von Kupferlasur. Das Fahlerz von Schweinau bei Lobenstein ist nach Sillem[6]) äußerlich in dichten Malachit umgewandelt. Fahlerz von Brixlegg weist häufig einen Überzug von Kupferschwärze, Kupferlasur und Malachit auf. Von Camaresa bei Laurion erwähnt A. Frenzel[7]) schöne in Pyrit umgewandelte Tetraeder auf Blende und Quarz. Auch Pseudomorphosen von Bournonit, Erythrin, Covellin, Zinnober und Amalgam nach Fahlerz sind bekannt. Von Laurion, Griechenland, stammen nach O. Mügge[8]) Verwachsungen von Pyrit und Pseudomorphosen nach Fahlerz.

Der von G. J. Brush[9]) als Fahlerz-Pseudomorphose bezeichnete schwärzlich-

[1]) A. Burghardt, Min. Mag. **9**, 227 (1891); Z. Kryst. **22**, 306 (1894).
[2]) A. de Gramont, Bull. soc. min. Paris **18**, 322.
[3]) L. H. Borgström, Öfv. Fin. Vet. Soc. Förh. **59**, Nr. 16, 1 (1916).
[4]) A. Sadebeck, Z. Dtsch. geol. Ges. **24**, 456 (1872).
[5]) R. Blum, Pseudomorphosen 1. Nachtr. 1847, 122.
[6]) Sillem bei R. Blum, ebenda, 2. Nachdr. 1852, 77.
[7]) A. Frenzel, Briefl. Mitt. an C. Hintze, Min. 1904, I, 1101.
[8]) O. Mügge, N. JB. Min. etc. 1895, I, 103.
[9]) G. J. Brush, Am. Journ. Sc. **29**, 367 (1860).

bleigraue Clayit aus Peru, der in Gestalt kleiner Tetraeder mit (110), auch derb auf Quarz aufsitzt, hat nach W. J. Taylor[1]) die Zusammensetzung:

Cu	7,67
Pb	68,51
Ag	Spur
As	9,78
Sb	6,54
S	8,22
	100,72

E. S. Dana[2]) hält den von W. J. Taylor als besonderes Mineral aufgestellten Clayit auch für ein Zersetzungsprodukt. Wenn hier wirklich eine Pseudomorphose nach Fahlerz vorliegt, so ist der Bleigehalt sekundär. Die als Malinowskit und Fournetit bezeichneten Fahlerze sind wahrscheinlich als Umwandlungspseudomorphosen mit teilweisem Stoffaustausch anzusehen. Die Fahlerze scheinen überhaupt leicht zur Zersetzung zu neigen und durch natürliche säureartige Lösungen angreifbar zu sein; daraufhin weisen auch die vielfach beobachteten natürlichen Ätzflächen.

Dem Clayit nahe steht ein von M. H. Klaproth[3]) analysiertes dem Weißgüldigerz nahestehendes Mineral von Himmelsfürst bei Freiberg i. S. mit 0,32 Cu, 38,36 Pb, 6,79 Zn, 5,78 Ag, 3,83 Fe, 22,53 S und 22,39 Sb. Letzteres aus der Differenz bestimmt. Siehe auch dunkles Weißgiltigerz, S. 203.

Synthese der Fahlerze.

In den Thermen von Bourbonne-les-Bains tritt Fahlerz, auch kleine Tetraeder ohne und mit (211) als Umwandlungsprodukt römischer Münzen und Zement kleiner Kiesel auf. Nach A. Daubrée[4]) hat es die Zusammensetzung:

Fe	4,00
Ni u. Sn	Spur
Cu	43,20
As	Spur
Sb	26,40
S	23,44
	97,04

Die Dichte ist 5,137.

J. Durocher[5]) erhielt durch Vereinigung dampfförmiger Chloride mit Arsen- oder Antimonchlorid und Schwefelwasserstoff in einer glühenden Porzellanröhre deutliche Tetraeder mit der Dichte 4,5—5,2. H. Sommerlad[6]) erhielt durch Einwirkung von Kupferchlorür auf Schwefelantimon:

$$3\,CuCl + Sb_2S_3 = Cu_3SbS_3 + SbCl_3,$$

[1]) W. J. Taylor, Proc. Ac. Philad. 1859, 306.
[2]) E. S. Dana, Min. 1893, 141.
[3]) M. H. Klaproth, Beitr. **1**, 166 (1795). — E. S. Dana, Min. 1893, 141.
[4]) A. Daubrée, C. R. **80**, 463 (1875).
[5]) J. Durocher, C. R. **32**, 823 (1851).
[6]) H. Sommerlad, Z. anorg. Chem. **18**, 432 (1898).

eine dichte, mattschwarze, spröde Schmelze von der Dichte 5,182 und der Zusammensetzung:

Cu	47,28
Sb	29,28
S	23,36
	99,92

Sie führt auf die Formel Cu_3SbS_3.

Ein aus Kupfersulfür und Schwefelantimon dargestelltes Produkt hatte die Dichte 5,113. Ob diese Produkte Fahlerze sind, gibt H. Sommerlad nicht an. Er versuchte ferner, den Binnit durch Einwirkung von Kupferchlorür auf Arsentrisulfid herzustellen. Die schwarze koksartige Masse hatte die Dichte 4,289 und die Zusammensetzung 1:

	1.	2.
Cu	44,14	50,44
As	26,75	21,89
S	28,56	27,32
	99,45	99,65

Analyse 1 führt auf die Formel $2Cu_2S.As_2S_3$; es ist kein Binnit. Bei Weiterbehandlung der Substanz in einem Schiffchen im Schwefelwasserstoffstrom durch Erhitzen, solange noch Schwefelarsen sublimierte, ergab sich die Zusammensetzung der Analyse 2, die annähernd auf die Formel Cu_3AsS_3 führt.

Das Teilsystem Cu_2S—Sb_2S_3 wurde von Pélabon, Parravano und de Cesaris, das System Kupfer-Antimon-Schwefel durch W. Guertler und L. Meissner[1]) untersucht. Es erfolgt zunächst Bildung von Cu_2S. Erst nach Aufzehrung des gesamten Schwefels und bei Überschuß von Cu bildet dieses mit Sb die Verbindung Cu_2Sb. Über die Bildung von Cu_2S hinaus vorhandener Schwefel kann von Sb aufgenommen werden. Durch Zusatz von S werden die Kupferantimonide zersetzt, desgleichen Sb_2S_3 durch Zusatz von Cu. Im Teilsystem Cu_2S—Sb_2S_3—S wurden noch keine Schmelzversuche vorgenommen.

C. Doelter[2]) erhielt kleine Tetraeder von Fahlerz, als er ein Gemenge $4Cu_2S.Sb_2S_3$ bei gelinder Rotglut im Schwefelwasserstoffstrom behandelte. Es wurden zur Mischung die Oxyde Cu_2O, Sb_2O_3 verwendet.

Ferner versuchte C. Doelter das Fahlerz auf nassem Wege herzustellen, indem er ein Gemenge der Chloride von Kupfer und Antimon durch längere Zeit in einer Glasröhre mit an Schwefelwasserstoff gesättigtem Wasser bei 80° digerierte; der Versuch dauerte 3 Wochen. Er erhielt ein kristallines Pulver, dessen Identität mit Fahlerz jedoch nicht nachgewiesen werden konnte, da die Kristalle zu klein waren, um deren Kristallform festzustellen. Allerdings entsprach die chemische Zusammensetzung, wenigstens annähernd, der eines Kupferfahlerzes.

Physikalische Eigenschaften.

Farbe und Strich. Die metallglänzenden Kristalle sind stahlgrau bis eisenschwarz und undurchsichtig. In ganz dünnen Splittern sind sie bisweilen

[1]) W. Guertler u. L. Meissner, Metall u. Erz **18**, N. F. 9, 410 (1921).
[2]) Vgl. C. Doelter, Chemische Mineralogie 1890, 152.

dunkelrot durchscheinend und tief rubinrot. Unter dem Metallmikroskop ist Fahlerz grünlich. Der Strich ist im allgemeinen stahlgrau, bei den Zn-reichen Fahlerzen mit Stich ins Rötliche; bei den Arsenfahlerzen ist beim Verwischen des Strichpulvers eine braune bis kirschrote Farbe zu erkennen. Nach G. T. Prior und L. J. Spencer bedingt ein hoher Eisengehalt den schwarzen Strich, was A. Kretschmer bestätigt. Nach letzterem ist der Zinkgehalt auf die Strichfarbe ohne Einfluß. Nach E. S. Larsen ist $N_{Li} = 2,72$.

Härte. Sie wird zwischen 2,5 und 4,5 angegeben. Verfasser setzt den unteren Härtegrad auf 3,5. Die Sprödigkeit der Fahlerze läßt auf Bruchflächen und Kanten die Härte niedriger erscheinen; auf den Kristallflächen ist sie, soweit es sich um unzersetzte Fahlerze handelt, mindestens 3,5. Für As-Fahlerze ist die Härte 4 und höher.

Kohäsion. A. Breithaupt[1]) gibt für Quecksilberfahlerz (Hermesit) würfelige Spaltbarkeit an und schließt umgekehrt aus dieser Eigenschaft auf den Hg-Gehalt. Sonst wurde Spaltbarkeit nicht beobachtet. Die Bruchfläche ist uneben und fettig glänzend; die Sprödigkeit ist groß.

Translation. O. Mügge[2]) erhielt bei Pressungen bis 20000 Atm. beim Fahlerz keine merkliche Veränderung.

Dichte. Bei den zahlreichen Analysen sind schon ziemlich viele Dichten angegeben. Sie unterliegen jedoch innerhalb ein und derselben Gruppe schon großen Schwankungen. Allgemein läßt sich sagen, daß die Dichten der Arsenfahlerze geringer sind als die der Antimon- und Mischfahlerze.

L. S. Penfield[3]) bestimmte die Dichte des Binnits zu 4,56, G. T. Prior[4]) zu 4,61 (1910, Anal. 8, S. 187), 4,62 und 4,598 (1899, Anal. 4 u. 5, S. 187). Mithin liegt die Dichte der Arsenfahlerze zwischen 4,5 und 4,65; für Misch- und Antimonfahlerze schwankt sie zwischen 4,7 und 5. Für silberreiches Fahlerz kann man etwa 4,9 annehmen, ebenso für die Wismutfahlerze.

Für Tetraedrit von der zugrunde gelegten Formel $4Cu_2S \cdot Sb_2S_3$ und der Dichte 4,7—5,0 gibt J. J. Saslawsky[5]) die Kontraktionskonstante C 1,00—0,95, für Binnit $3Cu_2S \cdot 2As_2S_3$ und mit der Dichte 4,47—4,50 C = 0,90—0,89.

Die spez. Wärme ist nach A. Sella[6]) 0,0987, berechnet 0,0999.

Thermische Dilatation. Die Ausdehnung für α bei 40° C und der Zuwachs für 1° ist nach H. Fizeau[7]):

	α	$\frac{\Delta\alpha}{\Delta\Theta}$
Fahlerz von Alais	$\alpha = 0,0000092$	$= 0,000000020$,
„ „ Schwaz	0,00000871	0,0000000225,
„ „ Dauphiné	0,00000733	0,0000000234.

Elektrische Eigenschaften. C. Friedel[8]) beobachtete am Galvanometer, das durch zwei Platindrähte eine parallel der Tetraederfläche geschliffene Platte einklemmte, bei Erwärmung im Wasserbade einen Strom, der von der Tetraederecke zur Tetraederfläche hin gerichtet ist.

[1]) A. Breithaupt, Min. Stud. 1866, 105.
[2]) O. Mügge, N. JB. Min. etc. 1920, 54.
[3]) L. S. Penfield, Am. Journ. Sc. **44**, 18 (1892).
[4]) G. T. Prior, Min. Mag. **15**, 386 (1910); Min. Soc. Lond. **12**, 191 (1899).
[5]) J. J. Saslawsky, Z. Kryst. **59**, 206 (1924).
[6]) A. Sella, Z. Kryst. **22**, 180 (1894).
[7]) H. Fizeau bei Th. Liebisch, Phys. Krist. 1891, 92.
[8]) C. Friedel, Ann. chim. phys. **17**, 93 (1869).

H. Schneiderhöhn[1]) hat Fahlerz in chalkographischer Hinsicht näher untersucht. Fahlerz läßt sich leicht polieren, wobei sich die Polierscheibe braunrot färbt. Das Reflexionsvermögen ist nicht hoch, bei der Beobachtung mit Immersionsobjekten sieht man braunrote innere Reflexe.

Von Ätzmitteln greift nur Königswasser an; so kann dies als Unterscheidungsmittel benutzt werden; als solches ist auch die völlige Isotropie, sowie die Härte von 3,5—4 zu nennen.

Vorkommen und Entstehung der Fahlerze.

Die Fundorte von Fahlerzen sind über die ganze Erde verbreitet; nachfolgend seien einige typische Paragenesen erwähnt. Heimat der Fahlerze sind vor allem die Erzgänge. Als Begleitmineralien sind Kupferkies, Buntkupfererz, Bleiglanz, Silberglanz, Zinkblende, Pyrit und andere Kiese, Rotgüldigerz und eine Anzahl seltener Silber- bzw. Bleisulfarsenite oder entsprechender Antimonite hervorzuheben; Gangarten sind Eisenspat, Braunspat, Kalkspat, Dolomit, Quarz, Fluorit und Baryt.

Die Gänge von Horhausen im rheinischen Schiefergebirge, aufsetzend in alten Sandsteinen und Tonschiefern, führen Spateisenstein mit Quarz und Fahlerz neben Pyrit, Kupferkies, Bournonit, Blende und Antimonit, ebenso die Gänge bei Clausthal und St. Andreasberg im Harz; bei Wolfsberg sind die früher mit Fluorit ausgefüllten Hohlräume mit Quarzhäuten überzogen, auf denen Fahlerzkristalle mit Zinckenit, Plagionit, Federerz, Bournonit und Antimonit sitzen. Im Erzgebirge sind es vor allem die Gänge der sog. Kupfer-, dann aber auch der edlen Bleiformation, welche Fahlerze führen. In Schlesien bei Kupferberg-Rudelstadt in der Kupferformation auf Frederike Juliane im Dioritschiefer in Kalkspat eingewachsen; in der Gegend von Kamsdorf in Thüringen nesterförmig zusammen mit Ziegelerz, Malachit und Kupferlasur. Hier sind besonders reiche Partien nach F. Beyschlag, P. Krusch und J. H. L. Vogt[2]) zwischen den verworfenen Kupferschieferflözteilen. Untergeordnet tritt Fahlerz auch auf den Zinnerzgängen zu Sadisdorf, Altenberg und Zinnwald i. Erzgeb. mit den typischen Zinnerzparagenesen auf, häufiger in den kupfererzführenden Zinnerzgängen von Cornwall.

Quecksilberfahlerz findet sich bei Ober-Moschel in der Pfalz mit Zinnober, Quecksilber, Amalgam und Schwefelkies. Bei Kotterbach in Ungarn finden sich in einer Gangmasse von Eisenspat, Baryt und Quarz flache Linsen von Kupferkies und Ag-, sowie Hg-haltigem Fahlerz. Mit zunehmender Tiefe sinkt dessen Dichte und damit auch der Hg-Gehalt. Südöstlich von Schwaz in Tirol kommen Quecksilberfahlerzkristalle neben Fahlerzen ohne jede Spur Quecksilber auf Fahlerzgängen mit deren Zersetzungsprodukten in triassischen, dolomitischen Kalken, die dem das Inntal vom Zillertal trennenden Tonschieferzug unterlagert sind, vor.

Bei Offenbanya und Ruda in Siebenbürgen tritt Fahlerz mit Gold neben Bleiglanz, Blende, Pyrit und Kupferkies auf. Bei Kapnik setzen die Gänge im Andesit auf; kurzprismatische oder scheibenförmige Kristallgruppen von hier werden Rädelerz genannt. Im Dürrerz von Pribram findet sich Tetraedrit derb und verwachsen mit Chalkopyrit, Bleiglanz, Blende und Pyrit,

[1]) H. Schneiderhöhn, l. c., S. 238.

[2]) F. Beyschlag, P. Krusch u. J. H. L. Vogt, Lagerst. nutzb. Min. **2**, 398 (1912).

ziemlich häufig in den mittel- und grobkörnigen Sideritpartien. Von Kapnik beschreibt F. Becke[1]) Verwachsungen von Fahlerz und Blende nach dem Gesetz: die Hauptachsen sind parallel, das 1. Tetraeder des Fahlerzes ist parallel dem 2. der Blende. Gesetzmäßige Verwachsungen von Fahlerz mit Kupferkies, sowie Überzüge von solchem sind auf mehreren Fundorten beobachtet worden. L. J. Spencer[2]) beschreibt regelmäßige Verwachsungen von Zinnkies und Fahlerz von Socavon de la Virgen bei Oruro in Bolivien, woselbst auf $^1/_4$ bis $^1/_2$ mm dicke pseudoreguläre Zinnkieskristalle derart aufsitzen, daß ihre Sphenoidflächen mit den Tetraëdern, ihre Prismen mit (110) einspiegeln. Die Fahlerz führenden Silberzinnerzlagerstätten des bolivianischen Hochlandes, auf denen neben dem Zinnkies reichlich Zinnstein als Holzzinn (Zinnerz II der Kolloidphase) vorkommt, treten im Gebiet trachytischer und andesitischer Gesteine auf.

Die Fahlerze Bosniens und der Herzegowina, die als hochprozentige Kupfer- und gleichzeitig als Quecksilbererze geschätzt sind, bilden nach F. Katzer[3]) insofern einen eigenen Typus dadurch, daß sich die primäre Schwefelerzführung fast ohne Ausnahme auf die Fahlerze beschränkt. Das Vorkommen am Kleinkogel bei Brixlegg, sowie in den Provinzen Algier und Constantine im nördlichen Algerien, haben mit den bosnisch-herzegowinischen Ähnlichkeit. Auch bei Markirch im Oberelsaß ist auf den Rauentaler und Kleinleberauer Kupfererzgängen Tetraedrit das Haupterz. Aus dem Weilertal erwähnt H. Ungemach[4]) das Vorkommen von As- und Bi-reichem, dabei silberarmem Fahlerz (Anal. 10, S. 192) aus der Nähe des Ausgehenden des Ganges, während das arsenarme und silberreiche Fahlerz (Anal. 42, S. 179) aus größerer Tiefe stammt. Auch paragenetisch und kristallographisch unterscheiden sich die beiden Arten. Während das silberarme mit Kalkspat und Quarz vergesellschaftet ist, wird das silberreiche von Eisenspat, Dolomit, Braunspat, Kupferkies, Bleiglanz, Blende, Quarz und Kalkspat begleitet.

Im Sandstein von Peru beobachtete A. Raimondi[5]) eine Metamorphose derart, daß in derselben Erzader, je tiefer sie den Sandstein durchsetzt, das Fahlerz abnimmt, um in der Nähe der Eruptivgesteine (meist Diorit) mit silberhaltigem Bleiglanz zu endigen. In diesem Falle ist das Fahlerz sekundär; der Silbergehalt stammt aus dem Bleiglanz. Dieser Vorgang dürfte bei vielen Silberfahlerzen zutreffen, ohne daß damit die Bildung primären Fahlerzes aus aszendenten Lösungen in Abrede gestellt wird. Für die reinen Kupferfahlerze ist primäre Bildung viel häufiger.

Im Kontaktbereich von Traversella in Piemont finden sich nach L. Colomba[6]) manchmal Tetraëdritkristalle in alternierenden Schichten mit Magnetit und Dolomit neben Kupferkies. In der Kontaktzone von Aranzazu im Staate Zacatecaz, Mexico, die in enger Beziehung zum Granodiorit steht, tritt nach A. Bergeat[7]) Tennantit auf.

W. Maucher[8]) unterscheidet für die hydatogenen Bildungen eine erste

[1]) F. Becke, Tsch. min. Mit. **5**, 331 (1883).
[2]) L. J. Spencer, N. JB. Min. etc. **2**, 338 (1908).
[3]) F. Katzer, Bg. u. hütt. JB. Leoben u. Pribram **55**, 2. Heft (1907).
[4]) H. Ungemach, Bull. soc. min. **29**, 194 (1906).
[5]) A. Raimondi, Min. Peru 1878. Ref. Z. Kryst. **6**, 629 (1882).
[6]) L. Colomba, R. Acc. d. Linc. [5] **15**, 670 (1906).
[7]) A. Bergeat, N. JB. B.-B. **28**, 552 (1909).
[8]) W. Maucher, Bildungsreihe der Min. Freiberg 1914, 28.

und zweite Kristallisationsphase, die durch die Kolloidphase getrennt sind. Die älteren Sulfosalze mit Fahlerz I stehen am Ende der Bildungsreihe der ersten, die jüngeren mit Fahlerz II in der zweiten Kristallisationsphase vor den Zeolithen und nach dem Nakrit. Da der Kupferkies fast immer Begleiter der Fahlerze ist, so läßt sich aus dessen Tracht auf Fahlerz I oder II schließen. Das Kupferkies der ersten Kristallisationsphase ist nämlich ebenflächig, vorherrschend pyramidal, grobmuschelig und von glänzendem Bruch, der der zweiten Kristallisationsphase sphenoidisch oder skalenoedrisch, meist undeutliche Kristalle bildend. Über die Bildungstemperatur des Fahlerzes läßt sich noch keine bestimmte Gradzahl angeben. H. Schneiderhöhn[1]) gibt von der Tsumeb-Mine, Südwestafrika, nach steigendem Alter folgende Mineralfolge:

Lamellarer Kupferglanz,
Bleiglanz,
Kupferarsenfahlerz,
β-Enargit,
α-Enargit,
Zinkblende,
Kupfer-Eisensulfide (Chalmersit, Buntkupferkies, Kupferkies und ein neues Erz),
Pyrit.

Er sieht in der Umwandlungstemperatur α-$Cu_2S \rightarrow \beta$-Cu_2S einen geologischen Thermometerfixpunkt für die Entstehungstemperaturen der Tsumeberze, welche „Lamellaren Kupferglanz“ führen. Dieses ist das jüngste aszendente Erz der Tsumeb-Mine. Die angeführten Erze sind bei über 100^0 aus aszendenten Hydrothermallösungen entstanden. Ein weiterer geologischer Thermometerfixpunkt ist durch die Bestimmung der Umwandlungstemperatur von α- in β-Enargit noch zu ermitteln.

In der von H. Schneiderhöhn angegebenen Reihenfolge ist der Bleiglanz jünger als das Kupferfahlerz. Durch chalkographische Untersuchung stellte F. N. Guild[2]) fest, daß Bleiglanz stets jünger ist als Fahlerz und dieses verdrängt; das Fahlerz ist der ursprüngliche Silberlieferant. Die „Tropfen“ im Bleiglanz sind meist Verdrängungsreste im Fahlerz oder chemische Aufspaltungsprodukte aus dem bei der Verdrängung in Lösung gegangenen Teil des Fahlerzes. Es sind in den aszendenten Zementationsstrukturen alle Übergänge zu sehen, vor allem sehr häufig die „eutektische“ Verdrängungsstruktur. Ob diese Beobachtung F. N. Guilds verallgemeinert werden darf, ist noch nicht bestätigt, da gegenteilige Beobachtungen von W. Maucher[3]) vorliegen.

Zersetzungsprodukte.

Clayit siehe S. 197.
Nepaulit siehe S. 193 bei Wismutfahlerz.

Dunkles Weißgiltigerz.

Ein als dunkles Weißgiltigerz bezeichnetes Mineral von Carrizo in Huasco-Alto, Chile, ist zweifelhafter Natur und dürfte, wie der Clayit (S. 197) als ein Umwandlungsprodukt von Fahlerz anzusehen sein.[4])

[1]) H. Schneiderhöhn, Senkenbergiana **2**, Heft 1 (1920).
[2]) F. N. Guild, Econ. Geol. **12**, 297 (1917).
[3]) W. Maucher, Bildungsreihe der Mineralien. Freiberg 1914.
[4]) C. Hintze, Min. I, 1106 (1904).

Analyse.

Fe	1,2
Cu	3,3
Zn	1,1
Pb	39,3
Ag	6,2
Sb	27,5
S	19,0
	97,6

Berechnung der Fahlerzanalysen und Aufstellung der Formel.

Von **C. Doelter** (Wien).

Die Fahlerze haben, wie aus der Analysenzusammenstellung hervorgeht, sehr verschiedene Zusammensetzung. Daher auch die starken Abweichungen verschiedener Autoren bei der Aufstellung der Formeln. Die Hauptbestandteile sind Cu, Ag, Zn, Hg, Fe, As, Sb, Bi, welche aber nicht in allen Fahlerzen vorkommen. So unterscheidet man namentlich Arsenfahlerze, Antimonfahlerze und Arsen-Antimonfahlerze, sowie Wismutfahlerze. Nach dem Metall unterscheidet man das gewöhnliche Fahlerz, welches Cu, Zn, Fe enthält, das Silberfahlerz, das Quecksilberfahlerz, Zinkfahlerz usw. In allen ist Cu enthalten.

Ein Goldgehalt, wenn auch nur geringe Bruchteile, ist bei mehreren Fahlerzen gefunden worden. So enthält das Kupferfahlerz von Hohenstein i. Sa. 0,01%, von Güte Gottes zu Scharfenberg 0,0026% Au. Der Tetraedrit der Gruben von Butte in Montana ist nach R. H. Sales,[1]) der von Guardavalle in Calabrien nach Jervis[2]) goldhaltig. Wie schon bei den bleihaltigen Fahlerzen hervorgehoben, dürfte bis auf weiteres die Existenz derselben fraglich sein. Das Blei rührt zum Teil vielleicht von mitanalysiertem Bleiglanz her oder von umgewandeltem Fahlerz (siehe S. 206). In bezug auf die übrigen Schwermetalle nehmen nur wenige Autoren Verunreinigungen an.

Bezüglich der übrigen Bestandteile: Pb, Co, Ni, Sn gehen jedoch die Ansichten auseinander. Blei ist in manchen in nicht geringer Menge vorhanden, dies wird oft als durch Verwachsung mit Bleiglanz erklärt, da solche Verwachsungen vorkommen; auch Zinkblende kennt man als Verwachsung. Ob die anderen Elemente in Form von festen Lösungen, oder als Beimengungen vorkommen, ist unentschieden.

So beobachtete F. Babanek[3]) im Fahlerz vom Franciscigang in Přibram mit freiem Auge Einlagerungen von Siderit und Blende, worauf er den Fe- und Zn-Gehalt zurückführt (?). K. Hidegh[4]) sucht den Grund in der verschiedenen Zusammensetzung in der Ungleichförmigkeit des Materials, über dessen Beschaffenheit, wegen seiner Undurchsichtigkeit mit den verfügbaren Mitteln genaue Kenntnis zu verschaffen, nicht möglich ist. Diesen Ansichten scheinen aber die Analysen von Fahlerzkristallen, namentlich aus den letzten

[1]) R. H. Sales, Bull. Am. Inst. Min. Eng. 1913, 1523/1626.
[2]) Jervis, Tesori, Sotterr. It. **2**, 298 (1873).
[3]) F. Babanek, Tsch. min. Mit. N. F. **6**, 82 (1885).
[4]) K. Hidegh, ebenda N. F. **2**, 358 (1880).

30 Jahren, zu widersprechen. Schon die ersten Fahlerzanalysen veranlaßten H. Rose,[1]) durch den Gehalt an Ag, Fe, Zn, sowie das wechselnde Verhältnis von Sb und As zur Aufstellung einer Fahlerzformel: $4R^{II}S, R_2^{III}S_3$, an dieser Formel hielt zuerst auch C. F. Rammelsberg[2]) fest. Er faßt die Antimonfahlerze als isomorphe Mischungen auf, bestehend aus folgenden Verbindungen:

$$4Ag_2S + Sb_2S_3$$
$$4Cu_2S + Sb_2S_3$$
$$4FeS + Sb_2S_3$$
$$4ZnS + Sb_2S_2$$
$$4HgS + Sb_2S_3\,.$$

Bei den so sehr abweichenden Resultaten der Fahlerzanalyse ist die Berechnung der Analysen, d. h. die Eruierung der Atomverhältnisse, von ganz besonderer Wichtigkeit. Leider haben viele Analytiker die Berechnung ihrer Analysen unterlassen. Um so dankenswerter war es, daß C. F. Rammelsberg[3]) so viele Analysen berechnete und auch daß viel später F. Kretschmer sich der mühevollen Arbeit der Berechnung von 162 Analysen unterzog.

C. F. Rammelsberg[3]) unterschied 1895 Antimonfahlerz, Arsen-Antimonfahlerz und Arsenfahlerz; außerdem teilt er noch die Quecksilberfahlerze bei den Arsen-Antimonfahlerzen besonders ab. Er berechnet R:Sb:S, wobei er 2Cu = 2Ag = R setzt. Alle Zahlen sollen hier nicht angeführt werden, da sie ja durch die Tabellen F. Kretschmers einigermaßen überholt sind. Da aber in letzterer Tabelle die Übersicht wegen der großen Zahlen erschwert ist, so seien eine Anzahl der Atomverhältnisse angeführt, wobei die von C. F. Rammelsberg[4]) selbst als unbrauchbar angeführten Analysen ausgeschieden sind.

Dies wurde deshalb getan, weil der Unterschied zwischen berechnetem und gefundenem Schwefel zu groß ist. C. F. Rammelsberg meint, es sei zweifelhaft, ob die Analysen an unreinem Material ausgeführt seien, oder ob die Analyse mangelhaft ausgeführt wurde.

A. Antimonfahlerze.

Fundort	Analytiker	R:Sb:S
Liskeard	Reuter	2,2: 1 :3,75
Gablau	Krieg	2 : 1 :3,5
Clausthal-Zilla	H. Rose	2 : 1 :3,4
Durango	Bromeis	2,1: 1 :3,5
Habacht-Fundgr.	H. Rose	1,9: 1 :3,2
Gr. Meiseberg	Rg.	1,9: 1 :3,5
Clausthal	Sander	1,9: 1 :3,4
Andreasberg	Kuhlemann	1,9: 1 :3,4
Valle del Frigido	Bechi	1,9: 1 :3
Gr. Wenzel	H. Rose	1,8: 1 :3,3
Clausthal	Schindling	1,8: 1 :3,3

[1]) H. Rose, Pogg. Ann. **15**, 578 (1829).
[2]) C. F. Rammelsberg, Mineralchem. 1875, 113.
[3]) Derselbe, Min.-Chem. 1875 und Erg.-Heft I und II.
[4]) Derselbe, Erg.-Heft II, 44 (1895).

B. Arsen-Antimonfahlerze.

Fundort	Analytiker	R : Sb, As : S
Müsen	Hengstenberg	2 : 1 : 3,4
Pyschminsk	Löwe	2 : 1 : 3,9
Schwabengrube	Rg.	2 : 1 : 3,5
Schwatz	Peltzer	2 : 1 : 3,5
Kapnik	Hidegh	1,9 : 1 : 3,3
Stahlberg	Sandmann	1,9 : 1 : 3,4
Gersdorf	H. Rose	1,9 : 1 : 3,5
Markirchen	H. Rose	1,9 : 1 : 3,5
Christophsaue	Hilger	1,9 : 1 : 3,5
Neu-Bulach	Senfter	1,9 : 1 : 3,2
Gr. Landskrone	Aldendorf	1,8 : 1 : 3,3
Mornshausen	Sandmann	1,8 : 1 : 3,2
Gr. Aurora	H. Rose	1,8 : 1 : 3,3
Kapnik	Hidegh	1,8 : 1 : 3,3
Desgl.	H. Rose	1,8 : 1 : 3,4
Brixlegg	Becke	1,8 : 1 : 3,3
Huallanca	Comstock	1,8 : 1 : 3,3
Nagyag	Hidegh	1,8 : 1 : 3,3
Cornwall	Wittstein	1,7 : 1 : 3,1
Herrengrund	Hidegh	1,7 : 1 : 3,2
Schwatz	Peltzer	1,7 : 1 : 3,2
Governor Pitkinsgrube	Genth	1,6 : 1 : 3,1
Kaulsdorf	Hilger	1,6 : 1 : 3,3
Cabarrus Co.	Genth	1,17 : 1 : 2,6

Quecksilberhaltige.

Fundort	Analytiker	R : Sb, As : S
Kotterbach	Scheidhauer	2 : 1 : 3,6
Kotterbach	vom Rath	1,9 : 1 : 3,3
Gr. Guglielmo	Kersten	1,8 : 1 : 3,3
Schmöllnitz	Hauer	1,6 : 1 : 3,1
Moschellandsberg	Oellacher	1,6 : 1 : 3

C. Arsenfahlerze.

Fundort	Analytiker	R : As : S
Skutterud	Fearnley	2 : 1 : 3,6
Gr. Prophet Jonas	Plattner	2 : 1 : 3,6
Colorado	Penfield	2 : 1 : 3,5
Redruth	Baumert	1,9 : 1 : 3,4
Crowngrube	Harrington	1,9 : 1 : 3,6
Redruth	Rg.	1,8 : 1 : 3,3
Desgl.	Kudernatsch	1,8 : 1 : 3,4
Szaska	Hidegh	1,7 : 1 : 3,2
Redruth	Wackernagel	1,6 : 1 : 3
Gr. Wilhelmine	Petersen	1,6 : 1 : 3,1
Lauta	Winkler	1,5 : 1 : 3

Im Gegensatz zu der älteren Auffassung C. F. Rammelsbergs hat bereits Th. Petersen[1]) die Formel des Fahlerzes geschrieben:

$$3RS.Sb_2S_3 + 3(4RS.Sb_2S_3),$$

wobei natürlich Sb auch durch As vertreten werden kann, eventuell auch durch Wismut.

A. Kenngott[2]) hat die Analysen von K. Hidegh[3]) berechnet und diskutiert, obgleich bereits dieser gefunden hatte, daß seine Analysen nicht mit der alten Formel H. Roses oder der 1875 von C. F. Rammelsberg angenommenen Formel $x(4R_2S.R_2S_3) + 4RS.R_2S_3$ stimmen, wobei er den Grund in der Ungleichförmigkeit des Materials findet. Auch A. Kenngott findet diese Bemerkung richtig (siehe auch die zahlreichen Arbeiten über Verwachsungen von Fahlerz mit Zinkblende von F. Becke, mit Bleiglanz, mit Pyrit und Kupferkies von O. Mügge).

Außerdem hat A. Kenngott noch eine große Zahl anderer Analysen berechnet und sie auf die Formel $m(R_2S.Sb_2S_3) + 4RS.R_2S_3$ geprüft. Er kommt zu dem Resultat, daß der größte Teil der Analysen nicht mit dieser Formel vereinbar ist. Die obige Formel verlangt, daß, wenn die Zahl der Moleküle R_2S und RS zusammen 4 beträgt, darauf ein Molekül R_2S_3 entfalle und man müßte erwarten, daß bei so vielen Analysen, die Anordnung nach dem Gehalte an R_2S_3, ein gleichmäßiges Schwanken um 1 ergeben würde. Aber nur 9 Analysen geben unter $1R_2S_3$, 44 jedoch über $1R_2S_3$. Bei diesen steigt die Zahl für R_2S_3 von 1,003—1,701, während sie bei den 9 anderen bis zu 0,839 herab sinkt und das Mittel aus allen die Zahl 1,142 R_2S_3 ergibt.

Die früher genannte Formel erfordert, daß bei der Anordnung nach dem Gehalte an RS und R_2S_3 der Gehalt an R_2S der gleiche bliebe, was nicht der Fall ist. Dagegen entsprechen viele Analysen der Formel:

$$4R_2S.R_2S_3 + x(3RS.R_2S_3).$$

In bezug auf die ausführlichen Tabellen A. Kenngotts sei auf die Originalarbeit verwiesen.

G. Tschermak[4]) schrieb 1903, daß die Formel H. Roses schon deshalb unannehmbar sei, weil sie auf der unrichtig erkannten Isomorphie ein- und zweiwertiger Elemente beruhe. Die besten Analysen führen zu der Formel:

$$Sb_4S_{13}Cu_{10}Zn_2.$$

Eine Gliederung nach dem tesseralen Typus A_3B wäre:

$$3SbS_3Cu_3.SbS_4CuZn_2.$$

Das erste Glied entspricht dem Rotgiltigerz, das zweite dem Stephanit.

Der Gedanke, die Fahlerze als Molekülverbindungen aufzufassen, ist sehr

---

[1]) Th. Petersen, N. JB. Min. etc. 1870, 484.

[2]) A. Kenngott, ebenda, 1881, II, 228.

[3]) K. Hidegh, Tsch. min. Mit. **2**, 350 (1879).

[4]) G. Tschermak, Min. Mit. **22**, 400 (1903).

naheliegend. Obgleich C. F. Rammelsberg[1]) und A. Kenngott[2]) die Fahlerze als aus zwei Verbindungen bestehend, auffassen, so scheinen sie doch nicht an Molekülverbindungen gedacht zu haben. Allerdings ist erst später die Kenntnis solcher Verbindungen durch A. Werner vertieft worden. In der Neubearbeitung der Mineralogie von G. Tschermak durch F. Becke[3]) werden die Fahlerze als Molekülverbindungen aufgefaßt, in welchen die dem Pyrargyrit entsprechenden Verbindungen Cu_3SbS_3 und die zweite, dem Stephanit entsprechende $CuZn_2SbS_4$ vereinigt sind, wie bereits vorhin angegeben. Die Konstitution des letzteren wäre:

$$Cu{-}S{-}Sb\genfrac{}{}{0pt}{}{<S{-}Zn>}{<S{-}Zn>}S\,.$$

Das Cu der ersten Verbindung kann durch Ag, das Zn der zweiten durch Hg, Fe oder auch durch die zweiwertige Gruppe —Cu—Cu— ersetzt werden (siehe die oben erwähnte Arbeit von G. Tschermak). Demnach wären die Formeln der Fahlerze folgende:

Gewöhnliches Fahlerz (Tetraedrit) .	$3\,Cu_3SbS_3 + CuZn_2SbS_4$,
Quecksilberfahlerz (Spaniolit)	$3\,Cu_3SbS_3 + CuHg_2SbS_4$,
Freibergit	$3\,Ag_3SbS_3 + CuFe_2SbS_4$,
Tennantit	$3\,Cu_3AsS_3 + CuFe_2AsS_4$,
Arsenfahlerz	$3\,Cu_3AsS_3 + CuCu_4AsS_4$.

Die genannte Formel wurde übrigens bereits von G. Tschermak[4]) 1897 erwähnt.

P. Groth und K. Mieleitner schreiben die Fahlerzformel:[5])

$$\text{Tetraedrit: } \begin{cases}(AsS_3)_2(Cu_2Fe, Zn)_3 \\ (SbS_3)_2(Cu_2, Ag_2, Fe, Zn)_3\end{cases},$$

$$\text{Schwatzit: } [(Sb, As)S_3]_2(Cu_2Hg, Fe, Zn)_3\,.$$

Sehr wichtig waren die Analysen und die Berechnungen von G. T. Prior.[6])
Die Analysen aus der Dauphiné, von Horhausen und von Wolfach ergeben folgende Zahlen:

	Cu : Ag :	Sb : Bi :	Fe : Zn :	Pb	: S
Dauphiné	6 :	2,017 — :	0,199 — :	0,004	: 6,424
Horhausen	6 :	2,20 :	0,55 :	—	: 6,95
Wolfach	6 :	2,21 :	0,60 :	0,0002	: 6,96

[1]) A. Kenngott, l. c.
[2]) C. F. Rammelsberg, Min.-Chem. 1875.
[3]) Tschermak-F. Becke, Min. Wien 1921, 455.
[4]) G. Tschermak, Miner. 1897, 366.
[5]) P. Groth u. K. Mieleitner, Tab. 1921, 27.
[6]) G. T. Prior u. L. J. Spencer, Min. Mag. Lond. **12**, 193 (1899). Ref. Z. Kryst. **34**, 93 (1901).

Ferner wurde das Verhältnis $3\overset{I}{R}_2S . \overset{III}{R}_2S_3 : 6\overset{II}{R}S . \overset{III}{R}_2S_3$ berechnet und es ergaben sich für folgende Analysen die Zahlen: (Das Verhältnis wird mit x bezeichnet.)

Fundort	Analytiker	1 : x
Clausthal	H. Rose	$1 : \frac{1}{5}$
Wenzel bei Wolfach	H. Rose	$1 : \frac{1}{5}$
Dillenburg	H. Rose	$1 : \frac{1}{5}$
Kapnik	H. Rose	$1 : \frac{1}{5}$
As-Fahlerz, Freiberg	H. Rose	$1 : \frac{1}{6}$
Clausthal	Schindling	$1 : \frac{1}{4}$
Coppit, Val di frigido	A. Bechi	$1 : \frac{1}{2}$
Hg-Fahlerz, Moschellandsberg	F. Sandberger	$1 : \frac{1}{4}$
De Soto Mine, Star City	Burton	$1 : \frac{1}{5}$
Kahl bei Bieber	Mutschler	$1 : \frac{1}{4}$
Huallanca	Comstock	$1 : \frac{1}{5}$
Kapnik	K. Hidegh	$1 : \frac{1}{5}$
Herrengrund	K. Hidegh	$1 : \frac{1}{5}$
Clausthal	Fraatz	$1 : \frac{1}{5}$

G. T. Prior bemerkt, daß noch einige weitere Analysen Formeln zulassen:
Julianit, Rudelstadt (Schlesien); anal. M. Websky: $3Cu_2S . As_2S_3$,
Aphthonit v. Gärdsjö (Wermland); anal. L. F. Nilson: $3Cu_2S . Sb_2S_3$,
Tennantit, Szaska (Ungarn); anal. K. Hidegh: $3Cu_2S . As_2S_3 + \frac{1}{2}Cu_2S_3$,
Tennantit, Molie-Gibsonmine; anal. S. L. Penfield und R. Pearce:

$$9(3Cu_2S . As_2S_3) + 2(6ZnS . As_2S_3 + 9[(Ag, Cu)_2 . As_2S_3] .$$

Für seine eigenen Analysen berechnet G. T. Prior aus den oben angegebenen Atomverhältnissen:

Dauphiné (wenn FeS und PbS vernachlässigt werden): $3Cu_2S . Sb_2S_3$,
Horhausen: $(3Cu_2S . Sb_2S_3) + \frac{1}{10}(6Fe, Zn)Sb_2S_3$,
Wolfach: $[3(Cu, Ag)_2S . Sb_2S_3] + \frac{1}{10}(6Fe, Zn)Sb_2S_3$.

Die allgemeine Fahlerzformel besteht aus zwei Gliedern:

$$3(\overset{I}{R}_2S . \overset{III}{R}_2S_3) \quad \text{und} \quad 6(\overset{II}{R}S . \overset{III}{R}_2S_3) .$$

Das Verhältnis 1 : x wurde oben angegeben. Der große Fortschritt der Arbeit von J. L. Spencer und G. T. Prior[1]) besteht namentlich darin, daß entgegengesetzt älteren Ansichten jetzt nicht mehr $3Cu_2S$ durch (3Fe, Zn)S, sondern durch 6(Fe, Zn)S vertreten gedacht werden.

[1]) J. L. Spencer u. G. T. Prior, Min. Mag. **12**, 184 (1899); Z. Kryst. **34**, 93 (1901).

C. F. Rammelsberg, welcher, wie oben bemerkt, 1875 noch die Formeln von H. Rose verteidigt hatte, änderte sie später, wohl unter dem Einflusse der Arbeiten von A. Kenngott, G. Tschermak und Anderer. Im Ergänzungshefte II seiner Mineralchemie 1895 stellt er die neuen auf S. 204 gegebenen Berechnungen an und kommt zu dem Resultate, daß das Verhältnis R : Sb(As) ein wechselndes ist und zwar zwischen 2 : 1 und 1,5 : 1. Er nimmt daher zwei Grundverbindungen an:

$$\text{I. } 4RS.Sb(As)_2S_3,$$
$$\text{II. } 3RS.Sb(As)_2S_3.$$

Zu I. gehören die meisten Arsenfahlerze, alle Antimonfahlerze und auch ein Großteil der Antimon-Arsenfahlerze, während die Verbindung II. sich in den Arsenfahlerzen und in den Antimonfahlerzen in der Minderheit befindet.

Der Tennantit von Cornwall zeigt das Verhältnis 2 : 1 : 3,5.

Ich komme jetzt zu der sehr wichtigeren neueren Arbeit von F. Kretschmer (siehe Tabellen S. 210). (Z. Kryst. **48**, 486 (1911.)

In den Tabellen von A. Kretschmer sind sämtliche Analysen bis 1911 enthalten. Sie sind hier wiedergegeben, mit Ausnahme der ganz alten von M. Klaproth. Es wurden die Verhältniszahlen der einzelnen Elemente: Cu, Ag, Zn, Fe, Sb, As, S berechnet. Ferner werden die einzelnen Fälle, in welchen Formeln und Analysen übereinstimmen, gegeben. Mit den Formeln von H. Rose oder Th. Petersen stimmt eine Analyse überein, wenn sich die Summe der zweiwertigen und die halbe Summe der einwertigen Metallatome zusammengenommen wie 4 : 2 oder wie 3 : 2 verhält. Es ist dies der mit I. bezeichnete Fall.

Die Formeln von G. Tschermak und G. T. Prior-Spencer stimmen darin überein, daß sich die Summe der ein- und zweiwertigen Metallatome zu derjenigen der dreiwertigen, wie 6 : 2 verhält. Es ist dies der Fall III.

Für A. Kenngotts Formel berechnet A. Kretschmer eine besondere Zahl, die man erhält, wenn man von vornherein $(Zn, Fe)_3Sb_2S_6$ subtrahiert und dann das Kupfer durch den Rest des Antimons dividiert (II). Die nach 1901 veröffentlichten Analysen bilden den Schluß der Tabelle. Die direkten Analysenzahlen suche man unter den oben angeführten Analysen. Alle berechneten Verhältniszahlen beziehen sich auf Antimon plus Arsen = 2,00. Die Atomgewichte sind die von 1908.

Als Kriterium für die Verwendbarkeit einer Sulfidanalyse zur Formelgewinnung hat der Grad der Übereinstimmung der berechneten mit der gefundenen Schwefelmenge zu gelten. Es sind solche Analysen zuzulassen, welche in der Verhältniszahl sich darin um $\pm 0,3$ unterscheiden. Dies entspricht z. B. bei einer Analyse einer Differenz von 0,83 %, bei einer anderen von 0,91 %. Es sind nicht weniger als 73 Analysen, welche dieser Bedingung nicht entsprechen, die also für die Formelberechnung ausscheiden.

Analysenberechnung der Fahlerzformeln nach F. Kretschmer.

Fundort und Analytiker	Cu	Ag	Zn	Fe	Sb	As	S	inklusive						I.	II.	III.	S gef.	S ber.
								Bi	Pb	Hg	Mn	Co	Ni					
Markirch. H. Rose, 1829	6383	56	564	834	1036	1359	8362	—	—	—	—	—	—	3,9	4,4	6,5	7,0	6,9
Desgl. Berthier, 1825	6164	93	—	805	372	3333	7112	—	—	—	—	—	—	2,9	2,9	5,2	5,4	5,9
Wolfach. Klaproth, 1807	4009	1229	—	1252	2246	—	7954	—	—	—	—	—	—	3,4	3,7	5,8	7,1	6,5
Desgl. H. Rose, 1829	3967	1640	474	665	2241	—	7336	—	—	—	—	—	—	3,5	7,4	6,0	6,6	6,5
Desgl. Prior, 1899	4805	1414	—	628	2304	—	7221	—	2	—	—	—	—	3,1	3,3	5,9	6,3	6,2
Schapbach. Mutschler bei Hilger	6321	83	457	761	1414	1493	7174	19	—	—	—	—	—	2,8	3,0	5,2	4,9	6,0
Freudenstadt. Hilger, 1865	5319	127	—	1145	1233	931	8228	266	—	—	—	714	—	3,8	4,6	6,0	6,8	6,8
Neubulach. Senfter bei Petersen, 1870	6514	—	584	669	356	1806	7751	304	73	—	—	—	—	3,7	4,1	6,4	6,3	6,7
Moschel-Landsberg. Oellacher bei Sandberger, 1865	5061	—	15	252	1951	41	6831	75	—	866	—	39	—	3,6	3,9	6,0	6,6	6,6
Kahl. Mutschler bei Sandberger, 1877	5707	46	688	644	2072	347	8079	—	—	—	—	85	—	3,5	3,9	5,9	6,7	6,6
Sommerkahl. Petersen, 1881	7336	—	135	542	—	2751	8562	47	—	—	—	51	—	3,1	3,2	5,8	6,1	6,1
Kaulsdorf. Hilger, 1865	5035	20	587	868	1252	1359	8839	89	21	—	—	500	—	3,3	2,0	5,2	6,5	6,3
Mornshausen. Sandmann, 1854	6000	57	960	284	2134	220	7676	—	—	—	—	—	—	3,6	4,0	6,0	6,5	6,6
Dillenburg. H. Rose, 1829	6041	77	1047	272	2102	301	7807	—	—	—	—	—	—	3,6	4,0	6,2	6,5	6,6
Horhausen. Prior, Min. Soc. Lond. 1899	6533	—	402	182	2356	—	7589	39	29	—	—	—	—	3,2	3,3	6,0	6,3	6,2
Müsen. Hengstenberg bei Rammelsberg, 1875	5675	14	447	1132	2229	95	8063	—	7	—	167	—	—	3,9	4,9	6,4	6,9	6,9
Stahlberg bei Müsen. Sandmann, 1854	6039	64	994	409	1639	664	7960	—	—	—	—	—	—	3,9	4,4	6,5	6,9	6,9
Schwabengrube bei Müsen. Rammelsberg, 1875	6270	56	535	614	1593	657	7941	—	—	—	—	(278)		4,1	4,9	6,9	7,1	7,1
Landskrone. Aldendorf bei Rammelsberg, 1875	6097	105	579	590	2151	208	7670	—	—	—	—	—	—	3,6	3,9	6,3	6,7	6,6
Rammelsberg. Kerl, 1853	5967	62	385	401	2394	—	8054	—	—	—	—	—	—	3,2	3,2	5,7	6,7	6,2
Clausthal. Sander bei Rammelsberg, 1843	5613	825	—	805	2230	—	7517	—	43	—	—	—	—	3,6	3,9	6,5	6,7	6,6
Desgl. „Rosenhöfer Zug". Schindling, 1856	5212	476	882	488	2373	—	8001	—	—	—	—	—	—	3,6	3,9	5,9	6,7	6,6
Desgl. Fraatz bei Hampe, 1893	5605	311	809	422	2382	—	7711	—	—	—	—	—	—	3,5	3,8	6,0	6,6	6,5
Desgl. „Silbersegen". Kuhlemann, 1856	5439	294	524	1114	2210	—	7967	—	—	—	—	—	—	4,1	5,0	6,7	7,2	7,1
Desgl. „Zilla". H. Rose, 1829	5736	460	849	406	2349	—	7714	—	—	—	—	—	—	3,7	4,1	6,3	6,6	6,7
Andreasberg. Kuhlemann, 1856	5846	146	763	705	2278	89	7867	—	—	—	—	—	—	3,5	4,3	6,3	6,6	6,8
Desgl. „Andreaskreuz". Jordan, 1837	6193	110	—	277	2641	205	7667	—	—	—	—	—	—	2,4	2,8	4,6	5,4	5,4
Meiseberg. Rammelsberg, 1849	4791	971	518	629	2209	—	7735	—	37	—	—	—	—	3,7	4,1	6,3	7,0	6,7
Tannhöfer Gesenk. Ders., 1849	4957	674	497	779	2199	—	7554	—	—	—	—	—	—	3,7	4,3	6,3	6,9	6,7
Desgl. Ders., 1849	5104	699	459	749	2141	—	7701	—	—	—	—	—	—	3,8	4,3	6,5	7,2	6,8
Kamsdorf. Amelung bei Rammelsberg, 1845	6098	—	548	899	2402	—	7402	—	—	—	—	—	—	3,7	4,2	6,3	6,2	6,7
Gersdorf. H. Rose, 1829	6074	219	422	875	1374	961	8213	—	—	—	—	—	—	3,8	4,3	6,5	7,0	6,8
Freiberg (Prophet Jonas). Plattner, 1846	6457	—	1359	398	—	2517	8768	—	16	—	—	—	—	4,0	4,8	6,5	6,9	7,0

Desgl. Wandesleben, 1854	6607	5	289	1504	1448	320	8505	—	—	—	—	—	—	5,7	11,6	9,5	9,6	8,8
Desgl. (Weissgiltig, Hab Acht). H. Rose, 1829	2328	2899	151	1069	2049	—	6603	—	—	—	—	—	—	3,7	4,2	6,3	6,4	6,7
Kupferberg. Websky, 1871	8223	50	—	141	118	2237	8266	—	—	—	—	—	—	3,6	6,6	7,1	7,0	6,6
Gaablau. Krieg bei Rammelsberg, 1875	5399	494	538	961	2229	—	7823	—	—	—	—	—	—	4,0	4,8	6,6	7,0	7,0
Přibram. Mann bei Babanek	1698	2418	306	429	1913	—	7767	—	522	—	—	—	—	3,5	3,8	5,5	8,1	6,5
Herrengrund. Hidegh	6259	4	220	849	1898	633	8032	—	—	—	—	—	—	3,3	3,4	5,8	6,3	6,3
Kotterbach. Scheidhauer, 1843	5903	—	164	932	1609	564	7716	—	—	393	—	—	—	4,1	5,0	6,8	7,1	7,0
Desgl. G. vom Rath, 1855	5555	—	105	155	1609	392	7026	38	10	863	—	—	—	3,8	4,4	6,6	6,9	6,8
Desgl. v. Hauer, 1852	5753	10	—	1272	2221	—	8079	—	—	153	—	—	—	3,9	4,5	6,5	7,3	6,9
Poracs. Ders., 1852	5382	9	—	1690	2773	—	6045	—	—	178	—	—	—	3,3	3,5	5,2	4,4	6,3
Desgl. Ders., 1852	4808	8	—	261	2119	—	7601	—	—	834	—	—	—	3,3	3,5	5,6	7,2	6,3
Desgl. Ders., 1852	5157	6	—	1046	2511	—	7764	—	—	279	—	—	—	3,1	3,2	5,2	6,2	6,1
Desgl. Ders., 1852	6138	11	—	1322	2626	—	6862	—	—	26	—	—	—	3,4	3,6	5,8	5,2	6,4
Desgl. Löwe	6101	—	183	964	1605	569	7536	—	—	334	—	—	—	4,2	5,1	6,9	6,9	7,2
Kapnik. H. Rose, 1829	5971	57	1114	154	1992	384	8038	—	—	—	—	—	—	3,6	4,0	6,1	6,8	6,6
Desgl. Hidegh 1879	5948	122	1108	168	2014	384	7895	—	—	—	—	—	—	3,6	4,0	6,1	6,5	6,6
Desgl. Ders.	5124	626	882	161	2132	144	7564	—	—	—	151	—	—	3,6	3,7	6,1	6,6	6,6
Szásca. Ders.	8427	7	—	69	8	2548	8104	—	—	—	—	—	—	3,3	3,8	6,7	6,4	6,4
Botés. Loczka	5852	139	1007	143	2214	50	7848	—	16	—	125	—	—	3,3	4,3	6,3	6,9	6,8
Nagyág. Hidegh	6250	27	848	317	944	1609	8272	—	—	—	223	—	—	3,5	3,9	6,0	6,5	6,5
Schwaz. Weidenbusch, 1849	5435	—	204	401	4777	—	7162	—	—	779	—	—	—	4,6	6,3	7,6	8,1	7,6
Desgl. Peltzer, 1863	6678	50	429	788	1402	887	8001	—	—	—	—	—	—	4,0	4,5	6,9	7,0	7,0
Desgl. Ders.	6000	—	690	604	1735	852	8313	—	—	12	—	—	—	3,4	3,6	5,6	6,4	6,4
Brixlegg. Untschj, 1872	6190	—	677	583	1700	928	7982	—	—	—	—	—	—	3,3	3,5	5,7	6,1	6,2
Desgl. Becke, 1877	6421	21	957	258	1314	1133	8281	—	—	—	—	—	—	3,6	3,9	6,3	6,8	6,6
Gand. Löwe	5522	—	95	367	1848	—	6990	—	—	879	—	—	—	4,4	5,8	7,4	7,6	7,4
Serfaus. Oellacher bei Sandberger, 1865	5237	—	569	1254	2120	—	8777	6	—	62	—	17	—	4,3	6,0	6,7	8,3	7,3
Binnenthal. Uhrlaub, 1855	5934	113	—	128	—	4080	8593	—	133	—	—	—	—	1,6	1,5	3,1	4,2	4,6
Desgl. Stockar-Escher bei Kenngott, 1856	7270	176	—	—	—	2531	10209	—	—	—	—	—	—	3,0	3,0	5,9	8,1	6,0
Desgl. Mac Ivor, 1874	7241	225	—	—	—	2505	10125	—	—	—	—	—	—	3,0	3,0	5,9	8,1	6,0
Desgl. Prior, 1899	7831	173	—	199	—	2539	8609	—	8	—	—	—	—	3,3	3,3	6,5	6,8	6,4
Binnenthal. Prior, 1899	6905	442	—	658	—	2732	8403	—	—	—	—	—	—	3,2	3,2	5,9	6,2	6,2
Ausserberg. Fellenberg, 1864	6001	89	781	494	1296	1532	7789	28	18	—	—	—	—	3,0	3,1	5,2	5,5	6,0
Annivierthal. Brauns, 1854	5592	—	307	688	732	1461	7408	237	—	—	—	—	—	3,1	3,2	5,4	6,1	6,1
Cremenz. Brauns bei Petersen, 1870	5899	3	—	1164	182	1525	9076	626	—	—	—	204	—	3,7	4,1	6,3	7,8	6,7
14* M. Avanza. v. Lill	5604	16	1237	143	2335	—	7717	—	—	133	—	—	—	3,7	5,0	6,1	6,6	6,7
Valle del Frigido. Bechi bei d'Achiardi, 1873	4732	—	—	2519	2463	—	8425	—	—	—	—	—	—	4,0	6,0	5,9	6,8	7,0
Desgl. Funaro bei d'Achiardi, 1881	3038	3	—	2265	2129	—	9232	—	—	—	—	—	1286	4,7	—	6,2	8,7	7,8
Val di Castello. Kersten, 1843	5581	31	925	338	2285	—	7538	—	—	135	—	—	—	3,7	4,1	6,1	6,6	6,7
Desgl. Bechi, 1852	5931	41	953	293	2206	—	7529	—	—	152	—	—	—	4,0	4,7	6,7	6,8	7,0

Fortsetzung.

Fundort und Analytiker	Cu	Ag	Zn	Fe	Sb	As	S	inklusive						I.	II.	III.	S gef.	S ber.
								Bi	Pb	Hg	Mn	Co	Ni					
Calcena. Leitão, 1852	6006	—	—	1055	2121	—	7579	—	38	—	—	—	—	3,9	4,3	6,7	7,1	6,9
Cangas de Onis. Paillete, 1855	5378	—	497	821	1061	—	9002	—	—	—	—	—	—	7,5	29,0	11,2	16,9	10,5
Corbières. Berthier, 1836	5393	60	948	304	2079	200	7891	—	—	—	—	—	—	3,5	3,7	5,9	6,9	6,5
Pontgibaud. Eissen bei Gonnard, 1882	3704	1763	358	1168	1855	—	7595	—	—	—	—	—	—	4,6	6,5	7,5	8,2	7,6
Montschonay. Grüner bei Lamy, 1869	6748	60	871	833	829	1056	8225	—	—	—	—	—	—	5,4	9,1	9,0	8,7	8,4
Les Ardillats. Mène, 1861	5031	—	—	536	1830	1066	7205	—	579	—	—	—	—	2,5	2,3	4,2	5,0	5,5
Fresney d'Oisans. Prior, 1899	7136	—	—	236	2400	—	7635	—	5	—	—	—	—	3,2	3,2	6,1	6,4	6,2
Valgodemar. Mène, 1861	4842	—	—	805	1788	1333	6768	—	556	—	—	—	—	2,4	2,2	4,0	4,3	5,4
Bourbonne-les-Bains. Daubrée, 1875	6792	—	—	715	2196	—	7311	—	—	—	—	—	—	3,7	3,5	6,8	6,7	6,7
Cornwall. Wittstein, 1855	6160	—	—	1250	1968	586	7997	—	—	—	—	—	—	3,4	3,6	5,8	6,3	6,4
Desgl. Michell bei Collins, 1876	7233	166	—	3093	1747	—	4333	—	—	—	—	—	—	7,9	—	12,0	5,0	10,8
Desgl. Reuter bei Rammelsberg, 1875	6930	122	555	388	1994	—	7470	—	—	—	—	—	—	4,4	5,1	8,0	7,7	7,5
Desgl. Philipps, 1819	7500	—	—	1744	—	1661	9435	—	—	—	—	—	—	6,6	15,0	11,1	11,2	9,5
Desgl. Hemming, 1831	7862	—	—	2683	—	1613	7177	—	—	—	—	—	—	8,2	—	13,1	8,9	11,2
Desgl. Kudernatsch, 1836	7694	—	—	638	—	2546	8659	—	—	—	—	—	—	3,5	3,6	6,5	6,8	6,5
Desgl. Wackernagel bei Rammelsberg, 1860	7654	—	—	552	—	2737	8384	—	—	—	—	—	—	3,2	3,2	6,0	6,1	6,2
Desgl. Rammelsberg, 1860	8116	—	—	331	—	2537	8300	—	—	—	—	—	—	3,5	3,5	6,7	6,5	6,5
Desgl. G. vom Rath, 1858	7371	—	203	1145	—	2496	7866	—	—	—	—	—	—	4,0	4,6	6,9	6,3	7,0
Desgl. Baumert bei G. vom Rath, 1858	8328	—	—	504	—	2408	8216	—	—	—	—	—	—	3,9	4,0	7,3	6,8	6,9
Foxdale. Forbes, 1867	3557	1248	711	858	2151	—	8571	—	69	—	—	—	—	3,8	4,6	6,0	7,9	6,8
Modum. Fearnley bei Scheerer, 1845	6698	—	—	1648	—	2535	9101	—	—	—	—	—	—	3,9	4,5	6,6	7,2	6,9
Långban. Paijkull, 1866	4723	927	920	333	2392	—	7274	—	—	—	—	—	—	3,4	3,9	5,8	6,1	6,4
Gärdsjön. Svanberg, 1847	5224	289	989	326	2081	—	9466	—	—	—	—	—	—	3,9	4,6	6,5	9,1	6,9
Desgl. Peltzer, 1862	5336	307	917	123	2218	—	9288	—	—	—	—	20	83	3,6	3,9	6,1	8,4	6,6
Desgl. Nilson	5905	566	595	238	2228	—	7327	—	—	—	—	—	—	3,7	3,9	6,6	6,6	6,7
Falun. Sjögren, 1880	6639	266	—	1077	—	2281	8478	—	161	(Sn 118)			—	4,2	5,0	6,8	7,1	7,2
Beresowsk. Löwe bei G. Rose, 1837	6379	52	775	522	1786	323	8172	—	—	—	—	—	—	4,3	5,2	7,3	7,8	7,3
Chile. Smith bei Dana, 1868	5663	316	361	422	1930	406	8334	—	—	—	—	—	—	3,2	3,3	5,8	7,1	6,2
Machetillo. Domeyko, 1879	5723	269	1055	215	1722	866	7891	—	—	—	—	—	—	3,3	3,4	5,6	6,1	6,3
Altar, Ovalle. Field, 1851	5773	6	1110	220	1687	521	9466	—	—	—	—	—	—	3,8	4,4	6,4	8,6	6,8
San Pedro Nolasco. P. del Barrio bei Domeyko, 1879	5377	18	—	358	2421	1053	7610	—	—	—	—	—	—	1,7	1,7	3,3	4,4	4,2
Teniente. Orego bei Domeyko, 1879	6068	—	1039	284	1688	—	9448	—	—	—	—	—	—	5,2	7,5	8,8	11,2	8,2
Algodon-Bai. v. Bibra, 1865	5715	53	—	767	1580	2573	6132	—	—	—	—	—	—	1,8	1,6	3,2	2,9	4,8
Desgl. Ders., 1865	6088	41	—	1132	968	2673	6594	—	—	—	—	—	—	2,3	2,1	4,0	3,6	4,8
Manto, Punitaqui. Domeyko, 1844	5235	—	—	268	1722	—	6301	—	—	1200	—	—	—	4,7	7,0	9,0	7,3	7,7
Lajarilla, Andacollo. Ders., 1864	6132	—	—	233	1697	533	7548	—	—	550	—	—	—	3,5	3,6	6,2	6,8	6,5

Fortuna, Talca. Castillo bei Domeyko, 1879	5073	—	—	30	2903	—	8687	—	—	190	—	—	—	1,9	1,9	3,6	5,0	4,9
Vallenar, Huasco. Ders., 1879	8316	—	—	213	1069	—	5717	—	—	192	—	—	—	8,5	4,6	17,0	10,7	11,5
Tres Puntas. Ders., 1879	2830	3418	798	662	574	826	6457	—	—	120	—	—	—	6,8	17,8	11,2	8,1	9,6
Oruro. Ders., 1879	4261	1325	91	1180	2354	—	6550	—	—	—	—	—	—	3,4	3,7	5,8	5,6	6,5
Aullagas. Ders., 1879	3742	741	1529	839	2538	—	7049	—	—	—	—	—	—	3,6	4,7	5,4	5,6	6,6
Huanchaca. Gonzalez bei Domeyko, 1879	4732	1152	23	1178	2739	—	5262	—	—	—	—	—	—	3,0	3,0	5,2	4,0	6,0
Desgl. Salinas, 1879	4151	967	1942	—	2100	—	6862	—	—	—	—	—	—	4,3	6,3	6,7	6,5	7,3
Ubina. Kröber, 1864	1776	92	—	4492	1806	1467	7495	27	233	—	—	2	7	3,4	13,0	4,0	4,5	6,4
Morococha. Merbach bei Breithaupt, 1866	6459	—	1099	426	598	1966	7835	—	133	—	—	—	—	3,8	4,4	6,3	6,1	6,8
Huallanca. Comstock, 1879	6146	357	327	977	753	1798	8341	—	—	—	—	—	—	3,6	3,9	6,1	6,5	6,6
Araqueda. Raimondi, 1878	6604	51	75	1481	1431	1023	7333	—	—	—	—	—	—	4,0	4,6	6,7	6,0	7,0
Jucad. Oresi bei Raimondi, 1878	6808	—	306	715	509	2237	8125	—	—	—	—	—	—	3,2	3,3	5,7	5,9	6,2
Recuay. Raimondi, 1878	2261	951	974	1894	2109	195	7071	—	431	—	—	—	—	4,4	3,0	5,7	6,1	7,3
Desgl. Ders., 1878	2953	1217	421	1792	1871	136	7165	—	426	—	—	—	—	4,7	16,7	6,8	7,1	7,7
Desgl. Ders., 1878	2261	1144	295	1631	2058	75	7570	—	632	—	—	—	—	4,0	8,0	5,6	7,2	7,0
Aciosupa. Ovalle bei Domeyko, 1879	5912	—	169	1987	1996	—	7392	—	—	17	—	—	—	5,1	18,0	8,1	7,3	8,1
Lagueda. Fonseca, 1879	6116	51	—	1377	1531	966	8107	—	—	—	—	—	—	3,6	4,0	6,1	6,5	6,6
Hualgayoc. Domeyko, 1879	1698	2219	—	635	3084	129	7289	—	—	—	—	—	—	1,6	1,5	2,8	4,5	4,0
Durango. Bromeis, 1842	5835	101	767	791	2161	—	7411	—	26	—	—	—	—	4,2	5,4	6,9	6,8	7,2
Soto Mine. Burton, 1868	4309	1347	353	764	2295	—	7628	—	—	—	—	—	—	3,4	3,6	5,6	6 7	6,4
Lake City. Genth, 1885	5926	55	1093	114	2122	429	8100	17	—	—	18	—	—	3,3	3,3	5,6	6,3	6,3
Great Eastern Mine, Page bei Mallet	3648	—	1091	246	2868	—	8384	—	57	—	—	—	—	2,2	1,8	3,5	5,8	5,2
Mollie Gibson Mine. Penfield, 1892	5616	1265	1055	75	11	2290	7810	—	41	—	—	—	—	4,1	4,5	7,0	6,8	7,0
Arizona. Clarke, 1880	5272	167	—	100	2056	—	6759	—	784	—	—	—	—	3,5	3,7	6,2	6,6	6,5
Prescott. Genth, 1868	6000	297	952	188	2052	—	8416	—	—	—	—	—	—	4,2	4,8	7,2	8,2	7,2
Arkansas. S. Smith, 1867	5723	213	642	338	2204	135	8312	—	—	—	—	—	—	3,4	3,5	5,9	7,1	6,4
Desgl. Ders., 1867	5220	460	936	147	2247	81	7897	—	—	—	—	—	—	3,4	3,5	5,8	6,8	6,4
Mac Makin Mine. Genth, 1853	4832	975	387	254	1477	1540	7947	—	—	—	—	—	—	2,3	2,2	4,3	5,3	5,4
Desgl. De Benneville bei Genth, 1891	5888	599	868	367	581	1779	8281	—	—	—	82	—	—	3,9	4,4	6,6	7,0	6,9
Eldridge Mine. Taylor bei Genth, 1855	6389	39	518	758	424	2265	8877	—	—	—	—	—	—	3,3	3,5	5,7	6,6	6,3
Newburyport. Ellen Swallow, 1875	5637	213	787	476	2152	—	8609	—	—	—	—	—	—	3,9	4,5	6,6	8,0	6,9
Capelton. Harrington, 1883	6618	19	697	674	376	2065	8731	—	12	—	—	—	—	3,9	4,3	6,6	7,2	6,9
Kaslo-Slocan. Johnston bei Hoffmann, 1895	3481	1038	951	166	2348	31	6762	—	—	—	—	—	—	3,2	3,4	5,1	5,6	6,2
Monzaïa, Algier. Ebelmen, 1847	6536	—	342	833	1228	1216	8499	—	—	—	—	—	—	3,6	4,0	6,3	6,9	6,6
Bellagarda. Zecchini bei Novarese, 1902	5150	139	58	261	2321	112	6425	—	—	686	—	—	—	3,0	3,0	5,2	5,3	6,0
Silvester bei Urbeis. Ungemach, 1906	6000	—	772	674	1453	900	7978	78	—	—	—	—	—	3,7	4,1	6,1	6,6	6,7
Desgl. Ders., 1906	5369	550	743	678	2100	161	7866	—	—	—	—	—	—	3,9	4,5	6,5	7,0	6,9
Markirch. Dürr	6624	—	673	623	1034	1300	8422	—	—	—	—	—	—	3,9	4,5	6,8	7,2	6,9

Die neueren Analysen von A. Kretschmer führen zu folgenden Zahlen: (Die Analyse 9 von Kottezbach wurde weggelassen.)

	Cu:	Ag:	Zn:	Fe:	Pb:	Sb:	As:	Bi:	S
1. Horhausen	5935:	10:	995:	197:	34	: 2384:	—:	25:	7676
2. Hornachuelos	6134:	2:	338:	852:	—	: 2246:	147:	—:	8004
3. Huanchaca	4715:	1180:	381:	589:	14	: 2198:	77:	—:	7396
4. Schemnitz	5964:	42:	1157:	107:	—	: 2173:	245:	—:	7863
5. Dillenburg	6066:	7:	1078:	168:	—	: 2101:	358:	—:	7866
6. Kapnik	6068:	63:	942:	188:	—	: 2078:	300:	—:	7906
7. Botes	5676:	140:	985:	139:	131	: 1997:	367:	—:	7795
8. Müsen	5234:	158:	813:	476:	40	: 1933:	599:	—:	7433
10. Brixlegg	6432:	21:	741:	460:	40*)	: 1312:	1204:	—:	8216
11. Algier	6658:	8:	226:	771:	—	: 1207:	1365:	—:	8229
12. Santiago (Chile)	6621:	3:	931:	265:	—	: 904:	1669:	—:	8478
13. Guanajuato	6627:	121:	400:	908:	—	: 387:	2224:	—:	8611
14. Kupferberg	7625:	21:	—:	495:	—	: 203:	2509:	—:	8434
15. Redruth	8371:	—:	35:	282:	—	: —:	2439:	—:	8278

*) Hg.

	Cu + Ag + Zn + Fe + Pb:	AS + Sb + Bi : S	S berechnet
1. Horhausen	2,98:	1 : 3,19	3,24
2. Hornachuelos	3 :	1 : 3,28	3,24
3. Huanchaca	3,02:	1 : 3,25	3,23
4. Schemnitz	3 :	1 : 3,25	3,26
5. Dillenburg	2,98:	1 : 3,20	3,23
6. Kapnik	3,06:	1 : 3,32	3,26
7. Botes	3,01:	1 : 3,34	3,28
8. Müsen	2,84:	1 : 2,94	3,27
10. Brixlegg	3,05:	1 : 3,27	3,28
11. Algier	2,98:	1 : 3,20	3,18
12. Santiago (Chile)	3,03:	1 : 3,29	3,25
13. Guanajuato	3,07:	1 : 3,29	3,29
14. Kupferberg	3,00:	1 : 3,11	3,09
15. Redruth	3,56:	1 : 3,39	3,34

Die Formeln, welche sich aus diesen Berechnungen ergeben, sind (die Analyse des Fahlerzes von Kotterbach, welche ich nicht berücksichtigte bei der Berechnung, ist auch hier weggelassen Nr. 9 in der Originalarbeit):

		Schwefel berechnet
1.	$(Cu_{2,47}Zn_{0,51})_{2,98}\ SbS_{3,19}$	3,24
2.	$(Cu_{2,52}Zn_{0,49})_{3,00}\ SbS_{3,28}$	3,24
3.	$(Cu_{2,59}Zn_{0,43})_{3,02}\ SbS_{3,25}$	3,23
4.	$(Cu_{2,48}Zn_{0,52})_{3,00}\ SbS_{3,25}$	3,26
5.	$(Cu_{2,47}Zn_{0,51})_{2,98}\ SbS_{3,20}$	3,23
6.	$(Cu_{2,58}Zn_{0,48})_{3,06}\ SbS_{3,32}$	3,26
7.	$(Cu_{2,46}Zn_{0,55})_{3,01}\ SbS_{3,34}$	3,28
8.	$(Cu_{2,13}Zn_{0,71})_{2,84}\ SbS_{2,94}$	3,27
10.	$(Cu_{2,56}Zn_{0,49})_{3,05}\ SbS_{3,27}$	3,28
11.	$(Cu_{2,59}Zn_{0,39})_{2,98}\ SbS_{3,20}$	3,18
12.	$(Cu_{2,57}Zn_{0,46})_{3,03}\ SbS_{3,29}$	3,25
13.	$(Cu_{2,58}Zn_{0,49})_{3,07}\ SbS_{3,29}$	3,29
14.	$(Cu_{2,82}Zn_{0,18})_{3,00}\ SbS_{3,11}$	3,09
15.	$(Cu_{3,43}Zn_{0,13})_{3,56}\ SbS_{3,39}$	3,34

Bei diesen Formeln werden unter Cu die einwertigen Elemente, unter Zn die zweiwertigen Elemente Hg, Cu, Ag, Pb, ebenso Mn, Ni mit einbezogen. Ebenso werden As und Bi mit Sb zusammengezogen.

Daraus ergibt sich für Fahlerz die allgemeine Formel.

$$(\overset{\mathrm{I}}{M}_x, \overset{\mathrm{II}}{M}_y)_3 \overset{\mathrm{III}}{M}S_3 + \frac{y}{2},$$

worin

$$\overset{\mathrm{I}}{M} = \mathrm{Cu, Ag}$$
$$\overset{\mathrm{II}}{M} = \mathrm{Zn, Fe, Pb, Hg, Mn, Ni}$$
$$\overset{\mathrm{III}}{M} = \mathrm{Sb, As, Bi}$$
$$x + y = 3 \text{ ist.}$$

Daß das Verhältnis Cu:Zn variabel ist, geht aus folgenden Zahlen hervor.

Analysen-Nr.	1.	2.	3.	4.	5.	6.	7.	8.
Cu + Ag . . .	4,86	5,32	5,99	4,75	4,87	5,43	4,46	3,40
	9.	10.	11.	12.	13.	14.	15.	
Cu + Ag . . .	6,48	5,28	6,67	5,55	5,16	15,45	26,41	

Was die spezielle Fahlerzformel anbelangt, so meint F. Kretschmer, daß wohl isomorphe Mischungen von:

Cu_3SbS_3 und $Zn_3SbS_{4,5}$ bzw. $Zn_6Sb_2S_9$

vorliegen.

Die Zinkverbindung entspricht dem regulären Beegerit $Pb_6Bi_2S_9$ (in diesem Falle wäre kein Grund vorhanden, das Blei als durch Einschlüsse zu erklären).

F. Kretschmer vergleicht die beiden Verbindungen mit anderen isomorphen Atomgruppen, nämlich:

Wollastonit	$Ca_3Si_3O_9$	Scheelit	$CaWO_4$
Pektolith	$Ca_2NaHSi_3O_9$	Ammoniumjodat	$(NH_4)JO_4$.

Diese Verbindungen haben gleiche Valenzsummen, aber nicht die gleichen Atomzahlen.[1]) Unter der Voraussetzung dieser „chemischen Analogie" schreibt F. Kretschmer die Fahlerzformel:

$$x\,Cu_9Sb_3S_9 + Zn_6Sb_2S_9,$$

mit den äquivalenten Atomgruppen Cu_9Sb_3 und Zn_6Sb_2, worin wiederum Cu durch Ag, Zn durch Fe, Pb, Hg, Mn, Ni und Sb durch As, Bi vertreten werden kann. Die Zahl x in der obigen Formel variiert von 2—10, ist aber meistens 3—4.

F. Kretschmer bezieht sich auch auf die Arbeit von Theodor Liebisch (siehe unten bei Antimonsilber, S. 238), welcher die Silberantimonide in ein reguläres Ag_6Sb und ein rhombisches Ag_3Sb trennt. Nach seiner Ansicht wäre es kein Zufall, daß gerade die Valenzsumme der regulären Gruppe Zn_6Sb_2 des Fahlerzes doppelt so groß ist als die des regulären Silber-

[1]) Immerhin ist es gewagt, solche Formeln für chemisch analog zu halten, weil die Summe der Valenzen gleich ist. Ist es ja doch wahrscheinlich, daß $NaAlSi_3O_8$ und $CaAl_2Si_2O_8$ trotz gleicher Valenzsummen nicht analog sind. Viel naheliegender ist es anzunehmen, daß auch bei nicht ganz analogen Verbindungen die Mischbarkeit nicht ausgeschlossen ist.

antimonides Ag_6Sb, während die Valenzsumme der rhombischen Gruppe $(Cu, Ag)_6Sb_2$, die F. Kretschmer dem Stylotyp zuweist, doppelt so groß ist als die des rhombischen Silberantimonides. Meiner Ansicht nach darf dem Vergleich der Valenzsumme kein so großer Wert beigelegt werden.

F. Kretschmer bespricht auch die Formeln von J. L. Spencer und G. T. Prior, welche er mit seiner eigenen in Übereinstimmung findet, er wendet sich jedoch gegen die Annahme, daß Cu_2S mit ZnS isomorph sein sollen.

Die Th. Petersensche Formel ist nicht die Fahlerz-, sondern die Stylotypformel, für welche F. Kretschmer den Ausdruck:

$$2(Cu, Ag)_6Sb_2S_6 + Fe_3Sb_2S_6,$$

aufstellt.

G. Tschermaks Formel stellt nach ihm eines der häufigsten Verhältnisse dar. Jedoch fehlt es seinen Komponenten an jeglicher chemischen Analogie, auch verstößt er, indem er sein $CuZn_2SbS_4$ durch $CuCu_4AsS_4$ vertreten läßt, gegen das konstante Verhältnis 1 : 3.

Es muß aber zu den Ansichten F. Kretschmers bemerkt werden, daß er vielleicht dem Isomorphismus oder vielmehr der Möglichkeit der Verbindungen, Mischkristalle zu bilden, zu enge Grenzen zieht, ist es doch sehr wahrscheinlich, daß in der Pyroxengruppe nicht die von G. Tschermak und auch von mir seinerzeit berechneten Silicate RAl_2SiO_6 vorkommen, sondern, daß es sich in den Tonerdeaugiten um Mischkristalle von $CaMgSi_2O_6$ mit Al_2O_3 bzw. Fe_2O_3 handelt. Auch muß man mit Molekülverbindungen im Sinne A. Werners rechnen. Daher kann man vorläufig wohl die Tschermaksche Formel, wonach Molekülverbindungen die eine dem Pyrargyrit (Ag_3SbS_3) entsprechende, die andere dem Stephanit $(CuZn_2SbS_4)$ entsprechende im Fahlerz vorhanden sind, annehmen. Es ist aber auch denkbar, daß nicht die angenommene Verbindung $CuCu_4AsS_4$ vorhanden ist, da wir bei isomorphen oder Mischungen oder besser gesagt, bei festen Lösungen nicht unbedingt weitgehende chemische Analogie annehmen müssen. Jedenfalls wird die Erklärung der chemischen Konstitution mehr im Sinne der Molekülverbindungen liegen müssen.

R. Weinland[1]) gibt für Fahlerze die Strukturformel:

$$\begin{bmatrix}(As, Sb)S_4\\(As, Sb)S_3\end{bmatrix}(Cu_2, Fe, Zn)_4.$$

Sie legt die von H. Rose aufgestellte Formel zugrunde, die nach dem Vorhergehenden nicht mehr als Fahlerzformel gültig ist. Nimmt man die G. T. Prior-L. J. Spencersche und die von A. Kretschmer aufgestellte Formel als die zutreffende an, so wäre die Strukturformel:

$$\begin{bmatrix}(As, Sb, Bi)S_3\\(As, Sb, Bi)S_3\\(As, Sb, Bi)S_3\end{bmatrix}(Cu, Ag)_9 + x\begin{bmatrix}(As, Sb, Bi)S_5\\(As, Sb, Bi)S_4\end{bmatrix}(Fe, Zn, Hg, Co, Ni)_6,$$

worin x ein Bruch ist; die letztere Gruppe entspricht, wie schon A. Kretschmer hervorhob, dem Sulfobismutit $\begin{bmatrix}BiS_5\\BiS_4\end{bmatrix}Pb_6$, nämlich dem regulären Beegerit.

[1]) R. Weinland bei P. Niggli, Min. 1920, 365.

G. Cesàro[1]) leitet die Formel des Fahlerzes ab von seiner allgemeinen Formel für die Sulfosalze (wobei m die Basizität, d. h. das Verhältnis $As_2S_3 : RS$ bedeutet):

$$As_2S_3 \,.\, m\overset{II}{R}S = (\overset{III}{As_2S_3})_x(\overset{I}{AsS_2})_{2-x}\overset{II}{R}_{2x+2-m}(\overset{II}{R}_2S)_{m-x-1}\,,$$

bei dem Fahlerz ist $x \leqq 2$, $m \leqq 6$.

Ausgehend von der Formel, welche G. T. Prior und L. Spencer aufstellten, nämlich:

$$R_2S_3 \,.\, 3\overset{II}{R}S + \tfrac{1}{5}(R_2S_3) \,.\, 6\overset{II}{R}S) = 2R_2S_3 \,.\, 7\overset{II}{R}S\,,$$

wäre die häufigste Basizität $m = 3\tfrac{1}{2}$. Daraus kann man dann schließen, daß m in der obigen Formel wird:

$$2x, \quad 2(2-x)4x-3, \quad 5-2x,$$

wobei $\tfrac{3}{4} \leqq x \leqq 2$.

Man käme zu den Formeln:

$$(\overset{III}{Sb}S_3)_4\overset{II}{R}_5(R_2S) \quad \text{oder} \quad (\overset{III}{Sb}S_3)_2(\overset{I}{Sb}S_2)_2\overset{II}{R}(\overset{III}{R}_2S)_3\,.$$

Das Fahlerz kann sein je nach dem Werte von $m = 4$ oder $3\tfrac{1}{2}$ ein Orthosalz oder ein Orthometasalz. Die Konstitutionsformel der Verbindung $Sb_2S_3 \,.\, 4\overset{II}{R}S$, welche im Fahlerz vorkommt neben der Verbindung $R_2S_3 \,.\, 3\overset{II}{R}_2S$, wird von G. Cesàro folgendermaßen geschrieben, wobei drei Fälle möglich sind.[2])

Monobasisches Orthosalz

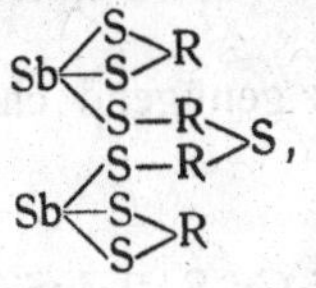

```
   /S\
Sb<-S->R
   \S-R\
         >S,
    S-R/
   /
Sb<-S\
   \S->R
```

Basisches Orthometasalz

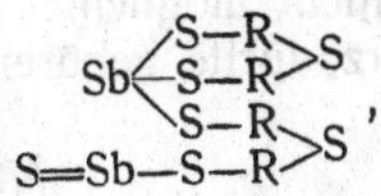

```
    /S-R\
Sb<-S-R->S
    \S-R\
          >S ,
S=Sb-S-R/
```

Basisches Pyrosalz

```
  /R-S\         /S-R\
S<     >Sb-S-Sb<     >S .
  \R-S/         \S-R/
```

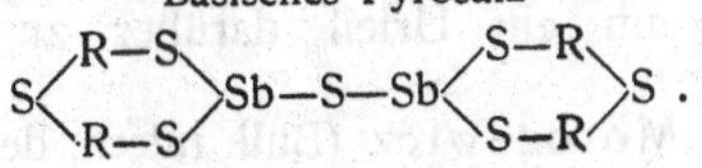

E. T. Wherry und W. F. Foshag,[3]) welche eine neue Klassifikation der Sulfosalze gegeben haben, die sich vielfach mit den von P. Groth und K. Mieleitner[4]) deckt und hauptsächlich darauf beruht, das Verhältnis von $RS : R_2S_3$ als maßgebend zu betrachten, was ja auch übrigens von der von G. Cesàro[5]) gegebenen Einteilung der Fall ist, setzen das Verhältnis 7:2 für $RS : R_2S_3$.

Sie schreiben die Formeln folgendermaßen.

Tennantit, $5Cu_2S \,.\, 2(Cu, Fe, Zn)S \,.\, 2As_2S_3$.

Dazu gehört auch der Binnit.

---

[1]) G. Cesàro, Bull. soc. min. **38**, 47 (1915).

[2]) R bedeutet die zweiwertigen Metalle.

[3]) E. T. Werry u. W. F. Foshag, Journ. Wash. Acad. Sci. **11**, 1–8 (1921).

[4]) P. Groth u. K. Mieleitner, vgl. S. 207.

[5]) G. Cesàro, vgl. S. 223.

Die Formel verlangt:

Cu	51,5
As	20,3
S	28,2
	100,0

Es können bis 7,6 Fe oder Zn das Cu ersetzen. Ein besonderer Fall ist das Arsenfahlerz von Tsumeb, Südwestafrika.

Tetraedrit, $5 Cu_2S . 2 (Cu, Fe, Zn)S . 2 Sb_2S_3$.

Die theoretische Zusammensetzung ist:

Cu	46,0
Sb	28,9
S	25,1
	100,0

Es können bis 6,8% Fe und Zn das Cu ersetzen.

Schwazit, $5 Cu_2S . 2 (Cu, Hg)S . 2 Sb_2S_3$, enthält bis 17% Hg.

Freibergit, $5 (Cu, Ag)_2S . 2 (Cu, Fe)S . 2 Sb_2S_3$.

Zur Aufklärung der Fahlerzformel könnte vielleicht der synthetische Weg betreten werden, insbesondere was die Vertretung von Cu_2S und ZnS anbelangt, welcher allerdings jetzt unwahrscheinlich ist.

Als Schlußresultat kann angegeben werden, daß wahrscheinlich eine Molekülverbindung vorliegt, deren eines Glied der Pyrargyrit, das andere der Stephanit ist, wobei jedoch analoge Kupferverbindungen vorherrschen. Ob im Arsenfahlerz die Verbindung $CuCu_2AsS_4$ vorhanden ist, kann dermalen nicht entschieden werden. Man darf aber auch die Möglichkeit des Vorkommens fester Lösungen nicht außer acht lassen, wodurch sich vielleicht manche Abweichung erklären ließe. Eine unbestrittene Formel für Fahlerz zu geben, ist dermalen wohl nicht möglich.

Zum Fahlerz dürfte gehören der noch nicht genügend charakterisierte:

Miedziankit.

Angebliche Formel $3 Cu_3AsS_3 . CuZn_2AsS_4 = 5 Cu_2S . 2 ZnS . 2 As_2S_3$, ist zu unvollständig bekannt, um ein Urteil darüber zu fällen. Dichte 4—7, Härte 3—4.

Beschrieben von J. Morozewicz (Bull. intern. de l'Acad. des Sc., Cracovie 1918 und Bull. soc. fr. min. 1922, vol. XLV, p. 255—256), nach Referat Z. Kryst. **60**, 525 (1924). Fundort Miedziana Góra bei Kielce, Mittelpolen.

Regnolit.

Von **M. Henglein** (Karlsruhe).

Kristallklasse: Hexakistetraedrisch (?).

Analyse.

	1a.	1b.	1c.
Cu . . .	33,25	32,59	45,37
Fe . . .	5,66	5,76	—
Pb . . .	Spur	—	—
Ag . . .	0,04	—	—
Zn . . .	7,72	6,70	—
As . . .	15,23	15,43	15,34
S	37,45	39,52	39,29
	99,35	100,00	100,00

1a.—1c. Vom Jucud-Fluß in Cajamarca (Peru); anal. A. D'Achiardi, I Metalli **1**, 293 (1883); Nuovo Cimenti **3**, 314 (1870).

Formel. Die Analyse 1a führt annähernd auf die Formel

$$Cu_5FeZnAs_2S_{12},$$

der genau die berechnete 1b entsprechen würde. 1c berechnet, ergäbe die Formel $Cu_7As_2S_{12}$, wenn man Fe und Zn als von Verunreinigungen herrührend annimmt. Nach L. J. Spencer kann auch ein Binnit vorliegen.

Das Mineral ist uns von obigem Fundort, wo es mit Sandbergerit vorkommt, bekannt geworden. Es ist fraglich, ob ihm eine selbständige Stellung zukommt.

Der Stylotyp ist ein silberhaltiges Mineral, dessen Silbergehalt sehr schwankend ist, und welches chemisch dem Fahlerz sehr nahe steht. Er kann entweder bei Kupfer, oder bei Silbererzen eingereiht werden. Wir bringen ihn zum Schluß der Kupfererze, um so mehr als der ihm nahe verwandte Falkenhaynit, welcher von manchen Autoren als bloße Varietät des des Stylotyps betrachtet wird, hierher gehört.

Stylotyp.

Von **M. Henglein** (Karlsruhe).

Synonym: Stylotypsit, Falkenhaynit (?); siehe S. 220.

Kristallsystem: Monoklin; $a:b:c = 1,9202:1:1,0355$; $\beta =$ ca. 90^0 (S. Stevanović).

Analysen.

	1.	2.	3.	4.	5.
δ	4,790	5,180	4,77	—	—
Fe_2	7,00	6,27	—	2,24	2,76
Cu	28,00	30,87	45,84	41,50	36,05
Zn	Spur	Spur	0,90	1,54	3,43
Ag	8,30	10,43	1,62	1,40	1,34
As	—	—	7,07	6,20	4,32
Sb	30,53	28,58	18,99	22,15	26,31
Bi	—	—	0,54	1,12	1,12
S	24,30	23,12	24,55	23,20	23,20
Rückst. . . .	—	—	—	0,34	1,41
	98,13	99,27	99,51	99,69	99,94

1. Von Copiapo (Chile); anal. F. v. Kobell, Sitzber. Bayr. Ak. 1865, 163.
2. Ebendaher; anal. S. Stevanović, Z. Kryst. **37**, 237 (1903).

3.—5. Von der Grube Caudalosa Costrovirroyna (Peru); anal. Derselbe, ebenda. Bei Analyse 3 sind 10,84 % $CuFeS_2$ abgezogen und der Rest auf 100 umgerechnet.

Formel. Nach S. Stevanović[1]) ist sowohl der Stylotyp von Copiapo, als auch der von Peru nach den Analysen nicht homogen, obwohl das Material sehr homogen aussieht. Es ergibt sich folgendes Atomverhältnis:

---

[1]) S. Stevanović, Z. Kryst. **37**, 236 (1903).

	S	(As, Sb, Bi)	Metall
Aus der Analyse 1 u. 2	3,05 :	1 :	3,41
" " " 3	3,05 :	1 :	3,02

Die Zusammensetzung des Stylotyp ließe sich ungefähr auf die Formel $(Cu_2, Ag_2, Fe, Zn)_3 \begin{bmatrix}(As, Sb, Bi)S_3\\(As, Sb, Bi)S_3\end{bmatrix}$ bringen. Er ist nach S. Stevanović isomorph mit Xanthokon und Feuerblende, was auch schon P. Groth[1]) andeutete. Das Mineral bedarf noch eingehenderer Untersuchung. E. T. Wherry und W. F. Foshag schreiben die Formel: $3Cu_2S \cdot Sb_2S_3$. Siehe auch F. Kretschmer S. 216.

Synthese.

Durch die thermische Analyse des Systems $Cu_2S—Sb_2S_3$ erhielten N. Parravano und P. de Cesaris[2]) die Verbindungen $CuSbS_2$ und Cu_3SbS_2, welch letztere den Hauptbestandteil des Stylotyps darstellt.

Chemisch-physikalisches Verhalten.

Stylotyp schmilzt leicht auf Kohle unter Zerknistern zu einer glänzenden, stahlgrauen, magnetischen Kugel, entwickelt dabei reichlich Antimondämpfe und der von Peru auch Arsenrauch. Er ist in Salpetersäure löslich.

Die Härte ist 3, die Dichte 4,8—5,18. Die Kontraktionskonstante ist nach J. J. Saslawsky[3]) 1,15. Nach S. Stevanović ist 5,18 besser passend. Farbe schwarz, Strich ebenfalls.

Paragenesis. Der Stylotyp findet sich in Peru zusammen mit Enargit, Antimon-Luzonit, Tennantit, Eisenkies und Kupferkies. Die Hauptmasse und die erste Bildung gehört dem Stylotyp an. Der Stylotyp von Copiapó zeigt zwar große, aber schon zersetzte Kristalle, welche mit einer rauhen Rinde umhüllt sind.

Falkenhaynit.

Kristallsystem unbekannt, nur derb.

Der von R. Scharizer[4]) als ein neues Mineral aus der Wittichenitgruppe beschriebene Falkenhaynit wird von F. Sandberger[5]) zum Annivit gestellt; nach S. Stevanović[6]) ist er mit Stylotyp identisch. Er unterscheidet sich nur von diesem dadurch, daß er weniger Silber und Eisen enthält und daß etwas Antimon durch Arsen ersetzt ist. Da keine Kristallformen bekannt sind und die chemische Analyse 3 erst aus 1 und 2 berechnet wurde durch Abrechnung von 13,16 % Quarz, 12,77 % magnesiahaltigem Einspat und 3,66 % Kupferkies, so ist nicht zu entscheiden, mit welchem Mineral der Falkenhaynit zu vereinigen oder ob er selbständig ist.

---

1) P. Groth, Tab. Übers. d. Min. 1898, 35.
2) N. Parravano u. P. de Cesaris, Rend. Ac. Linc. Rom. **21**, 798 (1912).
3) J. J. Saslawsky, Z. Kryst. **59**, 205 (1924).
4) R. Scharizer, J. k. k. geol. R.A. **40**, 433 (1890).
5) F. Sandberger, N. JB. Min. etc. **1**, 274 (1891).
6) S. Stevanović, Z. Kryst. **37**, 237 (1903).

Analysen.

	1.	2.	3.
Mg	0,63	0,48	—
Fe	8,21	7,47	2,82
Cu	29,27	nicht best.	39,77
Zn	1,40	1,63	1,99
As	3,53	3,53	5,02
Sb	17,11	16,91	24,30
Bi	0,24	0,41	0,34
S	19,42	19,02	25,76
Unlöslich	13,16	—	—
	92,97		100,00

1. bis 3. Von Joachimstal (Böhmen); anal. R. Scharizer, J. k. k. geol. R.A. **40**, 433 (1890). — 3 aus 1 berechnet.

Formel. R. Scharizer berechnet aus 3 die Formel $Sb_2S_6Cu_6$, worin $\frac{1}{4}$ Sb durch As, und $\frac{1}{5}$ Cu durch Fe und Zn im Verhältnis 5:3 ersetzt sind. Š. Stevanović schreibt die Stylotypformel (S. 220).

Da der Bi-Gehalt nur gering ist, liegt auch kein Grund vor, den Falkenhaynit als Annivit zu bezeichnen; er wäre höchstens zu den Mischfahlerzen S. 188 zu stellen.

Physikalisches Verhalten und Vorkommen. Die Dichte 4,195, welche zuerst gefunden wurde, ist umgerechnet entsprechend der Analyse 3 4,830. Das derbe, grauschwarze Mineral ist nur vom Fiedler- und Geistergang in Joachimstal bekannt geworden.

Verbindungen von S, As, Sb, Bi mit Silber.

Von C. Doelter.

Eine vollständige Trennung der Kupfererze von den Silbererzen ist nicht möglich, da Cu und Ag in diesen Verbindungen isomorph sind und sich vertreten. Es werden aber auch einzelne Kupfersulfide, die einen merklichen Gehalt an Silber aufweisen, hier eingereiht, wie Jalpait, Stromeyerit, Eukairit, die doch allgemein als Silbererze gelten. Ferner haben wir eine Anzahl von Silbererzen, die auch Eisen enthalten, z. B. die Silberkiese; schon der Name sagt, daß sie hierher gehören. Dann haben wir Erze, welche außer Silber auch Blei enthalten. Diese sind, wenn nicht der Bleigehalt sehr groß ist, wie bei Lengenbachit, hier eingereiht. Die silberhaltigen, thalliumhaltigen Verbindungen sind alle unter letzteren zu suchen. Ebenso wurden die Silbererze, welche Germanium enthalten, wie Argyrodit, Canfieldit, Ultrabasit dort eingereiht.

Die hier in Betracht kommenden Verbindungen sind:

1. Sulfide.
2. Arsenide.
3. Antimonide.
4. Bismutide.
5. Sulfosalze.

Wir unterscheiden:

A. Verbindungen mit Silber allein.

Hierher gehören:

a) Sulfide: Argentit (Silberglanz), Akanthit, Silberschwärze.
b) Arsenide: Arsensilber (Huntilith, Chañarcillit).

c) Antimonid: Diskrasit (Antimonsilber).
d) Bismutid: Wismutsilber (Chilenit).
e) Sulfosalze: Smithit, Miargyrit, Bolivian, Pyrargyrit, Proustit, Xanthokon, Pyrostilpnit, Plenargyrit, Silberwismutglanz, Stephanit, Polyargyrit.

B. Verbindungen mit Silber und anderen Metallen.

1. Verbindungen, welche außer Ag noch wesentlich Cu enthalten.
Sulfide: Jalpait, Stromeyerit.
Sulfosalze: Stylotyp, Falkenhaynit, Polybasit, Pearceït.
2. Verbindungen, welche außer Ag noch Fe enthalten.
Sulfosalze: Silberkies (Sternbergit, Friseit, Argyropyrit, Argentopyrit).
3. Verbindungen, welche außer Ag noch Pb enthalten.
Sulfosalze: Andorit, Fizelyit, Wismutsilber (Schapbachit), Diaphorit, Freieslebenit, Schirmerit.
4. Verbindungen, welche außer Silber, Blei und Kupfer enthalten: Alaskait.
5. Verbindungen, welche außer Silber, Mangan, eventuell auch Blei enthalten:
Samsonit, Dürfeldtit.

Silber enthält das Thalliummineral Hutchinsonit, das Bleimineral Lengenbachit, die germaniumhaltigen Silbererze siehe oben S. 221.

Wir müssen hier einige isomorphe Gruppen berücksichtigen:

1. Die isodimorphe Gruppe Argentit-Kupferglanz, bestehend aus der regulären Reihe: Ag_2S, Ag_2Se, Ag_2Te, $(Ag, Au)_2Se$, dann aus der rhombischen, enthaltend Cu_2S, $(Ag, Cu)_2Se$, Akanthit (Ag_2S); ferner gehören hierher Jalpait $(Ag, Cu)_2S$ und Eukairit $(Ag, Cu)_2Se$, Aguilarit $Ag_2(S, Se)$.
2. Die isomorphe Gruppe des Miargyrits:

Miargyrit $AgSbS_2$: $a:b:c = 2{,}9945:1:2{,}9095$; $\beta = 98^0\,37\frac{1}{2}'$.
Smithit $AgAsS_2$: $a:b:c = 2{,}2206:1:1{,}9570$; $\beta = 101^0\,12'$.
Lorandit $TlAsS_2$: $a:b:c = 0{,}8534:1:0{,}6650$; $\beta = 90^0\,17'$.

Andere isomorphe Gruppen, die nur Silber enthalten, wie die Rotgiltigerze, Polybasit, Pearceit siehe unten im Verlaufe.

Konstitution der Silber-Sulfosalze.

Bereits in der Einleitung, S. 30, wurden die Sulfosalze abgeleitet von den drei Säuren:

$$As\begin{cases}SH\\SH\\SH\end{cases},\qquad Sb\begin{cases}SH\\SH\\SH\end{cases},\qquad Bi\begin{cases}SH\\SH\\SH\end{cases},$$

von welchen andere durch Austritt von H_2S ableitbar sind. Den sauersten Salzen liegen die Säuren $HAs_3S_5 = 3[As(SH)_3] - 4H_2S$ zugrunde. Wir haben hier Metasalze und Orthosalze, dazwischen aber Gruppen, deren Säuren sich durch Subtrahieren von nH_2S ableiten lassen. Man hat solche auch Orthometasalze genannt.

R. Weinland nimmt Anionen, deren Koordinationszahl teils 2, teils 3 ist, wie beim Klapprothit, an.

Für viele Salze, nämlich für die basischen, sind Valenzformeln schwer möglich, da hier Komplexsalze anzunehmen sind, von der Art:

$$\overset{\mathrm{I}}{\mathrm{As(RS)_3}} + n\,\overset{\mathrm{I}}{R_2}S\,.$$

So wäre für den Stephanit die Formel:

$$Ag_5(SbS_4) \quad \text{oder} \quad \left(\begin{matrix}S & & S\\ & Sb & \\ S & & S\end{matrix}\right)Ag_5\,.$$

Über die Konstitution der Sulfosalze des Silbers hat auch G. Cesàro[1]) allgemeine Betrachtungen angestellt. Das Silber kommt in diesen als Ag_2, welches man schreibt —Ag—Ag—, entsprechend dem der zweiwertigen Kupfergruppe —Cu—Cu—. Er kommt zu dieser Ansicht wegen der Analogie der Salze des Kupfers und des Silbers, z. B. in den Chlorverbindungen, und weil in vielen Sulfosalzen und Sulfiden Ag_2S und Cu_2S sich isomorph vertreten wie im Stromeyerit.

Er ist der Ansicht, daß die Sulfosalze des Silbers eine Serie von Metasalzen bilden und zwar überbasische, welche ein zweiwertiges Radikal enthalten, $(R''_q S_{q-1})$ gebunden an zwei Gruppen AsS_2. So wäre der Stephanit gebildet aus einer überbasischen Kette von fünf Ag_2-Gruppen, gebunden durch S und wobei die zwei äußeren Ag_2 an die Gruppe —S—Sb—S— gebunden sind.

```
Ag2—S—Ag2—S—Ag2—S—Ag2—S—Ag2
|                         |   .
S—Sb=S              S=Sb—S
```

In dieser Formel kann Sb_2 teilweise oder ganz vertreten sein durch As_2 oder BiS_2.

Ag_2 kann auch durch Cu_2 vertreten sein.

Für q = 1 bekommt man den Miargyrit,
für q = 5 den Stephanit,
für q = 12 den Polyargyrit.
Dagegen wenn q = 3 hat man den Pyrostilpnit,
für q = 9 den Polybasit.

Für die Mineralien der Silberkiesgruppe stellt er die allgemeine Formel auf:

$$Ag_nFe_qS_{n+q+1} = \left(\frac{n}{2} + 1\right)\overset{\mathrm{III}}{Fe_2}S_3\,.\,(q-n-2)\overset{\mathrm{II}}{Fe}S\,.\,\frac{n}{2}Ag_2S\,.$$

Bezüglich der Konstitution der Silbererze hat sich auch W. F. Foshag[2]) geäußert. Er betont, daß nach seinen noch unveröffentlichten Untersuchungen Blei mit Silber und Kupfer nicht isomorphe Verbindungen bilden. Für Blei und die zwei anderen ist dies bereits auch anderweitig behauptet worden und es ist dies durchaus nicht unwahrscheinlich. Dagegen dürften Ag und Cu wohl isomorph sich vertreten können. Kupfer und Blei, die ja auch im periodischen System so verschiedene Wertigkeit haben, dürften daher kaum einander vertreten. Dagegen dürften Ag und Cu wohl isomorphe Verbindungen bilden. Nach W. F. Foshag enthalten reine Bleimineralien selten mehr als 0,5%,

[1]) G. Cesàro, Bull. soc. min. **38**, 53 (1915).
[2]) W. F. Foshag, Am. Journ. [5] **1**, 444 (1921).

aber nie mehr als 1 % Cu oder Ag, sowie auch Kupfersalze selten mehr als 1 % Blei enthalten. Von 25 analysierten kristallisierten Silbersalzen zeigten nur zwei mehr als 1 % Blei.

Alle Sulfosalze, welche zusammen Silber-Blei oder Kupfer-Blei enthalten, sollen nach W. F. Foshag Doppelsalze sein.

Immerhin muß man meiner Ansicht nach doch auch noch die Möglichkeit zulassen, daß Blei in Silbersulfosalzen oder Kupfer in diesen als feste Lösung vorkommen kann, ohne daß die betreffenden Elemente isomorph sind. Ob dort, wo in Sulfosalzen von Blei mehr Silber oder Kupfer vorhanden ist, nur Doppelsalze vorkommen, ist doch noch zu beweisen. Diese so schwierige Frage erscheint derzeit noch ungelöst. Allerdings haben wir bereits bei Fahlerz darauf hingewiesen, daß Molekularverbindungen vorliegen können und dies dürfte gerade bei Sulfosalzen, welche neben Blei Kupfer oder Silber enthalten, ebenso wie bei jenen, welche neben vorherrschend Silber oder Kupfer noch Blei enthalten, auch der Fall sein. Man hat vielleicht zu schnell, z. B. das Blei im Fahlerz und im Zinnkies einfach als Verunreinigung erklärt, was wohl nicht allgemein der Fall sein dürfte, hier handelt es sich, wenigstens zum Teil um feste Lösungen, vielleicht manchmal sogar um Molekularverbindungen. Im allgemeinen dürfte W. F. Foshag wohl darin Recht haben, daß sich Blei nicht durch Cu und Ag isomorph vertreten läßt.

Übersicht der sulfidischen Silbererze.

A. Sulfide.

Name	Kristallsystem	Angenäherte Formel	Seite
Argentit	Regulär	Ag_2S	226
Akanthit	Rhombisch	Ag_2S	226
Silberschwärze	Kolloid	Ag_2S	234
Stromeyerit	Rhombisch	$Ag_2S . Cu_2S$	277
Jalpait	Regulär	$3Ag_2S . Cu_2S$	275
Arsensilber	Rhombisch	Ag_3As	238
Antimonsilber	„	Ag_3Sb	234
Chilenit	—	—	240

B. Sulfosalze.

Name	Kristallsystem	Angenäherte Formel	Seite
Smithit	Monoklin	$AgAsS_2$	256
Miargyrit	—	$AgSbS_2$	259
Matildit	—	$AgBiS_2$	264
Plenargyrit	Monoklin	$AgBiS_2$	269
Proustit	Trigonal	Ag_3AsS_3	249
Pyrargyrit	„	Ag_3SbS_3	242
Xanthokon	Monoklin	Ag_3AsS_3	254
Pyrostilpnit	„	Ag_3SbS_3	255
Stylotyp u. Falkenhaynit[1]	„	$(Ag, Cu)_3(Sb, As)S_3$	219
Stephanit	Rhombisch	Ag_5SbS_4	265
Pearceït	Monoklin	$Ag_{16}As_2S_{11}$	274
Polybasit	„	$Ag_{16}SbS_{11}$	270
Polyargyrit	Regulär	$Ag_{29}Sb_2S_{15}$	262

[1]) Falkenhaynit ist Stylotyp mit etwas Eisen. Siehe Seite 226.

Name	Kristallsystem	Angenäherte Formel	Seite
Andorit	Rhombisch	$AgPbSb_3S_6$	293
Freieslebenit	Monoklin	$Ag_4Pb_3Sb_4$	289
Diaphorit	Rhombisch	. . . . .	291
Schapbachit	"	$Ag_2PbBi_2S_5$	295
Schirmerit	—	$Ag_4PbBi_4S_9$	296
Sternbergit	Rhombisch	$AgFe_2S_3$	285
Argyropyrit	"	—	286
Argentopyrit	"	—	286
Friseit	"	—	287
Alaskait	—	$R_2Bi_2S_4$	297
Samsonit	—	$Ag_5MnSb_2S_6$	287
Dürrfeldtit	—	—	288
Fizelyit	—	$Ag_2Pb_5Sb_8S_{18}$ . . .	289
Bolivian	—	—	269
Trechmannit	—	—	257
Cocinerit	—	—	280

Die zwei Mineralien: Stylotyp und Falkenhaynit, welche man auch bei Silber hätte behandeln können, sind bei Kupfer untergebracht; das letztgenannte Mineral gehört ja viel mehr zu Kupfer, da es aber dem Stylotyp sehr verwandt ist, so war eine Abtrennung nicht am Platze.

Brogniartin siehe bei Canfieldit.

Argentit und Akanthit.

Von **M. Henglein** (Karlsruhe).

Die Silberglanzgruppe weist sieben Mineralien auf, von welchen vielfach angenommen wird, sie seien isomorph. Sie sind in der Tat regulärholoedrisch und haben analoge Formeln. Zu dieser Gruppe gehört auch der chemisch analoge, aber nicht regulär, sondern rhombisch, ähnlich wie Kupferglanz kristallisierende Stromeyerit, welcher ebenfalls, wie Jalpait und Eukairit die beiden Elemente Cu und Ag in isomorpher Mischung enthält.

Die Verbindung Cu_2S ist bekanntlich dimorph, da sie rhombisch in der Natur, regulär künstlich vorkommt, Ag_2S dürfte, wie auch die rhombisch kristallisierende Mischung $Cu_2S.Ag_2S$ beweist, dimorph sein, obgleich die rhombische Kristallart, der Akanthit, nicht von Allen als besondere rhombische Kristallart anerkannt wird.

In die Silberglanzgruppe gehören: das Sulfid (Silberglanz), das Tellurid (Hessit), das Selenid (Naumannit), dann die isomorphen Mischungen von As_2S und Ag_2Se (Aguilarit), die regulären Mischkristalle von Ag_2S und regulärem Cu_2S der Jalpait, die Mischungen der Selenide Ag_2Se, Cu_2Se der Eukairit.

Zur Silberglanzgruppe wird auch der Petzit, eine isomorphe Mischung von Ag_2Te und Au_2Te gerechnet.

Wir haben bei Silber zu behandeln: Silberglanz, Japait und den rhombischen Stromeyerit. Dagegen siehe Naumannit, Eukairit und Aguilarit bei Selen, Hessit und Petzit bei Tellur.

Argentit ist α-, Akanthit β-Schwefelsilber. A. Kenngott[1]) hat zuerst den orthorhombischen Akanthit vom Argentit abgetrennt, was von

[1]) A. Kenngott, Sitzber. Wiener Ak. **15**, 238 (1855).

A. Dauber[1]) auch bestätigt wurde. J. Krenner[2]) und andere haben später den Akanthit als deformierte reguläre Argentitkristalle gedeutet und die rhombische Modifikation in Abrede gestellt. Doch ist heute durch die Synthese und das Vorkommen von Mischkristallen des β-Cu_2S und β-Ag_2S die Stellung des Akanthit als besondere Modifikation des Schwefelsilbers gesichert.

Nach G. Urazov soll Ag_2S tetramorph sein (Ref. Min. Mag. **20**, 154 (1923).

Argentit.

Synonyma: Silberglanz, Silberglas, Silberglaserz, Silberglanzerz, Glaserz, Argyrit, α-Schwefelsilber, Weichgewächs, Weicherz, Silberschwärze, Silbermulm.

Kristallklasse: Hexakisoktaedrisch.

Nach H. Schneiderhöhn[3]) ist Argentit wahrscheinlich eine Paramorphose einer rhombischen nach der bei höherer Temperatur beständigen regulären Modifikation.

Analysen:

	1.	2.
Fe	2,02	—
Cu	1,53	—
Pb	3,68	—
Ag	77,58	86,71
S	14,46	13,13
	99,27	99,84

1. Argentit von Joachimstal; anal. Lindacker bei Vogl, Min. Joach. 1857, 78.
2. Von der California-Grube, Montezuma (Colorado) mit Proustit, Bleiglanz und Zinkblende; anal. J. C. Sharp bei F. R. van Horn, Bull. geol. soc. Am. **19**, 93 (1908).

Akanthit.

Synonyma: β-Schwefelsilber, Daleminzit.

Kristallklasse: Orthorhombisch-bipyramidal. $a:b:c = 0{,}6886:1:0{,}9945$ nach A. Dauber und F. Kreutz.[4])

Analysen:

	1.	2.	3.	4.	5.
Ag	87,09	86,71	87,4	86,79	87,42
S	12,75	12,70	[12,6]	13,20	12,58
	99,84	99,41	100,00	99,99	100,00

1. u. 2. Akanthit von Grube Himmelsfürst bei Freiberg i. Sa.; anal. Weselsky, Sitzber. Wiener Ak. **39**, 841 (1860).

3. Spitze oder zahnige, meist auf Silberglanz aufgewachsene Akanthitkristalle von Joachimstal; anal. Derselbe, ebenda.

4. Von Guanajuato (Mexico), lange gedreht in Kalkspat; anal. F. A. Genth, Am. Journ. **44**, 383 (1892).

5. Von der Enterprise-Mine bei Rico (Colorado); anal. A. H. Chester, School of Mines Quart. **15**, 103 (1894).

Formel des Argentit und Akanthit. Es liegen nur wenige Analysen vor; meist wurde nur der Ag-Gehalt bestimmt. Der Formel Ag_2S würden 87,07 % Ag

[1]) A. Dauber, ebenda **39**, 685 (1860).
[2]) J. Krenner, Math. és term. tud. Ért **5**, 137 (1887).
[3]) H. Schneiderhöhn, Anl. zur mikr. Best. 1922, 206.
[4]) F. Kreutz, Z. Kryst. **9**, 242 (1881).

und 12,93 % S entsprechen. Auf diese Werte führen besonders die Akanthitanalysen.

Sonstige Stoffe sind wohl Verunreinigungen. Über den Au-Gehalt liegen keine Bestimmungen vor.

Chemische Eigenschaften.

Im Funkenspektrum zeigen sich nach A. de Gramont[1]) zwei intensiv grüne Silberlinien. Die Gruppen der Schwefellinien sind deutlich im Rot und Grün, auch Blau, diffus und kaum wahrnehmbar im Violett, wo sie mit den Eisenlinien gemengt sind. Argentit, wahrscheinlich von Schemnitz, läßt auch Zinklinien erkennen.

Lötrohrverhalten. Argentit und Akanthit schmelzen im geschlossenen Rohr und geben kein Sublimat. Im offenen Rohr entweicht viel schweflige Säure; bei längerem Erhitzen geht die geschmolzene Masse oberflächlich in metallisches Silber über. Auf Kohle schmelzen sie unter Aufwallen und Abgabe von schwefliger Säure zu einem Silberkorn, das man, wenn Verunreinigungen dabei sind, mit einer am Draht gelösten Boraxperle rein erhält, während das Boraxglas Eisen- und zuweilen auch Kupferfärbung zeigt.[2])
Mit Soda erhält man sehr leicht ein Silberkorn.

Löslichkeit. Beide Modifikationen sind im selben Maße in Salpetersäure löslich; mit Salzsäure entsteht ein Niederschlag von Chlorsilber, der in Ammoniak löslich ist.

Nach R. J. Haüy[3]) wächst aus der Oberfläche von Silberglanz beim mäßigen Erhitzen Silber in Fäden heraus. G. Bischof[4]) reduzierte künstliches Schwefelsilber durch Wasserdämpfe zu baum- und moosförmigen Gestalten.

Nach H. Pélabon[5]) ist der Schmelzpunkt des Ag_2S 825° C. F. M. Jaeger und H. S. van Klooster[6]) geben für sehr reines, analysiertes und nur kurz oberhalb 805° erhitztes Silbersulfid 842° C.

Physikalische Eigenschaften.

Argentit ist unvollkommen spaltbar nach (100) und (110). Über die Spaltbarkeit des Akanthit ist nichts bekannt geworden, wohl einerseits wegen der unvollkommenen Spaltung, andererseits weil er meist für ein Synonym des Argentits galt. Jedenfalls sind charakteristische Unterschiede der beiden Arten in bezug auf die Spaltung nicht festgestellt. Auch sind beide Arten schneidbar. Ihre Härte ist 2 bis 2,5.

Die Dichten des Akanthit und Argentit sind nicht genau genug an natürlichem Material bestimmt worden, so daß man einen merklichen Unterschied angeben könnte. Nur bei F. Kreutz[7]) finden wir für Akanthit $\delta = 7{,}214$, für Argentit $\delta = 7{,}4$.

---

[1]) A. de Gramont, Bull. soc. min. **18**, 238 (1895).
[2]) C. F. Plattner-F. Kolbeck, Probierkunst m. d. Lötrohr 1907, 305.
[3]) R. J. Haüy, Min. **4**, 401 (1801).
[4]) G. Bischof, Chem. Geol. **3**, 856 (1866).
[5]) H. Pélabon, Ann. chim. phys. **17**, 526 (1909); C. R. **138**, 277, **140**, 1388.
[6]) F. M. Jaeger u. H. S. van Klooster, Z. anorg. Chem. **78**, 250 (1912).
[7]) F. Kreutz, Z. Kryst. **5**, 242 (1881).

Die Kontraktionskonstante ist für Argentit nach J. J. Saslawsky[1]) (Dichte 7,3) 0,93, für Akanthit (Dichte 6,85—7,2) 0,98—0,94.

Nach A. Sella[2]) ist die spez. Wärme 0,0746.

Der Umwandlungspunkt von α- und β-Schwefelsilber liegt nach W. Hittorf[3]) zwischen 170 und 180°; K. Friedrich und A. Leroux[4]) sowie Bädeker[5]) fanden ihn bei 175°. F. M. Jaeger und H. S. van Klooster[6]) fanden in Übereinstimmung mit C. Tubandt, S. Eggert und G. Schibbe[7]) 179°. W. Mönch[8]) stellte beim Silberglanz von Schneeberg und Freiberg zwischen 100° und 120° eine Unstetigkeit der elektrischen Leitfähigkeit fest und vermutet eine Umwandlung des Silbersulfids, ebenso oberhalb 170°.

Das **elektrische Leitungsvermögen** hat zuerst M. Faraday[9]) untersucht und festgestellt, daß künstliches und natürliches Schwefelsilber bei gewöhnlicher Temperatur einen großen Widerstand zeigte; bei höherer Temperatur dagegen leitete es wie Metall. Aus gewissen Beobachtungen schloß M. Faraday, daß eine geringe Zersetzung des Sulfides stattfände. Dieses eigentümliche Verhalten des Silbersulfides veranlaßte W. Hittorf, den Einfluß der Temperatur auf die Leitfähigkeit dieses Körpers genauer zu untersuchen.

Th. du Moncel[10]) hatte ausgeprägte metallische Leitfähigkeit festgestellt. S. Bidwell[11]) dagegen bestätigte den Befund W. Hittorfs, wonach die Leitfähigkeit des Schwefelsilbers elektrolytischen Charakter hat.

F. Beijerinck[12]) hat die Leitfähigkeit der beiden Modifikationen untersucht und festgestellt, daß Akanthit im Gegensatz zu Argentit ein sehr guter Leiter ist. Der Argentit ist identisch mit dem geschmolzenen oder aus Blei umkristallisierten Silbersulfid, dem Niello, während Akanthit mit dem Silbersulfidpräzipitat identisch sein soll. Die Widerstandsabnahme des Argentits ist bei geringeren Temperaturen stärker als bei höheren. Bei 180° ist der Widerstand ungefähr 1000 mal geringer als bei 80°.

Der Leitungscharakter des Schwefelsilbers wurde von mehreren Autoren in den letzten Jahren untersucht. Sie gelangten zu verschiedenen Vorstellungen darüber. Nach O. Weigel[13]) läßt Schwefelsilber Unipolaritätserscheinungen erkennen; er führt die zu beobachtenden elektrolytischen Vorgänge auf die Gegenwart von adsorbiertem Wasser zurück. Infolge der porösen Struktur soll das Schwefelsilber die Feuchtigkeit leicht aufnehmen und auch bei erhöhter Temperatur festhalten. Die in den Hohlräumen der festen Substanz vorhandene wäßrige Lösung leitet elektrolytisch; das Schwefelsilber spielt nur die Rolle eines metallischen Zwischenleiters oder Nebenschlusses. F. Streintz und A. Wesely[14]) nehmen als Ursache der Unipolaritätserscheinungen Gas-

---

[1]) J. J. Saslawsky, Z. Kryst. **59**, 202, 205 (1924).
[2]) A. Sella, Ges. Wiss. Gött. 1891, Nr. 10, 311.
[3]) W. Hittorf, Pogg. Ann. **84**, 25 (1851).
[4]) K. Friedrich u. A. Leroux, Metallurgie **3**, 361 (1906); **4**, 485 (1907).
[5]) Bädeker, Ann. d. Phys. **22**, 749 (1907).
[6]) F. M. Jaeger u. S. van Klooster, Z. anorg. Chem. **78**, 250 (1912).
[7]) C. Tubandt, S. Eggert u. G. Schibbe, ebenda **117**, 17 (1921).
[8]) W. Mönch, N. JB. Min. etc. Beil.-Bd. **20**, 391 (1905).
[9]) M. Faraday, Pogg. Ann. **31**, 241 (1834).
[10]) Th. du Moncel, Ann. chim. phys. **10**, 194, 459 (1877).
[11]) S. Bidwell, Phil. Mag. **20**, 28 (1885).
[12]) F. Beijerinck, N. JB. Min. etc. Beil.-Bd. **11**, 439 (1897—98).
[13]) O. Weigel, ebenda **21**, 325 (1905).
[14]) F. Streintz u. A. Wesely, Physik. Ztschr. **21**, 42, 316, 376 (1920).

schichten an, die zwischen Elektrode und Kristall auftreten. Es tritt aber häufig ein plötzlicher Zusammenbruch der unipolaren Leitung als besonderes Merkmal des Silberglanzes hervor. Bädeker[1]) schließt aus seinen Untersuchungen, daß die unterhalb des Umwandlungsproduktes beständige Form des Schwefelsilbers elektrolytisches Leitvermögen besitzt, daß jedoch mit der Umwandlung die elektrolytische in metallische Leitung übergeht. Nach R. v. Hasslinger[2]) findet umgekehrt Übergang von metallischer Leitung bei tiefer Temperatur zu elektrolytischer bei höherer Temperatur unter Durchlaufen eines Zwischengebietes mit gemischter Leitung statt. Die von J. Königsberger[3]) vertretene Ansicht, daß Schwefelsilber ein metallischer Leiter sei, wurde so angezweifelt. C. Tubandt, S. Eggert und G. Schibbe[4]) haben nun neuerdings Untersuchungen gemacht, indem sie die Probleme der Leitfähigkeit von Ag_2S durch Bestimmung der Gültigkeit des Faradayschen Gesetzes zu lösen versuchten. Nach diesen leitet reines α-Ag_2S elektrolytisch, während die β-Modifikation zwar auch elektrische Leitung des Stromes hat, aber das Faradaysche Gesetz nicht mehr vollgültig ist. Es tritt anodisch eine Schwefelabscheidung ein, eine Silberausscheidung dagegen an der Grenze des Ag_2S- und des zur Vermeidung von Metallbrücken eingeschalteten AgJ-Zylinders, was nur durch eine partielle metallische Leitfähigkeit sich erklären läßt. Das elektrolytische Leitvermögen überwiegt das metallische wesentlich, und der elektrolytisch geleitete Stromanteil wird ebenfalls durch die Silberionen vermittelt. Es ergibt sich so die interessante Tatsache, daß in β-Ag_2S wohl beide Arten von Elektrizität bewegt werden, jedoch auf verschiedene Weise, die positive durch Ionen, also unter Massenverschiebung, die negative dagegen ohne eine solche nur durch Elektronen. Verunreinigungen erhöhen die metallische Leitfähigkeit. β-Ag_2S leitet gemischt bis zum Umwandlungspunkt, bei diesem aber erfolgt ein sprunghafter Übergang von der gemischten Leitung (mit etwa 20% metallischer und 80% elektrolytischer Leitfähigkeit) zu rein elektrolytischer. Der Anteil der metallischen Leitung nimmt mit fallender Temperatur ab.

L. Rolla[5]) bestimmte die Molekularwärme des Schwefelsilbers. Unter Verwendung des Nernstschen Wärmetheorems und der erhaltenen spez. Wärmen wird dann die freie Energie von $2Ag + S$ bei 18° berechnet, wofür 521,26 cal pro g-Äquivalent erhalten wurden.

Verhalten im auffallenden Licht. Wegen seiner Geschmeidigkeit poliert sich Silberglanz sehr schlecht, so daß der Glanz nicht sehr hoch und die Oberfläche voller Kratzer wird. Das Reflexionsvermögen ist gering, die Farbe stumpf-weiß mit Stich ins Graue. Durch Einbettung in Zedernholzöl nimmt das Reflexionsvermögen deutlich ab; die Farbe ist dann etwas dunkler.

Farbzeichen nach W. Ostwald *ec* 96, d. i. 36% Weiß, 44% Schwarz, 20% drittes Laubgrün.

Im polarisierten Licht verhalten sich die Anschliffe von als Silberglanz bezeichnetem Material bei gekreuzten Nicols nach H. Schneiderhöhn[6]) nicht

[1]) Bädeker, Ann. d. Phys. **22**, 749 (1907).
[2]) R. v. Hasslinger, Sitzber. Wiener Ak. Abt. IIa **115**, 1541 (1906).
[3]) J. Königsberger, Jahrb. d. Radioaktiv. und Elektron. **4**, 158 (1907); Z. Elektrochem. **15**, 97 (1909); Ann. d. Phys. **32**, 179 (1910).
[4]) C. Tubandt, S. Eggert u. G. Schibbe, Z. anorg. Chem. **117**, 15 (1921).
[5]) L. Rolla, Gazz. chim. ital. **43**, II, 545 (1913).
[6]) H. Schneiderhöhn, Anl. mikrosk. Best. 1922, 207.

isotrop. In den Aggregaten verhalten sich die einzelnen Körner bei Drehung des Objekttisches verschieden und selbst die äußerlich einheitlichen Kristalle zerfallen in eine große Anzahl von Lamellen und fiederförmigen Teilstücken. Sie wechseln ihre Farbe beim Drehen des Tisches zwischen hellblaugrau in den Aufhellungslagen und einem etwas dunkleren Ton derselben Farbe in den Auslöschungslagen. Der Effekt auf das polarisierte Licht ist zwar sehr schwach, aber ganz deutlich. Die Lamellen durchkreuzen sich meist rechtwinklig und haben vielerorts Ähnlichkeit mit denen im Leuzit, Borazit oder Kobaltglanz. Die Auslöschung ist gerade in bezug auf die Lamellen. Nach J. Königsberger[1]) verhält sich Argentit auf Schnitten ‖ (001) stets isotrop.

Ätzverhalten. Es gibt kein Ätzmittel, wodurch im Silberglanz eine Aggregat- oder Individualstruktur entwickelt wird. Konzentrierte HNO_3, konz. HCl, KCN, $FeCl_3$, $HgCl_2$ erzeugen einen festhaltenden irisierenden Niederschlag, unter dem keine Strukturanätzung zu sehen ist.

Die sog. Lichtätzung des Silberglanzes ist eine Trübung und Schwärzung an polierten Oberflächen, die eintritt, wenn sie mit konzentriertem Bogenlicht bestrahlt werden. H. Schneiderhöhn stellte fest, daß es sich dabei einfach um Abröstung des Schwefels handelt, verursacht durch die mit solcher Lichtkonzentration verbundene erhebliche Erhitzung der Anschlifffläche.

Erkennung und Unterscheidung von Silberglanz. Durch seine Weichheit, die vielen Kratzer auf der Oberfläche und den Mangel an Spaltrissen und herausgesprungenen Spaltdreiecken unterscheidet sich Silberglanz von Bleiglanz. Bei unmittelbarer Berührung beider Erze ist Silberglanz stets dunkler und deutlich grau gefärbt gegenüber dem reinweißen Bleiglanz. Gediegen Silber ist viel heller, härter und deutlich gelbweiß. Die Rotgiltigerze sind etwas härter, deutlich bläulichgrau gefärbt und an den karminroten inneren Reflexen zu erkennen. Gegen Antimonit unterscheidet sich der Silberglanz durch die Unangreifbarkeit durch KOH. Die Fig. 20 zeigt den Silberglanz als weiße Tröpfchen auf einzelnen Zonen des Bleiglanzes. Sie bilden die Ursache des primären Silbergehaltes des Bleiglanzes und haben sich aus ihm durch Entmischung abgeschieden.

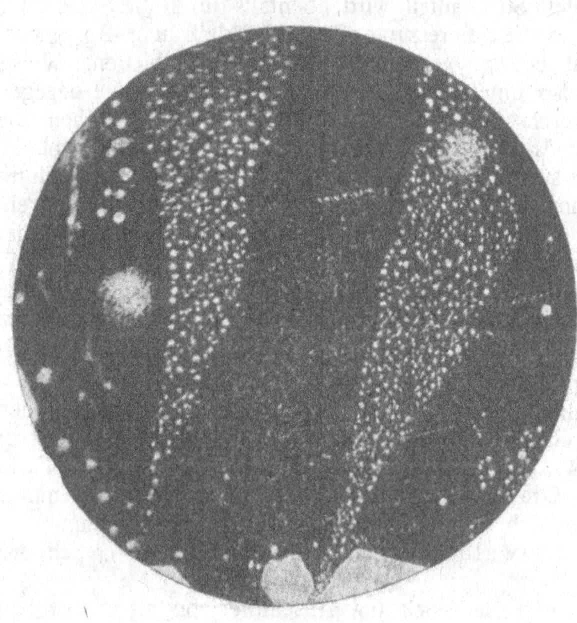

Fig. 20.

[1]) J. Königsberger, ZB. Min. etc. 1908, 565, 597.

Synthese.

Analysen:

	1.	2.
Ag	87,00	86,96
S	13,00	13,04
	100,00	100,00

Analyse 1 rührt von J. Durocher her, während die zweite Analyse sich bei E. Weinschenk findet.

A. C. Becquerel[1]) hat Silberglanz in Form von Kristallamellen erhalten, indem er Silbernitrat und ein Alkalisulfid bei erhöhter Temperatur und hohem Druck aufeinander wirken ließ. Den erhöhten Druck erreicht er dadurch, daß er die Reaktion in einem verschlossenen Glasrohr vor sich gehen ließ, in welches er Schwefelkohlenstoff oder Äther zugegeben hatte und die Röhre auf 100—150° erwärmt hatte.

J. Durocher[2]) stellte durch Einwirkung von Schwefelwasserstoff auf Chlorsilber in der Glühhitze eine geschmeidige, metallische Masse dar, deren Dichte 7—7,4 betrug (Analyse 1). Durch Aufeinanderwirken von Silbernitrat und Schwefelalkali bei bis 150° und hohem Druck erhielt A. C. Becquerel[1]) kristallinische Blättchen und auch abweichend geformte Massen. E. Dumas[3]) und J. Stas[4]) erhielten kristallisiertes Schwefelsilber beim Überleiten eines Schwefeldampfstromes über rotglühendes Silber, H. de St. Claire-Deville und G. Troost[5]) mit einem langsamen Strom von Schwefelwasserstoff. C. Geitner[6]) erhielt mikroskopische, dem Silberglanz ähnliche Kristalle durch Erhitzen einer wäßrigen Lösung von schwefliger Säure mit Silber in einer geschlossenen Röhre auf 200° C. J. Margottet[7]) erhielt Kristalle mit deutlichem Rhombendodekaeder durch Einwirkung eines von Stickstoff langsam mitgeführten Schwefeldampfstromes auf rotglühendes Silber. Eine Schmelzung trat nicht ein.

A. Carnot[8]) hat bei Rotglut sowohl mit einem H_2S-Strom gefälltes Schwefelsilber, als auch ein Silbersalz oder Oxyd in Silberglanz verwandelt.

Akanthitähnliche bleigraue Nadeln (Analyse 2), seltener oktaederähnliche Formen, erhielt E. Weinschenk[9]) durch Einwirken einer Schwefelwasserstoff-Atmosphäre unter hohem Druck (durch Zersetzung von Rhodanammonium) und essigsaurem Silber. Neben den Kristallen fällt noch ein amorphes oder sehr fein kristallinisches Pulver aus, das keine Kristallformen auch bei starker Vergrößerung erkennen läßt.

Nach F. Beijerinck[10]) liegt in dem durch Schwefelwasserstoff aus Silberlösungen erhaltenen Ag_2S-Niederschlag als gutem elektrischen Leiter die rhombische Akanthitmodifikation vor, welche durch Schmelzen in die weniger leitende reguläre übergehen soll.

---

[1]) A. C. Becquerel, C. R. **44**, 338 (1857).
[2]) J. Durocher, C. R. **32**, 825 (1851).
[3]) E. Dumas, Ann. chim. phys. **55**, 129 (1859).
[4]) J. Stas, Bull. Ac. Bruxelles **37**, 253.
[5]) H. de St. Clare-Deville u. G. Troost, C. R. **52**, 920 (1861).
[6]) C. Geitner, Ann. Chem. pharm. **129**, 350 (1864); Journ. prakt. Chem. **93**, 97.
[7]) J. Margottet, C. R. **85**, 1142 (1877).
[8]) A. Carnot bei F. Fouqué u. Lévy, Synthèse 1882, 315.
[9]) E. Weinschenk, Z. Kryst. **17**, 497 (1890).
[10]) F. Beijerinck, N. JB. Min. etc. Beil.-Bd. **11**, 40 (1897).

Die Bildung von Kristallisationszentren mit deutlichen Kristallen vollzieht sich nach W. Spring[1]) durch Temperaturerhöhung des in einer zusammengepreßten Masse gefällten Sulfids.

Die binären Komplexe von Silber und Schwefel waren mehrfach Gegenstand der Untersuchung. F. M. Jaeger und H. S. van Klooster[2]) haben festgestellt, daß sich Silber und Silbersulfid nicht in allen Verhältnissen zusammenschmelzen ließen. Denn ein Gehalt von mehr als 10% Schwefel gibt unmittelbar Veranlassung zur Trennung in zwei flüssige Schichten. Bei wachsendem S-Gehalt ändern sich die Massen derselben zugunsten der oberen Schicht.

Nach der Erstarrung lassen sich die beiden Schichten von Ag_2S und Ag sehr schön beobachten. Das Eutektikum liegt bei 94,8 Gewichtsprozent Ag_2S; es wird daher der Schmelzpunkt von reinem Ag_2S durch Zusatz von 5 Gewichtsprozent S schon um 36° C erniedrigt. Bei 179° C zeigen alle Ag_2S-haltigen Komplexe eine Inversion, deren Maximaldauer beim reinen Sulfid liegt. Dilatometrische Versuche geben eine, übrigens wenig sichere Andeutung einer zweiten Transformation bei ungefähr 90° C.

Reines Ag_2S in Form einer grobkristallinen, grauschwarzen, metallglänzenden Masse, die sich nach dem Erkalten ziemlich leicht zu einem groben, aus einzelnen, oft schön ausgebildeten Kriställchen bestehenden, glänzenden Pulver zerstoßen läßt, erhielten C. Tubandt, S. Eggert und G. Schibbe,[3]) indem sie das bei der Fällung aus neutraler Silbernitratlösung mit H_2S entstehende und fein zerriebene Produkt mit etwas reinem Schwefel vermischten, bis zur beginnenden Schmelzung erhitzten und nach völliger Austreibung des überschüssigen Schwefels im durch Phosphorpentoxyd scharf getrockneten H_2S-Strom erkalten ließen. Die Zusammensetzung entsprach nach sorgfältiger Analyse genau der Formel Ag_2S.

K. Friedrich und P. Schoen[4]) erhielten im Erstarrungsdiagramm des Systems Schwefelsilber-Schwefelkies die eutektische Linie bei etwa 600°; der eutektische Punkt liegt bei etwa 11 Gewichtsprozent Schwefeleisen. Die dem Schwefelsilber eigentümliche Umwandlung bei 175° tritt auch noch in den Schwefelsilber-Schwefeleisenschmelzen ein. Siehe auch das System Ag_2S—S bei G. Urazov, Min. Mag. **20**, 154 (1923).

Neubildungen und Umwandlungen (Pseudomorphosen).

Der sog. Grubenbeschlag soll nach H. Müller[5]) von Schwefelsilber aus Silbersulfat durch die Zersetzungsprodukte des Pulverdampfes gebildet werden.

Die Neubildung von Schwefelsilber aus Silber und Silbermineralien ist sehr häufig. Ob die α- oder β-Modifikation jeweils vorliegt, ist nicht festgestellt. So findet man vielerorts einen Anflug von Silberglanz auf Gediegen Silber, sich von da aus als platte Dendriten in Klüfte des Kalkspats, Baryts und des unmittelbaren Nebengesteins ausbreitend. F. Sandberger[6]) beschreibt von Wittichen im Schwarzwald die Bildung des Silberglanzes aus Rotgiltigerz, dessen auf Klüftchen verbreitete Dendriten an den Rändern oder auch ganz in Schwefelsilber umgewandelt sind. Derselbe beobachtete auf dem Wenzelgang bei Wolfach die Umwandlung von haarförmigem Silber zu Silberglanz.

[1]) M. Spring, Z. f. phys. Chem. **18**, 555 (1895).
[2]) F. M. Jaeger u. H. S. van Klooster, Z. anorg. Chem. **78**, 249 (1912).
[3]) C. Tubandt, S. Eggert u. G. Schibbe, ebenda **117**, 16 (1921).
[4]) K. Friedrich u. P. Schoen, Metallurgie **8**, 737 (1911).
[5]) H. Müller, Bg.- u. hütt. Z. 1855, 271.
[6]) F. Sandberger, Erzgänge 1885, **2**, 371; N. JB. Min. etc. 1868, 401.

Pseudomorphosen nach Proustit, Pyrargyrit und zähnigem, drahtförmigem oder moosförmigem Silber sind häufig. Schwefelsilber von rhombischer Form, aber anders als Alkanthit, von Himmelfahrt bei Freiberg wurde von A. Breithaupt[1]) als **Daleminzit** bezeichnet. Die Dichte ist 7,02—7,049. Nach A. Frenzel[2]) liegt wahrscheinlich eine Pseudomorphose nach Stephanit vor.

Von Wolfach im Kinzigtal erwähnt F. Sandberger die Neubildung von Silberglanz aus Diskrasit.

Ebenso häufig ist die Umwandlung zu Silber und Silbersulfosalzen. Vom Wenzelgang bei Wolfach beschreibt F. Sandberger plattenförmige Gestalten zwischen Baryt, die alle Stadien der Umwandlung zu Gediegen Silber erkennen lassen. Von Freiberg ist die Umwandlung in Rotgülden und Strahlkies auf mehreren Gängen beobachtet worden. R. Blum[3]) beschreibt von Joachimstal Pseudomorphosen von Eisenkies nach Silberglanz.

Vorkommen und Paragenesis.

Beide Modifikationen des Schwefelsilbers kommen auf silbererzführenden Kupfererz- und Bleiglanzgängen im Gneis, Granit, in Tonschiefern, Kalken und neben jungen Eruptivgesteinen im Schwarzwald, Erzgebirge, Harz, bei Kupferberg in Schlesien, Joachimstal, Přibram, Schemnitz in Ungarn, Kongsberg, in Cornwall, Tasmanien, Chile, Bolivien, Peru, Mexico, im Lake Superior-Gebiet und in den Vereinigten Staaten vor. Die meisten genannten Fundorte verdanken ihren Silberreichtum dem Schwefelsilber, das infolge des hohen Silbergehaltes als das reichste Silbererz gilt.

Nachfolgend seien einige Paragenesen der Argentit- und Akanthitfundorte geschildert, wobei aber bemerkt sei, daß infolge der S. 232 geschilderten Umstände wohl unter den Argentitvorkommen auch Akanthit sein mag.

Der Original-Akanthit A. Kenngotts findet sich bei Joachimstal als eisenschwarze, spitze oder zähnige, zuweilen umgebogene Kristalle, meist auf gewöhnlichem Silberglanz aufgewachsen. Beide sind auf einem löcherigen Gemenge von feinkörnigem Eisenkies mit Silberglanz auf gemeinsamer Quarzunterlage. Die Akanthitausbildung ist ferner von Himmelsfürst, Himmelfahrt und anderen Gruben des Freiberger Bergreviers bekannt. Akanthit ist hier häufig mit Argentit innig verwachsen, der an der Grenze oft wie geflossen erscheint in scharfkantigen Kristallen, oft verbogen oder korkzieherartig gewunden oder seitlich ausgehöhlt. Auf dem Akanthit sitzt Stephanit zerstreut. Der von F. A. Genth analysierte Akanthit von Guanajuato bildet lange, gegedrehte Partikeln in Kalkspat, der von der Enterprise Mine bei Rico eisenschwarze, glänzende Kristalle von rhombischem Querschnitt.

Argentit ist im Freiberger Revier sehr verbreitet und bildet Platten und Bleche, baumförmige, gestrickte, draht- und haarförmige Gestalten. In mulmiger Form wird er Silberschwärze genannt. Hier wurden regelmäßige Verwachsungen mit Polybasit beobachtet derart, daß dessen Basisflächen parallel zwei Oktaederflächen des Argentit sind und die Kanten der Polybasittafeln über die Würfelflächen des Argentit hervorragen. Auf den Gängen zu Andreasberg (Harz) tritt Argentit mit Silber, Bleiglanz, Proustit, Stephanit und Kalkspat auf, bei Kupferberg in Schlesien derb und gestrickt mit Silber,

[1]) A. Breithaupt, Bg.- u. hütt. Z. **21**, 98 (1862); **22**, 44 (1863).
[2]) A. Frenzel, Min. Lex. 1874, 76.
[3]) R. Blum, Pseudomorphosen 3. Nachtr. 1863, 35, 245.

Kupferkies, Buntkupfer, Stromeyerit, Fahlerz, Polybasit, auf baumförmigem Speiskobalt in Kristallen mit Proustit und Harmotom zusammen mit Kalkspat. In Chile tritt er in Kalkspat mit Silber, Brauneisenerz und Chlorsilber auf und bildet nach A. Raimondi-Martinet[1]) manchmal den Kern von Atacamit.

Im Divide Silberbezirk von Nevada treten zusammengesetzte Erzgänge in einem miocänen, brecciösen Rhyolithtuff auf, deren Hauptsilbermineral Hornsilber in der serizitisierten Zone ist. Unter dieser augenscheinlichen Oxydationszone kommt nach A. Knopf[2]) ein erdiger Silberglanz als Zementationserz vor. Ein primäres Silbermineral fehlt.

Fast an allen Vorkommen wird die Silberschwärze erwähnt. Doch ist nicht festgestellt, welche Modifikation vorliegt.

Die Bildung der Ag_2S-Modifikationen ist auf den Erzgängen wohl primär, viel mehr noch sekundär aus silberhaltigem Bleiglanz und sonstigen silberhaltigen Mineralien. Denn nach seinem Vorkommen ist Schwefelsilber ein typisches Zementationsmineral.

Silberschwärze. — Die Silberschwärze, welche als schwarzer pulveriger Anflug vorkommt, ist eine kolloidale Modifikation des Silbersulfids; sie entspricht dem durch Schwefelwasserstoff in Silbersalzen erzeugten, getrockneten Niederschlag.

Antimonsilber.

Nach den Untersuchungen von Th. Liebisch gibt es zwei Arten von Antimonsilber, das rhombische, welches meistens die Formel Ag_3Sb hat und welches als Diskrasit bekannt ist, zweitens, ein reguläres, das künstlich bekannt ist, aber auch in der Natur vorkommt und das Ag_8Sb ist.

Antimonsilber (Diskrasit).

Von **C. Doelter** (Wien).

Synonyma: Dyscrasite, Silberantimon, Silberspießglanz, Spießglanzsilber, Stöchiolith, Stibiotriargentit, Stibiohexargentit, Animikit.

Kristallklasse: Rhombisch-bipyramidal. $a:b:c = 0{,}5775:1:0{,}6718$.

Nach Th. Liebisch gibt es außer dem rhombischen Antimonsilber auch ein reguläres. S. 237.

Chem. Analysen:

	1.	2.	3.	4.	5.	6.	7.
δ	—	—	—	—	—	—	10,027
Ag	84,00	76,00	75,25	78,00	77,00	84,70	83,85
Sb	16,00	24,00	24,75	22,00	23,00	15,00	15,81
	100,00	100,00	100,00	100,00	100,00	99,70	99,66

1. u. 2. Vom Wenzelsgang bei Wolfach im Kinzigtal (Bad. Schwarzwald) mit Rotgülden, Silberglanz, Silber, Bleiglanz, und Baryt; anal. M. H. Klaproth, Beitr. 1797, **2**, 301.

3.—6. Von St. Andreasberg i. Harz; 3. anal. von Abich, Crells Chem. An. **2**, 3 (1798); 4 anal. von L. N. Vauquelin bei R. J. Haüy, Min. 1801, **3**, 392; 5. anal. von M. H. Klaproth, Beitr. 1802, **3**, 175; 6. anal. F. Plattner bei C. F. Rammelsberg, Mineralchem. 1860, 29.

7. Von Wolfach; anal. C. F. Rammelsberg, Z. d. geol. Ges. **16**, 621 (1864).

[1]) A. Raimondi-Martinet, Min. Pérou 1878, 46, 52, 61.

[2]) A. Knopf, U. S. Geol. Bull. **715**, 147 (1921).

	8.	9.	10.	11.	12.	13.
δ . .	9,78	—	—	—	—	—
Ag . .	72,34	72,36	72,62	72,42	74,67	75,28
Sb . .	27,66	27,64	27,88	25,58	25,33	24,72
	100,00	100,00	100,00	100,00	100,00	100,00

8.—13. Blätterige Kristalle, mit Bleiglanz, Arsen und Rotgiltigerz. Sämtliche von der Grube „Gnade Gottes" bei Andreasberg (Harz); anal. C. F. Rammelsberg, Z. Dtsch. geol. Ges. **14**, 621 (1864); siehe auch Min.-Chem. 1875, 27.

Spezifisches Gewicht bei den drei ersten Analysen 9,729—9,770, bei den zwei letzten 9,885. Der Arsengehalt beträgt etwa 2%. Das Antimon aus der Differenz bestimmt.

	14.	15.	16.	17.	18.
δ	9,611	9,960	—	—	—
Ag	71,52	76,65	76,08	77,72	77,12
Sb	27,20	23,06	23,92	22,28	22,10
	98,72	99,71	100,00	100,00	99,22

14. u. 15. Vom Wenzelgang bei Wolfach; anal. Th. Petersen, Pogg. Ann. **137**, 381 (1869).

16.—18. Von der Romergrube zu Carrizo in Copiapó (Chile), kristallinisch-körnig; anal. J. Domeyko, Min. 1879, 364.

Animikit.

	19.
δ	9,450
Fe	1,68
Ni	1,90
Co	2,10
Zn	0,36
Hg	0,99
Ag	77,58
Sb	11,18
As	0,35
S	1,49
Gangart	1,68
	99,31

19. Von der Silver Islet Mine, Lake Superior, auf Huntilith, feinkörnig und graulichweiß; anal. H. Wurtz, Engin. and Min. Journ. **27**, 124 (1879). — Animikit, welchem etwa die Formel Ag_9Sb zukäme. Vergl. S. 236.

Neue Analysen.

	20.	21.	22.	23.	24.	25.	26.
δ . .	9,82	9,79	9,80	9,63	9,81	9,65	9,87
Ag . .	74,90	75,86	76,83	74,41	75,39	75,13	75,38
Sb . .	24,75	24,30	23,35	25,52	24,63	24,94	24,12
	99,65	100,16	100,18	99,93	100,02	100,07	99,50

20.—26. Sämtliche von Andreasberg, rhombische Kristalle; anal. Th. Liebisch, Mon.-Ber. Berliner Ak. 1910, 370.

Th. Liebisch bemerkt dazu, daß an der Oberfläche zuweilen sehr dünne Schichten von gediegenem Silber auftraten.

Die Kristalle sind silberreicher, als die Verbindung Ag_3Sb. Er glaubt, daß dies die ursprüngliche Zusammensetzung war, daß aber unter dem Einfluß der Verwitterung eine Anreicherung an Silber stattgefunden hat.

Die Analyse eines regulären Antimonsilbers von Andreasberg entspricht fast der theoretischen Zusammensetzung. Siehe unten unter Synthese. S. 237.

Analyse eines Umwandlungsproduktes.

Ag	47,46
Sb	16,87
CaO	3,78
MgO	1,17
Fe_2O_3	2,11
Cl	13,69
H_2O	4,04

Spuren von Cu, Pb, As, Au.

Geschmeidig, graubraunes Mineral, zeigt Bandstruktur, jedenfalls nicht homogen. Von der Consolsgrube, Brocken Hill (N. S.-Wales), C. H. Mingaye bei F. Pitman, Journ. Roy. Soc. N. S.-Wales **29**, 48 (1895); nach. Ref. Z. Kryst. **28**, 219 (1897).

Es liegt wahrscheinlich ein Gemenge von Antimonsilber, Chlorsilber und Antimonaten vor. Sie entstehen aus Diskrasit und silberhaltigem Bleiglanz, Dichte 4,9.

Formel. Die älteren Analysen hat C. F. Rammelsberg berechnet. Auch Th. Petersen hob die Verschiedenheit der Analysenresultate hervor. Die Berechnnngen von C. F. Rammelsberg ergaben:

Rosario	$Ag_{18}Sb$
Andreasberg	Ag_6Sb
Wolfach	Ag_6Sb
Andreasberg (C. F. Rammelsberg)	Ag_3Sb
Wolfach (Th. Petersen)	Ag_3Sb
Chile (J. Domeyko)	Ag_2Sb
Carrizo, Chile (J. Domeyko)	Ag_4Sb

H. Wurtz nannte das Vorkommen von der Silver Isletmine Animikit. Das Atomverhältnis berechnet sich aus seiner Analyse: (Sb, As):R′ = 105:930, also nahezu 1:9. Dies entspricht dem Verhältnis bei Withneyit Cu_9As. A. L. Parsons und E. Thomson erklären den Animikit für ein Gemenge (Univ. Toronto 1921, Nr. 12). A. Kenngott nahm Isomorphie von Cu_2S und Silberkupferglanz an. P. Groth,[1]) welcher früher die Formel Ag_3Sb annahm, kommt jetzt auch zu dem Resultat, daß die Formel:

$$Ag_3Sb$$

sei, daß jedoch im Dyskrasit auch andere Silberantimonide, namentlich Ag_6Sb vorhanden sei. G. Smith[2]) nimmt Ag_3Sb, Ag_4Sb, Ag_5Sb, Ag_6Sb, $Ag_{12}Sb$ und $Ag_{18}Sb$ an.

Am meisten kommt den Analysen die Formel:

$$Ag_nSb$$

gerecht, wobei n meistens etwa 3 sein dürfte. Man kann vielleicht behaupten daß die Diskrasite feste Lösungen von Silber in Ag_3Sb seien.

[1]) P. Groth u. K. Mieleitner, Tabellen.

[2]) G. Smith, Am. Journ. Sc. **49**, 298 (1920). Vgl. auch T. L. Walker, Univ. Toronto geol. sci. 1921, Nr. 12.

Umwandlung. Nach Fr. Sandberger läuft Antimonsilber vom Wenzelsgang in feuchter Luft schwärzlich an und ist mit einer feinen Schicht von Stiblith bedeckt. In den schaligen Stücken konzentriert sich das Silber nach außen und wird als gediegen Silber frei. Das schalige Mineral ist in Rotgiltigerz und Silber umgewandelt. Nimmt man die Formel Ag_6Sb an, so ist nach J. Roth:[1])

$$Ag_6Sb + 3S = Ag_3SbS_3 + 3Ag.$$

Über die Details der Umwandlung siehe Fr. Sandberger.[2])

Synthese.

C. T. Heycock und F. H. Neville[3]) haben Antimon und Silber in verschiedenen Mengenverhältnissen zusammengeschmolzen. Sie erhielten dabei nur eine chemische Verbindung, sonst kristallisiert jede Komponente für sich aus. Die Zusammensetzung dieser Verbindung ist Ag_3Sb. Sie entsteht aus einer Schmelze, deren Konzentration 25 Atomprozenten Antimon entspricht. Das eutektische Gemenge dieser Verbindung und des Antimons enthält etwa 41,5 Atomprozente Sb. Die Bildungstemperatur liegt ungefähr bei 485°.

G. J. Peterenko[4]) ergänzte das Diagramm der Ag–Sb-Legierungen durch den Nachweis, daß aus den silberreichen Schmelzen Mischkristalle entstehen. Die Zusammensetzung der gesättigten Mischkristalle entspricht der Zusammensetzung Ag_6Sb. Er hat die Existenz der Verbindung Ag_3Sb bestätigt. Ebenso hat E. Maey[5]) diese Verbindung bestätigt.

Th. Liebisch[6]) hat eine Reihe von Silberantimoniden dargestellt, ebenfalls durch Zusammenschmelzen von Silber und Antimon. Er erhielt neben regulären Kristallen von Ag eine Grundmasse von der Zusammensetzung Ag_3Sb; sie krystallisiert bei 556°. Das Ergebnis der Synthese ist, daß in dem System Ag–Sb neben den Komponenten, außer einer beschränkten Reihe von silberreichen Mischkristallen, nur eine einzige Verbindung auftritt.

Dies gestattet, die Analysen der in der Natur vorkommenden Silberantimonide zu deuten.

Th. Liebisch analysierte ein reguläres Antimonsilber von Andreasberg. Die Zusammensetzung war:

Ag . . .	83,90
Sb . . .	16,17
	100,07

Die Dichte war 10,05. Ein Teil des Stückes, von dem das Analysenmaterial stammt, wurde geschmolzen. Die Abkühlungskurve zeigte, wie bei dem synthetisch dargestellten Ag_6Sb außer einem Knick bei etwa 756° noch einen Haltepunkt bei 556°.

Das Erstarrungsprodukt war bedeckt mit regulären Gitterkristallen. Weitere Synthesen sind noch folgende:[7])

[1]) J. Roth, Allg. u. chem. Geol. I, 254 (1879).
[2]) Fr. Sandberger, Erzgänge II, 295 (1885).
[3]) C. T. Heycock u. F. H. Neville, Phil. Trans. **189** A., 25 (1897).
[4]) G. J. Peterenko, Z. anorg. Chem. **50**, 139 (1906).
[5]) E. Maey, Z. f. phys. Chem. **50**, 200 (1904).
[6]) Th. Liebisch, Monatsber. Berliner Ak. 1910, 365.
[7]) C. W. C. Fuchs, Künstl. Miner. 1872, 39.

Wenn man eine Lösung von Silbernitrat durch Antimon (in Blätterform zersetzt, bekommt man breite, unregelmäßig geformte, blätterige Massen von Antimonsilber, dessen Zusammensetzung und Kristallform jedoch nicht festgestellt ist. Antimonrotgülden, im Wasserstoffstrom geglüht, gibt Schwefelwasserstoff und einen Rückstand von Ag_3Sb. F. Fouqué und A. Michel-Lévy[1]) bezweifelten 1882, ob diese Synthesen dem Antimonsilber entsprechen.

Lötrohrverhalten. Im offenen Rohr wird Antimontrioxyd abgegeben. Antimonsilber schmilzt auf Kohle sehr leicht, entwickelt Antimondämpfe, die einen weißen Sb_2O_3-Beschlag liefern. Es hinterbleibt ein Silberkorn. Bei weiterem Blasen verflüchtigt sich Silber und liefert einen braunroten Beschlag von Silberoxyd.

Salpetersäure hinterläßt einen weißen Rückstand von antimonsaurem Silber.

A. de Gramont[2]) beobachtete im Funkenspektrum Ag- und Sb-Linien, im Material von Wolfach auch Arsenlinien.

Physikalische Eigenschaften.

Undurchsichtig, metallglänzend. Farbe silberweiß, Strich ebenso mit Stich ins Zinnweiße, manchmal beobachtet man gelbliche oder brännliche bis schwärzliche Anlauffarben.

Die Dichte schwankt entsprechend der Zusammensetzung in weiten Grenzen. Sie liegt zwischen 9,45 und 10,02. (Reguläres Antimonsilber hat 10,05).

Die Härte ist 3—4. Diskrasit ist schneidbar.

Die Spaltung nach (001) und (011) ist gut, unvollkommen nach (110).

A. Sella[3]) bestimmte die spez. Wärme 0,0558.

Farbe und Strich sind zinnweiß, öfter gelb bis braun angelaufen.

Diskrasit ist guter Leiter der Elektrizität.

Nach Th. Liebisch enthält das Antimonsilbers von Andreasberg Bleiglanz.

Vorkommen und Paragenesis.

Diskrasit ist auf dem Wenzelgang bei Wolfach im Kinzigtal das häufigste Mineral, wo es mit Bleiglanz, Rotgülden, Silberglanz, Silber und Baryt als feinkörnige und großblättrige Varietät auftritt. Pseudomorphosen von Rotgülden und feinkörnigem Silber nach schaligem Antimonsilber sind häufig beobachtet worden. So sind zentnerschwere Massen von Antimonsilber zuweilen mit einer Schale von Rotgülden umgeben. Auf den Silbererzgängen zu Andreasberg i. H. kommen Kristalle im Kalkspat vor. Sonstige Fundorte sind Kapnik mit Kalkspat, Gastein mit Gold und Fahlerz im Quarz, Markirch i. Elsaß ebenfalls im Kalkspat, Siebenbürgen, hier mit Gold auf Quarzlagern, Basses-Pyrénäen, Kongsberg, Copiapó in Chile, Bolivien, Mexico und Canada.

Arsensilber.

Synonym: Arsenargentit, Pyritolamprit.

Varietäten: Huntilith, Macfarlanit, Chañarcillit.

Diese sind Namen von Mineralien, deren Hauptbestandteile As und Ag sind. Macfarlanit ist nach A. L. Parsons und E. Thomson ein Gemenge (Univ. Toronto 1921, Nr. 12).

---

[1]) F. Fouqué u. A. Michel-Lévy, Synth. min. 1882, 288.

[2]) A. de Gramont, Bull. soc. min. **18**, 287 (1895).

[3]) A. Sella, Gesellsch. Wiss. Gött. 1891, Nr. 10, 311.

Analysen:

	1.	2.
δ	8,825	7,78
Fe	—	24,60
Ag	81,37	8,88
As	18,43	49,10
Sb	—	15,46
S	—	0,85
	99,80	98,89

1. Wahrscheinlich von Freiberg i. S.; anal. J. B. Hannay, Min. Soc. Lond. **7**, 150 (1877).

2. Von Andreasberg i. Harz; anal. C. F. Rammelsberg, Mineralchem. 1875, 27. — Heterogen aussehend, aber doch ein Gemenge.

	3.	4.	5.	6.	7.	8.
Fe . .	44,25	38,25	21,33	0,30	13,80	1,90
Co . .	—	—	—	0,60	8,30	11,55
Ni . .	—	—	—	—	0,60	3,75
Ag . .	12,75	6,56	8,81	82,50	39,80	1,50
Hg . .	—	—	—	5,60	—	—
As . .	35,00	38,29	—	10,10	27,10	53,70
Sb . .	4,00	—	15,43	0,80	1,00	—
S . . .	—	16,87	1,10	—	—	0,15
Gangart .	—	—	—	—	8,20	26,50
	96,00	99,97	46,67	99,90	98,80	99,05

3. Von Andreasberg; anal. M. Klaproth, Beitr. **1**, 137 (1795).

4. Von ebenda; anal. Dumenil, Schweigg. Journ. **34**, 557 (1822); vgl. C. F. Rammelsberg, Min.-Chem. 1860, 28.

5. Von ebenda; anal. C. F. Rammelsberg, wie oben.

6. und 7. Von Bandurias (Chile); anal. J. Domeyko, Phil. Mag. **25**, 106 (1868); auch Miner. 1879, 411.

8. Von ebenda; anal. wie oben. Zweifelhafte Analyse!

Das Andreasberger Arsensilber dürfte ein Gemenge sein.

Eine Formel läßt sich aus diesen Analysen nicht geben. C. F. Rammelsberg bezeichnete 1860 das Arsensilber als nicht sicher homogen, obgleich die Stücke, welche er analysierte, scheinbar homogen waren. Die Dichte war 7,473. Beim Erhitzen an der Luft entweicht Arsen und es bildet sich ein weißes Sublimat. Vor dem Lötrohr raucht das Mineral stark, ohne zu schmelzen.

Härte 3—4, zinngrau bis silberweiß, körnig oder blättrig.

Von Salpetersäure zersetzbar, unter Abscheidung eines gelblichen Pulvers, dessen Auflösung in Salzsäure von Wasser gefällt wird; aus der salpetersauren Lösung scheidet sich arsenige Säure ab.

Synthese. Durch Erhitzen von pulverigem Silber mit Arsen erhielt Gehlen eine stahlgraue, spröde, feinkörnige Masse, welche vielleicht mit dem Arsensilber übereinstimmt, doch wurden Kristalle nicht beobachtet. Vgl. S. 240.

Chañarcillit.

J. D. Dana trennte das Erz von Chañarcillo von dem Arsensilber ab.

Ag . .	3,00	3,00
As . .	53,30	53,60
Sb . .	22,30	23,80
S. . .	41,40	19,60
	100,00	100,00

Beide Analysen eines Erzes von Chanarcillo (Chile); anal. J. Domeyko, Phil. Mag. **25**, 106 (1863); Miner. 1879, 411.

Formel. Nach Abzug des Eisens als $FeAs_2$ kommt man mit D. Forbes auf die Formel:

$$Ag_4(As, Sb)_3 .$$

Es ist aber zweifelhaft, ob homogenes Material vorlag.[1])

Huntilith.

	1.	2.
Fe . .	3,06	8,53
Co . .	3,92	7,33
Ni . .	1,96	2,11
Zn . .	2,42	3,05
Hg . .	1,04	1,11
Ag . .	59,00	44,67
As . .	21,10	23,99
Sb . .	3,33	4,25
S. . .	0,78	1,81
H_2O .	0,19	0,33
Silicate .	0,88	0,55
Calcit .	2,35	1,10
	100,03	98,83

Zu Ehren von Sterry Hunt Huntilith benannt, von Silver Islet (Canada); anal. H. Wurtz, Engin. and Mining Journ. **27**, 55 (1879).

1. Dunkelschiefergrau oder schwarz, matt, amorph?

2. Kristallinisch mit Spaltrichtung, helle Schieferfarbe, Härte beider Varietäten weniger als $2^1/_2$.

Formel. Das Material der Analysen soll nicht homogen gewesen sein (vgl. G. A. Koenig, Proc. Acad. Philad. 1877, 276). H. Wurtz berechnet das Verhältnis R : As, Sb = 2,99 : 1, wobei Hg als Amalgam abgerechnet wurde und ebenso Schwefel als Pyrit, während die Metalle Co, Ni, Zn zum Silber zugeschlagen wurden. Dann ergäbe sich die Formel:

$$Ag_3As .$$

W. Heike und A. Leroux[2]) haben das Erstarrungsbild der Silber-Arsenlegierungen untersucht. Aus den silberreichen Mischungen kristallisieren zwei Arten von Mischkristallen aus. Das Eutektikum liegt bei 25,10 Atomprozenten Arsen. Erstarrungstemperatur bei 595°. Es wurde kein Anzeichen einer Verbindung gefunden. Sie betrachten daher die Existenz der Verbindung Ag_3As (Huntilith) als fraglich.

Chilenit.

Von **M. Henglein** (Karlsruhe).

Synonyma: Wismutsilber, Silberwismut.

Kristallsystem noch unbestimmt, nur in derber Ausbildung bekannt.

---

[1]) C. F. Rammelsberg, Min.-Chem. 1875, 27.

[2]) W. Heike und A. Leroux, Z. anorg. Chem. **92**, 119 (1915).

Analysen.

	1a.	1b.	2.
Cu	7,8	—	—
Ag	60,1	85,61	84,7
Bi	10,1	14,39	15,3
As	2,8	—	—
Gangart	19,2	—	—
	100,0	100,00	100,0

1. u. 2. Von San Antonio del Potrero Grande in Copiapó (Chile); anal. J. Domeyko, 1a. Ann. min. **6**, 165 (1844), 2. ebenda **5**, 456 (1864), beide Min. 1879, 356. 1b. ist aus 1a. durch D. Forbes, Journ. prakt. Chem. **91**, 16 (1864) berechnet.

Die **Formel** dürfte nach den Analysen, wie auch C. F. Rammelsberg sowie P. Groth und K. Mieleitner[1]) anzunehmen geneigt sind, $Ag_{10}Bi$ sein. E. S. Dana[2]) gibt Ag_6Bi an (wohl ein Druckfehler); bei C. Hintze[3]) finden wir $Ag_{12}Bi$ mit Fragezeichen. Ebenda wird berechnet für:

	$Ag_{12}Bi$	$Ag_{10}Bi$
Bi	13,89	16,22
Ag	86,11	83,78
	100,00	100,00

Der silberweiße und geschmeidige Chilenit ist meist gelblich angelaufen und unterscheidet sich vom Silber durch den lebhafteren Glanz. Er ist in Salpetersäure löslich.

Vorkommen. Chilenit findet sich in Copiapó in Kalkspat oder einer tonigen Masse mit Arsenkupfer und Kupferglanz. Er wurde auch in einer eisenschüssigen Gangmasse mit Chlorsilber, Silber und Silberglanz am Rio Colorado in Aconcagua gefunden, sowie am Cerro Bocon, von wo J. Domeyko[4]) aber nur 2,7 % Bi angibt.

Rotgiltigerz.

Obwohl G. A. Werner 1789 schon lichtes und dunkles Rotgiltigerz unterschied, hatte man den chemischen Unterschied noch nicht erkannt. J. L. Proust[5]) unterschied zuerst ein reines Antimon- und Arsenrotgiltigerz, sowie Abarten mit Antimon und Arsen. Trotzdem finden wir noch bei F. Mohs[6]) das dunkle und lichte Rotgiltigerz als Varietäten einer Spezies bezeichnet. A. Breithaupt[7]) wies erneut darauf hin, daß zwei chemisch verschiedene Mineralien vorliegen, die er Antimon- und Arsensilberblende nannte. Trotz eifrigen Suchens nach natürlichen Mischkristallen beider Substanzen konnten Zwischenglieder nicht aufgestellt werden, da die Antimon- bzw. Arsengehalte nur gering waren.

1) P. Groth u. K. Mieleitner, Min. Tab. 1921, 20.
2) E. S. Dana, Syst. Min. 1893, 45.
3) C. Hintze, Handb. d. Min. 1904, I, 432.
4) J. Domeyko, Min. 1879, 356.
5) J. L. Proust, Journ. phys. **59**, 403 (1804).
6) F. Mohs, Grundr. d. Min. **2**, 604 (1824).
7) A. Breithaupt, Char. Min. Syst. 1832, 282.

Pyrargyrit.

Synonyma. Dunkles Rotgiltigerz, Rotgolderz, Rotgülden, Rotgüldenerz, Rubinblende, Antimonrotgiltigerz, Antimonsilberblende, Silbersulfantimonit, Argyrythrose, Aërosit.

Hexagonal-ditrigonal-pyramidal: $a:c = 1:0{,}7880$.

Der Habitus der nur selten an beiden Enden ausgebildeten, jedoch sehr formenreichen Kristalle ist prismatisch, lanzettförmig oder gerundet. Zwillinge nach mehreren Gesetzen, sowie zyklische Viellinge sind häufig.

Chemische Zusammensetzung und Analysen.

Ältere Analysen.

	1.	2.	3.	4.	5.
δ	—	5,89	—	—	5,90
Ag	58,95	57,45	59,01	58,03	57,01
As	—	—	—	1,01	—
Sb	22,85	24,59	23,16	22,35	24,81
S	16,61	17,76	17,45	17,70	18,28
	98,41[1]	99,80	99,62	99,09	100,10

1. Von Andreasberg (Harz); anal. Bonsdorff, Ak. Handl. Stockh. 1821, 338.
2. Von Zacatecas (Mexico); anal. Böttger, Pogg. Ann. d. Phys. **55**, 117 (1838); 11. Jahrb. 1843, 206.
3. Von Chile; anal. F. Field, Journ. chem. Soc. **12**, 12 (1859).
4. Von Andreasberg; anal. Th. Petersen, N. JB. Min. etc. 1869, 480.
5. Vom Wenzelgang im Frohnbachtal bei Wolfach (Baden); anal. Senfter bei Th. Petersen, N. JB. Min. etc. 1869, 480.

Neuere Analysen.

	6.	7.	8.	9.	10.
δ	5,68	—	—	—	5,754
Fe	—	1,70	0,67	—	—
Zn	—	2,80	0,40	—	—
Ag	60,53	52,70	53,24	60,20	60,63
As	3,80	—	—	—	2,62
Sb	18,47	23,00	21,24	21,80	18,58
S.	18,17	14,90	16,92	18,00	17,95
Gangart . .	—	4,50	7,53	—	—
	100,97	99,60	100,00	100,00	99,78

6. Von Grube Dolores, Chañarcillo (Nordchile); anal. A. Streng, N. JB. Min. etc. 1878, 916. Es wird die Formel $Ag_3AsS_3 + 3Ag_3SbS_3$ dafür aufgestellt. Der Pyrargyrit war überwachsen von Proustit. In der Analyse wurde der Schwefelgehalt etwas zu hoch gefunden, weil $BaSO_4$ aus salpetersaurer Lösung gefällt wurde.
7. Von Aullagas, Dep. Potosí (Bolivien); anal. J. Domeyko, N. JB. Min. etc. 1879, 380.
8. Von Tres Puntas (Chile); anal. Herreros bei J. Domeyko, ebenda.
9. Von Mexico; anal. F. Wöhler, Ann. Pharm. **27**, 157.
10. Von Freiberg (Sachsen); anal. E. Rethwisch, N. JB. Min. etc. Beil.-Bd. **4**, 89 (1886).

[1] Dabei 0,30% Gangart.

	11.	12.	13.	14.	15.
δ	5,716	5,871	5,82	—	—
Ag	60,78	59,73	59,75	59,91	57,46
As	3,01	—	—	0,12	0,30
Sb	18,63	22,36	22,45	22,09	23,73
S	17,99	17,65	17,81	17,79	18,62
	100,41	99,74	100,01	99,91	100,11

11. und 12. Von Andreasberg; anal. E. Rethwisch, N. JB. Min. etc. Beil.-Bd. **4**, 95 (1886).

13. bis 15. Ebendaher; anal. G. T. Prior bei H. A. Miers, Min. Soc. Lond. **8**, 94 (1888). Z. Kryst. **15**, 185 (1889). Analyse 15 ist durch Beimengung von Hypargyrit beeinflußt.

	16.	17.	18.	19.	20.
δ	5,86	5,805	5,81	5,78	5,77
Ag	60,24	60,85	60,21	60,17	60,07
As	0,44	2,60	1,02	0,52	0,79
Sb	21,69	18,36	20,69	21,64	21,20
S	17,74	17,99	17,78	17,65	17,89
	100,11	99,80	99,70	99,98	99,95

16. und 17. Von Andreasberg; anal. G. T. Prior bei H. A. Miers, Min. Soc. Lond. **8**, 94 (1888); Z. Kryst. **15**, 185 (1889).

18. Lichtgefärbte, drusige Kristalle vom Harz; anal. Derselbe, ebendort.

19. Hohler Kristall mit wenig Proustit von Freiberg (Sachsen); anal. ebendort.

20. Von Chañarcillo (Nordchile); anal. ebendort.

	21.	22.	23.	24.	25.
δ	5,83	5,85	5,76	—	5,852
Fe	—	—	—	—	0,12
Cu	—	—	—	—	0,07
Ag	60,04	59,74	60,45	59,52	59,82
As	0,27	—	1,02	—	0,08
Sb	22,39	—	20,66	21,75	22,00
S	17,74	—	17,87	18,28	17,82
	100,44		100,00	99,55	99,91

21. Von Zacatecas (Mexico); anal. G. T. Prior, ebendort.

22. Von Grube Santa Lucia, Guanajuato (Mexico); anal. Derselbe, ebendort. Es liegt von diesem Vorkommen nur die Silberbestimmung vor.

23. Vom Kajánel-Tale (Siebenbürgen); anal. H. Traube, N. JB. Min. etc. **1**, 287 (1890).

24. Von Colquechaca (Bolivien); anal. H. Sommerlad, Z. anorg. Chem. **18**, 423 (1898).

25. Von Nagybánya; anal. J. Loczka, Ann. hist. nat. Mus. Nat. Hungar **9**, 320 (1911). Ref. Z. Kryst. **54**, 185 (1915).

A. de Gramont[1]) hat im Funkenspektrum noch intermittierend Kupfer- und Arsenlinien, bei einigen Vorkommen auch Blei und Zink nachgewiesen.

Formel. Beim Überblicken der Analysen erkennt man, daß verschiedentlich ein Arsengehalt gefunden wurde, allerdings in sehr wechselnder Menge, stets unter 3%, meist nur Spuren. Bei Analyse 6 liegt nach A. Streng[2]) eine isomorphe Mischung von Pyrargyrit und Proustit vor; bei den übrigen Analysen mag der Arsengehalt teils auf Verunreinigung, teils auf isomorphe

[1]) A. de Gramont, Bull. Soc. min. **18**, 329 (1895).

[2]) A. Streng, N. JB. Min. etc. 1878, 916.

Beimengung zurückzuführen sein. Bei der Analyse von A. Streng ist Verunreinigung nicht ausgeschlossen, da die Kristalle von Proustit überwachsen waren. Vernachlässigt man den Arsengehalt, so ergibt sich die theoretische Zusammensetzung:

Ag . . .	59,97
Sb . . .	22,21
S . . .	17,82
	100,00

entsprechend der Formel Ag_3SbS_3, auch $3Ag_2S.Sb_2S_3$ oder nach Baugruppen $[SbS_3]Ag_3$ geschrieben, wobei $+ Ag_3 +$ in höchstsymmetrischer trigyrischer $+$ Anordnung des Symmetriezentrums verlustig geht, so daß nach P. Niggli[1]) nunmehr rhomboedrisch-hemimorphe Symmetrie angenommen wird.

Lötrohrverhalten. Pyrargyrit schmilzt leicht im geschlossenen Rohr und gibt ein kirschrotes Sublimat von Schwefelantimon, in größerer Entfernung nur Schwefel. Im offenen Rohr entweicht schweflige Säure und Antimonoxyd. Hinter der Probe setzt sich ein gelblichweißes, unschmelzbares, nicht flüchtiges Pulver von antimonsaurem Antimonoxyd ab. Auf Kohle entweicht Schwefel und Antimonoxyd, das sich als weißer Beschlag absetzt. Bei weiterem Oxydieren des noch Antimon zurückhaltenden Schwefelsilbers wird der Antimonoxydbeschlag von flüchtigem Silber gerötet. Zweckmäßig setzt man hierbei der Probe etwas Soda zu. Es entsteht ein Silberkorn. Ist der Pyrargyrit arsenhaltig, so tritt auf Kohle beim Anblasen bald der charakteristische Knoblauchgeruch auf, herrührend von Arsensuboxyd. Auch im offenen Rohr ist Arsen zu erkennen, indem sich vor dem Antimonoxydsublimat Kriställchen von arseniger Säure absetzen.

Löslichkeit. Pyrargyrit wird durch Salpetersäure unter Ausscheidung von Schwefel und Antimontrioxyd zersetzt. Für Analysenzwecke erfolgt zweckmäßig Auflösung durch weinsäurehaltige Salpetersäure oder Zersetzung im Chlorstrom.

Die polierte Anschlifffläche, mit KOH geätzt, zeigt eine sehr ungleiche Strukturätzung. Nach L. G. Ravicz[2]) lösen heiße Alkalicarbonate aus Pyrargyrit Spuren von Sb_2, während eine heiße verdünnte Lösung von Alkalisulfid aus Pyrargyrit leicht Sb_2S_3 löst und schwarzes Ag_2S zurückläßt.

Physikalische Eigenschaften.

Die Härte ist 2,5.

Dichte. An 13 Kristallen verschiedener Fundorte wurde dieselbe von H. A. Miers[3]) im Mittel zu 5,85 bestimmt. In den arsenhaltigen Varietäten schwankt sie von 5,77 bis 5,85. J. Loczka[4]) gibt ebenfalls 5,852 an. Bei künstlichen Kristallen ist sie 5,790.

Kohäsion. Spaltbar nach R, unvollkommen auch nach $-\frac{1}{2}R$.

Translation. Durch Pressung bis 20000 Atm. wurde nach O. Mügge[5]) an Kristallen von einigen Millimetern Größe die schon vorher durch oszillatorische Kombination gestreifte Fläche $\{11\bar{2}0\}$ glanzlos dadurch, daß sehr feine und

[1]) P. Niggli, Z. Kryst. **56**, 14 und 185 (1921).
[2]) L. G. Ravicz, N. JB. Min. etc. 1922, II, 144.
[3]) H. A. Miers, Z. Kryst. **15**, 191 (1889).
[4]) J. Loczka, ebenda **54**, 185 (1915).
[5]) O. Mügge, N. JB. Min. etc. 1920, 37.

zahlreiche Streifen nach zwei nicht sehr verschiedenen Richtungen hinzugekommen waren. Die Lamellen auf $(11\bar{2}0)$ und $(10\bar{1}0)$ konnten näher verfolgt werden. Die Grenzflächen paralleler Lamellen neigen stets nach derselben Seite und sind in Übereinstimmung mit der nach früheren Beobachtungen[1]) an natürlichen Lamellen geforderten Grundzone, nämlich

$$K_1 = (10\bar{1}4), \quad \sigma_2 = [0001].$$

Die allgemeine Translationsformel wird, wenn h_1, h_2, h_3 den ersten, zweiten und vierten Bravais schen Index bedeuten:

$$h_1' : h_2' : h_3' = (h_3 - 2\,h_1) : -2\,h_2 : 2\,h_3.$$

Ein vor der Pressung einheitlich auslöschendes Prisma $(11\bar{2}0)$ zeigte nachher zahllose, optisch abweichende Streifen, gesehen durch die streifenlos gebliebene Ebene der Schiebung. Macht man das nächststumpfere Rhomboeder des Pyrargyrits zu R, so erhalten Gleitfläche und Grundzone dieselben Indizes wie Millerit. Die Gleitfläche heißt dann $(\bar{1}12)$ und die Grundzone (001) bei Verwendung Bravais scher Symbole unter Weglassung des zweiten Index.

Farbe und Strich. Im rein reflektierten Licht ist Pyrargyrit grauschwarz, im durchfallenden Licht rötlichpurpurn, Strich- und Pulverfarbe purpurrot. Nach der Radde schen Farbenskala[2]) im durchfallenden Licht 26 *k*, Strich 26 *f*. Die 2 bis 3 % Arsen enthaltenden Varietäten zeigen keinen Unterschied im Strich. Nur bei Verwendung einer großen Menge Substanz erscheint er etwas lichter.

Brechungsquotienten. Nach H. Fizeau[3]) ist

	N_α	N_γ
Li	3,084	2,881.

Der Charakter der starken Doppelbrechung ist negativ.

Pyroelektrische Eigenschaften konnten nicht beobachtet werden.

Thermische Dilatation. Nach H. Fizeau[4]) sind die Ausdehnungskoeffizienten für die mittlere Temperatur von 40° C in der Richtung der Hauptachse $\alpha = 0{,}91 \times 10^{-6}$, in der dazu senkrechten Richtung $\alpha' = 0{,}2012 \times 10^{-6}$. Der Zuwachs für 1°:

$$\frac{\Delta\,\alpha}{\Delta\,\Theta} = 0{,}1052 \times 10^{-6} \quad \text{und} \quad \frac{\Delta\,\alpha'}{\Delta\,\Theta} = 0{,}2310 \times 10^{-7}.$$

Die spez. Wärme ist nach A. Sella[5]) 0,0755, berechnet 0,0758.

Schmelzpunkt. Natürlicher Pyrargyrit schmilzt bei 481° C, während der Schmelzpunkt des künstlichen nach F. M. Jaeger und H. S. van Klooster[6]) bei 486° liegt.

Im auffallenden Licht zeigen polierte Schliffe von Pyrargyrit nach H. Schneiderhöhn[7]) grauweiße Farbe mit Stich ins Bläuliche. Farbzeichen

---

1) O. Mügge, N. JB. Min etc. II, 81 (1897).
2) Radde, Internat. Farbenskala (Hamburg 1877).
3) H. Fizeau bei A. Descloizeaux, Nouv. Rech. 1867, 521.
4) H. Fizeau bei Th. Liebisch, Phys. Kryst. 1891, 94.
5) A. Sella, Z. Kryst. **22**, 180 (1894).
6) F. M. Jaeger und H. S. van Klooster, Z. anorg. Chem. **78**, 256 (1912).
7) H. Schneiderhöhn, Anl. zur mikroskop. Best. u. Unters. von Erzen. Berlin 1922, 236.

nach Ostwald *ec* 54, d. h. 36% Weiß, 44% Schwarz, 20% Zweites Ublau.

Innere Reflexe sind gut sichtbar, besonders mit Immersionsobjektiven bei seitlich einfallendem Licht oder zwischen gekreuzten Nicols. Die Farbe ist leuchtend hellcarminrot. Wegen der starken Doppelbrechung erscheinen sie meist doppelt.

Synthese.

Analysen künstlicher Kristalle.

	1.	2.	3.	4.	5.
δ	—	—	—	—	5,747
Ag	58,85	59,00	59,54	59,35	59,49
Sb	24,00	23,20	21,98	22,27	22,58
S	17,90	17,20	17,75	17,80	17,72
	100,75	99,40	99,27	99,42	99,79

1. und 2. Durch Zersetzung einer Silberlösung mit Natriumantimonit bei etwa 300° C wurden deutliche Kristalle erhalten von H. de Sénarmont, C. R. **32**, 409 (1851).

3. bis 5. Durch Zusammenschmelzen von Sb_2S_3 mit AgCl und Abdestillieren des $SbCl_3$ wurde neben Miargyrit und Stephanit auch Pyrargyrit hergestellt durch H. Sommerlad, Z. anorg. Chem. **15**, 173 (1897) und **18**, 422 (1898).

Ein kristallines rotes Pulver entstand nach J. Fournet[1]) durch Zusammenschmelzen von Schwefelsilber und Schwefelantimon. Nach C. F. Rammelsberg[2]) wird gefälltes $3\,Ag_2S\,.\,Sb_2S_5$ durch Glühen zu $3\,Ag_2S\,.\,Sb_2S_3$. Durch Erhitzen von AgCl und Chlorantimon oder eines Gemenges von Silber und geschmolzenem Antimonoxyd im Schwefelwasserstoffstrom erhielt J. Durocher[3]) mikroskopische Kristalle.

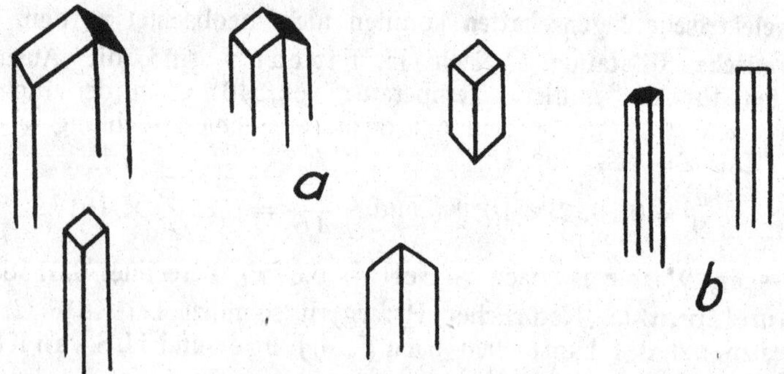

Fig. 22. a) Künstlicher Pyrargyrit. b) Künstlicher Valentinit. (Nach C. Doelter.)

C. Doelter[4]) erhielt Pyrargyrit durch Einwirkung von Schwefelwasserstoffgas auf eine entsprechende Lösung von Chlorsilber und antimonsaurem

[1]) J. Fournet, Ann. mines **4**, 3 (1833); Journ. prakt. Chem. **2**, 264 (1834).
[2]) C. F. Rammelsberg, Pogg. Ann. **52**, 218 (1841).
[3]) J. Durocher, C. R. **32**, 825 (1851).
[4]) C. Doelter, Chem. Min. 1890, 152.

Kali oder auch antimoniger Säure unter Zusatz von Natriumcarbonat in zugeschmolzener Röhre, welche durch längere Zeit zwischen 80 und 150° erhitzt wurde. Das Rotgiltigerz bildet sich auch nebenbei dann, wenn das Verhältnis des Silbers zum Antimon nicht das der Formel $3Ag_2S.Sb_2S_3$ ist, da die anderen beiden Verbindungen Miargyrit und Stephanit viel weniger stabil sind als das Rotgiltigerz. Siehe Fig. 22 die Abbildung der erhaltenen Kristalle.

J. Margottet[1]) erhielt eine mit säuligen Kristallen bedeckte Pyrargyritmasse durch Erhitzen von Silber und Antimon mit überschüssigem Schwefel, der dann wegdestilliert wurde. C. Doelter[2]) bekam durch Einwirkung von H_2S-Gas auf die Chlorüre des Antimons und Silbers einmal Miargyrit, dann bei stärkerem Erwärmen unter Entweichen von Sb_2S_3 Pyrargyrit. Pouget[3]) erhielt durch Zusatz von $AgNO_3$ zu einer verdünnten Lösung von Kaliumsulfantimonit einen Niederschlag von der Zusammensetzung des Pyrargyrits. F. Ducatte[4]) und J. Rondet[5]) haben die Synthesen von H. Sommerlad angezweifelt, weil immer halogenhaltige Produkte entstehen. Die von H. Pélabon[6]) für das System $Ag_2S—Sb_2S_3$ gegebenen Daten sind unvollständig. Kryoskopische Bestimmungen von Guinchant und Chrétien[7]) über Lösungen von Ag_2S in geschmolzenem Sb_2S_3 wurden von F. M. Jaeger und H. S. van Klooster[8]) bestätigt. Die beiden letzteren haben aus $SbCl_3$, reinem Ag_2S und einer stark konzentrierten Na_2S-Lösung durch 50 stündiges Erhitzen auf 200 bis 240° schöne violettschimmernde Pyrargyritkriställchen erhalten. Bei nur 100° während derselben Zeit war dem Pyrargyrit noch unverändertes Silbersulfit beigemischt. Durch Beimengung von $NaHCO_3$ zu dem Na_2S

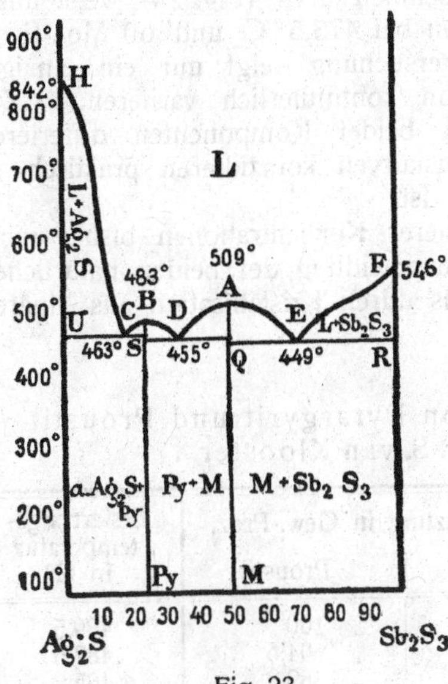

Fig. 23.

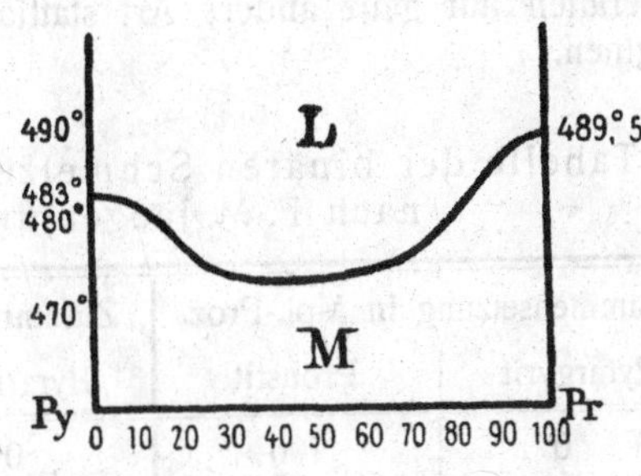

Fig. 24.

[1]) J. Margottet, C. R. **85**, 1142 (1877).
[2]) C. Doelter, Z. Kryst. **11**, 40 (1886).
[3]) Pouget, C. R. **124**, 1518 (1897).
[4]) F. Duçatte, Thèse, Univ. Paris 1902.
[5]) J. Rondet, ebenda 1904.
[6]) H. Pélabon, C. R. **136**, 1450 (1903).
[7]) Guinchant und Chrétien, C. R. **136**, 1269 (1903).
[8]) F. M. Jaeger und H. S. van Klooster, Z. anorg. Chem. **78**, 253 (1912).

wurde alles Antimonsalz in Pyrargyrit verwandelt; die Lösung enthielt weder Sb_2S_3 noch Ag_2S. Aus binären Schmelzen erhielten sie neben dem Pyrargyrit noch Miargyrit. Stephanit liegt in unmittelbarer Nähe eines eutektischen Gemisches. In Fig. 23, sind die Daten graphisch dargestellt. Die Unterkühlung der Schmelzen war unbedeutend; nur an der Ag_2S-Seite war sie etwas größer. Auch waren die Haltepunkte weniger ausgeprägt. Bei der Verbindung Ag_3SbS_3 zeigte sich keine Inversionstemperatur; sie schmilzt bei 486° C. Die Dichte ist 5,790. Im Dünnschliff sind hier und dort schwach einige hexagonale Kristallumrisse erkennbar.

Mischkristallbildung aus Schmelzen. Die binären Schmelzen von reinem künstlichen Pyrargyrit und Proustit wurden von F. M. Jaeger und H. S. van Klooster[1]) untersucht. Beide Verbindungen bilden eine ununterbrochene Reihe fester Lösungen miteinander, wenn sie aus gemischten Schmelzen auskristallisieren. Die binäre Schmelzkurve (Fig. 24) weist unter Atmosphärendruck ein sehr flaches Minimum bei 473,5° C und 60 Mol.-Proz. Pyrargyrit auf. Die mikroskopische Untersuchung zeigt nur ein einziges Strukturelement, nämlich Mischkristalle von kontinuierlich variierender Zusammensetzung. Die Schmelztemperaturen beider Komponenten differieren nur unerheblich; die Liquidus- und Soliduskurven koinzidieren praktisch, so daß ein Schmelzintervall nicht zu erkennen ist.

Da in der Natur feste Lösungen höherer Konzentrationen bisher nicht gefunden wurden, ergibt sich, daß die Ausscheidung der beiden natürlichen Mineralien auf ganz andere Art stattfand als durch Kristallisation aus binären Magmen.

Tabelle der binären Schmelzen von Pyrargyrit und Proustit nach F. M. Jaeger und H. S. van Klooster.

Zusammensetzung in Mol.-Proz.		Zusammensetzung in Gew.-Proz.		Erstarrungstemperatur in C°
Pyrargyrit	Proustit	Pyrargyrit	Proustit	
0	100	0	100	489,5
5	95	5,4	94,6	487,5
10	90	10,8	89,2	485
15	85	16	84	483
20	80	21,4	78,6	476
30	70	31,9	68,1	476
40	60	42,1	57,9	476
50	50	52,2	47,8	475
60	40	62,1	37,9	473,5
70	30	71,8	28,2	475
80	20	81,4	18,6	475,5
90	10	90,8	9,2	481,7
95	5	95,1	4,9	482,2
100	0	100,00	0	483

L. G. Ravicz[2]) erhielt beim Vermischen einer Lösung von Sb_2S_3 in Alkalisulfid mit Ag_2SO_4-Lösung bei Sb- und Alkaliüberschuß einen amorphen Körper von der Zusammensetzung des Pyrargyrits.

[1]) F. M. Jaeger und H. S. van Klooster, ebendort S. 267.
[2]) L. G. Ravicz, Econ. Geol. **10**, 368 (1915); N. JB. Min. etc. 1922, II, 144.

Entstehung und Paragenesis.

Die Synthese der Mischkristalle deutet darauf hin, daß sowohl Proustit wie Pyrargyrit nicht aus einem Magma entstanden sind. Nach der Paragenese und Ausbildung der Kristalle zu schließen, ist Pyrargyrit aus wäßrigen mehr oder weniger heißen Lösungen ausgeschieden worden. Er kann authigen sein; doch ist die allothigene Bildung weit häufiger. Der Silbergehalt entstammt, wie bei den meisten Silbersulfosalzen dann dem Bleiglanz. Pyrargyrit ist ein typisches Gangmineral und mit Proustit leitend für die Oxydations- und Zementationszone. Nur hier kommen größere Mengen dieser Mineralien vor. Rotgiltigerz verdrängt Zinkblende, Fahlerz und Bleiglanz und ragt oft mit freien Kristallendigungen auf andern Sulfiden aufsitzend in Lösungshohlräume hinein, die durch die Zementationsprozesse gebildet wurden.

Innerhalb der hydatogenen Bildungsreihe unterscheidet W. Maucher[1]) 1. ältere Sulfosalze (Bildungstemperatur höher als 250°), wobei Rotgiltigerz I als das letzte Silbersulfosalz vor der Bildung von Manganit I, Baryt I und Kalkspat IIb entstand, 2. jüngere Sulfosalze in der zweiten Kristallisationsphase, die durch die Kolloidphase von der ersten getrennt sind. Hier steht Rotgiltigerz wieder am Ende der Sulfosalze, die zwischen Nakrit einerseits und Flußspat IV, Baryt IV, Kalkspat III andererseits gestellt sind.

Im Freiberger Revier finden sich die Rotgiltige in Gängen der älteren edlen Quarzformation mit Kiesen, Bleiglanz, Zinkblende, gediegen Silber und andern Silbersulfosalzen, ganz besonders in der älteren Braunspatformation mit Perlspat, Eisen- und Manganspat u. a. Typisch sind die Rotgiltigerze in den Veredelungszonen, auch Adelsvorschübe oder edle Geschicke genannt. Die Gangkreuze und Scharungen sind sehr absätzig für Gediegen Silber, Silbersulfosalze und Silberkiese. Ähnlich liegen die Verhältnisse bei den übrigen Vorkommen, die über die ganze Erde zerstreut sind. Diese sind bei den Analysen vermerkt, so daß sich die Aufzählung hier erübrigt. Paragenetisch vereinzelt steht das Vorkommen von Pyrargyrit mit Zinnober bei Calistoga (Californien) da. In Siebenbürgen findet sich Pyrargyrit auf den im Dacit aufsetzenden Golderzgängen. Ein sehr seltener Gemengteil ist der Pyrargyrit im Dürrerz von Přibram, wo er in Körnern mit Bleiglanz verwachsen, auch in diesem eingewachsen und sekundär krustenartig auf den Spaltrissen nach A. Hofmann und F. Slavík[2]) auftritt.

Eine Umwandlung des Rotgiltigerzes in Silberglanz und Silber ist öfter beobachtet worden. Es geht beim Umwandlungsprozeß Sb_2S_3 in Lösung, während Argentit zurückbleibt, der teilweise zu Silber reduziert wurde.

Proustit.

Hexagonal-ditrigonal-pyramidal $a:c = 1:0,8034$.

Synonyma: Lichtes Rotgiltigerz, Arsengiltig, Rotgülden, Arsensilberblende, Arsenikalisches Rotgiltig, Rubinblende.

[1]) W. Maucher, Die Bildungsreihe der Mineralien als Unterlage für die Einteilung der Erzlagerstätten. Freiberg (Sachsen) (1914).

[2]) A. Hofmann und F. Slavík, Rozpravy tschech. Ak. **19**, II. Kl., Nr. 27 (1910).

Analysen und chemische Eigenschaften.

Ältere Analysen.

	1.	2.	3.	4.	5.
δ	5,55	—	—	—	—
Fe	—	—	—	0,96	—
Co	—	—	—	0,19	—
Ag	64,67	64,88	63,38	63,85	66,33
As	15,09	15,12	15,57	13,85	20,18
Sb	0,69		Spur	0,70	—
S	19,51	19,81	20,16	18,00	13,11
Gangart	—	—	—	1,60	0,40
	99,96	99,81	99,11	99,15	100,02

1. Von Joachimstal; anal. bei H. Rose, Pogg. Ann. **15**, 472 (1829).
2. Von Chile (ohne nähere Fundortangabe); anal. F. Field, Journ. chem. soc. **12**, 12 (1859).
3. Von Wittichen, nördl. Schwarzwald; anal. Th. Petersen bei F. Sandberger, N. JB. Min. etc. 1868, 402.
4. Von Carrizo im Dep. Huasco (Chile); anal. J. Domeyko, Min. 1879, 389.
5. Von Ladrillos, Dep. Copiapó (Chile); anal. Derselbe, ebenda.

Neuere Analysen.

	6.	7.	8.	9.	10.
δ	—	5,5553	5,64	—	5,59
Fe	0,34	—	—	—	—
Pb	0,46	—	—	—	—
Ag	64,47	65,10	65,06	64,50	65,37
As	14,98	15,03	13,85	12,54	14,81
Sb	—	—	1,41	3,62	0,59
S	19,17	19,52	19,64	19,09	19,24
	99,42	99,65	99,96	99,75	100,01

6. Von Chañarcillo (Chile); anal. Kalkhoff bei A. Streng, N. JB. Min. etc. **1**, 60 (1886).
7. Ebendaher; anal. E. Rethwisch, N. JB. Min. etc. Beil.-Bd. **4**, 94 (1886).
8. bis 11. Ebendaher; anal. G. T. Prior bei H. A. Miers, Z. Kryst. **14**, 114 (1888) und **15**, 188 (1889).

Das Analysenmaterial wurde durch einen Chlorstrom zersetzt. Bei 8. wurden Arsen und Antimon als Trisulfide bestimmt, bei 9. Antimon als Pentasulfid, Arsen als Magnesiapyroarseniat. Für die Schwefelbestimmungen wurde besonderes Material benutzt.

	11.	12.	13.	14.
δ	5,58	—	—	—
Ag	65,38	65,39	64,43	67,60
As	14,89	14,98	12,29	13,85
Sb	0,26	—	3,74	0,93
S	19,31	19,52	19,54	17,40
	99,84	99,89	100,00	99,78

12. Von Mexico (ohne nähere Fundortangabe); anal. G. T. Prior bei H. A. Miers, Z. Kryst. **15**, 188 (1889).
13. Von Sachsen (ohne nähere Fundortangabe); anal. Derselbe, ebenda. Die großen, unebenen, prismatischen Kristalle sind mit Pyrargyrit überzogen. Der hohe Antimongehalt rührt wohl von beigemengtem Pyrargyrit her. Der As-Gehalt wurde aus der Differenz bestimmt.

14. Von der California-Grube am Glacier Mt. bei Montezuma, Summit Co. (Colorado); anal. J. C. Sharp bei F. R. van Horn, Am. Journ. **25**, 507 (1908); Z. Kryst. **48**, 111 (1911).

Eine neue Proustitanalyse ist folgende:

Ag	64,12
Fe	0,25
Co	0,12
Ni	Spur
As	15,90
Sb	0,08
S	19,28
Unlösl.	0,38
	100,13

Von Cobalt, Ontario (O'Brien Mine?); anal. H. V. Ellsworth bei A. L. Parsons, Min. Mag. **17**, 300 (1917).

Die Kristalle zeigen das Achsenverhältnis $a:1:0{,}8034$. Sie enthalten kleine Mengen von Arsen, Pyrargyrit, Smaltin und Pyrit. Diese Verunreinigungen ergeben die Gehalte an Sb, Fe, Co. Die Menge des reinen Proustits wird mit 94,62% berechnet.

Formel. Der in einigen Analysen ermittelte Antimongehalt ist auf Verunreinigung oder isomorphe Beimengung zurückzuführen. H. A. Miers und G. T. Prior[1]) stellten fest, daß das Antimon nicht gleichmäßig verteilt ist, daß wahrscheinlich die am besten kristallisierenden Teile geringere Mengen davon enthalten und daß auch ein Gehalt von mehr als 1% Antimon keinen wahrnehmbaren Einfluß auf den Rhomboederwinkel ausübt. Die theoretische Zusammensetzung für Proustit ist:

Ag	65,40
As	15,17
S	19,43
	100,00

entsprechend der Formel Ag_3AsS_3, auch $3\,Ag_2S \cdot As_2S_3$ oder nach Baugruppen $[AsS_3]Ag_3$ geschrieben.

Im Funkenspektrum erhielt A. de Gramont[2]) die Hauptlinien des Silbers, schwieriger die von Schwefel und Silber.

Lötrohrverhalten. Im geschlossenen Rohr leicht schmelzend und ein Sublimat von Schwefelarsen abgebend, das in der Wärme dunkelbraun, nach dem Erkalten rötlichgelb bis rot ist. Im offenen Rohr bis zum Schmelzen erhitzt, gibt Proustit schwefelige und arsenige Säure ab, wenn wenig Antimon vorhanden, etwas Antimonoxyd. Auf Kohle Arsendämpfe, Geruch nach Knoblauch von Arsensuboxyd herrührend und Beschlag von weißer, leicht flüchtiger arseniger Säure, bei Gegenwart von Antimon auch Antimonoxyd. Der Schwefel geht auf Kohle teilweise als schwefelige Säure weg; die zurückbleibende Kugel ist zunächst Schwefelsilber und wird im Oxydationsfeuer oder rascher mit zugesetzter Soda im Reduktionsfeuer zum reinen Silberkorn. Das Silber gibt auf weißer Unterlage, die man sich zweckmäßig durch Antimonoxyd herstellt, den dunkelroten Silberoxydbeschlag.

[1]) H. A. Miers und G. T. Prior, Z. Kryst. **14**, 115 (1888).
[2]) A. de Gramont, Bull. soc. min. **18**, 294 (1895).

Löslichkeit. Proustit wird durch weinsäurehaltige Salpetersäure oder durch den Chlorstrom zersetzt. Beim Erwärmen mit Kalilauge wird das Pulver sofort schwarz und durch längeres Kochen zum Teil zersetzt.

Physikalische Eigenschaften.

Dichte. Dieselbe ist nach den Bestimmungen von H. A. Miers[1]) an 8 Proustitkristallen verschiedener Fundorte 5,57. Nach J. J. Saslawsky[2]) ist die Kontraktionskonstante 0,97—0,95.

Härte. Sie liegt zwischen 2 und 3.

Farbe und Strich. Die diamantglänzenden Kristalle sind im rein reflektierten Licht grauschwarz wie Pyrargyrit. Im durchfallenden Licht sind sie in dünnen Splittern zinnoberrot und weisen niemals den bläulichen Farbenton des Pyrargyrits auf. Nach P. Ites[3]) ist Proustit nur für gelbe Strahlen durchsichtig. Unter Einwirkung des Lichtes wird Proustit schwarz. Der Strich ist scharlach-zinnoberrot und wird zweckmäßig mit einem Splitterchen auf weißem Papier erzeugt.

Kohäsion. Proustit ist spaltbar nach $(10\bar{1}1)$. Der Bruch ist muschelig bis uneben, spröde.

Bruchstücke von Proustit und ein tafeliges Blättchen mit Zwillingslamellen nach $(10\bar{1}4)$ wurden von O. Mügge[4]) in Salpeter eingebettet und Drucken bis 20000 Atm. unterworfen. Es war jedoch keine Streifung danach zu erkennen; auch die optische Homogenität war ganz ungestört.

Pyroelektrische Eigenschaften versuchte H. A. Miers mittels des Thomsonschen Quadrantenelektrometers festzustellen. Es wurde jedoch keine Spannungsdifferenz an beiden Kristallenden während der Dauer einer Temperaturänderung festgestellt. Durch Zwillingsbildung kann die pyroelektrische Eigenschaft verhüllt werden.

Brechungsquotienten. H. C. Sorby[5]) bestimmte nach der Sorby-de Chaulnesschen Methode $N_\alpha = 2{,}98$, $N_\gamma = 2{,}66$. Weitere Bestimmungen machten:

		N_α	N_γ
	Li	2,9789	2,7113
H. Fizeau[6])	Na	3,0877	2,7924
P. Ites[7])	Na	3,0903	2,7939

Die starke Doppelbrechung ist negativ. A. Madelung[8]) beobachtete beim Proustit von Johanngeorgenstadt ein zweiachsiges Kreuz. Absorption $N_\alpha > N_\gamma$ bei Na-Licht, bei Li ungefähr gleich. Der Extinktionskoeffizient ist nach P. Ites:[9])

	C	D
$\alpha_0 =$	0,0191	0,382
$\alpha_e =$	0,00903	0,138

[1]) H. A. Miers, Z. Kryst. **15**, 192 (1889).
[2]) J. J. Saslawsky, Z. Kryst. **59**, 205 (1924).
[3]) P. Ites, Z. Kryst. **41**, 454 (1905).
[4]) O. Mügge, N. JB. Min. etc. 1920, 39.
[5]) H. C. Sorby, Min. Mag. **15**, 189 (1908); Z. Kryst. **50**, 199 (1912).
[6]) H. Fizeau bei A. Descloizeaux, Nouv. Rech. 1867, 714.
[7]) P. Ites, Diss. Göttingen 1903; Z. Kryst. **41**, 304 (1905).
[8]) A. Madelung, Z. Kryst. **7**, 75 (1883).
[9]) P. Ites, Diss. Göttingen 1903; Z. Kryst. **41**, 304, 454 (1905).

Die Dispersion ist nach P. Ites:

$$\alpha_{Li-C} = 0{,}0128$$
$$\gamma_{Li-C} = 0{,}0085$$

Pleochroismus. Derselbe ist schwach; N_α blutrot, N_γ cochenillerot.

Die spez. Wärme ist nach A. Sella[1]) 0,0807, berechnet 0,0832.

Schmelzpunkt. Derselbe wird von F. M. Jaeger und H. S. van Klooster[2]) zu 490° angegeben. Beim Erwärmen dekrepetiert der Proustit. Beim Schmelzen mit Ammoniumnitrat entsteht aus schwacher Schmelze eine Lösung von Silbersulfat und ein schwarzer Rückstand, der nach C. A. Burghardt[3]) durch Behandlung mit Kaliumbisulfatlösung und metallischem Zink die Arsenreaktion zeigt.

Synthese.

Analysen künstlicher Kristalle.

	1.	2.	3.	4.	5.
δ	—	—	5,49	5,49	—
Ag	65,52	64,80	65,11	65,22	65,20
As	14,27	15,00	14,92	15,38	15,14
S	19,30	19,50	19,19	18,98	19,58
	99,09	99,30	19,22	99,58	99,92

1. und 2. Durch Zersetzen einer Silberlösung in Gegenwart von überschüssigem Natriumcarbonat durch Natriumsulfarsenit wurde ein sandiges Pulver, das aus skalenoedrischen Proustitkristallen bestand, in einer geschlossenen Glasröhre hergestellt durch H. de Sénarmont, C. R. **32**, 409 (1851); Ann. chim. phys. **32**, 129 (1851).

3. und 4. Durch Erhitzen von 3 AgCl mit As_2S_3 unter Weggang von $AsCl_3$ wurde Proustit dargestellt von H. Sommerlad, Z. anorg. Chem. **15**, 178 (1897).

5. Durch Zusammenschmelzen der Komponenten im Schwefelwasserstoffstrom von Demselben, ebenda **18**, 426 (1898).

F. Wöhler[4]) stellte zuerst durch Zusammenschmelzen von 3 Ag_2S mit As_2S_3 eine durchscheinende cochenillerote Masse dar. Durch Erhitzen von Silber und Arsen mit überschüssigem Schwefel im Porzellantiegel erhielt J. Margottet[5]) nach Verjagen des überschüssigen Schwefels eine Proustitmasse. Schöne Kristalle erhielt derselbe auch durch Zusammenschmelzen von Ag_2S mit As_2S_3. Das Schwefelarsen wurde vorher im Schwefel geschmolzen; am Schluß wurde der Überschuß von Schwefelarsen und Schwefel wegdestilliert.

H. Sommerlad[6]) erhielt die Verbindungen: $12\,Ag_2S + As_2S_3$; $5\,Ag_2S + As_2S_3$; $3\,Ag_2S + As_2S_3$; $2\,Ag_2S + As_2S_3$; $Ag_2S + As_2S_3$. Die dritte Verbindung ist Proustit, die fünfte Arsenomiargyrit.

Neuerdings haben F. M. Jaeger und H. S. van Klooster[7]) binäre Schmelzen von Ag_2S und As_2S_3 hergestellt. Sie erhielten Proustit und die in der Natur noch unbekannte Verbindung vom Miargyrittypus, den Arsenomiargyrit, wie ihn schon H. Sommerlad beschrieb. Der Proustit schmilzt homogen bei

---

[1]) A. Sella, Nachr. Ges. Wiss. Göttingen Nr. 10, 311 (1891).

[2]) F. M. Jaeger und H. S. van Klooster, Z. anorg. Chem. **78**, 266 (1912).

[3]) C. A. Burghardt, Min. Soc. Lond. **9**, 230 (1891).

[4]) F. Wöhler, Ann. Pharm. **27**, 159.

[5]) J. Margottet, C. R. **85**, 1142 (1877).

[6]) H. Sommerlad, Z. anorg. Chem. **15**, 178 (1897); **18**, 426 (1898).

[7]) F. M. Jaeger und H. S. van Klooster, ebenda **78**, 266 (1912).

490° C, kristallisiert sehr schön in flachen Nadeln und besitzt in fein gepulvertem Zustand eine schöne ziegelrote Farbe. Die Dichte ist 5,51. — Arsenomiargyrit bildet große, glasglänzende Schuppen.

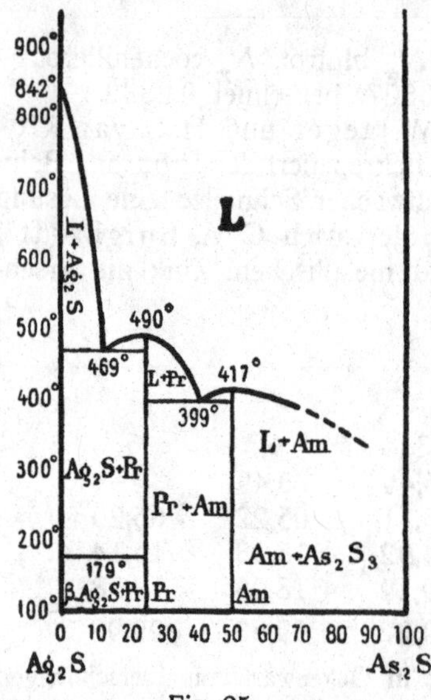

Fig. 25.

Der eutektische Punkt zwischen Proustit und Arsenomiargyrit liegt bei 399° C und 40% As_2S_3. In Fig. 25, sind die von den beiden Autoren erhaltenen Daten graphisch dargestellt.

L. G. Ravicz[1]) erhielt beim Vermischen einer Lösung von As_2S_3 in Alkalisulfid mit Ag_2SO_4-Lösung bei As und Alkaliüberschuß ein kolloidales Produkt von der Zusammensetzung des Proustits.

Über künstliche Mischkristallbildungen von Proustit und der entsprechenden Antimonverbindung gilt das bereits beim Pyrargyrit auf S. 248 Erwähnte.

Entstehung und Paragenese.

Proustit ist ebenso wie Pyrargyrit gebildet worden und findet sich mit diesem zusammen auf denselben Lagerstätten, so daß das beim Pyrargyrit Gesagte auch für Proustit gilt.

Xanthokon.

Synonym: Rittingerit, Xanthokonit.

Monoklin. $a:b:c = 1,9187:1:1,0152$; $\beta = 88^\circ\ 47'$ (H. A. Miers).

Die meisten dicktafeligen Kristalle sind pseudorhombisch.

Analysen und chemische Eigenschaften.

Analysen.

	1.	2.	3.
δ	—	—	5,68
Fe	0,970	—	—
Ag	64,181	63,880	65,15
As	13,491	14,322	14,63
S	21,358	21,798	19,07
	100,00	100,000	98,85

1. und 2. Von Grube Himmelsfürst, Freiberg (Sachsen); anal. C. F. Plattner, Pogg. Ann. **64**, 277 (1845). — Analyse 1 mit 0,5 g Substanz; Eisen ist Verunreinigung. Arsen wurde in beiden Analysen aus der Differenz bestimmt, bei 2. das Silber mit dem Lötrohr.

3. Kriställchen von verschiedenen Stufen aus Freiberg; 0,0229 g im Chlorstrom zersetzt und anal. von G. T. Prior bei H. A. Miers, Z. Kryst. **22**, 445 (1894). Der Verlust von 1% ist auf entwichenes Arsen während des Eindampfens zurückzuführen.

[1]) L. G. Ravicz, N. JB. Min. etc. 1922, II, 143.

Formel. Die Zusammensetzung ist dieselbe wie bei Proustit, nämlich Ag_3AsS_3 oder nach Baugruppen geschrieben $[AsS_3]Ag_3$. $[AsS_3]^-$ ist beim Xanthokon von anderer Symmetrie als beim Proustit, weshalb monokline Symmetrie resultiert.

Die Zusammensetzung des Xanthokons wurde erst durch H. A. Miers und G. T. Prior festgestellt. C. F. Rammelsberg[1]) hatte auf Grund der Analyse C. F. Plattners ein Atomverhältnis

$$Ag:As:S = 3{,}3:1:3{,}6 \quad \text{und}$$
$$Ag:As:S = 3{,}1:1:3{,}6$$

berechnet. Daher ergab sich die Formel:

$$Ag_9As_3S_{10} \quad \text{oder} \quad 9\,Ag_2S.2\,As_2S_3.As_2S_5.$$

H. A. Miers und G. T. Prior zeigten, daß die Plattnerschen Analysen nicht einwandfrei sind. Auf Grund der Analyse von G. T. Prior zeigt H. A. Miers, daß die Zusammensetzung eine viel einfachere ist.

Zum Xanthokon gehört auch der Rittingerit.

Ein von A. Schrauf[2]) nur durch den Geruch wahrgenommener, angegebener Selengehalt für das Vorkommen von Joachimstal (Rittingerit) wurde weder von G. T. Prior noch von A. Streng[3]) bestätigt.

Lötrohrverhalten und Löslichkeit wie Proustit.

Physikalische Eigenschaften.

Dichte. Dieselbe wird von H. A. Miers[4]) im Mittel zu 5,54 angegeben. Die Kontraktionskonstante ist nach J. J. Saslawsky[5]) 0,97.

Härte. Sie liegt zwischen 2 und 3.

Farbe und Strich. In dünnen Splittern und im durchfallenden Licht zitronengelb, sonst bräunlichgelb bis zinnoberrot. Der Strich ist orangegelb.

Die Spaltbarkeit ist vollkommen nach der Basis.

Die Doppelbrechung ist stark; optisch zweiachsig; spitze Bisektrix nahezu $\perp$ (001) und Ebene der opt. Achsen nahezu senkrecht zur Symmetrieebene. Dispersion $\varrho < v$; $2E = 125^0$.

Vorkommen. Xanthokon findet sich nur spärlich an verschiedenen Fundorten meist auf Calcit mit Proustit zusammen.

Feuerblende (Pyrostilpnit).

Synonyma: Pyrochrolit, Pyrochrotit.

Monoklin. $a:b:c = 1{,}9465:1:1{,}0973$; $\beta = 90^0$ etwa (O. Luedecke).

Chemische und physikalische Eigenschaften.

Es liegt nur eine Analyse vor:

		theoretisch
Ag . . .	59,435	59,97
Sb . . .	22,302	22,21
S	18,113	17,82
	99,850	100,00

[1]) C. F. Rammelsberg, Min.-Chem. 1875, 124.
[2]) A. Schrauf, Sitzber. Wiener Ak., math.-nat. Kl. **65**, 229 (1872).
[3]) A. Streng, N. JB. Min. etc. 1886, I, 59.
[4]) H. A. Miers, Z. Kryst. **22**, 445 (1894).
[5]) J. J. Saslawsky, ebenda **59**, 206 (1924).

Vom Samsongang, Andreasberg (Harz); 0,7589 g in einem Gemisch von Salzsäure und chlorsaurem Kali, dem Salpetersäure zugesetzt war, aufgeschlossen; anal. von Hampe bei O. Luedecke, Z. Kryst. **6**, 573 (1882).

Formel. Die Zusammensetzung ist dieselbe wie Pyrargyrit, also Ag_3SbS_3. Die Dimorphie wird verständlich, wenn wir mit G. Cesàro[1]) schreiben:

$$[SbS_2]_2(Ag_2S_2).$$

Die Feuerblende ist isomorph mit Xanthokon.

Lötrohrverhalten und Löslichkeit wie Pyrargyrit.

Die Dichte wird von W. H. Miller[2]) zu 4,3 angegeben. Sie ist aber wahrscheinlich höher. Die Kontraktionskonstante ist nach J. J. Saslawsky[3]) 1,30—1,33, stark von 1,00 abweichend, wohl infolge des falschen spez. Gewichts.

Die Härte ist etwas über 2.

Die nach (010) dünntafeligen hyazinthroten Kristalle sind nach (010) vollkommen spaltbar, in dünnen Blättchen wenig biegsam.

Die Auslöschung auf (010) ist 21 bis 23° gegen die *c*-Achse.

Synthese.

C. Doelter[4]) erhielt aus derselben Lösung neben Pyrargyrit schief auslöschende Feuerblende.

Paragenesis.

Feuerblende ist eines der seltensten Mineralien auf Silbererzgängen. Sie kommt dort mit Kalkspat, Arsen, Bleiglanz, Silberkies, Pyrargyrit und Proustit vor, auf dem Samsonschacht mit Magnetkies, der sonst nicht mit reichen Silbererzen zusammen auftritt. Auch direkt auf Tonschiefer und Quarz aufsitzende Feuerblende ist von mehreren Gängen bei Andreasberg (Harz) bekannt geworden.

Sowohl in Chañarcillo (Chile), sowie in Schemnitz kommen nach A. Streng[5]) Feuerblende und Xanthokon vor. Merkwürdig ist, daß sich dort die arsenfreie Feuerblende unmittelbar neben dem arsenreichen Proustit findet.

Smithit.

Monoklin. $a:b:c = 2,2206:1:1,9570$; $\beta = 101^{\circ}\ 12'$.

Chemische und physikalische Eigenschaften.

Analyse.

	1.
δ	4,88
Ag	43,90
As	28,90
Sb	0,40
S	26,00
	99,20

1. Aus dem Dolomit des Lengenbachs im Binnental (Schweiz); anal. G. F. H. Smith und G. T. Prior, Min. Mag. **14**, 295 (1907); Z. Kryst. **46**, 623 (1909).

[1]) G. Cesàro, Bull. soc. fr. Min. **38**, 38 (1915).
[2]) W. H. Miller bei A. H. Phillips, Min. 1852, 217.
[3]) J. J. Saslawsky, Z. Kryst. **59**, 204 (1924).
[4]) C. Doelter bei O. Luedecke, Min. Harz 1896, 133.
[5]) A. Streng, N. JB. Min. etc. I, 60 (1886).

Formel. $AgAsS_2$. Trotz der ähnlichen chemischen Zusammensetzung zeigt der Smithit keine kristallographische Beziehung zum Miargyrit.

F. M. Jaeger und H. S. van Klooster[1]) haben das Schmelzdiagramm des Systemes Ag_2S—As_2S_3 untersucht und künstlich Smithit (den sie Arsenomiargyrit nennen) dargestellt. Die zweite aus der Schmelze kristallisierende Verbindung ist Proustit, weitere Verbindungen wurden nicht erhalten. Die Resultate sind:

Schmelzpunkte	Ag_2S		$3Ag_2S.As_2S_3$		$Ag_2S.As_2S_3$		As_2S_3
(alle kongruent)	842°		490°		417°		? 300°
Eutektika		469°		399°		?	

Künstlicher Proustit hat die Dichte 5,51, künstlicher Smithit 4,69. Farbe desselben orange, mit schwachem Dichroismus.

Farbe und Strich des Smithits ist scharlach-zinnoberrot, ähnlich wie beim Proustit, im Sonnenlicht langsam in Orange übergehend; Diamantglanz.

Härte $1^1/_2$ bis 2.

Dichte 4,88.

Die Spaltbarkeit ist sehr vollkommen nach (100).

Brechungsquotient. Die Doppelbrechung ist ziemlich stark und negativ. Für Li ist nach E. S. Larsen[2]) $n_\alpha = 2,48$, $n_\beta = 2,58$, $n_\gamma = 2,60$. $2V = 26°$; $\varrho > v$ stark. Die Lichtabsorption ist stark, der Pleochroismus schwach. Die spitze Bisektrix ist nahezu senkrecht zu (100); sie ist um $6^1/_2{}^0$ für gelbes und 4^0 für rotes Licht gegen die Normale nach unten geneigt.

Paragenesis.

Ungefähr 4 km hinter Binn, gegenüber von Imfeld findet sich im zuckerkörnigen, weißen Dolomit in etwa 1700 m Seehöhe der Smithit zusammen mit Trechmannit, Proustit, Marrit, Lengenbachit, Realgar, Arsenkies, Zinkblende, Pyrit, Baryt, Hyalophan, Calcit, Malachit, Fuchsit, Quarz, Bleiglanz, Binnit, Skleroklas, Baumhauerit und anderen Bleisulfarseniten. In drei Gängen hat man bereits über 50 verschiedene Mineralien kennen gelernt, die größtenteils nur auf diesen Fundort beschränkt sind, so auch Smithit und Trechmannit.

Trechmannit.

Hexagonal-rhomboedrische Klasse. $a:c = 1:0,6530$.

Es liegt noch keine quantitative Analyse vor. Nach G. F. H. Smith und G. T. Prior[3]) ist Trechmannit wahrscheinlich ein Silbersulfarsenit.

Nach E. T. Wherry und W. F. Foshag ist Trechmannit hexagonal-rhomboedrisch paramorph und hat die Zusammensetzung: $Ag_2S.As_2S_3$.

Trechmannit ist nach R. H. Solly mit α-Trechmannit isomorph.

Physikalische Eigenschaften.

Die spröden Kristalle haben muscheligen Bruch. Die Spaltbarkeit nach r (100) ist gut, nach c (111) deutlich.

[1]) F. M. Jaeger u. H. S. van Klooster, Z. anorg. Chem. **78**, 264 (1912).
[2]) E. S. Larsen, Bull. geol. Surv. U.S. 679 (1921).
[3]) G. F. H. Smith und G. T. Prior, Min. Mag. **14**, 300 (1907); Z. Kryst. **46**, 624 (1909).

Farbe und Strich sind cochenillerot. Diamantglanz.

Die Doppelbrechung ist ziemlich stark und negativ.

Der Pleochroismus ist schwach; ω blaßrötlich, ε fast farblos.

Über das Vorkommen gilt das beim Smithit Gesagte. Der Trechmannit ist seltener als der Smithit. Er geht beim Erhitzen in eine zweiachsige Form über, wahrscheinlich in Smithit.

R. H. Solly[1]) erwähnt einen α-Trechmannit aus dem Lengenbach-Steinbruch (Binnental), der sich durch blaugraue Farbe und schokoladebraunen Strich unterscheidet.

Sanguinit.

Wahrscheinlich hexagonal-rhomboedrisch.

Von H. A. Miers[2]) wird ein Sulfarsenit des Silbers beschrieben und Sanguinit genannt. Eine quantitative Analyse wurde noch nicht ausgeführt; doch ist qualitativ Schwefel, Arsen und Silber nachgewiesen worden. Das Mineral ist schwer in konzentrierter Salpetersäure löslich.

Die Farbe ist bronzerot bis blutrot, der Strich dunkelbraun. Die Schuppen sind durchscheinend, im reflektierten Licht schwarz.

Vorkommen und Paragenesis.

Sanguinit ist bisher nur auf Silberglanz mit Proustit und etwas Asbest auf Quarz oder Kalkspat bei Chañarcillo in Nordchile gefunden worden.

Arsenomiargyrit.

Die dem Miargyrit entsprechende Arsenverbindung glauben H. Sommerlad[3]) sowie F. M. Jaeger und H. S. van Klooster[4]) künstlich hergestellt zu haben. Als Mineral ist sie noch nicht gefunden worden. Es ist aber nicht ausgeschlossen, daß in einem der vorher beschriebenen Silbersulfarsenite Arsenomiargyrit bereits vorliegt. Der von A. Raimondi[5]) als Arsen-Miargyrit bezeichnete Miargyrit aus den Gruben von Huantajaya in Tarapacá (Chile) ist ein inniges Gemenge, das allerdings ziemlich homogene Massen bildet von grauer bis rötlicher Farbe, bestehend aus Pyrargyrit, Proustit, Arsenkies und Miargyrit.

Formel. $AgAsS_2$.

Schon J. Berzelius[6]) gibt an, daß diese Verbindung aus Lösungen erhalten werden kann. H. Sommerlad erhielt den Arsenomiargyrit durch Erhitzen von $3AgCl$ mit As_2S_3 neben Proustit, während F. M. Jaeger und H. S. van Klooster ihn aus binären Schmelzen von Ag_2S und As_2S_3 darstellten. Er zeigt eine sehr starke Dissoziation in der Schmelze und nur ein ganz flaches Maximum bei 417° C. Die graphische Darstellung befindet sich in Fig. 25, S 254, bei Proustit. Der eutektische Punkt zwischen Proustit und Arsenomiargyrit liegt bei 399° C und 40% As_2S_3.

Die Kristallform des Arsenomiargyrit ist in der erstarrten Masse sehr deutlich ausgeprägt durch große glasglänzende Schuppen.

[1]) R. H. Solly, Min. Mag. **18**, 363 (1919).
[2]) H. A. Miers, Min. soc. Lond. **9**, 182 (1890); Z. Kryst. **20**, 522 (1892).
[3]) H. Sommerlad, Z. anorg. Chem. **15**, 173 (1897); **18**, 420 (1898).
[4]) F. M. Jaeger und H. S. van Klooster, ebenda **78**, 264 (1912).
[5]) A. Raimondi trad Martinet, Min. Pérou 1878, 58.
[6]) J. Berzelius, Pogg. Ann. **7**, 150 (1826).

Dichte. Dieselbe wird von den oben genannten Autoren zu 4,69 angegeben.

Farbe. Dieselbe ist orange; der Dichroismus ist sehr schwach. Die Spaltblätter zeigen Auslöschung senkrecht zu einer der Kanten.

Miargyrit.

Synonyma: Hypargyrit, Hypargyron-Blende, Kenngottit, Hemiprismatische Rubinblende, fahles Rotgiltigerz, Silberantimonglanz.

Monoklin. $a:b:c = 2{,}9945:1:2{,}9095$; $\beta = 81^0\ 23'$.

Analysen und chemische Eigenschaften.

Ältere Analysen.

	1a.	1b.	2.
Fe	0,62	—	—
Cu	1,06	—	—
Ag	36,40	36,73	34,87
Sb	39,14	41,50	38,42
S	21,95	21,77	20,86
	99,17	100,00	94,15

1a. und 1b. Von Bräunsdorf bei Freiberg (Sachsen) auf Gängen der edlen Quarzformation; anal. H. Rose, Pogg. Ann. **15**, 469 (1829). Bei 1b. ist Eisen mit 0,70 Schwefel als Eisenkies und Kupfer als Cu_2S außer acht gelassen.

2. Von Přibram (Böhmen); anal. R. Helmhacker, Bg.- u. hütt. Z. **13**, 380 (1864).

Neuere Analysen.

	3.	4.	5.	6.	7.
δ	6,06	—	—	—	—
Fe	0,25	0,23	0,14	1,05	0,62
Cu	0,50	0,50	0,52	—	—
Pb	1,76	3,95	4,07	—	—
Ag	35,28	32,74	32,80	37,30	36,40
Sb	39,46	40,86	40,50	41,95	39,14
S	20,66	21,65	21,94	19,69	21,95
	97,91	99,93	99,97	19,99	98,11

3. bis 5. Von Felsöbanya „wie mit Firnis überzogen"; anal. L. Sipöcz, Tsch. min. Mit. 1877, 215.

6. und 7. Von Buena Esperanza bei Tres Puntas (Chile); anal. Sotomayor und Cortés bei J. Domeyko, Min. 1879, 385.

	8.	9.	10.	11.	12.	13.
δ	—	—	5,08	—	5,20	—
Fe	—	—	—	—	1,0	—
Cu	—	—	—	—	2,6	—
Pb	—	—	—	—	0,6	—
Ag	37,06	37,74	36,71	37,16	33,90	36,90
As	0,79	—	—	—	Spur	—
Sb	41,13	41,02	41,15	40,91	40,50	41,20
S	21,50	21,20	21,68	22,19	21,90	21,90
	100,48	99,96	99,54	100,26	100,50	100,00

8. und 9. Von St. Andreasberg (Harz); anal. Jenkins bei A. Weisbach, N. JB. Min. etc. II, 109 (1880).

10. Von Přibram (Böhmen) mit Spuren von Eisen; anal. R. Andreasch bei J. Rumpf, Tsch. min. Mit. N. F. **4**, 186 (1882). Ref. Z. Kryst. **7**, 513 (1883).
11. Von Bolivien; anal. H. Sommerlad, Z. anorg. Chem. **18**, 423 (1898) Anmkg.
12. Aus dem Consuelogang von Tatasi, Dep. Potosi (Bolivien); anal. G. T. Prior, bei L. J. Spencer, Min. Mag. **14**, 340 (1907). Ref. Z. Kryst. **46**, 627 (1909).
13. Theoretische Zusammensetzung.

Formel.

C. F. Rammelsberg[1]) berechnete die Analysen von L. Sipöcz, Jenkins und R. Andreasch, indem er die Differenzen des gefundenen und berechneten Schwefels verglich, fand er:

Analyse 3 ber. 22,68 Differenz − 2,02,
" 8, 9 " 22,45 " − 0,95,
" 10 " 21,90 " − 0,22.

Die Analysen von L. Sipöcz hält er nicht für exakt; wahrscheinlich war Bleiglanz beigemengt. Zieht man denselben ab, so erhält man das Verhältnis von S in Ag_2S und Sb_2S_3.

Analyse 3 = 1,26 : 3,
" 8, 9 = 1 : 3,
" 10 = 1 : 3.

Die Formel ist:

$$AgSbS_2 = Ag_2S \cdot Sb_2S_3 .$$

Wir haben also hier das neutrale Silbersalz der sulfantimonigen Säure $HSbS_2$.

Dafür ist die Konstitutionsformel:[2])

$$Sb\begin{matrix} \diagup HS \\ \diagdown S \end{matrix} .$$

L. J. Spencer[3]) vergleicht den Miargyrit mit Andorit und Zinckenit:

Zinckenit, rhombisch, $PbSb_2S_4$,
Andorit, monoklin, $PbAgSb_3S_6$,
Miargyrit, monoklin, $AgSbS_2$.

Es ist dies nach seiner Ansicht eine Gruppe, welche vergleichbar ist der Gruppe Calcit, Barytocalcit, Witherit oder mit der Gruppe:

KNO_3 rhombisch,
$KAg(NO_3)_2$ monoklin (Doppelsalz),
$AgNO_3$ rhombisch mit sehr wenig KNO_3.

Über die Möglichkeit einer Isomorphie mit Lorandit siehe V. Goldschmidt[4]) und A. S. Eakle.[5])

Kenngottit wurde die bleihaltige Varietät von Felsöbanya (siehe oben die Analysen von L. Sipöcz) genannt.

---

[1]) C. F. Rammelsberg, Min.-Chem., Erg. I Nr. 5 und Erg. II, 1895, 41.
[2]) C. Doelter, Chem. Miner. 1890, 247.
[3]) L. J. Spencer, Min. Mag. **14**, 308 (1907); Z. Kryst. **46**, 625 (1909).
[4]) V. Goldschmidt, Z. Kryst. **30**, 291 (1898).
[5]) A. S. Eakle, ebenda **31**, 215 (1899).

Der von A. Raimondi[1]) erwähnte Arsen-Miargyrit aus den Gruben von Huantajaya in Tarapacá ist ein inniges Gemenge von Proustit, Arsenkies und Miargyrit, ebenso die ziemlich homogenen Massen von graulichroter bis rötlichgrauer Farbe und wechselnder Zusammensetzung aus den Gruben von Tres Puntas.

Lötrohrverhalten. Das „weniger Silber" enthaltende Mineral (daher der Name) verhält sich wie Pyrargyrit. Eine Prüfung auf Kupfer in der Oxydationsflamme bei Behandlung des Silberkorns mit Phosphorsalz zeigt beim Schmelzen mit Zinn in der Reduktionsflamme die grüne Perle, wenn auch nur Spuren von Kupfer vorhanden sind.

Löslichkeit. Miargyrit wird durch Salpetersäure unter Abscheidung von Schwefel und Antimontrioxyd zersetzt. Zwecks Analyse erfolgt Zersetzung im Chlorstrom oder durch weinsäurehaltige Salpetersäure.

Physikalische Eigenschaften.

Farbe und Strich. Der metallisch demantglänzende eisenschwarze bis stahlgraue Miargyrit ist in dünnen Splittern tiefhochrot durchscheinend. Der Strich ist kirschrot.

Die Doppelbrechung ist sehr stark. $n_\alpha > 2{,}72$; optisch positiv; $2V$ mäßig.

Dichte. Berücksichtigt man die bleihaltigen Varietäten, deren Dichte von A. Kenngott[2]) zu 6,06 bestimmt wurde, nicht, so kann nach den zahlreichen Bestimmungen verschiedener Vorkommen die Dichte 5,25 angenommen werden. Die Kontraktionskonstante ist nach J. J. Saslawsky 0,97—0,90.[3])

Härte. Dieselbe liegt zwischen 2 und 3.

Kohäsion. Die gewöhnlich dicktafeligen, flächenreichen, gestreiften Kristalle spalten unvollkommen nach (010), sowie wenig deutlich nach (100) und (101). Eine Torsion und beginnende Spiralkrümmung einiger Flächen beobachtete G. vom Rath.[4]) Der Bruch ist uneben, spröde.

Translation. Am Miargyrit von Bräunsdorf bemerkt man nach O. Mügge[5]) neben der Kombinationsstreifung stellenweise einen seidigen Glanz, ganz vom Aussehen der Translationsstreifung, welche nach (100) verläuft. Es ist jedoch noch zweifelhaft, ob diese Streifung Translation längs 100‖010 anzeigt.

Synthese.

C. Doelter[6]) stellte zuerst den Miargyrit nicht aus Schmelzen her, indem er in einer Glasröhre ein Gemenge von Chlorsilber und antimonsaurem Kali, bei welchem Ag:Sb = 1 ist, im Schwefelwasserstoffstrom behandelte. Dabei ist zu beachten, daß im Anfange keine Erhitzung stattfinden darf, da sich sonst Sb_2S_3 sublimiert; später wurde die Glasröhre ganz schwach erwärmt. Über 300^0 darf die Temperatur nicht gesteigert werden, sonst bildet sich Pyrargyrit.

Die erhaltene Masse war bleigrau bis stahlgrau. Härte etwa 2. An der Oberfläche zeigen sich tafelartige Kristalle oder runde Täfelchen. Dichte 5,28 gegenüber 5,25 beim natürlichen Miargyrit. Der Silbergehalt beträgt 35,4%, der des natürlichen 36,4%.

[1]) Martinet, Min. Pérou 1878, 58.
[2]) A. Kenngott, Pogg. Ann. **98**, 165 (1856); Übersicht min. Forsch. 1857, 172.
[3]) J. J. Saslawsky, Z. Kryst. **59**, 209 (1924).
[4]) G. vom Rath, Z. Kryst. **8**, 38 (1884).
[5]) O. Mügge, N. JB. Min. etc. I, 100 (1898).
[6]) C. Doelter, Z. Kryst. **11**, 40 (1886); Chem. Mineral. 1890, 152.

Bei einem späteren Versuche wurde das Gemenge unter Zusatz von Natriumcarbonat in mit H_2S gesättigtem Wasser zwischen 80 bis 150° behandelt. Dabei bildete sich Miargyrit. Verschiebt man das Verhältnis Ag:Sb, so kann man auf diese Weise entweder Pyrargyrit oder Stephanit erhalten (siehe die Abbildungen der Kriställchen in Doelters chemischen Mineralogie).

H. Sommerlad[1]) erhitzte nach der Gleichung $3AgCl + 2Sb_2S_3 = 3AgSbS_2 + SbCl_3$ berechnete Gewichtsmengen von Chlorsilber und Antimontrisulfid. Die Einwirkung begann schon bei 110°, bei welcher Temperatur Chlorantimon überging. Nach Erwärmen des Retorteninhalts mit der freien Flamme des Brenners stellte die Schmelze eine stark glänzende, schwarze Masse von muscheligem Bruch dar, genau vom Aussehen des geschmolzenen natürlichen Miargyrits. Der Strich war schwarz und die spröde Masse lieferte beim Zerreiben ein glänzendes, schwarzes Pulver; die Dichte betrug 5,20; die Analysen ergaben:

	1.	2.	3.
Ag	36,82	37,07	36,79
Sb	41,11	40,74	40,73
S	21,44	21,71	21,62
	99,37	99,52	99,14

Die in Analyse 3 angegebene Zusammensetzung erhielt H. Sommerlad durch Zusammenschmelzen der Komponenten im Schwefelwasserstoffstrom. Der glänzend schwarze Miargyrit hatte die Dichte 5,190.

F. M. Jaeger und H. S. van Klooster[2]) erhielten aus binären Schmelzen von Ag_2S und Sb_2S_3 neben Pyrargyrit auch Miargyrit, dessen Dichte zu 5,36 gefunden wurde. Diagramm beim Pyrargyrit, S. 247.

Entstehung und Paragenesis.

Wie alle Sulfosalze ist Miargyrit auf wässerigem Wege entstanden. Nach C. Doelter[3]) haben Exhalationen von H_2S oder Gewässer, welche an Schwefelwasserstoff reich waren, durch Einwirkung auf Silber- und Antimonverbindungen die Umbildung bewirkt. Miargyrit findet sich ziemlich häufig auf Silbererzgängen, namentlich in der Oxydations- und Zementationszone. Er wurde bis 1824 für Pyrargyrit gehalten. Begleitmineralien sind außer anderen Silbersulfosalzen Bleiglanz und Zinkblende, sowie Quarz, Calcit und Baryt. Pseudomorphosen von tafeligem Pyrit, bzw. Markasit nach Miargyrit beschreibt C. Vrba[4]) vom Clementigang bei Přibram auf derbem Eisenspat mit gelblichweißem Baryt.

Polyargyrit.

Synonym: Polyargit.

Regulär; infolge Verzerrung scheinbar rhombisch.

---

[1]) H. Sommerlad, Z. anorg. Chem. **15**, 177 (1897); **18**, 422 (1898).
[2]) F. M. Jaeger u. H. S. van Klooster, ebenda **78**, 254 (1912).
[3]) C. Doelter, Z. Kryst. **11**, 40 (1886).
[4]) C. Vrba, Z. Kryst. **5**, 429 (1881).

Chemisch-physikalische Eigenschaften.

Analysen.

	1.	2. künstlich	3. theorisch
δ . .	6,974	6,50	—
Fe . . .	0,36	—	—
Zn . . .	0,30	—	—
Ag . .	77,42	78,50	78,19
Sb . . .	6,98	7,55	7,36
S . . .	14,78	13,80	14,45
	99,84	99,85	100,00

1. Vom Wenzelgange bei Wolfach im nördl. Schwarzwald; anal. Th. Petersen, Pogg. Ann. **137**, 386 (1869).

Formel. Aus der einzigen Analyse ergibt sich die Zusammensetzung $Ag_{24}Sb_2S_{15}$ oder $12 Ag_2S . Sb_2S_3$. Das Schwefelverhältnis ist 3 : 12.

Lötrohrverhalten und Löslichkeit wie beim Pyrargyrit.

Die metallisch glänzenden, eisenschwarzen bis schwarzgrauen Kristalle geben schwarzen Strich, sind geschmeidig und spaltbar nach (100).

Die Härte liegt zwischen 2 und 3.

Die Dichte ist 6,974. Die Kontraktionskonstante ist nach J. J. Sasawsky[1]) 0,80.

Synthese. Durch Zusammenschmelzen der Komponenten im Verhältnis $12 Ag_2S : Sb_2S_3$ bekam H. Sommerlad[2]) ein Produkt, das in seinen Eigenschaften dem natürlichen Polyargyrit gleicht. Es bildet eine feinkörnige geschmeidige Masse von dunkeleisengrauer Farbe und hat die Dichte 6,50. Den Polyargyrit aus 24 AgCl und $5 Sb_2S_3$ herzustellen, glückte H. Sommerlad nicht. Es entstand weniger Antimontrichlorid und die schwarze Schmelze erhielt noch Chorsilber. Nach Zusatz von Schwefelantimon entstand beim Erhitzen ein dunkelbleigraues Produkt, das ein rotes Pulver lieferte und die Dichte 5,730 hatte, was dem Pyrargyrit entspricht.

Paragenesis.

Das silberreiche Mineral wurde von F. Sandberger auf dem Wenzelgange bei Wolfach im Schwarzwald auf Perlspat mit Silberglanz und anderen Silbersulfosalzen gefunden. Er nimmt Entstehung aus Pyrargyrit an.

Arsenpolyargyrit.

Arsenpolyargyrit kommt als Mineral bisher in der Natur nicht vor. J. Berzelius erhielt durch Fällung einer ammoniakalischen Chorsilberlösung mit einer Lösung von As_2S_3 in Kalilauge die dem Polyargyrit entsprechende Arsenverbindung. H. Sommerlad[2]) stellte eine mattschwarze, feinkristallinische, geschmeidige Masse durch Zusammenschmelzen von $12 Ag_2S$ mit $1 As_2S_3$ her von der Dichte 6,279. Sie wird durch heiße Kalilauge und Schwefelalkalien

[1]) J. J. Saslawsky, Z. Kryst. **59**, 205 (1924).
[2]) H. Sommerlad, Z. anorg. Chem. **18**, 424 (1898).

leicht zersetzt und schmilzt leicht ohne Abgabe von Schwefelarsen. Die Analyse ergab:

Ag	80,53
As	4,49
S	15,50
	100,52

was auf die Formel $Ag_{24}As_2S_{15}$ führt.

Matildit.

Synonyma: Silberwismutglanz, Peruvit, Morocochit, Argentobismutit, Argentobismutin.

Analysen.

	1.	2.	3.	4.	5.	6.	7.	8.	9.
Cu	0,30	—	—	—	—	—	—	—	—
Ag	25,72	25,17	26,18	27,44	27,73	28,62	26,39	21,86	28,33
Pb	2,58	8,00	4,59	—	—	—	4,06	—	—
Bi	52,17	49,28	49,90	55,65	54,29	54,56	52,89	58,50	54,84
S	16,33	17,56	[19,33]	16,91	17,98	16,82	[16,66]	16,28	16,83
	97,10	100,01	100,00	100,00	100,00	100,00	100,00	100,00[1])	100,00

1. bis 6. M. von Peru; anal. C. F. Rammelsberg, Monatsber. Ak. Berl. 1876, 701.
7. M. von Colorado; anal. F. A. Genth, Am. Phil. Soc. 1885, 35.
8. M. von Japan; anal. F. Codera nach T. Wada, Min. Japan (1904).
9. Theoretisch: $AgBiS_2$.

	10.
δ	7,97
Cu	0,92
Ag	17,54
Fe	0,49
Pb	30,65
Sb	0,84
Bi	38,58
S	15,82
Unlöslich	0,26

10. Aus der O'Brien Mine in Canada; anal. E. W. Todd bei T. L. Walker, University of Toronto Studies Geological Ser es Nr. 12 S. 79—71 (1921). Es liegt aber hier kein reiner Matildit vor, sondern, wie die chalkographische Untersuchung beweist, ein Gemenge von 61,5 Matildit, 34,7 Bleiglanz, 3,8 Kupferkies, Silber und Fahlerz. Ref. Z. Kryst. **60**, 498 (1924).

Formel. Das Blei soll nach F. A. Genth (s. o.) nicht von Bleiglanz herrühren, sondern als Vertreter des Silbers aufzufassen sein. Die Zusammensetzung des Minerals würde ungefähr der Formel $AgBiS_2$ entsprechen; über die Trimorphie der Substanz vgl. Plenargyrit. Es wird vermutet, daß der Matildit vielleicht isomorph mit Emplektit ist.

---

[1]) Inklusive 2,52% Se und 0,84% Au. (Nach Abzug der Gangart wurde die Analyse auf 100% umgerechnet.

Chemisches Verhalten. Vor dem Lötrohre schmilzt die Probe leicht unter Entwicklung schwefeliger Dämpfe und gibt einen gelblichweißen Beschlag und ein Silberkorn. — Beim Erhitzen in Wasserstoff bildet sich Schwefel und Schwefelwasserstoff; schließlich schmilzt die Masse zu einer Silber-Wismutlegierung. — In Salpetersäure löst sich die Substanz unter Abscheidung von Schwefel und etwas Bleisulfat; fällt man das Silber mit Chlorammonium aus, so gibt das Filtrat einen starken Niederschlag.

Synthese. Nach dem Verfahren von R. Schneider[1]) wurde Kaliumwismutsulfid ($K_2S . Bi_2S_3$) mit einer ammoniakalischen Lösung von Silbernitrat digeriert und das erhaltene Produkt im Tiegel unter Luftabschluß zusammengeschmolzen; hierbei entstand eine kristallinische Masse, welche in ihrem spezifischen Gewicht (6,96) und auch in ihren sonstigen physikalischen Eigenschaften vollständig dem natürlichen Matildit glich.

Physikalische Eigenschaften. Die Farbe des metallglänzenden und durchsichtigen Minerals wird bei den Stücken aus Colorado als eisenschwarz, bei denen von Peru als Grau mit hellgrauem Strich angegeben. Spaltbarkeit ist nicht vorhanden; der Bruch ist uneben, die Härte gering; die Dichte beträgt 6,92. Die Kontraktionskonstante ist nach J. J. Saslawsky[2]) 0,86.

Paragenesis. Der Matildit kommt bei Morococha (Peru) in derben Massen vor mit Fahlerz, Bleiglanz, Zinkblende, Pyrit und Quarz; bei Lake City (Colorado U.S.A.) durchsetzt er in schwarzen Nädelchen körnigen Quarz; bei Kuriyama (Japan) tritt er in dichten Massen mit gold- und silberhaltigem Bleiglanz in einem Quarzgang auf.

Stephanit.

Synonyma: Melanglanz, Melanargyrit, Sprödglaserz, Sprödglanzerz, sprödes Silberglanzerz, Schwarzgiltigerz, Schwarzgülden Schwarzsilberglanz, Schwarzerz, Tigererz, Röschgewächs, Psaturose

Rhombisch, hemimorph. $a:b:c = 0,6291:1:0,6851$.

Die kurzsäuligen, oft tafeligen und flächenreichen Kristalle sind pseudo hexagonal.

Analysen und chemische Eigenschaften.

	1.	2.	3.	4.	5.
δ	6,275	6,15	6,28	—	—
Fe	—	0,14	—	—	—
Cu	0,64	—	—	—	—
Ag	68,54	68,38	68,64	65,10	70,07
Sb	14,68	15,79	15,76	18,80	15,70
S	16,42	16,51	16,49	15,40	14,14
	100,28	100,82	100,89	99,30	99,91

1. Von Schemnitz; anal. H. Rose, Pogg. Ann. **15**, 475 (1829).
2. Von Andreasberg i. H.; anal. B. Kerl, Bg.- u. hütt. Z. Nr. 2, 17 (1853).
3. Von Freiberg i. Sa.; anal. A. Frenzel, N. JB. Min. etc. 1873, 788.
4. und 5. Von Chañarcillo (Chile); anal. J. Domeyko, Min. 1879, 383.

[1]) R. Schneider, Journ. prakt. Chem. **41**, 412 (1890); Z. Kryst. **21**, 177 (1893).
[2]) J. J. Saslawsky, Z. Kryst. **59**, 204 (1924).

	6.	7.	8.	9.	10.	11.
δ . .	6,271	6,24	6,26	—	—	5,93
Fe . .	Spur	Spur	—	—	—	—
Cu . .	Spur	—	Spur	—	—	—
Ag . .	67,81	68,21	68,65	68,29	68,42	67,81
As . .	—	—	Spur	—	—	2,34
Sb . .	16,48	15,86	15,22	15,43	15,18	13,53
S . . .	15,61	15,95	16,02	16,23	16,44	16,21
	99,90	100,02	99,89	99,95	100,04	99,89

6. Von Přibram (Böhmen); anal. Kolář bei C. Vrba, Z. Kryst. **5**, 435 (1881).
7. Von Cornwall; anal. G. T. Prior, Min. soc. Lond. **9**, 12 (1890).
8. Von Copiapó (Chile); anal. Derselbe, ebendort.
9. und 10. Von Arizpe, Sonora (Mexico); anal. W. E. Ford, Z. Kryst. **45**, 321 (1909).
11. Von der Penn Canadian-Mine Cobalt; anal. E. W. Todd in T. L. Walker (Univ. Toronto Stud. Geol. Ser. 1921, Nr. 12, S. 69—72).

Das Analysenmaterial für 11 ist aber nicht rein gewesen, da ein Kern von metallischem Silber vorhanden war. Das Analysenmaterial hat folgende Zusammensetzung:

81,01 % Stephanit, 15,52 % Proustit, 3,10 % Discrasit.

Formel.

C. F. Rammelsberg[1]) berechnete die älteren Analysen von Br. Kerl und H. Rose, während er die ersten Analysen von M. H. Klaproth und Brandes überhaupt als unrichtig bezeichnete. In der Analyse von H. Rose ist das Verhältnis Ag:Cu:S = 10,13:0,16:5,77. Schlägt man das Kupfer zum Silber, so ergibt sich Ag:S = 10,31:5,77 oder 5,36:3. Dies entspricht ungefähr dem Verhältnis 5:3.

In der Analyse von Br. Kerl ist das Verhältnis Ag:S = 10,20:6,21 oder 4,93:3. Diese Analyse entspricht noch besser der Formel:

$$Ag_5SbS_4 \quad \text{oder} \quad 5\,Ag_2S \,.\, Sb_2S_3\,.$$

H. Rose hat seinerzeit die Formel $Ag_{12}Sb_9S_2$ gegeben. Die Formel von C. F. Rammelsberg wird auch von G. T. Prior, sowie von P. Groth[2]) angenommen. Letzterer macht auf die Ähnlichkeit in kristallographischer Hinsicht mit Geokronit aufmerksam.

Stephanit. Rhombisch-dipyramidal: $a:b:c = 0{,}6291:1:0{,}6851$.

Geokronit $Pb_5Sb_2S_8$. Rhombisch-dipyramidal: $a:b:c = 0{,}6147:1:0{,}6769$.

Da aber die Formeln bei den Mineralien einander nicht entsprechen, so können sie kaum isomorph sein, was auch P. Groth betont.

Die Konstitutionsformel des Stephanits ist nach G. Cesàro:[3])

```
Ag2—S—Ag2—S—Ag2—S—Ag2—S—Ag2
 |                          |
S—Sb=S                  S=Sb—S
```

E. S. Dana[4]) gibt folgende Analyse eines eisenschwarzen Veränderungsproduktes vom Aguilarit der San Carlos Mine, Guanajuato, Mexico:

---

[1]) C. F. Rammelsberg, Min.-Chem. II. Erg.-Heft 1895, 48; Min.-Chem. 1875, 116.
[2]) P. Groth u. K. Mieleitner, Tab. 1921, 28.
[3]) G. Cesàro, l. c., S. 55.
[4]) E. S. Dana, System 1893, 1025 Suppl.

Fe	0,82
Cu	6,44
Ag	67,08
As	1,29
Sb	10,82
S	13,62
	100,07

Dieser Analyse entspricht die Formel $5\,(Ag, Cu)_2S\,.\,(Sb, As)_2S_3$. Es läge ein kupferhaltiger Stephanit vor mit geringem Arsengehalt.

Nach A. de Gramont[1]) liefert Stephanit dasselbe Funkenspektrum wie Pyrargyrit, nur ausgedehnter im Violett.

Lötrohrverhalten und Löslichkeit wie beim Pyrargyrit.

Physikalische Eigenschaften.

Dichte. Dieselbe ist im Mittel aus den bei den Analysen angegebenen ziemlich übereinstimmenden Werten 6,26. Die Kontraktionskonstante ist nach J. J. Saslawsky[2]) 0,95—0,94.

Härte. Sie liegt zwischen 2 und 3.

Kohäsion. Spaltbar nach (010), unvollkommnn nach (021). Der Bruch ist halbmuschelig bis uneben.

Synthese.

C. Doelter[3]) stellte Stephanit dar, indem er eine Mischung von Chlorsilber und Sb_2O_3 im Verhältnis 10:1 in Wasser unter Zusatz von Natrium-

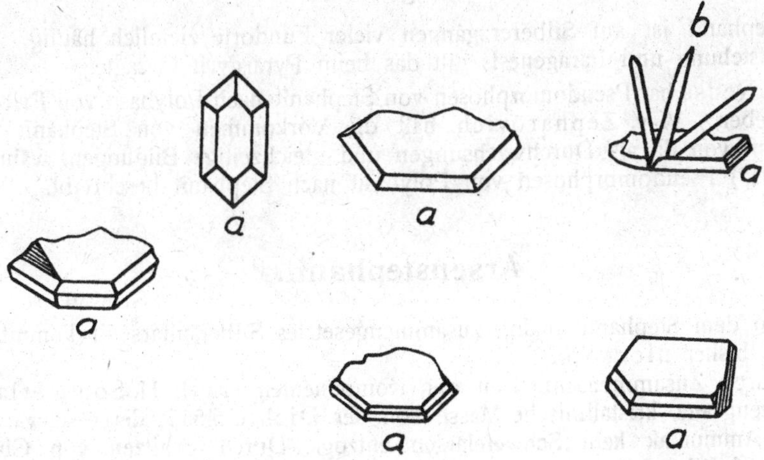

Fig. 26. *a*) Künstlicher Stephanit. *b*) Künstlicher Antimonit. (Nach C. Doelter.)

carbonat in Lösung brachte und Schwefelwasserstoffgas darauf einwirken ließ. Das Ganze wurde wie bei Pyrargyrit in eine zugeschmolzene Glasröhre durch

---

[1]) A. de Gramont, Bull. soc. min. **18**, 330 (1895). Ref. Z. Kryst. **27**, 626 (1897).

[2]) J. J. Saslawsky, Z. Kryst. **59**, 205 (1924).

[3]) C. Doelter, Chem. Mineral. 1890, 152.

mehrere Wochen zwischen 80 und 150° erhitzt, wobei jedoch nachts die Erhitzung ausgesetzt wurde. Dadurch konnten die größeren Kristalle auf Kosten der kleinen wachsen. Es entstanden neben den Stephanitkristallen, siehe Fig. 26, auch Antimonitkristalle, sowie solche von Pyrargyrit.

H. Sommerlad[1]) erhielt bei 200° aus $15AgCl + 4Sb_2S_3$, wobei Chlorantimon überdestillierte, ein schwarzes Pulver von der Dichte 6,1. Durch Zusammenschmelzen von Schwefelantimon und Schwefelsilber bekam er ein eisenschwarzes, stellenweise bunt angelaufenes Produkt von der Dichte 6,173. Die Analysen der beiden Produkte ergaben:

	1.	2.
Ag	68,66	68,81
Sb	14,95	15,25
S	15,70	16,50
	99,31	100,56

Die Zusammensetzung führt auf die Formel des Stephanits.

F. M. Jaeger und H. S. van Klooster[2]) halten die Versuche H. Sommerlads für verfehlt. Sie erhielten aus binären Schmelzen von Ag_2S und Sb_2S_3 nur Miargyrit und Pyrargyrit. Der Stephanit liegt in unmittelbarer Nähe eines eutektischen Gemisches.

L. G. Ravics[3]) erhielt beim Vermischen von Sb_2S_3 in Alkalisulfid mit Ag_2SO_4-Lösung bei Ag-Überschuß ein Produkt, das nach seiner Zusammensetzung zwischen Polybasit und Stephanit steht.

Paragenesis.

Stephanit ist auf Silbererzgängen vieler Fundorte ziemlich häufig. Für die Entstehung und Paragenesis gilt das beim Pyrargyrit Gesagte.

A. Reuss hat Pseudomorphosen von Stephanit nach Polybasit von Příbram beschrieben. V. v. Zepharovich hält die Vorkommen von Stephanit und Polybasit von da als Durchwachsungen und gleichzeitige Bildungen, während E. Döll[4]) Pseudomorphosen von Polybasit nach Stephanit beschreibt.

Arsenstephanit.

Ein dem Stephanit analog zusammengesetztes Silbersulfarsenit kommt als Mineral bisher nicht vor.

Durch Zusammenschmelzen der Komponenten erhielt H. Sommerlad[5]) eine eisengraue, kristallinische Masse von der Dichte 5,517, deren schwarzem Pulver Ammoniak kein Schwefelarsen entzog. Durch Erhitzen von Chlorsilber und Schwefelarsen erhielt derselbe ferner ein eisenschwarzes Produkt von stellenweise faserigem Gefüge und der Dichte 5,547. Die Analysen der beiden Produkte ergaben:

---

[1]) H. Sommerlad, Z. anorg. Chem. **18**, 423 (1898).
[2]) F. M. Jaeger u. H. S. van Klooster, Z. anorg. Chem. **78**, 254 (1898).
[3]) L. G. Ravics, Econ. Geol. **10**, 368 (1915).
[4]) E. Döll, Verh. geol. Reichsanst. Wien 1897, 222.
[5]) H. Sommerlad, Z. anorg. Chem. **18**, 428 (1898).

Ag	72,45	72,68
As	10,22	10,09
S	17,20	17,23
	99,87	100,00

Beide Analysen führen auf die Formel Ag_5AsS_4.

Bolivian.

Kristallsystem wahrscheinlich rhombisch.

Eine genaue Analyse liegt nicht vor. Qualitativ wurde von Th. Richter nur Sb_2S_3 und Ag_2S nachgewiesen. Aus der quantitativen Silberbestimmung (8,5 % Ag) schloß er auf die Formel $Ag_2S \cdot 6Sb_2S_3$.

Die Dichte ist 4,825; die Härte liegt zwischen 2 und 3.

Die nadelförmigen, bleigrauen Kristalle spalten deutlich nach der Brachydiagonale.

Vor dem Lötrohr verhält sich Bolivian wie Antimonit und gibt auf Kohle ein Silberkorn.

A. Breithaupt erwähnt als Fundort nur Bolivien. Mitvorkommende Mineralien wurden nicht beobachtet.

Plenargyrit.

Monoklin?

Analysen.

	1.	2.[1]	3.	4.
Fe	4,39	—	—	—
Ag	21,57	26,49	30,32	28,33
Bi	44,96	55,20	52,77	54,84
S	23,36	18,31	16,11	16,83
SiO_2	1,46	—	—	—
	98,74	100,00	99,20	100,00

1. u. 2. Pl. von Schapbach; anal. Zeitzschel bei F. Sandberger, Erzgänge 1882, 96.
3. Künstlich; anal. F. Rössler, Z. anorg. Chem. **9**, 48 (1895).
4. Theoretisch: $AgBiS_2$.

Formel. Der Analyse 2 entspricht annähernd die Formel $AgBiS_2$; sie ähnelt der des Miargyrits, mit welchem der Plenargyrit vielleicht isomorph ist. — Da der Matildit und die von F. Rössler (s. u.) auf künstlichem Wege dargestellten Oktaederchen dieselbe chemische Zusammensetzung wie der Plenargyrit haben, so liegt hier wohl ein Trimorphismus der Substanz $AgBiS_2$ vor.

Chemisches Verhalten. Vor dem Lötrohre schmilzt die Probe leicht zu einer schwarzen Kugel und liefert dann die gewöhnlichen Reaktionen auf S Bi und Ag. — In rauchender Salpetersäure löst sich die Substanz nach längerem Kochen vollständig; mit viel Wasser entsteht ein Niederschlag von basischem Wismutsalz, mit Salzsäure ein solcher von Chlorsilber.

---

[1]) Aus 1. abzüglich Pyrit und Quarz.

Synthese. F. Rössler[1]) ließ geschmolzenes Wismut auf Schwefelsilber einwirken und löste den erhaltenen Regulus in kalter Salzsäure; er erhielt dabei dunkle, stahlblau glänzende aneinander gereihte Oktaederchen; vielleicht handelt es sich hier um eine dritte Modifikation von $AgBiS_2$.

Farbe und Strich des metallglänzenden, undurchsichtigen, sehr spröden Minerals ist schwarz, der Bruch muschelig; die Härte beträgt 2—3, die Dichte 7,22.

Paragenesis. Als Seltenheit findet sich der Plenargyrit bei Schapbach (Schwarzwald), begleitet von Quarz, Pyrit und Kupferkies in Hohlräumen, die von ausgewittertem Bleiglanz herrühren.

Polybasit.

Synonym: Eugenglanz, Sprödglaserz, Schwarzgültigerz.
Rhombisch. $a:b:c = 1{,}7309:1:1{,}5796$ (S. L. Penfield).

Analysen und chemische Eigenschaften.

Ältere Analysen.

	1.	2.	3.	4.	5.
δ	6,214	—	6,009	6,03	—
Fe	0,06	0,29	0,34	0,14	—
Cu	9,93	4,11	3,36	3,36	8,13
Ag	64,29	69,99	72,01	68,55	64,18
As	3,74	1,17	3,41	—	—
Sb	5,09	8,39	5,46	11,53	11,55
S	17,04	16,35	15,87	15,55	16,14
	100,15	100,30	100,45	99,13	100,00

1. Von Guarisamez in Durango (Mexico); anal. H. Rose, Pogg. Ann. **15**, 575 (1829).
2. Von Freiberg i. S.; anal. H. Rose, Pogg. Ann. **28**, 158 (1833).
3. Von Cornwall; anal. Ch. Joy, Misc. chem. research. Göttingen 1853, 21.
4. Aus dem Johannesgang von Příbram auf Quarz mit Stephanit; anal. Tonner, N. JB. Min. etc. 1860, 716. — Nach A. Kenngott, Übers. min. Forsch. 1861, 119, wohl mit Stephanit gemengt.
5. Von Tres Puntas (Chile); anal. Taylor, Proceed. etc. N. S. Phil. (1859), Nov.

Neuere Analysen.

	6.	7.	8.	9.	10.
δ	—	—	6,009	6,33	—
Fe	0,70	1,10	0,07	—	—
Cu	9,00	6,00	9,57	5,13	6,07
Pb	—	—	—	—	0,76
Ag	64,30	62,10	62,70	68,39	67,95
As	4,10	—	0,78	0,50	3,88
Sb	4,20	9,50	10,18	10,64	5,15
S	16,10	15,30	16,70	15,43	16,37
Gangart . .	1,60	6,00	—	—	—
	100,00	100,00	100,00	100,09	100,18

[1]) F. Rössler, Z. anorg. Chem. **9**, 48 (1895).

6. und 7. Von Tres Puntas (Chile); anal. J. Domeyko, Min. 1879, 391.

8. Vom Terrible Lode in Clear Creek Co. (Colorado) mit silberhaltigem Bleiglanz und Eisenkies; anal. F. A. Genth, Am. Phil. Soc. **23**, 39 (1886). — Der Schwefel wurde aus der Differenz bestimmt.

9. Aus der Santa Lucia Mine, Guanajuato (Mexico), wohl mit Stephanit gemengt; anal. G. T. Prior, Min. Soc. Lond. **9**, 14 (1890).

10. Von Quespisiza in Chile mit Proustit, Pyrit und Quarz verwachsen; anal. G. Bodländer, N. JB. Min. etc. I, 99 (1895).

	11.	12.
Fe	0,41	0,09
Cu	9,70	5,21
Zn	0,34	—
Ag	64,49	68,90
As	1,78	1,07
Sb	8,08	8,85
S	15,10	15,33
	99,90	99,45

11. und 12. Von Las Chiapas, Sonora (Mexico); anal. H. Ungemach, Bull. soc. min. **33**, 375 (1910). Ref. Z. Kryst. **52**, 194 (1913).

C. F. Rammelsberg[1]) unterschied dreierlei Polybasite:

1. Antimon-Polybasit,
2. Arsenpolybasit,
3. Antimon-Arsenpolybasit.

Der Arsenpolybasit wurde dann von S. L. Penfield als Pearceït abgetrennt; aber er ist doch nur eine Varietät des Polybasits. Allerdings ist er kristallographisch verschieden, daher die Abtrennung unter einem anderen Namen. Vom chemischen Standpunkte ist diese weniger gerechtfertigt.

G. Bodländer untersuchte später den Polybasit und berechnete neuerdings die Analysen. Es möge hier wegen der Wichtigkeit des Gegenstandes seine Tabelle gegeben werden:

Nr.	Fundort	Autor	Ag	Cu	Fe+Zn	As	Sb	S	$R_2S:R_2S_3$
1	Přibram	Tonner	0,6352	0,0528	0,0025	—	0,0961	0,4850	7,22:1
2	Copiapo	Taylor	0,5947	0,1278	—	—	0,0962	0,5034	7,51:1
3	Cornwall	Joy	0,6672	0,0528	0,0060	0,0455	0,0531	0,4950	8,04:1
4	Durango	Rose	0,5957	0,1561	0,0010	0,0500	0,0424	0,5315	8,15:1
5	Freiberg	„	0,6485	0,0646	0,0051	0,0051	0,0699	0,5100	8,45:1
6	Schemnitz	„	0,6700	0,0477	0,0150	0,0831	0,0021	0,5249	8,79:1
7	Guanajuato	Prior	0,6337	0,0807	—	0,0067	0,0887	0,4813	7,49:1
8	Colorado	Pearce	0,5535	0,2029	0,0484	0,0839	0,0015	0,5530	10,00:1
9	„	Penfield	0,5237	6,2535	0,0430	0,0935	0,0025	0,5665	8,82:1
10	Quespisiza	Bodländer	0,6296	0,0954	0,0038	0,0517	0,0429	0,5159	7,74:1

G. Bodländer[2]) scheidet die Analyse 8 aus, da sie an derbem, verunreinigtem Material ausgeführt wurde. (Die Analyse 6 bezieht sich auf Pearceït.) Er berechnet das Verhältnis $R_2S:R_2S_3$ und vergleicht mit seinen berechneten

[1]) C. F. Rammelsberg, Mineralchem. 1875, 123.

[2]) G. Bodländer, N. JB. Min. etc. 1895, I, 99.

Zahlen unter der Annahme, daß isomorphe Mischungen von $7R_2S:Sb_2S_3$ und $9R_2S:As_2S_3$ vorliegen.

Analyse $R_2S:R_2S_3$	1	2	3	4	5	6	7	8	9	10
berechnet	7,00	7,00	8,00	8,06	7,36	8,95	7,14	8,97	8,95	8,09:1
gefunden	7,22	7,51	8,04	8,15	8,45	8,79	7,49	10,00	8,82	7,74:1

Die Zahlen weichen also etwas ab, so daß G. Bodländer sich genötigt sieht, noch Verbindungen von $9RS:Sb_2S_3$ und $7R_2S:As_2S_3$ als vorhanden anzunehmen.

S. L. Penfield berechnete seine Pearcëitanalyse (siehe unten S. 274) und berechnet aus den Analysen von H. Rose und S. H. Pearce:

$$S:As:(Ag + Cu + Fe) = 12:2:9,$$

welches er auch für den Polybasit annimmt. Daher hätte Polybasit die Formel:

$$Ag_9SbS_6,$$

während Pearcëit die analoge Arsenverbindung Ag_9AsS_6 wäre.

Später hat F. R. van Horn die Formeln neuerdings diskutiert, sowohl für Pearcëit als für Polybasit. Die Formel des Polybasits erscheint in der Tat die richtige, wie folgende Tabelle zeigt:

Fundort	Autor	S:Sb, As:(AgCuFe)
Guarisamez	H. Rose	11,524 : 2 : 8,176
Freiberg	"	11,938 : 2 : 8,470
Cornwall.	C. F. Rammelsberg	10,898 : 2 : 8,062
Tres Puntas	Taylor	10,482 : 2 : 7,526
Přibram	Tonner	10,110 : 2 : 7,202
Tres Puntas	J. Domeyko	11,224 : 2 : 8,498
" "	"	12,070 : 2 : 8,970
Colorado	F. A. Genth	10,960 : 2 : 7,726
Guanajuato	G. T. Prior	10,096 : 2 : 7,398
Quespisiza	G. Bodländer	10,800 : 2 : 7,676

Nach F. R. van Horn und H. P. Cook[1]) wäre die allgemeine Formel von Polybasit und Pearcëit:

$$Ag_{16}\overset{III}{R}_2S_{11}.$$

Nach ihnen wären die beiden Mineralien von veränderlicher Zusammensetzung, analog den Gliedern der Reihe Fe_2S_3—Cu_2S. Sie wären als Glieder zweier analoger Reihen As_2S_3—Ag_2S und Sb_2S_3—Ag_2S anzusehen.

Vgl. auch E. H. Kraus und J. P. Goldsberry, N. JB. Min. etc. 1914, II, 140.

Lötrohrverhalten. Polybasit schmilzt sehr leicht im geschlossenen Rohre und gibt nichts Flüchtiges. Im offenen Rohre dagegen entwickelt er schwefelige Säure und Antimonoxyd, wenn arsenhaltig auch kristallinische, arsenige Säure als Sublimat. Auf Kohle erhält man bald ein Metallkorn, sowie Antimon- und Arsenoxydbeschlag. Geruch nach Arsensuboxyd ist bei geringem Arsengehalt schon wahrnehmbar. Der weiße Antimonoxydbeschlag wird bei weiterem Blasen durch Silberoxyd gerötet. Schmilzt man zu dem

[1]) F. R. van Horn, Am. Journ. Sc. **32**, 40 (1911). Ref. Z. Kryst. **53**, 629 (1914).

in der Kälte schwarzen Metallkorn Phosphorsalz, so erhält man die grünblaue Kupferperle. Doch wird dieselbe durch Reduktion meist rot und scheidet metallisches Kupfer aus.

Im Funkenspektrum hat A. de Gramont[1]) außer den intensiven Linien des Silbers die des Kupfers im Grün und Blau lebhaft, die Linien von As und Sb ungefähr in gleicher Stärke, S besonders im Rot, die von Eisen nur schwach erhalten.

Eine heiße verdünnte Lösung von Alkalisulfid löst aus Polybasit Sb_2S_3 und hinterläßt ein schwarzes Pulver von Ag_2S und Cu_2S.

Physikalische Eigenschaften.

Farbe und Strich. Der metallisch glänzende, eisenschwarze Polybasit ist nur in dünnen Splittern kirschrot durchscheinend. Der Strich ist schwarz, ausgerieben nach J. L. C. Schröder van der Kolk[2]) gelblichbraun.

Dichte. Infolge der wechselnden Zusammensetzung ist keine Konstante hierfür aufzustellen. Die Dichte liegt zwischen 6 und 6,3. Die Kontraktionskonstante ist nach J. J. Saslawsky[3]) 0,94—0,91.

Härte. Sie liegt zwischen 2 und 3.

Kohäsion. Polybasit spaltet gut nach (001); der Bruch ist uneben.

Optisches Verhalten. Die Ebene der optischen Achsen nach H. A. Miers[4]) parallel (100); erste Mittellinie senkrecht zur Basis; $2E = 88^{\circ}15'$. Die Interferenzfigur ist im konvergenten Licht meist ganz verwirrt. Da die Kristalle im polarisierten Licht in keinerlei Stellung dunkel werden, nimmt H. A. Miers Zwillingsbildung an. $n_{Li} > 2,72$; starke Doppelbrechung, optisch negativ.

Synthese.

H. Sommerlad[5]) erhielt beim Versuch, den Polyargyrit aus 24 AgCl und $5\,Sb_2S_3$ herzustellen, weniger Antimontrichlorid und reichlich Chlorsilber in der Schmelze. Das fein gepulverte Schmelzprodukt wurde wiederholt mit Natriumthiosulfat extrahiert, bis kein Silber mehr vorhanden war. Das trockene Pulver schmolz er dann im Schwefelwasserstoffstrom und erhielt eine kristallinische Schmelze von der Dichte 6,352. Die Analyse ergab:

Ag	74,97	74,95
Sb	9,64	9,65
S	15,53	14,97
	100,14	99,57

Die Synthese entspricht nicht den natürlichen Vorkommen, die stets Kupfer enthalten.

Paragenesis.

Polybasit ist ziemlich verbreitet auf Silbererzgängen mit Stephanit, Rotgiltigerz, Fahlerz, Silberglanz, Silber, Bleiglanz, Blende, Kupferkies, Pyrit, Quarz,

1) A. de Gramont, Bull. soc. min. **18**, 323 (1895). Ref. Z. Kryst. **27**, 626 (1897).
2) J. L. C. Schröder van der Kolk, ZB. Min. etc. 1901, 71.
3) J. J. Saslawsky, Z. Kryst. **59**, 205 (1924).
4) H. A. Miers, Min. soc. Lond. **8**, 204 (1889).
5) H. Sommerlad, Z. anorg. Chem. **18**, 424 (1898).

Braunspat, Kalkspat, auch im Baryt. Er ist durch Einwirkung schwefelwasserstoffhaltiger Wässer auf Antimon-, Silber- und Kupfermineralien entstanden.

Polybasit ist in der Ausscheidungsfolge etwas jünger als Glaserz, Kupferkies und Miargyrit, älter als Stephanit und Rotgiltigerz. Eine regelmäßige Verwachsung mit Kupferkies und Stephanit beobachtete O. Mügge[1]) am Polybasit von Freiberg.

Pearcëit (Arsenpolybasit).

Synonym: Eugenit.

Monoklin. $a:b:c = 1,7309::1,6199$; $\beta = 89^0 51'$.

Analysen.

	1.	2.	3.	4.
δ	—	6,33	5,94	—
Fe	0,33	0,60	—	—
Cu	3,04	10,70	14,85	12,91
Zn	0,59	—	2,81	3,16
Ag	72,43	63,54	56,90	59,73
As	6,23	7,29	7,01	6,29
Sb	0,25	0,43	0,30	0,18
S	16,83	17,07	18,13	17,73
	99,70	99,63	100,00	100,00

1. Von Schemnitz in Ungarn, früher als Polybasit bezeichnet; anal. H. Rose, Pogg. Ann. **28**, 158 (1833).

2. Von Arqueros (Chile); anal. J. Domeyko, Min. 1879, 393.

3. und 4. Von der Molie Gibson Mine, Aspen in Colorado; hier das Haupterz bildend; anal. S. H. Pearce u. S. L. Penfield, Am. Journ. Sc. **44**, 17 (1892). Nach Abzug von Bleierz und Siderit als Verunreinigung.

	5.	6.
δ	—	6,067
Fe	1,05	—
Cu	18,11	15,65
Ag	55,17	59,22
As	7,39	7,56
S	17,71	17,46
Unlösl.	0,42	—
	99,85	99,89

5. Drumlummon Mine, Marysville in Montana; anal. F. C. Knight bei S. L. Penfield, Z. Kryst. **27**, 66 (1897).

6. Aus der Veta Rica Mine, Sierra Mojada, Mexico; anal. N. A. Dubois bei F. R. van Horn und C. W. Cook, Am. Journ. Sc. **31**, 518 (1911). Ref. Z. Kryst. **53**, 629 (1914).

Chemisch-physikalische Eigenschaften.

Formel. Es liegt ein reiner Arsenpolybasit vor, da der Antimongehalt nur in Spuren, in den beiden neueren Analysen überhaupt nicht nachgewiesen ist. Die abgeleitete Formel ist $(Ag_2, Cu_2)_8As_2S_{11} = 8(Ag, Cu)_2S \cdot As_2S_3$.

Lötrohrverhalten. Im allgemeinen dasselbe Verhalten wie Proustit und Polybasit. Kupfer ist bei Zusatz von verdünnter Salzsäure zum Pulver

[1]) O. Mügge, Z. Kryst. **41**, 631 (1905).

auf Kohle und beim Berühren mit der Flamme durch die arzurblaue und später grüne Flammenfärbung leicht zu erkennen.

Löslichkeit. Pearcëit wird von Salpetersäure leicht oxydiert und gelöst.

Pearcëit ist metallglänzend und auch in dünnen Splittern undurchsichtig, was S. L. Penfield[1]) auf den hohen Kupfergehalt, namentlich beim Pearcëit von Montana zurückführt.

Farbe und Strich sind schwarz.

Dichte. Dieselbe ist nach S. L. Penfield im Mittel 6,15. F. R. van Horn und C. W. Cook[2]) geben 6,067 an.

Härte. Sie ist nahezu 3.

Paragenesis.

Pearcëit ist bisher nur auf wenigen Silbererzgängen gefunden worden und zwar in Begleitung mit Bleiglanz, Blende, Silber, Silberglanz und anderen Sulfosalzen, ferner mit Kupferkies, Quarz, Calcit und Baryt. In Colorado tritt er in Streifen und eingesprengt im Schiefer und Kalkspat an den Rändern des Erzlagers auf.

Jalpait.

Von **M. Henglein** (Karlsruhe).

Kristallklasse: Pseudo-Hexakisoktaedrisch; nach G. Kalb und M. Bendig niedrigere Symmetrie.

Analysen:

	1.	2.	3.
δ	6,850	—	6,765
Fe	0,79	0,57	—
Cu	13,12	13,06	14,10
Ag	71,51	71,63	71,73
S	14,36	14,02	16,33
	99,78	99,28	102,16

1. Von Jalpa (Mexico); anal. von R. Richter bei A. Breithaupt, Bg.- u. hütt. Z. **17**, 85 (1858).

2. Von Tres Puntas (Chile) mit Argentit und Kupfermineralien; anal. P. Bertrand, Ann. mines **1**, 413 (1872).

3. Vom Schlangenberg (Smeinogorsk) im Altai; anal. G. Kalb u. M. Bendig, ZB. Min. etc. 1924, 517.

Formel des Jalpaits. — C. F. Rammelsberg berechnet aus den älteren Analysen (wenn Fe als FeS_2 angenommen und abgezogen wird) die Formel:

$$\frac{3\,Ag_2S}{Cu_2S},$$

ebenso G. Kalb und M. Bendig aus ihrer neueren Analyse.

Ob isomorphe Mischungen vorliegen, ist unsicher. Die theoretische Zusammensetzung, welche 14,21% Schwefel und 71,73% Silber und 14,06% Kupfer verlangt, weicht etwas von den Analysen ab.

Man hat gerade in der Zusammensetzung des Jalpaits und des Stromeyerits, welche man als Mischungen von Ag_2S und Cu_2S deutete, den Beweis für eine rhombische Kristallart des Silbersulfids Ag_2S gesehen (Akanthit), doch scheint, daß die Zusammensetzung dieser beiden Mineralien wahrscheinlicherweise eher

[1]) S. L. Penfield, Z. Kryst. **27**, 71 (1897).
[2]) F. R. van Horn u. C. W. Cook, Am. Journ. Sc. **31**, 518 (1911).

so zu deuten ist, daß ihnen kein wechselndes Verhältnis von Ag_2S und Cu_2S zugrunde liegt. Siehe auch S. 277 Anm. 2.

Chemische und physikalische Eigenschaften.

Jalpait ist in Salpetersäure löslich. Die Lösung gibt mit HCl einen Chlorsilberniederschlag und wird durch Ammoniakzusatz blau gefärbt.

Im geschlossenen Rohr schmelzbar ohne Sublimat gebend. Im offenen Rohr wird schweflige Säure abgegeben; auf Kohle leicht zur Kugel schmelzbar und mit Cyankalium zu kupferhaltigem Silber reduzierbar. Mit Probierblei abgetrieben, bleibt ein reines Silberkorn zurück. Kupfer ist durch die Perle oder durch Betropfen der Probe auf Kohle mit Salzsäure und Anblasen, wobei die azurblaue Flammenfärbung entsteht, nachweisbar.

Die Dichte gibt A. Breithaupt[1]) zu 6,877—6,890, G. Kalb u. M. Bendig zu $6{,}765 \pm 0{,}003$ an; die Härte ist geringer als 3. Jalpait spaltet nach dem Würfel; er ist ferner geschmeidig und hämmerbar wie Argentit. Der Bruch ist hakig.

Die Farbe ist schwärzlich bleigrau. Jalpait ist guter elektrischer Leiter. Nach J. J. Saslawsky[2]) ist die Kontraktionskonstante bei obiger Dichte 0,94. Jalpait zeigt deutliche Doppelbrechung.

Synthese.

J. Margottet[3]) hat eine reguläre Modifikation der Mischung $Cu_2S + 2Ag_2S$ hergestellt. Versuche, Mischungen der beiden Komponenten Cu_2S und Ag_2S in bestimmten Verhältnissen durch Zusammenschmelzen im Roseschen Tiegel in einem Hempelschen Ofen[4]) herzustellen, schlugen fehl. W. Mönch[5]) hat Kupferglanz und Silberglanz fein zerrieben in einer Achatschale vermischt und zu Zylindern von großer Festigkeit gepreßt. Es wurden folgende Mischungen erhalten:

$2Cu_2S . Ag_2S$,
$2Cu_2S . 2Ag_2S$,
$2Cu_2S . 3Ag_2S$,
$2Cu_2S . 6Ag_2S$.

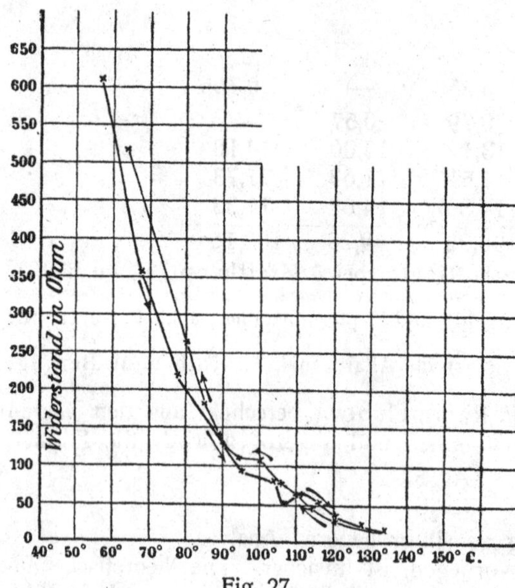

Fig. 27.

Aus den künstlich hergestellten Sulfiden wurde $2Cu_2S . Ag_2S$ erhalten. W. Mönch untersuchte die elektrische Leitfähigkeit der durch Pressen der Komponenten hergestellten Mischungen aus Kupfersulfür und Silbersulfid und fand, daß diese bei ge-

[1]) A. Breithaupt, Bg.- u. hütt. Z. **17**, 85 (1858).
[2]) J. J. Saslawsky, Z. Kryst. **59**, 202 (1924).
[3]) J. Margottet, C. R. **85**, 1142 (1877); Encycl. chim. de M. Frémy 1884, 33.
[4]) Derselbe, Z. f. anal. Chem. 1877, 454.
[5]) W. Mönch, N. JB. Min. etc., Beil.-Bd. **20**, 400 (1905).

wöhnlicher Temperatur einen um so höheren Widerstand annahmen, je mehr Silbersulfid sie enthalten. Ihr Verhalten bei Erwärmungen und Abkühlungen nähert sich dem des Schwefelsilbers. Eine Umwandlung trat sehr deutlich zwischen 121° und 122° ein (Fig. 27).

C. Doelter[1]) versuchte aus einem Gemenge von AgCl und Fe_2O_3 bei gelindem Erwärmen im H_2S-Strom den Sternbergit herzustellen, wobei er jedoch eine homogene Masse, bestehend aus Oktaedern, erhielt. Es dürfte ein dem Jalpait ähnliches Produkt vorliegen, bei dem CuS durch FeS ersetzt ist. Die Verbindung $AgFeS_3$ ist regulär in der Natur nicht bekannt.

Vorkommen. Jalpait ist bisher nur von den zwei oben genannten Fundorten bekannt geworden, wo er auf Silber-Kupfergängen vorkommt.

Stromeyerit.

Von **M. Henglein** (Karlsruhe).

Synonyma: Silberkupferglanz[2]), Stromeyerin, Cyprargyrit, Kupfersilberglanz.

Kristallsystem: Rhombisch. $a:b:c = 0{,}5822:1:0{,}9668$ nach G. Rose.[3])

Analysen.

1. Analysen mit mehr als 50°/₀ Cu:

	1.	2.	3.	4.	5.
Ag . . .	12,08	16,58	24,04	28,79	2,96
Cu . . .	63,98	60,58	53,94	53,38	75,51
Fe . . .	2,53	2,31	2,09	—	0,74
S . . .	21,41	20,53	19,93	17,83	20,79
	100,00	100,00	100,00	100,00	100,00

Formel: Ag_2S+9Cu_2S; Ag_2S+6Cu_2S; Ag_2S+4Cu_2S; Ag_2S+3Cu_2S; $Ag_2S+42Cu_2S$.

1.—3. Von Catemo in Aconcagua (Chile), feinkörnig bis dicht, innig gemengt mit toniger Gangmasse, zusammen mit Bleiglanz, Kupferschwärze, Malachit und Kieselkupfer; anal. J. Domeyko, Ann. mines. **3**, 9 (1843).

4. u. 5. Von San Pedro Nolasco in Santiago (Chile) mit Braunspat, Baryt, Blende und Bleiglanz; anal. Derselbe, ebenda.

	6.	7.	8.
Hg	1,30	—	—
Ag	14,05	7,42	26,31
Cu	64,02	72,73	42,49
Fe	0,48	0,33	6,22
S	19,44	19,41	19,40
	99,29	99,89	94,42

Formel: Ag_2S+8Cu_2S $Ag_2S+25Cu_2S$

6. u. 7. Von der Heintzelman Mine in Arizona; anal. Collier bei C. Hintze, Handb. Min. 1904, I, 542. — Noch bei J. D. Dana, Syst. Min. 1868 angeführt.

8. Von der Plutus Mine, Idaho Springs (Colorado); anal. R. Pearce, Proc. Col. Scient. Soc. **2**, Part 3, 188. Ref. Z. Kryst. **17**, 418 (1890). — Nach Angaben von R. Pearce Mischung von Stromeyerit und Bornit.

---

[1]) C. Doelter, Z. Kryst. **11**, 41 (1886).

[2]) G. Kalb u. M. Bendig (ZB. Min. etc. 1924, 519) schlagen vor kupferhaltigen Silberglanz und silberhaltigen Kupferglanz mit den Namen Kupfersilberglanz und Silberkupferglanz zu belegen.

[3]) G. Rose, Pogg. Ann. **28**, 428 (1833).

2. Analysen mit überwiegendem Ag-Gehalt:

	1.	2.	3.	4.	5.	6.
δ	6,260	—	—	6,170	—	—
Ag	52,27	52,71	69,59	52,60	50,10	55,60
Cu	30,48	30,95	11,12	31,61	31,00	28,62
Fe	0,33	0,24	2,86	—	—	—
S	15,78	15,92	16,35	14,38	15,80	14,18
Rückstand . .	—	—	—	1,07	—	—
	98,86	99,82	99,92	99,66	96,90	98,40

1. Vom Erzlager des Schlangenbergs im Baryt mit Kupferkies; anal. F. Stromeyer, Gött. Geol. Anz. 1816, 1250; Schweigg. Journ. **19**, 325 (1817). — Von F. Hausmann Silberkupferglanz, von Glockner Kupfersilberglanz benannt.

2. Von Friederike Juliane bei Kupferberg-Rudelstadt (Schlesien) mit Kupferkies, Silberglanz, Fahlerz in tafeligen Kristallen; anal. Sander, Pogg. Ann. **40**, 313 (1837).

3. Von Copiapo (Chile); anal. W. P. Taylor, Am. Journ. **29**, 380 (1860)

4. Von der Hoyada (Prov. Catamarca, Argentinien) mit Kupferkies und Bleiglanz in Ziegelerz oder als Kern von nierigen Kieselkupferknollen; anal. Siewert bei A. Stelzner, Tsch. min Mit. 1873, 251.

5. Von Santa Rosa (Chile) mit Silber; anal. J. Domeyko, Min. 1879, 372.

6. Von Copiapo; anal. Derselbe, ebenda.

	7.	8.	9.	10.	11.	12.
δ	6,230	6,28	6,277	—	6,260	—
Ag	50,18	53,964	52,27	51,75	52,26	52,10
Cu	33,69	25,575	31,60	32,39	32,23	32,14
Fe	—	0,264	0,17	0,21	—	—
S	15,81	15,512	15,74	15,70	15,45	15,26
Rückstand .	0,26	1,552	—	—	—	—
	99,94	99,867	99,78	100,05	99,94	99,50

7. Von Zacatecas (Mexico), Kristalle in Quarz; anal. G. A. Koenig, Proc. Acad. Nat. Sc. Philad. 1886, 281. Ref. in Z. Kryst. **12**, 621 (1887).

8. Von der Silber King-Mine bei Calico (San Bernardino Co., Californien), begleitet von Baryt, Malachit und braunem Manganoxyd; anal. W. H. Melville und W. Lindgren, Bull. U. St. Geol. Surv. Wash. **61**, 11 (1896). Ref. in Z. Kryst. **20**, 498 (1892). — Rückstand ist Baryt und wenig Quarz.

9. Von der Silber King-Mine am Toad Mt. im Distr. West Kootenay (Brit. Columbien); anal. Johnston bei G. Chr. Hoffmann, Ann. Rep. Geol. Surv. Can. **8**, Part R. (1897). Ref. in Z. Kryst. **31**, 290 (1899). Mittel aus zwei schon gut übereinstimmenden Analysen.

10. Von der Znaimgorskigrube im westlichen Altai; anal. P. P. Pilipenko, Min. d. westl. Altai, Nachr. d. Univ. Tomsk **62**, 763 (1915). Ref. in N. JB. Min. etc. 1923, II, 23.

11. u. 12. Von Guarisamey (Mexico); anal. G. Kalb u. M. Bendig, ZB. Min. etc. 1924, 518.

Der Vollständigkeit halber mögen auch diese Analysen, welche auch von technischem Interesse sind, folgen:

Fe	5,30	2,16	3,50
Cu	30,30	33,65	26,60
Ag	13,60	29,10	33,10
As	2,00	1,86	8,90
S	20,00	19,60	18,70
Gangart	26,40	14,50	7,91
	97,60	100,27	98,70

Von S. Lorenzo in S. José (Chile); anal. J. Domeyko, wie bei den obigen Analysen.

Von Bramador in Mexico analysierte C. F. de Landero folgendes Erz:

Cu . . .	24,00	21,19
Ag . . .	61,00	53,05
S	15,00	15,76
	100,00	100,00

Von Grube Santa Eduvigis im Distr. Bramador (Jalisco in Mexico); anal. Landero, Min. 1888, 416.

Die letzten Werte sind die für die Formel $Ag_2S . Cu_2S$ berechneten.

Chemische Eigenschaften.

Formel. Die Analysen wurden in zwei Gruppen getrennt. Die erste enthält Mineralien mit wechselndem Silbergehalt; die Analysen führen auf die jeweils angegebenen Formeln. Ob mechanische Gemenge vorliegen oder isomorphe Mischungen, ist nicht einwandfrei festzustellen. Es dürften wohl manchmal Erzanalysen und Gemenge von Silber-Kupfermineralien vorliegen. C. F. Rammelsberg[1]) vermutet Gemenge von Silberkupferglanz und Kupferglanz.

Die Analysen der zweiten Gruppe haben abgesehen von 3. und 8. einen konstanten Silbergehalt und führen auf die Formel $Ag_2S . Cu_2S$, entsprechend 53,05 % Ag, 31,20 % Cu, 15,75 % S. Hier liegt wohl bestimmt eine isomorphe Mischung der beiden Sulfide vor. Dann wäre die Formel auch $(Cu, Ag)_2S$ zu schreiben. Der einwandtfrei festgestellte rhombische Charakter des Stromeyerit und Kupferglanzes verlangt dann die rhombische Modifikation des Ag_2S. Die Analyse 3 der zweiten Gruppe weist einen besonders hohen Silbergehalt auf, was bei Annahme von isomorphen Mischungen nicht auffallend wäre. Immerhin bleibt aber das konstante Verhältnis $Cu_2S : Ag_2S = 1 : 1$ in den meisten und besseren, namentlich neueren Analysen auffallend. So führt E. S. Dana[2]) nur Analysen an, die auf dieses Verhältnis führen.

Auch nach G. Kalb und M. Bendig ist der Name Stromeyerit nur auf das Mineral mit der Zusammensetzung $Ag_2S . Cu_2S$ anzuwenden.

Der geringe Eisengehalt ist auf Verunreinigung, meist Kupferkies oder Pyrit, zurückzuführen. A. de Gramont[3]) beobachtete dieselben Linien wie im Kupferglanz und fand beim Stromeyerit von Chile eine wechselnde Intensität der Silberlinien in verschiedenen Proben desselben Materials.

G. Cesàro[4]) bespricht in seiner hier oft erwähnten Arbeit auch den Stromeyerit, von dem er erwähnt, daß die Analyse des sibirischen Minerals zu der Formel $Cu_2S . Ag_2S$ führt, während die des Stromeyerits von Zacatecas zu der Formel $8Cu_2S . 7Ag_2S$ führt. Er schließt aus der Zusammensetzung dieses Minerals auf das Vorkommen eines Schwefelsilbers, isomorph mit Chalkosin. Diese Hypothese ist auch notwendig, um die Polymorphie der Verbindung $3Ag_2S . Sb_2S_3$ zu erklären.

Lötrohrverhalten. Im geschlossenen Rohr schmilzt Stromeyerit sehr leicht, ebenfalls im offenen Rohr, woselbst er SO_2 abgibt. Auf Kohle schmilzt er

---

1) C. F. Rammelsberg, Min.-Chem. 1875, 68.
2) E. S. Dana, Syst. Min. 1893, 56.
3) A. de Gramont, Bull. soc. min. **18**, 245 (1895).
4) G. Cesàro, l. c., S. 54.

ebenfalls leicht zur Kugel, die im Oxydationsfeuer SO_2 entwickelt, dann halbgeschmeidig und metallglänzend wird. Auf Bruchflächen ist sie grau. Mit Glasflüssen Kupferreaktion, bisweilen auch auf Eisen. Wird die Kugel mit Blei abgetrieben, so bleibt ein Silberkorn zurück und die Knochenasche der Kapelle wird von Kupferoxyd grünlichschwarz gefärbt.

Stromeyerit ist in Salpetersäure löslich. Er gibt keine unmittelbare Lichtätzung mit HNO_3, sondern erst nach Behandeln mit wäßriger Jodlösung abgesetzte Striche nach einer Richtung.

Physikalische Eigenschaften.

Die Dichte ist 6,23—6,28, die Härte 2,5—3, weicher als Bleiglanz; die Kontraktionskonstante nach J. J. Saslawsky[1]) 0,98—0,97.

Eine Spaltbarkeit wurde nicht festgestellt. Der Bruch ist etwas muschelig.

Einfache Schiebungen erhielt O. Mügge.[2]) Ein 1 mm großer Kristall von Rudelstadt in Schlesien mit (110).(010).(001) ließ nach Pressung bis 10000 Atm. unter dem Mikroskop Lamellen auf (001) und (110) erkennen, die in ihren Spuren solchen nach (201) entsprechen; die parallel verlaufenden reflektieren meist bündelweis nach derselben Seite. Eine Messung des Reflexes war aber nicht möglich. Lamellen nach (131) wie beim Kupferglanz wurden nicht beobachtet.

Farbe und Strich sind dunkelstahlgrau, Anlauffarbe blau bis rötlich, im Anschliff blaugrau.

Nach E. Wartmann[3]) und F. Beijerinck[4]) ist Stromeyerit ein guter Leiter der Elektrizität.

W. Mönch[5]) stellte Mischungen von pulverisiertem Kupferglanz und Silberglanz in verschiedenen Verhältnissen her. Die Mischungen nehmen bei gewöhnlicher Temperatur einen um so höheren Widerstand an, je mehr Silbersulfid sie enthalten; ihr Verhalten bei Erwärmungen und Abkühlungen nähert sich dem des Schwefelsilbers.

Stromeyerit wird im Bogenlicht erst durch Einwirkung wäßriger Jodlösung dunkler, wobei ein AgJ-Überzug entsteht.

Paragenesis.

Stromeyerit ist in verschiedenen Ländern auf Kupfer- und Silbererzgängen vorgefunden worden. Die wichtigsten Begleitmineralien sind Kupferkies, Buntkupfererz, Silberglanz, Silber, Fahlerz, Bleiglanz, Zinkblende, Pyrit, Baryt und Kalkspat. Er ist wahrscheinlich durch Einwirkung von Silberlösungen auf Kupferkies oder Buntkupfererz entstanden. F. N. Guild[6]) stellte zwei Arten des Vorkommens fest. Einmal als gangförmige Verdrängung von Fahlerz und als letzte Verdrängung von Buntkupfererz, zusammen mit Kupferglanz, mit welchem dann Stromeyerit stets in inniger mechanischer Verwachsung auftritt. Er stellt ihn zu den jungen Silbermineralien, die meist descendent sind.

---

[1]) J. J. Saslawsky. Z. Kryst. **59**, 205 (1924).
[2]) O. Mügge, N. JB. Min. etc. 1920, 53.
[3]) E. Wartmann, Mém. Soc. d'hist. nat. Genève **12**, 1 (1853).
[4]) F. Beijerinck, N. JB. min. etc. Beil.-Bd. **11**, 460 (1897/98).
[5]) W. Mönch, N. JB. Min. etc. Beil.-Bd. **20**, 400 (1905).
[6]) N. F. Guild, Econ. Geol. **12**, 297 (1917). Ref. N. JB. Min. etc. 1921, 275.

Cocinerit.

Nur derb bekannt.

Analyse.

δ	6,140
Ag	27,54
Cu	60,58
S	9,65
Verunreinigung (Fe?)	1,55
	99,32

Von der Cocinera-Mine, Ramos, San Luis Potosi (Mexico); anal. J. Hough, Am. Journ. **48**, 206 (1909). Ref. Z. Kryst. **56**, 213 (1922).

Die Formel ist Cu_4AgS, die Dichte 6,14 und die Härte 2,5.

Das Mineral von merkwürdiger Zusammensetzung hat metallische, silbergraue Farbe und bleigrauen Strich.

Silberkies.

Von **C. Doelter** (Wien).

Synonym: Pyrite argentée.
Varietäten: Sternbergit, Friseit, Argentopyrit, Argyropyrit.
Kristallform: Rhombisch-bipyramidal.

C. Hintze[1]) stellt die Achsenverhältnisse der verschiedenen Silberkiesarten folgendermaßen zusammen:

		$a:b:c$
Sternbergit	$AgFe_2S_3$	0,5832 : 1 : 0,8391
Argyropyrit	$Ag_3Fe_7S_{11}$	0,5800 : 1 : 0,30
Frieseit	$Ag_2Fe_5S_8$	0,5970 : 1 : 0,7352
Argentopyrit	$AgFe_3S_5$	0,5812 : 1 : 0,2749

P. Groth[2]) gibt nur für Sternbergit das Achsenverhältnis wie oben und auch die Formel $AgFe_2S_3$ an.

A. Weisbach[3]) stellt für Silberkies folgende Formeln auf:

$$\text{Sternbergit} = Ag_3Fe_6S_9\,,$$
$$\text{Argyropyrit} = Ag_3Fe_7S_{11}\,,$$
$$\text{Argentopyrit} = Ag_3Fe_9S_{15}\,.$$

Eine alle drei Arten umfassende Formel ist:

$$Ag_3Fe_{6+n}S_{9+2n}\,.$$

Diese Formel vergleicht er mit der Feldspatformel

$$Na_nCa_{1-n}Al_{2-n}Si_{2+n}O_8\,.$$

Diese Ähnlichkeit mit Feldspaten hat neulich G. Cesàro[4]) aufgegriffen.

A. Streng[5]) verdanken wir wichtige Untersuchungen.

A. Streng hat die Atomverhältnisse der Analysen berechnet, wobei er auch den Friseit und den Argentopyrit mit einbezog.

---

[1]) C. Hintze, Min. I, 868.
[2]) P. Groth u. K. Mieleitner, Tab. 1921, 23.
[3]) A. Weisbach, N. JB. Min. etc. 1877, 908 u. 1878, 866.
[4]) G. Cesàro, vgl. S. 284.
[5]) A. Streng, N. JB. Min. etc. 1878, 785.

Analyse	Fundort	Analytiker	Ag + Cu : Fe : S
1	Sternbergit	C. F. Rammelsberg	2 : 3,92 : 5,50
2	Andreasberg	A. Streng	2 : 4,18 : 6,25
3	Marienberg	Zippe	2 : 4,34 : 6,34
4	Argyropyrit	Winkler	2 : 4,71 : 7,45
5	Friseit	K. Preis	2 : 4,38 : 8,68
6	Argentopyrit	S. v. Waltershausen	2 : 5,72 : 8,72

Daraus ergeben sich die Zahlen:

1 auf 1 Mol. Ag_2S: 3,92 Mol. Fe plus 4,56 Mol. S,
2 auf 1 Mol. Ag_2S: 4,18 Mol. Fe plus 5,25 Mol. S,
3 auf 1 Mol. Ag_2S: 4,34 Mol. Fe plus 5,34 Mol. S,
4 auf 1 Mol. Ag_2S: 4,71 Mol. Fe plus 6,45 Mol. S,
5 auf 1 Mol. Ag_3S: 4,38 Mol. Fe plus 7,68 Mol. S,
6 auf 1 Mol. Ag_2S: 5,72 Mol. Fe plus 7,72 Mol. S.

Die Berechnung A. Strengs ergaben:

1. Analyse von C. F. Rammelsberg $Ag_2S + 3{,}92$, $FeS_{1,16}$,
2. „ „ A. Streng $Ag_2S + 4{,}18$, $FeS_{1,25}$,
3. „ „ Zippe $Ag_2S + 4{,}34$, $FeS_{1,23}$,
4. „ „ Winkler $Ag_2S + 4{,}71$, $FeS_{1,37}$,
5. „ „ K. Preis $Ag_2S + 4{,}38$, $FeS_{1,75}$,
6. „ „ S. v. Waltershausen $Ag_2S + 5{,}72$, $FeS_{1,35}$.

Das Schwefeleisen entspricht in den Analysen

1 der Formel Fe_6S_7,
2 „ „ Fe_4S_5,
3 „ „ Fe_4S_5,
4 „ „ Fe_3S_4,
5 „ „ Fe_4S_7,
6 „ „ Fe_3S_4.

Daher wäre die allgemeine Formel:

$$Ag_2S \text{ mit } pFe_nS_m.$$

Die Analyse von A. Streng des Sternbergits gab folgende Resultate:

Fe	35,89
Cu	0,19
Ag	32,89
S	30,71
	99,74

Die Atomverhältnisse sind R : Fe : S = 1 : 2,088 : 3,12.
Daraus ergäbe sich die Formel:

$$AgFe_2S_3.$$

Um die Frage zu beantworten, ob die Silberkiese vielleicht eine isomorphe Mischung von Akanthit mit Magnetkies darstellen, faßt er den Magnetkies als rhombisch-pseudohexagonal auf und nimmt für Ag_2S die angeblich rhombische Form des Akanthits an. Auf Grund der Winkelverhältnisse und einer entsprechenden Aufstellung der Kristalle kommt er zu einer Isomorphie von Magnetkies, Silberkies und Akanthit und damit zu einer bejahenden Antwort auf obige Frage.

O. Lüdecke[1]) hält die Silberkiese für morphotrope Mischungen von Sternbergit und Markasit.

C. F. Rammelsberg[2]) berechnete für Silberkies, Argyropyrit und Friseit, die Atomverhältnisse. Er bekam folgende Zahlen:

Fundort	Analytiker	Ag : Fe : S	Fe : S (nach Abzug von Ag_2S)
Andreasberg	A. Streng	1 : 2,09 : 3,12	4 : 5
Freiberg	Cl. Winkler	1 : 2,36 : 3,72	3 : 4
Joachimstal	V. Janovsky	1 : 2,22 : 3,70	7 : 10
"	K. Preis	1 : 2,47 : 3,82	3 : 4
"	"	1 : 2,60 : 4,10	5 : 7

C. F. Rammelsberg hält die Formel:

$$\left\{\begin{matrix} 3\,Ag_2S \\ Fe_2S_3 \end{matrix}\right\} 2 + \left\{\begin{matrix} 3\,FeS \\ Fe_2S_3 \end{matrix}\right\}$$

für die richtige, da er bezweifelt, daß, die Verbindung $AgFe_2S_3$ mit Magnetkies isomorph sein dürfte.

Die Silberkiese können nach G. Cesàro betrachtet werden als Silbersulfoferite des Silbers und des Eisens, welche abgeleitet werden von den Säuren:

$$(n+2)\,Fe_2S_3\,.\,(2q-n-4)\,H_2S.$$

Ihre Basizität ist:

$$m = \frac{2q-n-4}{n+2}\,.$$

Für den Argentopyrit ist $m = \frac{1}{3}$ und es repräsentiert dies ein Polysalz:

$$AgFe_3S_5 = 3\,Fe_2S_3\,.\,Ag_2S\,.$$

Der Frieseit hat die Basizität $m = 1$ und repräsentiert ein Metasalz:

$$Ag_2Fe_5S_8 = 2\,Fe_2S_3\,.\,FeS\,.\,Ag_2S\,.$$

Der Argyropyrit hat die Basizität $m = 1{,}4$, er liegt zwischen einem Meta und einem Pyrosalz.

Argyropyrit kann abgeleitet werden von der Säure $H_7Fe_5S_{11}$

Der Sternbergit ist ein normales Orthosulfoferit $Ag_2S\,.\,2\,FeS\,.\,Fe_2S_3$.

G. Cesàro[3]) hat sich mit der Konstitutionsformel des Argentopyrits beschäftigt. Er betrachtet ihn als Polysulfosalz $Ag_2S\,.\,3\,Fe_2S_3$, welchem die folgende Konstitutionsformel zukommt:

```
S=Fe—S—Fe—S—Fe=S
        |
        S—Ag
```

Dagegen für Argyropyrit hat man eine Säure $H_7\overset{III}{Fe_5}S_{12}$ anzunehmen.

Sternbergit ist ein Sulfoorthoferrit $Fe_2S_3\,.\,2\,FeS\,.\,Ag_2S$. Er vergleicht die Silberkiese mit den Feldspaten. Die Glieder dieser Gruppe wären Argentopyrit und Sternbergit, dagegen wären Friseit und Argyropyrit intermediäre molekulare Mischungen. Bezeichnet man die Endglieder mit Ae und St, so bilden die Silberkiese eine Reihe:

$$Ae,\ Ae\,St,\ Ae\,.\,St_2,\ St.$$

---

[1]) O. Lüdecke, Min. Harz 1896, 117.

[2]) C. F. Rammelsberg, Min.-Chem. Erg.-Heft I, 224; II, 33 (1895).

[3]) G. Cesàro, Bull. soc. min. **38**, 42 und 56 (1915).

Man hat also ähnliche Verhältnisse wie bei den Plagioklasen (vgl. S. 281).

F. Zambonini[1]) diskutiert neuerdings die Analysen der Silberkiese und kommt für die einzelnen Analysen zu folgenden Formeln:

Fundort	Analytiker	Formel	Bezeichnung
Joachimstal	F. Zippe	$AgFe_2S_3 + 0{,}09$, FeS	Sternbergit
"	C. F. Rammelsberg	$AgFe_2S_3$	Sternbergit
"	V. Janowsky	$AgFe_2S_3 + 0{,}26$, FeS + 0,56 S	Sternbergit
"	"	$AgFe_2S_3 + 0{,}23$, FeS + 0,49 S	Sternbergit
"	K. Preis	$AgFe_2S_3 + 0{,}33$, FeS + 0,48 S	Friseit
"	"	$AgFe_2S_3 + 0{,}61$, FeS + 0,52 S	Friseit
"	W. Sartorius v. Waltershausen	$AgFe_2S_3 + 0{,}93$, FeS + 0,51 S	Argentopyrit
Freiberg	Cl. Winkler	$AgFe_2S_3 + 0{,}36$, FeS + 0,35 S	Argyropyrit
Andreasberg	A. Streng	$AgFe_2S_3 + 0{,}09$, FeS + 0,02 S	Silberkies

Es sind die Silberkiese als Mischkristalle des rhombischen Sulfosalzes $AgFe_2S_3$ und des ebenfalls rhombischen α-Magnetkieses angesehen, wobei dieser letztere kleinere oder größere Mengen von Schwefel in fester Lösung enthält. Die Dichte dürfte mit der Menge des vorhandenen FeS steigen (dies wäre jedoch, wenn man die Dichten von FeS und Ag_2S berücksichtigt, doch sonderbar).

Ferner hat G. Cesàro[2]) die Hypothesen bezüglich der Zusammensetzung des Silberkieses geprüft und schlägt folgende Formeln vor:

Silberkies	$AgFe_2S_3$,
Argyropyrit	$Ag_3Fe_7S_{11}$,
Argentopyrit	$(Ag_{10}Fe)(Fe_7S_{11})_4$,
Sternbergit	$Ag_4Fe_9S_{15}$ bis $Ag_8Fe_{16}S_{23}$,
Friseit	$Ag_6Fe_{15}S_{23}$ bis $Ag_8Fe_{21}S_{33}$.

Um den Überschuß von Schwefel gegenüber den Metallen zu erklären, nimmt er die Existenz einer Anzahl von Gruppen:

$$—S—S—S{=}(S_2)_n$$

an Stelle von S-Atomen an.

Chemisches Verhalten. Die Silberkiese entwickeln vor dem Lötrohre schwefelige Dämpfe und schmelzen zu einer magnetischen, von metallischem Silber überzogenen Kugel; letztere ergibt, mit Borax in der Reduktionsflamme erhitzt, ein Silberkorn und eine eisenhaltige Schlacke. — Salzsäure fällt aus der salpetersauren Lösung Chlorsilber; Königswasser ruft schon in der Kälte Abscheidung von Chlorsilber und Schwefel hervor.

Eigenschaften. Undurchsichtig, nur Friseit in dünnen Blättchen durchscheinend. Farbe bei den verschiedenen Varietäten verschieden (siehe dort). Die tafeligen Kristalle spalten vollkommen nach der Basis, die säuligen zeigen keine Spaltbarkeit, nur der Argyropyrit von Freiberg zeigt solche ebenfalls.

Nach J. Beijerinck guter Elektrizitätsleiter.

---

[1]) F. Zambonini, Riv. min. crist. Ital. **47**, 1 (1916). Ref. N. JB. Min. etc. 1923, II, 26.

[2]) G. Cesàro, Riv. min. crist. Ital. **49**, 3 (1917); N. JB. Min. etc. 1923, II, 27.

Die tafeligen (Sternbergit, Frieseit) und die säuligen (Argentopyrit, Argyropyrit) Typen zeigen voneinander abweichende Kohäsionseigenschaften:

Habitus	Spaltbarkeit	Härte	Tenazität
tafelig	(001)	1—2	milde, biegsam
säulig	keine[1])	3—4	spröde

Paragenesis. Die Silberkiese treten meist mit reichen Silbererzen auf. In den Fundortbeschreibungen sind die einzelnen Glieder der Gruppe nicht immer unterschieden worden.

Sternbergit.

Von **M. Henglein** (Karlsruhe).

Synonyma: Silberkies, Argyropyrrhotin.

Rhombisch. $a:b:c = 0{,}5832:1:0{,}8391$.

Analysen von Joachimstal.

	1.	2.	3.	4.	5.	6.
Fe	36,00	35,97	34,85	34,67	35,44	35,45
Ag	33,20	35,27	29,75	30,03	30,69	34,13
S	32,00	29,10	33,81	33,14	33,87	30,42
Gangart (SiO_2)	—	—	1,59	1,32	—	—
	99,20	100,34	100,00	99,16	100,00	100,00

1. Anal. F. Zippe, Monatsschr. Ges. vaterl. Mus. Böhm. 1828, 151; Pogg. Ann. **27**, 690 (1833); N. JB. Min. etc. 1833, 55.
2. Anal. C. F. Rammelsberg, Mineralchemie 1875, 66.
3. u. 4. Anal. V. Janovský bei C. Vrba, Z. Kryst. **3**, 187 (1879).
5. Aus Analyse 4 unter Abzug von SiO_2.
6. Theoretisch: $AgFe_2S_3$.

Formel. $AgFe_2S_3$; chemisches Verhalten vgl. Silberkiesgruppe.

Synthese. C. Doelter[2]) erhielt aus regulären Oktaedern bestehende Kristalle von der Zusammensetzung $AgFe_2S_3$, indem er ein Gemisch von AgCl und Fe_2O_3 im Schwefelwasserstoffstrom gelinde erwärmte. Die Substanz scheint also dimorph zu sein.

Die Farbe des undurchdringlichen, metallglänzenden, biegsamen Minerals ist tombakbraun; die Spaltbarkeit verläuft nach (001); die Tenazität ist als milde zu bezeichnen; die Härte beträgt 1—2, die Dichte 4,1—4,2. Die Leitfähigkeit für Elektrizität ist sehr gut.

Paragenesis. Der Sternbergit kommt in dünntafeliger Ausbildung bei Joachimstal (Böhmen) vor, in Form von Rosetten, Büscheln und glimmerig grobschuppigen Massen auf Proustit zusammen mit Stephanit, Silberglanz, Speiskobalt, Pyrit, Kalkspat. In Sachsen (Erzgebirge) tritt er in Gängen der Barytformation mit Proustit, Leberkies, auch Fluorit und Baryt auf. Bei Andreasberg (Harz) wird er von Pyrargyrit und Kalkspat, seltener Stephanit und Magnetkies begleitet.

---

[1]) Nur beim Argyropyrit von Freiberg wird eine solche erwähnt.

[2]) C. Doelter, Z. Kryst. **11**, 40 (1886).

Argyropyrit.

Rhombisch. $a:b:c = 0{,}58:1:0{,}30$.

Analysen (Ar. von Freiberg).

	1.	2.
δ	4,206	—
Fe	36,28	36,70
Ag	29,75	30,30
S	32,81	33,00
	98,84	100,00

1. Anal. Cl. Winkler bei A. Weisbach, N. JB. Min. etc. 1877, 908.
2. Theoretisch: $Ag_3Fe_7S_{11}$.

Formel. $Ag_3Fe_7S_{11}$ oder nach F. Zambonini[1]) $AgFe_2S_3 + 0{,}36\,FeS + 0{,}35\,S$; chemisches Verhalten vgl. Silberkiesgruppe.

Die Farbe des metallglänzenden, spröden Minerals ist bronzegelb; Spaltbarkeit soll vorhanden sein; Härte 3—4, Dichte 4,1—4,2.

Paragenesis. Argyropyrit mit säuligem, pseudohexagonalem Habitus kommt bei Freiberg mit Proustit und Braunspat, bei Johanngeorgenstadt (Erzgebirge) mit tafeligem Sternbergit vor.

Argentopyrit.

Rhombisch. $a:b:c = 0{,}5812:1:0{,}2749$.

Analysen.

	1.	2.
Fe	39,30	38,53
Ag	26,50	24,73
S	34,20	36,74
	100,00	100,00

1. Arg. von Joachimstal; anal. S. v. Waltershausen, Nachr. Ges. Wiss. Göttg. 9, 66 (1866).
2. Theoretisch: $AgFe_3S_5$.

Formel. $AgFe_3S_5$. Nach F. Zambonini[1]) $AgFe_2S_3 + 0{,}93\,FeS + 0{,}51\,S$; chemisches Verhalten vgl. Silberkiesgruppe.

Die Farbe des spröden Minerals ist dunkelzinnweiß, angelaufen gelb bis braun. Die Härte beträgt 3—4, die Dichte 5,5 und höher. Der Argentopyrit ist ein guter Elektrizitätsleiter.

Paragenesis. Die säuligen Kristalle kommen bei Freiberg u. Joachimstal vor. Sie wurden von G. Tschermak[2]) als aus Markasit, Pyrargyrit, vielleicht auch Silberglanz und Magnetkies bestehende Pseudomorphosen nach einem unbekannten Mineral aufgefaßt. Sie bilden Drusen in Hohlräumen eines grobzelligen Dolomits und werden von Markasit, Pyrargyrit, Arsen, Calcit und Bitterspat begleitet.

---

[1]) F. Zambonini, Riv. min crist. Ital. **47** (1916) (Sep.). Ref. N. JB. Min. etc. 1923, II, 26.

[2]) G. Tschermak, Sitzber. Wiener Ak. **54**, 342 (1866).

Friseit.

Rhombisch. $a:b:c = 0{,}5970:1:0{,}7352$.

Analysen (Fr. von Joachimstal).

	1.	2.	3.
Fe	37,40	37,30	37,23
Ag	29,10	27,60	28,69
S.	33,00	33,90	34,08
	99,50	98,80	100,00

1. u. 2. Anal. K. Preis bei C. Vrba, Z. Kryst. **2**, 156; **3**, 187 (1879).
3. Theoretisch: $Ag_2Fe_5S_8$.

Formel. $Ag_2Fe_5S_8$. Siehe auch unter Silberkiesgruppe die Formeln nach F. Zambonini und G. Cesàro; chemisches Verhalten vgl. Silberkiesgruppe.

Die Farbe des biegsamen, milden Minerals ist in dünnen Blättchen dunkelgrünlichgrau durchscheinend, sonst tombakbraun. Spaltbarkeit verläuft nach (001); Härte 1—2, Dichte 4,2.

Paragenesis. Der Frieseit kommt bei Joachimstal (Böhmen) in tafeliger Ausbildung vor, begleitet von Proustit, seltener Rittingerit und Dolomit, aufgewachsen auf dichtem, leicht verwitterndem Leberkies.

Samsonit.

Von **M. Henglein** (Karlsruhe).

Monoklin. $a:b:c = 1{,}2777:1:0{,}8192, \beta = 92^0\ 42'$.

Durch dieses Achsenverhältnis von F. Kolbeck und V. Goldschmidt[1]), sowie von F. Slavík[2]) wäre nach dem letzteren dem pseudorhombischen Charakter des Samsonit und seinen Beziehungen zur Xanthokongruppe Rechnung getragen.

Die bis $2^1/_2$ cm langen prismatischen Kristalle sind in der Prismenzone stark gestreift und etwa $2^1/_2$ mm dick.

Chemische und physikalische Eigenschaften.

Analyse.

	1.	2. Die wesentlichen Bestandteile auf 100 Teile gerechnet:
$MgCO_3$	0,46	
$CaCO_3$	0,41	—
Mn	5,86	5,94
Fe	0,22	—
Cu	0,18	—
Ag	45,95	46,61
Sb	26,33	26,71
S	20,55	20,74
	99,86	100,00

Es wurden außerdem durch Fraatz[3]), von dem nur bisher eine Analyse vorliegt, Spuren von Pb, S und SiO_2 gefunden. 0,5 g des Samsonits

[1]) F. Kolbeck und V. Goldschmidt, Z. Kryst. **50**, 455 (1912).
[2]) F. Slavík, Bull. int. Ac. Sciences de Bohême 1911.
[3]) Fraatz und Werner, ZB. Min. etc. 1910, 331.

von Andreasberg wurden bei 100° getrocknet und mit rein säurehaltiger Salpetersäure in der Wärme gelöst.

Formel. $Ag_4MnSb_2S_6$ oder auch $2Ag_2S.MnS.Sb_2S_3$.

Es liegt mithin ein neutrales Silbersulfantimonit vor, in dem ein Atom Silber durch Mangan ersetzt ist und das der Feuerblende näher steht als dem Miargyrit.

Lötrohrverhalten. Verhalten wie Pyrargyrit. Auf Kohle tritt neben dem Silberkorn eine schwarze Kruste auf, welche, mit der Boraxperle aufgenommen, im Oxydationsfeuer die charakteristische violettrote Manganoxydperle gibt.

Die schwarzen, metallglänzenden Kristalle mit muscheligem Bruch sind in dünnen Splittern rot durchscheinend. Der Strich ist dunkelrot.

Pleochroismus schwach.

F. Slavík gibt die Auslöschung *c* auf (110) zu 28 bis 30° im spitzen Winkel β an.

Härte. Dieselbe liegt zwischen 2 und 3.

Eine Dichtebestimmung liegt nicht vor.

Paragenesis und Entstehung.

Der Samsonit wurde von Berginspektor Werner[1]) auf dem Samsoner Gang bei St. Andreasberg (Harz) in etwa 550 m Tiefe in 2 Drusen gefunden und zuerst für Miargyrit gehalten. Die Vermutung, daß mancher Miargyrit in den Sammlungen Samsonit sei, hat sich noch nicht bestätigt.

Als Begleitmineralien treten außer zerhacktem Quarz, Manganspat und Kalkspat, Pyrargyrit, Bleiglanz, etwas Fahlerz, Kupferkies und Silberkies auf. In der reinen Druse fehlten Silberkies und Pyrargyrit, dagegen tritt Pyrolusit auf. Nach Fraatz und Werner ist der Samsonit durch aufsteigende Tiefenlösungen infolge Einwirkung von Schwefelwasserstoff auf Antimonsilber und Manganoxyd entstanden.

Dürrfeldtit.

Von **M. Henglein** (Karlsruhe).

Rhombisch?

Analyse von A. Raimondi (Min. d. Perou, trad. H. Martinet, Paris 1878, 125) nach Abzug von 31,31 % Quarz.

Cu	1,86
Ag	7,34
Mn	8,08
Fe	2,24
Pb	25,81
Sb	30,52
S	24,15
	100,00

wofür die Formel aufgestellt wird: $3RS.Sb_2S_3$.

P. Groth (Min. Tab. 1921) hält den Dürrfeldtit nicht für homogen.

---

[1]) Werner, ZB. Min. etc. 1910, 331.

Chemisch-physikalische Eigenschaften.

Der Dürrfeldtit schmilzt leicht vor dem Lötrohre auf Kohle, entwickelt reichlich Antimondämpfe und gibt einen gelben Bleibeschlag, sowie einen schwach magnetischen, silberreichen Rückstand. Die Boraxperle zeigt Manganfärbung. — Salpetersäure zersetzt die Substanz unter Abscheidung von Antimonoxyd und etwas Bleisulfat.

Das schwach metallglänzende Mineral besitzt hellgraue Farbe; die Härte beträgt $2^1/_2$, die Dichte 5,40.

Vorkommen. Auf der Grube Irismachay bei Auquimarca, Prov. Cajatambo (Peru) tritt der Dürrfeldtit in faserigen, zuweilen nadelförmigen Aggregaten im Quarz auf.

Fizelyit.

Von **M. Henglein** und **W. Irmer** (Karlsruhe).

Fizelyit ist nach einer unveröffentlichten Beobachtung von E. Themak u. J. Krenner[1]) ein monoklines Salz von der Zusammensetzung $Ag_2Pb_5Sb_8S_{18}$.

Freieslebenit.

Von **C. Doelter** (Wien).

Synonyma: Schilfglaserz, Basitomglanz, Donacargyrit.

Monoklin. $a:b:c = 0{,}58714:1:0{,}92768$. $\beta = 92^0 14'$.

	1.	2.	3.	4.[2])	5.	6.	7.
δ	6,194		5,7	6,035–6,051	—	—	—
Cu	1,22	—	—	0,13	—	—	—
Ag	22,18	23,76	22,45	23,31	Spur	21,40	23,76
Fe	0,11	—	—	—		1,00	
Zn	—	—	—	—	—	0,80	—
Pb	30,00	30,08	31,90	31,38	55,52	29,10	31,89
Sb	27,72	27,05	26,83	25,64	25,99	26,70	25,77
S	18,77	18,71	17,60	18,90	18,98	21,10	18,58
	100,00	99,60	98,78	99,36	100,49	100,10	100,00

1. u. 2. Fr. von Freiberg; anal. A. Wöhler, Gött. Gel. Anzeiger 1838, 1505; Pogg. Ann. **46**, 153 (1839).

3. Fr. von Hiendelaencina; anal. Escosura, Ann. mines **8**, 495 (1855); bei Garza, Rev. minera **6**, 361 (1855).

4. Fr. von Hiendelaencia; anal. Th. Morawski bei C. Vrba, Z. Kryst. **2**, 161 (1878).

5. Fr. von Augusta Mt.; anal. L. G. Eakins, Am. Journ. Sc. **36**, 452 (1888).

6. Fr. von Huanchaac; anal. J. Domeyko, Min. 1979, 398.

7. Theoretisch (C. Vrba, Z. Kryst. **2**, 162): $5(Ag_2, Pb)S \cdot 2Sb_2S_3$, wobei auf Grund von Analyse 4 das Verhältnis von Pb : Ag = 7 : 10 gesetzt wurde.

Formel. Schaltet man Analyse 5 aus, die wahrscheinlich einem Boulangerit angehört, und faßt man die gelegentlich auftretenden Spuren von Cu, Fe, Zn

---

[1]) P. Groth u. K. Mieleitner, Min. Tab. 1921, 25.

[2]) Analyse 3 des Diaphorits stimmt mit obiger Analyse auch bezüglich der Dichte fast vollständig überein.

als mechanische Beimengungen auf, so ergibt sich die dem Boulangerit analoge Zusammensetzung $(Pb, Ag_2)_5Sb_4S_{11}$ oder nach E. S. Dana[1]) $5RS.2Sb_2S_3$.

P. Groth nimmt chemische Identität dieses Minerals mit Diaphorit an und schreibt die Formel:

$$Sb_4S_{11}Ag_4Pb_3 .$$

C. F. Rammelsberg hatte die Formel

$$3\,\begin{matrix}3(2PbS.Sb_2S_3)\\2(2Ag_2S.Sb_2S_3)\end{matrix} + 2\,\begin{matrix}3(3PbS.Sb_2S_3)\\2(3Ag_2Sb.Sb_2S_3)\end{matrix}$$

aufgestellt.

L. J. Spencer hatte auf die Ähnlichkeit der drei Mineralien hingewiesen:

Andorit:	$a:b:c = 0{,}9846:1:0{,}6584$	5,35	$RS.Sb_2S_3$,
Diaphorit:	$a:b:c = 0{,}9839:1:0{,}7345$	5,9,	
Freieslebenit:	$a:b:c = 0{,}9786:1:0{,}9277$	6,3	$5RS.Sb_2S_3$.

Diaphorit und Freieslebenit haben dieselbe Zusammensetzung (siehe S. 292).

Die Dimorphie von Diaphorit und Freieslebenit erklärt G. Cesàro[2]) dadurch, daß eine dieser Verbindungen ein Orthosalz:

$$Pb_5(SbS_3)_3(SbS_2)$$

ist, während die andere:

$$Pb_3(Pb_2S)(Sb_2S_3)_2$$

ist. Ebenso erklärt er den Polymorphismus des Pyrargyrits und der Feuerblende (Pyrostilpnit), indem er annimmt, daß eine dieser Verbindungen der überbasischen Serie angehört:

$$SbS_2—(R_3S_2)—SbS_2 .$$

G. Cesàro[3]) gibt für Freieslebenit und Diaphorit folgende Konstitutionsformel, wobei er annimmt, daß diese zu den Salzen gehören, welche von Ortho- und Metasulfosäuren derivieren. Indem er Ag mit Pb vereinigt, stellt sich die Formel als $Pb_5(SbS)_3'''(SbS_2)'$ dar, oder:

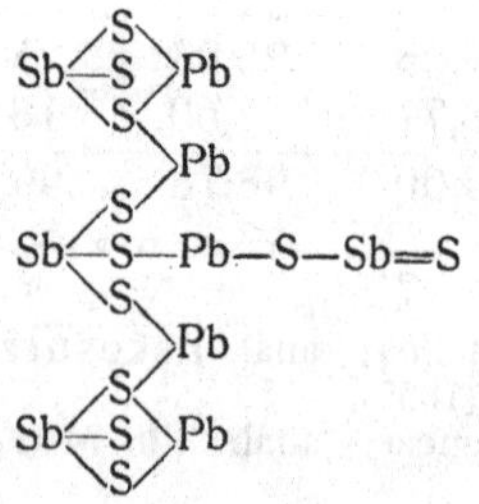

```
      S
    ⟋   ⟍
Sb ── S ──⟩Pb
    ⟍   ⟋
      S
       ⟍
         ⟩Pb
       ⟋
      S
    ⟋
Sb ── S ── Pb ── S ── Sb═S
    ⟍
      S
       ⟍
         ⟩Pb
       ⟋
      S
    ⟋   ⟍
Sb ── S ──⟩Pb
    ⟍   ⟋
      S
```

Chemisches Verhalten. Beim Erhitzen im offenen Röhrchen bilden sich schwefelige und antimonige Dämpfe; letztere verdichten sich zu weißem Sublimat. Auf Kohle schmilzt die Probe leicht, gibt Blei- und Antimonbeschläge und mit Soda ein Silberkorn. — In Salpetersäure löst sich die Substanz unter Bleisulfatabscheidung.

---

[1]) E. S. Dana, Min. 1892, 125.
[2]) G. Cesàro, l. c., S. 73.
[3]) G. Cesàro, Bull. soc. min. **38**, 43 (1915).

Physikalische Eigenschaften. Die metallglänzenden, undurchsichtigen Kristalle besitzen hellgraue Farbe und ebensolchen Strich; sie spalten unvollkommen nach (001), sind sehr spröde und zeigen muscheligen bis unebenen Bruch.

Die Härte beträgt ungefähr 2; die Dichte 5,7—6,3. Die Kontraktionskonstante ist nach J. J. Saslawsky[1]) 0,99—097.

Paragenesis. Der Freieslebenit tritt auf: Im Freiberger Revier mit Quarz, Weißgiltigerz, Pyrargyrit, Strontianit, Bleiglanz, Zinkblende und Manganspat, auch Melanglanz. In Guadalajara bei Hiendelaencina (Spanien) mit Quarz, Baryt, Eisenspat, Pyrit. Im Augusta Mountain (Colorado) mit Pyrit und Zinkblende in kieseliger Gangmasse (vielleicht handelt es sich hier eher um Boulangerit). In Peru mit Silber in Quarz oder mit Kalkspat. In den Huanchaco-Gruben (Bolivia) mit Brongniartit und Weißgiltigerz.

Diaphorit.

Rhombisch. $a:b:c = 0{,}49194:1:0{,}7345$.

Analysen. (D. von Příbram.)

	1.	2.	3.[2])	4.
δ	6,23	5,731	6,038–6,044	—
Cu	—	0,73	—	—
Ag	23,08	23,44	23,53	23,76
Fe	0,63	0,67	—	—
Pb	30,77	28,67	31,42	31,89
Sb	27,11	26,43	25,92	25,77
S	18,41	20,18	18,51	18,58
	100,00	100,12	99,38	100,00

1. Anal. Payr bei A. Reuss, Lotos 1859, 51; N. JB. Min. etc. 1860, 580.

2. Anal R. Helmhacker, Bg.- u. hütt. Z. **23**, 379 (1864); bei A. Kenngott, Übersicht min. Forsch. 1862—65, 294.

3. u. 4. Th. Morawski bei C. Vrba, Z. Kryst. **2**, 161/2. Analyse 4: theoretisch $= 5(Ag_2, Pb)S \cdot 2Bi_2S_3$, wobei auf Grund von Analyse 3 das Verhältnis Pb . Ag = 7 : 10 gesetzt wurde.

Formel. Cu entstammt wahrscheinlich einer geringen Beimengung von Bournonit, der in Gemeinschaft mit Diaphorit auf dem Adalbertgang bei Příbram ausbricht und ihm oft zum Verwechseln ähnlich sieht.

C. F. Rammelsberg[3]) berechnete die Analysen des Schilfglaserzes. Er fand das Verhältnis R:Sb, wobei er jedoch Pb, Ag, Cu, Fe zusammenzog, was bezüglich Fe gewiß willkürlich ist. Er erhielt für die Analyse von A. Wohler 1:1,28, für die Analyse Escosura dasselbe Verhältnis. Analyse Nr. 1 von Payr ergibt: R:Sb = 1:1,25, während jene von R. Helmhacker 1:1,23 ergibt.

---

[1]) J. J. Saslawsky, Z. Kryst. **59**. 203 (1924).

[2]) Vgl. damit die Analyse 4 des Freieslebenits, die mit obiger Analyse auch bezüglich der Dichte fast vollständig übereinstimmt.

[3]) C. F. Rammelsberg, Min.-Chem. Erg.-Heft II, 1895, 41.

Er berechnete zuerst die Formel:

$$R_{12}Sb_{10}S_{27} = 12\,RS \,.\, 5\,Sb_2S_3\,,$$

oder da Pb : Ag = 1 : 1,4 ist:

$$7\,PbS \,.\, 5\,Ag_2S \,.\, 5\,Sb_2S_3\,.$$

Später nahm er eine Verbindung der beiden Sulfosalze $R_2Sb_2S_5$ und $R_3Sb_2S_6$ an. Die etwas komplizierte Formel lautete:

$$3\left\{\begin{matrix} 3(2\,PbS \,.\, Sb_2S_3) \\ 2(2\,Ag_2S \,.\, Sb_2S_3) \end{matrix}\right\} + 2\left\{\begin{matrix} 3(3\,PbS \,.\, Sb_2S_3) \\ 2(3\,Ag_2S \,.\, Sb_2S_3) \end{matrix}\right\}.$$

Nach L. J. Spencer[1]) steht der Diaphorit zwischen Andorit und Freieslebenit.

Dann wurde die Identität der Zusammensetzung des Diaphorits mit dem Freieslebenit erkannt. C. Vrba stellte die Analysen nebeneinander und seine Berechnung der Atomverhältnisse ergab:

Diaphorit	Ag + Cu + Pb : Sb = 1 : 1,222 = 5 : 6,
Freieslebenit	Ag + Cu + Pb : Sb = 1 : 1,2 = 5 : 6.

Daraus ergab sich die auch heute noch vielfach übliche Formel:

$$(Ag_2Pb) \,.\, Sb_2S_3 \quad \text{oder} \quad 5(Ag_2Pb)S_2 \,.\, 2\,Sb_2S_3\,.$$

C. Vrba[2]) bemerkt jedoch, daß in der Analyse Th. Morawskis das Verhältnis Pb : Ag = 7 : 9981 = 7 : 10 ist, daher ließe sich die Formel auch schreiben:

$$5\left\{\begin{matrix} \frac{5}{12}\,Ag_2S \\ \frac{7}{12}\,PbS \end{matrix}\right\} + 2\,Sb_2S_3\,.$$

P. Groth[3]) schreibt: $Ag_4Pb_3Sb_4S_{11}$.

Auf Grund analoger chemischer Zusammensetzung und entsprechender kristallographischer Verhältnisse hält Hj. Sjögren[4]) den Diaphorit für isomorph mit Boulangerit. — Schließlich hat L. J. Spencer[5]) für die drei einander sehr ähnlichen Mineralien Andorit, Diaphorit und Freieslebenit folgende morphotropische Beziehungen aufgestellt:

		δ	Chem. Zusammenstzg.
Andorit	$\frac{2}{3}b:a:c = 0{,}9846:1:0{,}6584$	5,35	$RS \,.\, Sb_2S_3$
Diaphorit	$2a:b:c = 0{,}9839:1:0{,}7345$	5,9	—
Freieslebenit	$\frac{5}{3}a:b:c = 0{,}9786:1:0{,}9277$	6,3	$5\,RS \,.\, 2\,Sb_2S_3$.

Die Verhältnisse der Vertikalachsen sind 9 : 10 : 13. L. J. Spencer vermutet auf Grund vorliegender Daten, daß der Diaphorit chemisch zwischen Andorit und Freieslebenit stehen müsse; jedoch zeigen die Analysen, daß er dieselbe Zusammensetzung wie Freieslebenit hat.

Nach W. F. Foshag[6]) ist die Formel $4\,PbS \,.\, 3\,Ag_2S \,.\, Sb_2S_3$.

---

[1]) L. J. Spencer, Am. Journ. **6**, 316 (1898); Min. Mag. **14**, 308 (1907); Z. Kryst. **46**, 624 (1909).

[2]) C. Vrba, l. c., S. 162.

[3]) P. Groth u. K. Mieleitner, Tab. 1921, 26.

[4]) Hj. Sjögren, Geol. För. Förh. **19**, 153 (1897).

[5]) L. J. Spencer, Am. Journ. Sc. **6**, 316 (1898).

[6]) W. F. Foshag, J. Wash. Ac. Sci. **11**, 1 (1921). — E. V. Shannon, Am. Journ. Sci. [5] **1**, 423 (1921). Ref. N. JB. Min. etc. 1923, II, 29.

Chemisches Verhalten. Vgl. Freieslebenit.

Physikalische Eigenschaften. Das metallglänzende, undurchsichtige, stahlgraue Mineral, welches schon an der Kerzenflamme schmilzt, zeigt muscheligen Bruch und große Sprödigkeit. Spaltbarkeit scheint nicht vorhanden zu sein.

Die Härte beträgt 2—3, die Dichte steht mit 6,040 bis 6,23 dem Freieslebenit nahe. Die Kontraktionskonstante ist nach J. J. Saslawsky[1]) 1,02—1.

Paragenesis. Bei Přibram (Böhmen) in Drusenräumen mit Zinkblende, Bleiglanz, Quarz oder Eisenspat, gelegentlich auch mit haarförmigem Boulangerit. Bei Freiberg mit Quarz. Zu Sta. Maria de Catorze (Mexico) mit Miargyrit, Pyrit, Zinkblende, Dolomit und Quarz. Im Lake Chelan Distrikt (Washington U.S.A.) mit Bleiglanz, Stephanit, Pyrargyrit, Dolomit und Quarz. Bei Zancudo (Columbia U.S.A.) mit Zinkblende und Heteromorphit.

Andorit.

Synonyma: Sundtit, Webnerit.

Rhombisch. $a:b:c = 0{,}6771:1:0{,}4458.$

Analysen.

	1.[2])	2.	3.	4.	5.	6.	7.
δ	5,341	5,33	5,50	—	—	5,377	—
Cu	0,69	0,73	1,49	0,65	1,35	0,68	—
Ag	11,31	11,73	11,81	10,25	9,07	10,94	12,45
Fe	0,70	1,45	6,58	0,53	2,55	0,30	—
Pb	22,07	21,81	Spur	24,30	21,07	24,10	23,87
Sb	41,91	41,76	45,03	40,86	41,09	41,31	41,49
S	23,32	22,19	35,89	23,10	24,53	22,06	22,19
	100,04	96,67	100,80	99,69	99,66	99,39	100,00

1. Von Ungarn; anal. J. Loczka bei J. A. Krenner, Math. term. tud. Ertesitö 1893—93, 11, 119.
2. Von Ungarn; anal. G. T. Prior, Z. Kryst. **29**, 351 (1898).
3. Anal. G. Thesen bei W. C. Brögger, Forh. Vidensk. Selskab. Kristiania 1892, Nr. 18 (Sundtit).
4. u. 5. Von Bolivien; anal. P. J. Mann bei A. W. Stelzner, Z. Kryst. **24**, 126 (1895) (Webnerit).
6. Von Bolivien; anal. G. T. Prior, Z. Kryst. **29**, 356 (1898).
7. Theoretisch: $PbAgSb_3S_6$.

Eine ganz neue Analyse ist folgende:

	8.	9.
Zn	3,56	—
Ag	12,09	12,98
Pb	23,35	25,06
Fe	1,55	—
Sb	37,64	40,41
S	22,63	21,55
	100,82	100,00

Das Material war etwas verunreinigt durch Zinkblende.

[1]) J. J. Saslawsky, Z. Kryst. **59**, 203 (1924).
[2]) Inkl. 0,04 Unlösliches.

8. Von der Keyser Mine Morey Distrikt, Nye Cy (Nevada); anal. E. V. Shannon, Proc. U.S. Nat. Mus. **60**, (1922). Ref. Z. Kryst. **60**, 403 (1924).

9. Unter 9. stehen die auf 100 berechneten Zahlen nach Abzug von Fe, Zn, S als Sulfide (Zn, Fe)S.

Gegenüber der Andoritformel ist etwas zu viel Blei vorhanden, was wahrscheinlich auf Zersetzung beruht.

Umwandlung des Andorits von Nevada. — Die Kristalle sind zu einer körnigen Masse, die noch Spaltbarkeit zeigt, umgewandelt, zeigen eine purpurne oder blaue Anlauffarbe und gehen schließlich in ein Aggregat von haarförmigen Individuen über.

Der Gang der Umwandlung war durch folgende Analysen illustriert:

	10.	11.	12.
Zn . . .	nicht best.	nicht best.	1,56
Ag . . .	13,35	12,12	7,78
Pb . . .	25,54	27,86	45,14
Fe . . .	nicht best.	nicht best.	2,72
Sb . . .	36,38	38,06	23,22
S . . .	nicht best.	nicht best.	19,58

10. und 11. sind die Anfangsstadien der Zersetzung; 12. das Endstadium.

Letzteres läßt sich durch die Formel ausdrücken:

$$8\,(Pb, Fe, Zn)S \,.\, Ag_2S \,.\, 3\,Sb_2S_3\,,$$

oder wenn man (Fe, Zn)S abzieht:

$$6\,PbS \,.\, Ag_2S \,.\, 3\,Sb_2S_3\,.$$

Vielleicht handelt es sich bei diesem um ein neues Mineral der Diaphoritgruppe.

Formel.

G. T. Prior und L. J. Spencer haben die Formel durch Berechnung der Atomverhältnisse eruiert; sie zeigten, daß der Sundtit, welchen C. W. C. Brögger untersuchte (Anal. 3), sowie der Webnerit von A. Stelzner (Anal. 4 u. 5) mit dem Andorit identisch sind. Demnach haben diese beiden Namen zu entfallen. Die Analyse von G. T. Prior ergab:

$$Fe : Cu : Ag : Pb : Sb : S = 0{,}022 : 0{,}099 : 0{,}943 : 0{,}923 : 3{,}002 : 6{,}000\,.$$

Dies entspricht der Formel:

$$2\,PbS \,.\, Ag_2S \,.\, 3\,Sb_2S_3\,.$$

Da aber Pb und Ag sich nicht vertreten dürften, so liegt wohl ein Doppelsalz vor. Die Analyse von J. Loczka stimmt mit dieser gut überein.

Die Berechnung der Analyse von Oruro (Anal. 6) ergab das Atomverhältnis:

$$Fe : Cu : Ag : Pb : Sb : S = 0{,}043 : 0{,}086 : 0{,}879 : 1{,}013 : 2{,}990 : 6{,}000\,.$$

Bei der Analyse von G. Thesen ist wahrscheinlich das Mineral mit Pyrit gemengt gewesen. Die neue Analyse von G. T. Prior stellt die Identität des Sundtits mit dem Andorit fest.

Die Berechnung der Analyse von P. J. Mann an A. Stelzners Webnerit durch G. T. Prior ergibt das Atomverhältnis:

$$Cu : Ag : Pb : Sb : S = 0{,}088 : 0{,}812 : 1{,}004 : 2{,}896 : 6{,}000\,.$$

Wenn man dies mit der theoretischen Zusammensetzung des Andorits nach der Formel $2PbS . Ag_2S . 3Sb_2S_3$ vergleicht, so stimmen die Zahlen damit ziemlich überein. A. Stelzner hatte die Formel:

$$2\tfrac{1}{2}PbS . Ag_2S . 3\tfrac{1}{2}Sb_2S_3,$$

oder:

$$2\tfrac{1}{2}(PbS . Sb_2S_3) + (Ag_2S . Sb_2S_3)$$

aufgestellt, aber die Analysenzahlen stimmen ebenso mit der ersten, als mit der zweiten überein.

Daß der schwankende Eisengehalt der Analysen sich von beigemengtem Pyrit herleiten läßt, ist sehr wahrscheinlich.

Sonst ist der Gehalt an Pb, Sb, Ag, Sb und S ziemlich in allen Analysen konstant. Das Cu hat G. T. Prior als Ag berechnet.

P. Groth und K. Mieleitner[1]) stellten den Andorit zum Hutchinsonit (siehe diesen unter Th-Sulfosalzen) und zum Zinckenit, und sie schreiben die Formel:

$$AgPb(SbS_2)_3 .$$

Zu diesem stellen sie auch den Alaskait, welcher statt Antimon Wismut enthält (vgl. S. 297).

E. H. Kraus und J. P. Goldsberry[2]) schreiben die Formel ebenso:

$$(Pb, Ag_2)Sb_2S_4 .$$

Sie nehmen jedoch im Gegensatz zu G. T. Prior und L. J. Spencer eine isomorphe Vertretung von Ag und Pb an, was unwahrscheinlich ist.

E. T. Wherry und W. F. Foshag rechnen den Andorit zur Chalkostibitgruppe, Formel: $Ag_2S . PbS . Sb_2S_3$.

Chemisches Verhalten. Der Andorit dekrepitiert im Kölbchen und schmilzt unter Entwicklung weißen Antimonrauchs zu schwarzer Schlacke; auf Kohle gibt er ein Silberkorn. — Durch Salpetersäure wird die Substanz unter Abscheidung von Schwefel und Antimonoxyd zersetzt.

Physikalische Eigenschaften. Das Mineral besitzt ausgezeichneten Metallglanz, dunkelstahlgraue bis schwarze Farbe und schwarzen, glänzenden Strich. Spaltbarkeit nach (010) wird nur von J. A. Krenner (s. o.) erwähnt. Die Kristalle zeigen ferner muscheligen Bruch, große Sprödigkeit, die Härte $2\tfrac{1}{2}$—3 und eine Dichte von 5,33—5,38.

Paragenesis. Als Fundstellen des Andorits werden angegeben: Felsöbanya (Ungarn), wo er von Antimonit, Quarz, Zinkblende, Baryt, Manganosiderit begleitet wird oder im sog. Federerz (nadeligem, verfilztem Jamesonit) eingebettet vorkommt; ferner San Felipe de Oruro (Bolivia), wo er mit Fahlerz, Pyrit, auch Jamesonit, Zinckenit, Quarz, Kaolin, Zinnerz und Alunit vergesellschaftet ist. In Nevada kommt er mit Manganspat, Zinkblende, Pyrargyrit und Stephanit vor.

Schapbachit.

Von **M. Henglein** (Karlsruhe).

Synonym: Wismutbleierz.

Wahrscheinlich rhombisch.

[1]) P. Groth u. K. Mieleitner, Tab. 1921, 24.

[2]) E. H. Kraus u. J. P. Goldsberry, N. JB. Min. etc. 1914, II, 139.

Analysen.

	1.	2.	3.	4.	5.
Cu	0,90	—	—	—	—
Ag	15,00	6,04	20,36	21,08	21,57
Fe	4,30	0,10	0,87	—	—
Pb	33,00	67,61	20,11	20,82	20,67
Bi	27,00	12,26	40,59	42,02	41,75
S.	16,30	14,50	16,53	16,08	16,01
	96,50	100,51	98,46	100,00[1])	100,00

1. Von Schapbach, Kinzigtal, nördl. Schwarzwald; anal. M. H. Klaproth, Beiträge **2**, 297 (1797).

2. Anal. Muth bei F. Sandberger, Geol. Beschr. d. Renchbäder 1863, 43.

3. u. 4. Ebendaher; anal. A. Hilger bei F. Sandberger, Unters. über Erzgänge 1882, 91.

5. Ebendaher. Theoretisch: $PbAg_2Bi_2S_5$.

Formel. Nach Abzug der geringen Menge Eisen, welche wohl dem Pyrit zuzurechnen ist, kommt man auf Grund der neueren Analyse 3 bzw. 4 zu der Zusammensetzung: $PbAg_2Bi_2S_5$. Auch Analyse 2 läßt sich auf die Formel zurückführen, wenn man den hohen Bleigehalt als beigemengten Bleiglanz auffaßt.

Vor dem Lötrohre schmilzt der Schapbachit sehr leicht zu einer grauen Kugel, gibt Blei- und Wismutbeschläge und hinterläßt schließlich ein Silberkorn. — In Salpetersäure löst er sich unter Abscheidung von Bleisulfat.

Die Farbe des metallglänzenden, undurchsichtigen Minerals ist lichtbleigrau, der Strich schwarz; es zeigt mildes Verhalten, eine Härte zwischen 3—4 und eine deutliche Spaltbarkeit nach (001). Die Dichte beträgt 6,43. Die Kontraktionskonstante ist nach J. J. Saslawsky[2]) 0,96.

Paragenesis. Der Schapbachit tritt bei Schapbach (Baden) auf, innig gemengt mit Bleiglanz, Wismut oder Wismutglanz, Quarz, Pyrit und Kupferkies, seltener allein in kleinen Täfelchen in Drusen des dichten grauen Quarzes.

Schirmerit.[3])

Analysen.

	1.	2.
Ag	22,82	24,75
Fe	0,03	0,07
Zn	0,08	0,13
Pb	12,69	12,76
Bi	46,91	[47,27][4])
S	14,41	15,02
	98,94	100,00

1. u. 2. Schirmerit von der Treasury Grube (Colorado); anal. F. A. Genth, Am. Phil. Soc. **14**, 230 (1874).

---

[1]) Aus Anal. 3 nach Abzug von F_2S_2.

[2]) J. J. Saslawsky, Z. Kryst. **59**, 205 (1914).

[3]) Endlich [Engin. and Mining Journ. (1874), 29. August] hat mit Schirmerit ein Mineral von der Red Cloud Mine bezeichnet, daß die Zusammensetzung (AuFe)Te + AgTe haben soll. Nach F. A. Genth handelt es sich nur um ein Gemenge von Petzit mit Pyrit oder vielleicht um ein Eisentellurid.

[4]) Errechnet.

Das Atomverhältnis ist nahezu Pb : Ag : Bi : S = 1 : 4 : 4 : 9, woraus sich die Formel ergibt: $PbAg_4Bi_4S_9$. E. H. Kraus und J. P. Goldsberry[1]) schreiben die Formel $(Ag, Pb)_3Bi_4S_9$.

Vor dem Lötrohre schmilzt die Probe sehr leicht, entwickelt schwefelige Dämpfe und reagiert auf Wismut, Blei und Silber. — Nach A. de Gramont[2]) erhält man ein Funkenspektrum mit Ag-, Pb-, Bi- und S-Linien.

Die Farbe des metallglänzenden, undurchsichtigen Minerals ist bleigrau ins Eisenschwarze. Deutliche Spaltbarkeit läßt sich nicht erkennen; der Bruch ist uneben; die Tenazität kann als milde bezeichnet werden; die Dichte beträgt 6,737. Die Kontraktionskonstante ist nach J. J. Saslawsky[3]) 0,90.

Als Fundstelle des Schirmerits wird die Treasury Grube im Geneva-Distrikt, Park County (Colorado) angeführt, wo er als feinkörnige Masse in Quarz eingesprengt auftritt.

Alaskait.

Von **M. Henglein** und **W. Irmer** (Karlsruhe).

Analysen.

	1.	2.	3.	4.	5.
δ	—	—	—	—	6,782
Cu	3,64	5,38	3,46	4,07	5,11
Ag	7,10	3,00	8,74	3,26	7,80
Fe	0,70	1,43	—	—	0,84
Zn	0,64	0,20	0,79	0,22	0,34
Pb	9,70	17,51	11,79	19,02	12,02
Sb	0,51	—	0,62	—	Spur
Bi	46,87	51,35	56,97	55,81	53,39
S	15,85	17,85	17,63	17,62	17,98
Unlösl. (Baryt)	15,00	2,83	—	—	1,80
	100,01	99,55	100,00	100,00	99,28

1. bis 4. Von Alaska Mine (Colorado); anal. G. A. König, Am. Phil. Soc. 1881, 472.
5. Derselbe, ebenda **22**, 211 (1885). Der Bleigehalt ist das Mittel aus 11,88 u. 12,16,

Die Analyse 5 wurde von G. A. König genau berechnet; er fand das Verhältnis:

$$R : Bi : S = 1 : 1{,}93 : 4{,}05,$$

wobei jedoch die Annahme gemacht wird, daß Kupferkies beigemengt sei. Berechnet man die Zahlen Fe = 0,84, Cu = 0,95 und S = 0,94 und zieht die Summe ab, so erhält man das obige Atomverhältnis. Daraus ergibt sich dann die Formel:

$$RS . Bi_2S_3, \quad \text{worin} \quad R = Pb, Cu_2, Ag_2, Zn \quad \text{ist.}$$

Allerdings ist heute die Ansicht, daß etwa Pb, Cu, Zn einander vertreten können, doch fraglich. Vgl. auch die Ansicht von W. F. Foshag[4]) über die Vertretung von Pb durch Cu, Zn. E. T. Wherry hält den Alaskait nicht für homogen. Antimon kann als Vertreter des Wismuts aufgefaßt werden,

[1]) E. H. Kraus u. J. P. Goldsberry, N. JB. Min. etc. 1914, II, 141.
[2]) A. de Gramont, Bull. soc. min. **18**, 171 (1895).
[3]) J. J. Saslawsky, Z. Kryst. **59**, 205 (1924).
[4]) W. F. Foshag, Journ. Wash. Ac. Sci. **11**, 1 (1921).

vielleicht ist Zink durch Verunreinigung zu erklären. E. T. Wherry und W. F. Foshag halten den Alaskait überhaupt nicht für homogen. Von P. Groth und K. Mieleitner wird die Formel geschrieben:

$$Pb(Ag, Cu)(BiS_2)_3 .$$

Die Formel $(Pb, Ag_2, Cu_2)Bi_2S_4$ entspricht der allgemeinen Formel von E. H. Kraus und J. P. Goldsberry:

$$\overset{I}{M}_x \overset{III}{R}_2 S_y, \quad \text{worin} \quad \frac{x}{2} + 3 = y \quad \text{ist.}$$

Chemische Eigenschaften.

Im Kölbchen dekrepitiert die Substanz und schmilzt schließlich ohne Sublimatbildung. Im offenen Röhrchen entwickelt sich schwefelige Säure sowie Spuren eines weißen Sublimats (Antimon). — Kalte, konzentrierte Salzsäure zersetzt den Alaskait nur schwach, heiße vollständig; im Rückstand bemerkt man neben abgeschiedenem Chlorsilber nur Kupferkies und Baryt.

Vor dem Lötrohr auf Kohle erhält man in der äußeren Flamme einen tiefgelben Beschlag mit weißem Band, wobei der Flammensaum sich durch Blei schwach blau färbt. Bei langem Blasen erhält man zwischen dem gelben Beschlag und dem weißen Rand eine carmoisinrote bis pfirsichfarbene Zone, welche durch das Silber verursacht ist. Der Rückstand liefert in der Kapelle ein Silberkorn; mit Borax liefert er die Reaktion auf Kupfer und Eisen. Jodkalium gibt einen intensiven Wismutbeschlag.

A. de Gramont[1]) untersuchte das Funkenspektrum. Alaskait leitet ziemlich gut, gibt namentlich die blaue Zinklinie, außer natürlich den Blei-, Kupfer- und Wismutlinien. Hier und da treten im Blau und Violett Eisenlinien auf. Dagegen fehlt Selen gänzlich.[2]) A. de Gramont kommt zu dem Resultat, daß Zink und Kupfer nicht Bestandteile des Minerals selbst sind, sondern von Beimengungen.

Physikalische Eigenschaften. Das stark metallisch glänzende, undurchsichtige Mineral besitzt eine bleigraue, ins Weiße gehende, dem Wismutglanz ähnliche Farbe. Die Härte konnte bei dem kleinblätterigen Gefüge nicht mit Sicherheit festgestellt werden, doch läßt sich das Mineral im Mörser leicht verreiben. Die Dichte beträgt 6,878.

Paragenesis. Der Alaskait findet sich auf der Alaska Mine, Ouray County (Colorado). Er tritt hier zusammen mit Fahlerz und Kupferkies (auch Cosalit wird als innige Verwachsung mit Alaskait erwähnt) nestförmig in einer Gangmasse von Quarz und Baryt auf.

Bleisilbersulfobismutit.

Von **M. Henglein** (Karlsruhe).

Synonym: Pitanque.

Kristallsystem unbekannt.

Das weißlichgraue Mineral besitzt starken Metallglanz, hat die Dichte 5,8 und die Härte 3—3,5.

[1]) A. de Gramont, Bull. soc. min. **18**, 171 (1895).

[2]) Silber wird nicht erwähnt, trotzdem es sich auch in geringen Mengen leicht erkennen lassen soll.

Analysen.

	1.	2.
Fe	0,87	—
Cu	2,32	1,63
Ag	13,47	15,66
Pb	21,51	25,12
Zn	0,60	—
Bi	34,51	40,13
S	16,56	16,58
SiO_2	9,01	—
Glühverlust	0,76	—
	99,61	99,12

1. Aus der Loreto Mine in den Sierra Madre Mts (Chihuahua, Mexico); anal. von G. C. Tilden bei E. Le Neve Foster, Proc. Color. Scient. Soc. 1, 73 (1885). Ref. Z. Kryst. 11, 286 (1886).
2. Nach Abzug von 9% Quarz, 3% Chalkopyrit, 1% Sphalerit, 0,76% Glühverlust.

Aus 2. wurde die Formel $Ag_4Pb_3Bi_5S_{13}$ berechnet, die auch $4Ag_2S.6PbS.5Bi_2S_3$ geschrieben worden ist. Silber kann teilweise durch Kupfer vertreten sein, so daß die einfachste Schreibweise wäre $2(Ag, Pb, Cu)S.Bi_2S_3$.

Verbindungen mit Gold.

Von **C. Doelter** (Wien).

Verbindungen dieses Elementes mit Schwefel allein, also Sulfide des Goldes, kommen in der Natur nicht vor, wir kennen nur Telluride (Calaverit, Stutzit), welche einfache Verbindungen von Gold mit Tellur sind, dann die Verbindungen von Tellur mit Gold und Silber, Krennerit, Sylvanit. Der Nagyagit enthält neben Gold Blei. Petzit ist Tellurgoldsilber. Muthmannit enthält neben Tellursilber auch Tellurgold. Diese und einige andere goldhaltige Tellurerze, wie Kalgoordit, Weißtellur und andere, welche wahrscheinlich nicht homogene Verbindungen sind, werden später bei Tellur von Fr. Slavík ausführlicher geschildert werden.

Hier haben wir nur zwei Verbindungen zu behandeln: die Verbindungen mit Wismut, Maldonit und Aurobismutit.

Aurobismutinit.

Analyse.

Ag	2,32
Au	12,27
Bi	69,50
S	15,35
	99,44

Von unbekanntem Fundort; anal. G. A. Koenig, Journ. Ac. nat. sc. Philadelphia 1912 405. Ref. Z. Kryst. 55, 409 (1920).

Das Atomverhältnis ist $Ag:Au:Bi:S = 0{,}0107:0{,}0622:0{,}3310:0{,}4800$, daher:

$$Bi + Ag + Au : S = 1 : 1{,}2,$$

daher die Formel:

$$(Ag_2, Au, Bi)_5S_6,$$

genau:

$$AgAu_6Bi_{32}S_{47}.$$

Durch Reiben mit Quecksilber läßt sich kein Gold ausziehen.

Vorkommen. Körnig dicht mit Spaltrichtungen, anscheinend prismatischen. Die Farbe lichtgrau, weich, im Mörser etwas verschmierend. Dichte unbekannt.

Maldonit.

Von **M. Henglein** (Karlsruhe).

Synonyma: Wismutgold, Bismutaurit.

Kristallsystem: Kubisch oder rhomboedrisch.

Analysen.

	1.	2.
Au	64,50	65,12
Bi	35,50	34,88
	100,00	100,00

1. u. 2. Vom Nuggety Reef bei Maldon, Viktoria (Australien); 1. anal. von C. Newberry bei R. Ulrich, Contrib. Min. Vict. 1870, 4. 2. anal. von E. M. Ivor, Chem. News **55**, 191 (1887).

Aus diesen Analysen ergibt sich die **Formel** Au_2Bi, der entsprechen würden 65,37 Au, 34,63 Bi.

Lötrohrverhalten. Leicht schmelzbar und gelben Wismutoxydbeschlag gebend, während eine Kugel von reinem Gold zurückbleibt.

In Königswasser löslich.

F. A. Genth[1]) hält die von Rutherford Co. Nord-Carolina stammenden von C. U. Shepard[2]) als Bismutaurit beschriebenen kleinen, innen faserigen, hämmerbaren Körner von der Farbe des Palladiums für ein Kunstprodukt. Der Maldonit kommt als unregelmäßige, meist sehr kleine, doch auch erbsengroße metallglänzende Partikel, zusammen mit Gold auf Gängen im Granit und als Imprägnation in der Kontaktzone vor. Nach G. vom Rath[3]) sind die Maldonitkörner teils gelblich, teils dunkler, bald kupferrot bis schwarz angelaufen. Auf frischem Bruch ist Maldonit silberweiß mit rötlichem Stich.

Die gefundene Dichte 8,2—9,7 ist zu niedrig infolge von Beimengungen. Die Härte ist 1—2. Maldonit ist deutlich spaltbar nach dem Würfel oder Rhomboeder. G. vom Rath tritt entschieden für Spaltung nach dem letzteren ein.

Es ist fraglich, ob ein selbständiges Mineral oder ein Gemenge vorliegt. Es scheint aber doch eine Verbindung von Gold mit Wismut zu geben. Denn R. Ulrich hat auch auf der Grube Eagle Hawk im Union Reef Wismutgold im Quarz mit Scheelit, Apatit und einem aus Schwefel, Wismut und etwa 20% Gold bestehenden Erz eine solche festgestellt.

---

[1]) F. A. Genth, Min. Nord-Carolinas 1891.
[2]) C. U. Shepard, Sill. Am. Journ. **4**, 280 (1847).
[3]) G. vom Rath, Niederrh. Ges. Bonn 1877, 73.

Sulfide der zweiwertigen Metalle der zweiten Vertikalreihe des periodischen Systems.

Von **C. Doelter** (Wien).

Hierher gehören nur Verbindungen von Ca, Zn, Cd und Hg mit Schwefel, denn es fehlt hier an Arseniden und Antimoniden dieser Metalle, mit Ausnahme eines Minerals, des Livingstonits, welcher ein Sulfosalz der sulfantimonigen Säure darstellt, deren H durch Hg ersetzt ist.

Die Zahl der Verbindungen der genannten Elemente mit Schwefel ist eine verhältnismäßig sehr geringe.

Die Reihenfolge ist Sulfide des Calciums, des Zinks, des Cadmiums, des Quecksilbers und das Sulfosalz dieses Metalles.

Oldhamit.

Dieses regulär-holoedrische Mineral ist nur aus Meteoriten untersucht, kommt aber auch anderweitig vor.

Analysen.

Es sind nur drei Analysen vorhanden, welche sich aber nicht auf reine Oldhamitsubstanz beziehen, sondern durch Zerlegung des Meteoriten berechnet sind.

	1.	2.
Ungelöstes Silicat	7,64	8,46
Osbornit	0,28	0,30
SiO_2 aus dem gelösten Silicat .	1,16	0,87
Mg	0,37	0,28
Mg aus MgS	1,26	1,23
S aus MgS	1,68	1,64
Ca aus CaS	44,86	44,03
S aus CaS	35,89	35,23
Ca aus Gips	0,83	0,86
SO_4 „ „	1,99	2,05
H_2O „ „	0,75	0,77
Fe	0,51	0,26
	100,32	98,01

Nach Abzug der anhaftenden Silicate Enstatit und ungelöster Rückstand, ferner von Eisen und Osbornit ergibt sich für Oldhamit:

	1a.	2a.
CaS	89,37	90,25
MgS	3,25	3,26
Gips	3,95	4,19
$CaCO_3$	3,43	—
Troilit	—	2,30
	100,00	100,00

1. u. 2. Aus dem Bustit von Bustee (Ostindien); anal. N. St. Maskelyne, Phil. Trans. 1870, 195.

3. Im Alleghanymeteoriten, welcher eine Olivin-Enstatitmischung darstellt, finden sich 16,66 % Calciumsulfid.

Die Analyse ergab 9,12 % Ca und 7,30 % S. Ferner

	3.
SiO_2	39,95
Al_2O_3	0,09
Fe_2O_3	14,40
MgO	29,40

Analysiert von Wirt Tasson, Proc. U. S. Nat. Mus. **34**, 433 (1908); Z. Kryst. **48**, 118 (1911).

Formel. C. F. Rammelsberg schloß aus diesen Analysen, daß die Formel

CaS

sei; welche erfordert 44,44 % Schwefel und 55,56 % Calcium. Indessen darf das Magnesium nicht vernachlässigt werden, welches an Schwefel gebunden ist. Die Menge desselben ist zu groß, um vernachlässigt zu werden. Es liegt daher eine isomorphe Mischung von CaS, MgS vor, wobei allerdings CaS bedeutend dominiert. P. Groth[1]) stellt den Oldhamit zur Sphaleritreihe. Ich stelle ihn zum Troilit, Pentlandit und ähnlichen.

Synthese. N. St. Maskelyne gelang auch die künstliche Darstellung, indem er kaustischen Kalk in einem Glasrohr zuerst im Wasserstoffstrom glühte, dann im Schwefelwasserstoffstrom. Kristalle ließen sich nicht konstatieren, sonst war aber das Produkt ganz übereinstimmend mit dem Oldhamit der Meteoriten. Vielleicht hätte eine mikroskopische Untersuchung die kristallinische Struktur nachweisen können. Es wäre von Interesse, die Synthese durchzuführen, was ja durch Erhitzen eines Gemenges von Schwefel und Kalk, oder durch Erhitzen von Chlorcalcium im Schwefelwasserstoffstrom gelingen könnte; allerdings müßte dann das so erhaltene scheinbar amorphe umkristallisiert werden, was vielleicht durch wiederholtes Glühen erreicht werden könnte.

Man kann übrigens bekanntlich das amorphe Schwefelcalcium durch Glühen im elektrischen Ofen durch Umschmelzen zur Kristallisation bringen. Es kristallisiert in Oktaedern, wie der Oldhamit der Meteorite.

Vorkommen in Schlacken. J. H. L. Vogt beobachtete in Schwefel enthaltenden Schlacken Sulfide von CaS, MgS (Ca, MnS) und (Mn, Ca)S, sowie MnS, wobei zahlreiche Übergänge vorkommen, welche an den Farben ersichtlich sind. CaS ist farblos, ebenso (Ca, Mg)S, dagegen ist (Ca, Mn)S grünlich und (Mn, Ca)S sehr stark grün. Es kommt auch (Ca, Fe)S mit grauer Farbe vor, sowie schwarzes (Fe, Ca)S und FeS.

J. H. L. Vogt[2]) konnte auch das farblose CaS und (Ca, Mg)S, welche beide isotrop sind, mit dem Oldhamit identifizieren.

Eigenschaften. Hexaedrisch spaltbar, durchsichtig, farblos, optisch isotrop. Wie das künstliche Schwefelcalcium, so phosphoresziert auch das natürliche nach W. Flight[3]), und zwar orangefarbig.

Dichte 2,58 (die Dichte künstlicher, im elektrischen Ofen erhaltenen

[1]) P. Groth u. K. Mieleitner, Tab. 1921.

[2]) J. H. L. Vogt, Mineralbild. in Schmelzmassen 1892, 250. Siehe auch den Aufsatz dieses Autors im Handbuche Bd. I.

[3]) W. Flight, History of meteorits, London 1887, 119.

Kristalle beträgt 2,8). Härte über 3 oder 4. Sehr schwer schmelzbar über 2000°.

In Säuren leicht löslich, unter Entwicklung von Schwefelwasserstoff und unter Abscheidung von Schwefel. Der Oldhamit wird bereits beim Kochen mit Wasser zersetzt und gibt unter Hinterlassung eines Rückstandes eine gelbe Lösung.

Die Reaktion verläuft nach folgender Gleichung[1]):

$$2\,CaS + 2\,H_2O = Ca(SH)_2 + Ca(OH)_2.$$

Es bilden sich demnach bei der Behandlung mit Wasser ein Calciumhydrosulfid $Ca(HS)_2$ und ein Calciumhydroxyd. Das erstere ist in Wasser löslich. Das wasserfreie Calciumsulfid ist in Wasser nicht löslich, sondern nur zersetzbar.

Vorkommen in der Natur. Außer in den beiden analysierten Meteoriten und einigen anderen fand ihn später Borgström[2]) in einem finnländischen Meteoriten.

Interessant ist das Vorkommen dieses seltenen Minerals in Gesteinen. Nach E. Cohen fand bereits Laar[3]) in einem Marmor von Cintra (Portugal) CaS (bzw. MgS oder SrS), wahrscheinlich im kristallisierten Zustande. Dieser Marmor enthält viel Mg und Spuren von Fe, Sr und SO_3. Beim Lösen in Salzsäure gibt er Schwefel, was auf ein Sulfid schließen läßt. Auch feinverteilte Kohle ist vorhanden, so daß die Möglichkeit vorläge, daß aus einem Sulfat durch Reduktion etwas Sulfid abgeschieden wäre.

Allerdings kann man daraus noch nicht mit Sicherheit auf die Gegenwart des Oldhamits schließen. Immerhin deutet der Umstand, daß beim Reiben oder Schlagen dieser sonst sehr reine Marmor Schwefelwasserstoff entwickelt, auf die Gegenwart von Sulfiden und wenn Schwefelkies nicht vorhanden ist, würde dies immerhin die Gegenwart von Sulfiden des Calciums und Magnesiums wahrscheinlich machen.

Genesis. In Meteoriten dürfte dieses Mineral sich wohl aus Schmelzfluß gebildet haben, wobei die übrigen Bestandteile dieses Meteoriten den Schmelzpunkt herabsetzten, so daß eine so hohe Temperatur, wie sie bei Schmelzen von CaS gefunden wurde, nicht notwendig war.

Sollte in dem vorhin erwähnten Marmor wirklich kristallisiertes Schwefelcalcium vorhanden gewesen sein, so könnte man für dieses keine so hohe Entstehungstemperatur annehmen, wenngleich auch dieser Marmor immerhin auch bei höherer Temperatur und hohem Druck entstanden sein könnte. Es wäre wohl hier eine Umbildung von Sulfaten und Reduktion solcher durch Kohle anzunehmen.

Mit der Bildung im Meteoriten wäre die Entstehung in Schlacken nach J. H. L. Vogt[4]) zu vergleichen.

Allgemeines über Zink und Cadmiummineralien der Sulfidklasse.

Nur wenige Mineralien gehören zu den Zinksulfiden. Vor allem fehlen hier die Sulfosalze, wie sie bei Cu-, Ag-, Fe-, Pb-, Ni-, Co-Verbindungen be-

[1]) H. Erdmann, Anorg. Chem. 1906, 541.
[2]) Borgström, Z. Kryst. **41**, 514 (1906).
[3]) Laar, Niederrhein. Gesell. Bonn 1882, 90.
[4]) J. H. L. Vogt, Siehe oben S. 302.

obachtet werden. Wir haben nur Sulfide. Es sind dies die dimorphen Mineralien Zinkblende und Wurtzit und die Cadmiumblende.

In der sogenannten Schwefelzinkgruppe finden sich noch einige ähnliche konstituierte und kristallographisch ähnliche Sulfide, welche aber kein Zink, sondern Nickel und Mangan enthalten. Diese Verbindungen sind, wie das Schwefelzink, dimorph.

Bei Manganblende kann man nicht mit Sicherheit behaupten, ob sie in diese Gruppe gehören, da sie zwar, wie Zinkblende, tetraedrisch ist, aber eine andere Spaltbarkeit zeigt.

Als isomorph mit Wurtzit, ZnS, werden angegeben:

Greenockit, CdS; Nickelin, NiAs; Millerit, NiS; Breithauptit, NiSb; hierher gehören auch vielleicht Arit, Ni(As, Sb) und der Magnetkies. Doch sind die Ansichten, welche dieser Mineralien als isomorph anzusehen seien, geteilt.

P. Groth unterscheidet 1921 in seinen Tabellen bei der Gruppe des Zinksulfids die kubische Reihe, enthaltend Zinkblende und Manganblende, wozu vielleicht noch Oldhamit kommt und die hexagonale Reihe, enthaltend Wurtzit und Greenockit, während er die anderen obengenannten Mineralien von der Formel RS als besondere Gruppe hinstellt.

P. Groth rechnet zu der regulären Reihe der Zinkblende auch den Pentlandit.

Zinkblende.

Von **M. Seebach** (Leipzig).

Synonyma: Sphalerit; Blende; Leberblende, Schalenblende, Strahlenblende, Rubinblende;[1]) Marmatit, Christophit;[2]) Přibramit;[3]) Rathit[4]) (derbe, metallisch glänzende dunkelbleigraue, unreine Blende von Ducktown in Tennessee); Marasmolith (Blende von Middletown, Connecticut, angeblich hexaedrisch spaltbar, nach J. D. Dana [Min. 1855, 46] ein teilweise zersetzter Marmatit mit freiem Schwefel); Cleiophan oder Cramerit (beinahe farblose Abart von Franklin Furnace, New Yersey).

Regulär (hexakistetraedrisch). — Flächenzentriertes Gitter; Koordinaten: Zn[[000]], S[[$\frac{1}{4}\frac{1}{4}\frac{1}{4}$]], Gitterkonstante $a = 5{,}39 \cdot 10^{-8}$ cm.[5]) Über morphotropische Beziehungen zwischen ZnS und ZnO vgl. F. Rinne.[6])

---

[1]) Diese und andere meist ältere Namen beziehen sich auf Abarten nach Struktur und Farbe.

[2]) Eisenreiche Blenden, besonders von Marmato in Kolumbien bzw. von St. Christoph bei Breitenbrunn, Sachsen.

[3]) Bezeichnung für cadmiumreiche Blenden nach ihrem Vorkommen bei Přibram, Böhmen; auch als Name einer feinfaserigen Goethitart mit samtartiger Oberfläche und seidenglänzendem Bruch gebräuchlich.

[4]) Bezeichnet auch ein Mineral aus der Sulfosalzreihe: ($Pb_3As_4S_9$)! Vgl. bei Bleisulfiden.

[5]) W. L. Bragg, Proc. Roy. Soc. **89**, 468 (1914). — W. H. und W. L. Bragg, X-rays and crystal structure (London 1915), 97; Z. anorg. Chem. **90**, 153 (1915). — P. P. Ewald, Ann. d. Phys. **44**, 257 (1914).

[6]) F. Rinne, Z. Dtsch. geol. Ges. **42**, 66 (1890).

Analysen.

A. Ältere Analysen von Zinkblende.

	1.	2.	3.	4.	5.	6.
Cu	0,13	—	—	—	—	—
Zn	65,39	62,77	61,32	63,07	63,60	61,91
Cd	0,79	0,45	0,58	0,35	0,45	0,50
Fe	1,18	3,57	4,10	3,66	2,13	3,63
S	33,04	33,14	32,11	32,22	33,40	32,92
Sb	0,63	—	—	—	—	—
	101,16	99,93	98,11	99,30	99,58	98,96

1. Grube König Wilhelm, Harz; anal. Fr. Kuhlmann, Z. ges. Naturw. **8**, 499 (1853).
2. Lautental, Harz; anal. A. Osann, Bg.- u. hütt. Z. **12**, 52 (1853).
3. Von ebenda; anal. wie oben.
4. Von ebenda; anal. wie oben.
5. Braune Blende, Rosenhof, Harz; anal. A. Osann, wie Analyse 2.
6. Bergmannstrost, Rosenhofer Zug, Harz; anal. wie oben.

	7.	8.	9.	10.	11.	12.
Cu	0,06	0,10	—	0,81	0,07	—
Zn	63,85	62,58	62,35	58,02	58,05	59,44
Cd	0,06	0,07	Spur	0,15	Spur	—
Fe	2,01	2,63	4,33	8,13	7,99	7,13
Pb	—	—	0,06	—	Spur	—
S	33,46	33,51	33,73	33,85	34,08	33,99
	99,44	98,89	100,47	100,96	100,19	100,56

7. Grube Willibald bei Ramsbeck, Westfalen, haarbraun; anal. Amelung bei A. Kenngott, Übers. miner. Forschungen 1853, 130.
8. Von ebenda; anal. wie oben.
9. Großblätterig von Grube Dürnberg; anal. wie oben.
10. Feinkörnig von ebenda; anal. wie oben.
11. Feinkörnig dunkelbraun, von ebenda; anal. wie oben.
12. Anal. wie oben.

	13.	14.	15.	16.	17.
Cu . . .	0,42	Spur	Spur	0,33	0,13
Ag . . .	0,17	—	—	—	—
Zn . . .	53,58	61,07	65,41	60,66	58,18
Cd . . .	Spur	0,14	0,06	0,05	0,06
Fe . . .	10,44	6,69	1,67	6,42	8,22
Pb . . .	0,13	0,34	—	—	Spur
S . . .	33,60	32,26	33,08*)	33,38	33,38
	100,34	100,50	100,22	100,84	99,97

13. Feinkörnig, dunkelbraun, von Grube Adler bei Ramsbeck, Westfalen; anal. wie oben.
14. Dicht, fast schwarz, von Grube Bartenberg bei Ramsbeck; anal. wie oben.
15. Feinkörnig, schwarzbraun, von Grube Norbert bei Elpe; anal. wie oben. *) Rückstand 1,12%.
16. Großblättrig, braun, vom Tiefenstollen der Aurora-Grube; anal. wie oben.
17. Von Grube Juno bei Wiggeringshausen, feinkörnig, dunkelbraun; anal. wie oben.

	18.	19.	20.	21.	22.
Cu . . .	4,65	—	—	—	Spur
Zn . . .	52,10	64,22	—	50,90	48,11
Cd . . .	—	Spur	0,14	1,23	Spur
Fe . . .	8,15	1,32	1,67	11,44	16,23
Pb . . .	—	0,72*)	—	—	—
Bi . . .	Spur	—	—	—	—
S	32,30	32,10	—	—	—
Sb . . .	—	—	0,81	—	—
H_2O . .	—	0,80	0,71	32,12	33,65
	99,71†)	99,16**)		96,44***)	97,99

18. Von Joachimstal (Böhmen); anal. W. Mayer bei C. Bornträger, N. JB. Min. etc. 1851, 675. †) Außerdem 2,51 % Mn.

19. Schalenblende, mit rötlichgelben und leberbraunen Partien, vom Raibl, Kärnten; anal. C. Kersten, Pogg. Ann. **6**, 132 (1844). *) (Sb + Pb). **) Inkl. H_2O: 0,80%.

20. Von ebenda, braun; anal. Renetzki bei C. F. Rammelsberg, Min.-Chem. 1875, 63.

21. Von Bottino, Toscana, Tetraeder; anal. A. Bechi, Am. Journ. **14**, 61 (1852). ***) 0,75% FeS_2.

22. Sogenannter Marmatit, derb, von ebenda; anal. wie oben.

	23.	24.	25.	26.	27.
Zn . . .	64,30	63,00	55,00	63,00	50,20
Fe . . .	2,30	3,40	8,60	2,00	10,80
S	33,40	33,60	36,20	35,00	30,20
Gangart .	—	—	—	—	7,00
	100,00	100,00	99,80	100,00	98,20

23. Von den Pyrenäen; anal. Wertheim, Paris 1851, 78; nach C. Hintze, I, 591.

24. Von Bagnères de Luchon, Pyrenäen; anal. P. Berthier, Ann. mines **8**, 426 (1824).

25. Von Cheronies, Charente; anal. L. Lecanu, Journ. Pharm. **9**, 457 (1824).

26. Départ. Vienne; anal. P. Berthier, 1824; nach C. Hintze I, 591.

27. Von Cogolin, Départ. Var; anal. P. Berthier, wie oben.

	28.	29.	30.	31.	32.
Cu . . .	—	—	—	Spur	—
Zn . . .	75 (ZnS)	46,45	51,44	53,17	45,00
Mn . . .	—	—	—	0,74	—
Fe . . .	25 FeS	16,88	14,57	11,79	15,70
H_2O . .	—	0,23	—	—	—
S	—	33,76	32,33	33,73	28,60
SiO_2 . .	—	—	—	—	8,00
		97,32	98,34	99,43	100,70*)

28. Von der Connorree Mine bei Wicklow, Irland; anal. A. J. Scott, Journ. geol. Soc. Dublin **8**, 241; siehe auch A. Kenngott, Übers. min. Forsch. 1860, 114.

29. Von Kristiania bei Agerskirche; anal. Th. Scheerer, Pogg. Ann. **65**, 300 (1845). J. Berzelius, Jahresber. **25**, 337 (1845); N. JB. Min. etc. 1848, 701.

30. Von ebenda; anal. wie oben.

31. Von ebenda; anal. wie oben.

32. Von Candado, Bolivia; anal. J. B. Boussingault, Pogg. Ann. **17**, 401 (1829). *) Sauerstoff 1,70%, FeS_2 1,70%.

	33.	34.	35.	36.	37.	38.
Cu	—	14,00	3,68	9,82	0,32	—
Zn	53,90	47,86	54,50	36,50	64,39	67,46
Cd	0,92	—	Spur	0,36	0,98	Spur
Mn	0,88	—	—	—	—	—
Fe	11,19	6,18	11,38	19,82	—	—
Pb	—	—	—	—	0,78	
S	33,11	33,36	30,44	34,18	33,82	32,22
	100,00	101,40	100,00	100,68	100,29	99,68

33. Marmatit von Titiribi, Columbia; anal. Th. Scheerer, Bg.- u. hütt. Z. **17**, 122 (1851).

34. Rathit von den Kupfererzgruben von Ducktown, Tenessee; anal. S. W. Tyler, Am. Journ. **41**, 209 (1866).

35. Von ebenda, Rathit; anal. T. Trippel bei H. Credner, N. JB. Min. etc. 1876, 613.

36. Von ebenda; anal. wie oben.

37. Von der Wheatley Bleigrube, bei Phönixville (Pennsylvanien); anal. J. L. Smith, Am. Journ. **20**, 250 (1855).

38. Farblose bis weiße Varietät, deshalb von Interesse, weil sie nur aus Zink und Schwefel besteht, seinerzeit als besondere Varietät „Cleiophan" oder „Cramerit" benannt, von Franklin, New Jersey; anal. Henry, Phil. Mag. 1851, I, 23.

	39.	40.	41.	42.
Zn	49,19	63,62	55,60	52,00
Cd	—	0,60	2,30	3,20
Fe	12,16	3,10	8,40	10,00
Mn	—	—	—	1,30
S	38,65	33,22	33,40	32,60
	100,00	100,54	99,70	99,10

39. Marasmolith,[1]) bräunlichschwarz, angeblich hexaedrisch spaltbar, im Feldspat mit Albit, Columbit, Uraninit, von Middletown (Connecticut); anal. C. U. Shepard, Am. Journ. **12**, 210 (1851).

40. Von der Eatonbleigrube, New Hampshire; anal. Jackson, nach J. D. Dana, Miner. 1868, 49.

41. Von Lyman, New Hampshire; anal. wie oben.

42. Von Shelbourne, New Hampshire; anal. wie oben.

B. Neuere Analysen.

	1.	2.	3.	4.	5.	6.	7.	8.
δ . . .	—	—	4,05	—	—	3,98	4,08	—
Pb . . .	—	0,03	—	—	0,36	—	—	—
Cu . . .	—	—	0,32	—	0,35	0,48	0,04	—
Fe . . .	—	2,25	0,56	0,01	0,90	5,25	0,54	1,33*)
Mn . . .	—	—	—	—	—	0,62	—	—
Zn . . .	67,06	64,25	65,09	67,62	65,38	59,56	66,61	62,37
Cd . . .	—	—	Spur	—	—	0,05	Spur	—
S	32,94	33,13	30,04	32,11	32,75	32,92	32,50	30,69
Sn . . .	—	—	—	—	0,05	0,05	—	—
(Unlöslich)	—	0,51	—	—	0,16	—	—	5,64
	100,00	100,17	100,00*)	99,74	99,95	98,93	99,69	100,03

[1]) Marasmolith enthält nach E. S. Dana (Miner. 1892, 61) freien Schwefel, infolge von Zersetzung.

1. Theor. Zusammensetzung.
2. Dodekaedrische Kristalle, Gr. Herzog Georg Wilhelm, Burgstädter Zug, Harz; anal. Reinicke bei O. Luedecke, Mineral. Harz. 1896, 57.
3. Schalenblende von Brilon, Westfalen; anal. Th. Petersen, N. JB. Min. etc. 1889, 1, 258. *) Inkl. 0,70 (Li_2O, Na_2O), 0,10 SO_3, 3,19 O.
4. Kristalle mit Eisenspat und Bleiglanz, „Heinrichssegen" bei Müsen, Westfalen; anal. Th. Haege, Mineral. Sieg. 1887, 31.
5. Zinkblende von Laurenburg, Nassau; A. Beutell u. M. Matzke, ZB. Min. etc. 1915, 263.
6. Schwarzbraune Kristalle, Gr. Friedrichssegen bei Oberlahnstein, Hessen-Nassau; anal. A. Hilger bei F. v. Sandberger, N. JB. Min. etc. 1889, 1, 256.
7. Hyacinthrote Kristalle, Gr. Rosenberg bei Braubach, Hessen-Nassau; anal. A. Hilger, wie oben.
8. Blättrige Knollen aus dem Hauptsandstein der Lettenkohlengruppe von Rothenburg a. Tauber, Bayern; anal. A. Hilger, N. JB. Min. etc. 1879, 130. *) Fe_2O_3.

	9.	10.	11.	12.	13.	14.	15.
δ . .	—	—	3,969	3,966	3,954	3,981	3,991
Ag . .	—	—	0,005	0,0008	Spur	0,71	Spur
Pb . .	—	—	—	—	—	1,20	—
Cu . .	—	2,35	0,43	0,25	0,74	0,96	0,14
Fe . .	11,05	14,52	13,44	13,37	12,88	11,97	13,43
Mn . .	—	Spur	0,39	0,27	0,08	0,83	0,76
Zn . .	55,89	50,82	51,73	51,34	50,81	49,87	49,83
Cd . .	0,30	—	0,24	Spur	0,42	0,19	0,20
Sb . .	—	1,14	—	—	—	—	—
S . .	32,63	31,67	33,69	33,26	32,68	32,51	33,00
Sn . .	—	—	0,19	0,06	0,55	0,46	0,17
(Unlösl.)	—	0,14	—	1,12	1,36	0,60	1,21
	99,87	100,64	100,11	99,67	99,52	99,30	98,74

9. Braunschwarze Zinkblende von Bodenmais (Silberberg), Bayern; anal. J. Thiel, Z. Kryst. **23**, 295 (1894).
10. „Himmelfahrt", Freiberg; anal. J. D. Bruce bei E. P. Dunnington, Ch. N. 1884, 1301; Z. Kryst. **11**, 438 (1886).
11. „Himmelfahrt", 12. „Junge Hohe Birke", 13.—15. „Himmelsfürst" bei Freiberg, Sachsen; anal. A. W. Stelzner u. A. Schertel, Jahrb. Bg.- u. Hüttenw. Sachs. 1886, 52.

	16.	17.	18.	19.	20.	21.	22.
δ . . .	3,911—3,923	—	4,030	—	—	—	4,030
Ag . . .	—	—	—	0,01	—	—	—
Pb . . .	—	—	0,04	0,21	—	—	1,01
Cu . . .	—	—	0,18	0,42	—	—	—
Fe . . .	18,25	3,64	1,79	4,55	Spur	0,47	15,44
Mn . . .	2,66	—	—	—	—	—	—
Zn . . .	44,67	63,72	62,76	59,98	65,61	65,24	50,02
Cd . . .	0,28	Spur	0,64	0,42	0,24	1,52	0,30
S . . .	33,57	32,52	32,42	33,55	33,00	32,79	33,25
Sn . . .	Spur	—	—	—	—	—	—
SiO_2 . . .	—	—	1,60	—	0,41	—	—
	99,43	99,88	99,43	99,14	99,26	100,02	100,02

16. „Christophit", Grube St. Christoph b. Breitenbrunn, Sachsen; anal. Heinichen, Bg.- u. hütt. Z. **22**, 27 (1863).

17. „Schalenblende", Grube Himmelsfürst b. Freiberg, Sachsen; anal. Heinichen, wie oben, **22**, 26 (1863).

18. Mies, Böhmen; anal. H. v. Foullon, Verh. k. k. geol. R.A. 1892, 171.

19. Přibram, Böhmen; anal. A. Frenzel, N. JB. Min. etc. 1875, 678.

20. Braune Blende, Raibl, Kärnten; anal. A. v. Kripp bei A. Brunlechner, Min. Kärnt. 1884, 108.

21. Gelbe durchsichtige Kristalle von Schemnitz, Ungarn; anal. L. Sipöcz, Z. Kryst. **11**, 218 (1886).

22. Schwarze Zinkblende von Felsöbánya, Ungarn; anal. P. N. Caldwell bei E. S. Dana, Min. 1892, 61.

	23.	24.	25.	26.	27.	28.
δ	4,0980	4,0016	4,0016	4,0635	—	—
Pb	0,05	—	—	0,06	—	—
Cu	0,06	—	—	—	—	0,07
Fe	0,57	12,74	12,19	1,37	26,20	9,29
Mn	0,37	4,65	0,37	1,56	—	—
Zn	64,92	48,45	52,10	63,76	37,60	56,83
Cd	1,05	—	1,51	0,14	—	—
Sb	0,04	—	—	0,08	—	—
S	32,98	33,88	33,49	33,47	34,70	33,42
Sn	—	—	—	—	1,40	—
	100,04	99,72	99,66	100,44	99,90	99,61

23. Gelbbraune durchscheinende Kristalle, Kapnik, Ungarn; anal. L. Sipöcz, wie oben, 216.

24. Schwarze Kristalle, Rodna, Siebenbürgen; anal. J. Loczka, Z. Kryst. **8**, 538 (1884).

25. Schwarze Kristalle, Rodna, Siebenbürgen; anal. L. Sipöcz, wie oben, 218.

26. Bräunlich durchscheinende Kristalle, Nagyág, Siebenbürgen; anal. L. Sipöcz, wie oben, 217.

27. Dunkelbraune Kristalle (Christophit), St. Agnes, Cornwall; anal. J. H. Collins u. C. O. Trechmann, Min. Soc. London **3**, 91 (1878).

28. Kristalle mit vollkommenem Metallglanz, Cornwall(?); anal. W. N. Hartley bei H. A. Miers, Min. Soc. London **12**, 111 (1899).

	29.	30.	31.	32.	33.
Pb	Spuren	Spuren	—	—	—
Cu	—	—	—	—	Spur
Fe	9,91	10,31	—	11,44	16,23
Zn	54,01	54,10	61,86	50,90	48,11
Cd	—	—	—	1,23	Spuren
S	35,51	35,49	32,15	32,12	33,65
Gangart	0,21	0,12	5,99	—	—
	99,64	100,02	100,00	96,44*)	97,99

29. Schwarze Blende von Alston, Cumberland; anal. P. Jannasch, Journ. prakt. Chem. **41**, 566 (1890); N. JB. Min. etc. 1891, II, 406 (nach der Oxydationsmethode im Sauerstoffstrome).

30. Schwarze Blende von Alston, Cumberland; anal. P. Jannasch, wie oben (auf gewöhnlichem nassen Wege).

31. Tyndrum, Perth; anal. W. J. Macadam, Min. Soc. London **8**, 137 (1889).

32. Kleine Kristalle, 33. derbe Zinkblende (Marmatit) von Bottino, Toscana; anal. E. Bechi, Am. Journ. **14**, 61 (1852). *) Inkl. 0,75 FeS_2.

	34.	35.	36.	37.	38.
δ	3,866	4,03 (19,1°)	4,01 (13,1°)	4,05 (13,7°)	4,04 (12,8°)
Pb	—	—	1,16	Spuren	Spuren
Cu	—	—	—	Spuren	Spuren
Fe	19,47	8,79	4,17	2,33	2,57
Mn	Spur	—	—	—	—
Zn	55,34	58,15	61,20	63,36	63,63
Cd	Spuren	Spuren	0,14	0,95	0,93
S	25,60	33,64	33,39	32,94	32,37
Gangart	—	—	0,56	0,40	—
	100,41*)	100,58	100,62	99,98	99,50

34. Blättrige Zinkblende aus zuckerkörnigem Kalk, Cupa di Barone, Monte Somma; anal. E. Monaco, Ann. della R. Scuola Sup. di Agricolt. Portici 1902; Z. Kryst. **40**, 297 (1905). *) Im Original 100,68 angegeben.

35. Schwarze Kristalle von Rosas, Sardinien; anal. C. Rimatori, R. Acc. d. Linc. **12**, 262 (1903).

36. Zinkblende von Argentiera della Nurra, Sardinien; anal. C. Rimatori, wie oben.

37. Flächenarme, in dünnen Schichten hyacinthrote Kristalle von Montevecchio, Sardinien; anal. C. Rimatori, wie oben.

38. Dunkelrote Zinkblende von Giovanni Bonu (Sarrabus), Sardinien; anal. C. Rimatori, wie oben.

	39.	40.	41.	42.	43.	44.	45.
δ	3,98 (14,5°)	3,89 (15,6°)	4,07	4,05	4,02	3,96	3,97
Pb		—	Spuren	0,52	0,66	—	—
Cu	—	Spuren	Spuren	Spuren	Spuren	Spuren	1,25
Fe	12,46	2,62	1,66	3,78	2,36	0,28	1,58
Mn	—	—	Spuren	Spuren	Spuren	Spuren	—
Zn	53,55	64,06	65,08	61,63	62,76	65,25	63,87
Cd	0,09	Spuren	0,10	0,79	0,76	Spuren	Spuren
S	33,90	32,78	33,17	33,38	32,44	32,21	32,66
Gangart	—	—	—	—	0,45	1,46	—
	100,00	99,46	100,01	100,10	99,43	99,20	99,36

39. Schwarze kristallinische Zinkblende (Marmatit) von Riu Planu Castangias, Sardinien; anal. C. Rimatori, R. Acc. d. Linc. **12**, 262 (1903). Eine andere Probe ergab 0,1231% Indium.

40. Schöne flächenreiche Kristalle von Rio Ollorchi bei Seneghe, Sardinien; anal. C. Rimatori, wie oben.

41. Dunkelbraune kristallinische Zinkblende von Bena de Padru, Sardinien; anal. C. Rimatori, R. Acc. d. Linc. **13**, 277 (1904).

42. Zinkblende vom Bergwerke Le Telle, Montevecchio, Sardinien; anal. C. Rimatori, wie oben.

43. Zinkblende vom Bergwerke Sanna, Montevecchio, Sardinien; anal. C. Rimatori, wie oben.

44. Zinkblende vom Masua, Bergwerk von Murdegu, Sardinien; anal. C. Rimatori, wie oben.

45. Zinkblende von Nieddoris, Sardinien; anal. C. Rimatori, wie oben.

	46.	47.	48.	49.	50.	51.	52.
δ . .	4,00	4,02	3,98	4,13	3,95	3,97	4,05
Cu . .	Spuren	Spuren	0,97	Spuren	Spuren	Spuren	—
Fe . .	1,18	6,80	12,05	7,99	18,05	13,71	11,94
Mn . .	—	—	Spuren	Spuren	Spuren	Spuren	1,39
Zn . .	65,63	59,19	52,18	57,38	47,54	52,03	53,25
Cd . .	Spuren	0,91	0,75	1,23	0,65	Spuren	Spuren
Bi . .	—	—	—	—	—	—	—
S . .	32,93	33,10	33,39	32,99	33,77	33,50	33,07
	99,74	100,00	99,34	99,59	100,01	99,24	99,65

46.—60. Anal. C. Rimatori, R. Acc. d. Linc. **14**, 688 (1905):

46. Helle rötlich graue Zinkblende, Grube „Sos Enatos", Sardinien.
47. Dichte fast schwarze Zinkblende von einem andern Fundorte der Grube „Sos Enatos".
48. Schwarze Zinkblende von „Mamoina" (Gadoni), Sardinien.
49. Feinkörnige schwarze Zinkblende vom Bergwerk Istriccu Talesi (Gadoni), Sardinien.
50. Schwarze Zinkblende von „Sa Ruta S'Orroili" (Gadoni), Sardinien.
51. Schwarze Zinkblende von „Spilloncargiu" (Villaputzu), Sardinien.
52. Fast schwarze Zinkblende von „Su Suereddu" (Aritzo), Sardinien.

	53.	54.	55.	56.	57.	58.	59.
δ . .	4,06	4,01	4,01	3,94	4,03	3,99	3,99
Pb . .	—	—	—	—	—	—	—
Cu . .	Spuren	—	—	1,50	Spuren	—	—
Fe . .	11,89	4,84	6,97	11,69	1,20	9,20	10,12
Mn . .	Spuren	0,48	Spuren	Spuren	—	1,34	5,81
Zn . .	54,27	61,71	59,62	52,50	65,71	55,06	50,75
Cd . .	Spuren	Spuren	0,23	Spuren	Spuren	0,97	Spuren
S . .	32,73	32,97	32,20	33,18	32,88	33,17	33,30
	98,89	100,00	100,02?	98,87	99,79	99,74	99,98

53. Feinkörnige schwarze Zinkblende, „Canali Serci" (Villacidro), Sardinien.
54. Schwarze Zinkblende, Lager Fortuna, Grube Rosas, Sardinien.
55. Schwarze Zinkblende, Lager Aspróni, Grube Rosas, Sardinien.
56. Feinkörnige schwarze Zinkblende, Grube Mitza Sermentu, nahe Rosas, Sardinien.
57. Zinkblende aus der Antimonerzgrube Genna Guren, Sardinien.
58. Schwarze Zinkblende von „Sa Barita", Sardinien.
59. Schwarze Zinkblende von „Su Porru", Sardinien.

	60.	61.	62.	63.	64.	65.	66.	67.	68.
δ .	3,89	4,009	—	—	4,098	—	—	—	—
Pb .	Spuren	—	—	—	—	—	—	—	—
Cu .	(Pb, Cu zusammen: Spuren)	—	—	—	—	—	—	—	—
Fe .	12,17	Spuren	9,25	—	0,16	0,40	—	—	—
Mn .	Spuren	—	—	—	—	—	—	—	—
Zn .	52,02	66,19	56,21	66,82	66,59	65,44	66,49	66,42	66,14
Cd .	1,66	0,79*)	—	—	—	—	—	—	—
S .	33,46	32,88	34,07	32,82	33,60	33,38	33,65	33,54	33,88
	99,31	99,86**)	99,53	99,69*)	100,35	99,67*)	100,14	99,96	100,02

60. Feinkörnige schwarze Zinkblende, Lager von Correboi, Sardinien.

61. Durchsichtige Spaltstücke, Nagolnyj Krjasch, Prov. d. Don-Kosaken, Rußland; anal. K. Nenadkewitsch, Bull. soc. Imp. Nat. Moscou **16**, 350 (1902). *) Inkl. Cu. — Mittel aus zwei Analysen. **) Mittel aus zwei Analysen.

62. Große schwarze bis braun durchscheinende Kristalle, Nordmarken-Gruben bei Philipstad, Schweden; anal. S. R. Paijkull, Min. Not. Stockholm 1875; auch bei G. Flink, Bihang Vet.-Ak. Handl. Stockholm **13**, II, No. 7, 16.

63. Zinkblende, Picos de Europa; anal. A. Beutell und M. Matzke, ZB. Min. etc. 1915, 263. *) Einschl. 0,45 Sn.

64. Sehr reine gelbliche, prachtvoll durchsichtige Blende in braunem Kalkstein zusammen mit Zinkspat, Picos de Europa, Santander, Spanien; anal. P. N. Caldwell bei J. D. Dana, Min. 1892, 61.

65. Hellgelbe durchsichtige Zinkblende, Picos de Europa, Santander, Spanien; anal. P. Jannasch, Journ. prakt. Chem. **41**, 566 (1890); N. JB. Min. etc. 1891, II, 406 (nach der Oxydationsmethode im Sauerstoffstrome. Zwei andere Bestimmungen ergaben 32,94 und 32,75 S — bzw. 33,09 und 32,86 S auf gewöhnlichem nassen Wege —). *) Einschließlich 0,05 Gangart.

66.—68. Helle Zinkblende, Santander, Spanien; anal. J. Weber, Z. Kryst. **44**, 326 (1908).

	69.	70.	71.	72.	73.	74.	75.
δ . .	—	—	—	—	—	—	—
Pb . .	—	—	—	1,90	—	—	—
Cu . .	—	—	—	—	0,30	10,10	31,90
Fe . .	—	—	—	7,50	0,20	2,40	2,00
Zn . .	65,84	65,91	65,74	54,50	64,80	52,90	33,70
S . . .	34,19	33,91	34,20	33,60	33,50	35,20	24,20
Gangart.	—	—	—	—	1,50	—	5,30
	100,03	99,82	99,94	97,50	100,30	100,60	97,10

69.—71. Rote Zinkblende, Santander, Spanien; anal. J. Weber, wie oben.

72. Schwarzer eisenhaltiger „Marmatit", eisen- bis bleigrau, dem begleitenden Bleiglanz ähnlich, Chibato, Chile; anal. J. Domeyko, Min. 1879, 289.

73.—75. Kupferhaltige Blenden, bläulich, halbmetallisch glänzend; vollkommen blättrig (75. metallisches Kupfer enthaltend), Goldgrube Abogado in Rancagua, Chile; anal. J. Domeyko, wie oben.

	76.	77.	78.	79.	80.	81.	82.	83.
Zn. .	65,88	66,27	64,48	65,88	65,68	58,68	65,73	66,46
S . .	31,77	32,53	32,16	32,30	33,33	20,36	32,92	32,30
MgO .	0,14	Spur	—	Spur	0,03	0,10	0,08	0,20
Fe_2O_3	0,62	0,39	0,26	0,49	0,15	0,20	0,15	0,15
SiO_2 .	0,10	0,21	1,88	—	0,09	0,10	0,11	0,25
	98,51	99,40	98,78	98,67	99,28	—	98,99	99,36

76.—83. Zinkblenden aus North Arkansas; anal. J. C. Branner, Trans. Amer. Inst. Eng. **31**, 572 (1902). Das Material entstammt folgenden Gruben: 76. Jankee Boy; 77. Hiawatha; 78. Governor Eagle; 79. Panther Creek; 80. Prince Frederick; 81. Hunt, Malloy and Blevine; 82. St. Joe; 83. Bear Hill.

	84.	85.	86.	87.	88.	89.	90.
δ . . .	4,098	—	4,033	4,073	—	—	—
Fe . . .	0,42	$\left\{\begin{matrix}[2,40]\\ Fe_2O_3\end{matrix}\right\}$	0,38	3,60	0,15	4,64	—
Co . . .	—	—	0,34	—	—	—	—
Zn . . .	66,69	63,70	66,47	63,36	66,98	63,29	65,75
S . . .	32,93	30,77	32,69	33,36	32,78	29,88	33,13
SiO_2 . .	—	—	—	—	—	—	1,40
(Unlöslich)	—	2,52	—	—	—	0,15	—
	100,04	99,39	99,88	100,32	99,91	97,96	100,28

84. Schöne gelbe Kristalle mit Bleiglanz, Markasit und Kalkspat, Joplin, Missouri; anal. P. N. Caldwell bei J. D. Dana, Syst. Min. 1892, 61.

85. Ablagerungen einer weißen, pulverigen Masse in Drusen eines Blendelagers, Galena, Cherokee Co., Kansas; anal. J. D. Robertson, Am. Journ. **40**, 160 (1890).

86. Bräunlichgrüne Kristalle, Cornwall, Pennsylvanien; anal. F. A. Genth, Am. Phil. Soc. (1882) Aug. 18; Z. Kryst. **9**, 88 (1884).

87. Bräunlichschwarze Zinkblende, zuweilen schöne Kristalle, Roxbury, Connecticut; anal. P. N. Caldwell, wie oben.

88. Sehr reine Zinkblende, Sonora, Mexico; anal. E. T. Allen und J. L. Crenshaw, Z. anorg. Chem. **79**, 128 (1913).

89. Cassilis, Victoria; anal. D. Clark bei R. H. Wallcott, Proc. Roy. Soc. Victoria **13**, 253 (1901); Z. Kryst. **37**, 311 (1903).

90. Künstliche Zinkblende, Muldener Hütte bei Freiberg, Sa.; anal. C. F. Rammelsberg, Metallurg. 151; bei J. N. Fuchs, Künstl. Min. 1872, 47.

Formel.

Reine, der Formel ZnS entsprechende Zinkblende ist selten (vgl. Anal. 4, 63, 66—71, 87); die weitaus meisten Vorkommen sind durch einen zuweilen beträchtlichen Gehalt an Eisen ausgezeichnet, viele enthalten auch Cadmium in bemerkenswerten Mengen. — Der Eisengehalt erreicht im Maximum einen Wert von über 26%. Mit dem Namen Marmatit[1]) werden dunkelbraune 10% oder mehr Eisen enthaltende Blenden bezeichnet. Es sind Mischkristalle, in denen das Verhältnis FeS zu ZnS zwischen 1 : 5 und 1 : 2 variiert. Letzteres ist im schwarzen Christophit von Breitenbrunn der Fall (Anal. 16). — Nach R. Biewend[2]) beträgt der höchste Cadmiumgehalt in Zinkblende 3,4% (Eaton, New Hampshire), 3,2% (Shellburne, New Hampshire). Cadmiumreiche Strahlenblende wurde nach ihrem Vorkommen Přibramit genannt.

Außer Eisen und Cadmium ist in vielen Zinkblenden noch eine Anzahl anderer Metalle, wie

Cu, Mn, Pb, Sn, Ag, Sb, Bi, Co,

gewöhnlich in geringen Mengen oder Spuren, enthalten. Zinn ist nach A. W. Stelzner und A. Schertel[3]) fast immer als „Nadelzinnerz" mechanisch beigemengt, zuweilen aber auch als lösliches Zinnsulfür. Ferner wurden nachgewiesen: Natrium, Kalium,[4]) Calcium; Gold [Braidwood Distrikt, N. S. Wales;[5]) Viktoria];[6]) Quecksilber (Asturien);[7]) Indium [Freiberg,[8]) Breitenbrunn,[9]) norwegische,[10]) sardinische[11]) und amerikanische[12]) Vorkommen]; Gallium [Pierrefitte, Hautes-Pyrénées,[13]) Sardinien[14])]; Thallium, Germanium, Nickel, Chrom, Arsen, Molybdän.

---

[1]) J. B. Boussignault, Pogg. Ann. **17**, 399 (1829).

[2]) R. Biewend, Bg.- u. hütt. Z. **61**, 401, 413, 425 (1902); Z. Kryst. **40**, 506 (1905).

[3]) A. W. Stelzner und A. Schertel, Z. Kryst. **14**, 398 (1888).

[4]) Nach F. v. Sandberger [N. JB. Min. etc. 1887, I, 95; 1889, I, 255] kommt Lithium nur in Wurtzit-Schalenblenden, nicht aber in eigentlicher Zinkblende vor.

[5]) A. Liversidge, Min. N. S. Wales 1882, 57.

[6]) A. R. Selvyn und G. H. F. Ulrich, Min. Victoria 1866, 46.

[7]) P. Soltsien, Ztschr. Naturw. Halle **58**, 297 (1885); Arch. Pharm. **24**, 800 (1886).

[8]) P. Weselsky, Sitzber. Wiener Ak. **51**, 286 (1865).

[9]) Cl. Winkler, Bg.- u. hütt. Z. **24**, 136 (1865).

[10]) S. Wleugel, Nyt. Mag. Naturw. **24**, 333 (1878); Z. Kryst. **4**, 520 (1880).

[11]) C. Rimatori, Atti R. Acc. d. Linc. **13**, 277 (1904).

[12]) H. B. Cornwall, Amer. Chem. Journ. **7**, 389 (1877).

[13]) L. de Boisbaudran, C. R. **81**, 493 (1875).

[14]) C. Rimatori, wie oben.

J. Weber[1]) beobachtete beim Pulverisieren der Blende von Santander stets einen Geruch nach Schwefelammonium und Schwefelwasserstoff. Ähnliches stellte F. Sandberger[2]) fest, der in einer hyacinthroten Blende von Friedrichssegen Flüssigkeitseinschlüsse fand, welche auf Schwefelsäure und Salzsäure reagierten. Ad. Schmidt[3]) nahm verschiedene Arten von Flüssigkeitseinschlüssen wahr, aromatische und fettig ölige.

A. de Grammont[4]) untersuchte Zinkblende und Wurtzit spektroskopisch und fand vier Hauptlinien des Zinks. Später[5]) fand er im Spektrum der Blende von Santander außerdem schwach die beiden Hauptlinien des Silbers im Grün und kaum sichtbar die empfindlichste des Calciums. W. N. Hartley und H. Ramage[6]) konnten in allen untersuchten Blenden, Eisen, Kupfer, Silber, sowie Spuren von Kalium, Natrium und verschiedentlich Cadmium, Blei, Nickel, Chrom, Calcium, Indium, Gallium und Thallium nachweisen. Eine Probe von Alston Moor enthielt Indium, Gallium, Thallium, Silber in bedeutenden Mengen, von Tipperary (Irland): Indium, Gallium, Thallium, eine goldhaltige von Ravenswood (Queensland) viel Indium.

Sardinische Zinkblenden wurden von C. Rimatori[7]) spektroskopisch analysiert: Analyse 44 und 45 enthalten Indium und Thallium nebeneinander. Indium allein kommt in den Proben der Analysen 49, 50, 51, 56, 57, 58 vor und soll in den beiden letzten bedeutend sein (bei 57 0,0243 %, und in dem Vorkommen von Riu Planu 0,1231 % betragen); Gallium wurde in den Blenden von Bena de Padru, Montevecchio, Argentiera della Nurra, Masua, Giovanni Bonu und Rio Ollorcchi nachgewiesen. — Cadmium ist stets vorhanden. Der hohe Eisengehalt kennzeichnet eine Reihe von Proben als „Marmatit". Bemerkenswert ist der hohe Mangangehalt in Analyse 59, der die bisher bekannt gewordenen Beträge wesentlich übersteigt.

G. Urbain[8]) unterwarf 64 Zinkblenden einer spektroskopischen Untersuchung auf Germanium. Unter den 41 germaniumhaltigen zeigten die charakteristischen Linien besonders stark die von Zinnwald, Witzborn in Nassau und Scharfenberg in Sachsen. Die germaniumhaltigen Blenden enthalten gewöhnlich auch viel Gallium, dagegen wenig Indium. Gallium konnte in fast sämtlichen Proben (nur 5 waren frei davon) erkannt werden. Wie Gallium waren Kupfer und Silber verteilt. In allen waren Cadmium und Blei enthalten. Zinn ließ sich 32-, Antimon 26-, Kobalt 14-, Wismut 10-, Arsen 9-, und Molybdän 5 mal nachweisen; Eisen und Mangan waren häufig.

Über die Bestimmung des Indiums siehe R. J. Meyer,[9]) sowie A. Thiel und H. Koelsch.[10]) Ein Verfahren zur Gewinnung von Indium aus Zinkblende gab Ph. Weselsky[11]) an.

J. Weber[12]) wies darauf hin, daß bei den Analysen von Zinkblenden

[1]) J. Weber, Z. Kryst. **44**, 223 (1908).
[2]) F. v. Sandberger, Z. Kryst. **9**, 386 (1884).
[3]) Ad. Schmidt, Verh. Nat.-Med. Ver. Heidelberg N. F. **2**, 5. H. (1881); Z. Kryst. **7**, 406 (1883).
[4]) A. de Grammont, Bull. soc. min. **18**, 274 (1895).
[5]) A. de Grammont, wie oben **21**, 128 (1898).
[6]) W. N. Hartley und H. Ramage, Journ. chem. Soc. **71**, 533 (1897).
[7]) C. Rimatori, R. Acc. d. Linc. **14**, 688—696 (1905).
[8]) G. Urbain, C. R. **149**, 602 (1909).
[9]) R. J. Meyer, Z. anorg. Chem. **24**, 321 (1900).
[10]) A. Thiel und H. Koelsch, Z. anorg. Chem. **66**, 280 (1910).
[11]) Ph. Weselsky, Journ. prakt. Chem. **94**, 443 (1865).
[12]) J. Weber, Z. Kryst. **44**, 225 (1908).

und Wurtzitkristallen sowohl Überschuß wie Mangel an Schwefel beobachtet wird. In 6—7 g gepulverter Zinkblende aus Mexico konnte er im Alkoholauszug Schwefel nachweisen. Beim Erhitzen verringert sich der Schwefelgehalt am leichtesten in künstlichen Produkten, dann in den hell- und schließlich in den rotfarbigen natürlichen Zinkblenden. Überschuß und Mangel unterliegen keiner Gesetzmäßigkeit. Für Blende von Santander erhielt er folgende Beziehungen:

	Hellfarbige Blende			Rote Blende		
Zn . . .	66,49	66,42	66,41	65,84	65,91	65,74
S. . . .	33,65	33,54	33,88	34,19	33,91	34,20
	100,14	99,96	100,02	100,03	99,82	99,94
Δ. . . .	+1,06	+0,98	+1,46	+2,01	+1,60	+1,97

Δ = Überschuß an Schwefel.

Für Wurtzit ergab sich meist Mangel an Schwefel:

	Wurtzit von Přibram			Künstlicher Wurtzit		Sublimierter Wurtzit	
Zn . .	56,70	60,57	65,74	67,93	67,72	68,03	68,21
Fe . .	10,34	6,48	1,38	—	—	—	—
S . .	32,94	33,05	32,81	32,09	32,24	31,89	31,85
	99,98	100,10	99,93	100,02	99,96	99,92	100,06
Δ . .	−0,77	−0,35	−0,21	−1,21	−0,96	−1,46	−1,59

Die Analyse erfolgte nach Aufschluß mit Soda und Salpeter. Schwefel wurde als $BaSO_4$ bestimmt, Eisen mit Natriumacetat und nach dem Wiederauflösen mit Ammoniak gefällt, Zink als Zinksulfid gewogen.

Diese Angaben scheinen aber jetzt einigermaßen zweifelhaft, da sie durch genaue Untersuchungen von A. Beutell und M. Matzke[1]) nicht bestätigt wurden. Die in unserer Tabelle angegebenen Analysen letzterer Forscher, nämlich Zinkblende von Laurenburg Nr. 5, von Picos de Europa Nr. 63, ferner Wurtzit von Přibram und von Albergaria velha (siehe unten bei Wurtzit) führen genau auf das Verhältnis 1 : 1 für Zn : S. Ferner erbrachte die Vakuumdestillation durch A. Beutell mit Silberblech den Beweis, daß freier oder in fester Lösung befindlicher Schwefel nicht verhanden ist. Es wurden dann noch einige andere Zinkblenden untersucht (Ems, Andreasberg, Sonora), nirgends fand sich überschüssiger Schwefel. Nur zwei mit Markasit verunreinigte Blenden enthielten Spuren von freiem Schwefel, der sich durch die Oxydation des Markasits gebildet hatte. Bei frischer Zinkblende ist stets das Verhältnis Zn : S = 1 : 1. Nur zersetzte Zinkblende zeigt freien Schwefel, wie es bereits E. S. Dana bei Marmatit nachwies (siehe S. 307). Die Versuche von J. Weber scheinen demnach nicht überzeugend.

Über das verschiedene Verhalten von Zinkblende und Wurzit bei der Luftoxydation siehe unten (vgl. Wurtzit).[2])

[1]) A. Beutel u. M. Matzke, ZB. Min. etc. 1915, 263. Siehe auch M. Matzke, Inaug.-Diss. Breslau 1914, Ref. N. JB. Min. etc. 1916, I, 145.

[2]) A. Beutel, ebenda.

Chemische Eigenschaften.

Löslichkeit. Zinkblende löst sich in Salpetersäure unter Abscheidung von Schwefel und Entwicklung von Stickstoffoxyd. Die Abscheidung von Schwefel, die besonders bei Ätzversuchen hinderlich ist, läßt sich nach Ph. Hochschild[1]) durch Zusatz einer geringen Menge Kaliumnitrit, welches autokatolytisch[2]) wirkt, vermeiden. Ferner löslich in erhitzter konzentrierter Salzsäure unter Entwicklung von Schwefelwasserstoff, und zwar sind die eisenreicheren Blenden wesentlich leichter löslich als die eisenarmen. Die Löslichkeit in HCl wächst mit zunehmendem Eisengehalt. Durch Abdampfen mit konzentrierter Schwefelsäure nur teilweile zersetzt. Feines Pulver wird durch längeres Digerieren mit heißer konzentrierter und mit Chlor gesättigter Kalilauge vollständig gelöst.[3]) — Nach J. Lemberg[4]) in Bromlauge als ZnO löslich, wobei etwa vorhandenes Eisen als Fe_2O_3 zurückbleibt, dessen Abscheidung bei eisenreichen Arten innerhalb einiger Minuten, oft aber erst nach Stunden erfolgt. In warmer Ag_2SO_4-Lösung durch Silbersulfid hellbraun bis stahlgrau gefärbt.

C. Doelter[5]) ermittelte die Löslichkeit für Zinkblende von Schemnitz in reinem Wasser zu 0,048 $^0/_0$, in Schwefelnatriumlösung zu 0,62 $^0/_0$; hierbei fand Umkristallisation statt: es bildeten sich zahlreiche Kriställchen von Zinkblende [(111); (111).$(1\bar{1}1)$ und Durchkreuzungszwillinge]. Von Sodalösung wurden nach längerem Behandeln bei 80° C nur Spuren gelöst. Blende von Spanien wurde gar nicht angegriffen. In Schwefelmonochlorid erfolgt die Auflösung — wahrscheinlich infolge Oxydation und Substitution — bei 250° C.[6])

Die Löslichkeit der Zinkblende und auch des Bleiglanzes in verdünnten Mineralsäuren untersuchte F. Rosenkränzer.[7]) Die Versuche wurden in Zusammenhang mit der Theorie der Flotationsprozesse ausgeführt.

Die Versuche mit verdünnter Schwefelsäure an Blende von Clausthal ergaben folgende Gesetzmäßigkeiten:

1. Die entwickelte Schwefelwasserstoffmenge ist direkt proportional der Zeitdauer der Reaktion, dies zeigt, daß die Reaktionsgeschwindigkeit bis zum Ende des Versuchs konstant bleibt.
2. Die Zersetzung ist der Schwefelsäurekonzentration direkt proportional.
3. Die entwickelten Schwefelwasserstoffmengen sind der Oberfläche der Zinkblendekörner direkt proportional.

Es ergibt sich aus den Versuchen, daß die Geschwindigkeit der Einwirkung verdünnter Schwefelsäure auf Zinkblende und Bleiglanz nicht von der Diffusionstheorie der Geschwindigkeit heterogener Reaktionen umfaßt wird. Es handelt sich hier um eine der eigentlichen Umsetzungsreaktion zu Sulfat und Schwefelwasserstoff vorhergehende, langsam verlaufende Lösung des Erzes, deren Ursache vielleicht in der allmählichen Hydrolyse zu sehen wäre (vgl. auch Versuche von O. Weigel.[8])

[1]) Ph. Hochschild, N. JB. Min. etc. Beil.-Bd. **26**, 172 (1908).

[2]) Vgl. über Autokatalyse: Ph. Hochschild, wie oben, S. 173, Fußnote.

[3]) L. Rivot, F. S. Beudant und Daguin, Ann. mines **4**, 221 (1853).

[4]) J. Lemberg, Z. Dtsch. geol. Ges. **46**, 792 (1894).

[5]) C. Doelter, Tsch. min. Mit. N. F. **11**, 322, 324 (1890) und N. JB. Min. etc. 1894, II, 275.

[6]) E. F. Smith, Journ. Amer. Chem. Soc. **20**, 289 (1898).

[7]) F. Rosenkränzer, Z. anorg. Chem. **87**, 318 (1914). Ref. N. JB. Min. etc. 1915, II, 21.

[8]) O. Weigel, ebenda 1908, I, 168 und II, 10.

Durch Schmelzen mit Soda erhält man ein Gemenge von Na_2S, ZnO und ZnS.[1])

Nach J. W. Evans[2]) überzieht sich Zinkblende in Kalkwasser mit einer braunen Haut, bleibt aber in destilliertem Wasser unverändert. — In kohlensäurehaltigem Wasser entstand nach G. Cesàro[3]) auf Blende von Picos de Europa ein Überzug von Zinkspat und einer pulverigen Substanz von der angenäherten Zusammensetzung $(ZnOH)_2CO_3$.

Hinsichtlich der Ätz- und Lösungserscheinungen an Kristallen und Kugeln von Zinkblende ist auf die ausführliche Arbeit von Ph. Hochschild[4]) zu verweisen, der Ätzversuche mit Salzsäure, Salpetersäure, Königswasser, Schwefelsäure, Flußsäure, Phosphorsäure, Chromsäure, Brom, Brom- und Chlorwasser, sowie mit Ätzkali ausführte. Von diesen Agenzien lieferten nur Salzsäure, Salpetersäure (letztere zwecks Lösung des sich ausscheidenden Schwefels mit etwas Kaliumnitrit versetzt) und Ätzkali gute Ergebnisse. Auf (111) entstanden mit HCl dreieckige Ätzgrübchen. $(1\bar{1}1)$ nahm ein mattes samtartiges Aussehen an infolge zahlreicher feiner tiefer und unregelmäßig begrenzter Bohrungen. (001) zeigte langgestreckte rechteckige Ätzfiguren in Richtung der Zone $(111):(001):(\bar{1}\bar{1}1)$. Auf (101) ließen sich keine Ätzfiguren beobachten, die Flächen wurden stark angegriffen und matt. — Ätzung mit Salpetersäure erzeugte auf (111) und (001) den mit Salzsäure erhaltenen sehr ähnliche Ätzfiguren, auf $(1\bar{1}1)$ traten hier tiefe runde Bohrungen ohne scharfe randliche Begrenzung auf, die (101)-Fläche wies ähnliche Bohrungen auf, nur tiefer und vereinzelt. — Ätzkali rief auf (111) und $(1\bar{1}1)$ dreiseitige, sich völlig gleichende Ätzgrübchen hervor; (001) wurde matt, ohne deutliche Ätzfiguren zu zeigen, auf (101) entstanden Ätzhügel. — Im Einklange mit den Ergebnissen der Ätzung von Einzelflächen stehen die Resultate der Lösungsversuche an Kugeln. Auch hier hatten Salz- und Salpetersäure ähnliche Wirkung: mit beiden wurden schließlich tetraederähnliche Lösungskörper erhalten. Der mit Ätzkali erzielte Lösungskörper hatte hingegen, was nach der gleichen Beschaffenheit der Ätzgrübchen auf (111) und $(1\bar{1}1)$ zu erwarten war, holoedrischen Habitus: er zeigte die Gestalt eines Würfels mit scharfen Kanten in der Zone $(111):(101):(1\bar{1}1)$. An diesem kommt jedoch der hexakistetraedrische Charakter der Zinkblende durch verschiedene Beschaffenheit der abwechselnden Würfelecken deutlich zum Ausdruck.

Natürliche Ätzerscheinungen wurden z. B. an schwarzen Kristallen der Grube Kuratani, Prov. Kaga, Japan, beobachtet und zwar auf (111) stets hexagonale Grübchen, während trigonale Grübchen und Hügel sich sowohl auf (111) wie auf $(1\bar{1}1)$ zeigten.[5])

Lötrohrverhalten und Reaktionen. Blende dekrepitiert bei starkem Erhitzen im einseitig geschlossenen Röhrchen manchmal sehr heftig, ohne dabei in den meisten Fällen die Farbe zu verändern. Im offenen Rohr entwickelt sie schweflige Säure; je nach der Menge des beigemischten Eisens erscheint die Probe nach dem Erkalten gelblich bis braunrot. Eisenreiche Blenden wurden nach dem Glühen magnetisch. Vor dem Lötrohr schwer schmelzbar. Der

[1]) P. Berthier, Ann. chim. phys. **33**, 167 (1826) bei O. Dammer, Handb. anorg. Chem. Stuttgart (2) **2**, 468 (1894).

[2]) J. W. Evans, Min. Mag. a. Journ. Min. Soc. London **12**, 371 (1900).

[3]) G. Cesàro, Ann. Soc. géol. Belg. **22**, 217 (1895).

[4]) Ph. Hochschild, N. JB. Min. etc. Beil.-Bd. **26**, 151–213 (1908).

[5]) Sh. Ichikawa, Am. Journ. (4) **48**, 124 (1919).

Lötrohrbeschlag auf Kohle ist in der Hitze gelb, nach dem Erkalten weiß; er färbt sich nach dem Betupfen mit Kobaltsolution im Oxydationsfeuer grasgrün. Bläst man den Beschlag auf Glas und löst ihn in einem Tröpfchen Salzsäure, so kristallisiert die Lösung beim Eintrocknen über der Flamme in Nadeln und radialstengligen Aggregaten, die an der Luft zerfließen.[1]) Bei silberhaltigen Vorkommen ist der Zinkbeschlag nach längerem Blasen manchmal schwach rosa gefärbt. Ein Cadmiumgehalt gibt sich durch einen rotbraunen Beschlag von Cadmiumoxyd zu erkennen. Eisen und Mangan lassen sich in der gerösteten Probe mittels Borax bzw. Salpeter und Soda nachweisen.

Nach R. Biewend[2]) erkennt man sehr geringe Spuren von Cadmium in Zinkblenden vor dem Lötrohr auf Kohle an dem Anlaufbeschlag, der aus einem mattschwarzen, rußähnlichen Ringe besteht und nach außen hin ins Kupferrötliche bis Messinggelbe übergeht. An die Innenseite des schwarzen Ringes legt sich ein prächtig tiefblau bis violett schillernder Saum. Es soll sich auf diese Weise noch ein Gehalt von 0,002 % Cadmium neben Zink nachweisen lassen. — In der einseitig geschlossenen Röhre erhält man beim Erhitzen des Erzes mit Kaliumoxalat ein silberweißes Destillat. Der Cadmiumgehalt der Zinkblende läßt sich durch Feilspäne von Eisen, Mangan, Aluminium und Magnesium reduzieren und als Beschlag im Glasrohre ermitteln. Um das erhaltene Cadmium in das charakteristische, heiß „leuchtend zinnoberrote", kalt „orange bis zitronengelbe" Sulfid zu verwandeln, wird ein winziges Körnchen Schwefelblume in die Röhre gebracht und nochmals stark erhitzt. Die geringste nachweisbare Menge Cadmium betrug 0,001 %. — R. Lorenz[3]) fand, daß ZnS und FeS mit Salmiakdämpfen sich verflüchtigen.

Physikalische Eigenschaften.

Die Dichte liegt zwischen 3,9 und 4,1; für die farblose bis weiße Blende von Franklin Furnace (New Yersey) ist $\delta = 4{,}063$. E. T. Allen und J. L. Crenshaw[4]) bestimmten die Abhängigkeit der Dichte vom Eisengehalt:

Fundort . . .	Sonora	Schottland	Guipúzcoa	Queensland	Breitenbrunn
Eisengehalt . .	0,15 %	1,43 %	5,47 %	10,8 %	17,06 %
δ_{25^0}	4,102	2,091	4,042	3,99	3,946
$\delta_{25^0/4^0}$*). . . .	4,090	4,079	4,030	3,98	3,935
Spezif. Volumen	0,2444	0,2451	0,2481	0,2513	0,2541

*) $= \delta \dfrac{\text{Mineral bei } 25^0}{\text{Wasser bei } 4^0}$.

Härte = 3,5—4. L. Frankenheim,[5]) Fr. Exner[6]) und F. Pfaff[7]) stellten fest, daß die Härte auf Rhombendodekaederflächen in verschiedenen Richtungen ungleich sei. L. Frankenheim fand für die längere Diagonale einen Maximal-, für die kürzere einen Minimalwert, Fr. Exner parallel den

[1]) V. Goldschmidt, Z. Kryst. **21**, 331 (1893).
[2]) R. Biewend, Bg.- u. hütt. Z. **61**, 401, 413, 425 (1902).
[3]) R. Lorenz, Ber. Dtsch. Chem. Ges. **24**, 1501 (1891).
[4]) E. T. Allen und J. L. Crenshaw, Z. anorg. Chem. **79**, 125 (1912).
[5]) L. Frankenheim, Inaug.-Diss. Breslau (1829).
[6]) Fr. Exner, Untersuch. üb. Härte a. Kristallflächen. Wien 1873, 39.
[7]) F. Pfaff, Z. Kryst. **12**, 180 (1887).

Rhombendodekaederkanten ein Minimum und senkrecht dazu ein Maximum, F. Pfaff auf einem Spaltungsstück in der Richtung der kurzen Diagonale, parallel der Kante der (110)-Fläche und in der Richtung der langen Diagonale das Härteverhältnis 10,2:11:11,9. — Nach G. Cesàro,[1]) ist die Inverse der Härtekurve, welche durch Abtragen der den zum Ritzen erforderlichen Gewichten umgekehrt proportionalen Längen erhalten wird, auf (110) ein regelmäßiges Sechseck, von dem eine Seite der kurzen Flächendiagonale parallel läuft.

Die **Spaltbarkeit** nach dem Rhombendodekaeder ist sehr vollkommen. Das Oktaeder und das Ikositetraeder (211) haben Gleitflächencharakter.[2]) K. Veit[3]) ermittelte bei höheren mit der hydraulischen Presse erzeugten Drucken (45—7800 Atm.) als Translationsebene $T = (111)$ mit der Translationsrichtung $t = ?(112)$. — Bruch muschelig. Spröde.

Netzebenenabstände. Der Einfluß des Eisengehaltes auf die Abstände der Netzebenen kommt nach F. Rinne[4]) in den isomorphen Mischungsverhältnissen der verschiedenen Zinkblenden nicht deutlich zum Ausdruck:

	gefunden:	berechnet:		
	d_{110}	d_{100}	d_{111}	δ
hellgelbe Blende (Santander)	3,855	5,451	3,148	3,975
hellbraune Blende	3,856	5,453	3,149	—
dunkelbraune Blende	3,856	5,453	3,149	—
tiefschwarze Blende (Rodna, Siebenbürgen)	3,859	5,457	3,151	3,506

Die auffallende Gleichmäßigkeit der erhaltenen Werte wird bei Berücksichtigung der ähnlichen Atomgewichte von Zn (65,4) und Fe (56), sowie des sehr stabilen Tetraederbaus erklärlich; sie deutet übrigens auf nahestehende Atomvolumina der in dem Mineral enthaltenen Metalle.

Optische Eigenschaften. Diamant- bis Fettglanz; vollkommene Durchsichtigkeit bis makroskopische Undurchsichtigkeit bei dunklen und schwarzen Varietäten. — Farbe gewöhnlich braun und schwarz durch Beimischungen von FeS, aber auch gelb, rot und grün, selten farblos oder weiß wie das Cleiophan bzw. Cramerit genannte Vorkommen von Franklin Furnace, New Jersey. Strich meist braun bis gelblichweiß.

Anlauffarben sind nicht häufig. M. Leo[5]) erwähnt Kristalle einer Stufe von Kapnik (Ungarn), bei welchen die Tetraederflächen blau, die übrigen hingegen mehr braunrötlich angelaufen sind.

Lichtbrechung. Die Brechungsquotienten an gelber Blende von Picos de Europa, Santander (Spanien) betragen nach A. Des Cloizeaux[6]) für ein Prisma von 30° 41′

$$\text{bei } 15^0\text{ C:} \qquad N_{Li} = 2{,}341\,, \qquad N_{Na} = 2{,}369\,,$$

nach W. Ramsay[7]) an einem aus einem Spaltungsstück hergestellten Prisma von 60° 0′ 30″ als Mittel von 10 Bestimmungen

$$N_{Li} = 2{,}34165\,, \qquad N_{Na} = 2{,}36923\,, \qquad N_{Tl} = 2{,}40069\,.$$

---

1) G. Cesàro, Ann. Soc. géol. Belg. **15**, 204 (188); Z. Kryst. **18**, 530 (1891).
2) O. Mügge, N. JB. Min. etc. 1883, I, 52; R. Brauns, Opt. Anomal. d. Krist. Leipzig 1891, 168.
3) K. Veit, N. JB. Min etc. Beil.-Bd. **45**, 125 (1922).
4) F. Rinne, Z. Kryst. **59**, 235 (1923).
5) M. Leo, Die Anlauffarben. Dresden 1911, 17.
6) A. Des Cloizeaux, Nouv. Rech. 1867, 515.
7) W. Ramsay, Z. Kryst. **12**, 218 (1887).

E. T. Allen und J. L. Crenshaw[1]) bestimmten an Zinkblende von Sonora, Mexico, $N_{Na} = 2{,}3688 \pm 0{,}0002$. Unter Berücksichtigung von 0,22 % FeS als Verunreinigung ergibt sich für reine Zinkblende:

$$N_{Na} = 2{,}3682 \qquad N_{Tl} = 2{,}3983 \pm 0{,}0002.$$

G. Horn[2]) verglich die im durchgehenden Lichte nach der Prismenmethode erhaltenen Brechungsquotienten N mit den nach W. Voigt[3]) aus Beobachtungen über die elliptische Polarisation bei der Reflexion einer geradlinig polarisierten Welle berechneten. Aus letzteren wurden auch die Absorptionsindices K ermittelt. Es gelangten zur Untersuchung: hellgelbe Blende von Santander, braune Blende aus Siebenbürgen und schwarze Blende von St. Christoph bei Breitenbrunn, Sachsen. Bei diesen Untersuchungen zeigte sich, daß die von W. Voigt für schwach absorbierende Körper aufgestellten Formeln noch nicht für Stoffe von der Absorption der gelben Blende (für welche ziemlich beträchtliche Differenzen sich ergaben), wohl aber für stärker absorbierende Substanzen gelten.

Nach S. Calderon[4]) nimmt die Lichtbrechung der Blende mit steigender Temperatur zu:

		20° C	40° C	60° C	80° C	100° C	120° C	140° C	160° C	180° C	200° C
I. Prisma	N_{Na}	2,369	2,371	2,373	2,375	2,378	2,381	2,385	2,389	2,393	2,398
II. Prisma	N_{Na}	2,371	2,373	2,375	2,377	2,380	2,383	2,387	2,391	2,395	2,400

W. Voigt[5]) ist der Meinung, daß die auffallenden Ergebnisse der Untersuchungen S. Calderons durch eine fehlerhafte Beschaffenheit der verwendeten Prismen bedingt seien; A. Arzruni[6]) nimmt an, daß die gebrochenen Strahlen verschieden orientierte, optisch anomale Schichten durchliefen.

Die Dispersion der Blende von Sonora beträgt nach H. E. Merwin,[7]) am Prisma bestimmt:

λ	N	λ	N	λ	N	λ	N
420 $\mu\mu$	2,517	486 $\mu\mu$	2,463	589 $\mu\mu$	2,369	671 $\mu\mu$	2,340
434 $\mu\mu$	2,493	535 $\mu\mu$	2,399	630 $\mu\mu$	2,353	760 $\mu\mu$	2,320

Die Abhängigkeit des Brechungsindex vom Eisengehalt zeigt folgende Tabelle:

Fundort	FeS (MnS)	δ	N_{Li}	N_{Na}
Senora	0,2 %	4,090	2,34	2,37
Spanien	8,6	4,023	2,36	2,40
Australien	17,0	3,98	2,38	2,43
Sachsen . .	28,2	3,935	2,395	2,47

[1]) E. T. Allen und J. L. Crenshaw, wie oben.
[2]) G. Horn, N. JB. Min. etc. Beil.-Bd. **12**, 310, 317, 321 (1899).
[3]) W. Voigt, Kompend. theor. Phys. **2**, 743 (1896).
[4]) S. Calderon, Z. Kryst. **4**, 516 (1880).
[5]) W. Voigt, Z. Kryst. **5**, 127 (1881).
[6]) A. Arzruni, Z. Kryst. **8**, 400 (1884).
[7]) H. E. Merwin bei E. T. Allen und G. L. Crenshaw, Z. anorg. Chem. **79**, 125 (1912).

Optische Anomalie. Anomale Doppelbrechung ist bei Zinkblende eine keineswegs seltene Erscheinung. Sie wurde bereits von D. Brewster[1]) und später von J. Hirschwald[2]) beobachtet. Ausführliche Angaben finden sich bei P. Hautefeuille[3]) und R. Brauns.[4]) J. Noelting[5]) wies darauf hin, daß Blende in Form von Dünnschliffen, Splittern und Pulver isotrop und nur in dickeren Stücken anomal sei. Nach P. Hautefeuille wandelt sich Blende mit Zonenstruktur bei Rotglut in Wurtzit um, dessen optische Achse senkrecht zu den Schichten steht. E. Mallard[6]) folgerte aus diesem Verhalten der zonaren Blende und aus der Beobachtung E. Bertands[7]), der nach dem Erhitzen eines ursprünglich schwach doppelbrechenden Spaltblättchens starke Doppelbrechung feststellte, daß Zinkblende aus submikroskopisch verzwillingten Wurtztitlamellen bestehe. R. Brauns hält „alle an der Zinkblende beobachteten Anomalien" für „Druckwirkungen" und erklärt die beim Erhitzen entstehenden doppelbrechenden Stellen nicht als Wurtzit, sondern durch Spannungserscheinungen; die Doppelbrechung soll demnach nicht beim Erhitzen, sondern durch schnelle Abkühlung entstehen. F. Quiroga[8]) zeigte, daß Spaltblättchen von Picos de Europa durch mechanische Beanspruchung dauernd anomal werden: an einer vorher isotropen Stelle entsteht durch leichten Druck mit einer Nadel im parallel polarisierten Lichte zwischen gekreuzten Nicols eine kreuzförmige helle Stelle.

Die anomale Doppelbrechung hängt ohne Zweifel auch mit der isomorphen Schichtung zusammen, die sehr deutlich und häufig in der hellen Blende von Picos de Europa auftritt. Die rötlich bis braun gefärbten scharf begrenzten Schichten zeigen die Doppelbrechung besonders gut. An ihren Grenzen gegen die helle Blende beobachtet man im parallel polarisierten Lichte Aufhellungen, die nach außen hin verklingen. Auch durch die beim Ritzen erfolgende mechanische Beanspruchung wird nach M. Seebach das Präparat an und in der Nachbarschaft der geritzten Stelle doppelbrechend. Die Beobachtung wird durch Benutzung eines Gipsblättchens vom Rot I. Ordnung wesentlich erleichtert. (Aus einer noch nicht abgeschlossenen Versuchsreihe des Verf.) — Nach K. Veit[9]) zeigten 0,5 mm dicke Platten parallel (110) aus Spaltstücken, die in Alaun im Kupferzylinder senkrecht (110) bei 2000—3000 Atmosphären gepreßt worden waren, zwischen gekreuzten Nicols Doppelbrechung, deren Betrag D = 0,0004 ist.

Chalkographische Untersuchung.[10]) Farbe der Anschliffe hellgrau mit einem Stich ins Bläuliche. Wegen der großen Lichtdurchlässigkeit und der im Vergleich mit andern Erzen relativ schwachen Lichtbrechung hat die Zinkblende unter den häufigen Erzen das geringste Reflexionsvermögen. — Im polarisierten Lichte verhält sie sich zwischen gekreuzten Nicols isotrop; die innere Reflexfarbe tritt stark hervor.

---

[1]) D. Brewster, Phil. Trans. **1**, 255 (1875).
[2]) J. Hirschwald, Tsch. min. Mit. 1875, 242.
[3]) P. Hautefeuille, C. R. **93**, 774 (1891).
[4]) R. Brauns, Opt. Anomal. d. Krist. Leipzig 1891, 164.
[5]) J. Noelting, Inaug.-Diss. Kiel 1887, 7.
[6]) E. Mallard, Bull. soc. min. **5**, 235 (1882).
[7]) E. Bertrand bei E. Mallard, wie oben.
[8]) F. Quiroga, Act. Soc. hist. nat. **21**, 1 (1892); Z. Kryst. **24**, 414 (1895).
[9]) K. Veit, N. JB. Min. etc. Beil.-Bd. **45**, 125 (1921).
[10]) Nach H. Schneiderhöhn, l. c. 161—170.

Von andern im Anschliffe ebenfalls grau erscheinenden und mit ihr zusammen vorkommenden Mineralien ist sie unschwer zu unterscheiden: von den oxydischen Erzen durch ihre geringere Härte, während die carbonatischen und sulfatischen Gangarten im Anschliff dunkler grau sind; zudem bilden ihr Ätzverhalten und die durch die Ätzung besonders deutlich werdende Zwillingslamellierung ein zuverlässiges Erkennungsmittel.

Fig. 28. Polierter Anschliff. Geätzt mit schwefelsaurer Permanganatlösung. Vergr. 80:1. Zinkblende (grau) und Bleiglanz (weiß) von Holzappel in Nassau. Zinkblende als allotriomorphes Aggretat, alle Körner mit Zwillingslamellierung. Bleiglanz verdrängt als jüngeres aszendentes Erz die Zinkblende allmählich.

Bei der Verwendung von freien Halogenen, Bromdampf, Bromsalzsäure und Königswasser als Ätzmittel, die kräftig auf Zinkblende einwirken, werden Struktur und Gefüge zwar gut sichtbar, indes machen die dabei auftretenden Gasblasen das Ätzbild fleckig und ungleichmäßig. Konzentrierte HNO_3 erwies sich ebenfalls als ungünstig, HCl und KCN scheinen nicht einzuwirken. — Als bestes Ätzmittel, das die innere Beschaffenheit (Korngrenzen, Atzspaltbarkeit, Zwillingslamellen, Zonarstruktur, Deformationen und Einschlüsse) besonders schön und deutlich entwickelt, erwies sich schwefelsaure Kaliumpermanganatlösung von der Zusammensetzung: 1 ccm konz. $KMnO_4$-Lösung, 1 ccm Wasser, 1 Tropfen konz. H_2SO_4. Als extremste Lösungsgeschwindigkeit für dieses Ätzmittel wurden die Normalrichtungen auf dem positiven und negativen Tetraeder gefunden (Fig. 28 u. 29).

Von charakteristischen Interpositionen ist namentlich der selten fehlende Kupferkies in außerordentlich kleinen Tröpfchen mit einem Durchmesser von einigen tausendstel Millimeter zu erwähnen; ein Gehalt an ähnlich struierten Zinnkieströpfchen ist nur auf gewisse Vorkommen (z. B. die verglaste Zinkblende von Freiberg) beschränkt und wird als Entmischung gedeutet.

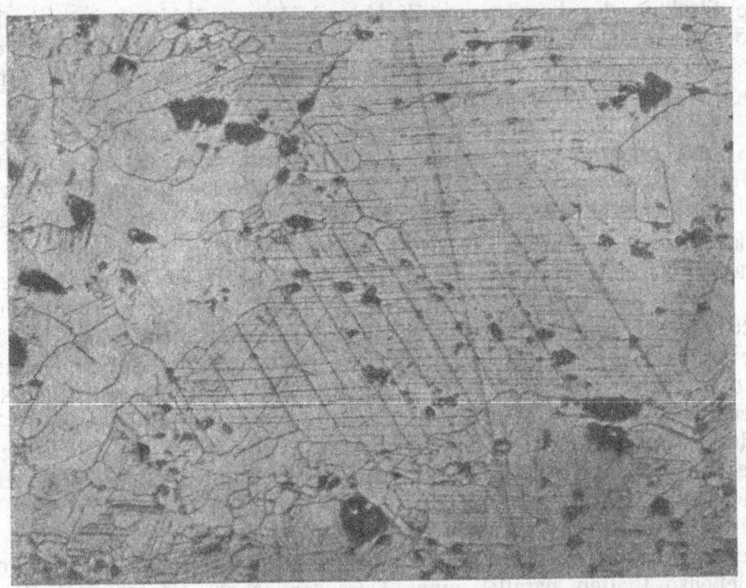

Fig. 29. Polierter Anschliff. Mit schwefelsaurer Permanganatlösung geätzt. Vergr. 110:1. Zinkblende von Holzappel in Nassau mit guter Ätzspaltbarkeit.

Fig. 30. Polierter Anschliff. Ungeätzt. Vergr. 80 : 1. Tsumeb-Mine. III. Sohle. Verdrängungsstruktur. Zinkblende (dunkel) wird von Kupferglanz (hell) verdrängt, der auf den Spaltrissen der Blende eindringt und sie allmählich auffrißt. Es entstehen dadurch zeitweise „pseudoidiomorphe" Begrenzungsformen der Zinkblende im Kupferglanz (siehe besonders oberen Teil).

Die Struktur der homogenen Zinkblende-Aggregate ist bei wechselnder Größe der Induviduen allotriomorph-körnig. Idiomorphen Kristallen begegnet man in den deszendenten metasomatischen Hohlraumerzen in einer Grundmasse von Markasit oder Eisenkies.

Da die Zinkblende eines der ältesten Erze ist, das sich den meisten anderen Erzen gegenüber stark elektropositiv verhält, wird sie oft von andern Erzen durch Einwirkung aszendenter oder deszendenter Lösungen verdrängt, was in charakteristischen Verdrängungsstrukturen zum Ausdruck kommt (Fig. 30).

Elektrische Eigenschaften. Nach F. Beijerinck[1]) ist Zinkblende ein ausgesprochener Nichtleiter der Elektrizität. C. Doelter[2]) konnte an gelbem Material aus Spanien bei 400° C noch keine Leitfähigkeit feststellen; Erhitzen über 420° C war wegen der beginnenden Zersetzung nicht möglich. Nach J. Curie[3]) ein Diëlektrikum, auf welches das Gesetz der Superposition der elektromotorischen Kräfte sich wohl nicht anwenden läßt; die flüssigen Interpositionen scheinen von nicht zu unterschätzendem Einfluß zu sein. — An gelber durchscheinender Blende bestimmte W. Schmidt[4]) die Diëlektrizitätskonstante: $\varepsilon = 7{,}85$. Über lichtelektrische Beobachtungen siehe B. Gudden und R. Pohl, Z. Phys. **2**, 18 (1920).

Polare Pyroelektrizität nach den trigonalen Achsen: Flächen und gegenüberliegende Ecken eines Zinkblende-Tetraeders verhalten sich entgegengesetzt, ebenso Platten parallel einer Tetraederfläche[5]). Zeigt auch Piezoelektrizität[6]): Tetraederfläche negativ, Ecke positiv. A. L. W. E. van der Veen[7]) untersuchte das piezoelektrische Verhalten der Zinkblende quantitativ. Der piezoelektrische Effekt wurde durch Vergleich mit einem Quarzpräparat festgestellt. Kristall und Quarzpräparat sind mit einem Ende ihrer polaren Achse mit einem Elektrometer verbunden, das andere Ende hat Erdleitung. Ein Druck P_1 auf den Kristall bewirkt, daß die erregte elektrische Ladung einen Potentialunterschied mit der Erde und dem Ausschlag U_x des Elektrometers zur Folge hat. Gibt eine Belastung P_2 auf das Quarzpräparat einen Ausschlag U_q, so gilt für den piezoelektrischen Effekt des Kristalls pro Kilogramm die Formel: $E_x = k \frac{U_x}{U_q} \cdot E_q$, wenn $k = \frac{P_2}{P_1}$ und E_q = dem piezoelektrischen Effekt des Quarzpräparates, den man vorher genau bestimmen muß. A. L. W. E. van der Veen fand an einem flaschengrünen, eisen- und cadmiumhaltigen Spaltungsrhomboeder, an welches zwei parallele Tetraederflächen angeschliffen worden waren, die Werte

$$E_x = 0{,}045 \text{ (I. Pol)}, \qquad E_x = 0{,}048 \text{ (II. Pol)}.$$

Fluoresziert nach J. Schincaglia[8]) im Sonnenlicht nicht.

Luminiszenz. Manche Zinkblenden phosphoreszieren beim Reiben,

[1]) F. Beijerinck, N. JB. Min. etc. **11**, 431 (1897).
[2]) C. Doelter, Sitzber. Wiener Ak. **119**, 90 (1910).
[3]) J. Curie, Ann. chim. phys. **17**, 385 (1889); **18**, 203 (1889); bei Th. Liebisch, Phys. Krist. Leipzig 1891, 244.
[4]) W. Schmidt, Ann. d. Phys. **9**, 931 (1902).
[5]) J. Friedel, Bull. soc. min. **2**, 31 (1879); C. Friedel und J. Curie, ebenda **6**, 191 (1883).
[6]) J. und P. Curie, Bull. soc. min. **3**, 92 (1880); C. R. **91**, 294, 383 (1880); **92**, 350 (1881); **93**, 204 (1881); Z. Kryst. **6**, 292 (1882).
[7]) A. L. W. E. van der Veen, Z. Kryst. **51**, 560 (1913).
[8]) J. Schincaglia, Nuovo Cimento, Pisa **10**, 212 (1899).

Kratzen und Zerbrechen oder auch beim Erwärmen. W. Arnold[1]) gibt an, daß Zinksulfid unter dem Einfluß von Röntgenstrahlen nur schwach, unter der Einwirkung von Kathodenstrahlen aber hell luminisziert. C. Schuhknecht[2]) beobachtete starke Luminiszenz bei künstlichen Präparaten unter der Einwirkung von Röntgen- und Kathodenstrahlen (vgl. S. 342):

1. von Buehler, Braunschweig: sehr starke blaugrüne Luminiszenz.
2. von Dr. Dahms . . . . .: „ „ gelblichgrüne „
3. von E. Ducretet, Paris .: „ „ „ „

Nr. 1 wirkte stark, 2 schwach, 3 gar nicht auf die photographische Platte ein. Die Grenzen des Luminiszenzspektrums liegen zwischen 509—412 $\mu\mu$; ein Intensitätsmaximum ist bei 450 $\mu\mu$. Es handelte sich hier nicht um reines Zinksulfid.

Durch Radiumstrahlen keine Phosphoreszenz.[3])

Geschmolzenes Zinksulfid, das im elektrischen Ofen bei 1800—1900^0 unter 100 bis 150 Atm. geschmolzen wurde, phosphoresziert ebenfalls. Bei den innern nur gesinterten Teilen des Präparates liegt die Farbe des Phosphoreszenzlichtes nach der grünen, bei den äußern, vollständig geschmolzenen Randpartien nach der roten Seite.[4]) Vgl. S. 343.

Einwirkung von Radium- und ultravioletten Strahlen.[5]) Spanische blaßgelbe Blende mit rötlichem Stich (5^{r-s}) wurde durch Radium nach 5 Tagen 4^0 d. h. zinnoberrot bei orange und merklich dunkler. Blende vom Binnental wird nach A. Himmelbauer[6]) nicht verändert.

Auch mit ultravioletten Strahlen wird Blende aus Spanien dunkler und neigt mehr gegen Zinnober.

Bogenlicht hat ähnlichen Einfluß wie Radium.

Amorphes weißes Zinksulfid wird weder durch Radium noch durch ultraviolettes Licht verändert. Mit Leim gemengt und auf Papier gestrichen, wird amorphes ZnS nach siebentägiger Bestrahlung mit Radium graugelb; ultraviolette Strahlen sind ohne Einfluß.

Thermische Eigenschaften. Die **spezifische Wärme** bestimmte F. E. Neumann[7]) bei konstantem Druck (wahrscheinlich nach der Mischungsmethode) zwischen 100^0 und der Temperatur der Umgebung. Er erhielt aus verschiedenen Versuchen die Werte: $c = 0{,}1148$, 0,1156 und 0,1132. Nach V. Regnault[8]) ist c (zwischen 98 und 15^0) = 0,12303. H. Kopp[9]) gibt für schwarze Blende aus Böhmen als Mittelwert aus 5 Versuchen zwischen 16 und 46^0 = 0,120 ± 0,004. Für Zinkblende mit 28 % Quarz, $\delta = 4{,}90$ fand F. T. Dunn[10]) $c = 0{,}08$. J. Joly[11]) ermittelte für:

[1]) W. Arnold, Wied. Ann. **61**, 321 (1897). Auch von C. Doelter (l. c.) beobachtet.

[2]) C. Schuhknecht, Diss. Leipzig, 1905; Ann. Phys. **17**, 717 (1905).

[3]) C. Doelter, Das Radium und die Farben. Dresden 1910, 126.

[4]) E. Thiede und A. Schleede, Chem. Ber. **53**, 172 (1920).

[5]) C. Doelter, Das Radium und die Farben. Dresden 1910, 35.

[6]) A. Himmelbauer bei C. Doelter, wie oben.

[7]) F. E. Neumann, Pogg. Ann. **23**, 1 (1831).

[8]) V. Regnault, Ann. chim. phys. **73**, 5 (1840).

[9]) H. Kopp, Ann. d. Chem. 3. Suppl.-Bd. (1864 und 1865).

[10]) F. T. Dunn bei A. S. Herrschel und G. A. Lebour, Rep. **48**, Meeting Brit. Ass. for Adv. of Sci. Dublin (1878) and Rep. **49**, Meeting Sheffield (1879).

[11]) J. Joly, Proc. Roy. Soc. **41**, 250 (1887).

Zinkblende	δ	c	Mittelwert	Θ_1	Θ_2
dunkelbraun, gut kristallisiert . .	4,082	0,11445	0,1144	11,8°	100°
dunkelbraun, divergentfaserig . .	4,039	0,11553	0,1159	11,4	100
dunkelbraun, dicht kristallinisch .	4,020	0,11625		9,9	100

Von K. Bornemann und O. Hengstenberg[1]) werden für die mittlere spezifische Wärme folgende Werte angegeben:

Christophit bei	Emser Blende bei	Annamblende bei
0—100° c = 0,1249	0—100° c = 0,1187	0—100° c = 0,1131
700° = 0,1372	700° = 0,1310	700° = 0,1283
900° = 0,1351	900° = 0,1311	900° = 0,1287

Wegen der Abhängigkeit der mittleren spezifischen Wärme von der Temperatur erscheint bei stark eisenhaltigen Zinkblenden eine gegenseitige Löslichkeit von FeS und ZnS bei höheren Temperaturen möglich. Bei Fe-haltigen Zinkblenden lassen sich sowohl nach den kalorimetrischen Messungen als auch nach der thermischen Analyse zwischen 720 und 760° eine oder zwei Umwandlungen erkennen. Die Intensität der Umwandlungseffekte nimmt mit dem Eisengehalt ab.

G. Lindner[2]) untersuchte die Temperaturabhängigkeit im Bunsenschen Eiskalorimeter:

Θ_1	Θ_2	c	Θ_1	Θ_2	c
0°	100°	0,1146	0°	300°	0,1162
0	200	0,1153	0	350	0,1167

Der lineare Ausdehnungskoeffizient beträgt nach H. Fizeau[3]) bei 40° C:

$$\alpha = 0{,}0_4 0670, \text{ der Zuwachs für } 1^0 \; \frac{\Delta\alpha}{\Delta\Theta} = 0{,}0_6 0128 .$$

Die Bildungswärme ist nach M. Berthelot[4]) = + 43,0.

Zinkblende ist diatherman.

Der **Schmelzpunkt** der Zinkblende läßt sich bei Atmosphärendruck nicht realisieren. Die Angabe von R. Cusak,[5]) nach welcher er bei 1049° C liegen soll, ist wahrscheinlich unrichtig.

Nach K. Friedrich[6]) ergibt sich im Zustandsdiagramm mit PbS, Cu_2S, FeS, Ag_2S durch Extrapolierung etwa 1625—1690° C für Zinkblende von Picos de Europa mit 66,39% Zn, 33,26% S und 0,30% Fe.

[1]) K. Bornemann und O. Hengstenberg, Metall und Erz **17**, 313, 339 (1920); Ref. N. JB. Min. etc. 1923, II, 165.

[2]) G. Lindner, Inaug. Diss. Erlangen (1903); Sitzber. Erlang. phys.-med. Soc. **34**, 217 (1903).

[3]) H. Fizeau bei Th. Liebisch, Phys. Krist. Leipzig 1891, 92.

[4]) M. Berthelot bei O. Dammer, Hdb. anorg. Chem. [2] **2**, 468 (1894).

[5]) R. Cusack, Proc. Roy. Irish Acad. [3] **4**, 399 (1897).

[6]) K. Friedrich, Metallurgie **5**, 128 (1908).

ZnS läßt sich im elektrischen Flammenbogenofen ohne Spur von Zersetzung unzersetzt destillieren.[1]) Reine Zinkblende sublimiert schon bei bedeutend niedrigeren Temperaturen;[2]) so nach:

F. O. Doeltz[3]) bei 1200° C (Künstliches Sulfid),
W. Biltz[4]) bei 1178° C ± 2° (Blende von Santander),
bei 1185° C ± 6° (Künstl. hexagonaler Wurtzit).

Zinksulfid ist bei 1000° C so flüchtig, daß in kurzer Zeit kleine Kristalle von Wurtzit entstehen.[5]) Mehrere Gramm sublimierten in gut ausgebildeten Kristallen von beträchtlicher Größe zwischen 1200° C und 1300° C. Eine Schmelze konnte auch dann nicht beobachtet werden, als ein Rohr mit Zinksulfid schnell in einen auf 1550° C vorgewärmten Ofen gebracht wurde. Allerdings dürfte hierbei nach den Angaben K. Friedrichs noch nicht die extrapolierte Schmelztemperatur erreicht sein.

Die Reaktionstemperatur liegt nach K. Friedrich[6]) für gepulverte Zinkblende von Picos de Europa, nachgewiesen durch den SO_2-Geruch

zwischen 628° und 698° C im Sauerstoffstrom,
„ 647° „ 678° C „ Luftstrom,

der Beginn des Aufglühens

zwischen 662° und 770° C im Sauerstoffstrom,
„ 735° „ 810° C „ Luftstrom.

Feste Stücke ergeben höhere Temperaturen und zeigen sogar, bis auf 1100° C erhitzt, im Innern noch einen unabgerösteten Kern. Bereits bei 40° C tritt eine intensive Rötung von blauem Lackmuspapier auf, die indes nur kurze Zeit anhält; gleichzeitig dekrepitiert die Zinkblende heftig.

Von K. Friedrich wurden die Systeme von Zinkblende mit Bleiglanz, Kupferglanz, Silberglanz und Magnetkies ausgearbeitet. Es ergaben sich einfache Typen mit eutektischen Punkten, deren Konzentrationen und Temperaturen bei:

94% PbS und etwa 1045° C,
97% Ag_2S „ „ 800° C,
95% FeS „ „ 1150° C

liegen. Im System Zinksulfid-Kupfersulfid scheint der eutektische Punkt mit dem Schmelzpunkt von Cu_2S zusammenzufallen. Leider ließ die starke Flüchtigkeit von Zinksulfid bei höheren Temperaturen Schlüsse auf Mischkristallbildung mit den genannten Sulfiden nicht zu. Auch ist nicht mit Sicherheit ermittelt, ob als feste Phase Zinkblende oder Wurtzit vorlag.

---

[1]) A. Mourlot, C. R. **123**, 54 (1896).
[2]) J. Percy-Knapp, Metallurgie 1862, 1, 495 erwähnt bereits, daß ZnS bei hoher Temperatur merklich flüchtig sei.
[3]) F. O. Doeltz, Metallurgie **3**, 422 (1906). [Thermoelement!]
[4]) W. Biltz, Z. anorg. Chem. **59**, 273 (1908). [Optisches Pyrometer! — Die beiden Punkte liegen so nahe, daß sicherlich die Blende schon vorher in die hexagonale Modifikation übergegangen ist; vgl. Wurtzit!]
[5]) E. T. Allen und J. L. Crenshaw, l. c.
[6]) K. Friedrich, Metallurgie **6**, 179 (1909).

Vorkommen und Genesis.

Die Zinkblende ist hinsichtlich ihres Vorkommens und in gewissen Beziehungen auch bezüglich ihrer Entstehung aufs engste verknüpft mit dem Bleiglanz, den sie fast stets begleitet.

Sie ist sehr verbreitet auf Gängen in Eruptivgesteinen, Sedimenten und kristallinen Schiefern (nicht selten auch auf Kupferkiesgängen) in Paragenese mit Quarz, Carbonaten, Schwerspat, Flußspat, Eisenkies, Kupferkies, Bleiglanz, Fahlerz, Silbererzen u. a. (Erzgebirge, Harz, Ungarn, Cornwall usw.).

Auf kontaktmetamorphen Lagerstätten (Rodna in Siebenbürgen, Banat) kommt sie mit zahlreichen typischen Kontaktmineralien zusammen vor. Die in den Strahlsteinmassen und im Granatfels im Kontaktbereiche des Kristianiagebietes bei Hakedal und Grua auftretenden Zinkblendelagerstätten sind nach G. Berg[1]) ebenfalls kontaktmetamorpher Entstehung. Das Erz verdrängt den Strahlstein von den Umrissen und Spaltrissen aus metasomatisch, der Strahlstein und Granatfels ist durchweg unabhängig von der Erzführung. Da keine Anzeichen für einen von den Kontaktvorgängen getrennten hydatogenen Prozeß vorhanden sind, ist die Bildung des Erzes als örtliche Schlußphase der Kontaktumwandlung aufzufassen. In bezug auf das gangförmige Auftreten des Erzes im Gneis wird angenommen, daß der ältere regionalmetamorphe Granit durch das Eindringen des jüngeren Granits nicht mehr verändert werden konnte, und dessen Schwitzwasser nur auf einzelnen offenen Spalten eine Mineralbildung zur Folge hatten. — Die kontaktmetamorphen Bleisilbererzgänge und postoligocänen Gänge der Mackay Region, Idaho, die an eine spätcretacische bzw. früholigocäne Granitintrusion geknüpft sind und mit Andesiten in Verbindung stehen, enthalten als primäre Erze Bleiglanz, Zinkblende, Wurtzit und Eisenkies. Zinkblende und Wurtzit kommen hier in eigenartiger Verwachsung vor, die auf ihre gleichzeitige Entstehung deutet.[2])

In Form von Fahlbändern, Linsen und Lagern wird sie zuweilen in kristallinen Schiefern angetroffen, so z. B. in dem bedeutenden Zinkblendelager von Åmmeberg in Örebro (Schweden), das an einen feinkörnigen in Granulit eingelagerten Gneis gebunden ist und dessen genetische Deutung noch nicht geklärt ist.[3])

Wichtig sind auch die metasomatischen Lagerstätten in Kalkstein und Dolomit, wo das Erz mit Bleiglanz, Galmei und Brauneisenerz vorkommt (Aachen, Wiesloch b. Heidelberg, Raibl i. Kärnten, Binnental, Picos de Europa, Joplin i. Missouri).

Von gelegentlichen Vorkommen seien noch genannt: die schlierigen bzw. einsprenglingsartigen Ausscheidungen von Zinkblende in Eruptivgesteinen sowie das Auftreten des Erzes in Kohle und in den Ammonitenkammern der württembergischen Lias.

Umwandlung. Bei der Verwitterung der Zinkblende entsteht gewöhnlich Zinkvitriol; die Umsetzung wird meist durch verwitternden Eisenkies eingeleitet. Durch die Gegenwart von Kalkstein oder Dolomit wird die Bildung von Zinkspat oder Zinkblüte begünstigt. Als Pseudomorphosen nach Zinkblende sind auch Kieselzinkerz und Limonit bekannt.

---

[1]) G. Berg, Z. Dtsch. geol. Ges. **69**, 32 (1917).

[2]) J. B. Umpleby, U.S. Geol. Surv. Prof. pap. **97**, 129 (1917); N. JB. Min. etc. 1921, II, 29, 30.

[3]) W. Stelzner u. A. Bergeat, Erzlagerst. (Leipzig 1904), 362.

Wurtzit.

Synonyma: Strahlenblende, Schalenblende, Spiauterit (A. Breithaupt.[1]) — Die von manchen Autoren gebrauchte Bezeichnung „Würtzit" dürfte irrtümlicherweise in die Literatur gelangt sein.

Dihexagonal-pyramidal $a:c = 1:0{,}81747$[2]) (nach Messungen an künstlichen Kristallen). — Hexagonales Gitter. Gitterkonstanten: $a = 3{,}80 \cdot 10^{-8}$, $c = 6{,}23 \cdot 10^{-8}$; hieraus berechnet sich das Achsenverhältnis $a:c = 1:1{,}638$ in guter Übereinstimmung mit dem kristallographisch bestimmten A.-V. $a:c = 1:\frac{1}{2} \cdot 1{,}63494$. Das hexagonale Elementarparallelepiped enthält zwei Moleküle. Die Bestimmung der Atomkoordinaten kann noch nicht als endgültig angesehen werden.[3])

Analysen.

	1.	2.	3.	4.	5.	6.	7.
δ . .	—	—	4,028—4,072		4,028—4,072		3,556
Ag . .	—	—	0,04	0,06	—	—	—
Pb . .	—	0,41	0,12	0,07	—	—	—
Cu . .	—	—	0,13	—	—	—	—
Fe . .	—	2,43	1,67	1,99	2,20	1,62	0,10
Zn . .	67,06	62,64	62,03	61,76	62,62	65,12	64,70
Cd . .	—	1,84	1,95	1,85	1,78	1,73	—
Sb . .	—	—	—	—	—	—	2,70
S . . .	32,94	32,10	33,24	33,28	32,75	31,53	31,00
Gangart	—	0,30	—	—	—	—	—
	100,00	99,72	99,18	99,01	99,35	100,00	99,50

1. Theor. Zusammensetzung.
2. Wurtzit von Příbram, Böhmen; anal. A. Beutell u. M. Matzke, ZB. Min. etc. 1915, 263.
3. Strahliges, 4. dichtes dunkelbraunes Material, Příbram, Böhmen; anal. A. Frenzel, N. JB. Min. etc. 1875, 678.
5. Lebhaft glänzende strahlig-faserige „Strahlenblende", Příbram, Böhmen; anal. A. Löwe, Pogg. Ann. **38**, 161 (1836).
6. Ders. Fundort; anal. Probieramt Wien, Bg.- u. hütt. Z. **13**, 47 (1865).
7. Nieren- und traubenförmige, fettglänzende, auf dem muscheligen Bruch perlmutterglänzende „Schalenblende", Mies, Böhmen; anal. J. Gerstendörfer, Sitzber. Wiener Ak. **99**, 422 (1890).

	8.	9.	10.	11.	12.	13.	14.
δ . .	3,672	—	—	—	3,98	4,32	—
Ag . .	—	—	—	0,20	—	—	—
Pb . .	—	—	0,15	—	2,70	0,31	—
Fe . .	0,45	4,21	6,02	3,34	8,00	0,55	0,81
Mn . .	—	—	—	0,05	—	Spur	Spur
Zn . .	65,84	60,50	59,70	60,41	55,60	66,08	66,02
Cd . .	1,02	3,66	1,07	0,39	—	—	—
Sb . .	—	—	—	—	0,20	—	—
S . . .	30,23	31,63	32,90	33,54	32,60	32,88	32,79
Gangart	1,11	—	0,13	0,50	—	—	—
	98,65	100,00	99,97	98,43	99,10	99,82	99,62

[1]) A. Breithaupt, Bg.- u. hütt. Z. **21**, 98 (1862); **22**, 25 (1863).
[2]) C. Friedel, C. R. **62**, 1002 (1866).
[3]) G. Aminoff, Festbd. Groth, Z. Kryst. **58**, 203—212 (1923).

8. Mikroskopisch homogenes Aggregat mit schöner Glaskopfstruktur; Mies, Böhmen; anal. Heinisch bei F. Becke, Tsch. min. Mit. N. F. **14**, 278 (1894).
9. Mies, Böhmen; anal. Probieramt Wien, wie oben.
10. Wurtzit von Albergaria, Portugal; anal. A. Beutell u. M. Matzke, wie oben.
11. Pontpéan i. Dép. Ille-et Vilaine, Bretagne; anal. F. Malaguti u. A. Durocher, Ann. mines **17**, 292 (1850).
12. Bräunlich schwarze glasglänzende Kristalle, Oruro, Bolivien; anal. C. Friedel, C. R. **52**, 983 (1861).
13. Hüttenprodukt: büschelförmige, weingelbe, durchsichtige Kristalle mit guter Spaltbarkeit; Sophienhütte am Unterharz; anal. W. Stahl, Bg.- u. hütt. Z. 1888, 207.
14. Bräunlichgelbe durchscheinende Kristalle in Klüften sehr poröser Bleischlacken; Friedrichshütte bei Tarnowitz, Oberschlesien; anal. H. Traube, N. JB. Min. etc. Beil.-Bd. **9**, 152 (1894).

Der Gehalt an Cadmium ist im allgemeinen beim Wurtzit höher als bei der Zinkblende; nach A. Frenzel[1]) sind die mitvorkommenden Blenden meist ärmer an Silber. Nach F. Sandberger[2]) kommt Lithium nur in Wurtzitschalenblenden, nicht aber in eigentlicher Zinkblende vor.

Eigenschaften.

Sehr selten natürliche Kristalle, die künstlichen sind zuweilen deutlich hemimorph. Gewöhnlich faserige oder stenglige dunkel- bis hellbraune und rotbraune Massen mit braunem Strich.

Löslichkeit und **Lötrohrverhalten** wie bei Zinkblende, jedoch wird Wurtzit von kalter konzentrierter Salzsäure schneller zersetzt als Blende.[3]) C. Doelter[4]) bestimmte die Löslichkeit des Wurtzit von Přibram in Schwefelnatriumlösung zu 0,73%. Bei den Versuchen, deren Bedingungen bei Bleiglanz (siehe unten) angegeben sind, wurde Umkristallisation beobachtet (die neugebildeten Wurtzitkriställchen zeigten meist $(10\bar{1}0)$ und (0001), und zwar ergaben die Versuche beim Wurtzit weniger Kristalle als die bei der Zinkblende. Wurtzit ließ sich auch aus wäßriger Sodalösung umkristallisieren.

Glanz, diamant- bis perlmutter- oder harzartig. Die natürlichen Vorkommen sind wenig, die künstlichen Kristalle vollkommen durchsichtig.

Spaltbarkeit vollkommen nach $(10\bar{1}0)$, ziemlich deutlich nach (0001).

Härte = 3,5—4.

Die Dichte ist 3,98 (Kristalle von Oruro) bis 4,3 (Hüttenprodukt); $\delta_{25^0} = 4{,}099$, $\delta_{25^0/4^0} = 4{,}087$ für Wurtzit, der durch Erhitzen von ZnS erhalten wurde.[5])

Optische Eigenschaften. Schwache positive Doppelbrechung und deutlicher Pleochroismus (gelb und braun) unterscheiden den derben Wurtzit leicht von Blende.

E. T. Allen und J. L. Crenshaw[6]) bestimmten:

$$N_{\alpha(\mathrm{Na})} = 2{,}356 \qquad N_{\alpha(\mathrm{Li})} = 2{,}330,$$
$$N_{\gamma(\mathrm{Na})} = 2{,}378 \qquad N_{\gamma(\mathrm{Li})} = 2{,}350$$

an umgewandelter Zinkblende von Sonora, Mexiko.

---

[1]) A. Frenzel, N. JB. Min. etc. 1875, 678.
[2]) F. Sandberger, N. JB. Min. etc. 1887, **1**, 95; 1889, **1**, 255.
[3]) H. Laspeyres, Z. Kryst. **9**, 189 (1884).
[4]) C. Doelter, N. JB. Min. etc. 1894, II, 265.
[5]) E. T. Allen u. J. L. Crenshaw, Z. anorg. Chem. **79**, 125 (1912).
[6]) E. T. Allen u. J. L. Crenshaw, l. c.

Chalkographische Untersuchung.[1])

Geätzte Anschliffe von Wurtzit unterscheiden sich von jenen der Zinkblende durch das Fehlen der Zwillingslamellen, die innere Struktur und die Spaltbarkeit nach $(10\bar{1}0)$ in Form scharfer gerader, langanhaltender Risse; zudem ist er sehr wenig leichter löslich als Blende, da er dieser gegenüber die instabile Modifikation ist.

Die Farbe der Anschliffe stimmt mit der für Blende überein, dagegen ist die innere Reflexfarbe etwas heller. Im polarisierten Lichte läßt Wurtzit sich nicht in allen Fällen sicher von Zinkblende unterscheiden, weil die einzelnen Fasern der „Schalenblende" zwischen + Nicols nur zuweilen äußerst schwach aufhellen. Durch ihre inneren Reflexe sind die einzelnen Schichten der Schalenblende aber sehr wohl zu erkennen, während sie im gewöhnlichen auffallenden Lichte nur bei schiefer oder streifender Inzidenz sichtbar werden.

Als bestes Ätzmittel erwies sich auch hier schwefelsaure Kaliumpermanganatlösung. Wo beim Ätzen Zwillingslamellen erscheinen, deuten sie auf das Vorhandensein von Zinkblende.

Hinsichtlich des Gefüges der Aggregate zeigte es sich, daß einzelne Schalen des sphärolithisch-schalig struierten Wurtzits aus Zinkblende bestehen können oder, was dem häufigeren Befunde zu entsprechen scheint, daß alle Schalen nach kurzer Erstreckung in Zinkblende übergehen. Im übrigen ließen sich bei den einzelnen Wurtzitschalen dreierlei Arten von Kleingefüge erkennen:

1. äußerst feinkörnige gestaltlose Aggregate ohne jede innere Kornstruktur, deren Korngröße immer unter 0,001 mm bleibt, und die aus amorphem ZnS zu bestehen scheinen;

2. rhythmisch gebänderte Schalen (0,001 mm Schalenstärke), deren Substanz zufolge der häufig in ihnen vorhandenen Spaltrisse zum größten Teil als kristallin angesprochen werden muß, und

3. deutlich kristalline, blättrige, fiederförmige bis radialstrahlige Schalen (mit scharfen geraden Spaltrissen und häufiger beobachteter Zonarstruktur), die nach außen gewöhnlich in deutliche Zinkblende übergehen, was aus der Zwillingslamellierung und geringeren Löslichkeit hervorgeht.

Elektrische Eigenschaften. Im Gegensatz zur nicht leitenden Zinkblende besitzt der Wurtzit eine zwar schwache, aber deutliche elektrische Leitfähigkeit, die mit Temperaturerhöhung stark zunimmt.[2])

Vorkommen. Während Zinkblende das häufigste Zinkerz ist, findet Wurtzit sich relativ selten. Kristallisiert ist die hexagonale Modifikation des Zinksulfids nur von einzelnen Fundorten bekannt geworden z. B. von Bensberg in Rheinpreußen, Oruro und Chocaya in Bolivien, Quispisiza in Peru, Butte City in Montana, U.S.A. Dagegen hat die Untersuchung einer ganzen Reihe von sogenannten Schalen- und Strahlenblenden ergeben, daß diese ganz oder zum Teil aus Wurtzit bestehen.

Beziehungen zwischen Zinkblende und Wurtzit.

Zinkblende und Wurtzit stehen zueinander im Verhältnis der Enantiotropie. Bei höheren Temperaturen ist Wurtzit, bei tiefen Zinkblende die

[1]) Nach H. Schneiderhöhn, l. c. 170—173.
[2]) F. Beijerinck, N. JB. Min. etc. Beil.-Bd. 11, 431 (1897).

stabile Phase. Bereits P. Hautefeuille[1]) machte die Beobachtung, daß die zonarstruierte Blende von Picos de Europa durch Rotglut in Wurtzit umgewandelt werde. E. Mallard[2]) folgerte hieraus, daß die Zinkblende aus submikroskopischen Wurtzitindividuen bestehe. R. Brauns[3]) vertrat die Ansicht, das so veränderte „anomale" Mineral sei kein Wurtzit, sondern in Spannungszustand befindliche Zinkblende.

J. Weber[4]) erhitzte kleine Platten von Blende in der Bunsenflamme und kühlte schnell ab. Es zeigte sich, was von J. Beckenkamp[5]) bestätigt wurde, daß sie anisotrop geworden waren. W. Biltz[6]) teilte mit, daß Zinkblende ohne zu sublimieren in die hexagonale Form übergehe.

Dieser Vorgang wurde eingehend von E. T. Allen und J. L. Crenshaw[7]) studiert, die auch die Umkehrbarkeit der Reaktion Zinkblende $\rightleftarrows$ Wurtzit feststellen konnten. Der Umwandlungspunkt liegt bei 1020 ± 5^0 C, jedenfalls zwischen 1015^0 und 1024^0, was sich aus langsamen, auf mehrere Stunden ausgedehnten Versuchen ergab. Die Umkehr der Umwandlung ist mit großen Verzögerungen verknüpft. So zeigte Wurtzit bei 800^0 C während 4 Stunden noch keine Veränderung. Erst eine 66stündige Erhitzung auf 800—900^0 wandelte das doppelbrechende Mineral in Zinkblende um; bei 850—950^0 war noch eine 40stündige Erhitzung hierzu nötig (Untersuchungsmaterial: Wurtzit von der Hornsilbermine bei Frisco, Beaver Co., Utah, und umgewandelte Zinkblende).

Der Umwandlungspunkt wird durch Verunreinigungen beeinflußt. In den Mischungen mit Eisensulfür erleidet er eine merkliche Erniedrigung, was folgende Tabelle zeigt:

Einfluß von Eisen auf die Umwandlungstemperatur der Zinkblende.

Fundort	Sonora (Mexico)	Schottland	Guipuzcoa (Spanien)	Queensland (Australien)	Breitenbrunn (Sachsen)
Quarz	0,33 %	—	—	—	—
Pyrit	—	—	—	—	3,0 %
Kupfer	—	0,13 %	0,22 %	—	0,10
Mangan	—	—	Spur	0,20 %	1,05
Eisen	0,15	1,43	5,47	10,8	17,06
Umwandlungstemperatur	1020°	998°	955°	919°	880°

Für Blende von Oporto (Portugal) — mit 7,43 % Fe, 0,68 % Cd und Spuren von Blei und Silber — ergab sich 1035^0 C als Umwandlungstemperatur.

Die Umwandlung erfolgt schneller, wenn Wurtzit in einer Umgebung von geschmolzenem Kochsalz, statt im Vakuum oder in einer Schwefelwasserstoffatmosphäre erhitzt wird. E. T. Allen und J. L. Crenshaw konnten die

[1]) P. Hautefeuille, C. R. **93**, 774, 824 (1881).
[2]) E. Mallard, Bull. soc. min. **5**, 235 (1882).
[3]) R. Brauns, Opt. Anomal. d. Krist. Leipzig 1891, 170.
[4]) J. Weber, Z. Kryst. **4**, 212 (1908).
[5]) J. Beckenkamp, Z. Kryst. **4**, 243 (1908).
[6]) W. Biltz, Z. anorg. Chem. **59**, 273 (1908).
[7]) E. T. Allen u. J. L. Crenshaw, Z. anorg. Chem. **79**, 125 (1912).

Angabe von R. Schneider[1]) bestätigen, nach welcher bei 400° C Rhombendodekaeder und Tetraeder erhalten werden, wenn man amorphes Zinksulfid mit 12 Teilen Kaliumcarbonat und 12 Teilen Schwefel erhitzt.

Die Arbeiten von A. Beutell und M. Matzke.[2]) A. Beutell und M. Matzke[3]) untersuchten Zinkblende und Wurtzit in bezug auf ihre Dimorphie, wobei sie von ihrer Untersuchung an Pyrit-Markasit ausgehen, welche nach ihnen nicht chemische gleiche Konstitution haben. Bereits früher wurde erwähnt, daß durch ihre Versuche nachgewiesen wurde, daß die Ansicht von J. Weber, wonach in der Zinkblende freier Schwefel vorhanden sei, nicht aufrechtzuerhalten ist. Sowohl in reiner Zinkblende wie im Wurtzit kommt auf ein Molekül S ein solches von Zn. Durch Oxydation mit Wasserstoffsuperoxyd durch Luft sollte festgestellt werden, ob die in beiden vorhandenen Schwefelatome gleichwertig sind.

Es wurde das in Lösung gegangene Zink und der zu Schwefelsäure oxydierte Schwefel bestimmt. Aus den von den Genannten in ihrer Arbeit gebrachten Tabellen geht hervor, daß sowohl bei Zinkblende wie bei Wurtzit Zink und Schwefel sich in dem Atomverhältnis 1:1 in Lösung befanden. Da eine Fehlerquelle darin lag, daß die verdünnteste Schwefelsäure Zinkoxyd in Zinksulfat verwandelt, wurden die Perhydrollösungen mit Natriumcarbonat alkalisch gemacht, um die gebildete Schwefelsäure zu neutralisieren.

Die nunmehr erhaltenen Zahlen sind andere. Das Verhältnis des gelösten Zinks zum oxydierten Schwefel Zn:S schwankt bei Zinkblende zwischen 1,18:1 und 1,63:1. Die verdünntesten Perhydrollösungen und die längsten Versuche weisen die höchsten Zahlen auf. Bei Wurtzit ist das Verhältnis Zn:S nahezu 1:1.

Weitere Versuche wurden mit ganz verdünnter Perhydrollösung ausgeführt und statt des Natriumcarbonats Essigsäure und Natriumacetat zugesetzt, wobei die freie Schwefelsäure neutralisiert und gleichzeitig das Zinkoxyd gelöst wird.

Es wurden auch Oxydationsversuche ohne Perhydrol, nur mit Luft durchgeführt. Wenn man aus diesen Versuchen das Verhältnis Zn:S vergleicht, so findet man für die Versuche mit Perhydrol nahezu dieselben Werte bei Zinkblende, wie bei den früheren Versuchen, dagegen bei den Versuchen mit Luft bedeutend höhere Werte, die sich dem Grenzwerte 2:1 nähern. Es wird bei der Oxydation der Zinkblende die eine Hälfte des Schwefels abgeschieden, die andere zu Schwefelsäure oxydiert.

Bei Wurtzit bleibt das Verhältnis Zn:S nahezu 1:1, oft auch darunter. Hier scheint der gesamte Schwefel zu Schwefelsäure oxydiert zu sein. Versuche mit ganz reinem Wurtzit bestätigen das Verhältnis 1:1.

Die Verfasser schließen daraus, daß die Formel der Zinkblende nicht ZnS sein kann, da sich die eine Hälfte des Schwefels anders verhält, wie die andere. Die Formel müßte wenigstens vervierfacht werden. Das von W. H. und W. L. Bragg festgestellte Kristallgitter für Zinkblende gibt keinen Anhaltspunkt für die chemische Verschiedenheit der Schwefelatome.

[1]) R. Schneider bei E. T. Allen u. J. L. Crenshaw, wie oben.

[2]) Dieser Absatz rührt von C. Doelter her.

[3]) A. Beutell u. M. Matzke, ZB. Min. etc. 1915, 263. Siehe auch M. Matzke, Inaug.-Diss. Breslau 1914. Ref. N. JB. Min. etc. 1916, I, 145.

Für den Wurtzit wurde keine Verschiedenheit der Schwefelatome festgestellt, hier dürfte die seinerzeit von P. Groth gegebene Konstitutionsformel anwendbar sein:

$$R\langle{}^{S}_{S}\rangle R.$$

Zum Schlusse stellen diese Autoren folgende Sätze auf:

1. Die Dimorphie des Zinksulfids beruht auf verschiedener Konstitution.
2. Die Behauptung J. Webers, daß die Zinkblende mehr, der Wurtzit weniger Schwefel enthält als der Formel ZnS entspricht, wird durch unsere Untersuchungen nicht bestätigt.

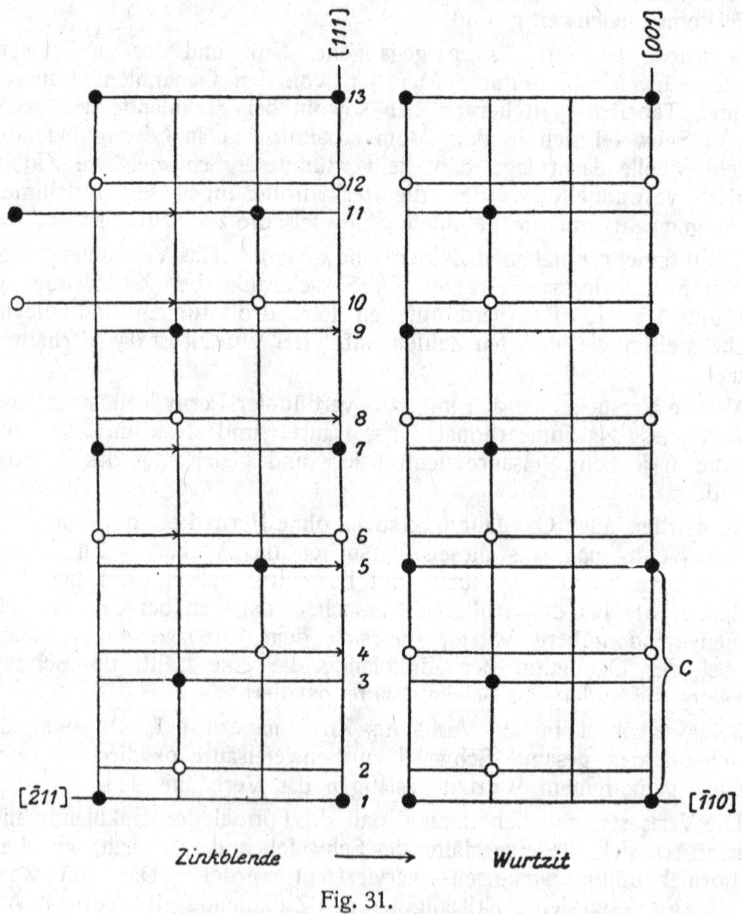

Fig. 31.

3. Freier, etwa durch Oxydation gebildeter Schwefel konnte durch unsere Untersuchungen weder bei frischer Zinkblende, noch bei Wurtzit nachgewiesen werden.
4. Die Umwandlung von Zinkblende in Wurtzit beim Erhitzen konnten wir bestätigen.

5. Bei der langsamen Oxydation der Zinkblende mit Hilfe von Luft wird die eine Hälfte des Schwefels abgeschieden, die andere zu Schwefelsäure oxydiert.

6. Bei der langsamen Oxydation des Wurtzits wird aller Schwefel zu Schwefelsäure oxydiert.

7. Qualitativ läßt sich durch Destillation im Vakuum die Bildung von freiem Schwefel bei der Oxydation nachweisen, wenn man Zinkblende im Vakuum erhitzt, dann Luft einströmen läßt und wieder auspumpt.

Nach den synthetischen Versuchen von E. T. Allen und J. L. Crenshaw (vgl. S. 341) bildet sich die stabile Form Zinkblende durch Kristallisation aus alkalischen Lösungen (Lösungen der Alkalisulfide), die instabile Form Wurtzit ausschließlich aus sauren Lösungen. Unter gewissen Bedingungen von welchen Temperatur und Säurekonzentration besonders hervorzuheben sein dürften, kann Zinkblende auch aus sauren Lösungen erhalten werden. In Übereinstimmung mit diesen Tatsachen kann man wohl annehmen, daß in der Natur Zinkblende vorzugsweise aus schwach sauren bzw. alkalischen Lösungen zur Ausscheidung kommt, während Wurtzit den in der Oxydationszone häufig auftretenden schwefelsäurereichen Lösungen seine Entstehung verdankt.

Strukturelle Beziehungen. Die Zinkblendestruktur läßt sich nach G. Aminoff[1]) mittels Translationsschiebungen in die Wurtzitstruktur überführen (Fig. 31). Die Zeichenebene fällt für die Zinkblende mit einer Rhombendodekaederfläche, für Wurtzit mit einem Prisma zweiter Ordnung zusammen. „Die Zinkblendestruktur wird in Wurtzit übergeführt, wenn die Atomebenen 1—3 ihre Lage beibehalten, die Ebenen 4, 5, 6 und 7 translatiert werden $\|[[\bar{2}11]]$, die Strecke $\frac{a}{\sqrt{6}}$ (a = Kante des Kubus), die Ebenen 8, 9, 10 und 11 $\|$ und die Strecke $\frac{2a}{\sqrt{6}}$ in gleicher Richtung (oder $\frac{a}{\sqrt{6}}$ in entgegengesetzter Richtung), während die Ebenen 12 und 13 ihre Lage beibehalten. Ob die Atomverschiebungen, die bei der Verwandlung der Zinkblende in Wurtzit bei 1080°[2]) vor sich gehen, diesen Translationen entsprechen, muß natürlich dahingestellt bleiben."

Vgl. auch die Strukturbilder in O. Niggli, Miner. 1925, 500.

Gelegentliche Neubildungen.

Zinkblende wird im Hüttenbetriebe ziemlich häufig als Sublimationsprodukt, gewöhnlich mit blättrigem Gefüge, erhalten [C. W. C. Fuchs, Künstl. Mineral. Haarlem 1872, 47 (Anal. 91); C. F. Plattner, Bg.- u. hütt. Z. 1855, 128; J. F. L. Hausmann, Ges. Wiss. Göttg. **4**, 233]. In zinkführenden Rohschlacken (Freiberg, Oker, Burgfeldhammer bei Aachen-Stolberg u. a. O.) in Form gelber oder gelbroter Kristalliten.[3]) In Ofenbrüchen bilden sich manchmal auch Kristalle; C. v. Leonhard[4]) erwähnt schöne auf Kohle aufgewachsene von der Hütte Susum im Altai.

[1]) G. Aminoff, Z. Kryst. Festband **58**, 203 (1923); vgl. P. Niggli, Geometr. Kristallogr. d. Diskontinuums (Leipzig 1919) 548; Lehrb. Min. (Berlin 1920) 328—331.

[2]) Nach E. T. Allen u. J. L. Crenshaw (S. 332) bei 1020 ± 5°.

[3]) J. H. L. Vogt, Mineralbild. in Schmelzmassen. Kristiania 1892, 256.

[4]) C. v. Leonhard, Hüttenerzengn. etc. Stuttgart 1858, 356.

Auf der Grube Silbersand bei Mayen, Rheinprovinz, ist das Holzwerk der alten Stollen stellenweise mit Schalenblende überzogen, welche wahrscheinlich durch Zersetzung der neben Bleiglanz, Fahlerz, Kupferkies und Quarz als Gangmineralien vorkommenden Blende und Reduktion des Zinksulfats durch das faulende Holz entstanden ist (G. vom Rath).[1])

Auch Wurtzit wird mehrfach als Hüttenprodukt beschrieben: Von der Sophienhütte am Unterharz weingelbe durchsichtige, büschelförmig gruppierte Kriställchen mit deutlicher Spaltbarkeit, $\delta = 4{,}32$ (Anal. 13);[2]) bräunlichgelbe durchscheinende, flächenreiche hemimorphe Kristalle und lose zusammenhängende parallel-stenglige Aggregate als Ausfüllung von Klüften in der sehr porösen Bleischlacke der Friedrichshütte bei Tarnowitz in Oberschlesien (Anal. 14).[3]) Gleichfalls hemimorphe durchsichtige, etwa 1 mm große flächenreiche und wohl meßbare Kriställchen beobachtete H. Foerstner[4]) auf einem Stück Holzkohle unbekannter Herkunft.

Darstellung der Kristallarten des Zinksulfids.

Von **C. Doelter** (Wien).

Der bei Fällung der Zinksalze durch Schwefelwasserstoff erhaltene Niederschlag wird als amorph betrachtet. Aus kolloiden Lösungen von ZnS setzt sich allmählich das Gel an. Über Bereitung von kolloiden Lösungen und kolloidem Niederschlag von ZnS siehe in Kraut-Gmelin, Bd. IV, 604 (1911). Seither sind aber auch andere Methoden hinzugekommen. Es wurden auch in Lehrbüchern der Chemie ältere Versuche angeführt, welche bei hohen Temperaturen angeblich amorphes Zinksulfid ergaben, doch ist dies durch die späteren Versuche unwahrscheinlich geworden, nachdem, wie wir unten sehen werden, bei Temperaturen über etwa 1000° sich der Wurtzit bildet.

Das kolloide Zinksulfid ist auch für die Mineralogie wichtig, da auch in der Natur ein Teil der kristallisierten Zinksulfide sich wahrscheinlich aus kolloiden Lösungen als Gel gebildet hat und allmählich, wie im Laboratorium, sich in kristallisiertes umgewandelt hat.

Amorphes Zinksulfid. Bei schneller Ausfällung von Zinksulfid erhält man kugelige Gebilde von 0,0002 bis 0,0005 mm Durchmesser. Bei langsamer Reaktion und durch Rühren nimmt die Teilchengröße zu, es entstehen Büschel und ähnliche Gebilde. Sie nehmen gallertartige Konsistenz an (J. Weber) und enthalten nur wenig Wasser. Die Brechungsindizes sind nach H. E. Merwin bei E. T. Allen und J. L. Crenshaw für die reine steife Gallerte $N_{\mathrm{Li}} = 2{,}18-2{,}25$. Bei Temperaturen über 200° C werden diese Produkte teilweise oder völlig kristallin mit einem Brechungsindex $N_{\mathrm{Li}} = 2{,}34$.

Wir haben also zu betrachten das Zinksulfidgel und die zwei Kristallarten des Zinksulfids, die Zinkblende und den Wurtzit. Im Laboratorium entsteht letzterer bei hoher Temperatur, die Zinkblende bei niedrigerer Temperatur, und wurde der Umwandlungspunkt von H. E. Merwin, E. T. Allen und J. L. Crenshaw bei 1020° gefunden. Aus Lösungen kann sich aber Wurtzit bei niedriger Temperatur bilden, wie die genannten Autoren feststellten (siehe S. 335), was übrigens für die natürlichen Vorkommen bereits bekannt war.

---

[1]) G. vom Rath, Pogg. Ann. **136**, 433 (1869).
[2]) W. Stahl, Bg.- u. hütt. Z. 1888, 207; Z. Kryst. **19**, 112 (1891).
[3]) H. Traube, N. JB. Min. etc. Beil.-Bd. **9**, 151 (1894).
[4]) H. Foerstner, Z. Kryst. **5**, 363 (1881).

Zinkblende kann sich aber auch bei hoher Temperatur bilden, wie die Hüttenprodukte und die Zinkblende enthaltenden Schlacken zeigen. Es scheint, daß also Zinkblende ein großes Stabilitätsfeld besitzt, Wurtzit wahrscheinlich nur ein beschränktes. Aus Lösungen bilden sich Wurtzit und Zinkblende durch den Einfluß der Lösungsgenossen, allgemein gesagt durch den Einfluß der Konzentration der Lösung (siehe unten die Tabelle von H. E. Merwin, E. T. Allen und J. L. Crenshaw).

Aber auch die Impfwirkung ist zu beachten, denn nach meinen Versuchen bilden sich bei der Umkristallisierung von Zinkblende und Wurtzit diese wieder aus den respektiven Lösungen, was nur durch die Impfwirkung, welche bisher bei der Minerogenese zu wenig beachtet wurde, zu erklären ist.

Im Laboratorium erhält man die regulär-tetraedrische Form auf folgende Arten:

1. Umkristallisierung von bereits vorhandener Zinkblende.
2. Umkristallisierung von kolloidem Zinksulfid (Zinksulfidgel).
3. Fällung durch Reaktion gewisser Lösungen.

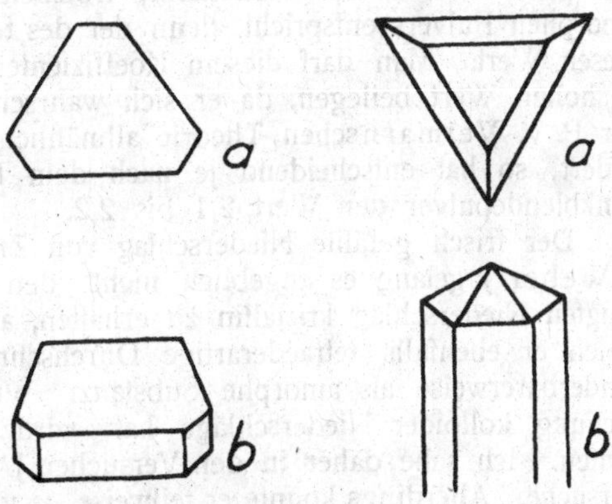

Fig. 32.
a) Neugebildete Zinkblende.
b) Neugebildeter Wurtzit.
(Nach C. Doelter).

Über die Beziehungen zwischen Zinkblende und Wurtzit siehe S. 352. Beide stehen in Beziehung der Enantiotropie, doch ist, wie bereits erwähnt, das Stabilitätsfeld der Zinkblende ein viel größeres, als der des Wurtzits, sie kann sich auch bei hoher Temperatur bilden, so daß die Sache nicht etwa so liegt, daß man annehmen könnte, über dem Umwandlungspunkt bildet sich nur Wurtzit, unter ihm Zinkblende, wie etwa bei Schwefel.

Die Umkristallisierung der Zinkblende und des Wurtzits gelang mir aus Lösungen von Wasser, namentlich als Schwefelnatrium zugesetzt war.

Der Versuch, welcher bei 80° in einer zugeschmolzenen Röhre durchgeführt wurde, dauerte 30 Tage, siehe S. 338. Bei vielen Versuchen ist kolloides Zinksulfid entstanden, welches aber die Tendenz hat, sich in kristallinisches umzuwandeln. Die Schnelligkeit, mit der sich das Kolloid in die kristalline Phase umwandelt, ist bei verschiedenen Stoffen sehr verschieden. Sehr wichtig sind in dieser Hinsicht die Arbeiten P. von Weimarns.[1]) Dieser Forscher ist der Ansicht, daß der amorphe (kolloide) Zustand ein Scheinzustand ist und daß auch die spezifisch amorphen Niederschläge, wie Tonerdehydrat, Kieselsäurehydrat aus submikroskopischen kristallinen Partikeln gebildet sind. Demgegenüber verfocht C. Doelter[2]) die Ansicht, daß dies nicht bewiesen sei, er gibt aber ebenfalls zu, daß sich die meisten amorphen Niederschläge in kurzer

[1]) P. v. Weimarn, Koll.-Z. **7**, 35 (1910). Siehe die Kritik dieser Arbeiten bei C. Doelter, Koll.-Z. **7**, 29 (1910).
[2]) C. Doelter, Koll.-Z. **7**, 29 (1910).

Zeit in kristalline umwandeln. Gelinde Temperaturerhöhung, dann Druck, Stoß, beschleunigt die Umwandlung. C. Doelter wies dies namentlich nach an den Sesquisulfiden des Arsens und Antimons, Eisenoxydhydrat, dann aber besonders an der Zinkblende.

Ein aus Zinkvitriol durch Schwefelwasserstoff gefällter Niederschlag, deutlich amorph, wurde durch 48 Tage auf dem Wasserbade erhitzt; angewandt waren 20 g mit 250 g Wasser.[1]) Das erhaltene Pulver ist deutlich kristallin; man unterscheidet Kristalle, die aber nicht näher bestimmbar waren, die Farbe ist schwach bräunlcih. Der Brechungsexponent ist 2,1 bis 2,2, während der der Kristalle 2,3 ist. Während jedoch das ursprüngliche Pulver aus kugeligen Gebilden bestand, zeigen sich hier keine solchen, so daß man hier keineswegs von amorpher Substanz sprechen kann, trotzdem der Brechungsquotient dem des amorphen Pulvers entspricht, denn der des feinen Zinkblendepulvers hat genau diesen Wert. Man darf diesem Koeffizienten bei der Unterscheidung keinen so hohen Wert beilegen, da er sich wahrscheinlich und zwar ganz im Sinne der P. v. Weimarnschen Theorie allmählich mit der Korngröße der Teilchen ändert, so hat entscheidend je nach dem Dispersitätsgrade auch das feinste Zinkblendepulver den Wert 2,1 bis 2,2.

Der frisch gefällte Niederschlag von ZnS dürfte allerdings kolloid sein. J. Weber[2]) gelang es angeblich nicht, den aus Zinksulfat durch Na_2S erzeugten Niederschlag kristallin zu erhalten, auch durch Eintrocknen nicht; obgleich er ebenfalls tetraederartige Durchschnitte beobachtete, deutet er diese sonderbarerweise als amorphe Substanz. Wer jedoch Übung in der Untersuchung kolloider Niederschläge hat, wird solche Polygone nie als amorph deuten. Ich sehe daher in den Versuchen J. Webers eine Bestätigung meiner Versuche. Allerdings konnte er teilweise, ja vielleicht vorwiegend auch kolloides ZnS erhalten, da er nur in reinem Wasser erhitzte (die Temperaturangabe fehlt).

Diese Versuche zeigen, daß auch hier eine Umwandlung des ursprünglich kolloiden Niederschlags in kristallinen spontan erfolgt und daß natürlich Temperaturerhöhung sie sehr beschleunigt. Ich beobachtete dies bei sehr verschiedenen kolloiden Niederschlägen.[1])

Impfkristalle müssen die Umwandlung beschleunigen. So erhielt ich bei der Behandlung mit Wasser neben amorphem ZnS auch Tetraeder von Blende, als der Niederschlag durch Wochen bei etwa 80° behandelt worden war. Daß J. Weber bei einem ähnlichen Versuch scheinbar amorphe Produkte erhielt, hat wohl teilweise darin seinen Grund, daß sein Versuch zu kurz währte.

Es sind auch die Lösungsgenossen von großem Einflusse. Soda z. B. beschleunigt die Zinkblendebildung. Besonders günstig auf die Bildung von kristallisiertem Schwefelzink dürfte Natriumsulfid wirken. Ich erhielt bei der Umkristallisierung von Zinkblende in natriumsulfidhaltigem Wasser sehr deutliche Tetraeder, einfache Kristalle und Zwillinge, siehe Fig. 32. Weniger zahlreich und gut entwickelt waren die Kristalle, als Schwefelnatrium durch Natriumcarbonat ersetzt wurde. Hier haben jedenfalls auch Impfkristalle mitgewirkt. Diese Versuche dauerten durch Wochen, wobei aber der Versuch nachts durch 14 Stunden unterbrochen war, so daß nach dem Prinzip von P. Curie eine Vergrößerung der Kristalle auf Kosten der kleinen erfolgte.

[1]) C. Doelter, Koll.-Z. **7**, 85 (1910).
[2]) J. Weber, Z. Kryst. **44**, 228 (1908).

Von älteren Arbeiten sind die von H. de Sénarmont, J. Durocher und H. Baubigny zu erwähnen. Auch Th. Sidot und Dehne glaubten bei ihren Schmelzversuchen Blende erhalten zu haben, es stellte sich jedoch heraus, daß es sich um Wurtzit handelte. Zinkblende bildet sich nicht aus Schmelzfluß, auf was bereits F. Fouqué und A. Michel-Lévy aufmerksam gemacht hatten. Allerdings scheint durch Sublimation die Bildung der tetraedrischen Blende möglich, da solche schon längst aus Hüttenbetrieben bekannt sind (siehe unten S. 335). Daraus könnte man schließen, daß die Zinkblende doch die stabilere Form des ZnS ist, da sie sich sowohl bei niederer Temperatur, als auch bei hoher bildet. In der Natur ist ja bekanntlich die tetraedrische Kristallart bei weitem die häufigere. Es ist daher merkwürdig, daß, verhältnismäßig selten die Nachbildung der Zinkblende gelang.

Durch Sublimation erhielt J. Durocher[1]) die Zinkblende, als er Schwefelwasserstoff auf Dämpfe von Chlorzink in einer Glasröhre bei Rotglut aufeinander wirken ließ. Die Kristalle, Tetraeder aber auch Holoeder setzen sich an den weniger heißen Stellen der Röhre ab; ihre Farbe war graubraun.

Dieser Versuch von J. Durocher ist sehr wichtig; er beweist im Vereine mit der Tatsache, daß sich Zinkblende, wie bei „zufälligen Neubildungen" (S. 335) bereits erwähnt, in Hüttenwerken kristallisiert vorkommt (F. Fouqué und A. Michel-Lévy erwähnen Würfel, Oktaeder bzw. Tetraeder, Rhombendodekaeder), daß Zinkblende sich auch bei höherer Temperatur bilden kann. Leider sind diese nicht genau gemessen worden, immerhin müssen sie in den Hütten keine geringen sein und jedenfalls über der Umwandlungstemperatur, welche nach E. T. Allen und J. L. Crenshaw[2]) 1015° beträgt. Dabei ist noch zu erwägen, daß diese Umwandlungstemperatur durch Eisen stark herabgedrückt wird, nämlich nach den Genannten bis auf 880°.

Nach der Beschreibung jener künstlichen zufällig gebildeten Kristalle sind diese dunkelbraun, also stark eisenhaltig gewesen und dürfte daher die Umwandlungstemperatur überschritten sein. Da Zinkblende und Wurtzit die reversible Umwandlung zeigen, müssen noch Umstände vorliegen, welche den Umwandlungspunkt hinaufsetzen. Bemerkenswert ist auch das Vorkommen in Schlacken (siehe S. 335), welches J. H. L. Vogt beschrieb. Da hier eine neuere Angabe über Bildung von Zinkblende bei hoher Temperatur vorliegt, an welcher nicht zu zweifeln ist, so steht dies in Verbindung mit dem Vorkommen in Öfen, im scheinbaren Widerspruch mit den Angaben von E. T. Allen und J. L. Crenshaw, daß bei erhöhter Temperatur 880—1020° nur Wurtzit sich bilden kann.

Vielleicht liegt ein ähnliches Verhältnis vor, wie bei Calcit und Aragonit, wobei der erste ein großes Stabilitätsfeld besitzt, das bis zu hohen Temperaturen hinaufreicht, jedoch der Aragonit innerhalb dieses Stabilitätsfeldes ein Gebiet besitzt, wo seine Bildung sich fast ausschließlich vollzieht. Übrigens darf der Umwandlungspunkt nicht mit der Bildungstemperatur aus Lösungen identifiziert werden. Es kann sich der Wurtzit, wie manche natürliche Vorkommen beweisen und wie ja die Versuche der eben genannten amerikanischen Forscher dartun, auch bei niederer Temperatur bilden, wie auch Zinkblende bei hoher Temperatur. Der Umwandlungspunkt hat daher für die Genesis keine Bedeutung, da die Konzentration der Lösung maßgebend ist.

---

[1]) J. Durocher, C. R. **32**, 825 (1851).

[2]) E. T. Allen u. J. L. Crenshaw, Z. anorg. Chem. **79**, 125 (1913).

Die Ansicht von A. Beutell, daß Wurtzit und Zinkblende chemisch verschieden sind, also chemisch isomer, ist schon besprochen worden.[1])

Hier möge noch ein scheinbar negativer Versuch von E. Weinschenk[2]) erwähnt werden. Er versuchte, Sulfide durch Zersetzung von Rhodanaten in schwach saurer Lösung darzustellen. Er erhielt bei 180° teils amorphes (?), teils in kleinen Sphärolithen vorkommendes Schwefelzink; letztere sind doppeltbrechend. Ich glaube, daß in letzterem Falle vielleicht doch Zinkblende vorlag; da jedoch wahrscheinlich die Lösung sauer war, so hat sich vielleicht Wurtzit gebildet. Den damaligen Standpunkt E. Weinschenks, daß man eine Synthese nur dann als gelungen bezeichnen kann, wenn gut kristallisierte Produkte vorliegen, teile ich nicht; sobald ein Produkt sich als kristallinisch herausstellt, liegt eine Synthese vor; der Grad der Größe und Ausbildung der Kristalle kann nicht maßgebend sein, ebensowenig als wir berechtigt sind, ein kryptokristallines Mineral als amorph zu bezeichnen.

Andere Versuche wurden auf nassem Wege durchgeführt. H. Baubigny[3]) hat eine Reihe von Versuchen ausgeführt unter Anwendung von Zinksulfat, welche in der Kälte mit Schwefelwasserstoff gesättigt worden war. Diese Lösung wurde in einen hermetisch verschlossenen Ballon gebracht; dieser wurde durch mehrere Tage auf 80° erhitzt. Da der Ballon nur zur Hälfte gefüllt ist, entweicht teilweise das Gas in die obere Hälfte des Ballons und drückt auf die Flüssigkeit, welche sich mit kristallisiertem Sulfid bedeckte.

A. Villiers[4]) fällte alkalische Zinklösungen durch Schwefelwasserstoff und kristallisierte diesen durch Ammoniumchlorid um.

H. de Sénarmont[5]) hatte Schwefelzink bei 200° in einer verschlossenen Glasröhre in einer unter Druck gesättigten Lösung erhitzt.

V. Stanek[6]) erhitzte amorphes Zinksulfid mit Ammoniumsulfid in zugeschmolzenem Rohr bei 150—200°. Dagegen erhielt J. Weber bei der Fällung einer ammoniakalischen Zinksulfatlösung mit Ammoniumsulfid keine Kristalle, sondern einen schleimigen Niederschlag.

Man sieht, daß die Versuche widersprechende Resultate ergaben; immerhin liegt keine Berechtigung vor, an den älteren Versuchen zu zweifeln, da die Länge der Versuchsdauer, Temperatur usw., bei der Wiederholung solcher Versuche nicht immer mit den ursprünglichen Versuchsbedingungen identisch ist. Auch ist die Ansicht, ob ein Pulver amorph oder nicht sei, immerhin subjektiv. Nach den Ansichten P. v. Weimarns wird man aber höchstens die kugeligen kleinen Gebilde für kolloid halten, ein körniger Niederschlag, der dies nicht zeigt, ist sicher kristallin. Die widersprechenden Ansichten hängen eben auch davon ab, ob man Niederschläge, welche keine deutlichen Kristalle zeigen, für amorph hält oder nicht. Der Brechungsquotient ist kein sicheres Kriterium, er hängt mit der Korngröße zusammen.

Die neuesten, sehr eingehenden Studien über diesen Gegenstand rühren von E. T. Allen und J. L. Crenshaw her. Sie konnten die genannten Versuche von H. de Sénarmont, H. Baubigny, A. Villiers und V. Stanek nicht bestätigen, was aber nicht beweist, daß diese Versuche nur amorphes

[1]) Siehe S. 333.
[2]) E. Weinschenk, Z. Kryst. **17**, 501 (1890).
[3]) H. Baubigny nach F. Fouqué, u. Michel-Lévy, Synthèse d. min. 1882, 218.
[4]) A. Villiers, C. R. **120**, 189,498 (1895).
[5]) H. de Sénarmont, C. R. **32**, 400 (1851).
[6]) V. Stanek, Z. anorg. Chem. **17**, 117 (1898).

ZnS ergeben haben sollen. Eine Kritik dieser Arbeiten wäre nur bei Nachprüfung der von jenen erhaltenen Produkte möglich (vgl. S. 340).

Sie versuchten zuerst die Einwirkung von Natriumthiosulfat; das Resultat war jedoch zweifelhaft, da der Brechungsquotient zu niedrig war, doch war schwache Doppelbrechung vorhanden. Sie erhielten kristallisierte Produkte, als sie amorphes Sulfid mit Natriumsulfidlösung von etwa 20 % bei 350° erhitzten. Es waren gut ausgebildete Tetraeder. Der Versuch gelang schon bei 200°. Die Bedingungen des Versuches entsprechen dem von C. Doelter ausgeführten Versuche, nur wurde dort die Zinkblende regeneriert (vgl. S. 337).

Die Tabelle gibt näheren Aufschluß über die Versuche der Genannten und die dabei gewonnene Ausbeute:

Einfluß von Temperatur und Säurekonzentration auf die Kristallform von Zinksulfid (nach E. T. Allen und J. L. Crenshaw).

Θ	1,0 %	2,5 %	4 %	5 %	7,5 %	10 % H_2SO_4
350° C.	—	70 % Wurtzit	—	30 % Wurtzit	—	80 % Wurtzit
300° C.	kein Wurtzit, sehr wenig amorphes ZnS	kein Wurtzit	70 % Wurtzit. Rest amorphes ZnS, Zinkblende fehlt	5 % Wurtzit	90 % Wurtzit	100 % Wurtzit
250° C.	Viel Zinkblende neben Wurtzit	Nur Wurtzit und amorphes Zinksulfid	—	Ausschließlich Wurtzit und amorphes Zinksulfid	—	—

Es folgt hieraus (zwei Versuche gaben abweichende Resultate), daß bei einer gegebenen Temperatur die gebildete Menge von Wurtzit, der instabilen Form, im Produkt um so größer ist, je höher die Säurekonzentration, und bei einer gegebenen Säurekonzentration die Menge von Zinkblende, der stabilen Form, um so größer ist, je höher die Temperatur.

Bildung von Wurtzit.

Durch Einwirkung von H_2S auf Zinkdämpfe in einem Schlössingschen Ofen erhielt R. Lorenz[1]) Wurtzit.

A. Mourlot[2]) erhielt ihn im Moissanschen Ofen durch Sublimation. Th. Sidot[3]) erhielt ihn durch langsames Schmelzen von amorphem Zinksulfid und auch durch Sublimation desselben. Ebenso, als er Blende in einem Strome von schwefeliger Säure und Schwefelwasserstoff oder Stickstoff erhitzte.

H. Deville und G. Troost[4]) erhielten Wurtzit beim Erhitzen von amorphem Schwefelzink zur hellen Rotglut im Wasserstoffstrom. Es bildeten sich hexagonale Kriställchen. Dieselben Forscher erhielten durch Zusammenschmelzen gleicher Teile von Zinksulfat, Flußspat und Bariumsulfid Wurtzit-

[1]) R. Lorenz, Ber. Dtsch. Chem. Ges. **24**, 1501 (1891).
[2]) A. Mourlot, C. R. **123**, 54 (1896).
[3]) Th. Sidot, C. R. **63**, 188 (1866).
[4]) H. Sainte-Claire Deville u. G. Troost, C. R. **52**, 920 (1861); Ann. chim. phys. [5] **5**, 118 (1865).

kristalle. P. Hautefeuille erhielt Wurtzit durch Erhitzen von ZnS unter einer Tonerdeschicht.[1])

Eine etwas kompliziertere Synthese stammt von H. Viard.[2]) Es wurde Kohlensäure in ein Porzellanrohr geleitet, in welchem sich zwei Schiffchen befanden, von denen das eine Chlorzink, das andere Zinnsulfid enthält. Wird zuerst das letztere Schiffchen, dann auch das erstere bis zur Rotglut erhitzt, dann verflüchtigt sich $ZnCl_2$ und setzt sich mit dem Zinnsulfid um, nach der Formel:

$$ZnCl_2 + SnS = ZnS + SnCl_2 .$$

Sowohl letzteres $SnCl_2$ als auch etwaiges überschüssiges $ZnCl_2$ verdampfen. Kristallographische Untersuchungen dieses Produktes scheint nicht stattgefunden zu haben. Ein Versuch von W. Spring[3]) ist noch zu erwähnen, bei welchem Schwefel und Zinkpulver im luftleeren Raum stark gepreßt wurden. Es bildeten sich kristallisierte blättrige Produkte. Ob hier Wurtzit oder Zinkblende vorliegt, ist nicht ganz aufgeklärt. Beim Versuch von J. Durocher durch Sublimation hat sich Zinkblende gebildet, siehe oben.

Ein weiterer Versuch unter hohem Druck ist der von O. Rohde. Er preßte gefälltes Zinksulfid unter 8000 Atmosphärendruck und erhielt aus dem amorphen Pulver eine kristallinische Modifikation schwach gelblich, welche ein anderes lichtelektrisches Verhalten zeigte.

Darstellung von luminiszierendem Zinksulfid. Wegen der Wichtigkeit dieses Körpers für die Physik und Technik seien auch einige Worte über dieses gesagt. Es dürfte ausnahmslos Wurtzit vorliegen; die zuerst von Th. Sidot hergestellte phosphoreszierende sogenannte Sidotblende, welche beim Studium der Luminiszenz mit Radium- und Röntgenstrahlen von großer Wichtigkeit ist, dürfte Wurtzit sein, da sie nach dem Verfahren, wie es zur Wurtzitbildung angewandt wird, dargestellt wird.

Das reine, kolloide oder kristallisierte Zinksulfid ist ohne alle Phosphoreszenz, wird es aber durch kleine Beimengung von anderen (auch nicht isomorphen) Verbindungen. Dabei dürfen nur kleine Mengen beigemengt werden, während größere die Luminiszenz aufheben. Die phosphoreszierende Blende kann sowohl aus Lösungen, als auch durch Einwirkung von Dämpfen und aus Schmelzen erhalten werden (siehe die Darstellung von Wurtzit, oben S. 341).

Die aus wäßrigen Lösungen erhaltenen Zinksulfide müssen jedoch stark erhitzt werden. Daraus folgt, daß es sich immer um Wurtzit gehandelt hat.

Als phosphoreszierende Beimengungen werden besonders außer NaCl und KCl genannt kleine Mengen von Salzen von Bi, Cd, Mn, Mg.

Die Menge Cd, die als Sulfid zugesetzt, das Maximum der Phospohoreszenz liefert, bleibt als Chlorid wirkungslos.

Th. Sidot[4]) erhielt phosphoreszierendes ZnS durch 4—5stündiges Erhitzen von kristallisiertem ZnS im Porzellanrohr in einem Strom von SO_2. Weit bequemer gelingt die Darstellung[5]) folgendermaßen: Aus einer völlig neutralen Lösung von reinem $ZnCl_2$ durch Behandlung mit NH_3, Einleitung

[1]) P. Hautefeuille, C. R. **93**, 824 (1881).
[2]) H. Viard, C. R. **136**, 892 (1903).
[3]) W. Spring, Z. f. phys. Chem. **18**, 557 (1895).
[4]) Th. Sidot, C. R. **63**, 188 (1886).
[5]) Nach Kraut-Gmelin, herausgegeben von C. F. Peters IV, 50 u. 311 (1911).

von H_2S in den in NH_3 gelösten Niederschlag von $Zn(OH)_2$ und Brennen des gefällten ZnS bei Weißglut. Zur Darstellung einer stark gelbgrün phosphoreszierenden Zinkblende setzt man zu einer mit H_2SO_4 schwach angesäuerten Lösung von 20 g reinstem Zinkammoniumsulfat, 5 g NaCl und 0,2—0,5 g kristallisiertes $MgCl_2$ in 400 ccm destilliertem Wasser, 100 ccm 8 %igen NH_3-Wassers, rührt um, läßt 24 Stunden lose bedeckt stehen, sättigt das klare Filtrat mit H_2S und trocknet das auf dem Filter gesammelte ZnS, ohne auszuwaschen mit dem Filter zunächst auf einem porösen Tonteller und dann bei 100°. Die fein zerriebene Masse glüht man in einem bedeckten Porzellantiegel, der in einem weiteren Gefäß aus feuerfestem Material steht, 30 Minuten in der vollen Hitze eines Perrot- oder Rösslerschen Gasofens. Anstatt NaCl und $MgCl_2$ können auch die entsprechenden Mengen von $MgSO_4$ und KCl verwendet werden. Es wirken gewisse Beimengungen unter Umständen günstig auf die Phosphoreszenz. So lieferte ein Zusatz von $^1/_{1000}$ Teil $MnCl_2$ zu dem aus 1 Teil Zinkammoniumsulfat, $^1/_5$ NaCl und $^1/_{100}$ $MgSO_4$ bereiteten ammoniakalischen Filtrat ein nach Tagesbelichtung intensiv goldgelb phosphoreszierendes ZnS. Cadmiumsulfat verändert das Licht mehr nach Gelb.

Nicht nur Zinksulfid, auch andere Metalle der VI. Gruppe des periodischen Systems, insbesondere CaS, gehören zu den Phosphoren. Die Bedingungen des Leuchtens sind durch P. Lenard genau erforscht worden und brauchen hier nicht behandelt zu werden. Die Sulfide leuchten jedoch nicht an und für sich, nach P. Lenard muß man ein Schmelzmittel hinzugeben, welches wohl als Bindemittel für die anderen Komponenten dient, besonders wichtig sind die sehr kleinen Mengen von Beimengungen von Metallen (etwa 10^{-4}).

E. Tiede und A. Schleede[1]) stellten geschmolzenes Zinksulfid, sowie andere Metallsulfide (Cadmium- und Quecksilbersulfid, Sulfide des Cu, Mg, Si, Ba) ohne Schmelzmittel in einem Druckofen her. Das Lenardsche Schmelzmittel wird hier durch den Schmelzvorgang ersetzt. Das geschmolzene Zinksulfid leuchtet stark. Der Schmelzpunkt des Zinksulfids war bei 150 Atm. Druck = 1800—1900°.

Aus den zahlreichen synthetischen Versuchen geht wohl hervor, daß die Zinkblende sich in der Natur nicht bei hoher Temperatur gebildet haben kann (Temperaturen, wie bei der Sublimation, sind hier kaum denkbar). Die Zinkblende hat sich wohl ausnahmslos aus Lösungen gebildet und auch für den Wurtzit dürfte dies zutreffen. Offenbar sind in der Natur die sauren Lösungen seltener, so daß die Zinkblende (entsprechend den Versuchen von C. Doelter, S. 338 und besonders jenen von E. T. Allen und J. L. Crenshaw) häufiger vorkommt, als der Wurtzit, der sich aus sauren Lösungen bildet. Zinkblende scheint sich oft durch chemische Reaktion kristallisiert gebildet zu haben. Dort, wo sie in faserigen schaligen und ähnlichen Aggregaten vorkommt, dürfte eine Entstehung aus dem kolloiden Zustand wahrscheinlich sein. F. Bernauer[2]) hat für die Blende von Wiesloch eine solche Bildung aus Gel wahrscheinlich gemacht. Solche aus Gel entstandene Zinkblende ist nicht gut kristallisiert, sondern zeigt die früher genannten Strukturen.

Was den Wurtzit anbelangt, welcher ja in der Natur nicht in schön ausgebildeten Kristallen, sondern in kristallinischen, meist faserigen, Aggregaten vorkommt, so dürfte er ebenfalls aus Gelen entstanden sein. Er muß sich

[1]) E. Tiede und A. Schleede, ZB. Min. etc. 1921, 154.

[2]) F. Bernauer, Die Kolloidchemie als Hilfswissenschaft der Mineralogie etc. Berlin 1923.

nach dem oben erwähnten aus sauren Lösungen abgeschieden haben. Die Bildungstemperaturen beider Arten dürften keine sehr verschiedenen gewesen sein. Man wird für beide Temperaturen von etwa 100° annehmen können, vielleicht auch etwas höhere. Manche Zinkblenden können vielleicht auch bei etwas niedrigerer Temperatur entstanden sein. Daß bei den Synthesen meist höhere Temperaturen angewandt werden mußten, beweist nicht das Gegenteil, denn der Faktor Zeit ersetzt in der Natur die höhere Temperatur. Viele Zinkblendekristalle mögen auch durch Umkristallisierung aus Gel oder kryptokristallinem Zinksulfid entstanden sein, bei welcher eine erhöhte Temperatur nicht nötig ist.

Erythrozinkit.

Von **M. Seebach** (Leipzig).

Name von ἐρυθρός, rot und Zink.[1])

Das rote durchscheinende Mineral wurde in dünnen kristallinischen Blättchen in Spalten eines sibirischen Lapis-Lazuli gefunden. Strich blaßgelb. Spaltbar senkrecht zur Richtung der optischen Achse. Er ist optisch[2]) einachsig, positiv, mit ähnlicher Interferenzerscheinung wie künstlicher Wurtzit und Strahlenblende von Přibram.

Analysen liegen nicht vor. Er besteht wesentlich aus Zink, Mangan und Schwefel. Im offenen Röhrchen gibt er beim Erhitzen schweflige Dämpfe und schmilzt auf dem Platinblech zu einer schwärzlichen Schlacke. Der mit etwas Salpeter versetzten Phosphorsalzperle erteilt er eine violette Farbe. Löslich in Salpetersäure unter Abscheidung von Schwefel; in der Lösung lassen sich Zink und Mangan nachweisen.

Nach A. Des Cloizeaux[3]) ist der Erythrozinkit wegen seines optischen Verhaltens wahrscheinlich ein manganhaltiger Wurtzit.

Greenockit (CdS).

Von **M. Seebach** (Leipzig).

Synonyma: Cadmiumblende; Sulphuret of Cadmium; Cadmium sulfuré.

Ditrigonal-pyramidal; $a:c = 1:0,81091$ (O. Mügge)[4]), $= 1:1,4061$ nach der Aufstellung von V. Goldschmidt.[5]) Die selten vorkommenden Kristalle sind meist konisch hemimorph, die Pyramidenflächen fast immer oszillatorisch miteinander kombiniert. Gewöhnlich in erdigen Überzügen.

Analysen.

	1.	2.	3.	4.	5.
δ	—	4,842	—	4,77	4,5
Cd	77,74	77,30	77,60	77,22	77,90
S	22,26	22,56	22,40	22,47	22,10
	100,00	99,86	100,00	99,69	100,00

[1]) A. Damour, Bull. soc. min. **3**, 156 (1880).
[2]) A. Damour, wie oben.
[3]) A. Des Cloizeaux, Bull. soc. min. **4**, 41 (1881).
[4]) O. Mügge, N. JB. Min. etc. **2**, 18, (1882).
[5]) V. Goldschmidt, Krist. Winkeltabellen. Berlin 1897, 166; Atlas d. Krystallform. Heidelberg 1918, **4**, Taf. 62, 63; Text S. 90, 91.

1. Theor. Zusammensetzung.

2. Kleine, meist einzelne honig- bis orangegelbe Kristalle; Bishoptown, Renfrewshire, Schottland; anal. A. Connell, Edinb. N. Phil. Journ. **28**, 394 (1840).

3. Ders. Fundort; anal. T. Thomson, Phil. Mag. 1840, 402; Journ. prakt. Chem. **22**, 436 (1841).

4. Citronen- bis orangegelbes Pigment, in gerundeten Körnchen, z. T. in länglichen Kristalliten, ohne Einwirkung auf das polarisierte Licht, sog. amorpher Greenockit; im Zinkspat von Laurion, Griechenland; anal. A. C. Christomanos, C. R. **123**, 62 (1896); Tsch. min. Mit. N.F. **16**, 360 (1897).

5. Künstliche mikroskopisch kleine Kriställchen von Cadmiumsulfid; anal. E. Schüler, Ann. Chem. Pharm. **87**, 35 (1853).

Chemische Eigenschaften.

Löslichkeit. In verdünnter Salzsäure wenig, leicht löslich in konzentrierter Salzsäure unter Entwicklung von Schwefelwasserstoff, ebenfalls in konzentrierter Salpetersäure und in kochender verdünnter Schwefelsäure. In Schwefelammonium unlöslich, wenig löslich in Ammoniak.

Lötrohrverhalten und Reaktionen. Greenockit gibt vor dem Lötrohr auf Kohle für sich allein, besser aber mit Soda einen Beschlag von rotbraunem Cadmiumoxyd. Heparreaktion. Nimmt im einseitig geschlossenen Röhrchen bei schwachem Erhitzen eine carminrote Farbe an, die in der Kälte wieder verschwindet. Im offenen Glasrohr entwickelt er schweflige Säure.

Nach J. Lemberg[1]) färbt er sich mit schwefelsaurer Silbersulfatlösung beim Erhitzen auf annähernd 100° C braun. Körner, die längere Zeit mit alkalischer Bromlösung behandelt werden, überziehen sich mit einer kaum sichtbaren Schicht von Cadmiumhydroxyd, welches mit Schwefelammonium wieder in Cadmiumsulfid zurückgebildet wird. Letzteres setzt sich mit Silberlösung in Silbersulfid um, das die Körner schwarzbraun färbt.

Physikalische Eigenschaften.

Die Dichte ist 4,9—5,0. Für künstliches, durch eine Spur Eisen verunreinigtes Material ermittelten E. T. Allen und J. L. Crenshaw:[2]) $\delta = 4{,}833$ und 4,835, auf Wasser von 4° C bezogen $\delta_{25^0} = 4{,}820$.

Härte = 3—3,5.

Die **Spaltbarkeit** nach $(10\bar{1}0)$ ist deutlich, nach (0001) unvollkommen. Bruch muschelig.

Optische Eigenschaften. Diamant- bis Fettglanz. Durchsichtig bis durchscheinend. Farbe: honig-, citronen- oder orangegelb, auch bronzegelb und braun; Strich: pomeranzengelb bis ziegelrot.

Schwache positive **Doppelbrechung.**

Die **Lichtbrechung** ist sehr stark:

$$N_\omega = 2{,}688, \qquad N_\varepsilon = \text{nur wenig davon verschieden.}^{3)}$$

An Material, welches aus geschmolzenen Alkalipolysulfiden erhalten wurde, bestimmte H. E. Merwin:[4])

$$N_{\omega\,(\mathrm{Li})} = 2{,}425, \qquad N_{\varepsilon\,(\mathrm{Li})} = 2{,}447.$$

---

[1]) J. Lemberg, Z. Dtsch. geol. Ges. **46**, 793 (1894).

[2]) E. T. Allen u. J. L. Crenshaw, Z. anorg. Chem. **79**, 125 (1912).

[3]) W. Phillips, Element. Introduct. Min. London 1852, 165.

[4]) H. E. Merwin bei E. T. Allen und J. L. Grenshaw, Z. anorg. Chem. **79**, 147 (1912).

Kristalle, die langsam durch Schwefelwasserstoff gefällt waren, ergaben $N_{\varepsilon\,(Li)} = 2{,}44$; hexagonale, aus sublimiertem CdS erhaltene Kristalle $N_{\varepsilon\,(Li)} = 2{,}456$.

Reiner Greenockit ist einachsig positiv für Farben von Rot bis Blaugrün und negativ für Farben von Blaugrün bis Blau. Für die Wellenlänge $\lambda = 523\,\mu\mu$ ist er einfach brechend.

Es gelten für ihn mit einem Fehler von $\pm\,0{,}003$:

$$N_{\omega\,(Na)} = 2{,}506, \quad N_{\varepsilon\,(Na)} = 2{,}529;$$
$$N_{\omega\,(Li)} = 2{,}431, \quad N_{\varepsilon\,(Li)} = 2{,}456.$$

Im roten Licht (unter 519 $\mu\mu$) herrscht nur geringe Absorption, von 517—511 $\mu\mu$ wächst sie fast bis zur vollständigen Undurchsichtigkeit für ω. Für ε beginnt die Absorption in der Nähe von 512 $\mu\mu$ und wächst in gleicher Weise bis 506 $\mu\mu$.

Optische Anomalien wurden von A. Madelung[1] beobachtet, welcher Greenockit deutlich zweiachsig fand.

Luminiszenz. Daß Greenockit mit Radium- und ultravioletten Strahlen phosphoresziert, wurde zuerst von C. Baskerville und G. Kunz[2] festgestellt. C. Doelter[3] erhielt auch mit Kathodenstrahlen sehr starke dunkelrote Luminiszenz. A. Pochettino[4] fand, daß am Greenockit von Renfrewshire in Schottland die Flächen $(01\bar{1}0)$ mit Kathodenstrahlen ein starkes bläulichgrünes, parallel der Pyramidenachse um 50 % polarisiertes Licht emittieren, während die Flächen $(40\bar{4}1)$ ein mittelstarkes hellblaues, senkrecht zur Pyramidenachse um 20 % polarisiertes Licht aussenden.

Nach C. Doelter wird die gelbe Farbe des Greenockits weder durch Radium noch ultraviolette Strahlen verändert.

Die **elektrische Leitfähigkeit** ist schwach, sie nimmt bei steigender Temperatur zu.[5] Gelbes pulveriges Schwefelcadmium von Přibram erwies sich als nichtleitend, was auf eine andere, der Zinkblende isomorph beigemengte Modifikation zurückgeführt wurde.

Die **spezifische Wärme,** von A. S. Russel[6] im Kupfercalorimeter nach W. Nernst bestimmt, beträgt für gefälltes Cadmiumsulfid:

Θ_1	Θ_2	c
− 188,7	− 80,5	0,0600
0	− 77,1	0,0840
+ 49,4	+ 2,4	0,0908

Bildungswärme = 33950 cal.[7]

Physikalisch-chemische Eigenschaften. — Der Schmelzpunkt von Cadmiumsulfid ließ sich nicht ermitteln, weil nach W. Biltz[8] unter Atmosphärendruck

[1] A. Madelung, Z. Kryst. **7**, 75 (1883).
[2] C. Baskerville und G. Kunz, Am. Journ. **18**, 96 (1904/05).
[3] C. Doelter, Das Radium und die Farben. Dresden 1910, 34.
[4] A. Pochettino, Z. Kryst. **51**, 116 (1913).
[5] F. Beijerinck, N. JB. Min. etc. Beil.-Bd. **11**, 431 (1897).
[6] A. S. Russel, Phys. Zeitschr. **13**, 59 (1912).
[7] J. St. Thomsen, Journ. prakt. Chem. **2**, 191 (1879).
[8] W. Biltz, Z. anorg. Chem. **59**, 273 (1908).

bei etwa 980° C. Verdampfung ohne Schmelzung einsetzt. Eine Umwandlung in eine etwa der Zinkblende analoge Modifikation konnte von E. T. Allen und J. L. Crenshaw[1]) nicht beobachtet werden. Die Abkühlungskurve (von 1000° C an) zeigt keine Unstetigkeit, obgleich nach D. Lovisato[2]) die gelbe Farbe bei hoher Temperatur in die rote übergehen, in der Kälte aber wiederkehren soll. Die Farbenveränderung beruht deshalb wohl nur auf Verschiebung der Absorption. Auch aus sauren und alkalischen Lösungen wurden unter verschiedenartigen Bedingungen nur doppelbrechende Greenockitkristalle erhalten. Daher erscheinen die Angaben von R. Lorenz,[3]) N. P. Klobukow[4]) und F. Beijerinck[5]) über allotrope Modifikationen von Cadmiumsulfid nicht ganz sicher. R. Lorenz erhielt neben schönen Kristallen von Greenockit scheinbar monokline Zwillingskristalle, als er Schwefelwasserstoff über bis zum Sieden erhitztes Cadmium leitete. Nach E. T. Allen und J. L. Crenshaw sind dies hexagonale, nach einer Pyramidenfläche verzwillingte Kristalle. — F. Beijerinck beschreibt eine durch Erhitzen von gefälltem CdS im geschlossenen Röhrchen erhaltene reguläre, isotrope Kristallart.

Synthese. a) Auf trocknem Wege. — Die dem natürlichen Greenockit entsprechende Verbindung ist durch Zusammenschmelzen der Komponenten nur schwierig darstellbar, leichter — und zwar in schönen Kristallen — wenn man statt des Metalls Cadmiumoxyd nimmt.[6]) R. Lorenz erzielte durch Erhitzen von Cadmium im H_2S-Strom (s. oben!) anscheinend zwei Modifikationen. P. Hautefeuille[7]) erhitzte amorphes Schwefelcadmium im Porzellantiegel unter einer Decke von leicht calcinierter Tonerde und erzeugte so deutlich hemimorphe Kristalle. A. Mourlot[8]) stellte durch Erhitzen von CdS im Moissanschen elektrischen Ofen hexagonale Prismen dar. W. Spring[9]) erhielt kleine gelbe greenockitähnliche Kristalle durch Erhitzen zylindrisch zusammengepreßten Cadmiumsulfids. Säulen- und tafelförmige Kristalle bilden sich nach H. Sainte-Claire Deville und L. Troost[10]) beim Erhitzen von CdS im H-Strom oder durch Zusammenschmelzen von Cadmiumoxyd mit Flußspat und Schwefelbarium zu gleichen Teilen.

E. Dupont und Ferrières[11]) konnten nach derselben Methode rötlichbraune durchsichtige, zum Teil hemimorphe prismatische Kristalle erhalten. J. Durocher[12]) leitete trocknen Schwefelwasserstoff über Dämpfe von stark erhitztem Cadmiumchlorid. C. L. E. Schüler[13]) erhielt nach der Methode J. Durochers kleine nicht meßbare Kristalle. Ebenfalls sehr kleine, aber mikroskopisch meßbare Kristalle erhielt er durch Zusammenschmelzen des scharf getrockneten Schwefelcadmiumniederschlages mit je 5 Teilen Kalium-

1) E. T. Allen und J. L. Crenshaw, l. c.
2) D. Lovisato, R. Acc. d. Linc. **12**, 642 (1903).
3) R. Lorenz, Ber. Dtsch. Chem. Ges. **24**, 1501 (1891); Z. Kryst. **22**, 612 (1894).
4) N. P. Klobukow, Journ. prakt. Chem. **39**, 413 (1889); Z. Kryst. **21**, 388 (1893).
5) F. Beijerinck, l. c.
6) Th. Sidot, C. R. **62**, 999 (1866).
7) P. Hautefeuille, C. R. **93**, 826 (1881).
8) A. Mourlot, C. R. **123**, 54 (1896).
9) W. Spring, Z. f. phys. Chem. **18**, 556 (1895).
10) H. Sainte-Claire Deville und L. Troost, C. R. **52**, 920, 1304 (1861).
11) E. Dupont und Ferrières bei F. Fouqué und A. Michel-Lévy, Synthèse d. min. et d. roches. Paris 1882, 304.
12) J. Durocher, C. R. **32**, 823 (1851).
13) C. L. E. Schüler, Inaug.-Diss. Göttingen 1853; Ann. Chem. Pharm. **87**, 41 (1853). Vgl. auch E. T. Allen und J. L. Crenshaw, l. c.

carbonat und Schwefel (Anal. 5). Hexagonales Cadmiumsulfid in Blättchen und Prismen entsteht nach G. Viard[1]) durch Wechselzersetzung, wenn man mit Kohlensäure verdünnte Dämpfe von Cadmiumchlorür auf Schwefelmetalle einwirken läßt.

b) Auf nassem Wege. — Die künstliche Darstellung von Cadmiumsulfid auf nassem Wege gelang C. Geitner[2]) durch Erhitzen von Cadmium mit wäßriger schwefliger Säure im geschlossenen Rohr auf 200° C. O. Follenius,[3]) O. Buchner[4]) und namentlich P. N. Klobukow[5]) erhielten zwei Modifikationen. Letzterer unterschied eine α-Modifikation: rein citronengelb in tafeligen, wahrscheinlich hexagonalen Kristallen, $\delta = 3{,}906$—$3{,}927$ und eine β-Modifikation: hochrote, nicht sicher bestimmte Kristalle mit hexagonalen, scheinbar regulären und monosymmetrischen Formen, $\delta = 4{,}492$—$4{,}513$. Durch Erwärmen, Reiben, Druck, den elektrischen Funken oder durch chemische Reagenzien läßt sich die α- in die β-Modifikation überführen, nicht aber umgekehrt.

E. T. Allen und J. L. Crenshaw[6]) untersuchten die Bedingungen, unter welchen kristallisiertes Cadmiumsulfid sich in Lösungen bildet. Aus sauren Lösungen erhält man amorphe oder kristalline Produkte, wobei das Ergebnis abhängig ist von der Geschwindigkeit der Fällung, dem Säuregehalt, der Cadmiumkonzentration und der Temperatur der Lösungen. Nach der „Doppelrohrmethode" (das innere Rohr enthielt 2 g $CdSO_4 \cdot {}^8/_3 H_2O$ und 20 ccm 30%ige Schwefelsäure, das äußere 9 g $Na_2S_2O_3 \cdot 5H_2O$ und 20 ccm Wasser) entstanden innerhalb 3 Tagen bei 180° C 0,5 mm lange Kristalle. Der etwas zu niedrige Brechungsindex ist wohl durch Beimengungen bedingt.

Amorphes Cadmiumsulfid, im geschlossenen Rohr zwei Tage mit 30%iger Schwefelsäure auf 200° C erhitzt, liefert ein sphärolitisches Aggregat doppelbrechender Kriställchen; leitet man Schwefelwasserstoff in eine siedende Lösung von 1 g $CdSO_4 \cdot {}^8/_3 H_2O$ und 50 ccm 30%iger Schwefelsäure, so scheiden sich beim Abkühlen neben amorphem Material ebenfalls doppelbrechende Nadeln aus. Versuche nach der Methode von C. Geitner ergaben meßbare Kristalle.

Aus alkalischen Lösungen mit Ammoniumsulfid kristallisierte das amorphe Sulfid innerhalb 3 Tagen bei 200° C. Es blieb jedoch unverändert in 3,5%igen Kaliumsulfid — oder in 2%igen Natriumsulfidlösungen. Auch konzentrierte Lösungen lieferten selbst bei 8tägigem Erhitzen auf 275° C nur amorphe Produkte.

Mit Natriumthiosulfat entstand nach der Gleichung

$$4Na_2S_2O_3 + CdSO_4 = 4Na_2SO_4 + CdS + 4S$$

bei 100° C ein feines kristallinisches Pulver, das aus kleinen orangefarbenen doppelbrechenden Kristallen sich zusammensetzte.

Amorphes Cadmiumsulfid wird durch Fällen von Cadmiumsalzen mit Schwefelwasserstoff als ein gewöhnlich pomeranzengelbes bis orangerotes Pulver erhalten, welches sich bei starkem Erhitzen zuerst braun, dann carmin-

[1]) G. Viard, C. R. **136**, 802 (1903).
[2]) C. Geitner, Ann. Chem. Pharm. **129**, 350 (1864).
[3]) O. Follenius, Z. f. anal. Chem. **13**, 411 (1874).
[4]) O. Buchner bei C. Hintze, Handb. Min. Leipzig 1904, 605.
[5]) P. N. Klobukow, Journ. prakt. Chem. **39**, 413 (1889); Z. Kryst. **21**, 388 (1893).
[6]) E. T. Allen und J. L. Crenshaw, l. c.

rot färbt.[1]) In schwacher Cadmiumlösung fällt H_2S das Sulfid mit hellgelber Farbe. — Tief orangefarbene Niederschläge werden erhalten durch Fällung heißer saurer Cadmiumlösungen mit Schwefelwasserstoff oder durch längeres Kochen von Cadmiumlösungen mit überschüssigem Natriumthiosulfat. Die hellen und tiefer gefärbten Niederschläge sind auch durch die Teilchengröße, die bei den hellen geringer ist, unterschieden.

Vorkommen. Greenockit findet sich gewöhnlich in Form gelber oder auch grünlicher erdiger Anflüge und Überzüge auf Zinkblende usw. und dürfte in manchen Fällen aus dieser hervorgegangen sein. Gelegentlich tritt er als Imprägnation in dolomitischen Kalken auf (Kärnten). Natürliche Kristalle sind selten und namentlich aus dem Prehnit basischer Ergußgesteine Schottlands bekannt geworden.

7. Verbindungen mit Quecksilber.

Von **C. Doelter** (Wien).

Wir haben hier nur wenig Mineralien, namentlich fast nur Sulfide. Das Hauptmineral ist das Quecksilbersulfid, welches dimorph ist, eine stabilere Form den trigonalen Zinnober und eine zweite weniger häufige, den regulären Metacinnabarit aufweist. Über eine mögliche dritte Art siehe bei M. Henglein.

Während der Zinnober insofern allein steht, als er keine isomorphe zweite Verbindung hat, gibt es zwei mit Metacinnabarit isomorphe Mineralien. Das Selenid Tiemannit, HgSe und das Tellurid HgTe, Coloradoit. Isomorphe Mischungen von HgS und HgSe scheinen vorzukommen, so enthält der Guadalcazarit (oder Guadalcazit) Selen. Ferner enthält dieses Mineral Zink, es wäre also eine isomorphe Mischung von HgS und ZnS, daneben HgSe Zinkblende und Metacinnabarit kristallisieren beide regulär-tetraedrisch und ist daher das Vorkommen der beiden Mischungen von HgS, HgSe, ZnS möglich.

Eine wichtigere isomorphe Mischung zwischen HgS und HgSe ist der Onofrit, ebenfalls tetraedrisch.

Der Leviglianit ist eine isomorphe Mischung von HgS, mit ZnS ohne Selen.

Es gibt, wie wir sehen, nur wenige Verbindungen des Quecksilbers.

Der Lehrbachit ist eine isomorphe Mischung von HgSe mit PbSe, welche bei den Seleniden behandelt werden wird.

Zu erwähnen ist das Sulfosalz Livingstonit $HgSb_4S_7$, das wichtigste quecksilberhaltige Sulfosalz ist das Fahlerz, welches bereits bei Kupfer behandelt wurde.

Quecksilbersulfide.

M. Henglein (Karlsruhe).

In der Natur kommen die zwei Quecksilbersulfide Zinnober und der viel seltenere Metacinnabarit vor. Überdies existiert noch eine weitere, wahrscheinlich hexagonale Form, die in der Natur nicht vorkommt. E. T. Allen und J. L. Crenshaw[2]) haben folgende Benennungen eingeführt:

$$\sigma - \text{HgS} = \text{Zinnober},$$
$$\alpha' - \text{HgS} = \text{Metacinnabarit},$$
$$\beta' - \text{HgS}.$$

[1]) O. Follenius, wie oben.

[2]) E. T. Allen u. J. L. Crenshaw, Z. anorg. Chem. **79**, 155 (1913).

Zinnober.

Synonyma: Cinnabarit, Cinnabar, Bergzinnober, Drachenblut, Merkurblende, Schwefelquecksilber, Lebererz, Korallenerz, Kugelerz, Halbkugelerz, Quecksilberlebererz, Quecksilberbranderz, Idrialit, Ziegelerz, Stahlerz. — σ-Quecksilbersulfid.

Kristallklasse: Trigonal-trapezoedrisch.

$$a:c = 1:1{,}1453 \text{ nach Schabus,}^{1)}$$
$$a:c = 1:1{,}9837 \text{ nach V. Goldschmidt.}^{2)}$$

Die sehr flächenreichen Kristalle sind selten säulig, meist tafelig nach der Basis mit einer Anzahl Rhomboeder. Häufig Zwillinge; Zwillingsachse ist die *c*-Achse; Durchkreuzungszwillinge symmetrisch nach $(11\bar{2}0)$.

Analysen.

	1.	2.	3.	4.	5.
δ . . .	—	—	7,710	—	—
Hg . . .	85,00	81,80	84,50	78,40	85,12
S	14,25	13,75	14,75	17,50	14,35
Cu . . .	—	0,02	—	0,20	—
Fe_2O_3 . .	—	0,20	—	1,70	—
Mn_2O_3 . .	—	—	—	0,20	—
Al_2O_3 . .	—	0,55	—	0,70	—
CaO . . .	—	—	—	1,30	—
C	—	2,30	—	—	—
SiO_2 . . .	—	0,65	—	—	—
H_2O . . .	—	0,73	—	—	—
	99,25	100,00	99,25	100,00	99,47

1. Vom Pototschnigg-Graben bei St. Anna im Loibltal (Krain), im Kalkstein; anal. M. H. Klaproth, Beitr. **4**, 19 (1807). Als Lokalität gewöhnlich Neumärktel genannt.

2. Von Idria (Krain) als Anflug auf Klüften eines bituminösen Tonschiefers; anal. derselbe, ebenda. — Ziegel-, Stahl-, Leber- und Korallenerz benannt.

3.—4. Von Japan (näherer Fundort unsicher, wahrscheinlich vom Hauptfundort Komagaeshi), stahlgraue Körner und Bruchstücke; 3. anal. derselbe, ebenda; 4. anal. C. v. John, Chem. Unters. **1**, 252 (1810).

5. Von der Grube Eugenia bei Pola de Lena, Asturien (Spanien); anal. H. Müller, Journ. Chem. Soc. **11**, 240 (1848). — Pseudomorphose nach Fahlerz oder Kupferkies.

	6.	7.	8.
Hg	86,79	13,92	13,70
S	13,67	85,40	85,75
	100,46	99,32	99,45

6. Kristalle von Grube Georg Merkur bei Silberg (Westfalen), in einem Roteisensteingang mit tonigem Quarzkonglomerat; anal. C. Schnabel bei C. F. Rammelsberg, Min.-Chem. 1875, 79.

7. Von Hohensolms bei Wetzlar, kristallinisch blättrig; anal. derselbe, ebenda.

8. Bis 2 cm große Kristalle auf Quarzgängen in dichtem Kalkstein von Wön-schanschiang in Kwei-Chau (China); anal. F. Pisani, Bull. soc. min. **20**, 205 (1897).

---

1) Schabus, Sitzber. Wiener Ak. **6**, 69 (1851).
2) V. Goldschmidt, Kryst. Winkeltabellen 1897, 377.

J. S. Carl[1]) bestimmte die Zusammensetzung zu 6 Teilen Hg und 1 Teil S.

Formel. Aus den Analysen ergibt sich die Formel HgS, der 86,21 Hg und 13,79 S entsprechen. A. Schrauf[2]) nimmt 21 HgS = 7 (Hg_3S_3) in einem Körpermolekül an. Das Lebererz von Idria enthält erdige und organische Beimischungen.

Korallenerze sind besonders krummschalige Abarten des Lebererzes. Es werden auch andere Dinge als Korallenerz bezeichnet mit nur wenig Zinnober. Kletzinsky[3]) bestimmte so in einem Korallenerz 2 % HgS, 56 % Kalkphosphat, 5 % stickstoffhaltige Kohle, 4—5 % Fluorcalcium, sowie Eisenoxyd- und Tonerdephosphat. Er betrachtete es als Eisenapatit, der von Lipold[4]) Paragit genannt wurde.

Im Spektrum erhielt A. de Gramont[5]) an reinem Zinnober die Schwefellinien, in deren Gruppen nur zwei der wenigen Quecksilberlinien auftreten.

W. Ramsay und M. W. Travers[6]) prüften auf Edelgase, fanden aber nur CO.

Chemische Eigenschaften.

Lötrohrverhalten. Im geschlossenen Rohr bildet sich schon bei gelindem Erhitzen ohne Schmelzung ein schwarzes Sublimat, das einen roten Strich liefert. Verflüchtigt sich nicht alles, so reagiert der Rückstand mit Glasflüssen manchmal auf Eisen und Kupfer. Im offenen Rohr wird Zinnober bei vorsichtigem Erhitzen in schwefelige Säure und metallisches Quecksilber zerlegt. Letzteres setzt sich in Tröpfchenform ziemlich entfernt von der Probe in der Glasröhre ab. Diese darf ziemlich großen Querschnitt haben, da sonst zu wenig Sauerstoff zutritt und sich ebenso wie bei starkem Erhitzen noch ein schwarzes Sublimat von unzersetztem Schwefelquecksilber bildet. Reiner Zinnober verflüchtigt sich auf Kohle vollständig. Wenn man nicht zu stark bläst, so entsteht ein graulichweißer Beschlag, der mit der Lupe Quecksilberkügelchen darstellt.

Quecksilberbranderz gibt ebenfalls ein Sublimat von schwarzem Schwefelquecksilber im geschlossenen Rohr, verbreitet einen deutlichen Geruch nach H_2S und hinterläßt eine schwarze Masse. Wird diese geglüht (am besten auf einem Platinblech), so verschwindet sie nach und nach bis auf einen erdigen Rückstand, der nach C. F. Plattner-Kolbeck[7]) hauptsächlich aus kohliger Substanz besteht. Bei einem Tongehalt hinterbleibt auch Tonerde.

Nach F. v. Kobell[8]) bildet sich Quecksilber, wenn das Zinnoberpulver mit Eisenpulver zusammengerieben und in Kupferfolie gewickelt im Kölbchen erhitzt wird. Der Rückstand entwickelt mit Salzsäure Schwefelwasserstoff. Nach P. Berthier zersetzt sich Zinnober beim Glühen mit Kienruß oder Kohle teilweise unter Quecksilberausscheidung und Schwefelkohlenstoff.

---

[1]) J. S. Carl bei F. Kobell, Gesch. Min. 1864, 570.
[2]) A. Schrauf, Jber. geol. Reichsanst. **41**, 358 (1891).
[3]) Kletzinsky bei E. Jahn, Verh. geol. Reichsanst. 1870, 230.
[4]) Lipold bei V. v. Zepharovich, Lex. 1873, 350.
[5]) A. de Gramont, Bull. soc. min. **18**, 257 (1895).
[6]) W. Ramsay u. M. W. Travers, Proc. Roy. Soc. **60**, 443 (1896).
[7]) C. T. Plattner-Kolbeck, Probierkunst 1907, 299.
[8]) F. v. Kobell, Taf. Best. Min. 1873, 28.

Löslichkeit. Zinnober wird durch Königswasser zersetzt unter Abscheidung von Schwefel und Schwefelsäurebildung; das Quecksilber geht als Oxyd in Lösung. Er ist nach E. T. Smith[1]) in Schwefelmonochlorid löslich. Durch überschüssige Lösung von Jod in Jodkalium wird er bei tagelanger Digestion nach A. Wagner[2]) zersetzt nach:

$$HgS + 2KJ_2 = HgJ_2 . 2KJ + S.$$

Im Chlorgas verbrennt Zinnober mit lebhaftem Feuer zu Chlorschwefel und Chlorquecksilber. Mit Wasserdampf bei Glühhitze gibt Zinnober viel Schwefelwasserstoff, ein schwarzes Sublimat und viel metallisches Quecksilber, kein Oxyd. Mit kochendem Vitriolöl wird schwefelige Säure und schwefelsaures Quecksilberoxyd gebildet. Zinnober wird nach A. Kekulé[3]) von konzentrierter Jodwasserstoffsäure schon in der Kälte gelöst, von verdünnter erst beim Erwärmen unter H_2S-Entwicklung.

A. Vogel erhielt beim Erhitzen mit trockenem Zinnchlorür Zinnsulfid (sog. Musivgold) unter Entwicklung von Salzsäure mit etwas SO_2, beim Kochen dagegen unter H_2S- und Salzsäure-Bildung ein braunes Gemenge von unzersetztem Zinnober, Quecksilber, Zinnsulfür und Zinnoxyd.

Zinnober gibt beim Erhitzen mit Zinn, Eisen und anderen Metallen Quecksilber ab unter Entziehung des Schwefels. Die Herstellung des Quecksilbers findet durch Zerlegen des Zinnobers in geschlossenen Räumen durch Zusatz von Eisenhammerschlag oder Kalk statt. Denn mit fixen ätzenden und kohlensauren Alkalien destilliert Quecksilber über, das entsprechende Sulfid und Sulfat bleibt zurück. Schwefelquecksilber bildet auch mit Na_2S nach G. F. Becker und W. H. Melville[4]) lösliche Doppelsalze, wie $HgS + 4Na_2S$.

H. Fleck[5]) und A. Wagner[6]) wiesen die Löslichkeit des Zinnobers in Schwefelbarium nach. T. M. Broderick[7]) erhielt Hg in Lösung nach sechswöchentlicher Behandlung von Zinnoberpulver mit n/20-HCl, während n/20-H_2SO_4, sowie eine gemischte Lösung von n/20-H_2SO_4 und n/20-$Fe_2(SO_4)_3$ unwirksam blieben. Auch Erhöhung des Säuregehalts hatte keinen Einfluß.

G. A. Binder[8]) untersuchte die Löslichkeit von Zinnober aus Neumärktel (Krain) in reinem Wasser bei 90° in einer geschlossenen Röhre. Der Versuch dauerte 5 Wochen. Die Löslichkeit war so gering, daß die gelöste Menge quantitativ nicht bestimmt werden konnte. Angewandt waren 1,0371 g.

Ätzfiguren. K. Zimányi[9]) erhielt mit konzentriertem Jodwasserstoff in der Kälte auf der Basis von Kristallen von Alsósajo gut ausgebildete Ätzfiguren. Die Umrisse der mikroskopisch kleinen Ätzgrübchen waren gleichseitige Dreiecke, die der größeren symmetrische Sechsecke. Während die ersteren ziemlich dicht die Basis bedeckten, sind die 3—4mal größeren ziemlich zerstreut oder perlschnurähnlich nahe nebeneinander. Über den Grad der Verdünnung und die Dauer der Ätzung liegen ausführliche Untersuchungen nicht vor.

---

[1]) E. T. Smith, Am. Journ. Chem. Soc. **20**, 289 (1898).
[2]) A. Wagner, Chem. Techn. 1875, 111.
[3]) A. Kekulé, Jahresber. 1862, 610.
[4]) G. F. Becker u. W. H. Melville, Am. Journ. Chem. Soc. **33**, 199 (1887).
[5]) H. Fleck, Journ. prakt. Chem. **99**, 274 (1866).
[6]) A. Wagner, ebenda **98**, 23 (1866).
[7]) T. M. Broderick, Econ. Geol. **11**, 645 (1916); Ref. N. JB. Min. etc. 1918, 288.
[8]) G. A. Binder, Tsch. Min. Mit. **12**, 336 (1891).
[9]) K. Zimányi, Z. Kryst. **41**, 452 (1905).

Von den drei HgS-Modifikationen scheint Zinnober bis zum Sublimationspunkt von 580° nach E. T. Allen, J. L. Crenshaw und H. E. Merwin[1]) die einzig stabile zu sein. Alle Formen von Quecksilbersulfid lösen sich in 20%igen Lösungen von Na_2S und 35%igen von K_2S.

J. D. Clark und P. L. Menaul[2]) haben Zinnober auf $^1/_{20}$ mm Korngröße verkleinert und in einer 200-ccm-Waschflasche mit 100 ccm n/100-KOH-Lösung übergossen. 67 Tage lang wurde H_2S durchgeleitet und schon nach 6 Tagen begann eine kolloide Auflösung. Nach Beendigung wurden 8,72% Quecksilbersulfid in kolloider Lösung befindlich bestimmt. Wird bei derselben Anordnung des Versuchs ein Stückchen geschmolzene Tonerde eingehängt, so schlugen sich 0,96% der ursprünglichen Quecksilbersulfidmenge daran nieder, bei Verwendung von Kalk 0,70%.

Das kristallisierte Sulfid kann also durch alkalische Lösungen bei Gegenwart von H_2S in kolloide Lösungen im hochdispersen Zustand übergeführt werden, welche das Nebengestein innig durchdringen und aus denen infolge Entweichens oder Bindung des H_2S die festen Sulfide ausgefällt werden können. Siehe auch unter Entstehung, S. 362.

Über die Analyse des Zinnobers ist das Nähere auf S. 30 bereits gesagt worden.

Physikalische Eigenschaften.

Dichte. Dieselbe ist nach G. E. Moore[3]) 8,090, nach E. T. Allen und J. L. Crenshaw[4]) bei 25° 8,176. Für die Dichte 8—8,2 gibt J. J. Saslawsky[5]) die Kontraktionskonstante 0,97—0,95.

Die Härte ist 2—2,5; abhängig von Beimengungen und Textur. Die Spaltbarkeit nach (10$\bar{1}$0) ist sehr vollkommen. Der Bruch ist muschelig bis uneben oder splitterig, milde.

Die Farbe des Zinnobers ist cochenille- bis scharlachrot. Sie ist eine Charakterfarbe geworden, wie sie der Strich darbietet und wird als zinnoberrot bezeichnet. Infolge fremder Beimengungen und von Strukturunterschieden der Aggregate erscheinen auch braunrote, braune, schwarze, metallisch bleigrau bis stahlfarbene (Stahlerz) Farben. Der Glanz ist demantartig, bei dunkler Färbung ins Metallische, matt bei erdigen Abarten. Beim Erhitzen wird Zinnober bräunlich, bei 250° braun, bei stärkerer Hitze schwarz. Dies Verhalten wird nicht durch eine Umwandlung, sondern lediglich durch eine Änderung in der Lichtabsorption mit steigender Temperatur bedingt. E. T. Allen und J. L. Crenshaw[4]) erhitzten mehrere Stunden auf 325°. Beim Abkühlen nimmt der Zinnober wieder seine rote Farbe an. Wenn jedoch die Temperatur auf 445° oder einen etwas niedrigeren Punkt gebracht ist, bleibt die Farbe dauernd schwarz. Dies wurde zuerst als eine Umwandlung in Metacinnabarit gedeutet. Bei der mikroskopischen Untersuchung fand sich aber nur Zinnober vor; die Schwarzfärbung wird durch eine dünne Decke schwarzen Sulfides

[1]) E. T. Allen, J. L. Crenshaw u. H. E. Merwin, Z. anorg. Chem. **79**, 167 (1913).
[2]) J. D. Clark u. P. L. Menaul, Econ. Geol. **11**, 37 (1916); Ref. N. JB. Min. etc. 1921, 146.
[3]) G. E. Moore bei E. S. Dana, Syst. Min. 1893, 67.
[4]) E. T. Allen u. J. L. Crenshaw, Z. anorg. Chem. **79**, 158 (1913).
[5]) J. J. Saslawsky, Z. Kryst. **59**, 204 (1824).

hervorgerufen, das nur 1 % oder weniger ausmacht. Siehe auch unter Synthese, S. 360.

Nach M. Bamberger und R. Grengg[1]) zeigten körniger Zinnober von Spanien und künstlicher, pulveriger Zinnober, beide bei Zimmertemperatur rote, bei — 190° orangegelbe Farbe.

Die Brechungsexponenten wurden bestimmt von A. Des Cloizeaux:[2])

$$N_{\omega_\varrho} = 2{,}854,\quad N_{\varepsilon_\varrho} = 3{,}201 \quad\text{und}\quad N_{\omega_{Li}} = 2{,}816,\quad N_{\varepsilon_{Li}} = 3{,}192,$$

von K. Zimányi:[3])

$$\omega_{H_\alpha}\ 2{,}8306,\quad \varepsilon_{H_\alpha}\ 3{,}1615 \quad\text{und}\quad \omega_{Li} = 2{,}8189,\quad \varepsilon_{Li} = 3{,}1461,$$

$$\text{für } H_\alpha\ \ \varepsilon - \omega = 0{,}3309,$$
$$\text{„ } Li\ \ \text{„} = 0{,}3272,$$

die partielle Dispersion der zwei Strahlen:

$$\omega_{Li-H_\alpha} = 0{,}0117,$$
$$\varepsilon_{Li-H_\alpha} = 0{,}0154.$$

K. Zimányi weist in Hinsicht der großen Lichtabsorption auf das ähnliche Verhalten des Pyrargyrits und Proustits hin. Wegen der sehr großen Absorption des gelben Lichtes, auch durch Verstärkung des Na-Lichtes durch Bromnatrium, konnte K. Zimányi hierfür die Lichtbrechung nicht bestimmen.

E. T. Allen, J. L. Crenshaw und H. E. Merwin[4]) bestimmten $N_{\omega_{Li}} = 2{,}85$, $N_{\varepsilon_{Li}} = 3{,}20$, $N_\varepsilon - N_\omega = 0{,}35$.

H. Rose[5]) bestimmte die Brechungsindices und Dispersion des Zinnobers bei 18° folgendermaßen:

	Wellenlänge	ω	ε	$\varepsilon - \omega$
1	607,5	2,908	3,263	0,355
2	612,7	2,899	3,225	26
3	623,9	2,860	3,221	61
4	642,0	2,807	3,133	26
5	690,7	2,802	3,126	24
6	707,7	2,792	3,123	31
7	718,7	2,786	3,112	26
8	762,1	2,776	3,093	17

H. Rose[6]) hat an Zinnoberkristallen von Neu-Almaden die Dispersion genauer bestimmt, A. Ehringhaus[7]) an Spaltblättchen von Idria nach der Streifenmethode.

[1]) M. Bamberger u. R. Grengg, ZB. Min. etc. 1921, 67.
[2]) A. Des Cloizeaux, C. R **44**, 876 (1857); Ann. mines **11**, 337 (1857); Annuaire pour l'an 1868, 430.
[3]) K. Zimányi, Z. Kryst. **41**, 454 (1905).
[4]) E. T. Allen u. J. L. Crenshaw, Z. anorg. Chem. **79**, 158 (1913).
[5]) H. Rose, N. JB. Min. etc. Beil.-Bd. **29**, 70 (1910).
[6]) H. Rose, ZB. Min. etc. 1912, 528.
[7]) A. Ehringhaus, N. JB. Min. etc. Beil.-Bd. **43**, 560 (1920).

Lichtquelle	Zinnober von Neu-Almaden				Zinnober von Idria	
	für Wellenlänge in $\mu\mu$	N_ω	N_ε	$(N_\varepsilon - N_\omega)_1$	$(N_\varepsilon - N_\omega)_2$ Platte I	$(N_\varepsilon - N_\omega)_3$ Platte II
Sonne	589,3	—	3,27188	—	0,3576	0,3594
	598,5	2,90510	3,25599	0,35089	0,3544	0,3562
Hg	607,5	2,88423	3,23323	0,34900	0,3514	0,3526
	612,7	2,87615	3,22409	0,34794	0,3486	0,3502
	623,9	2,86181	3,20531	0,34350	0,3444	0,3453
	672,0	2,81429	3,14344	0,32915	0,3291	0,3276
	690,7	2,79904	3,12103	0,32199	0,3247	0,3219
Sonne	718,8	2,77957	3,09473	0,31516	0,3173	0,3144
	762,0	2,75642	3,06533	0,30891	—	—

Nach der Ketteler-Helmholtzschen Dispersionsformel ist für den ordentlichen Strahl:

$$n^2 = 5{,}33965 + \frac{1{,}570858\,\lambda^2}{\lambda^2 - 0{,}176685}$$

Man sieht, daß die Beobachtungen bei größeren Wellenlängen einigermaßen genau sind, daß sich aber mit abnehmender Wellenlänge Abweichungen zwischen Beobachtung und Rechnung einstellen. Nachfolgend seien die von H. Rose beobachteten und nach der Formel berechneten Brechungsexponenten des ordentlichen Strahles zusammengestellt.

Wellenlänge in $\mu\mu$	Brechungsexponenten		Differenz
	beobachtet	berechnet	
598,5	2,90510	2,90510	—
607,5	2,88423	2,89021	+ 0,00598
612,7	2,87615	2,88222	+ 0,00607
623,9	2,86181	2,86639	+ 0,00458
672,0	2,81429	2,81427	− 0,00002
690,7	2,79904	2,79902	− 0,00002
718,8	2,77957	2,77972	+ 0,00015
762,0	2,75642	2,75637	− 0,00005

Nach M. Berek[1]) scheinen bei Zinnober dem sichtbaren Spektrum gemäß die Eigenschwingungen von mindestens zwei aktiven Ionengattungen benachbart zu liegen.

A. Ehringhaus[2]) hat das Interferenzspektrum einer panchromatischen Zinnoberplatte mitsamt der Wellenlängeskala fixiert und bei etwa 25facher Vergrößerung ausgemessen. Da im Orange die Differenzen zwischen seinen $(N_\varepsilon - N_\omega)_2$ und $(N_\varepsilon - N_\omega)_1$ H. Roses (obere Tabelle, Spalte 3 und 4) am größten sind, wurde zur Berechnung der ersten ganzen Zahl n die mehr im Rot liegende Wellenlänge 690,7 $\mu\mu$ mit der Doppelbrechung 0,32199 nach H. Rose gewählt. Die so erzielten Resultate sind aus der obigen unter Spalte 5 und den beiden nachfolgenden Tabellen unter Platte II zu ersehen. Bei Platte I ist als Ausgangswert für die Berechnung einer der ganzen Zahlen n $(N_\varepsilon - N_\omega) = 0{,}34900$ nach H. Rose benützt.

[1]) M. Berek, Fortschr. Min. u. Kryst. **4**, 79 (1914).
[2]) A. Ehringhaus, N. JB. Min. etc. Beil.-Bd. **43**, 560 (1920).

Interferenzstreifen und Doppelbrechung des Zinnobers von Idria.

Platte I Dicke $d = 0{,}0690$ mm $t = 19^0$ C			Platte II Dicke $d = 0{,}0752$ mm $t = 19^0$ C		
n	λ in $\mu\mu$	$(N_\varepsilon - N_\omega)_2$	n	λ in $\mu\mu$	$(N_\varepsilon - N_\omega)_2$
29	743,2	0,3124	31	747,3	0,3081
30	726,0	3157	32	731,4	3112
31	710,4	3192	33	717,2	3147
32	697,0	3233	34	703,7	3182
33	682,7	3265	35	691,2	3217
34	669,3	3298	36	679,4	3252
35	657,8	3337	37	668,1	3287
36	646,1	3371	38	658,0	3325
37	636,0	3410	39	647,6	3359
38	626,0	3448	40	638,4	3396
39	615,7	3480	41	629,4	3432
40	606,8	3518	42	620,7	3467
41	597,1	3548	43	612,6	3503
42	588,0	3579	44	604,7	3538
			45	596,4	3569
			46	588,1	3597

Relative Fehler beim Zinnober:

	Platte I $\Delta(N_\varepsilon - N_\omega)_2$	Platte II $\Delta(N_\varepsilon - N_\omega)_2$
Rot	0,0004	0,0002
Orange	0,0003	0,00015

Die graphische Interpolation ergibt für die D-Linie nach Platte I: $N_\varepsilon - N_\omega = 0{,}3576$, nach Platte II: $N_\varepsilon - N_\omega = 0{,}3593$.

Hieraus und aus H. Roses Wert $\varepsilon = 3{,}2719$ folgt:

$$\text{nach Platte I: } N_\omega = 2{,}9143,$$
$$\text{nach Platte II: } N_\omega = 2{,}9125.$$

Im Mittel $N_\omega = 2{,}9134$ ($\pm\, 0{,}0009 = 0{,}03\,\%$ von ω).

Als Wirkung seiner kurzwelligen Eigenschwingung zeigt der Zinnober in dem für langwelligere Lichtarten des sichtbaren Spektrums einsetzenden Durchsichtigkeitsbereich eine hohe Lichtbrechung und starke Dispersion. H. Rose[1]) hat nachgewiesen, daß Zinnober in einem Temperaturbereich von $+\,14^0$ bis $+\,260^0$ für den außerordentlichen Strahl stets um 9 $\mu\mu$ nach kürzeren Wellen durchlässiger ist als für den ordentlichen. Dies bedingt Pleochroismus, der an Spaltblättchen, die dünner als 0,2 mm sind, zu beobachten ist. Bei einer Temperaturänderung um 246^0 verschoben sich die Durchsichtigkeitsgrenzen beider Strahlen um je 72 $\mu\mu$ nach zunehmender Wellenlänge. Die Lichtbrechung wurde bei Temperaturen zwischen $-\,123^0$ und $+\,260^0$ gemessen. Entsprechend der Verschiedenheit der Absorption konnte sie für den außerordentlichen Strahl weiter nach abnehmender Wellenlänge verfolgt werden als für den ordentlichen. Für Licht der roten Cd-Linie, $\lambda = 643{,}9\ \mu\mu$, beträgt bei einer Temperaturänderung um 1^0 die Änderung des ordentlichen Brechungs-

[1]) H. Rose, Z. f. phys. Chem. **6**, 165, 174 (1921); Z. Kryst. **56**, 428 (1922).

quotienten ω 0,88 Einheiten der 4. Dezimale, die des außerordentlichen ε 1,55 Einheiten derselben Dezimale.

Im engsten Zusammenhang mit der Absorption steht die lichtelektrische Leitfähigkeit. Nach B. Gudden und O. Pohl[1]) fällt das Maximum der lichtelektrischen Leitfähigkeit ungefähr mit der Grenze der optischen Absorption zusammen. H. Rose stellte fest, daß bei Beleuchtung der Fläche ($\bar{1}2\bar{1}0$) mit gelbem Quecksilberlicht, $\lambda = 578\ \mu\mu$, die Leitfähigkeit bei zur Hauptachse parallelem, elektrischem Lichtvektor 7 mal so groß als für dazu senkrechtem ist, wenn das elektrische Feld an den Flächen ($10\bar{1}0$) liegt. Bei Belichtung der Flächen ($10\bar{1}0$) und ($\bar{1}2\bar{1}0$) treten entsprechend den beiden optisch festgestellten Durchsichtigkeitsgrenzen zwei Maxima der Leitfähigkeit auf. Das für den außerordentlichen Strahl lag durchschnittlich 6 $\mu\mu$ kurzwelliger als dasjenige des ordentlichen. Bei Beleuchtung der Basis trat für Lichtschwingungen parallel und senkrecht zu einer zweizähligen Achse nur ein Maximum der Leitfähigkeit auf. Mit zunehmender Temperatur wandert das Maximum der Leitfähigkeit in gleichem Maße wie die Durchsichtigkeitsgrenze um 0,29 $\mu\mu$ für 1^0 Temperaturerhöhung nach größeren Wellenlängen.

Temperaturerhöhung ruft außer einer Verbreiterung des Wellenlängenbereichs der lichtelektrischen Erregbarkeit auch eine erhebliche Zunahme des Leitvermögens hervor.

Unipolare Leitung ließ sich durch H. Rose als Wirkung der polaren zweizähligen Achsen nicht mit Sicherheit feststellen.

Nach G. Wyrouboff[2]) zeigen dünne Platten Zirkularpolarisation. Das Drehungsvermögen ist 15 mal so groß als beim Quarz. W. H. Melville und W. Lindgren[3]) beobachteten an Kristallen von New Idria in Kalifornien Teilung in sechs Sektoren mit verschiedenen Rotationsrichtungen. A. Des Cloizeaux[4]) beobachtete vorwiegend linksdrehende Kristalle, selten rechtsdrehende. G. Tschermak[5]) beobachtete an Kristallen von Nikitowka, Gouv. Ekaterinoslaw senkrecht zur Hauptachse die Airyschen Spiralen oder das einfache Kreuz, an unregelmäßig verteilten Punkten hie und da auch bloß die einfache Quarzfigur mit Rechts- und Linksdrehung. Einfache Kristalle sind rechtsdrehend. Sonst ist eine Mischung von Rechts- und Linkszinnober vorhanden, wodurch die unregelmäßige Verteilung der Trapezoederflächen begreiflich ist.

J. Becquerel[6]) untersuchte das Rotationsvermögen bei tiefen Temperaturen und die Beziehungen zwischen der Absorption des Lichtes und der Rotationspolarisation in Zinnoberkristallen. Eine planparallele, sehr homogene linksdrehende Zinnoberplatte, die senkrecht zur Achse geschnitten war, wurde zwischen gekreuzten Nicols aufgestellt; mit einem Spektrographen wurden die Fizeau-Foucaultschen Interferenzstreifen beobachtet. Der Streifen, welcher die Absorptionsbande bei -188^0 berührt, entspricht einer Drehung von 1260^0. Die Drehung ist unter sonst gleichen Umständen 36 mal größer als die des Quarzes. Es wurde ferner festgestellt, daß das Rotationsvermögen sehr stark in der Nähe des Absorptionsgebietes wächst, daß bei Abkühlung auf -188^0

---

[1]) B. Gudden u. O. Pohl, Z. f. phys. Chem. **8**, 364 (1920).
[2]) G. Wyrouboff, Ann. chim. phys. **8**, 340 (1886).
[3]) W. H. Melville u. W. Lindgren, Bull. geol. Surv. US. **61**, 12 (1890).
[4]) A. Des Cloizeaux, C. R. **44**, 876 (1857).
[5]) G. Tschermak, Min. petr. Mitt. N. F. **7**, 362 (1886).
[6]) J. Becquerel, C. R. **147**, 1281 (1908); Ref. Z. Kryst. **50**, 469 (1912).

die Farbe des Kristalls orange wird. Der Absorptionsstreifen verschiebt sich gegen das kurzwellige Ende des Spektrums. Die Hauptrotation ist nicht mehr im Orange, sondern im Grün.

Wenn man das Spektrum beobachtet, während sich die Platte allmählich wieder erwärmt, sieht man die Interferenzstreifen gegen das Rot wandern. Die Abkühlung vermindert also das Drehungsvermögen für eine bestimmte Wellenlänge.

Der Zinnober besitzt nach J. Becquerel auch ein beträchtliches magnetisches Rotationsvermögen. F. Molby[1]) stellte durch Messungen zwischen $+20^0$ und -125^0 eine starke und weiter bis -188^0 eine geringere Abnahme des Drehungsvermögens mit der Temperatur fest.

Nach F. C. Beijerinck[2]) ist Zinnober im Gegensatz zu Metacinnabarit elektrisch ein Isolator.

Thermisch ist Zinnober nach E. Jannetaz[3]) positiv. Das Achsenverhältnis der Ellipse ist 1 : 0,85.

Die Ausdehnungskoeffizienten für die mittlere Temperatur von 40^0 C und der Zuwachs für einen Grad in Richtung der Hauptachse und der dazu senkrechten sind nach H. Fizeau bei Th. Liebisch:[4])

$$\alpha = 0{,}00002147; \qquad \alpha' = 0{,}00001791;$$
$$\frac{\Delta \alpha}{\Delta \Theta} = 0{,}0000000151; \qquad \frac{\Delta \alpha'}{\Delta \Theta} = 0{,}0000000063.$$

Die spezifische Wärme fanden V. Regnault[5]) zu 0,0512, F. Neumann[6]) 0,0520, H. Kopp[7]) 0,0517, während A. Sella[8]) 0,0529 berechnete. A. S. Russel[9]) bestimmte sie zwischen $-189{,}3^0$ und $-79{,}5^0$ zu 0,0391, zwischen -74^0 und 0^0 zu 0,0487, zwischen $+49{,}3$ und $+2{,}2$ zu 0,0515.

Nach W. Biltz[10]) sublimiert Zinnober bei $446^0 \pm 10^0$.

E. Tiede und A. Schleede[11]) haben mit Schwefelwasserstoff aus Sublimatlösung gefälltes Quecksilbersulfid geschmolzen bei einem Druck von 120 Atmosphären. Die Schmelztemperatur lag bei 1450^0. Das geschmolzene Sulfid zeigte stahlgraues, mattes Aussehen; einzelne Stellen zeigten rötlichen Farbton. Der Bruch war glänzend kristallinisch. Schon beim Reiben mit dem Fingernagel wurde der Farbton rot. Das Quecksilbersulfid konnte durch den Schmelzvorgang nicht zur Phosphoreszenz gebracht werden, wie das Zinksulfid, da die dunkle Eigenfärbung offenbar den Phosphoreszenzeffekt verhindert.

A. Schrauf[12]) untersuchte die Verdampfung von künstlichem roten Zinnober aus der Fabrik von Idria:

---

[1]) F. Molby, Phys. Rev. **30**, 273 (1910).
[2]) F. C. Beijerinck, N. JB. f. Min. etc. Beil.-Bd. **11**, 441 (1897).
[3]) E. Jannetaz, Bull. soc. min. **15**, 138 (1892).
[4]) Th. Liebisch, Phys. Kryst. 1891, 94.
[5]) V. Regnault, Ann. chim. phys. **73**, 5 (1840).
[6]) F. Neumann, Pogg. Ann. **126**, 1263 (1865).
[7]) H. Kopp, Ann. d. Chem. 3. Suppl.-Bd. 1864.
[8]) A. Sella, Ges. Wiss. Gött. 1891, 311; Z. Kryst. **22**, 180 (1900).
[9]) A. S. Russel, Phys. Ztschr. **13**, 59 (1912).
[10]) W. Biltz, Z. anorg. Chem. **59**, 273 (1908).
[11]) E. Tiede u. A. Schleede, ZB. Min. etc. 1921, 157.
[12]) A. Schrauf, J. k. k. geol. R.A. **41**, 351 (1891).

bei 170° waren verdampft 0 Prozente
„ 237° „ „ 3,77 „
„ 287° „ „ 36,39 „
„ 305° „ „ 89,22 „

Die Substanz hatte jedesmal im Trockenschrank 2 Stunden bei der betreffenden Temperatur gestanden. Bei 315° (dem Schmelzpunkt des Cadmiums) war der gesamte Zinnober verdampft. Danach liegt der Verdampfungspunkt für Zinnober (und Metacinnabarit) bei 240° oder etwas niedriger.

Untersuchungen im Metallmikroskop von H. Schneiderhöhn.[1])

Die Politur des Zinnobers gelingt wegen seiner geringen Härte schlecht; meist ist die Oberfläche noch mit näpfchenförmigen Vertiefungen bedeckt.

Das Reflexionsvermögen ist nicht sehr hoch, die Farbe weiß mit Stich ins Graublaue, der im Kontrast zu Bleiglanz deutlich sichtbar ist. Nach Einbettung in Zedernholzöl tritt eine starke Verminderung des Reflexionsvermögens ein; die Anschliffe werden graublau und die Eigenfarbe kommt zur Geltung.

Die Farbzeichen nach W. Ostwald sind *ec* 54, d. i. 36% Weiß, 44% Schwarz, 20% zweites Ublau.

Die innere Reflexfarbe tritt schon an den Rändern der Schliffe oder an herausgesprungenen Stückchen auf, wird deutlicher bei stärkerer Vergrößerung und besonders deutlich bei Verwendung eines Immersionsobjektives oder seitlicher Beleuchtung. Sie ist leuchtend hochrot bis scharlachrot. Die meisten inneren Reflexe sind deutlich doppelt.

Im polarisierten Licht werden die meisten Schnitte deutlich viermal dunkel und hellen in den Zwischenstellungen mit einer grauweißen Polarisationsfarbe auf.

Ein brauchbares Ätzmittel wurde bis jetzt noch nicht gefunden.

Das Gefüge der Aggregate erkennt man bei gekreuzten Nicols, indem meist feinkörnige bis dichte Aggregate mit verzahnten isometrischen Individuen zur Beobachtung kommen. Dichte, konzentrisch-schalige Aggregate, deren einzelne Schalen verschiedene Korngröße besitzen, wurden auch beobachtet.

Synthese.

Durch Erhitzen von 5—6 Teilen Quecksilber mit einem Teil im Schmelzen begriffenem Schwefel unter beständigem Rühren, bis der Schwefel dick wird, tritt plötzlich unter lebhaftem Spritzen eine Vereinigung ein. Es entsteht eine schwärzlichrote Schmelze, welche beim Erhitzen ein braunrotes, gepulvert scharlachrotes Sublimat liefert. Durch Sublimation von Schwefel mit Hg oder HgO bilden sich faserige Aggregate und nur selten Kristalle. J. L. Proust[2]) erhielt durch Einwirkung von Schwefelammonium auf frisches Präzipitat bei 40—50° C Zinnober. Bei L. Gmelin-Kraut[3]) finden wir noch einige weitere Methoden der Herstellung. J. W. Döbereiner[4]) soll durch beständiges Reiben und Erhitzen von Quecksilber mit einer konzentrierten Lösung von Mehrfach-Schwefelkalium, dann mit verdünnter Kalilauge bei 40—50° versetzt

---

[1]) H. Schneiderhöhn, Anl. mikrosk. Best. 1922, 226.
[2]) J. L. Proust, Gilb. Ann. **25**, 174.
[3]) L. Gmelin-Kraut, Anorg. Chem. **3**, 756 (1875).
[4]) J. W. Döbereiner, Schweigg. Journ. **61**, 380 (1831).

und gerieben bis die Masse brennend rot geworden ist, Zinnober erhalten haben. H. Sainte-Claire Deville und H. Debray[1]) stellten durch Erhitzen gefällten Schwefelquecksilbers mit Salzsäure bei 100° rhomboedrische Kristalle her; J. Durocher[2]) erhielt durch Einwirken von H_2S auf $HgCl_2$ bei Rotglut braunrote Kristalle.

Nach C. Doelter[3]) zeigt das Vorkommen des Zinnobers, daß er sich aus Quecksilber durch Einwirkung von H_2S bei geringer Temperatur gebildet haben muß. Quecksilber, welches durch sechs Tage in einer mit H_2S gefüllten Röhre im Wasserbade bei 70—90° erhitzt wurde, bildete sich, wenn auch nur zum kleinen Teil zu Schwefelquecksilber um, welches sich in kleinen, roten, glänzenden Kriställchen mit (0001) und $(10\bar{1}1)$ an den Wänden der Glasröhre absetzte. Bei einem zweiten Versuch, bei dem Quecksilber in H_2S-haltigem Wasser im Wasserbade erhitzt wurde, erhielt C. Doelter Zinnoberkriställchen, daneben aber schwarzes, undurchsichtiges HgS, anscheinend Kristalle unter dem Mikroskop, vielleicht eine dimorphe Modifikation darstellend. Die Menge war zur weiteren Untersuchung zu gering.

E. Weinschenk[4]) erhielt in einer H_2S-Atmosphäre durch Rhodanammoniumzersetzung aus salzsaurer Lösung neben zinnoberroten, glänzenden Kristallen ein schwarzes Pulver, das bei starker Vergrößerung, sowie in feinem Strich sich ebenfalls als rot erweist.

J. Ippen[5]) erhitzte feingepulverten Zinnober von Neumarktl in Krain mit gesättigter Na_2S-Lösung in geschlossener Röhre auf 80° während eines Monats und erhielt rote Kriställchen mit $(10\bar{1}0)$, $(10\bar{1}2)$, $(20\bar{2}5)$, $(10\bar{1}4)$, $(10\bar{1}0)$, (0001). Derselbe ließ ferner auf schwarzes, gefälltes, gut ausgewaschenes und getrocknetes Quecksilbersulfid in einer zugeschmolzenen Röhre eine Na_2S-Lösung im Sommer bei Tageslicht und bei nie mehr als 45° C einwirken. Es bildeten sich bis 0,5 mm große Kriställchen.

A. Schrauf[6]) verwandelte Metacinnabarit von Idria durch längeres Reiben des Pulvers in einer auf 30—40° erwärmten Achatschale in Zinnober.

E. T. Allen und J. L. Crenshaw erhitzten amorphes, schwarzes Quecksilbersulfid in geschlossenem Rohr mit konzentriertem Ammoniumsulfid auf 100°. Das Produkt erhält nach kurzer Zeit eine scharlachrote Farbe; nach 24 Stunden ist alles umgewandelt. Individuell ausgebildete Kristalle von Zinnober werden gebildet durch die lösende Wirkung verdünnter Lösungen der Alkalisulfide auf Quecksilbersulfid. Das schwarze amorphe Sulfid ist immer das erste Produkt, wenn Quecksilbersalze durch Alkalisulfide gefällt werden. Aber beim Digerieren mit diesen bei 100° geht es allmählich in Zinnober über. Die genannten Autoren stellten zahlreiche Versuche mit Quecksilberchlorid und verdünnten Lösungen von Natrium- oder Kaliumsulfid oder Polysulfiden zwischen 100° und 200° dar und zwar in geschlossenen Röhren während mehrerer Tage. Es fand sich niemals Metacinnabarit, sondern nur Zinnober.

Wird das rote Pulver, das durch Einwirkung von Ammoniumsulfid auf schwarzes HgS entsteht, in einem evakuierten Glasrohr sublimiert, so ist das

---

[1]) Bei F. Fouqué und A. Michel-Lévy, Synthese des min. 1882, 131.
[2]) J. Durocher, Ebenda.
[3]) C. Doelter, Z. Kryst. **11**, 33 (1886).
[4]) E. Weinschenk, Z. Kryst. **17**, 498 (1890).
[5]) J. Ippen, Tsch. min. Mit. N. F. **14**, 116 (1895).
[6]) A. Schrauf, J. k. k. geol. R.A. **41**, 358 (1891).

Sublimat vollkommen schwarz. Wenn die Schicht auf den Wänden des Rohres sehr dünn ist, d. h., wenn sie mit hinreichender Geschwindigkeit gekühlt wurde, so ist sie vollkommen schwarz, aber in dickeren Schichten ist das Produkt praktisch fast vollständig grob kristallisierter Zinnober, bedeckt mit einer dünnen Schicht schwarzen Sulfids. Nach dem Zerreiben in der Reibschale ist das Produkt leberfarbig, wie einige Quecksilbererze. Mit einer starken Na_2S-Lösung behandelt, verschwindet das schwarze Material vollständig. Nach Zusatz von wenig Wasser wurde das filtrierte Produkt mit verdünnter Na_2S-Lösung gewaschen, so daß die Fällung von HgS vermieden wurde. Durch diese Behandlung wurde auch aller freier Schwefel entfernt, der sich etwa durch Dissoziation von HgS bei der Sublimation gebildet hat. Freies Quecksilber wird mit warmer, verdünnter Salpetersäure entfernt, das Produkt mit Wasser, Alkohol und Äther gewaschen und über Schwefelsäure getrocknet. Dies Produkt zeigt unter dem Mikroskop alle Eigenschaften von Zinnober in viel größeren Kristallen als das ursprüngliche Pulver. Die Dichten der verschiedenen Zinnoberpräparate vor und nach der Sublimation liegen zwischen 8,186 und 8,2. Über Beziehungen zu den anderen Quecksilbersulfiden, siehe auch bei Metacinnabarit.

T. M. Broderick[1]) fällte mit Leuchtgas, das durch eine $HgCl_2$-Lösung geleitet wurde, Hg_2Cl_2, das sich mit H_2S in ein Gemenge von HgS und Hg umwandelte.

Pseudomorphosen und Paramorphosen von Zinnober.

Vom Potzberg und Stahlberg bei Landsberg in der Rheinpfalz erwähnt R. Blum[2]) Pseudomorphosen nach strahligfaserigem Markasit in allen Übergängen, ferner solche nach Pyrit-Pentagondodekaedern, nach Fahlerz-Tetraedern, auch als Vererzungsmittel von Holz. Bei Münsterappel tritt Zinnober als Überzug, sehr selten als wirkliches Vererzungsmittel von Fischresten in bituminösen Mergelschiefern auf.

Namentlich das Quecksilberfahlerz neigt zur Pseudomorphosenbildung. So konnte G. Tschermak[3]) vom Polster bei Eisenerz in Steiermark Quecksilberfahlerz mit einer roten Zersetzungsrinde beobachten. Die Analyse 5 von H. Müller rührt von einer Pseudomorphose nach Fahlerz oder Kupferkies her. Die Pseudomorphosen von Zinnober nach Braunspat und Kalkspat von Idria sind zweifelhaft. Es handelt sich nach A. Schrauf[4]) mehr um Kalkspatskelette mit mechanisch eingelagertem Zinnober. Eine Durchdringung von Kalkspat mit Zinnober ist mehrfach beobachtet worden. Pseudomorphosen nach Antimonit erwähnt F. Sandberger.

Paramorphosen von Zinnober nach Metacinnarbarit sind auf tiefgefärbter Kruste von Zinnober oder auf dichtem Guttensteiner Dolomit als lichthellrote undurchsichtige Halbkugeln, die mattglänzend und erdigmatt sind, von Idria in Krain bekannt.

Schließlich sei erwähnt, daß Zinnober Überzugspseudomorphosen auf vielen Mineralien, namentlich den Gangarten Quarz, Braunspat, Kalkspat und Baryt bildet. Sie sind jedoch im allgemeinen so dünn, daß man mehr von einem Anflug sprechen kann.

---

[1]) T. M. Broderick, Econ. Geol. **11**, 645 (1916); N. JB. Min. etc. 1918, 288.
[2]) R. Blum, Pseud., 1. Nachtr. 1847, 108, 212; 2. Nachtr. 1852, 123.
[3]) G. Tschermak, Sitzber. Wiener Ak. **53**, 520 (1866).
[4]) A. Schrauf, Z. prakt. Geol. 1894, 14.

Entstehung, Vorkommen und Paragenesis.

Der Zinnober ist ein Produkt alkalischer Lösungen. Seine enge und konstante Vergesellschaftung mit plutonischen Gesteinen ist bezeichnend. Bei Steamboat Springs, Nevada und Sulphur Bank, Californien scheint er nach W. P. Blake[1]) heute noch aus alkalischen Wässern abgesetzt zu werden. Zinnober ist in der Hauptsache ein primäres Mineral, nur in einigen Fällen scheint er sekundärer Entstehung zu sein. So wird Quecksilberfahlerz leicht zu Sulfat oxydiert. Die nach unten fließenden Lösungen werden auf anderen Sulfiden in tieferen Schichten als Zinnober gefällt.

Nach den synthetischen Versuchen von E. T. Allen und J. L. Crenshaw[2]) entsteht aus alkalischen Lösungen immer die stabile Form, während die instabile sich aus sauren Lösungen bildet. Aufsteigende Wässer sind alkalisch; absteigende Oberflächenwasser enthalten Sulfate als Oxydationsprodukte und sind im allgemeinen sauer. Näheres siehe bei Metacinnabarit, S. 367.

Der Zinnober liefert alles in den Handel kommende Quecksilber, demgegenüber die übrigen Quecksilbermineralien nicht in Betracht kommen. Er findet sich auf selbständigen Lagerstätten stock- und lagerartig, als unregelmäßige Imprägnationen, linsenförmige Ausscheidungen, selten auf regelmäßigen Gängen, mehr auf Trümern. Die verschiedenen Formen kommen zustande dadurch, daß die alkalisulfidhaltigen Thermen zugleich das quarzige, silikatische oder kalkige Nebengestein lösen und durch Quecksilbersulfid metasomatisch verdrängen. Die Lagerstätten sind sowohl in Sedimenten verschiedenen Alters wie in Trachyten und Quarzporphyren, sowie in und neben Serpentin.

Bei Moschellandsberg in der Rheinpfalz tritt Zinnober auf Gängen in Sandsteinen und Tonschiefer des Carbons und Perms auf, die von Porphyren durchsetzt und von Hornstein begleitet sind. Er bildet Trümer und Schnüre und imprägniert auch das Nebengestein, Begleiter sind Silberamalgam, Quecksilberhornerz, Pyrit und Markasit, öfter auch Erdpech. Schwerspat, Quarz und Eisenerze sind die wichtigsten Gangmineralien. Im Tieftale bei Hartenstein in Sachsen findet sich Zinnober nach H. Müller in chloritreichen Tonschiefern in Trümchen und Nieren, begleitet von Quarz, Braunspat, Kalkspat und Eisenspat, sowie wenig Kupferkies und Pyrit.

Bei Idria in Krain ist der Zinnober im Schiefer und Dolomit verteilt und bildet im Gemenge mit Erdpech Idrialin und mit Ton das Quecksilbererz oder Branderz. Als Imprägnation einer schwarzen, schaligen Masse wird er Korallenerz genannt. Ein sandig-körniges Gemenge von Zinnober mit Dolomit von ziegelroter Farbe ist das Ziegelerz (gegen 68 % Hg). Dichte, schön stahlgraue, derbe Zinnobermassen, höchstens von etwas Bitumen durchtränkt, sonst aber rein, werden Stahlerz genannt (mit bis 81 % Hg).

A. Schrauf[3]) wies darauf hin, daß durchaus nicht der gesamte Zinnober einer Lagerstätte gleiches Alter besitzt.

R. Meier[4]) hat als erster den Zinnober von Idria als hydatogenes Gebilde angesprochen und zwar glaubte er an seine Entstehung durch Fällung

[1]) W. P. Blake, Am. Journ. [2] **17**, 438 (1854).
[2]) E. T. Allen u. J. L. Crenshaw, Z. anorg. Chem. **79**, 172 (1913).
[3]) A. Schrauf, J. k. k. geol. R.A. **41**, 349 (1891).
[4]) R. Meier, Verh. k. k. geol. R.A. 1868, 123.

des ursprünglich im Meerwasser gelösten Quecksilberchlorids. V. Lipold[1]) dachte ebenfalls an Absatz aus wäßriger Lösung und Infiltration von unten und unterschied zwischen dem Lagergang, Stockwerken und Infiltrationsvorgängen. D. Stur[2]) machte auf die Möglichkeit aufmerksam, daß die Bildung der Erzlager von Idria gleichzeitig mit anderen Erzlagern in den Trachyten der Tertiärzeit vor sich gegangen sein könnte, so daß die Zeit der Tuffablagerungen des Trachytes die der Vererzung sein könnte. A. Schrauf wies dann darauf hin, daß, wenn man die Vererzung mit der Eruption der Trachyte in Zusammenhang bringt, in erster Linie hydrothermale Vorgänge in Betracht gezogen werden müssen. Mit dem überhitzten Wasserdampf drangen die in der Tiefe absorbierten Dämpfe von Hg oder HgS in die Höhe und werden in höheren Schichten vom Druck entlastet und abgekühlt und geben den größten Teil des HgS frei, während Spuren von HgS mit den feuchten Dünsten das ganze Gestein durchdringen und imprägnieren. Zahlreiche Quellen liefern heute noch Hg oder HgS aus der Tiefe: Sulfur Springs U.S.; Ohaiawai, Neuseeland; Guadalcazar, Mexico; Bath of Jesu, Peru [nach G. Becker[3])]. Dann: St. Nestaire, Puy de dôme [A. Daubrée[4])], Benedictbeuren [C. v. Hauer[5])]; Radein [L. Liebener und J. Vorhauser[6])] und noch Esztelnek in Siebenbürgen und Neumark in Galizien [Grimm[7])]. A. Schrauf wendet sich gegen die Ansicht, daß wegen der hohen Sublimationstemperatur nur die hydatogene Bildung möglich sei. Nach A. Schraufs eigenen Versuchen reicht die Temperatur von 237^0 hin, um Zinnober zum Verdampfen zu bringen. In der Natur können sich aber zweifellos, fährt A. Schrauf fort, Dünste des HgS bei weit niedrigerer Temperatur bilden und bei Änderung des Wetterzuges zur Verfestigung pneumatogener Zinnoberanflüge Veranlassung geben. Doch unterliegt es nach A. Schrauf keinem Zweifel, daß der größte Teil des Zinnobers von Idria aus wäßrigen Lösungen kristallisierte. Für die ersten Verfestigungen des Zinnobers hält A. Schrauf die lagerartigen Imprägnationen des Kohlenstoff enthaltenden Sconzaschiefers, da die bituminösen Massen die Ausscheidung eines Sulfides begünstigen mußten. Im Nordwestrevier sind diese Sconzaschiefer Träger der Erze, im Südostteil die Gutensteinerkalke bzw. Dolomite. Am Kontakt mit dem hangenden Wengener Mergelschiefer herrscht der größte Erzreichtum und dort ist der Dolomit oberflächlich reich imprägniert, gegen das Innere schwächer, um in etwa $1^1/_2$ m Entfernung vom Kontakte zu vertauben. In Körnerform kommt älterer Zinnober auch in den Kalken und Dolomiten eingesprengt vor. An ihnen konnte auch u. d. M. A. Schrauf zwischen den Kalk- und Zinnoberkörnern weder mechanische noch chemische Einwirkung erkennen. Der Zinnober verhält sich dort wie ein fremder umschlossener, also älterer, oder wie ein gleichzeitig mit dem Gestein verfestigter Körper. Verschieden davon ist der jüngere Drusenzinnober, der hydatogenen Ursprungs ist. Aus seinen Untersuchungen schloß A. Schrauf, daß sich die Lösungen des Calciumcarbonates indifferent

---

[1]) V. Lipold, das k. k. Quecksilberbergwerk Idria in Krain, Jubiläumsfestschrift Wien 1881, 11.
[2]) D. Stur, Verh. k. k. geol. R.A. 1872, 239.
[3]) G. Becker, U.S. geol. Surv., Monograph. XIII, 281 (1888).
[4]) A. Daubrée, Eaux souterr. II, 32.
[5]) C. v. Hauer, J. k. k. geol. R.A. **6**, 814 (1855).
[6]) L. Liebener u. J. Vorhauser, Miner. von Tirol 1852, 223.
[7]) Grimm, Österr. Bg.- u. hütt. Z. 1854, 274.

gegen Quecksilbersulfid verhalten. Gegenüber dem Pyrit der Lagerstätte ist der Zinnober bald älter, bald jünger. A. Schrauf macht darauf aufmerksam, daß die Begleitmineralien: Quarz, Calcit, Pyrit, Baryt und Bitumen, dieselben sind, die auch den Zinnober Almadens, der in einem ganz anderen Gestein auftritt, begleiten.

Nahezu die Hälfte der Weltproduktion an Quecksilber stammt von Almaden bei Ciudad-Real im südlichen Spanien, wo der Zinnober sich in silurischen Sandsteinen, die mit tauben Tonschiefern wechseln, findet. Der Zinnober nimmt hier mit der Tiefe zu. In der Nähe der Gruben hat Diabas die Sedimente durchbrochen. Zinnober findet sich als Imprägnation in den Poren des Sandsteins; in den beiden nördlichen Lagern ist ein Quarzit von Lagen und Säumen mit Zinnober durchsetzt, die teils parallel laufen, teils das Gestein nach allen Richtungen durchsetzen. Begleiter sind Quarz, Pyrit meist in Knollen, Dolomit, Quecksilber und bituminöse Substanzen. Südlich von Oviedo in Asturien bei Mieres füllt der Zinnober mit Pyrit, Arsenkies und Realgar Spalten und Höhlräume eines verbreiteten carbonischen Konglomerats, aus Bruchstücken von Sandstein und Schieferton mit tonigem Bindemittel bestehend, aus.

Bei Nikitowka im Gouvernement Jekaterinoslaw sind carbonische Sedimente sowie Kohlenflöze die Träger des Zinnobers. Am Avalaberg bei Belgrad tritt Zinnober in verkieselten Partien des Serpentins auf. Auch auf der reichen Lagerstätte von Neu-Almaden in Californien kommt der Zinnober in und neben Serpentin vor, doch in der Hauptsache in zertrümmerten Massen von Pseudodiabas, Diorit, Serpentin und Sandstein. Die Erzkörper sind meist Stockwerke, abgelagert längs ausgesprochenen Spalten und von gangartigem Charakter. Begleiter sind Pyrit, Markasit, Quecksilber und zuweilen Kupferkies; die Gangmasse besteht aus Quarz, Kalkspat, Dolomit und Magnesit. Imprägnationen sind hier sehr untergeordnet. Diese Typen mögen hier genügen. Eine Zusammenstellung aller Vorkommen findet sich bei C. Hintze.[1])

Bei Huancavelica in Südperu kommt der Zinnober in Ablagerungen der Kreide, vor allem in einem porösen Quarzsandstein, vor. Die Entstehung wird von E. W. Berry und J. T. Singewald,[2]) ebenso wie die der Thermalquellen bei Huancavelica, mit jungvulkanischer Tätigkeit in Zusammenhang gebracht, die sich auch in dem Auftreten zahlreicher Effusivgesteine äußert. Die Mineralisation ist jünger als diese Eruptiva, da sie selbst von ihr. betroffen sind.

Metacinnabarit.

Synonyma: Metazinnober, α'-Quecksilbersulfid, Quecksilbermohr.

Kristallklasse: Hexakistetraedrisch, öfter Zwillinge; meist derb und amorph erscheinend (Quecksilbermohr).

W. M. Lehmann[3]) hat den Metacinnabarit von der Redington-Mine auf Grund von Untersuchungen nach der Laue- und Debye-Scherrermethode als dem Zinkblendetyp zugehörig mit der Raumgruppe $\mathfrak{T}_d^2$ nachgewiesen.

---

[1]) C. Hintze, Handb. Min. 1904, I, 674.

[2]) E. W. Berry u. J. T. Singewald, J. Hopkins Univ. stud. Geol. **2**, 1922. Ref. in N. JB. Min. etc. 1923, I, 109.

[3]) W. M. Lehmann, Z. Kryst. **60**, 403 (1924).

Er fand an demselben Kristall die Gitterkonstante:

$$a = 5{,}846 \pm 0{,}003\,\text{Å},$$

an dem künstlichen durch Schwefelwasserstoff gefällten schwarzen Quecksilbersulfid:

$$a = 5{,}842 \pm 0{,}002\,\text{Å},$$

dieses wäre mit dem Mineral Metacinnabarit identisch.

Analysen.

	1.	2.	3.	4.	5.	6.
δ	7,701	7,748	—	—	7,142	7,706
Fe	0,33	0,45	0,44	—	0,61	—
Hg	85,69	85,89	84,89	85,62	78,01	85,89
S	13,79	13,84	13,84	14,09	13,68	13,69
Zn	—	—	—	—	0,90	—
Mn	—	—	—	—	0,15	—
$CaCO_3$	—	—	—	—	0,71	—
Cl	—	—	—	—	—	0,32
Organ. Substanz .	—	—	—	—	0,63	—
Quarz	0,26	0,24	0,71	—	0,57	—
	100,07	100,42	99,88	99,71	95,26	99,90

1. u. 2. Von der Redington-Mine im Knoxvilledistrikt (Californien) mit Zinnober, Quarz und Markasit, auch Pyritüberzug in quarziger Gangart; anal. G. E. Moore, Journ. prakt. Chem. **2**, 319 (1870).

3. Von Knoxville (Napa Co.) mit Zinnobernadeln auf Quarz als nierige Aggregate; anal. W. H. Melville u. W. Lindgren, Bull. geol. Surv. U.S. **61**, 23 (1890).

4. Vom Josefirevier zu Idria (Krain), bis $^2/_3$ mm große Kriställchen; anal. A. Schrauf, J. k. k. geol. R.A. **41**, 354 (1891).

5. Von Neu-Almaden in Santer Claro Co. (Californien) nach P. Groth, Tabell. Übers., Min. 1898, 26, Paramorphosen nach Zinnober, da rhomboedrisch-hemimorphe Kristalle; anal. W. H. Melville, Am. Journ. **40**, 292 (1890).

6. Von San Joaquin (Orange Co., Californien) in blätterigem Baryt eingesprengte, eisenschwarze Partikeln; anal. F. A. Genth, ebenda **44**, 383 (1892). — Cl herrührend von Kalomel.

Chemische Eigenschaften.

Formel. Dieselbe ergibt sich aus den Analysen als HgS wie Zinnober. A. Schrauf[1]) nimmt als Ursache der Dimorphie Polymerie an, so daß entsprechend den Dichten ein Zinnober $21\,HgS = 7(Hg_3S_3)$ und im Metacinnabarit $20\,HgS = 10(Hg_2S_2)$ zu einem Körpermolekül vereinigt sind. Metacinnabarit verdampft nach A. Schrauf etwas leichter als Zinnober.

Lötrohrverhalten und Verhalten gegen Säuren und Alkalien wie Zinnober. Beim Erhitzen für sich oder schneller mit Ammoniumsulfid bei 100° oder mit 30%iger Schwefelsäure langsam bei 200° geht sowohl der natürliche, als auch der künstliche Metacinnabarit in Zinnober über nach E. T. Allen und J. L. Crenshaw.[2])

---

[1]) A. Schrauf, J. k. k. geol. R.A. **41**, 358 (1891).
[2]) E. T. Allen u. J. L. Crenshaw, Z. anorg. Chem. **79**, 164, 167 (1913).

Physikalische Eigenschaften.

Dichte. G. E. Moore[1]) erhielt wegen beigemischten Zinnobers wechselnde Dichten von 7,701—7,748. F. A. Genth und S. Penfield,[2]) welche beim Metacinnabarit von San Joaquin 7,706 fanden, beobachteten eine Umwandlung in Zinnober. A. Schrauf[3]) gibt von den Kriställchen von Idria die Dichten 7,643—7,678 an. W. H. Melville[4]) fand 7,095—7,142 am Metacinnabarit von Neu-Almaden, was jedoch infolge Beimengung von Quarz und organischer Substanz zu niedrig ist.

E. T. Allen, J. L. Crenshaw und H. E. Merwin[5]) bestimmten die Dichten von fünf verschiedenen, künstlich hergestellten Skelettkriställchen im Mittel zu 7,60, höchster Wert 7,642. Die Änderung in ihren Bestimmungen war vielleicht bedingt durch die Gegenwart von etwas amorphem Sulfid, das jedoch mikroskopisch nicht festgestellt werden konnte. Die Dichten an natürlichen Produkten sind wahrscheinlich zu hoch infolge beigemischten Zinnobers, wie ja einige Autoren oben selbst zugeben, oder infolge paramorpher Umwandlung. Die Dichten nach A. Schrauf 7,643—7,678 und die des künstlichen Produkts 7,642 sind wohl die wirklichen.

W. M. Lehmann[6]) berechnete vom Metacinnabarit von der Redington-Mine (Californien) die Dichte 7,639, vom künstlichen Produkt 7,654. Letzterer Wert ist also von dem von E. T. Allen u. a. gefundenen Wert abweichend.

L. Colomba[7]) gibt den Deformationsindex A für Metacinnabarit 0,97, berechnet aus $A = \frac{\Sigma v^n}{V}$. Nach J. J. Saslawsky[8]) ist für die Dichte 7,5—7,8, die Kontraktionskonstante 1,03—1,01.

Die Härte ist 3. Keine Spaltbarkeit; halbmuscheliger bis unebener Bruch.

Farbe und Strich sind schwarz. Er hat Metallglanz und ist undurchsichtig; optische Prüfungen sind daher unmöglich. Diese wären infolge der Unzulänglichkeit der kristallographischen Daten und der Umwandlungsmöglichkeit in Zinnober sehr wertvoll.

Im Gegensatz zu Zinnober ist Metacinnabarit nach F. Beijerinck[9]) ein guter elektrischer Leiter.

Bei 400—550° wird Metacinnabarit in Zinnober verwandelt, wenn man ihn im ausgepumpten Glasröhrchen erhitzt.

A. Schrauf[10]) untersuchte, allerdings an recht geringen Mengen, die Verdampfung des Metacinnabarites von Idria:

---

[1]) G. E. Moore, Journ. prakt. Chem. **2**, 319 (1870).
[2]) F. A. Genth u. S. Penfield, Am. Journ. **44**, 383 (1892).
[3]) A. Schrauf, J. k. k. geol. R.A. **41**, 354 (1891).
[4]) W. H. Melville, Am. Journ. **40**, 292 (1890).
[5]) E. T. Allen, J. L. Crenshaw u. H. E. Merwin, Z. anorg. Chem. **79**, 164 (1913).
[6]) W. M. Lehmann, Z. Kryst. **60**, 411 (1924).
[7]) L. Colomba, Atti R. Acc. Sc. Torino **44**, 271 (1909). Ref. Z. Kryst. **50**, 487 (1912).
[8]) J. J. Saslawsky, Z. Kryst. **59**, 2 (1924).
[9]) F. Beijerinck, N. JB. Min. etc. Beil.-Bd. **11**, 441 (1897).
[10]) A. Schrauf, J. k. k. geol. R.A. **41**, 351 (1891).

bei 170°	waren verdampft	0	Prozente
„ 237°	„ „	3,77	„
„ 287°	„ „	36,39	„
„ 305°	„ „	100,00	„

Die Verdampfung des Metacinnabarites erfolgt somit, wenn die Ursache nicht in den beträchtlich geringeren Versuchsmengen gelegen ist, bei höheren Temperaturen ein wenig stärker als bei Zinnober. Der Verdampfungspunkt des Metacinnabarites ist aber wenigstens praktisch der gleiche, wie der des Zinnobers und bei 240° oder etwas darunter gelegen.

Synthese.

Bei L. Gmelin-Kraut[1]) sind einige Darstellungsmethoden schwarzen Quecksilbersulfides angegeben. C. Doelter[2]) erhielt bei der Herstellung des Zinnobers (S. 360) Kristalle schwarzen Quecksilbersulfids, vielleicht α'-HgS darstellend. Da deutliche Kristalle nicht immer erhalten wurden, so sind nur solche Synthesen angeführt, welche andere Kriterien als die schwarze Farbe bringen. E. T. Allen und J. L. Crenshaw haben schwarzes kristallisiertes Mercurisulfid durch Einwirken eines Überschusses von Natriumthiosulfat auf Natriummercurichlorid in verdünnter Lösung erhalten. Bei sechs verschiedenen Versuchen, wo die Konzentration von Quecksilberchlorid konstant 1 g in 700 ccm Wasser blieb und das Thiosulfat von 2—20 g wechselte, verhinderte der Zusatz von 4 Tropfen 30%iger H_2SO_4 vollkommen die Bildung des durchsichtigen roten Sulfids, was H. E. Merwin durch mikroskopische Prüfung feststellte. Wenn man die Säure fortließ, während alle anderen Bedingungen unverändert blieben, so mischte sich eine große Menge der roten Form (β'-HgS) bei. Meßbare Kristalle von α'-HgS wurden nicht erhalten. Rechtwinklig gekreuzte Balken, wie die Hauptachsen eines Würfels, führen zur Vermutung von Skelettkristallen des regulären Systems. Die S. 366 angeführten Dichten des künstlichen Produkts machen die Identität mit Metacinnabarit sehr wahrscheinlich.

Durch langsame Fällung von Mercurisulfat oder Chlorid in stark sauren Lösungen durch Schwefelwasserstoff wurde von den genannten Autoren gleichfalls die Herstellung von α'-HgS versucht. Das erhaltene Produkt zeigte keine Kristallflächen und wegen seiner Undurchsichtigkeit war es nicht möglich, festzustellen, ob es kristallinisch war oder nicht. Ähnliche Produkte wurden auch durch Einwirkung von Schwefel und Schwefelsäure auf metallisches Quecksilber in geschlossenen Röhren, die eine Atmosphäre von H_2S enthielten, erhalten. Bei hohen Temperaturen, etwa 200° und 300°, ergab sich nach diesen zwei letzten Verfahren etwas Zinnober.

V. M. Lehmann[3]) hat ebenfalls synthetischen Metacinnabarit nach den von E. T. Allen und J. L. Crenshaw gegebenen Vorschriften hergestellt und erhielt opake Kriställchen von 0,5—2 μ Durchmesser und einige skelettartige Gebilde.

[1]) L. Gmelin-Kraut, Anorg. Chem. 1875, 2, 759.
[2]) C. Doelter, Z. Kryst. 11, 34 (1886).
[3]) V. M. Lehmann, l. c., S. 381.

Entstehung, Vorkommen und Paragenesis.

Metacinnabarit ist ein charakteristisches sekundäres Mineral. Im Knoxvilledistrikt in Californien findet er sich in der Nähe der Oberfläche; weiter unten wurde er noch nicht gefunden. Ein großer Teil der Erze in der Baker Mine und in den oberen Niveaus der Reddington Mine waren nach G. F. Becker[1]) Metacinnabarit. W. H. Melville[2]) beschreibt ein Vorkommen von Metacinnabarit von Neu-Almaden, wo Zinnober und Quarz innig gemischt sind, während Metacinnabarit auf dem Quarz kristallisiert und sicherlich später als dieser entstand.

Metacinnabarit von Idria ist nach A. Schrauf[3]) weit jünger als der Zinnober, welcher unter ihm liegt. Er hat sich offenbar seit der Eröffnung der Grube erst gebildet. Er kommt hier in halbkugeligen Kristallaggregaten vor, was A. Schrauf veranlaßte, anzunehmen, daß er sich durch Einwirkung von H_2S auf die Kugeln von metallischem Quecksilber gebildet habe, die stets den Zinnober begleiten. A. Schrauf beruft sich auf Versuche von H. Fleck, die ihn zur Ansicht führten, daß Metacinnabarit sich in Gegenwart von Schwefelsäure bilde. Bemerkenswert ist auch die Tatsache, daß Metacinnabarit gewöhnlich mit Markasit vergesellschaftet ist. Nun wurde der Metacinnabarit synthetisch durch langsame Fällung von Mercurisalzen in sauren Lösungen durch Thiosulfate hergestellt. Die Oberflächenwasser aus der Nähe von Sulfiden enthalten Sulfate als Oxydationsprodukte und sind sauer, daher die Bildung von Metacinnabarit im Bereich der Oberflächenwässer.

Er kommt auf den meisten Zinnoberlagerstätten vor, zu Idria in kalkigem Mergelschiefer auf Klüften und Kalkspatdrüsen mit pulverigem Zinnober, Pyrit und Quecksilber in perlschnurartig aneinander gereihten Halbkugeln, die aus einem Aggregat metallglänzender Kristallspitzen bestehen, das wie eine teils wirr, teils divergent-strahlig angeordnete Kruste den inneren meist dichten Kern umgibt. In Asturien tritt nach A. Frenzel[4]) Metacinnabarit mit Zinnober in Kohlensandstein bei Pola de Lena auf.

Das Vorkommen amorphen Quecksilbersulfids ist nicht einwandfrei festgestellt, ja allem Anschein nach unmöglich. Der Metacinnabarit wurde von G. E. Moore für amorph gehalten. Wahrscheinlich ist das früher als Quecksilbermohr bezeichnete amorphe HgS auch Metacinnabarit.

G. E. Moore[5]) gibt von angeblich amorphem, grauschwarzem Schwefelquecksilber von Lake Co. (Californien) folgende Analyse:

δ	7,748
Fe	0,39
Hg	85,79
S	13,82
SiO_2	0,25
	100,25

[1]) G. F. Becker, Bull. geol. Surv. U.S., Monogr. 13, 284.
[2]) W. H. Melville, Am. Journ. **40**, 293 (1890).
[3]) A. Schrauf, J. k. k. geol. R.A. **41**, 379 (1891). Ref. N. JB. Min. etc. 1893, I, 465.
[4]) A. Frenzel bei C. Hintze, Handb. Min. 1904, I, 703.
[5]) G. E. Moore, N. JB. Min. etc. 1871, 291.

β'-Quecksilbersulfid.

Kristallsystem: Hexagonal.

β'-HgS wurde von E. T. Allen und J. L. Crenshaw[1]) durch Fällung von Natriummercurichloridlösungen mit Natriumthiosulfat im Verhältnis $HgCl_2$: 4 $Na_2S_2O_3$ als schön rotes Sulfid, das von Zinnober verschieden ist, dargestellt.

Die vier Dichtebestimmungen bei 25° C ergaben 7,199—7,221, im Mittel 7,20.

H. E. Merwin[2]) bestimmte $\omega_{Li} = 2,59$, $\varepsilon_{Li} = 2,83$.

Es liegt wohl hier eine neue, noch nicht in der Natur angetroffene Modifikation vor, deren Eigenschaften von denen des Zinnobers vollkommen abweichen, wenngleich die Farbe keine Unterscheidung zuläßt.

Bei 100° wandelt sich β'-HgS nach einem halben Tag mit $(NH_4)_2S$ scheinbar ganz in Zinnober um, bei 200° mit 30%iger H_2SO_4 langsamer. Bei 400° allein im Vakuum 5 Tage lang erhitzt, trat die Farbe eines Gemisches von 35% α'-HgS und 65% Zinnober auf, bei 450° von 15% α'-HgS und 85% Zinnober. Bei 500° war nach 3 Tagen mehr als 99% in Zinnober verwandelt. Die obigen Autoren vermuten, nach dem Verhalten von β'-HgS beim Erhitzen in luftleeren Röhren zu urteilen, daß es durch die α'-Form bei seiner Umwandlung in Zinnober hindurchgeht. Demnach ist die β'-Form die am wenigsten stabile, was auch damit in Einklang steht, daß β'-HgS in der Natur nicht gefunden wird.

Metacinnabarit und β'-HgS sind beides monotrope Formen, während Zinnober stabil ist.

Beziehungen der Quecksilbersulfide zueinander nach Untersuchungen von E. T. Allen und J. L. Crenshaw.[3])

Bei Atmosphärendruck verflüchtigt Quecksilbersulfid ohne zu schmelzen. Durch Versuche wurde festgestellt, daß eine Atmosphäre Druck beim Erhitzen in Schwefelwasserstoff bei 580° erreicht ist. Bis zum Verflüchtigungspunkt ist Zinnober die stabile Form des HgS. Bei 100° gehen α'-HgS und β'-HgS mit Ammoniumsulfidlösung in Zinnober über, bei 200° geht die Umwandlung mit 30%iger Schwefelsäure sehr langsam vor sich. Nachstehende Tabelle gibt eine Übersicht über die ausgeführten Versuche.

Temperatur	Zeit	Andere Bedingungen	Ergebnis
		1. Zinnober.	
100°	1 Tag	Mit $(NH_4)_2S$	Unverändert
400°	5 Tage	Allein im Vakuum erhitzt	Weniger als 1% α'-HgS
450°	„	„	Etwa 1% α'-HgS
500°	3 Tage	„	Weniger als 1% α'-HgS

[1]) E. T. Allen u. J. L. Crenshaw, Z. anorg. Chem. **79**, 165 (1913).
[2]) H. E. Merwin, ebenda.
[3]) E. T. Allen u. J. L. Crenshaw, Z. anorg. Chem. **79**, 166 (1912).

Temperatur	Zeit	Andere Bedingungen	Ergebnis
		2. α'-HgS-Metacinnabarit.	
100°	—	Mit $(NH_4)_2S$	Völlig in Zinnober verwandelt
200°	2 Tage	„	95% in Zinnober verwandelt
200°	4½ Tage	Mit 30% H_2SO_4	Etwa 10% in Zinnober verwandelt
400°	5 Tage	Allein im Vakuum erhitzt	Kleine Mengen in Zinnober verwandelt
450°	„	„	95% in Zinnober verwandelt
570°	3 Tage	„	Mehr als 99% in Zinnober verwandelt
570°	„	„	„
		3. β'-HgS.	
100°	½ Tag	Mit $(NH_4)_2S$	Scheinbar ganz in Zinnober verwandelt
200°	—	Mit 30% H_2SO_4	Langsame Umwandlung in Zinnober
400°	5 Tage	Allein im Vakuum erhitzt	Hatte die Farbe eines Gemisches von 35% α'-HgS und 65% Zinnober
450°	„	„	Hatte die Farbe eines Gemisches von 15% α'-HgS und 85% Zinnober
500°	3 Tage	„	Mehr als 99% in Zinnober verwandelt

Beim Ansteigen der Temperatur wird Zinnober schwarz, bedingt durch die Änderung in der Lichtabsorption mit steigender Temperatur; denn mehrere Stunden auf 325° erhitzt, nimmt er beim Abkühlen rasch seine Farbe wieder an. Auf 445° (vielleicht schon bei einem etwas niedrigerem Punkt) erhitzt, bleibt die schwarze Farbe andauernd. Diese Färbung ist aber nur eine oberflächliche und ist vielleicht eine Kondensation des Dampfes zur schwarzen Form und entspricht nur etwa 1% der Gesamtsubstanz. Die Resultate am β'-HgS sind nur entscheidend für dessen Beziehungen zum Zinnober, sagen aber nichts aus über die Beziehungen der beiden instabilen Formen β'-HgS und Metacinnabarit. Nach dem Verhalten von β'-HgS beim Erhitzen im luftleeren Raum schließend, kommen E. T. Allen und J. L. Crenshaw zu dem Schlusse, daß dieses β'-HgS durch die α'-Form bei seiner Umwandlung hindurchgeht, woraus man schließen müßte, daß die β'-Form die am wenigsten stabile Form ist, was auch damit im Einklang stünde, daß diese Form in der Natur nicht gefunden worden ist. Damit in Übereinstimmung steht auch, daß ein sehr reines, scharlachfarbenes Pulver auch beim Erhitzen ein Produkt gab, das nach dem Zerreiben beträchtlich dunkler war, als ein Produkt, welches man durch Erhitzen von gröberem Zinnober erhielt.

Nach E. T. Allen und J. L. Crenshaw ist Zinnober bei allen Temperaturen bis 580° die stabile Form, die anderen beiden Formen Metacinnabarit und β'-HgS gehen durch Erhitzen für sich, leichter in Gegenwart eines Lösungsmittels (z. B. konzentriertes Ammoniumsulfid oder 30%ige H_2SO_4) in Zinnober über.

Guadalcazarit.

Synonyma: Guadalcazit, Leviglianit, Schwefelselenzinkquecksilber.

Kristallsystem unbekannt, vielleicht regulär-tetraedrisch wie Metacinnabarit.

Chemische und physikalische Eigenschaften.

Analysen.

	1.	2.	3.
δ	7,150	—	—
Fe	Spur	—	1,04
Zn	4,23	2,09	3,32
Cd	Spur	—	—
Hg	79,73	83,90	79,69
Se	1,08	Spur	—
S	14,58	14,01	14,97
	99,62	100,00	99,02

1. Von Guadalcazar in San Luis Potosi (Mexico) auf Baryt-, Fluorit- und Gipsgängen mit lichtem Zinnober; anal. Th. Petersen, Tsch. min. Mit. 1872, 70.
2. Von Culebras (Mexico); anal. C. F. Rammelsberg, Mineralchem. 1875, 79.
3. Von Asturien im Kohlenkalkstein von Grube Saturania bei Pola de Lena; anal. G. Cesàro bei A. Dory, Z. prakt. Geol. 1896, 203.

Formel.

Die Formel führt nach Analyse 1 auf 6HgS.ZnS, worin $^1/_{33}$ des Schwefels durch Selen ersetzt wäre, nach 2 auf 12HgS, ZnS, nach 3 auf 10HgS.ZnS. Als eine sehr zinkreiche Varietät des Guadalcazarits mit etwas mehr Eisen und ohne Selen ist das von A. d'Achiardi[1]) Leviglianit benannte Mineral von der Quecksilbergrube von Levigliani in Toskana aufzufassen.

Der Analyse 3 entsprechen:

HgS	92,44
ZnS	4,95
FeS	1,63
	99,02

Das zuerst von Burkart[2]) als Schwefelselenzinkquecksilber bezeichnete Produkt ist nach G. J. Brush[3]) wohl nur ein Zink-, vielleicht auch selenhaltiger Metacinnabarit. Es hat die Dichte 6,69—7,165. Man kann es wohl mit dem Guadalcazarit vereinigen, dessen Dichte zu 7,15 angegeben wird.

Die Härte ist 2—2$^1/_2$.

Die Farbe des Guadalcazarit ist eisenschwarz mit bläulichem Stich und schwarzem Strich. Er ist leicht zu einem grauschwarzen Pulver verreibbar.

Lötrohrverhalten. Im offenen Rohr SO_2, gelegentlich selenige Säure, dann Quecksilberspiegel; gelbliches Zinkoxyd bleibt zurück. Im geschlossenen Rohr gibt Guadalcazarit beim Erhitzen ein graues bis schwarzes Sublimat von Quecksilber, Schwefel- und Selenquecksilber. Auf Kohle zeigt sich manchmal Selengeruch und bei längerem Blasen ein Beschlag von Zinkoxyd mit einem braunen Saum von Cadmiumoxyd, während sich Schwefelquecksilber vollständig verflüchtigt.

Löslich in Königswasser.

[1]) A. d'Achiardi, N. JB. Min. etc. 1876, 636.
[2]) Burkart, ebenda 1866, 414.
[3]) G. J. Brush, Am. Journ. **21**, 312 (1881). Ref. Z. Kryst. **5**, 471 (1881).

Livingstonit.

Die säuligen Kristalle sind wahrscheinlich rhombisch; meist stenglige bis faserige Aggregate.

Analysen.

	1.	2.	3.	4.	5.
δ . . .	4,810	—	4,410	—	4,060
Fe . . .	3,50	—	—	—	0,68
Hg . . .	14,00	20,00	22,62	23,84	22,61
Sb . . .	53,12	53,12	53,76	53,74	52,21
S . . .	29,08	22,97	23,62	22,42	24,50
Gangart .	—	3,91	—	—	—
	99,70	100,00	100,00	100,00	100,00

1. u. 2. Von Guerrero bei Huitzuco (Mexico) in Kalkspat und Gips mit Schwefel, Zinnober, Antimonit und Valentinit; anal. M. Barcena, Am. Journ. **8**, 145 (1874); **9**, 64 (1875); Naturaleza **4**, 268 (1879).

3. u. 4. Ebendaher, anal. F. Venable, Ch. N. **40**, 186 (1879).

5. Von Guadalcázar in San Luis Potosi auf Gängen nadelige Kristalle mit Gips und Schwefel; anal. L. W. Page, ebenda **42**, 195 (1880).

Formel. Aus Analyse 1 ergibt sich die Formel:

$$HgSb_8S_{13} = HgS \, . \, 4Sb_2S_3 ,$$

wenn man das Eisen als FeS_2 in Abzug bringt. Die übrigen Analysen stimmen besser überein; J. W. Mallet[1]) gibt die Formel:

$$Sb_4S_7Hg = 2Sb_2S_3 . HgS ,$$

während P. Groth[2]) Hg_2S analog Cu_2S in den Sulfantimoniten annahm, wonach die Formel auch:

$$Sb_8S_{13}Hg_2 = 4Sb_2S_3 . Hg_2S$$

ist. P. Groth und K. Mieleitner[3]) geben beide Möglichkeiten der Formel zu.

E. T. Wherry und W. F. Foshag[4]) nehmen die Malletsche Formel an und halten die Homogenität für fraglich. Doch zeigt Livingstonit nach W. M. Davy und C. M. Farnham[5]) distinkte chalkographische Eigenschaften.

Nach G. Cesàro gehört Livingstonit zu den Polysalzen. Dasselbe Verhältnis 1 : 2 haben Chiviatit und Dognácskait (s. S. 136).

Vor dem Lötrohr ist Livingstonit sehr leicht schmelzbar und entwickelt weiße Dämpfe von Sb_2O_3 auf Kohle. Im offenen Rohr bei langsamem Erhitzen metallisches Quecksilber, ebenso mit Soda im Kölbchen; unlöslich in warmer Salpetersäure unter Abscheidung von Sb_2O_3.

Die Dichte ist bei den Analysen angegeben und sehr verschieden gefunden worden. Die Härte ist 2.

Für 4,81 gibt J. J. Saslawsky[6]) die Kontraktionskonstante 0,95.

Das bleigraue Mineral hat roten Strich.

Nach E. S. Larsen[7]) ist der Pleochroismus mäßig in Rot mit Absorption. $n_\alpha > 2{,}72$; Doppelbrechung sehr stark; $n_\alpha > n_\gamma$, optisch positiv (?), n_γ parallel der Längsrichtung.

---

[1]) J. W. Mallet, Ch. N. **42**, 195 (1880).
[2]) P. Groth, Z. Kryst. **6**, 97 (1892).
[3]) P. Groth u. K. Mieleitner, Min. Tab. 1921, 23.
[4]) E. T. Wherry u. W. F. Foshag, Journ. Wash. Acad. Sci. **11**, 1 (1921).
[5]) W. M. Davy u. C. M. Farnham, Micr. exam. ore min. N.Y. 1920.
[6]) J. J. Saslawsky, Z. Kryst. **59**, 204 (1924).
[7]) E. S. Larsen, Bull. geol. Surv. U.S. 679, 1921.

Über die Konstitution des Livingstonits $HgS \cdot 2Sb_2S_3$ hat sich G. Cesàro[1]) geäußert. Er vergleicht ihn mit Chiviatit, Cuprobismutit, Guejarit, Rezbanyit. Alle sind Polysalze, ihre Basizität ist:

$$m = 1 - 2\frac{K-1}{n},$$

wobei die allgemeine Formel dieser ist:

$$(2) \qquad H^{n+2-2K} As^n S^{2n+1-K}$$

mit $K > 1$.

Man kommt zu dieser Formel, wenn man von der allgemeinen Formel der Orthosäure ausgeht:

$$(1) \qquad H^{n+2} As^n S^{2n+1} = \frac{n}{2} As_2S_3 \left(\frac{n}{2} + 1\right) H_2S.$$

Man zieht von dieser Formel eine Zahl K von H_2S Molekülen ab, um die Formel (2) zu erhalten.[2])

In der obigen Formel ist $K = 2$, daher sind alle Polysalze von Säuren der Art (1) abzuleiten. Die Formel reduziert sich auf $H^{n-2} Sb^n S^{2n-1}$, worin n eine gerade Zahl wäre.

Die Konstitutionsformel ist angewandt auf das Quecksilbersalz Livingstonit:

$$(S = Sb)'_2 \, (S \cdot Sb \cdot SH)''_{n-2} S$$

oder

```
S=Sb—S—Sb——S——Sb—S—Sb=S.
        \          /
         S        S
          \      /
             Hg
```

Vorkommen siehe oben unter den Analysen.

Synthese.

Durch vorsichtiges Schmelzen von HgS und Sb_2S_3 in einer CO_2-Atmosphäre erhielt Baker[3]) eine dem Livingstonit ähnliche kristallinische Masse. Die Analysen stimmen mit denjenigen des natürlichen Minerals ziemlich überein:

Hg	22,40	22,71
Sb	[53,04]	53,20
S	24,56	24,83
	100,00	100,74

8. Verbindungen von Schwefel, bzw. Antimon, Arsen mit Thallium.

Von **C. Doelter** (Wien).

In der dritten Vertikalreihe des periodischen Systems bildet nur das Thallium selbständige Verbindungen mit Schwefel, oder Antimon, Arsen, Wismut. Von den übrigen Elementen kennen wir solche nicht. Das Vorkommen von Indium macht aber eine Verbindung InS, welche isomorph mit der Zinkblende ZnS oder möglicherweise mit dem Wurtzit ist, nicht unwahrschein-

[1]) G. Cesàro, Bull. soc. min. **38**, 41 (1915).
[2]) Vgl. S. 372.
[3]) Baker, Ch. N. **42**, 195 (1880).

lich. Jedoch sind die zwei bekannten Schwefelverbindungen des Indiums, das Sulfid InS_2 und das Sulfur InS wohl kaum isomorph.

Es bleibt daher noch ungeklärt, wie Indium in so zahlreichen Verbindungen, auch in Schwefelerzen vorkommt.

Thalliumverbindungen, welche hierher gehören sind: Das Thalliumsülfür und die Sulfosalze: Lorandit, Vrbait, Hutchinsonit.

Bei Selen werden zu behandeln sein das Sulfosalz Crookesit.

A. Brun[1]) hat in einer Reihe von Sulfosalzen und auch in Sulfiden des Binnentals das Thallium nachgewiesen; es ist dem Arsen zugesellt. Besonders die arsenhaltigen Sulfosalze des Binnentales enthalten dieses Element. Sie verhalten sich ähnlich wie die Sulfide des Vesuvs. Sartorit- und Jordanitkristalle enthielten in ihrem Inneren Thallium, auch ein Dufrénoysit enthielt das Element.

Thalliumsulfosalze.

Lorandit.

Monosymmetrisch: $a:b:c = 0{,}853396:1:0{,}665004$, $\beta = 89^{0}\,53'\,42''$ (A. J. Krenner). Siehe auch die Zusammenstellung bei L. Tokody.[2])

Analysen.

	1.	2.	3.	4.
Tl	59,40	59,76	58,75	59,08
As[3])	21,47	22,30	21,65	21,32
S	19,00	18,99	19,26	18,75
Gangart . . .	—	—	0,08	0,12
	99,87	101,05	99,74	99,27

1. Auf Realgar aufgewachsen, von Allchar bei Roszdan (Mazedonien); anal. J. Loczka bei A. J. Krenner, Z. Kryst. **27**, 98 (1897).
2. Von ebenda; anal. Derselbe, ebenda **39**, 525 (1904).
3. und 4. Beide von ebenda; anal. P. Jannasch, ebenda **39**, 123 (1904).

Formel. J. Loczka hatte in seiner ersten Analyse den Arsengehalt aus der Differenz bestimmt. Er berechnete die Formel:

$$TlAsS_2 .$$

Seine beiden Analysen, sowie die von P. Jannasch, bei welchen das Arsen direkt bestimmt worden war, stimmen mit jener Formel überein. Diese erfordert folgende Zahlen:

Tl	59,46
As . . .	21,87
S	18,67
	100,00

Wie aus dem Vergleich ersichtlich, ist die Übereinstimmung eine gute. Die Formel ist ähnlich jener des Miargyrits, sie läßt sich auch schreiben:

$$Tl_2S . As_2S_3 .$$

Lorandit wird als isomorph mit Miargyrit betrachtet.[4])

[1]) A. Brun, Bull. soc. min. **40**, 110 (1917).
[2]) L. Tokody, Z. Kryst. **59**, 84 (1924).
[3]) Aus der Differenz. Die ursprünglichen Analysenzahlen (1.) wurden von J. Loczka richtiggestellt: statt Tl 59,51 und S 14,02, die oben angeführten. Vgl. J. Loczka, Z. Kryst. **39**, 523 (1904).
[4]) A. S. Eakle, Z. Kryst. **31**, 215 (1899).

Eigenschaften. Spaltbar nach drei Ebenen: (101), vorzüglich nach (100), sehr gut auch nach (101). Der Lorandit ist biegsam und zerfällt bei geringem Druck in Spaltkörper und Fasern. Über Translationen siehe O. Mügge. Härte über 2, Dichte 5,5325.

Metallartiger Diamantglanz, durchsichtig bis durchscheinend, Farbe cochenille bis carmoisinrot, auf der Oberfläche oft schwärzlich, bleigrau, manchmal von ockergelbem Pulver bedeckt. Strich dunkelkirschrot. Auslöschung in der Zone der Symmetrieachse und dieser parallel. Brechungsvermögen sehr groß. Brechungsquotient nach E. S. Larsen[1]) für Lithiumlicht größer als 2,72. Doppelbrechung sehr stark.

Vor dem Lötrohr, auch bereits an einem Asbestfaden in der Gasflamme leicht schmelzbar, dabei färbt sich diese smaragdgrün, so die Thalliumreaktion gebend, und es verflüchtigt sich das Mineral gänzlich.

Im Kölbchen schmilzt es zu einer glänzenden Linse zusammen. An der Wandung bilden sich hierbei schwarze, weiße und orangefarbene Ringe als Absätze von Thalliumsulfid, arseniger Säure und Arsensulfid.

In Salpetersäure unter Abscheidung von Schwefel löslich.

Synthese. Schon vor der Auffindung des Lorandits in der Natur war die Verbindung $TlAsS_2$ künstlich dargestellt worden.

Gunning stellte eine Lösung arseniger Säure her, welche er mit überschüssigem Thalliumsulfat versetzte und durch Schwefelsäure ansäuerte. In diese ließ er Schwefelwasserstoffgas durchleiten, wobei sich ein roter Niederschlag von der Zusammensetzung $TlAsS_2$ bildete. Nach Gunning hat schon T. Böttger die Verbindung dargestellt aus dem kochenden wäßrigen Auszug von Th-Flugstaub, mit einer ungenügenden Menge von Natriumhyposulfit versetzt.

Gunning[2]) hat das von ihm, nach seiner Methode erhaltene Produkt von Adriansz untersuchen lassen; die erhaltenen Zahlen sind folgende:

Tl . . .	58,76
As . . .	21,01
S	19,88
	99,65

Über die Beschaffenheit desselben fehlen Angaben.

Vorkommen. Die Lagerstätte von Allchar, nordwestlich von Saloniki, ist ein Antimon- und Arsenerzbergbau; der Lorandit soll ein sekundäres Mineral sein. Die Haupterze sind dort Antimonit und Realgar. Woher das Thallium stammt, ist nicht bekannt.

Analysenmethode der Arsen-Thalliumsulfosalze.

Nach P. Jannasch[3]) ist die bei Lorandit befolgte Methode folgende: Die Aufschließung erfolgt im Bromstrom bei 100—120°. Zu diesem Zwecke verwendete er ein Nickelluftbad. Zuerst treten ölige Produkte auf, dann ein Sublimat von Arsenbromid. Nach 1½—2 Stunden destilliert nichts mehr über. Schwefel und Arsen der Vorlagen werden wie bei Realgar getrennt. Den nicht flüchtigen Rückstand im Glasrohr übergießt man mit etwas konzentrierter Salpetersäure. Die Lösung muß eingetrocknet werden, dann mit schwefeliger

[1]) E. S. Larsen, U.S. geol. Surv. 1921, 102.
[2]) Gunning, Arch. néerland. **3**, 86; Chem. Jahresber. 1869, 237.
[3]) P. Jannasch, Z. Kryst. **39**, 523 (1903).

Säure abgeraucht, mit heißem Wasser aufgenommen, bis sich das Thalliumsulfit gelöst hat.

Das Filtrat wird dann mit KJ im Überschuß gefällt, mit $^1/_6$ Volumen Alkohol versetzt und der Niederschag auf einem gewogenen Filter gesammelt. Das erhaltene Thalliumjodid darf im Spektralapparat nur die Tl-Linie zeigen.

J. Loczka[1]) löst das Mineral in rauchender Salpetersäure, der noch ausgeschiedene Schwefel wird abfiltriert und in der wäßrigen Lösung das Thallium mit KJ bestimmt.

Das Arsen wurde nach Abscheidung des Thalliums bestimmt, Schwefel nach der üblichen Methode in einer besonderen Partie.

Schwieriger ist die Analyse des Vrbaits, weil dieser ja viel Antimon neben Arsen enthält. Fr. Křehlík[2]) behandelte das Mineral im Chlorstrom, zuerst bei gewöhnlicher Temperatur, dann wurde bis 130° erwärmt. Die flüchtigeren Stoffe: As, Sb und S und auch etwas Eisenchlorid werden in einem mit Wasser und mit Salzsäure angesäuerten Wasser überdestilliert. Arsen und Antimon wurden durch Schwefelwasserstoff gefällt, die Sulfide abfiltriert und im Filtrat Eisen als Hydroxyd gefällt.

Die erhaltenen Sulfide von As und Sb wurden nach Vertreibung des Chlors durch Salzsäure durch Destillation der salzsauren Lösung im Chlorwasserstoffgasstrom nach der Methode Fischer-Hufschmidt getrennt. In der im Fraktionskolben zurückgebliebenen Lösung wurde Antimon als Trisulfid bestimmt.

Aus dem Destillat wurde mit Schwefelwasserstoff Arsentrisulfid gefällt, der Niederschlag in verdünnter KOH-Lösung aufgelöst und diese Lösung mit HCl angesäuert. Nach Oxydation des Arsenits zu Arsenat vermittelst Bromwasser wird dann aus der Lösung Arsenpentasulfid gefällt.

Der Schwefel wurde, wie üblich, in einer anderen Probe mit Bariumsulfat gefällt. Zuerst wird der Schwefel durch Salpetersäure oxydiert, die abgeschiedene Antimonsäure abfiltriert, mit Salzsäure eingedampft und so viel warmes Wasser zugesetzt, bis sich das Thallochlorid gelöst hat.

Hierauf kann, nachdem mit Salzsäure angesäuert war, der Schwefel als Bariumsulfat gefällt werden.

Vrbait.

Rhombisch-bipyramidal: $a:b:c = 0{,}5659:1:0{,}4836$ (B. Ježek).[3])

Analysen.

	1.	2.	3.	4.
Fe	1,85	2,03	—	1,85
Tl	29,52	—	—	29,52
As	24,06	—	—	24,06
Sb	18,34	—	—	18,34
S	—	23,75	25,20	25,20
				98,97

Sämtliche Analysen von dem Vorkommen von Allchar (Mazedonien); anal. Fr. Křehlík, Z. Kryst. **51**, 379 (1913).

Formel. Das Molekularverhältnis berechnet sich aus der Analyse:

$$\mathrm{Tl:As:Sb:S} = 1{,}00:2{,}21:1{,}05:5{,}43,$$

[1]) J. Loczka, Z. Kryst. **39**, 520 (1904).
[2]) Fr. Křehlík, ebenda **51**, 379 (1913).
[3]) B. Ježek, Z. Kryst. **51**, 365 (1913).

daher die empirische Formel:

$$TlAs_2SbS_5 .$$

Faßt man die Verbindung als Thalliumsalz der Sulfarsensäure HAs_3S_5 auf, welche aus der Säure $3\,H_2AsS_3—4\,H_2S$ entstanden gedacht ist, so kann man nach Fr. Křehlík eine Strukturformel konstruieren, welche allerdings ganz hypothetisch ist, da ja auch eine Molekularverbindung vorliegen könnte. Die Formel ist:

```
    S
   //
As<
   \
    S
   /
Sb<—S—Tl.
   \
    S
   /
As<
   \\
    S
```

P. Groth stellt den Vrbait zu den Sulfarseniten (Sulfantimoniten), wobei er ebenfalls die Säure HAs_3S_5 annimmt, in welcher ein Atom As durch Sb ersetzt ist.

Das Verhältnis $As_2S_3 : RS = 3:1$.

Daß die vorhin angeführte empirische Formel $TlAs_2SbS_5$ ziemlich richtig ist, zeigt die von Fr. Křehlík berechnete Zusammensetzung, wobei zu bemerken ist, daß etwas mehr Arsen gefunden wurde, dagegen zu viel Thallium und Antimon, was Fr. Křehlík den Verunreinigungen zuschreibt.

Die berechneten Zahlen sind:

Tl . . .	32,15
As . . .	23,64
Sb . . .	18,94
S . . .	25,27
	100,00

E. T. Wherry und W. F. Foshag[1]) vereinigen den Lorandit und den Eichbergit zu einer besonderen Gruppe. Erstere ist:

$$Tl_2S \,.\, 3\,(As, Sb)_2S_3 .$$

Chemisches Verhalten.[2]) Vor dem Lötrohr sehr leicht schmelzbar, wobei die Flamme schön smaragdgrün durch Tl gefärbt wird. Beim Erhitzen verbreitet sich Knoblauchgeruch. Auf Kohle gibt Vrbait einen weißen flüchtigen Beschlag und mit Soda und Cyankali ein Antimonkügelchen.

Im Kölbchen erhitzt, gibt er ein aus weißen und roten Ringen bestehendes Sublimat, welches nach längerem Erhitzen zuerst rot, dann schwarz wird und nach der Abkühlung wieder rot wird. Im offenen Röhrchen setzt sich ein weißes kristallines Sublimat von As_2O_3 ab, wobei sich auch Schwefeldioxydgeruch bemerkbar macht. Sowohl im Kölbchen als im Rohr bleibt eine schwarze Schmelze zurück.

Das Mineral ist sowohl in Königswasser, wie in Salpetersäure löslich, wobei sich, wenn erwärmt wurde, Schwefel abscheidet. In Salzsäure unlöslich, wohl aber in konzentrierter Schwefelsäure löslich. Alkalische Laugen zersetzen es nur teilweise.

---

[1]) E. T. Wherry u. W. F. Foshag, nach Z. Kryst. **60**, 490 (1924).
[2]) Fr. Křehlík, l. c. S. 379.

Eigenschaften.[1]) Ziemlich gut spaltbar nach (010). Kristalle brüchig, Bruch uneben, etwas muschelig. Härte $3^1/_2$. Dichte 5,271—5,333, im Mittel 5,302.

Glatte Flächen zeigen metallischen bis halbmetallischen Glanz, die rauhen Fettglanz. Farbe grauschwarz, manchmal mit rötlichem Schein. Frische Bruchfläche dunkelrot, dem Proustit ähnlich. Kleine Kristalle kantendurchscheinend, größere fast undurchsichtig. Strich hellrot mit gelblichem Stich.

Vorkommen. Eingewachsen in einem Gemenge von körnigem Realgar und blättrigem und erdigem Auripigment.

Hutchinsonit.

Rhombisch: $a:b:c = 0,8172:1:0,7549$ (R. H. Solly,[2]) vgl. G. F. H. Smith und G. T. Prior,[3]) letztere verdoppeln die a-Achse).

Analysen.

Die Analysen geben nur angenäherte Resultate.

	1.	2.
δ	4,6—4,7	4,6
Fe	—	0,5
Cu	—	3,0
Ag	9,0	2,0
Tl	25,0	18,0
Pb	12,5	16,0
As	30,5	29,5
Sb	—	2,0
S	26,0	26,5
	103,0	97,5

1. Dickere Kristalle und hellere Nadeln.
2. Bräunlichrote Nadeln mit kirschrotem Strich.

Beide aus dem weißen Dolomit vom Binnentale; anal. G. T. Prior bei G. F. H. Smith und G. T. Prior, Min. Mag. **14**, 283 (1907). Ref. Z. Kryst. **46**, 622 (1909).

Formel. Nach den genannten Verfassern ist diese vielleicht:

$$(Tl, Ag, Cu)_2S \,.\, As_2S_3 + PbS \,.\, As_2S_3\,,$$

also ein Sulfarsenit, wohl ein Doppelsalz.

P. Groth und K. Mieleitner schreiben:

$$(Tl, Ag)_2Pb(AsS_2)_4\,.$$

Sie stellen das Mineral in die zweite Gruppe ihrer Sulfosalze, zu den Sulfarseniten mit dem Verhältnis:

$$AsS : R_2S = 1 : 1\,,$$

und sie vergleichen die Zusammensetzung des Hutchinsonits mit jener des Andorits $AgPb(SbS_2)_3$.

Die beiden Mineralien Andorit und Hutchinsonit sind in ihren Achsenverhältnissen etwas ähnlich und beide rhombischdipyramidal, ob man die beiden als isomorph bezeichnen kann, ist noch unsicher.

Die Frage ist nun, ob bei diesen beiden Mineralien ein Doppelsalz vorliegt, wie auch G. T. Prior und L. J. Spencer meinen, oder eine Atomver-

[1]) B. Ježek, Z. Kryst. **51**, 375 (1913).

[2]) R. H. Solly, Min. Mag. **14**, 69 (1905).

[3]) G. F. H. Smith und G. T. Prior, Min. Mag. **14**, 283 (1907); Ref. Z. Kryst. **46**, 622 (1909).

bindung, in welchen sich Tl, Ag, Pb isomorph vertreten. Bei Andorit bestreiten die letztgenannten, daß Ag und Pb isomorph seien und ich bin der Ansicht, daß auch im Hutchinsonit dies für Pb, Ag, Tl nicht zutreffe. Ich bin der Ansicht, daß wahrscheinlich eine Molekülverbindung im Sinne von A. Werner vorliegt. Es wird also am richtigsten sein, die Formel zu schreiben:

$$(Tl, Ag)_2S . As_2S_3 + PbS . As_2S_3 .$$

Die kleine Menge Kupfer kann man nicht unbedingt in die Formel aufnehmen. Jedenfalls wären noch weitere chemische Untersuchungen erwünscht.

Physikalische Eigenschaften. Spröde, muscheliger Bruch, gut spaltbar nach (100). Härte $1\,^1/_2$—2, Dichte 4,6.

Die dicken Kristalle zeigen scharlachrote Farbe mit zinnoberrotem Strich, die dünnen Nadeln sind zuweilen hellscharlachrot mit zinnoberrotem Strich, bisweilen jedoch dunkler bräunlichrot mit tiefkirschrotem Strich. Absorption stark, Diamantglanz. Optische Achsenebene parallel (100), Spitze Bissextrix negativ, Achsenwinkel:

$$2H = 35^0\,19' \text{ (rot)};\ 71^0\,58' \text{ (gelb)},$$
$$2E = 63^0\,22'.$$

Doppelbrechung ziemlich stark. Brechungsindices mit einem Prisma gemessen.

	N_β	N_γ		$2V$	N_α
C	3,063	3,073,	daher	$19^0\,44'$	2,799,
D	3,176	3,188,	„	$37^0\,34'$	3,078.

Über das Lötrohrverhalten dieses seltenen Minerals ist nichts Näheres bekannt.

Vorkommen. Die Kristalle finden sich auf Rathit und Sartorit im bekannten weißen Dolomit vom Binnental. Fundort: Lengenbach.

9. Verbindungen von S, As, Sb, Bi mit Germanium und anderen Metallen.

Das seltene Element Germanium kommt nur in wenigen Mineralien vor, welche jedoch alle zu den Schwefelverbindungen gehören. Es sind dies einige Sulfogermanate, doch sind gerade in den letzten Jahren einige hinzugekommen, so daß möglicherweise die Zahl der hierher gehörigen Verbindungen sich noch vermehren kann.

Die hierher gehörigen Mineralien sind die Sulfogermanate des Silbers oder des Bleies. Sie sind analog konstituiert, wie die Sulfostannate, welche hier an die Sulfogermanate angereiht sind. Wir haben hier die folgenden Mineralien zu behandeln.

Canfieldit (Brogniartin), Argyrodit, Ultrabasit, Germanit. Als Hauptmetall erscheint das Silber, nur im Ultrabasit ist das Blei vorherrschend, neben dem in geringerer Menge vorkommenden Silber. Bei Canfieldit ist zu bemerken, daß er kein reines Sulfogermanat, sondern eine Mischung eines Sulfostannats mit Sulfogermanat darstellt. Argyrodit wurde bereits bei der Übersicht über die chemischen Eigenschaften des Germaniums erwähnt; wegen der Wichtigkeit dieses Minerals habe ich jedoch die Analysen desselben vollständig zusammengestellt.

Der Germanit steht etwas abseits, da er hauptsächlich Kupfer, daneben aber in viel geringerer Menge Silber enthält; allerdings läßt die innige Vermengung dieses Minerals mit Fahlerz keine genügende Einsicht in seine Zusammensetzung zu.

Argyrodit.

Regulär, vielleicht tetraedrisch.

Synonyma. Pulsinglanz.

Analysen. (Siehe Bd. III.)

	1.	2.	3.	4.
Ag	74,72	75,55	76,39	76,48
Zn	0,22	0,24	—	—
Fe	0,66	—	—	—
Hg	0,31	0,34	—	—
Ge	6,93	6,64	7,05	6,69
S	17,13	16,97	16,56	16,83
	99,97	99,74	100,00	100,00

Von Freiberg im Revier von Brand, auf Simon Bogner's Neuwerk und auf Himmelsfürst mit Blende, Bleiglanz, Eisenspat, Kupfer und Pyrit auf einem Spatgang. Die Analysen stammen von Himmelsfürst.

1. Anal. J. Winkler, Journ. prakt. Chem. **34**, 188 (1886).
2. Anal. S. L. Penfield, Am. Journ. **40**, 113 (1893); Z. Kryst. **23**, 245 (1894).
3. Berechnete Analyse nach S. L. Penfield.
4. Unter Abzug von Fe als FeS und Zn als ZnS berechnet.

	5.	6.	7.
Ag	76,05	76,33	74,20
Fe	0,13	—	0,68
Ge	6,55	6,57	4,99
Sn	—	—	3,36
Sb	—	—	Spur
S	17,04	17,10	16,45
Unlösl.	0,29	—	—
	100,06	100,00	99,68

5. Von Potosi (Bolivia) früher als Canfieldit beschrieben; anal. S. L. Penfield, wie oben.
6. Unter Abzug von ZnS und des Unlöslichen auf 100 berechnet.
7. Von der Grube der Colquechaca Comp. zu Aullagas, auf Pyrargyrit; anal. G. T. Prior, Min. Mag. **12**, 11 (1898).

Die neuesten Analysen sind folgende:

	8.	9.
Cu	0,08	—
Zn	0,11	—
Fe	0,03	0,33
Ag	75,67	75,28
Hg	0,03	—
Ge	6,55	6,18
Sn	0,10	Sb 0,36
As	0,05	—
H_2O	0,18	17,50
S	17,15	—
	99,95	99,65

8. Auf Pyrargyrit aus Bolivia, Colquechaca; anal. V. M. Goldschmidt, Z. Kryst. **45**, 553 (1908).

9. Pulsinglanz von der Grube „Bescheert Glück" bei Freiberg; anal. Th. Döring bei F. Kolbeck, ZB. Min. etc. 1908, 331.

Formel. Es wurden bereits die älteren Analysen im Band III diskutiert und die Formel:

$$Ag_8GeS_6$$

festgestellt.

Auch V. M. Goldschmidt fand die Formel S. L. Penfields bestätigt, da das Verhältnis (Ag, Cu, Hg) : S : Ge, Sn = 8,000 : 6,050 : 1,038 ist. V. M. Goldschmidt macht auf die Analogie der Formeln von Fahlerz und Argyrodit aufmerksam:

$$\text{Fahlerz} \;.\; 3(\overset{\text{I}}{R}_2S) . \overset{\text{III}}{R}_2\overset{\text{III}}{R}S_3 ,$$

$$\text{Argyrodit} \;\; 3(\overset{\text{I}}{R}_2S) . \overset{\text{I}}{R}_2\overset{\text{IV}}{R}S_3 .$$

Die Dichten sind 4,921 und 6,266, die Molekularvolumina 165 und 180, wenn man das reine Cu-Fahlerz aus der Dauphiné annimmt, welches L. J. Spencer und G. T. Prior untersuchten.

Er hält die Verbindung R_2RS_3 und R_2S_3 für homäomorph.

Auch F. Kolbeck kommt zu dem Resultat, daß die Molekularverhältnisse Ag_2S : GeS sich verhalten wie 4,011 : 1,000.

Daher ist die Formel:

$$4\,Ag_8GeS_6 = Ag_2S . GeS_2 .$$

Eigenschaften. Spaltbarkeit nicht wahrnehmbar, Bruch uneben bis eben oder flachmuschelig. Spröde, Härte 2—3, Dichte 6,1—6,3. Undurchsichtig, metallglänzend, Farbe schwarz bis stahlgrau, mit rötlichem bis violettem oder bläulichem Ton. Strich grau oder schwarz schimmernd. Nach Schroeder van der Kolk[1]) zeigt der ganz feinzerriebene Argyrodit eine braune Farbe.

A. de Gramont[2]) fand, daß er ein gutes, dem des Silberglanzes ähnliches Funkenspektrum gibt, mit zwei starken Germaniumlinien im Gelb und Orange.

Chemisches Verhalten. Schmilzt vor dem Lötrohr leicht und gibt in der Oxydationsflamme ein weißes Sublimat, wobei keine Flammenfärbung wahrnehmbar ist. Bei stärkerem Erhitzen vergrößert sich das Sublimat und nimmt eine grünlichgelbe bis bräunlichgelbe Farbe an, meistens jedoch eher citronengelb. Der Beschlag zeigt ein eigentümliches Aussehen, wie geglättet; in der Nähe der Probe findet man Kügelchen, teils Silberkügelchen und milchweiße Kügelchen aus Germaniumdioxyd. Der gelbe Beschlag ist wahrscheinlich ein Gemenge von Oxyd und Sulfid des Germaniums.

Im offenen Glasrohr Schwefeldioxydgeruch, im verschlossenen ein schwaches Schwefelsublimat, dagegen bei stärkerem Erhitzen dicht über der Probe gelbes Sublimat, bestehend aus farblosen und gelben Kügelchen, wohl GeS. Der quecksilberhaltige Freiberger Argyrodit gibt dabei anfangs ein schwarzes Sublimat HgS, bei starkem Erhitzen oben im Rohr Schwefelbeschlag, dann einen Ring von Quecksilbersulfid, während dann zunächst der Probe, wie früher, sich die Kügelchen von GeS_2 absetzen.

---

[1]) Schroeder van der Kolk, ZB. Min. etc. 1901, 79.

[2]) A. de Gramont, Bull. soc. min. **18**, 241 (1895).

In einem ausgezogenen Hartglasröhrchen, dessen eines Ende mit einem Wasserstoffentwicklungsapparat in Verbindung gesetzt wird, bildet sich beim Erhitzen ein tiefrötlichbraunes und schwarzes Sublimat, welches aus Germaniumbisulfid mit metallischem Germanium besteht. Siehe Näheres bei G. T. Prior, vgl. auch die Abhandlung von R. Przibram über Germanium Bd. III.

Der Argyrodit wird durch konzentrierte Salpetersäure beim Kochen leicht oxydiert.

Vorkommen und Genesis. Der Argyrodit kommt auf den Freiberger Spatgängen mit einer Reihe von Silbererzen und mit Kiesen vor und scheint eines der letztgebildeten Erze zu sein. In Bolivia ist er auf dem Pyrargyrit aufgewachsen.

Canfieldit.

Wahrscheinlich regulär-tetraedrisch, vielleicht hexakisoktaedrisch.

Analyse.

Fe, Zn . .	0,21
Ag . . .	74,10
Sn . . .	6,94
Ge . . .	1,82
S	16,22
	99,29

Von La Paz in Bolivia; anal. S. L. Penfield, Am. Journ. **47**, 452 (1894); Z. Kryst. **23**, 246 (1894).

Formel. Das Atomverhältnis wird von S. L. Penfield folgendermaßen berechnet:

$$Ag:Sn + Ge:S = 8:0,98:5,92.$$

Daraus berechnet sich:

$$Ag_8(Sn, Ge)S_6.$$

Berechnet man für diese Formel die Prozentzahlen, unter der Voraussetzung Sn : Ge = 12 : 5, so erhält man I:

	I	II
Ag . . .	74,43	73,49
Sn . . .	7,18	10,14
Ge . . .	1,83	—
S . . .	16,56	16,37
	100,00	100,00

Unter II sind die Zahlen für Ag_8SnS_6 angeführt.

Die Übereinstimmung ist daher für die Formel I eine große.

Da Zinn und Germanium in den Schwefelverbindungen isomorph sind, kann man die Formel wie oben schreiben:

$$Ag_8(Sn, Ge)S_6 = 4\,Ag_2S \,.\, (Sn, Ge)S_2 .$$

Eigenschaften. Ohne Spaltbarkeit, Bruch uneben bis muschelig, sehr Spröde. Härte 2—3, Dichte 6,267.

Metallglanz lebhaft, opak, Farbe schwarz, mit blauem oder purpurnem Stich.

Vor dem Lötrohr auf Kohle leicht schmelzbar, wobei sich ein Beschlag bildet, bestehend aus den Gemischen der Oxyde von Sn und Ge. Bei fortgesetztem Erhitzen bildet sich dann eine Silberkugel mit Schuppen oder Krusten von Zinnoxyd bedeckt. Der entstandene Beschlag gibt mit Natriumcarbonat in der Reduktionsflamme Kügelchen von Zinn.

In geschlossenem Rohre wird Schwefel abgegeben und bei hoher Temperatur bildet sich ein Anflug von Germaniumsulfid, welches zu Kügelchen schmilzt. In offenem Rohre entwickelt sich Schwefeldioxyd, aber es bildet sich kein Sublimat.

In konzentrierter Salpetersäure zersetzbar, nach dem Digerieren mit heißem Wasser bleibt Metazinnsäure zurück.

Vorkommen nicht näher beschrieben, wohl dasselbe wie bei Argyrodit.

Brongniartit.

Synonym: Brogniartin, Bleisilberantimonit.

Analysen.

	1.	2.
Cu	0,62	—
Ag	24,77	26,23
Fe	0,26	—
Zn	0,36	—
Pb	24,91	25,15
Sb	29,77	29,14
S	19,24	19,48
	99,93	100,00

1. Von Potosi, Bolivia; anal. A. Damour, Ann. mines **16**, 227 (1849).
2. Theoretisch: $PbS . Ag_2S . Sb_2S_3$.

Dieses Mineral wird meistens nicht mehr als selbständiges betrachtet. Ein Teil dessen, was als Brogniartit bezeichnet worden war, nämlich der in Oktaedern kristallisierende Brongniartit, ist nach den Untersuchungen von G. T. Prior und L. J. Spencer[1]) **Canfieldit.** Die erneute Untersuchung von seiten G. T. Priors ergab einen Silbergehalt von 72% und Abwesenheit von Antimon und Blei. Der ursprüngliche Brogniartit von A. Damour analysiert, ist wahrscheinlich mit Diaphorit identisch, was bereits von J. L. Spencer[2]) namentlich auf Grund des spezifischen Gewichts und der physikalischen Eigenschaften behauptet wurde. Auch C. F. Rammelsberg[3]) brachte ihn in Verbindung mit Schilfgläserz. Die chemische Zusammensetzung entspricht auch so ziemlich der des Diaphorits. Der später von A. Damour als in Oktaedern vorkommende „Brongniartin" ist aber Canfieldit, durch seinen Germaniumgehalt charakterisiert. Er enthält kein Blei. Demnach ist also der Brongniartit eigentlich zu streichen, da der kristallisierte Canfieldit ist, während der derbe von demselben Fundort zu Diaphorit gehört.

In den Tabellen von P. Groth und K. Mieleitner[4]) ist der Brongniartit nicht mehr als selbständiges Mineral angeführt.

---

[1]) G. T. Prior u. L. J. Spencer, Min. Mag. **12**, 11 (1898). Z. Kryst. **32**, 269 (1900).
[2]) L. J. Spencer, Am. Journ. Sc. **6**, 316 (1898).
[3]) C. F. Rammelsberg, Min.-Chem. 1875, 99.
[4]) P. Groth u. K. Mieleitner, Min. Tab. 1921.

Eigenschaften. Die für Brongniartit seinerzeit angeführten Eigenschaften beziehen sich wohl auf den derben „Diaphorit".

Dichte 5,95, also wenig abweichend von der Dichte des Diaphorits. Härte über 3. Farbe, Glanz, Bruch wie bei Diaphorit.

Was die Angaben über das Lötrohrverhalten anbelangt, so dürfte es sich wahrscheinlich auch um den derben Diaphorit gehandeltt haben, da sonst ein Bleioxydbeschlag nicht wahrnehmbar wäre; allerdings ist das Verhalten des Canfieldits bis auf den Beschlag von Germanium ein ähnliches.

Die Angaben von A. de Gramont[1]) über das Funkenspektrum beziehen sich wohl auch auf den derben Diaphorit, da er sonst, falls es sich um die Oktaederkristalle gehandelt hätte, das Germânium an seinen Linien sicher erkannt hätte. A. de Gramont gibt an: Chile, Collection du Muséum No. 53163. Er vergleicht das Spektrum mit dem des Jamesonits, ob es sich um ein derbes Stück, oder um Kristalle handelte, wird nicht angegeben.

Ultrabasit.

Rhombisch-pseudotetragonal: $a:b:c = 0,988:1:0,462$.

Analysen.

	1.	2.
Fe	0,25	—
Cu	0,47	—
Ag	22,35	22,45
Ge	2,20	2,06
Sb	4,60	4,55
Pb	54,16	54,86
S	16,15	16,08
	100,18	100,00

1. Von der Grube Himmelsfürst in Freiberg; anal. V. Rosicky und J. Sterba-Boehm, Z. Kryst. **55**, 430 (1916).

2. Theoretische Zusammensetzung, berechnet nach der unten angegebenen Formel.

Formel. Rechnet man Cu zu Ag, Fe zu Pb (was allerdings sehr willkürlich ist, da eine Vertretung von Pb durch Fe wohl nahezu ausgeschlossen, zum mindesten sehr unwahrscheinlich ist), so ergibt sich die Formel:

$$Ag_{22}Ge_3Pb_{28}Sb_4S_{53}$$

oder

$$11\,Ag_2S\,.\,28\,PbS\,.\,3\,GeS_2\,.\,2\,Sb_2S_3\,.$$

Das Verhältnis ist für:

$$Sb:(Ag, Pb) = 2:25,$$
$$Sb:Ge = 4:3,$$
$$(Ag + Pb + Ge):S = 1:0,98.$$

Aus dem Vergleich mit den berechneten Zahlen geht hervor, daß die Formel der Analyse entspricht; der Eisengehalt ist so klein, daß er nicht störend wirkt. Indessen wäre es richtiger gewesen, ihn bei der Berechnung nicht mit einzubeziehen.

[1]) A. de Gramont, Bull. soc. min. **18**, 169 (1895).

Ultrabasit ist nach P. Groth[1]) eine Verbindung von $3GeS_4Pb_2$ mit $2(SbS_3)_2Pb_3$, $16PbS$ und $11Ag_2S$ in unbekannter gegenseitiger Bindung.

Morphologisch, wenn auch nicht chemisch, ähnelt der Ultrabasit dem Teallit.

Die Achsenverhältnisse sind:

$$\text{Teallit } a:b:c = 0,93:1:1,31,$$
$$\text{Ultrabasit } = 0,99:1:1,46.$$

Eigenschaften. Farbe schwarz mit Stich ins Grauschwarze. Der Strich selbst ist schwarz. Glanz metallisch. Der Ultrabasit zeigt keine Spaltbarkeit. Bruch schalig, auf den Bruchflächen fettartiger Glanz. Härte 5, Dichte im Mittel 6,026.

Vorkommen. Auf Gneis mit Quarz, Bleiglanz und Proustit.

Glüht man das Mineral, so dekrepitiert es und bei relativ sehr tiefer Temperatur entwickelt es weißen Rauch.

Der Ultrabasit wird durch längere Digestion sowohl mit Salz- als mit Salpetersäure zersetzt, wobei sich Schwefel abscheidet.

Im Schwefelwasserstoffstrom erhitzt, schmilzt das Mineral leicht und gibt unter der Rotglut ein charakteristisches weißgefärbtes Sublimat von GeS_2, und in der Umgebung der Stelle, wo sich das Mineral befand, bildete sich ein im durchfallenden Licht purpurroten Anflug von GeS.

Spektroskopisch wird ebenfalls Germanium nachgewiesen.

Über die quantitative Analysenmethode von J. Šteba-Böhm siehe die Originalabhandlung, bemerkt sei, daß die Auflösung durch Salpetersäure erfolgte.

Germanit.

Kristallform unbekannt.

Analysen.

	1.	2.	3.
Fe	5,35	7,22	6,27
Cu	44,95	45,40	43,80
Zn	4,04	2,61	2,69
Ge	—	6,20	8,71
Pb	0,35	0,69	1,74
S	32,45	31,34	30,53
As	11,75	5,03	4,12
SiO_2	1,00	0,75*	0,20
	99,89	99,24	98,096**

* Spuren von Cd, Sb.

** Außerdem 0,006% Silber und Gold und auch 0,03% Mo.

1. Aus dem sulfidischen Hauptkörper, mit Fahlerz innig vermengt und von diesem nicht zu trennen, von Tsumeb (Afrika); anal. im Laboratorium von Tsumeb, bei H. Schneiderhöhn, Metall u. Erz **17**, 364 (1920).
2. Dasselbe; anal. A. Pufahl, ebenda **19**, 324 (1922).
3. Dasselbe; anal. L. W. Kriesel, ebenda **20**, 257 (1923).

[1]) P. Groth und K. Mieleitner, Min. Tab. 1921.

Formel. H. Schneiderhöhn[1]) vermutete eine Zusammensetzung $CuFeS_4$, aber erst A. Pufahl entdeckte das Germanium in diesem Erz, er sieht aber von einer Formel ab, da die Vermengung mit Fahlerz zu grob-innig ist.

Eigenschaften. Keine Kristallform, keine Spaltbarkeit. Farbe braunrot mit Stich ins Violette, stumpfer Metallglanz, Strich schwarz, Härte 3.

Vor dem Lötrohr Arsengeruch und Schwefelnachweis. In der Oxydationsflamme mit Zinkbeschlag schmelzbar. Die Boraxperle ergibt Kupferreaktion. Im Röhrchen dekrepitierend, wobei sich ein orangefarbenes Sublimat bildet.

In konz. Salpetersäure ohne Abscheidung von Schwefel löslich; die Lösung ist grün.

F. W. Kriesel fand in ausgesuchtem Material von Tsumeb noch 0,74 % Gallium. Der Galliumgehalt wurde von van der Merwe und von J. Lunt spektralanalytisch bestätigt. O. Pufahl[2]) fand auch Thallium, das vielleicht im Fahlerz, das dem Germanit beigemengt ist, enthalten war.

10. Verbindungen des Schwefels, Arsens, Antimons, Wismuts mit Zinn und anderen Metallen.

Wie bei Germanium haben wir hier Sulfosalze mit Zinn, also Sulfostannate; als Basis tritt hier Schwefelsilber und Schwefelblei auf. Im Zinnkies haben wir Eisen, über dessen Rolle noch nicht ganz sicher gesprochen werden kann; es wird teilweise angenommen, daß die Verbindung FeS als Basis vorkommt. (Siehe darüber bei Zinnkies.)

Canfieldit, den wir bei Germanium behandelt haben, ist ein Verbindungsglied zwischen Germanaten und Stannaten. Möglicherweise sind Canfieldit und Argyrodit isomorph. Eine Isomorphie zwischen den in der Natur vorkommenden Sulfostannaten und den Sulfogermanaten ist jedoch nicht zu konstatieren. Es wäre aber möglich, daß die Sulfostannate und Sulfogermanate des Silbers isomorph sind.

Die Mineralien, welche in diese Gruppe gehören, sind: Stannin (Zinnkies), Franckeit, Kylindrit, Teallit, Plumbostannit.

Nach P. Groth und K. Mieleitner ist Franckeit eine Verbindung von Metasulfostannat mit Orthosulfoantimonit, $2SnS_3Pb + (SbS_3)_2Pb_3$, während Kylindrit das Bleisalz einer Zinnsulfosäure und ein Ortho-Sulfantimonit $3Sn_2S_5Pb + (SbS_3)_2Pb_3$ wäre.

Kylindrit.

Synonym: Cylindrite.

Kristallform unbekannt. Kommt in gerollten, zylindrischen, walzenförmigen Bildungen vor (daher der Name).

---

[1]) H. Schneiderhöhn, Metall u. Erz **17**, 364 (1920).
[2]) Siehe die Mitteilung von P. Niggli, Z. Kryst, **60**, 534 (1924).

Analyse.

	1.
Fe	3,00
Ag	0,62
Pb	35,41
Sn	26,37
Sb	8,73
S	24,50
	98,63

1. Von der Mine Santa Cruz bei Poopó (Bolivia); anal. R. Frenzel, N. JB. Min. etc. 1893, II, 126.

Das Mineral wurde von Cl. Winkler auf Germanium untersucht, jedoch ergab sich ein negatives Resultat.

Formel. R. Frenzel berechnete seine Analyse und erhielt:

Pb	0,171
Ag	0,005
Fe	0,053
Sb	0,073
Sn	0,222
S	0,766

Daraus ergibt sich, wenn man Pb, Ag, Fe zusammenzieht, das Verhältnis: 3,1 : 1 : 3,0 : 10,5.

Daraus berechnet sich die Formel:

$$Pb_6Sb_2Sn_6S_{21}$$

oder

$$6PbS.Sb_2S_3.6SnS_2 = 3PbS.Sb_2S_3 + 3(PbS.2SnS_2).$$

Die Formel erfordert:

Pb	43,28
Sb	8,36
Sn	24,90
S	23,46
	100,00

Es wird also nicht wie bei der früheren Formel, das Eisen zum Blei geschlagen.

Später untersuchte G. T. Prior neuerdings den Kylindrit.

	2.	3.
δ	5,46	5,49
Fe	2,81	2,77
Ag	0,50	0,28
Pb	35,24	34,58
Sn	25,65	25,10
Sb	12,31	12,98
S	23,83	23,88
	100,34	99,59

2. und 3. Von Poopó (Bolivia); anal. G. T. Prior, Min. Mag. **14**, 21 (1904); Z. Kryst. **42**, 312 (1907).

Nach G. T. Prior ist die Formel des Kylindrits:

$$3PbSnS_2.SnFeSb_2S_3.$$

P. Groth[1]) schreibt die Zinnsulfosäure des Kylindrits:

$$S_3Sn_2S_2H_2.$$

Eigenschaften. Mild bis wenig spröde. Fühlt sich nicht fettig an. Härte größer wie 2 unter 3, Dichte 5,42.

Metallglänzend, lebhaft. Opak, Farbe schwärzlich bleigrau. Strich schwarz. Färbt auf Papier etwas ab.

Auf Kohle schmilzt das Mineral leicht vor dem Lötrohr zur Kugel, wobei sich schwefelige Säure entwickelt und sich ein Beschlag von Bleioxyd und Zinnoxyd bildet. Mit Soda erhält man ein Bleikorn und eine rotbraune, schwefelnatriumhaltige Schlacke. Im einseitig verschlossenen Röhrchen schmilzt das Mineral und gibt Schwefel ab, während im offenen Glasrohr sich schwefelige Säure entwickelt.

Von kalten Säuren wird der Kylindrit nicht angegriffen. Heiße Salzsäure löst ihn allmählich auf, heiße Salpetersäure gleichfalls unter Abscheidung von Schwefel und der unlöslichen Oxyde des Zinns und Antimons.

Vom Franckeit und Plumbostannit unterscheidet sich der Kylindrit sowohl in chemischer, als auch in physikalischer Hinsicht.

Vorkommen. Interessant ist das Vorkommen der genannten drei Mineralien in Bolivia. Sie finden sich auf einer Linie, welche westlich des Titicacasees und des Aullagassees von Huancan in Peru bis Potosí in Bolivia zieht. Das nördlichste Vorkommen ist der Plumbostannit, den südlichsten Fundort besitzt der Franckeit, dazwischen liegt der des Kylindrits. Der Kylindrit kommt auf Fahlerz vor und er stammt aus der Nähe der berühmten Silberminen von Antequera.

Teallit.

Kristallform: rhombisch: $a:b:c = 0,93:1:1,31$.

Analyse.

Fe . . .	0,20
Pb . . .	52,98
Sn . . .	30,39
S	16,29
	99,86

Mittel aus zwei Analysen, aus Bolivia, näherer Fundort unbekannt; anal. G. T. Prior, Min. Mag. **14**, 21 (1904); Z. Kryst. **42**, 310 (1907).

Der von G. T. Prior angenommenen Formel:

$$PbSnS_3 = PbS.SnS_2$$

entspricht eine Zusammensetzung:

Pb . . .	53,05
Sn . . .	30,51
S	16,44

Im Vergleich mit Franckeit und Kylindrit ergeben sich die Formeln:

[1]) P. Groth, Tab. 1898, 40.

Teallit $= PbSnS_3$,
Franckeit $= 3PbSnS_2 + Pb_2FeSb_2S_3$,
Kylindrit $= 3PbSnS_2 + SnFeSb_2S_3$.

Franckeit ist kristallographisch dem Teallit sehr ähnlich, jedoch wahrscheinlich hexagonal.

Eigenschaften. Der Teallit ist vollkommen spaltbar nach (001). Blätter nicht elastisch, aber biegsam, kommt in dünnen graphitartigen Schuppen vor. Farbe schwarzgrau, metallischer Glanz, Strich schwarz, undurchsichtig, etwas geschmeidig.

Härte 1—2, läßt auf Papier einen Strich zurück. Dichte 3,63.

Im Kölbchen schmilzt er nicht, gibt aber etwas Schwefel ab. Heiße konzentrierte Salzsäure oder Salpetersäure zersetzen ihn.

Über das Vorkommen ist nichts Näheres bekannt. Nach R. Koechlin stammt er von den Minen von Antequera (vgl. bei Kylindrit).

Franckeit.

Synonym: Lepidolamprit.

Kristallform unsicher, vielleicht hexagonal oder rhombisch.

Analysen.

	1.	2.	3.	4.	5.
δ	—	—	—	5,88	5,92
Zn	1,22	—	1,24	0,57	—
Fe	2,48	—	2,52	2,69	2,74
Pb	50,57	55,55	51,53	46,23	48,02
Ag	—	—	—	0,97	0,99
Sn	12,34	13,56	12,57	17,05	13,89
Ge	0,10	—	—	—	—
Sb	10,51	11,55	10,71	11,56	13,06
S	21,04	19,34	21,43	21,12	20,82
Gangart	0,71	—	—	—	—
	98,87	100,00**)	100,00*)	100,19	99,52

*) Analyse 1 nach Abzug von Gangart auf 100 berechnet.

**) Aus Analyse 3 nach Abzug von Fe als Pyrit und von Zn als Zinkblende berechnet.

1.—3. Von der Grube Veta del Cuandro (Bolivia), mit Blende und Pyrit; anal. Cl. Winkler bei A. Stelzner, N. JB. Min. etc. 1893, II, 120.

4. Kristalline Tafeln von Poopó (Bolivia), Trinacria-Mine; anal. G. T. Prior, Min. Mag. **14**, 21 (1904); Z. Kryst. **42**, 311 (1907).

5. Derbes Material von der Trinacria-Mine; anal. wie oben.

F. Kolbeck fand in diesem Vorkommen auch 0,857% Silber. In den Franckeiten von San Juan fand er 1,04 und 1,037% Silber.

Formel. Nach Cl. Winkler ist das Atomverhältnis Pb : Sn : Sb : S = 5 : 2 : 2 : 12, daher die Formel:

$$5PbS.2SnS_2.Sb_2S_3 \quad \text{oder} \quad Pb_5Sn_2Sb_2S_{12}.$$

Die unter 3. berechneten Zahlen beziehen sich auf diese Formel. Cl. Winkler stellte auch eine Strukturformel auf:

$$\overset{II}{Sn}S\left\{\begin{matrix}S\\S\end{matrix}\right\}\overset{II}{Pb}$$

$$\overset{II}{Sn}S\left\{\begin{matrix}S\\S\end{matrix}\right\}\overset{II}{Pb}$$

$$\overset{III}{Sb}\left\{\begin{matrix}S\\S\\S\end{matrix}\right\}\overset{II}{Pb}$$

$$\overset{III}{Sb}\left\{\begin{matrix}S\\S\\S\end{matrix}\right\}\overset{II}{Pb}$$

G. T. Prior erhielt für die zwei von ihm untersuchten Vorkommen:

$$Pb_5FeSn_3Sb_2S_{14} = 3\,PbSnS_2 . Pb_2FeSb_2S_8,$$
$$Pb_{4\frac{1}{2}}FeSn_{2\frac{1}{2}}Sb_2S_{13} = 2^1/_2\,PbSnS_2 . Pb_2FeSb_2S_8 .$$

Er bemerkt, daß das derbe Material eine Formel hat, welche zwischen der Analyse der kristallinen Tafeln und den Analysendaten von Cl. Winkler liegt. Er hält die Analyse 3 für richtig bei reinem Material.

C. Hintze[1]) adoptiert die Formel von Cl. Winkler.[2]) G. Lincio[3]) weist darauf hin, daß im Franckeit 0,10% Germanium vorkommen.

Eigenschaften. Die Kristalle haben eine dem Polybasit ähnliche Form. Sie weisen in einer Richtung eine sehr vollkommene Spaltbarkeit auf. Mild bis geschmeidig, fettig anzufühlen. Die Härte ist über 2, aber unter 3. Das Mineral färbt auf weißem Papier schwach. Dichte schwankend, 3,55—5,92. Siehe die Analysen.

Nach Cl. Winkler verhält sich der Franckeit folgendermaßen vor dem Lötrohr: Im einseitig geschlossenen Glasrohr, bei Luftabschluß (am besten bei Ersatz durch Kohlensäure) schwach bräunlicher Ring, ein Sublimat von GeS_2. Sowie Luft zutritt, oxydiert sich dieses und ergibt GeO_2, wobei sich Geruch nach schwefeliger Säure bemerkbar macht. Das Verhalten ist ähnlich dem des Argyrodits, doch entgeht die Sublimatbildung leicht der Beobachtung, wegen des sehr geringen Germaniumgehaltes. Erhitzen in beiderseitig offenem Glasrohr liefert schwefelige Säure und einen weißen Rauch von antimoniger Säure.

Vor dem Lötrohr auf Kohle erhitzt, gibt das Mineral nächst der Probe einen gelben Bleibeschlag, weiter von der Probe entfernt einen Antimonbeschlag, außerdem kleine Mengen von Zinkoxyd, welches beim Befeuchten mit Kobaltsolution an der grauen Farbe erkennbar ist.

Wird das Mineral auf Kohle mit Soda geschmolzen, so erhält man eine rotbraune, schwefelnatriumhaltige Schlacke, sowie ein deutliches Bleikorn. Die Boraxperle wird durch eine geringe Menge des vorher auf Kohle geschmolzenen Mineralpulvers nicht gefärbt.

Beim Erwärmen mit Salzsäure entwickelt das Mineralpulver Schwefelwasserstoff, löst sich aber nur zum geringen Teil auf, dagegen wird es von Königswasser leicht und rasch unter Abscheidung von Schwefel gelöst. Auch Salpetersäure zersetzt es beim Erwärmen, es verbleibt ein weißer, pulveriger Rückstand, bestehend aus den Oxyden des Antimons, Zinns und Germaniums.

---

[1]) C. Hintze, Min. I, 1188.
[2]) Cl. Winkler bei A. Stelzner, l. c.
[3]) G. Lincio, ZB. Min. etc. 1904, 142.

Vorkommen. Franckeit kommt auf Erzgängen im Dacit vor mit Pyrit, Bleiglanz, Kupferkies, Blende und Silber-Fahlerz.

Plumbostannit.

Ein zweifelhaftes Mineral.

Analyse.

Zn . . .	0,74
Fe . . .	10,18
Pb . . .	30,66
Sn . . .	16,30
Sb . . .	16,98
S	25,14
	100,00*)

Plumbostannit aus dem Distrikt Moho, Prov. Huancané (Peru); anal. A. Raimondi. Minér. du Perou, traduction Martinet. 1878, 187.

*) Die Zahlen nach Abzug von 38,80 % Quarz.

Eigenschaften. Diese sind ähnlich dem Franckeit. Die Dichte des reinen Minerals nicht eruierbar, da dasselbe vom Quarz nicht befreit werden konnte. A. Raimondi fand 4,5, Härte etwa 2. Schwacher Metallglanz, fettig anzufühlen, dunkelgrau.

Vor dem Lötrohr auf Kohle zu magnetischer Kugel schmelzend, unter Bildung eines gelben Bleibeschlages und unter Entwicklung von weißen Dämpfen antimoniger Säure, sowie auch eines weißen Beschlages von Zinnoxyd. Wird von konzentrierter Salzsäure zersetzt, unter Ausscheidung von Bleisulfat, Zinnoxyd und antimoniger Säure. Setzt man der Salzsäure Salpetersäure hinzu, so erhält man eine vollständige Lösung.

A. de Gramont[1]) fand den Plumbostannit schlecht leitend und hält ihn für ein Gemenge. Das Funkenspektrum ergab Linien von Sb, Pb, Sn, Zn, Fe, Tl.

A. Stelzner weist auf die Ähnlichkeit der Zusammensetzung des Plumbostannits mit der des Franckeits hin; wahrscheinlich ist jedoch die kleine Differenz im Eisengehalt auch dadurch zu erklären, daß der Plumbostannit mit Pyrit durchwachsen ist.

Er hält aber doch an der Annahme fest, daß es sich hier um zwei verschiedene Mineralien handelt. Hier wäre eine metallographische Untersuchung am Platze, um die Homogenität zu prüfen. Im Falle der Identität beider Mineralien wäre der Name Plumbostannit, als der ältere, anzunehmen.

C. Hintze,[2]) welcher das Mineral untersuchte, schreibt die Formel:

$$(Fe, Zn)_2Pb_2Sn_2Sb_2S_{11}.$$

Diese Formel nahm auch P. Groth[3]) an.

Später entdeckte C. Ochsenius[4]) ein Vorkommen vom Franckeitfundort, Grube Trinacria, Prov. Poopó (Peru), wo der Plumbostannit mit Franckeit und Kylindrit vorkommt. Das Mineral enthält 0,5 % Silber und 20 % Antimon. (Siehe auch bei Kylindrit.)

[1]) A. de Gramont, Bull. soc. min. **18**, 340 (1895).

[2]) C. Hintze, Z. Kryst. **6**, 632 (1881).

[3]) P. Groth, Tab. 27.

[4]) C. Ochsenius, Z. Dtsch. geol. Ges. **49**, 673 (1897).

Llicteria. Unter diesem indianischen Namen ist der Franckeit eigentlich schon lange als Erz bekannt, so daß dies eigentlich der Name des Franckeits ist. Die Llicteria ist auch ein Silbererz und in der Tat fand F. Kolbeck in der Llicteria einen merklichen Silbergehalt:

Grube Veta del Cuandro 0,857 % Ag,
Grube San Juan . . . 1,04 % in einer Probe, in der anderen 1,037 %.

Nach A. Stelzner[1]) ist jedoch der Silbergehalt der Llicteria nicht von dem eigentlichen Stannosulfid, dem Franckeit, herrührend, sondern einem beigemengten Silbererz, das mit der Llicteria innig verwachsen ist. Daraus ergibt sich wieder der Schluß, diese Mineralien chalkographisch auf ihre Homogenität zu untersuchen. Es wurde schon früher bemerkt, daß A. Stelzner den Plumbostannit trotz äußerer Ähnlichkeit doch nicht für identisch mit der Llicteria bzw. dem Franckeit hält, wegen des abweichenden Bleigehaltes.

Zinnkies.

Von **C. Doelter** (Wien).

Synonym: Stannin.

Kristallsystem: Tetragonal, sphenoidisch-hemiedrisch: $a:c = 1:0,9827$ nach L. J. Spencer.

Analysen.

Alte Analysen.

	1.	2.	3.	4.	5.	6.
δ	4,350	—	—	4,522	4,506	—
Fe	12,00	12,44	4,79	6,73	6,83	6,24
Cu	30,00	29,39	23,55	29,18	26,43	29,38
Zn	—	1,77	10,11	7,26	6,96	9,68
Sn	26,50	25,55	31,62	26,85	29,08	25,65
S	30,50	29,64	29,93	29,46	29,97	29,05
Gangart . .	—	1,02	—	0,16	—	—
	99,00	99,81	100,00	99,64	99,27	100,00

1. Von Wheal Rock, Cornwall (England); anal. M. H. Klaproth, Beiträge **5**, 230 (1910).
2. Von ebenda; anal. A. Kudernatsch, Pogg. Ann. **239**, 145 (1836).
3. Auf Granitgängen am St. Michael Mount, Cornwall; anal. R. A. A. Johnston bei de la Beche, Report. Geol. Cornwall 1839,; Bg.- u. hütt. Z. **1**, Nr. 10.
4. Von ebenda; anal. F. R. Mallet, Am. Journ. **17**, 33 (1854).
5. Aus dem kiesigen Lager von Zinnwald (Böhmen), mit Bleiglanz und Zinkblende; anal. C. F. Rammelsberg, Min.-Chem. 1845, 178; Pogg. Ann. **68**, 518 (1845); Min.-Chem. 1860, 121.
6. Von ebenda; anal. Derselbe, Min.-Chem. 1860, 121; Pogg. Ann. **88**, 603 (1853).

	7.	8.	9.	10.	11.
Fe . . .	5,08	12,75	13,55	5,90	5,42
Cu . . .	29,83	27,77	29,50	29,70	30,40
Zn . . .	7,71	3,62	3,85	8,00	8,58
Sn . . .	27,34	22,04	23,42	25,66	24,83
S . . .	29,83	27,94	29,68	30,74	30,77
Unlöslich	—	6,39	—	—	—
	99,79	100,51	100,00	100,00	100,00

[1]) A. Stelzner, l. c. siehe S. 390.

7. Von Wheal Rock; anal. C. F. Rammelsberg, Min.-Chem. 1875, 77.
8. Von Cornwall; anal. Anger, Ch. N. **25**, 259 (1872).
9. Dieselbe Analyse nach Abzug des unlöslichen Rückstandes auf 100 berechnet.
10. Von Zinnwald (Böhmen) aus dem kiesigen Lager; anal. C. F. Rammelsberg, Min.-Chem. 1875, 77.
11. Von ebenda; anal. Derselbe, ebenda.

Neuere Analysen.

	12.	13.	14.	15.	16.
δ . . .	—	—	—	4,495	4,534
Fe . . .	23,30	10,93	12,06	13,75	7,45
Cu . .	22,90	28,56	31,52	29,00	29,81
Zn . .	—	—	—	0,75	8,71
Ag . .	—	0,88	—	—	0,33*)
Sn . . .	28,20	25,21	27,83	27,50	24,08
Pb . .	—	2,06	—	—	—
S . . .	27,50	27,83	28,59	29,00	28,26
Sb . . .	—	3,71	—	—	Spur
Unlöslich	—	—	—	—	1,51
	101,90	99,18	100,00	100,00	100,15

*) Cd.

12. Von Guanuni oder Guanaani, Bolivia, Provinz Cercado de Oruro, aus einer Zinngrube, auf Zinnerzgängen in der Grauwacke; anal. J. Domeyko, Mineral. 1879, 224.
13. und 14. Von der San José Mine bei Oruro, auf Arsenkies; anal. G. T. Prior bei L. J. Spencer, Min. Mag. **13**, 131 (1897); Z. Kryst. **45**, 475 (1903).
15. Von der Veta del Estaño, Potosí (Bolivia); anal. Ziessler bei A. Stelzner, Z. Dtsch. geol. Ges. **49**, 131 (1897).
16. Von der Peerless-Mine, Black Hills (South Dakota U. S. America); anal. W. P. Headden, Am. Journ. **45**, 106 (1897).

Formel. Bereits M. H. Klaproth sowie A. Kudernatsch stellten die Formel

$$2FeS.SnS_2 + 2Cu_2S.SnS_2$$

auf. C. F. Rammelsberg berechnete die Atomverhältnisse in mehreren Analysen, insbesondere die von R. A. A. Johnston und W. P. Headden kommt zu dem Resultat, daß

$$Sn:Cu:R = 1:2:1$$

ist, wobei $R = Fe + Zn$ darstellt. Das Verhältnis $Fe:Zn$ wechselt zwischen 8:1 bis 1:1. Er stellt die Formel auf:

$$SnS_2.2CuS.RS \quad \text{oder} \quad \begin{pmatrix} Cu_2S \\ RS \end{pmatrix} SnS_2 .$$

L. J. Spencer[1]) bringt in seiner Arbeit eine weitere genaue Analyse von G. T. Prior (siehe oben Nr. 13 und 14), welche das Mittel aus zwei Analysen ist. Daraus ergeben sich die Atomverhältnisse

$$Cu:Fe:Sn:Sb:Pb:Ag:S = 0{,}453:0{,}197:0{,}213:0{,}031:0{,}010:0{,}008:0{,}874 .$$

Er schließt daraus, daß die Atomverhältnisse von Ag:Pb:Sb annähernd die des Andorits sind, welcher die Formel $PbAgSb_3S_6$ hat.

[1]) L. J. Spencer, Z. Kryst. **35**, 1968 (1902).

Er stellt für Zinnkies die Formel auf:

$$Cu_2FeSnS_4.$$

Der Vergleich der prozentischen Zusammensetzung des Zinnkieses nach Abzug von PbS, Ag_2S, Sb_2S_3, welche ja nur in kleinen Mengen vorkommen, ergibt die Zahlen I, während unter II die für obige Formel berechneten Zahlen sind.

	I.	II.
Fe . . .	12,06	13,01
Cu . . .	31,52	29,54
Sn . . .	27,83	27,65
S . . .	28,59	29,80
	100,00	100,00

Es wäre dies also wieder die letzte von C. F. Rammelsberg aufgestellte Formel. Die Analyse von G. T. Prior ist jedoch insofern die entscheidende, als sie an kristallisiertem Material vorgenommen wurde. Schreibt man die Formel

$$CuFeS_2 + CuSnS_2 = Cu_2FeSnS_4,$$

so ergeben sich Beziehungen zum Kupferkies, auf welche später noch G. T. Prior[1]) aufmerksam gemacht hat, indem er die Achsenverhältnisse der beiden Verbindungen vergleicht:

Kupferkies .	1 : 9853	Mol.-Vol. = 88,
Stannin . .	1 : 0,9827	„ „ = 95.

Verdoppelt man die Formel des Kupferkieses und schreibt sie Cu_2FeFeS_4, so ist die Analogie mit Cu_2FeSnS_4 besonders deutlich.

Vor ganz kurzer Zeit erschien eine Arbeit über den Zinnkies, welche hauptsächlich die chalkographische Untersuchung dieses Minerals behandelt, aber auch die chemische Zusammensetzung bespricht. Sie behandelt in folgender Tabelle S. 395 die Atomverhältnisse der Elemente S, Sn, Cu, Fe, Zn.

Die Atomzahlen deuten nicht auf die alte Formel, sondern auf.

$$4S : Sn : 2Cu : (Fe + Zn.$$

S. Reinheimer bemerkt, daß schon C. F. Rammelsberg[2]) die Formel $\begin{pmatrix} SnS \\ 2CuS \\ RS \end{pmatrix}$ als möglich annahm, wobei R durch Zn und Fe vertreten wird.

S. Reinheimer schließt aus den Zahlen, daß die Formel Cu_2FeSnS_4 nicht befriedigt. Es ist schwer, den Bleigehalt oder einen Teil des Zinkgehaltes auf beigemengten Bleiglanz oder Zinkblende zu schieben. Nach seinen Untersuchungen vergrößern sich einige fremde Bestandteile auf Kosten des Zinnkieses durch Entmischung. Sehen wir vom Bleigehalt ab, so wäre die Formel des Zinnkieses:

$$x\,Cu_2FeSnS_4 + y\,Cu_2ZnSnS_4,$$

worin y gelegentlich gleich Null werden kann. Beim Zerfall scheiden Kupferkies und Zinkblende aus. Denkt mau sich diesen Vorgang bis zu Ende vorgeschritten, so würde sich nach der Gleichung:

$$x(Cu_2FeSnS_4 - CuFeS_2) + y(Cu_2ZnSnS_4 - ZnS) = x\,CuSnS_2 + y\,CuZnS_2$$

[1]) G. T. Prior, Min. Mag. **13**, 217 (1903); Z. Kryst. **41**, 410 (1906).
[2]) C. F. Rammelsberg, Min.-Chem. Erg. II, 1895, 34.

ein Rest ergeben, der nach der rechten Seite der Gleichung zusammengesetzt wäre, aber natürlich nicht einheitlich in sich selbst zu sein braucht, auch wohl nicht ist.

Für y = 0 würde die Entmischungsgleichung sein:

$$Cu_2FeSnS_4 - CuFeS_2 = CuSnS_2 .$$

Dadurch wird die Verwandtschaft des Zinnkieses zu dem Kupferkies, welche bereits A. Kenngott und J. L. Spencer hervorhoben, durch die chalkographische Untersuchungsergebnisse wahrscheinlich gemacht (siehe unten S. 397).[1])

Fundort	Analytiker	S	Sn	Cu	Fe	Zn	Fe + Zn	
Theoretische Zusammensetzung		400	100	200	100	—	100	für Cu_2SnFeS_4
Wheal Rock . . .	M. H. Klaproth .	400	94	198	90	—	90	
" " . . .	A. Kudernatsch .	400	93	200	96	12	108	
" " . . .	C. F. Rammelsberg	400	99	201	39	51	90	
St. Michaels Mount	R. A. Johnston bei la Bêche .	400	114	158	37	66	103	
" " "	F. R. Mallet . . .	400	98	199	52	48	100	
Cornwall . . .	Anger	400	85	200	105	25	130	
Zinnwald	C. F. Rammelsberg	400	105	178	52	46	98	
"	"	400	95	204	49	65	114	unter Abrechnung von 1,82% S für den Andorit
"	"	400	90	195	44	51	95	
"	"	400	87	199	40	55	95	
S. José	G. T. Prior . . .	400	105	222	97	—	97	
"	" . . .	400	105	222	97	—	97	
Potosí	Ziessler	400	102	201	109	5	114	
Peerles Mine . .	W. P. Headden .	400	92	212	60	60	120	

Eigenschaften. Keine Spaltbarkeit, Farbe eisenschwarz, Glanz: diamantartiger Metallglanz, opak, Strich schwarz. Die Kristalle sind sehr brüchig, Härte $3^1/_2$, Bruch halbmuschelig, Dichte 4,3—4,5.

Spezifische Wärme nach A. Sella[2]) 0,1088. Vor dem Lötrohr auf Kohle zur Kugel schmelzbar, in der Oxydationsflamme Schwefel abgebend, wobei sich die Kohle mit Zinnoxyd beschlägt. Die Boraxperle gibt bei geröstetem Pulver Eisen- und auch Kupferreaktion.

In offenem Rohr schwefelige Säure abgebend. Im Kölbchen dekrepitiert er und gibt Spuren eines Sublimats von Zinn und Blei; antimonhaltige geben Dämpfe von antimoniger Säure.[3])

Nach L. J. Spencer ist es jedoch wahrscheinlich, daß, wie schon oben angeführt, Silber; Blei und Antimon nicht zur Konstitution des Minerals gehören, sondern durch Einschlüsse des begleitenden Andorits verursacht sind, so daß diese Reaktionen auf Sb, Pb, Ag nicht für Zinnkies charakteristisch sind.

Nach A. de Gramont[4]) löslich durch konzentrierte Salpetersäure unter

[1]) S. Reinheimer, N. JB. Min. etc. Beil.-Bd. **49**, 179 (1923).
[2]) A. Sella, Z. Kryst. **22**, 180 (1893).
[3]) J. C. Schroeder van der Kolk beobachtete beim Strich einen Stich ins Violette, ZB. Min. etc. 1901, 79.
[4]) A. de Gramont, Bull. soc. min. **18**, 275 (1895).

Abscheidung von kontinuierlichem Schwefel und Zinndioxyd. Das Spektrum verhält sich nicht wie ein homogenes Mineral.

Umwandlung.

Der Zinnkies wandelt sich in erdigbraune oder gelbe Substanz um, welche keinen Schwefel mehr enthält, sondern als Oxydhydrat bezeichnet werden kann.

Auf der Ettagrube, Black Hills, hatte J. Ulke[1]) eine von Kassiterit begleitete Substanz gefunden, welche er für ein besonderes Mineral hielt und welchem er die Formel gab:

$$4SnO_2Cu_2Sn(OH)_6.$$

Die Analyse hatte 60% Zinn, 12% Kupfer und 8% Wasser ergeben oder:

CuO	15,04
SnO_2	76,27
H_2O	8,00
	99,31

J. Ulke schlug den Namen Cuprokassiterit vor.

W. P. Headden[2]) hat jedoch dasselbe Material in Händen gehabt und erhielt folgende Zahlen:

δ	4,534
Fe_2O_3	8,94
CuO	12,53
ZnO	Spur
SnO_2	64,33
SO_3	Spur
H_2O	13,87
Sb	Spur
	99,67

Die Analyse führt zu der Formel: $Fe_2O_3 . 2H_2O . 3Cu_2(OH) . 5Sn(OH)_3$.

Ein ähnliches Zersetzungsprodukt fand der letztgenannte Autor auf der Peerless-Mine in den Black Hills, zusammen mit Zinnkies, wie früher.

Fe_2O_3	11,85	= 84,65% in HCl löslich,
CuO	18,02	
ZnO, CdO	0,51	
SnO_2	46,07	
Sb_2O_3	Spur	
SO_3	Spur	
Glühverlust	8,20	
Gangart	1,68	= 14,64% in HCl unlöslich.
SnO_2	12,96	

[1]) J. Ulke, Tr. Am. Inst. Min. Engin. 1892; Z. Kryst. **23**, 509 (1893).
[2]) W. P. Headden, Am. Journ. **45**, 106 (1893).

Die Dichte betrug 3,312—3,374.

Synthese. Dieses Mineral wurde bisher nicht künstlich dargestellt.

Metallographische Untersuchung des Zinnkieses.

Nach H. Schneiderhöhn[1]) läßt sich Zinnkies leicht polieren, seine Oberfläche ist glatt und glänzend, bei stärkerer Vergrößerung sieht man kleine dreiseitige Spaltgrübchen und kleine unregelmäßige Ausbrüche. Es existiert eine Spaltbarkeit nach drei aufeinander senkrechten Flächen, welche bei starker Vergrößerung sichtbar ist. Die Anschliffe zeigen kein hohes Reflexionsvermögen, die Farbe ist weißlich grau mit olivgrünem Selen. Nach Einbetten in Zedernholzöl geringe Abnahme des Reflexionsvermögens. Das Farbzeichen nach W. Ostwald ist gelb *ge* 04, also 22 % Weiß, 64 % Schwarz und 14 % zweites Gelb. Man sieht in den polierten Anschliffen ganz geringe Farbenunterschiede in den einzelnen Körnern der Aggregate.

Der Zinnkies wirkt stark auf das polarisierte Licht. Die eine der Aufhellungsstellen zeigt violette bis malvenfarbene Töne, die andere dunkelgrüne und hellgrüne Töne.

Ätzung. . Konzentrierte Salpetersäure, sowie Salzsäure ergeben einen irisierenden Niederschlag. Alkalische Permanganatlösung entwickelt eine hervorragende Ätzstruktur, dabei bildet sich ein rotbrauner, in Salzsäure oder 6 % iger H_2O_2-Lösung leichter Niederschlag.

Bei der Behandlung mit Permanganat werden einzelne Lagen stark und rauh angeätzt, andere wenig und glatt. In einigen Lagerstätten beobachtet man verzwillingte Zinnkiesindividuen, man beobachtet, auch mehrere Lamellensysteme bei diesen polysynthetischen Zwillingslamellen, welche sich unter 60 oder 90 ° schneiden.

Durch Einschlüsse von Kupferkies und Zinkblende entsteht Zonarstruktur.

Zinnkies ist nach H. Schneiderhöhn eines der schönsten Beispiele für Entmischung von Erzen. Meistens sind die Individuen erfüllt mit feinsten Tröpfchen; es sind dies entweder Kupferkies oder dieser mit Zinkblende oder endlich Kupferkies mit Bleiglanz. Dagegen kommen in der verglasten Zinkblende von Freiberg Einschlüsse von Zinnkies vor.

Die Struktur des Zinnkieses ist allotriomorph-körnig. Die Größe der Körner schwankt zwischen 0,05—0,2 mm.

Zinnkies verdrängt in den Cornwaller Lagerstätten Quarz, Arsenkies und Zinnstein.

Zur Unterscheidung von Zinnkies von dem ähnlichen Fahlerz verwendet man nach A. Schneiderhöhn Permanganatlösung.

Vor kurzem hat S. Reinheimer[2]) die Untersuchungen von H. Schneiderhöhn ergänzt. Er wies nach, daß Zinnkies meistens mit anderen Mineralien verwachsen ist. Diese sind z. T. Silicate, welche, da sie in Säuren unlöslich sind, für die Analysen nicht in Betracht kommen. Dagegen sind Einschlüsse

---

[1]) H. Schneiderhöhn, Anleitung zur mikroskopischen Bestimmung und Untersuchung von Erzen und Aufbreitungsprodukten. Berlin 1922, 89, 96.

[2]) S. Reinheimer, N. JB. Min. etc. Beil.-Bd. **49**, 159 (1923).

von Zinkblende und Bleiglanz von Wichtigkeit, namentlich aber die von Kupferkies; die Einschlüsse waren z. T. ja schon früher bekannt, da sie oft makroskopisch auftreten, doch zeigt sich, daß dieselben Einschlüsse auch mikroskopisch auftreten können. Sie bilden oft eigentümliche Tropfenschwärme und erfüllen die Klüfte des Zinnkieses, namentlich ist dies bei Zinkblende und Kupferkies der Fall.

Die übrigen als Einschluß vorkommenden Mineralien sind: Quarz, Turmalin, Glimmer, Flußspat, dann Wolframit, Arsenkies, sowie die bereits früher genannten. Manchmal kommt auch Pyrit und Zinnstein vor.

Besonderes Interesse bieten die „Tröpfchenschwärme": es sind dies namentlich Kupferkies und Zinkblende. Diese haben sich nicht gleichzeitig mit dem Mineral gebildet, sondern sie sind später auf Kosten des Zinnkieses durch Entmischung gebildet, eine Materialzufuhr von außen ist ausgeschlossen. Auch die Füllung der im Zinnkies vorkommenden feinen Risse ist durch solche Entmischung erfolgt. Es liegt nahe, den Entmischungsvorgang, der leere Räume zu erfüllen vermag, also unter Volumvermehrung verläuft, nach dem Prinzip von H. Le Chatelier als Folge der Kontraktionsspannungen aufzufassen und letztere selbst wieder der beginnenden Abkühlung des Zinnkieses zuzuschreiben.

Mit den Umwandlungen im Zinnkies und den gleichzeitig wirkenden Spannungen sollen auch die komplizierten Zwillingsbildungen zusammenhängen. Kontraktionsrisse und Zwillingsbildung deuten auf hohe Temperatur der an der Bildung des Zinnkieses beteiligten Agenzien. Diese waren alkalischer Natur, wie aus der Korrosion der sauren Vorgänger hervorgeht, und da letztere auf vorwaltend pneumatolytischem Wege gebildet wurden, aber im Verlaufe einer Intrusion der pneumatolytischen Phase eine hydrothermale zu folgen pflegt, der Zinnkies auch gleichalterig mit Mineralien ist, die meistens auf hydrothermalem Wege entstanden sind, so ist S. Reinheimer der Ansicht, daß der Zinnkies als Absatz aus heißen, aufsteigenden Lösungen alkalischer Natur entstanden ist.

G. M. Schwartz[1]) untersuchte polierte Schliffe von Stannin verschiedener Fundorte auf Einschlüsse und fand Arsenkies, Pyrit, Kupferkies, Zinkblende, Wolframit, in Tasmania auch Franckeit. Er glaubt, daß das Zink in den Analysen von eingeschlossener Zinkblende herrührt (siehe dagegen S. Reinheimer S. 397).

Die Ausscheidungsfolge wäre ihm zufolge: Pyrit, Arsenkies, Wolframit, Stannin, Sphalerit, Kupferkies, Franckeit. Stannin, Zinkblende und Kupferkies kristallisieren gleichzeitig aus.

Genesis. Während früher über diese nur wenig zu sagen war, ist jetzt durch die chalkographische Untersuchung von S. Reinheimer mehr Licht in die Entstehungsvorgänge gebracht worden (siehe auch oben S. 397). Zinnkies ist ein gut charakterisiertes Mineral, welches bei der Entstehung homogen war. Es sind zwei Endglieder Cu_2FeSnS_4 und Cu_2ZnSnS_4 vorhanden, wovon nur das erstere gelegentlich für sich allein auftritt. Auch Blei dürfte in einigen Vorkommen an der Zusammensetzung teilgenommen haben. Die Mineralien dieser Gruppe bildeten sich aus heißen Lösungen und besaßen ein enges

[1]) G. M. Schwartz, Amer. Min. **8**, 162 (1923).

Stabilitätsfeld. Mit sinkender Temperatur erlitten sie unter Mitwirkung von Kontraktionsspannungen Umwandlungen nach zwei Richtungen:

Morphologisch durch Zerfall in mindersymmetrische Zwillingsindividuen unter Wahrung pseudoregulärer Formen, zweitens physikalisch-chemisch unter Entmischung, wie sie durch Tröpfchenschwärme angedeutet wird.

Bei dem chemischen Zerfall wiesen sie Kupferkies und je nach der ursprünglichen Zusammensetzung Zinkblende oder Bleiglanz als Entmischungsprodukte auf, während Gemenge etwa von der Zusammensetzung:

$$x CuSnS_2 + y Cu_2SnS_2$$

als „Zinnkies" zurückbleiben. Fehlten in der ursprünglichen Zusammensetzung Zink und Blei, so kommt die Analogie zwischen Zinnkies und Kupferkies zum Vorschein.

Zinnkies ist paragenetisch eines der jüngsten Glieder einer Mineralgesellschaft, die ihre Entstehung wahrscheinlich heißen ascendierenden Lösungen alkalischer Natur verdankt. Bei einigen konnte S. Reinheimer nachweisen, daß der hydrothermalen Tätigkeit eine vorwiegend pneumatolytische voranging. Die während dieser gebildeten Mineralien sind für die Zinnerzformation charakteristisch (so Wolframit, Quarz, Turmalin, Glimmer); sie erweisen sich als unbeständig gegenüber den später aufsteigenden Gewässern. Diese lösten das pneumatolytisch gebildete Zinnerz teilweise auf, um sich des so gewonnenen Zinngehaltes in Gestalt des Zinnkieses zu entledigen. S. Reinheimer meint, daß ein Teil des Zinngehaltes der alkalischen Lösungen wohl auch dem Magma zu verdanken sei.

Dies erklärt aber noch nicht die Sulfidbildung: es mußten, wie ich glaube, wohl schon in der pneumatolytischen Periode Exhalationen von Schwefelwasserstoff mitgewirkt haben. Oder es müßten nach der Zinnsteinbildung solche Exhalationen gewirkt haben und es könnten dann auch Lösungen mit Alkalisulfid weiter gewirkt haben. Leider ist über die Löslichkeit der hier in Betracht kommenden Mineralien in alkalischen Lösungen oder in Natriumsulfid beispielsweise nichts bekannt.

Vorkommen. Kommt auf Zinnerzgängen mit Kassiterit, Eisenkies, Fahlerz und Kupferkies vor. In Cornwall findet er sich auf Granitgängen mit Quarz und Kupferkies. Es kommen, wie L. J. Spencer hervorhebt, auch Verwachsungen mit Andorit vor (vgl. S. 393).

Über das Vorkommen und die Paragenesis siehe auch J. T. Singewald[1]) W. Davy,[2]) J. T. Singewald und B. L. Miller,[3]) G. M. Schwartz[4]) sowie W. Lindgren,[5]) welche sich speziell auch mit den Vorkommen von Bolivia und Tasmanien beschäftigen. Die australischen Lagerstätten behandelt C. Hartwell,[6]) die von Alaska A. Knopf.[7])

---

[1]) J. T. Singewald, Econom. Geol. **7**, 263 (1912).
[2]) W. Davy, ebenda **15**, 463 (1920).
[3]) J. T. Singewald und B. L. Miller, Mc Graw. Holl Bock Co. 1919.
[4]) G. M. Schwartz, Amer. Min. **8**, 162 (1923).
[5]) W. Lindgren, Econ. Geol. **19**, 223 (1924).
[6]) C. Hartwell, Austral. Min. Standard **10**, 577 (1908).
[7]) A. Knopf, Bull. geol. Surv. U.S. N. 358, 18 (1908).

Die Verbindungen von S, As, Sb, Bi mit Blei.

Wir unterscheiden:

A. Verbindungen mit Blei allein.

I. Sulfide: Bleiglanz, Cuproplumbit.

II. Sulfosalze: a) Mit Arsen, b) mit Antimon, c) mit Wismut. Siehe die einzelnen Salze, S. 402.

B. Verbindungen mit Pb und Ag.

C. Verbindungen mit Cu und Pb.

D. Verbindungen mit Pb und Zinn, siehe bei Zinnsulfoverbindungen, S. 386.

Außerdem haben wir noch die später zu behandelnden Selenide: Clausthalit, Zorgit, Cacheuteit, Lerbachit, Selenquecksilberkupferblei; dann die Telluride: Altait, Nagyagit.

Die wichtigsten Gruppen, welche hier in Betracht kommen, sind:

Die Bleiglanzgruppe: PbS, PbSe, PbTe, hexakis-oktaedrisch; dann unter den Sulfosalzen: die monokline Gruppe des Plagionits und Liveingits, Semseyits (Formeln, siehe S. 402).

Ferner haben wir die Gruppe des Bournonits:

Seligmannit,	$CuPbAsS_3$,	rhombisch-dipyramidal,	$a:b:c = 0{,}9233:1:0{,}8734$,
Bournonit,	$CuPbSbS_3$,	„ „ ,	$a:b:c = 0{,}9380:1:0{,}8969$,
Aikinit,	$CuPbBiS_3$,	„ „ ,	$a:b:c = 0{,}9710:1:?$

Kobellit und Lillianit mit Plumbostibit und Embrithit bilden eine verwandte Gruppe. Ferner sind die zwei isomorphen Sulfosalze zu erwähnen:

Jordanit,	$Pb_4As_2S_7$,	monoklin-prismatisch,	$a:b:c = 0{,}4945:1:0{,}2655$,
Meneghinit,	$Pb_4Sb_2S_7$,	rhombisch-bipyramidal,	$a:b:c = 0{,}5289:1:0{,}3632$.

Konstitution der Bleisulfosalze.

Wir haben bereits bei den Silbersalzen die Ansichten von R. Weinland erörtert. Als Beispiel für ein Salz, welches von einer Sulfosäure abgeleitet wird, deren Anion teils die Koordinatenzahl, teils 3, teils 2 besitzt, ist zu nennen der Boulangerit, dessen Formel geschrieben werden kann:

$$\begin{pmatrix} 3\,SbS_3 \\ SbS_2 \end{pmatrix} Pb_5 .$$

G. Cesàros Ansichten wurden bereits bei Silber ausführlich behandelt. Die allgemeine Formel der Salze ist $m\,RS.R_2S_3$. Die Zahl m nennt er die Basizität des Sulfosalzes, die im allgemeinen zwischen $^1/_3$ und 12 variieren kann.

Bei $m = 3$ hat man die Orthosulfosalze, bei $m = 1$ bekommt man die Metasulfosalze, Formel $H_2SAs_2S_3$. Bei $m \leqq 2$ bekommt man die Pyrosalze. Die Konstitution der Pyrosäure ist folgende:

$$\begin{array}{ccc} SH & & SH \\ | & & \\ As - & S - & As \\ | & & | \\ SH & & SH \end{array}$$

Hierher gehört das Bleisalz Dufrenoysit $2PbS.As_2S_3$, bei welchem m in der obigen Formel = 2 ist. Von der allgemeinen Formel ausgehend:

$$H_{n+2}As_nS_{2n+1} = \frac{n}{2}As_2S_3\left(\frac{n}{2}+1\right)H_2S$$

kann man auch weitere Sätze ableiten.

Für $n = 4$ hat man die Formel des Rathits:

$$R_3''(AsS_3)'''(AsS_2)_3', \quad \text{bei welchem} \quad m = \frac{3}{2} \text{ ist.}$$

Die Konstitutionsformel des Rathits ist:

$$As\begin{cases} S-\overset{II}{R}-S-As{=}S \\ S-\overset{II}{R}-S-As{=}S \\ S-\overset{II}{R}-S-As{=}S \end{cases} .$$

Für $n = 6$ bekommt man den Baumhauerit, bei welchem $m = \frac{4}{3}$ ist. Die Formel der Säure lautet:

$$H_8As_6S_{13} = 3As_2S_3.4H_2S.$$

Ein Polysalz entsteht, wenn m kleiner ist wie 1, die allgemeine Formel der Polysäuren wäre:

$$H_{n+2-2k}As_nS_{2n+1-k}, \quad \text{mit } k > 1.$$

Hierher gehören der Chiviatit und der Rezbanyit. Ersteres Mineral hat die Formel $2PbS.3Bi_2S_3$, während der Rezbanyit die Formel $4PbS.5Bi_2S_3$ hat.

Die Basizität der Polysulfosalze ist kleiner als 1 und wird gegeben durch die Formel:

$$m = 1 - 2\frac{k-1}{n}.$$

Wenn m in der früher angegebenen Formel $mRS.R_2S_3 = 4$ ist, so hat man Salze wie das Fahlerz (siehe dort).

Für $m = 5$ hat man den Typus des Stephanits, siehe S. 266.

Für $m = 6$ hat man den Typus Beegerit, ein basisches Orthosalz $6PbS.Bi_2S_3$.

Es kann aber auch die Basizität größer werden wie 6, dann bekommt man überbasische Gruppen, welche durch die Formel:

$$\begin{matrix} HS-R-SH \\ HS-R-SH \\ HS-R-SH \end{matrix}, \qquad \begin{matrix} -R\rangle S \\ S\langle R \\ \ \ R- \end{matrix}$$

gegeben werden können.

Für $m = 9$ wäre der Typus des Polybasits und für $m = 12$ der des Polyargyrits, siehe dort.

Übersicht der Bleiverbindungen mit S, As, Sb, Bi.

Name	Kristallsystem	Ungefähre Formel	
Bleiglanz	regulär-hexakisoktaedrisch	PbS	S. 403
Skleroklas	monoklin	$PbAs_2S_4$	S. 431
Zinckenit	rhombisch	$PbSb_2S_4$	S. 449
Dufrenoysit	monoklin	$Pb_2As_2S_5$	S. 428
Plumosit	rhombisch	$Pb_2Sb_2S_5$	S. 437
Jamesonit	monoklin	$Pb_5Sb_6S_{11}$	S. 434
Heteromorphit	—	$Pb_7Sb_5S_{19}$	S. 439
Warrenit	—	—	S. 441
Cosalith	rhombisch	$Pb_2Bi_2S_5$	S. 459
Jordanit	monoklin	$Pb_4As_2S_7$	S. 424
Meneghinit	rhombisch	$Pb_4Sb_2S_7$	S. 447
Goongarit	monoklin?	$Pb_4Bi_2S_7$	S. 466
Geokronit	rhombisch	$Pb_5Sb_2S_8$	S. 455
Beegerit	regulär	$Pb_6Bi_2S_9$	S. 467
Boulangerit	rhombisch	$Pb_3As_4S_{11}$	S. 442
Baumhauerit	monoklin	$Pb_4As_6S_{13}$	S. 427
Rathit	rhombisch-dipyramidal	$Pb_3As_4S_9$	S. 429
Plagionit	monoklin-prismatisch	$Pb_5Sb_8S_{19}$	S. 451
Bismutoplagionit	—	$Pb_5Bi_8S_{17}$	S. 454
Liveingit	monoklin	$Pb_3As_8S_{17}$	S. 427
Semseyit	monoklin-prismatisch	$Pb_9Sb_8S_{21}$ oder $Pb_5Sb_4S_{11}$	S. 454
Kobellit	—	$Pb_3(Sb, Bi)_2S_6$	S. 457
Lillianit	rhombisch?	$Pb_3Bi_2S_6$	S. 461
Plumbostibit	—	$Pb_3Sb_2S_6$	S. 444
Guitermannit	—	$Pb_3As_2S_4$	S. 432
Chiviatit	—	$Pb_2Bi_6S_{11}$	S. 465
Rezbanyit	—	$Pb_4Bi_{10}S_{19}$	S. 463
Bournonit	rhombisch-dipyramidal	$PbCuSbS_3$	S. 468
Seligmannit	"	$PbCuAsS_3$	S. 479
Aikinit (Nadelerz)	"	$PbCuBiS_3$	S. 477
Richmondit	—	$(Pb, Cu_2, Fe)_6Sb_2S_9$	S. 481
Berthonit	—	$Cu_{18}Pb_5Sb_{14}S_{35}$	S. 481
Keeleyit	rhombisch?	$Pb_2Sb_6S_{11}$	S. 457
Lengenbachit	triklin	$Pb_6(Ag, Cu)_2As_4S_{13}$ (?)	S. 479
Galenobismutit	—	$PbBi_2S_4$	S. 463
Owyheeit	rhombisch?	—	S. 480

Bleiglanz (PbS).

Von **M. Seebach** (Leipzig).

Synonyma: Galenit, Galène, Glasurerz (silberfreier oder -armer Bleiglanz), Röhrenerz; Knottenerz oder Knotenerz (Sandstein mit Bleiglanzkörnern imprägniert), Quirogit (Bleiglanz in komplizierten für tetragonal gehaltenen Kristallen, mit Eisenkies und Antimonglanz gemengt), Blaubleierz, Sexangulit, Plumbeïn (Pseudomorphosen von Bleiglanz nach Pyromorphit), Schrifterz, Huascolith, Kilmacooit, Fournetit (Gemenge von Bleiglanz mit Zinkblende, letzterer mit einem Kupfererz), Steinmannit, Targionit, Parakobellit (unreine Bleiglanzarten mit Sb, Bi, Zn, Fe, Cu; Johnstonit (mulmiges Zersetzungsprodukt des Bleiglanzes mit freiem Schwefel).

Regulär (hexakisoktaedrisch).

Nach der Strukturbestimmung von W. H. und W. L. Bragg[1]) bilden beide Atomarten flächenzentrierte kubische Gitter. Das Gitter des Bleis erscheint gegen das Gitter des Schwefels um $\frac{1}{2}\frac{1}{2}\frac{1}{2}$ verschoben, also um die halbe Länge der Würfeldiagonale. Die Kantenlänge a des Elementarwürfels ist $= 5{,}94 \, . \, 10^{-8}$ cm. Aus der Schwerpunktsanordnung ergibt sich für den Bleiglanz die Zugehörigkeit zur holoedrischen Klasse des regulären Systems.

Analysen.

	1.	2.	3.	4.	5.	6.
δ	—	—	7,465	—	7,11	—
Ag	—	—	0,39	—	0,14	—
Zn	—	—	1,08	—	—	—
Mn . . .	—	—	—	—	1,20	—
Fe	—	—	0,48	—	0,83	—
Pb . . .	86,58	81,87	84,56	85,70	83,52	85,59
As . . .	—	0,90	—	—	—	—
Sb	—	2,30	—	—	—	—
S	13,42	13,61	13,67	14,09	13,80	12,26
P_2O_5 . . .	—	—	—	—	—	1,66
SiO_2 . . .	—	—	—	—	—	0,29
	100,00	98,68	100,18	99,79	99,49	99,80

1. Theor. Zusammensetzung.
2. Dichter, knolliger Bleiglanz der Zinkerzlagerstätte von Wiesloch b. Heidelberg, Baden; anal. Seidel bei F. v. Sandberger, N. JB. Min. etc. 1864, 222.
3. Großblättriger Bleiglanz, Grube „Gottesgabe höchstes“ b. Bodemnais, Bayern; anal. J. Thiel, Z. Kryst. **23**, 295 (1894).
4. Claustal, Harz; anal. O. Schilling, Bg.- u. hütt. Z. **20**, 281 (1861).
5. Hartenrod b. Gladenbach, Kreis Biedenkopf, Hessen-Nassau; anal. Th. Landmann, Erdm. Journ. pr. Chem. **62**, 91 (1854).
6. Pseudomorphose nach Pyromorphit; anal. Carius bei J. R. Blum, Pseudomorph. 3. Nachtrag 1863, 174.

[1]) W. H. und W. L. Bragg, X-rays and cristal structure, London 1915.

	7.	8.	9.	10.	11.	12.
δ	—	7,252	7,324	—	—	—
Cu . . .	—	—	—	0,98	—	0,44
Ag . . .	0,79	—	—	—	—	0,32
Zn . . .	—	3,59	2,18	0,23	1,80	0,02
Fe . . .	—	—	—	0,57	—	1,38
Pb . . .	82,70	81,80	83,61	77,89	87,50	80,70
Sb . . .	—	—	—	0,97	—	3,31
S	12,70	14,41	14,18	12,96	10,70	12,84
Gangart . .	3,80	—	—	6,84	—	—
	99,99	99,80	99,97	100,44	100,00	99,01

7. Joachimstal, Böhmen; anal. K. v. Hauer, J. k. k. geol. R.A. **13**, 595 (1863).
8. u. 9. Přibram, Böhmen; anal. J. U. Lerch, Ann. Chem. Pharm. **45**, 325 (1843).
10. Körnige Aggregate vom Hüttenberger Erzberg, Kärnten; anal. J. Mitteregger bei A. Brunlechner, Mineral. Kärntens 1884, 40.
11. Uebelbach b. Peggau, Steiermark; anal. K. v. Hauer, J. k. k. geol. R.A. **15**, 396 (1865).
12. Grobkörniger „Targionit", Grube Bottino bei Serravizza in Lucca, Italien; anal. E. Bechi, Am. Journ. **14**, 60 (1852).

	13.	14.	15.	16.	17.	18.
δ	—	—	—	6,932	7,22	7,508
Cu . . .	Spur	—	4,25	1,11	—	—
Ag . . .	0,49	0,56	0,65	0,72	Spur	0,05
Zn . . .	—	—	—	1,33	—	—
Fe . . .	1,83	2,81	1,85	1,77	6,30	0,39
Pb . . .	78,24	78,29	72,44	72,90	63,89	85,67
Sb . . .	4,43	2,45	4,31	5,77	9,69	—
S	15,24	15,50	16,78	15,62	17,51	13,59
	100,23	99,61	100,28	99,22	97,39	100,46*)

13. u. 14. Feinkörniger „Targionit", Grube Bottino; anal. E. Bechi, wie oben.
15. Feinkörnig-dichter „Targionit", Miniera di Piombo dell' Argentiera, Fortsetzung des Ganges von Bottino in körnigem Kalk; anal. E. Bechi, wie oben.
16. „Targionit" in Kristallen, ebenda; anal. E. Bechi, wie oben.
17. Bleigraue, für tetragonal gehaltene Kristalle von sog. „Quirogit", Sierra Almagrera, Almeria, Spanien; anal. F. Sorio bei L. F. Navarro, Act. soc. esp. Hist. nat. **4**, 17 (1895).
18. Dunkelstahlgrauer Bleiglanz mit oktaedrischer Spaltbarkeit von Nordmarken, Wermland, Schweden; anal. K. A. Wallroth bei Hj. Sjögren, Geol. För. Förh. **7**, 124 (1884). *) Inkl. 0,76% Bi.

	19.	20.	21.	22.	23.
δ	—	—	—	6,46–6,57	—
Cu	—	—	2,46	—	—
Ag	0,74	—	0,19	—	—
Zn	—	25,60	—	16,59	44,50
Fe	0,23	—	0,85	1,72	0,88
Pb	83,21	48,60	62,51	62,17	26,86
Sb	0,90	—	15,38	—	—
S	13,63	19,20	18,81	18,28	27,76
	100,49*)	96,50*)	100,20	98,76	100,00

19. Bleiglanz von Uskela, Finnland; anal. L. H. Borgström, Geol. För. Förh. **32**, 1525 (1911). *) Inkl. 1,78% Gangart.

20. Zuckerkörnige, bleiglanzähnliche Aggregate (Huascolith) von Ingahuas, Huasco, Chile; anal. J. Domeyko, Min. 1860, 168; 1879, 325. *) Inkl. 3,10% Gangart.

21. Blättriges Vorkommen mit Eisenspat, Kupferkies, Blende, Fahlerz, Quarz und Kalkspath, Grube Pilar, Illimani, Bolivien; anal. Ph. Kroeber bei D. Forbes, N. JB. Min. etc. 1865, 481; Bg.- u. hütt. Z. **23**, 131 (1864).

22. Stahlgraue Gruppen kleiner Kristalle [PbS . ZnS(?)] von Tuctu, Distr. Yauli, Peru; anal. L. Pflücker y Ryco, An. Esc. Minas Peru **3**, 60 (1883).

23. Bläulichgraue dichte Varietät („Huascolith"), Grube Poderosa, Dos de Mayo, Peru; anal. A. Raimondi, Min. Pérou 1878, 202.

	24.	25.	26.	27.	28.
δ	4,36	—	—	—	7,42
Ag	1,82	2,30	—	0,72	0,02
Zn	—	33,70	4,97	1,08	0,15
Fe	0,51	—	0,67	0,29	0,04
Pb	61,98	28,30	78,47	72,19	85,43
Sb	3,80	2,30	—	0,85	
Bi	—	—	—	—	0,11
S	31,79*)	22,10	15,07	11,43	13,09
	99,90	98,10*)	99,18	99,17*)	98,84

24. Sehr feinkörnige bis dichte Masse, schwärzlichgrau ins Blaue oder Violette, beinahe ohne Metallglanz, zerbrechlich; Gr. Carmen, Pasacanchagebirge, Pomabamba, Peru; anal. A. Raimondi, wie oben 153. *) 20,21% in CS_2 löslich.

25. Innig mit Blende gemengte Varietät von Quespisiza, Huancavélica, Peru; anal. Cobo u. Garday bei J. Domeyko, Min. 1879, 326.

26. Würfel mit deutlicher Lamellarstruktur nach (111) von Bingham am Salt Lake, Utah, U.S.A.; anal. E. G. T. Hartley bei H. A. Miers, Min. Soc. London **12**, 112 (1890); Zinkgehalt nicht durch Beimengung von Blende bedingt?

27. Grobkörnige, scheinbar frische Aggregate, wegen freien Schwefels in der Flamme brennend, von Ruecau Claim, Brit. Columb., Canada; anal. R. A. A. Johnston bei G. Chr. Hoffmann, Ann. Rep. Geol. Surv. Canada **7**, R 11 (1896). *) 3,95% S in CS_2 löslich.

28. Bi-haltige Bleiglanzkristalle von Rosas (Sulcis), Sardinien; $\delta_{19,1^\circ} = 7,42$; anal. C. Rimatori, Atti R. Accad. Lincei. Rend. **12**, 263 (1903); Z. Kryst. **41**, 252 (1906). Andere Proben ergaben 0,25 und 0,17% Bi. Der geringe Zn- und Fe-Gehalt ist wahrscheinlich durch kleine Beimengungen von Blende bedingt.

	29.	30.	31.	32.	33.	34.	35.
δ	7,532–7,557	—	—	—	7,50	—	—
Cu_2S	—	0,15	—	0,41	—	—	—
Ag_2S	—	[0,09]	—	0,04	—	—	—
PbS	95,85	96,14	76,48	71,19	98,03	96,45	95,5
FeS	0,54	0,30	2,10	—	—	—	3,2
FeS_2	—	—	—	1,00	—	—	—
As_2S_3	—	—	9,25	—	—	—	—
Sb_2S_3	0,30	1,99	0,77	—	—	—	2,5
Bi_2S_3	—	—	—	—	1,97	—	
ZnS	[3,34]		[11,38]	12,76	—	3,55	Spur
SiO_2	—	0,53	—	8,14	—	—	—
$CaCO_3$	—	0,01	—	1,43	—	—	—
$MgCO_3$	—	—	—	1,74	—	—	—
Fe_2O_3	—	—	—	1,04	—	—	—
Al_2O_3	—	—	—	1,62	—	—	—
	100,03	99,21	99,98	99,37	100,00	100,00	101,2

29. Bockswiese, Harz. Im Analysenmaterial Zinkblende eingesprengt. Anal. C. F. Rammelsberg, Handb. Min. Chem. 4. Suppl. 24 (1849).

30. Sehr reiner derber Bleiglanz von „Herzog August“, Claustal, Harz; anal. Bruel u. Bodemann bei B. Kerl, Oberharzer Hüttenprozesse, Clausthal 1860, 17. — O. Luedecke, Min. d. Harz., Berlin 1896, 27.

31. Přibram, Böhmen; anal. R. Schwarz bei A. E. Reuss, Sitzber. Wiener Ak. **25**, 561 (1857).

32. Derbe Massen (Bleischweif) mit Einschlüssen von weißem Kalkspat in Karbonschiefer von Koprein b. Kappel, Kärnten; anal. k. k. Probieramt b. A. Brunlechner, Min. Kärnt. 1884, 40.

33. Habachtal, Salzburg; anal. Ph. Weselsky bei V. v. Zepharovich, Z. Kryst. **1**, 156 (1877).

34. Blättriger, zinkhaltiger Bleiglanz, Monte Arco, Elba; anal. E. Manasse, Atti Soc. Tosc. die Scienze Nat. Mem. **28**, 118 (1912); Z. Kryst. **55**, 315 (1915).

35. Ofenbruch, Frankenschaarner Hütte; anal. E. Metzger, Bg.- u. hütt. Z. **12**, 238, 253 (1853).

Das Mineral enthält häufig Beimengungen von Eisen, Zink, Antimon und Silber, weniger oft von Kupfer, gelegentlich solche von Wismut, Arsen, Kadmium, Selen, Tellur, Mangan und Gold; in einem Vorkommen des französischen Departements Charente soll auch Platin gefunden worden sein.[1])

A. de Gramont[2]) untersuchte das Funkenspektrum von Bleiglanz, der leicht ein gutes Spektrum mit den glänzenden breiten Linien des Bleis und den feinen scharfen des Schwefels liefert. Die Linien des Schwefels werden im Violett durch die Linien des Eisens überlagert. Die meisten Vorkommen geben Zinklinien und zwar besonders gut

$Zn_\beta(\lambda = 636{,}0\ \mu\mu)$; $Zn_\alpha(\lambda = 480{,}9\ \mu\mu)$; $Zn_\gamma(\lambda = 472{,}2\ \mu\mu)$; $Zn_\delta(\lambda = 467{,}9\ \mu\mu)$.

Manche Bleiglanze geben die Linien des Antimons; ein wenn auch minimaler Silbergehalt läßt sich ebenfalls spektroskopisch erkennen: in Proben von St. Léger (Savoie) mit ungefähr 0,002 °/₀ Ag und in solchen von Alloue (Charente) mit 0,0004 °/₀ Ag fand A. de Gramont noch die Linien $Ag_\alpha(\lambda = 546{,}4\ \mu\mu)$ und $Ag_\beta(\lambda = 520{,}9\ \mu\mu)$.

Die nach dem spektroskopischen wie analytischen Befunde als fast ständige Begleiter des Bleiglanzes auftretenden Elemente, besonders Silber, Eisen, Zink und Antimon, sind wahrscheinlich als Sulfide infolge gleichzeitiger Fällung beigemengt (Silber und Gold kommen auch in gediegenem Zustande als Einschlüsse vor). Da der analytischen Untersuchung nie eine mikroskopisch-metallographische Untersuchung vorausgegangen ist, läßt sich aus den angeführten Daten nichts hierüber ersehen (vgl. Chalkographische Untersuchung S. 12).

Einige Temperatur-Konzentrationsdiagramme von Bleiglanz mit anderen Sulfiden sind ausgearbeitet worden und können über die Frage bis zu einem gewissen Grade Auskunft geben. So untersuchte K. Friedrich die Systeme PbS—ZnS,[3]) PbS—Ag_2S,[4]) PbS—FeS,[5]) PbS—Cu_2S.[6])

PbS—ZnS. Die Analysen weisen zum Teil einen beträchtlichen Zinkgehalt auf, der zuweilen wohl durch beigemengte Zinkblende bedingt ist. Indessen findet man auch Angaben über Verbindungen beider Sulfide. So nach

---

[1]) E. S. Dana, Min. 1909, 49.
[2]) A. de Gramont, Bull. soc. min. **18**, 233 (1895).
[3]) K. Friedrich, Metall. **5**, 116 (1908).
[4]) K. Friedrich, wie oben **4**, 484 (1907).
[5]) K. Friedrich, wie oben **4**, 482 (1907).
[6]) K. Friedrich, wie oben **4**, 671 (1907).

J. D. Dana[1]), der ein von J. Domeyko[2]) untersuchtes, scheinbar homogenes, zuckerkörnigem Bleiglanz ähnliches Aggregat mit 25,6 % Zn (Anal. 20) Huascolith nannte in der Annahme, etwa eine Verbindung $2PbS.3ZnS$ vor sich zu haben. Bereits A. Kenngott[3]) erklärte das Mineral als ein inniges Gemenge von Bleiglanz und Zinkblende. W. F. Petterd[4]) fand in der Nachbarschaft des Mount Reid auf der Hercules-Mine, Tasmanien, Huascolithmassen mit 35 % Zn, 20 % Pb, Ag- und Au-haltig. Analyse 23 (bläulichgrauer dichter Huascolith von Dos de Mayo, Peru) gibt 44,50 % Zn, hinsichtlich des Vorkommens von Quespisiza, Dep. Huancavélica, Peru (Anal. 25) erwähnt J. Domeyko[5]) selbst eine innige Vermischung mit Blende. Die thermische Analyse bestätigt diese Auffassung. Schmelzen aus Bleiglanz (Grube Beihilfe, Halsbrücke b. Freiberg i. S. mit 87,1 % Pb, 12,9 % S, 0,01 % Ag) und Zinkblende (Picos de Europa mit 66,39 % Zn, 33,26 % S, 0,30 % Fe) ergaben nach K. Friedrich das Temperatur-Konzentrationsdiagramm Fig. 33. Die Untersuchung wurde bis 40 % ZnS ausgedehnt, da schwefelreichere Legierungen leicht verdampfen. Unterkühlungen machten sich nicht bemerklich. Nach den Daten liegt ein einfacher Erstarrungstypus mit eutektischem Punkt bei etwa 6 % ZnS und 1045° C. Bei 2 % ZnS konnte thermisch noch die eutektische Kristallisation erkannt werden; ab primäre Kristallisation von praktisch reinem PbS, bF primäre Kristallisation von vermutlich ziemlich reinem ZnS.

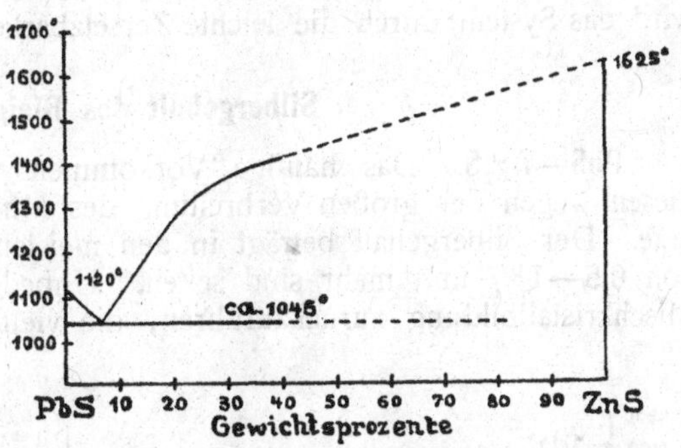

Fig. 33. Schmelzdiagramm Bleiglanz-Zinkblende.

Die mikrographische Untersuchung steht mit dem thermischen Ergebnis im Einklange. Die Ätzung erfolgte innerhalb $^1/_2$—1 Minute mit konzentrierter kochender Schwefelsäure, wobei ZnS grau erschien, während PbS weiß blieb. Wenn sich diese Untersuchung auch auf schmelzflüssige Gebilde bezieht, so liegt doch die Wahrscheinlichkeit nahe, daß aus wäßrigen Lösungen ebenfalls nur Gemenge von Bleiglanz und Zinkblende erhalten werden.

Das Vorkommen von Tektu, Distrikt Yauli in Tarma (Peru) — Gruppen kleiner stahlgrauer Kristalle ($\delta = 6{,}46$—$6{,}57$), die teils dreiseitig tafelförmig sind, teils die Kombination (100).(111) zeigen (Anal. 22), und für welche L. Pflücker die Formel $PbS.ZnS$ eines neuen Minerals ableitete — dürfte wohl auch unter obigen Gesichtspunkten zu betrachten sein.

„Kilmacooit («argentiferous galenitic blende», lokal «bluestone») ist eine harte stahlgraue, feinzuckerkörnige, dem Huascolith ähnliche Substanz aus den Distrikten Kilmacoo und East Ovoca, Wicklow Co. (Irland) und von Anglesey.

---

1) J. D. Dana, Min. 1868, 42; vgl. 1909, 51.
2) J. Domeyko, Min. 1860, 168; 1879, 324.
3) A. Kenngott, Übers. min. Forsch. 1862—65, 304.
4) W. F. Petterd; Min. Tasm. 1896, 37, 51. — C. Hintze, Z. Kryst. **31**, 199 (1899).
5) J. Domeyko, Min. 1879, 325.

Sie besitzt nach C. R. C. Tichborne[1]) die Zusammensetzung 37,68 ZnS, 29,07 PbS, 0,275 Ag_2S; $\delta = 4{,}736$ und ist ebenfalls als ein Gemenge von Bleiglanz und Zinkblende aufzufassen.«

PbS—FeS. Wenn der häufig gefundene Eisengehalt von Magnetkies herrühren sollte, so würden vermutlich Gemenge vorliegen, denn das Zustandsdiagramm dieses Stoffpaares wird nach K. Friedrich gebildet aus zwei von den Erstarrungstemperaturen der Endglieder 1114° C (PbS) und 1187° C (FeS) ausgehenden Kurvenstücken, die sich bei etwa 830° C und einer Konzentration von etwa 70% PbS und 30% FeS schneiden und der durch diesen Schnittpunkt laufenden zugehörigen eutektischen Geraden, die sich bis zu den Temperaturachsen hin ausdehnt. Da indes die bei FeS vorkommende Umwandlung nicht berücksichtigt ist, haben diese Feststellungen nur geringen Wert für die natürlichen Mineralien. Beim Ätzen mit verdünnter Schwefelsäure bleibt der bleireiche Bestandteil rein weiß, der eisenreiche wird gelblich. Kompliziert und dadurch manchmal in der Deutung der Vorgänge schwierig wird das System durch die leichte Zersetzbarkeit von FeS in der Schmelzhitze.

Silbergehalt des Bleiglanzes.

PbS—Ag_2S. Das häufige Vorkommen von Silber im Bleiglanz macht diesen wegen der großen Verbreitung des Minerals zu einem wichtigen Silbererze. Der Silbergehalt beträgt in den meisten Fällen 0,01—0,03%, Beträge von 0,5—1% und mehr sind selten. Unbedeutender Ag-Gehalt ist wohl auf Mischkristallbildung zurückzuführen, die vielleicht bei höheren Temperaturen beträchtlicher, bei tieferen Temperaturen unter 175° C (Umwandlung von regulärem Ag_2S in rhombisches Ag_2S) gering ist. Das von K. Friedrich aufgestellte Zustandsdiagramm gibt für die Kristallisationstemperaturen in Abhängigkeit von der Konzentration das Bild der Fig. 34. Durch Zusatz von freiem Schwefel zu den Schmelzen wurde verhindert, daß die Verdampfung größere Fehlerquellen verursacht. Die bei der eutektischen Kristallisation 630° C auftretende Wärmetönung ist gering, so daß mit Sicherheit nur die Punkte in der Nähe der eutektischen Konzentration bei 77% Ag_2S beobachtet werden konnten. Jedoch reicht wohl die eutektische Horizontale *de* bis nahe an die Temperaturachsen heran, denn Legierungen mit 5% Ag_2S bzw. PbS zeigten u. d. M. noch deutliche Differenzierung im Gefüge. Bei 2% Ag_2S war aber dieser Nachweis für das Vorhandensein von heterogenen Bestandteilen mit Sicherheit nicht zu erbringen. Die Schliffe wurden mit einer kalten schwachen

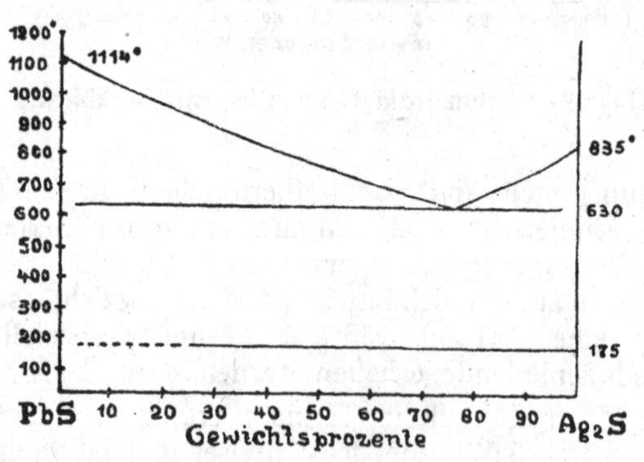

Fig. 34. Schmelzdiagramm Bleiglanz-Schwefelsilber.

[1]) C. R. C. Tichborne, Proc. Roy. Dubl. Soc. **4**, 300 (1885).

Lösung von Jod in Jodkalium geätzt. Die Silberglanzkristalle färbten sich hierbei dunkel, während die Bleiglanzkristalle rein weiß blieben. Über den Einfluß der bei 175° C in dem Gemenge auftretenden Umwandlung des Ag_2S auf die Grenzen der Mischfähigkeit ist auf der Bleiseite nichts Näheres erforscht; vermutlich wird die Mischkristallbildung eine beschränktere, so daß demnach aus wäßrigen Lösungen Produkte mit sehr geringem Ag-Gehalt zu erwarten sind.

Kupferbleiglanz (Cuproplumbit).

PbS—Cu_2S. Mit letzterem Namen bezeichnete A. Breithaupt[1]) metallisch glänzende schwärzlichbleigraue Massen mit schwarzem Strich, die nach dem Würfel weniger gut spaltbar sind als reiner Bleiglanz: H. = 2—3, δ = 6,408—6,428.[2]) Die Substanz schmilzt vor dem Lötrohr im offenen Glasrohre unter Aufwallen und Entwicklung von schwefliger Säure, liefert auf Kohle Bleibeschlag und mit Soda ein Metallkorn, das etwas härter als reines Blei ist. In diesem läßt sich Kupfer und gewöhnlich ein wenig Silber nachweisen. Analyse 1 entspricht der Formel $Cu_2S . 2PbS$.

J. Domeyko[3]) charakterisiert „Galena cobriza" von Catemo (Aconcagua) als teils blättrig wie reiner Bleiglanz, nur schwärzlich und wenig glänzend, als ob Kupferglanz zwischen den Lamellen eingemengt wäre, teils mehr zuckerkörnig, glänzend mit schillernden Punkten, wie von Buntkupfererz (nach C. Hintze).

Der **Alisonit** von Coquimbo (Chile) ist nach F. Field[4]) feinkörnig bis dicht, metallisch glänzend und eisengrau (Anlauffarbe dunkel ingoblau); H. = 2—3, δ = 6,10. Chem. Zusammensetzung nach Analyse 2 etwa: $3Cu_2S . PbS$.

Analysen von Kupferbleiglanz (nach C. Hintze).[5])

	1.	2.	3.	4.	5.	6.	7.	8.
δ . .	{6,408— 6,428	6,10	6,10	6,17	5,43	—	5,545	—
Cu . .	19,50	53,63	53,28	44,52	61,32	69,42	51,33	49,73
Ag . .	0,50	—	—	0,11	—	0,07	2,16	—
Fe . .	—	—	—	0,79	—	0,71	Spur	13,41
Pb . .	64,90	28,25	28,81	35,87	18,97	9,58	31,15	18,47
Sb . .	—	—	—	0,62	—	—	—	—
S . .	15,10	17,00	17,69	17,54	17,77	18,95	15,23	18,43
SiO_2 .	—	—	—	0,25	1,58	0,42	—	—
	100,00	99,88	99,78	99,70	99,64	99,15	99,87	100,04

1. Cuproplumbit, Chile; anal. C. F. Plattner bei A. Breithaupt, Pogg. Ann. **61**, 671 (1844).

2. u. 3. Alisonit, Coquimbo, Chile; anal. F. Field, Am. Journ. **27**, 387 (1859); Journ. chem. Soc. **14**, 160 (1860).

4. Alisonitähnliches Material, dunkelgrau, derb, faserig bis blätterig von Val Godemar, Dép. Hautes-Alpes, Frankreich; anal. A. Lodin, Bull. soc. min. **6**, 179 (1883).

---

[1]) A. Breithaupt, Pogg. Ann. **61**, 672 (1844).

[2]) M. Adam, Tableau min. Paris (1869) bevorzugte die Form Plumbocuprit.

[3]) J. Domeyko, Min. 1879, 215, 324.

[4]) F. Field, Am. Journ. **27**, 387 (1859).

[5]) C. Hintze, Hdb. Min. 1904, I, 514.

5. Cuproplumbit, „amorph", halbmetallisch glänzend, blaugrauschwarz von Butte City, Montana, U.S.A.; anal. J. T. De Bell bei E. P. Dunnington, Am. Journ. Chem. Soc. **14**, 620 (1892); Z. Kryst. **23**, 504 (1894).

6. Plumbocuprit, Derwissche Grube, Prov. Semipalatinsk, West-Sibirien; anal. J. A. Antipow, Verh. russ. min. Ges. **28**, 527 (1891); Z. Kryst. **23**, 276 (1894).

7. Künstlicher Alisonit (Hüttenprodukt), schwarze, gerundete und kavernöse oktaedrische Kristalle, Boston a. Colorado, Smelting Co., Argo i. Colorado, U. S. W.; anal. F. A. Genth, Am. Phil. Soc. (1882); Z. Kryst. **9**, 89 (1884).

8. Bildung in den Bleiöfen von Mechernich, Eifel (taflige Oktaeder-Zwillinge; anal. A. Brand, Z. Kryst. **17**, 264 (1890). Kristalle einer zweiten Stufe enthielten 49,93 Cu, 18,16 Pb. 18,44 S.

O. Dammer[1]) führt außerdem noch eine Reihe binärer Verbindungen an:

$$9Cu_2S.2PbS;\quad 3Cu_2S.PbS;\quad 9Cu_2S.5PbS;\quad 3Cu_2S.2PbS.$$

Es ergibt sich jedoch aus den Untersuchungen K. Friedrichs,[2]) daß aus Schmelzfluß Verbindungen nicht auftreten können. Das Temperatur-Konzentrationsdiagramm von PbS (mit 87,1 % Pb) und Cu_2S (mit 79,6 % Cu) setzt sich zusammen aus den Ästen *a b* und *c b* der primären Kristallisationen von praktisch reinem PbS und reinem, regulär kristallisierenden Cu_2S. Bei 540° läuft eine eutektische Gerade. Auch die mikroskopische Untersuchung der mit jodhaltiger Jodkaliumlösung geätzten Schliffe steht damit im Einklang. PbS blieb hell, während Cu_2S dunkel gefärbt wurde. Die bei etwa 100° C erfolgende Zustandsänderung ist in den Untersuchungen nicht berücksichtigt worden. Es wäre zu prüfen, ob hierdurch eine Mischfähigkeit bedingt ist oder nicht.

Bei den Untersuchungen von F. M. Jaeger und H. S. van Klooster[3]) über das System **$PbS—Sb_2S_3$** wurde die richtige Deutung der Effekte durch auftretende Unterkühlungen und die besondere Form des Schmelzdiagramms ungünstig beeinflußt. Es zeigte sich deutlich die Ausscheidung zweier beim Schmelzpunkt unstabiler Verbindungen: $5PbS + 4Sb_2S_3$ (Plagionit) und $2PbS + Sb_2S_3$ (Jamesonit), deren Übergangstemperaturen bei 570° und 609° C liegen. Beim Plagionit konnte einigemal ein auf eine weitere Transformation im festen Zustande hinweisender schwacher Effekt bei 523° C beobachtet werden. Es ist jedoch keine Andeutung einer dem Zinckenit ($PbS.Sb_2S_3$) entsprechenden Verbindung vorhanden, weil die Temperatur von 523 % C dann wohl in ausgeprägtester Weise beim 50 %-Gemisch zu erwarten wäre, während anderseits die Ergebnisse der mikrographischen Prüfung wohl die Ausscheidung von Jamesonit und Plagionit, nicht aber die von $PbS.Sb_2S_3$ bestätigen. Bei 523° C ist vielmehr eine Umwandlung von α-Plagionit in eine nicht weiter definierbare β-Form anzunehmen.

Die Angaben F. Fournets,[4]) nach welchen Zinckenit durch Zusammenschmelzen von PbS und Sb_2S_3 und teilweise Verdampfung des PbS entstehen soll, erscheinen demnach zweifelhaft.

Chemische Eigenschaften.

Löslichkeit. Von verdünnter Salpetersäure wird Bleiglanz unter Bildung von Bleinitrat und Abscheidung von freiem Schwefel, von konzentrierter HNO_3

[1]) O. Dammer, Hdb. anorg. Chem. II [2], 682 (1894).

[2]) K. Friedrich, a. a. O.

[3]) F. M. Jaeger u. H. S. van Klooster, Z. anorg. Chem. **78**, 258 (1912); vgl. K. Wagemann, Metallurgie **9**, 518 (1912).

[4]) F. Fournet, Journ. prakt. Chem. **2**, 129, 255, 478 (1834); Ann. chim. phys. 1834, 412.

unter Ausscheidung von Bleisulfat und S gelöst; in der Lösung fällt Salzsäure weißes, in heißem Wasser lösliches Chlorblei. Konzentrierte oder heiße Salzsäure löst ihn unter Entwicklung von Schwefelwasserstoff zu Bleichlorid, durch Gegenwart von Zink wird die Löslichkeit in HCl wesentlich erhöht.[1]) Auch Erze, die außer Bleiglanz viel Kupfer enthalten, werden durch Kochen in Salzsäure vollständig aufgeschlossen.[2]) Hinsichtlich der Auflösungsgeschwindigkeit von Bleiglanz in verdünnter Schwefelsäure fand F. Rosenkränzer,[3]) daß sowohl die entwickelte H_2S-Menge der Reaktionsdauer „direkt proportional" ist (die Reaktionsgeschwindigkeit also bis zum Ende des Versuches konstant bleibt) als auch die Zersetzung der Schwefelsäurekonzentration. Frisch gefälltes Bleisulfid verdrängt aus Kupfer- und Silbersalzen die Metalle. Auflösung erfolgt auch durch Erwärmen mit Chlorzink auf 200° C, mit einem Überschuß liefert es $PbS.ZnCl_2$. Quecksilberchlorid soll $3PbS.4HgCl_2$ geben. Zitronensäure entwickelt bereits in der Kälte mit PbS Schwefelwasserstoff.[4]) Nach E. F. Smith[5]) wird Bleiglanz von Schwefelmonochlorid bei 250° C aufgelöst. Schmelzen von Alkalikarbonat führen ihn in Bleisulfat über.

Daß geschlämmtes Bleiglanzpulver von Wasser angegriffen wird, wurde von C. Doelter[7]) nachgewiesen; er setzte das Material 30 Tage lang (die Versuche wurden nachts unterbrochen) im geschlossenen Rohre bei 80° der Einwirkung von destilliertem Wasser aus und fand, daß sich nach dieser Zeit 1,79% PbS gelöst hatte. Mit Schwefelnatrium waren unter denselben Versuchsbedingungen 2,3% unter Neubildung würfelförmiger Bleiglanzkriställchen in Lösung gegangen. O. Weigel[7]) ermittelte für die Löslichkeit in Wasser bei 70° folgende Werte:

Bleiglanz (Freiberg) }
„ (künstlich) } $= 1,21 \times 10^{-6}$ Mol in Liter,
„ (durch Umwandlung von gefälltem PbS) $= 1,18 \times 10^{-6}$ Mol im Liter,
„ (gefällt) $= 3,60 \times 10^{-6}$ Mol in Liter.

Gute Ätzfiguren können nach F. Becke[8]) mit verdünnter Salzsäure (1 : 1) bei 90° C in 3—5 Minuten erhalten werden; mit 12—15 prozentiger Säure bilden sich deutliche Figuren erst nach 3—4 stündiger Einwirkung.

Auf manchen Bleiglanzstufen erscheinen an den Kristallen die Würfelflächen mit einem blauen, die Oktaederflächen mit einem gelben Überzug versehen. Dies beruht darauf, daß Bleiglanz sich auf {111} schneller anfärbt als auf {100}; der gelbe Überzug auf den {111}-Flächen wäre demnach ein weiter fortgeschrittenes Stadium des Anlaufens.[9]) Ausgedehnte Färbeversuche stellte J. Lemberg[10]) an. Beim Behandeln mit alkalischer Bromlauge bedeckt das Mineral sich mit hellgelbem bis braunem Oxydbromid und Superoxyd, welche sich mit alkoholischer Jodwasserstoffsäure in gelbes Bleijodid umwandeln. Ein-

---

[1]) F. H. Storer u. F. Mohr bei C. R. Fresenius, Z. analyt. Chem. 1873, 142.
[2]) C. F. Rammelsberg, Ber. Dtsch. Chem. Ges. 1874, 544.
[3]) F. Rosenkränzer, Z. anorg. Chem. **87**, 319 (1914).
[4]) Nach O. Dammer, Hdb. anorg. Chem. **2** [2], 548 (1894).
[5]) E. F. Smith, Journ. Am. Chem. Soc. **20**, 289 (1898).
[6]) C. Doelter, Tsch. min. Mit. **11**, 319 (1890).
[7]) O. Weigel, Z. f. phys. Chem. **58**, 293 (1907).
[8]) F. Becke, Tsch. min. Mit. N. F. **6**, 237 (1885).
[9]) L. Leo, Die Anlauffarben (Dresden 1911), 17.
[10]) J. Lemberg, Z. Dtsch. geol. Ges. **46**, 793 (1894); vgl. auch über die Bereitungen der Lösungen: **42**, 747 (1890).

lagerungen von Bleiglanz in Fahlerz treten auf diese Weise deutlich hervor.[1]) In Silberlösungen färbt er sich beim Erwärmen auf etwa 60 C dunkelstahlblau; in der Kälte scheidet sich metallisches Silber ab.

Lötrohrverhalten. Er entwickelt im offenen Rohr schweflige Säure und gibt beim stärkeren Erhitzen wenig weißes Sublimat von Bleisulfat, das sich mit der Lötrohrflamme verflüchtigen läßt. Mit Kupferoxyd geglüht, liefert er SO_2, Cu und eine Schlacke von Cu_2O und PbO. Die meisten Vorkommen dekrepitieren beim Erhitzen. Auf Kohle schmilzt er schwer, nach der Verflüchtigung des Schwefels bleibt ein Bleikorn zurück. Die Reduktion wird durch Zusatz von Soda wesentlich erleichtert. Neben dem gelben Beschlag von Bleioxyd bildet sich auch ein weißer Beschlag von schwefelsaurem Bleioxyd, der dem Beschlag von Antimonoxyd sehr ähnlich ist. Ein Antimongehalt läßt sich nach C. F. Plattner[2]) auf Kohle sicher nachweisen, indem man die feingepulverte Probe und ein Stückchen Eisendraht mit einem Gemenge von Soda und Borax überdeckt und so lange im Reduktionsfeuer behandelt, bis das zurückbleibende Blei schwefelfrei ist. Erhitzt man nun das antimonhaltige Bleikorn mit etwas Soda mittels der Reduktionsflamme, so bildet sich zuerst ein Beschlag von Sb_2O_3, später ein solcher von PbO. Ersterer verschwindet, wenn man ihn mit der Lötrohrflamme berührt, mit grünlichem Scheine. Bei größerem Antimongehalt ist der gelbe Beschlag von PbO etwas dunkler gefärbt als gewöhnlich. Ein Zinkgehalt läßt sich im Lötrohrbeschlage durch Kobaltsolution nachweisen, Beimengungen von Eisen werden leicht durch die Borax- oder Phosphorsalzperle erkannt, während das Silber im Bleiglanz nach dem bei der quantitativen Silberprobe üblichen Verfahren durch Abtreiben des auf Kohle abgeschiedenen Bleies gefunden wird.

Physikalische Eigenschaften.

Die Dichte schwankt im allgemeinen zwischen 7,4 und 7,6; niedrigere Werte sind nach J. B. Hannay[3]) durch den Umstand zu erklären, daß beim Kochen von Bleiglanz in Wasser kleine Mengen PbS oxydiert werden.

Härte = 2,5.

Kohäsion.

Die Spaltbarkeit des Bleiglanzes nach dem Würfel ist so vollendet, daß beim Zerschlagen eines Kristalls nie eine andere Form des Bruches erkennbar wird. Bei einzelnen Vorkommen wird auch eine oktaedrische Spaltbarkeit angegeben, die gelegentlich zwar noch vollkommener als die hexaedrische sein soll, durch Erhitzen aber verschwindet oder vermindert wird und dann schwierig darzustellen ist. Auch an gewöhnlichem Bleiglanz wurde nach dem Zermalmen im Stahlmörser eine mehr oder weniger oktaedrische (an einigen Proben auch eine scheinbar dodekaedrische) Spaltbarkeit beobachtet.[4]) Vielleicht liegt hier eine Modifikationsänderung vor, die sich röntgenogrammetrisch nachweisen ließe.

Translationsebene ist {100}; Translationsrichtungen parallel und dia-

[1]) Vgl. hierzu: Chalkographische Untersuchung (S. 414).
[2]) C. F. Plattner, Probierk. m. d. Lötr. (Leipz. 1897), 227.
[3]) J. B. Hannay, Ch. N. **67**, 291.
[4]) C. Hintze, Hdb. Min. 1904, II [2], 461.

gonal den Würfelkanten (Näheres bei E. Weiss,[1]) M. Bauer,[2]) O. Mügge[3]) und W. Cross).[4])

Nach O. Mügge[5]) sind alle Bleiglanze geschmeidig, außerdem manche — besonders die dunkleren und schwarzbläulich gefärbten — plastisch.

Optische Eigenschaften. Farbe bleigrau mit rötlichem Stich, der sich besonders durch Vergleichung mit anderen bleigrauen Mineralien erkennen läßt. Sehr dünne Schichten sollen bräunlichgelbes „glänzendes" Licht durchlassen.[6]) Strich dunkelgrau. Lebhafter Metallglanz.

Der Brechungsquotient, von P. Drude[7]) durch Reflexion an Spaltflächen bestimmt, ist für Natriumlicht = 4,300; durch Polieren des Präparats verändert sich der Wert zu 2,96, durch Reinigen mittels Gelatine in 3,313.

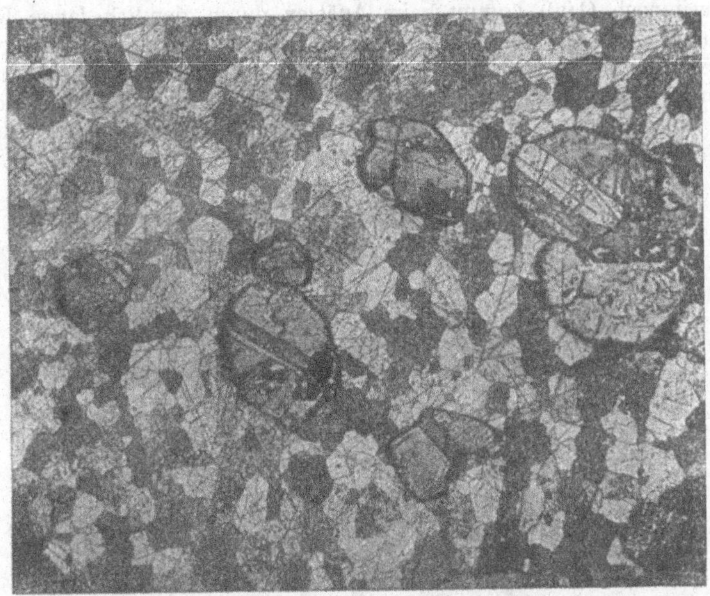

Fig. 35. Polierter Anschliff. Kombinationsätzung mit schwefelsaurer Permanganatlösung für Zinkblende, elektrolytisch geätzt mit HCl für Bleiglanz. Vergr. 80 : 1. Tsumeb-Mine. VII. Sohle-West. Bleiglanz, allotriomorph-körnige Grundmasse, die einzelnen Körner verschieden stark angeätzt. Darin einzelne Körner von Zinkblende mit Zwillingslamellen.

Die entsprechenden Zahlen für den Absorptionsindex sind 0,4000, 0,629 und 0,520. Nach J. Königsberger[8]) ist das Vorkommen von der Inschialp etwas anisotrop.

---

[1]) E. Weiss, Z. Dtsch. geol. Ges. **29**, 208 (1877); Z. Kryst. **3**, 97 (1879).
[2]) M. Bauer, N. JB. Min. etc. 1882, **1**, 138.
[3]) O. Mügge, N. JB. Min. etc. 1898, **1**, 123; 1920, 54.
[4]) W. Cross, Proc. Col. Sc. Soc. **2**, Part 3, 171; Z. Kryst. **17**, 417 (1890).
[5]) O. Mügge, wie oben.
[6]) L. Henry, Ber. Dtsch. Chem. Ges. 1870, 353.
[7]) P. Drude, Ges. Wiss. (Göttingen 1888), 283; Wied. Ann. Phys. **36**, 548 (1889); N. JB. Min. etc. 1890, **1**, 12.
[8]) J. Königsberger, ZB. Min. etc. 1908, 565, 597.

Chalkographische Untersuchung.[1])

Anschliffarbe leuchtend rein weiß (= Normenfarbe), Antimonglanz und Wismutglanz sind im Vergleich zu Bleiglanz gelblich; Reflexionsvermögen sehr stark, bleibt aber hinter dem des Kupferkieses und der gediegenen Metalle zurück. Im polarisierten Licht verhält Bleiglanz sich bei gekreuzten Nicols in allen Lagen gleich, erscheint aber nicht dunkel, sondern wegen starker Entwicklung elliptisch polarisierten Lichtes hellgrau.

Als Ätzmittel liefern HNO_3 und HCl im allgemeinen wenig günstige Resultate, durch elektrolytische Ätzung mit verdünnter HCl (1 : 1) werden jedoch Korngrenzen und Individualstrukturen gut entwickelt. Bei der elektrolytischen Ätzung mit HCl wechselt die Lösungsgeschwindigkeit stark mit der Richtung und scheint parallel den Oktaedernormalen am größten zu sein. Die Spaltbarkeit nach (100) kommt beim Anätzen durch ziemlich lange Risse oft sehr deutlich zum Ausdruck; in ungeätzten Schliffen ist sie zu erkennen durch das Ausspringen von Würfelecken, wodurch auf den Anschliffen dreieckige Vertiefungen entstehen. Zwillingslamellen und Zonarstruktur zeigten sich nicht, dagegen gelegentlich Deformationen durch Gebirgsdruck, jedoch seltener als bei der meist älteren Zinkblende.

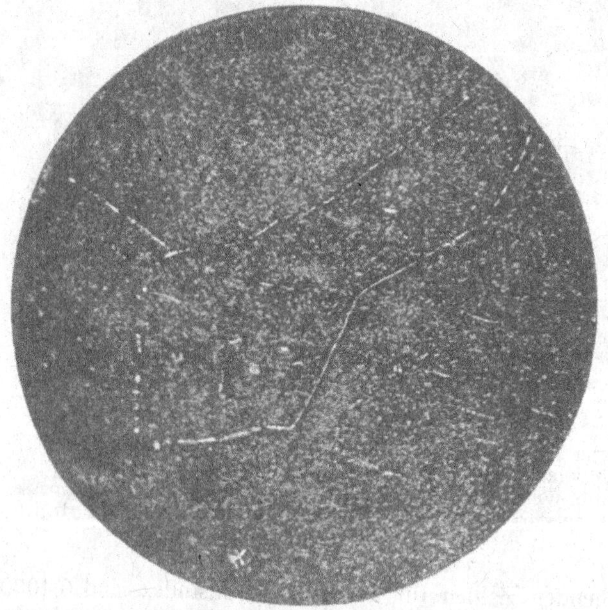

Fig. 36. Polierter Anschliff. Mit HNO_3 1 : 1 geätzt. Vergr. 300 : 1. Grube Hilfe Gottes bei Grund im Harz. Silberglanz (weiße Striche) auf den Korngrenzen des Bleiglanzes (dunkel geätzt) und als dünne Lamellen ihm orientiert eingelagert. Die Silberglanzlamellen bilden die Ursache des primären Silbergehalts des Bleiglanzes, und haben sich in ihm durch Entmischung abgeschieden.

Das Gefüge der dichten und derben Aggregate, das durch die Ätzung sehr schön sichtbar wird, ist stets allotriomorph bei öfters wechselnder Korngröße (Fig. 35).

[1]) Nach H. Schneiderhöhn, l. c. 200–205.

Als charakteristische Einschlüsse, auf welchen der primäre Silbergehalt des Bleiglanzes beruht, fungieren Silberglanz bzw. seltener Silberfahlerz in Form winzigster Tröpfchen und Blättchen. Diese sind teils parallel den Würfelflächen, teils unregelmäßig angeordnet, oder treten perlschnurähnlich an den Korngrenzen auf (Entmischungsstrukturen [Fig. 36 u. 37]). Anders verhalten

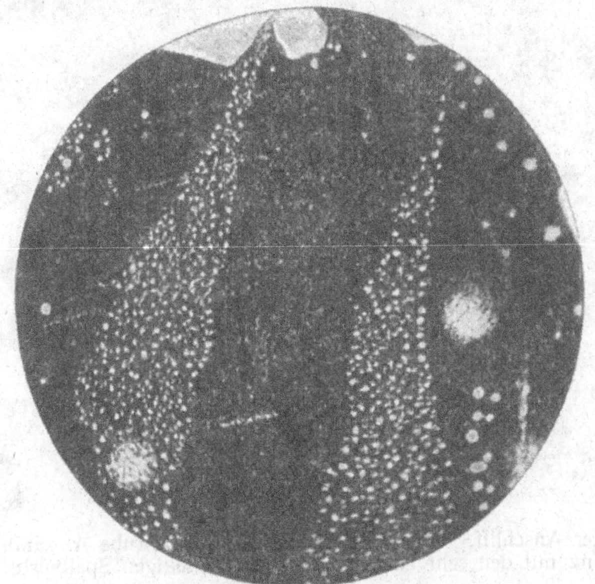

Fig. 37. Polierter Anschliff. Mit HNO_3 1 : 1 geätzt. Vergr. 300 : 1. Grube Hilfe Gottes bei Grund im Harz. Silberglanz in Form weißer Tröpfchen auf einzelnen Zonen des Bleiglanzes (dunkel angeätzt). Sie bilden die Ursache des primären Silbergehalts des Bleiglanzes und haben sich aus ihm durch Entmischung abgeschieden.

sich die sekundären durch Verdrängung von PbS eingewanderten Silbererze, die gewöhnlich als „meist lange breitere Trümchen auf den Spaltflächen des Bleiglanzes, seltener als unregelmäßig begrenzte Flecken von viel größerer Ausdehnung als die Entmischungströpfchen" vorkommen. Die Einschlüsse von Silbererzen lassen sich in polierten Anschliffen kaum erkennen, sie werden erst deutlich sichtbar durch Ätzung mit verdünnter HNO_3 (1 : 1), die den Bleiglanz durch Niederschlag von Schwefel und Bleisulfat schwarz färbt, wohingegen Silberglanz hellglänzend bleibt.

Ähnliche Beobachtungen machte F. N. Guild.[1]) Er stellte fest, daß bei rein aszendent entstandenen Erzen Silber in Form feinster Tröpfchen von Silberglanz oder Freibergit im Bleiglanz enthalten ist und daß daneben auch Polybasit, Stephanit und Rotgiltigerze den Silbergehalt dieser aszendenten Erze und zwar stets in dieser typischen Tröpfchenform bedingen, die von der deszendenten Zementationsstruktur sich wesentlich unterscheidet. Aus den Untersuchungen aszendenter Erze folgert er, daß keine isomorphen Mischungen von Bleiglanz mit Silbererzen vorhanden sind. Bis zu einem Gehalt des

[1]) F. N. Guild, Econ. Geol. **12**, 297 (1917).

reinen Bleiglanzes von 0,1 % Ag sind nur submikroskopische Partikel vorhanden, bei höheren Gehalten werden die Tröpfchen der Silbererze größer.

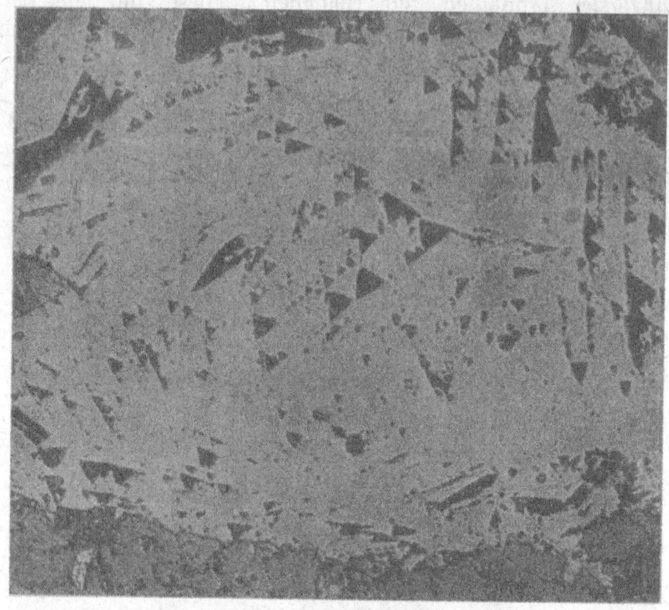

Fig. 38. Polierter Anschliff. Ungeätzt. Vergr. 45 : 1. Grube Alexandra bei Goslar. Bleiglanz mit den sehr charakteristischen dreiseitigen Spaltausbrüchen.

Erkennungs- und Unterscheidungsmerkmale für Bleiglanz sind neben seiner leuchtendweißen Farbe, geringen Härte und guten Polierfähigkeit die charakteristischen dreieckigen „Spaltausbrüche" (Fig. 38).

Elektrische Eigenschaften.

Bleiglanz leitet die Elektrizität sowohl bei gewöhnlicher wie bei erhöhter Temperatur.[1]) Th. du Moncel[2]) beobachtete, indem er dünne Kristallplatten zwischen Platinbleche klemmte, daß PbS ohne Polarisationserscheinung leitet. Von O. Weigel[3]) liegen ausführliche Untersuchungen über die unipolare Leitfähigkeit vor, welche er auf Elektrolyse der in den Poren des Minerals enthaltenen Flüssigkeit zurückführt. Beim Bleischweif von Clausthal und Bleiglanz von Freiberg (Sachsen) traten kräftige Polarisationsströme auf. Er folgert aus seinen Versuchen, daß der Bleiglanz schwammartig struiert sei und daß die mit Wasser erfüllten Poren miteinander in Verbindungen stehen. W. Mönch[4]) untersuchte die Leitfähigkeit von Bleiglanzzylindern, die er aus zusammengepreßtem Pulver hergestellt hatte und fand, daß eine aus Kupfer und Zink mit Bleiglanz als festem Elektrolyten zusammengesetzte Stelle keinen

[1]) C. Doelter, Sitzber. Wiener Ak. **109**, 49 (1910). — Vgl. J. W. Hittorf, Pogg. Ann. **84**, 1 (1851). — F. Braun, Pogg. Ann. **153**, 556 (1874); Wied. Ann. Phys. **1**, 95 (1877); **4**, 476 (1878); **19**, 340 (1883).

[2]) Th. du Moncel, Ann. chim. phys. **10**, 194, 459 (1877).

[3]) O. Weigel, N. JB. Min. etc. Beil.-Bd. **21**, 325 (1905).

[4]) W. Mönch, N. JB. Min. etc. Beil.-Bd. **20**, 365 (1905).

Strom liefert. An Zylindern, die bei einem Druck von 10000 Atm. aus PbS-Pulver entstanden waren, ermittelte F. Streintz[1]) bei niedriger Temperatur eine Phase schlechter, bei höherer (über 300° C) eine solche guter Leitfähigkeit (Dimorphie?). Zugleich stellte er das Fehlen von Polarisationsströmen fest und fand, daß unter Luftabschluß geschmolzenes PbS bereits bei Zimmertemperatur gut leitet.

J. Guinchant[2]) und E. van Aubel[3]) untersuchten geschmolzenen Bleiglanz.

Der Widerstand nimmt nach F. Beijerinck[4]) mit steigender Temperatur ab und zwar mehr bei niederen als bei höheren Temperaturen. J. Bernefeld[5]) bestätigte die Braunschen Beobachtungen am Bleiglanz, nach welchen, wie bei unipolaren Leitern, der Widerstand von der Dauer, Intensität und Richtung des Stromes abhängt. Einen Polarisationsstrom konnte er selbst dann nicht feststellen, wenn ein Strom von 1 Amp. 20 Stunden lang durch eine PbS-Platte geflossen war, im Gegensatz zu F. Braun, der an verschiedenen Proben natürlichen Bleiglanzes deutlich Unipolarität erkannte (an geschmolzenem weniger).

Bleiglanz wird Eisenkies gegenüber, wenn man beide in Seewasser eintaucht, elektromotorisch wirksam, wobei FeS_2 den positiven, PbS den negativen Teil bildet (W. Skey).[6])

Gegen Kupfer verhält er sich teils positiv, teils negativ thermoelektrisch (J. Stefan).[7]) A. Schrauf und J. D. Dana[8]) fanden körnigen Bleiglanz von Sardinien ($\delta = 7{,}428$) positiv, kristallisierten vom Harz, von Přibram ($\delta = 7{,}575$) und aus England dagegen negativ.

Thermische Eigenschaften.

Die **spezifische Wärme** bestimmte V. Regnault[9]) nach der Mischungsmethode zu 0,05086 für die Temperaturen zwischen 98° und 12—19°. H. Kopp[10]) fand für ein Spaltstück vom Harz zwischen 16° und 49° 0,0490 ± 0,0005. J. Joly[11]) erhielt nach der Kondensationsmethode als mittlere Werte zwischen Θ_1 und Θ_2:

Untersuchungsmaterial	δ	c	Θ_1	Θ_2
4 gut ausgebildete Würfel mit Oktaedern	7,323	0,0505	13,2	100
dichte körnige Bruchstücke	7,562	0,0492	13,2	100
Bruchstücke (3 Versuche)	7,365	0,0522	ca. 10,9	100

[1]) F. Streintz, Wied. Ann. Phys. **3**, 1 (1900); **9**, 854 (1902); Phys. Zeitschr. **4**, 106 (1903).
[2]) J. Guinchant, C. R. **134**, 1224 (1902).
[3]) E. van Aubel, C. R. **135**, 734 (1902).
[4]) F. Beijerinck, N. JB. Min. etc. Beil.-Bd. **11**, 439 (1897). Vgl. H. Buff, Ann. d. Chem. **102**, 883 (1857).
[5]) J. Bernefeld, Z. f. phys. Chem. **25**, 46 (1898).
[6]) W. Skey, Ch. N. **23**, 255 (1871).
[7]) J. Stefan, Sitzber. Wiener Ak. **51**, 260 (1865); Pogg. Ann. **124**, 632 (1865).
[8]) A. Schrauf u. J. D. Dana, Sitzber. Wiener Ak. **69**, 155 (1874).
[9]) V. Regnault, Ann. chim. phys. Sér. III., **1**, 129 (1841).
[10]) H. Kopp, Ann. d. Chem. 3. Suppl. (1865), 1864.
[11]) J. Joly, Proc. Roy. Soc. **41**, 250 (1887).

G. Lindner[1]) untersuchte Bleiglanz (ohne nähere Fundortangabe) im Eiscalorimeter nach R. Bunsen bei verschiedenen Temperaturen mit dem Ergebnis, daß die mittlere spezifische Wärme mit steigender Temperatur zunimmt:

Θ_1	Θ_2	c	Θ_1	Θ_2	c
0	100	0,04658	0	300	0,04784
0	200	0,04720	0	350	0,04811

K. Bornemann und O. Hengstenberg[2]) geben für die mittleren spezifischen Wärmen die Werte: 0—100° $c = 0{,}0500$, bei 600° $c = 0{,}5400$

Die **Bildungswärme** aus Blei und Schwefel beträgt nach J. Thomsen[3]) +20430 cal., nach P. A. Favre und F. T. Silbermann[4]) + 22350 cal., nach M. Berthelot[5]) + 26600 cal. Für die Bildung aus PbO und H_2S gibt J. Thomsen[6]) den Wert + 29200 cal., aus $Pb(NO_3)_2$ und H_2S + 11430 cal.

Der **lineare Ausdehnungskoeffizient** für 40° C beträgt nach H. Fizeau[7]) $\alpha = 0{,}0_4 2014$ und der Zuwachs für 1° C $\Delta\alpha / \Delta\Theta = 0{,}0_6 0054$.

Schmelzpunkt. Schmelzpunktsbestimmungen sind namentlich in neuerer Zeit ausgeführt worden:

Material	Schmelztemperatur	Beobachter und Methode
Freiberg i. S. . . . . künstlich	1112° ± 2° 1110°	W. Biltz[8]); opt. Pyrometer in Stickstoffatmosphäre
?	830° (?)	A. Brun[9]); im Augenblicke des Schmelzens (?) trat Zersetzung ein. Segerkegelmethode.
„Beihilfe" (Halsbrücke) bei Freiberg Cumberland . . . . Portugal	1114° 1115° 1114°	K. Friedrich[10]); mit Thermoelement. Im Regulus 87,1% Pb + 12,9% S.
künstliches PbS	1015°	J. Guinchant[11]); mit Thermoelement. Siedepunkt angeblich bei 1085°.

[1]) G. Lindner, Diss. Erlangen (1903).
[2]) K. Bornemann u. O. Hengstenberg, Metall u. Erz **17**, 313—319, 339—349 (1920); N. JB. Min. etc. 1923, II, 165.
[3]) J. Thomsen, Thermochem. Untersuch. **3**, 337 (1883).
[4]) P. A. Favre uud F. T. Silbermann bei O. Dammer, Handb. anorg. Chem. [2] **2**, 547 (1894).
[5]) M. Berthelot, C. R. **78**, 1175 (1874).
[6]) J. Thomsen, Journ. prakt. Chem. [2] **19**, 1 (1879).
[7]) H. Fizeau bei Th. Liebisch, Phys. Krist. (1891) 92.
[8]) W. Biltz, Z. anorg. Chem. **59**, 273 (1908).
[9]) A. Brun, Arch. Sc. phys. **13**, 352 (1902).
[10]) K. Friedrich, Metallurgie **4**, 479 (1907).
[11]) J. Guinchant, C. R. **134**, 1224 (1902).

Die Bestimmung von R. Cusak[1]) mittels Meldometers zu 727° C dürfte nicht richtig sein. Die neueren Beobachtungen mit zuverlässigen Instrumenten geben z. T. übereinstimmende Werte, so daß die Erstarrungstemperatur aller Wahrscheinlichkeit nach nahe bei 1115° C liegt.

Die umfassendsten Arbeiten in dieser Hinsicht führte K. Friedrich[2]) in einem Kryptolreagensrohrofen, der für derartige Untersuchungen besonders geeignet sein soll, aus. Da sich viel CO entwickelt, erscheint die Schmelze auch ohne die sonst übliche Decke von Borax hinreichend vor Oxydation geschützt. Die Einschmelzdauer für 20 g PbS beträgt nur wenige Minuten. Nach erfolgtem Einschmelzen werden die Abkühlungskurven aufgenommen (Erhitzungskurven liefern weniger brauchbare Werte). Das 0,2 mm starke Pt-PtRh-Thermoelement wurde mit den Schmelztemperaturen von Zn 419°, Ag 962°, Cu 1084°, Ni 1451° C geeicht. Durch Zusatz von freiem Schwefel wird der Erstarrungspunkt erhöht: 1130° C (14,1 % S statt 13,4 % S); durch Abbrand oder Sublimation von S wird umgekehrt der Schmelzpunkt erniedrigt: 1114° C bei einer Schmelze mit 87,1 % Pb und 12,9 % S. Infolge der leichten Zerlegbarkeit des Minerals in der Glühhitze erhält man auf Abkühlungskurven keine ausgeprägten Haltepunkte, sondern Knicke, denen häufig ein zweiter, eine eutektische Kristallisation anzeigend, folgt.

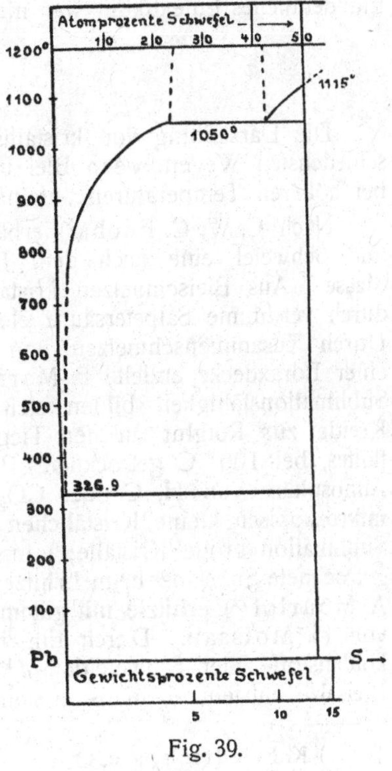

Fig. 39.

Bleisulfid ist bei höheren Temperaturen (1100—1300° C) leicht flüchtig; J. Guinchant bestimmte 1085° C als Siedepunkt. K. Friedrich fand nach einstündigem Erhitzen auf etwa 1200° C, daß von 20 g Einwage nur 5 g zurückgeblieben waren; der übrige Teil fand sich als Sublimat in den oberen Teilen des Schmelzrohrs.

Die Sublimation beginnt nach W. Biltz[3]) schon bei 950° C merklich zu werden. Die Zersetzungstemperatur des Bleiglanzes von Joplin, Jasper Co. (Missouri) liegt nach K. Friedrich[4]), wenn ein feines Korn allmählich erhitzt wird, bei 830—847° C, beim Einführen in den erhitzten Ofen bei 646° C (in Sauerstoffatmosphäre), in Luft bei 740—796° C.

In bezug auf die künstliche Darstellung von Bleiglanz aus Schmelzfluß ist die Kenntnis des Zustandsdiagramms des Systems Blei-Schwefel von Wichtigkeit. In Fig. 39 ist es nach W. Gürtler[5]) wiedergegeben, der es nach

[1]) R. Cusack, Proc. Roy. Irish Acad. [3] **4**, 399 (1897).
[2]) K. Friedrich, Metallurgie **5**, 1 (1908).
[3]) W. Biltz, a. a. O.
[4]) K. Friedrich, Metallurgie **6**, 179 (1909).
[5]) W. Gürtler, Metallographie. Berlin 1912, **1**, 994.

den Beobachtungen von K. Friedrich[1]) und A. Leroux[2]) zusammenstellte. Hiernach tritt nur die Verbindung PbS auf (Schmelzp. 1115° C). Die schwefelreichen Mischungen lassen sich, ohne geschlossene Gefäße anzuwenden, nicht untersuchen. In bleireichen tritt vermutlich in flüssigem Zustande Schichtenbildung auf. Im übrigen läuft die Liquiduskurve *ca* kontinuierlich bis zum Schmelzpunkte des reinen Bleis bei etwa 326,9°, d. h. aus bleihaltigen Schmelzen kristallisiert reines PbS aus, als Endprodukt erstarrt reines Blei. Schon J. B. Hannay[3]) u. Fr. Roessler[4]) beobachteten, daß aus Schmelzen mit nur 5 Atom-% Schwefel treppenförmige Gebilde primär auskristallisierender Bleiglanzkristalle entstehen, die sich durch Säure aus der Masse elektrolytisch herauslösen lassen. Die mikroskopische Untersuchung der Schliffe bestätigt dies. Die Schliffe zeigen das Gefüge — die in die mattgraue Grundmasse aus Blei eingebetteten weißglänzenden Bleiglanzkristalle — schon ohne Ätzen. Ein deutliches Eutektikum war nicht zu erkennen.

Synthese.

Die Darstellung von kristallisiertem Bleiglanz gelingt leicht auf den verschiedensten Wegen, wenn Blei und Schwefel für sich oder in Verbindungen bei höheren Temperaturen aufeinander einwirken:

Nach C. W. C. Fuchs[5]) erhält man durch Zusammenschmelzen von Blei und Schwefel eine nach dem Erkalten kristallinisch erstarrende bleigraue Masse. Aus Bleischmelzen kristallisiert Bleiglanz in Würfeln aus, die sich durch verdünnte Salpetersäure elektrolytisch isolieren lassen (Fr. Roessler).[6]) Durch Zusammenschmelzen von Bleiglätte, Eisenkies und Stärkemehl unter einer Boraxdecke erzielte F. Marigny[7]) große Kristalle. Wegen der leichten Sublimationsfähigkeit bilden sich beim Erhitzen von gepulvertem PbS mit Kreide zur Rotglut an den Tiegelwänden kleine Bleiglanzkristalle.[8]) — Gefälltes, bei 100° C getrocknetes PbS vermindert bei längerem Glühen in einer Atmosphäre von H, C oder CO_2 sein Volumen um etwa $^1/_3$ und geht in mikroskopisch kleine Kriställchen über; bei starker Weißglut entstehen durch Sublimation große Kristalle;[9]) in ähnlicher Weise wird die zusammengepreßte getrocknete Substanz beim Erhitzen im luftleeren Raume mikrokristallinisch.[10]) A. Mourlot[11]) erhitzte mit gutem Erfolge amorphes PbS im elektrischen Ofen von H. Moissan. Durch Einwirkung von Schwefelwasserstoff,[12]) Schwefelkohlenstoff- oder Schwefeldampf[13]) bei Rotglut auf PbO, gefälltes PbS bzw. Bleisalze entsteht ebenfalls kristallisiertes Bleisulfid. Zierliche Kristalle gewinnt

[1]) K. Friedrich, a. a. O.
[2]) K. Friedrich u. A. Leroux, Mitt. Metall. Inst. Freiberg 1910, 17.
[3]) J. B. Hannay, Ch. N. **67**, 291.
[4]) Fr. Roessler, Z. anorg. Chem. **9**, 31 (1895).
[5]) C. W. C. Fuchs, Künstl. Min. Haarlem 1872, 40.
[6]) Fr. Roessler, Z. anorg. Chem. **9**, 31 (1895).
[7]) F. Marigny, C. R. **58**, 967 (1863).
[8]) Fr. Stolber, Journ. prakt. Chem. **89**, 122 (1863).
[9]) G. F. Rodwell, Am. Journ. Chem. Soc. **1**, 42 (1863); Chem. Zentralbl. 1863, 865; Ztschr. anal. Chem. **2**, 370 (1863).
[10]) W. Spring, Z. f. phys. Chem. **18**, 557 (1895).
[11]) A. Mourlot, C. R. **123**, 54 (1896).
[12]) A. Carnot bei F. Fouqué u. A. Michel-Lévy, Synthèse Min. 1882, 311.
[13]) Schlagdenhauffen, Journ. Pharm. **34**, 175 (1855).

man nach E. Weinschenk[1]) beim Erhitzen eines Gemenges von Bleioxyd, Ammoniumchlorid und Schwefel.

Mit H_2O unter hohem Druck gesättigtes Wasser und amorphes PbS[2]) oder Chlorblei und Schwefelwasserstoff[3]) geben bei höherer Temperatur kleine glänzende Würfel. Nach F. Muck[4]) fallen in stark salpetersauren, besonders heißen Bleilösungen mikroskopische Bleiglanz-Hexaeder aus. — A. C. Becquerel[5]) gelang die Darstellung stark glänzender PbS-Kriställchen in Tetraederform, indem er eine Bleiplatte in eine Magnesiumchloridlösung über Schwefelquecksilber enthaltende Glasröhre eintauchte. Nach einer anderen Synthese ließ er allmählich zwei sich zu PbS umsetzende Verbindungen und zwar eine feste und eine flüssige bei 100—150° C in geschlossener Röhre unter einer Schicht Äther oder Schwefelkohlenstoff aufeinander einwirken; es bildeten sich auf diese Weise glänzende Blättchen.[6]) Aus alkalischer Bleihydroxydlösung wird durch Thiocarbamid beim Erwärmen kristallinisches PbS gefällt.[7]) Nach C. Flach[8]) entstehen durch längere Einwirkung von Stangenschwefel auf eine alkalische Bleihydroxydlösung neben „amorphem" Bleisulfid mit unbewaffnetem Auge erkennbare Würfel. E. Weinschenk[9]) erhielt aus Bleiacetat in H_2S-Atmosphäre unter hohem Druck, die durch Zersetzung von Rhodanammonium hergestellt wurde, schöne flächenreiche Kristalle; ein gleichzeitig gebildetes schwarzes, anscheinend amorphes Pulver ließ unter dem Mikroskop oktaedrische Durchkreuzungszwillinge erkennen. C. Doelter[10]) ahmte die Umwandlung von Cerussit ($PbCO_3$) oder Chlorblei nach durch mehrtägiges Behandeln dieser Stoffe mit H_2S-haltigem Wasser in zugeschmolzener Glasröhre bei 80—90° C; bei Zimmertemperatur erhielt er nach 5 Monaten in einer mit Chlorblei, H_2S-Wasser und wenigem Natriumbicarbonat beschickten Röhre ebenfalls schöne kleine Kristalle.

Analog der in der Natur nicht seltenen Reduktion von $PbSO_4$ zu Sulfid stellte A. Gages[11]) über einer faulenden Auster einen PbS-Überzug in mit Kohlensäure gesättigtem Wasser dar, in welches er einen Beutel mit Bleisulfat hängte.

Gelegentliche Neubildungen.

Zu dem nach synthetischen Methoden dargestellten Bleiglanz gesellt sich noch eine Reihe unbeabsichtigter Bildungen, von denen einige hervorgehoben werden mögen.

Bleiglanz entsteht öfters als Schmelz- oder Sublimationsprodukt bei der Verhüttung von Blei- und anderen Erzen mit zufälligem Bleigehalt.[12]) Die im

---

[1]) E. Weinschenk, Z. Kryst. **17**, 489 (1890).
[2]) H. de Sénarmont, C. R. **32**, 409 (1851); Ann. chim. phys. **32**, 129 (1851).
[3]) J. Durocher, C. R. **32**, 823 (1851).
[4]) F. Muck, Niederrhein. Ges. Bonn 1868, 37.
[5]) A. C. Becquerel, Ann. chim. phys. **53**, 106 (1833); C. R. **32**, 409 (1851).
[6]) A. C. Bequerel, C. R. **44**, 938 (1857).
[7]) J. E. Emerson-Reynolds, Am. Journ. Chem. Soc. **45**, 162 (1884); Z. Kryst. **10**, 620 (1885).
[8]) C. Flach bei C. W. Fuchs, Künstl. Mineral. Haarlem 1872, 43.
[9]) E. Weinschenk, Z. Kryst. **17**, 497 (1890).
[10]) C. Doelter, Z. Kryst. **11**, 33, 41 (1886).
[11]) A. Gages, Rep. Brit. Assoc. 1863, 206.
[12]) C. W. C. Fuchs, Künstl. Min. (Haarlem 1872), 40. — R. Grund, Tsch. min. Mit. **29**, 259 (1910). — A. Lacroix, Min. France (Paris 1897) **2**, 508. — E. Metzger, Bg. u. hütt. Z. **12**, 238, 253 (1853). — F. Sandberger, Am. Journ. **17**, 128 (1854). — Fr. Ulrich, Bg.- u. hütt. Z. **18**, 245 (1859).

„Ofenbruch" enthaltenen Bleiglanzkristalle sind gewöhnlich trichter- oder treppenförmig ausgebildete Würfel mit bunten Anlauffarben.[1])

Sublimierter Bleiglanz wurde neben Wismutglanz auch unter den Kohlenbrand-Sublimationsprodukten aus der Gegend von Saint-Étienne im Departement Loire festgestellt.[2]) F. Gonnard[3]) erwähnt 6—7 mm große Würfel, die in einem Topfe der Kristallglasfabrik zu Lyon entstanden waren. Schöne Kristallstufen haben sich nach A. Lacroix[4]) beim Brande einer Schwefelsäurefabrik in Montluçon in den Bleikammern gebildet. Auf den Bleiröhren der römischen Wasserleitung von Bourbonne-les-Bains (Allier) wurde nach A. Daubrée[5]) Bleiglanz gefunden, desgleichen auf den aus den Röhren entstandenen Phosgenitkrusten. Im Joplin Blei- und Zinkdistrikt des südwestlichen Missouri befinden sich Blei und Zink, die dort namentlich als Sulfide vorkommen, zurzeit in einem aktiven Zustande der Lösung und neuerlichen Ausscheidung. Als Lösungsmittel der Erze fungieren besonders die durch Oxydation des mitvorkommenden Pyrits oft stark sauren Grubenwässer der älteren Distriktgebiete, was die Anwendung hölzerner Röhren und Pumpen notwendig macht. In der Missionsgrube fand man im Jahre 1916 auf 2 Jahre früher zurückgelassenen Werkzeugen 0,5—12,7 mm große mit Limonit gemengte Bleiglanzkristalle.[6])

Von A. Rusell[7]) wurden an geschmolzenen Bleiklumpen, die von dem Wrack des um 1780 im Hafen von Falmouth verbrannten Feuerschiffes „Firebrand" stammen, neben Cotunnit ($PbCl_2$), Anglesit ($PbSO_4$) und Leadhillit ($PbSO_4 . 2PbCO_3 . Pb[OH]_2$) auch Kubooktaeder von Bleiglanz von 1 mm Durchmesser beobachtet. Ferner fanden sich an Bleiplatten des Wracks eines antiken Holzschiffes aus der ersten Hälfte des 5. Jahrhunderts v. Chr., das 1907 zu Mahdia an der tunesischen Küste geborgen wurde, Cotunnitkristalle und pulveriges PbS.

A. Breithaupt[8]) konnte in der Freiberger Sammlung in der Nachbarschaft vitrioleszierender Kiese die Bildung von Bleisulfid als Schwärzung des Bleiweißanstriches beobachten.

Vorkommen und Genesis.

Der Bleiglanz, das wichtigste und verbreitetste Bleierz — durch seinen häufigen Silbergehalt auch in technischer Beziehung von besonderer Bedeutung — tritt vornehmlich auf Gängen sowohl in Eruptivgesteinen und kristallinen Schiefern als auch in älteren Sedimentgesteinen (namentlich in Tonschiefer) auf. Hier wird er fast stets von Zinkblende begleitet und pflegt durch einen Silbergehalt ausgezeichnet zu sein; neben Zinkblende finden sich oft Kupferkies, Eisenkies, Bournonit, Fahlerz, Silbererze, Quarz, Carbonate,

---

[1]) A. Sadebeck, Z. Dtsch. geol. Ges. **26**, 653 (1874).

[2]) Mayencon bei St. Meunier, Les méthodes de synthèse en minéralogie. Paris 1891, 71.

[3]) F. Gonnard, Bull. soc. min. **2**, 186 (1879).

[4]) A. Lacroix, a. a. O.

[5]) A. Daubrée, C. R. **80**, 182 (1875).

[6]) H. W. Wheeler, Mining and Metallurgy Nr. 158 (1920); Chem. ZB. 1920, III, 274.

[7]) A. Rusell, Min. Mag. **19**, 64 (1920). Ref. N. JB. Min. etc. 1922, I, 167.

[8]) A. Breithaupt, Min. Studien (Leipzig 1866) 109.

Schwerspat u. a. Von diesen durch aszendente hydrothermale Lösungen bedingten apomagmatischen Bildungen sind die verschiedensten Übergänge vorhanden zu Lagerstätten perimagmatischer Natur.

Kontaktpneumatolytisch sind z. B. die Bleiglanz und Zinkblende führenden Magnetitlager im Kristianiagebiet und die an Carbonatgesteine gebundenen Erzlagerstätten des Banats. Im Helena Mining Distrikt (Montana, U.S.A.) kommt Bleiglanz in Paragenese mit Zinkblende, Pyrit, Arsenkies, goldhaltigen Erzen und Turmalin vor; im Broken Hill Distrikt (Neu-Süd-Wales) deutet die Vergesellschaftung des Bleiglanzes mit Quarz, Granat, Feldspat und Rhodonit auf kontaktmetamorphe Entstehung; durch pneumatolytische Kontaktwirkungen eines Quarzdioritmagmas auf Kalke sind auch die Bleiglanzandraditlagerstätten im Silver-Lead mining Distrikt von Californien entstanden.[1]) Die bleiglanzführenden fahlbandartigen Sulfidlager können nach P. Niggli ebenfalls als perimagmatische Bildungen aufgefaßt werden.

Ferner findet sich der Bleiglanz auf metasomatischen Lagerstätten in Klüften, Trümern und Hohlräumen in Kalksteinen und Dolomiten, zusammen mit Zinkblende, Galmei, Brauneisenerz und anderen Mineralien (Iserlohn in Westfalen, Oberschlesien, Wiesloch bei Heidelberg, Bleiberg und Raibl in Kärnten, Derbyshire und Cumberland in England, Monte Poni auf Sardinien, Sierra Nevada in Spanien, Tunaberg in Schweden, Missouri, Colorado, Illinois, Wisconsin usw.). Hinsichtlich der alten Blei-Zink-Lagerstätten von Wiesloch vertritt F. Bernauer[2]) die Ansicht, daß die Blei- und Zinkerze aus dem oberen Muschelkalk und jüngeren Sedimenten stammen und mit diesen syngenetisch durch absteigende Lösungen in tieferem Horizont zum Absatz kamen unter Mitwirkung von gasförmigem Schwefelwasserstoff als Fällungsmittel.

„Für die alpinen Schwefelkies-Kupferkies- sowie Bleiglanz-Zinkblende-Eisenspatlagerstätten wird eine einheitliche epigenetische Entstehung angenommen. Der Niederschlag aus Erzlösungen führte je nach der Substanz des Nebengesteins (tonig oder kalkig) und den vorausgegangenen tektonischen Vorgängen, welche Spalten und Schichtenaufblätterungen erzeugten, zur Bildung der verschiedenen Lagerstätten, wie echte Gänge, Lagergänge, Imprägnationen oder metasomatische Verdrängungen.“[3])

Die Auffassung der als Knottenerze bezeichneten Bleiglanzkonkretionen im Sandstein von Commern und Mechernich in der Eifel als epigenetische Bildungen entbehrt nach A. Bergeat,[4]) der die Annahme einer syngenetischen Entstehung für die natürlichere hält, einer befriedigenden Begründung.

Unter den Umwandlungsprodukten des Bleiglanzes nimmt der Cerussit eine bevorzugte Stelle ein. Je nach den bei der natürlichen Zersetzung wirksamen Agenzien bilden sich aber auch andere Bleiverbindungen wie Anglesit, Pyromorphit, Mimetesit, Wulfenit, Krokoit, Phosgenit, Bleioxyd, Mennige. Nach den Untersuchungen von E. Dittler[5]) ist Bleiglanz mit Ausnahme der Umwandlung in Cerussit nur wenig umsetzungsfähig; eine Umwandlung in das Molybdat ließ sich experimentell nicht bei dem Sulfid, sondern nur bei

---

[1]) P. Niggli, Lehrb. Min. (Berlin 1920) 533—535.

[2]) F. Bernauer, Die Kolloidchem. als Hilfswiss. d. Min. u. Lagerstättenk. u. ihre Anwend. auf die metasom. Blei-Zink-Lagerst. (Berlin 1924). Ref. ZB. Min. etc. 1924, 224.

[3]) K. A. Redlich, Z. prakt. Geol. **20**, 197 (1912); Z. Kryst. **55**, 106 (1915).

[4]) Bei W. Stelzner u. A. Bergeat, Die Erzlagerstätten (Leipzig 1904) 426.

[5]) E. Dittler, Z. Kryst. **53**, 168 (1913).

dem Carbonat erzielen. G. Bischof[1]) betont hinsichtlich der Entstehung des Pyromorphits aus Bleiglanz, daß diese Pseudomorphosen immer einen Gehalt an Carbonat aufweisen und folgert daraus, daß die Bildung des Pyromorphits aus Bleiglanz stets über das Carbonat (Cerussit) sich vollzieht.

Sulfosalze des Bleis.

A. Verbindungen mit Blei allein.

I. Verbindungen des Arsens und Schwefels mit Blei.

Jordanit.

Von **C. Doelter** (Wien).

Kristallklasse: Monoklin prismatisch: $a:b:c = 0,49450:1:0,26552$, $\beta = 89^0\ 26\frac{1}{2}'$ nach C. Baumhauer.

Analysen.

	1.	2.	3.	4.	5.
δ	6,3297		5,4802	0,413	—
Pb	69,99	68,95	68,67	68,61	68,83
As	12,78	12,86	12,46	12,32	12,46
Sb	—	0,11	—	—	—
S	18,18	18,13	18,81	18,19	18,42
	100,95	100,05	99,94	99,12	99,71

Sämtliche aus dem Binnental (Kanton Wallis) am Längenbach bei Imfeld, im zuckerkörnigem Dolomit.

1. u. 2. Anal. L. Sipöcz, Tsch. min. Mit. Beil. J. k. k. geol. R.A. 1973, 30.

3. Anal. C. Guillemain, Inaug. Diss. Breslau 1898, 11. Ref. Z. Kryst. **33**, 76 (1900).

4. u. 5. Anal. Ch. T. Jackson bei R. H. Solly, Min. Mag. **12**, 290 (1900). Z. Kryst. **35**, 325 (1902).

	6.	7.	8.	9.
Pb	70,80	70,15	70,23	68,84
As	9,90	11,34	11,40	12,49
Sb	1,87	—	—	—
S	17,06	18,26	18,17	18,67
Fe	—	0,18	0,20	—
	99,63	99,93	100,00	—

6. Von Nagyag (Siebenbürgen) mit Blende; anal. E. Ludwig, wie Analyse Nr. 7, 210.

7. bis 10. Alle drei von der Blei-Scharleygrube bei Beuthen in Ober-Schlesien; anal. A. Sachs, ZB. Min. etc. 1904, 723. Das Eisen ist hier auf Verunreinigung zurückzuführen.

---

[1]) G. Bischof, Chem. Geol. (Bonn 1866) **3**, 742.

Analysen von zersetztem Jordanit.

	10.	11.	12.	13.
Pb	72,37	72,52	72,42	72,50
As	8,99	8,94	8,87	8,77
S	18,63	18,61	17,50	18,73
	99,99	100,07	99,89	100,00

10. bis 12. Vom Binnental; anal. C. Guillemain, wie oben.
13. Berechnete Zusammenstellung für $Pb_2As_3S_{10}$.

Demnach wäre hier eine Anreicherung an Blei erfolgt, während As sich abgeschieden hat. Es finden sich in diesem Jordanit, welchem der Glanz des Jordanits fehlt und welcher oft bunt angelaufen ist, weiße Häutchen, welche wahrscheinlich As_2O_3 sind.

Formel und Konstitution.

C. F. Rammelsberg berechnete die Analysen von Skleroklas des Binnentals, welche Th. Petersen ausgeführt hatte, als Jordanitanalysen, wodurch er zu falschen Resultaten kam. Durch L. Sipöcz wurde die Formel des Jordanits festgestellt. Unter Berücksichtigung des Verhaltens beim Erhitzen (siehe unten) kommt L. Sipöcz zu der Formel

$$Pb_4As_2S_7,$$

welche er als Kostitutionsformel schreibt:

$$\begin{array}{l} As\begin{array}{l}-S-Pb\\-S-Pb\end{array}\!\!>S \\ \;| \\ S \\ \;| \\ As\begin{array}{l}-S-Pb\\-S-Pb\end{array}\!\!>S \end{array}$$

Die Säure wäre eine solche, bei welcher zwei Moleküle sulfarseniger Säure (AsS_3H_3) unter Verlust von einem Molekül Schwefelwasserstoff entsteht.

$$2As\left\{\begin{array}{l} SH \\ SH-H_2S{=}S \\ SH \end{array}\right. \qquad \begin{array}{l} As\begin{array}{l}-SH\\-SH\end{array} \\ \;\;| \\ S \\ \;\;| \\ As\begin{array}{l}-SH\\-SH\end{array} \end{array}$$

Dagegen nimmt V. Wartha folgende Formel an:

$$\begin{array}{l} \quad\begin{array}{l}-S-Pb\\ As-S-Pb\end{array}\!\!> \\ \quad\begin{array}{l}-S\\-S\end{array}\!\!>S \\ \quad\begin{array}{l}As-S-Pb\\ \;\;\;-S-Pb\end{array}\!\!> \end{array}$$

V. Wartha[1]) ist der Ansicht, daß die empirische Formel von einer Säure deriviert, die sich zur normalen dreibasischen Arsensulfosäure so verhält, wie die Pyrophosphorsäure zur normalen Orthophosphorsäure. In dieser normalen Pyro-Arsensulfosäure können die 4 Atome H durch Metalle ersetzt

V. Wartha, Tsch. min. Mit. Beil.; J. k. k. geol. R.A. 1873, 131.

werden, hier durch Blei. Dagegen bemerkt L. Sipöcz,[1]) daß es unwahrscheinlich ist, daß, wie V. Wartha behauptet, das Blei als Sulfur vorhanden sei, was auch durch einen Versuch, bei welchem Jordanit durch Schwefelkalium behandelt wurde, widerlegt ist. Denn bei diesem Versuch wurde dreifach Schwefelarsen herausgezogen. Auch durch die Einwirkungen von Kalilauge wird nach L. Sipöcz bewiesen, daß es sich nicht um ein sulfarsensaures, sondern vielmehr um ein sulfarsenigsaures Salz handelt.

Für die Formel $Pb_4As_3S_7$ verlangt die Theorie folgende Zusammensetzung:

Pb	68,88
As	12,48
S	18,64
	100,00

Isomorphie. Es wurde von P. Groth,[2]) G. vom Rath,[3]) J. Krenner,[4]) A. Schmidt[5]) und H. A. Miers[6]) die Isomorphie des Jordanits mit Meneghinit behauptet, wogegen C. Hintze dies bestritt.

G. d'Achiardi[7]), verglich dagegen Jordanit mit Geokronit, welchen er Ähnlichkeiten in den Winkeln und der chemischen Struktur zuschrieb.

Chemisches Verhalten.

Auf Kohle schwerer schmelzbar als Sklerokklas, verhält sich aber sonst ähnlich.

Jordanit wird durch konz. Salpetersäure oder durch Königswasser leicht zersetzt, wobei sich alles Blei als Sulfat abscheidet. Beim Kochen mit konz. Salzsäure, wird er allmählich zersetzt.

Im Luftstrom erhitzt entweicht Schwefeldioxyd und Arsensesquioxyd. Bei Glühen im Kohlensäurestrom zerfällt nach L. Sipöcz der Jordanit in dreifach Schwefelarsen und Schwefelblei. Bei Überführung des Schwefelbleis in Sulfat durch Salpetersäure erhielt L. Sipöcz 69,4% Pb statt 68,88%, welche die Theorie verlangt.

Über die Analysenmethode siehe auch Ch. T. Jackson bei R. H. Solly.

Physikalische Eigenschaften. Spaltbar nach der Symmetrieebene, muscheliger Bruch. Härte 3. Dichte 5,5 bis 6,4. Metallglänzend, undurchsichtig, bleigrau, Strich schwarz, jedoch ist der feine Strich etwas mehr rötlich als bei Meneghinit (nach J. Schroeder van der Kolk).

Jordanit ist oft bunt angelaufen, rot, blau, grün, gelb.

Synthese.

A. Sommerlad hat nach seiner hier bereits öfters erwähnten Methode den Jordanit durch Zusammenschmelzen von 4 PbS mit $1\,As_2S_3$ dargestellt. Das erhaltene Produkt war dicht, bleigrau, hat die Dichte 6,101. Es wird von Ammoniak nicht angegriffen, wohl aber durch heiße Kalilauge zersetzt.

[1]) L. Sipöcz, Tsch. Min. Mit., J. k. k. geol. R.A. 1873, 131.
[2]) P. Groth, Tabell. Übrrs. 1874, 83.
[3]) G. vom Rath, Niederrh. Ges. Bonn 1873, 155.
[4]) J. Krenner, Z. Kryst. **8**, 623 (1884).
[5]) A. Schmidt, ebenda **8**, 613 (1884).
[6]) H. A. Miers, Min. Mag. **5**, 33 (1884).
[7]) G. d'Achiardi, Soc. Toscana Sc. Nat. **18**, 115 (1901).

Nach L. Sipöcz zieht Kalilauge aus dem Jordanit dreifach Schwefelarsen aus, was also auch bei dem Kunstprodukt der Fall wäre. Die Analyse ergab:

Pb	69,20
As	12,26
S	18,18
	99,64

Die Analyse stimmt mit der Zusammensetzung des Jordanits überein, dagegen ist das spezifische Gewicht zu niedrich.

Vorkommen. Im Binnental kommt der Jordanit im Dolorit vor, und zwar ist er mit Bleiglanz verwachsen und enthält Pyriteinschlüsse. Es hat sich, wie die anderen dort vorkommenden Sulfosalze und Sulfide aus heißen Lösungen gebildet.

In Nagyag kommt er auf Bleiglanz und Blende vor.

Baumhauerit.

Von **M. Henglein** (Karlsruhe).

Kristallsystem: Monoklin. $a:b:c = 1{,}136817:1:0{,}947163$; $\beta = 82^0\,42\tfrac{3}{4}'$.

Analysen.

	1.	2.	3.
δ	5,330	5,405	—
Ag	—	0,94	—
Pb	48,86	47,58	48,75
As	24,39	24,66	24,61
S	26,42	25,74	26,64
	99,67	98,92	100,00

1. Kristalle vom Lengenbachtal bei Imfeld im Binnental, Schweiz; anal. H. Jackson bei R. H. Solly, Z. Kryst. **37**, 329 (1903).
2. Ebendaher; anal. Uhrlaub bei S. v. Waltershausen, Pogg. Ann. **94**, 127 (1855). Von diesem für Skleroklas gehalten.
3. Theor. Zus.

Formel. Die Analysen führen auf die Formel $Pb_4As_6S_9 = 4PbS \cdot 3As_2S_3$. Nach R. H. Solly dürfte Analyse 2 von Baumhauerit herrühren.

Physikalische Eigenschaften. Baumhauerit ist blei- bis stahlgrau, zuweilen bunt angelaufen, sein Glanz metallisch, Strich schokoladenbraun. Die Dichte ist 5,3—5,4, die Härte 3. Er spaltet vollkommen nach (100).

Paragenesis. Baumhauerit ist nur aus dem weißen Dolomit des Lengenbachbettes im Binnental bekannt, woselbst er mit den vielen anderen Bleisulfarseniten zusammen vorkommt.

Liveingit.

Kristallform: Monoklin. $\beta = 89^0\,45\tfrac{1}{2}'$.

Analyse.

Pb	47,58
As	24,91
S	26,93
	99,42

Aus dem Lengenbachbett im Binnental; anal. H. Jackson bei R. H. Solly und H. Jackson, Proc. Cambr. Phil. Soc. **11**, 239 (1901). Ref. Z. Kryst. **37**, 304 (1904).

Formel. R. H. Solly und H. Jackson geben $4PbS.3As_2S_3$ ursprünglich an. Doch schreibt R. H. Solly[1]) diese Formel später dem Baumhauerit zu und gibt für Liveingit $5PbS.4As_2S_3$. Letztere Formel nimmt auch E. V. Shannon[2]) an, analog dem Plagionit.

Dufrenoysit.

Von **C. Doelter** (Wien).

Synonym: Stangenbinnit.

Kristallklasse: Monoklin. $a:b:c = 0,6510:1:0,6126$; $\beta = 90^0 33\frac{1}{2}'$.

Analysen.

	1.	2.	3.	4.	5.	6.
δ	5,549	—	—	5,562	5,564	—
Fe	0,44	0,32	—	0,30	—	—
Cu	0,30	0,22	—	—	—	—
Ag	0,21	0,17	—	0,05	—	—
Pb	55,40	56,61	57,09	53,62	52,02	57,42
As	20,69	20,87	20,73	21,76	21,35	20,89
S	22,49	22,30	22,18	23,27	23,11	22,55
	99,53	100,49	100,00	99,00	96,48	100,86

1. bis 3. Dufrenoysit aus dem Lengenbachbett im Binnental, Schweiz; anal. A. Damour, Ann. chim. phys. [3] **14**, 379 (1845).

4. u. 5. Ebendaher; anal. Berendes, Diss. Bonn 1864; bei G. vom Rath, Pogg. Ann. **122**, 374 (1864). — Diese Analysen sind später als zum Rathit gehörig gedeutet worden (S. 430).

6. Ebendaher; anal. G. A. König bei H. Baumhauer, Z. Kryst. **24**, 86 (1895).

	7.	8.	9.
Pb	57,38	56,73	57,18
As	21,01	20,04	20,72
S	21,94	21,18	22,10
	100,33	97,95	100,00

7. u. 8. Ebendaher; anal. C. Guillemain, Diss. Breslau 1898; Z. Kryst. **33**, 73 (1900). 7. Obere, unverwitterte Kruste der Kristalle. 8. Unterer Teil der Kristalle, Dolomit enthaltend.

9. Theor. Zus. nach der Formel $Pb_2As_2S_5$.

Formel.

C. F. Rammelsberg[3]) berechnete das Verhältnis für Arsen und Blei, wobei allerdings auch Eisen, Kupfer und Silber als Blei berechnet wurden. Er erhielt:

Analyse von A. Damour . . . 13,24 : 8,95 = 1 : 1,48
Analyse von Berendes . . . . 13,92 : 8,43 = 1 : 1,64

Nimmt man 1 : 1,5 an so resultiert die Formel:

$$2PbS.As_2S_3.$$

Dies ist die ziemlich allgemein angenommene Formel.

G. Cèsaro[4]) gibt eine Konstitutionsformel. Der Dufrénoysit entspricht der allgemeinen Formel:

$$As_2S_3.(1+\frac{2}{n})\overset{II}{R}.S,$$

---

1) R. H. Solly, Z. Kryst. **37**, 329 (1904), Anmerk.

2) E. V. Shannon, Am. Journ. Sc. [5] **1**, 424 (1921).

3) C. F. Rammelsberg, Miner.-Chem. 1875, 85.

4) G. Cèsaro, Bull. soc. min. **38**, 53 (1915).

worin $n=2$, es liegt ein Pyrosalz vor, dessen Konstitution durch folgende Formel erklärt werden kann:

```
SH    SH
|     |
As—S—As
|     |
SH    SH
```

Nach G. de Marignac enthält der Dufrénoysit auch Thallium, wie es A. Brun[1]) in allen arsenhaltigen Sulfosalzen des Binnentals vorfand. Vgl. S. 374.

Physikalische Eigenschaften. Die Dichte liegt zwischen 5,53 und 5,57; die Härte ist 3. Die Spaltbarkeit ist vollkommen nach (010). Die Farbe ist blei- bis stahlgrau, der Strich schokoladebraun und fein ausgerieben nach J. L. Schroeder van der Kolk[2]) mit carminroter Beimischung.

A. de Gramont[3]) erhielt ein sehr gutes Funkenspektrum, darin auch Linien von Kupfer und Thallium.

Synthese.

J. Berzelius[4]) erhielt durch Fällen einer Bleilösung mit Natriumsulfarsenit einen rotbraunen Niederschlag, der nach dem Trocknen schwarz wurde. H. Sommerlad[5]) erhielt nadelige Kriställchen der Dichte 5,05 durch Zusammenschmelzen von 2PbS und As_2S_3 von der Zusammensetzung:

Pb . . .	57,21
As . . .	20,86
S . . .	22,15
	100,22

Vorkommen. Die einzige bekannte Fundstelle ist im Bette des Lengenbaches im Binnental, woselbst der Dufrenoysit sich nur in einzelnen Kristallen im zuckerkörnigen Dolomit findet oder in Hohlräumen, nicht begleitet von den andern gewöhnlich im Dolomit vorkommenden Mineralien.

Rathit.

Von **M. Henglein** (Karlsruhe).

Kristallsystem: Rhombisch (?). $a:b:c = 0,4782:1:0,5112$.

Analysen.

	1.	2.	3.	4.	5.
δ . . .	5,074	5,459	—	—	5,355
Fe . . .	—	—	0,08	—	—
Ag . . .	0,02	0,02	0,17	0,12	0,24
Pb . . .	51,18	51,40	51,48	51,65	53,30
As . . .	23,32	23,95	25,14	23,81	22,01
S . . .	24,66	24,05	23,54	23,82	23,97
	99,18	99,42	100,54	99,40	99,52

1. bis 13. Aus dem Lengenbachtal bei Imfeld im Binnental (Oberwallis).
1. u. 2. Anal. Uhrlaub bei S. v. Waltershausen, Pogg. Ann. **100**, 540 (1857)

[1]) A. Brun, Bull. soc. fr. min. **40**, 110 (1917).
[2]) J. L. Schroeder van der Kolk, ZB. Min. etc. 1901, 79.
[3]) A. de Gramont, Bull. soc. min. **18**, 292 (1895).
[4]) J. Berzelius, Pogg. Ann. **7**, 147 (1826).
[5]) H. Sommerlad, Z. anorg. Chem. **18**, 445 (1898).

3. u. 4. Anal. Nason, ebenda.
5. Anal. Stockar-Escher bei A. Kenngott, Übers. min. Forsch. 1856, 177.

	6.	7.	8.	9.	10.
δ	—	5,550	—	—	5,320
Fe	—	0,30	—	—	0,56
Ag	—	0,05	0,21	0,12	—
Pb	52,02	53,62	50,74	51,32	52,98
Sb	—	—	—	—	4,53
As	21,35	21,76	25,83	23,93	17,21
S	23,11	23,27	23,22	25,00	23,72
	96,48	99,00	100,00	100,37	99,00

6. u. 7. Anal. Berendes, Diss. Bonn 1864; bei G. vom Rath, Pogg. Ann. **122**, 374 (1864). — Diese beiden Analysen sind auch beim Dufrenoysit (Analysen 4 u. 5) angeführt, werden jedoch von R. H. Solly zum Rathit gestellt.

8. u. 9. Anal. Th. Petersen, N. JB. Min. etc. 1867, 203.

10. Anal. A. Römer bei H. Baumhauer, Z. Kryst. **26**, 593 (1896). Der Sb-Gehalt ist fraglich.

	11.	12.	13.	14.
δ	5,412	5,421	—	—
Fe	—	—	0,33	—
Pb	51,51	51,62	52,43	51,37
Sb	—	—	0,43	—
As	24,62	24,91	21,96	24,81
S	23,41	23,62	24,12	23,82
	99,54	100,15	99,27	100,00

11. bis 13. Anal. H. Jackson bei R. H. Solly, Z. Kryst. **35**, 327 (1902). Das Analysenmaterial waren große Kristalle; in 13. ist der Gehalt an Pb und S zu hoch, wahrscheinlich infolge von Einschlüssen sehr kleiner Bleiglanzkristalle, auch FeS_2 etwas vorhanden.

14. Theoret. Zus.

Formel. Aus den Analysen ergibt sich die Formel $Pb_3As_4S_9 = 3PbS.2As_2S_3$. Auf Grund der Analyse von A. Römer nimmt mit H. Baumhauer alternierende Verbindungen von 5 Molekülen $4PbAsS_3$ und 1 Molekül $4PbSbS_3$ an und bringt sie in Zusammenhang mit der feinen Streifung.

Physikalische Eigenschaften. Die Farbe ist bleigrau, zuweilen auch stahlgrau, wahrscheinlich bedingt durch Einschlüsse von Pyrit; Strich schokoladebraun; opak. Rathit ist vollkommen spaltbar nach (100), der Bruch muschelig.

Die Härte liegt bei 3.

Die Dichte ist 5,4—5,5; H. Baumhauer[1]) fand 5,32. Die feine Streifung parallel (074) rührt nach R. H. Solly[2]) von Zwillingslamellen her. Vielleicht sind diese, ähnlich dem Jordanit, durch natürliche Schiebung entstanden.

Vorkommen. Einziger Fundort ist bis jetzt der zuckerkörnige Dolomit des Lengenbaches im Binnental, Oberwallis.

[1]) H. Baumhauer, Z. Kryst. **26**, 593 (1896).
[2]) R. H. Solly, Z. Kryst. **35**, 344 (1902).

Wiltshireit (Rathit α).

Der von W. J. Lewis[1]) neben einem Sartorit aus dem Lengenbachdolomit des Binnentales gefundene und kristallographisch bestimmte Wiltshireit ist ebenfalls ein Bleisulfarsenit. Eine Analyse dieses bleigrauen Minerals mit zinnweißen Endflächen ist nicht bekannt.

G. T. Prior[2]) fand die Zusammensetzung des Rathit während das Mineral dem Dufrénoysit kristallographiach näher steht.

Skleroklas.

Von **C. Doelter** (Wien).

Synonyma: Sartorit, Arsenomelan, Bleiarsenglanz.

Kristallsystem: Nach C. O. Trechmann[3]) monosymmetrisch.

$$a:b:c = 1,2755:1:1,1949. \quad \beta = 77^{0}\,48'.$$

Analysen.

	1.	2.	3.	4.	5.	6.
δ	5,393	5,405	5,469	5,074	5,177	—
Fe	0,45	—	—	0,25	—	—
Ag	0,42	0,94	0,63	0,94	1,62	Spur
Pb	44,56	47,58	49,65	49,22	46,83	47,39
As	28,56	25,74	26,46	25,27	26,33	26,82
S	25,91	24,66	23,95	24,22	25,30	25,77
	99,90	98,92	100,69	99,80	100,08	99,98

Das Material aller 6 Analysen stammt aus dem Lengenbachdolomit bei Imfeld im Binnental (Oberwallis).

1. bis 3. Anal. Uhrlaub bei S. v. Waltershausen, Pogg. Ann. **94**, 124 (1855).
4. Anal. Derselbe, ebenda **100**, 540 (1857).
5. Anal. Stockar-Escher bei A. Kenngott, Übers. min. Forsch. 1856 bis 1857, 177.

Formel.

C. F. Rammelsberg[4]) berechnete aus Analyse 1 das Atomverhältnis. Das Verhältnis des Schwefels in RS und R_2S_3 ist $= 1:2,6$, also etwa $3:8$. Daher die Formel:

$$Pb_9As_{16}S_{33} = 9\,PbS\,.\,8\,As_2S_3\,.$$

Da aber das Verhältnis $1:2,62$ nicht wahrscheinlich ist, wird man $1:3$ $(3:9)$ als richtig annehmen, so auch die Formel:

$$PbAs_2S_4 = PbS\,.\,As_2S_3\,,$$

welche ziemlich allgemein angenommen wird. P. Groth[5]) schreibt ebenfalls:

$$(AsS_2)_2Pb\,.$$

G. A. König[6]) gibt für die theoretische Zusammensetzung folgende Werte, je nach der angenommenen Formel:

---

[1]) W. J. Lewis, Z. Kryst. **48**, 515 (1911).
[2]) G. Prior, ZB. Min. etc. 1914, 351.
[3]) C. O. Trechmann, Z. Kryst. **43**, 552 (1907).
[4]) C. F. Rammelsberg, Min.-Chem. 1876, 37.
[5]) P. Groth, u. K. Mieleitner, Tab. 1921. 25.
[6]) G. A. König bei H. Baumhauer, Z. Kryst. **29**, 4 (1896).

	$PbS.As_2S_3$	$3(PbS.As_2S_3).2(PbS_2S)_3$
S	26,39	25,320
Pb	42,68	46,305
As	30,93	28,375
	100,00	100,00

H. Baumhauer betrachtet die zweite Formel als die wahrscheinlichere.

Chemische Eigenschaften. Vor dem Lötrohr auf Kohle dekrepitiert Skleroklas, er schmilzt leicht unter Zurücklassung eines Bleikornes (das eventuell bei weiterer Behandlung Reaktion auf Silber gibt); dabei bildet sich ein weißer Beschlag von arsensaurem Blei, dieser verschwindet in der inneren Flamme und gibt ein Bleiküchelchen. Beim Erhitzen charakteristischer Arsengeruch. Im Kölbchen dekrepitiert er stark, während der sonst ähnlich sich verhaltende Dufrénoysit nur schwach dekrepitiert. Auch im Kölbchen schmilzt er leicht, wobei Schwefel und Schwefelarsen sublimieren.

Im offenen Glasrohr entwickelt sich Geruch von schwefeliger Säure, kein Arsengeruch. Dabei bildet sich unten ein Sublimat von weißem Arsenoxyd, im oberen Teile ein solches von Schwefel, an der gelben Farbe erkenntlich.

Über optische Anisotrophe siehe J. Königsberger.[1])

Skleroklas wird unter Abscheidung von Bleisulfat durch Salpetersäure zersetzt.

Physikalisches Verhalten. Der dunkelbleigraue Skleroklas hat rötlichbraunen Strich. Die Dichte gibt abweichende Resultate: 4,98 (R. H. Solly), 5,05 (H. Baumhauer) und 5,4 (S. v. Waltershausen). Die Härte ist 3. Das sehr spröde Mineral spaltet deutlich nach (001).

Synthese.

H. Sommerlad[2]) versuchte durch Zusammenschmelzen von PbS und As_2S_3 den Skleroklas herzustellen. Er erhielt ein dunkelschwarzes, glänzendes, leicht zerdrückbares Produkt von der Dichte 4,585. Strich und Pulver waren schwarz. Die Analyse der Schmelze entspricht zwar der Zusammensetzung des Skleroklases, doch sind die physikalischen Eigenschaften der Substanz andere, wie die des natürlichen Minerals; es liegt nach H. Sommerlad nur ein Gemisch vor. Eine weitere Behandlung der Substanz im Schwefelwasserstoffstrom ergab eine andere Zusammensetzung der Masse.

Guitermanit.

Von **M. Henglein** (Karlsruhe).

Es sind nur kristallinische Aggregate von bläulichgrauer Farbe bekannt.

Analysen.

	1.	2.	3.
Fe	0,88	0,43	—
Cu	0,17	0,17	0,19
Ag	0,02	0,02	—
Pb	61,63	63,60	65,99
As	13,00	13,40	14,33
S	19,56	19,67	19,49
O	0,55	—	—
Zunyit . . .	3,82	1,77	—
	99,63	99,06	100,00

[1]) J. Königsberger, ZB. Min. etc. 1918, 397.

[2]) H. Sommerlad, Z. anorg. Chem. 18, 443 (1898).

1. u. 2. Von der Zuñi Mine, Anvil Mt. bei Silverton, San Juan Co (Colorado); anal. W. F. Hillebrand, Proc. Col. Soc. **1**, 124 (1884). Ref. Z. Kryst. **11**, 289 (1886).
3. Nach Abzug von Schwefelkies und 2,6% Bleisulfat.

Formel. $(Pb + Cu_2) : As_2 : S = 3{,}35 : 1 : 6{,}38$ oder $10{,}15 : 3 : 19{,}14$ und hieraus $10 PbS . 3 As_2S_3$.

Die Härte ist ungefähr 3, die Dichte 5,94.

Durch Zusammenschmelzen der Komponenten im Verhältnis $3 PbS : As_2S_3$ erhielt H. Sommerlad[1]) eine bleigraue, fein kristallinische Masse von der Dichte 5,860, die dem künstlichen Boulangerit ähnlich ist und bei stärkerem Erhitzen Schwefelarsen abgibt. Die Analyse ist:

Pb	64,56
As	15,82
S	19,82
	100,20

Es ist fraglich, ob Guitermanit erhalten wurde.

Anhang. R. H. Solly beschrieb ein Bleimineral, welches chemisch dem Rathit entspricht, während die Winkelverhältnisse dem Dufrénoysit entsprechen. Wahrscheinlich ist dieses Mineral identisch mit dem S. 431 aufgeführten Wilshireit (Rathit α). Dieses Mineral kommt mit Rathit, Liveingit, Baumhauerit und Seligmannit im Binnental vor (siehe bei Rathit). Die Analyse ergab:

Fe	0,21
Cu	0,10
Ag	0,76
Tl	0,23
Pb	51,11
As	23,37
Sb	0,74
S	23,22
Unb. Rückst.	0,24
	99,98

Anal. G. T. Prior bei R. H. Solly, Min. Mag. **18**, 360 (1919).

Farbe bleigrau, bildet prismatische Nadeln, Dichte 5,459.

Formel. Die Zusammensetzung entspricht der Formel:

$$3 PbS . As_2S_3 .$$

II. Verbindungen von Antimon oder Wismut und Schwefel mit Blei.

Federerze.

Von **M. Henglein** (Karlsruhe).

Als „Federerz" bezeichnet man eine Anzahl faseriger Schwefelantimonmineralien und zwar meist bleihaltige. Nach L. J. Spencer[2]) können Federerze entweder Antimonit oder Jamesonit, Plumosit, Zinckenit, Boulangerit, Meneghinit sein. Sehen wir von Antimonit ab, so haben wir folgende Verbindungen:

[1]) H. Sommerlad, Z. anorg. Chem. **18**, 446 (1898).
[2]) L. J. Spencer, Min. Mag. **14**, 207 (1907).

Zinckenit	$PbS . Sb_2S_3$
Jamesonit	$7(Pb, Fe)S . Sb_2S_3$
Plumosit	$2PbS . Sb_2S_3$
Boulangerit . . .	$5PbS . Sb_2S_3$
Meneghinit . . .	$4PbS . Sb_2S_3$

Von diesen ist Jamesonit spröde wegen einer transversalen (basalen) Spaltrichtung; das biegsame Federerz kann eines der vier anderen Bleisulfantimonite sein. Durch die Arbeiten der englischen und amerikanischen Mineralogen sind in den letzten 20 Jahren unsere Kenntnisse über die schwierige Gruppe der Sulfosalze derart gefördert worden, daß nachstehend auch die Bleisulfantimonite besser definiert werden können, als bisher in Sammelwerken geschehen.

Jamesonit.

Synonyma: Sprödes Federerz, haarförmiges Grauspießglanzerz, Strahlantimonglanz, Querspießglanz, Bleiantimonit, axotomer Antimonglanz, Chalybinglanz.

Kristallsystem monoklin; $a:b:c = 0,8316:1:0,4260$, $\beta = 91^0 24\frac{1}{2}'$ nach F. Slavík.[1]) 0,9223 : 1 : 0,5218 nach S. P. Stevanovíc.[2])

Analysen.

	1.	2.	3.	4.	5.	6.
δ	5,560	—	—	5,616	—	5,601
Fe	2,30	2,65	2,96	3,63	nicht best.	2,99
Cu	0,13	0,19	0,21	—	—	1,78
Zn	—	—	—	0,42	0,36	0,35
Pb	40,75	39,45	40,35	39,97	40,13	40,82
Ag	—	—	—	—	—	1,48
Bi	—	—	—	1,05	—	0,22
Sb	34,40	34,90	33,47	32,62	33,03	33,10
S	22,15	22,53	[23,01]	21,78	21,52	18,59
	99,73	99,72	100,00	99,47	95,04	99,33

1. bis 3. Von Cornwall; anal. H. Rose, Pogg. Ann. **8**, 99 (1826); **15**, 470 (1829). — Bei Anal. 3 ist Schwefel aus der Differenz berechnet.

4. bis 5. Von Valencia d'Alcantara in Estremadura (Spanien); dickstengelig verworren durcheinander gewachsen; anal. Graf Schaffgotsch, Pogg. Ann. **38**, 403 (1836).

6. Von Aranyidka (Ungarn) mit Antimonit und Berthierit; anal. A. Löwe bei W. Haidinger, Ber. Mit. Nat. **1**, 63 (1847).

	7.	8.	9.	10.	11.	12.
δ . . .	—	5,700	—	5,540	—	—
Fe . . .	2,91	2,93	1,35	2,00	2,62	6,58
Cu . . .	1,03	0,56	—	3,45	—	—
Zn . . .	—	—	—	0,62	5,07	—
Pb . . .	44,00	44,32	47,17	39,05	36,78	39,04
Ag . . .	—	—	—	1,34	—	—
As . . .	—	—	Spur	0,20	—	—
Sb . . .	[31,54]	31,96	30,81	32,00	32,89	32,98
S. . . .	20,52	20,23	20,21	21,75	22,18	21,72
SiO_2. . .	—	—	—	—	0,74	—
	100,00	100,00	99,54	100,41	100,28	100,32

[1]) F. Slavík, ZB. Min. etc. **10**, (1914).

[2]) S. P. Stevanovíc, Ann. géol. de la penins. balkanique **7**, 1 (1922). — Als rhombisch aufgefaßt.

7. Von Wolfsberg i. Harz; anal. Poselger bei C. F. Rammelsberg, Pogg. Ann. **77**, 240 (1849). — Sb aus der Differenz bestimmt.

8. Vom Alexius-Erbstollen im Selketal bei Mägdesprung i. Harz, faserig; anal. C. F. Rammelsberg, Pogg. Ann. **77**, 240 (1849); Mineralchem. 1875, 92. — Nach Abzug von 8,7% Zinkblende.

9. Vom Eusebi-Gang in Přibram, faserig; anal. F. Bořicky, Sitzber. Wiener Ak. **56**, 37 (1867).

10. Von der Sierra de los Angelos (Argentinien), parallelfaserig und gröber stengelig; anal. Siewert bei A. Stelzner, Tsch. min. Mit. 1873, 248.

11. Von Sevier Co. (Arkansas); anal. F. P. Dunnington, Am. Assoc. 1877, 184.

12. Von Grube Los Angelos, Portugalete bei Tazna (Bolivien), feinfaseriges Gewebe; anal. Kiepenheuer bei G. vom Rath, Niederrh. Ges. Bonn 1879, 80.

	13.	14.	15.	16.	17.
δ	—	5,467	5,20	—	5,519
Fe	2,42	5,16	3,43	2,53	2,76
Cu	1,54	—	—	0,01	0,26
Zn	5,72	—	—	—	—
Pb	37,08	38,49	40,39	38,44	41,18
Ag	2,12	—	—	0,22	0,01
Bi	1,06	—	—	0,01	—
As	—	—	0,39	—	—
Sb	28,84	34,03	34,02	35,06	34,53
S	21,22	22,31	21,66	22,07	20,52
SiO_2	—	—	—	1,58	—
	100,00	99,99	99,89	99,92	99,26

13. Von Grube Dolores bei der Punta de Cayan (Peru); anal. A. Raimonti-Martinet, Min. Peru 1878, 166, 192.

14. Von Huelva (Spanien), blätterig; anal. F. A. Genth, Am. Chem. Soc. **1**, 325 (1879).

15. Von Wiltau in Tirol; anal. Sarlay bei A. Pichler, Tsch. min. Mit. 1877, 355.

16. Ebendaher; anal. Ch. E. Wait, Trans. Am. Min. Engin. **8**, 51 (1880).

17. bis 18. Vom Cerro de Ulrina, östl. Huanchaca, Potosí (Bolivien), Kristallbüschel zwischen Pyrit; anal. G. T. Prior bei L. J. Spencer, Min. Mag. **14**, 313 (1907); Ref. N. JB. Min. etc. II, 336 (1908).

	18.	19.	20.
δ	5,546	—	5,480
Fe	2,79	2,65	3,62
Mn	—	0,12	—
Cu	0,22	Spur	0,25
Zn	—	0,10	—
Pb	40,08	39,38	40,21
Ag	0,13	—	0,0579
Au	—	—	0,0001
Sb	34,70	35,80	34,22
S	21,37	21,59	21,27
Unlöslich	—	0,50	—
	99,29	100,14	99,6280

19. Von Felsöbánya (Ungarn), stahlgraue Fasern, verfilzt; anal. J. Loczka, Ann. Musei nat. Hung. **6**, 586 (1908); Z. Kryst. **48**, 564 (1911), als Plumosit bezeichnet.

20. Von Campiglia Soana in Bezirk Jorea; anal. V. Novarese, Boll. R. Com. Geol. It. **23**, 319 (1902). Ref. Z. Kryst. **40**, 293 (1905). Soll ein Gemenge von Boulangerit und Berthierit sein.

Formel. Die Gehalte an Cu, Zn, Ag, Bi sind im allgemeinen niedrig und rühren sehr wahrscheinlich von Verunreinigungen her. Doch hält es W. T. Schaller für möglich, daß sie Blei (bzw. Bi das Antimon) vertreten und nicht das Eisen. Die einzige Analyse, welche an gemessenen Kristallen ausgeführt wurde, ist die von G. T. Prior (Nr. 17). Nach L. J. Spencer[1]) ist die wahrscheinlichste Formel für den Jamesonit 7(Pb$\frac{4}{5}$, Fe$\frac{1}{5}$)S . 4 Sb_2S_3. Sie kommt nach W. T. Schaller[2]) der einfachen $Pb_4FeSb_6S_{14}$ = 4 PbS . FeS . 3 Sb_2S_3 so nahe, daß diese mit zwingender Notwendigkeit angewandt werden muß. Das Eisen ist mit einem nahezu feststehenden Betrag (2—3 %) zugegen.

Auch V. Novarese[3]) stellt fest, daß das Eisen nicht als Verunreinigung vorhanden ist; er nimmt aber ein Gemenge von 71,94 % Boulangerit und 27,28 % Berthierit an. Doch stimmt die Analyse auffallend mit den übrigen überein und es besteht kein Grund, ein Gemenge anzunehmen, falls solches aus anderen Gründen nicht gerechtfertigt ist.

Lötrohrverhalten. Im geschlossenen Rohr ein schwaches, kirschrotes Sublimat von Antimonoxysulfuret; im offenen Rohr schwefelige Säure und Sublimat von flüchtigem Antimonoxyd neben antimonsaurem Antimonoxyd und Bleisulfat in der Nähe der Probe. Auf Kohle leicht schmelzbar, Antimonoxyd- und Bleioxydbeschlag. Eisen nur auf nassem Wege mit Sicherheit nachweisbar. Jamesonit wird durch heiße Salzsäure zersetzt.

Physikalische Eigenschaften.

Jamesonit hat grau- bis eisenschwarze Farbe. Nach J. L. C. Schroeder van der Kolk[4]) ist die Hauptfarbe des Striches gelblichbraun. Die Reflexionsfarbe unter dem Metallmikroskop ist grauweiß.

Die Härte ist 2½.

Die Dichte liegt zwischen 5,5 und 5,6. Die Kontraktionskonstante ist nach J. J. Saslawsky[5]) 0,97—0,95.

Jamesonit spaltet ausgezeichnet nach der Basis, so daß nahezu die rhombische Symmetrie hervortritt.

Synthese siehe Plumosit.

Paragenesis.

Jamesonit findet sich auf Erzgängen des Harzes, Erzgebirges, in Siebenbürgen, Cornwall und anderen Gegenden mit Eisenkies, Bleiglanz, Zinkblende, Fahlerz, Antimonit und anderen Bleisulfosalzen meist in Drusen von Quarz, Siderit, Dolomit, Manganspat oder Kalkspat. Im Dürrerz vom Příbram ist Federerz sehr häufig, bisweilen häufiger als der Bleiglanz und bildet meist zierliche gitter- und netzartige Aggregate, die manchmal in Quarzkristallen zonar angeordnet sind. Vielleicht ist es auch nach A. Hofmann und F. Slavík[6]) zum Boulangerit zu stellen. Doch scheint F. Slavík[7]) den Jamesonit als selbständiges Mineral anzuerkennen.

---

[1]) L. J. Spencer, Min. Mag. **14**, 308 (1907).
[2]) W. T. Schaller, Z. Kryst. **48**, 563 (1911).
[3]) V. Novarese, Z. Kryst. **40**, 293 (1905).
[4]) J. L. C. Schroeder van der Kolk, Z. Kryst. **37**, 654 (1903).
[5]) J. J. Saslawsky, Z. Kryst. **59**, 204 (1924).
[6]) A. Hofmann u. F. Slavík, Abh. böhm. Ak. Nr. 27 (1910); deutsch im Bull. int. der Ak. 1910. Ref. in N. JB. Min. etc. II, 351 (1911).
[7]) F. Slavík, ZB. Min. etc. 1914, 8.

Die Federerze scheinen, wie mir auch Herr W. Maucher aus seinen Beobachtungen bestätigt, alle der Phase der älteren Sulfosalze anzugehören. Sie sitzen vielfach auf Siderit I und Dolomit I, mit dem sie etwa gleichaltrig sind. Auch Quarz IIIc ist ein typisches Leitmineral für die Federerze.

Die nadeligen Kristalle des Jamesonits laufen oft bunt an und verwittern zu Antimonocker.

Plumosit.

Synonyma: Biegsames Federerz, plumites,

Kristallsystem wahrscheinlich rhombisch.

	1.	2.	3.	4.	5.
δ	5,697	6,030	—	—	—
Fe	Spur	0,05	0,53	—	—
Cu	—	1,55	—	—	—
Pb	50,03	43,86	49,74	50,57	50,36
Ag	—	6,14	—	—	—
Sb	31,62	29,26	28,53	29,49	29,51
S	19,44	19,06	19,84	19,91	20,15
	101,09	99,92	98,64	99,97	100,02

1. Von Wolfsberg i. Harz, dicht; anal. Michels bei C. F. Rammelsberg, Mineralchem. 1869, 71.
2. Von der Sheba Mine bei Star City (Nevada); derb stengelig mit Fahlerz, Blende und Quarz; anal. Burton, Am. Journ. Sc. **45**, 36 (1868).
3. Von Schwenda bei Wolfsberg i. H. mit Gersdorffit; anal. Baumert bei O. Luedecke, Min. Harz 1896, 127.
4. bis 5. Von der Caspari-Zeche bei Arnsberg i. Westfalen mit Bleiglanz; anal. C. Guillemain, Diss. Breslau 1898. Ref. in Z. Kryst. **33**, 74 (1900). In Anal. 4 Kristalle, in 5 derbe Masse.

	6.	7.	8.
Pb	50,32	51,71	50,84
Sb	30,04	29,03	29,46
S	19,69	19,91	19,70
	100,05	99,97	100,00

6. Von Wolfsberg i. H. (Federerz); anal. Derselbe, ebenda.
7. Federerz von Bräunsdorf i. Sachsen, graugrün etwas zersetzt; anal. Derselbe, ebenda.
8. Theoretische Zusammensetzung.

Formel. Rechnet man in Analyse 2 das Silber dem Blei zu, so stimmt auch diese Analyse mit den anderen und der theoretischen Zusammensetzung überein. Die Formel ist $Pb_2Sb_2S_5 = 2PbS.Sb_2S_3$.

Das von J. Loczka[1]) analysierte, als Plumosit bezeichnete Mineral ist nach L. J. Spencer[2]) und W. T. Schaller[3]) Jamesonit (Analyse 19, S. 435).

Lötrohrverhalten dasselbe wie bei Jamesonit.

Abgesehen von der Biegsamkeit stimmen die physikalischen Eigenschaften nach den bisherigen Angaben so ziemlich mit denen des Jamesonits überein.

[1]) J. Loczka, Ann. musei nat. Hung. **6**, 586 (1908).
[2]) L. J. Spencer, Journ. chem. Soc. **96**, 153 (1909).
[3]) W. T. Schaller, Z. Kryst. **48**, 564 (1911).

Synthese.

Durch Einwirkung von Schwefelwasserstoffgas auf ein Gemenge von Antimon, bzw. Antimonoxyd und Chlorblei erhielt C. Doelter[1]) bei 200—400° die Verbindung $2PbS.Sb_2S_3$. Die für Federerz charakteristische feinfaserige Struktur zeigte sich nur im mittleren Teile der Röhre. Am äußersten Ende entstand ein Gemenge von Federerz und Antimonit. Am entgegengesetzten Ende entstand am Anfang der Erhitzung ein Gemenge von Bleiglanz und Antimonit. Auch das natürliche Vorkommen ist stets mit Bleiglanz gemengt. Die reinen Partien zeigten auf den Bruchflächen ein stengeliges Gefüge, auf der Oberfläche mehr federerzartig. Die Farbe ist stahl- bis bleigrau, die Härte über 2; die Dichte 5,5 ist geringer als beim natürlichen Mineral.

H. Sommerlad[2]) erhielt durch Einwirken von Chlorblei auf Antimontrisulfid bei hoher Temperatur eine feinfaserige Schmelze, deren Strich und Pulver schwarzgrau und Dichte 5,832 war (Analyse 1). Ein aus Schwefelblei und Schwefelantimon gewonnenes ähnliches Schmelzprodukt hat nach H. Sommerlad die Dichte 5,75 und die Zusammensetzung der Analyse 2.

Fig. 40.

	1.	2.
Pb	51,01	50,53
Sb	29,45	29,38
S	19,24	19,44
	99,70	99,55

Von F. Ducatte[3]) und J. Rondet[4]) wird die Richtigkeit dieser Herstellung aus Sb_2S_3 und $PbCl_2$ bezweifelt.

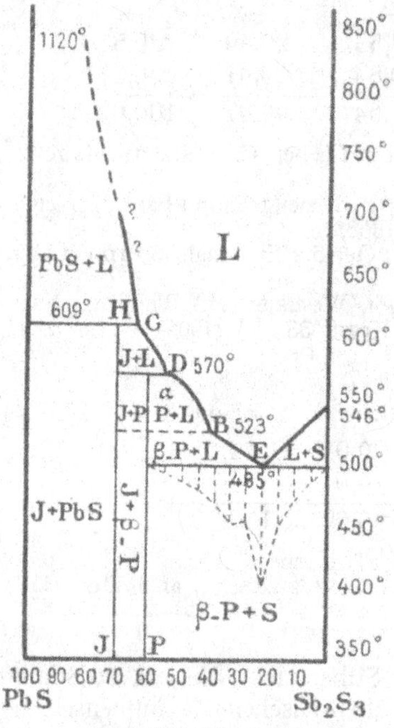

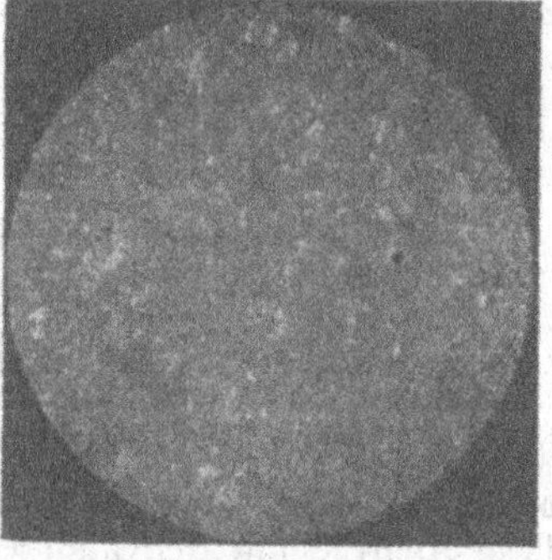

Fig. 41.

Das binäre System Bleisulfid-Antimonsulfid wurde von F. M. Jaeger und H. S. van Klooster[5]) untersucht. Eine Schmelze von 10 g wurde in kleinen Öfen aus Nickeldraht erhitzt. Die Versuche wurden dreimal in einer Kohlen-

[1]) C. Doelter, Z. Kryst. **11**, 40 (1885).
[2]) H. Sommerlad, Z. anorg. Chem. **18**, 438 (1898).
[3]) F. Ducatte, Thèse, Univ. Paris 1902.
[4]) J. Rondet, ebenda 1904.
[5]) F. M. Jaeger u. H. S. van Klooster, Z. anorg. Chem. **78**, 259 (1912).

säureatmosphäre wiederholt. Die Dichte des künstlichen Plumosits ist bei 15° C 5,68. Die Übergangstemperatur liegt bei 609° (siehe Diagramm S. 438). Das mikroskopische Bild der angeäzten Schmelze in Fig. 41 ist fast homogener Plumosit. Eine Andeutung etwaiger Mischkristallbildung wurde bei den Schmelzversuchen nicht gefunden. Auch K. Wagemann[1]) erhielt bei der Untersuchung des Systems $PbS—Sb_2S_3$ die Verbindung $2PbS.Sb_2S_3$.

Vorkommen. Es gilt das beim Jamesonit Gesagte.

Heteromorphit.

Kristallsystem: monoklin; Achsenverhältnis und Winkel β liegen zwischen denen von Plagionit und Semseyit.

Synonym: Federerz.

Analysen.

	1.	2.	3.	4.	5.
Fe . . .	1,30	0,26	0,94	—	—
Cu . . .	—	1,11	1,25	2,00	—
Zn . . .	0,08	1,08	1,74	0,21	—
Pb . . .	46,87	47,68	43,38	49,31	48,48
Sb . . .	31,04	30,19	32,16	29,24	32,98
S	19,72	18,39	20,53	19,25	20,32
	99,01	98,71	100,00	100,01	101,78

1. Von Wolfsberg (i. H.), haarförmig; anal. H. Rose, Pogg. Ann. **15**, 471 (1829).
2. bis 4. Von Bottino (Toscana), haarförmig und nadelig; anal. E. Bechi, Am. Journ. **14**, 60 (1852).
5. Von Wolfsberg; anal. C. F. Rammelsberg, Mineralchem. (1860), 71.

	6.	7.	8.	9.
δ . . .	5,6–5,73	—	—	—
Fe . . .	0,60	—	—	—
Cu . . .	—	—	—	0,10
Zn . . .	—	—	—	0,18
Pb . . .	47,86	48,25	49,49	48,89
Sb . . .	31,20	31,23	30,73	31,08
S . . .	19,90	20,32	19,68	19,36
	99,56	99,80	99,90	99,61

6. Von Arnsberg (Westfalen), mit Antimonglanz; anal. F. Pisani, C. R. **83**, 747 (1876).
7. und 8. Von Wolfsberg (i. H.); anal. C. Guillemain, Diss. Breslau (1898), 22. Ref. Z. Kryst. **33**, 74 (1900).
9. Von Arnsberg (Westfalen); anal. G. T. Prior bei L. J. Spencer, Min. Soc. Lond. **12**, 60 (1899).

Das Erz von Arnsberg hatte F. Pisani als Blei-Antimonit bezeichnet.

Formel.

C. F. Rammelsberg[2]) hat einige Analysen berechnet, und zwar berechnete er den Schwefel:

---

[1]) K. Wagemann, Metallurgie **9**, 518 (1912).
[2]) C. F. Rammelsberg, Min.-Chem. 1875, 92.

Analytiker	
E. Becchi	1 : 1,4
H. Rose	1 : 1,5
Michels (Plumosit) .	1 : 1,6
C. F. Rammelsberg .	1 : 1,45

H. Rose hatte die Formel $3PbS . Sb_2S_3$ aufgestellt, für das Vorkommen von Cornwall und für das von Wolfsberg:

$$2PbS . Sb_2S_3 .$$

C. F. Rammelsberg hält den Heteromorphit nur für eine Abänderung des Jamesonits.

L. J. Spencer[1]) berechnete die Analyse von G. T. Prior, sie ergibt:

$$Pb : Sb : S = 11 : 12{,}02 : 22{,}10 .$$

Daraus ergibt sich die Formel:

$$11 PbS . 6 Sb_2S_3 .$$

F. Zambonini[2]) stellt folgende Formeln auf:

Heteromorphit von Arnsberg	(F. Pisani)	$1{,}78 PbS . Sb_2S_3$
" " "	(G. T. Prior)	$1{,}82 PbS . Sb_2S_3$
" " "	(C. Guillemain)	$2 PbS . Sb_2S_3$

Die drei Mineralien Heteromorphit, Semseyit und Plagionit sind Mischkristalle von $5PbS . 3Sb_2S_3$ und $5PbS . 2Sb_2S_3$.

Nach F. Zambonini wäre daher der Name Heteromorphit als ein Zwischenglied überflüssig.

Die Dichte ist 5,73, die Härte 2—3.

Über Vorkommen gilt dasselbe wie beim Jamesonit und Plagionit.

Zundererz.

Synonyma: Bergzunder, Lumpenerz.

Als Zundererz wird ein biegsames zartfilziges, „pappelrosenschwarzes“ und ein lichtes, schmutzig-kirschrotes Mineral bezeichnet, das ursprünglich zum Kermesit, später zum Jamesonit gestellt wurde, welches aber als Gemenge kein selbständiges Mineral ist.

Analysen.

	1.	2.
Fe	4,52	1,66
Cu	—	0,58
Pb	43,06	33,41
Ag	2,56	0,05
Sb	16,88	36,81
As	12,60	—
S	19,57	27,49
	99,19	100,00

[1]) L. J. Spencer, Min. Soc. Lond. **12**, 65 (1899).

[2]) F. Zambonini, Riv. di Mineral. e Cristall. ital. **41**, 338 (1912). Ref. Z. Kryst. **55**, 386 (1916).

1. Dunkles Zundererz von Grube Katharina Neufang zu Andreasberg (Harz); anal. Bornträger, Journ. prakt. Chem. **36**, 40 (1845).
2. Von Claustal; anal. Rösing, Z. Dtsch. geol. Ges. **30**, 527 (1878).

Im Zundererz von Neufang liegt ein Gemenge von Federerz und Rotgülden, in dem von Claustal ein Zersetzungsprodukt vor. Das Zundererz von Wolfsberg ist nach O. Luedecke[1]) Antimonit oder Jamesonit; das von Grube Carolina bei Claustal ist unter dem Mikroskop ein filziges Gewebe von undurchsichtigen Fäserchen ohne Beimengungen. O. Luedecke hält es für ein wahrscheinlich einheitliches Mineral.

Pfaffit (Bleischimmer).

Es ist sehr zweifelhaft, ob im Pfaffit ein selbständiges Mineral vorliegt. Es wird anhangsweise in der Literatur teilweise zum Jamesonit, teils auch zum Bleiglanz gestellt. Wahrscheinlich liegt ein Gemenge von Bleiglanz mit Antimonocker vor.

Analysen.

	1.	2.
δ	5,95	—
Pb	43,44	63,61
As	3,56	—
Sb	35,47	23,44
S	17,20	12,54
	99,67	99,59

1. Derbes Erz von Nertschinsk; anal. Pfaff, Journ. chem. Soc. **27**, 1 (1819).
2. Von Semipaliatinsk (Sibirien); anal. J. Antipow, Russ. min. Ges. **28**, 275 (1891).

Warrenit.

Synonyma: Domingit, Mineralwolle.

Kristallsystem unbekannt; nadelige Kristalle; wollige Massen.

Analysen.

	1.	2.	3.
Fe	1,77	—	—
Pb	39,33	45,08	44,69
Sb	36,34	34,25	34,53
S	21,19	20,76	20,78
Unlöslich	0,52	—	—
	99,15	100,09	100,00

1. Warrenit von der Domingo Mine in Gunnison Co. (Colorado) in Hohlräumen eines zersetzten kieseligen Gesteins mit Kalkspat; anal. S. G. Eakins, Am. Journ. Sc. **36**, 450 (1888).
2. Analyse von künstlichem Warrenit; anal. H. Sommerlad, Z. anorg. Chem. **18**, 140 (1898).
3. Theoretische Zusammensetzung.

---

[1]) O. Luedecke, N. Jahrb. f. Min. **2**, 117 (1883).

Formel. Aus Analyse 1 wurde von S. G. Eakins[1]) die Formel $4PbS.2Sb_2S_3$ abgeleitet; beim Vergleich mit der berechneten Analyse ist aber keine gute Übereinstimmung zu erkennen. L. J. Spencer[2]) vereinigt den Warrenit mit Jamesonit, da die Analysenwerte mit seiner neuen Jamesonitformel gut übereinstimmen und die Nadeln spröde sind. W. T. Schaller[3]) stellte fest, daß der Warrenit sowohl aus spröden, als auch aus biegsamen Nadeln besteht. Es liegt kein einheitliches Mineral, sondern eine Mischung von etwa 2 Teilen Jamesonit und 3 Teilen Zinckenit vor.

W. T. Schaller demonstriert seine Behauptung an der Analyse von S. G. Eakins, indem er das Molekularverhältnis berechnet.

	Verhältniszahlen der Analyse		Jamesonit		Zinckenit		
Pb	190	=	128	+	62	oder	1,17
Fe	32		32		—	„	—
Sb	302		196		106	„	2,00
S	661		448		213	„	4,02

Die letzte Kolonne führt zu der Zinckenitformel: $PbS.Sb_2S_3$.

Synthese. Die durch Zusammenschmelzen von Chlorblei und Schwefelantimon von H. Sommerlad[4]) erhaltene dunkelgraue Schmelze (Anal. 2) zeigt auf dem Bruche lange, strahlenförmig angeordnete Kristallnadeln und hat die Dichte 5,632. Das durch Zusammenschmelzen von Schwefelblei und Schwefelantimon erhaltene Produkt hat radialfaserige Struktur und die Dichte 5,602. Die Schmelzen sind nicht Warrenit, da dieser ja kein einheitliches Mineral ist.

Über physikalische Eigenschaften ist nichts Näheres bekannt. Lötrohrverhalten wie Plumosit. Das Warrenit genannte Mineralgemenge ist in heißer Salzsäure löslich unter Entwicklung von Schwefelwasserstoff.

Boulangerit.

Synonyma: Epiboulangerit, Embrithit, Plumbostib, Plumbostibit, Antimonbleiblende, Federerz, Mullanit.

Kristallklasse: Rhombisch-bipyramidal; $a:b:c = 0,5527:1:0,7478$.

Chemisch-physikalische Eigenschaften.

Ältere Analysen.

	1a.	1b.	2.	3.	4.	5.	6.
δ . .	—	—	—	—	5,690	5,831	—
Fe . .	1,1	1,20	—	—	1,78	—	0,59
Cu . .	0,8	0,90	—	—	—	—	—
Pb . .	49,0	53,90	55,57	56,288	53,87	55,60	54,74
Ag . .	—	—	—	—	0,05	—	—
Sb . .	23,2	25,50	24,60	25,037	23,66	25,40	24,50
S . .	16,9	18,50	18,86	18,215	19,11	19,05	18,88
Quarz .	0,6	—	—	—	—	—	—
FeS_2 .	5,6	—	—	—	—	—	—
	97,2	100,00	99,03	99,540	98,47	100,05	98,71

[1]) S. G. Eakins, Am. Journ. Sc. **36**, 450 (1888).
[2]) L. J. Spencer, Min. Mag. **14**, 207 (1907).
[3]) W. T. Schaller, Z. Kryst. **48**, 565 (1911).
[4]) H. Sommerlad, Z. anorg. Chem. **18**, 440 (1898).

1a. und 1b. Boulangerit von Molières bei le Vigan (Dep. Gard); kristallinisch mit faserigem Bruch; anal. C. Boulanger, Ann. mines **7**, 575 (1835). — 1b nach Abzug von FeS_2 und Quarz auf 100 umgerechnet.

2. Faserige Massen von Nasafjeld (Lappland); anal. M. C. J. Thaulow, Pogg. Ann. **41**, 216 (1837).

3. Faserig mit Antimonit, Pyrit, Arsenkies von Nertschinsk (Sibirien); anal. C. Bromeis bei J. F. L. Hausmann, Pogg. Ann. **46**, 281 (1839).

4. Ebendaher; anal. Brüel, ebenda **48**, 550 (1839).

5. und 6. Von Oberlahr bei Altenkirchen (Bez. Coblenz); anal. Abendroth bei C. F. Rammelsberg, ebenda **47**, 493 (1839).

	7.	8.	9.	10.	11.	12.
δ . . .	—	—	—	—	5,910	5,750
Fe . . .	—	0,73	0,35	0,23	Spur	Spur
Cu . . .	—	1,31	1,24	1,25	—	—
Zn . . .	—	1,00	1,41	0,09	—	—
Pb . . .	55,15	57,42	53,15	55,39	54,32	54,32
Sb . . .	25,94	23,98	26,08	26,74	24,46	26,81
S . . .	18,91	17,74	17,99	17,82	19,77	18,74
	100,00	102,18	100,22	101,52	98,55	100,00

7. Faserige, schwarze Massen von der Jost-Christian-Zeche bei Wolfsberg (Harz); anal. C. F. Rammelsberg, Pogg. Ann. **68**, 509 (1846). — Sb aus der Differenz bestimmt.

8. bis 10. Von Stazzema zu Bottino, Prov. Lucca (Italien) mit Jamesonit und Meneghinit; anal. E. Bechi, Rapp. Esp. Firenze 1850 und Am. Journ. **14**, 60 (1852).

11. Dichter und 12. faseriger Boulangerit vom Eusebi-Gang bei Přibram; anal. F. Bořický bei V. v. Zepharovich, Sitzber. Wiener Ak. **56**, 32 (1867).

	13.	14.	15.	16.	17.	18.
δ . . .	5,877	5,809	5,690	6,08	—	—
Fe . . .	0,84	1,46 }	0,08	0,57	1,35	Spur
Mn . . .	—	— }		—	—	—
Cu . . .	—	—	0,22	—	—	—
Zn . . .	0,47	—	—	—	0,34	—
Pb . . .	57,69	55,06	55,96	58,13	57,28	57,42
Ag . . .	0,25	—	0,84	—	0,06	—
Sb . . .	21,87	24,31	24,17	22,81	22,91	25,11
S . . .	18,89	18,64	18,47	17,60	17,95	17,74
	100,01	99,47	99,74	99,11	99,89	100,27

13. bis 19. Vom Alberti-Gang bei Přibram; anal. F. Bořický bei V. v. Zepharovich, Sitzber. Wiener Ak. **56**, 32 (1867) und zwar 13. mit Zinkblende, 14. mit Bleiglanz, 15. und 16. faserig, 17. und 18. haarförmig oder filzig mit Quarz und Kalkspat, 19. nadelig mit Quarz; vgl. R. Helmhacker, Bg.- u. hüttmän. Jahrb. **13**, 377.

	19.	20.	21.	22.	23.
δ . . .	5,520	—	5,935	—	5,835
Fe . . .	3,47	0,42	—	—	2,13
Pb . . .	48,38	54,82	55,82	56,14	58,73
Ag . . .	—	Spur	—	—	—
Sb . . .	27,72	26,85	22,93	25,65	20,96
S . . .	20,49	17,91	18,62	18,51	18,51
	100,06	100,00	97,37	100,30	100,33

20. Nadelige Kristalle in weißem Quarz von der Mina Marroneña im Ecko Distrikt (Nevàda); anal. F. A. Genth, Am. Journ. **45**, 360 (1868).

21. und 22. Von Grube Silbersand bei Mayen; anal. G. vom Rath, Pogg. Ann. **136**, 431 (1869); Niederrhein. Ges. Bonn (1869), 28.

23. Boulangerit von Grube Bergmannstrost zu Altenberg (Schlesien); anal. M. Websky, Z. Dtsch. geol. Ges. **21**, 751 (1896). Das Blei ist nach M. Webskys Angaben zu hoch bestimmt.

Neuere Analysen.

	24.	25.	26.	27.	28.	29.
δ . . .	6,320	6,120	6,222	—	6,185	—
Fe . . .	—	—	—	Spur	—	—
Cu . . .	0,80	0,88	0,88	—	—	—
Zn . . .	—	—	—	—	0,06	—
Pb . . .	59,30	59,64	59,44	58,62	55,22	57,23
Sb . . .	21,47	19,49	21,48	23,31	25,54	23,82
S . . .	18,08	18,04	18,14	18,19	18,91	18,23
Unlöslich .	—	—	—	—	0,23	—
	99,65	98,05	99,94	100,12	99,96	99,28

24. Embrithit und 25. und 26. Plumbostib von der Agatschinski-Grube bei Nertschinsk (Sibirien); anal. A. Frenzel, Journ. prakt. Chem. **2**, 360 (1870).

27. Boulangerit von Grube Hermann Wilhelm bei Westfalen; anal. T. Haege, Min. Sieg. (1887), 34.

28. Kristalle von Sala (Schweden); anal. R. Mauzelius bei Hj. Sjögreen, Geol. För. Förh. **19**, 153 (1897).

29. Von Betzdorf an der Sieg, derb und feinkörnig; anal. C. Guillemain, Diss. Breslau 1898. Ref. Z. Kryst. **33**, 74 (1909).

	30.	31.	32.	33.	34.
Cu . . .	2,42	2,34	—	—	—
Pb . . .	63,73	66,06	58,58	59,01	54,44
Sb . . .	16,26	14,63	22,69	22,76	24,55
S . . .	17,53	16,83	18,76	18,22	18,98
Unlöslich .	—	—	—	—	1,50
	99,94	99,86	100,03	99,99	99,47

30. und 31. Boulangerit mit Bleiglanz, der den Braunspat durchsetzt, von Grube Bergmannstrost bei Altenberg (Schlesien); anal. C. Guillemain, ebenda. — Der hohe Bleigehalt deutet auf starke Verunreinigung durch Bleiglanz.

32. Feinkörniger, silberweißer bis stahlgrauer Boulangerit von Ober-Lahr bei Linz (Rhein); anal. derselbe, ebenda.

33. Sehr feinkörniger Boulangerit von St. Antonio (Californien); anal. Derselbe, ebenda.

34. Dichter Boulangerit von Oberlahr; anal. E. V. Shannon, Proc. Nat. Mus. **58**, 589 (1921). Ref. N. JB. Min. etc. II, 28 (1923).

	35.	36.	37.	38.	39.	40.
δ . .	6,407	6,274	—	—	—	—
Pb . .	53,23	55,05	55,52	53,79	54,34	55,08
Ag . .	—	—	Spur	Spur	Spur	—
Fe . .	1,47	Spur	0,43	0,41	0,47	Spur
Sb . .	24,67	25,71	23,63	23,83	25,33	24,38
As . .	0,64	0,25	1,06	0,12	—	—
S . . .	18,11	18,82	19,36	18,11	18,51	18,65
Unlösl. .	—	—	—	3,58	0,36	1,10
	98,12	99,83	100,00	99,84	99,01	99,21

35. Von der Gold Hunter-Grube, Mullan, Idaho im Coeur d'Alene-Distrikt; anal. E. V. Shannon, Proc. Nat. Mus. **58**, 589 (1921). — Als Mullanit und neues Mineral beschrieben N. JB. Min. etc. II, 144 (1921).

36. Von der Iron Mountain-Grube, Superior (Montana); anal. Derselbe, ebenda.

37. Von der North Star-Grube, Wood River-Distrikt, Blaine Co. (Idaho); anal. Derselbe, ebenda. — Seither mit Antimonglanz verwechselt.

38. Von der Independence Mine, Idaho; anal. Derselbe, ebenda.

39. Von Peru, als Überzug auf Zinkblende mit Pyrit, Bleiglanz, Arsenopyrit; anal. Derselbe, ebenda.

40. Von Pržibram; anal. Derselbe, ebenda.

Analysen mit hohem Schwefelgehalt. (M. Webskys Epiboulangerit.)

	41.	42.	43.
δ	6,309	—	6,303
Fe	0,60	0,84	—
Ni	0,20	0,30	—
Zn	0,29	1,32	—
Pb	56,11	54,88	52,74
Sb	20,77	20,23	20,85
S	21,89	21,31	—
	99,86	98,88	

41. und 42. von Grube Bergmannstrost zu Altenberg (Schlesien); anal. M. Websky, Z. Dtsch. geol. Ges. **21**, 749 (1869). Die Dichte dürfte nicht richtig bestimmt sein.

43. Von der Iron Mountain-Mine (Flat Creek, Montana); Teilanalyse von E. V. Shannon, Am. Min. **2**, 131 (1917).

Formel.

C. F. Rammelsberg[1]) berechnete 1875 die damals vorhandenen Analysen.

Fundort	Analytiker	Differenz zwischen gefundenem u. berechnetem Schwefel (Kolonne I) I	II S : Sb + Pb
Wolfsberg	C. F. Rammelsberg	+ 0,18	3 : 2,5
Nasafjeld	Thaulow	+ 0,58	3 : 2,5
Union Co.	F. A. Genth	— 1,36	3 : 2,5
Oberlahr	Abendrot	+ 0,45	3 : 2,58
Mayen	G. vom Rath	— 0,26	3 : 2,6
Nertschinsk	C. Bromeis	+ 0,34	3 : 2,65
Příbram	Bořicky	— 1,02	3 : 2,68
"	"	— 0,62	3 : 2,7
Bottino	Becchi	— 1,69	3 : 2,75
Molières	Boulanger	— 0,78	3 : 2,77
Příbram	Helmhacker	+ 0,07	3 : 2,8
"	Bořicky	— 0,26	3 : 3
Nertschinsk	Bruel.	+ 0,62	3 : 3,1
Příbram	Helmhacker	— 0,86	3 : 3,26
"	"	+ 0,63	3 : 3,37
Nertschinsk Embrithit	A. Frenzel	+ 0,14	3 : 3,3
Grube Bergmannstrost Epiboulangerit	A. Websky	— 0,22	3 : 3,37
Nertschinsk Plumbostibit	A. Frenzel	+ 0,09	3 : 3,33

[1]) C. F. Rammelsberg, Mineralchemie 1875, 97.

C. F. Rammelsberg gibt auf Grund dieser Verhältnisse folgende Formeln an, welche den Proportionen entsprechen:

3 : 2,5, 3 : 3 und 3 : 3,33

$$Pb_5Sb_4S_{11} = 5\,PbS \,.\, 2\,Sb_2S_3$$
$$Pb_3Sb_2S_6 = 3\,PbS \,.\, Sb_2S_3$$
$$Pb_{10}Sb_6S_{19} = 10\,PbS \,.\, 3\,Sb_2S_3$$

Die häufig gebrauchte Formel ist:

$$Pb_5Sb_4S_{11}\,.$$

Nach E. T. Wherry und W. F. Foshag sind Pb und Ag nicht in isomorpher Vertretung, sondern bilden Doppelsalze.

Von den neuen Analysen von E. Shannon[1]) führen die meisten auf

$$5\,PbS \,.\, Sb_2S_3\,.$$

Eine oder höchstens zwei davon auf die Formel:

$$7\,PbS \,.\, 3\,Sb_2S_3\,.$$

C. Guillemain[2]), der in Analyse 30 und 31 dasselbe Vorkommen analysierte, wie M. Websky in 40 und 41, ist der Ansicht, daß auch im **Epiboulangerit** eine Mischung von Boulangerit mit Bleiglanz vorliegt, um so mehr, als die von M. Websky zur Befreiung von Spateisenstein angewandte Behandlung mit Salzsäure wohl einen Teil der Metalle gelöst hat, während Schwefel zurückblieb. Der **Epiboulangerit** ($Pb_3Sb_2S_6$) ist somit kein besonderes Mineral, sondern mit dem Boulangerit zu vereinigen.

Die Analyse 28 von Kristallen von Sala führt auf die Zusammensetzung $Pb_5Sb_4S_{11} = 5\,PbS.2\,Sb_2S_3$, ebenso die meisten älteren Analysen, während einige neuere Analysen auf $Pb_3Sb_2S_6 = 3\,PbS.2\,Sb_2S_3$ führen, welche Formel 58,75 Pb, 23,10 Sb, 18,15 S verlangt. Ob zwei verschiedene Mineralien vorliegen, läßt sich zurzeit nicht entscheiden, da deutliche Kristalle selten analysiert wurden, einerseits Verunreinigungen durch Bleiglanz und Antimonit, andererseits auch Zersetzungserscheinungen festgestellt sind. $Pb_3Sb_2S_6$ wäre das dem Bournonit entsprechende reine Bleisalz; es wird in der Literatur vielfach Plumbostibit als besonderes Mineral bezeichnet.

Dichte. Entsprechend der wechselnden Zusammensetzung ist auch die Dichte verschieden gefunden worden. Sie liegt zwischen 5,7 und 6,3. Die Kontraktionskonstante ist nach J. J. Saslawsky[3]) 0,98—0,95.

Die Härte ist nur wenig über 2.

Spaltbar nach (001) und (010). In dünnsten Nädelchen biegsam, sonst spröde.

Der Strich ist rotbraun ohne gelb, gebrannter Umbra ähnlich.

Lötrohrverhalten wie die andern Federerze. Boulangerit wird von heißer Salzsäure unter Entwicklung von H_2S gelöst.

Synthese.

Boulangerit wurde von C. F. Rammelsberg[4]) durch Erhitzen von aus $Na_3SbS_4 \,.\, 9\,H_2O$ mit Bleiacetat gefälltem Bleisulfantimoniat bei Luftabschluß

---

1) E. V. Shannon, l. c.
2) C. Guillemain, Diss. Breslau 1898. Ref. Z. Kryst. **33**, 74 (1900).
3) J. J. Saslawsky, Z. Kryst. **59**, 209 (1924).
4) C. F. Rammelsberg, Pogg. Ann. **52**, 223 (1841).

erhalten. H. Sommerlad[1]) erhielt aus Schmelzen von Chlorblei und Schwefelantimon ein Schmelzprodukt von stahlgrauer Farbe und grauschwarzem Strich von der Dichte 5,871, das er für Boulangerit hält.

Die Analyse ergab:

	1.	2.
Pb	58,49	58,55
Sb	22,47	22,87
S	18,01	17,84
	98,97	99,26

Ein ganz ähnliches Produkt von der Dichte 5,860 erhielt er durch Zusammenschmelzen von Schwefelblei mit Antimontrisulfid. Auch nach der Methode von C. F. Rammelsberg stellte H. Sommerlad eine gleiche Masse her von der Dichte 5,907 und der Zusammensetzung

Pb . . .	58,85
Sb . . .	21,99
S	18,51
	99,35

Die Herstellung aus Chlorblei und Schwefelantimon hat nach F. Ducatte und J. Rondet[2]) nicht ihre Richtigkeit. F. M. Jaeger und H. S. van Klooster[3]) erhielten aus Sulfidschmelzen von Blei und Antimon nur Jamesonit und Plagionit und schließen daraus, daß die zahlreichen in der Natur gefundenen Mineralien sich aus Lösungen oder Dampfgemischen gebildet haben.

Paragenesis.

Es gilt im allgemeinen das beim Jamesonit Gesagte. Nur erscheint neben den bekannten Gangarten häufiger der Eisenspat, an den sich der Boulangerit mit Vorliebe hält. Auf der Iron Mountain Mine (Montana) findet er sich in Gestalt von Körnchen und feinen Nädelchen in der Gangmasse neben Sphalerit, auch in dichten Massen und Knäulchen in Quarz eingebettet.

Meneghinit.

Kristallsystem: Rhombisch; $a:b:c = 0,5289:1:0,3632$ nach H. A. Miers.[4])

Analysen.

	1.	2.	3.	4.	5.	6.
δ	—	—	6,373	6,360	—	—
Fe	0,35	0,48	0,23	—	0,25	2,63
Cu	3,54	3,41	0,39	1,38	1,56	—
Zn	—	4,94	—	—	—	—
Pb	59,21	52,83	61,47	61,33	60,09	60,37
Sb	19,28	19,29	18,37	19,60	19,11	19,50
S.	17,52	19,05	16,97	17,04	18,22	16,98
Unlöslich . .	—	—	0,82	—	—	—
	99,90	100,00	98,25	99,35	99,23	99,48

[1]) H. Sommerlad, Z. anorg. Chem. **18**, 439 (1898).
[2]) J. Rondet, Thèse, Univ. Paris 1904.
[3]) F. M. Jaeger und H. S. van Klooster, Z. anorg. Chem. **78**, 263 (1912).
[4]) H. A. Miers, Min. Soc. Lond. **5**, 325 (1883). Z. Kryst. **9**, 291 (1885).

1. bis 3. Von der Grube Bottino (Toscana); anal. 1. und 2. von E. Bechi, Am. Journ. **14**, 60 (1852); 3. von G. vom Rath, Pogg. Ann. **132**, 377 (1867).

4. und 5. Vom Beilsteinlager am Ochsenkopf bei Schwarzenberg (Sachsen), derb im Smirgel; anal. A. Frenzel, Pogg. Ann. **141**, 443 (1870).

6. Von Bottino (Toscana); anal. Martini und A. Funaro, Atti Soc. Tosc. **2**, 116 (1876).

	7.	8.	9.
δ	6,4316	6,33	6,430
Fe	0,30	0,07	0,07
Cu	2,83	1,36	1,21
Pb	61,05	61,45	62,45
Ag	0,11	0,08	Spur
Sb	16,80	19,37	18,94
As	0,23	Spur	—
S	17,49	16,81	17,47
Unlöslich .	—	—	0,05
	98,81	99,14	100,19

7. Von Bottino; anal. J. Loczka bei J. Krenner, Földt. Közl. **13**, 362 (1883).

8. Vom Marble Lake (Ontario), derb in Quarz und Dolomit; anal. J. Harrington, Trans. Roy. Soc. **1**, 79 (1882).

9. Von der Olofsgrube, Kirchspiel Hellefors (Schweden); anal. R. Mauzelius bei G. Flink, Ark. för kemi, min. geol. **3**, Nr. 35 (1910); N. JB. Min. etc. **1**, 22 (1916).

Formel.

C. F. Rammelsberg[1]) berechnete die Analysen des Meneghinits von Bottino, anal. G. vom Rath zu Sb : Pb = 1 : 1,35 (Verhältnis der S-Mengen), Schwarzenberg A. Frenzel, Verhältnis des Schwefels von Antimon und Blei

$$Sb : Pb = 1 : 1{,}30 .$$

Für die Analyse von J. Loczka findet er[2]) das Verhältnis:

$$R : Sb : S = 2 : 1 : 3{,}6 .$$

Daraus leitet er die Formel:

$$4\,PbS \,.\, Sb_2S_3 .$$

Es besteht eine gewisse chemisch-kristallographische Beziehung zwischen Meneghinit und Jordanit, auf welche A. Miers[3]) und C. Hintze[4]) aufmerksam gemacht haben.

Meneghinit $Pb_4Sb_2S_7$ monoklin-prismatisch $a : b : c = 0{,}4845 : 1 : 0{,}265$, $\beta = 80^0\,33'$.

Jordanit $Pb_4As_2S_7$ rhombisch-dipyramidal $a : b : c = 0{,}5289 : 1 : 0{,}3632$.

Synthese.

Künstlicher Meneghinit von der Dichte 6,296 wurde von H. Sommerlad[5]) durch Zusammenschmelzen von Bleisulfid mit Schwefelantimon im

[1]) C. F. Rammelsberg, Min.-Chem. 1875, 104.
[2]) Derselbe, Min.-Chem. Erg. I.
[3]) A. Miers, Z. Kryst. **9**, 291 (1884).
[4]) C. Hintze, ebenda S. 294.
[5]) H. Sommerlad, Z. anorg. Chem. **18**, 440 (1898).

Schwefelwasserstoffstrom als bleigraue, kristallinische Masse erhalten von der Zusammensetzung:

Pb . . .	64,32
Sb . . .	18,33
S	16,97
	99,62

Aus Chlorblei und Schwefelantimon gelang die Darstellung nicht, da die Schmelzen stets noch größere Mengen unzersetzten Chlorbleis und bei höherer Temperatur Einschlüsse von metallischem Antimon enthielten.

Physikalische Eigenschaften. Die Dichte liegt zwischen 6,35 und 6,43, die Härte zwischen 2 und 3. Die Kontraktionskonstante C ist nach J. J. Saslawsky[1]) 0,92. Meneghinit spaltet vollkommen nach (100) und weniger deutlich nach (001). Die nadeligen, faserigen bis haarförmigen Kristalle sind schwarzbleigrau und geben einen Strich ähnlich gebrannter Umbra nach J. L. C. Schroeder van der Kolk.[2])

Vorkommen. In Toskana auf der Grube Bottino kommt der Meneghinit in flächenreichen Kristallen mit Bleiglanz, Blende, Pyrit, Kupferkies, Kalkspat, Eisenspat und Quarz häufig vor; sonst sind nur einige seltene Vorkommen bekannt.

Zinckenit.

Synonym: Bleiantimonglanz.

Kristallsystem: Rhombisch; $a:b:c = 0{,}5575:1:0{,}6353$, isomorph mit Wolfsbergit. Sehr häufig Durchkreuzungsdrillinge und dann pseudohexagonal. P. von Groth hält es nicht für ausgeschlossen, daß Zinckenit monoklin und isomorph mit Skleroklas ist.

Analysen.

	1.	2.	3.	4.	5a.	5b.
Fe	—	—	—	1,45	3,10	—
Cu	0,42	—	—	—	—	—
Ag	—	—	—	0,12	—	—
Pb	31,84	31,97	30,63	30,84	29,19	31,40
Sb	44,39	44,11	46,28	43,98	43,77	47,06
S	22,58	23,92	23,09	21,22	23,57	21,54
	99,23	100,00	100,00	97,61	99,63	100,00

1. bis 3. Von der Jost-Christians-Zeche bei Wolfsberg (Harz) mit Antimonit und andern Bleisulfosalzen; anal. H. Rose, Pogg. Ann. **8**, 199 (1826). Bei 2. und 3. ist der Schwefel aus der Differenz bestimmt.

4. Ebendaher; anal. B. Kerl, Bg.- u. hütt. Z. **12**, 20 (1853).

5a. und 5b. Von Grube Ludwig zu Adlersbach bei Hausach im Kinzigtal mit Blende und Pyrit; anal. H. A. Hilger, Ann. Chem. Pharm. **185**, 205 (1877) und bei F. Sandberger, N. JB. Min. etc. 1876, 514. 5b. nach Abzug von FeS_2.

[1]) J. J. Saslawsky, Z. Kryst. **59**, 204 (1924).
[2]) J. L. C. Schroeder van der Kolk, ZB. Min. etc. 1901, 79.

	6.	7.	8.	9.	10.	11.
δ	5,21	—	—	—	—	—
$Na_2O + K_2O$ . .	0,45	—	—	—	—	—
CaO	0,31	—	—	—	—	—
Fe	0,02	3,47	—	0,06	1,83	—
Cu	1,20	0,19	0,80	0,70	—	—
Ag	0,23	0,57	—	—	—	—
Pb	32,77	33,04	33,52	34,33	34,31	35,98
As	5,64	—	—	—	—	—
Sb	35,00	40,72	42,43	42,15	40,21	41,70
S	22,50	22,54	23,01	22,63	21,08	22,32
Gangart	0,59	—	—	—	1,30	—
	98,71	100,53	99,76	99,87	98,73	100,00

6. Von der Brobdignag Mine im Red Mt. in San Juan Co. (Colorado), derb mit Eisenglanz; anal. W. F. Hillebrand, Proc. Col. Sc. **1**, 121 (1884); Z. Kryst. **11**, 288 (1886).

7. Von San Felipe (Prov. Oruro, Bolivien); anal. J. Mann bei A. Stelzner, Z. Kryst. **24**, 126 (1895).

8. und 9. Von Wolfsberg (Harz); anal. C. Guillemain, Diss. Breslau 1898. Ref. Z. Kryst. **33**, 73 (1900).

10. Von der Zavodinsky-Grube, West-Altai; anal. P. P. Pilipenko, Bull. Imp. Tomsk Univ. 1915, Nr. 63.

11. Theoret. Zusammensetzung.

Formel.

Für den Zinckenit stellte C. F. Rammelsberg[1]) die Formel auf Grund der berechneten Schwefelmengen, deren Verhältnis für Antimon und Blei = 17,41 : 5.03 ist, wenn die kleine Menge Cu zu Pb gerechnet wird, folgendermaßen auf:

$$6PbS.7Sb_2S_3 \quad \text{oder} \quad PbS.Sb_2S_3.$$

Er bemerkt, daß wahrscheinlich etwas Antimonit, welcher als Begleiter auftritt, beigemengt war.

C. Guillemain[2]) berechnet für den Wolfsberger Zinckenit:

1. Kristalle Pb : Sb : S = 1 : 2,02 : 4,11,
2. derb, strahlig . Pb : Sb : S = 1 : 1,973 : 3,960.

Die Formel ist:

$$PbSb_2S_4 = PbS.Sb_2S_3.$$

Die Analysen weisen ziemliche Differenzen auf, was einerseits in der Beimengung von Antimonglanz, andererseits auch in der Analysenmethode liegen mag, welche zu wenig Blei ergab.

Über Beziehungen zu Jamesonit, Boulangerit usw., siehe dort S. 434.

Vor dem Lötrohr dekrepitiert er und schmilzt, wobei sich Antimondampf entwickelt. Auf Kohle weißer und gelber Beschlag, in der Reduktionsflamme Bleikorn, welches bei längerem Blasen sich größtenteils verflüchtigt. Im offenen Rohr Entwicklung von schwefeliger Säure, Absatz von weißem Antimonsublimat. Im Kölbchen Sublimat von Schwefel und Schwefelantimon.

Beim Kochen mit Salzsäure zersetzbar, Salpetersäure und Königswasser hinterlassen weißen antimon- und bleihaltigen Rückstand. Kalilauge und

[1]) C. F. Rammelsberg, Min.-Chem. 1875, 86.

[2]) C. Guillemain, l. c.

Schwefelalkalien zersetzen das feine Pulver, in der Lösung fällen Säuren Schwefelantimon.

Nach F. Wöhler[1]) verliert Zinckenit beim Glühen im Wasserstoffgas allen Schwefel als H_2S; Antimonblei bleibt zurück. A. de Gramont[2]) erhielt im Funkenspektrum besonders starke Bleilinien und manchmal auch die des Arsens.

Physikalische Eigenschaften. Die Dichte wird von W. F. Hillebrand[3]) zu 5,21, von W. F. Petterd[4]) an Kristallen von Dundas (Tasmanien) zu 5,12 und von A. Breithaupt zu 5,262 angegeben. Bei F. Sandberger[5]) ist 3,6 zu lesen, was unwahrscheinlich ist. J. J. Saslawsky[6]) gibt die Dichte 5,35 und die Kontraktionskonstante 0,90 an. Die Härte ist etwa 3. Spaltbar nach (100) unvollkommen.

Farbe und Strich stahlgrau. Nach J. L. C. Schroeder van der Kolk[7]) ist der Strich fein ausgerieben gebrannter Umbra ähnlich.

Synthese.

J. Fournet[8]) will Zinckenit erhalten haben durch Zusammenschmelzen von PbS und Sb_2S_3 unter teilweiser Verdampfung von PbS. H. Sommerlad[9]) erhielt durch Zusammenschmelzen berechneter Gewichtsmengen von Chlorblei und Schwefelantimon bei hoher Temperatur eine stahlgraue, strahlige, dem Antimonit ähnliche Masse von der Dichte 5,320 und folgender Zusammensetzung:

Pb	35,98	36,36
Sb	41,88	41,37
S	21,69	21,95
	99,55	99,68

Die Identität mit Zinckenit ist aber keineswegs erwiesen. Dieselben chemischen und physikalischen Eigenschaften zeigte ein im Schwefelwasserstoffstrom aus den Komponenten durch Zusammenschmelzen erhaltenes Produkt; Dichte 5,280. F. M. Jaeger und H. S. van Klooster[10]) glauben auf Grund ihrer thermischen Untersuchung des Systems PbS—Sb_2S_3, nicht auf die Bildung eines mit dem Zinckenit analogen Produktes schließen zu dürfen.

Vorkommen. Zinckenit kommt bei Wolfsberg mit Antimonglanz, Bournonit, Federerzen, Boulangerit, Plagionit und Wolfsbergit zusammen vor, bei Kuttenberg (Böhmen) mit Blende, Bleiglanz und Kiesen, bei Oruro mit Andorit. Gangart ist meist Quarz.

Plagionit.

Synonym: Rosenit.

Kristallisiert monoklin; $a:b:c = 1,1305:1:1,6844$, $\beta = 72^0\ 45'$ nach F. Zambonini.

[1]) F. Wöhler, Pogg. Ann. **46**, 155 (1839).
[2]) A. de Gramont, Bull. soc. min. **18**, 312 (1895).
[3]) W. F. Hillebrand, Z. Kryst. **11**, 288 (1886).
[4]) W. F. Petterd, Roy. Soc. Tasm. 1897, 62. Ref. Z. Kryst. **32**, 301 (1900).
[5]) F. Sandberger, N. JB. Min. etc. 1876, 514.
[6]) J. J. Saslawsky, Z. Kryst. **59**, **206** (1924).
[7]) J. L. C. Schroeder van der Kolk, ZB. Min. etc. 1901, 79.
[8]) J. Fournet, Journ. prakt. Chem. **2**, 129, 255, 478 (1834).
[9]) H. Sommerlad, Z. anorg. Chem. **18**, 436 (1898).
[10]) F. M. Jaeger und H. S. van Klooster, ebenda **78**, 260 (1912).

Analysen.

	1.	2.	3.	4.	5.	6.
δ	5,400	—	—	—	5,500	5,540
Cu	—	—	—	1,27	—	—
Ag	—	—	—	—	—	0,18
Pb	40,52	40,62	40,98	39,36	41,24	40,28
Sb	37,94	[37,49]	37,53	37,84	37,35	38,30
S.	21,53	21,89	21,49	21,10	21,10	21,43
	99,99	100,00	100,00	99,57	99,69	100,19

1. und 2. Von Wolfsberg (Harz), Kristalle in Drusen auf derbem Plagionit; anal. H. Rose, Pogg. Ann. **28**, 422 (1833). Bei Analyse 2 wurde Sb aus der Differenz bestimmt.

3. Ebendaher; anal. J. Kudernatsch, ebenda **37**, 588 (1836).

4. Ebendaher; anal. Schultz bei C. F. Rammelsberg, Mineralchem. 1860, 106.

5. Ebendaher; anal. G. T. Prior, Min. Soc. Lond. **12**, 57 (1899).

6. Von der Grube Veta purissima, Oruro (Bolivien), flächenreiche Kristalle; anal. F. Zambonini, Riv. Mineral. e Crist. ital. **41**, 338 (1912). Ref. Z. Kryst. **55**, 386 (1916).

Chemisch-physikalische Eigenschaften.

Formel. C. F. Rammelsberg[1]) gibt 9 PbS . 7 Sb_2S_3 an, was auch G. T. Prior[2]) bestätigt. F. Zambonini[3]) bespricht eingehend die Beziehungen zwischen Plagionit, Heteromorphit und Semseyit; er zeigt, daß sie nicht, wie L. J. Spencer[4]) meint, drei chemisch gut charakterisierte Verbindungen darstellen, sondern daß auch die besten Analysen zu schwankenden Verhältnissen führen, wie aus folgender Tabelle hervorgeht:

Plagionit

von	Oruro	(Zambonini)	1,23	PbS . Sb_2S_3
„	Wolfsberg	(Rose)	1,24	„
„	„	(Rose)	1,26	„
„	„	(Kudernatsch)	1,26	„
„	„	(Prior)	1,28	„
„	Bouzole	(Berthier)	1,35	„

Heteromorphit

„	Arnsberg	(Pisani)	1,78	„
„	„	(Prior)	1,82	„
„	„	(Guillemain)	2	„

Semseyit

„	Wolfsberg	(Prior)	2,10	„
„	Felsöbanya	(Sipöcz)	2,28	„
„	Oruro	(Prior)	2,56	„

[1]) C. F. Rammelsberg, Mineralchem. 1875, 87.

[2]) G. T. Prior bei L. J. Spencer, Min. Soc. Lond. **12**, Nr. 55, 57 (1899). Ref. Z. Kryst. **32**, 275 (1900).

[3]) F. Zambonini, Riv. Mineral. e Crist. ital. **41**, 338 (1912).

[4]) L. J. Spencer, Min. Soc. Lond. **12**, 67 (1899).

L. J. Spencer[1]) adoptiert die von Butureanu[2]) aufgestellte Strukturformel:

```
  Pb      Pb      Pb      Pb      Pb
 /  \    /  \    /  \    /  \    /  \
S S S S S S S S S S S S S S S S S S S
 \ | /\ | /\ | /\ | /\ | /\ | /\ | /\ | /
  Sb  Sb  Sb  Sb  Sb  Sb  Sb  Sb
```

Weitere Analysen würden wohl noch neue Zwischenglieder erkennen lassen. F. Zambonini ist der Meinung, daß Mischkristalle vorliegen, deren zwei Endglieder Plagionit $5PbS.4Sb_2S_3$ und Semseyit $5PbS.2Sb_2S_3$ sind.

Er schlägt die Bezeichnung Plagionit vor; die bleiärmeren Glieder können als Plagionit, die bleireicheren als Semseyit bezeichnet werden. Der Name Heteromorphit wäre überflüssig. Die Dichte ist 5,4—5,55, die Kontraktionskonstante ist nach J. J. Saslawsky[3]) 0,94; die Härte liegt zwischen 2 und 3. Plagionit ist vollkommen spaltbar nach (111) nach Aufstellung von F. Zambonini; nach der älteren wäre (221) die Spaltfläche.

Die dicktafeligen, schwärzlichbleigrauen Kristalle, sowie die derben, körnigen bis dichten Massen gaben nach J. L. C. Schroeder van der Kolk[4]) einen Strich, dessen Hauptfarbe ähnlich gebrannter Umbra, Nebenfarbe karminrot ist.

Synthese.

Ausgehend von der Formel $5PbS.4Sb_2S_3$ ließ H. Sommerlad[5]) berechnete Gewichtsmengen von Bleichlorid und Schwefelantimon bei höherer Temperatur aufeinander einwirken und erhielt eine bleigraue, feinkörnige, nicht strahlige Schmelze von der Dichte 5,5 (Analyse 1 und 2). Durch Zusammenschmelzen der Komponenten 5PbS und $4Sb_2S_3$ entstand ein feinkristallinisches Produkt von bleigrauer Farbe und der Dichte 5,447 (Analyse 3).

	1.	2.	3.
Pb	40,44	40,33	41,18
Sb	38,05	37,54	37,40
S	21,12		21,46
	99,61		100,04

Nach F. Ducatte und J. Rondet[6]) ist die Herstellung mit $PbCl_2$ unrichtig. F. M. Jaeger und H. S. van Klooster[7]) erhielten aus der Schmelze von $PbS + Sb_2S_3$ neben Jamesonit noch Plagionit von der Dichte 5,47. Die Übergangstemperatur des Plagionits liegt bei 570° C. Bei 523° hat die Erstarrungskurve einen Knick. Der bei höherer Temperatur beständige Bodenkörper wird α-Plagionit, der andere β-Plagionit genannt. Bei diesen Schmelzversuchen konnte keine Andeutung etwaiger Mischkristallbildung gefunden werden.

Vorkommen. Plagionit findet sich verhältnismäßig selten mit anderen Bleisulfosalzen zusammen auf Blei- und Antimonerzgängen, besonders zu Wolfsberg. J. R. Blum[8]) erwähnte Pseudomorphosen von Federerz, auch solche[9]) von Antimonblende nach Plagionit.

1) L. J. Spencer, Z. Kryst. **32**, 277 (1900).
2) Butureanu, Bull. Soc. Sci Bucarest **6**, 179 (1897).
3) J. J. Saslawsky, Z. Kryst. **59**, 205 (1924).
4) J. L. C. Schroeder van der Kolk, ZB. Min. etc. 1901, 78.
5) H. Sommerlad, Z. anorg. Chem. **18**, 441 (1898).
6) J. Rondet, Thèse, Univ. Paris 1904.
7) F. M. Jaeger und H. S. van Klooster, Z. anorg. Chem. **78**, 260 (1912).
8) J. R. Blum, Pseudomorphosen, 2. Nachtrag 1852, 14.
9) Derselbe, Ebenda, 3. Nachtrag 1863, 168.

Wismutplagionit (Bismutoplagionit).

Krystallsystem: Rhombisch? Nadelige Kristalle.

E. V. Shannon[1]) beschreibt als neues Mineral, aus der Nähe von Wickes Jefferson Co. in Montana, nördlich Boulder stammend, den dem Plagionit und Liveingit an die Seite zu stellenden Wismutplagionit.

Analyse.

Pb	33,02
Bi	46,90
Sb	3,04
S	17,04
	100,00

Anal. E. V. Shannon, Proc. U.S. Nat. Mus. **58**, 589 (1921); Am. Journ. Sc. **49**, 166 (1920).

Formel: $5PbS.4(Bi, Sb)_2S_3$, analog dem Plagionit und Liveingit, aber wahrscheinlich nicht mit diesen isomorph. Empirisch: $Pb_5Bi_8S_{17}$.

Leicht löslich in heißer, konzentrierter Salzsäure.

Die Dichte ist 5,35, die Härte 2,8. Spaltbar schlecht nach der Längsrichtung.

Die Farbe ist dunkelgraubraun bis bläulich-bleigrau, Strich dunkelbläulichgrau.

Vorkommen: Eingewachsen zwischen Pyrit, der auch Bleiglanz, Tetraedrit, Chalkopyrit und Milchquarz einschließt.

Semseyit.

Kristallisiert monoklin-prismatisch; $a:b:c = 1{,}4424:1:1{,}0515$, $\beta = 71^0\ 4'$ (J. Krenner).

Analysen.

	1.	2.	3.
δ	5,952	5,920	5,820
Fe	0,10	—	—
Ag	—	—	1,60
Pb	53,16	51,84	52,90
Sb	26,90	28,62	24,80
S	19,42	19,42	18,70
	99,58	99,88	98,00

1. Von Felsöbanya (Ungarn). Kristalle auf korrodiertem Bleiglanz mit Diaphorit, Blende, Bournonit und Braunspat; anal. L. Sipöcz bei J. Krenner, Mag. Akad. Értes. **15**, 111 (1881). Z. Kryst. **11**, 216 (1886).

2. Von Wolfsberg (Harz), mit rötlichem Zundererz und Federerz bis über 1 cm große Kristalle dem Heteromorphit von Arnsberg im Habitus ähnlich; anal. G. T. Prior bei L. J. Spencer, Min. Soc. Lond. **12**, Nr. 55, 60 (1898).

3. Von Oruro (Bolivien), Kristalle auf derbem Plumosit; anal. derselbe bei L. J. Spencer, Min. Mag. **14**, 308 (1907). Ref. Z. Kryst. **46**, 624 (1909).

Formel. Die Analyse des Wolfsberger Semseyit führt auf die Formel $21PbS.10Sb_2S_3$; L. Sipöcz schreibt sie $9PbS.4Sb_2S_3$, L. J. Spencer[2]) $9PbS.4Sb_2S_3$. Die Analyse des Semseyits von Oruro ist nach G. T. Prior annähernd $10PbS.4Sb_2S_3$.

---

[1]) E. V. Shannon, Am. Journ. **49**, 166 (1920).

[2]) L. J. Spencer, Min. Mag. **12**, Nr. 55, 67 (1898). Ref. Z. Kryst. **32**, 277 (1900).

Es liegen also auch hier im Semseyit drei Mischungstypen vor und man darf wohl als Endglied der Plagionitreihe mit F. Zambonini[1]) $5PbS.2Sb_2S_3$ annehmen, falls der Semseyit von Oruro nicht Boulangerit (Mullanit) ist, welcher dieselbe Formel hat. Doch spricht die von G. T. Prior angegebene Dichte des Semseyit von Oruro nicht für Identität mit Mullanit.

Die Dichte des Semseyit beträgt 5,82—5,95. Die tafeligen Kristalle, auch kugeligen Aggregate, sind grau bis schwarz und geben schwarzen Strich. Die Reflexionsfarbe ist reinweiß.

Die Spaltbarkeit ist vollkommen nach (111).

Vorkommen. Semseyit findet sich mit andern Bleisulfosalzen auf Bleierzgängen.

Geokronit.

Synonyma: Schulzit, Kilbrickenit.

Kristallklasse: Rhombisch-hemimorph; $a:b:c = 0,6145:1:0,6797$ (nach G. d'Achiardi).[2])

	1.	2.	3.	4.	5.	6.
δ	—	6,407	6,430	6,470	6,434	6,260
Fe	0,42	0,38	—	1,73	0,08	0,11
Cu	1,51	—	1,60	1,15	4,17	5,93
Zn	0,11	—	—	—	0,59	—
Pb	66,45	68,87	64,89	66,55	64,17	57,95
Ag	—	—	—	—	0,24	—
As	4,70	—	—	4,72	4,62	—
Sb	9,58	14,39	16,00	9,69	5,66	17,33
S	16,26	16,36	16,90	17,32	15,16	17,73
Al_2O_3	—	—	—	—	1,90	—
	99,03	100,00	99,39	101,16	96,59	99,05

1. Derber Geokronit von der Silbergrube zu Sala; anal. L. Svanberg, Ak. Handl. Stockh. 1839, 184.
2. Von der Kilbricken Mine, Clare Co. (Irland); anal. Apjohn, Trans. Roy. Ir. Ac. 20. Juni (1840). — As wurde wahrscheinlich mit Sb zusammen als solches bestimmt; Analyse 10 von G. T. Prior weist 4,59% As nach. Kilbrickenit ist demnach kein besonderes Mineral.
3. Knotenförmige Massen in Bleiglanz von Meredo (Asturien); anal. Sauvage, Ann. mines **17**, 525 (1840); Pogg. Ann. **65**, 302 (1841). — Schulzit.
4. Kristalle von Zulfallo im Val de Castello bei Pietrasanta (Toscana); anal. Kerndt, Pogg. Ann. **65**, 302 (1845).
5. Von Fahlun mit Bleiglanz und Fahlerz; anal. L. Svanberg, Ak. Handl. Stockh. 1848, 64.
6. Von Björkskogsnäs in Örebro (Schweden) im Dolomit; anal. Nauckhoff, Geol. För. Förh. **1**, 88 (1872). — Schulzit.

	7.	8.	9.	10.	11.
δ	—	—	—	6,450	—
Pb	68,97	68,84	70,02	68,49	69,62
As	4,49	4,59	4,47	4,59	5,05
Sb	9,20	9,34	7,78	9,13	8,07
S	17,23	17,02	17,57	17,20	17,26
	99,89	99,79	99,84	99,41	100,00

[1]) F. Zambonini, Riv. Min. e Crist. ital. **41**, 338 (1912). Ref. Z. Kryst. **55**, 386 (1916).
[2]) G. d'Achiardi, Atti Soc. Tosc. di Sc. Nat. Pisa **18**, 1 (1901). Ref. Z. Kryst. **35**, 518 (1902).

7. und 8. Von Sala (Schweden); anal. C. Guillemain, Diss. Breslau 1898, 35. Ref. Z. Kryst. **33**, 75 (1900).

9. Von Zulfello im Val di Castello bei Pietrasanta; anal. G. d'Achiardi, Atti Soc. Tosc. di Sc. Nat. Pisa **18**, 1 (1901). Ref. Z. Kryst. **35**, 516 (1902). — Von zwei großen Geokronitkristallen wurden je zwei Analysen angefertigt, woraus diese Analyse das Mittel ist.

10. Von Kilbricken (Irland); anal. G. T. Prior, Min. Soc. Lond. **13**, 187 (1902).

11. Theoret. Zusammensetzung.

Formel. Wohl unter Berücksichtigung der in den meisten Analysen ziemlich konstant auftretenden Arsenmenge schreibt G. d'Achiardi[1]) die Formel Pb_5SbAsS_8. Für die arsenfreien Arten (Schulzit) wäre dann, falls solche überhaupt existieren, $Pb_5Sb_2S_8$ zu setzen und ein selbständiges Mineral hätte seine Berechtigung. Da nur ältere Analysen vorliegen, so liegt eine ungenaue As- bzw. Sb-Bestimmung wahrscheinlich vor.

C. F. Rammelsberg[2]) berechnete die alten Analysen und fand das Verhältnis:

Sb, As : R = 3 : 5 für die Analyse von Sauvage,
3 : 4,9 „ „ „ „ L. Svanberg,
3 : 5,1 „ „ „ „ Kerndt.

Daher wäre die Formel des Geokronits:

$$Pb_5Sb_2S_8 = 5\,PbS\,.\,Sb_2S_3\,.$$

C. Guillemain berechnet aus seinen Analysen folgende Werte:

$Pb : As + Sb : S = 5{,}02 : 2 : 7{,}86$ und für die zweite
$Pb : As + Sb : S = 4{,}8 : 2 : 7{,}66$.

Die Analysen stimmen mit der Formel überein, welche C. F. Rammelsberg aufgestellt hatte. Ein Teil des Sb wird durch As vertreten, wahrscheinlich liegen zwei isomorphe Verbindungen vor, von welchen eine ein Antimonsulfosalz, das andere ein Arsensulfosalz ist.

Geokronit ist wahrscheinlich isomorph mit Stephanit (S. 266).

Lötrohrverhalten wie Jamesonit; auf Kohle die Arsenreaktion; Schwefelarsen im geschlossenen Rohr.

Physikalische Eigenschaften.

Die Dichte beträgt 6,43 ± 0,03. Die Kontraktionskonstante C = 0,93 nach J. J. Saslawsky.[3])

Die Härte liegt zwischen 2 und 3.

Geokronit ist spaltbar nach (001); der Bruch ist uneben.

Die spez. Wärme wurde durch P. E. W. Öberg[4]) am derben Geokronit von Fahlun zu 0,0659 bestimmt.

Das meist schwarz angelaufene Mineral hat blei- bis stahlgraue Farbe und ebensolchen Strich.

Synthese.

Durch Zusammenschmelzen von Bleisulfid mit Schwefelantimon im Schwefelwasserstoffstrom in den Verhältnissen $5\,PbS : Sb_2S_3$ und $6\,PbS : Sb_2S_3$

[1]) G. d'Achiardi, Atti Soc. Tosc. di Sc. Nat. Pisa **18**, 1 (1901). Ref. Z. Kryst. **35**, 516 (1902).

[2]) C. F. Rammelsberg, Min.-Chem. 1875, 117.

[3]) J. J. Saslawsky, Z. Kryst. **59**, 203 (1924).

[4]) P. E. W. Öberg, Z. Kryst. **14**, 622 (1888).

will H. Sommerlad[1]) Geokronit (Analyse 1) und Kilbrickenit (Analyse 2) erhalten haben.

Analysen.

	1.	2.
δ	6,447	6,657
Pb	67,77	69,76
Sb	15,30	13,24
S	16,69	16,28
	99,76	99,28

Keeleyit.

Von **C. Doelter** (Wien).

Kristallform vielleicht rhombisch.

Analyse.

Cu	2,25
Fe	2,77
Pb	25,80
Sb	43,46
S	24,54
Quarz	1,18
	100,00

Von Oruro, Bolivia, in radialen Aggregaten nadeliger Kristalle auftretend, mit Quarz und Pyrit zusammen. Aus der San José Mine analysiert J. E. Whitfield bei S. G. Gordon, Proc. Acad. Nat. Sci Philadelphia **74**, 101 (1922).

Formel. $2\,PbS\,.\,3\,Sb_2S_3$.

Eigenschaften. Farbe dunkelgrau, Glanz metallisch, Strich grauschwarz, Härte 2, Dichte 5,21.

III. Verbindungen von Wismut und Schwefel mit Blei.

Kobellit.

Von **M. Henglein** (Karlsruhe).

Faserige, strahlige und feinkörnige Aggregate; Kristallformen nicht bekannt.

Analysen.

	1.	2.	3.	4.	5.
δ	—	6,145	—	6,334	—
Fe	2,02	3,81	1,70	1,31	1,35
Co	—	0,68	—	—	—
Cu	0,88	1,27	1,46	2,43	2,26
Zn	—	—	—	0,50	0,37
Pb	40,74	44,25	50,66	36,11	36,08
Ag	—	—	—	3,22	3,39
Sb	9,38	9,46	10,14	7,19	7,25
As	—	2,56	—	—	—
Bi	28,37	18,60	17,89	27,97	28,51
S	18,61	18,22	17,62	18,37	20,14
Gangart . .	—	—	—	0,43	0,65
	100,00	98,85	99,47	97,53	100,00

1. Von den Vena-Kobaltgruben in Nerike (Schweden); anal. Setterberg, Ak. Handb. Stockh. 1839, 188; Pogg. Ann. **55**, 635 (1842).

[1]) H. Sommerlad, Z. anorg. Chem. **18**, 440 (1898).

2. Ebendaher mit 5,61 % Kobaltglanz und 3,67 % Kupferkies; anal. C. F. Rammelsberg, Mineralchemie 1875, 100.

3. Fundort unbekannt; anal. F. A. Genth bei C. F. Rammelsberg, ebenda. Auch hier ist Kupferkies beigemengt.

4. bis 7. Von der Silver Bell Mine zu Ouray (Colorado) mit Schwerspat und Kupferkies; anal. H. F. Keller, Z. Kryst. **17**, 69 (1890). — In 5 Schwefel aus der Differenz bestimmt.

	6.	7.	8a.	8b.	9.
δ . . .	—	—	—	—	6,535
Fe . . .	1,69	1,65	1,50	—	1,37
Cu . . .	2,91	2,76	2,59	0,97	0,97
Zn . . .	0,41	0,31	0,39	—	—
Pb . . .	36,25	36,20	36,16	38,95	50,50
Ag . . .	3,30	3,32	3,31	3,58	—
Sb . . .	7,91	7,84	7,55	8,13	10,25
Bi . . .	28,68	28,46	28,40	30,61	18,02
S . . .	18,46	18,33	18,39	17,76	17,41
Gangart .	0,21	0,49	0,45	—	0,62
	99,82	99,36	98,74	100,00	99,14

8a. ist das Mittel aus den Analysen 4. bis 7. 8b. nach Abzug von Sphalerit und Kupferkies.

9. Von Vena in Nerike (Schweden); anal. R. Mauzelius bei G. Flink, Arch. för kemi min. geol. **5**, Nr. 10, 1—273 (1915). — Mit 2,81 % Kupferkies.

Formel. Sieht man von Analyse 2 und 3 ab, für welche C. F. Rammelsberg die Formel $3PbS.(Bi,Sb)_2S_3$ schreibt, so führen die andern annähernd auf $2PbS.(Bi,Sb)_2S_3$. G. Flink stellt auf Grund seiner Analyse (9) die annähernde Formel $3PbS.(Bi,Sb_2)S_3$ auf. Nach ihm unterscheidet sich der Kobellit vom Lillianit durch den bedeutenden Antimongehalt. Berücksichtigt man den ziemlich konstanten Sb-Gehalt, so wäre die Formel $Pb_6Bi_4Sb_2S_{15}$. G. Rose[1]) gibt die Formel

$$3[4PbS + FeS] + [4Bi_2S_3 + Sb_2S_3],$$

H. F. Keller[2]) $2(Pb,Ag_2,Cu_2,Fe)S(Bi_{\frac{2}{3}}Sb_{\frac{1}{3}})_2S_3$,

P. Groth und K. Mieleitner[3]) $[(Sb,Bi)S_3]_2Pb_3$. Letztere Formel kommt auch, vom Sb-Gehalt abgesehen, dem Lillianit zu, dem auch das von C. F. Rammelsberg untersuchte Mineral zugefügt wurde. Mangels gut ausgebildeter Kristalle ist bisher noch nicht reines Material analysiert worden. Die Analysen 2 und 3 sind wohl für ein anderes Mineral, vielleicht Lillianit geltend. Sie sind dortselbst (S. 461) nochmals angeführt.

Lötrohrverhalten. Auf Kohle in der Ferne der leicht schmelzbaren Substanz Sb_2O_3-Beschlag, in der Nähe nicht gut definierbarer Blei- und Wismutoxydbeschlag. Mit Schwefel und Jodkalium erhält man jedoch deutlichen scharlachroten Wismutjodidbeschlag. Kobellit löst sich in konzentrierter Salzsäure unter Entwicklung von Schwefelwasserstoff; Gangart und Kupferkies bleiben ungelöst. Auch Chlor und Salpetersäure wirken energisch ein.

[1]) G. Rose, Krystollochem. Min. 1852, 23, 61.
[2]) H. F. Keller, Z. Kryst. **17**, 74 (1890).
[3]) P. Groth u. K. Mieleitner, Min. Tab. 1921, 27.

Physikalisches Verhalten. Die Dichte ist nur am Kobellit von Ouray genauer bestimmt und zwar zu 6,334, während Setterberg[1]) die Dichte 6,29—6,32 angibt. Die Härte ist 2,53, die Kontraktionskonstante ist nach J. J. Saslawsky[2]) 1,00—0,99.

Die Farbe des Kobellits ist stahl- bis blaugrau, der Strich nahezu schwarz.

Vorkommen. Kobellit ist nur von den Vena-Kobaltgruben Schwedens, von Ouray (Colorado) und Jalisco zu San José del Amparo bei San Rafael de Tapalpa in Mexico bekannt geworden.

Cosalit.

Synonyma: Bjelkit, Rézbányit, Bleibismutit.

Kristallsystem: Rhombisch-bipyramidal $a:b:c = 0{,}91874:1:1{,}4601$.

Analysen.

	1.	2a.	3a.	2b.	3b.	4.
δ	6,210	—	—	—	—	—
Fe	—	—	—	—	—	3,09
Co	—	2,41	4,22	—	—	—
Cu	4,22	—	—	—	—	0,85
Zn	—	—	—	—	—	1,53
Ag	1,93	2,48	2,81	2,65	3,21	1,24
Pb	36,01	37,72	33,99	40,32	38,79	38,04
Bi	38,38	39,06	37,48	41,76	42,77	35,46
As	—	3,07	5,37	—	—	3,02
S	11,93	15,59	15,64	15,27	15,23	15,88
Sauerstoff	7,14	—	—	—	—	—
	99,61	100,33	99,51	100,00	100,00	99,11

1. Von Rézbánya (Ungarn); anal. R. Hermann, Bull. Nat. Moscou 1858, 533; N. JB. Min. etc. 1859, 734.

2. bis 3. Aus den Gruben von Cosalá im Staate Sinaloa (Mexico) mit Kobaltglanz; anal. F. A. Genth, Am. Journ. Chem. Soc. **45**, 319 (1868). — 2b. u. 3b. Nach Abzug von Kobaltglanz.

	5.	6.	7.	8.	9.	10.
δ	—	—	—	—	—	5,800
Fe	2,82	1,18	5,13	0,67	1,32	—
Cu	0,86	3,49	—	—	—	1,63
Zn	1,54	0,18	—	—	—	—
Ag	1,50	0,22	—	—	—	15,66
Pb	38,13	31,93	37,64	40,10	39,19	25,12
Bi	36,35	44,48	39,40	41,55	41,86	40,13
As	3,02	2,82	—	—	—	—
S	16,35	16,68	17,83	15,98	16,48	16,58
Gangart	—	—	—	2,19	—	—
	100,57	100,98	100,00	100,49	99,85	99,12

4. bis 6. Von Rézbánya (Ungarn); anal. A. Frenzel, N. JB. Min. etc. 1874, 681.

7. Von der Bjelkesgrube zu Nordmarken (Schweden); anal. C. H. Lundström, Geol. För. Förh. **2**, 178 (1874). — Mit Magnetkies verunreinigt.

8. bis 9. Ebendaher, anal. Hj. Sjögren, N. JB. Min. etc. **4**, 107 (1878).

10. Von der Loreto Mine in den Sierra Madre Mts, Candameña im Staate Chihu-

[1]) Setterberg, Pogg. Ann. **55**, 635 (1842).

[2]) J. J. Saslawsky, Z. Kryst. **59**, 204 (1924).

ahua (Mexico); anal. G. C. Tilden bei E. Le Neve Foster, Proc. Col. Soc. **1**, 74 (1884). Ref. Z. Kryst. **11**, 286 (1886). — Nach Abzug von 9% Quarz, 3% Chalkopyrit, 1% Sphalerit und 0,76% Glühverlust umgerechnet.

	11.	12.	13.	14.	15.	16.
δ	—	—	—	—	6,782	—
Fe	0,70	—	—	—	0,52	4,48
Cu	7,50	5,80	5,87	8,00	8,78	3,74
Zn	Spur	0,50	0,65	0,24	Spur	—
Ag	8,43	5,82	5,67	1,44	1,35	8,70
Pb	22,49	24,72	24,50	28,10	26,77	28,22
Bi	42,97	44,97	45,20	44,95	43,54	36,22
Sb	—	0,84	—	0,51	—	—
As	—	—	—	0,04	—	—
S	17,11	17,52	16,72	16,80	17,13	18,64
unlöslich . .	—	—	—	—	0,60	—
	99,20	100,17	98,61	100,08	98,69	100,00

11. Von der Comstock Mine bei Parrot City (Colorado) mit Blende, Pyrit, Gold und einem Tellurid; anal. W. F. Hillebrand, Am. Journ. Chem. Soc. **27**, 354 (1884).

12. u. 13. Von der Gladiator Mine in Ouray (Colorado) mit Pyrit, Kupferkies, Blei- und Wismutglanz dichte Massen; anal. F. A. Genth, Am. Phil. Soc. **23**, 37 (1885).

14. Von der Alaska Mine ebendort mit Alaskait und Kupferkies; anal. Derselbe, ebendort.

15. Ebendaher; anal. G. A. König, ebendort, Z. Kryst. **11**, 290 (1886).

16. Von der Yankee Girl Mine in San Juan Co. (Colorado); anal. Low, Proc. Col. Soc. **1**, 111 (1884). — Der Schwefel ist aus der Differenz bestimmt.

	17.	18.	19.	20.	21.
δ	—	6,760	—	6,550	6,040
Mn	—	—	—	—	0,09
Cu	1,16	2,25	2,02	1,24	5,22
Ag	0,80	0,26	—	1,67	0,18
Pb	33,66	36,95	36,68	37,88	36,45
Fe	—	0,66	—	1,79	1,89
Ni	—	—	—	0,05	—
Co	—	—	—	0,44	—
Bi	45,25	42,69	42,38	39,21	40,55
As	—	—	—	1,47	—
Sb	—	—	—	0,36	—
S	16,58	16,77	16,59	15,76	15,90
Gangart . .	2,19	0,64	—	—	—
Wasser . . .	0,17	—	—	—	—
Unlöslich . .	—	—	—	0,14	—
	99,81	100,22	99,67	100,01	99,94

17. Langfaserige Kristalle von Deer Park, Washington; anal. R. C. Wells bei H. Bankroft, Bull. geol. Surv. U.S. 1910, Nr. 430, 214. Ref. Z. Kryst. **52**, 84 (1913).

18. u. 19. Cosalit, federartig bis strahlig von Mondoux-Schürfung bei Mc. Elray (Ontario); anal. T. L. Walker, Contrib. Canad. Min. 1921; Univ. Toronto Stud. Geol. Ser. Nr. 12, 1921, 5.

20. Cosalit in meßbaren Kristallen von der alten Columbusgrube in Kobalt (Canada); anal. Derselbe, ebenda.

21. Von Nordmarks Gruben (Schweden) mit Zinkblende und Wismut; anal. E. W. Todel bei T. L. Walker und E. Thomson, ebendort 11. — Angeblich Galenobismutit; weicht aber stark von H. Sjögrens Analyse ab.

Formel. Sieht man von Analyse 17 ab, welche nach H. Bankroft[1]) ein Mineral zwischen Cosalit und Galenobismutit darstellt, so führen die übrigen Analysen auf die Formel $2(Pb, Ag_2)S . Bi_2S_3$ oder $Bi_2S_5Pb_2$. Nach A. de Gramont[2]) liefert Cosalit ein gutes Funkenspektrum. Er ist vor dem Lötrohr leicht schmelzbar und verhält sich im allgemeinen wie Kobellit; die silberhaltigen Arten geben ein Silberkorn. Cosalit wird von Salzsäure langsam angegriffen und durch Salpetersäure unter Abscheidung von Bleisulfat zersetzt.

Physikalisches Verhalten. Der blei- bis stahlgraue Cosalit hat schwarzen Strich. Die Reflexionsfarbe bei chalkographischer Untersuchung ist gelblichweiß. Die Härte liegt zwischen 2,5 und 3. Die Dichte wird von Hj. Sjögren[3]) vom Bjelkit zu 6,39 bis 6,75, von G. A. König am Cosalit von Alaska zu 6,782 und von A. Frenzel[4]) von dem von Rézbánya zu 6,22 bis 6,33 angegeben. Die von T. L. Walker[5]) an Cosalitkristallen von Cobalt bestimmte Dichte 6,55 dürfte die richtige sein. Die Kontraktionskonstante ist nach J. J. Saslawsky[6]) 0,97—0,93.

Vorkommen. Der Cosalit ist von mehreren Orten bekannt geworden und findet sich auf Gängen mit Blei-, Wismutglanz, Kupferkies, Blende, Pyrit und Alaskait zusammen. Nach A. Lacroix[7]) tritt Cosalit in glasigem Quarz auf Madagaskar bei Amparindravato in Eluvionen von Pegmatiten auf.

Lillianit.

Kristallsystem: Vielleicht rhombisch: $a:b:c = 0,8002:1:0,5433$.

Analysen.

	1a.	1b.	2a.	2b.	3.	4.	5.
δ	6,145	—	—	—	—	—	—
Fe	3,81	1,55	1,70	0,43	—	—	—
Co	0,68	—	—	—	—	—	—
Cu	1,27	—	1,46	—	Spur	0,03	Spur
Pb	44,25	48,78	50,66	52,09	43,94	44,28	44,03
Ag	—	—	—	—	5,78	5,49	5,72
Bi	18,60	20,52	17,89	18,68	32,62	33,31	33,89
Sb	9,46	10,43	10,14	10,59	—	—	—
As	2,56	—	—	—	—	—	—
S	18,22	17,47	17,62	16,85	15,21	15,27	15,19
	98,85	98,75	99,47	98,64	97,55	98,38	98,83

1. u. 2. Von den Vena-Kobaltgruben in Nerike, Schweden; anal. F. A. Genth bei C. F. Rammelsberg, Mineralchem. 1875, 100. — 2b. nach Abzug von Kupferkies. 1b. nach Abzug von Kobaltglanz und Kupferkies. — Diese Analysen entsprechen dem Kobellit.

3. bis 5. Von den Gruben der Lillian Mining Co. bei Leadville (Colorado); anal. H. F. und H. A. Keller, Am. Journ. Chem. Soc. **7**, 194 (1885); N. JB. Min. etc. **2**, 79 (1886).

---

[1]) H. Bankroft, Bull. geol. Surv. U.S. 1910, Nr. 430, 214.
[2]) A. de Gramont, Bull. soc. Min. Paris **18**, 264 (1895).
[3]) Hj. Sjögren, Geol. För. Förh. **4**, 107 (1878).
[4]) A. Frenzel, N. JB. Min. etc. 1874, 681.
[5]) T. L. Walker, Contrib. Canad. Min. 1921; Univ. Toronto, Geol. 1921 Ser. Nr. 11.
[6]) J. J. Saslawsky, Z. Kryst. **59**, 203 (1924).
[7]) A. Lacroix, Min. de Madagascar **1**, 189 (1922).

	6.	7.	8.	9.	10.
δ . . .	—	—	7,090	7,140	—
Fe . . .	0,68	0,16	Spur	—	—
Cu . . .	20,86	0,69	1,74	1,14	1,10
Zn . . .	0,06	0,05	—	—	—
Pb . . .	18,04	48,05	48,21	48,23	48,20
Bi . . .	42,94	33,84	33,23	34,34	34,37
Sb . . .	—	—	0,24	—	—
S . . .	17,70	15,92	15,73	15,75	15,82
Unlöslich .	0,16	0,45	—	—	—
	100,44	99,16	99,15	99,46	99,49

6. Von der Kobaltgrube Gladhammar im Kalmar Län (Schweden); anal. G. Lindström, Geol. För. Förh. **9**, 523 (1887). Es liegt wahrscheinlich kein einheitliches Mineral vor, sondern ein Gemenge, das von C. F. Rammelsberg zum Nadelerz gestellt wird.

7. Ebendaher; anal. Derselbe, ebendort **11**, 171 (1889).

8. Ebendaher, sehr homogen; anal. T. L. Walker und E. Thomson, Contrib. Canad. Min.; Univ. Toronto, Geol. Ser. Nr. **12**, 11 (1921). Ref. N. JB. Min. etc. 1923, II, 33.

9. u. 10. Ebendaher; anal. R. Mauzelius bei G. Flink, Arkiv för kemi, Min., Geol. **3**, Nr. 35, 1 (1910).

Formel. Aus den zwei ersten Analysen berechnete C. F. Rammelsberg[1]) die Formel $3PbS.(Bi,Sb)_2S_3$, schrieb sie aber dem Kobellit zu. H. F. Keller[2]) stellte ein eigenes Mineral Lillianit auf mit der Formel $3(Pb,Ag_2)S.Bi_2S_3$. Der Lillianit von Gladhammar ist Ag-frei. Der von Zilijärvi enthält nach L. H. Borgström noch Se, Ag, Cu, Zn, Te, Sb. P. Groth und K. Mieleitner[3]) schreiben die Formel $[BiS_3]_2Pb_3$.

Nach G. Flink[4]) unterscheidet sich Lillianit durch den geringen Sb-Gehalt von Kobellit, welch letzterer über 7,5% enthält.

Lötrohrverhalten wie Kobellit.

Die Dichte ist beim Lillianit von Gladhammar 7,00—7,14, bei dem von den Venagruben 6,145 (wohl Kobellit). Die Härte ist 2—3. Sehr gute Spaltbarkeit nach (100), weniger gut nach (010).

Die Reflexionsfarbe im auffallenden Licht ist reinweiß.

Vorkommen. Lillianit kommt bei Leadville am Printerberg Hill in den bleihaltigen Strichen der Silberlagerstätten in fein- bis grobkörnigen Knollen, mit Bleiglanz, auch mit Pyrit und Zinkblende gemengt vor. Die Knollen sind oft in ein Gemenge von Bleisulfat und Wismutoxyd umgewandelt. Auf den Venagruben in Nerike ist er von Strahlstein, Kupferkies und Kobaltarsenkies begleitet.

Galenobismutit.

Kristallform nicht bestimmbar, derb; strahlige Aggregate.
Synonym: Bleiwismutglanz.

---

[1]) C. F. Rammelsberg, Mineralchem. 1875, 101.
[2]) H. F. Keller, Z. Kryst. **17**, 71 (1890).
[3]) P. Groth u. K. Mieleitner, Min. Tab. 1921, 27.
[4]) G. Flink, Arkiv för kemi, Min., Geol. **5** Nr. 10—273 (1915). Ref. N. JB. Min. etc. 1916, I, 27.

Chemisch-physikalische Eigenschaften.

Analysen.

	1.	2.	3.
Fe	Spur	Spur	—
Pb	27,65	27,18	27,48
Bi	54,69	54,13	55,49
S	17,35	16,78	17,03
	99,69	98,09	100,00

1. bis 2. Von der Kogrufoa zu Nordmarken; anal. Hj. Sjögren, Geol. För. Förh. **4**, 109 (1878).

3. Theoretische Zusammensetzung.

Formel: $PbS . Bi_2S_3$.

Die Härte liegt zwischen 3 und 4.

Die Dichte ist 6,88—6,94.

Die Farbe ist zinnweiß, der Strich grauschwarz; starker Metallglanz; Anzeichen von Spaltbarkeit.

Lötrohrverhalten. Schwefel im offenen und geschlossenen Rohr nachweisbar. Auf Kohle mit gepulvertem Gemisch von Jodkalium und Schwefel Jodidbeschläge von Blei und Wismut. Der scharlachrote Wismutbeschlag überdeckt öfter ganz den gelben Bleijodidbeschlag. Durch Schmelzen des reduzierten Metalls mit saurem schwefelsaurem Kali und Lösen der Schmelze in Wasser erhält man dann einen Rückstand von Bleisulfat, das, mit Soda auf Kohle behandelt, einen reinen Bleioxydbeschlag und metallisches Blei gibt. Mit Schwefel und Jodkalium kann man nun den reinen kanariengelben Bleijodidbeschlag erhalten.

Leicht löslich in Salpetersäure.

Nach T. L. Walker und E. Thomson ist ein angeblicher Galenobismutit von Fahlun nach den Analysen von E. W. Todd mit Cosalit ident (siehe die Analysen bei diesem Mineral), Univ. Toronto, Geol. Ser. 1921, Nr. 12, 11. Ref. Min. Mag. **19**, 259 (1922). Galenobismutit verlangt weitere Bestätigung.

Rézbányit.

Von **C. Doelter** (Wien).

Kristallsystem nicht bestimmt, nur dichte, derbe Massen mit undeutlicher Spaltung.

Analysen.

	1.	2.	3.
Cu	3,07	4,55	5,50
Zn	Spur	0,12	0,12
Ag	1,71	1,73	2,20
Pb	17,94	13,86	12,43
Fe	1,35	1,08	1,96
Bi	53,54	57,46	56,35
S	17,72	16,48	17,36
$CaCO_3$ . . .	5,00	[4,72]	[4,08]
	100,33	100,00	100,00

1.—3. Von Rézbánya (Ungarn), verwachsen mit Kupferkies und Kalkspat; anal. A. Frenzel, Tsch. min. Mit. N.F. **5**, 175 (1883).

A. Frenzel berechnete seine Analysen und fand:

	Pb	: Bi	: S
Analyse Nr. 1:	0,116:	0,284:	0,558
oder „ Nr. 1:	4:	9,76	: 19,24
„ Nr. 2:	4:	10,68	: 18,52
„ Nr. 3:	4:	11,08	: 19,36

Alle Analysen ergeben eine Zusammensetzung, welche der Formel entspricht:

$$4PbS.5Bi_2S_3.$$

C. F. Rammelsberg stellte den Rézbányit zum Chiviatit. Das Verhältnis:

$$Pb + (Ag, Cu)_2 : Bi : S = 1:3:5.$$

P. Groth stellte 1898 den Rézbányit zu Bleiwismutglanz, von welchem er sich nur durch einen Überschuß von Wismut unterscheidet. In seinen neuesten Tabellen wird die Formel angegeben:

$$Pb_4Bi_{10}S_{19} = 4PbS.5Bi_2S_3,$$

also wie bei A. Frenzel.

E. T. Wherry und W. F. Foshag[1]) unterscheiden eine Rézbányitgruppe, zu welcher der Rézbányit und das neue Mineral Keeleyit gehören. Sie nehmen die Formel an:

$$2PbS.3Bi_2S_3.$$

Sie korrigieren die Analysen und führen sie zurück auf die Zusammensetzung:

Pb . .	20,6
Bi . .	61,9
S . .	17,5
	100,0

Sie erwähnen, daß nach H. Davy und Farham der Rézbányit distinkte chalkographische Merkmale besitzt.

A. Frenzel stellte die Schwefelbleiwismutverbindungen zusammen. Da dies von Interesse ist, so sei seine Tabelle wiederholt:

Name	Formel	Pb	Bi	S
Beegerit. . .	$6PbS.Bi_2S_3$	63,82	21,38	14,80
Cosalit . . .	$2PbS.Bi_2S_3$	41,82	42,02	16,16
Galenobismutit	$PbS.Bi_2S_3$	27,56	55,40	17,04
Rézbányit . .	$4PbS.5Bi_2S_3$	23,55	23,55	17,29
Chiviatit . .	$2PbS.3Bi_2S_3$	20,55	61,97	17,48

Die Analysen wurden umgerechnet, indem erstens der Kalkspat abgezogen wird, zweitens aber auch das Eisen als Kupferkies berechnet wird. Man hat dann bei den drei Analysen die Mengen 4,64, 3,63 und 6,58 abzuziehen. Dann erhält man folgende Zahlen:

Cu	1,71	3,71	3,77
Zn	Spur	0,12	0,12
Ag	1,89	1,89	2,46
Pb	19,80	15,10	13,88
Bi	59,08	62,57	62,88
S	17,85	16,61	16,89
	100,33	100,00	100,00

[1]) E. T. Wherry und W. F. Foshag, l. c.

Es wäre allerdings richtiger gewesen, auch das Zink abzuziehen. Die Analysen sind daher, auch weil die Rolle des verbleibenden Kupfers unklar ist, nicht ganz einwandfrei zur Berechnung der Formel.

Eigenschaften. Härte $2\frac{1}{2}$—3. Dichte 6,09—6,38, mild, Struktur feinkörnig bis dicht. Spaltbarkeit undeutlich. Metallglänzend. Farbe lichtbleigrau, dunkel anlaufend. Strich schwarz. Vor dem Lötrohr erhält man auf Kohle den Wismut- und Bleibeschlag.

Chiviatit.

Von **M. Henglein** (Karlsruhe).

Kristallsystem nicht bestimmt. Die blättrig-kristallinischen Aggregate sind bleigrau und lassen eine Spaltbarkeit nach drei in einer Zone liegenden Richtungen erkennen.

Analysen.

	1a.	1b.	2a.	2b.
δ	6,920	—	—	—
Fe	1,02	—	16,62	11,62
Cu	2,42	2,48	0,30	0,60
Pb	16,83	17,20	7,50	15,00
Ag	—	—	0,05	0,10
Bi	61,32	62,69	26,00	52,00
As	—	—	14,50	—
Sb	—	—	2,20	4,40
S	18,11	17,23	11,58	14,90
SiO_2	—	—	21,00	—
	99,70	99,70	99,65	98,62

1a. u. 1b. Von Chiviato (Peru), mit Pyrit und Schwerspat; anal. C. F. Rammelsberg, Pogg. Ann. **88**, 320 (1853); Min.-Chem. 1875, 120. 1b. Eisen auf Schwefelkies verrechnet und abgezogen.

2a. u. 2b. Von Chicla im Distrikt San Mateo (Prov. Huarochiri, Peru); anal. G. Raimondi, Min. Peru 1878, 176. Bei 2a. ist Arsenkies innig beigemengt; 2b. nach Abzug desselben.

Formel. C. F. Rammelsberg hatte zuerst die Formel:

$$Pb_2Bi_6S_{11} = 2PbS.3Bi_2S_3,$$

oder

$$8PbS + 2Cu_2S + 15Bi_2S_3$$

aufgestellt. A. Frenzel berechnete die Analyse, wobei er das Eisen als Eisenkies (2,16%) abzieht, er erhielt:

$$Pb:Bi:S = 1:2,97:5,31 = 2:5,94:10,62.$$

Daraus ergibt sich $2PbS.3Bi_2S_3$, wenn das Verhältnis 2:6:10 gesetzt wird.

In seinem 2. Ergänzungsband (1895, 96) stellt C. F. Rammelsberg, unter

Berücksichtigung, daß Kupfer als CuS und nicht als Cu_2S vorhanden ist, die Formel auf:

$$2CuS.3Bi_2S_3 + 4\left\{\begin{matrix}2PbS\\3Bi_2S_3\end{matrix}\right\}.$$

Die Formel wird auch geschrieben:

$$2(Pb,Cu_2)S.3Bi_2S_3 = (Pb,Cu_2)_2Bi_6S_{11}.$$

Diese Auffassung ist aber nicht richtig, da man heute eine solche Vertretung von Pb und Cu nicht annehmen kann, und man wird den Chiviatit als Molekularverbindung, wohl als Doppelsalz auffassen. E. T. Wherry und W. F. Foshag[1]) schreiben auch $PbS.2Sb_2S_3$. G. Cesàro[2]) dagegen nimmt die Formel $2PbS.3Bi_2S_3$ wie C. F. Rammelsberg an.

Berücksichtigt man das Kupfer, so wird man die Formel des letztgenannten Forschers annehmen. Unentschieden ist, ob man CuS oder Cu_2S anzunehmen hat.

Die Dichte ist 6,92. Die Kontraktionskonstante nach J. J. Saslawsky[3]) 0,85. Verhalten vor dem Lötrohr und gegen Säuren wie Nadelerz.

Goongarit.

Von **C. Doelter** (Wien).

Kristallform wahrscheinlich monoklin, isomorph mit Jordanit.

Analyse.

Ag	1,05
Zn	0,06
Fe	0,17
Pb	54,26
Sb	0,11
Bi	28,81
S	15,24
Se	0,24
	99,94

Aus einer Quarzader im Amphibolit von Comet Vale, Lake Goongardie, West-Australien; anal. Edw. S. Simpson, J. R. Soc. Western Australia **10**, 65 (1924).

Aus der Analyse berechnet sich die Formel:

$$Ag + Zn + Fe + Pb : Bi + Sb : S + Se = 2{,}707 : 1{,}387 : 4{,}783.$$

Daraus berechnet der Autor das Verhältnis:

$$Pb : Bi : S = 3{,}93 : 3{,}03 : 6{,}99 \text{ also angenähert } 4 : 2 : 7.$$

---

1) E. T. Wherry u. W. F. Foshag, Journ. Wash. Ac. **11**, 1 (1920).
2) G. Cesàro, Bull. soc. min. **38**, 41 (1915).
3) J. J. Saslawsky, Z. Kryst. **59**, 203 (1924).

Die **Formel** ist daher: $4PbS.Bi_2S_3$, also analog den Formeln für:

Jordanit . . . $4PbS.As_2S_3$
Meneghinitit . $4PbS.Sb_2S_3$.

Der Autor stellt folgende Strukturformel auf:

```
Pb—S—Bi—S—Pb
|     |     |
S     S     S
|     |     |
Pb—S—Bi—S—Pb
```

Eigenschaften. Zwei Spaltrichtungen wurden beobachtet. Härte 3, Dichte 7,29. Konzentrierte Salzsäure löst das Mineral in der Kälte, unter Entwickelung von Schwefelwasserstoff. Verdünnte Salpetersäure hat wenig Wirkung, dagegen löst konzentrierte dasselbe ganz auf, unter Ausscheidung von Bleisulfat.

Schmelzpunkt 950°. Beim Erhitzen entweicht Schwefeldioxyd. Im geschlossenen Rohr wird ein Sublimat von Sb_2OS_2 erhalten.

Beegerit.

Von **M. Henglein** (Karlsruhe).

Kristallsystem wahrscheinlich regulär.

Analysen.

	1.	2.	3.
δ	7,273	—	6,565
Fe	—	—	2,89
Cu	1,70	—	1,12
Ag	—	15,40	9,98
Pb	64,23	50,16	45,87
Bi	20,59	19,81	19,35
S	14,97	14,59	16,39
Unlöslich . .	—	—	0,12
	101,49	99,96	95,72

1. und 2. Von dem Balticgang in Park Co. (Colorado).
1. Anal. G. A. König, Am. Journ. Chem. Soc. **2**, 379 (1881); Z. Kryst. **5**, 324 (1891). Blei ist das Mittel aus drei Analysen.
2. Anal. F. A. Genth, Am. Phil. Soc. Philad. **23**, 37 (1886).
3. Von der Old Lout Mine in Ouray Co. (Colorado), mit Pyrit, Kupferkies, Baryt und Quarz, unrein; anal. G. A. König, Am. Phil. Soc. Philad. **22**, 212 (1885). Ref. Z. Kryst. **11**, 290 (1886).

Formel. G. A. König,[1]) der das Mineral zuerst beschrieb, gibt für Analyse 1 die Formel:

$$Pb_6Bi_2S_9 = 6PbS + Bi_2S_3;$$

[1]) G. A. König, Z. Kryst. **5**, 324 (1881).

werden bei Analyse 3 Eisen und Kupfer als dem Pyrit und Chalkopyrit angehörig betrachtet, so führt diese wie Analyse 2 auf die Formel:

$$(Pb, Ag_2)_6Bi_2S_9 = 6(Pb, Ag_2)S + Bi_2S_3,$$

die sich von dem ursprünglichen Beegerit nur durch den Silbergehalt unterscheidet. G. A. König[1]) stellt die beiden als Beegerit zusammen, ohne einen Silberbeegerit abzutrennen, weist aber auf die Verwandtschaft hin mit:

Schirmerit $(Ag_2, Pb)_3Bi_4S_9$,

und

Cosalit . . $(Pb, Ag_2)_2Bi_2S_5$.

Nach R. Weinland läßt sich Beegerit als:

$$\begin{bmatrix} BiS_5 \\ BiS_4 \end{bmatrix} Pb_6$$

mit je einem Tetrathio- und einem Pentathioanion auffassen. Diese Formel entspricht der letzten Gruppe der Strukturformel für Fahlerz. Siehe auch S. 216.

E. H. Kraus und J. P. Goldsberry[2]) stellen folgende reguläre oder pseudokubische Bi_2S_3—PbS-Reihe auf:

		Dichte
Bismutit	Bi_2S_3	6,5
Galenobismutit . .	$PbBi_2S_4$	6,88—7,14
Cosalit	$Pb_2Bi_2S_5$	6,39—6,75
Lillianit	$Pb_3Bi_2S_6$	6,7
:	:	
Beegerit	$Pb_6Bi_2S_9$	7,273
:	:	
Bleiglanz	PbS	7,45

Nach E. T. Wherry und W. F. Foshag[3]) ist es fraglich, ob Beegerit homogen; nach metallmikroskopischen Untersuchungen ist er vermutlich homogen.

Eigenschaften.

Lötrohrverhalten wie Galenobismutit, auch Reaktion auf Silber und schwach auf Kupfer in der Boraxperle. Das feine Pulver wird beim Erhitzen rasch von konzentrierter Salzsäure unter H_2S-Entwicklung gelöst.

Dichte. Nach G. A. König hat der silberfreie Beegerit die Dichte 7,273, während er vom silberhaltigen 6,565 angibt. Doch ist letztere Dichte nicht die wirkliche, da das Mineral mit Pyrit, Kupferkies und Quarz verwachsen war. Die Kontraktionskonstante für Dichte 7,273 ist nach J. J. Saslawsky[4]) 0,92.

Beegerit spaltet gut nach dem Würfel.

Das schwärzlichbleigraue Mineral hat in dichtem Zustand eine lichtere Farbe als die Kristalle.

Vorkommen. Beegerit kommt auf den oben genannten Gruben mit anderen Sulfiden vor und scheint sehr selten zu sein.

---

[1]) G. A. König, ebenda **11**, 290 (1886).
[2]) E. H. Kraus u. J. P. Goldsberry, N. JB. Min. etc. 1914, II, 143.
[3]) E. T. Wherry u. W. F. Foshag, Journ. Wash. Acad. Sci. **11**, 1 (1921).
[4]) J. J. Saslawsky, Z. Kryst. **59**, 202 (1924).

B. Verbindungen mit Blei und anderen Metallen.

Bournonit.

Von **C. Doelter** (Wien).

Synonyma: Endellione, Endellionit, Spießglanzbleierz, Schwarzspießglanzerz, Zirpelglanz, Radlerz.

Rhombisch-dipyramidal. $a:b:c = 0,9380:1:0,8969$.

Ältere Analysen.

	1.	2.	3.	4.	5.
Fe	1,39	—	—	—	—
Cu	18,40	12,65	12,68	13,06	13,48
Pb	37,59	40,84	41,38	40,42	41,83
Sb	20,77	26,28	25,68	24,60	(24,54)
S	19,86	20,31	19,63	19,49	20,15
	98,01	100,08	99,37	97,57	100,00

1.—5. Von Neudorf bei Harzgerode.
1. Anal. Meissner, Schweigg. Journ. **26**, 79.
2. Anal. H. Rose, Pogg. Ann. **1**, 573.
3. Anal. Sinding bei C. F. Rammelsberg, Min.-Chem. 1860, 79.
4. Älteres Vorkommen von Meißberg, tafelige Kristalle, ebenda.
5. Neueres Vorkommen, schwärzlich; anal. C. Bromeis, Pogg. Ann. **74**, 251.

	6.	7.	8.	9.	10.
Fe	—	5,00	2,35	2,29	—
Mn	—	—	0,18	0,17	13,75
Cu	15,16	11,75	13,34	12,99	16,25
Pb	40,04	42,50	41,31	40,24	34,50
Sb	24,82	19,75	24,42	23,79	16,00
S	18,99	18,00	19,30	18,81	13,50
Quarz	—	—	—	2,60	2,50
	99,01	97,00	100,90	100,89	98,75*)

6. Dasselbe Vorkommen; anal. C. F. Rammelsberg, Min.-Chem. 1860, 79.
7. Von Claustal; anal. M. H. Klaproth nach C. F. Rammelsberg, wie oben.
8. Von ebenda, Grube Alter Segen; anal. B. Kerl, Z. ges. Naturw. 1854, 592.
9. Von ebenda, derb; anal. Fr. Kuhlmann, ebenda **8**, 500 (siehe auch bei C. F. Rammelsberg 1860, 79).
10. Von Andreasberg (Andreaskreuz); anal. M. H. Klaproth, wie oben. Derbes Vorkommen.

*) Außerdem 2,25 Ag.

	11.	12.	13.	14.
Fe	1,00	—	—	—
Cu	13,50	12,30	13,30	12,52
Pb	39,00	38,90	40,20	40,76
Sb	28,50	29,40	28,30	26,21
S	16,00	19,40	17,80	20,45
	98,00	100,00	99,60	99,94

11. Von Nanslo (Cornwall); anal. M. H. Klaproth, siehe Anal. Nr. 16.
12. Von Alais (Frankreich); anal. A. Dufrénoy, Ann. min. [3] **10**, 371.
13. Aus Mexico, ohne nähere Angabe; anal. A. Dufrénoy, wie oben.
14. Von Huasco (Chile); anal. F. Field, Quart. Journ. Chem. Soc. **14**, 158 (1862).

	15.	16.	17.	18.
Fe	1,20	—	—	0,68
Cu	12,80	13,33	12,70	13,27
Pb	42,62	41,67	40,80	41,95
Sb	24,23	25,00	26,30	23,57
As	—	—	—	0,47
S	17,00	20,00	20,30	19,36
	97,85	100,00	100,10	99,30

15. Von Cornwall (Huel Boys); anal. Hatchett, Phil. Trans. 1804, I, 63.
16. Von Cornwall (Nanslow); anal. Smithson, ebenda 1818, I, 55.
17. Von ebenda; anal. F. Field, wie oben, Anal. Nr. 14 (von Huasco).
18. Von Liskeard, Heresfootmine (Cornwall); anal. F. G. Wait, Ch. N. **28**, 271 (1873).

	19.	20.	21.	22.
Fe	—	—	0,31	1,00
Cu	13,06	12,38	13,52	12,39
Zn	—	—	0,09	—
Ag	—	—	1,69	—
Pb	42,88	41,92	39,37	44,46
Sb	24,34	(26,08)	24,74	22,37
S	19,76	19,62	19,94	19,78
	100,04	100,00	99,66	100,00

19. Auf Quarzhäuten, welche von Flußspat erfüllte Hohlräume umschließen, mit Antimonit, Zinckenit, Plagionit, Federerz, säulige Kristalle von Wolfsberg (Harz); anal. C. Bromeis bei C. F. Rammelsberg, Pogg. Ann. **77**, 254 (1849); Min.-Chem. 1860.
20. Dasselbe Vorkommen; anal. C. F. Rammelsberg, wie oben.
21. Vom Adalbert-Schacht in Przibram (Böhmen); anal. R. Helmhacker, Bg.- u. hütt. Jahrb. **13**, 377 (1864).
22. Von Olsa (Kärnten), in einem Brauneisenlager; anal. Buchner bei V. v. Zepharovich, Sitzber. Wiener Ak. **51**, 110 (1865).

Neuere Analysen.

	23.	24.	25.	26.	27.	28.
Fe	—	—	—	—	1,96	—
Mn	—	—	—	—	0,18	—
Cu	13,40	12,55	13,25	13,32	12,43	12,69
Zn	—	—	—	—	1,30	—
Ni	—	—	—	—	0,20	—
Pb	41,28	40,20	42,25	42,47	33,73	41,80
Sb	25,20	26,35	24,34	24,25	25,55	25,00
S	20,12	19,90	19,91	19,91	24,08	(20,51)
Gangart	—	0,50	—	—	—	—
	100,00	99,50	99,75	99,95	99,43	100,00

23. Von Neudorf (Harz); anal. A. Unterweissacher bei C. Doelter, Tsch. min. Mit. **11**, 328 (1890).
24. Von ebenda; anal. Lesinsky bei P. Jannasch, Journ. prakt. Chem. **40**, 232 (1889).
25. u. 26. Von Wolfsberg (Harz); anal. C. Guillemain, Inaug.-Diss. Breslau 1898, 39; Z. Kryst. **33**, 76 (1900).
27. Von Altenberg (Schlesien); anal. R. Websky bei J. Traube, Min. Schlesiens 1888, 39.

28. Von Przibram (Böhmen), im Francisci-Schacht; anal. O. Mann bei F. Babanek, Tsch. min. Mit. **6**, 86 (1884).

	29.	30.	31.	32.
Mn	—	—	5,96	0,26
Fe	0,20	0,81	—	0,51
Cu	12,82	14,75	13,47	12,87
Zn	—	—	0,13	0,20
Ag	—	0,40	—	—
Pb	42,07	40,98	37,44	43,85
Sb	23,80	22,42	21,12	18,42
As	—	0,41	—	3,18
S	19,78	19,37	21,14	20,22
	98,67	99,14	99,26	99,51

29. Von Felsöbanya (Ungarn), auf Erzgängen; anal. C. Hidegh, Z. Kryst. **8**, 534 (1883).

30. Von Kapnik auf Erzgängen im Andesit; anal. wie oben.

31. Von Kapnik; anal. Th. Hein bei G. Tschermak, Sitzber. Wiener Ak. **53**, 518 (1866).

32. Aus den Erzgängen im Andesit (Dacit) von Nagyag (Siebenbürgen); anal. L. Sipöcz, Z. Kryst. **11**, 218 (1886).

	33.	34.	35.	36.
Fe	—	—	13,00	12,98
Cu	13,70	13,48	41,28	41,56
Pb	40,00	41,83	25,48	25,28
Sb	24,70	24,54	—	—
As	Spur	—	—	—
S	20,20	20,15	20,22	19,63
	98,60	100,00	99,98	99,45

33. Von der Anthracitgrube Peychagnard (Départ. Isère), auf einem Dolomitgang, mit Bleiglanz; anal. F. Pisani bei P. Termier, Bull. soc. min. **20**, 102 (1897).

34. Von der Mine des Bornettes, mit Bleiglanz und Blende, im Dép. Var (Frankreich); anal. Fonteilles bei A. Lacroix, Minér. de la France **2**, 701 (1897).

35. Von Liskeard (Cornwall), auf der Heresfootmine, mit Bleiglanz, Fahlerz, Baryt und Quarz; anal. C. Guillemain, Inaug.-Diss. Breslau 1898, 39; Z. Kryst. **33**, 75 (1900).

36. Von ebenda; anal. wie oben.

	37.	38.	39.	40.
Fe	0,40	0,69	1,30	2,20
Cu	12,70	13,55	10,30	20,70
Zn	0,14	0,41	0,50	2,80
Ag	Spur	0,15	0,15	0,60
Pb	40,88	40,52	39,82	26,60
Sb	24,78	24,09	27,20	18,00
S	20,50	19,40	19,59	19,80
	99,40	98,81	98,86	100,70

37. Von der Grube Pulacayo bei Huanchaca (Bolivia), auf Fahlerz; anal. A. Frenzel, Z. Kryst. **28**, 608 (1898).

38. Von Machacamarca (Bolivia), auf Quarz und Baryt; anal. Perez bei J. Domeyko, Miner. 1879, 230.

39. Pacuany, Dep. La Paz (Sica Sica); anal. Stuven bei J. Domeyko, wie oben.

40. Von Carrizo im Huasco alto (Chile); anal. Anselmo Herreros bei J. Domeyko, wie oben (starker Zinkgehalt!).

Die neuesten Analysen.

	41.	42.	43.
Mn	1,35	Spur	—
Fe	4,59	0,35	1,97
Cu	12,22	15,12	11,93
Zn	—	0,35	—
Pb	40,73	40,21	42,39
Sb	20,70	18,99	28,68
As	Spur	2,81	—
S	19,14	20,04	13,62
Ca, Mg . .	Spur	1,67*)	98,40
	98,73	99,54	96,99

41. Von der Grube Argentierra della Nurra (Porto Torres, Insel Sardinien); anal. C. Rimatori bei D. Lovisato, Z. Kryst. **40**, 98 (1910).

42. Von der Boggs Mine, im Big-Bug-Distrikt, Yavapai Co. (Arizona); anal. W. T. Schaller, Bull. geol. Surv. U.S. **262**, 181 (1895); Z. Kryst. **43**, 391 (1907). *) Unlöslich.

43. Aus Tasmanien, näherer Fundort nicht angegeben; anal. bei A. W. F. Petterd, Papers Roy. Soc. Tasmania 1900/01, 51. Ref. Z. Kryst. **42**, 392 (1907). Summe im Original falsch.

Analysen der Varietät Wölchit oder Antimonkupferglanz.

	44.	45.	46.
Fe	1,40	0,36	0,58
Cu	17,35	15,59	16,15
Pb	29,90	42,83	43,69
As	6,03	—	—
Sb	16,65	24,41	24,46
S	28,60	16,81	15,23
	99,93	100,00	100,11

44. Von der Wölch bei St. Gertraud im Lavanttal (Kärnten); anal. A. v. Schrötter, Baumgartners Zeitschr. **8**, 284 (1830). — Siehe auch C. F. Rammelsberg, Min.-Chem. 1875, 102. Enthält 2,3% Wasser.

Dieses Vorkommen wurde früher als besonderes Mineral betrachtet, ist aber ein teilweiser zersetzter Bournonit.

45. Mittel von 4 Analysen von C. F. Rammelsberg, wie oben.

46. Analyse nach dem Schmelzen in H-Gas; anal. wie oben.

Formel.

Die Analysen führen alle zu dem Resultate, daß das Verhältnis Cu:Pb:Sb:S = 1:1:1:3 ist. Daher ergibt sich die Formel:

$$CuPbSbS_3 .$$

Diese läßt sich schreiben:

$$2PbS . Cu_2S . Sb_2S_3 .$$

Die Formel ist analog den Formeln des Seligmannits: $CuPbAsS_3$ und des Aikinits (Nadelerz): $CuPbBiS_3$.

Die prozentuale Zusammensetzung ist:

Cu	13,04
Pb	42,54
Sb	24,65
S	19,77
	100,00

C. F. Rammelsberg fand ähnliche Zahlen, welche jedoch, da er für die Atomgewichte ältere Angaben verwertete, um höchstens 1 % abweichen.

C. Guillemain berechnete seine Analysen von Wolfsberg und Liskeard:

		Pb : Cu : Sb : S
Liskeard	Nr. 35:	2 : 2,06 : 2,12 : 6,32,
„	Nr. 36:	2 : 2,02 : 2,08 : 6,00,
Wolfsberg	Nr. 25:	2 : 2,06 : 2 : 6,10,
„	Nr. 26:	2 : 2,06 : 2 : 6,12.

Die Analysen stimmen gut mit den durch die theoretische Formel verlangten.

Der Wölchit oder der Antimonkupferglanz weicht etwas ab, er enthält weniger Schwefel und mehr Kupfer, was von der Zersetzung der ursprünglichen Verbindung herrührt.

Umwandlung.

Die folgenden Analysen beziehen sich auf umgewandelte Bournonite:

Fe_2O_3	5,6
PbO	50,12
Sb_2O_3	37,48
H_2O	7,39
	100,59

Analyse eines gänzlich in Bleiniere umgewandelten Bournonites von Litica (Bosnien), im Kjubatal. Hier hat eine vollständige Umwandlung stattgefunden. Verh. k. k. geol. R.A. 1891, 211; Z. Kryst. **23**, 240 (1894).

Die Umwandlung von Fahlerz in Bournonit zeigt folgende Analyse.

Fe	1,38
Cu	23,20
Zn	7,14
Pb	1,19
Sb	34,47
S	26,88
Gangart	5,86
	100,12

Von der Great Eastern Mine, Park Co. (Colorado); anal. W. T. Page bei J. W. Mallet, Ch. N. **44**, 190, 203 (1881); Z. Kryst. **9**, 629 (1884).

Derbes umgewandeltes Fahlerz teilweise in Bournonit umgewandelt, doch ist der Bleigehalt noch sehr niedrig.

G. Tschermak[1]) hat die Umwandlung des Fahlerzes in Bournonit eingehend an dem Vorkommen von Kapnik studiert, vom unveränderten Antimonfahlerz bis zum Bournonit. Die Analyse Nr. 31 von Th. Hein (siehe S. 471)

[1]) G. Tschermak, Sitzber. Wiener Ak. **63**, 520 (1866).

entspricht einem solchen pseudomorphen Bournonit, welcher jedoch eine merkliche Menge von Eisenkies enthält.

Die Umwandlungen bei den Vorkommen von der Wölch und Olsa wurden bereits erwähnt. Die Umwandlung besteht meistens in Oxydationsbildung von Bleicarbonat, Malachit, Azurit. In Kapnik finden sich auch Umwandlungen in Bleiglanz.[1]) Es gibt auch Verdrängungspseudomorphosen von Pyrit nach Bournonit.[2])

Nickelbournonit.

C. F. Rammelsberg und F. Zincken[3]) beschrieben seinerzeit auch einen Nickelbournonit von Wolfsberg (Harz), derb, feinkörnig, dunkelgrau bis eisenschwarz, welches Erz aber wahrscheinlich nur ein Gemenge von Bournonit und Nickelglanz sein dürfte.

Da C. F. Rammelsberg diesen Nickelbournonit später, auch in seiner Mineralchemie nicht mehr erwähnt, so ist wohl anzunehmen, daß er diese Mineralart nicht mehr aufrecht hielt, ebenso wie den mitvorkommenden und gleichzeitig beschriebenen Bournonit-Nickelglanz, welcher nach O. Lüdecke[4]) vielleicht eine Pseudomorphose von Bournonit und Nickelglanz nach Bleiglanz darstellt. Er kommt in Würfeln vor und hat graue Farbe. Nur der Vollständigkeit wegen mögen diese Analysen hier angeführt werden.

Analysen von „Nickelbournonit".

	1.	2.	3.
Fe	0,84	1,99	2,39
Cu	9,06	7,68	7,46
Ni, Co	5,47	8,73	11,06
Pb	35,52	32,75	27,55
As	3,32	6,58	?
Sb	24,28	21,88	?
S	19,87	20,39	20,94
	98,26	100,00	?

Dichte 5,592.

Analysen des „Bournonit-Nickelglanzes".

	4.	5.	6.
Fe	—	1,18	2,35
Cu	1,33	4,40	4,55
Co	1,60	20,29 (Co + Ni)	16,20
Ni	27,04		
Pb	5,13	17,83	26,13
As	28,00	20,51	?
Sb	19,53	13,75	?
S	16,56	18,43	16,45
	99,19	96,39	?

Dichte 5,635—5,706.

[1]) R. Blum, Pseudomorphosen II, 14. — Sillem, N. JB. Min. etc. 1852, 523.
[2]) E. Döll, Verh. k. k. geol. R.A. 1876, 144.
[3]) C. F. Rammelsberg, Pogg. Ann. **77**, 251 (1843).
[4]) O. Lüdecke, Miner. d. Harz 1896, 159.

Chemische Eigenschaften.

Vor dem Lötrohr auf Kohle leicht schmelzbar, wobei zuerst ein weißer, dann ein gelber Beschlag entsteht; der Rückstand mit Soda in der Reduktionsflamme geschmolzen, gibt ein Kupferkorn.

In konz. Salpetersäure zersetzbar, wobei eine blaue Lösung entsteht und sich Schwefel, sowie ein weißer pulveriger Niederschlag aus Blei und Antimon bestehend, abscheidet.

Nach Ch. A. Burghardt[1]) kann man Bournonit und andere Sulfide erkennen, wenn man sie mit reinem Ammoniumnitrit in einem Platin- oder Porzellanschiffchen erhitzt. Während des Schmelzens geben die verschiedenen Metalle charakteristische Farben. Nach dem Erkalten wird der Inhalt des Schiffchens mit Wasser ausgelaugt. Bournonit gibt eine gelblichgrüne Schmelze durch Wasser in eine Lösung von Kupfersulfat und einen Rückstand zerlegbar, welcher aus Bleisulfat und $Sb_2O_3 + Sb_2O_5$ besteht. Aus dem Rückstande kann durch Behandlung mit Kaliumbisulfat alles Antimon als SbH_3 abgeschieden werden.

C. Doelter[2]) untersuchte die Löslichkeit des Bournonits in Wasser. Ein solcher von Neudorf ergab mit reinem Wasser eine Löslichkeit von 2,075 % oder in 100 Teilen Wasser 0,03 %.

Ein Versuch, welcher durch vier Wochen dauerte und wobei das Pulver mit destilliertem Wasser auf 80° erhitzt worden war, ergab folgende Daten:

	I.	II.
Cu	13,1	13,40
Pb	42,5	41,28
Sb	24,6	25,20
S.	19,8	20,12

Unter II. sind die Zahlen des frischen, unter I. die Zahlen des löslichen Teiles. Angewandte Menge 0,5754 g.

Der untersuchte Bournonit zeigt schwach alkalische Reaktion.

Löslichkeit in Schwefelnatriumlösung. Die Behandlung mit schwefelnatriumhaltigem Wasser ergab nach C. Doelter,[3]) gelöst in Prozenten:

Cu 0,462, Pb 1,51, Sb 0,88.

Der lösliche Teil hat also ungefähr die Zusammensetzung des frischen Teiles. Es hat, wie auch bei dem Versuch mit Wasser, keine Zersetzung, sondern nur Lösung stattgefunden. Die Menge des gelösten Bournonits betrug ungefähr 3,9 %, in 100 Teilen Schwefelnatriumwasser etwa 0,1 %. Bournonit ist daher weniger löslich als Pyrit, Zinkblende und Bleiglanz.

A. de Gramont[4]) untersuchte das Funkenspektrum und fand in diesem in Rot deutlich Antimon, ferner fand er im Grün Blei und noch heller Kupfer. Auch Schwefel war erkennbar. Das Mineral zeigt schwache Leitfähigkeit.

Synthese.

C. Doelter stellte ein Gemenge der Chloride oder auch Oxyde der Elemente Cu, Pb, Sb dar und ließ einen Schwefelwasserstoffstrom bei gelindem

[1]) Ch. A. Burghardt, Min. Mag. **9**, 227 (1891).
[2]) C. Doelter, Tsch. min. Mit. **11**, 323 (1890).
[3]) Derselbe, Z. Kryst. **11**, 39 (1886).
[4]) A. de Gramont, Bull. soc. min. **18**, 316 (1895).

Erhitzen (unter Rotglut) auf dieses Gemenge einwirken. Es ergab sich eine kristallinische homogene Masse. An der Oberfläche zeigten sich kleine, glänzende, tafelförmige Kristalle von stahlgrauer Farbe, deren Härte 2—3 ist. Ihre Dichte ist 5,719.

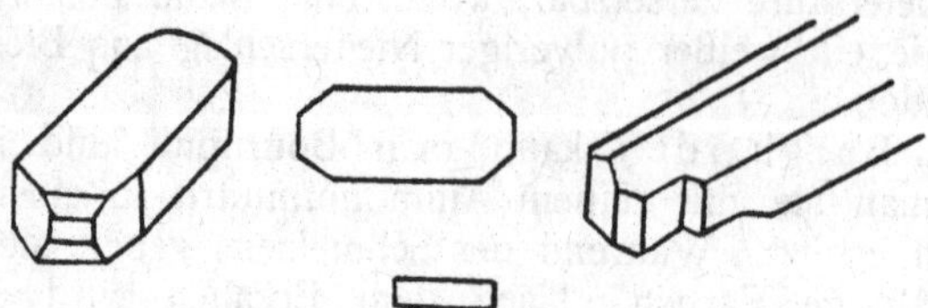

Fig. 42. Künstlicher Bournonit.

Die Menge von Cu und Pb wurden bestimmt und es ergab sich das Verhältnis 1 : 1.

Bemerkt sei noch, daß bei dem oben erwähnten Versuch der Lösung in schwefelnatriumhaltigem Wasser sich neue Kriställchen von Bournonit gebildet hatten. Es zeigten sich deutliche Kristalle mit Basis bei den Domen und Pyramiden und ferner Zwillingskristalle, entsprechend dem Nadelerz. Daneben hatten sich auch Bleiglanzwürfel und Antimonglanzkriställchen gebildet.

Physikalische Eigenschaften.

Spaltbar nach (010), wenig deutlich auch auf (100) und (001). Härte 2 bis 3. Bruch muschelig bis oft uneben. Ziemlich spröde. Dichte 5,7—5,9.

Lebhafter Metallglanz, opak, Farbe dunkelgrau, Strich[1]) grauschwarz.

Die spezifische Wärme wurde von A. Sella[2]) bestimmt, der Wert ist 0,0730.

Über die elliptische Wärmekurve auf der Basis siehe F. B. Peck[3]); sie ist wenig von der Kreisform abweichend.

J. Königsberger[4]) untersuchte den Bournonit auf optische Anisotropie und fand ihn anisotrop.

Chalkographische Untersuchung durch H. Schneiderhöhn.[5]) Bournonit läßt sich gut polieren und gibt eine glänzende, löcherfreie Oberfläche. Das Reflexionsvermögen ist hoch, ähnlich wie bei Bleiglanz. Die Farbe ist leuchtend reinweiß, fast wie Bleiglanz. Das Farbzeichen nach W. Ostwald ist i.:

56 % Weiß, 11 % Schwarz, 33 % erstes Eisblau.

Bei der Reflexion wird viel elliptisch polarisiertes Licht erzeugt. Die einzelnen, im polarisierten Licht verschieden orientierten Individuen und Zwillingslamellen zeigen in den 45°-Richtungen schwache Farbunterschiede von Rosagrau bis Grünlichgrau.

Bei den Ätzversuchen verhielten sich negativ: HNO_3, HCl, KCN, $FeCl_3$, KOH.

[1]) Über Strich siehe Schroeder van der Kolk, Z. Kryst. **37**, 654 (1903).
[2]) A. Sella, ebenda **22**, 180 (1894).
[3]) F. B. Peck, Z. Kryst. **27**, 320 (1897).
[4]) J. Königsberger, ZB. Min. etc. 1908, 565, 597.
[5]) H. Schneiderhöhn, Anl. z. mikr. Best. usw., Berlin 1922, 234.

Königswasser scheidet Schwefel ab. Alkalische Permanganatlösung und alkalische Perhydrollösung wirken sehr schwach.

Was das Gefüge der Aggregate anbelangt, so konnten in einigen Lagerstätten recht großkörnige Aggregate beobachtet werden, deren Individuen teils unregelmäßig, teils mit Kristallflächen aneinander grenzen.

Zur Unterscheidung von Bleiglanz bedient man sich der für letzteren charakteristischen dreiseitigen Spaltaussprünge. Von Antimonglanz unterscheidet sich Bournonit durch seine Unangreifbarkeit durch KOH.

Nadelerz (Aikinit).

Von **M. Henglein** (Karlsruhe).

Synonyma: Patrinit, Aciculit, Belonit.

Kristallsystem: rhombisch; $a:b:c = 0{,}9719:1$ nach H. A. Miers.[1])

Ältere Analysen.

	1.	2.	3.	4.	5.
δ . . .	—	6,757	—	6,100	—
Ni . . .	1,58	—	—	—	0,36
Cu . . .	12,10	11,79	10,59	12,53	10,97
Pb . . .	24,32	35,69	36,05	40,10	36,31
Au . . .	—	—	—	—	0,09
Bi . . .	43,20	34,62	36,45	27,93	34,87
S	11,58	16,05	16,61	18,78	16,50
Te . . .	1,32	—	—	—	—
	94,10	98,15	99,70	99,34	99,10

1.—5. Aus den Gängen von Beresowsk im Revier Jekaterinburg (Ural):
1. Anal. J. F. John, Journ. Chem. Phys. **5**, 227 (1808).
2. und 3. Anal. H. Frick, Pogg. Ann. **31**, 529 (1834).
4. Anal. C. Chapman, Phil. Mag. **31**, 541 (1847).
5. Anal. R. Hermann, Bull. soc. nat. Moscau **31**, 537 (1858); Journ. prakt. Chem. **75**, 452 (1858).

Neuere Analysen.

	6.	7.
Cu	11,11	10,90
Pb	35,15	36,01
Bi	36,25	36,20
S	16,56	16,60
	99,07	99,71

6. und 7. Von Beresowsk (Ural); anal. C. Guillemain, Diss. Breslau 1898. Ref. Z. Kryst. **33**, 75 (1900).

Formel. C. F. Rammelsberg[2]) gibt auf Grund der älteren Analysen die Formel:

$$CuPbBiS_3 = 2PbS.Cu_2S + Bi_2S_3 = 2\left\{\begin{matrix} 2\left\{\begin{matrix} 3PbS \\ Bi_2S_3 \end{matrix}\right\} \\ \left\{\begin{matrix} 3Cu_2S \\ Bi_2S_3 \end{matrix}\right\} \end{matrix}\right\}.$$

[1]) H. A. Miers, Min. Soc. Lond. **8**, 206 (1889).
[2]) C. F. Rammelsberg, Min.-Chem. 1875, 103.

C. Guillemain[1]) berechnet seine Analysen und erhält:

	Pb	Cu	Bi	S
Analyse 6:	1,96	2,02	2	5,96,
„ 7:	2,01	1,99	2	5,97;

er nimmt die Formel an:

$$Pb_2Cu_2Bi_2S_6 .$$

Man wird auch hier nicht Pb und Cu_2 als isomorph ansehen können, und daher schreiben:

$$(PbS)_4 . Bi_2S_3 + (Cu_2S)_2 . Bi_2S_3 .$$

E. T. Wherry und W. F. Foshag schreiben:

$$Cu_2S . 2PbS . Bi_2S_3 .$$

Der Formel $PbCuBiS_3$ entsprechen:

Pb . . .	35,96
Cu . . .	11,01
Bi . . .	36,31
S	16,72
	100,00

P. Groth und K. Mieleitner[2]) schreiben die Formel:

$$BiS_3Cu'Pb .$$

Es gilt folgende isomorphe Reihe:

Seligmannit .	$AsS_3Cu'Pb$	rhombisch-dipyr.	0,9233 : 1 : 0,8734
Bournonit . .	$SbS_3Cu'Pb$	„ „	0,9380 : 1 : 0,8969
Aikinit . . .	$BiS_3Cu'Pb$	„ „	0,9719 : 1 : ?

E. H. Kraus und J. P. Goldsberry[3]) stellen das Nadelerz zu den Sulfosalzen mit der allgemeinen Formel:

$$M_x' R_2''' S_y , \quad \text{wo} \quad y = \frac{x}{2} + 3 .$$

Nadelerz ist mit Bournonit isomorph.

A. de Gramont[4]) erhielt ein gutes Funkenspektrum, ohne Silberlinien.

Eigenschaften.

Lötrohrverhalten wie Galenobismutit, dazu noch die Kupferreaktion in der Borax- und Phosphorsalzoxydationsperle. Auf Kohle mit Salzsäure betupft, tritt beim Berühren mit der blauen Lötrohrflamme die azurblaue Chlorkupferfärbung auf. Da sich Schwefel als SO_2, Blei und Wismut als Oxyd verflüchtigen, hinterbleibt schließlich ein Kupferkorn auf der Kohle.

Nadelerz wird durch Salpetersäure unter Abscheidung von Schwefel und Bleisulfat zersetzt.

Die Dichte ist nicht hinreichend genau bestimmt; für 6,1—6,8 gibt J. J. Saslawsky die Kontraktionskonstante 0,94—0,84.

---

[1]) C. Guillemain, Z. Kryst. **33**, 75 (1900).
[2]) P. Groth u. K. Mieleitner, Min. Tab. 1921, 27.
[3]) E. H. Kraus u. J. P. Goldsberry, N. JB. Min. etc. 1914, II, 139.
[4]) A. de Gramont, Bull. soc. min. **18**, 265 (1895).

Die Härte ist 2—2,5.
Die Spaltbarkeit nach (010) ist unvollkommen.
Das schwärzlich bleigraue Mineral läuft bräunlich bis kupferrot an.

Vorkommen. Nadelerz kommt bei Beresowsk nahe Jekaterinburg mit Gold, Malachit und Bleiglanz in weißem Quarz vor. Das Vorkommen von Gold Hill, Rowan Co. (Nordcarolina) ist nach F. A. Genth unsicher; es liegt wahrscheinlich hier Cosalit vor.

Seligmannit.

Kristallsystem: Rhombisch-dipyr. $a:b:c = 0{,}9233:1:0{,}8734$.

Analysen.

	1.	2.
Fe	0,06	0,80
Cu	13,09	10,51
Zn	0,27	—
Ag	0,11	0,23
Pb	46,34	48,83
As	16,88	16,94
Sb	0,64	0,71
S	21,73	22,01
	99,12	100,03

1. u. 2. Aus dem Lengenbachdolomit des Binnentals (Oberwallis); anal. G. T. Prior, Min. Mag. **15**, 385 (1919). Ref. in Z. Kryst. **52**, 91 (1913); nur Anal. 1 bezieht sich auf reines Material.

Formel. Auf Grund ähnlicher Achsenverhältnisse von Seligmannit und Bournonit vermutete H. Baumhauer[1]) schon die Formel

$$Cu_2S.2PbS.As_2S_3 = As_2S_3CuPb,$$

welche durch die G. T. Priorschen Analysen[2]) bestätigt wurde.

Lötrohrverhalten. Auf Kohle Arsenrauch und Geruch nach Arsensuboxyd, sowie Bleioxyd- und Bleijodidbeschlag. Der Rückstand mit verdünnter Salzsäure, betupft und angeblasen, gibt die azurblaue Chlorkupfer- und Grünfärbung des Kupfers.

Physikalische Eigenschaften. Die Dichte wurde von H. Baumhauer zu 5,48 bestimmt.

Vorkommen. Bisher nur im zuckerkörnigen Dolomit des Lengenbaches bei Imfeld im Binnental mit vielen anderen Bleisulfarseniten und Fahlerz gefunden.

Lengenbachit.

Synonym: Jentschit.
Kristallsystem: Wahrscheinlich triklin, dünne, biegsame Blättchen.[3])

[1]) H. Baumhauer, Sitzber. Berliner Ak. 1901, 110. Z. Kryst. **38**, 188 (1904).
[2]) G. T. Prior, Min. Mag. **15**, 385 (1910); Z. Kryst. **52**, 91 (1913).
[3]) R. H. Solly, Min. Mag. **14**, 72 (1905).

Analyse.

	1a.	1b.
Cu	3,36	2,38
Fe	0,17	—
Pb	57,89	58,07
Ag	5,64	6,03
As	13,46	14,03
Sb	0,77	—
S	19,33	19,49
	99,62	100,00

Die Analyse 1a des Lengenbachits aus dem Dolomit des Binnentals (Schweiz) ist das Mittel aus mehreren As- und S-Bestimmungen, ausgeführt von A. Hutchinson.[1]) Für die Formeln gibt letzterer zwei Deutungen. Nimmt man Fe als von Pyrit herrührend an, läßt FeS_2 und Sb aus der Berechnung weg (Analyse 1b) so führt das Resultat auf die Formel:

$$Pb_6(Ag, Cu)_2As_4S_{13} \quad \text{oder} \quad 6\,PbS\,.\,(Ag, Cu)_2S\,.\,2\,As_2S_3\,.$$

Da zwei Atome Silber und ein Atom Kupfer die Rolle von einem Atom Blei spielen, so läßt sich die empirische Formel des Lengenbachits $Pb_7As_4S_{13}$ schreiben. Er steht dann zwischen Guitermanit und Jordanit.

Die Dichte ist 5,85. Die Spaltbarkeit nach der größten Fläche ist sehr vollkommen; etwas geschmeidig. Die Spaltungs- und Seitenflächen zeigen öfters eine schiefe lamellenartige Streifung.

Die Farbe ist stahlgrau, der Strich schwarz mit Stich ins Schokoladebraun; oft bunt angelaufen. Die Blättchen sind für Wärmestrahlen ebenfalls opak.

Owyheeit (Silber-Jamesonit).

Von **C. Doelter** (Wien).

Kristallsystem unbekannt, vielleicht rhombisch.

Analyse.

Cu	0,75
Ag	7,40
Pb	40,77
Fe	0,46
Sb	30,61
S	20,81
	100,80

In weißer Quarzader mit Pyrargyrit, Zinkblende und Sericit von der Poorman Mine Silver City, Owyhee County; anal. E. V. Shannon, U.S. Nat. Mus. **58**, 601 (1920); Am. Min. 1921, 68.

Formel. Aus der Analyse berechnet sich $(Ag, Cu)_2S : PbS : Sb_2S_3 = 1:5:3$. Daher die Formel:

$$(Ag, Cu)_2S\,.\,5\,(Pb, Fe)S\,.\,3\,Sb_2S_3\,.$$

Diese Formel wird jedoch von E. T. Wherry und W. F. Foshag[2]) geschrieben:

$$2\,Ag_2S\,.\,8\,PbS\,.\,5\,Sb_2S_3\,.$$

[1]) A. Hutchinson, Z. Kryst. **43**, 466 (1907).

[2]) E. T. Wherry u. W. F. Foshag, Journ. Wash. Ac. **11**, 1 (1921).

Das Mineral gehört nach ihnen in die Gruppe des Dufrenoysits; nach G. Cesàro[1]) gehört es zu den Pyrosalzen.

Eigenschaften. Stahlgrau, silberweiß, mit gelblicher Anlauffarbe. Metallisch glänzend, metallartiger Diamantglanz. Strich auf Papier grau, auf Porzellan rötlichbraun.

Spaltbarkeit senkrecht zur Längsrichtung, wie bei Jamesonit.

Härte 2,5.

In heißer konzentrierter Salzsäure löslich.

Berthonit.

Von **C. Doelter** (Wien).

Ein dem Jamesonit nahestehendes Mineral, feinkörnig, enthält jedoch viel Kupfer.

Analyse.

Cu	23,68
Pb	21,83
Sb	32,45

Daraus wurde die Zusammensetzung berechnet.

Cu_2S	29,65
PbS	25,21
Sb_2S_3	45,43
	100,29

Aus Spalten des Eisenerzes der Slata-Mine in Tunis; anal. H. Buttgenbach, Ann. Soc. Géol. Belgique **46**, 212—213 (1923).

Formel. Aus der Analyse berechnet sich die Formel:

$$5\,PbS$$
$$9\,Cu_2S$$
$$7\,Sb_2S_3$$

Diese Formel verlangt:

Pb	20,79
Cu	22,96
Sb	33,75
S	22,50
	100,00

Eigenschaften. Keine Spaltbarkeit, Härte 4—5, Dichte 5,49, Farbe bleigrau, Metallglanz.

Vor dem Lötrohr leicht schmelzbar, von Salpetersäure zersetzbar unter Abscheidung von Schwefel und einem weißen Rückstand.

Unbenanntes Bleieisenantimonmineral (Comuccit).

Nach einer Analyse von P. Comucci, Atti R. Accad. dei Lincei **25**, II, 111 (1916) hat dieses Mineral folgende Zusammensetzung:

[1]) G. Cesàro, Bull. soc. min. **38**, 44 (1915).

Analyse.

Fe	3,99
Pb	37,86
Sb	36,01
S	21,54
	99,40

Formel. $18 PbS . 7 FeS . 15 Sb_2S_3$.

Eigenschaften. Lamellar-faserig, metallglänzend, Dichte 5,65, von St. Georgio, Sardinien.

Verfasser glaubt, daß es sich um ein Glied der von F. Zambonini als Mischkristalle angesehenen Plagionitgruppe, siehe S. 451 handle. Es fehlt die Nachprüfung auf Homogenität. Ich möchte dieses Mineral, falls sich die Homogenität bestätigt, Comuccit nennen.

Richmondit.

Von **M. Henglein** (Karlsruhe).

Das derbe kristallinische Mineral von Richmond Hill in Neuseeland ist von W. Skey[1]) beschrieben worden. Er gibt nach Abzug von 15,4 % Gangart, SiO_2, auch Antimonoxysulfiden folgende Bestandteile an:

MnS	0,52
FeS	13,59
Cu_2S	19,31
ZnS	5,87
PbS	36,12
Ag_2S	2,39
Bi_2S_3	Spur
Sb_2S_3	22,20
	100,00

Daraus ergibt sich annähernd die Formel:

$$6(Fe, Zn, Pb, Ag_2, Cu_2)S . Sb_2S_3$$

oder

$$6 RS . Sb_2S_3 .$$

Nach E. S. Dana bedarf der Richmondit weiterer Untersuchung.
Die Dichte ist 4,317, die Härte 4,5.
Die Farbe ist schwarz, neigt stellenweise ins Rötliche.

Verbindungen von S, As mit Mangan.

Von **C. Doelter** (Wien).

Wir haben hier zu betrachten die Sulfide MnS und MnS_2, sowie das Arsenid $MnAs$. Dann haben wir Sulfide, in welchen neben Mangan auch Blei und Zink enthalten sind. Die zu behandelnden Mineralien sind: Manganblende, Hauerit, Kaneit, Plumbomanganit und Youngit.

---

[1]) W. Skey, Trans. New. Zeal. Inst. **9**, 556 (1877). — E. S. Dana, Min. 1892, 146.

Manganblende.

Synonyma: Alabandin, Manganglanz, Schwarzerz, Braunsteinkies, Braunsteinblende, Blumenbachit.

Kristallklasse: Regulär-tetraedrisch. (Kristallstruktur siehe S. 489.)

Analysen.

	1.	2.	3.	4.
Mn	37,90	37,00	36,81	36,91
S	32,10	62,76	62,98	63,03
Fe	—	—	Spur	—
SiO_2	—	0,12	—	—
	100,00	99,88	99,79	99,94

1. Von Nagyag, auf Gängen im Propylit oder Andesit; anal. Arfvedson, Vet. Akad. Handl. Stockholm 1822, 427; Pogg. Ann. 1824, I, 50.

2. Morocochagrube, im S. Antoniogang; anal. F. Raimondi, Minér. du Pérou 1878, 240.

3. In Puebla, auf der Grube Preciosa Sangre de Cristo, am Cerro Tlachiaque; anal. C. Bergemann, N. JB. Min. etc. 1857, 385. — C. F. Rammelsberg, Min.-Chem. 1875, 52.

4. Von der Lucky Cuss Fissure Mine bei Tombstone (Arizona); anal. Volckening bei Js. Moses, Z. Kryst. **22**, 19 (1894).

Formel. Die Berechnung der Analysen ergibt das Atomverhältnis Mn : S = 1 : 1, daher die Formel:

$$MnS.$$

Chemische Eigenschaften. Manganblende bleibt beim Erhitzen im verschlossenen Glasrohr unverändert, dagegen entwickeln sich in offenem Glasrohr Dämpfe von schwefeliger Säure. Auf Kohle in der Reduktionsflamme wird sie oxydiert und geschmolzen. Mit Soda starke Manganreaktion (schwarzgrün).

Kocht man das Pulver mit einem Gemenge von Phosphor- und Salpetersäure, so erhält man eine stark violette Flüssigkeit.

Der Alabandin ist in konz. Salzsäure löslich, wobei sich Dämpfe von Schwefelwasserstoff entwickeln. Auch verdünnte Salzsäure zersetzt ihn.

Physikalische Eigenschaften. Vollkommen spaltbar nach dem Hexaeder. Bruch uneben. Spröde, Härte $3\frac{1}{2}$—4. Dichte 3,9—4. Undurchsichtig, halbmetallischer Glanz, Farbe eisenschwarz bis dunkelstahlgrau. Bräunlichschwarze Anlauffarben. Strich dunkelgrün.

Spezifische Wärme nach A. Sella[1]) 0,1392 (berechnet 0,1217). Nach H. Fizeau[2]) ist der lineare Ausdehnungskoeffizient für 40° C = $0,0_4 1519$, der Zuwachs für 1° ist $\frac{\Delta\alpha}{\Delta\vartheta} = 0,0_6 0217$.

Die Manganblende ist nach F. Beijerinck Nichtleiter der Elektrizität, auch beim Erhitzen nicht.

Synthese. Zuerst stellte Carnot[3]) nach einer Mitteilung von F. Fouqué und A. Michel-Lévy dieses Mineral dar, indem er Schwefelwasserstoffgas bei dunkler Rotglut auf ein Manganoxyd oder amorphes frisch gefälltes Schwefelmangan oder ein Mangansalz einwirken ließ. Nähere Angaben fehlen indessen.

---

[1]) A. Sella, Nachr. Ges. Göttingen 1891, 311.

[2]) H. Fizeau nach Th. Liebisch, Phys. Kryst. 1891, 92.

[3]) Carnot siehe F. Fouqué u. A. Michel-Lévy, Synthèse. Paris 1881, 307.

C. Doelter[1]) erhielt bei einem ähnlichen Versuch ein dunkelgrünes Pulver, in welchem kleine Oktaeder sichtbar waren (als Kombinationen von beiden Tetraedern?) und deren Zusammensetzung mit der der Manganblende übereinstimmt, nämlich 64,8 % Mangan, während der Mangangehalt nach der theoretischen Formel 63,3 % beträgt. Es waren bei den Versuchen Chlorür oder Oxyd oder ein sonstiges Mangansalz angewandt worden. Bei Anwendung von Braunstein und einem großen Überschuß von Schwefelwasserstoff ergab sich ein Gemenge von Manganblende und Hauerit. Siehe S. 490.

Th. Sidot[2]) erhielt beim Überleiten von Schwefelwasserstoffgas bei Weißglut auf gefälltes Schwefelmangan hexagonale gelbgrüne Prismen von MnS, welche das optische Verhalten von Wurtzit zeigten. Dies würde darauf hinweisen, daß es, wie bei der Zinkblende auch bei der Manganblende außer einer tetraedrischen Kristallart noch eine zweite hexagonale Art von MnS gibt. Es würde dies darauf hindeuten, daß ZnS und MnS isodimorph sind. Da aber bei den Versuchen und auch bei Hüttenprozessen sonst immer die reguläre Art des MnS die stabile ist, während bei ZnS bei erhöhter Temperatur die hexagonale Form, der Wurtzit stabil ist, so liegt hier ein abweichendes Verhalten von ZnS und MnS vor. Insofern liegt eine Analogie vor, als bei hoher Temperatur sich beim Versuche Th. Sidots die hexagonale Form bildete. Es wäre wünschenswert, den Versuch von Th. Sidot nachzuprüfen.

Auf nassem Wege ist Alabandin ebenfalls dargestellt worden und zwar immer in der regulären Kristallart. A. Baubigny[3]) ließ in einer zugeschmolzenen Glasröhre eine Lösung eines Mangansalzes, welchem ein kleiner Überschuß von Ammoniumacetat und Essigsäure zugesetzt war, gesättigtes Schwefelwasserstoffwasser einwirken, wobei diese Röhre jahrelang den Temperaturschwankungen der Umgebung ausgesetzt war. Er erhielt bis 0,5 mm lange Oktaeder.

Ähnlich war die Methode von E. Weinschenk,[4]) welcher auf ein Manganosulfat Essigsäure und Rhodanammonium einwirken ließ in verschlossenem erhitzten Rohr. Er erhielt deutliche Kombinationen von Oktaedern und Hexaedern, die, wie auch die früher erwähnten, dunkelgrüne Farbe zeigten. Die auf diesem Wege erhaltenen Kriställchen sind jedoch ungemein instabil, sie zersetzen sich in kurzer Zeit. Die Untersuchung ergab, daß es sich um die Verbindung MnS handelte.

F. Hausmann[5]) beobachtete in Gleiwitz als Hüttenprodukt Kristalle von MnS von der Form (111) (100).

J. H. L. Vogt[6]) erkannte reguläre, dunkelgrüne, in Schlacken vorkommende Kriställchen als Manganblende und er wies nach, daß Kriställchen', die H. Vogelsang aus Schlacken von der Friedrich-Wilhelmshütte bei Siegburg beschrieb, ebenfalls MnS seien. Es kommen in jenen Schlacken isomorphe Mischkristalle von MnS und CaS vor, auch solche von MnS, ZnS und FeS. Der Gehalt der manganreichen Schlacken an Sulfiden beträgt 6—8 %.[7])

---

[1]) C. Doelter, Z. Kryst. **11**, 32 (1886).
[2]) Th. Sidot, C. R. **66**, 1257 (1866).
[3]) A. Baubigny, C. R. **104**, 1372 (1887).
[4]) E. Weinschenk, Z. Kryst. **17**, 500 (1890).
[5]) F. Hausmann, Göttinger Nachr. 1855; Jahresber. Chemie 1855, 908.
[6]) J. H. L. Vogt, Mineralbild in Schmelzmassen 1892, I, 253.
[7]) Derselbe, Z. Kryst. **21**, 174 (1893).

A. Mourlot[1]) erhielt durch Schmelzen von amorphem MnS mit Schwefel im elektrischen Ofen dunkelgrüne Würfel oder Oktaeder von Alabandin, Dichte 3,92. Dieser Versuch widerspricht dem oben erwähnten von Th. Sidot.

Umwandlung. Wie andere Metallsulfide, zersetzt sich auch das Mangansulfid zu Manganvitriol, aus diesem wird manchmal Schwefel abgeschieden, was z. B. von H. Höfer[2]) bei Nagyag und von V. Vivenot[3]) bei Roszty nördlich von Rosenau (Gömör, Ungarn) beobachtet wurde.

Dasselbe beobachtete Burkart[4]) bei der Manganblende der Grube Sangre de Cristo am Fuße des Pico von Orizaba (Mexico).

Über Einwirkung von Lösungen auf Manganblende berichtet C. v. Fellenberg,[5]) daß die Manganblende von Offenbanya sich in eine braune, erdige Masse auf der Halde umwandelt.

A. Reuss[6]) fand die Manganblende von Kapnik in Zinkblende und auch in Manganspat umgewandelt. E. Döll[7]) beobachtete ebenfalls Umwandlung in Mangancarbonat.

Vorkommen und Genesis. Alabandin kommt häufig mit anderen Kiesen auf Erzgängen vor, häufig auch mit Manganspat oder mit Blende. Er hat sich jedenfalls aus heißen Lösungen abgeschieden, wahrscheinlich durch Einwirkung von Schwefelwasserstoff auf Manganlösungen; aus sauren Lösungen scheint er sich nach den oben erwähnten Synthesen leichter zu bilden.

Hauerit.

Regulärpentagonalhemiedrisch. (Kubisch-dyakisdodekaedrisch.)

Analysen.

	1.	2.	3.	4.
Mn	42,97	46,05	45,72	46,47
Fe	1,30	—	—	0,03
S	53,64	53,76	54,50	53,27
SiO_2	1,20	—	—	0,16
	99,11	99,81	100,22	99,93

1. Von Kalinka bei Vogles (Ungarn); anal. A. Patera bei W. Haidinger, Ber. Mitt. Fr. d. Naturw. **2**, 19 (1847); Pogg. Ann. **70**, 148.
2. Aus der Schwefelgrube Destricella bei Raddusa, Prov. Catania (Sizilien); anal. E. Scacchi, Rend. Acad. Napoli, April 1891.
3. Von ebenda; anal. A. Silvestri, nach C. Hintze, Min. I, 770.
4. Von ebenda; anal. M. Matzke, Inaug.-Diss. Breslau 1914; N. JB. Min. etc. 1916, I, 147.

Formel. Die Analysen stimmen mit der Zusammensetzung aus:

46,14 % Mangan und 53,86 % Schwefel

überein. Diese Mengen entsprechen der Formel:

$$MnS_2.$$

[1]) A. Mourlot, C. R. **121**, 202 (1895); Z. Kryst. **27**, 540 (1897).
[2]) H. Höfer, J. k. k. geol. R.A. **16**, **17** u. **14** (1866).
[3]) V. Vivenot, ebenda **19**, 596 (1869).
[4]) Burkart, N. JB. Min. etc. 1866, 411.
[5]) C. v. Fellenberg, ebenda 1861, 303.
[6]) A. Reuss, J. k. k. geol. R.A. **20**, 521 (1870).
[7]) E. Döll, Verh. k. k. geol. R.A. 1875, 95.

Eigenschaften.

Vor dem Lötrohr in geschlossenem Röhrchen entwickelt sich Schwefel als Sublimat.

Im offenen Glasrohr Entwicklung von schwefliger Säure. Auch auf Kohle entwickeln sich solche Dämpfe, das Röstprodukt gibt mit Soda stark dunkelgrüne Schmelze, wie bei Manganblende.

Hauerit ist in konzentrierter warmer Salzsäure unter Entwicklung von Schwefelwasserstoff und unter Abscheidung von Schwefel löslich. Ähnlich wie bei Manganblende geben Phosphorsäure, sowie Salpetersäure eine violette Lösung.

Einwirkung von Kupfer und Silber.

Untersuchungen von J. Strüver. J. Strüver[1]) untersuchte die Reaktion zwischen Hauerit und einigen Metallen bei gewöhnlicher Temperatur. Hauerit-kristalle, welche zufällig mit Silber in Berührung gekommen waren, zeigten sich nach einiger Zeit stärker umgewandelt als die in der Sammlung verwahrten, welche nicht mit einem Metall in Berührung gekommen. Das Silber war an jenen Stellen, an denen der Hauerit nicht mit ihm in Berührung stand, von einer dünnen schwarzen, kristallinen Schicht überzogen, welche aus Schwefelsilber besteht.

$$MnS_2 + 2Ag = Mn + 2Ag_2S.$$

Besondere Versuche ergaben, daß diese Reaktion bei Berührung von Hauerit mit chemisch reinem Silber bereits im Verlaufe einer Stunde zu beobachten ist. Kupfer, welches im Silber enthalten ist, verzögert die Reaktion.

Bei Berührung des Hauerits mit reinem Kupfer tritt eine Schwärzung des Metalls ein, spätestens nach 1—2 Tagen, offenbar bildet sich Schwefelkupfer. Daß es sich nicht um eine Einwirkung von Schwefelwasserstoff handelt, ergibt sich daraus, daß bei Blei keine Einwirkung erfolgt.

Auch eine Reihe anderer Sulfide wirken auf Kupfer und Silber, so Markasit, etwas schwächer Pyrit, sehr schnell Magnetkies und Kobaltglanz, Arseneisen; ferner wurden Antimonglanz versucht, aber ohne Erfolg.

Am stärksten ist übrigens die Reaktion bei Schwefel selbst. Bei der Berührung von gereinigtem Metall mit polierten Haueritflächen sieht man, daß Teilchen des Metalls in den Hauerit eindrangen.

Es wurde auch die Reaktion von auf Pt, Pb, Zn, Sn, Fe, Ni, Sb und Bi versucht; es erfolgte weder bei Hauerit noch bei Markasit und Pyrit eine Veränderung.

Untersuchung von A. Beutell. Die Untersuchungen von J. Strüver wurden später von A. Beutell[2]) wiederholt. Um zu erfahren, ob bei der Einwirkung von Silber auf Hauerit eine Wirkung im festen Zustande vorläge, schob er zwischen beide eine durchlochte Visitenkarte ein. Er deutete den Versuch J. Strüvers, indem er annimmt, daß bei der Reaktion ein gasförmiges Produkt auftritt, welches seinerseits die Einwirkung auf die Umgebung weiter-

[1]) J. Strüver, R. Acc. d. Linc. **10**, 124 u. 233 (1904); ZB. Min. etc. 1901, 257 u. 401.

[2]) A. Beutell, ZB. Min. etc. 1913, 758; vgl. auch dort 1911, 316, 411, 463; sowie E. Arbeiter, Inaug.-Diss. Breslau 1913.

trägt. Es mußte sich neben den beiden festen Phasen noch eine dritte, gasförmige an der Berührungsstelle bilden.

Bei dem erwähnten Versuche zeigte sich ebenfalls Einwirkung, aber bei nicht durchlochtem Karton war keine Reaktion bemerkbar. Ferner legte er ein mit Schmirgelleinwand abgeschliffenes Oktaeder durch zwei Monate auf Silberblech. Nach dem Abheben des Kristalls zeigte es sich, daß nicht das ganze Dreieck gleichmäßig angefärbt war, sondern es hob sich eine schwache Umgrenzung vom mittleren, noch silberweißen Teil des Bleches ab. Merkwürdigerweise war die Schwärzung unter dem Haueritkristall weniger intensiv, als außerhalb, was A. Beutell durch den gehinderten Luftzutritt erklärt.

Die abgeschmirgelte Kristallfläche zeigte nach zwei Monaten eine fast kongruente Zeichnung. Die ganze Fläche hatte ihre ursprüngliche, eisengraue metallische Farbe verloren.

Noch schneller als ein Haueritkristall wirkt Pulver von Hauerit auf Silberblech, welches schon nach 10 Minuten deutlich gefärbt wird.

Durch eine weitere Reihe von Versuchen wurde nach A. Beutell nachgewiesen, daß die Ursache der Einwirkung durch freien Schwefel hervorgebracht wird. Die Fernwirkung des Silbers auf Hauerit erklärt sich durch die Flüchtigkeit des Schwefels bei Zimmertemperatur. Dagegen spielt bei der Reaktion des Hauerits auf Silber die Luft keine Rolle. Da auf die Details der Versuche hier nicht eingegangen werden kann, seien hier die Schlußresultate von A. Beutell zusammengestellt:

1. Der Hauerit zersetzt sich durch Oxydation an der Luft unter Abscheidung von freiem Schwefel, ähnlich wie Arsenkies, Glaukodot, Glanzkobalt, Pyrit und Markasit.

2. Die Einwirkung von Hauerit auf Silber wird durch den freien Schwefel verursacht.

3. Durch Abdestillieren des freien Schwefels im Vakuum bei 50—60° wird der Hauerit inaktiv gegen Silber, doch erwirbt er diese Aktivität durch Liegen an der Luft bereits nach 24 Stunden wieder.

4. Die Anfärbung des Silbers bis auf 1 cm im Umkreise beweist, daß der Schwefel bei gewöhnlicher Temperatur bei normalem Druck merklich flüchtig ist.

Einwirkung von Kaliumchlorat. Diese wurde von G. Spezia[1]) nicht nur bei Hauerit, sondern auch bei Pyrit untersucht. Mischt man feines Pyritpulver mit Kaliumchlorat, so ist dieses Gemenge sehr explosiv. Wenn man dieses mit Wasser bei 75° erhitzt, so erfolgt eine heftige Explosion. Die Gemenge von Hauerit und Kaliumchlorat ergaben eine noch heftigere Reaktion, als bei Pyrit. Der Pyrit wird durch Wasser und Kaliumchlorat schon bei Zimmertemperatur zersetzt. Hauerit gibt seinen Schwefel viel schneller ab, als Pyrit. Das Pulver beider wurde im Luftbade erhitzt, Hauerit ergab schon bei 170° ein Sublimat von Schwefel, Pyrit erst bei 350°. Bei dieser Temperatur war Hauerit ganz in MnS umgewandelt.

Luftoxydation des Hauerits.

M. Matzke[2]) weist darauf hin, daß das chemische Verhalten des Hauerits gegenüber Reagenzien ganz verschieden von dem des Pyrits sei, er gehört

[1]) G. Spezia, Atti R. Acc. d. Torino **43**, 354 (1908); Z. Kryst. **49**, 107 (1911).
[2]) M. Matzke, Inaug.-Diss. Breslau 1914; N. JB. Min. 1916, I, 147.

nicht in die Pyritgruppe, zumal auch die Kohäsion bei beiden verschieden ist.

Hauerit färbt im Gegensatz zu Pyrit und Markasit rotes Lackmuspapier deutlich blau, es bildet sich also bei der Oxydation keine freie Schwefelsäure. Bei Oxydationsversuchen war die Anwendung von Wasserstoffsuperoxyd überflüssig, da eine Verbindung mit Sauerstoff schon mit Wasser und Luft erfolgt, wobei der ganze freie Schwefel im freien Zustande abgeschieden wird. Mit HCl entwickelt Hauerit, im Gegensatze zu Pyrit und Markasit, H_2S aus der Hälfte seines S-Gehaltes, die andere wird frei nach der Formel:

$$MnS_2 + 2HCl = MnCl_2 + H_2S + S.$$

Ferner haben A. Beutell und M. Matzke[1]) den Hauerit von Raddusa in bezug auf sein chemisches Verhalten untersucht und zwar in ähnlicher Weise wie dies bei Zinkblende und Wurtzit beschrieben wurde. Das Pulver des Hauerits wurde in Glaskölbchen mit Wasser überschüttet, dem etwas Natriumcarbonat zugesetzt war (oder auch Acetat) und durch Einleiten von Luft oxydiert. Die Trennung des Haueritpulvers von den neugebildeten Manganhydroxyden war allerdings schwierig. Nachdem die Verfasser festgestellt hatten, daß Salzsäure den Hauerit quantitativ nach der oben erwähnten Gleichung zersetzt, wonach einem Molekül MnS_2 genau ein solches von H_2S entspricht, konnte die Menge des Hauerits durch Bestimmung des Schwefelwasserstoffs und dadurch auch die Menge des Manganhydroxyds ermittelt werden. Die Analysenresultate finden sich in folgender Tabelle:

Nr.	Hauerit mg	Zusatz	Monate	oxyd. Schwefel mg	oxyd. Mn mg	S : Mn
1	187,4	Na_2CO_3	7	2,14	82,48	0,05 : 1
2	130,1	„	7	1,57	57,74	0,05 : 1
3	317,6	„	6	1,99	103,37	0,03 : 1
4	327,4	„	6	1,32	134,04	0,02 : 1
5	285,3	$NaC_2H_3O_2$	6	4,41	120,74	0,08 : 1
6	180,4	„	6	4,59	65,34	0,12 : 1

Von den beiden letzten Versuchen 5 und 6 muß man absehen, da sich durch die Essigsäure etwas H_2S gebildet hatte. Es ergibt sich, daß nur Spuren von Schwefelsäure sich gebildet haben, wahrscheinlich durch Oxydation von abgeschiedenem Schwefel, so ist dadurch der Beweis erbracht, daß die Oxydation des Hauerits ohne Bildung von Schwefelsäure vor sich geht.

Möglicherweise spielt bei der Verschiedenheit gegenüber Pyrit die Wertigkeit des Mangans eine Rolle, es wäre möglich, daß im Hauerit das Mangan, wie bei den Dioxyden vierwertig ist. Im Anschluß daran kommen A. Beutell und M. Matzke[1]) zu dem Resultat, daß Hauerit nicht in die Pyritgruppe gehört, da das Verhalten an der Luft verschieden ist, Hauerit erleidet eben gegenüber Pyrit eine rasche Zersetzung, wobei der sämtliche Schwefel abgeschieden wird ohne Bildung von Schwefelsäure. Es haben also Pyrit und Hauerit verschiedene chemische Konstitution. (Siehe S. 489 die Kristallstruktur.)

Untersuchung durch E. Quercigh. Die letzte Arbeit über Hauerit bezüglich seiner Wirkung auf Metalle stammt von E. Quercigh.[2]) Er sucht die Entscheidung über die Frage, in welcher J. Strüver und A. Beutell

[1]) A. Beutell u. M. Matzke, ZB. Min. etc. 1915, 270.
[2]) E. Quercigh, R. Acc. d. Linc. **24**, 626 (1915).

gegensätzlicher Ansicht sind, nämlich ob es sich, wie ersterer meint, um eine Einwirkung von Hauerit auf die beiden Metalle im festen Zustande handelt, oder ob, wie letzterer behauptet, durch Luftoxydation sich freier Schwefel bilde, welcher dann auf die Metalle einwirkt. Er vertritt die Ansicht J. Strüvers und glaubt, daß die Ansicht A. Beutells deshalb irrig sei, weil keine Berührung zwischen dem frischen Mineral und den Metallen stattgefunden habe. Wird eine Spaltungsfläche von Hauerit mittels eines Schraubstockes an ein Silberblech angepreßt, so fand nach 41 Stunden eine deutliche Bräunung statt. Ebenso trat diese nach 24 Stunden ein, als der Versuch, wie auch die Schmirgelung des Hauerits und die Reinigung des Silberblechs unter Luftabschluß in Toluol ausgeführt wurde. Man kann auch das Ergebnis nicht etwa einem durch Toluol aufgelösten Schwefel zuschreiben, da der Hauerit nach seinen Untersuchungen und der Analyse von E. Scacchi (siehe Analyse S. 485) keinen freien Schwefel aufweist. Aus einem reinen Hauerit kann auch Toluol keinen Schwefel ausziehen. Bei einem Versuche wurde Pulver von Hauerit von etwas beigemengtem freien Schwefel vorher gereinigt und dann im Schraubstock zwischen zwei Silberplatten unter Toluol stark zusammengepreßt und es ergab sich nach 24 Stunden wieder dasselbe Resultat: Bräunung an den Berührungsflächen. E. Quercigh ist der Ansicht, daß eine Reaktion im festen Zustande vorliege; diese kann durch folgende Gleichung ausgedrückt werden:

$$MnS_2 + 2Ag = MnS + Ag_2S.$$

Eine analoge Gleichung ergibt sich für Kupfer. Der Druck wirkt nur dadurch, daß er die Berührung inniger macht. An der Luft ist die Reaktion stärker, weil hier auch durch die Zersetzung des Hauerits der freigewordene Schwefel wirkt.

Es ist schwer, zwischen diesen beiden Ansichten, welche sich beide auf genaue Versuche stützen, eine Entscheidung zu treffen. Vielleicht können weitere Versuche diese prinzipiell so wichtige Frage entscheiden, weil eine Reaktion im festen Zustande, die ja a priori durchaus möglich erscheint, nachgewiesen wäre. Daß solche Reaktionen nicht unmöglich sind, wissen wir aus anderen Tatsachen.

Physikalische Eigenschaften. Ziemlich vollkommen nach dem Würfel spaltbar. Unebener, manchmal etwas muscheliger Bruch. Spröde. Härte 4. Dichte 3,8—3,6.

Metallartiger Diamantglanz, meistens infolge Verwitterung matt. Farbe rötlichbraun bis braunschwarz. Strich bräunlichrot.

Leitet die Elektrizität nicht, doch ist das nach F. Beijerinck[1]) nicht sicher und wohl auch nicht wahrscheinlich.

H. Fizeau[2]) bestimmte den linearen Ausdehnungskoeffizienten für 40° $\alpha = 0,00000111$.

Kristallstruktur. Über die Kristallstruktur des Alabandins hat sich Ralph W. G. Wyckoff[3]) geäußert. Es gibt drei Möglichkeiten der Verteilung der Mn- und S-Atome im Würfel. Die wahrscheinlichste Gruppierung ist diejenige, welche der des Chlornatriums gleich kommt, wobei die Atome von Mn˙ an den Ecken des Würfels liegen, sowie in der Mitte der 6 Würfelflächen.

[1]) F. Beijerinck, N. JB. Min. etc. Beil.-Bd. 11, 433 (1896).
[2]) H. Fizeau bei Th. Liebisch, Phys. Kryst. 1891, 92.
[3]) Ralph W. G. Wyckoff, Am. Journ. [5] II, 237 (1921).

Die Kristallstruktur der Manganblende zeigt, daß sie nicht mit der Zinkblende isomorph ist. Dies wird auch durch den Umstand bestätigt, daß die Spaltbarkeit der Manganblende nicht die dodekaedrische ist, wie bei Zinkblende, daß sie vielmehr der kubischen Spaltbarkeit des Natriumchlorids gleich kommt. Alabandin MnS steht in der Struktur dem Magnesiumoxyd MgO (Periklas) nahe.[1]) Die Manganblende besteht aus zweiwertigen Ionen von Mn und S.

Nach W. H. und W. L. Bragg, sowie nach P. Ewald ist das Strukturbild des Hauerits ähnlich dem des Pyrits. Im Hauerit ist $a = 6{,}111 \times 10^{-8}$ cm. Die Entfernung zweier S-Atome ist fast dieselbe wie im Pyrit. Siehe P. Ewald, Ann. d. Phys. **44**, 418 (1914).

Synthese.

Während die Synthese des Alabandins leicht gelingt, ist dies bei Hauerit nicht so einfach. Offenbar ist die Verbindung MnS stabiler als die Verbindung MnS_2, welche sich leicht zersetzt. Wir sahen ja auch, daß schwaches Erhitzen, sowie die Berührung mit Metallen zur Abgabe von Schwefel führt und sich das einfache Schwefeleisen bildet.

Daher ist die Synthese des Hauerits noch nicht restlos gelungen, da sich etwa gebildeter Hauerit wieder zersetzt. H. de Sénarmont[2]) erwärmte Lösungen von Mangansulfat mit Polykaliumsulfiden in verschlossener Glasröhre auf 160°, aber er erhielt nur ein amorphes ziegelrotes Pulver, welches allerdings die Zusammensetzung des Hauerits hatte:

Mn	46,10
S	53,40
	99,50

Es ist bedauerlich, daß H. de Sénarmont nicht versuchte, dieses Pulver umzukristallisieren; vorläufig kann dies nicht als gelungene Synthese bezeichnet werden.

Ich[3]) mischte Braunstein mit Schwefel und erhitzte diesen gelinde im Schwefelwasserstoffstrom. Dabei bildete sich Manganblende und schwarzbraune Oktaeder, mit grünem Alabandin gemengt. Eine Isolierung gelang nicht. Der Mangangehalt des Pulvers war 58%, während bei der Alabandinsynthese das Produkt einen Gehalt von 63,3% ist. Die Dichte war 3,6, also höher als bei Hauerit. Jedenfalls war die Hauptmasse Manganblende, immerhin scheinen die schwarzbraunen Kriställchen dem Hauerit anzugehören. Man kann also noch nicht sicher behaupten, daß der Hauerit künstlich dargestellt wurde.

Vorkommen und Genesis. Sowohl in Kalinka, als auf Sizilien, kommt der Hauerit mit Schwefel und Gips in einem Ton vor; auf Manganlagerstätten findet er sich nicht. Seine große Seltenheit hängt wohl mit seiner Instabilität und seiner Tendenz, sich in Manganblende umzuwandeln, zusammen.

Zu seiner Entstehungsweise kann man anführen, daß er wahrscheinlich aus Lösungen von manganhaltigen Wässern entstanden ist, welche einen sehr geringen Gehalt an Mangan aufwiesen, so daß der Schwefel, in welchem sich die Kristalle absetzten, in sehr großem Überschuß war.

---

[1]) Ralph W. G. Wyckoff, Am. Journ. I, 139 (1921).
[2]) H. de Sénarmont, Ann. chim. phys. **32**, 129 (1851).
[3]) C. Doelter, Z. Kryst. **11**, 32 (1886).

Nach L. v. Cseh[1]) ist das Schwefellager von Kalinka durch Solfataren gebildet worden, Schwefelsäure, Schwefelwasserstoff und Wasserdampf haben den Pyroxentrachyt stark verändert. Jedenfalls muß nach meiner Ansicht bei der Haueritbildung Schwefelüberschuß vorhanden sein, auch wird vielleicht MnO_2 eher zur Haueritbildung geneigt sein, wie MnO-Salze.

Kaneit.

Synonyma: Arsenmangan, Arseniuret of manganese traubig, schalig vorkommend.

Kristallsystem unbekannt.

Analyse.

Mn	45,5
Fe	Spur
As	51,8
	97,3

Von unbekanntem Fundort in Sachsen?

Formel. Das Verhältnis entspricht ungefähr der Formel:

$$MnAs.$$

Diese verlangt: Mn 42,25 % und As 57,75 %; die Abweichungen sind also nicht unbedeutend; vielleicht war das Material nicht ganz rein.

Eigenschaften. Grauweiß, stark glänzend, spröde, Bruch uneben, Dichte 5,5. Vor dem Lötrohr brennt der Kaneit mit blauer Flamme und zerfällt zu Pulver, erhitzt man stärker, so entwickelt das Mineral Dämpfe von Arsentrioxyd. Auf Platinblech schmelzbar und sich mit dem Platin angeblich legierend. In Königswasser ohne Rückstand löslich.

Vorkommen unbekannt, kommt auf Bleiglanz mit eisenschüssigem Quarz vor. Eine neue Untersuchung wäre notwendig, auch fehlen fast 3 % in der Analyse. Die Analyse stammt von Kane her [Quart. Journ. Science **29**, 381 (1829); Pogg. Ann. **19**, 145 (1830)].

Die Beschreibung siehe auch dort, sowie bei W. Haidinger (Best. d. Mineral. 1845, 559).

Synthese des Manganarsenids.

S. Hilpert und Th. Dieckmann[2]) haben außer der Synthese der Eisenarsenide auch die der Manganarsenide durchgeführt. Die Versuche wurden in einem Schießrohre bei einer Temperatur von 750° (siehe auch bei Löllingit im Verlaufe) ausgeführt. Die Darstellung gelang nur, wenn ein Metall zur Anwendung kam, welches aus Amalgam durch Abdestillieren des Quecksilbers hergestellt worden war, wogegen das käufliche aluminothermisch dargestellte Mangan nicht verwendbar ist, da die Versuche mit solchem zu keinem Resultate führten.

Es wurden 2,69 g Mn und 5,53 g As gemischt, in ein Rohr aus Jenaer Glas eingefüllt, das nach Evakuieren zugeschmolzen wurde. Der Versuch dauerte 10 Stunden und die Temperatur betrug während dieser Zeit 750°.

---

[1]) L. v. Cseh, Földtan. Közl. **17**, 162, 256 (1887); Z. Kryst. **14**, 388 (1880).

[2]) S. Hilpert u. Th. Dieckmann, Ber. Dtsch. Chem. Ges. 1911, 2378.

Das überschüssige Arsen hatte sich mechanisch abgetrennt, so daß das gebildete Produkt nach 12stündigem Digerieren mit Salzsäure und Auswaschen mit Wasser und Alkohol analysiert werden konnte. Die Zahlen sind:

Mn . . .	42,31	42,56
As	57,69	57,46

Die erste Zahlenreihe ist die für MnAs berechnete, während die zweite die gefundenen Werte angibt.

Dasselbe Produkt entstand auch, wenn die doppelte der theoretisch nötigen Menge angewandt wurde.

Das reine Manganarsenid ist ein grauschwarzes Pulver, welches aber unter dem Mikroskop keine kristalline Beschaffenheit erkennen ließ (es fehlt die Angabe, bei welcher Vergrößerung die Beobachtung erfolgte).

In seinem chemischen Verhalten zeigt das Manganarsenid große Ähnlichkeit mit dem Eisenarsenid. Konzentrierte Salzsäure greift es nahezu nicht an, wohl aber ist dies der Fall bei Anwendung von Salpetersäure oder Königswasser.

Beim Erhitzen im Wasserstoffstrom verflüchtigt sich das Arsen bereits bei 420° merklich. Es wurde eine Probe von 5 g im Wasserstoffstrom bis 600° erhitzt, ohne daß Gewichtskonstanz eingetreten wäre.

Das Produkt ist magnetisch (siehe darüber die Originalarbeit).

Die Verbindung MnAs wurde von Wedekind[1]) auf aluminothermischem Wege dargestellt, seine Substanz war unmagnetisch, beim Erwärmen an der Luft wird das Arsenid magnetisch.

Beim Erhitzen an der Luft verbrennt das Manganarsenid. Das Manganarsenid hat die Dichte 6,2.

Plumbomanganit.

Kommt in kleinen verworrenen Partien vor.

Kristallsystem unbekannt.

Analyse.

	1.	2.
Mn	49,00	49,62
Pb	30,68	31,13
S	20,73	19,25
	100,41	100,00

1. Wahrscheinlich vom Harz; anal. J. B. Hannay, Min. Mag. **1**, 124 (1877).

Formel. Die unter 2 angegebenen Zahlen beziehen sich auf die vom Analytiker berechnete Formel:

$$3\,MnS + PbS.$$

Da die Unterschiede zwischen den aus der Formel berechneten Zahlen und den Daten der Analysen geringe sind, so kann diese Formel angenommen werden.

Eigenschaften. Stahlgrau, broncefarben anlaufend, Dichte 4,01.

Lötrohrverhalten nicht bekannt.

Stammt aus einem Gneis, welcher Silberglanz und Quarz zeigt. Der Plumbomanganit liegt unmittelbar auf Gneis.

---

[1]) Wedekind, Z. f. Elektroch. **9**, 850 (1905) und Ann. Pharm. Chem. **66**, 616 (1909).

Youngit.

Kristallform nicht näher bekannt. Bildet grobkristalline Aggregate.

Analysen.

Es wurden zwei Varietäten untersucht. 1. Erste Varietät:

	1.	2.
δ	3,62	—
Mn	11,13	11,05
Zn	40,07	39,26
Pb	20,92	20,78
S	28,85	28,91
	100,97	100,00

1. Vom Fundort des Plumbomanganits, wahrscheinlich aus dem Harz; anal. J. B. Hannay, Min. Mag. 1877, Nr. 4, 124.
2. Berechnet für die Formel: 6ZnS.2MnS.PbS.

2. Die zweite Varietät ergab folgende Resultate:

	3.	4.	5.	6.
δ	—	3,59	—	—
Mn	6,93	6,77	7,00	6,64
Fe	2,83	2,80	3,14	2,71
Zn	38,46	37,92	37,75	37,81
Pb	24,22	24,58	22,18	25,01
S	27,50	26,93	28,99	27,83
	99,94	99,00	99,06	100,00

3., 4. u. 5. sind Analysen der zweiten manganärmeren Varietät.
6. Berechnet für die Formel: 24ZnS.5PbS.5MnS.

Wie man sieht, unterscheiden sich die zwei Varietäten, namentlich im Zink, Mangan- und Eisengehalt.

Eigenschaften. Das Mineral kommt teils in bleiglanzähnlichen Partien, die aber die Härte des Eisenglanzes haben, teils in dunklen grobkristallinen Aggregaten vor, welche einen Bruch, ähnlich dem des Gußeisens zeigen.

Dem Youngit soll nach J. B. Hannay folgendes Erz entsprechen:

	7.	8.
δ	4,56	—
Mn	1,28	1,30
Fe	9,16	8,73
Zn	35,42	36,62
Pb	26,02	25,73
S	27,43	27,28
Sb	0,25	—
SiO_2	0,13	0,10
	99,69	99,76

7. u. 8. Von Ballarate (Victoria Australien); anal. J. B. Hannay, Min. Mag. **2**, 88 (1878). Mit Pyrit gemengt.

Formel. Aus diesen beiden Analysen berechnet sich die Formel:

10ZnS.3(MnS, FeS).2PbS.

Leider fehlen nähere Angaben über dieses Erz.

Verbindungen von S, As, Sb und Bi mit Fe, Co, Ni.

Von **C. Doelter** (Wien).

Wir teilen diese ein in Sulfide und Arsenide, endlich in Sulfosalze. Die Sulfide des Eisens sind: Magnetkies (Troilit), Pyrit, Melnikowit und Markasit.

Arsenide sind: Löllingit, Arsenoferrit.

Sulfarsenid ist Arsenkies.

Sulfosalz ist Berthierit; ferner haben wir:

Verbindungen von As, S, Sb mit Fe, Co und Ni. Diese sind die unten S. 497 und 498 angeführten Mineralien.

Verbindungen von As mit Co, Ni allein. Nickelin, Speiskobalt, Skutterudit, Chloanthit, Maucherit.

Verbindungen von Ni, Co mit Schwefel und Arsen oder Schwefel und Antimon: Gersdorffit, Korynit, Willyamit, Wolfachit, Kobaltglanz, Ullmanit.

Verbindungen mit Schwefel und Antimon, Arsen und Wismut, Kallilith, Hauchecornit.

Wir beginnen mit den Eisensulfiden, Eisenarseniden, ohne Kobalt und Nickel, hierauf folgen Verbindungen, welche außer Eisen noch Kobalt oder Nickel enthalten.

Verbindungen von Eisen mit Schwefel, Arsen und Antimon.

Wir haben zu behandeln Magnetkies (Troilit) und Pyrit, Markasit, Melnikowit, Löllingit, Arsenkies, Berthierit.

Hier ist es aber notwendig, die Gruppen der früher erwähnten Klassen 13 und 14 zu besprechen. Es sind dies die Gruppe des Magnetkieses und jene des Pyrits.

Die Pyritgruppe. Früher hat man unter Pyritgruppe alle Mineralien eingereiht, welche die Formeln RS_2 oder RAs_2, RSb_2 besitzen. Eine Anzahl davon scheidet aus, so die Platinmetallverbindungen Sperrylith und Laurit, dann vielleicht der Hauerit.[1]) Aber auch bei einigen der übrigbleibenden ist es nicht sicher, ob sie mit Pyrit bzw. Markasit isomorph sind. Wenn auch sicher ist, daß Kobalt und Nickel sich isomorph vertreten, sie kommen ja immer zusammen vor, so ist es nicht sicher, ob dies stets bei Eisen und Kobalt der Fall ist.

Ferner hat man in letzter Zeit auch die Vertretung von Arsen und Schwefel angezweifelt; in der Tat gehören diese beiden Elemente zwei verschiedenen Reihen des periodischen Systems an und man kann beispielsweise im Arsenkies nicht annehmen, daß Arsen und Schwefel sich gegenseitig vertreten; auch bei einigen anderen Mineralien dieser Gruppe ist diese Vertretung nicht wahrscheinlich, z. B. im Alloklas, Wolfachit.

Hier eine Zusammenstellung der ganzen Gruppe.

Verbindungen der Formel: RS_2.

Diese sind: FeS_2, MnS_2, $CoAs_2$, $NiAs_2$, $FeAs_2$, $NiSb_2$, RuS_2, $PtAs_2$. Die Verbindungen der Platinmetalle wurden früher alle als isomorph mit Pyrit

[1]) Nach den Untersuchungen von A. Beutell u. M. Matzke ist es wahrscheinlich, daß Hauerit nicht mit Pyrit isomorph ist. Doch spricht für die Isomorphie die Ähnlichkeit der Kristallstruktur.

betrachtet; heute weiß man jedoch, daß dies nicht der Fall ist. Sie scheiden also aus. Die Verbindung $NiSb_2$ kommt für sich allein nicht vor. Weitere hierher gehörige Verbindungen enthalten Schwefel neben Arsen, Antimon bzw. Wismut. Sie zeigen die Formel RAsS bzw. RSbS oder RBiS. Es gehören hierher:

FeAsS, CoAsS, NiAsS, NiSbS, NiBiS, FeBiS, CoBiS.

Von diesen kommen nur für sich allein vor: CoAsS, FeAsS, NiSbS. Die Sache wird jedoch nach den neueren Forschungen dadurch kompliziert, daß in Mineralien, welchen man die einfache Formel RS_2 gab, wahrscheinlich noch andere Arsenide z. B. FeAs, $FeAs_3$, Fe_2As_3, $CoAs_3$, Co_2As_3 vorkommen. Es läßt sich noch nicht mit Bestimmtheit sagen, ob diese Arsenide (Antimonide) mechanisch beigemengt sind oder ob es sich um feste Lösungen handelt. Auch die Verbindungen von der Formel RAsS können noch andere Arsenide enthalten. Die Formeln, welche allgemein üblich sind, wie $FeAs_2$ für Löllingit, FeAsS für Arsenkies, $CoAs_2$ für Speiskobalt (Fe, Co)AsS für Glaukodot sind daher nur angenäherte, ungenaue Formeln. Hier liegt noch ein weites Feld für die Synthese einerseits, für die chalkographische Untersuchung andererseits.

Die meisten dieser Verbindungen sind dimorph, indem sie sowohl regulär (teilweise dyakisdodekaedrisch, teilweise tetartoedrisch) vorkommen, zweitens aber auch rhombisch. Einzelne dieser Verbindungen sind aber in der Natur nur in einer Kristallklasse bekannt, so FeAsS, NiSbS, NiBiS, jedoch deuten die kleinen Eisengehalte beispielsweise im Speiskobalt, im Kobaltglanz, im Chloanthit, im Gersdorffit an, daß die sonst selbständig nicht bekannten, eben erwähnten Verbindungen auch in beiden Kristallklassen, allerdings nur in Mischkristallen, auftreten.

Übersicht der isodomorphen Gruppe des Pyrits.

I. Reguläre Reihe.

Pyrit FeS_2, Arsenoferrit $FeAs_2$ ist ebenfalls regulär. Ferner sind zu nennen: Speiskobalt, Chloanthit. Diese enthalten vorherrschend nur eines der Metalle: Fe, Co, Ni, gebunden an eines der Metalloide: S, As, Sb.

Die nächste Abteilung enthält eines oder zwei Metalle, gebunden an S und As oder S und Sb oder endlich an S, Bi. Es sind dies Korynit mit As und Sb, Willyamit mit Ni und Co, gebunden an S, Sb; Kallilith enthält Nickel, gebunden an Sb, S, Bi; ferner Glanzkobalt mit As, S, Ullmannit[1]) mit Sb, S, sowie Gersdorffit. Während man früher kein Bedenken trug, Schwefel mit Antimon, Arsen oder Wismut für isomorph zu halten, ist es jetzt doch zweifelhaft, ob eine Vertretung von Schwefel durch As, Sb, Bi möglich ist, da ja die letzteren Elemente große chemische Unterschiede zeigen und auch in verschiedenen Reihen des periodischen Systems eingereiht sind. Dort, wo es sich nur um kleine Mengen handelt, könnte man an feste Lösungen denken, wie etwa Pyroxen $RSiO_3$, Al_2O_3 und Fe_2O_3 bis zu einer gewissen Grenze aufnehmen kann. [Ich halte diese alte Rammelsbergsche Ansicht für wahrscheinlicher als die von F. Zambonini (übrigens schon früher von A. Knop vertretene), daß es sich um Mischungen von $RSiO_3$ und RAl_2O_4 handle.]

---

[1]) Nach R. u. N. Gross ist Ullmannit nicht isomorph mit Pyrit (vgl. unten bei Ullmannit).

Bei unseren Sulfiden handelt es sich, wie ja in einzelnen Fällen erwiesen ist, manchmal um mechanische Gemenge, so ist häufig FeS_2 in manchen Erzen dieser Gruppe mechanisch beigemengt. In anderen Fällen wird man feste Lösungen annehmen können.

Dies gilt aber nur dort, wo man nur kleine Beimengungen von As, Sb in Sulfiden oder umgekehrt kleine Mengen von S in Arseniden, Antimoniden beobachtet. Anders liegt die Sache bei den Erzen von der Formel RQS, worin Q = As, Sb oder Bi ist, bei solchen, CoAsS, FeAsS, NiSbS kann man nicht annehmen, daß es sich um isomorphe Mischungen von etwa FeS_2, $FeAs_2$ oder CoS_2, $CoAs_2$ handle, sondern hier liegen entweder Doppelsalze oder selbständige Verbindungen vor; so ist der Arsenkies keine isomorphe Mischung von FeS_2 und $FeAs_2$, welche Verbindungen sich zwar kristallographisch sehr nahe stehen, aber deren Mischbarkeit, oder besser gesagt, Fähigkeit eine Reihe von Mischkristallen zu bilden, nicht erwiesen ist; ebenso sind CoAsS, NiAsS, NiSbS nicht Mischkristalle von CoS, NiS, NiSb mit den entsprechenden Arseniden oder Antimoniden. Den Wolfachit darf man daher nicht etwa schreiben $Ni(As, S, Sb)_2$, sondern man wird drei verschiedene Nickelverbindungen anzunehmen haben. Vielleicht liegt ein Doppelsalz, einerseits von einem Sulfid, andrerseits von einem Arsenid vor, bei welchem ein Teil des Arsens durch Antimon vertreten ist.

II. Rhombische Reihe.

In dieser tritt eine Verbindung für sich allein auf, welche in der regulären Reihe nicht allein, sondern nur in Mischungen mit Kobalt und Nickel vorkommt. Es ist dies besonders FeAsS. Dagegen fehlen in dieser rhombischen Reihe die Verbindungen NiAsS und NiSbS, sowie NiBiS. Gemeinschaftlich sind beiden Reihen die folgenden Verbindungen: FeS_2, CoAsS, $CoAs_2$, $NiAs_2$. Auch hier muß bemerkt werden, daß die Formeln der Mineralien dieser Reihe nicht genau den üblichen einfachen Formeln entsprechen, indem beispielsweise im Löllingit außer $FeAs_2$ auch Fe_2As_3 enthalten ist. Ich gebe hier noch zur Übersicht die Achsenverhältnisse der hierher gehörigen Mineralien. (Die Formeln der einzelnen Mineralien siehe unten.)

	$a:b:c$
Markasit . . .	0,7623 : 1 : 1,2167
Arsenopyrit . .	0,6773 : 1 : 1,1882
Glaukodot . .	0,6732 : 1 : 1,1871
bis	0,6942 : 1 : 1,1925
Löllingit . . .	0,6689 : 1 : 1,2331
Safflorit . . .	0,5685 : 1 : 1,1180
Rammelsbergit .	0,537 : 1 : ?
Lautit	0,6912 : 1 : 1,0452 [1])

Letzterer aber dürfte mit den anderen erstgenannten nicht isomorph sein, denn eine Vertretung von Cu durch Fe oder Co, Ni ist unwahrscheinlich. Überhaupt muß man in der Annahme isomorpher Vertretungen von Elementen,

[1]) Den Lautit zur Pyritgruppe zu rechnen, ist zweifelhaft.

die chemische Verschiedenheiten zeigen, vorsichtig sein. Siehe darüber namentlich auch E. T. Wherry und W. F. Foshag.[1])

Eine zweite Gruppe der hier zu behandelnden Sulfide ist die Pyrrhotin-Milleritgruppe. Es sind Verbindungen RS, RAs, RSb. Wir haben hier die regulären Mineralien: Pentlandit (Ni, Fe)S und dessen Varietäten Gunnarit, Heazlewoodit, dann Troilit, welcher jedoch jetzt vielfach mit Magnetkies vereinigt wird (siehe S. 499). Zweitens ist zu nennen die trigonale Reihe: Pyrrhotin (Magnetkies) FeS, dann $FeAs_2$, NiS oder Millerit. Wahrscheinlich gehört hierher Beyrichit. Ferner: Rotnickel (Nickelin) NiAs und Breithauptit NiSb. Die beiden letztgenannten Mineralien sind hexagonal, wie auch Magnetkies, während Millerit-Beyrichit trigonal ist. Arit hexagonal, ist eine isomorphe Mischung von NiAs und NiSb.

A. Übersicht der Verbindungen von S, As mit Fe.

Name	Kristallsystem	Angenäherte Formel	Seite
Troilit	Regulär?	FeS	505
Pyrrhotin	Hexagonal	Fe_nS_{n+1}	499
Hydrotroilit	Kolloidal	$FeS . nH_2O$	526
Pyrit mit Whartonit	Regulär-pentagonal-hemiedrisch	FeS_2	527
Markasit mit Kyrosit, Lonchidit, Meta-Lonchidit	Rhombisch-dipyramidal	FeS_2	566
Melnikowit	Amorph (Gel)	FeS_2	583
Arsenide und Sulfarsenide des Eisens.			
Löllingit mit Geyerit, Pazit, Leukopyrit, Glaukopyrit	Rhombisch	$FeAs_2$	594
Arsenoferrit	Regulär-hemiedrisch-pentagonal	$FeAs_2$	610
Arsenopyrit	Rhombisch-dipyramidal	FeAsS	610
Sulfosalz.			
Berthierit		$FeSb_2S_4$	587

B. Verbindungen von S oder As, Sb, Bi mit Fe und Co, Ni.

Sulfide.

Name	Kristallsystem	Angenäherte Formel	Seite
Pentlandit	Regulär	(Ni, Fe)S	638
Horbachit		$(Fe, Ni)_2S_3$	641
Kobaltnickelpyrit mit Bravoit	Regulär	$(Co, Ni, Fe)S_2$	643
Villamanineit	"	RS_2	645

[1]) E. T. Wherry u. W. F. Foshag, siehe S. 646.

Sulfosalze.

Name	Kristallsystem	Angenäherte Formel	Seite
Linneit	Regulär-holoedrisch	RR_2S_4 (?)	653
Polydymit	"		650
Carrollit (Sychnodymit)	"	$CuCo_2S_4$	647
Daubréelith	"	$Fe(CrS_2)_2$	656

Arsenide und Sulfarsenide.

Name	Kristallsystem	Angenäherte Formel	Seite
Glaukodot mit Stahlkobalt	Rhombisch-dipyramidal	$(Fe, Co)AsS_2$	659
Safflorit	"	$(Fe, Co)As_2$	675
Rammelsbergit	"	$(Ni, Co, Fe)As_2$ (?)	675
Alloklas	"	(Fe, Co) (As, Bi)	694

C. Verbindungen von S, As, Sb, Bi mit Co und Ni.

Verbindungen mit Co allein.

Name	Kristallsystem	Angenäherte Formel	Seite
Jaipurit		CoS	682
Kobaltglanz	Regulär-pentagon-dodekaedrisch	CoAsS	682

Verbindungen mit Ni allein.

Name	Kristallsystem	Angenäherte Formel	Seite
Millerit und Beyrichit	Trigonal	NiS	693
Rotnickel	Hexagonal	NiAs	705
Antimonnickel (Breithauptit)	"	NiSb	711
Maucherit	Tetragonal	Ni_4As_3	714
Arit	Hexagonal	Ni(As, Sb)	713
Gersdorffit	Regulär-pentagon-dodekaedrisch	NiAsS	720
Ullmannit	"	NiSbS	729
Korynit	Regulär	Ni(As, Sb)S	735
Kallilith	"	Ni(Sb, Bi)S	738
Wolfachit	Rhombisch	Ni(As, Sb)S	737

Verbindungen von S, As, Sb, Bi mit Co und Ni.

Name	Kristallsystem	Angenäherte Formel	
Speiskobalt (Smaltin)	Regulär	$(Co, Ni)As_2$	Siehe unter den betreffenden nachfolgenden Kapiteln dieses Bandes.
Skutterudit (Bismutosmaltin)	"	$CoAs_3$	
Chloanthit	"	$(Ni, Co)As_2$	
Willyamit	"	(Ni, Co)SbS	
Hauchecornit	Tetragonal	$(Ni, Co_7)(S, Bi, Sb)_8$?	

Pyrrhotin (Troilit).

Von **M. Henglein** (Karlsruhe).

Synonyma: Pyrrhotit, Magnetkies, Magnetopyrit, Magnetischer Kies, Wasserkies, Vattenkies, Leberkies, Kröberit, Valleriit, Inverarit.

Troilit ist wahrscheinlich Pyrrhotin in Meteoriten. Während P. Groth und K. Mieleitner den Troilit noch als kubisch (?) bezeichnen, ist nach G. Linck (S. 509) und nach E. T. Allen und Mitarbeitern (S. 519) der Troilit das Endglied einer Reihe von Pyrrhotinen.

A. S. Eakle vermutet dagegen Unterschiede der Konstitution und spricht dem Magnetkies als typischem Endglied die Formel Fe_3S_4 analog dem Magnetit zu.

Kristallsystem: α-Pyrrhotin: Rhombisch (?); $a:b:c = 0{,}5793:1:0{,}9267$ bis $0{,}9927$.[1])

β-Pyrrhotin: Hexagonal; $a:c = 1:0{,}8632$ bis $1:0{,}8742$.[1])
$= 1:1{,}7402$ nach P. Groth.[2])

Hexagonales Gitter nach Niels Alsén[3]) entsprechend D_{6h}, C_{6v}, D_6 oder D_{3h}; für die c-Achse 5,68 Å, für die a-Achse 3,43 Å, hieraus $c:a = 1{,}66$. 2 Moleküle im Elementarparallelepiped.

Analysen.

Von den Analysen wurden die älteren, namentlich starke Verunreinigungen enthaltende, ausgeschieden. Sie werden in drei Gruppen (terrestrischer, meteorischer und synthetischer Pyrrhotin) und innerhalb derselben nach dem Verhältnis von Fe zu S angeführt.

1. Analysen des terrestrischen Pyrrhotin (β-Pyrrhotin).

	1.	2.
Fe	56,38	56,74
Ni	—	1,10
Co	—	0,49
S	43,62	41,67
	100,00	100,00

1. Von Barèges, H. Pyrén; anal. F. Stromeyer, Gött. gel. Anz. 1814, 1472.
2. Von Himmelsfürst bei Freiberg i. S.; anal. H. Schulze bei A. Stelzner, Z. prakt. Geol. 1896, 400.

1. S : Fe = 1,35 : 1,0; **Formel** Fe_3S_4. 2. S : Fe = 1,25 : 1,0; Fe_4S_5.

	3.	4.	5.	6.	7.	8.
δ	—	—	—	4,577	—	4,560
Fe	59,29	59,80	55,96	56,57	57,55	59,62
Ni	—	—	3,86	3,16	—	—
S	40,71	40,20	40,03	40,27	39,50	39,33
SiO_2	—	—	—	—	1,50	unlösl. 0,61
	100,00	100,00	99,85	100,00	98,55	99,56

[1]) Nach E. T. Allen, J. L. Crenshaw, J. Johnston und E. S. Larsen an künstlichem α- u. β-Pyrrhotin, Am. Journ. **33**, 168, (1912); Z. anorg. Chem. **76**, 201 (1912). Ref. Z. Kryst. **56**, 204 (1922).

[2]) P. Groth u. K. Mieleitner, Min. Tab. 1921, 17.

[3]) Niels Alsén, Geol. För. Förh. **45**, 606 (1923). Ref. N. JB. Min. etc. 1925, I, 303.

3. Von der Kupfergrube bei Treseburg (Harz); anal. F. Stromeyer, Gött. gel. Anz. 1814, 1472.
4. Vom Lalliatberg bei Sion (Schweiz); anal. P. Berthier, Ann. min. **11**, 499 (1837).
5. Von Horbach bei St. Blasien (Schwarzwald); anal. C. F. Rammelsberg, Ann. d. Phys. **121**, 356 (1864).
6. Von Hilsen, Norwegen, derber blättriger Magnetkies; anal. Derselbe, ebenda 362.
7. Auf Kupferkiesgängen von Panulcillo (Chile); anal. J. Domeyko, Min. 1879, 153.
8. Vom Monte Arco (Elba); anal. E. Manasse, Att. Soc. Tosc. **28**, 118 (1912); Z. Kryst. **55**, 315 (1915—1920). Enthält Spuren von CaO und MgO.

In den Analysen 3—8 ist S : Fe = 1,20 : 1,0; **Formel** Fe_5S_6.

	9.	10.	11.	12.	13.
δ . . .	4,627	—	4,513	4,583	—
Cu . . .	—	—	—	—	0,12
Fe . . .	60,20	60,29	59,23	59,39	59,14
Ni . . .	—	—	—	0,06	0,09
S	40,25	40,05	39,75	39,90	39,74
Ti . . .	—	—	—	0,17	—
	100,45	100,34	98,98	99,52	99,09

9. Von Conghonas do Campo, Minas Geraes (Brasilien), derb; anal. C. F. Plattner, Ann. d. Phys. **47**, 370 (1839).
10. Von Fahlun, Schweden; anal. Derselbe, ebenda 369.
11. Von Treseburg (Harz); anal. C. F. Rammelsberg, Ann. d. Phys. **121**, 356 (1864).
12. Im Kalk von Auerbach (Hessen); anal. Th. Petersen, N. JB. Min. etc. 1869, 368.
13. Von Tammella in Finnland; anal. G. Lindström, Öfv. Ak. Stockh. 1875 Nr. 2, 30.

In den Analysen 1—13 ist S : Fe = 1,17 : 1,0; **Formel** Fe_6S_7.

	14.	15.	16.	17.	18.	19.
δ	—	4,580	4,640	—	—	—
Fe	60,29	60,83	60,94	58,31	59,15	60,71
Ni	—	—	—	2,28	0,51	—
S	39,84	39,17	39,06	39,41	38,77	39,48
SiO_2 . . .	—	—	—	—	1,22	—
	100,13	100,00	100,00	100,00	99,65	100,09

14. Von der Fahlungrube in Dalarne (Schweden); anal. Åkerman, Jernk. Ann. 1825, 148 und bei G. Lindström, Öfv. Vet.-Ak. Förh. Stockh. Nr. 2, 30 (1875).
15. Von Harzburg; anal. C. F. Rammelsberg, Ann. d. Phys. **121**, 356 (1864).
16. Von Trumbull in Connecticut, U. S. A.; anal. Derselbe, ebenda.
17. Von New York; anal. Hahn, Bg.- u. hütt. Z. **29**, 65 (1870).
18. Von Kragerö (Norwegen); anal. G. Lindström, Öfv. Vet.-Ak. Förh. Stockh. Nr. 2, 30 (1875).
19. Vom Kieslager des Silberbergs bei Bodenmais (Bayern); anal. H. Habermehl, Z. Kryst. **5**, 605 (1881). — Mittel aus einer Anzahl Bestimmungen.

	20.	21.	22.	23.	24.	25.
δ	—	—	—	—	4,500	—
Fe	58,18	59,91	57,85	57,68	57,30	55,92
Ni	2,17	0,61	0,56	—	—	—
Co	—	0,12	—	—	—	—
S	39,65	39,68	37,77	37,66	37,42	36,48
SiO_2 . . .	—	—	—	4,42	4,92	7,25
	100,00	100,32	96,18	99,76	99,64	99,65

20. Im Frigidotal (Prov. Massa, Italien) auf einem Eisenspatgang mit Kupferkies und Fahlerz; anal. A. Funaro, Soc. Tosc. 1881, 172.

21. u. 22. Von Freiberg i. S.; anal. H. Schulze bei A. Stelzner, Z. prakt. Geol. 1896, 400.

23. Von den Aranyos bei Borév (Siebenbürgen); anal. G. Nyredy, Z. Kryst. **30**, 184 (1898).

24. Von Rodna (Siebenbürgen); derb mit Schwefelkies; anal. Derselbe, ebenda.

25. Von Oravicza (Ungarn); anal. Derselbe, ebenda.

	26.	27.	28.	29.	30.	31.
δ	4,54	4,56	4,40	—	—	—
Cu	0,04	Spur	Spur	Spur	Spur	—
Fe	59,90	57,60	58,00	59,50	56,14	59,50
As	Spur	—	—	—	—	Spur
S	39,18	38,59	40,20	37,50	36,92	39,70
Unlöslich	1,36	3,32	1,80	1,68	6,18	0,88
	100,48	99,51	100,00	98,68	99,24	100,08
Au Unzen in 1 *t*	0,05	0,05	0,05	0,06	0,10	0,225
Umgerechnet in reines Sulfid Fe	60,45	59,87	59,06	61,35	60,32	60,0
Umgerechnet in reines Sulfid S	39,55	40,13	40,94	38,65	39,68	40,0

Umgerechnet für Fe_7S_8:

Fe 60,406
S. 39,594

26.—31. Von der Homestakemine, Lead (Süd-Dakota); anal. W. J. Sharwood, Econ. Geol. **6**, 729 (1911). Ref. Z. Kryst. **53**, 639 (1914).

In den Analysen 14—32 ist S : Fe = 1,14—1,15 : 1,0; **Formel** Fe_7S_8.

	32.	33.	34.	35.	36.	37.
Fe	57,30	60,52	60,66	61,00	61,00	60,47
S	37,78	38,78	39,34	39,00	39,40	39,16
SiO_2	4,75	0,82	—	—	—	—
Rückstand	—	—	—	—	—	0,29
	99,83	100,12	100,00	100,00	100,40	99,92

32. Von Franklin, New Jersey; anal. K. Bornemann und O. Hengstenberg, Metall und Erz N. F. **8**, 344 (1920).

33. Vom Kieslager am Silberberg bei Bodenmais (Bayern); anal. H. Rose, Gilb. Ann. **72**, 189 (1822).

34. Von ebendaher; anal. C. F. Rammelsberg, Ann. d. Phys. **121**, 355 (1864).

35. Vom Lalliatberg bei Sion (Schweiz); anal. P. Berthier, Ann. min. **11**, 499 (1837).

36. Von Bernkastell a. d. Mosel mit Kupferkies; anal. Baumert, Niederrh. Ges. Bonn, 9. Juti 1857.

37. Vom Mount Timbertop, Howqua-Flußdistrikt in Viktoria; anal. M. H. Wood bei Ulrich, Min. Vict. 1866, 57.

	38.	39.	40.
δ	4,642	—	4,510
Fe	60,18	60,20	56,39
Ni	—	—	4,66
S	38,88	38,89	38,91
SiO_2	0,57	0,98	—
$CaCO_3$	0,30	—	—
	99,93	100,07	99,96

38. Von Freiberg i. S.; anal. G. Lindström, Öfv. Vet.-Ak. Förh. Stockh. Nr. 2, 29 (1875).

39. Von Kongsberg (Norwegen); anal. Derselbe, ebenda 30.

40. In zersetztem Gabbro von Sudbury in Ontario (Canada); anal. J. F. Mackenzie bei E. S. Dana, Min. 1892, 74.

In den Analysen 33—40 ist S : Fe = 1,13—1,12 : 1,0; **Formel** Fe_8S_9.

	41.	42.	43.	44.	45.
Fe	61,13	61,77	61,11	60,59	60,30
Co	—	Spur	—	0,63	—
S	38,87	39,10	38,80	38,75	38,54
SiO_2	—	—	—	—	0,15
$CaCo_3$	—	—	—	—	1,54
	100,00	100,87	99,91	99,97	100,53

41. Im körnigen Kalk von Geppersdorf (Schlesien), nesterartig, Körner; anal. Schumacher, Z. Dtsch. geol. Ges. **30**, 496 (1878).

42. Von Schneeberg (Tirol) mit Blende, Breunerit, Quarz und Magnetit; anal. C. Doelter, Tsch. min. Mit. N. F. **7**, 544.

43. Von Bodenmais (Bayern); anal. N. v. Leuchtenberg, Bull. Acad. Petersb. **7**, 403.

44. Von Miggiandone bei Pallanza (Italien) mit Quarz und Kupferkies; anal. C. Bodewig, Z. Kryst. **7**, 179 (1883).

45. Südwestlich von Fiemore (Schottland) im Kalkstein; anal. F. Heddle, Min Soc. Lond. **5**, 21 (1882).

Die Analysen 41—45 enthalten S : Fe = 1,11 : 1,0; **Formel** Fe_9S_{10}.

	46.	47.	48.	49.	50.
δ	4,546	—	4,564	—	4,627
Fe	61,17	61,22	61,25	61,36	60,83
S	38,83	38,78	38,75	38,64	38,22
SiO_2	—	—	—	—	0,97
	100,00	100,00	100,00	100,00	100,02

46. Vom Kieslager zu Bodenmais (Bayern); anal. Graf F. Schaffgotsch, Ann. d. Phys. **50**, 533 (1840).

47. Von Trumbull in Connecticut (U. S. A.); anal. C. F. Rammelsberg, Ann. d. Phys. **121**, 357 (1864).

48. u. 49. Von Xalostock (Mexiko); anal. Derselbe, ebenda.

50. Von Utö (Schweden) mit Schwefelkies; anal. G. Lindström, Öfv. Ak. Stockh. Nr. 2, 30 (1875).

In den Analysen 46—50 ist S : Fe = 1,10 : 1,0; **Formel** $Fe_{10}S_{11}$.

	51.	52.	53.	54.	55.
δ	—	4,543	—	—	—
Fe	62,27	55,82	60,08	61,33	61,53
Ni	—	5,59	0,04	—	—
Co	—	—	—	0,29	—
S	37,73	38,59	37,77	38,56	38,45
SiO_2	—	—	1,91	—	—
	100,00	100,00	99,80	100,18	99,98

51. Von Rajputana (Ostindien) mit Jaipurit; anal. Middeton, Phil. Mag. **28**, 352 (1846).

52. Von der Nickelerzgrube Gap in Lancaster Co. (Pennsylvanien); anal. C. F. Rammelsberg, Ann. d. Phys. **121**, 361 (1864).

53. Von der Adolfsgrufva in Jemtland (Schweden); anal. G. Lindström, Öfv. Ak. Stockh. Nr. 2, 30 (1875).

54. Von Friedrich-Wilhelm bei Schreiberhau mit andern Kiesen und Blende; anal. C. Bodewig, Z. Kryst. **7**, 179 (1883).

55. Vom Kieslager am Silberberg bei Bodenmais (Bayern); anal. Derselbe, ebenda.

	56.	57.	58.	59.	60.
δ . . .	4,35	4,508	—	4,497	—
Ag . . .	—	0,004	—	—	—
Fe . . .	61,60	61,59	61,65	62,04	61,42
S . . .	37,76	38,15	38,22	38,08	38,58
	99,36	99,744	99,87	100,12	100,00

56. Von Vester-Silfberget in Dalarne (Schweden); anal. L. F. Nilson, Öfv. Ak. Stockh. **41**, Nr. 9, 39 (1884).

57. Vom Kieslager bei Bodenmais (Bayern); anal. J. Thiel, Diss. Erlangen 1891. Ref. Z. Kryst. **23**, 295 (1894).

58. Von Monroe in Connecticut; anal. J. F. Mackenzie bei S. E. Dana, Min. 1892, 74.

59. Von Borév (Siebenbürgen); anal. M. Pálfy, Z. Kryst. **27**, 101 (1897).

60. Vom Kieslager bei Bodenmais, kristallinisch-blättrig und homogen; anal. E. Arbeiter, Diss. Breslau 1913, 32.

	61.	62.	63.	64.
δ	4,59	4,54	4,49	4,541
Cu	0,57	0,05	—	Spur
Mn	Spur	—	—	—
Fe	61,97	60,98	61,29	60,86
Ni	0,79	Spur	—	—
As	—	0,43	—	—
Sb	—	0,89	—	—
S	36,86	38,01	37,97	37,89
SiO_2	0,30	—	0,82	—
	100,49	100,36	100,08	98,75

61. Von Lula im Onanital (Sardinien).

62. Vom Monte Narba, Sarrabus von Ullmannit, Breithauptit, kobaltführendem Eisenarsenür und Zinkblende begleitet.

63. Von Giovanni Bonu, Sarrabus in in Schiefern eingelagerten Linsen; anal. A. Serra, R. Acc. d. Linc. **16**, 1. Sem. 347 (1907). Ref. Z. Kryst. **46**, 394 (1909).

64. Von Peterswald bei Spornhau im Altvatergebirge mit Pyrit und Gangquarz; anal. E. Glatzel, ZB. Min. etc. 1922, 34.

In den Analysen 51—64 ist S : Fe = 1,09 bis 1,07 : 1,00; **Formel** $Fe_{11}S_{12}$.

	65.	66.	67.	68.	69.	70.
δ	—	4,620	—	—	—	4,640
Pb	—	—	—	—	—	1,05
Ag	—	—	Spur	—	—	—
Cu	—	—	0,10	0,70	Spur	—
Fe	57,54	63,15	56,00	54,50	61,49	62,32
Ni	—	—	} 6,00	5,52	0,39	—
Co	—	—		0,16	—	—
As	—	—	—	—	—	Spur
Sb	—	—	—	—	—	0,78
S	32,05	36,35	36,40	37,08	37,18	35,78
SiO_2	—	—	—	2,00	0,46	0,39
Rückstand .	3,00	—	—	—	—	—
	92,59	99,50	98,50	99,96	99,52	100,32

65. Von Garpenberg in Dalarne (Schweden); anal. v. Ehrenheim bei G. Lindström, Öfv. Ak. Stockh. Nr. 2, 30 (1875).

66. Von Tavetsch (Schweiz); anal. Gutknecht bei A. Kenngott, N. JB. Min. etc. **1**, 164 (1880).

67. u. 68. Von Sohland a. d. Spree mit Kupferkies; anal. C. Schiffner, E. Kupffer bei R. Beck, Z. Dtsch. geol. Ges. **55**, 296 (1903). Ref. Z. Kryst. **40**, 507 und **41**, 682 (1905).

69. Von der Lobming bei Knittelfeld; anal. V. Zeleny, Tsch. min. Mit. **23**, 413 (1904).

70. Von Baccu Arrodas, Sarrabus (Sardinien) von Pyrit, Bleiglanz und Rotgültigerz begleitet; anal. A. Serra, R. Acc. d. Linc. **16**, 1. Sem. 347 (1907). Ref. Z. Kryst. **46**, 394 (1909).

In den Analysen 65—70 ist S : Fe = (1,04 bis 1,00) : 1,00; Formel FeS.

Die chemische Analyse eines Magnetkieseinschlusses im Bühlbasalt bei Kassel von W. Irmer[1]) ergab:

	71.	auf 100%	Molekularverhältnis	
Fe	53,95	59,91	1,07	d. h.
Mn	0,55	0,61	0,01	95,57%
S	35,55	39,48	1,23	(Fe + Mn)S
Rückstand	8,77	—	—	+
	98,82	100,00		4,43% S

Das Verhältnis Fe : S führt auf die Formel Fe_7S_8.

Bei diesem Vorkommen ist charakteristisch die Gegenwart von Mangan und das gänzliche Fehlen von Nickel und Kobalt im Gegensatz zu den gewöhnlichen Typen des Magnetkieses in basischen Eruptivgesteinen, welche konstant etwas Nickel und seltener Kobalt führen.

Auch der Magnetkies aus dem Basalt vom Finkenberg (Niederrhein) hat nach der Analyse von Dr. Walter[2]) eine ähnliche Zusammensetzung:

	72.	Mol.-%
δ	4,65	—
Fe	60,87	48,64
S	36,56	50,87
MnO	0,78	0,49
SiO_2	0,31	—
CaO	0,50	—
MgO	0,83	—
	99,85	100,00

MnO auf Mn verrechnet, die übrigen Stoffe als Opal und Carbonate vorhanden, vernachlässigt, ergibt Fe + Mn : S nahezu 1 : 1 mit geringem Überschuß an Schwefel (1,74%).

Neue Analysen des Troilit sind folgende:

	73.	74.	75.
δ	4,627	4,670	—
Fe	61,77	58,78	62,70
S	38,67	33,62	35,40
	100,44	92,40	98,10

[1]) W. Irmer, Abh. Senkenb. Nat. Ges. **37**, 101 (1920).

[2]) Bei R. Brauns, Min. der Niederrhein. Vulkangebiete, Stuttgart 1922. Ref. in N. JB. Min. etc. 1924, II, 30.

Aus 73 berechnet sich das Verhältnis: Fe : S = 1,106 : 1,206. Die Formel ist daher:

$$Fe_{11}S_{12}.$$

Ein zweiter Kristall ergab einen Eisengehalt von 61,09 %. Mit Muscovit Pyrit, Blende aus den Kalkschiefern des Val Devero, Italien; anal. Dr. Carranese bei Ang. Bianchi, Atti soc. it. d. sc. nat. **43**, 11 (1924).

74. u. 75. Terrestrischer Troilit von Del Norte Co. (Californien), mit 7 % Verunreinigung und Cu-Gehalt; anal. A. S. Eakle, Am. Journ. Sc. **7**, 77 (1922).

Die Eormel ist FeS.

2. Analysen von Magnetkies aus Meteoriten (Troilit).

	1.	2.	3.	4.
δ	—	4,799	4,780	—
Cu	—	Spur	—	—
Fe	58	59,01	56,29	61,11
Ni	—	0,14	3,10	—
S	42	40,03	39,21	39,56
	100	99,18	98,60	100,67
Formel:	Fe_4S_5	Fe_6S_7	Fe_7S_8	Fe_8S_9.

1. Sierra di Deesa, Copiapo (Chile); anal. St. Meunier, Cosmos **5**, 581 (1869).
2. Toluca (Mexiko); anal. Derselbe, Ann. chim. phys. **17**, 42 (1869).
3. Santa Maria de los Charcas (Mexiko); anal. Derselbe, ebenda.
4. Danville, Alabama im Chondrit; anal. L. Smith, Am. Journ. **43**, 66 (1867).

	5.	6.	7.	8.	9.	10.
δ	4,75	4,787	4,681	—	—	—
Cu	Spur	—	—	—	—	—
Mn	—	—	0,64	1,90	—	—
Fe	62,38	63,35	63,47	62,24	63,53	63,34
Ni	0,32	—	—	—	0,42	—
S	35,67	35,91	35,89	35,68	36,05	36,66
P	—	—	—	0,18	—	—
SiO_2	0,56	—	—	—	—	—
	99,93	99,26	100,00	100,00	100,00	100,00

5. Von Knoxville-Tazewell, Tennessee; anal. L. Smith, Am. Journ. **18**, 380 (1854).

6.—8. Von Seeläsgen; anal. C. F. Rammelsberg, Ann. d. Phys. **121**, 368 (1864); Z. Dtsch. geol. Ges. **22**, 894 (1870).

9. Vom Bear Creek, Colorado; L. Smith, Am. Journ. **43**, 66 (1867).

10. Von Vaca Muerta, Sierra de Chaco (Chile) im Grahamit; anal. J. Domeyko, C. R. **58**, 554 (1864).

	11.	12.	13.	14.	15.
δ	4,817	—	—	4,813	—
Fe	62,65	61,80	63,80	63,48	57,91
Ni	1,96	1,56	—	—	5,53
S	35,39	36,64	36,28	36,21	36,56
	100,00	100,00	100,08	99,69	100,00

11.—14. Von Cosbys Creek, Tennessee; 11. u. 12. anal. F. C. Rammelsberg, Ann. d. Phys. **121**, 378 (1864); 13. u. 14. anal. L. Smith, C. R. **81**, 978 (1875).

15. Von Ovifak, Grönland; anal. G. Nauckhoff, Min. u. petr. Mitt. 1874, 122.

	16.	17.	18.	19.	20.	21.
δ	3,98	—	—	—	—	—
Fe	63,82	63,00	63,84	64,19	63,93	63,41
Ni	—	1,02	Spur	0,13	—	—
S	37,36	35,27	36,16	35,68	36,07	36,29
SiO_2 . . .	—	0,67	—	—	—	—
	101,18	99,96	100,00	100,00	100,00	99,70

16. Von Nenntmannsdorf; anal. F. E. Geinitz, N. JB. Min. etc. 1876, 609. — S : Fe = 1,02 : 1,00.
17. Von Rittersgrün (Sachsen) im Siderophyr; anal. C. Winkler, Nova Acta Leop.-Carol. Ak. Nat. **40**, Nr. 8, 357 (1878).
18. Von Sarbanoc (Serbien) im Chondrit; anal. S. M. Losanitsch, Ber. Dtsch. Chem. Ges. **11**, 97 (1878).
19. Von Sikkensaare (Esthland) im Chondrit; anal. J. Schilling, Arch. Natk. Liv.-, Esth.- u. Kurland **9**, 109 (1882).
20. Von Rowton (England); anal. W. Flight, Phil. Trans. Nr. 171, 896 (1892).
21. Von Jeliza (Serbien) im Amphoterit; anal. S. M. Losanitsch, Ber. Dtsch. Chem. Ges. **15**, 880 (1892).

	22.	23.	24.	25.	26.	27.	28.
δ . .	—	4,738	—	4,789	—	4,759	—
Cu . .	0,08	—	—	—	—	—	—
Fe . .	63,61	58,07	65,28	63,40	63,63	62,99	63,28
Ni . .	—	4,34	Spur	0,20	—	} 0,79	0,45
Co . .	—	1,52	—	—	—		Spur
S . .	36,33	36,07	34,72	36,21	35,93	36,35	35,59
Rückst. .	—	—	—	—	—	—	0,27
	100,02	100,00	100,00	99,81	99,56	100,13	99,59

22. Von Cranbourne (Viktoria); anal. W. Flight, Phil. Trans., Nr. 171, 891 (1882).
23. Von Beaconsfield (Viktoria); anal. E. Cohen, Sitzber. Berliner Ak. **46**, 1044 (1897).
24. Vom Bemdégo (Brasilien); anal. O. A. Derby, Z. Kryst. **30**, 397 (1898).
25. Von Casas Grandes aus Eisen; anal. W. Tassin, Proc. U.S. Nat. Mus. **25**, 69 (1902). Ref. N. JB. Min. etc. 1903, I, 208.
26. Von Marjalahti (Finnland) aus Pallasit; anal. L. H. Borgström, Bull. Comm. géol. Finl. **14**, 80 (1903). Ref. N. JB. Min. etc. 1905, I, 393.
27. Vom Mount Vernon Pallasit; anal. W. Tassin, Proc. U.S. Nat. Mus. **28**, 213 (1905). Ref. N. JB. Min. etc. 1907, II, 203.
28. Von Bjurböle bei Borgå im Stein; anal. W. Ramsay u. L. H. Borgström, Bull. comm. géol. Finl. Nr. 12, 1902. Ref. N. JB. Min. etc. 1903, I, 209.

In den Analysen 5—28 ist S : Fe = 1,0 : 1,0 bis 1,02; **Formel** FeS. Nur Analyse 16 hat noch einen geringen Überschuß an Schwefel (1,02 : 1,0), führt aber ebenfalls auf FeS. — In 24 ist S : Fe = 1,0 : 1,08; Formel $Fe_{11}S_{10}$.

3. *Analysen von künstlichem Pyrrhotin.*

	1.	2.	3.	4.	5.	6.
δ	4,545	4,521	4,521	4,521	—	—
Fe	58,34	61,11	60,98	60,76	61,01	62,90
S	41,66	39,47	39,21	39,10	38,49	37,00
	100,00	100,58	100,19	99,86	99,50	99,90
Formel:	F_4S_5	Fe_8S_9 (2.–4.)			$F_{10}S_{11}$	FeS

1. Aus einer Schwefelraffinerie von Catania; anal. L. Bucca, Riv. Min. Crist. **13**, 10 (1893). Ref. Z. Kryst. **25**, 398 (1896).

2.—5. Verschiedene Versuche angestellt und die Produkte anal. von C. Doelter, Tsch. min. Mit. **7**, 535 (1886).

6. Eisendrahtbündel unter Erhitzen im trockenen Schwefelwasserstoffstrom, hexag.-hemimorphe Täfelchen; anal. N. Lorenz, Ber. Dtsch. Chem. Ges. **24**, 1501 (1891). — S : Fe = 1,04 : 1,0; Formel $Fe_{12}S_{13}$, also nahezu FeS.

Chemische Eigenschaften.

Formel. Von dem umfangreichen Analysenmaterial kann man keine bestimmte Formel ableiten. G. Lindström[1]) hat zuerst alle bekannten Analysen einer sorgfältigen Kritik unterzogen. Von 43 wurden 13 Analysen ausgemerzt und bei dem Rest das Verhältnis von Eisen zu Schwefel berechnet. Es schwankte zwischen 1,06 und 1 : 19. Es wurde später von E. Arbeiter,[2]) der das Atomverhältnis S : Fe aus den in der Literatur veröffentlichten Analysen ermittelte, jeweils dasselbe angegeben, so wie die entsprechende Formel aufgestellt. Kobalt und Nickel sind in Eisen umgerechnet. Auffallend ist, daß die tellurischen Magnetkiese nahezu alle einen Überschuß von Schwefel über die Formel FeS aufweisen, während das Eisensulfid in den Meteoriten fast durchweg der Formel FeS entspricht. Nur die vier ersten der auf S. 505 angeführten Analysen von kosmischem Magnetkies, wovon drei von St. Meunier stammen, weichen ab. Sie werden von E. Cohen[3]) beanstandet, auch weil ihre Dichten auffallend sind. Der Grund für die verschiedene Zusammensetzung des irdischen Schwefeleisens und diejenige der Meteoriten kann nach E. Arbeiter möglicherweise in der hohen Temperatur zu suchen sein, welcher die Meteoriten beim Eintritt in die Atmosphäre ausgesetzt waren. Der Überschuß an Schwefel wäre dann beim Erglühen der Meteorite ausgetrieben worden. Die irdischen Magnetkiese können nun bestehen:

1. Aus FeS und höheren Sulfiden, von welchen eine ganze Reihe bekannt ist.
2. Aus niederen und höheren Sulfiden.
3. Aus FeS und Schwefel.

F. Stromeyer[4]) fand beim Auflösen von Pyrrhotin in Salzsäure einen Rückstand von Schwefel. Er nahm beigemengten oder im Magnetkies „aufgelösten" Schwefelkies als Ursache an. C. F. Plattner[5]) stellte beim Glühen in Wasserstoff einen Verlust des Schwefels fest, so daß für den Rückstand die Formel FeS verbleibt. J. Berzelius[6]) nimmt die zwei Schwefelungsstufen

$$6\,FeS\,.\,FeS_2 \quad \text{oder auch} \quad 5\,FeS\,.\,Fe_2S_3$$

an, was der Formel Fe_7S_8 entspricht. Nach Graf F. Schaffgotsch[7]) liegen die drei Verbindungen:

$$FeS\,.\,Fe_2S_3,\quad 5\,FeS\,.\,Fe_2S_3 \quad \text{und} \quad 9\,FeS\,.\,Fe_2S_3$$

im Magnetkies vor. Nach G. Rose[8]) rührt die verschiedene Zusammensetzung

[1]) G. Lindström, Öfr. Ak. Stockholm **32**, Nr. 2, 25 (1875).

[2]) E. Arbeiter, Min.-chem. Unters. an Markasit, Pyrit und Magnetkies, Diss. Breslau 1913, 28.

[3]) E. Cohen, Meteoritenkunde. Stuttgart **1**, 198 (1894).

[4]) F. Stromeyer, Gött. gel. Anz. 1814, 1472.

[5]) C. F. Plattner, Ann. d. Phys. **47**, 370 (1839).

[6]) J. Berzelius, Schweig. Journ. **15**, 301 (1815); **22**, 290 (1818).

[7]) Graf F. Schaffgotsch, Ann. d. Phys. **50**, 533 (1840).

[8]) G. Rose, ebenda, **74**, 295 (1849).

von Beimengungen, namentlich von Eisenoxyd auf den schaligen Absonderungsflächen her; er hält die Formel

$$5\,FeS + Fe_2S_3 = Fe_7S_8$$

für die wahrscheinlichste. A. Breithaupt,[1]) Frankenheim,[2]) F. v. Kobell[3]) und Th. Petersen[4]) nehmen die Formel FeS an und ein Teil dieser Autoren Isomorphie mit Millerit und Nickelin. C. F. Rammelsberg[5]) nimmt allgemein die Formel

$$Fe_nS_{n+1}$$

an. Denkt man sich die Verbindungen als Sulfuret und Sesquisulfuret, so wäre Magnetkies überhaupt $n\,FeS + Fe_2S_3$ und $n = 9$ bis 4. Jede Verbindung Fe_nS_{n+1} kann nach C. F. Rammelsberg aus

$$n\,FeS + Fe_2S_3 \quad \text{oder aus} \quad n\,FeS + FeS_2$$

bestehen. Er nimmt ferner eine Isomorphie der beiden Schwefelmetalle an, wodurch sich die Schwankungen in seiner Zusammensetzung erklären. Die Formel Fe_nS_{n+1} nimmt auch Habermehl[6]) an, wobei n von 5 bis 16 wachsen kann. Die Ansicht von M. Leo,[7]) daß der Magnetkies mit Pyrit gemengt sei, wird durch Habermehls Versuch widerlegt. Letzterer trennte fein gepulverten Magnetkies von Bodenmais mit einem Hufeisenmagneten in Fraktionen, die er analysierte. Es war kein Unterschied der Zusammensetzung wahrzunehmen; bei der Anwesenheit von Pyrit hätten die weniger magnetischen Anteile mehr Schwefel als die übrigen enthalten müssen. Auch enthält der Pyrrhotin keinen freien Schwefel, weil Schwefelkohlenstoff keinen Schwefel aufnimmt. Sidot[8]) folgerte aus Versuchen mit Fe_3O_4 und H_2S, daß Pyrrhotin die Formel Fe_3S_4 hätte. P. Niggli[9]) schreibt die Formel:

$$n\,FeS + m\,S\,.$$

A. Knop[10]) hat darauf aufmerksam gemacht, daß Magnetkies eine Zwischenstufe bei der Bildung von Schwefelkies aus dem jedenfalls wohl zuerst entstehenden Eisenmonosulfuret sei. C. Bodewig[11]) stellt auf Grund seiner Analysen von Magnetkies verschiedener Vorkommen die Formel

$$Fe_{11}S_{12}$$

auf. C. Doelter[12]) stellte durch Analysen des Magnetkieses vom Schneeberg bei Sterzing (Tirol) und von künstlich dargestellten Magnetkiesen ebenfalls diese Formel fest. Sie läßt sich nach ihm zerlegen in

$$9\,FeS + Fe_2S_3 \quad \text{oder in} \quad 10\,FeS + FeS_2\,.$$

Erstere Formel ist unwahrscheinlich wegen des Isomorphismus von Wurtzit mit Magnetkies und der isomorphen Mischungen von FeS, CdS, ZnS. Die zweite

[1]) A. Breithaupt, Journ. prakt. Chem. **4**, 265 (1835); Ann. d. Phys. **51**, 515 (1840).
[2]) Frankenheim, Syst. Kryst. 1842, 57.
[3]) F. v. Kobell, Journ. prakt. Chem. **33**, 405 (1844).
[4]) Th. Petersen, N. JB. Min. etc. 1869, 368.
[5]) C. F. Rammelsberg, Mineralchem. 1875, 56.
[6]) Habermehl, Ber. Oberhess. Ges. Nat. u. Heilkunde **18**, 583 (1879).
[7]) M. Leo, Die Anlauffarben, Dresden 1911, 31.
[8]) Sidot, C. R. **66**, 1257 (1868).
[9]) P. Niggli, Lehrbuch der Min. 1920, 300.
[10]) A. Knop, N. JB. Min. etc. 1873, 526.
[11]) C. Bodewig, Z. Kryst. **7**, 174 (1883).
[12]) C. Doelter, ebenda **13**, 626 (1888).

Formel hält er für richtig; doch ist hierbei eine mechanische Vermengung ausgeschlossen und nur eine Verbindung möglich. Auch E. Glatzel schreibt auf Grund von Analyse 64 die Formel

$$Fe_{11}S_{12} = 10\,FeS + FeS_2 .$$

Die Analysen 65—70 führen teilweise, einige wie 66, gut auf FeS, entsprechend Fe = 63,61 und S = 36,39, ebenso die meisten Analysen des meteorischen Magnetkieses, auch die eines künstlichen. Nach G. Linck[1]) gibt es keinen Unterschied zwischen Magnetkies und Troilit. Troilit bildet sich bei Überschuß von Eisen, der Magnetkies beim Überschuß von Schwefel.

Der Troilit ist nach E. T. Allen und Mitarbeitern das Endglied einer Reihe von festen Lösungen, was durch die synthetischen Versuche bewiesen wird.

E. Arbeiter hat um die Anwesenheit von mechanisch beigemengtem Pyrit nachzuweisen, eine Destillation im Vakuum vorgenommen und festgestellt, daß erst bei 540—550° Schwefel anfing zu sublimieren. Nur sehr langsam erscheint bei tagelangem Erhitzen bei 650° ein dunkles Destillat, in dem sich nur Schwefel nachweisen ließ. Da der Schwefel aus Pyrit bei 420° sublimiert, glaubt E. Arbeiter sicher nachgewiesen zu haben, daß der Überschuß an Schwefel im Magnetkies mechanisch beigemengtem Pyrit nicht entstammen kann.

Verschiedene Vorkommen lassen aber Magnetkies neben Pyrit erkennen, sogar die Umwandlung des Pyrit in Magnetkies, wobei Pyrit noch erhalten blieb. So beschreibt E. Wildschrey[2]) einen Andesit vom Breiberg, in dem Pyrit erhalten geblieben ist, während in der Umgebung bereits Cordierit gebildet wurde. Relikte von Schwefelkies in körnigem Magnetkies aus dem Bühlbasalt bei Kassel beschreibt W. Eitel.[3]) Er hält den Pyrit für ein Relikt, eingebettet in dem durch thermische Dissoziation des Disulfides enstandenen Magnetkies. Es dürfte daher nicht von der Hand zu weisen zu sein, daß bei manchem Analysenmaterial Reste von Pyrit im Magnetkies enthalten waren und so ein höherer Schwefelgehalt nachgewiesen wurde. Die Beobachtungen von E. T. Allen, J. L. Crenshaw und J. Johnston[4]) beweisen, daß der Magnetkies eine feste Lösung darstellt und zwar lassen sich sämtliche Resultate ebenso ungezwungen durch die Annahme eines gelösten höheren Sulfids als durch die Anwesenheit gelösten Schwefels erklären. E. T. Allen schreibt die Formel des Magnetkieses:

$$(FeS)S_x .$$

Die Gegenwart gelösten Pyrits im Magnetkies ist nicht ausgeschlossen, zumal auch nach den Ergebnissen der Vakuumdestillation nach E. Arbeiter[5]) die Möglichkeit besteht. Gegen die Annahme gelösten Pyrits spricht das spezifische Gewicht des Magnetkieses, das mit steigendem Pyritgehalt zunehmen müßte, da Pyrit spezifisch schwerer als Magnetkies ist. E. T. Allen, J. L. Crenshaw und J. Johnston haben an ihren künstlich hergestellten Magnetkiesen das Gegenteil festgestellt. Beweisend ist zwar die abnehmende Dichte bei steigendem Schwefel-

[1]) G. Linck, Ber. Dtsch. Chem. Ges. **32**, 896 (1899).

[2]) E. Wildschrey, Diss. Bonn 1911, 22.

[3]) W. Eitel, Abh. Senkenb. Nat. Ges. **37**, 140 (1920).

[4]) E. T. Allen, J. L. Crenshaw u. J. Johnston, Am. Journ. **33**, 168—236 (1912); Z. anorg. Chem. **76**, 201 (1912).

[5]) E. Arbeiter, Diss. Breslau 1913, 36.

gehalt nicht, denn es ist möglich, daß die Lösung des Pyrits mit einer so beträchtlichen Ausdehnung verbunden ist, daß hierdurch die Dichte herabgedrückt werden kann. Doch läßt die große Verminderung der Dichte die Gegenwart von Pyrit nicht als wahrscheinlich erscheinen. Ungezwungener ließe sich das Abnehmen der Dichte des Magnetkieses mit zunehmendem Schwefelüberschuß durch die Lösung eines höheren Sulfids mit geringerer Dichte als der des Troilits erklären. Es käme hierfür z. B. das von C. F. Rammelsberg[1]) dargestellte Sulfid Fe_2S_3 in Frage, dessen Dichte 4,41 beträgt; doch sind auch andere Sulfide nicht ausgeschlossen. Die Annahme gelösten Schwefels erscheint E. Arbeiter in hohem Grade unwahrscheinlich. Nach P. Niggli[2]) ist Magnetkies in seiner Zusammensetzung in der Weise variabel, daß auf ein Fe-Atom mehr als ein S-Atom kommt. Der in Hinsicht auf die Formel FeS überschüssige Schwefelgehalt ist vom Dampfdruck abhängig. Eine Substitution im Gitter (FeS durch S ersetzt) kommt sicherlich nicht in Frage; auch die Kristallverbindung FeS neigt in gewissem Sinne zur Polysulfidbildung. In den raumgitterartig struierten Kristallraum treten je nach dem Dampfdruck Schwefelatome ein und werden durch restliche Valenzbeträge lose gebunden. Die Verteilung dieser S_2-Komplexe (an Stelle der S-Atome) muß eine so regellose und vielleicht zeitlich variable sein, daß die Gittersymmetrie, die dem Grundbau FeS zukommt (mindestens für makroskopische Betrachtung) kaum gestört wird. In Mischkristallen vom Typus „Magnetkies" ist ein direkter Zusammenhang mit der molekularen Mannigfaltigkeit in der Lösungsphase gegeben.

Nach F. Zambonini[3]) sind die Silberkiese Mischkristalle des rhombischen Sulfosalzes $AgFe_2S_3$ und des α-Magnetkieses, worin der letztere mehr oder weniger Schwefel in fester Lösung enthalten kann.

G. Cesàro[4]) geht von der Formel der Silberkiese aus:

$$Ag_nFe_qS_{n+q+1} = \left(\frac{n}{2}+1\right)\overset{\text{III}}{Fe_2}S_3 . (q-n-2)\overset{\text{II}}{Fe}S . \frac{n}{2}Ag_2S .$$

Wenn man in derselben $n = 0$ setzt, so erhält man

$$Fe_{qn}S_q + 1 = Fe_2S_3(q-2)FeS .$$

Das ist nach ihm die Formel des Pyrrhotin. Die Analysen geben

$$Fe_5S_6 - Fe_{16}S_{17} .$$

Die häufigste Feststellung ist

$$Fe_7S_8 = Fe_2S_3 . 5\,FeS ,$$
$$Fe_{11}S_{12} = Fe_2S_3 . 9\,FeS .$$

Es sind überbasische Sulfoferite, analog dem Stephanit und dem Polybasit, welche betrachtet werden müssen als entstanden durch den Zusammenschluß einer perbasischen zweiwertigen Kette und zwei Gruppen „meta" $S{=}\overset{\text{III}}{Fe}{-}S{-}$.

Als Beispiel führt er an

$$Fe_{11}S_{12}{=}S{=}\overset{\text{III}}{Fe}{-}S{-}(\overset{\text{II}}{Fe_9}S_8){-}S{-}\overset{\text{III}}{Fe}{=}S .$$

[1]) C. F. Rammelsberg bei C. G. Gmelin-Kraut III, 1, 329 (1897).
[2]) P. Niggli, Z. Kryst. **56**, 538 (1922).
[3]) F. Zambonini, Riv. min. crist. **47**, III (1916). Ref. N. JB. Min. etc. II, 25 (1923).
[4]) G. Cesàro, Bull. soc. min. **48**, 58 (1915).

Nickelhaltiger Magnetkies.

In einigen Analysen ist ein beträchtlicher Nickelgehalt festgestellt worden. Solche Arten werden als Nickelmagnetkies unterschieden. Die größte Nickelmagnetkieslagerstätte der Welt von Sudbury, Ontario enthält in den einzelnen Minen dieses Distriktes nach C. W. Dickson[1]) folgende Ni- und Co-Gehalte in möglichst reinem Pyrrhotit:

Mine	Unlöslich	% Ni	% Co	% Ni in reinem Pyrrhotit
1. Elsie	2,00	2,40	0,06	2,46
2. Elsie	3,45	2,35	0,05	2,44
3. Stobie	1,50	3,00	0,08	3,05
4. Stobie	4,00	2,05	0,05	2,15
5. Frood	0,40	2,35	0,05	2,40
6. Frood	5,00	2,34	0,06	2,48
7. Mount Nickel	2,20	3,00	0,07	3,06
8. Copper Cliff . .	1,10	3,24	0,06	3,30
9. Copper Cliff . .	5,00	3,70	0,08	4,00
10. Copper Cliff . .	0,50	3,47	0,08	3,50
11. Creighton . . .	3,25	3,84	0,10	4,00
12. Creighton . . .	0,50	2,26	0,06	2,32
13. Gertrude . . .	5,00	3,83	0,11	4,05
14. Gertrude . . .	6,00	3,61	0,09	4,00
15. Viktoria . . .	0,50	3,36	0,07	3,40
16. Viktoria . . .	0,40	3,14	0,08	3,20
17. Levak	3,20	2,80	—	3,20
18. North Range . .	4,10	2,22	—	2,32

Die nickelhaltigen Magnetkiese enthalten wahrscheinlich weniger eine gewisse Menge Ni_nS_{n+1} als vielmehr fein eingesprengt Pentlandit, wie er von H. Schneiderhöhn[2]) durch die Untersuchung im auffallenden Licht festgestellt worden ist. Siehe die Fig. 43, S. 516.

Die technischen Bauschanalysen von E. Günther bei E. Weinschenk[3]) ergaben:

	I.	II.	III.	IV.
Cu . . .	0,54	0,67	2,13	1,38
Fe . . .	8,96	17,07	27,33	25,53
Ni . . .	2,17	5,45	6,76	5,88

Das Verhältnis von Eisen zu Nickel liegt zwischen 3:1 und 4:1, was ja auch die bei A. Knop angeführten Analysen ergeben. E. Weinschenk ist für die Formel $(Fe_3, Ni)S$ oder $(Fe_4, Ni)S$. Siehe bei Horbachit S. 641.

Als Inverarit bezeichnet F. Heddle[4]) einen besonders nickelreichen Pyrrhotin von Inverary Castle, Argyleshire, der von D. Forbes[5]) beschrieben und analysiert wurde. In beiden Analysen ist Fe : Ni = 5 : 1.

[1]) C. W. Dickson, Trans. Am. Inst. Min. Eng. **34**, 3 (1903). Ref. Z. Kryst. **41**, 202 (1905).
[2]) H. Schneiderhöhn, Anl. mikr. Best. 1922, 173.
[3]) E. Weinschenk, Z. prakt. Geol. **15**, 74 (1907).
[4]) F. Heddle, Enc. Brit. **16**, 392 (1883).
[5]) D. Forbes, Phil. Mag. **35**, 174 (1868).

Analysen.

δ	4,500	4,600
Cu . . .	Spur	Spur
Fe	50,66	50,87
Ni	11,33	10,01
Co	Spur	1,02
As	—	0,04
S	38,01	37,99
	100,00	99,93

Nach E. S. Dana[1]) steht dieser Inverarit zwischen Pyrrhotin und Pentlandit.

Löslichkeit. Magnetkies löst sich in Salzsäure unter Abscheidung von Schwefel. Das zur Analyse zu verwendende Material ist mittels Bariumquecksilberjodidlösung und Magnet zu reinigen. Beim Auflösen färbt sich die Lösung öfter gelb, weil an der Oberfläche des Magnetkieses Spuren von Eisenhydroxyd sitzen, welche in der Salzsäure zu $FeCl_3$ gelöst werden. Die Gegenwart von Nickel färbt die Lösung grün. Der sich beim Erwärmen entwickelnde Schwefelwasserstoff wird nach E. Arbeiter[2]) zur Absorption in Kupferchlorürlösung geleitet. Alkalische Bromlauge oxydiert rasch zu Fe_2O_3. Schwefelsaure Silbersulfatlösung färbt beim Erwärmen nach J. Lemberg[3]) braunviolett bis blau. E. G. Zies, E. T. Allen und H. E. Merwin[4]) ließen Kupfervitriollösung auf Magnetkies einwirken und erhielten als Neubildung Kupferkies. Die Löslichkeit von künstlichem Magnetkies in Wasser ist nach O. Weigel[5]) in Mol im Liter $53 \cdot 10^{-6}$, die des gefällten FeS $70{,}1 \cdot 10^{-6}$.

J. D. Clark und P. L. Menaul[6]) übergossen auf $\frac{1}{20}$ mm Korngröße zerkleinerten Magnetkies mit $\frac{n}{100}$ KOH-Lösung und leiteten 67 Tage lang H_2S durch die Waschflaschen. Schon nach 6 Tagen begann eine kolloidale Auflösung. Nach Beendigung des Versuchs waren 2,22% der ursprünglichen Magnetkiesmenge in kolloidaler Lösung in hochdispersen Zustand übergeführt. Nach G. S. Nishihara[7]) ist die Angreifbarkeit von Magnetkies in $\frac{n}{8} H_2SO_4 = 100$, wenn man den Betrag des bei der Auflösung von Pyrit in der Zeiteinheit entwickelten $H_2S = 1$ setzt. Zu dem gleichen Resultat kam auch R. C. Wells.

Ätzfiguren mit hexagonaler Begrenzung und Pyramidenflächen entstehen auf der Basis durch Einwirkung heißer Salzsäure. Nach A. Streng[8]) treten durch regelmäßige Aneinanderlagerung der Ätzfiguren auf der Basis sehr scharf hervortretende gerade Linien auf, genau parallel den Tracen der Spaltbarkeit nach $(11\bar{2}0)$.

Lötrohrverhalten. Magnetkies gibt im geschlossenen Röhrchen kein Sublimat, dagegen im offenen Rohr schweflige Säure ab. Auf Kohle schmilzt er zu einer schwarzen magnetischen Masse. Nach Abrösten erhält man in den

[1]) E. S. Dana, Min. 1893, 74.
[2]) E. Arbeiter, Diss. Breslau 1913, 33.
[3]) J. Lemberg, Z. Dtsch. geol. Ges. **46**, 795 (1894).
[4]) E. G. Zies, E. T. Allen u. H. E. Merwin, Econ. Geol. **11**, 407 (1916).
[5]) O. Weigel, Nachr. Ges. Wiss. Gött. math. phys. Kl. 1906, 1. Ref. Z. Kryst. **45**, 631 (1908).
[6]) J. D. Clark u. P. L. Menaul, Econ. Geol. **11**, 37 (1916).
[7]) G. S. Nishihara, Econ. Geol. **9**, 483, 743 (1914).
[8]) A. Streng, N. JB. Min. etc. **1**, 185, 206 (1882).

Perlen die Eisenreaktion. Im Funkenspektrum ist er nach A. de Gramont[1]) von Schwefelkies nicht zu unterscheiden. Bei nickelhaltigem Magnetkies treten Nickellinien auf.

Physikalische Eigenschaften.

Die Dichte liegt zwischen 4,5 und 4,7. Sie ist beim Troilit hoch, beim Nickelmagnetkies geringer. Näheres siehe auch unter Synthese S. 520). Für Horbachit gibt A. Knop 4,43 an. Die Kontraktionskonstante ist für Fe_7S_8 0,81—0,75. Die Härte liegt zwischen 4 und $4^1/_2$.

Die öfter angegebene Spaltbarkeit nach der Basis ist nach G. Rose[2]) eine schalige Absonderung. Polierte Anschliffe lassen scharfe gerade Spaltrisse erkennen, die nach H. Schneiderhöhn[3]) vielleicht der Absonderung nach der Basis entsprechen. Unvollkommen ist die Spaltung nach $(11\bar{2}0)$ nach A. Streng.[4])

Der Strich des bronzegelb bis kupferroten, tombackbraun anlaufenden Magnetkieses ist grauschwarz. Bei Temperaturen bis -190^0 tritt keine Farbänderung nach M. Bamberger und R. Grengg[5]) auf.

Er ist guter Leiter der Elektrizität. F. Beijerinck[6]) bezeichnet den Troilit als schlechten Leiter, was aber von E. Cohen,[7]) der den Magnetkies von Toluca nachprüfte, in Abrede gestellt wird. H. Löwy[8]) bestimmte die elektrische Leitfähigkeit $\sigma = 4\pi c^2 \sigma \mathrm{mg}$, (wo $c =$ Lichtgeschwindigkeit, σ mg = elektromagnetisch in C.G.S.-Einheiten gemessene Leitfähigkeit) zu $2 . 10^{14}$. Nach J. Königsberger[9]) ändert sich die elektrische Leitfähigkeit der reinen Substanz bei Erhitzung von α über den Umwandlungspunkt in β diskontinuierlich und irreversibel, der Paramagnetismus kontinuierlich, wenn auch in der Nähe des Umwandlungspunktes besonders rasch und reversibel.

Magnetismus. A. Kenngott[10]) hebt besonders für den Magnetkies von Horbach seinen Polarmagnetismus hervor, wogegen nach H. How[11]) die Stärke des Magnetismus mit einem Nickelgehalt abnehmen soll. A. Streng[12]) stellte fest, daß der Magnetkies von Bodenmais von Haus aus schwachen polaren Magnetismus zeigt, insofern größere Stücke an irgendeiner Stelle der basischen Absonderungsfläche einen Nordpol, an einer andern einen Südpol erkennen ließen, wenn man die betreffenden Stellen einer frei schwebenden Magnetnadel näherte. Beim Streichen eines Stückchen Magnetkieses auf der Basis mit dem Nordpol eines Magneten entsteht an der Aufsatzstelle ein Nordpol und dort, wo man ihn absetzt, ein Südpol. Auch bei schwachem Erhitzen blieb ein magnetisiertes Stück magnetisch. Bei stärkerem Erhitzen wird der Magnetismus auf ein Minimum reduziert, wobei das Stück seinen Zusammenhalt verliert und zerfällt. Der Magnetkies besitzt also einen nicht unbedeutenden Grad

[1]) A. de Gramont, Bull. soc. min. **18**, 247 (1895).
[2]) G. Rose, Ann. d. Phys. **74**, 296 (1849).
[3]) H. Schneiderhöhn, Anl. mikr. Unt. 1922, 173.
[4]) A. Streng, l. c. 191.
[5]) M. Bamberger u. R. Grengg, ZB. Min. etc. 1921, 11.
[6]) F. Beijerinck, N. JB. Min. etc. Beil.-Bd. **11**, 430 (1897).
[7]) E. Cohen, Ann. Naturhist. Hofmus. Wien **13**, 58 (1898).
[8]) H. Löwy, Ann. d. Phys. [4] **36**, 125 (1911).
[9]) J. Königsberger, Phys. Z. **13**, 281 (1912).
[10]) A. Kenngott, N. JB. Min. etc. 1870, 354.
[11]) H. How, Min. Soc. Lond. **1**, 124 (1877).
[12]) A. Streng, ebenda **1**, 198 (1882).

von Koërzitivkraft. In der Richtung der Hauptachse vermag der Magnetkies nach A. Streng keine magnetische Polarität anzunehmen. Zwischen den beiden Polen eines Magneten stellt sich ein künstlich geschliffenes, nach der Hauptachse langgezogenes Prisma von Magnetkies stets so ein, daß seine Hauptachse eine äquatoriale Lage hat, während irgendeine auf der Hauptachse senkrecht stehende Linie eine axiale Stellung einnimmt. Auch am derben Magnetkies von Borév wurde eine große Koërzitivkraft von A. Abt[1]) und E. Wiedemann[2]) beobachtet. Auch eine vom Strom durchflossene Kupferspirale magnetisierte ein Parallelepiped. Der remanente Magnetismus war

bei 48 Amp. Stromstärke 0,08741,
bei 6,7 „ „ 0,00900 bei einem Prisma,
beim andern 0,00671.

Nach A. Abt[3]) ist das magnetische Moment M im C.G.S.-System bei Pyrrhotin 93,868, und wenn P, das Gewicht in Grammen, 77,73, der spezifische Magnetismus $\frac{M}{P} = 1{,}21$. Das Verhältnis des spezifischen Magnetismus vom Hämatit : Pyrrhotin : Magnetit ist 1 : 1,423 : 5,294.

Nach B. Bavink[4]) ist bei Pyrrhotin die Suszeptibilität 10 mal geringer als beim Magnetit.

P. Weiss[5]) fand, daß bei Pyrrhotinkristallen von Morro Velho in Brasilien die Magnetisierung senkrecht zur Basis stets den Wert Null hat. Der Pyrrhotin ist ferromagnetisch in der magnetischen Ebene und paramagnetisch senkrecht zu derselben. P. Weiss erklärt die verwickelten magnetischen Eigenschaften des Pyrrhotinkristalls folgendermaßen: Der Pyrrhotinkristall besteht aus drei einfachen Kristallen, deren magnetische Ebenen zusammenfallen und die in der gemeinschaftlichen magnetischen Ebene um 120° gegeneinander verdreht sind. P. Weiss und J. Kuwz[6]) stellten fest, daß beim Erhitzen auf 348° der Pyrrhotin seinen Ferromagnetismus verliert. Diese Autoren, sowie andere versuchten die Symmetrieverhältnisse durch die magnetischen Eigenschaften zu klären. Nach P. Weiss sind Molekularmagnete in der zur trigonalen Achse senkrechten Ebene angeordnet, welche um die trigonale Achse leichter drehbar sind. Im Gegensatz hierzu bilden nach der Annahme J. Beckenkamps[7]) je drei, bzw. sechs solcher Molekularmagnete, entsprechend der trigonalen Symmetrie, eine feste Gruppe.

Reine Stücke von Troilit werden mehrfach als unmagnetisch in der Literatur bezeichnet. So sind 1 cm große Knollen, tombackbraun wie Pyrrhotin, nach L. H. Borgström[8]) im Meteorit von Marjalahati unmagnetisch.

Thermische Konstanten. Nach H. Fizeau[9]) sind die Ausdehnungskoeffi-

---

[1]) A. Abt, Értes. Muz. szakosz. **20**, 20 (1895).
[2]) E. Wiedemann, Ann. d. Phys. **57**, 135 (1897). Ref. Z. Kryst. **30**, 622 (1898).
[3]) A. Abt, ebenda **68**, 658 (1899). Ref. Z. Kryst. **35**, 191 (1901).
[4]) B. Bavink, N. JB. Min. etc. Beil.-Bd. **19**, 377 (1904).
[5]) P. Weiss, Journ. d. phys. **4**, 469, 829 (1905); C. R. **140**, 1332, 1532, 1587 (1905). Ref. Z. Kryst. **43**, 518 (1907) und **44**, 183 (1908).
[6]) P. Weiss u. J. Kuwz, Journ. d. phys. **4**, 847 (1905); C. R. **141**, 182 (1905).
[7]) J. Beckenkamp, Z. Kryst. **36**, 108 (1902); **42**, 511 (1906).
[8]) L. H. Borgström, Z. Kryst. **41**, 515 (1905).
[9]) H. Fizeau bei Th. Liebisch, Phys. Kryst. 1891, 94.

zienten bei 40° C in der Richtung der kristallographischen Hauptachse $\alpha = 0{,}00000235$, in der dazu senkrechten Richtung $\alpha' = 0{,}000003120$.

$$\frac{\Delta\alpha}{\Delta\Theta} = 0{,}0000000864 \quad \text{und} \quad \frac{\Delta\alpha'}{\Delta\Theta} = 0{,}0000000165.$$

Nach A. Streng[1]) bilden im Einklang mit der Annahme des hexagonalen Systems für den Magnetkies die Wärmekurven auf der Basis Kreise.

Nach E. Jannetaz[2]) ist Magnetkies thermisch negativ, das Achsenverhältnis $\sqrt{\frac{\lambda_a}{\lambda_c}} = 1{,}07$, wenn λ_c die Hauptleitungsfähigkeit parallel zur Hauptachse, λ_a senkrecht dazu ist.

Der Schmelzpunkt reinen synthetischen Pyrrhotins ist nach K. Friedrich[3]) 1171°, während W. Biltz 1197° ± 2° von gefälltem Eisensulfid angibt.

Die spez. Wärme wurde zu 0,15391 durch A. Abt[4]) am Pyrrhotin von Alsó Jara bestimmt. K. Bornemann und O. Hengstenberg[5]) fanden bis 100° bei reinem Magnetkies 0,1531 und A. Sella[6]) berechnete sie zu 0,1370, während V. Régnault 0,1602, F. Neumann 0,1533 angeben. G. Lindner[7]) bestimmte sie bei folgenden Temperaturen bis

100° 0,1459
200 0,1558
300 0,1701
350 0,1831

Nach W. G. Mixter[8]) ist die kalorimetrisch bestimmte Bildungswärme Fe + S (rhombisch) = FeS (amorph) + 18,800 Kalorien.

Nach P. Chevenard[9]) nimmt die Ausdehnung des Magnetkieses bei 320° diskontinuierlich stark zu; bei Abkühlung behält die verwendete Probe aber eine bleibende Verlängerung um einige Prozente bei. Erhitzt man von neuem, so erscheint wiederum die Umwandlung bei der gleichen Temperatur, aber die bleibende Längenzunahme wird nach jedem Versuch eine verhältnismäßig geringere. Die genannte Temperatur scheint einem echten enantiotropen Umwandlungspunkte zu entsprechen, welcher auch durch die Änderung des magnetischen Verhaltens des Magnetkieses bei höherer Temperatur gefunden wurde. Nach P. Weiss[10]) wird oberhalb 320° der Magnetisierungskoeffizient fast unabhängig von der Temperatur gefunden; die bei der höheren Temperatur stabile Modifikation ist paramagnetisch bei extrem tiefer Lage des Curieschen Punktes.

Untersuchung im auffallenden Licht nach H. Schneiderhöhn.[11])

Optische Eigenschaften. Magnetkies ist sehr gut zu polieren. Auf der Oberfläche entstehen infolge seiner Sprödigkeit manchmal näpfchenförmige Vertiefungen und scharfe Spaltrisse, die wahrscheinlich der Absonderung nach

[1]) A. Streng, N. JB. Min. etc. **1**, 195 (1882).
[2]) E. Jannetaz, Bull. soc. min. **15**, 136 (1892).
[3]) K. Friedrich, Metallurgie **7**, 257 (1910).
[4]) A. Abt, Földtan Közlony **26**, 161 (1896); Z. Kryst. **30**, 184 (1898).
[5]) K. Bornemann u. O. Hengstenberg, Metall u. Erz **17**, 313, 339 (1920).
[6]) A. Sella, Nachr. Ges. Wiss. Gött. Nr. 10, 311 (1891).
[7]) G. Lindner, Diss. Erlangen 1903.
[8]) W. G. Mixter, Am. Journ. Sc. **36**, 55 (1913).
[9]) P. Chevenard, C. R. **172**, 320 (1921).
[10]) P. Weiss, Journ. de Phys. [5] **4**, 752.
[11]) H. Schneiderhöhn, Anl. mikr. Best. 1922, 173.

der Basis entsprechen. Die Farbe des Pyrrhotin ist lichtcremegelb mit einem Stich ins Rosa oder Braunrosa; Farbzeichen nach W. Ostwald *ge* 13, d. i. 22% Weiß, 44% Schwarz, 34% erstes Kreß. Das Reflexionsvermögen ist gut, aber nicht besonders hoch, geringer als das von Pentlandit.

Verhalten im polarisierten Licht. Geätzte und ungeätzte Anschliffe von Pyrrhotin wirken stark auf polarisiertes Licht. Indessen macht sich stets eine erhebliche Entwicklung elliptisch polarisierten Lichtes bemerkbar; denn die viermalige Auslöschungsstellung bei einer völligen Umdrehung des Objekttisches liefert keine Dunkelheit, sondern eine mehr oder weniger intensiv stahlblaue Farbe. In den Zwischenstellungen sind einerseits hell- bis dunkelgelbe, andererseits rosa Farbtöne vorherrschend. Auch durch Zwischenschaltung eines $^1/_4\,\lambda$-Glimmers ist nicht völlige Dunkelheit zu erzielen. Eine gute Anätzung wird erst bei 10—30 Sekunden Dauer mittels elektrolytischer Anätzung in verdünnter Salzsäure erreicht.

Innere Beschaffenheit der Individuen. Jedes Individuum aller untersuchten Fundpunkte hat eine bei geringerer Vergrößerung im allgemeinen parallel und gleichmäßig erscheinende Lamellierung. Die einzelnen Lamellen sind etwa 0,01 mm stark, teils gerade, teils gewellt. Bei starker Vergrößerung erkennt man, daß beide Lamellensysteme etwas voneinander verschiedene Lösungsgeschwindigkeit haben. Sie durchdringen sich und greifen mit zackigen Grenzen ineinander ein. Es scheint sich um Zwillingslamellen zu handeln, die vielleicht auf die enantiotrope Umwandlung der Substanz bei 136° zurückzuführen sind.

Fig. 43.

Charakteristische Einschlüsse der magmatischen Magnetkiese der Gabbros, Norite usw. (Nickelmagnetkiese) bildet stets der Pentlandit, welcher der Träger des Nickelgehaltes ist (Fig. 43). In den basischen

Eruptivgesteinen füllen die Magnetkies-Pentlandit-Kupferkies-Aggregate die Zwickel zwischen den Silicaten aus. Von Pentlandit, der fast dieselbe Farbe wie Pyrrhotin in den polierten Anschliffen aufweist, unterscheidet er sich durch seine elektrolytische Anätzbarkeit in Salzsäure, während Pentlandit auch dann nicht angegriffen wird.

Synthese.

Die Verbindung FeS wurde verschiedentlich hergestellt und zwar sowohl aus entsprechend gewählten Verbindungen als auch aus Pyrit. E. Weinschenk[1]) erhielt aus einer Eisenchlorürlösung in einer Schwefelwasserstoffatmosphäre von hohem Druck kleine hexagonale Tafeln von messinggelber Farbe, aber leicht tombackbraun anlaufend. Beim Erhitzen von Eisendrahtbündeln im trockenen Schwefelwasserstoffstrom bedeckten sich nach N. Lorenz[2]) dieselben mit kleinen fast silberweißen, sehr spröden Täfelchen, die gelb und später blau bis bräunlich anlaufen (Analyse 6, S. 506). Sie zeigen nach P. v. Groth hexagonal-hemimorphe Formen. St. Meunier[3]) erhielt durch Einwirkung von Schwefelwasserstoff bei Rotglut auf kleine, reine Eisen- oder Nickeleisenbruchstücke eine Inkrustation von Schwefeleisen darauf, das in seinem physikalischen und chemischen Verhalten dem natürlichen Magnetkies entsprochen haben soll.

C. Doelter[4]) unternahm es den Magnetkies auf synthetischem Wege herzustellen, um durch Analysen an dem erhaltenen Produkt Klarheit über die chemische Konstitution des Minerals zu bringen. Der erste Versuch, bei welchem Eisenchlorür mit Na_2CO_3-haltigem Wasser, das mit H_2S gesättigt war, in einer zugeschmolzenen Glasröhre bei 80° während 3 Monate auf dem Wasserbad behandelt wurde, mißlang insofern, als sich die neugebildeten Magnetkiesschüppchen beim Auswaschen zwecks Entfernung des Na_2CO_3 in ein limonitähnliches Pulver zersetzten. Beim zweiten Versuch wurde Eisenchlorür unter denselben Bedingungen in einem mit Schrauben versehenen Gewehrlauf bei 200° durch 16 Tage behandelt. Infolge der im Gewehrlauf zurückgebliebenen Luft bildete sich immer neben Magnetkies viel Schwefelkies. Erst als die Einfüllung der Röhre in einer H_2S- und CO_2-Atmosphäre vorgenommen wurde, bildete sich fast reiner Magnetkies in kleinen tombackbraunen, magnetischen, hexagonalen Täfelchen (Analyse 5, S. 506). Die Zusammensetzung wird von C. Doelter als $Fe_{11}S_{12}$, von E. Arbeiter[5]) als $Fe_{10}S_{11}$ angegeben.

Beim nächsten Versuch behandelte C. Doelter eine Mischung von $FeCl_2$ und $ZnCl_2$ unter gleichen Bedingungen bei 200° durch drei Wochen. Es entstanden tombackbraune, hexagonale Täfelchen, von denen die dickeren undurchsichtig, die dünneren mit gelber Farbe durchsichtig waren. Einige wurden als optisch einachsig erkannt. Die Täfelchen sind magnetisch und unter Schwefelabscheidung in Salzsäure löslich. Das mit einem Magneten gereinigte Pulver ergab die Zusammensetzung:

---

1) E. Weinschenk, Z. Kryst. **17**, 499 (1892).
2) N. Lorenz, Ber. Dtsch. Chem. Ges. **24**, 1501 (1891).
3) St. Meunier, Mém. Akad. Paris **27**, Nr. 5, 25 (1880).
4) C. Doelter, Tsch. min. Mit. **7**, 535 (1886).

Fe . . .	60,11
Zn . . .	1,92
S	38,10
	100,13

was der Zusammensetzung $Fe_{21}ZnS_{24} = 2(Fe_{11}S_{12}) + ZnS$ entspricht. Möglicherweise liegt eine mechanische Mischung von Magnetkies und Wurtzit vor.

Auch Mischungen von $FeCl_2$ und $ZnCl_2$ in nahezu gleichem Verhältnis, dann $CdCl_2$ mit etwas $ZnCl_2$ und endlich $ZnCl_2$ allein, wurden von C. Doelter unter gleichen Bedingungen behandelt und stets hexagonale Täfelchen erhalten, die er im letzteren Falle für Wurtzit hält.

Fig. 44. Künstlicher Magnetkies (nach C. Doelter).

Aus seinen Versuchen schließt C. Doelter, daß sich der Magnetkies bei niederer Temperatur, etwa 100°, aus in Wasser gelösten Eisenoxydulsalzen durch Einwirkung von H_2S bei Gegenwart von CO_2 oder reduzierender Kohlenwasserstoffe in der Natur bildet. Weitere Versuche wurden auf trockenem Wege veranstaltet, indem $FeCl_2$ im H_2S-Strom in einer Glasröhre erhitzt wurde, nachdem zuerst die Luft durch einen CO_2-Gasstrom beseitigt war. Es wurden bis 2 mm lange, messinggelbe oder tombackbraune Kriställchen und skelettartige Gebilde von der Dichte 4,521 mit deutlichem Magnetimus und leichter Löslichkeit in Salzsäure erhalten. Die Analysen davon (2—4) führen auf die Formel $Fe_{11}S_{12}$.

Eine Mischung von fast gleichen Mengen $FeCl_2$ und $ZnCl_2$ wurde von C. Doelter mit H_2S-Gas und etwas CO_2 bei 300° eine Stunde lang behandelt. Es bildeten sich hexagonale, verzerrte Täfelchen von braunroter Farbe, schwachem Magnetismus und der Zusammensetzung:

Zn . . .	39,12
Fe . . .	26,79
S	34,54
	100,45

Diese Analyse führt auf die Formel 6ZnS : 5FeS. Es liegt entweder eine isomorphe oder mechanische Mischung von Magnetkies und Wurtzit vor. Eine Mischung von $FeCl_2$ und $CdCl_2$ unter gleichen Bedingungen mit H_2S behandelt, lieferte braune hexagonale Täfelchen, die leicht in Salzsäure löslich waren und deren Analyse ergab:

Fe . . .	28,11
Cd . . .	44,45
S	28,40
	100,96

Sie führt auf die Formel 5FeS + 4CdS.

Eine Mischung von $FeCl_2$ und AgCl bei 300° durch mehrere Stunden mit H_2S behandelt, lieferte hexagonale und runde Täfelchen, in HCl leicht löslich. Die Analyse führte auf die Formel $16Ag_2S + 15Fe_4S_5$, ähnlich der des Silberkieses.

Für die älteren Versuche von H. Rose,[1]) C. F. Plattner,[2]) Gr. Schaffgotsch,[3]) C. F. Rammelsberg,[4]) Sidot[5]) und H. Baubigny[6]) sei auf die Literatur verwiesen.

C. F. Rammelsberg erhielt durch mehrstündiges Erhitzen von Schwefelkies im geschlossenen Tiegel bei starker Rotglut, ebenso im Kohlenoxydstrom Magnetkies.

W. Biltz[7]) erhielt durch Einschmelzen im Stickstoffstrom von aus Ferrosulfat gefälltem und bei 180° im Schwefelwasserstoffstrom getrocknetem Sulfid eine gelbliche, metallisch glänzende, spaltbare Masse. Gefunden wurden 63,43 Fe und 36,65 S, welche Zusammensetzung der Formel FeS entspricht. Der Schmelzpunkt liegt bei 1197° ± 2.

Von E. T. Allen, J. L. Crenshaw, J. Johnston und E. S. Larsen[8]) wurde Pyrrhotin synthetisch durch Erhitzen von Pyrit oder Markasit oder eines Gemenges von Eisen und Schwefel erhalten. Bei Pyrit beginnt die Spaltung in Pyrrhotin und Schwefel bei etwa 575° in einer H_2S-Atmosphäre. Die Dissoziation Pyrit = Pyrrhotin + Schwefel wird mit steigender Temperatur größer; bei 665° verläuft die Spaltung hinreichend rasch. Unterhalb 550° findet der umgekehrte Vorgang statt; Pyrrhotin und Schwefel vermögen zusammen Pyrit zu bilden. Die Umwandlung von Pyrit in Pyrrhotin ist demnach eine umkehrbare Reaktion:

$$n FeS_2 \rightleftarrows n FeS(S)x + (n - x)S.$$

Da das System eine Gasphase enthält, so ist die Temperatur der Umwandlung offenbar vom Druck abhängig. Der synthetische Pyrrhotin der genannten Autoren hat verschiedene Zusammensetzung. Der Schwefelgehalt wird höher, wenn der Druck des Schwefeldampfes bei der Darstellung größer war. In Verbindung mit den physikalischen und chemischen Eigenschaften des natürlichen Minerals bildet diese Tatsache die Grundlage einer Hypothese für die Zusammensetzung. Das Mineral wird als feste Lösung von FeS_2 oder Schwefel in Ferrosulfid (Troilit) angesehen. Es existiert also eine Reihe von Pyrrhotinen, deren eines Endglied der Troilit ist. Der Maximalgehalt von gelöstem Schwefel beträgt bei 600° im synthetischen Pyrrhotin 6,04%, eine Zahl, welche dem Maximalgehalt des natürlichen Minerals nahekommt.

A. L. Day und E. T. Allen[9]) bestimmten die Dichten der künstlichen Pyrrhotine und berechneten aus diesen die Dichten bei 4° C und das spezifische Volumen. Die Tabelle (S. 520) enthält diese Daten. In Spalte 1 findet sich der gesamte Prozentgehalt an Schwefel, in Spalte 2 und 3 er-

[1]) H. Rose, Ann. de Phys. **5**, 533 (1825).
[2]) C. F. Plattner, ebenda **47**, 369 (1839).
[3]) Gr. Schaffgotsch, ebenda **50**, 533 (1840).
[4]) C. F. Rammelsberg, ebenda **121**, 350 (1864).
[5]) Sidot, C. R. **66**, 1257 (1868).
[6]) H. Baubigny bei F. Fouqué u. A. Michel-Lévy, Synth. min. 1882, 298, 316.
[7]) W. Biltz, Z. anorg. Chem. **59**, 273 (1908).
[8]) E. T. Allen, J. L. Crenshaw, J. Johnston und E. S. Larsen, Am. Journ. **33**, 168 (1912) und **43**, 175 (1917); Z. anorg. Chem. **76**, 201 (1912).
[9]) A. L. Day u. E. T. Allen, Pub. Carn. Inst. Wash. **31**, 55. Z. anorg. Chemie **46**, 232 (1912).

scheinen die Mengen FeS und S, berechnet unter der Annahme, daß Pyrrhotin eine feste Lösung von Schwefel und Ferrosulfid ist:

Nr.	Schwefel	Ber. FeS	Ber. gelöst. Schwefel	Dichte bei 25°	Ber. Dichte bei 4°	Ber. spez. Vol.
1	36,72	99,59	0,41	4,769	4,755	0,2103
2	36,86	99,37	0,63	4,768	4,755	0,2030
3	37,71	98,04	1,96	4,691	4,677	0,2138
4	38,45	96,89	3,11	4,657	4,643	0,2154
5	38,54	96,73	3,27	4,646	4,632	0,2159
6	38,64	96,57	3,43	4,648	4,634	0,2158
7	38,84	96,26	3,74	4,633	4,619	0,2165
8	39,09	95,86	4,14	4,602	4,589	0,2179
9	39,49	95,23	4,77	4,598	4,585	0,2181
10	40,30	93,96	6,04	4,533	4,520	0,2212

1. Aus Pyrit, geschmolzen in H_2S, eine Stunde in Stickstoff etwas über seinen Schmelzpunkt gehalten und dann in Stickstoff abgekühlt.
2. Aus Schwefel und Eisen, sonst wie 1 behandelt.
3. Aus Pyrit, in H_2S zum Gleichgewicht bei 1300° C erhitzt, dann schnell gekühlt.
4. Aus Pyrit, in H_2S auf 900° C erhitzt, dann in Stickstoff gekühlt.
5. Aus Pyrit, in H_2S geschmolzen und ziemlich langsam darin abgekühlt.
6. Aus Markasit, in H_2S geschmolzen und ziemlich langsam darin abgekühlt.
7. Aus Pyrit, 6 Stunden auf 800° C in H_2S erhitzt, dann in Stickstoff gekühlt.
8. Aus Pyrit, $2^1/_2$ Stunden in H_2S auf 700° C erhitzt, dann in Stickstoff gekühlt.
9. Aus Pyrit, 3 Stunden in H_2S auf 600° C erhitzt, dann in Stickstoff gekühlt.
10. Aus Pyrit, 15 Stunden auf 600° C in H_2S erhitzt, dann in demselben schnell abgekühlt.

Die Kurven der Fig. 52 zeigen die Veränderung der Dichte von Pyrrhotin beim Erhitzen in H_2S mit der Erhitzungsdauer. Die Kurven beziehen sich auf 500°, 550°, 575° und 600° C, siehe darüber bei Pyrit S. 543 f.

Der synthetische Pyrrhotin wurde von E. T. Allen u. a. als ein α-Pyrrhotin von rhombischer Kristallklasse trotz großer Annäherung der Prismenzone an das hexagonale System und als hexagonaler β-Pyrrhotin erhalten. Die zahlreichen α-Kristalle sind hauptsächlich Produkte, die bei 225° durch Einwirkung von H_2S auf seine Lösungen von Eisensulfid erhalten wurden. Die besten Kristalle der β-Form entstanden bei 80°. Letztere gehört also dem tiefer gelegenen Existenzbereich an. Über die Konstanten ist Näheres unter Kristallklasse S. 499 bereits gesagt.

O. Mügge[1]) hat experimentell die Thermometamorphose des Pyrits in Magnetkies in den kontaktmetamorphen Schiefern bei Weitisberga dadurch nachgeahmt, daß er Pyritkriställchen in fein gepulverten Tonschiefer einbettete, dem er etwas Kohle- und Schwefelpulver beigemengt hatte, um die Oxydation des Sulfids zu vermeiden, und dann erhitzte. Die erhaltenen Pseudomorphosen

[1]) O. Mügge, ZB. Min. etc. 1901, 368.

waren tombackbraune oder schwarzbraune Massen, von zahlreichen Sprüngen durchzogen und stark magnetisch. Kann der frei werdende Schwefel nicht entweichen, wird also der Pyrit etwa im zugeschmolzenen Rohre erhitzt, so gelingt es nicht, allen Schwefelkies in Magnetkies überzuführen.

W. Eitel[1]) bediente sich bei seinen Versuchen, die natürlichen Magnetkies-Pseudomorphosen möglichst getreu nachzuahmen und ihr Gefüge zu ergründen, im wesentlichen folgender einfachen Vorrichtung. In einem kleinen elektrischen Platindraht-Widerstandsofen wurde ein unglasierter Porzellantiegel aufrecht angebracht und beschickt mit feingepulverter, ausgeglühter Kieselsäure mit beigemengtem feinen Kohle- und Schwefelpulver. Darin lagen in der Höhe der heißesten Zone des Ofens Pyritstückchen von reinsten Kristallen von Elba. Über der Kieselsäurefüllung lag eine Schicht gepulverten Schwefels. Bei vierstündiger Erhitzung auf 660 ± 10^0 entstand ein Produkt, das scheinbar äußerlich ganz in Magnetkies übergegangen, tombackbraun und stark magnetisch war. Die Würfelgestalt des Pyrit war noch vortrefflich erhalten; nur waren die Kristallflächen merkwürdig aufgebogen, sattelförmig verkrümmt und oft etwas aufgeblättert. Fig. 45 und 46 zeigen die von angeschliffenen, auf Hochglanz polierten Proben aufgenommenen Gefügebilder. Fig. 45 zeigt in sehr

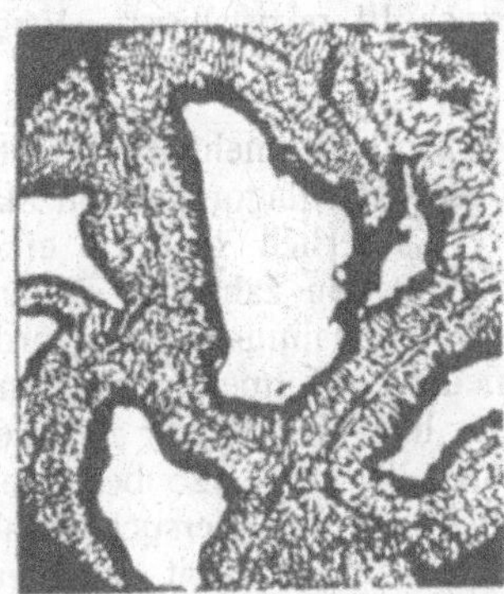

Fig. 45. Relikte von Pyrit in einer Magnetkiesmasse. Typische Polyeder-Struktur. Vergr. 50.

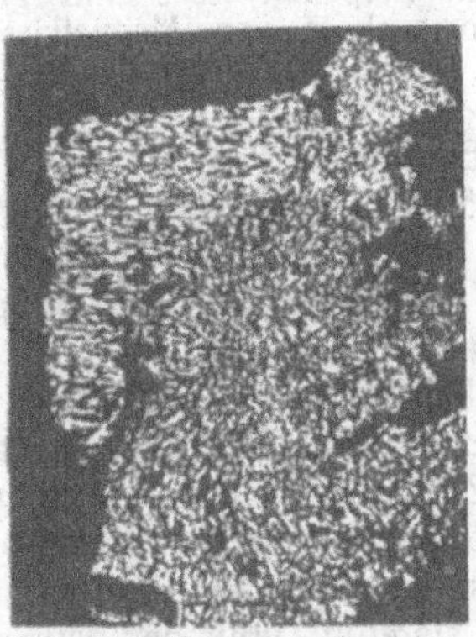

Fig. 46. Magnetkies-Pseudomorphose nach Pyrit, in Würfelform. Versuch I. Vergr. 49.

feiner Kristallmasse von Magnetkies eingebettete Pyritrelikte von unregelmäßiger Gestaltung mit typischen Korrosionserscheinungen, Fig. 46 eine vorzügliche vollständige Pseudomorphose von feinblättrigem Magnetkies nach Pyrit, woran außer der erhalten gebliebenen Würfelform auch die ziemlich unregelmäßige Orientierung des Zerfallproduktes zu erkennen ist.

Ein zweiter Versuch von W. Eitel führte zur Erkennung des Einflusses gesteigerter Temperaturen auf das Gefüge der Magnetkiesaggregate. Die Temperatur wurde unter denselben Versuchsbedingungen bis 800^0 gesteigert und während zweier Stunden auf dieser Höhe belassen. Die entstandenen Magnetkiesmassen enthalten keinen reliktischen Pyrit mehr. Fig. 47 und 48 lassen die durch die Zerplatzung des Schwefelkieses entstandenen Polyederstrukturen deutlich erkennen. Während das Innere der Pseudomorphosen noch das

[1]) W. Eitel, Abh. Senkenb. nat. Ges. **37**, 161 (1920).

typische Bild des feinlamellaren Magnetkieses zeigt, erscheinen die Ränder der polyedrischen Stücke von größeren Magnetkieskristallen besetzt. Offenbar haben wir hier einen sehr charakteristischen Fall der beginnenden Rekristallisation, durch welche die randlich gelegenen Magnetkiesaggregate sich vergrößert hatten.

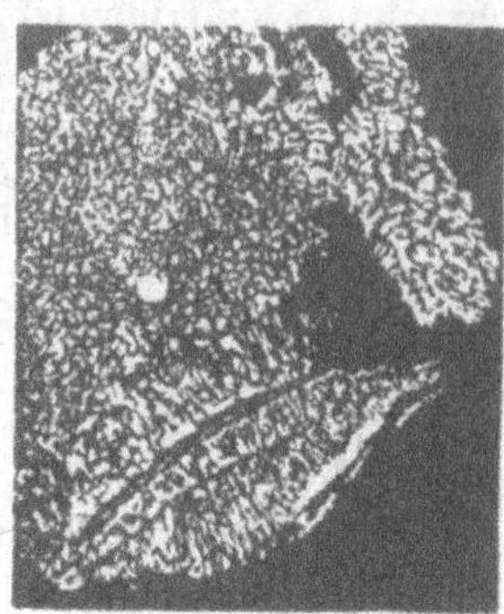

Fig. 47. Zerplatzte Ecke einer größeren Pseudomorphose von Magnetkies nach Pyrit. Vergr. 50.

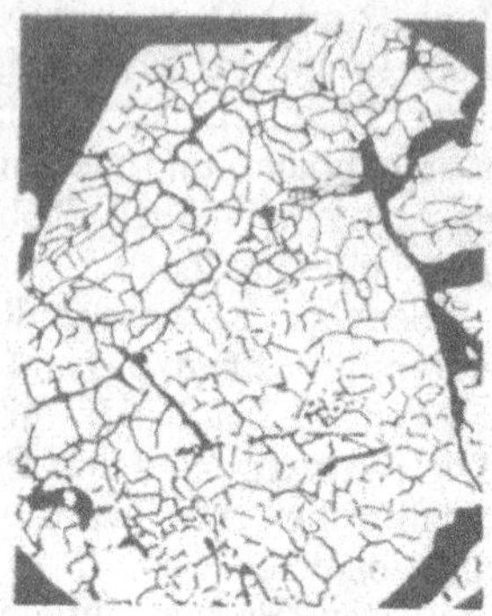

Fig. 48. Körniger Magnetkies vom Versuch III rekristallisiert. Vergr. 49.

Ein dritter Versuch W. Eitels hielt das Präparat nunmehr 3 Stunden lang auf 950°. Es entstand ein ausgezeichnet körniges Kristallaggregat von Magnetkies, das noch den Charakter der Pyritwürfel äußerlich deutlich erkennen läßt, im Innern aber aus einem innigen Gemenge von zahnartig ineinandergreifenden, oft auch in einfach bienenartigen Polygonalmustern angeordneten Kristallen bestand. Von der für die bei niederer Temperatur exponierten Proben so charakteristischen Lamellenstruktur ist hier nichts mehr zu erkennen.

Zum Typus dieses körnigen Produktes gehören die auf S. 525 beschriebenen Pseudomorphosen des Finkenberges, zu dem beim zweiten Versuch erhaltenen Typus diejenigen des Bühlbasaltes. Soweit sie Relikte von Pyrit enthalten, gehören sie zum Typus der beim ersten Versuch, also bei 660° erhaltenen Produkte.

R. Loebe und J. Becker[1]) führten Pyrit von Brusso durch Erhitzen und Schmelzen in FeS über, dessen Schmelzpunkt zwischen 1163 und 1208° lag.

α- und β-Troilitbildung.

Die Entstehungs- und Umwandlungsgeschichte des Troilits haben F. Rinne und E. H. Boeke[2]) unter Zugrundelegung des Zustandsdiagramms von Eisen und Schwefel von W. Treitschke und G. Tammann[3]) verfolgt. Unter Anwendung des Diagramms auf Meteoreisen kommt man zur Annahme, daß eine nickelhaltige, eisenreiche Eisen-Eisensulfidschmelze falls ihr Sulfidgehalt ein gewisses geringes Maß überschreitet, zunächst Eisenkristalle mit etwas Sulfidbeimischung ausschied und daß sich dann in der Restschmelze flüssige, an Sulfid reiche Tropfen emulsionsartig aussonderten. Bei weiterem Erkalten kristallisierte noch etwas Eisen, bis bei Erreichung des Eutektikums die Troilittropfen erstarrten.

Es wurde ferner der Umstand untersucht, daß der Troilit bei niedriger

[1]) R. Loebe u. J. Becker, Z. anorg. Chem. **77**, 301 (1912).

[2]) F. Rinne und E. H. Boeke, N. JB. Min. etc., Festband 1907, 227.

[3]) W. Treitschke u. G. Tammann, Z. anorg. Chem. **49**, 320 (1906).

Temperatur als α-Troilit und bei höherer etwa 140° in einem β-Troilitzustande vorkommt. Es wurde gefunden, daß Eisensulfid und Eisen bei 138° Mischkristalle mit maximal 7% Eisengehalt darstellen. Die Mischkristalle von 7% Eisen und 93% Eisensulfid erfahren bei 138° ohne Temperaturintervall, also ohne Konzentrationsänderung, einen Modifikationsumschlag.

Für die Modifikationsänderung des Troilits wurde aus Versuchen mit Kohlenstoff und Eisensulfid gefunden, daß ersterer wie Eisen wirkt.

R. Loebe und J. Becker[1]) haben ebenfalls das System Fe—FeS untersucht und eine bei der Abkühlung mit Kontraktion verbundene Umwandlung des FeS bei 298° thermisch und dilatometrisch nachgewiesen.

Pyrrhotinbildung in Hüttenprodukten.

Nach F. Hausmann[2]) sind feine prismatische Kristalle in einem Schliefstein der Lautentaler Hütte am Harz Magnetkies. In mit Schwefel, Eisenfeilspänen und Salmiak gekitteten Retorten der Schwefelraffinerie zu Catania entstanden nach L. Bucca[3]) kleine, braungelbe hexagonaltafelige Kristalle (Analyse 1) von der Dichte 4,545. In Hochofenschlacken finden sich nach J. H. Vogt[4]) Monosulfide in Übergängen vom farblosen CaS oder (Ca, Mg)S durch Mischungen (Ca, Fe)S bis zum reinen FeS. Das letztere bildet einen feinen, undurchsichtigen und metallglänzenden Staub. F. Cornu[5]) beschreibt Neubildungen von einer Kohlenhalde des Amalia-Schachtes bei Bilin, wo auf einer Eisenschiene eine 1,5 mm dicke Kiesschicht sich gebildet hat.

Pseudomorphosen und gesetzmäßige Verwachsungen des Pyrrhotin.

Auf den Freiberger Gängen sind faustgroße, säulige bis tafelige Pseudomorphosen von Pyrit, Markasit und Arsenkies nach Magnetkies häufig. Nach O. Müller[6]) sind die aus äußerst kleinen pyramidalen Kupferkieskristallen gebildeten sechsseitigen Tafeln von Junge hohe Birke wohl ursprünglich Magnetkies gewesen. O. Mügge[7]) beschreibt die gesetzmäßige Stellung von Arsenkies zum verdrängten Magnetkies von Himmelsfürst bei Freiberg. Die Arsenkiese (001) (011) (110) sind untereinander parallel und (001) parallel $(10\bar{1}0)$ des Magnetkieses, zugleich die Kante (011) (001) parallel der Magnetkiesendfläche. Auf der letzteren ist eine grobe Streifung nach drei Richtungen hervorgebracht durch die sich kreuzenden Prismenkanten verlängerter Arsenkiese. Die auf benachbarten Säulen des Magnetkieses aufgewachsenen Arsenkiese sind nahezu in Zwillingsstellung nach (101). Diese Pseudomorphosen sind innen hohl und mit Eisenkies und Eisenspat ausgefüllt. Bei Joachimstal nimmt der Magnetkies mit Markasit und Silberglanz am Aufbau von Pseudomorphosen nach Argentopyrit teil.

Von Ducktown, Tennessee erwähnt F. A. Genth[8]) Umwandlungspseudomorphosen in Hisingerit, E. Döll[9]) solche von Magnetit vom Paltental, Obersteiermark, ebendaher solche von Quarz nach Pyrrhotin.

---

[1]) R. Loebe u. J. Becker, Z. anorg. Chem. **77**, 301 (1912).
[2]) F. Hausmann, Beitr. 1872, 48.
[3]) L. Bucca, Riv. Min. Crist. **13**, 10 (1893); Z. Kryst. **25**, 398 (1896).
[4]) J. H. Vogt, Mineralbild. 1892, 255.
[5]) F. Cornu, N. JB. Min. etc. **1**, 22 (1908).
[6]) O. Müller, Bg.- u. hütt. Ztg. 1854, 287; N. JB. Min. etc. 1855, 69.
[7]) O. Mügge, N. JB. Min. etc. **2**, 67 (1897).
[8]) F. A. Genth, Z. Kryst. **14**, 296 (1888).
[9]) E. Döll, Verh. geol. Reichsanst. 1898, 110; 1903, 316.

Im kalkigen Sandstein der Clinton Rocks beobachtete G. H. Smith jr.[1]) Pseudomorphosen von Brauneisenstein oder Pyrit nach Magnetkies oft nur als hohle Schale. Pseudomorphosen von Markasit nach Pyrrhotin sind von Schöndox und Schroeder[2]) und von Pogue[3]) beschrieben worden. Die synthetischen Versuche legen die Vermutung nahe, daß sie durch Addition von Schwefel aus schwach sauren Lösungen gebildet wurden, die H_2S und suspendierten freien Schwefel enthalten haben.

Goldhaltige Tafeln von Nagyág sind nach J. R. Blum[4]) Pseudomorphosen von Markasit nach Magnetkies. Von Pontpéan, Dép. Ille-et-Vilaine beschreibt A. Lacroix[5]) Markasitkriställchen in regelmäßiger Stellung auf Magnetkies aufgewachsen; oft treten Eisenkies und Bleiglanz hinzu, ebenfalls orientiert. Die letzteren imprägnieren öfter die ganze Markasitmasse der Pseudomorphose mit drei um 60° gegeneinander gedrehten Individuen.

P. Jereméjew[6]) beschreibt von Mjédno-Rudjansk bei Nischne Tagilsk in ein Gemenge von Eisenkies und Markasit umgewandelte Tafeln, sowie Pseudomorphosen von Magnetkies nach Cuprit, O. Mügge[7]) solche vom Hennberg bei Weitisberga in Thüringen.

Aus dem Bühlbasalt bei Kassel beschreibt W. Eitel[8]) Pseudomorphosen von Magnetkies nach Pyrit. Der Substanzverlust beim Zerfall des Pyrits führt an vielen Stellen zur Ausbildung kastenartig vertiefter Hohlräume, in denen das zuerst gebildete Monosulfid pulverig eingelagert ist. Erst wenn die thermische Einwirkung des Basaltes ausreichte, um eine weitgehende Rekristallisation des Magnetkieses zu ermöglichen, kommt es zur Ausbildung der Skelette, sowie der grobspätigen körnig-kristallinen Magnetkiesmassen. Die strukturellen Veränderungen, welche bei der Umwandlung des Schwefelkieses in Magnetkies eintreten, sind von W. Eitel durch Experimentaluntersuchungen verfolgt worden. Näheres siehe auch auf S. 521. Cl. Wurm[9]) nennt Pseudomorphosen nach Pyrit aus dem Basalt des Finkenbergs bei Beuel.

Im Bühlbasalt ist nach W. Irmer[10]) Gediegen Eisen meist innig mit Magnetkies verwachsen. Die Berührungsstellen sind stets glattrandig ausgebildet und erscheinen unzweifelhaft angeschmolzen.

Vorkommen und Paragenesis.

In größeren Massen tritt Pyrrhotin in basischen Tiefengesteinen, wie Gabbro, Norit, Hornblende- und Augitgesteinen als magmatische Ausscheidung auf. Merkwürdig ist ein Nickelgehalt solcher Pyrrhotine, der wie W. Campbell und C. W. Knight[11]) mikroskopisch festgestellt haben, auf mechanische Durchwachsung mit Pentlandit zurückzuführen ist, was durch die chalko-

---

1) G. H. Smith jr., Am. Journ. Sc. [2] **32**, 156 (1911).
2) Schöndox u. Schroeder, Jahresber. Niedersächs. geol. Ver., Hannover 1909, 132.
3) Pogue, U. S. Nat. Mus. **39**, 576 (1911).
4) J. R. Blum, Pseu. 3. Nachtr. 1863, 192.
5) A. Lacroix, Min. France **2**, 564 (1897).
6) P. Jereméjew, Z. Kryst. **7**, 635 (1883); **26**, 334 (1896).
7) O. Mügge, ZB. Min. etc. 1901, 368.
8) W. Eitel, Abh. Senkenb. Nat. Ges. **37**, 139 (1920).
9) Cl. Wurm, ZB. Min. etc. 1921, 588.
10) W. Irmer, Abh. Senkenb. Nat. Ges. **37**, 107 (1920).
11) W. Campbell und C. W. Knight, Econ. Geol. **2**, 350 (1907); Z. Kryst. **46**, 388 (1909).

graphische Untersuchung von H. Schneiderhöhn[1]) bestätigt wurde (siehe Fig. 43). Weitere Begleiter sind noch Kupferkies, Pyrit und Magnetit. Bei Dalarne in Schweden, an verschiedenen Orten Norwegens, bei St. Blasien im badischen Schwarzwald und untergeordnet im Gabbro des Harzes ebenfalls als Differentiationsprodukt basischer Gesteine. Bei Mittelsohland a. d. Spree in der Lausitz ist er an einen gangartigen Diabas gebunden. Am Silberberg bei Bodenmais und bei Lam im bayrischen Walde tritt Pyrrhotin in der Kontaktzone von Eruptivgesteinen als selbständige Zuführung auf. Verschiedentlich wurde er in Marmoren mit Granat zusammen beobachtet. In Basalten ist Magnetkies als Einschluß häufig beobachtet worden, nach A. Lacroix[2]) auf Fumarolen des Vesuv beim Ausbruch April 1906. Auf den Erzlagerstätten von Sudbury, die C. W. Dickson[3]) eingehend beschreibt, kommt Pyrrhotin mit Pentlandit, Millerit, Polydymit, Niccolit, Gersdorffit, Danait, Arsenopyrit, Pyrit, Markasit, Sperrylith, Galenit, Gediegen Kupfer, titanhaltigem Magnetit und Chalkopyrit vor. Die Versuche der magnetischen Konzentration des Pyrrhotins zeigten, daß das Nickel nur im nichtmagnetischen Teil des Erzes existiert und daher das Eisen des Pyrrhotins nicht ersetzt.

R. Brauns[4]) beschreibt Pseudomorphosen von Pyrrhotin nach Pyrit in Tonschiefereinschlüssen des Basaltes vom Finkenberg bei Beuel, wo die Pyritwürfel von 1 cm Kantenlänge in Pyrrhotin umgewandelt sind. Der Magnetkies ist sicher aus Schwefelkies entstanden und geht seinerseits bisweilen in Magnetit über. E. Wildschrey[5]) beschreibt verschiedene Vorkommen in Basalten des Siebengebirges, wo Magnetkies aus Schwefelkies entstanden ist, und W. Eitel[6]) hat die Pseudomorphosen von Magnetkies nach Pyrit im Basalt des Bühls bei Kassel eingehend untersucht und experimentelle Studien (siehe S. 521) gemacht.

Die pyrometamorphen Paragenesen von Magnetkies, Pyrit, Markasit auf den Siegerländer Spateisensteingängen beschreibt H. Schneiderhöhn.[7]) S. 562.

Das Vorkommen auf Gängen ist gegenüber andern Kiesen verhältnismäßig selten. Pyrrhotin findet sich in Gängen des Harzes, Erzgebirges, bei Kongsberg und andern Orten meist als jüngere Generation in Drusen. E. Harbort[8]) beschreibt vom Kalisalzwerk Aller-Nordstern zonar in Steinsalz und Kainit eingewachsene bis 4 mm große sechsseitige Kristalle. Er nimmt an, daß bei der Kainitbildung der Eisenchloridgehalt des Carnallits in Sulfat übergeführt wurde, woraus dann durch Reduktion mittels bituminöser Stoffe Pyrrhotin entstand. Der Kainit riecht beim Zerschlagen bituminös.

Der meteorische Pyrrhotin (Troilit) ist nur in geringen Mengen im kosmischen Eisen, dagegen in Steinmeteoriten öfter über 6 % gefunden worden. Über Entstehung gilt das auf S. 522 Gesagte. P. Tschirwinsky[9]) hat eine Tabelle für 81 Steinmeteoriten zusammengestellt und den mittleren Gehalt an Troilit zu 5,56 % gefunden. Bei der Vermehrung des Eisengehalts in den Steinmeteoriten bleibt der Troilit quantitativ unverändert.

[1]) H. Schneiderhöhn, Anl. mikr. Unters. 1922.
[2]) A. Lacroix, Bull. soc. min. **30**, 219 (1907).
[3]) C. W. Dickson, Trans. Am. Inst. Min. Eng. **34**, 3 (1903).
[4]) R. Brauns, N. JB. Min. etc. **1**, 372 (1913).
[5]) E. Wildschrey, N. JB. Min. etc. 1912, II, 198; Diss. Bonn 1911.
[6]) W. Eitel, Abh. Senkenb. Nat. Ges. **37**, 139 (1920).
[7]) H. Schneiderhöhn, Z. Kryst. Festband Groth 1923, 313.
[8]) E. Harbort, Kali **9**, 250 (1915).
[9]) P. Tschirwinsky, Bull de l'Inst. Sc. Petersb. **5**, 111 (1922).

Als Kröberit bezeichnet D. Forbes[1]) stark magnetische Kristalle, hauptsächlich ein Subsulfid von Eisen, das zwischen La Paz und Yungas auf dem östlichen Andenabhang mit Bleiglanz, Fahlerz, Kupferkies, Pyrit, Blende, Quarz, Kakspat und Eisenspat vorkommt. Ein derbes, dem Magnetkies ganz ähnliches Erz von der Grube Aurora bei Nya-Kopparberg in Schweden beschreibt C. W. Blomstrand[2]) als Valleriit. Nach J. Petrén[3]) liegt ein Gemenge von Kupferindig, Magnetkies, Spinell, Eisenspat und Sekundärprodukten vor.

Hydrotroilit.

Von **C. Doelter** (Wien).

Synonyma: Hydratisches Eisensulfür, Eisensulfhydratgel. Kolloidal.

Formel. M. Sidorenko[4]) schlug für das Eisensulfürhydrat, welches in zahlreichen Tonen vorkommt, den Namen Hydrotroilit vor. Er gibt ihm die Formel $FeS.H_2O$. Es ist aber, wie bereits Br. Doss bemerkt, fraglich, ob ein konstant zusammengesetztes Gel vorliegt, oder ein Komplex von variabler Zusammensetzung. Vielleicht ist es richtiger die Formel zu schreiben:

$$FeS.nH_2O.$$

Eigenschaften. Schwarz, schlammartig, soll in Wasser, wenn er frisch aus der Einwirkung von Schwefelwasserstoffgas auf Eisen entstanden ist, eine dunkelgrüne, nach Tinte schmeckende Lösung geben (A. Vauquelin).[5]) Es ist jedoch die Löslichkeit in kaltem Wasser nach J. Berzelius[6]) gar nicht, in heißem nur wenig zu konstatieren. Die Angabe von A. Vauquelin ist daher mit Vorsicht aufzunehmen.

A. Vauquelin meint, daß die Lösung in Wasser bei Luftabschluß farblos wäre. Ammoniumsalzlösungen greifen ihn an. Säuren lösen das Gel auch in der Kälte unter lebhafter Entwickelung von Schwefelwasserstoff. Das hydratische Eisensulfür hat die Eigenschaft, sich sehr energisch unter Wärmeentwickelung zu oxydieren (in großen Massen selbst unter Entzündung). Es entsteht $FeSO_4$ sowie Fe_2O_3.[7])

Vorkommen. Das Eisensulfürhydrat ist in Tonen im Schlamm vieler Seen und mancher Flüsse sehr verbreitet. Ich will nur einige nennen. Nach J. Habermann[8]) in vielen Tonen, N. Andrussow[9]) fand es im Schwarzem Meer, M. Jegunow[10]) im Asowschen Meer, in vielen Salinen, dann namentlich auch im Schlamm aus der Tiefseeregion des Plöner Sees nach A. Jentsch.[11])

B. Doss[12]) hat eine reichliche Literatur darüber gesammelt.

---

[1]) D. Forbes, Phil. Mag. **29**, 9 (1865).
[2]) C. W. Blomstrand, Öfv. Ak. Stockh. **27**, 19 (1870).
[3]) J. Petrén, Geol. För. Förh. **20**, 183 (1898).
[4]) M. Sidorenko, Mém. soc. nat. Nouvelle Russie (Odessa **21**, 121 1907) und **24**, 107 (1909).
[5]) A. Vauquelin nach O. Dammer, Anorg. Chem. 1893, III, 321.
[6]) J. Berzelius, ebenda.
[7]) De Clermont nach O. Dammer, wie oben.
[8]) J. Habermann, Verh. naturf. Ver. Brünn **41**, 266 (1902).
[9]) N. Andrussow, Bull. soc. géogr. russe **26**, 400 (1890).
[10]) M. Jegunow, Ann. géol. et min. russe **2**, 164 (1892).
[11]) A. Jentsch, Z. Dtsch. geol. Ges. **54**, 145 (1902).
[12]) B. Doss, N. JB. Min. etc. Beil.-Bd. **33**, 690 (1912).

Pyrit.

Von **M. Henglein** (Karlsruhe).

Synonyma: Schwefelkies, Eisenkies, Eisenpyrit, Kies, würfelartiger Markasit und Wasserkies, gelbes und lederfarbenes Eisenkieserz, Leberkies, Lebereisenerz, Leberschlag, Zellkies, Spärkies, Marquashitha, Hanns in allen Gassen, Blueit, Whartonit, Ballesterosit, Telaspyrin.

Kristallklasse: Dyakisdodekaedrisch; Tetartoedrie unsicher. Über 200 Formen sind bekannt.

Raumgruppe: $\mathfrak{T}_h^6$; Kantenlänge des Elementarwürfels $5{,}40 \cdot 10^{-8}$.

Analysen.

Ältere Analysen:

	1.	2.	3.	4.	5.	6.
Mn	—	—	1,36	2,42	1,30	0,54
Cu	—	—	Spur	0,19	0,06	1,00
Fe	46,53	46,50	46,36	46,65	45,25	46,37
Ni	—	—	Spur	—	Spur	—
Co	—	—	0,14	0,19	0,03	0,09
As	—	—	0,09	—	2,77	0,61
S	53,39	53,50	51,80	51,99	49,67	51,44
	99,92	100,00	99,75	101,44	99,08	100,05

1. Von Philippshoffnung bei Siegen, derb; anal. K. Schnabel bei C. F. Rammelsberg, Mineralchem. 4. Suppl. 1849, 198.

2. Kristalle von Heinrichssegen bei Müsen; anal. Derselbe, ebenda.

3.—6. Vom Bergrevier Arnsberg, Rheinisches Schiefergebirge; anal. Amelung, Verh. Naturhist. Ver. Rheinl. Bonn 1853, 222 und zwar 3. von Grube Woltenberg bei Brunskappel, mit Quarz durchwachsen. — 4. Von Grüne Rose bei Bremecke bei Brunskappel, mit körnigem Quarz. — 5. Von Toller Anschlag bei Brunskappel, körnig, gemengt mit Quarz. — 6. Kristalle von Kranich bei Elpe.

	7.	8.	9.	10.	11.	12.
Mn	1,23	4,13	0,73	2,34	Spur	Spur
Cu	Spur	2,06	Spur	0,03	0,27	0,14
Fe	46,98	44,98	47,87	45,87	46,39	48,71
Ni	Spur	Spur	—	Spur	—	—
Co	0,17	0,29	0,13	0,03	0,18	0,14
As	Spur	Spur	—	0,68	0,46	0,21
S	51,01	47,64	51,24	49,91	52,88	52,47
	99,39	99,10	99,97	98,86	100,18	101,67

7.—12. Ebenfalls von Arnsberg; anal. Amelung, ebendaher. — 7. Von Grube Grönebach bei Elpe mit Quarz durchwachsen. — 8. Vom Neuen Ries bei Elpe mit Kupferkies. — 9. Von Ottilia bei Blüggelsheid. — 10. Von Harem bei Assinghausen. — 11. u. 12. Von Grube Luna bei Wülmeringhausen, derb mit Quarz.

	13.	14.	15.	16.	17.	18.
δ	—	4,925	—	—	—	—
Mn	0,55	—	—	—	—	—
Cu	0,05	—	3,00	2,39	—	—
Fe	45,89	45,53	43,40	44,47	43,50	48,78
Ni	Spur	—	—	—	—	—
As	0,12	—	0,67	—	—	—
S	53,86	53,37	48,93	53,37	52,20	46,95
Unlöslich . .	—	1,10	4,00	—	4,10	—
	100,47	100,00	100,00	100,23	99,80	95,73

13. Von Kossuth bei Sutrop, ebenfalls im Arnsberger Revier, im Kieselschiefer, rein und konzentrisch schalig; anal. Amelung, ebenda.

14. Von Toscana, Pyritoktaeder; anal. C. v. Hauer, Sitzber. Wiener Ak. **12**, 287 (1854).

15. Von Schneeberg (Sachsen), auf frischem Bruch fast zinnweiß, mit Arsen und Kupferkies; anal. F. v. Kobell bei A. Kenngott, Übers. min. Forsch. 1856—1857, 165.

16. Von Cornwall; anal. J. C. Booth bei J. Dana, Min. 1855, 55.

17. Von Elba; anal. Mène, Pyr. d. fer. 1867; bei A. d'Achiardi, Min. Tosc. **2**, 321 (1873). — Unlöslich ist 4,00 SiO_2, 0,10 Al_2O_3.

18. Von Monte Amiata im Trachyt von Fosso de Prato (Toscana) in dünnen Blättchen; anal. J. F. Williams, N. JB. Min. etc. Beil.-Bd. **5**, 430 (1887).

Neuere Analysen:

	19.	20.	21.	22.	23.	24.
δ	5,016	—	—	—	4,990	—
Cu	0,05	—	—	1,55	—	Spur
Fe	44,24	44,99	47,10	38,10	46,37	46,84
Ni	0,18	—	—	—	—	—
Co	1,75	—	—	—	—	—
Zn	—	—	—	2,60	—	—
Pb	—	—	—	0,45	—	—
Au	—	—	—	—	0,015	—
As	0,20	—	—	1,17	0,67	—
S	54,08	53,79	52,97	45,55	51,71	51,97
Se	—	—	—	0,90	—	—
SiO_2 . . .	—	1,22	—	8,80	0,68	0,52
	100,50	100,00	100,07	99,12	99,445	99,33

19. Von den French Creek Mines mit Kupferkies, Kristalle; anal. A. Hamburger bei F. A. Genth, Am. Journ. Sc. **40**, 114 (1890).

20. Von Wattegama (Ceylon) im Dolomit; anal. C. Schiffer, Diss. München 1900, 5.

21. Von Miniera di Casall, Prov. Grosseto; anal. G. De Angelis d'Ossat, R. Acc. d. Linc. **11**, 548 (1902).

22. Pyrit von Agordo (Italien); anal. A. Piutti und E. Stoppani, Rend. dell'Accad. delle Sci. nat. e. mat. Napoli [3] **10**, 262 (1904). — Mit Spuren von Bi, Sb, Na, K, Al, Ca.

23. Von Nagolny Krjasch, Donetz-Becken, in Tonschiefern mit Bleiglanz und Zinkblende; anal. J. Samojloff, Mat. min. Rußl. 1906, **23**, 1. Ref. Z. Kryst. **46**, 289 (1909).

24. Pyrit von Parańa (Brasilien); anal. C. v. John und C. F. Eichleiter, J. k. k. geol. R.A. **53**, 481 (1903). Ref. Z. Kryst. **41**, 502 (1905).

	25.	26.	27.	28.	29.	30.	31.
Ca . .	—	Spur	—	—	—	—	—
Fe . .	46,51	45,12	45,28	45,20	46,31	46,39	46,35
Co . .	—	1,19	1,30	1,25	—	—	—
S . .	53,26	53,34	53,26	53,30	53,06	53,11	53,08
Rückstand	0,59	0,02	0,03	0,03	0,54	0,52	0,53
	100,36	99,67	99,87	99,78	99,91	100,02	99,96

25. Pyritkristalle von der Central City-Mine, Gilpin Co. (Colorado); anal. von E. H. Kraus und J. D. Scott, Z. Kryst. **44**, 148 (1908).

26.—28. Kristalle von Franklin Furnace, New Jersey; anal. Dieselben, ebenda 151.

29.—31. Pyritkristalle von Colorado; anal. Dieselben, ebenda 153. — Der Rückstand ist in den Analysen 24.—30. ohne Zweifel SiO_2; die wohlausgebildeten Kristalle waren frei von Verunreinigung. Der Schwefel wurde zuerst mit Bromlösung und Salpetersäure oxydiert. Das Eisen ist mit NH_4OH gefällt, dann in H_2SO_4 aufgelöst und mit $KMnO_4$ titriert worden. — Wiederholte Versuche stellten keine Spur von Ni, Co, As, Sb und Au fest.

	32.	33.	34.	35.	36.	37.
δ	5,098	5,153	5,113	5,078	5,101	5,068
Mn	—	—	—	—	Spur	Spur
Cu	0,59	0,63	0,04	0,09	0,29	0,26
Fe	46,02	46,19	46,18	46,32	45,98	46,07
Ni	0,04	0,07	Spur	Spur	0,02	0,03
Co	—	—	0,09	0,06	0,18	0,16
Ag	Spur	Spur	—	—	—	—
As	0,93	0,78	1,73	1,52	1,19	1,28
S	51,70	51,55	51,90	51,78	51,95	51,83
	99,28	99,22	99,94	99,77	99,61	99,63

32. u. 33. Pyritkristalle {201} von Elba; anal. V. Pöschl, Z. Kryst. **48**, 614 (1911).

34. u. 35. Von Hüttenberg (Kärnten), aus dem Spateisenstein, ebenfalls {201}; anal. Derselbe, ebenda.

36 u. 37. Vom Seegraben bei Leoben; anal. Derselbe, ebenda.

	38.	39.	40.	41.
Fe	45,36	47,00	46,49	46,20
Ni	0,05	—	—	—
S	51,61	52,50	53,49	52,81
As	Spur	—	—	—
SiO_2 . . .	2,84	—	0,04	1,00
	99,86	99,50	100,02	100,01

38. Kristalle von Csungány bei Kazanesd (Kom. Hunyad, Ungarn); anal. K. Emszt bei A. Liffa, Földt. Közl. **38**, 276 (1908). Ref. in Z. Kryst. **48**, 441 (1911).

39. Von Elba mit Eisenglanz, Material zur Analyse frei von diesem; anal. E. Arbeiter, Diss. Breslau, 1913, 1.

40. Ebendaher; anal. E. T. Allen, J. L. Crenshaw und J. Johnston, Z. anorg. Chem. **76**, 210 (1912).

41. Von Rio Tinto (Spanien); anal. K. Bornemann und O. Hengstenberg, Metall und Erz 1920, 344.

Formel und Konstitution.

Die angeführten Analysen, besonders die neueren, führen unzweifelhaft auf die Formel FeS_2, entsprechend:

Fe	46,56
S	53,44
	100,00

Über Ni-, Co- und Au-haltige Pyrite und deren Formel siehe S. 533.

Infolge der Dimorphie des Eisendisulfids und der möglichen Zwei- und Dreiwertigkeit des Eisens hat man der Konstitution besondere Beachtung geschenkt.

Auf Grund seines Versuchs (S. 554) nahm E. Weinschenk[1]) eine Verkettung von zwei- und dreiwertigen Eisenatomen an, wie bei Magnetit; er stellte folgende Formel für den Pyrit auf:

```
   /S———————S\
Fe<—S—Fe—S—>Fe
   \S———————S/
```

Als Stütze derselben führt er den Versuch von C. F. Rammelsberg[2]) an, dem es gelang, Magnetit durch Erhitzen im H_2S-Strom in Pyrit umzuwandeln. Hier und in den folgenden Formeln spielt die Wertigkeit des Eisens die Hauptrolle. W. B. Brown[3]) nahm nur ein Fünftel Ferro-, den Rest als Ferri-Eisen an. Die Pyritmolekel müssen vier dreiwertige und ein zweiwertiges Eisenatom enthalten. W. B. Brown stellt die folgende Konstitutionsformel auf:

```
            S—Fe—S
            |    |
  Fe       Fe    Fe      Fe
 //\      /  \  /  \    /\\
S   S—S     S—S     S—S   S
```

Doch hat H. N. Stokes[4]) beim Nachprüfen der Brownschen Versuche gefunden, daß Kupfersulfat den Schwefel des Pyrits zu H_2SO_4 und das Ferrosulfat zu Ferrisulfat oxydiert und daß kein nennenswerter Unterschied zwischen dem Eisen im Pyrit und Markasit besteht. Damit sind die Brownschen Schlußfolgerungen hinfällig geworden.

Eine Formel, welche dreiwertiges Eisen annimmt, wäre

S═Fe—S—S—Fe═S.

Wegen der leichten Reduzierbarkeit des Eisenoxyds hat sie nach E. Weinschenk wenig Anspruch auf allgemeine Annahme.

J. Loczka[5]) schloß auf eine Ferroverbindung und gibt die Formel:

```
   /S
Fe<  | .
   \S
```

Auch P. Groth[6]) gibt der Formel mit zweiwertigem Eisen den Vorzug.

[1]) E. Weinschenk, Z. Kryst. **17**, 501 (1890).
[2]) C. F. Rammelsberg, Sitzber. Berliner Ak. 1862, 681.
[3]) W. B. Brown, Proc. Am. Phil. Soc. **33**, 18 (1894); Z. Kryst **26**, 528 (1896).
[4]) H. N. Stokes, Am. Journ. Sc. **162**, 414 (1901).
[5]) J. Loczka, Földt. Közl. **22**, 353 (1892); Z. Kryst. **23**, 501 (1894).
[6]) P. Groth, Tab. Übers. 1898, 21.

Auch die Versuche C. Doelters[1]) (S. 554) machen die Zweiwertigkeit des Eisens im Pyrit sehr wahrscheinlich.

Die Versuche L. Benedeks,[2]) der eine direkte Bestimmung der Wertigkeit des Eisens im Pyrit anstrebte, können nicht als beweiskräftig genug angesehen werden. L. Benedek erhitzte reinen Pyrit sowohl im Kohlendioxydals auch im Wasserdampfstrome und erhielt als Rückstand einmal FeS, das andere Mal FeO. Daraus schloß er, daß das Gesamteisen im Pyrit zweiwertig ist. Der Pyrit wäre eine mit Schwefel übersättigte Ferroverbindung, welche beim Erhitzen Schwefel abgibt und Ferrosulfid zurückläßt.

Auch die Arbeiten von E. T. Allen, J. L. Crenshaw und J. Johnston[3]) (siehe S. 555), die sich mit der Synthese von Pyrit und Markasit beschäftigen, sprechen unzweideutig für die Zweiwertigkeit des Gesamteisens im Pyrit und Markasit, während für die Drei- oder Vierwertigkeit desselben nicht der geringste Anhalt vorhanden ist. So ist die von A. Werner gemachte Annahme von vierwertigem Eisen im Pyrit und die Formel $Fe\begin{smallmatrix}\diagup\!\!=S\\ \diagdown\!\!=S\end{smallmatrix}$ nicht bestätigt. Nach P. Pfeiffer[4]) ist der Pyrit nach dem Kochsalztypus aufgebaut. Jedes Fe-Atom ist räumlich symmetrisch von 6 S_2-Gruppen, das Zentrum jeder S_2-Gruppe räumlich symmetrisch von 6 Fe-Atomen umgeben, so daß wir im Pyrit die komplexen Radikale $[Fe(S_2)_6]$ und $[(S_2)Fe_6]$ haben. Diese Konstitution des Pyrits weicht von der Zinkblende mit den Radikalen $(ZnS_4]$ und (SZn_4) ganz wesentlich dadurch ab, daß statt der einzelnen S-Atome S_2-Komplexe vorhanden sind. Während also die Zinkblende ein normales Sulfosalz ist, gehört der Pyrit in die Klasse der Persulfosalze, die ihrerseits den Peroxosalzen an die Seite zu stellen sind. Das Molekül FeS_2 ist so das Analogon des BaO_2, Eisen in ihm also entsprechend der Konstitutionsformel:

$$Fe\begin{smallmatrix}\diagup S\\ \mid\\ \diagdown S\end{smallmatrix} \quad \text{oder} \quad Fe{=}S{=}S$$

zweiwertig.

Nachdem E. Arbeiter[5]) bei der Destillation im Vakuum keine ausreichenden Anhaltspunkte für die Ermittlung der Konstitution des Pyrits erhalten hatte, prüfte er das Verhalten gegen verschiedene Lösungen. Das Atomverhältnis zwischen dem oxydierten Schwefel und dem gelösten Eisen wurde festgestellt. Bei der Oxydation des Pyrits mit 10%igem bis herab zu 3%igem Wasserstoffsuperoxyd ergibt die Analyse das konstante Atomverhältnis des gelösten Eisens zum gelösten Schwefel. Fe : S = 1,0 : 2,0 d. h. das ganze Pyritmolekel ist in Lösung gegangen, ohne daß eine Abscheidung von Schwefel nachweisbar wäre. Erst bei 2%igem Wasserstoffsuperoxyd beginnt die Atomzahl für den gelösten Schwefel zu sinken, weil der ausgeschiedene Schwefel nur teilweise gelöst wird. Sie nähert sich bei Verminderung der Wasserstoffsuperoxyd-Konzentration immer mehr dem Grenzwert 1,5. Die Annäherung ist so groß, daß E. Arbeiter aus den Versuchen schließt, daß die Schwefelatome im Pyrit nicht gleichwertig sind, sondern daß $^1/_4$ derselben sich schwerer

[1]) C. Doelter, Z. Kryst. **11**, 30 (1866).
[2]) L. Benedek, ebenda **48**, 447 (1911). Ref. Orig. in Magy. Chem. Fol. **14**, 85 (1908).
[3]) E. T. Allen, J. L. Crenshaw und J. Johnston, Z. anorg. Chem. **76**, 201 (1912).
[4]) P. Pfeiffer, ebenda **97**, 173 (1916).
[5]) E. Arbeiter, Diss. Breslau 1913, 16.

oxydiert als die übrigen $^3/_4$. Die Verdoppelung der Pyritformel S_2Fe zu S_4Fe_2 wäre daher notwendig. Als Konstitutionsformel ergibt sich dann:

$$S\langle\begin{matrix}Fe—S\\Fe—S\end{matrix}\rangle S.$$

Darin sind drei verschiedenartig gebundene Schwefelatome vorhanden. Das eine ist beiderseitig an Eisen, das andere beiderseitig an Schwefel gebunden, während die beiden übrigen unter sich gleichartigen sowohl an Schwefel als an Eisen gekettet sind. Diese Konstitutionsformel entspricht auch der von A. Beutell[1]) für Glanzkobalt aufgestellten.

W. L. Bragg[2]) analysierte den Pyrit mit dem Röntgenstrahlenspektrometer und teilt die komplizierten Spektra in einer Tabelle mit. Eine Diagonale eines jeden Würfels wird als trigonale Achse beibehalten; keine von den trigonalen Achsen schneiden sich. Jede dieser Diagonalen hat dann an einem Ende ein Eisenatom und am andern Ende eine freie Würfelecke. Die Schwefelatome müssen dann entlang den ausgewählten Diagonalen verschoben werden.

Nach P. Niggli[3]) finden sich Fe und S_2 zum regulären Raumgitter nach dem der dichtesten Packung entsprechenden Schema zusammen; das Raumsystem ist $\mathfrak{T}_h^6$. Im Schwefelkies sind S_2-Gruppen vorhanden, deren Schwerpunkte kristallonomisch ausgezeichnet sind, so daß man nach P. Niggli[4]) zu schreiben hat:

$$Fe\langle\begin{matrix}S\\|\\S\end{matrix}.$$

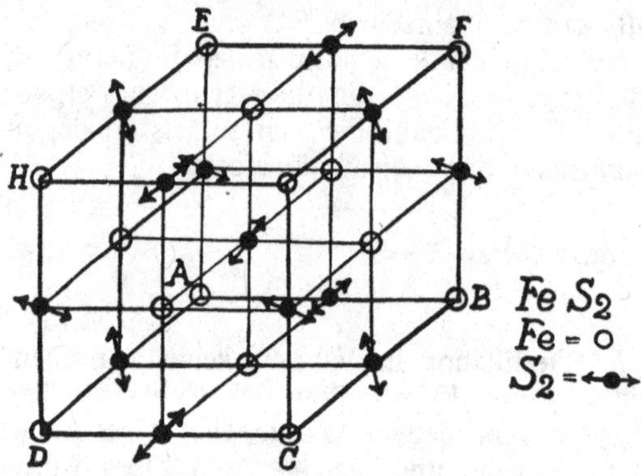

Fig. 49. Gitter des Pyrit nach P. Niggli.

Setzen wir nach P. Niggli[5]) an Stelle der 2 S-Atome die Schwerpunkte der S_2-Gruppe, so wird das Raumgitter des FeS_2 äußerlich dem von NaCl gleich (Fig. 49). A. Reis[6]) rechnet den Schwefelkies zu den Radikalionengittern. Mit der Strukturbestimmung haben sich weiter P. P. Ewald und W. Friedrich[7]) befaßt. Auf die Dichte 5,027 bezogen, ergibt sich die Kantenlänge des Elementarwürfels zu $5{,}40 \cdot 10^{-8}$. Der Abstand zweier nächster Fe-Atome (in Richtung [110]) ist dann $3{,}82 \cdot 10^{-8}$. Die Entfernung zweier S-Atome eines S_2-Komplexes voneinander, in Richtung der trigonalen Achse [111], beträgt $2{,}06 \cdot 10^{-8}$, während die Entfernung des S_2-Komplexschwerpunktes vom Fe-Schwerpunkt $2{,}70 \cdot 10^{-8}$ in Richtung der Kanten [001] ist.

1) A. Beutell, ZB. Min. etc. 1911, 663.
2) W. L. Bragg, Z. anorg. Chem. **90**, 256 (1915).
3) P. Niggli, ZB. Min. etc. 1916, 502.
4) Derselbe, Ber. sächs. Ges. Wiss. **67**, 364 (1915); Z. Kryst. **56**, 184 (1921—22).
5) Derselbe, Z. anorg. Chem. **94**, 212 (1916).
6) A. Reis, Z. f. Phys. 1920, I. 204, II. 57.
7) P. P. Ewald u. W. Friedrich, An. Phys. [4] **44**, 1183 (1914).

J. Beckenkamp[1]) veranschaulicht die Eigenschaften von SiO_2 und FeS_2 durch ein doppelt kubisches Gitter, davon ausgehend, daß das Molekulargewicht von FeS_2 fast genau doppelt so groß als das von SiO_2 ist.

G. W. Plummer[2]) hat durch Schmelzen mit Wismutchlorid sowohl den Pyrit, wie den Markasit zersetzt, das Eisen mit Permanganat titriert und festgestellt, daß in den beiden Eisendisulfiden sämtliches Eisen in der Ferroform vorliegt.

Nickel- und kobalthaltige Pyrite (Blueit, Whartonit).

Blueit. Dieses von W. H. Emmons aus dem Sudbury-Distrikt beschriebene bronzefarbene Mineral unterscheidet sich von Pyrit nur durch einen Gehalt von 3,7% Ni (Analyse 3). S. L. Penfield[3]) hält es nicht für zweckmäßig, das Mineral vom Pyrit zu trennen, zumal nicht nachgewiesen ist, daß das Ni nicht von Verunreinigungen der Substanz stammt.

Als **Whartonit** wird ein über 6% Ni enthaltender, bronzegelber Pyrit von W. H. Emmons beschrieben (Anal. 4).

Einige andere Analysen haben neben einem beträchtlichen Ni-Gehalt auch einige Prozent Kobalt gefunden. Besondere Namen wurden dafür nicht gegeben. W. Vernadsky[4]) schlägt hierfür die Bezeichnung Kobaltnickelpyrit vor, für einen 1,7% Co-haltigen Pyrit ohne Ni Kobaltpyrit. Für das von M. Henglein als Kobaltnickelpyrit bezeichnete Mineral wäre nach W. Vernadsky ein neuer Name zu wählen.

Analysen:

	1.	2a.	2b.	3.	4.	5.	6.	7.
δ	—	4,85–4,95	—	4,200	—	—	—	—
Fe	42,68	37,40	37,59	41,01	41,44	39,70	45,20	44,57
Ni	4,13	5,48	5,78	3,70	6,27	4,34	—	2,44
Co	1,97	3,16	3,33	—	—	—	1,40	—
Cu	—	1,83	—	—	—	Spur	—	—
Ag	—	Spur	—	—	—	—	—	—
S	51,35	52,20	53,36	55,29	52,29	49,31	53,30	51,83
Unlösl.	—	—	—	—	—	5,76	—	—
	100,13	100,07	100,06	100,00	100,00	99,11	99,90	98,84

1. Wahrscheinlich von Grube Heinrichssegen bei Müsen (Westfalen); anal. H. Laspeyres, Z. Kryst. **20**, 553 (1891). Der hohe Ni- und Co-Gehalt rührt wohl vom Weiterwachsen in Polydymitlösung her.

2a. Vom Vertrau auf Gott, flacher Gang auf Himmelsfürst, Freiberg (Sachsen), in Kupferkies rötlich speisgelbe Pyrittrümmchen; anal. Neubert und F. Kolbeck, N. JB. Min. etc. 1891, II, 292.

2b. aus 2a. durch Abzug des auf Kupferkies verrechneten Cu-Gehaltes.

3. Aus dem Sudbury-Distrikt mit Nickelin, Gersdorffit, Magnetkies und Kupferkies; anal. W. H. Emmons bei S. L. Penfield, Am. Journ. Chem. Soc. **45**, 490 (1893). — Blueit.

4. Von der Blezard-Mine nordöstl. Sudbury; anal. Derselbe, ebenda. — 10% Magnetit im ursprünglichen Pulver abgezogen. — Whartonit.

5. Von der Murray-Mine nordwestl. von Sudbury im Diorit mit Markasit, Magnetit, Bleiglanz, Kupferkies und Nickel-Magnetkies; anal. T. L. Walker, Am. Journ. Chem. Soc. **47**, 313 (1894).

6. Fundort ungenau; anal. W. Vernadsky, ZB. Min. etc. 1914, 495. — Kobaltpyrit.

7. Von der Worthington mine, Sudbury (Canada); anal. Derselbe, Ec. Geol. **10**, 536 (1915); Ref. N. JB. Min. etc. 1917, 152.

[1]) J. Beckenkamp, ZB. Min. etc. 1917, 353; Z. Kryst. **58**, 25 (1923).

[2]) G. W. Plummer, Am. Journ. Chem. Soc. **33**, 1487 (1911).

[3]) S. L. Penfield, Am. Journ. Chem. Soc. **45**, 493 (1893).

[4]) W. Vernadsky, ZB. Min. etc., 1914, 495.

Formel. Für diese Ni- und Co-haltigen Pyrite kann die Formel entsprechend den Analysen 3—5 und 7 $(Fe, Ni)S_2$, für 1 und 2

$(Fe, Ni, Co)S_2$ und für 6 $(Fe, Co)S_2$

geschrieben werden. Diese Pyrite wären als kobalt- und nickelhaltige zu bezeichnen. Nach H. Laspeyres[1]) enthalten die Pyrite des rheinischen Schiefergebirges wohl alle Spuren von Nickel, wie auch bei den Analysen der Pyrite von Arnsberg (3—13) angegeben ist, ebenso die Pyrite von Elba, Hüttenberg und Seegraben (Analysen 32—37). Es ist nicht ausgeschlossen, daß Millerit im Pyrit eingewachsen ist; es läge sodann ein Erzgemenge vor. Ein solches Gemenge ist aus den Gruben im unteren Steinkohlengebirge des Bergreviers Wetzlar bekannt, von dem auch Ebermayer[2]) Analysen gibt.

Andere Elemente im Pyrit.

Andere in den Analysen gefundene Elemente, wie etwa in Analyse 22, sind sicher auf Verunreinigungen zurückzuführen, so vor allem das häufig gefundene Kupfer. Der Kupfergehalt rührt vielfach vom Kupferkies her. Letzterer läßt sich nach H. N. Stokes[3]) im Pyrit nachweisen, indem man diesen eine halbe Minute lang Bromdämpfen und sodann Schwefelwasserstoff aussetzt. Der Kupferkies schwärzt sich, während Pyrit glänzend bleibt. In den Pyriten von Grube Ernestus und Ermecke bei Altenhunden, Kreis Olpe, soll nach Marquart[4]) ziemlich viel Thallium enthalten sein, nach Carstanjen oft bis 5%. Nach E. S. Dana ist es in Spuren in vielen Pyriten und gibt sich beim Rösten zu erkennen. Pyrit von Vidal in Galicia in Spanien enthält nach W. Schulz und Paillette[5]) Zink und Zinn und wird **Ballesterosit** genannt. Der **Telaspyrin** C. U. Shepards[6]) ist ein tellurhaltiger Pyrit von Sunshine Camp in Colorado.

Nach L. Lukács[7]) enthält Pyrit auch As, Sb, Ca, Au und Hg. Er untersuchte Pyrit von Schemnitz, Kapnik, Szomolnok und Zalatna bei 250 und 350° durch Destillation im Vakuum; er erhielt Sublimationsringe von S, As_2S_2, in dem von Szomolnok auch Sb_2S_3 und mit Ausnahme des Zalatnaer auch HgS. Nach seiner Ansicht ist As im Pyrit als reguläre Modifikation des Arsenopyrits enthalten.

W. N. Hartley und H. Ramage[8]) geben als seltene Elemente im Pyrit an:

in allen Ag, Cu, Ca, Na, K;
in einigen Ga, In, Tl, Ni, Mn, Pb.

Auch Selen ist gelegentlich im Pyrit nachgewiesen worden, in dem von Bodenmais auch Platin.

Pyrite mit einem Mangangehalt von 0,5—4,1% werden von W. Vernadsky[9]) als Manganpyrite, solche mit 0,2—1,7% As als arsenikalische Pyrite bezeichnet.

[1]) H. Laspeyres, Verh. Nat. Ver. Rheinl. 1893, 236.
[2]) Ebermayer, Diss. Göttingen 1855, 10.
[3]) H. N. Stokes, Bull. geol. Surv. U.S. 1901, Nr. 186. Ref. N. JB. Min. etc. 1903, I, 13.
[4]) Marquart, Verh. Nat. Ver. Rheinl. 1867, 102.
[5]) W. Schulz u. Paillette, Bull. soc. géol. France **7**, 16 (1849).
[6]) C. U. Shepard, J. D. Dana, Min. 3. App. 1882, 119.
[7]) L. Lukács, Magy. Chem. Folyóirat **8**, 54 (1902). Ref. Z. Kryst. **40**, 502 (1905).
[8]) W. N. Hartley u. H. Ramage, Journ. Chem. Soc. **71**, 533 (1897). Ref. Z. Kryst. **31**, 282 (1899).
[9]) W. Vernadsky, ZB. Min. etc. 1914, 495.

	10.	11.
Cu	1,90	1,94
Fe	33,70	33,64
S	36,30	36,43
Unlösl. Rückst. .	5,43	5,35

Gold in der Tonne 3 g.

10.—11. Mit Kupferkies durchwachsener Schwefelkies von Kamencia (Präf. Korça); anal. E. Nowack, Z. prakt. Geol. **32**, 124 (1924).

Chemische Eigenschaften.

Das Funkenspektrum ist nach A. de Gramont[1]) sehr reich an Linien. Von den Eisenlinien bleiben bei Verwendung eines Kondensatorfunkens nur die wichtigsten Gruppen übrig. Die Linien beigemengter Metalle, wie Zn, Cu, Tl, As, sind leicht zu erkennen.

Lötrohrverhalten. Im geschlossenen Rohr gibt Pyrit ein Sublimat von Schwefel und verbreitet gewöhnlich einen Geruch nach H_2S. Enthält er Arsen, so bildet sich später auch etwas Schwefelarsen, das den unteren Teil des Schwefelsublimats rötlichgelb färbt. Nach C. F. Plattner-Kolbeck[2]) erscheint der gut durchgebrannte Rückstand metallisch und porös und verhält sich wie Magnetkies. Im offenen Rohr erhitzt, verbrennt der Schwefel des Pyrits mit blauer Flamme unter starker Entwicklung von schwefliger Säure bzw. geringer Mengen arseniger Säure. Auf Kohle gibt er Schwefel ab, der mit blauer Flamme verbrennt; dann verhält er sich wie Magnetkies. Er schmilzt im Reduktionsfeuer nun zu einer Kugel, die in der Kälte mit einer schwarzen, magnetischen Masse überzogen ist, nach dem Zerschlagen einen gelblichen, metallisch glänzenden Bruch zeigt. Röstet man die Masse auf Kohle im Oxydationsfeuer, so verwandelt sie sich in rotes Oxyd, das in der Borax- und Phosphorsalzperle die Eisenreaktion zeigt.

Einen Goldgehalt im Pyrit kann man nach C. F. Plattner-Kolbeck sicher nachweisen, wenn man das fein gepulverte Mineral mit Probierblei und Boraxglas schmilzt. Nach dem Abtreiben sieht man an der Farbe des Körnchens, ob es reines Gold ist oder ob es Silber enthält, da 2% Silber schon eine nessinggelbe Farbe hervorrufen.

Löslichkeit. Pyrit wird im Gegensatz zu dem Schwefel hinterlassenden Markasit durch Salpetersäure von der Dichte 1,4, nach G. J. Brush und S. L. Penfield[3]) vollständig durch Königswasser unter Abscheidung von Schwefel zersetzt. Starke Kalilauge zersetzt ihn unter Einleiten von Chlor vollständig. Nach E. F. Smith[4]) ist er in Schwefelmonochlorid löslich, dagegen nicht in 10%iger Lösung von Schwefelalkalimetallen, wie A. Terreil[5]) im Gegensatz zu Markasit feststellte.

Nach J. Lemberg[6]) wird Pyrit durch alkalische Bromlösung an der Oberfläche kupferrot gefärbt; nicht anhaftendes Eisenoxyd wird allmählich abgeschieden. Mit schwefelsaurer Silbersulfatlösung bis 70° C erhitzt, tritt röt-

[1]) A. de Gramont, Bull. soc. min. **18**, 246 (1895).
[2]) C. F. Plattner-Kolbeck, Probierkunst 1907, 204.
[3]) G. J. Brush u. S. L. Penfield, Determ. Min., 15. Aufl., S. 252.
[4]) E. F. Smith, Am. Journ. Chem. Soc. **20**, 289 (1898).
[5]) A. Terreil, C. R. **69**, 1360 (1869).
[6]) J. Lemberg, Z. Dtsch. geol. Ges. **46**, 793 (1894).

liche Färbung mit einem Stich ins Violette auf und in der Kälte wenig Silberabscheidung. Ebenso verhält sich Markasit, der nur noch etwas rascher verändert wird.

Nach C. Doelter[1]) ist Pyrit zu 0,10 % in 100 Teilen destillierten Wassers in Glasröhren bei 80° C löslich, in Schwefelnatrium während 24 Tagen 10,6 %, in Sodalösung mit 7,08 %.

O. Weigel,[2]) der die Löslichkeit mittels der elektrischen Leitfähigkeitsmethode bestimmte, gab für Pyrit die Zahl $48,89 \cdot 10^{-6}$ Mol. im Liter, für künstlichen Pyrit $40,84 \cdot 10^{-6}$.

A. N. Winchell[3]) hat 300 g feingepulverten Pyrit 10 Monate lang der Einwirkung destillierten Wassers unter Luftdurchleitung ausgesetzt. Das Wasser enthielt dann etwas Ferrisulfat und Schwefelsäure.

Nach G. Spezia[4]) wird Pyrit durch Kaliumchlorat und Wasser auch bei Zimmertemperatur zersetzt. Eine Mischung von 2 g $KClO_3$, 2,036 g Pyrit und 30 g Wasser wurde 21 Stunden lang bei 15—16° unter wiederholtem Umrühren stehen gelassen. In der filtrierten Flüssigkeit fand G. Spezia 0,075 g S und 0,082 g Fe; ferner stellte er saure Reaktion fest.

Nach E. Dittler[5]) erfolgt Hydrolyse in Metallion und Hydroxylion, wobei sich zunächst komplexe Ionen abspalten, die dann stufenweise weiter dissoziieren. Die Löslichkeit in Wasser ist also gering. Beim Zutritt von Sauerstoff steigt die Zersetzbarkeit ganz bedeutend.

Nach E. Zalinski[6]) ist Pyrit in Fluorwasserstoffsäure vollkommen unlöslich.

Über die Löslichkeitsversuche von J. W. Evans siehe S. 559.

Pyrit wird langsam durch freien Sauerstoff oxydiert, wobei je nach den Bedingungen Schwefeldioxyd und Ferrosulfat oder Schwefelsäure neben Ferro- oder Ferrisulfat sind, bisweilen auch Schwefelsäure und Ferrihydroxyd. Obwohl die Umstände, unter denen die verschiedenen Produkte entstehen, nicht genau untersucht sind, machen E. T. Allen, J. L. Crenshaw und J. Johnston[7]) einige bestimmte Angaben hierüber. So sind in einem geschlossenen, mit Luft gefüllten Gefäß, d. h. bei Überschuß von Sulfid, die Produkte Schwefeldioxyd und Ferrosulfat. Das SO_2 geht ziemlich leicht in H_2SO_4 über.

Wird über Pyrit nach H. Conder[8]) bei schwacher Rotglut H_2 geleitet, so bildet sich H_2S und FeS bleibt zurück.

E. Arbeiter[9]) stellte aus dem zu Analyse 39 verwandten Material einen wäßrigen Auszug her, der das Vorhandensein von Ferrosulfat, was schon mit bloßem Auge in Gestalt eines feinen Überzuges auf dem Pyritkristall zu erkennen war, sowie das Vorhandensein von geringen Mengen freier Schwefelsäure ergab. Zu den in Analyse 39 gefundenen 99,50 % sind demnach noch die 7 Molekeln Kristallwasser, das das $FeSO_4$ enthält, hinzuzurechnen. Somit bestand der Pyrit aus:

---

[1]) C. Doelter, Tsch. min. Mit., N.F. **11**, 322 (1890); N. JB. Min. etc. 1894, II, 275.
[2]) O. Weigel, Sitzber. Ges. z. Förd. Naturw. Marburg 1921, Nr. 2, S. 35.
[3]) A. N. Winchell, Econ. Geol. **2**, 290 (1907). Ref. Z. Kryst. **46**, 388 (1909).
[4]) G. Spezia, Atti R. Ac. Sci. di Torino **43**, 354 (1908).
[5]) E. Dittler, ZB. Min. etc. 1923, 706.
[6]) E. Zalinski, ebenda 1902, 647.
[7]) E. T. Allen, J. L. Crenshaw u. J. Johnston, Z. anorg. Chem. **76**, 202 (1912).
[8]) H. Conder, Eng. Min. Journ. Press. **116**, 943 (1923).
[9]) E. Arbeiter, Diss. Breslau 1913, 11.

Fe	46,88
S	52,41
$SO_4Fe + 7H_2O$	0,59
SO_4H_2	0,07
	99,95

Nach W. G. Brown[1]) gibt Pyrit 6 Stunden lang mit 10%iger Kupfersulfatlösung 2 Moleküle $Fe_3(SO_4)_3$ und 1 Molekül $FeSO_4$.

Verdünnte Lösungen von Eisenoxydsalzen greifen nach H. N. Stokes[2]) bei Siedetemperatur den Pyrit rasch an, bei gewöhnlicher Temperatur langsam. Eine Eisenchloridlösung, die 1,14 g Fe‴ auf einen Liter und etwas HCl enthält, oxydiert 65% des Schwefels in dem Pyrit zu Schwefelsäure, wenn sie bis zur vollständigen Reduktion im CO_2-Strom mit einem Überschuß von Pyritpulver gekocht wird. Die Stokessche Methode zur Bestimmung von Pyrit und Markasit in ihren Mischungen (siehe S. 545) beruht auf der Tatsache, daß Pyrit durch kochende Eisenalaunlösung viel stärker oxydiert wird als Markasit. E. T. Allen und Mitarbeiter haben diese Methode genau untersucht. Wird ein Überschuß der Sulfide angewandt, so sind die Bestimmungen bei derselben Pyrit- und Markasitprobe auf 1—2% genau reproduzierbar, bei verschiedenen Proben ist die Unsicherheit größer, wahrscheinlich infolge von Verunreinigungen.

Es ist daher nach E. T. Allen und J. L. Crenshaw[3]) nicht immer möglich zwischen einem natürlichen Pyrit und einem solchen mit mehreren Prozent Markasit allein nach der Methode von H. N. Stokes zu entscheiden oder die Prozentgehalte eines jeden in einem natürlichen Gemisch zu bestimmen.

Die mit der Stokes-Methode erhaltenen Ergebnisse zeigen deutlich, daß ein jedes Mineral sich in dem Gemisch verhält, als wenn es allein vorhanden wäre. Ein jedes scheint eine Menge der Lösung zu reduzieren, die seiner Oberfläche proportional ist und mit praktisch derselben Geschwindigkeit. Die beiden Mineralien werden mit ganz verschiedener Geschwindigkeit zersetzt, weil mehr Markasit als Pyrit erforderlich ist, um eine gegebene Menge von Ferrieisen zu reduzieren. Das Verhältnis dieser Geschwindigkeit ist nicht weit von 1 : 2,5 entfernt.

Beim Pyrit wird durch den Schwefel eine stärkere Reduktion bewirkt, mit anderen Worten, beim Pyrit wird mehr Schwefel oxydiert. E. T. Allen und J. L. Crenshaw haben gezeigt, daß die Kurve der von H. N. Stockes betrachteten Beziehungen vom Prozentgehalt des oxydierten Schwefels zum Prozentgehalt an Pyrit im Sulfidgemisch eine Hyperbel ist.

E. Arbeiter ließ Wasserstoffsuperoxyd unter Zusatz von Salzsäure auf Pyritpulver einwirken und zwar von 10%igem H_2O_2 und wenig konzentriertem HCl von der Dichte 1,126 an bis zu ½%igem H_2O_2 und verschiedenen konzentrierten HCl. Die 21 angestellten Versuche ergaben Atomverhältnisse des gelösten Eisens zum gelösten Schwefel von 1 : 2 bis 1 : 1,57. Der unterste Grenzwert wäre 1,5. Dieser Versuch wurde von E. Arbeiter maßgebend zur Annahme der Formel S_4Fe_2 (siehe S. 532). Weiter stellte er fest, daß Pyrit leichter zersetzlich sei als Markasit. Dieses Resultat steht mit den Versuchen

[1]) W. G. Brown, Proc. Am. Phil. Soc. **33**, 225 (1894); Ch. N. **71**, 179 (1895).
[2]) H. N. Stokes, Bull. geol. Surv. U.S., Nr. 186, 1901.
[3]) E. T. Allen u. J. L. Crenshaw, Z. anorg. Chem. **90**, 81 (1914).

von H. N. Stokes im Einklang, widerspricht aber den Beobachtungen in den Sammlungen. E. Arbeiter erklärt sich die Erscheinung wahrscheinlich durch die poröse, zerklüftete Beschaffenheit des Markasits. Im Pulver sind beide unter dieselben Bedingungen gesetzt; dabei zeigt sich die leichtere Zersetzbarkeit des Pyrits.

Durch Schmelzen mit Wismutchlorid hat G. W. Plummer[1]) sowohl den Pyrit, wie den Markasit zersetzt.

Nach J. A. Smythe[2]) gibt Pyrit mit geschmolzenem KOH bei 150° eine intensiv blutrote Färbung, welche auf Zusatz von wenig Wasser in Hellgrün umschlägt.

W. H. Emmons[3]) hat den Durchschnittsgehalt von 42 Grubenwässern an SO_4, die nur durch Oxydation von Pyrit entstanden sein soll, als Grundlage für die Berechnung der Temperatur der Zementationszone angenommen, da ja bei Oxydationsprozessen Wärme frei wird. Aus 4714 Teilen Pyrit sind in 1000000 Teilen Wasser 7552 Teile SO_4 entstanden. Unter Zugrundelegung einer Verbrennungswärme von 2700 cal. für 1 g Pyrit würde in einer Lösung von dem genannten SO_4-Gehalt die Temperatur um 12,7° C gestiegen sein.

Ätzversuche am Pyrit.

G. Rose[4]) erhielt mit Königswasser besonders auf den Pyritoederflächen Ätzfiguren in Gestalt fünfseitiger tiefer Einsenkungen, auch auf den Würfel- und Oktaederflächen. F. Becke[5]) hat Kristalle von 11 Fundorten geätzt. Als Ätzmittel diente verdünnte Salpetersäure, durch deren Einwirkung sich Schwefel in feinen Tröpfchen absetzt. Rote rauchende Salpetersäure bringt bei 20 bis 30 Sekunden Einwirkungszeit auf (100) und (210) scharfe Figuren hervor. Die besten Erfolge erzielte er mit Königswasser; doch darf die Ätzdauer, wenn die Figuren scharf bleiben sollen, 1—2 Minuten nicht übersteigen. Ein vorzügliches Ätzmittel ist Ätzkali in Wasser gelöst und im Silbertiegel bis zur beginnenden Bildung einer Kristallhaut eingedampft. Die Ätzdauer beträgt 5—45 Minuten; bei einer viertelstündigen Einwirkung erhält man ausgezeichnete Präparate. In ähnlicher Weise verwandte F. Becke Ätznatron. Es bedarf einer etwas längeren Einwirkung; die Figuren werden noch schärfer als beim Ätzkali.

Charakteristisch ist, daß alle angewandten Säuren nach kurzer Einwirkung auf der Würfelfläche eine Streifung entstehen lassen, die sich auch nach längerer Ätzdauer zwischen den tieferen Ätzgrübchen deutlich erhält. Die Streifung ist parallel der Kombinationskante von (102) und wird hervorgebracht durch enger oder weiter stehende, rinnenförmige Ätzgrübchen, deren Form von einem langen schmalen Rechteck zu kahnförmigen Gestalten wechselt.

Auf der Pyritoederfläche treten mannigfache Gestalten der Ätzfiguren auf. Stets treten Ätzflächen aus der Zone [102.102] auf. Sie sind bei allen Säuren und bei jeder Ätzdauer zu bemerken. Sie liegen genau in der angegebenen Zone. Außerdem treten noch Flächen auf, welche sich nie sehr weit von (102) entfernen und annähernd in den einfachsten durch (102) gelegten Zonen

---

[1]) G. W. Plummer, Am. Journ. Chem. Soc. **33**, 1487 (1911).
[2]) J. A. Smythe, Chem. ZB. 1922, III, 1369.
[3]) W. H. Emmons, Econ. Geol. **10**, 151 (1915).
[4]) G. Rose, Monatsber. Berl. Akad. 1870, 327.
[5]) F. Becke, Tsch. min. Mit. N.F. **8**, 239 (1887).

liegen. Sie sind für gewisse Arten der Ätzung charakteristisch. Die Oktaederfläche zeigt bei Ätzung mit Säuren die undeutlichsten Erscheinungen. Es entstehen tiefere, im Umriß dreiseitige Grübchen und zahlreiche sehr kleine Ätzhügel, letztere nur bei Anwendung von Königswasser. Auf einer angeschliffenen Dodekaederfläche entstehen mit Säuren Ätzhügel, die häufig zu parallelen Kämmen vereinigt sind. Die steilen Seiten der Kämme erscheinen rauh und sind mit feinen Spitzen besetzt. Auch auf dem negativen Pentagondodekaeder, das ebenfalls angeschliffen war, zeigen sich deutliche Ätzhügel, die aber auf (201) ihre Steilseite nach aufwärts, ihre flachere Seite nach abwärts kehren.

Bei der Ätzung mit geschmolzenem Ätzkali oder Ätznatron stellte F. Becke eine vollständige Umkehrung der Verhältnisse fest. Während bei Ätzung mit Säuren Würfel- und Pyritoederflächen ihren Glanz behalten, die Oktaederflächen dagegen matt werden, sind die letzteren nach der Ätzung mit Alkalien entschieden glänzender; auf diesen treten die schärfsten Ätzgrübchen auf. Sie haben die Gestalt eines gleichseitigen Dreiecks; die Lichtfigur hat einen Zentralreflex. Auf der Pyritoederfläche von Elbaner Kristallen, die deutliche Streifung senkrecht zur Grundkante aufwiesen, entstanden gleichzeitig Ätzgrübchen und Ätzhügel. Bei Anwendung von Ätzkali herrschen die ersteren vor. Nach 5 Minuten Einwirkung ist die Streifung senkrecht zur Grundkante viel stärker geworden. Man erkennt langgestreckte Ätzgrübchen, durch deren dichte Aneinanderreihung der Eindruck der Streifung entsteht. Die Gestalt der Ätzgrübchen ist ein gleichschenkliges Dreieck mit aufwärts gerichteter Spitze; die Basis des Dreiecks wird von einer falschen Ätzfläche gebildet. Die Ätzhügel werden von Flächen gebildet, welche der Oktaederfläche und Flächen der Triakisoktaederzone naheliegen. Die Würfelfläche erscheint bei alkalischer Ätzung matt und bedeckt sich mit kleinen dicht gedrängten Ätzhügeln, die von Flächen gebildet werden, die der Oktaederfläche nahestehen. Die Dodekaederfläche wird nach einstündiger Ätzung in Ätzkali matt und dicht bedeckt mit scharfen Ätzhügeln.

Es gibt nun eine Anzahl anormaler Pyrite, die bisweilen Erscheinungen zeigen, die mit der Theorie der Ätzfiguren, wie sie bisher zur Systembestimmung verwendet wurde, nicht in Einklang stehen. Namentlich die Würfelfläche ist durch derartige Abnormitäten ausgezeichnet. Die Theorie verlangt für diese eine disymmetrische Ätzfigur. Während die Lichtfigur diesen Charakter deutlich erkennen läßt, findet man, daß neben den regelmäßigen disymmetrischen Ätzfiguren auch monosymmetrische erscheinen. Letztere wiederholen sich dann in zwei entgegengesetzten Stellungen, deren Reflexe sich dann wieder zu einem disymmetrischen Lichtbild ergänzen. F. Becke erklärt diese vorkommenden Abweichungen durch die Tektonik des Kristalls, worunter jene erst durch die Art des Wachstums bedingten Verschiedenheiten zu verstehen sind. Die tektonischen Momente sind Störungen der Struktur.

V. Pöschl[1]) erhielt durch abwechselndes Eintauchen nach je 10 Sekunden in auf 100° erwärmte Salpetersäure und in Salzsäure Fünfecke, deren Kanten unter 25° von der Würfelkante abwichen. Dies Nichtübereinstimmen mit den Beobachtungen von F. Becke erklärt V. Pöschl dadurch, daß die Lage der Ätzfiguren von der Konzentration des Lösungsmittels abhängt. Eiförmige, natürliche Vertiefungen auf {201} des Pyrits von Hüttenberg deuten wie diese Feststellung auf Tetartoedrie hin. Auf den Oktaedern erhielt V. Pöschl durch

[1]) V. Pöschl, Z. Kryst. **48**, 603 (1911).

Ätzung in den abwechselnden Oktanten zwar keinen Unterschied in der Form der Ätzfiguren, dagegen einen auffallenden Unterschied in der Menge der Grübchen: die Flächen höherer Homogenität haben deutlich weniger Ätzgrübchen als matte Flächen. Letztere weisen also eine größere Lösungsgeschwindigkeit auf als erstere.

Auf natürlichen Kristallen wurden häufig Flächenzeichnungen und Ätzfiguren wahrgenommen. So beschreibt A. Johnsen[1]) kleinere Ätzhügel, welche von je drei Flächen von {210} gebildet werden vom Eisenkies von Traversella. F. Becke[2]) beobachtete natürliche Ätzfiguren auf einem Würfel von Elba; E. H. Kraus und J. D. Scott[3]) bemerkten auf {210} von Franklin Furnace 0,5 mm große Vertiefungen mit dyakisdodekaedrischer Symmetrie. Über Ätzung mit saurer Permanganatlösung und Elektrolyse, siehe Näheres S. 553, bei Untersuchung unter dem Metallmikroskop.

Thermische Dissoziation.

Daß man beim Erhitzen des Pyrits unter Luftabschluß eine tombakfarbene magnetische Masse von Eisenmonosulfid erhält, welche in ihrem äußerlichen Verhalten dem natürlichen Magnetkies in den hauptsächlichsten Charakteren gleicht, wurde zuerst von J. Berzelius erwiesen. C. F. Rammelsberg[4]) beschreibt dementsprechend, daß man im geschlossenen Tiegel bei Rotglut durch mehrstündiges Erhitzen, ebenso im Kohlenoxydstrom Magnetkies erhalte. Nach F. Fouqué und Michel-Lévy[5]) ist das bei derartigen Synthesen erhaltene Produkt nicht deutlich kristallisiert, sondern nur pulvrig ausgebildet. O. Mügge[6]) hat die Thermometamorphose des Pyrits in den kontaktmetamorphen Schiefern des Hennberggranits bei Weitisberga dadurch nachgeahmt, daß er Pyritkriställchen in feingepulverten Tonschiefer einbettete, dem etwas Kohle- und Schwefelpulver beigemengt war, um die Oxydation zu vermeiden und dann erhitzte. Er erhielt tombakbraune oder schwarzbraune Massen, die stark magnetisch waren. Solange der Schwefel entweichen kann, gelingt es, den Pyrit in Magnetkies überzuführen.

E. Arbeiter[7]) hat bei der Vakuumdestillation gefunden, daß bei Pyrit zuerst viel weniger Schwefel abdestilliert als bei Markasit, daß sich aber diese Unterschiede später ausgleichen und daß am Ende bei beiden Mineralien gleichviel Schwefel übergegangen ist.

Die Dissoziation macht sich bei 675° nach mehreren Stunden bemerkbar, wenn das Erhitzen im Schwefelwasserstoff erfolgt. Bei 565° zeigt sich eine erhebliche Wärmeabsorption, wenn man die Erhitzung mit mäßiger Geschwindigkeit (2° in der Minute) fortsetzt. Unter diesen Erhitzungsverhältnissen wird demnach die Dissoziation plötzlich beschleunigt. Es ist wahrscheinlich, daß der Druck des entweichenden Schwefels 1 Atm. erreicht. Nach E. T. Allen[8]) und Mitarbeitern sollten die festen Phasen Pyrit und Pyrrhotin, d. h. die gesättigte Lösung von Schwefel in Ferrosulfid bei be-

[1]) A. Johnsen, ZB. Min. etc. 1902, 566.
[2]) F. Becke, Tsch. min. Mit. N.F. **9**, 6 (1888).
[3]) E. H. Kraus u. J. D. Scott, Z. Kryst. **44**, 151 (1908).
[4]) C. F. Rammelsberg, Pogg. Ann. **121**, 350, 371 (1840).
[5]) F. Fouqué u. Michel-Lévy, Synth. min. et roches 1882, 316.
[6]) O. Mügge, ZB. Min. etc. 1901, 368.
[7]) E. Arbeiter, Diss. Breslau 1913, 14.
[8]) E. T. Allen, J. L. Crenshaw u. J. Johnston, Z. anorg. Chem. **76**, 238 (1912).

stimmter Temperatur einen bestimmten Druck zeigen. Tatsächlich ist der Punkt nicht scharf; die Temperatur steigt allmählich in einem Intervall von etwa 20°. Dies ist wahrscheinlich bedingt durch die Bildung einer Schicht von Pyrrhotin auf Pyrit, wodurch die Dissoziation verzögert wird, so daß das System eine allmähliche Temperaturverzögerung erfahren muß, damit der Druck erhalten bleibt. Diese Annahme wird dadurch gestützt, daß hartnäckig unzersetzter Pyrit sich in dem Produkt hält. Fig. 50 stellt eine thermische Kurve für Pyrit in dieser Gegend dar. Sie hat dieselbe Form wie die Schmelzpunktskurve und das Ende der Wärmeabsorption ist schärfer ausgeprägt als der Beginn.

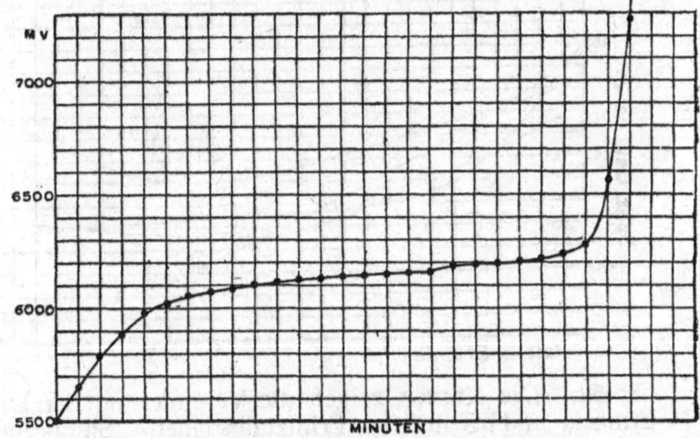

Fig. 50. Dissoziationskurve von Pyrit in Pyrrhotin und Schwefel.

E. T. Allen u. a. haben die Beziehung zwischen Pyrit und Pyrrhotin untersucht. Das Diagramm, Fig. 51, zeigt in Kurve 1 die Partialdrucke von Schwefeldampf in H_2S von 1 Atm. in ihrer Abhängigkeit von der Temperatur. Die Zahlen entstammen der Arbeit G. Preuner und Schupp[1]) und sind über 1130°, sowie unter 750° extrapoliert. Kurve 2 stellt den Dissoziationsdruck von Pyrit bei verschiedenen Temperaturen dar. Bei 550° geht Pyrrhotin beim Erhitzen in H_2S in Pyrit über. Die Farbe wird gelber, die Dichte nimmt zu mit dem Erhitzen, wie die Kurve der Fig. 52 zeigt. Pyrit gab innerhalb weniger Stunden eine merkliche Menge von Pyrrhotin, wie man durch Prüfung mit warmer HCl nachweisen konnte. Bei 565° bildete der Pyrit in mehreren Stunden nur eine zweifelhafte Spur von Pyrrhotin, wenn überhaupt etwas von diesem Mineral entstand. Zwischen 550° und 575° kreuzen sich demnach die

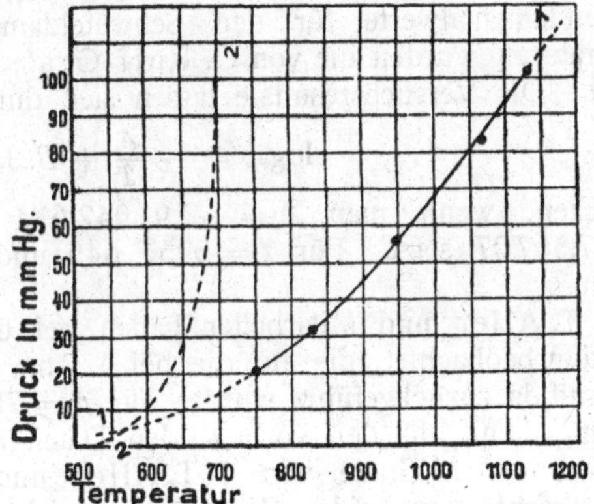

Fig. 51. Kurve 1—1 Teildruck des Schwefels in H_2S bei verzchiedenen Temperaturen. Kurve 2—2 zeigt angenähert den Dissoziationsdruck von Pyrit.

[1]) G. Preuner u. Schupp, Z. f. phys. Chem. **68**, 161 (1909).

Kurven 1—1 und 2—2 (Fig. 51); bei 565° bei einem Druck von 5 mm des Schwefels sollte Pyrit im Gleichgewicht sein mit einem Pyrrhotin, der 6,5% Schwefel enthält (vgl. bei Pyrrhotin, S. 519f.).

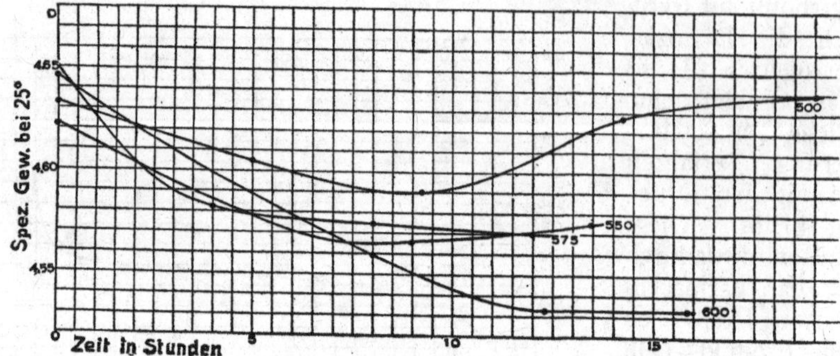

Fig. 52. Die Kurven zeigen die Veränderung der Dichte von Pyrrhotin beim Erhitzen in H_2S mit der Erhitzungsdauer. Sie beziehen sich auf 500°, 550°, 575° und 600° (vgl. S. 520).

Die Umwandlung von Pyrit in Pyrrhotin ist eine umkehrbare Reaktion:

$$\mathrm{n\,FeS_2} \rightleftarrows \mathrm{n\,FeS(S)_x} + \mathrm{(n-x)S}\,.$$

Die Bestimmung des Dissoziationsdruckes von Pyrit hat K. Schubert[1]) nach dem V. Meyerschen Prinzip versucht. E. T. Allen und R. H. Lombard[2]) befolgten die Methode, den Dissoziationsdampfdruck gegen den bekannten Dampfdruck flüssigen Schwefels bei bekannten Temperaturen zu kompensieren. Als Fundamentalwerte für den Schwefeldampfdruck bei den verwendeten Temperaturen wurden die von O. Ruff-Graf, Matthies und M. Bodenstein benutzt. Die Versuchsresultate lassen sich durch die Gleichung:

$$\log p = -\frac{A}{T} + B \,.\log T + C$$

ausdrücken, wenn man $A = +\,191942{,}61$; $B = -\,434{,}195075$ und $C = +\,1497{,}56707$ setzt. Für $t = 595$, 645 und 672° ist $p = 3{,}5$, 106,5 und 343 mm.

E. T. Allen und Mitarbeiter haben bei 665—685° eine starke Wärmeabsorption beobachtet, die auf die bei 1 Atm. Druck verlaufende Dissoziation des Bisulfids zurückgeführt wurde; für $p = 760$ mm ergibt sich in Übereinstimmung damit aus den vorliegenden Daten $t = 689°$ C.

Nach der Methode von E. T. Allen und R. H. Lombard können die Gleichgewichte von beiden Seiten her erreicht und so der Verlauf der Dissoziationskurve recht genau festgelegt werden.

Die bei der Zersetzung von FeS_2 in FeS und gasförmigen Schwefel verbrauchte Wärme läßt sich nach H. Kamura[3]) auf direktem Wege nicht bestimmen. Er hat den Zersetzungsdruck, bei dem S bei verschiedenen Temperaturen von FeS_2 abgegeben wird, gemessen und daraus auf thermodynamischem Wege die absorbierte Wärme berechnet. Die bei der Vereinigung von 1 Mol. FeS und 1 Atom S entwickelte Wärme ist 18,611 Calorien.

[1]) K. Schubert, Diss. Berlin 1909.

[2]) E. T. Allen u. R. H. Lombard, Am. Journ. (4) **43**, 175 (1917). Ref. N. JB. Min. etc. 1922, II, 241.

[3]) H. Kamura, Chem. Met. Eng. **24**, 437 (1921); Chem. ZB. 1922, I, 443.

Experimentelle Studien über die Bildung des Magnetkieses aus Pyrit bei höheren Temperaturen wurden von W. Eitel[1]) angestellt. Näheres hierüber siehe bei Magnetkies auf S. 521.

Röstung und Funkenbildung. Beim Rösten des Pyrits, d. h. bei Erhitzung auf über 100° in Luft, entweicht Schwefel, der oxydiert wird und Geruch nach schwefliger Säure verbreitet. Die bei der H_2SO_4-Fabrikation abfallenden gerösteten Pyrite, deren Gehalt an Fe_3O_4 etwa 60 % beträgt, werden in einem elektrischen Ofen geschmolzen, wodurch 75—80 % des in ihnen noch enthaltenen Schwefels beseitigt werden und ihr pulverförmiger Zustand aufgehoben wird. In dieser Form wird das Röstprodukt wie andere Fe-Mineralien weiter behandelt. Beim Anschlagen des Pyrits mit Flint oder mit seinesgleichen entstehen Funken. Die Reibungswärme leitet nach A. Johnsen[2]) die Verbrennung der abspringenden Pyritpartikelchen ein und die Oxydation erzeugt Gelbglut. Die Verbrennungswärme ist 10^4 bis 10^5 g-cal pro Gramm-Molekül. Bei der Funkenbildung entsteht Geruch nach SO_2. Die Verwendung von Schwefelkies zur Feuerbereitung ist auch für die ältere Steinzeit wahrscheinlich gemacht.

Über Zersetzung des Pyrits beim Erhitzen siehe auch G. Marchall, Bull. soc. chim. de France **35,** 43; Chem. ZB. 1924, 908.

L. H. Borgström[3]) schloß aus Versuchen, bei denen die Dissoziationstemperatur durch einen Druck von 40—60 Atm. auf 800° erhöht wurde, daß Pyrit aus Magmen in größerer Tiefe als 400—600 m kristallisieren kann.

Bestimmung von Pyrit und Markasit in Gemischen.

H. N. Stokes[4]) hat eine volumetrische Methode zur Bestimmung der Menge des Pyrits und Markasits in einem Gemisch beider Mineralien ausgearbeitet. Das Pulver wird mit einer gemessenen Menge der Vergleichsflüssigkeit (Eisenoxydlösung) gekocht bis zur vollständigen Reduktion der letzteren und das Eisen durch eine Permanganatlösung bestimmt. Die gesamte Eisenmenge wird dann durch H_2S reduziert und nach der Reduktion durch das Oxydationsmittel bestimmt. Aus dem Verhältnis zwischen dem vom Pulver reduzierten Eisen, dem Eisen in der Originallösung und dem Gesamteisengehalt, wird das Verhältnis des reduzierten Schwefels mittels einer Formel berechnet. Hieraus läßt sich dann die relative Menge der beiden Sulfide in dem Pulver bestimmen. An folgenden Stücken sind die Mischungsverhältnisse bestimmt worden:

Seitherige Bezeichnung	% Pyrit	% Markasit
Verkiester Ammonit, Folkestone, England . .	63	37
Faseriger Markasit, Red Cloud Mine, Colorado	100	—
Pyrit mit Markasit, Quartzburg-Distr., Oregon	78	22
Markasit, Chautauqua-Tunnel, Idaho	30,5	69,5
Markasitknolle, Süd-Dakota	100	—
Markasit, Littmitz, Böhmen	29,5	70,5

[1]) W. Eitel, Abh. Senkenb. Naturf. Gesellschaft **37**, 161 (1920).
[2]) A. Johnsen, ZB. Min. etc. 1919, 230, 299.
[3]) L. H. Borgström, Ofvers. Finska. Ventens. Förh. **59** (1916). Ref. N. JB. Min. etc. 1923, I, 7.
[4]) H. N. Stokes, Bull. geol. Surv. U.S. 1901, Nr. 186. Ref. N. JB. Min. etc. 1903, I, 12.

Seitherige Bezeichnung	% Pyrit	% Markasit
Markasit, Crow Branch Mine, Wisconsin . .	26	74
Faseriger Markasit, Sunshine, Colorado . . .	94	6
Markasit nach Pyrit, Folkestone	97	3
Pyrit (Erz), Rio Tinto. Spanien	100	—
Pyritoktaeder, Fundort unbekannt	100	—

Die Werte von H. N. Stokes für x (berechnet aus p nach der Gleichung) $p = \frac{8{,}33\,x}{x-a} - 25$), das Gesamteisen der Lösung und $(x-a)$, dem aus Pyrit-Markasitgemischen durch Ferrisulfatlösung gelösten Eisen sind:

% Pyrit	p = Proz. des oxydierten Schwefels (experimentell bestimmt)	x	$(a-x)$ gelöstes Eisen; $a = 36{,}71$
100	60,5	40,68	3,97
95	52,9	41,11	4,40
90	48,9	41,38	4,67
80	40,3	42,08	5,37
60	29,0	43,41	6,70
40	22,3	44,58	7,87
20	17,1	45,78	9,07
10	15,2	46,33	9,62
5	16,0	49,09	9,38
0	18,0	45,54	9,83

E. T. Allen und J. L. Crenshaw benutzten auch die Stokes-Methode zur Bestimmung des Pyritgehalts in synthetischen Pyrit-Markasitgemischen und machten auf zwei Fehlerquellen aufmerksam. Näheres darüber siehe unter Markasit S. 581.

Sie bestimmten Stokes Konstante für verschiedene Pyrite und Markasite:

Mineral	Fundort	$(a-x)$	Verunreinigungen
Pyrit	Leadville, Col	3,95	0,1 % Kupfer
"	Elba Nr. 1	4,17 4,20	Keine, außer 0,04 % Quarz
"	Elba Nr. 2	4,35	0,04 % Nickel und Kobalt, bes. letzteres Verdacht auf Ferrioxyd
"	Nach Erhitzen mit H_2SO_4 auf 200°	4,18	
	Roxbury, Con.	4,46	1 % Arsen
"	Synthetisch hergestellt durch Erhitzen von synth. Markasit	4,14 4,11	
Markasit	Joplin. Mo.	10,57 10,58 10,52	Nur Quarz
	Galena, Ill.	10,57	
	Synthetisch bei 25°	10,20 10,34	Enthält vielleicht Pyrit
	" " 200°	10,27 10,42	
	" " 300°	10,20 10,34	

Die beiden Bestimmungen an Pyrit von Elba Nr. 1 und die zwei ersten gegenüber der dritten an Joplin-Markasit wurden in einem einjährigen Zwischenraum ausgeführt. Die Abweichungen bei demselben Mineral von verschiedenen Fundorten sind wohl auf Verunreinigungen zurückzuführen.

Physikalische Eigenschaften des Pyrits.

Dichte. Nach A. Kenngott[1]) ist die Dichte nach Bestimmungen an 10 ausgewählten Kristallen 5,000—5,028. V. Zepharovich[2]) hat an 52 Kristallen 5,0—5,2 gefunden. Neuere Bestimmungen bestätigen im allgemeinen diese Resultate.

V. Pöschl[3]) bestimmte die Dichte mehrerer Kristalle ein und desselben Fundortes und nahm folgende Mittelwerte an:

Fundort	Kristallform	Dichte
Pyrit von Elba	{632}	5,169
„ „ „	{201}	5,132
„ „ Traversella (Piemont)	{111}	5,1355
„ „ Kalsche, Bacher	{100}	5,1313
„ „ Kohlberg, S.-Rand des Bachergebirges	{100}	5,131
„ „ Hüttenberg, Kärnten	{201}	5,093
„ „ Seegraben bei Leoben	{201}	5,083
„ „ Trofaiach	{100}, {111}	5,101
„ „ Tavistock, Devonshire	{100}	5,031
„ „ Schneidergraben, Gailtal	{100}, {111}	4,969
„ „ Schemnitz, Ungarn	{201}	4,974
„ „ Kaiser bei St. Kathrein im Tragößtale	{100}, {111}	4,903

H. N. Stokes[4]) bestimmte mit dem Pyknometer bei 18—23° folgende Dichten:

Fundort	Dichte
Old Jordan Mine	5,041
Roxbury, Connecticut	5,023
Cumberland (nur 83,5 % Pyrit)	4,987
Franklin, N. Jersey (99,5 % Pyrit)	4,856
Sommerville, Mass. (99,5 % Pyrit)	4,843
Monroe, Connecticut	4,819
Red Cloud Mine, Colorado	4,563

Nach H. N. Stokes[5]) sind die Dichten in keiner Weise ein Kriterium zur Unterscheidung von Pyrit und Markasit. Er gibt für Pyrit 4,95—5,10 an als die gewöhnliche Annahme.

Pyrit von Nagolny Krjasch (Donetzbecken) hat nach J. Samojloff[6]) die Dichte 4,990, der von French Creek Mines nach Ch. Schiffer[7]) 5,016. E. T. Allen, J. L. Crenshaw und J. Johnston[8]) geben als Dichte des reinen

[1]) A. Kenngott, Sitzber. Wiener Ak. **11**, 392 (1853).
[2]) V. Zepharovich, ebenda **12**, 286 (1854).
[3]) V. Pöschl, Z. Kryst. **48**, 576 (1911).
[4]) H. N. Stokes, Bull. geol. Surv. U.S. Washington 1901, Nr. 186. Ref. N. JB. Min. etc. 1903, I, 10.
[5]) H. N. Stokes, l. c.
[6]) J. Samojloff, Mat. min. Rußland **23**, 1 (1906). Ref. Z. Kryst. **46**, 289 (1909).
[7]) Ch. Schiffer, Diss. München 1900, 5.
[8]) E. T. Allen, J. L. Crenshaw u. J. Johnston, Z. anorg. Chem. **76**, 222 (1912).

Pyrits 5,02 an; an dem von Elba bestimmten sie 5,027. Sie stellten fest, daß sich Markasit, wenn er bei 450° trocken in H_2S erhitzt wird, langsam in Pyrit umwandelt und daß die Dichte steigt. Sie stieg bei dem auf 610° erhitzten Markasit von 4,887 auf 4,911. Die Änderung der Farbe und noch überzeugender die Oxydationszahl zeigen, daß die Substanz nach dem Erhitzen reiner Pyrit ist. Die Dichte ist aber zu gering und E. T. Allen und Mitarbeiter suchen hierfür eine Erklärung wahrscheinlich in der Porosität des Produktes. Es dürfte aber auch unvollkommene Umwandlung in Pyrit die Ursache der niedrigeren Dichte sein. Die in der Natur unter 5 gefundenen Dichten rühren mehr oder weniger von Markasitkernen oder Schalen im Pyrit her.

Infolge der genannten Umstände und des der Pyritdichte doch ziemlich naheliegenden spezifischen Gewichts von Markasit ist wirklich die Dichte zur Unterscheidung der beiden Eisendisulfide nicht zu gebrauchen. Sie gestattet nur, zu sagen, ob der Pyrit mehr oder weniger Markasit enthält.

J. J. Saslawsky[1]) bestimmte die Kontraktionskonstante $C = 0{,}63$—$0{,}58$ für die Dichte 4,83—5,2 durch Vergleich des Molekularvolumens mit der Summe der Atomvolumina der im Pyrit enthaltenen einfachen Körper.

Härte, Kohäsion und Elastizität. Die Härte ist nach der Mohsschen Skala 6–6½, nach A. Julien[2]) 6,51. F. Pfaff[3]) gibt auf (100) 58 an, wenn man die Härte der Fläche proportional der Zahl der Umdrehungen nimmt, welche nötig ist, um ein Loch von bestimmter Tiefe auszubohren, die Härte des Specksteins = 1 gesetzt.

V. Pöschl[4]) wählte zur Härtebestimmung die von ihm ausgearbeitete Methode. Es wurden Ritzversuche mit dem aus einer Kombination von Sklerometer und Mikroskop bestehenden Instrument vorgenommen. Die Ergebnisse sind:

1. Pyrit und Markasit haben verschiedene Härte. Setzt man die Härte des Topases = 1000 und legt eine Belastung von 50 und 20 g zugrunde, so beträgt dieselbe:

	Belastung 50 g	20 g
für Pyrit	199,1	182,2
für Markasit . . .	134,1	140,2

2. Die Härte auf einer und derselben Fläche variiert bei Pyrit und Markasit nicht mit der Streifungsrichtung.

3. Ein Unterschied der Härte auf verschiedenen Flächen eines und desselben Kristalls ist nicht vorhanden, wenn die Oberflächenbeschaffenheit gleich ist.

4. Härtedifferenzen treten nur dann auf, wenn die mikroskopische Betrachtung der Fläche oder die Dichte auf eine Änderung des Gefüges der Fläche oder des Kristalls schließen läßt.

5. Mit großer Wahrscheinlichkeit wurde festgestellt, daß Pyrit tetraedrisch-pentagondodekaedrisch kristallisiert wegen des ungleichen Verhaltens der Oktaederfläche bezüglich des Glanzes, der Löslichkeit und Struktur (Streifung), dann wegen der feineren Streifung auf den Würfel- und Pentagondodekaederflächen und der Lage der künstlichen Ätzfiguren und natürlichen Ätz(?)-Eindrücke. Die Tetartoedrie ist aber noch nicht bestätigt worden. Der Feinbau weist nicht darauf hin.

---

[1]) J. J. Saslawsky, Z. Kryst. **59**, 205 (1924).
[2]) A. Julien, Z. Kryst. **17**, 419 (1890).
[3]) F. Pfaff, Sitzber. Bayr. Ak. 1884, 255.
[4]) V. Pöschl, Z. Kryst. **48**, 576 (1911).

Interessant ist die Feststellung, daß Pyritkristalle höherer Dichte einen geringeren Grad von Ritzbarkeit erkennen lassen. So ist die Härte des spezifisch leichteren Markasits auch geringer als die des Pyrits.

Pyrit ist das härteste aller sulfidischen Mineralien und wird von den Erzen überhaupt nur von Zinnerz an Härte übertroffen.

Eine Spaltbarkeit nach dem Würfel ist undeutlich.

Die Minimal- und Maximalwerte der Kohäsion, die lediglich nach rationalen Richtungen geordnet sind, hat C. Viola[1]) bestimmt.

Von G. Smolar[2]) wurde an einem Pyritkristall eine Gleitfläche $(12\bar{1})$ beobachtet. Doch erscheint diese nicht bestätigt. O. Mügge[3]) hat bei Drucken bis 35000 Atm. keine Gleitung feststellen können. Nur Zerspaltung nach (001) trat ein, auch keinerlei unregelmäßige Deformation. Pyrit scheint entsprechend seiner großen Härte bei gewöhnlicher Temperatur gegen hohe Drucke sehr widerstandsfähig zu sein.

W. Voigt[4]) fand bei Bestimmung der Elastizitätskonstanten auffallend große Drehungswiderstände bzw. sehr kleine Dehnungskoeffizienten:

in der Richtung der Würfelnormalen . . . . . $2{,}832 \cdot 10^{-8}$,
" " " " Rhombendodekaedernormalen $3{,}950 \cdot 10^{-8}$.

Der Drillungskoeffizient $T_w = 9{,}30 \cdot 10^{-8}$.

Der Koeffizient der kubischen Kompression bei allseitigem Druck $M = 11{,}06 \cdot 10^{-8}$ und da die Dilatation $a = 0{,}0000101$ ist, so ist der thermische Druck $q = 273$.

L. H. Adams und E. D. Williamson[5]) haben die Volumabnahme des Pyrit von Leadville in Colorado bei hohen Drucken in einem homogenen Zylinder gemessen:

	Kompressibilität $\beta \cdot 10^{-6}$		
bei	0	2000	10000 Megabar
	0,71	0,71	0,71

Der Koeffizient $b \cdot 10^{-6} = 0{,}710$.

Spezifische Wärme, Ausdehnung, Schmelzpunkt. Die spezifische Wärme wurde bestimmt von:

V. Regnault[6])	0,1301
F. E. Neumann[7])	0,1267–0,1279
de la Rive u. Marcet[8])	0,1396
H. Kopp[9])	0,123–0,1238
Thoulet u. Lagarde[10])	0,13029
J. Joly[11])	0,1301–0,1306

[1]) C. Viola, Z. Kryst. **36**, 572 (1902).
[2]) G. Smolar, ebenda **18**, 477 (1891).
[3]) O. Mügge, N. JB. Min. etc. 1920, 53.
[4]) W. Voigt, Ann. d. Phys. **35**, 642 (1888).
[5]) L. H. Adams u. E. D. Williamson, Journ. Frankl. Inst. **195**, 475 (1923); Ref. N. JB. Min. etc. 1925, I, 603.
[6]) V. Regnault, Pogg. Ann. **53**, 60 (1841).
[7]) F. E. Neumann, ebenda **23**, 1 (1831).
[8]) de la Rive u. Marcet, ebenda **52**, 120 (1841).
[9]) H. Kopp, Ann. d. Chem. 3. Suppl. 1864—65.
[10]) Thoulet u. Lagarde, C. R. **94**, 1512 (1882).
[11]) J. Joly, Proc. Roy. Soc. Lond. **41**, 250 (1887).

A. Sella[1]	0,1460
A. S. Herrschel[2]	0,125
K. Bornemann u. O. Hengstenberg[3]) bis 100°	0,1284
S. Pagliani[4]	0,1295

S. Pagliani schloß den Pyrit mit Petroleum in einem Glasgefäß ein und bestimmte die spezifische Wärme zwischen 19 und 99°.

K. Försterling[5]) hat die spezifische Wärme aus den elastischen Konstanten und der Reststrahlfrequenz berechnet. In einer Tabelle wurden der Anteil der elastischen Wellen c_D, derjenige der verschiedenen Atomschwingungen $c_E^{(i)}$ und die berechneten und beobachteten Werte von c_V zusammengestellt. Die berechneten c_V sind 0,101—14,53, die beobachteten 0,109 bis 14,54 für $c_D = 0{,}101$—5,23.

A. Eucken und E. Schwers[6]) geben eine Messungsreihe bei noch tieferen Temperaturen.

Die Messungen bei den tiefsten Temperaturen scheinen beim Pyrit durch eine Adsorption des Wasserstoffs an dem zur Isolation des Bleidrahtes erforderlichen Seidenpapier entstellt zu sein. Von 27 bis 57° steigt die Molekularwärme proportional T^3 an. Bei höheren Temperaturen zeigen die β_V-Werte einen Gang. Sie durchlaufen ein Minimum bei etwa 150° und scheinen von hier an wieder anzusteigen.

Die Verbrennungswärme wurde durch A. Cavazzi[7]) im Mahler schen Apparat bestimmt und beträgt 1550 kleine Calorien.

Der Ausdehnungskoeffizient ist nach H. Fizeau[8]) für 40° C = $913 \cdot 10^{-8}$. S. Valentiner und J. Wallot[9]) fanden:

Temperaturintervalle in °C	$\alpha \cdot 10^{-8}$
— 25,2 bis + 18,5	843
— 46,2 „ — 25,2	773
— 70,5 „ — 46,2	709
— 131,9 „ — 104,3	516
— 154,9 „ — 131,9	392
— 175,2 „ — 154,9	295

Der Zuwachs für 1° ist nach H. Fizeau:

$$\frac{\Delta \alpha}{\Delta \Theta} = 0{,}0000000178 = 178 \cdot 10^{-10}.$$

Der Schmelzpunkt ist von R. Cusack[10]) mit dem Joly schen Meldometer bei 642° C gefunden worden.

Elektrische Eigenschaften. Der Pyrit ist nach F. Beijerinck[11]) sehr guter Leiter der Elektrizität. Er bestimmte bei 40° einen absoluten Widerstand des Pyrits von 1,282 Ohm, während derselbe bei Markasit 239,5 Ohm war.

---

[1]) A. Sella, Z. Kryst. **22**, 180 (1894).
[2]) A. S. Herrschel, Rep. 48. Meeting Brit. Ass. Adv. of Sc. Dublin 1878.
[3]) K. Bornemann u. O. Hengstenberg, Metall u. Erz **17**, 313 (1920).
[4]) S. Pagliani, Atti R. Acad. Torino **17**, 105 (1881—82).
[5]) K. Försterling, Z. Phys. **3**, 9 (1920).
[6]) A. Eucken u. E. Schwers, Verh. d. Phys. Ges. 1913, 586.
[7]) A. Cavazzi, Z. Kryst. **32**, 515 (1900).
[8]) H. Fizeau bei Th. Liebisch, Phys. Kryst. 1891, 92.
[9]) S. Valentiner u. J. Wallot, Ann. d. Phys. [4] **46**, 837 (1915).
[10]) R. Cusack, Proc. Roy. Soc. Irish Accad. **4**, 399 (1897).
[11]) F. Beijerinck, N. JB. Min. etc. Beil.-Bd. **11**, 434 (1897).

J. Königsberger und O. Reichenheim[1]) fanden, daß der Widerstand des Pyrits bei 300° langsam zunimmt und sich dann bedeutend verringert; sie vermuteten eine Umwandlung in eine dritte Modifikation zwischen 330 und 400°. Das Leitvermögen des Pyrits ist nach den beiden Autoren 500 mal so groß als das des Markasits.

V. H. Gottschalk und H. A. Bühler[2]) bestimmten die Leitfähigkeit des Pyrits in reinem Wasser gegenüber Kupfer zu + 0,18 Volt.

Den galvanischen Widerstand bei tiefen Temperaturen hat B. Beckman[3]) gemessen; er fand $\frac{W}{W_0} = 1{,}063$ bei 15,8° C, 0,399 bei − 258°.

J. Königsberger und O. Reichenheim[1]) beobachteten beim Pyrit von Val Giuf, Graubünden, im Mittel den Schwächungskoeffizient $a = 40$, die auf Hg = 1 bezogene Leitfähigkeit $\sigma' = 3{,}81 \cdot 10^{-3}$. n berechnet 267. Der piezomagnetische Modul ist nach W. Voigt[4]) $p_{11} < 6 \cdot 10^{-1}$. Das thermoelektrische Verhalten ist verschieden. Nach W. G. Hankel[5]) verhalten sich Kristalle mit (100) (111) aus Piemont gegen Kupfer positiv, Pentagondodekaeder (210) und dessen Kombinationen mit (*h k l*) von Elba und Piemont teils positiv, teils negativ. Marbach[6]) unterschied 2 Gruppen, indem er die eine in der thermoelektrischen Spannungsreihe jenseits des positiven Antimons, die andere jenseits des negativen Wismuts stellte. Demnach liefern zwei verschiedene Pyrite einen stärkeren Thermostrom als Antimon-Wismut. Bei einigen Kristallen stellte Marbach an verschiedenen Stellen, entgegengesetzt, thermoelektrische Eigenschaften fest, was durch Ch. Friedel[7]) und J. Strüver[8]) bestätigt wurde. Ein von G. Rose[9]) angenommener Zusammenhang mit der Hemiedrie der Pyritkristalle für das thermoelektrische Verhalten ist nach Ch. Friedel[10]) nicht beweisbar.

A. Schrauf und J. D. Dana[11]) fanden, daß die meisten der von ihnen untersuchten Pyrite gegen Kupfer negativ waren. Pvrit und Bleiglanz werden, wenn man beide in Seewasser eintaucht, elektromotorisch wirksam, daß FeS_2 den positiven, PbS den negativen Teil bildet (W. Skey).[12]) J. Curie[13]) lenkte die Aufmerksamkeit auf die Streifung, die entweder parallel zur hexaedrischen Kante oder senkrecht dazu geht. Die Streifung für sich allein bildet jedesmal eine hemiedrische Gestalt, welche die positive oder negative Form sein kann, die sich nur durch ihre Orientierung im Raum unterscheiden. Jede kann mit einem positiven oder negativen Pentagondodekaeder verbunden sein, woraus sich vier Kombinationen ergeben, wovon je zwei kongruent, je zwei absolut verschieden davon sind. Diese Verschiedenheit kommt auch in den thermoelektrischen Eigenschaften zum Ausdruck, indem die parallel der hexaedrischen

[1]) J. Königsberger u. O. Reichenheim, N. JB. Min. etc. **2**, 20 (1906); ZB. Min. etc. 1905, 454, 462.

[2]) V. H. Gottschalk u. H. A. Bühler, Econ. Geol. **5**, 28 (1910); **7**, 15 (1912).

[3]) B. Beckman, Verslagen Kon. Ac. Wetensch. Amsterdam; Wiss. en Natuurk. **21**, 1281 (1912).

[4]) W. Voigt, Nachr. Ges. Wiss. Göttingen 1901, 1.

[5]) W. G. Hankel, Pogg. Ann. **62**, 197 (1844).

[6]) Marbach, C. R. **45**, 707 (1857).

[7]) Ch. Friedel, Ann. chim. phys. **16**, 14 (1869) · **17**. 79 (1870).

[8]) J. Strüver, Mem. Accad. Torino **26**, 9 (1869).

[9]) G. Rose, Pogg. Ann. **142**, 1 (1871).

[10]) Ch. Friedel, C. R. **78**, 508 (1874).

[11]) A. Schrauf u. J. D. Dana, Sitzber. Wiener Ak. **69**, 148 (1874).

[12]) W. Skey, Chem. N. **23**, 255 (1871).

[13]) J. Curie, Bull. soc. min. **8**, 127 (1885). Ref. Z. Kryst. **12**, 649 (1887).

Kante gestreiften Pentagondodekaeder des Pyrits thermoelektrisch positiver sind als Antimon, die senkrecht dazu gestreiften negativ, etwa wie Wismut. Von 124 untersuchten Kristallen verhielten sich 10 entgegengesetzt. Diese Anomalie erklärt J. Curie durch die mit der Streifung versehene oberflächliche dünne Schicht, die nur als Konduktor dient. Das gefundene Verhalten entspricht der nächst inneren. Auch nach Erhitzen auf 400° in Schwefel, um die Bildung von Eisensulfür zu verhindern, zeigen die Pyritkristalle die gleiche Thermoelektrizität.

Da auch beim holoedrischen Bleiglanz nach Stefan thermoelektrische Unterschiede beobachtet wurden, so können rechte und linke Pyrite nicht unterschieden werden.

J. Beckenkamp[1]) hält eine Analogie zwischen der Verwachsung von thermoelektrisch positivem und negativem Pyrit und den Dauphinée-Zwillingen des Quarzes für ausgeschlossen, ebenso mit den Brasilianischen. Auf Grund der fünf Symmetrieklassen des regulären Systems läßt sich nach J. Beckenkamp der Unterschied der thermoelektrisch positiven und negativen Pyrite überhaupt nicht erklären. Er ergibt sich dagegen als eine Notwendigkeit auf Grund der Theorie der Molekulargruppen.

Nach Versuchen von G. N. Libby[2]) kann mit Pyrit als Anode in alkalischer Lösung eine Zelle nach der Bunsentype hergestellt werden. Pyrit hat als Elektrizitätsquelle fast den doppelten Wert als Zinkblende.

Farbe und Pleochroismus. Die Farbe des Pyrits ist speisgelb, ein helles, stark metallisches Gelb. Durch Anlaufen wird er grünlich, so daß er mit Markasit zu verwechseln ist, auch bläulich, rötlich und braun. Der Strich ist braunschwarz mit Stich ins Grünschwarze. Nach J. L. C. Schroeder van der Kolk[3]) ist der ausgeriebene Strich hellbraun in der Hauptfarbe, schwach violett in der Nebenfarbe.

Die polierten Flächen eines Pyritkristalls weisen nach H. Du Bois[4]) einen Pleochroismus bis zu 5% auf. J. Königsberger[5]) beobachtete an demselben Kristall unter dem Mikroskop pleochroitische Reflexion.

Nach E. P. T. Tyndall[6]) zeigt Pyrit bei tiefen Temperaturen keine Änderung des Reflexionsvermögens.

Untersuchung unter dem Metallmikroskop von H. Schneiderhöhn.[7])

Pyrit ist sehr viel schlechter und langsamer zu polieren als alle anderen Erze, mit denen er vorkommt. Man erzielt eine gute Politur, wenn man ihn erst auf der Leinwandscheibe mit 200-mm-Schmirgel sehr lange Zeit fein schleift, dann mit 2—3facher Flanellscheibe mit viel MgO länger poliert. Er wird dann frei von Rissen und Kratzern. Tritt der Pyrit gegenüber anderen reicheren Erzen zurück, dann ist er voller Kratzer und näpfchenförmiger Vertiefungen und hebt sich mit starkem Relief heraus. Der Pyrit erscheint dann weit dunkler als in tadellos polierten Schliffen.

Im auffallenden Licht unter dem Mikroskop ist die Farbe fahlweißlichgelb bis speisgelb, fast genau wie die Farbe des makroskopisch betrachteten Pyrits.

---

1) J. Beckenkamp, Z. Kryst. **36**, 508 (1902).
2) G. N. Libby, Eng. Min. Journ. **113**, 678; Chem. ZB. 1922, IV, 583.
3) J. L. C. Schroeder van der Kolk, ZB. Min. etc. 1901, 75.
4) H. Du Bois, Wied. Ann. **46**, 542 (1892).
5) J. Königsberger, ZB. Min. etc. 1908, 597.
6) E. P. T. Tyndall, Phys. Rev. **21**, 162 (1923).
7) H. Schneiderhöhn, Anl. mikrosk. Best. u. Unters. von Erzen usw. 1922, 181.

Bei sehr gut poliertem Pyrit ist das Reflexionsvermögen sehr hoch; meist erscheint er wegen schlechter Politur viel weniger stark reflektierend. Markasit hat im Anschliff fast genau dieselbe Farbe, ist nur im direkten Kontakt eine gerade noch merkliche Spur dunkler gelb. Magnetkies hat dasselbe Reflexionsvermögen wie tadellos polierter Pyrit, erscheint dagegen deutlich rosa, während Pyrit gelblich ist. Gegen Kupferkies ist Pyrit viel fahler gelb, während Kupferkies gegen ihn sattgelb erscheint.

Die Einbettung verursacht keine merkbare Änderung in Farbe und Glanz.

Farbzeichen nach W. Ostwald. Zwischen *ea* 00 und *ea* 04, d. i. 36 % Weiß, 11 % Schwarz, 53 % erstes bis zweites Gelb.

Verhalten im polarisierten Licht. Die tadellos polierten Anschliffe zeigen zwischen gekreuzten Nicols bei einer vollen Umdrehung dasselbe Verhalten. Sie sind jedoch nicht dunkel, sondern gleichmäßig trüb weiß bis grau infolge der Entwicklung von elliptisch polarisiertem Licht. Schlecht polierte Stücke zeigen Änderungen bei der Umdrehung, die aber mit der Politur zusammenhängen. Ebenso haben stark geätzte Durchschnitte zum Teil stärkere Einwirkungen auf das polarisierende Licht, die mit der Lage der Ätzfiguren zusammenhängen.

Ätzverhalten. Die mit konzentrierter Salpetersäure nach längerer Dauer erfolgte sehr schwache Anätzung ist als Strukturätzung unbrauchbar. Mit saurer Permanganatlösung kommen nach 20—60 Sekunden innere Strukturlinien heraus und verschieden orientierte Körner sind verschieden angeätzt. Dieselbe Beobachtung macht man bei elektrolytischer Anätzung mit HCl und H_2SO_4. Alle anderen Ätzmittel sind negativ.

Innere Beschaffenheit der Individuen. Mit saurer Permanganatlösung und bei elektrolytischer Anätzung sind verschieden orientierte Flächen verschieden hell. Die dunkelsten Schnitte sind bei stärkerer Vergrößerung bedeckt mit unregelmäßig dreiseitig ausgebildeten Ätzfiguren. Die helleren Schnitte sind glatt, manchmal mit wurmförmigen Figuren. Größte Lösungsgeschwindigkeit und rauhe Anätzung sind senkrecht zum Oktaeder; geringste und glatte Anätzung ist senkrecht zum Würfel.

Eine Ätzspaltbarkeit ließ sich nicht mit Sicherheit feststellen; ebenso keine Deformationen. Eine auf den Oktaederflächen erscheinende Zonenstruktur scheint auf Wachstumsunterbrechungen der Kristalle zurückzuführen zu sein.

Gefüge der Aggregate. In den homogenen Aggregaten sind entweder nur allotriomorphe isometrische polygonale Körner oder in einer solchen meist feinkörnigen Grundmasse schwimmen einzelne idiomorphe größere Pyrite, meist vom Würfel begrenzt.

Synthese.

Analysen künstlicher Pyritkristalle:

	1a.	1b.	2.	3.
Fe	46,86	46,63	46,07	46,06
S	52,97	53,37	53,13	53,81
	99,83	100,00	99,20	99,87

1a. und 1b. Anal. E. Weinschenk, Z. Kryst. **17**, 487 (1890); 1b. berechnet.
2. Anal. C. Doelter, ebenda **11**, 31 (1886).

3. Anal. E. T. Allen, J. L. Crenshaw u. J. Johnston, Z. anorg. Chem. **76**, 206 (1912). — Zweifelhaft, ob reiner Pyrit oder Markasit dabei ist.

Durch langsames Erhitzen eines Gemenges von Schwefel, Salmiak und Eisenoxyd im Glaskolben bis zur vollständigen Sublimation des Salmiaks erhielt F. Wöhler[1]) kleine, messinggelbe Oktaeder, auch Tetraeder und Würfel. Auf diese Weise erhielt auch E. Weinschenk[2]) speis- bis messinggelbe Kristalle (Anal. 1 a u. 1 b), worunter einige von tetraedrischer Ausbildung zu sein schienen. Auffallend ist die Löslichkeit in Salzsäure, in der der natürliche Pyrit so gut wie unlöslich ist, was auf die wenig kompakte Ausbildung der Kristalle zurückgeführt wird. Bei stärkerem Erhitzen des Gemenges entsteht Magnetit, also auch dreiwertiges Eisen, was für die Formel von Bedeutung ist. Durch gleichzeitiges Durchleiten von Schwefelwasserstoff- und Eisenchloriddämpfen durch ein rotglühendes Porzellanrohr bekam J. Durocher[3]) kleine Würfel. Schlagdenhauffen[4]) erhielt durch Einwirkung von Schwefelkohlenstoffdampf auf Eisenoxyd in hoher Temperatur ein kristallinisches Produkt. Nach C. F. Rammelsberg[5]) soll durch Zusammenschmelzen von reinem Eisen mit einem Überschuß von Schwefel eine dem Pyrit ähnliche, nicht kristallinische Masse sich bilden. Aus Eisenglanz und Magneteisen durch Einwirkung eines H_2S-Stromes zwischen 100° C und Rotglut erhielt C. F. Rammelsberg[6]) Pyritpseudomorphosen. J. Berzelius erwähnt auch die Herstellung aus niederen Schwefelungsstufen des Eisens, aus Eisenglanz, künstlichem Eisenoxyd, Fe-Oxyduloxyd, Fe-Oxyhydrat oder $FeCO_3$ in H_2S.

H. de Sénarmont[7]) erhitzte eine Lösung von mehrfach Schwefelkalium mit Eisenvitriol in geschlossener Röhre und erhielt bei 180° einen metallisch gelben Überzug. Durch Erhitzen gefällten Schwefeleisens in H_2S-Wasser unter Druck erhielt er kristallinisches FeS_2. Ein schwarzer Niederschlag, der dabei entsteht, ist nach Gedel[8]) Fe_2S_3. Geitner[9]) erhielt durch Erhitzen wäßriger schwefeliger Säure mit Eisen im geschlossenen Rohr auf 200° C messinggelbe Krusten und deutliche Kristalle bei Anwendung von Eisenoxyd oder Basaltpulver (Magnetit).

C. Doelter[10]) wiederholte die Versuche von J. Durocher und C. F. Rammelsberg und zeigte, daß eine Schmelzung nicht einzutreten braucht und daß die Reaktion schon bei 200° eintritt. Die Versuche gelangen sowohl bei Anwendung amorphen Eisenoxyds, als auch bei Gebrauch von Eisenglanz oder metallischem Eisen. Sie mißlangen dagegen bei Anwendung von Eisencarbonat und Eisenvitriol; es bildet sich einfaches Schwefeleisen. In einer zweiten Versuchsreihe hat C. Doelter Eisenglanz, Magnetit, Siderit in zugeschmolzenen Glasröhren mit H_2S-gesättigtem Wasser durch etwa 72 Stunden bei 80—90° im Wasserbad behandelt. Der freibleibende Raum in der Röhre war mit H_2S-Gas gefüllt. Bei Anwendung von Siderit erhielt er das beste Resultat. Es bildeten sich

1) F. Wöhler, Ann. Chem. Pharm. **17**, 260 (1836).
2) E. Weinschenk, Z. Kryst. **17**, 487 (1889).
3) J. Durocher, C. R. 1851, 825.
4) Schlagdenhauffen, Journ. Pharm. **34**, 175 (1858).
5) C. F. Rammelsberg, Chem. ZB. 1863, 211.
6) Derselbe, Sitzber. Berliner Ak. 1862, 681.
7) H. de Sénarmont, C. R. **32**, 409 (1851); Ann. chim. phys. **32**, 129 (1851).
8) Gedel, Journ. f. Gasbel. **48**, 400 (1905).
9) Geitner, Ann. Chem. Pharm. **129**, 350 (1864).
10) C. Doelter, Z. Kryst. **11**, 31 (1886).

kleine Kriställchen in Würfelform, welche den Glanz, Strich und die Farbe des Pyrits besitzen (Anal. 2).

Glänzende, speisgelbe Pyritwürfelchen ergaben sich auch aus dem kristallisierten Eisenoxyd nach 8 tägiger Behandlung im Wasserbade. Beim Versuch mit Magneteisen war die Menge des erhaltenen Pyrits gering. Nach C. Doelter besteht somit kein Zweifel darüber, daß sowohl Eisenoxyd, als auch Siderit und Magneteisen mit Leichtigkeit durch H_2S-haltiges Wasser in kurzer Zeit bei unwesentlicher Temperaturerhöhung in Pyrit übergehen.

C. Doelter[1]) erhielt bei seinen Versuchen über die Löslichkeit des Pyrits sowohl in Wasser als auch in Schwefelnatrium deutliche Neubildungen von Pyritwürfeln.

Durch Erhitzen eines innigen Gemenges von Phosphorpentasulfid mit dem doppelten Gewicht wasserfreien Eisenchlorids in einer Retorte, bis kein Thiophosphorylchlorid mehr überging, erhielt E. Glatzel[2]) durch Schlämmen mit Wasser aus dem Rückstande kleine, aber scharfe gelbe Kombinationen von (100), (210), (111), (*hkl*).

E. T. Allen, J. L. Crenshaw und J. Johnston[3]) haben sich mit der Synthese der Eisendisulfide beschäftigt. Sie führten die Versuche in zugeschmolzenen Röhren aus, die in Stahlbomben eingeschlossen und in Widerstandsöfen erhitzt wurden. Die erste Einwirkung von H_2S auf Ferrisalze ist die unmittelbare Reduktion der letzteren und die gleichzeitige Fällung von Schwefel. Dagegen im geschlossenen Glasgefäß, wo H_2S nicht oxydiert werden und auch nicht entweichen kann, findet noch eine weitere Reaktion statt, nämlich:

$$FeSO_4 + S + H_2S = FeS_2 + H_2SO_4 .$$

Bei Zimmertemperatur ist die Geschwindigkeit dieser Reaktion sehr gering. Bei 200° findet sie verhältnismäßig schnell statt.

3 g $FeSO_4 . 7H_2O$ wurden mit 0,17 g H_2SO_4, 0,75 g Schwefel und 100 ccm bei 0° mit H_2S gesättigtem Wasser in einem Glasrohr eingeschmolzen und 2 Tage auf 200° erhitzt. Das Produkt wurde gereinigt durch Waschen mit Wasser und Digestion mit Ammoniumsulfid zur Entfernung von überschüssigem Schwefel, worauf nochmals mit H_2O ausgewaschen, mit 20%iger HCl ausgekocht und das Produkt schließlich in Kohlendioxyd gewaschen und im Vakuum getrocknet wurde. Die Analyse ergab 46,44% Fe.

Ein anderes Produkt wurde gebildet durch 6 tägiges Erhitzen folgender Stoffe bei 100°: 5 g $FeSO_4 . 7H_2O$, 0,5 g S, 0,17 g H_2SO_4 und 100 ccm bei 0° mit H_2S gesättigtem Wasser. Wie vorher wurde das Produkt gereinigt und analysiert (Anal. 3). Diese Produkte erschienen dem bloßen Auge schon kristallinisch; in Farbe und Glanz waren sie dem Markasit ähnlich. Zur Unterscheidung der beiden Disulfide Pyrit und Markasit kamen zwei Verfahren in Anwendung:

1. Wenn H_2S und S direkt auf eine Lösung von Ferrosulfat einwirken, so sind die Kristalle klein. Ihre Größe nimmt bei Steigerung der Temperatur und durch verschiedene andere Bedingungen zu, vor allem bei langsamer Bildung. Eine einfache Vorrichtung wird von E. T. Allen und Mitarbeitern angegeben, wo bei 200° aus Thiosulfatlösung langsam Schwefelwasserstoff

[1]) C. Doelter, Tsch. min. Mit. N.F. **11**, 322 (1890).

[2]) E. Glatzel, Ber. Dtsch. Chem. Ges. **23**, 37 (1890).

[3]) E. T. Allen, J. L. Crenshaw u. J. Johnston, Z. anorg. Chem. **76**, 204 (1912).

entwickelt wird. Durch die Einwirkung des Gases auf die Ferrisalzlösung sind Kristalle von meßbarer Größe gebildet worden. Doch konnten nicht alle Kristalle gemessen werden und so war eine quantitative Bestimmung der beiden Disulfide in Gemischen nicht möglich.

2. Die von H. N. Stokes[1]) angegebene Methode wurde mit einiger Abänderung angewandt. An natürlichem Pyrit von Elba (Anal. 40) und Markasit von Joplin (Anal. 9) wurden die Oxydationskoeffizienten 56 für Pyrit und 14 für Markasit gefunden, während H. N. Stokes 60 und 18 fand. Die relativen Mengen von Pyrit und Markasit wurden bestimmt in Gemischen verschiedener Verhältnisse. Die Kurve (Fig. 53) enthält die Oxydationskoeffizienten

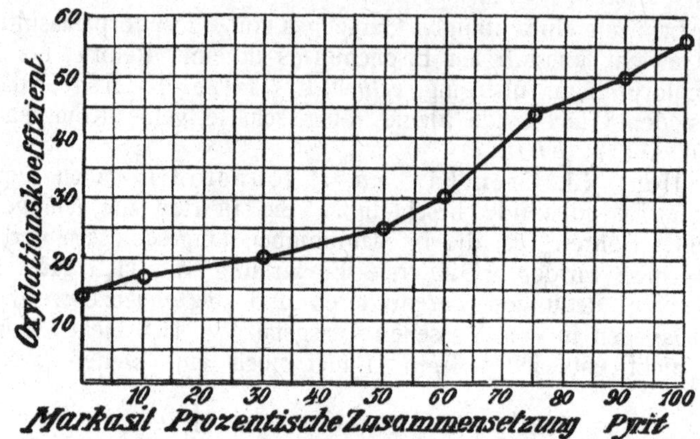

Fig. 53. Kurve des Oxydationskoeffizienten von Markasit-Pyritgemischen.

von Markasit-Pyritgemischen. Diese Kurve hat die Form einer eutektischen Linie mit dem niedrigsten Punkt bei 10 % Pyrit. E. T. Allen und Mitarbeiter schlossen aus den Beobachtungen unter dem Mikroskop, daß in den synthetischen Produkten keine andere Form des FeS_2 als Pyrit und Markasit auftritt.

Soll Pyrit das Hauptprodukt werden, so muß die Lösung neutral bleiben oder darf nur schwach sauer sein. Ein durch Einwirkung von H_2S auf Ferrihydroxyd hergestelltes Produkt wurde in ein Glasrohr mit etwa 100 ccm Wasser hineingespült, die bei Zimmertemperatur mit H_2S gesättigt waren; das Gemisch wurde eingeschmolzen und 7 Tage lang auf 140° erhitzt. Das gelbbraune, dichte Produkt wurde mit Salzsäure eine Zeitlang gekocht, um unverändertes Ferrihydroxyd und Ferrosulfid zu lösen und gereinigt. Die Oxydationszahl war 49, entsprechend 87 % Pyrit. Dieser Versuch wurde mit bei 100° getrocknetem Ferrihydroxyd und mehrfach gesättigtem H_2S-Wasser auf 140° erhitzt. Nach der Reinigung gab das Produkt die Oxydationszahl 50,4, entsprechend 90 % Pyrit.

Von E. T. Allen und Mitarbeitern wurde die Einwirkung von Schwefel auf Pyrrhotin in Gegenwart eines Lösungsmittels untersucht. Die Bildung von Pyrit beweist bündig, daß bei gegebener Temperatur nicht die Natur der festen Phase für die Reaktion mit dem Schwefel maßgebend ist, sondern daß die Zusammensetzung der Lösung, in der die Bildung stattfindet, dafür entscheidend ist, ob das Produkt Pyrit oder Markasit wird. So wurden 2,2 g

---

[1]) H. N. Stokes, Bull. geol. Surv. U.S. 1901, 186.

Pyrrhotin und 0,8 g Schwefel in ein Glasrohr gebracht, dazu noch eine Lösung von 0,1 g Natriumbicarbonat in 100 ccm Wasser. Vor dem Zuschmelzen des Rohres sättigte man die Lösung zum Teil mit H_2S. Nach 2 Monaten auf 70° erhitzt, erhielt man dichten und messinggelben Pyrit. Bei höheren Temperaturen verläuft die Einwirkung noch schneller.

Nach E. T. Allen und Mitarbeitern ist das Produkt der Vereinigung von Ferrosulfid und Schwefel aus Alkalipolysulfidlösung zuerst amorphes Eisendisulfid, das allmählich in Pyrit übergeht.

Nach W. Feld[1]) ergibt sich immer beim Kochen von Schwefel und Ferrosulfid in neutralen und schwachsauren Lösungen Pyrit.

M. D. Clark und P. L. Menaul[2]) führten kristallisierten Pyrit durch alkalische Lösungen bei Gegenwart von H_2S in kolloide Lösungen im hochdispersen Zustand über, welche das Nebengestein innig durchdringen können.

Umwandlung von Markasit in Pyrit. F. Wöhler[3]) versuchte schon, die beiden Mineralien 4 Stunden lang auf die Temperatur des siedenden Schwefels, also etwa 445°, zu erhitzen, wobei er jedoch bei keinem eine Umwandlung beobachten konnte. Versuche von E. T. Allen und Mitarbeitern zeigten, daß sich Markasit jetzt langsam verändert, indem sich zunächst wenig, dann mit fortschreitender Zeit immer mehr Pyrit bildet. Ein Umwandlungsversuch des Markasits bei niedriger Temperatur auf nassem Wege führte nicht zur Pyritbildung.

Versuche über den Einfluß des Druckes auf die Umwandlung von Markasit in Pyrit unternahm A. Ludwig. Nach 5stündigem Pressen von einigen Gramm Markasit bei einem Druck von 10000 Atm. zeigte die nach dem Stokesschen Verfahren ermittelte Oxydationszahl keine Änderung. J. Johnston und F. D. Adams haben dann den Markasit noch erhitzt und ihn einem hydrostatischen Druck von 2000 Atm. in Petroleum unterworfen. Die Pyritbildung ließ sich nicht feststellen.

Monotropie von Markasit und Pyrit. E. T. Allen, J. L. Crenshaw und J. Johnston[4]) haben einen Tiegel mit 50 g Pyrit schnell in H_2S auf 400 bis 600° erhitzt. Die Kurve war vollkommen knicklos. Bei einer ähnlichen Beschickung von Markasit in der gleichen Weise erhitzt, zeigte sich eine Beschleunigung des Temperaturanstieges zwischen 500 und 600° deutlich (Fig. 54). Der Versuch wurde mehrere Male mit gleichen Ergebnissen wiederholt. Unter diesen Verhältnissen zeigt sich, daß die Umwandlung von Markasit in Pyrit von einer deutlichen Wärmeentwicklung begleitet ist. Dies zeigt, daß Markasit die größere Energie von beiden besitzt und eine monotrope Form ist. Diese Instabilität stimmt überein mit der geschwinderen Oxydierbarkeit von Markasit in der Natur, und sie ist wahrscheinlich auch die Ursache des verschiedenen Verhaltens von Markasit und Pyrit gegen andere Oxydationsmittel. Monotrope Formen kristallisieren oft aus besonderen Lösungsmitteln oder in einem beschränkten Temperaturbereich. Die Bildung von Markasit aus sauren Lösungen ist hiermit in Übereinstimmung. Die Erhöhung der Temperatur vermehrt ohne Zweifel die Geschwindigkeit der Umwandlung von Markasit in Pyrit. Bei niederen Temperaturen wird die Umwandlungsgeschwindigkeit unendlich

---

[1]) W. Feld, Z. f. angew. Chem. **24**, 97 (1924).
[2]) M. D. Clark u. P. L. Menaul, Econ. Geol. **11**, 37 (1916).
[3]) F. Wöhler, Ann. d. Chem. **90**, 256 (1854).
[4]) E. T. Allen, J. L. Crenshaw u. J. Johnston, Z. anorg. Chem. **76**, 223 (1912).

gering oder Null; oberhalb 450° wird sie meßbar. Diese Nichtumkehrbarkeit steht auch in Beziehung zur Frage nach der Paramorphose der Eisendisulfide. Pyrit kann sich nicht in Markasit verwandeln, ohne vorher in Lösung gegangen zu sein; die umgekehrte Verwandlung ist experimentell nachgewiesen. So sind

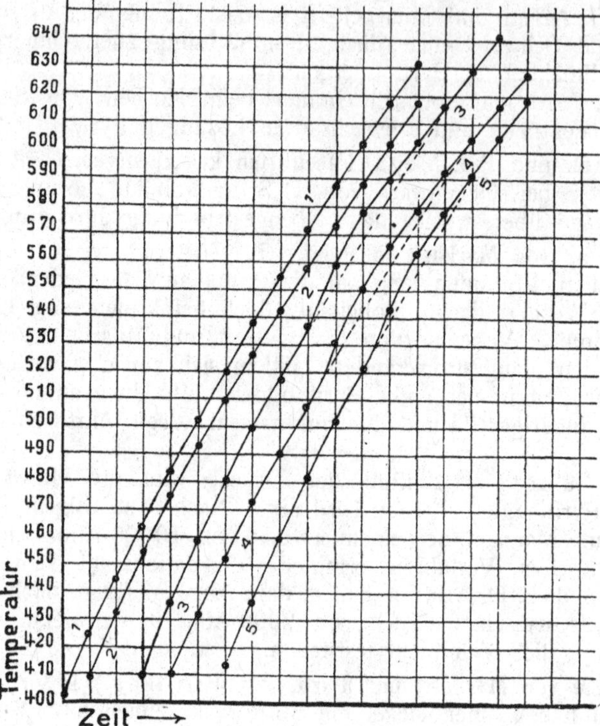

Fig. 54. Erhitzungskurven der Wärmeentwicklung bei Umwandlung von Markasit in Pyrit. 1 und 2 sind die Erhitzungskurven von Pyrit.

Paramorphosen von Pyrit nach Markasit sicherlich möglich; aber Paramorphosen von Markasit nach Pyrit müssen offenbar unmöglich sein.

Eine Umwandlung des Eisendisulfids in eine dritte Modifikation bei 400° wurde von J. Königsberger und O. Reichenheim[1]) aus ihren Versuchen angenommen. Sie konnten weder von E. T. Allen und Mitarbeitern, noch von E. Arbeiter[2]) bestätigt werden.

E. S. Larsen[3]) hat die von E. T. Allen und Mitarbeitern hergestellten synthetischen Pyritkristalle gemessen. Die größeren Kristalle hatten eine Dicke von $^1/_2$ mm. Sehr viele kleinere Kristalle lassen sich mit dem Mikroskop bestimmen. Gewöhnlich treten Würfel- und Oktaederflächen nebeneinander auf; beide Formen finden sich auch allein. Pyritoeder wurden nicht beobachtet. Die Flächen sind immer sehr uneben und unvollkommen.

---

1) J. Königsberger u. O. Reichenheim, N. JB. Min. etc. 1906, II, 36.
2) E. Arbeiter, Diss. Breslau 1913, 28.
3) E. S. Larsen bei E. T. Allen u. a., l. c., S. 251.

Natürliche Zersetzung und Umwandlung in andere chemische Verbindungen; Pseudomorphosen nach Pyrit.

Pyritkristalle von Elba sind nach Feststellungen von U. Panichi,[1]) wenn (111) vorwaltet, schlecht oder sehr schlecht, wenn (210), dessen Flächen parallel der Kombinationskante mit {421} gestreift waren, vorherrscht, sehr gut konserviert. Demnach scheint die Tracht für den Grad der Zersetzung maßgebend zu sein. Nach Fr. Katzer[2]) ist der Grund für eine auffallende Widerstandsfähigkeit des Pyrits von Sinjako in Bosnien in der glatten, gewissermaßen komprimierten Oberfläche der Kristalle zu suchen.

Die Verwitterung von Pyrit geht bei Gegenwart von Wasser und Sauerstoff nach folgendem Schema vor sich:

$$FeS_2 + 7O + H_2O = FeSO_4 + H_2SO_4\,,$$
$$6\,FeSO_4 + 3O + 3H_2O = 2Fe_2(SO_4)_3 + 2Fe(OH)_3\,.$$

Nach dieser Gleichung entsteht Ferrihydroxyd, das zunächst als Sol gelöst ist, aber leicht als Gel ausgeflockt werden kann und nach mancherlei weiteren Umbildungen, Entwässerungen, Schrumpfungen, Entglasungen als Brauneisenerz festliegt. Seine Bildung ist davon abhängig, daß die freie Schwefelsäure bald gebunden wird. Das zunächst gebildete Ferrisulfat löst und oxydiert in der Oxydationszone alle anderen Metalle außer Gold und ist ein besonders aktiver Sauerstoffüberträger. Es wirkt auch weiter auf Pyrit ein nach der Gleichung:

$$Fe_2(SO_4)_3 + FeS_2 = 3FeSO_4 + 2S\,.$$

Der entstehende Schwefel wird in nascierendem Zustande wohl sofort zu SO_2, SO_3 und H_2SO_4 oxydiert.

H. Schneiderhöhn[3]) lenkt die Aufmerksamkeit auch auf die klimatischen und morphologisch-tektonischen Faktoren, die neben der Durchlässigkeit und Auflösbarkeit des Nebengesteins bei der Verwitterung und Neubildung eine große Rolle spielen.

Die Umwandlung von Pyrit durch unterirdisches Wasser beschreibt J. W. Evans.[4]) Bei der Umwandlung des Pyrits in Limonit muß alles Eisen zurückbleiben und die Pseudomorphose nimmt nahezu denselben Raum ein wie die ursprüngliche Substanz. Er nimmt eine Substanz im oxydierenden Wasser an, welche in Reaktion mit Eisensulfat und Schwefelsäure das Eisen fällt und die Säure an der Korrodierung anderer Gesteinspartien hindert. Das tun die Carbonate der alkalischen Erden und Alkalien etwa nach der Gleichung:

$$4FeS_2 + 15O_2 + 3H_2O + 8CaCO_3 = (Fe_2O_3)_2(H_2O)_3 + 8CaSO_4 + 8CO_2\,.$$

J. W. Evans stellte auch Löslichkeitsversuche mit gepulvertem Pyrit an und bestätigte die, wenn auch geringe Löslichkeit als Sulfat in destilliertem, häufig erneuertem Wasser, sowie die Bildung von Eisenhydroxyd in carbonathaltigem Flußwasser, wobei 22% des Pyrits zersetzt wurden.

Die Umwandlung in Eisenhydroxyde ist sehr häufig. Die Verwitterung beginnt an der Oberfläche mit Mattwerden und Bräunung der vorher glänzenden

---

[1]) U. Panichi, Riv. di min. e cristall. ital. **38**, 12 (1909).
[2]) Fr. Katzer, Jahrb. k. k. mont. Hochsch. **4**, 285 (1908). Ref. Z. Kryst. **50**, 87 (1912).
[3]) H. Schneiderhöhn, Fortsch. d. Min. **9**, 74 (1924).
[4]) J. W. Evans, Min. Mag. und Journ. Min. Soc. Lond. **12**, Nr. 58, 371 (1902). Ref. Z. Kryst. **36**, 170 (1902).

Flächen, so daß im Innern noch häufig Pyrit vorgefunden wird. W. Mietzschke[1]) weist darauf hin, daß bei der Verwitterung goldhaltiger Pyrite das Gold nach der Mitte des Pyrits sich zieht. F. v. Kobell[2]) nimmt zuerst die Bildung von Goethit an, der dann durch Wasseraufnahme in Limonit übergeht. Doch entsteht auch zuerst oft Limonit, der dann durch H_2O-Abgabe Goethit wird. Die Umwandlung in Eisenglanz ist seltener, vielleicht nur eine weitere Umwandlung des zuerst gebildeten Eisenhydroxyds.

H. Laubmann[3]) beschreibt aus dem Frankenjura gut ausgebildete Pseudomorphosen mit (111) und (100) nach Brauneisenerz, sowie verrostete Schwefelkiesknollen.

Würfelige Brauneisenerz-Pseudomorphosen von Göttingen sind nach E. Geinitz[4]) im Innern noch ganz frisch, aber stellenweise von zahlreichen braunen Adern durchzogen, oft parallel einer Würfelfläche oder auch einer die Ecken abstumpfenden Fläche, von den Hauptadern unzählige Apophysen unter 90 oder 30 und 60° abgezweigt. Brauneisenwürfel vom Schindelberg bei Osnabrück zeigen noch regelmäßiger im Innern schmale glänzende Pyritstreifen, die von den Würfelecken nach den trigonalen Achsen ins Zentrum gehen. In Goethitpseudomorphosen von Vlotho in Westfalen ist Pyrit im Innern nach R. Blum[5]) kreuzförmig wie bei Chiastolith angeordnet.

Pseudomorphosen von Roteisenerz nach Pyrit kommen am Potzberg bei Kusel in der Pfalz, bei Ilmenau am Lindenberg vor, gestreifte Würfel von dichtem Roteisenstein bei Rokkefeld im Kapland. Hoffmann[6]) sieht stark magnetische Kriställchen mit 8,6% H_2O von Melbourne in Quebec als Pseudomorphosen im Zwischenstadium von Braun- und Magneteisen an. Eisenvitriol, Quarz, Graphit und Eisenocker kommen gelegentlich als Pseudomorphosen nach Pyrit vor.

A. Reuss[7]) beobachtete am Pyrit von Příbram eine von außen nach innen fortschreitende Umwandlung in Bleiglanz.

F. Kretschmer erwähnt die Umwandlung in Stilpnomelan bei Sternberg-Bennisch in Mähren, H. A. Miers solche in Kupferglanz von St. Just in Cornwall.

Große kubische Quarzpseudomorphosen von Waterford Co. in Irland werden von Holdsworth[8]) als solche nach Pyrit gedeutet. Bei Beresowsk treten nach der Pyritumwandlung in Eisenoxydhydrat die von durchsetzendem Quarz gebildeten mehr oder weniger großen Zellen von Quarz deutlicher hervor. Sie sind öfters mit Eisenocker erfüllt oder bleiben leer und bilden das sogenannte Bimssteinerz.

F. P. Mennel[9]) beschreibt Pseudomorphosen von Buntkupfererzknollen im Schiefer der Umkondogrube nach Pyritkonkretionen.

Nach F. Zirkel[10]) verwittert Pyrit in Kohlengesteinen und unveränderten klassischen Sedimenten viel rascher als der in kristallinen Gesteinen vorkommende.

---

[1]) W. Mietzschke, Z. prakt. Geol. 1896, 279.
[2]) F. v. Kobell, Journ. prakt. Chem. 1, 181 (1834).
[3]) H. Laubmann, N. JB. Min. etc. 1921, I, 33.
[4]) E. Geinitz, ebenda 1876, 477.
[5]) R. Blum, Pseudom. 3. Nachtr. 1863, 184.
[6]) Hoffmann, Am. Journ. **34**, 408 (1887).
[7]) A. Reuss, Sitzber. Wiener Ak. **22**, 129 (1856).
[8]) Holdsworth, N. JB. Min. etc. 1837, 688.
[9]) F. P. Mennel, Lond. Min. Soc., 17. März 1914.
[10]) F. Zirkel, Petrogr. 1, 429 (1893).

Nach A. Julien[1]) ist der reine Pyrit gegen Oxydation sehr widerstandsfähig. Da aber die natürlichen Vorkommen oft Gemenge mit Markasit oder auch seltener Magnetkies sind, so sind diese entsprechend der Beimengung von Markasit weniger beständig. Pyrite mit hoher Dichte über 4,97, was 80% Pyrit entspricht, sind beständiger als solche mit niedrigeren Dichten (siehe auch S. 547).

S. H. Emmons[2]) hebt die Bedeutung der Zersetzung des Pyrits für die Bildung des Eisernen Hutes auf Lagerstätten hervor. Dem neutralen Eisenoxydsulfat in wäßriger Lösung schreibt er eine große Bedeutung zu bei der weiteren Zersetzung von Kiesmassen.

Die Umwandlung des Pyrits in Magnetkies ist mehrfach beobachtet worden. W. Eitel[3]) beschreibt Pyritkonkretionen als Einschluß im Bühlbasalt, die thermisch zu Magnetkies umgewandelt sind. R. Brauns[4]) fand Magnetkies-Pseudomorphosen in Tonschiefereinschlüssen am Finkenberg und beschreibt die Umwandlung des Pyrits in Magnetkies im Bühlbasalt. O. Mügge[5]) hat gezeigt, daß die würfelförmigen, zum Teil hohlen, zum Teil mit einem Gemenge von Pyrit und Magnetkies erfüllten Gebilde in den kontaktmetamorphen Tonschiefern des Gebietes des Hennberg-Granits bei Weitisberga Umwandlungspseudomorphosen darstellen. Künstliche Magnetkies-Pseudomorphosen nach Pyrit stellte W. Eitel dar. Näheres siehe noch unter Magnetkies auf S. 521, wo Abbildungen auch Relikte von Pyrit in einer Magnetkiesmasse zeigen.

Bei Homestake in Süddakotah war der Pyrit goldhaltig. Mit fortschreitender Umwandlung fand eine Umlagerung der Sulfide nach S. Paige unter teilweiser Schwefelentziehung statt. Es bildete sich Magnetkies und freiwerdendes Gold zementierte sich in dessen Verbreiterungsgebiet an die älteren Sulfide an. Das Magneteisen findet sich als körnelige Massen rund um die Pyritkörner und verdrängt den Pyrit. Dieser Magnetit ist wohl ein Produkt vollkommener Entschwefelung des Pyrits.

Paramorphosen von Markasit nach Pyrit sind von P. Jeremějew[6]) vom Bez. Powenizk, Gouv. Olonez, beschrieben worden. Nach den Versuchen von E. T. Allen und Mitarbeitern (S. 558) sind solche aber nicht möglich, da Markasit die instabile Modifikation ist.

Neubildungen von Pyrit und Pseudomorphosen nach Mineralien.

Die Reduktion von Eisensulfat durch organische Substanzen führt häufig zur Pyritbildung. So wurden vielfach Gegenstände in Gruben, Teichen und Quellen mit Schwefelkies überkrustet vorgefunden. A. Lacroix[7]) berichtet über Pyritabsätze in verschiedenen französischen und algerischen Bädern, auch in artesischen Brunnen bei Oran, Longchamp[8]) über solche auch bei den

[1]) A. Julien, Ann. New York Ac. Sc. **3**, 365; **4**, 125 (1889). Ref. Z. Kryst. **17**, 419 (1890).
[2]) S. H. Emmons, Eng. and Min. Journ. 1892, 582.
[3]) W. Eitel, Abhandl. Senkenb. Naturf. Ges. **37**, 149, 162 (1920).
[4]) R. Brauns, Sitzber. Niederrhein. Ges. f. Natur- u. Heilkunde vom 2. Juni 1913.
[5]) O. Mügge, ZB. Min. etc. 1901, 368.
[6]) P. Jeremějew, Russ. min. Ges. **36**, 47 (1898).
[7]) A. Lacroix, Min. France **2**, 617, 627 (1897).
[8]) Longchamp, Ann. chim. phys. **32**, 260 (1826).

Thermen von Chaudesaignes im Cantal. Nach Bakewell[1]) überzogen sich Mäuse in einer Flasche Eisenvitriol mit Pyritkristallen. Namentlich in Moorböden ist die Pyritbildung häufig beobachtet worden, so im Mineralmoor von Franzensbad ganze Lager von verkiesten Torfpflanzen.

In Moortümpeln im Kreis Bleckede a. d. Elbe sind im Schlamm eingebettete Feuersteinbrocken und Granitstücke nach C. Ochsenius[2]) nach 1—2 Monaten mit einer lebhaft glänzenden Haut von Pyrit überzogen. Ein schwarzer pyrithaltiger Schlamm bildet sich oft in schilfreichen Sümpfen. In Tonschichten, welche an Düngergruben grenzen, hat man die Entstehung von Pyritadern beobachtet. G. Bischof[3]) hat festgestellt, daß Wasser, welches Sulfate und wenig von einem Eisensalz enthält, mit Holzfasern in einem Gefäß eingeschlossen, mit der Zeit schwarze Flocken von Pyrit absetzt. Die Holzfaser entzieht dem Sulfat Sauerstoff, das entstandene Schwefelmetall bewirkt den Niederschlag von Schwefeleisen. So läßt sich auch als Reduktionswirkung das häufige Zusammenvorkommen von Pyrit und Markasit in der Braunkohle, von Pyrit in der Steinkohle erklären, ferner das Auftreten von Pyrit in verschiedenen Gesteinen, die organische Überreste führen.

Kleine Pyritkristalle wurden nach Ulrich beim Aufhauen einer alten Röstensohle zu Ocker am Harz gefunden.

Nach H. Schneiderhöhn[4]) hat auf den Siegerländer Spateisensteingängen folgende pyrometamorphe Umwandlung stattgefunden:

Eisenspat ⟶ Magnetkies ⟶ Markasit ⟶ Pyrit.

Es wird eine spätere Zufuhr von S-haltigen Dämpfen angenommen, da die Spateisensteingänge primär bei niedrigen Temperaturen entstanden sind. Das Auftreten von verteilten Lamellen läßt darauf schließen, daß längs der Lamellen eine Verdrängung des Spates durch Eisensulfide stattgefunden hat, wobei vom Zentrum ausgehend sich zuerst Magnetkies gebildet hat, sodann Pyrit und zuletzt ein Pyrit-Markasitaggregat als gleichzeitige Bildung oder reiner Markasit. Die Verdrängung des Spates geschah rhythmisch, worauf die Struktur der Schläuche und das Vorkommen konzentrischer unverkiester Spateisenbänder zwischen je zwei Kiesbändern hinweisen.

R. Brauns[5]) beobachtete die Neubildung von Pyrit anf Sandkörnchen, die mit einem alten Anker beim Badeort Stein an der Außenföhrde bei Kiel verwachsen waren. Der Schwefel stammt aus faulenden Stoffen, an denen am Strand kein Mangel ist.

Die Pseudomorphosenbildung ist sehr häufig und zwar nach einer großen Anzahl von Mineralien. Teils handelt es sich um Umwandlungspseudomorphosen eisenhaltiger Mineralien, teils um Verdrängungen, teils nur um Überzüge. So sind bekannt Pseudomorphosen nach Magnetkies, Kupferkies, Arsenkies, Eisenglanz, Magnetit, Zinkblende (Verespatak), Fahlerz, Silberglanz, Stephanit, Rotgiltigerz, Polybasit, Miargyrit, Bournonit, Bleiglanz. Verdrängungen nicht sulfidischer Mineralien werden häufig einfach als „Verkiesung“ oder Pyritisierung bezeichnet.

Bei Přibram überkleidet Pyrit den Baryt oder verdrängt denselben.

---

[1]) Bakewell bei C. G. Gmelin-Kraut, Z. anorg. Chem. **3**, 333 (1875).
[2]) C. Ochsenius, N. JB. Min. etc. 1898, II, 232.
[3]) G. Bischof, Chem. Geol. **1**, 557 (1863).
[5]) H. Schneiderhöhn, Z. Kryst. **58**, 312 (1923).
[4]) R. Brauns, ZB. Min. etc. 1905, 714.

R. Blum[1]) beschreibt von hier dicke Pyrittafeln der Barytform, sowie Verdrängungen nach Kalkspat ($-\frac{1}{2}R$, ∞R). A. Breithaupt[2]) berichtet von Pseudomorphosen nach Fluorit vom Teichgräbner Flächen bei Marienberg im Erzgebirge. Auf anderen Gängen finden sich hohle Rinden mit den Formen des Fluorits und Kalkspats. G. vom Rath[3]) beschreibt vom Cerro de Porco Aggregate kleiner Pyritkristalle nach stumpfen Rhomboedern von Braunspat.

K. Zimányi[4]) beschreibt von Vashegy, Kom. Gömör Pseudomorphosen nach Kalkspat. Der Pyrit bildet Umhüllungspseudomorphosen über Kalkspatskalenoedern, deren Inneres meistens schon gänzlich aufgelöst ist.

Schließlich sei noch auf die Verkiesung von Fossilien hingewiesen. In den meisten Fällen dürfte es sich hier um Verdrängungen von Steinkernen und Schalen, meist aus Kalk bestehend, handeln.

P. Fallot[5]) beschreibt eine Anzahl verkiester Fossilien aus dem Gault der Balearen.

Im Andesit von Komnia bei Banow in Mähren sind nach G. Tschermak[6]) Pseudomorphosen nach Augit, im Pegmatit bei Pisek nach E. Döll[7]) angeblich solche nach Turmalin; von St. Lorenzen in Steiermark beschreibt E. Döll[8]) solche nach Epidot; vom Schauinsland im Schwarzwald sind von F. Schumacher[9]) Pseudomorphosen von Pyrit nach Leisten von Biotit beobachtet worden.

Paramorphosen von Pyrit nach Markasit sind von mehreren Fundorten bekannt.

Vorkommen und Paragenesis.

Pyrit ist allgemein verbreitet und zwar von kleinsten mikroskopischen Körnern bis zu mächtigen Anhäufungen, die dann als Erzlagerstätten neben Gediegen Schwefel den wichtigen Rohstoff zur Schwefelsäurefabrikation liefern. Viele Vorkommen werden durch ihren Goldgehalt zum wichtigen Golderz, wegen des Kupfergehalts zu einem Kupfererz. Am bedeutendsten sind die Vorkommen in der Provinz Huelva zwischen Cadix und der portugiesischen Grenze und bei Rio Tinto, in Estremadura, Aljustrel und Santo Domingo in der portugiesischen Provinz Alemtejo, zu Sulitelma und Röros in Norwegen, Falun in Schweden, vom Rammelsberg im Harz, bei Meggen an der Lenne, Schmöllnitz in Ungarn und vielen anderen Orten. Pyrit ist ein nie fehlender Bestandteil vieler Erzlagerstätten und somit ein häufiger Begleiter von Bleiglanz, Zinkblende, Kupferkies, Bornit, Kupferglanz, Arsenkies, Millerit u. a. Pyrit mit Hämatit und Magnetit in Gesellschaft von Granat, Fassait, Hornblende, Epidot kennzeichnet die jungen, perimagmatischen Lagerstätten von Traversella und Brosso in Piemont. Außer der unten genannten gesetzmäßigen Verwachsung mit Markasit, sind solche namentlich von J. Beckenkamp[10]) und O. Mügge[11]) beschrieben und zwar mit Chalkopyrit, Bleiglanz, Fahlerz,

[1]) R. Blum, Pseud. 1843, 298.
[2]) A. Breithaupt, Paragenesis 1849, 247.
[3]) G. vom Rath, Niederrh. Ges. Bonn 1886, 192.
[4]) K. Zimányi, An. hist. nat. Mus. Hungar **20**, 78 (1922).
[5]) P. Fallot, Ann. de l'Univ. Grenoble **22**, 495 (1910).
[6]) G. Tschermak, J. geol. R.A. **9**, 761 (1858).
[7]) E. Döll, Verh. geol. R.A. 1886, 354.
[8]) Derselbe, Z. Kryst. **35**, 308 (1901).
[9]) F. Schumacher, Z. prakt. Geol. **19**, 52 (1911).
[10]) J. Beckenkamp, Z. Kryst. **43**, 49 (1907); **32**, 31 (1899).
[11]) O. Mügge, N. JB. Min. etc. Beil.-Bd. **16**, 335 (1903).

Magnetkies und Arsenkies. Diese Mineralien enthalten S und abgesehen vom Bleiglanz alle noch Fe. O. Mügge weist besonders auf diese gleichen Atome hin, welche die regelmäßige Verwachsung begünstigen. Bei der weiten Verbreitung auf Erzlagerstätten tragen seine Verwitterungsprodukte zur Bildung des Eisernen Hutes bei.

Entstehung. Die Bildung aus einem Silicatschmelzfluß läßt den Pyrit in den Eruptivgesteinen als Übergemengteil sehr verbreitet erscheinen. J. H. L. Vogt[1]) hat auf die geringe Löslichkeit von FeS in silicatischen Magmen hingewiesen, die bei sinkender Temperatur zu einer Trennung des silicatischen und sulfidischen Schmelzflusses in flüssiger Phase führen muß, während der hochschmelzende Pyrit noch aus dem silicatischen Schmelzfluß auskristallisieren kann. Unter dem Einfluß der Kontaktmetamorphose wird Pyrit oft abgeröstet und bei über 570° in Magnetkies umgewandelt. Der Pyrit ist in der Hauptsache ein Produkt der Thermen. Solche Wässer sind heiß und in der Regel alkalisch. Daher finden wir den Pyrit vor allem auf den Erzgängen, die durch aufsteigende Lösungen gebildet wurden, während Markasit aus sauren und kalten Wässern gebildet, ein Oberflächenprodukt ist.

Im Huelva-Kiesfeld in Spanien setzten sich nach A. M. Finlayson[2]) die Erze auf den durch Verwerfungen und Überschiebungen geöffneten Wegen ab, die der Intrusion basischer Eruptiva folgten, was durch die anhaltende lentikuläre Struktur der Erzlager und das Aufsetzen an der Grenze zwischen Porphyr oder Diabas mit Schiefer oder innerhalb von zerquetschten Schieferzonen angedeutet wird. Die Verbreitung der Erzlager bezeichnet er als eine metallogenetische Provinz, deren Bereich sich mit der petrographischen Provinz deckt. Er schließt hieraus auf einen genetischen Zusammenhang, so daß also die Erzablagerung das Endprodukt der magmatischen Differenzierung darstellt, ebenso wie die Störungen, auf denen die Erzlösungen emporstiegen, das Ende der tektonischen Bewegungen bezeichnen, die mit der Faltung und Intrusion einsetzten. A. M. Finlayson weist auf die Analogie des Erzdistriktes von Avoca in Wicklow mit den Lagerstätten von Huelva hin.

Pyrit und Markasit kommen auch miteinander verwachsen oder aufeinander niedergeschlagen vor. Die gesetzmäßige Verwachsung ist derart, daß zwei Würfelflächen des Pyrits mit der Basis und einem Prisma des Markasits parallel sind.

H. N. Stokes[3]) hat Gemische von Pyrit und Markasit untersucht, von denen einige in konzentrischen Schichten verwachsen waren. W. S. T. Smith und C. E. Siebenthal[4]) beschreiben Handstücke mit beiden Mineralien. Diese Tatsachen zeigen nach E. T. Allen, J. L. Crenshaw und J. Johnston nicht nur den geringen Einfluß der Kerne bei der Bestimmung der Form, in der sich die Disulfide aus einer Lösung abscheiden, sondern auch, daß verhältnismäßig geringe Unterschiede in den Verhältnissen die eine oder andere Modifikation entstehen lassen können. In einigen Fällen können sich die beiden Mineralien gleichzeitig gebildet haben; auch kann der Pyrit zuerst und später, als die Lösung saurer wurde, der Markasit entstanden sein. Die beschriebenen synthetischen Versuche beweisen, daß die Mineralien sich häufig nebeneinander

[1]) J. H. L. Vogt, Norsk Geol. Tids. **4**, 97 (1917); Videnskapsselskapets Skrifter I. Math. nat. Kl. 1918 Nr. 1.

[2]) A. M. Finlayson, Geol. Mag. **7**, 220 (1910).

[3]) H. N. Stokes, Bull. geol. Surv. U.S. 1901, Nr. 186.

[4]) W. S. T. Smith u. C. E. Siebenthal, ebenda 1901, Nr. 148.

bildeten, wie polymorphe Formen, die monotrop sind, zu tun pflegen. Warme oder heiße Lösungen, die neutral oder alkalisch waren, gaben Pyrit, kalte Lösungen mit hinreichendem Säuregrad Markasit. Bei Verhältnissen, die dazwischen lagen, entstanden Gemische.

Nach E. T. Allen[1]) können erzbildende Lösungen, die zweifellos Polysulfide enthalten, den Magnetkies in Pyrit umwandeln, während der entgegengesetzte Vorgang nur an Kontaktstellen auftritt. Über pyrometamorphe Bildung von Pyrit auf den Spateisengängen des Siegerlandes ist bereits auf S. 562 unter Neubildungen berichtet worden.

In sedimentären Gesteinen bildet Pyrit mehr oder wenige reiche Imprägnationen, namentlich in Tonschiefern, Alaunschiefern, Schiefertonen, Letten, Mergeln, Kalkstein und auf Schichtflächen von Stein- und Braunkohlen. Die organische Substanz gewisser Schichten ist ein Fällungsmittel des Pyrits, den sie enthalten. Im Mansfelder Kupferschiefer ist ursprünglich nach F. Beyschlag[2]) der Pyrit, der vielleicht etwas Kupferkies enthielt, syngenetisch sedimentiert und dann von den Rücken aus durch aszendente Lösungen in Kupferkies umgewandelt worden. Es erhob sich die Frage, ob zwischen organischer Substanz und der Bildung von Schwefelwasserstoff eine Beziehung besteht. A. Gautier[3]) glaubt, daß bei Fäulnis organischer Stoffe, wo H_2S auftritt, der Pyrit, der bisweilen das Material fossiler Knochen und Schalen bildet, durch Schwefelwasserstoff ausgefällt wurde. Letzterer wäre von der organischen Substanz während ihrer Zersetzung langsam abgegeben worden. Mikroorganismen erzeugen aber auch durch Reduktion von Sulfaten Schwefelwasserstoff. Da diese Organismen nur in neutraler oder alkalischer Lösung tätig sind, so muß, wenn Ferrosalze neben Sulfaten vorhanden sind, Ferrosulfid gefällt werden. Ein Luftstrom mit überschüssigem H_2S würde genügen, um das Ferrosulfid in Disulfid zu verwandeln. Große Mengen von Pyrit oder Markasit können jedoch durch Mikroorganismen in der Natur nicht gebildet worden sein, da Organismen nur in Tiefen bis 4 oder 5 m gefunden werden.

Der in bituminösen Gesteinen häufig fein verteilte und die graue Farbe bedingende Pyrit ist primär im Gegensatz zu den erst bei der Erdölanreicherung entstandenen Schwefelkiesknollen.

G. Sirovich[4]) ist nicht der Ansicht, daß sich die Eisensulfide durch Reduktion von $FeSO_4$-Lösungen mittels organischer Substanzen bilden können.

Bedeutsam für die genetische Deutung der Pyritlager ist die Gelform des Eisenbisulfids, der Melnikowit (Näheres hierüber siehe S. 583). Der labile Melnikowit geht in den stabilen Pyrit über. Diese Tatsache in Verbindung mit dem Umstand, daß das Eisensulfidhydrat in gewissen Seichtmeer- und Binnenseeabsätzen eine große Verbreitung besitzt, gibt B. Doss[5]) Veranlassung, sich für die syngenetische Natur der den umgebenden Schiefern konkordant eingeschalteten schichtigen Kieslagerstätten vom Typus Rammelsberg, Meggen, Sulitelma und Huelvagebiet auszusprechen. Doch ist für die Kieslagerstätten von Huelva auch im Gegensatz zu B. Wetzig[6]) von R. Pilz[7]) und A. M. Finlayson[8]) epigenetische Bildung angenommen worden.

---

[1]) E. T. Allen, Journ. Wash. Acad. Sc. **1**, 170 (1911).
[2]) F. Beyschlag, Z. Dtsch. geol. Ges. 1920, 318. Z. prak. Geol. 1921, 1.
[3]) A. Gautier, C. R. **116**, 1494 (1893).
[4]) G. Sirovich, R. Acc. d. Linc. mat. e. nat. Cl. [5] 352 (1912).
[5]) B. Doss, Z. prakt. Geol. **20**, (1912/13).
[6]) B. Wetzig, ebenda **20**, 241 (1921).
[7]) R. Pilz, ebenda **22**, 373 (1914).
[8]) A. M. Finlayson, l. c.

Markasit.

Synonyma: Speerkies, Kammkies, Strahlkies, Zellkies, Graueisenkies, Binarkies, Wasserkies, Leberkies, Hepatopyrit, weißer Kies, Kyrosit, Lonchidit, Kausimkies, Metalonchidit, Glühekies.

Kyrosit, Lonchydit und Metalonchidit sind arsenhaltige Markasite.

Kristallklasse: Rhombisch-dipyramidal.

$a:b:c =$ 0,7662 : 1 : 1,2342 nach A. Sadebeck,[1])
0,7580 : 1 : 1,2122 nach V. Goldschmidt,[2])
0,7623 : 1 : 1,2167 nach P. Groth,[3])
0,7646 : 1 : 1,2176 nach E. T. Allen u. a.,[4]) bei künstlichem Markasit.

Zwillings- und Viellingsbildung nach (110), auch (101) häufig. (Speerkies für Wendezwillinge.)

Analysen.

	1.	2.	3.	4.	5.	6.
δ . .	4,729	4,925–5	—	—	5,080	—
Cu . .	1,41	0,75	—	—	0,72	—
Fe . .	45,60	44,22	46,90	46,93	45,12	47,83
Ni . .	—	—	—	—	1,29	—
Co . .	—	0,35	—	—	—	—
Pb . .	—	0,20	—	—	1,12	—
As . .	0,93	4,39	—	—	2,73	0,79
S . . .	53,05	49,61	52,70	51,95	49,56	44,77
Tl. . .	—	—	—	—	—	0,31
SiO_2 . .	—	—	—	—	—	2,84
	100,99	99,52	99,60	98,88	100,54	96,54

1. Von Briccius bei Annaberg (Sachsen), mit Ziegelerz-ähnlichem Brauneisenerz und Malachit, Quarz, Buntkupfer und Kupferindig; anal. Scheidhauer, Pogg. Ann. **64**, 282 (1845). — Von A. Breithaupt Kyrosit genannt.

2. Von Grube Kurprinz bei Freiberg (Sachsen) mit Kupferkies, Pyrit, Eisenspat, Quarz; anal. C. F. Plattner, ebenda **77**, 135 (1849). — Bei A. Breithaupt (Char. Min.-Syst. 1832, 254, 331) als Kausimkies erwähnt, auch Glühekies, wegen des Fortglühens vor dem Lötrohr, später Lonchidit (diminutiv von Lanze, Speer) benannt.

3. Aus dem Oxfordton bei Hannover; anal. H. Vogel u. Reischauer, N. JB. Min. etc. 1855, 676.

4. Aus dem Münstertal (Baden); anal. Trapp, Bg.- u. hütt. Z. **23**, 55 (1864).

5. Vom St. Bernhard-Gang bei Hausach (Kinzigtal), mit Bleiglanz, Zinkblende, Pyrit, Kupferkies, Quarz, Baryt; anal. F. Sandberger, Österr. Zschr. f. Berg. u. Hüttenwesen **35**, 531 (1887). — Metalonchidit genannt, weil er weniger As als Lonchidit enthält.

6. Aus den Galmeigruben der Gegend Olkusz (Polen); anal. J. A. Antipow, Journ. russ. phys.-chem. Ges. **28**, 384 (1896). — Der Verlust wird von J. A. Antipow als Sauerstoff angegeben.

---

[1]) A. Sadebeck, Pogg. Ann. Erg.-Bd. **8**, 625 (1878).
[2]) V. Goldschmidt, Krist. Winkeltabellen 1897, 232.
[3]) P. Groth u. K. Mieleitner, Min. Tab. 1921, 18.
[4]) E. T. Allen, J. L. Crenshaw, J. Johnston und E. Larsen, Z. anorg. Chem. **76**, 270 (1912).

	7.	8.	8a.	9.	10.	11.
δ	—	—	—	4,887	—	
Fe	45,43	46,55	46,34	46,53	46,20	—
Mn	0,71	—	—	—	—	—
S	53,77	53,05	52,93	53,30	53,25	52,62
As	—	Spur	Spur	—	0,32	—
$SO_4Fe + 7H_2O$	—	—	1,04	—	—	—
SiO_2	—	—	—	0,20	0,24	—
	99,91	99,60	100,31	100,03	100,01	

7. Speerkies, Fundort unbekannt; anal. J. Berzelius, Schweigg. Journ. **27**, 67 (1820); **36**, 311.
8. Von Jasper Co. (Missouri), an der Oberfläche hahnenkammartig ausgebildet, grünlichgelb, innen silbergrau; anal. E. Arbeiter, Diss. Breslau 1913, 11. — 8a. unter Einbeziehung eines wäßrigen Auszuges.
9. Markasit von Joplin (Montana); anal. E. T. Allen, J. L. Crenshaw u. J. Johnston, Z. anorg. Chem. **76**, 210 (1912).
10. Von Castelnuovo di Porto; anal. G. Sirovich, Rend. R. Ac. Linc. Cl. sc. fis. mat. e nat. [5] **21**, 352 (1912).
11. Von Grube Perm und Hektor, Ibbenbürener Platte (Westfalen); anal. E. Ammermann, ZB. Min. etc. 1924, 577. — Nur Fe-Bestimmung.

	12.	13.
Fe	42,69	47,22
S	48,65	52,61
As	Spur	—
FeO	0,71	—
SO_3	0,83	—
H_2O	0,58	—
Unlösl.	6,48	—
	99,94	99,83

12. Markasit von Macigno Calafuria, südl. Livorno (Toscana); anal. E. Manasse, Atti della Soc. Tosc. di Sci. Nat. res. Pisa **21**, 159 (1905). Ref. Z. Kryst. **43**, 496 (1907). — Unlöslicher Rückstand in HNO_3 ist $BaSO_4$.
13. Markasit vom Hüggel bei Osnabrück aus dem Eisernen Hut des Spateisensteinlagers; anal. M. Dittrich bei Fr. Schöndorf u. R. Schröder, 2. Jahresber. Niedersächs. geol. Ver. 1909, 152.

Diskussion der Analysen und Formel.

J. Berzelius[1]) zeigte, daß Markasit wie Pyrit zusammengesetzt ist. Nur nahm er in der einen Modifikation α-Schwefel, in der anderen β-Schwefel an. Die As-haltigen Markasite haben besondere Namen, wie Kyrosit, Lonchidit und Metalonchidit erhalten. Der As-reichste Markasit (Lonchidit) kann nach C. F. Rammelsberg[2]) als eine isomorphe Mischung von 1 Mol. Arsenkies und 25 Mol. Speerkies betrachtet werden. Er gibt folgende Formeln an:

$$\left.\begin{matrix} FeS_2 \\ FeAs_2 \\ 25\,FeS_2 \end{matrix}\right\} \quad \text{oder} \quad \left.\begin{matrix} 26\,FeS_2 \\ FeAs_2 \end{matrix}\right\}.$$

[1]) J. Berzelius, Pogg. Ann. **61**, 1 (1844) und Jahresber. **24**, 32 (1845).
[2]) C. F. Rammelsberg, Min.-Chem. 1875, 59.

W. Brown[1]) nimmt im Markasit nur Ferroeisen an und struiert ihn in folgender Weise:

$$Fe\langle\begin{matrix} S \\ | \\ S \end{matrix} .$$

A. Beutell[2]) hat nach dem Arsengehalt des Markasits den prozentischen Gehalt an Arsenkies und Löllingit ermittelt. Ob das eine oder andere Mineral beigemengt ist, läßt sich aus der Analyse nicht entscheiden. A. Beutell gibt folgende Tabelle:

	SAsFe	S_2Fe	As_2Fe	S : Fe
1. Münstertal	—	100,00	—	1,9 : 1,0
2. Hanover	—	100,00	—	2,0 : 1,0
3. Annaberg (Kyrosit) . .	2,0	97,58	1,3	2,0 : 1,0
4. Hausach (Metalonchidit)	5,6	91,81	3,6	2,0 : 1,0
5. Freiberg (Lonchidit) . .	9,5	88,74	6,0	2,0 : 1,0

A. Beutell spricht sich mehr für eine isomorphe Beimischung des Normalarsenkieses zum Markasit aus, da die geometrischen Konstanten bei Markasit und Löllingit erheblich abweichen, was schon A. Arzruni[3]) feststellte. J. W. Retgers[4]) verwirft die Isomorphie und Morphotropie zwischen Markasit, Arsenkies und Löllingit. Der Arsengehalt der Markasite wäre auf Umwachsungen von FeS_2 mit $FeAs_2$ oder FeAsS zurückzuführen, also auf isomorphe Schichtung bzw. mechanische Gemenge. Für FeS_2 und $FeAs_2$ wäre wohl nur mechanische Beimengung möglich; für SAsFe und FeS_2 ist A. Beutell für isomorphe Mischung. Die Konstitutionsformel wäre dann analog dem Arsenkies:

$$Fe\langle\begin{matrix} S-S \\ S-S \end{matrix}\rangle Fe .$$

Diese Formel hatte bereits P. Groth[5]) für Markasit aufgestellt.

Die Markasitformel ist nach A. Beutell zu verdoppeln und S_4Fe_2 zu schreiben. Auch E. Arbeiter[6]) nimmt diese Schreibweise der Formel an, einerseits wegen der Isomorphie mit Arsenkies, andererseits, weil Markasit bei höherer Temperatur sich in Pyrit umwandelt, was auf die gleiche Molekulargröße von Pyrit und Markasit hinweist und man nicht annehmen könne, daß S_2Fe durch Erhitzen in S_4Fe_2 sich verwandelt. In der Konstitutionsformel von A. Beutell sind alle vier Schwefelatome gleichartig gebunden. Nach E. Arbeiter ist die Formel:

$$S\langle\begin{matrix} Fe-Fe \\ S-S \end{matrix}\rangle S ,$$

in der die beiden an Eisen gebundenen Schwefelatome unter sich gleichartig

[1]) W. Brown, Proc. Am. Phil. Soc. **18**, 33 (1894).
[2]) A. Beutell, ZB. Min. etc. 1912, 233, 279.
[3]) A. Arzruni, Physik. Chem. d. Kristalle 1893, 206.
[4]) J. W. Retgers, N. JB. Min. etc. 1891, I, 151.
[5]) P. Groth, Tab. Übers. Min. 1898, 21.
[6]) E. Arbeiter, Diss. Breslau 1913, 24.

sind, jedoch von den übrigen verschieden sind, auf den ersten Blick wahrscheinlicher. Denn beim Markasit werden durch Oxydation zwei Schwefelatome abgeschieden. Diese Abscheidung aus der Molekel S_4Fe_2 läßt sich allerdings auch durch die erste Formel erklären, indem die Molekel S_4Fe_2 bei der Oxydation in die zwei Hälften S_2 Fe gespalten wird, durch die Einwirkung von H_2O_2 und HCl SFe in Lösung geht und aus jedem Molekel S_2Fe ein Schwefelatom abgeschieden wird.

Welcher der beiden Formeln der Vorzug zu geben bzw. welches die Bindungsweise der Schwefelatome ist, kann nach den bisherigen Ergebnissen nicht mit Sicherheit angegeben werden.

F. Beijerinck[1]) will eine ringförmige Aneinanderreihung mehrerer (mindestens vier) FeS_2-Gruppen annehmen. Siehe S. 575.

M. L. Huggins[2]) nimmt für Markasit an, daß die S-Atome paarweise angeordnet sind, daß jedes S-Atom durch Elektronenpaare an 1 S- und 4 Fe-Atome, jedes Fe-Atom an 6 S-Atome gebunden sind.

Allgemein wird die Formel des Markasits geschrieben:

FeS_2 auch $[S_2]Fe$, nach A. Beutell: Fe_2S_4.

Der As-Gehalt kann zum Ausdruck gebracht werden, wenn man einen solchen Markasit als arsenhaltig bezeichnet. Die Arsengehalte der genannten Synonyma sind zu niedrig, um besondere Mineralien aufzustellen.

Arsen scheint im Markasit ziemlich verbreitet zu sein. Von der Apfelgrube bei Beuthen gibt B. Kosmann[3]) einen Gehalt von 2,12 % As und 0,25 % Ni an, von Bleyscharley bei Groß-Dombrowka in Oberschlesien 0,71 As und 0,185 Ni. Co wurde nur in Analyse 2 gefunden. Thallium ist außer in Analyse 6 noch von A. Breithaupt[4]) mit 0,5—0,75 % im Markasit von Kurprinz bei Freiberg und mit 1 % in einem Hepatopyrit aus der Sierra Almagrera in Spanien gefunden worden. Kupfer scheint von Kupferkies herzurühren, Blei von Bleiglanz. Das Fehlen von Gold ist nicht auffallend, wenn wir die Genese (S. 583) kennen.

Geringe Mengen von Arsen, die im Gang der Analyse nicht festzustellen sind, lassen sich nach E. Arbeiter durch die Vakuumdestillation feststellen, indem ein am Anfang des Rohres sitzender schwarzer Beschlag mit $NaClO_3$ geprüft wird.

Chemische Eigenschaften.

Lötrohrverhalten. Es gilt dasselbe wie beim Pyrit.

Löslichkeit. Während sich nach J. Brush und S. L. Penfield[5]) gepulverter Pyrit in Salpetersäure von der Dichte 1,4 vollständig löst, scheidet Markasit darin Schwefel ab. Verdünnte Salpetersäure vom spezifischen Gewicht 1,2 hinterläßt nach E. Arbeiter bei Markasit ungefähr doppelt soviel Schwefel als Rückstand wie bei Pyrit. Daraus leitet er ab, daß es in beiden Mineralien schwerer und leichter oxydierbare Schwefelatome gibt. Um die oxydierende Lösung so schwach zu machen, daß sie den abgeschiedenen Schwefel gar nicht oder nur sehr wenig oxydiert, daß sie stark genug ist, die

---

1) F. Beijerinck, N. JB. Min. etc. Beil.-Bd. **11**, 434 (1893).
2) L. M. Huggins, Phys. Rev. [2] **19**, 369. Ref. Chem. ZB. 1923, III, 1209.
3) B. Kosmann, Z. oberschl. Berg.- u. Hüttenmänn. Ver. 1883.
4) A. Breithaupt, Min. Stud. 1866, 92.
5) J. Brush u. S. L. Penfield, Determ. Min. 15. Aufl., 252.

Molekel aufzuspalten und den leicht zu oxydierenden Schwefel in H_2SO_4 umzuwandeln, verwandte er Wasserstoffsuperoxyd und Salzsäure. Bei Oxydation des Markasits mit 10 %igem H_2O_2 ergibt die Analyse das Atomverhältnis des gelösten Eisens zum gelösten Schwefel Fe : S = 1 : 1,90. Es ist also nicht die ganze Markasitmolekel in Lösung gegangen, sondern es tritt schon Schwefelabscheidung ein. Bei der Verdünnung der oxydierenden H_2O_2-Lösung nehmen die Atomzahlen für den gelösten Schwefel ab und nähern sich immer mehr dem Grenzwert 1,0. Bei den Versuchen wird nur 1,06 erreicht. Markasit verhält sich sonst wie Pyrit; er ist in allen Medien etwas löslicher und wird durch Oxydationsmittel leichter verändert. C. Doelter[1]) und G. A. Binder[2]) haben die Löslichkeit in destilliertem Wasser geprüft, indem sie in geschlossener Glasröhre 0,5383 g Markasit über zwei Monate lang der Einwirkung von 40 ccm Wasser aussetzten. Es fand sich eine Löslichkeit des Minerals von 2,82 % der angewandten Menge. In 100 Teilen Wasser würden sich ungefähr 0,037 g lösen. Die mikroskopische Untersuchung des rückständigen Pulvers zeigte tafelförmige Bildungen, die jedoch mehr an Magnetkies als an Markasit erinnern.

C. Doelter[1]) erhitzte in zugeschmolzener Glasröhre Markasit von Littmitz 6 Wochen bei 90° mit 40 ccm 10 %iger Sodalösung:

Angewandte Menge	1,1532 g
Gelöst S	0,032
Fe	0,028
FeS_2	0,064
Löslichkeit in Prozenten der angewandten Menge	4,17
Löslichkeit in 100 Teilen Sodalösung	0,106

Der Versuch wurde wiederholt; es wurden gelöst 0,042 Fe, 0,06 S, zusammen 0,102, also in Prozenten 4,06 Markasit.

Pyrit ist in Soda mit 7,08 % löslich.

Von J. W. Evans[3]) angestellte Löslichkeitsversuche ergaben, daß Markasit in destilliertem Wasser nur sehr wenig, bei Zusatz von Calciumcarbonat in Stücken beträchtlich Eisenhydroxyd abgibt. Die Löslichkeit in reinem Wasser ist also klein; sie steigt aber bedeutend, wenn Sauerstoff hinzutritt. Die Oxydation des Markasits in feuchter Luft bei höherer Temperatur führt zur Bildung von Eisenhydroxyd und freier Schwefelsäure. Es bildet sich Ferrisulfat, das in Gegenwart von viel H_2O weiter gespalten wird nach der von E. Dittler aufgestellten Gleichung:

$$Fe_2(SO_4)_3 + 6\,H_2O \lesseqgtr Fe_2O_3 . 3\,H_2O + 3\,H_2SO_4 .$$

E. Dittler[4]) zersetzte Markasit von Freiberg bei nahezu 100° C mit großer Wassermenge, großem Sauerstoffüberschuß und vollständigem Mangel an Sulfid in der Lösung. Der Sauerstoff trat aus einer Bombe zu. Die Versuchsresultate sind:

[1]) C. Doelter, N. JB. Min. etc. 1894, II, 273.
[2]) G. A. Binder, Tsch. min. Mit. **12**, 337 (1891).
[3]) J. W. Evans, Min. Mag. and Journ. Min. Soc. London **12**, Nr. 58, 371 (1900).
[4]) E. Dittler, ZB. Min. etc. 1923, 706.

Angewandte Menge: 1 g; Korngröße: $< 0,005$ mm.

Versuch	Dauer in Stunden	Gelöst in mg		Äquivalente		Äquivalent-verhältnis	Bemerkung
		Fe	SO_4	Fe	SO_4	Fe : SO_4	
1	7	7,2	14,4	1,3	1,5	1 : 1,1	Sauerstoff in Berührung nur mit dem Bodenkörper
2	10	13,4	31,6	2,4	3,3	1 : 1,3	
3	15	19,5	53,7	3,5	5,6	1 : 1,6	
4	2	2,2	14,2	0,4	1,4	1 : 3,5	Sauerstoff zirkuliert auch durch die Extraktionsflüssigkeit
5	4	3,5	20,4	0,6	2,0	1 : 3,3	
6	6	5,6	35,6	1,0	3,7	1 : 3,7	
7	8	8,4	46,2	1,5	4,8	1 : 3,2	
8	10	13,4	75,4	2,4	7,8	1 : 3,2	

Sauerstoff bildet in Berührung mit dem Bodenkörper $FeSO_4$, das durch das zirkulierende Wasser in den unteren Kolben fließt, wo es sich, langsam von der Sauerstoffzufuhr abgesperrt, oxydiert.

Tritt der Sauerstoffstrom auch in die Lösung ein, so bildet sich rasch Ferrisulfat zusammen mit basischem Sulfat. Dann liegt alles Eisen in Ferriform vor. Die anfangs klaren Lösungen färben sich bei längerer Versuchsdauer hellrot unter gleichzeitiger Bildung eines Eisenhydroxydsoles. Die Lösungen reagieren sauer; nach einiger Zeit setzt sich rotbraun gefärbter Schlamm zu Boden.

Der Prozeß wird durch die folgenden Gleichungen veranschaulicht:

$$\text{I.}\quad FeS_2 + 7O + H_2O = FeSO_4 + H_2SO_4\,,$$
$$\text{II.}\quad 2FeSO_4 + O + H_2SO_4 = Fe_2(SO_4)_3 + H_2O\,.$$

Die Reaktion entspricht dem Massenwirkungsgesetz, wonach:

$$\frac{[FeS_2]\cdot[O]^7\cdot[H_2O]}{[FeSO_4]\cdot[H_2SO_4]} = K.$$

Durch die ständige Sauerstoff- und Wasserdampfzufuhr wird die Konzentration an $FeSO_4$ bzw. $Fe_2(SO_4)_3$ fortdauernd erhöht.

Markasit wird in Berührung mit Bleiglanz oder Zinkblende vor der Zersetzung geschützt. Experimente von R. C. Wells[1]) haben gezeigt, daß die Löslichkeit in Berührung mit Zinkblende nur $^1/_6$—$^1/_4$ war, als wenn er allein dem Angriff von $H_2O + O_2$ ausgesetzt worden wäre. Zinkblende wurde 10 bis 14 mal schneller zersetzt als für sich allein. Dies wurde durch C. E. Siebenthal[2]) am Markasit von Joplin bestätigt, wo tief angeätzte Bleiglanz- oder Zinkblendekristalle Krusten von scharf begrenzten Markasitkristallen hatten. Das Sulfid von geringerem Potential wird rascher aufgelöst, während das von höherem Potential gegen Oxydation und Lösung geschützt wird. Siehe auch S. 574 unter elektrischer Leitfähigkeit.

Nach H. N. Stokes[3]) wird Markasit von Kupfersulfat leichter angegriffen als Pyrit. Über seine Methoden zur Bestimmung von Markasit und Pyrit siehe S. 579 und 545 bei Pyrit.

[1]) R. C. Wells, Econ. geol. **5**, 1 (1910); Bull. geol. Surv. U.S. 1914, 548; Bull. 1915, 609.
[2]) C. E. Siebenthal, Bull. geol. Surv. U.S. **606**, 45 (1915).
[3]) H. N. Stokes, ebenda 1901, Nr. 186.

E. T. Allen, J. L. Crenshaw und J. Johnston[1]) benützen zur Unterscheidung von Markasit und Pyrit die verschieden rasche Oxydation durch Ferrisalz zu Ferrosulfat und Schwefelsäure, indem sie die Oxydationszahl bestimmen.

Durch Schmelzen mit Wismutchlorid wird Markasit nach G. W. Plummer[2]) zersetzt. Durch Titration des Eisens ergab sich, daß es in der Ferroform vorliegt.

Über **Dissoziation** und Bestimmung von Markasit-Pyritgemischen siehe auch S. 544 bei Pyrit und auf S. 581 unter Synthese.

E. T. Allen und J. L. Crenshaw[3]) haben 1 g trocken zerriebenen Markasit von Joplin auf 600° C erhitzt in einem vertikalen Glasrohr. Etwa 15 cm vom unteren Ende war ein Seitenrohr von 5 mm Durchmesser angeschmolzen. Über diesem Ansatzrohr war das senkrechte Rohr eingezogen, oben offen. Das Seitenrohr wurde direkt an einem Arm eines U-Rohres von demselben Durchmesser (5 mm) angeschlossen, das mit Glaswolle gefüllt war. Das 18 cm hohe U-Rohr war mit Eis umgeben, zur Verdichtung etwa auftretenden freien Schwefels. Der andere Arm des U-Rohres war am Absorptionsrohr angeschmolzen, das eine Schicht festen Natriumhydroxyds von etwa 6 cm Länge enthielt, die von Pfropfen aus Glaswolle festgehalten wurde. Das freie Ende des Absorptionsrohres war an eine Vakuumpumpe angeschmolzen. Den Markasit brachte man durch einen kleinen Trichter in das vertikale Rohr, das dann bei der Verengung abgeschmolzen wurde. Das Sulfid wurde dann in einem kleinen Widerstandsofen erhitzt, der das senkrechte Rohr umgab. Es zeigte sich, daß der trocken zerriebene Markasit keinen Schwefelwasserstoff abgab. Der in Wasser zerriebene Markasit desselben Fundortes gab 1,1—1,2 mg ab. Pyrit entstand dabei nicht. Nur wenn der Markasit in 2% H_2SO_4 zwei Tage bei 200° C erhitzt wurde, bildeten sich 30—40% Pyrit und 1,2 mg H_2S. Die abgegebene Menge H_2S steht in keinerlei Beziehungen zur Pyritmenge, die nach dem Verfahren von H. N. Stokes gefunden wurde.

Physikalische Eigenschaften.

Dichtebestimmungen. C. F. Rammelsberg[4]) gibt die Dichte 4,9 an, an Kristallen von Wollin 4,881, Littmitz 4,878, Joachimstal 4,865.

Außer diesen und den bei einigen Analysen angegebenen Dichten liegen aus neuerer Zeit eine Anzahl genauere Bestimmungen vor. V. Pöschl[5]) hat die Dichten nachfolgender Markasitvorkommen bestimmt:

Vorkommen	Anzahl der Bestimmungen	Dichte
Brüx in Böhmen	4	4,879
Cornwall (Speerkies)	5	4,862
Folkestone „	4	4,845
Dux in Böhmen	4	4,845
Littmitz in Böhmen (Speerkies) .	4	4,822
Carterville, Missouri (Kammkies)	5	4,790
Zacatecas, Mexico	6	4,607

[1]) E. T. Allen, J. L. Crenshaw u. J. Johnston, Z. anorg. Chem. **76**, 208 (1912).
[2]) G. W. Plummer, Am. Journ. **33**, 1487 (1911).
[3]) E. T. Allen u. J. L. Crenshaw, Z. anorg. Chem. **90**, 115 (1915).
[4]) C. F. Rammelsberg, Z. Dtsch. geol. Ges. **16**, 268 (1864).
[5]) V. Pöschl, Z. Kryst. **48**, 605 (1911).

Da V. Pöschl keine Analysen der untersuchten Kristalle angibt, so läßt sich nichts über die Ursache der Unterschiede aussagen. Auffallend gering ist die Dichte des Markasits von Zacatecas, von dem V. Pöschl angibt, daß die Kristalloberfläche von einer großen Anzahl von Sprüngen durchzogen sei.

H. N. Stokes[1]) hat bei 18—23° Dichtebestimmungen an einigen Markasiten vorgenommen. Er fand:

	Dichte
Markasit von Galena, Illinois . .	4,891
„ „ „ „ . .	4,886
„ „ Weardale, England .	4,880

E. T. Allen, J. L. Crenshaw und J. Johnston[2]) haben an sehr reinem Material von Joplin (Analyse 9) die Dichte 4,887 bei 25° C bestimmt. Beim Erhitzen auf 610° stieg die Dichte von 4,887 auf 4,911. Die Änderung in der Farbe und die Oxydationszahl zeigen, daß der Markasit sich in Pyrit verwandelt hat. Die noch zu geringe Dichte für Pyrit wird auf Porosität des Produkts zurückgeführt.

Die von F. Wöhler[3]) für Markasit angenommene Dichte 4,74 dürfte entschieden zu niedrig sein. Er bringt die Dimorphie des Eisendisulfids mit der des Schwefels in Zusammenhang; die Dichten des Pyrits und Markasits sollen sich wie die des rhombischen Schwefels und des monosymmetrischen verhalten. Bei C. Hintze[4]) finden wir 4,65—4,88 angegeben. 4,65 dürfte nach den oben angegebenen Bestimmungen nicht in Betracht kommen. Ein Mittelwert der besseren Bestimmungen ergibt 4,87 ± 0,02.

J. J. Saslawsky[5]) bestimmte die Kontraktionskonstante für die Dichte 4,65—4,88 zu 0,66—0,63.

Härte, Kohäsion und Elastizität. Die Härte ist 6,5. A. Julien[6]) gibt die Härte auf den Makrodomen nur zu 6 an, während sie auf den meisten Flächen 6,5 sei. V. Pöschl[7]) nahm Ritzversuche mit einem Instrument, das eine Kombination von Sklerometer und Mikroskop darstellt, vor und fand, wenn man die Härte des Topas = 1000 setzt, unter Zugrundelegung der

Belastung von 50 g	134,1,
„ „ 20 g	140,2.

Da er für Pyrit höhere Werte fand (S. 548), so ist die Härte des Markasits geringer als die des Pyrits. Er bringt die Härte in Verbindung mit der Dichte und folgert, daß die Härte des spezifisch leichteren Minerals (des Markasits) die geringere sei.

Die Spaltbarkeit des Markasits ist unvollkommen nach dem Grundprisma und sehr undeutlich nach dem Brachydoma (011). Der Bruch ist uneben.

---

[1]) H. N. Stokes, Bull. geol. Surv. U.S. Nr. 186, 1901. Ref. in N. JB. Min. etc. 1903, I, 10.

[2]) E. T. Allen, J. L. Crenshaw u. J. Johnston, Z. anorg. Chem. **76**, 202, 222 (1912).

[3]) F. Wöhler, Ann. Chem. Pharm. **90**, 256 (1854).

[4]) C. Hintze, Handb. Min. 1904, I, 817.

[5]) J. J. Saslawsky, Z. Kryst. **59**, 204 (1924).

[6]) A. Julien, Ann. New York Ac. Sc. **3**, Nr. 12, S. 365. Ref. Z. Kryst. **17**, 419 (1890).

[7]) V. Pöschl, Z. Kryst. **48**, 616 (1911).

Bei Drucken bis 20000 Atm. konnte O. Mügge[1]) keine Veränderung wahrnehmen.

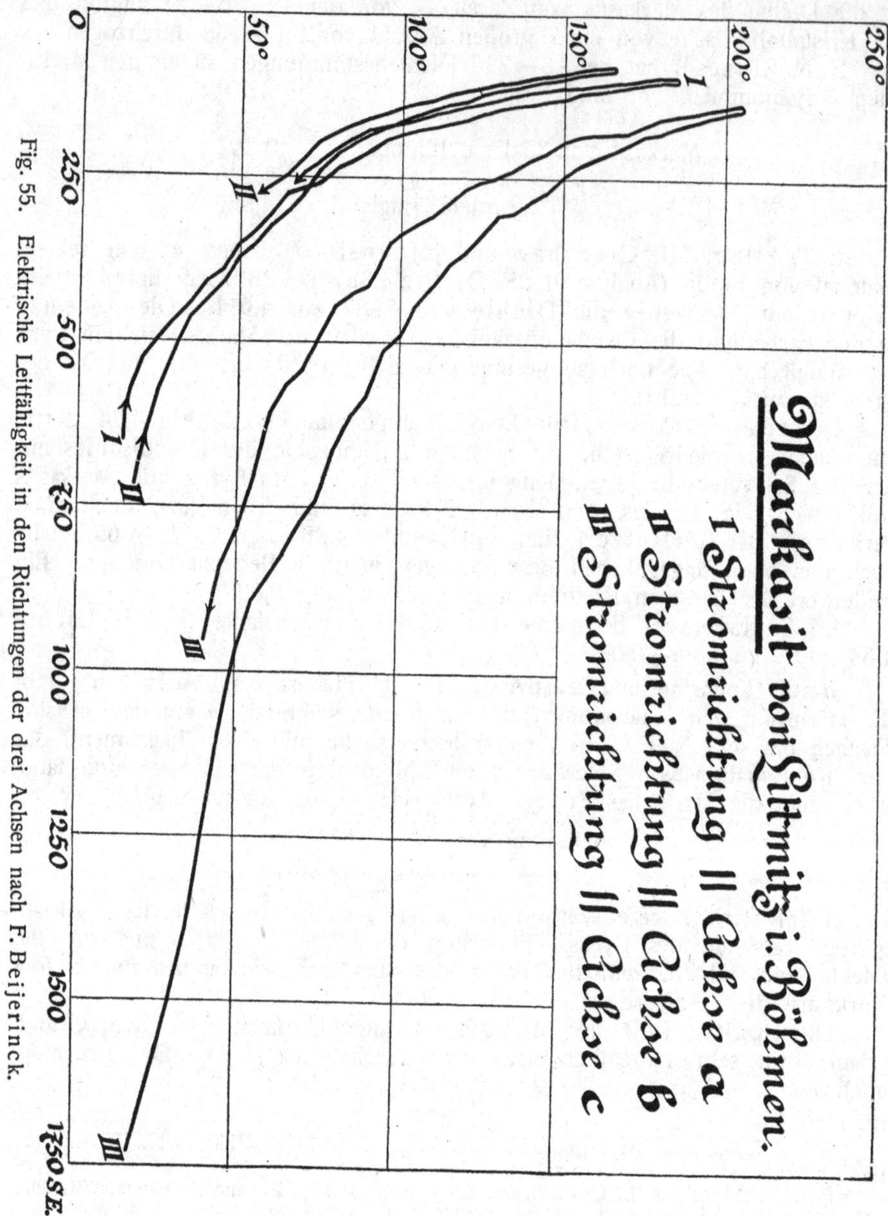

Fig. 55. Elektrische Leitfähigkeit in den Richtungen der drei Achsen nach F. Beijerinck.

Elektrisches Leitvermögen. Gegenüber der guten Leitfähigkeit des Pyrits ist diese beim Markasit viel geringer. F. Beijerinck[2]) hat Messungen an

[1]) O. Mügge, N. JB. Min. etc. 1920, 54.
[2]) F. Beijerinck, N. JB. Min. etc. Beil.-Bd. **11**, 434 (1897—98).

zwei aus einem Kristall von Littmitz herausgeschnittenen Prismen angestellt. Die Fig. 55 enthält die Diagramme. In der Richtung der *c*-Achse ist die Leitfähigkeit für Temperaturen von 17—240° am geringsten. Bei gewöhnlicher Temperatur ist die Leitfähigkeit in der Richtung der *b*-Achse kleiner als in der Richtung der *a*-Achse. Bei einer nicht weit von 100° entfernt liegenden Temperatur werden die Leitfähigkeiten in der Richtung der *a*- und *b*-Achse gleich, während in der Richtung der *c*-Achse bei dieser Temperatur noch immer ein größerer Widerstand herrscht. Bei noch höheren Temperaturen wird der Widerstand in der Richtung der Achse *b* kleiner als der in der Richtung *a*. Die Leitfähigkeiten in Richtung der drei Achsen werden also bei keiner Temperatur gleich; es wird bei Temperaturzunahme kein isotropes Stadium passiert. Von F. Beijerinck wurde ferner die Leitfähigkeit des Freiberger Kammkieses senkrecht zur größten Flächenausdehnung der Kristalle, also zwischen *a* und *b* gemessen. Ein Prisma ergab einen absoluten Widerstand in dieser mittleren Richtung von 239,5 Ohm. Diese Leitfähigkeit des Markasits, sowie das anormale Kristallvolum des Markasits weisen auf eine abweichende Stellung im System, verschieden von der Arsenopyritgruppe. Die rhombischen Glieder sind alle bessere Leiter. Die geringe Leitfähigkeit erklärt F. Beijerinck durch eine Polymerisation des Ferrodisulfidmoleküls und nimmt eine ringförmige Aneinanderreihung mehrerer FeS_2-Gruppen an.

Das Leitvermögen des Markasits ist nach J. Königsberger u. O. Reichenheim[1]) etwa 500 mal geringer als das des Pyrits. Nach der Abkühlung eines auf 400° erhitzten Markasitkristalls verhielt sich dieser wie Pyrit.

J. Königsberger und O. Reichenheim[2]) haben an Platten parallel (010) am Markasit von Leitmeritz das Verhalten gegen elektrische Strömung und Strahlung untersucht:

	für $\lambda =$ 1,6—4,0	4,0—15	15—40 μ
ist der Schwächungskoeffizient $\alpha =$	12,8	12,8	14,1

Im Mittel ist α beobachtet 13, nach Maxwell berechnet 0,48.

Die auf Hg = 1 bezogene Leitfähigkeit σ' ist:

parallel $b = 9{,}43 \,.\, 10^{-6}$, parallel der *a*- und *c*-Achse $4{,}18 \,.\, 10^{-6}$.

Die Leitfähigkeit in reinem Wasser gegenüber metallischem Kupfer = 0,00 Volt ist nach V. H. Gottschalk und H. A. Bühler[3]) + 0,37 Volt.

Die spezifische Wärme für Markasit ist nach V. Régnault 0,1332; A. Sella[4]) berechnete 0,1460.

Der von R. Cusack[5]) bestimmte Schmelzpunkt 642° ist unsicher, da ja Markasit bei dieser Temperatur bereits in Pyrit umgewandelt ist. Die Verbrennungswärme ist nach A. Cavazzi[6]) wie bei Pyrit 1550 kleine Kalorien.

Die Bildungswärme des Markasits ist nach W. G. Mixter[7]) + 35500 Kalorien wie bei Pyrit.

---

[1]) J. Königsberger u. O. Reichenheim, N. JB. Min. etc. 1906, II, 36.
[2]) Dieselben, ZB. Min. etc. 1905, 454, 462.
[3]) V. H. Gottschalk u. H. A. Bühler, Econ. Geol. **5**, 28 (1910); **7**, 15 (1912).
[4]) A. Sella, Z. Kryst. **22**, 180 (1894).
[5]) R. Cusack, Proc. Roy. Irish. Acad. **4**, 399 (1897).
[6]) A. Cavazzi, Z. Kryst. **32**, 515 (1900).
[7]) W. G. Mixter, Am. Journ. **36**, 55 (1913).

Die Farbe des Markasits ist speisgelb mit starkem Strich ins Grünlichgraue. Die ausgeriebene Strichfarbe ist nach J. L. C. Schroeder van der Kolk[1]) in der Hauptfarbe hellbraun. Doch ist auch im Strich das Grünlichgrau wahrzunehmen.

J. Königsberger[2]) stellte unter dem Mikroskop die Anisotropie des Markasits fest, der sich sofort von dem isotropen Pyrit unterscheidet.

Mikroskopische Untersuchung im auffallenden Licht nach H. Schneiderhöhn.[3])

Markasit ist ebenso schlecht polierbar wie Pyrit. Ebenso gleicht er in Farbe und hohem Glanz dem Pyrit; nur in direktem Kontakt findet man die Farbe des Markasits gerade noch merkbar dunkelgelb.

Die Farbbezeichnung ist nach W. Oswald *ea* 04, d. i. 36 % Weiß, 11 % Schwarz, 53 % Zweites Gelb.

Verhalten im polarisierten Licht. Markasit wirkt sehr deutlich auf das polarisierte Licht ein und zwar sowohl in ungeätzten, als auch in geätzten Anschliffen. Besonders die Längsschnitte der strahligen Aggregate werden viermal hellgrau in der Dunkelstellung, wenn die Längsachse der Schnitte parallel einem Nicolhauptschnitt steht. In den Zwischenstellungen hellen sie mit grünen, roten, blauen und violetten Farben auf. Die zahlreichen Zwillingshälften und Zwillingslamellen heben sich durch entgegengesetzte Farben deutlich voneinander ab. Das polarisierte Licht ist ein sicheres Unterscheidungsmittel zwischen Markasit und Pyrit.

Ätzverhalten. Wirksam sind nur saure Permanganatlösung und die elektrolytische Ätzung mit HCl oder H_2SO_4.

Als Ätzspaltbarkeit sind vielleicht selten auftretende kurzstäbchenförmige Vertiefungen anzusprechen. Auf beiden Seiten der gerade verlaufenden Zwillingsnaht verläuft eine Fiederstreifung verschieden und oft symmetrisch zur Grenze.

Gefüge der Aggregate. Es werden zwei Gefügeformen unterschieden. Die eine zeigt dieselbe innere Beschaffenheit, wie die ausgebildeten Kristalle. Ein ganz anderes Strukturbild bieten dichte traubig-knollige Massen ohne makroskopisch erkennbare kristalline Beschaffenheit. Bei geringer Vergrößerung ist eine Markasitgrundmasse vorhanden, in der zahlreiche kleinste und größere Poren und idiomorphe Zinkblendekristalle sich befinden. Auch bei stärkster Vergrößerung sind viele Stellen in der Markasitmasse auch nach sorgfältiger Ätzung völlig homogen und strukturlos. Sie gehen allmählich in eine rhythmische Bänderung über, die verworrene und seltsame Biegungen und Windungen macht und die oft täuschend einer Achatstruktur gleicht (Fig. 56). Im Innern sind winzige Zinkblendeindividuen. An anderen Stellen tritt eine „Perlit"-Textur ein; runde Sphärolithe von Markasit von unter $^1/_{1000}$ mm Größe liegen dicht gepackt nebeneinander; dazwischen sind feine Poren oder Zinkblende. Bei stärkerer Ätzung werden manche Bänder der „Achatmarkasite" und die mit Markasit erfüllten Zwischenräume des „Perlitmarkasits" sehr viel leichter aufgelöst als andere Bänder bzw. als die Perlitsphärolithe

---

[1]) J. L. C. Schroeder van der Kolk, ZB. Min. etc. 1901, 75.
[2]) J. Königsberger, ZB. Min. etc. 1908, 602.
[3]) H. Schneiderhöhn, Anl. zur mikr. Best. 1922, 187.

selbst. H. Schneiderhöhn schließt hieraus und aus der ganzen Textur, daß es sich um das **„Markasitgel"**, um kolloidales Eisenbisulfid, handelt, das später erst schalenförmig sich zu kristallinem Markasit (vielleicht mit der Zwischenstufe des Melnikowits) entglast.

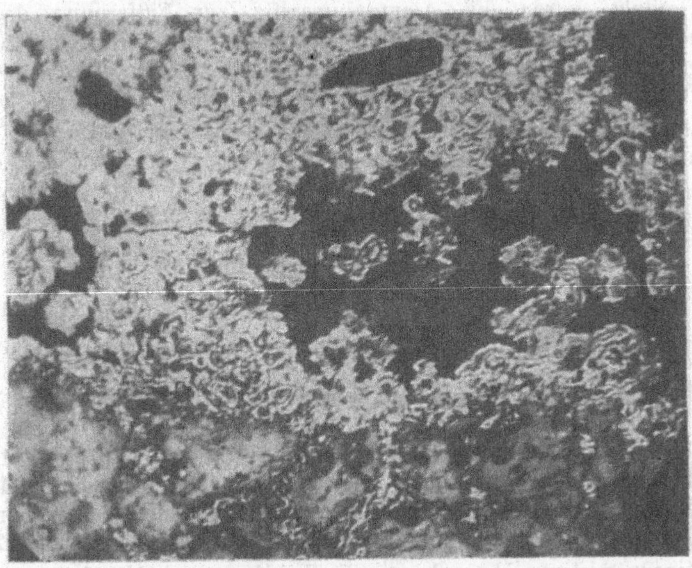

Fig. 56. Polierter Anschliff; Markasit von Wiesloch in Baden. Geätzt mit schwefelsaurer Permanganatlösung, zeigt Achatstruktur (weiße und dunkle Bänder). Mit Zinkblende verwachsen (schwarz). Nach H. Schneiderhöhn.

Die Kolloidtextur des ganz dichten, matten Eisenbisulfides läßt dieses als eine gesonderte Modifikation erscheinen.

Synthese.

C. Doelter[1]) hat Eisenvitriol mit Kohle gemengt und zu dunkler Rotglut im H_2S-Strom erhitzt. Es ergab sich kein Markasit, ebensowenig durch Reduktion des Eisencarbonats durch H_2S. Das Produkt war Pyrit oder Troilit. Dasselbe Resultat erhielt er beim Versuch, Eisenvitriol durch Leuchtgas zu zersetzen. Bei späteren Versuchen, die Löslichkeit des Markasits festzustellen, erhielt C. Doelter[2]) Neubildungen von Markasit bei Behandlung mit destilliertem Wasser, Sodalösung und mit Schwefelnatrium.

Nach E. T. Allen, J. L. Crenshaw und J. Johnston[3]) ist die erste Einwirkung von H_2S auf Ferrisalze natürlich die unmittelbare Reduktion der letzteren und die gleichzeitige Fällung von Schwefel:

$$Fe_2(SO_4)_3 + H_2S = 2FeSO_4 + H_2SO_4 + S.$$

Wenn aber im geschlossenen Gefäß H_2S nicht oxydiert und entweichen kann, findet eine weitere Reaktion statt, nämlich:

$$FeSO_4 + S + H_2S = FeS_2 + H_2SO_4.$$

[1]) C. Doelter, Z. Kryst. **11**, 31 (1886).
[2]) Derselbe, N. JB. Min. etc. 1894, II, 273.
[3]) E. T. Allen, J. L. Crenshaw u. J. Johnston, Z. anorg. Chem. **76**, 206 (1912).

Bei 200° findet die Reaktion verhältnismäßig schnell statt. Die genannten Autoren schmolzen 3 g $FeSO_4 . 7H_2O$ mit 0,17 g H_2SO_4, 0,75 g Schwefel und 100 ccm bei 0° mit H_2S gesättigtem Wasser in ein Glasrohr ein und erhitzten 2 Tage auf 200°. Das durch Waschen mit Wasser gereinigte Produkt wurde mit Ammoniumsulfid zur Entfernung des überschüssigen Schwefels digeriert, nochmals mit Wasser gewaschen, mit 20%iger HCl ausgekocht und das Produkt schließlich in Kohlendioxyd gewaschen und im Vakuum getrocknet. Gefunden wurden 46,44% Fe.

Ein anderes Produkt wurde durch 6 tägiges Erhitzen folgender Stoffe bei 100° erhalten: 5 g $FeSO_4 . 7H_2O$, 0,5 g S, 0,17 g H_2SO_4 und 100 ccm bei 0° mit H_2S gesättigtem Wasser. Wie das vorhergehende Produkt wurde auch dieses gereinigt. Die Analyse ergab:

	Gefunden	Berechnet
Fe	46,06	46,56
S	53,81	53,44
	99,87	100,00

Die beiden Produkte waren bis 1 mm große Kristalle und dem Markasit in Farbe und Glanz ähnlich. Das Achsenverhältnis ergab 0,7646 : 1 : 1,2176. Die künstlichen Kristalle enthalten die Formen (110), (101), (011), (111) und sind meist verzwillingt nach (110). E. S. Larsen[1]) unterschied tafelförmige und pyramidale Kristalle. Während die ersteren bei einer Maximaltemperatur von 300° hergestellt wurden, betrug dieselbe bei den letzteren nur 220°.

Bei einem weiteren Versuch von E. T. Allen und Mitarbeitern wurden 1,5 g $NH_4Fe(SO_4)_2 . 12H_2O$ in 100 ccm Wasser bei Zimmertemperatur mit H_2S gesättigt, eingeschmolzen und in einer Bombe mehrere Tage auf 200° erhitzt. Bei dem erhaltenen, gemahlenen und gereinigten Produkt wurde die Oxydationszahl bestimmt. Sie betrug 23,6, was etwa 43% Pyrit entspricht.

Aus der Gleichung:

$$H_2S + Fe_2(SO_4)_3 = S + 2FeSO_4 + H_2SO_4$$

ist zu ersehen, daß H_2SO_4 ein Produkt der Reaktion ist, bei der Markasit gebildet wird; ihre Konzentration nimmt offenbar in dem Maße zu, wie die Reaktion fortschreitet. Der Pyrit hat sich anfangs gebildet, als die Säure noch schwächer war. Bei größerer Anfangskonzentration der Säure müßte mehr Markasit entstehen. Folgende Tabelle zeigt den Einfluß freier H_2SO_4 auf die Bildung von Markasit bei 200°:

Angewandt:			Gefunden:	
$NH_4Fe(SO_4)_2 . 12H_2O$ g	Mit H_2S gesättigtes Wasser	Freie H_2SO_4 g	Oxydationszahl	Pyrit %
5	100 ccm	0,50	23,6	43
5	„	0,57	18,9	25
5	„	0,78	17,0	10,0
5	„	1,18	16,5	7,5

[1]) E. S. Larsen, Z. anorg. Chem. **76**, 252 (1912).

Die nächste Tabelle zeigt den Einfluß der Temperatur auf die Reaktion. Je höher die Temperatur liegt, um so mehr Pyrit wird gebildet.

Temp.	Angewandt: FeSO$_4$.7H$_2$O g	Schwefel g	Freie H$_2$SO$_4$ g	Mit H$_2$S bei 0° gesättigtes H$_2$O	Gefunden: Oxydations-zahl	Pyrit %
300°	5	0,5	0,17	100 ccm	29,0	57,5
300	5	0,5	0,17	"	28,4	56,5
200	5	0,5	0,17	"	20,7	32,0
100	5	0,5	0,17	"	16,0	6,0
100	5	0,5	0,17	"	17,2	10,0

Die Reaktion schreitet auch bei Zimmertemperatur fort; bei geeigneter Wahl der Säurekonzentration ist es möglich, reinen Markasit zu erhalten.

Den Einfluß von Temperatur und Säuregrad auf die Bildung von Markasit haben E. T. Allen und J. L. Crenshaw[1]) später eingehender untersucht. In Flaschen von etwa 2,5 l Inhalt wurde eine 5%ige Lösung von wasserhaltigem Ferrosulfat, mehrere Gramm gepulverter Schwefel und eine wechselnde Menge H_2SO_4 gebracht. Die Flaschen wurden in Eis gepackt und ihr Inhalt mit H_2S gesättigt. Bei Zimmertemperatur blieben verschiedene Reihen dieser Flaschen dicht verschlossen so mehrere Monate stehen. Mit Ausnahme von einem Fall wurde nie ein Niederschlag erhalten, wenn die anfängliche Konzentration 0,03 Gewichtsprozente H_2SO_4 überstieg, selbst wenn man die Versuche ein Jahr lang fortsetzte. War die anfängliche Konzentration 0,015%, so trat immer Fällung ein.

Die Ergebnisse, die mit den bei 100° C gefällten Sulfiden erhalten wurden, waren nicht befriedigend. Dagegen waren die Produkte, die bei 200 und 300° C gebildet wurden, besser kristallisiert; die Ergebnisse waren reproduzierbar und die Beziehungen zwischen ihnen regelmäßig. Mit Zunahme des Säuregrades bis zu einem gewissen Punkte steigt auch der bei irgendeiner Temperatur gebildete Prozentgehalt an Markasit, und je höher die Temperatur bei einem gegebenen Säuregrad, um so größer ist der Prozentgehalt des gebildeten Pyrits. Der Gehalt an solchem in den synthetischen Produkten ist:

Temp.	Anfängliche Säure in Gew.-%	Endsäure in Gew.-%	Mittlere Säure in Gew.-%	$(x-a)$ gelöstes Eisen bei der Stokes-Reaktion	Pyrit %
200°	0,10	1,14	0,62	7,77	45,0
	0,75	1,35	1,05	8,23	37,0
	1,00	1,88	1,44	8,84	27,0
	1,00	1,73	1,38	8,75	29,0
	1,25	1,83	1,54	9,15	22,5
	1,50	1,78	1,64	9,41	18,5
	1,75	2,32	2,03	9,89	11,0
	2,00	2,50	2,25	10,27	5,0
	2,00	2,42	2,21	10,42	3,0
	2,50	3,00	2,75	8,94	26,0
	2,75	3,05	2,90	9,22	21,0

[1]) E. T. Allen u. J. L. Crenshaw, l. c.

Temp.	Anfängliche Säure in Gew.-%	Endsäure in Gew.-%	Mittlere Säure in Gew.-%	$(a-x)$ gelöstes Eisen bei der Stokes-Reaktion	Pyrit %
300°	0,10	1,08	0,59	7,43	49,5
	0,50	1,20	0,85	7,71	45,5
	1,00	1,90	1,45	8,26	37,0
	1,00	1,90	1,45	8,30	36,0
[1]	1,50	2,22	1,86	8,97	25,5
	1,50	2,20	1,85	8,78	28,0
	2,00	2,38	2,19	9,31	20,0
	2,00	2,40	2,20	8,24	21,0
	2,50	2,50	2,50	8,96	25,0
	2,50	2,60	2,60	9,89	26,5
	3,00	2,84	2,92	9,42	18,5

Die Empfindlichkeit des Produkts gegen Einflüsse der Säure ist außergewöhnlich. Ein Unterschied von 0,1% der mittleren Säurekonzentration bedingt einen Unterschied von etwa 2,5% Pyrit. Die für die Bildung von reinem Markasit erforderliche Abnahme der Acidität mit fallender Temperatur ist gleichfalls merklich, was im Zusammenhang mit den Ergebnissen bei der niedrigsten Temperatur (25° C) für die natürliche Bildung des Markasits sehr wichtig ist. Den höchsten Prozentsatz an Markasit, den E. T. Allen und J. L. Crenshaw[2]) bei 300° C aus schwefelsaurer Lösung erhalten konnten, beträgt etwa 80%; bei 200° C nimmt die Menge bis auf 95% zu und derselbe Gehalt wurde bei 25° C erzielt, sowie bei 300° C aus chlorwasserstoffsauren Lösungen.

Der Einfluß von Chlorwasserstoffsäure auf die Kristallform des Eisendisulfids ist derart, daß bessere Kristalle gebildet werden. Das Gebiet der Acidität, in dem man arbeiten kann, ist sehr beschränkt, da eine verhältnismäßig geringe Konzentration (etwa 1%) die Fällung vollständig verhindert. Die Produkte, die man in diesem Gebiet erhalten kann, zeigen verhältnismäßig geringe Unterschiede in der Zusammensetzung. Abgesehen von den höchsten Konzentrationen sieht man jedoch, daß der Prozentgehalt an Pyrit sich vermindert, wenn die Säurekonzentration zunimmt. Den Einfluß von Chlorwasserstoffsäure auf die Bildung von Markasit bei 300° zeigt die von E. T. Allen und J. L. Crenshaw aufgestellte Tabelle:

Anfangs-Säurekonz. in Gew.-%	End-Säurekonz. in Gew.-%	Mittlere Säurekonz. in Gew.-%	$(x-a)$	Pyrit %
0,10	0,60	0,35	9,63	15
0,11	0,82	0,46	9,77	13
0,05	0,69	0,37	9,81	12
0,05	0,25	0,15	9,84	10
0,50	0,90	0,70	10,20	6
0,50	0,90	0,70	10,31	5
0,25	0,93	0,59	10,34	4
0,50	0,86	0,58	9,12	28
0,75	1	0,88	9,13	28

[1]) Die Dauer dieses Versuchs war 7 Tage; bei anderen Versuchen bei dieser Temperatur war sie 1 Tag.

[2]) E. T. Allen u. J. L. Crenshaw, Z. anorg. Chem. **90**, 96 (1915).

E. T. Allen und J. L. Crenshaw haben die Methode von H. N. Stokes zur Identifizierung synthetischer Produkte benutzt und dabei festgestellt, das zwei ernsthafte Fehlerquellen vorhanden sind, die zu beseitigen sind. Es ist zunächst ein ausreichender Überschuß an Sulfid anzuwenden, vielfach so groß als die theoretisch erforderliche Menge, so daß die Oberflächenprozente im Mittel angenähert dieselben wie die Gewichtsprozente bleiben, nach denen die Gemische hergestellt sind. Als zweite Fehlerquelle tritt die charakteristische Neigung des Markasits zur Flockenbildung auf, wobei die reagierende Oberfläche sich verkleinert. Das kann vermieden werden durch Schütteln des Reaktionsgemisches mit Quarz und Glasperlen, bis die Stücke des Pulvers zerteilt sind.

Über Umwandlung von Markasit und Pyrit, sowie über die Monotropie der beiden Eisendisulfide und Paramorphosenbildung ist das Nähere schon bei Pyrit, S. 557, gesagt.

Natürliche Umwandlung und Pseudomorphosen nach Markasit.

Wenn auch die Löslichkeit des Markasits sich nicht viel von der des Pyrits unterscheidet, so finden wir doch in der Natur eine viel häufigere Zersetzung und Umwandlung in die stabile Gleichgewichtslage in Limonit. Zwar stellten E. Arbeiter[1]) und H. N. Stokes[2]) durch ihre Versuche (siehe auch S. 540 bei Pyrit) fest, daß Pyrit leichter zersetzlich sei als Markasit. Dieses Resultat steht mit den Beobachtungen in Sammlungen schon in Widerspruch. Die Erscheinung wird von E. Arbeiter durch die zerklüftete Beschaffenheit des Markasits erklärt, während beim Experiment beide Eisendisulfide im Pulver vorlagen. Die Analyse 8a zeigt, daß im Markasit freies Ferrosulfat enthalten ist. Die Vitriolbildung ist der Beginn der Umwandlung. J. Berzelius[3]) nahm an, daß beigemengtes FeS die Ursache der Verwitterung sei. A. Julien[4]) erklärt die Zersetzung des Pyrits durch die Beimengung von Markasit und Magnetkies. Der Markasit läßt die rasche Oxydation erkennen durch grünlichgelbes oder buntfarbiges Anlaufen, matt irisierend; dann folgt Effloreszenz.

Die häufigste Umwandlung ist in Brauneisenerz und Eisenocker. Die Umwandlung in Pyrit ist durch Experimente festgestellt, ebenso in der Natur. E. Döll[5]) beschreibt von Kapnik in Ungarn Pseudomorphosen von Pyrit nach Markasit. Der in den Jurakalken von Kasendorf bei Kulmbach seltene Markasit ist in Limonit umgewandelt und läßt nach H. Laubmann[7]) scharf ausgebildet die Pyramide und (100) erkennen.

H. Willert[7]) hat in Braunkohleflözen beobachtet, daß Markasit leicht in Eisenvitriol umgewandelt wird, seltener auch in Goethit und Eisenglanz. Bei Přibram sitzt auf Kalkspat Markasit, darüber samtartiger Goethit. Dieser scheint aus dem Markasit entstanden zu sein. Pseudomorphosen von Roteisenstein nach Strahlkies beschreibt R. Blum[8]) vom Rothenberg bei Schwarzenberg im Erzgebirge.

[1]) E. Arbeiter, Diss. Breslau 1913, 11.
[2]) H. N. Stokes, Bull. geol. Surv. U.S. Nr. 186 (1901).
[3]) J. Berzelius, Schweigg. Journ. **36**, 311 (1822).
[4]) A. Julien, Ann. N. J. Acad. Soc. **3**, 365; **4**, 125 (1888).
[5]) E. Döll, Z. Kryst. **10**, 423 (1885).
[6]) H. Laubmann, N. JB. Min. 1921, I, 34.
[7]) H. Willert, Braunkohlen- und Brikettind. 1921, Nr. 16. Ref. N. JB. Min. etc. 1923, I, 248.
[8]) R. Blum, Pseud. 4. Nachtr. 1879, 103.

Neubildungen und Pseudomorphosen von Markasit nach anderen Mineralien.

Aus dem Innern gußeiserner Röhren bei der Sodafabrikation hat C. Winkler[1]) kryptokristallinische Inkrustationen vom Leberkiesaussehen beschrieben. Die Dichte ist 4,734. Ein Überzug auf Pfahlbaunephriten ist nach E. Kalkowsky[2]) Markasitpatina. Unter den Neubildungen in Absätzen von Schwefelquellen, in Mooren und Sümpfen dürfte Markasit verbreiteter sein als Pyrit. Pseudomorphosen sind bekannt nach Pyrit, Magnetkies, Bleiglanz, Silberglanz, Zinkblende, Kupferkies, Bournonit, Eisenglanz, Wolframit, Stephanit, Sternbergit, Polybasit, Miargyrit, Rutil, Überzugs- und Verdrängungspseudomorphosen nach Flußspat, Kalkspat, Dolomit, Bitterspat, Braunspat und Schwerspat. Über die pyrometamorphe Umwandlung, bzw. rhythmische Verdrängung des Spateisensteins auf den Siegerländer Gängen in Markasit, Pyrit und Magnetkies ist bei Pyrit auf S. 562 berichtet.

Die Vererzung von Holz zu Markasit wurde öfter beobachtet, so bei Hermannstadt vererzte Tannenzapfen und andere Früchte; von Schönstein bei Troppau ist nach Glockner[3]) in holzartiger Braunkohle ein sehr feinkörniger Wasserkies mit deutlicher Holzstruktur bekannt. Das Vererzungsmittel bei vielen Ammoniten und anderen Fossilien ist oft Markasit.

Vorkommen und Paragenesis.

Die Verbreitung ist allgemein. Eigene Lagerstätten bildet jedoch der Markasit nicht in dem Umfauge wie der Pyrit. Die größten Anhäufungen sind in metasomatischen im Kalkstein aufsetzenden Lagern von Bleiglanz und Zinkblende und deren Höhlungen, wie bei Aachen, Wiesloch in Baden, in Oberschlesien und in den Vereinigten Staaten. Die Aachener Schalenblende ist oft mit Markasitschalen verwachsen. Die Krustenerze Oberschlesiens sind grobkörniger Bleiglanz, körnige bis dichte Blende und strahliger Markasit, welche in Krusten Blöcke von Dolomit umgeben. Auf den Gängen des sächsischen und böhmischen Erzgebirges, im Harz, Schwarzwald, in Siebenbürgen, Kärnten, Steiermark und vielen anderen Orten tritt Markasit als jüngeres Mineral auf. Hier findet er sich vor allem in den drusigen Gangteilen, die auf weite Strecken oft mit Markasit ausgekleidet sind, indem er in dicken Krusten Erze und Gangmineralien überzieht. Er zeigt dann faserige Struktur (sog. Strahlkies) und bildet knollige und traubige, aus der Druse niederhängende Aggregate, die sich unter der Lupe in eine Anzahl zu kammförmig gezähnelten Gruppen vereinigter Kristallindividuen auflösen. Wohlausgebildete Einzelkristalle und Viellinge (Speerkies) treten in den drusenfreien Gängen ganz vereinzelt auf, oft mit Pyrit gesetzmäßig verwachsen (S. 564); in derbem Zustande ist Markasit mit Zinkblende, Bleiglanz und Schwerspat meist innig verwachsen. Markasit kommt nur in den oberen Teufen der Gänge vor. Wenn er in alten Gängen in der Tiefe gefnuden wurde, so ist er in neuerer Zeit erst gebildet worden.

Besonders häufig ist das Vorkommen von Markasit in Konkretionen, die oft Kopfgröße erreichen in ursprünglich schlammigen Sedimentgesteinen, wie Tone, Kalke, Mergel. Die Struktur dieser Knollen ist radialfaserig, die Ober-

[1]) C. Winkler, Z. f. angew. Chem. 1894, Heft 15.
[2]) E. Kalkowsky, Z. Kryst. **42**, 666 (1906).
[3]) Glockner, Pogg. Ann. **55**, 498 (1842).

fläche meist in Brauneisenerz umgewandelt. Die Kreidekalke von Wollin und in der Champagne, die Jurakalke von Limmer und viele Tertiärtone, auch Braunkohlen bergen diese Konkretionen.

Genese. Das Vorkommen von Markasit in den oberen Regionen der Erdrinde, sowie die Versuche über künstliche Herstellung des Markasits durch E. T. Allen und Mitarbeiter lassen erkennen, daß Markasit bei niederen Temperaturen aus sauren Lösungen gebildet wurde. Aufsteigende Wässer sind heiß und gewöhnlich alkalisch; sie bilden Pyrit. Die Oberflächenwässer führen zur Markasitbildung. Gemische von Pyrit und Markasit entstehen bei Verhältnissen, die dazwischen liegen. Das häufige Zusammenvorkommen mit organischen Substanzen, sowie die gelegentliche Bildung auf Holz und in Kohlenlagern läßt diese als Reduktionsmittel für das Ferrosulfat erkennen. Einige Autoren sind geneigt anzunehmen, daß Markasit viel häufiger, ja in Schlammgesteinen immer und hier kolloidal, als instabile Modifikation entsteht und dann in Pyrit übergeht.

H. Schneiderhöhn[1]) schließt aus der Textur, daß es sich beim Markasit aus den Galmeigruben von Wiesloch um ein Markasitgel handelt (siehe S. 577); auch Vorkommen von Grube Neue Viktoria in Oberschlesien lassen zum Teil Kolloidaltextur erkennen. Es liegt wahrscheinlich die amorphe oder teilweise „entglaste" Vorstufe zu einem aus dem Gelzustand entstandenen Markasit vor. H. Schneiderhöhn weist ferner darauf hin, daß die so oft beobachtete verschiedene Verwitterbarkeit von Markasiten verschiedener Fundorte dadurch zu erklären ist, daß die kolloidale Phase noch teilweise vorhanden ist und sich erst später schalenförmig, rhythmisch zu kristallinem Markasit entglast, vielleicht mit der Zwischenstufe des Melnikowits. Auch F. Bernauer[2]) nimmt ebenfalls einen ehemals kolloidalen Zustand für die kugeligen Markasite an, die oft in der Schalenblende eingeschlossen sind.

Das kolloide Eisenbisulfid (Melnikowit).

Von **C. Doelter** (Wien).

Außer dem kristallisierten Eisenbisulfid FeS_2, welches wir soeben als Pyrit und Markasit kennen gelernt haben, kommt auch eine Gelform dieses Sulfids vor. Sie wurde von Br. Doss[3]) „Melnikowit" genannt. Später sind allerdings Zweifel aufgetaucht, ob es sich wirklich um das genannte Sulfid handle. Namentlich K. C. Berz[4]) ist der Ansicht, daß es sich bei Melnikowit nicht um Sulfid, sondern um kolloides Magneteisen handle; indessen sind seine Ausführungen nicht derart überzeugend, daß man den Melnikowit einfach streichen muß.

Man hatte schon vor Br. Doss vermutet, daß es ein Eisensulfidgel gibt. M. Jegunow[5]) untersuchte ein Schwefeleisenhydrat. Ebenso beobachtete S. Nadson Eisensulfhydratgel zusammen mit Kieselsäuregel. (Vgl. Hydrotroilit S. 526.)

[1]) H. Schneiderhöhn, Anl. z. mikrosk. Best. Min. 1922, 189.
[2]) F. Bernauer, Die Kolloidchemie als Hilfswissenschaft etc. (Berlin 1924) 58.
[3]) Br. Doss, N. JB. Min. etc. Beil.-Bd. **33**, 526 (1912).
[4]) K. C. Berz, ZB. Min. etc. 1922, 569.
[5]) M. Jegunow, Anal. géol. min. Russie II, 127 (1897). Ref. Koll.-Z. 1909, 335.

Nach Br. Doss ist das Eisensulfidhydratgel sehr verbreitet. Er weist darauf hin, daß Eisenmonosulfidgel im Schlamm des Meeres und der Seen sehr häufig ist.

Br. Doss hatte zuerst für das Gel die Zusammensetzung Fe_5S_7 gefunden, eine durchaus unwahrscheinliche Zusammensetzung; es muß aber berücksichtigt werden, daß die analysierte Substanz unrein war und nur sehr wenig Substanz zur Analyse zur Verfügung stand. Es wurde dann noch eine weitere Untersuchung ausgeführt, wobei der stark mit Glaukonit und anderen Stoffen vermengte Melnikowit durch Thouletsche Lösung, dann Salzsäure getrennt wurde.

Die erste Substanz wurde in Königswasser gelöst und ergab:

Fe . . .	49,29
S	39,63
Unlöslich .	9,51
Feuchtigkeit	0,51
	98,94

Auf reine Substanz berechnet, ergibt sich: 44,56% Fe und 55,44% S. Da auch Br. Doss die daraus berechnete Zusammensetzung Fe_5S_7 bezweifelte, so wurde noch eine zweite Analyse ausgeführt, welche dann die Zusammensetzung FeS_2 mit einem Überschuß von Eisen ergab.

Br. Doss hat aber zwei Proben untersucht. Die zweite stammte aus einem anderen Bohrloche. Seine Zusammensetzung ist eine andere, nämlich:

	1.	2.	3.
Fe	46,24	47,10	46,58
S	51,92	52,90	53,42
Unlösl. . . .	3,95	—	—
	102,11	100,00	100,00

1. Analyse des Gelminerals.
2. Nach Abzug des Unlöslichen auf 100 berechnet.
3. Theoretische Zusammensetzung von FeS_2.

Diese letztere Substanz ist in Salzsäure beim Erwärmen schnell löslich unter Entwicklung von Schwefelwasserstoff.

Der Melnikowit wandelt sich spontan in wasserfreies Bisulfid um, welches sich aber von Pyrit durch geringe Härte (diese beträgt 2—3), sowie durch die Dichte 4,2—4,3 unterscheidet. Der Melnikowit ist schwarz, matt, hie und da schimmernd stahlgrau.

K. C. Berz hat Einwände gegen die Deutung von Br. Doss gemacht, er meint, daß das Eisen zum Teil an Sauerstoff gebunden sei, was wohl nicht unrichtig sein dürfte, dies würde jedoch vielleicht auf ein Gemenge von Sulfid und Magneteisen deuten. Allerdings entspricht die leichte Löslichkeit in Salzsäure der ersten Probe ohne Entwicklung von H_2S nicht einem Sulfid. Daß überschüssiges Eisen vorhanden ist, kann eher zugunsten des Sulfids sprechen, da in der Formel Fe_5S_7 zuviel Eisen vorhanden ist. Dagegen spricht wieder das von Br. Doss beobachtete Verhalten im Kölbchen geradezu zwingend für ein Sulfid, da sich ein Schwefelsublimat im Kölbchen bildete, wobei keine Entwicklung von Wasserdampf beobachtet wurde.

In heißer Essigsäure ist das Erz nur spurenweise löslich; verdünnte Salpetersäure wirkt erst bei Erwärmung lösend. Ein Unterschied von Pyrit liegt auch in der Löslichkeit in Cyankalium; während sich der Melnikowit unterhalb einiger Minuten unter Bildung von Ferrorhodankalium löst, ist dies bei Pyrit unter gleichen Bedingungen nur spurenhaft der Fall.

Kalilauge zersetzt das Mineral unter Bildung von orangerotem Eisenoxydhydrat. Jodlösung (10 % J in JK) greift stark an.

Es wurden auch mit feingepulvertem Melnikowit Lösungsversuche ausgeführt, indem in Wasser (mit oder ohne Zusatz von Gelatine als Schutzkolloid) bei gewöhnlicher oder mäßig erhöhter Temperatur (40—50° C) Schwefelwasserstoff eingeleitet wurde. Es schied sich eine schwarze, flockige, opake Substanz ab. Dieser flockige Niederschlag ist in verdünnter Salzsäure bei gewöhnlicher Temperatur sehr schwer, bei Erwärmen leicht löslich, wobei ein Schwefelskelett zurückbleibt. Br. Doss deutet den Versuch so, daß Melnikowit in Schwefelwasserstoffwasser unter Bildung eines Hydrosols löslich ist, das aber unstabil ist und in Schwefel und Eisensulfidgel zerfällt. Das von Winsinger erhaltene Eisensulfidhydrosol hat eine besondere Tendenz zur Koagulation.

Pyrit ergab bei einem Kontrollversuch die Unlöslichkeit unter denselben Bedingungen.

Melnikowit absorbiert leicht Fuchsin und Methylenblau.

Alkalische Bromlösung (nach Vorschrift von J. Lemberg, siehe oben) wirkt momentan und zersetzt zu Eisenoxyd, während Pyrit nur langsam angegriffen wird.

Eine 10 %ige Schwefelnatriumlösung greift an und es bildet sich rotes Eisenoxydhydrat; bei mehrstündigem Erhitzen auf dem Wasserbade wird dies erzielt, während bei Zimmertemperatur dies erst nach einigen Tagen erzielt wird. Nach M. Terreil[1]) wird Pyrit, in ähnlicher Weise behandelt, nicht angegriffen [siehe auch die Lösungsversuche von C. Doelter,[2]) welche eine geringe Löslichkeit des Pyrits ergaben].

Auch bei der Untersuchung mit der J. Lembergschen Silbersulfatlösung ergaben sich Unterschiede gegen Pyrit, ebenso verhält sich Melnikowit anders als Pyrit bei Behandlung mit Sodalösung; nur beim Schmelzen mit Kali verhalten sich Melnikowit und Pyrit naturgemäß gleich.

Im Kölbchen entwickelt das Erz Schwefelsublimat.

Merkwürdig ist das Verhalten in kochendem Wasser, dabei wird das Pulver in FeS und S gespalten, wahrscheinlich unter Bildung von Hydrosol. Bei Pyrit erfolgt diese Umwandlung erst bei erhöhter Temperatur, nämlich 300—400° nach L. Behnedek.[3])

Br. Doss stellt für diese Umwandlung folgende Formeln auf:

$$FeS_2 = FeS + S,$$

$$2FeS + 6H_2O = 2Fe(OH)_2 + 2H_2S + H.$$

Was die Wertigkeit des Eisens in dem Sulfid anbelangt, so ist es in zweiwertiger Form vorhanden. Die Konstitutionsformel wäre:

$$Fe\begin{matrix} \diagup S \\ \diagdown S \end{matrix}.$$

[1]) M. Terreil, C. R. **69**, 1361 (1869).

[2]) C. Doelter, N. JB. Min. etc. 1894, II, 273.

[3]) L. Behnedek, Mag. Chem. Folyoirat **14** (1908). Ref. Z. Kryst. **48**, 447 (1914).

Vorkommen und Genesis.

Br. Doss betont auch, daß Eisensulfhydrat häufig verbreitet ist, was schon J. Habermann[1]) ausgesprochen hatte. Er führt dafür eine Reihe von Lokalitäten an. Die Bildung des Melnikowits erfolgte aus diesem Gel. Er wies auch das Vorkommen von freiem Schwefel in Tonen nach. Die Umwandlung des Monosulfids in Bisulfid erfolgte nach W. Feld durch folgende Reaktionen:

$$FeS_2O_3 + 3H_2S = FeSHOH + 4S + 2H_2O\,,$$
$$FeSHOH + S = FeS_2 + H_2O\,.$$

W. Feld[2]) beobachtete auch die Bildung von FeS_2 aus FeS. Es könnte sich auch das FeS-Gel direkt in FeS_2-Gel umsetzen.

In Verbindung mit dieser Ansicht, daß Melnikowit durch die Reaktion $FeS + S = FeS_2$ entstehen kann, muß auch betont werden, daß umgekehrt der Melnikowit in FeS + S hydrolytisch gespalten werden kann. Versuche ergaben ferner, daß der Schwefel im Melnikowit nur zum Teil fest gebunden ist, woraus Br. Doss schließt, daß in den Eisensulfiden von höherem Schwefelgehalt von Haus aus feste Lösungen von Schwefel in Eisenmonosulfiden vorliegen. Bezüglich der ja wohl sehr wahrscheinlichen Bildung von Pyrit aus Melnikowit stellt Br. Doss folgende Reihe auf:

Eisensulfhydratgel (Troilitgel) → Melnikowitgel → Melnikowit → Pyrit.

Im ganzen kann man auf Grund dieser Untersuchungen nicht den Melnikowit, wie K. C. Berz es vorschlägt, streichen, obwohl manches noch unklar ist und auch manche Meinung von Br. Doss hypothetisch ist. Insbesondere ist das Verhältnis des Eisenbisulfidgels zum Hydrotroilit noch zu erforschen; dann ist auch die Oxydation des Bisulfidgels zu ergründen, namentlich ob dadurch ein Magneteisengel sich bilden kann. Übrigens hat auch H. Schneiderhöhn die Ansicht geäußert, daß ein Markasitgel existiere (vgl. S. 383 bei Markasit). Die Möglichkeit dieses Gels als Mineral ist ja vorhanden, auch wenn es sich bewahrheiten sollte, daß der Dosssche Melnikowit nicht rein war und möglicherweise auch Magneteisen (als Gel?) enthielt. Vom Pyrit aber unterscheiden ihn eine Reihe von Reaktionen und Eigenschaften.

Berthierit.

Von **C. Doelter** (Wien).

Synonyma: Eisenantimonglanz, Haidingerit.

Varietäten: Chazellit, Anglarit, Martourit.

Kristallsystem unbekannt.

Analysen. Wenn man absieht von einigen Varietäten, die mehr Eisen oder auch weniger Eisen enthalten, läßt sich in den Analysen kein merklicher Unterschied erkennen.

---

[1]) J. Habermann, Verh. naturw. Ver. Brünn **41**, 266 (1902).

[2]) W. Feld, Z. anorg. Chem. 1911, 291.

	1.	2.	3.	4.
Zn	Spur	0,739	—	—
Mn	0,456	2,514	—	—
Fe	11,965	11,432	12,305	13,21
Sb	54,338	54,700	58,507	56,55
S	30,575	31,326	29,188	30,24
	97,334	100,711	100,000	100,00

Von der „Neue Hoffnung Gottes" Fundgrube zu Bräunsdorf im Freiberger Revier, auf Gängen der edlen Quarzformation mit Antimonglanz, Antimonblende, Rotgiltigerz, selten mit Myargyrit.

1. u. 2. Beide anal. C. F. Rammelsberg, Pogg. Ann. **40**, 153 (1837).
3. Mittelwert in 1. u. 2 auf 100 berechnet.
4. Theoretische Zusammensetzung $FeS . Sb_2S_3$.

	5.	6.	7.
Cu	0,14	0,15	—
Fe (Zn)	8,44	9,03	9,46
As	Spur	Spur	
Sb	(57,31)	(61,29)	60,76
S	27,61	29,53	29,78
Quarz	6,50	—	—
	100,00	100,00	100,00

5. Von Bräunsdorf; anal. J. Loczka, Z. Kryst. **37**, 581 (1903).
6. Dieselbe Analyse nach Abzug des Quarzes.
7. Theoretische Zusammensetzung des Minerals nach der Formel $2FeS . 3Sb_2S_3$.

	8.	9.	10.
δ	3,89—4,1		—
Mn	—	—	—
Fe	13,38	14,40	12,85
Pb	Spur	Spur	—
Sb	57,44	55,40	57,88
S	29,18	30,20	29,27
	100,00	100,00	100,00

Außerdem unlöslicher Rückstand, aus Quarz bestehend, in Analyse 9: 19,96%, in Analyse 10: 23,31%.

8. Aus dem „Neuen Gange" bei Bohutin, südlich von Přibram, mit viel Antimonit und wenig Bleiglanz, im Quarz; anal. A. Vambera bei K. Hoffmann, Sitzber. k. böhm. Ges. Wiss. 1897, Nr. XIX. Ref. Z. Kryst. **31**, 527 (1899).

9. Von ebenda; anal. wie oben.

10. Mit Jamesonit und Antimonit, stenglig-faserig, bunt angelaufen. Von Aranyidka (Ungarn); anal. Pettko, Haidingers Ber. Fr. Wiss. Wien 1847, I, 62.

	11.	12.	13.	14.
Mn	3,73	—	—	—
Fe	10,55	6,74	10,16	10,00
Sb	56,91	(39,31)	(59,30)	62,42
S	28,77	20,24	30,53	28,57
	99,96	100,00	99,99	99,99

11. Von Bräunsdorf; anal. A. Sackur bei C. F. Rammelsberg, Min.-Chem. 1860, 988.

12. Von ebenda; anal. C. v. Hauer, Verh. k. k. geol. R.A. **4**, 635 (1853). Enthält 33,71% Rückstand.

13. Dieselbe Analyse nach Abzug des Quarzes auf 100 berechnet.

14. Von A. Kenngott aus dieser Analyse berechnete Zusammensetzung für die Formel: $3FeS.Sb_2S_3$.

	15.	16.	17.	18.
δ	—	—	—	4,062
Mn	—	—	—	3,56
Fe	12,72	13,42	13,21	10,09
As	Spur	—	—	—
Sb	54,06	57,02	56,55	56,61
S	28,02	29,56	30,24	29,12
SiO_2	5,29	—	—	—
	100,09	100,00	100,00	99,38

15. Auf den Gängen von Houilgoutte, bei Charbes, Weilertal Elsaß, haarförmige Kristalle; anal. M. Ungemach, Bull. soc. min. **29**, 109 (1906).

16. Dieselbe Analyse nach Abzug von SiO_2 auf 100 berechnet.

17. Werte nach der Formel $FeS.Sb_2S_3$.

18. Von S. Antonio, Californien; anal. Freese bei C. F. Rammelsberg, Min.-Chem. 1875, 86.

Chazellit.

	19.
Zn	0,30
Fe	16,00
Sb	52,00
S	30,30
	98,60

Aus Gneis von Chazelles bei Pontgibaud, mit Quarz, Kalkspat und Pyrit (Original-Berthierit), enthält auffallend viel Eisen; anal. F. Berthier, Ann. chim. phys. **35**, 351 (1827); Pogg. Ann. **11**, 481.

Martourit.

	20.
Fe	9,85
Sb	61,34
S	28,81
	100,00

Von der Martouretgrube, unweit Chazelles, mit Quarz gemengt; anal. wie oben 3, 49 (1833).

Anglarit.

	21.
Fe	12,17
Sb	58,65
S	29,18
	100,00

Aus den Erzgängen von Anglar, Dep. Creuze, mit Antimonit und Pyrit; anal. P. Berthier, wie oben.

Formel.

C. F. Rammelsberg[1]) berechnete das Verhältnis des Schwefels des Eisens (samt Mangan) zu dem Schwefel des Antimons:

Analyse	Nr. 19:	9,29 : 20,46	= 1 : 2,2
„	Nr. 2:	8,33 : 21,52	= 1 : 2,6
„	Nr. 10:	7,34 : 22,77	= 1 : 3,1
„	Nr. 18:	7,8 : 22,27	= 1 : 2,8
„	Nr. 21:	6,95 : 23,07	= 1 : 3,3
„	Nr. 12:	5,8 : 23,33	= 1 : 4
„	Nr. 20:	5,63 : 24,13	= 1 : 4,3

Er schließt auf die Formeln:

Analyse	Nr. 19:	nahezu	$3FeS . 2Sb_2S_3$
„	Nr. 2:	„	$9FeS . 8Sb_2S_3$ oder $6FeS . 5Sb_2S_3$
„	Nr. 4, 18, 21:	„	$FeS . Sb_2S_3$
„	Nr. 12:	„	$3FeS . 4Sb_2S_3$

Später entscheidet sich C. F. Rammelsberg[2]) für die Formel:

$$FeS . Sb_2S_3 .$$

Später beschäftigte sich J. Loczka[3]) eingehend mit der Formel des Berthierits. Die Formel $2FeS . 3Sb_2S_3$ (siehe die dafür berechnete Zusammensetzung S. 587) entspricht nicht der wirklichen Zusammensetzung, da das Mineral Pyrit enthält; es galt nun, den Einfluß des beigemengten Pyrits zu bestimmen. Er benutzte zur Trennung kalte Salzsäure, welche den Berthierit löst, dagegen den Pyrit nur wenig angreift. Es wurde daher das Pulver mit kalter konzentrierter Salzsäure behandelt und nach der Einwirkung der aus Quarz und Pyrit bestehende Teil zuerst mit starker, später mit schwächerer Salzsäure und zuletzt mit Wasser ausgewaschen. Dann wurde dieser Rückstand wieder mit Salzsäure behandelt, der Rückstand gewogen, wobei die Differenz das im Pyrit enthaltende Eisenoxyd ergab. Blieb aber noch der gelöste Pyrit zu bestimmen, dies geschah durch Berechnung aus dem Löslichkeitsverhältnisse von reinem Pyritpulver, welches in derselben Weise behandelt wurde wie das Berthieritpulver. 0,2555 g Berthierit ergaben 0,0051 g FeO oder 0,0076 g ungelösten Pyrit. Von dem reinen Pyrit lösten sich 2,47 %. Aus diesen Daten berechnete J. Loczka den im Berthierit enthaltenen Pyrit mit 3,07 %. Demnach würde der Berthierit 3,29 % als Verunreinigung enthalten.

Zieht man von dem Schwefel der Analyse Nr. 5 die entsprechende Menge und ebenso die Eisenmenge ab, welche auf 3,29 % entfallen, so erhält man auf 100 berechnet folgende Zahlen:

	Gefunden	$FeS . 2Sb_2S_3$ Berechnet
Fe . . .	7,74	7,37
Sb . . .	63,38	63,10
S . . .	28,72	29,53
Cu . . .	0,16	—
	100,00	100,00

[1]) C. F. Rammelsberg, Min.-Chem. 1875, 86.
[2]) Derselbe, ebenda Erg.-Heft II, 37 (1895).
[3]) J. Loczka, Z. Kryst. **37**, 581 (1903).

Da sich aber herausstellte, daß das Mineral auch Antimonit enthielt, mußte auch dieser berücksichtigt werden.

J. Loczka fand nun, daß sich der Antimonglanz in Kaliumsulfhydrat löst und basierte darauf die Reinigung des Berthierits.

Den besten Erfolg hatte eine Lösung von 8,1 $^0/_0$. Nach der Auflösung wurde der Rückstand zuerst mit Wasser, Alkohol, Äther und schließlich mit Schwefelkohlenstoff so lange behandelt, bis nach Verdunsten des letzten Aufgusses kein Schwefel mehr zurückblieb.

Das so erhaltene Pulver wurde nach Reinigung analysiert.

Die Analyse ergab:

	I	II
Fe (Mn, Zn) .	13,32	13,50
As	Spur	Spur
Sb	54,69	55,42
S	29,36	29,75
Cu	0,10	0,10
Unlöslich . .	1,30	—
	98,77	98,77

Die Zahlen unter II wurden nach Abzug des unlöslichen Rückstandes erhalten. Das Eisen enthielt etwa 0,13 $^0/_0$ Zn + Mn.

Diese Analyse entspricht der Formel:

$$FeS . Sb_2S_3 ,$$

welche erfordert:

Fe . . .	13,21
Sb . . .	56,55
S	30,24
	100,00

Erwähnt sei noch, daß bereits J. Nordenskjöld die verschiedene Zusammensetzung des Berthierits ausfindig gemacht hatte, daher er die Varietätennamen: Chazellit, Martourit und Anglarit vorschlug. Er gab diesen die Formeln:

$$3FeS . 2Sb_2S_3 , \quad 3FeS . 4Sb_2S_3 , \quad FeS . Sb_2S_3 .$$

Nach den Ausführungen von J. Loczka wäre die Formel des Berthierits eben diese des Anglarits.

Diese ist auch in letzterer Zeit meistens angenommen worden. Das Verdienst, die richtige Formel gefunden zu haben, gebührt J. Loczka. Wir schreiben demnach:

$$FeS . Sb_2S_3 = FeSb_2S_4 .$$

Über Zusammensetzung und Konstitution des Berthierits hat sich später G. Cesàro[1]) geäußert. Die Analyse des Martourits führt zu der Formel: 0,71 $FeS . Sb_2S_3$, die des Anglarits ergibt: 0,92 $FeS . Sb_2S_3$ und der Chazellit gibt: 1,36 $FeS . Sb_2S_3$.

Die Basizität wäre also eine verschiedene:

$$\tfrac{3}{4}, \quad 1, \quad \tfrac{4}{3} .$$

Er wendet sich gegen die Annahme von A. de Gramont, daß der Ber-

[1]) G. Cesàro, Bull. soc. min. **38**, 59 (1915).

thierit kein homogenes Mineral sei, sondern ein Gemenge von Antimonit und Pyrit; er schließt dies aus den Analysen des Minerals, welche bald einen Überschuß von Schwefel gegen Eisen geben, bald umgekehrt. Er vertritt die Ansicht, daß es sich um ein verändertes Mineral handle. Die Berechnung der Analysen ergibt:

Die Nummern 1—6 beziehen sich auf:

1. Chazellit . . . Nr. 19
2. Bräunsdorf . . Nr. 2
3. Aranyidka . . Nr. 10
4. Bräunsdorf . . Nr. 13
5. Bräunsdorf . . Nr. 11
6. S. Antonio . . Nr. 18

	1.	2.	3.	4.	5.	6.
Sb_2S_3	21,65	22,79	24,71	23,71	24,11	23,58
S.	29,75	29,54	21,28	18,78	19,14	20,25
Fe, Mn, Zn .	29,10	26,17	18,14	25,62	22,95	24,49
Man hat auf ein Molekül Sb_2S_3:						
S.	1,374	1,296	0,861	0,792	0,793	0,859
Fe	1,344	1,148	0,734	1,081	0,952	1,039

Was die Veränderungen eines Sulfosalzes unter dem Einfluß der Atmosphärilien anbelangt, so nimmt G. Cesàro an, daß dies nicht durch den Sauerstoff, sondern durch die Einwirkung des Wassers geschehe. Es bildet sich ein Oxysulfid und schließlich ein Anhydrid. Bei Antimonit hat man:

$$Sb_2S_3 + H_2O = H_2S + Sb\overset{S}{\underset{S}{\langle - O - \rangle}}Sb$$

$$Sb_2S_2O + 2H_2O = 2H_2S + Sb_2O_3\,.$$

Bei einem Sulfantimonit, wie Berthierit, wird das Wasser das Sulfanhydrid angreifen, indem es aber das Metallsulfid (hier FeS) intakt läßt. Daher wird das Resultat der Zersetzung das sein, daß Antimon sich mit Sauerstoff verbindet, wodurch die Schwefelmenge vermindert wird. Der Irrtum, welcher aus der Berechnung oben hervorgeht, ist dadurch verursacht, daß das ganze Antimon an Schwefel gebunden erachtet wird, während in Wirklichkeit ein Teil des Sb an O gebunden ist und nur das Eisen ganz an Schwefel als FeS gebunden ist.

Berechnet man z. B. die Analyse 6, S. 588, indem man 24,49 = RS nimmt, so bleiben 66,51 S und 44,34 Sb. Daher ergibt sich ein Rest von 2,83 Sb, welcher als Sb_2O_3 vorhanden ist. Daraus berechnet sich O = 0,68. Daher ist die ursprüngliche Zusammensetzung des Minerals:

$$23{,}58\ Sb_2S_3\,.\,24{,}49\ FeS$$

oder

$$1{,}039\ FeS\,.\,Sb_2S_3\,.$$

Im allgemeinen wäre die Einwirkung von Wasserdampf auf ein Salz, dessen Basizität = m ist, durch folgende Formel dargestellt:

$$m\,FeS\,.\,Sb_2S_3 + H_2O = H_2S + Sb_2S_2O + m\,FeS\,.$$

Wenn die Oxydation nur einen Bruchteil von Molekülen verändert hat, so ist:

$$m FeS . Sb_2S_3 + aH_2O = (1 - a) Sb_2S_3 + a Sb_2S_2O + m FeS + aH_2S .$$

Nimmt man an, daß der ganze Schwefel als Sb_2S_3 vorhanden ist, so hätte das veränderte Mineral die Formel:

$$Sb_2S_3 . Fe_mS_{m-a} . O_a .$$

Die Zahl der Eisenatome gibt die Basizität des Minerals m an.

Daraus folgert G. Cesàro, daß seine Analysen 3, 5, 6 ein Metasalz ergeben, denn es ist in denselben:

$$m = 1{,}081 ,$$
$$m = 0{,}952 ,$$
$$m = 1{,}039 .$$

Ferner berechnet G. Cesàro die Umwandlung des Chazellits: $Sb_2S_3 . \frac{4}{3} FeS$. Er erhält für die obengenannte Zahl jetzt 1,34. Hier macht er die Hypothese, daß ein Teil des Eisensulfids als Fe_2S_3 vorhanden sei(?), welches Sb_2S_3 vertritt. Das Mineral hatte die Zusammensetzung $Fe_{12}OSb_{18}S_{39}$. Dessen Analyse muß, da Sauerstoff nicht berücksichtigt wird, die Zusammensetzung $4FeS . 3Sb_2S_3$ haben. Aus diesen Annahmen folgert schließlich G. Cesàro, daß die Zusammensetzung des Berthierits von Chazelles ursprünglich war:

$$10 FeS . Fe_2S_3 . 9 Sb_2S_3 .$$

Diese Verbindung hatte eine Umwandlung von $2^1/_2$ bis $3^0/_0$ des Ganzen erfahren. Zum Schluß stellt G. Cesàro die Ansicht auf, daß der Berthierit ein metasulfantimoniges Eisensalz sei, in welchem ein kleiner Teil von Antimon durch Ferrieisen vertreten sein soll.

Diese Hypothese scheint immerhin etwas gewagt, wenn auch eine solche Vertretung nicht als unmöglich bezeichnet werden kann. G. Cesàro scheint übrigens die Arbeit von J. Loczka, daß im Berthierit beigemengter Pyrit vorhanden sei, nicht zu kennen; diese wäre mehr im Einklang mit der Ansicht von A. de Gramont (vgl. S. 593).

Zur Entscheidung dieser interessanten Frage wäre erstens die Analysen speziell des Chazellits, des Anglarits und des Martourits, welche ja sehr alt sind, nochmals vorzunehmen. Zweitens wäre eine metallographische Untersuchung notwendig, um zu entscheiden, ob die Berthierite wirklich homogen sind. (Meines Wissens ist eine solche noch nicht vorgenommen worden.) Drittens wäre hier eine Prüfung nach der Methode von A. Beutell[1]) am Platze, um die Luftoxydation zu studieren. Erst nach der Durchführung dieser Untersuchungen wird man sich ein Bild über die merkwürdige Zusammensetzung des Berthierits, wie sie durch G. Cesàro offenbar wurde, machen können.

Jedenfalls muß gegenüber den Ausführungen G. Cesàros doch darauf hingewiesen werden, daß J. Loczka[2]) im Berthierit von Bräunsdorf Pyrit nachgewiesen hat und seine Menge ziemlich genau bestimmt hat, was auch im Einklang mit den Beobachtungen von A. de Gramont steht. Allerdings dürfte die Zersetzung durch die Atmosphärilien, die auch durch die Anlauffarben angedeutet wird, nicht vernachlässigt werden. G. Cesàro macht bei dieser Gelegenheit aufmerksam, daß die Anlauffarben von Sulfosalzen, wie Zinkenit, Emplektit, Stephanit, auch Pyrrhotin usw. von der Zersetzung des

---

[1]) A. Beutell, ZB. Min. etc. 1911.

[2]) J. Loczka, Z. Kryst. **37**, 382 (1903).

Sulfanhydrits durch Wasserdampf herrühren. Reiner Kupferglanz irisiert nicht, während dies bei Kupferkies und Bornit der Fall ist. Daraus wird gefolgert, daß das Irisieren nicht durch die Umwandlung von Cu_2S hervorgebracht wird, sondern durch solche von Fe_2S_3. In den Kupferkieskristallen, welche wenig verändert sind und nicht irisieren, findet man nur eisenhaltige Verbindungen, keine Kupfercarbonate, diese treten nur ausnahmsweise stark verändert auf. Man kann sich von der Zersetzung der Sulfosalze überzeugen, wenn man sie in eine Glocke, die feuchte Luft enthält, legt, mit der Zeit wird man die Entwicklung von Schwefelwasserstoff konstatieren können.

Physikalische Eigenschaften. Deutlich spaltbar in einer Längsrichtung der säulenförmigen Kristalle. Härte 2—3. Die Dichte schwankt, was nach dem Vorhergehenden erklärlich ist, da viele Berthierite durch Beimengungen von Pyrit und Antimonit verunreinigt sind, zwischen 3,9—4,1.

Undurchsichtig, metallglänzend, Farbe dunkelstahlgrau, mit Stich ins Tombackbraune, oft bunte Anlauffarben zeigend. Daher feine Striche.

J. L. C. Schroeder van der Kolk[1]) macht auf den Unterschied dieser Strichfarbe mit jener des Antimonglanzes aufmerksam, welche gelblichbraun ist, während die des Berthierits braungrau ist.

A. de Gramont[2]) untersuchte das Funkenspektrum des Berthierits, dieses ist zwar gut, aber nicht konstant, weil bald die Linien des Schwefels und des Antimons, bald die Linien des Eisens lebhafter erscheinen. A. de Gramont sagt, das Spektrum macht den Eindruck eines Gemenges von Antimonit und Pyrit. Es erscheint dies in Anbetracht der hier vielfach hervorgehobenen Beimengungen erklärlich. Gibt man auf das Präparat einen Tropfen Salzsäure, so vermehren sich die Linien des Eisens, sowohl ihrer Zahl nach, als ihrer Intensität nach. Man kann auch Linien des Zinks und des Kupfers sehen, welche Verunreinigungen zuzuschreiben sind.

Schmilzt vor dem Lötrohr zu schwachmagnetischer Kugel. Im Glasrohr Dämpfe von S und Sb. In HCl löslich. Nach R. Koechlin werden Splitter durch konzentrierte Kalilauge dunkel gefärbt und um diese bildet sich ein grüner Saum [Tsch. min. Mit. **33**, 333 (1915)].

Vorkommen. Berthierit kommt meistens im Quarz vor. Die Begleiter sind: Antimonglanz, Pyrit, Bleiglanz, Fahlerz.

Synthese. P. Berthier[3]) schmolz Eisensulfid und Schwefelantimon zusammen und erhielt ein Produkt, welches er dem natürlichen identifizierte. Man kann ihm zufolge die beiden Komponenten FeS und Sb_2S_3 in allen möglichen Verhältnissen zusammenschmelzen. Ob hier eine Synthese des Minerals vorliegt, läßt sich mangels Beschreibung nicht sicherstellen. In der Zusammenstellung der Mineralsynthesen von F. Fouqué und A. Michel-Lévy[4]) wird sie nicht erwähnt.

Während wir bisher Verbindungen von Eisen mit Schwefel, Sulfide und das Sulfosalz Berthierit betrachtet haben, gelangen wir zu den

Arseniden des Eisens.

Von diesen sind Löllingit und der dimorphe Arsenoferrit reine Arsenide, während der Arsenkies einer Verbindung von Eisen mit Arsen und Schwefel darstellt.

---

[1]) Schroeder van der Kolk, ZB. Min. etc. 1901, 75.
[2]) A. de Gramont, Bull. soc. min. **18**, 327 (1895).
[3]) P. Berthier, Pogg. Ann. **11**, 482 (1827).
[4]) F. Fouqué u. A. Michel-Lévy, Synthèse d. min. Paris 1882.

Löllingit.

Von **C. Doelter** (Wien).

Synonyma: Arseneisen, Arsenikalkies, Glanzarsenkies, Leukopyrit, Arsenosiderit, Mohsin, Pharmakopyrit, Hüttenbergit.

Varietäten: Geyerit, Pazit, Sätersbergit, Glaukopyrit.

Kristallklasse. Rhombisch-bipyramidal. $a:b:c = 0,6689:1:1,2331$.

Analysen.

Eine Einteilung der Analysen nach chemischer Zusammensetzung ist bei der ziemlich großen Übereinstimmung der Analysen nicht gut durchführbar. Einzelne Arseneisen zeigen merklichen Kobaltgehalt, andere viel Schwefel; diese werden besonders betrachtet. Die übrigen Analysen werden in ältere und neuere eingeteilt.

Ältere Analysen.

	1.	2.	3.	4.
Fe	28,06	31,51	32,35	30,24
As	65,99	65,61	65,88	63,14
S	1,94	1,09	1,77	1,63
Bergart	2,17	1,04	—	3,55
	98,16	99,25	100,00	98,56

1. Von Reichenstein (Schlesien), im Serpentin; anal. E. Hoffmann, Pogg. Ann. **25**, 490 (1832).
2. Von ebenda; anal. Weidenbusch bei G. Rose, Krystallo-chem. Mineralsyst. 1852, 54.
3. Von ebenda; anal. A. Karsten, Syst. Metallurgie **4**, 579 (1832); Pogg. Ann. **25**, 490 (1832).
4. Von ebenda; anal. Meyer bei Th. Scheerer, Pogg. Ann. **50**, 154 (1840).

	5.	6.	7.	8.
Fe	36,44	38,70	28,67	26,70
Ag	0,01	—	—	—
As	55,00	53,64	70,59	58,75
Sb	—	—	—	0,36
S	8,35	7,66	1,65	1,40
MgO	—	—	—	0,05
CaO	—	—	—	0,44
Al_2O_3	—	—	—	0,44
SiO_2	—	—	—	0,92
H_2O	—	—	—	0,19
Unlöslich	—	—	—	10,28
	99,80	100,00	100,91	99,53

5. Von St. Andreasberg (Harz), Grube Gnade Gottes; anal. L. A. Jordan, Journ. prakt. Chem. **10**, 36 (1837).
6. Von ebenda, Grube Bergmannstrost; anal. Illing, N. JB. Min. etc. 1853, 818; Bg. u. hütt. Z. 1854, 56.

7. Derbe blättrige Massen von ebenda; anal. wie oben.
8. Von St. Andreasberg; anal. Hahn, Bg. u. hütt. Z. **20**, 281 (1861).

	9.	10.	11.	12.	13.	13a.
δ	—	7,03	7,0	—	7,223	
Fe	32,29	35,69	29,35	26,48	27,39	28,14
As	59,47	63,21	67,47	72,18	70,09	70,22
S	4,31	—	3,18	0,70	1,33	1,28
	100,06	99,85	100,00	99,36	98,81	99,64

9. Von Přibram, Schwarzgrubner Gang, mit Blende und Pyrit durchwachsen; anal. L. Mrazec, Bg. u. hütt. Jahrb. **13**, 372. Außerdem 3,58% Sb und 0,35 Co.
10. Von ebenda; anal. Broz, ebenda, **18**, 358; Lotos **8** (1870).
11. Von Hüttenberg (Kärnten); anal. Weyde bei V. v. Zepharovich, Russ. min. Ges. **3**, 24 (1867). Enthält außerdem 6,34% Bi.
12. Von Schladming (Steiermark), auf Gängen der Zinkwand; anal. Weidenbusch bei G. Rose, siehe Analyse Nr. 2.
13. Von Sätersberg, Kirchspiel Modum (Norwegen); anal. Th. Scheerer, Pogg. Ann. **49**, 536 (1839); **50**, 153 (1840).
13a. Von ebenda; anal. wie oben.

Neuere Analysen.

	14.	15.	16.	17.	17a.
Fe	29,83	28,19	28,28	31,08	29,20
As	61,52	67,81	66,59	66,57	68,81
S	0,83	1,97	1,93	1,02	1,09
Bergart	6,07	1,14	2,06	0,92	—
	98,25	99,11	98,86	99,59	99,16

14. Von Reichenstein (Schlesien), siehe Analyse 1; anal. Güttler, Inaug.-Diss. Breslau 1870, nach C. Hintze I, 872.
15.—17. Von ebenda, anal. wie oben.
17a. Von Hüttenberg, anal. Mc Cay, wie Analyse 18. Enthält auch 1,7% Bi.

	18.	19.	20.	21.	22.
δ	—	—	—	—	7,15
Fe	31,20	31,20	26,89	27,32	28,21
Cu	—	—	—	0,10	—
As	61,62	61,18	59,96	68,08	70,11
Sb	—	—	9,96	4,03	Spur Bi
SiO_2	—	—	—	0,10	—
S	6,84	6,63	3,19	0,84	0,81
	99,66	99,01	100,00*)	100,47	99,13

18. Von Breitenbrunn (Sachsen), siehe Analyse Nr. 39; anal. Mc Cay, Z. Kryst. **9**, 609 (1884).
19. Von ebenda; anal. wie oben.
20. Von Andreasberg; anal. C. F. Rammelsberg, Min.-Chem. 1875. *) Auffallend hoher Antimongehalt.
21. Von Andreasberg; anal. J. Loczka, Z. Kryst. **11**, 261 (1886).
22. Von Dobschau; anal. J. Niedzwiedzki, Tsch. min. Mit., Beilage J. k. k. geol. RA. 1872, 161.

	23.	24.	25.	26.	27.	28.
δ	—	—	—	7,031	—	7,64
Fe	24,67	27,14	27,93	27,60	27,60	27,35
Co	—	Spur	Spur	—	—	—
Ag	—	—	—	—	0,20	—
As	70,85	72,17	70,83	66,20	70,30	—
Sb	—	—	—	—	—	71,58
S	0,81	0,37	0,77	1,10	1,10	0,87
Rückstand .	—	—	—	5,10	—	—
	100,00[1])	99,68	99,53	100,00	99,20	99,80

23. Von Galway (Ontario, Canada) mit Magnetkies und Quarz; anal. R. A. A. Johnston bei Ch. Hoffmann, Ann. Russ. Geol. Surv. Canada **6**, 19 (1895).
24. Von Brevik (Norwegen); anal. A. E. Nordenskjöld, Geol. För. Förh. **2**, 242 (1875).
25. Von Drums Farm (Nordcarolina); anal. F. Genth, Am. Journ. **44**, 384 (1892).
26. Von Descubridora (Carrizo in Huasco); anal. J. Domeyko, N. JB. Min. etc. 1849, 317; Ann. mines **9**, 467 (1849).
27. Von ebenda; anal. derselbe, Miner. 1879, 162.
28. Von La Loreto, Chañarcillo (Chile); anal. wie oben.

Die neuesten Analysen sind folgende:

	29.	30.	31.	32.
Fe	29,45	28,70	29,05	28,86
As	67,26	71,09	68,21	68,38
S	3,29	—	1,32	1,32
Unlösl. . . .	—	—	1,21	1,21
	100,00	99,79	99,79	99,77

29. Von Markirch (Elsaß); anal. V. Dürrfeldt, N. JB. Min. etc. 1911, II, 35.
30. Von Tamela, auf Pegmatitgängen; anal. Petra bei E. Makinen, Bull. comm. géol. Finlande, Nr. 35, 5101 (1913). N. JB. Min. etc. 1913, II, 42.
31. Von Reichenstein (Schlesien), Grube Reicher Trost; anal. A. Beutell und Fr. Lorenz, ZB. Min. etc. 1915, 372.
32. Von ebenda; anal. wie oben.

Für letztgenannten Löllingit wird das Atomverhältnis Fe : As = 1 : 1,83 und 1 : 1,85 berechnet.

Pazit.

	33.
δ	6,297—6,303
Cu	0,11
Ag + Au . . .	0,006
Fe	24,35
Co	0,13
As	64,84
Bi	0,10
S.	7,01
Bergart	2,88
	99,43

[1]) Dazu kommen noch: 2,88% Co und 0,21 Ni.

33. Pazit von La Paz (Bolivia), von Gold und Wismut durchsetzt; anal. Cl. Winkler bei A. Breithaupt, Min. Stud. 1866, 96.

Kobalthaltige Löllingite.

Obgleich manche Löllingite Kobalt in Spuren enthalten, so müssen doch diejenigen, bei welchen dieser Gehalt beträchtlich ist, besonders behandelt werden.

	34.	35.	36.	37.	38.	39.
δ . .	—	6,797	7,181	6,34	7,400	—
Fe . .	23,75	24,33	21,38	21,22	22,96	28,95
Cu . .	—	—	1,14	—	0,39	—
Co . .	4,13	4,40	4,67	6,44	4,37	1,22
Ni . .	0,20	—	—	—	0,21	6,29
As . .	70,16	62,29	66,90	63,66	71,18	63,08
Sb . .	0,29	4,37	3,59	5,61	—	—
Bi . .	—	—	—	—	0,08	—
S . . .	1,20	5,18	3,36	3,66	0,56	3,42
	99,73	100,57	100,04	100,59	99,75	97,41

34. Mit Blende, Kupferkies und Bleiglanz im Kalkspat aus Gabbro im Radautal (Harz); anal. Klüss bei K. Schulz, ZB. Min. etc. 1900, 119.

35. Von der Grube Wenzel bei Wolfach (bad. Schwarzwald); anal. Th. Petersen, Pogg. Ann. **137**, 337 (1869).

36. Vom Gnadalkanal (Sevilla), Leukopyrit; anal. Senfter, Journ. prakt. Chem. I, 230 (1870).

37. Von der Mine „Des Chalanches", Dep. Isère; anal. A. Frenzel, N. JB. Min. etc. 1895, 671.

38. Von Teocalli Mountain Brush Creek, Gunnison County (Colorado); anal. W. F. Hillebrand, Bull. geol. Surv. U.S. **419**, 244 (1910) nach F. W. Clarke.

39. Am Kontakt zwischen Kalkstein und einem Diopsid-Skapolithgang von Ersby (Finl.); anal. A. Laitakari, Comm. géol. Finl. 1921, 38.

Analysen von Leukopyrit und Geyerit.

	40.	41.	42.	43.
δ	7,282	—	—	6,58
Fe	27,41	31,20	31,20	32,92
As	69,85	61,62	61,18	58,94
Sb	1,05	—	—	1,37
S	1,10	6,84	6,63	6,07
	99,41	99,66	99,01	99,30

40. Geyerit von Breitenbrunn (Sachsen); anal. Behncke, Pogg. Ann. **98**, 187 (1856).

41. Neues Vorkommen von ebenda; anal. Mc Cay, Z. Kryst. **9**, 609 (1884).

42. Von ebenda; anal. wie oben.

43. Von Geyer; anal. Behncke, wie oben, Nr. 39.

Formel des Löllingits.

C. F. Rammelsberg[1]) berechnete die Analysen bis 1875 (wobei jedoch auch einige nicht hierher gehörige Analysen eingerechnet werden). Er kam zu dem Resultat, daß die Formel sei:

$$x RAs_2 . RS_2 .$$

Der Wert von x ist schwankend zwischen 5 und 44.

Der Pazit von La Paz ist $FeS_2 . FeAs_2$.

Später kam C. F. Rammelsberg[2]) nochmals auf das Arsenikeisen zurück und berechnete neuerdings die Analysen. In der obigen Formel ist x meistens sehr groß, entsprechend dem geringen Schwefelgehalt; bei dem von Stockö $83\,^0/_0$. In dem Vorkommen von Guadalcanal ist aber nur x = 9. Ob die Vorkommen von Wolfach und Breitenbrunn, in welchen x = 5 bzw. x = 4, noch hierher gehören ist zweifelhaft.

Das Verhältnis As:Sb ist in dem Vorkommen von Guadalcanal 39:1. In dem von Andreasberg (anal C. F. Rammelsberg) ist es 10:1.

Eine weitere Gruppe von Arsenikeisen, für welche derselbe Autor die Formel:

$$FeS_2 . x FeAs_2$$

setzt, gehört nur zum Teil zu dem Löllingit.

Für den Pazit berechnet dann C. F. Rammelsberg die Formel:

$$2 FeS_2 . 3 Fe_2As_5 \quad \text{oder} \quad FeS_2 . Fe_3As_8 .$$

A. Beutell und Fr. Lorenz[3]) haben sich außer mit der Konstitution des Speiskobalts (siehe unten) auch mit der des Löllingits befaßt. Ihre Analysen an dem Vorkommen von der Grube „Reicher Trost" von Reichenstein, Schlesien, welche unter Nr. 31, 32 auf S. 596 angeführt wurden, ergaben bei der Berechnung, wenn der Schwefel in Arsen umgerechnet wird, folgende Atomverhältnisse:

I. Fe:As = 1:1,83,
II. Fe:As = 1:1,85.

Sie haben ferner sämtliche bekannte Analysen neu berechnet (siehe Tabelle S. 599), einschließlich der sogenannten Leukopyrite, nach fallendem Arsengehalt berechnet. Dabei sind die Arsenwerte zugrunde gelegt worden, welche nach Abzug des Schwefels als Arsenkies erhalten wurden.

In folgender Tabelle haben die Verfasser die Analysen des Löllingits nach fallendem Arsengehalt zusammengestellt, wobei diejenigen Arsenwerte zugrunde gelegt sind, welche nach Abzug des Arsenkieses $Fe_2As_2S_2$ erhalten wurden. Die Zahlen sind aber dann ganz andere, als unter der Voraussetzung, daß Magnetkies FeS abgezogen wird.

---

[1]) C. F. Rammelsberg, Min.-Chem. 1875, 28.
[2]) Derselbe, ebenda Erg.-Heft II, 1895, 15.
[3]) A. Beutell u. Fr. Lorenz, ZB. Min. etc. 1915, 367.

Analysen von Löllingit, einschließlich Leukopyrit, nach fallendem Arsengehalt geordnet.

(Nach A. Beutell und Fr. Lorenz.)

Fundort	Analytiker	% As	% S	% Fe	Beimengung	Summe	Fe : As nach Abzug von	
							$S_2As_2Fe_2$	SFe
Schladming . . .	Weidenbusch	72,18	0,70	26,48	—	99,36	1 : 2,08	1 : 2,38
Brevik	Nordenskjöld	72,17	0,37	27,14	—	99,68	1 : 2,02	1 : 2,33
La Loreto . . .	Domeyko	71,58	0,87	27,35	—	99,80	1 : 2,01	1 : 2,15
Sätersberg . . .	Scheerer	70,09	1,33	27,39	—	98,81	1 : 1,99	1 : 2,13
Drums Farm . . .	Genth	70,83	0,77	27,93	—	99,53	1 : 1,98	1 : 2,13
Carrizo . . .	Domeyko	70,30	1,10	27,60	0,20 Ag	99,20	1 : 1,98	1 : 2,12
Breitenbrunn . .	Behncke	69,85	1,10	27,41	1,05 Bi	99,41	1 : 1,98	1 : 2,08
Sätersberg . . .	Scheerer	70,22	1,28	28,14	—	99,64	1 : 1,95	1 : 2,07
Andreasberg . . .	Illing	70,59	1,65	28,67	—	100,91	1 : 1,94	1 : 2,05
Dobschau. . . .	Niedzwiedzki	70,11	0,81	28,21	—	99,13	1 : 1,92	1 : 2,04
Reichenstein . . .	Güttler	67,81	1,97	28,19	1,14 Bergart	99,11	1 : 1,92	1 : 2,04
Hüttenberg . . .	Weyde	67,77	3,18	29,35	—	100,00	1 : 1,91	1 : 2,04
Markirch	Dürrfeld	67,26	3,29	29,45	—	100,00	1 : 1,91	1 : 2,04
Reichenstein . . .	Hoffmann	65,99	1,94	28,06	2,17 Bergart	98,16	1 : 1,88	1 : 2,00
" . . .	Güttler	66,59	1,93	28,28	2,06 "	98,86	1 : 1,88	1 : 2,00
Descubridora . .	Domeyko	66,20	1,10	27,60	5,10 "	100,00	1 : 1,86	1 : 1,99
Tamela	Eero Mäkinen	71,09	—	28,70	—	99,79	1 : 1,85	1 : 1,99
Hüttenberg . . .	Mc Cay	68,87	1,09	29,20	—	99,16	1 : 1,83	1 : 1,96
Breitenbrunn . .	"	61,62	6,84	31,20	—	99,66	1 : 1,83	1 : 1,95
" . . .	"	61,18	6,63	31,20	—	99,01	1 : 1,83	1 : 1,92
Geyer	Behncke	58,94	6,07	32,92	1,37 Sb	99,30	1 : 1,67	1 : 1,88
Reichenstein . . .	Meyer	63,14	1,63	30,24	3,55 Bergart	98,56	1 : 1,65	1 : 1,85
" . . .	Güttler	66,57	1,02	31,08	0,92 "	99,59	1 : 1,65	1 : 1,72
" . . .	Karsten	65,88	1,77	32,35	—	100,00	1 : 1,62	1 : 1,70
" . . .	Weidenbusch	65,61	1,09	31,51	1,04 Bergart	99,25	1 : 1,61	1 : 1,68
" . . .	Güttler	61,52	0,83	29,83	6,07 "	98,25	1 : 1,58	1 : 1,66
Andreasberg . . .	Jordan	55,00	8,35	36,44	0,01 Ag	99,80	1 : 1,53	1 : 1,64
" . . .	Illing	53,64	7,66	38,70	—	100,00	1 : 1,38	1 : 1,57
Přibram	Broz	63,21	—	35,64	—	98,85	1 : 1,32	1 : 1,32

Die beiden letzten Reihen der Tabelle zeigen, daß das Atomverhältnis sehr geändert wird, je nachdem man den Schwefel als Arsenkies oder Magnetkies abzieht. Während man für den arsenreichsten Löllingit nach Abzug von Arsenkies die Formel $As_{2,08}Fe$ erhält, also fast As_2Fe, führt dagegen die Abrechnung von Magnetkies auf die Formel $As_{2,38}Fe$. Auch die Analysen 2—6 führen bei Abrechnung von FeS auf höhere Arsenide als $FeAs_2$. Nach Abzug von Arsenkies hingegen ergibt sich bei der ersten Hälfte der Analysen sehr angenähert die Formel $FeAs_2$. Eine Sicherheit, welche der Formeln die richtigere ist, kann nach A. Beutell und Fr. Lorenz nicht ermittelt werden. Die Wahrscheinlichkeit ist aber, daß $FeAs_2$ die richtigere Formel ist, weil höhere Arsenide sich nicht darstellen ließen. Sie nehmen daher an, daß der im Löllingit vorhandene Schwefel als Arsenkies FeAsS beigemengt ist.

Im Zusammenhang mit dieser Frage wurde von den Genannten die Luftoxydation des Löllingits nach derselben Methode wie bei Speiskobalt angewendet. Dabei wurde das feine Pulver in Wasser und Salzsäure unter Drucksaugen von Luft oxydiert und sowohl die Lösung als der Rückstand analysiert. Angewandt wurde der früher erwähnte Löllingit von „Reicher Trost". Die nächste Tabelle zeigt die Hauptergebnisse dieser Oxydationsversuche.

Luftoxydation des Löllingits.

Dauer	ccm H_2O	ccm ClH	Im ganzen gelöst %	In Lösung			Im Rückstand		
				Atome Fe	Atome As	Fe : As	Atome Fe	Atome As	Fe : As
—	—	—	—	—	—	—	0,953	0,515	1 : 1,85
1 Tag	50	5	3,25	0,028	0,022	1 : 0,77	—	—	—
1 Tag	50	5	2,78	0,025	0,018	1 : 0,72	—	—	—
13 Tage	50	5	7,20	0,047	0,061	1 : 1,29	—	—	—
13 Tage	50	5	9,59	0,072	0,074	1 : 1,03	—	—	—
3 Mon.	50	6	59,00	0,344	0,529	1 : 1,53	0,190	0,373	1 : 1,96
3 Mon.	50	6	62,19	0,370	0,553	1 : 1,49	0,175	0,339	1 : 1,94

In den Versuchen 2 und 3 dieser Tabelle, welche nur einen Tag dauerten, ist das Verhältnis As : Fe = 1 : 0,74, welches auf die Formel Fe_2As_3 paßt. Es kann nicht entschieden werden, ob hier wirklich eine solche Verbindung im Löllingit vorliegt, zumal sich nur 3% vom Löllingit gelöst hatten. Sichere Schlüsse lassen nach A. Beutell und Fr. Lorenz nur die Versuche 6 und 7 zu, welche 3 Monate dauerten und bei denen 60% der angewandten Substanz in Lösung gegangen waren. In letzterer ist das Verhältnis Fe : As = 1 : 1,51, entsprechend der Formel Fe_2As_3.

Der unzersetzt gebliebene Rückstand führt auf das Verhältnis Fe : As = 1 : 1,95, welches der Formel As_2Fe entspricht. Ob der Ansicht der Genannten, daß neben dem Arsenid $FeAs_2$ auch die Existenz eines zweiten Fe_2As_3 gesichert ist, beizustimmen wäre, scheint dem Verfasser dieses nicht ganz sicher; auch die beiden Genannten haben zur Klärung der Frage synthetische Versuche in Aussicht gestellt (siehe S. 602).

Immerhin wird man aus dem Resultat der Analysen den Schluß ziehen, daß die Formel des Löllingits annähernd

$$FeAs_2$$

ist; jedoch führen die Synthesen (S. 602) zu einem, etwas verschiedenem Resutat.

Nach A. Beutell und Fr. Lorenz wäre demnach der Schwefel im Löllingit als Arsenkies beigemengt.

A. Beutell[1]) bespricht anläßlich seiner Studien über Isomorphie und Konstitution der Markasit-Arsenklies-Glaukodot-Gruppe auch den Löllingit.

Beziehungen zwischen Löllingit und Markasit.

A. Beutell[2]) hat die Frage diskutiert, ob sich die arsenhaltigen Markasite, die schwefelhaltigen Löllingite, ebenso deuten lassen wie die Arsenkiese, welche, wie wir bei Arsenkies sehen werden, nach seiner Auffassung also $FeS_2 . FeAS_2$ sind.

Um darüber Klarheit zu bekommen, berechnete er die Analysen dieser Mineralien wie die Arsenkiesanalysen.

Es wurde nach dem Arsengehalt des Markasits, bzw. dem Schwefelgehalt des Löllingits der prozentische Gehalt von AsSFe berechnet und nach Abzug desselben das Atomverhältnis ermittelt. Von 39 Löllingitanalysen waren nur 19 brauchbar, die meisten enthielten zu wenig Arsen. Dabei findet sich kein einziger schwefelfreier Löllingit, während von 6 Markasiten nur zwei kein Arsen enthalten.

Aus den Tabellen ergibt sich, daß die Mischungsreihe große Lücken aufweist. Der arsenreichste Markasit enthält nur 9,5 % FeAsS, der schwefelreichte Arsenkies von Assinghausen nur 8,5 %. Der arsenreichste Arsenkies enthält 81 % FeAsS, während für den schwefelreichsten Löllingit 35,7 % berechnet wird.

A. Beutell ist der Ansicht, daß sich die Frage, ob der Arsengehalt der Markasite durch Beimengung von $FeAs_2$ oder von FeAsS erklären läßt, auf dem Wege der chemischen Analyse allein nicht geklärt werden kann. Der Schwefel des Löllingits kann sowohl durch Beimengung von FeS_2 oder von FeAsS erklärt werden. Aus den Isomorphieverhältnissen läßt sich eher schließen, daß eine isomorphe Beimengung von FeAsS wahrscheinlich wäre.

P. Groth[3]) gibt für Löllingit, Markasit und Arsenkies analoge Konstitutionsformeln, wobei die empirischen Formeln zu verdoppeln sind.

```
   /S–S\            /S——S\            /As=As\
Fe<     >Fe      Fe<      >Fe      Fe<       >Fe
   \S–S/            \As=As/            \As=As/
  Markasit         Arsenkies          Löllingit
```

Die Formel des Löllingits $FeAs_2$ ist, wie jene des Markasits, zu verdoppeln, die Konstitutionsformel wäre der des Markasits, welche P. Groth gegeben hat, ähnlich.

Dann wird von A. Beutell die Frage diskutiert, ob Arsenkies ein Doppelsalz sei, dessen Komponenten Markasit Fe_2S_4 und Löllingit Fe_2As_4 seien. Er hält ihn nicht für ein Doppelsalz.

Die Formel des Löllingits ließe sich nach A. Beutell übereinstimmend mit P. Groth schreiben:

```
   As——As
  /      \
Fe        Fe .
  \      /
   As——As
```

[1]) A. Beutell, ZB. Min. etc. 1912, 300.
[2]) Derselbe, ZB. Min. etc. 1912, 234.
[3]) P. Groth, Tabell. Übers. 1898, 21.

Es sind jedoch diese Betrachtungen von A. Beutell und Fr. Lorenz[1]) durch ihre späteren Untersuchungen verbessert worden.

Synthese.

Synthetische Arbeiten von A. Beutell.[2]) A. Beutell hat bei diesem Mineral, wie bei Speiskobalt und Nickelarseniden die Arsenierung vorgenommen. Die Methode besteht hauptsächlich darin, daß durch Arsendampf die verschiedenen Arsenide hergestellt werden sollten. Die Methode hat Ähnlichkeit mit jener, bei der A. Beutell durch Überleiten feuchter Luft bis zur Sättigung die Desminhydrate dargestellt hat. Es muß aber hier bemerkt werden, daß diese Methode bei den Zeolithen prinzipielle Fehler aufweist, so daß seine Resultate nicht angenommen worden sind (siehe Bd. II, Abt. 3, S. 9). Daß dies auch für die Arsenide gilt, ist allerdings daraus nicht zu schließen. Bei den Arseniden wurde übrigens nicht Arsendampf übergeleitet, sondern es wurden die Versuche in zugeschmolzenen, vorher evakuierten Röhren vorgenommen, in welche das Mineral (hier Löllingit von Reichenstein) eingelegt wurde. Das Erzpulver wurde zunächst $3^1/_2$ Tag zur Rotglut erhitzt, wonach die Analyse eine Zusammensetzung $FeAs_{0,88}$ ergab.

In der folgenden Tabelle (S. 603) sind die Resultate enthalten.

Die Beständigkeitsintervalle von Eisenarsenid und Kobaltarsenid fallen zusammen. Man kann die für Speiskobalt erhaltenen Formeln aus den für reinen Kobalt und Löllingit erhaltenen Formeln ableiten. Die erhaltenen Eisenarsenide sind:

$$FeAs, \quad Fe_2As_3, \quad FeAs_2 .$$

In dem ersteren variiert Fe:As von 1,089:1 bis 1:1,12. Das Temperaturintervall ist 285—385°.

Das Temperaturintervall des zweiten Arsenids ist kleiner, es erstreckt sich von 395—415°.

Das Temperaturintervall für $FeAs_2$ ist sehr groß, 430—618°. Das Verhältnis Fe:As = 1:1,74 bis 1:1,00.

Anschließend an diese Arbeit bringen A. Beutell und Fr. Lorenz die metallmikroskopische Untersuchung des Löllingits (S. 608).

Sie fanden im Löllingit zwei verschiedene Substanzen. Nach dem Ätzen mit verdünnter Salpetersäure stellt sich heraus, daß das Erz inhomogen ist.

Die chemische Identifizierung der beiden Arsenide wird durch das Mischungsverhältnis durchgeführt. Die Zerlegung des Löllingits durch Luftoxydation führte ihn zu drei Arseniden:

Fe_2As_3 61%,
$FeAs_2$ 36%,
FeAs 3% (nicht sicher dargestellt).

Die im Schliff vorherrschende dunkle Substanz wird als FeAs gedeutet. Die stark zurücktretende silberweiße Substanz, welche von verdünnter Salpetersäure nicht angegriffen wird, ist $FeAs_2$.

Daß das erste Arsenid von der Säure stark angegriffen wird, stimmt mit

[1]) A. Beutell u. Fr. Lorenz, ebenda 1916, 10.
[2]) Dieselben, ebenda 419.

den Resultaten der Luftoxydation, da sie dabei ganz zersetzt wird, während das Biarsenid des Eisens nicht angegriffen wurde.

A. Beutell und Fr. Lorenz[1]) fassen ihre Resultate in folgenden Salzen zusammen:

1. Der Reichensteiner Löllingit entspricht keiner bestimmten Formel, besteht wesentlich aus einer Mischung von etwa 61 % Fe_2As_3 und etwa 36 % $FeAs_2$. Die Anwesenheit von Fe_3As_4 ist nicht sichergestellt.

2. Bei der Synthese wurde das Arsenid Fe_2As_3 neu dargestellt.

3. Die Anwesenheit von FeAs muß in den Löllingiten angenommen werden, welche weniger als 66 % Arsen enthalten (Andreasberg und Přibram).

4. Der Schwefelgehalt des Löllingits rührt von beigemengtem Arsenkies her.

5. Die Hauptkomponenten des Löllingits Fe_2As_3 und $FeAs_2$ sind auch mikroskopisch festzustellen.

Synthese der Arsenide des Löllingits.

Nach A. Beutell und Fr. Lorenz.

Temperatur	Dauer	Atomverhältnis Fe : As	Formel	Beständigkeits-intervall
285°	15 Stunden	1 : 0,89	—	
315	42 „	1 : 0,89	—	
315	43 „	1 : 0,88	—	
325	40 „	1 : 0,89	—	
325	40 „	1 : 0,88	—	
335°	46 Stunden	1 : 0,90	AsFe	50°
340	126 „	1 : 1,03	„	
350	10½ „	1 : 1,03	„	
360	44 „	1 : 1,08	„	
375	24½ „	1 : 1,09	„	
385	23½ „	1 : 1,12	„	
395°	541 Stunden	1 : 1,56	As_3Fe_2	20°
395	536 „	1 : 1,56	„	
405	55½ „	1 : 1,57	„	
405	55½ „	1 : 1,59	„	
415	37 „	1 : 1,59	„	
415	37 „	1 : 1,62	„	
430°	56½ Stunden	1 : 1,68	As_2Fe	188°
430	56½ „	1 : 1,70	„	
460	21 „	1 : 1,73	„	
460	21 „	1 : 1,74	„	
500	60 „	1 : 1,85	„	
500	60 „	1 : 1,86	„	
530	41 „	1 : 1,87	„	
530	41 „	1 : 1,87	„	
618	111½ „	1 : 1,90	„	
618	111½ „	1 : 1,90	„	

[1]) A. Beutell u. Fr. Lorenz, ZB. Min. etc. 1916, 16.

Vergleich der Arsenide des reinen Kobalts und Eisens mit den aus Speiskobalt erhaltenen.

Nach A. Beutell und Fr. Lorenz.

Temperatur	Arsenide des Eisens, gefunden am Löllingit		Arsenide des Kobalts, gefunden an reinem Kobalt		Speiskobalt	
	Fe : As	Formel	Co : As	Formel	R : As	Formel
275°	—		—		1 : 0,96	
285	1 : 0,89		—		—	
310	—		1 : 0,97		—	
315	1 : 0,89		—	AsCo	—	
325	1 : 0,89		1 : 1,03		—	AsR
335	1 : 0,90		1 : 1,03		—	
340	1 : 1,03	AsFe	—		—	
345	—		1 : 1,08		—	
350	1 : 1,03		—		1 : 1,08	
355	—		1 : 1,52	As_3Co_2	1 : 1,33	
360	1 : 1,08		—		—	
375	1 : 1,09		1 : 1,55		1 : 1,33	
385	1 : 1,12		1 : 1,91		1 : 1,33	As_2R
395	1 : 1,55		1 : 2,02	As_2Co	1 : 1,84	
405	1 : 1,58	As_3Fe_2	1 : 2,03		1 : 1,84	
415	1 : 1,59		1 : 2,49	As_5Co_2	1 : 2,41	
430	—		1 : 2,53		—	
450	—		1 : 2,96		—	
460	1 : 1,74		—		—	As_3R
500	1 : 1,86	As_2Fe	—	As_3Co	1 : 2,82	
580	—		1 : 2,96		—	
618	1 : 1,90		1 : 2,99		1 : 2,84	

Weitere Synthesen von Eisenarseniden.

Von älteren Synthesen der Eisenarsenide wären zu erwähnen der Versuch von A. Gehlen,[1]) wonach 56 Teile Eisenfeile mit 108 Teilen Arsen, bei Luftabschluß geglüht, ein weißes, sehr sprödes metallisches Produkt geben, welches der Zusammensetzung Fe_2As_2 entspricht. P. Berthier[2]) erhielt durch Schmelzen von Arsenkies FeAsS mit wenig Borax im Kohletiegel einen kristallinen Rückstand von der Zusammensetzung $FeS.Fe_4As_2$. Nachdem diese so lange mit konz. Salzsäure digeriert war, als noch H_2S entwich, verblieb Fe_4As_2. Bei weiterem Kochen mit der Säure blieb FeAs zurück, welches durch Salzsäure nicht mehr verändert wird.

Nach Descamp[3]) erhält man durch Reduktion von Eisenarseniat vermittelst Cyankalium die Verbindung FeAs. Auch durch Zusammenschmelzen

[1]) A. Gehlen, auch T. J. Bergmann nach O. Dammer, Handb. anorg. Chem. 3, 351 (1898).

[2]) P. Berthier, Ann. chim. phys. **62**, 113 und Journ. prakt. Chem. **10**, 13.

[3]) Descamp, C. R. **86**, 1066.

von Eisenfeile mit metallischem Arsen unter einer Boraxdecke bei möglichst niedriger Temperatur erhält man die Verbindung Fe_3As_2.

Vor kurzem hat A. Brukl[1]) eine Reihe von Arseniden hergestellt, darunter auch die für uns wichtigen Arsenide des Eisens, Kobalts und Nickels. Er leitete Arsenwasserstoff in alkalischer Lösung von Ferrosalzen, wobei es sich herausstellte, daß zu hohe Arsenwerte sich ergaben, da das Ferrohydroxyd eine zersetzende Wirkung auf Arsenwasserstoff ausübt. Als er in alkoholischer Lösung arbeitete und das Ferrochlorid erst im Fällungskolben mit Ammoniak zusammentreten ließ, erhielt er das Arsenid Fe_3As_2, welches bereits von K. Friedrich sichergestellt war. Die Arsengehalte waren bei zwei Versuchen: 47,77% und 47,42%, während die Theorie für das Sesquiarsenid 47,23% verlangt. Leider wurde die Substanz nicht weiter durch Umkristallisieren einer Untersuchung zugänglich gemacht.

Das erhaltene Arsenid ist in konz. Salzsäure kaum löslich und wird auch von konz. Schwefelsäure wenig angegriffen. Dagegen ist der Körper in Salpetersäure und Königswasser leicht löslich, ebenso in Bromwasser.

Das System Eisen—Arsen.

Bereits K. Friedrich hat ein Schmelzdiagramm für Eisen und Arsen aufgestellt, in dem zwischen den Konzentrationen FeAs und Fe_2As ganz eigentümlich thermische Effekte verzeichnet sind.

K. Friedrich[2]) hat die Legierungen von Arsen und Eisen durch Zusammenschmelzen erhalten. Es war durch Wasserstoff reduziertes Eisen und metallisches Arsen verwendet worden. Zahlreiche Mikrophotographien zeigen die Struktur der erhaltenen Legierungen. Die von ihm konstruierte Abkühlungskurve zeigt, daß bei 60,1% Eisen ein einheitlicher Stoff sich bildet. Es ist das die Verbindung Fe_2As. Die Verbindung erfordert 59,9% Eisen, also ist die Übereinstimmung eine gute.

Es ist nicht ganz sicher, ob sich weitere Verbindungen bilden, doch dürfte eine bei 44% Eisen sich bildende Legierung der Verbindung FeAs, welche 42,8% Eisen erfordert, wohl entsprechen. Wahrscheinlich ist auch die Verbindung Fe_3As_2. Dann wären noch die Verbindungen Fe_4As_3 und Fe_5As_2 zu nennen.

Merkwürdig ist, daß gerade die Verbindung $FeAs_2$ nicht dargestellt wurde, dies hängt aber damit zusammen, daß diese Verbindung bei hoher Temperatur (1100—1150° C) nicht mehr stabil ist, ebenso wie die Verbindung, welche A. Beutell nach seiner Methode erhalten hatte: Fe_2As_3.

Im ganzen glaubt K. Friedrich fünf verschiedene Kristallarten erhalten zu haben. Fe_2As bildet sich mit der eisenreichsten Verbindung im Eutektikum bei 830° C.

Weitere synthetische Untersuchungen rühren von S. Hilpert und Th. Dieckmann[3]) her. Sie versuchten durch Einwirkung von Arsendampf unter Druck bei hoher Temperatur Arsenide zu erzeugen. Das Metallpulver wird in einem Schießrohr aus Jenaer Glas 6—8 Stunden auf 700° erhitzt. So konnte das Arsenid $FeAs_2$ aus Ferrum reductum leicht hergestellt werden. Der Schmelzpunkt dieser Verbindung ist 1000°. Nach Abdestillierung des

[1]) A. Brukl, Z. anorg. Chem. **131**, 243 (1923).
[2]) K. Friedrich, Metallurgie 1907, 129.
[3]) S. Hilpert u. Th. Dieckmann, Ber. Dtsch. Chem. Ges. **44**, 2378 (1911).

Arsens bei 700° kann man aus diesem Produkt die Verbindung FeAs darstellen. Folgende Analysen wurden an den erhaltenen Produkten vorgenommen:

$FeAs_2$.

Fe	27,18	27,31	27,3	27,6	27,3
As	72,82	73,03	72,50	72,85	72,8

Die ersten Zahlen sind die aus der Formel berechneten, die übrigen die bei den verschiedenen Versuchen gefundenen Zahlen. Dieses Arsenid bildet ein silbergraues Pulver, wahrscheinlich mikrokristallinisch. Die Substanz wird von konzentrierter Salzsäure nicht angegriffen, dagegen durch Salpetersäure langsam oxydiert. Dichte 7,38. Schmelzpunkt 980—1040°.

Die Darstellung von FeAs geschah durch Abdestillieren des Arsens im Wasserstoffstrom bei 680°. Das Produkt hat die Zusammensetzung:

Fe	42,7	42,8
As	57,3	57,79

Die ersten Zahlen sind die berechneten, die anderen die gefundenen. Ferner wurden zur direkten Herstellung dieses Arsenids 13,2 g As und 9,346 g Fe durch 21 Stunden erhitzt, dann das Produkt mit verdünnter Salzsäure gereinigt und bei 680° im Wasserstoffstrom zur Konstanz gebracht. Die Substanz ist deutlich kristallin. Dichte 7,83. Schmelzpunkt 1020°. Chemisch verhält sich dieses Arsenid wie $FeAs_2$.

Zufällige Bildungen von Löllingit.

In einem Schmelzofen der demolierten Tretellan-Zinnwerke in Cornwall wurden gefunden: dunkelstahlgraue Prismen, dem Löllingit sehr ähnlich; beobachtete Formen: (111) (101) auch (100). Dichte 7,9414. Die Analyse dieser Kristalle ergab (anal. W. P. Headden):[1])

Fe	38,30
Co	3,64
Ni	Spur
Cu	Spur
Sn	2,85
As	53,22
S	0,54
Sand	1,76
	100,31

Aus diesen Zahlen berechnet W. P. Headden[1]) das Verhältnis:

$$Fe:As = 1:1.$$

Als Begleiter treten auf Zinnsulfur und eine Verbindung FeAs + SnS. Letztere sind schwarze, glänzende, monokline Kristalle. Die Analyse ergab:

Fe	17,949
Co	2,037
Sn	43,107
As	27,166
S	10,671

[1]) W. P. Headden, Am. Journ. Sc. **5**, 53 (1898); Z. Kryst. **32**, 588 (1900).

Außer dem Zinnsulfid SnS, in welchem etwas Zinn durch Eisen ersetzt ist und welches in schwarzen, monoklinen Kristallen vorkommt, ist noch zu erwähnen von derselben Hütte ein Zinnarsenid, mit 99,414 Sn und 9,44 Arsen. Die Formel ist:

$$Sn_6As.$$

Bildet hellglänzende, sechsseitige Tafeln.

Physikalische Eigenschaften.

Ziemlich deutlich nach der Basis spaltbar, auch nach (110). Unebener Bruch. Spröde. Härte über 5. Dichte mit der chemischen Zusammensetzung schwankend 7—7,4.

Undurchsichtig, metallglänzend, Farbe silberweiß bis stahlgrau. Strich grau bis graulichschwarz.

Spezifische Wärme 0,0864 nach A. Sella;[1]) die berechnete Wärme von FeAs beträgt nach demselben Autor 0,0907. Guter Leiter der Elektrizität, besonders der Leukopyrit, nach F. Beijerinck.[2])

A. de Gramont[3]) bestimmte das Funkenspektrum, wobei er konstatierte, daß die Arsenlinien viel stärker als die des Eisens waren. Durch einen Tropfen Salzsäure kann deren Intensität gehoben werden.

Chemische Eigenschaften.

Löllingit schmilzt nach V. Goldschmidt schwer zu unmagnetischer, der des Arsenkieses ähnlichen Kugel. Nur bei einem merklichen Schwefelgehalt des Löllingits besitzt die Kugel einen magnetischen, drusigen, tombakbraunen Mantel von Schwefeleisen, welches durch einen Schlag mit dem Hammer von dem auf FeAs bestehenden Kern leicht trennbar ist. J. Loczka hat auch den Löllingit, ähnlich wie Arsenkies bezüglich seines Verhaltens in der Hitze untersucht. Da Löllingit mehr Arsen enthält, als Arsenkies, so war zu erwarten, daß sein Glühverlust auch größer sei. Doch erhielt J. Loczka[4]) ein negatives Resultat. Beim Erhitzen eines Andreasberger Löllingits erhielt er einen sehr dünnen Arsenspiegel, es sublimierte nur wenig Schwefel. Es wurde ein Glühverlust von nur 61 $^0/_0$ festgestellt. Er erklärt dieses Verhalten dadurch, daß Schwefel im Arsenkies das Arsen freimacht, was aber im Löllingit (der betreffende Löllingit enthielt nur 0,84 $^0/_0$ Schwefel) nicht möglich war. Um die Richtigkeit dieser Annahme zu prüfen, erhitzte J. Loczka ein Gemenge von 50 $^0/_0$ Schwefel mit 50 $^0/_0$ Löllingit durch 2 Stunden zur Rotglut. An den kälteren Teilen der Glasröhre hatte sich viel Schwefel und viel Arsensulfid abgesetzt, aber kein Arsenspiegel. Der Verlust durch Glühen war 77,34 $^0/_0$.

Demnach zersetzt der Schwefel den Löllingit derart, daß unter Bildung von Eisensulfur, Arsen frei wird, welches sich mit Schwefel und Arsensulfid umsetzt, welches Sulfid als Sublimat absetzt. Pyrit verliert beim Erhitzen die Hälfte seines Schwefelgehaltes, während die andere Hälfte sich mit Eisen zu FeS verbindet. Es wurde ferner 1,2817 g Löllingit mit 0,8016 g Pyrit gemengt und durch 2 Stunden zu Rotglut erhitzt. Zuerst verflüchtigte sich

---

1) A. Sella, Z. Kryst. **22**, 180 (1893).
2) F. Beijerinck, N. JB. Min. etc., Beil.-Bd. **11**, 434 (1896).
3) A. de Gramont, Bull. soc. min. **18**, 283 (1895).
4) J. Loczka, Z. Kryst. **15**, 41 (1880).

Schwefel, dann Arsensulfid und zuletzt bildete sich eine starke Arsenkruste. Der Glühverlust betrug 30,00% AsS. Salzsäure löste vom Glührückstand 38,85% FeS. Die Menge des unzersetzten Löllingits betrug 30,25%.

Nach C. Burghardt[1]) gibt Löllingit, in einem Schiffchen mit Ammoniumnitrat erhitzt, eine rote Schmelze, welche, in Wasser gelöst, die Arsenreaktion gibt, während der Rückstand Reaktion auf Eisen gibt.

Das mikrochemische Verhalten wurde von J. Lemberg[2]) untersucht. Mit Silbersulfatlösung, welche mit Schwefelsäure angesäuert war, erfolgte nach 10 Std. langem Einwirken der kalten Lösung ein Überzug von Silberkristallen. Bromlauge oxydiert Löllingit etwas langsamer als Mispickel zu Eisenoxyd, welches gut haftet. Auf diese Weise ließen sich Löllingiteinschlüsse in einem Fahlerz vom Altai erkennen.

Ch. Palmer[3]) hat wie bei Rotnickel auch bei Löllingit die Einwirkung von Silbersulfatlösung versucht. Auch hier zeigt sich, wie bei einigen anderen Arseniden (siehe unten), die Fähigkeit, Silber auszuscheiden, wobei sich arsenige Säure und Eisensulfat bildet. Bei Rotnickel bildet sich entsprechend Nickelsulfat. Die quantitative Untersuchung ergibt folgende Reaktionsgleichungen:

$$FeAs_2 + 4Ag_2SO_4 + 3HO = FeSO_4 + As_2O_3 + 3H_2SO_4 + 8Ag$$
$$2FeSO_4 + Ag_2SO_4 = 2Ag + Fe_2(SO_4)_3.$$

Die ausgefällte Silbermenge wird durch die weitere Einwirkung von $FeSO_4$ vergrößert. Diese Reaktion kann auf die übrigen Arsenide Bedeutung erzielen, wenn die bei der Umwandlung frei werdende Schwefelsäure durch Einwirkung auf eisenhaltigen Kalkspat Eisenvitriol bilden kann. Auf diese Weise soll die von E. S. Bastin an Silbererzen von Kobalt, Ontario, nachgewiesene Calcitverdrängung in einiger Entfernung von den Arseniden zu erklären sein.

Pyrit, Markasit, Hauerit, sowie Arsenkies, Kobaltglanz, Ullmannit zeigen diese Reaktion mit Silbersulfat nicht. Wichtig ist auch, daß bei diesen Reaktionen sich gewisse Mengen von unlöslichen Resten ergaben, welche durch Beimengungen von Arsensulfiden verursacht sind, was wiederum die abweichenden Resultate mancher Analysen erklärt.

Löllingit wird von Salzsäure nicht angegriffen, dagegen von Salpetersäure unter Abscheidung von Schwefel und Arsentrioxyd zersetzt; ebenso von Königswasser. Die Auflösung ist gelb.

Chalkographische Untersuchung. Eine Untersuchung nach den neuen Methoden ist mir nicht bekannt geworden; A. Beutell und Fr. Lorenz[4]) haben aber Abbildungen gebracht, welche von Prof. Oberhoffer angefertigt wurden. Es sei hier eine davon gebracht (Fig. 57). Auf Grund der mikroskopischen Untersuchung mit dem Metallmikroskop stellen die oben genannten Forscher fest, daß im Löllingit zwei verschiedene Substanzen vorhanden sind. Ohne Ätzung könnte man das Mineral für homogen halten, nach dieser mit verdünnter Salpetersäure durchgeführten Ätzung zeigt sich, daß zweierlei Substanzen vorhanden sind. Der größte Teil nimmf eine bleigraue Färbung an, nur einzelne Adern bewahren ihre ursprüngliche silberweiße Färbung.

---

[1]) C. Burghardt, Min. Mag. **9**, 227 (1891).
[1]) J. Lemberg, Z. Dtsch. geol. Ges. **46**, 796 (1894).
[3]) Ch. Palmer, Econ. Geol. **12**, 207 (1917). Ref. N. JB. Min. etc. 1923, II, 327.
[4]) A. Beutell u. Fr. Lorenz, ZB. Min. etc. 1916, 20.

A. Beutell und Fr. Lorenz deuten die vorherrschende Masse als Fe_2As_3; sie bringen die stärkere Angreifbarkeit durch Salpetersäure dieser Masse mit den Resultaten der Luftoxydation in Einklang. Die von Salpetersäure nicht angegriffene Substanz ist das Biarsenid $FeAs_2$.

Es wäre wünschenswert, erst diese Untersuchungen zu erweitern.

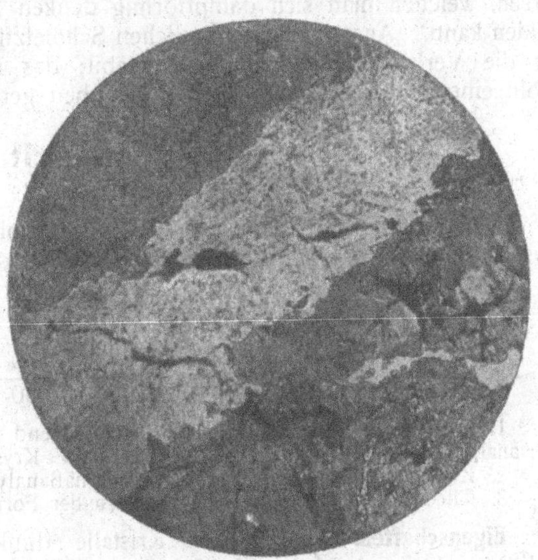

Fig. 57. Löllingit, geätzt, im auffallenden Licht nach A. Beutell und Fr. Lorenz.

Umwandlung.

Wie auch bei dem später zu behandelnden Arsenkies bildet sich aus Löllingit Skorodit. Bereits V. v. Zepharovich[1]) beobachtete in Lölling in Hohlräumen des Löllingits Überzüge von diesem Mineral. Fr. Sandberger[2]) erwähnt bei seinem Geyerit von Wolfach die Verwitterungsprodukte: Pitticit, Kobaltblüte, Antimonocker. In Nord-Carolina bei Drums Farm beobachtete F. Genth[3]) Skoroditoxydation.

Die häufig bei Löllingit beobachteten Anlauffarben deuten auf leichte Verwitterbarkeit. Nach J. Roth[4]) bildet sich auch auf Eisenarseniden Pharmakosiderit und Symplesit (außer Skorodit und Pitticit).

Vorkommen und Genesis.

Löllingit kommt auf Gängen vor, oft zusammen mit Calcit, neben verschiedenen anderen Erzen, wie Kupferkies, Blende, Pyrit, Bleiglanz und Fahlerz. An manchen Orten tritt er mit Chloanthit und Smaltin auf. In Chile ist er in den Silbergruben verbreitet; auch mit Gold kommt er vor. Häufig ist sein Vorkommen in Brauneisen und Spateisen. Abweichend von den meisten Vorkommen ist das von Reichenstein, wo er im Serpentin direkt eingesprengt ist. Auch mit Magnetit kommt er dort und an anderen Orten vor.

Was die Entstehung des Löllingits anbelangt, so dürfte er sich auf Gängen, wie das Zusammenvorkommen mit Calcit beweist, bei mittlerer Temperatur wohl aus heißen Quellen gebildet haben; damit steht das Resultat der synthetischen Arbeiten von K. Friedrich im Einklange, welcher zeigte, daß die Arsenide mit geringerem Eisengehalte, bzw. mit höherem Arsengehalte bei hohen Temperaturen instabil werden.

[1]) V. v. Zepharovich, Miner. Lexikon v. Österreich **2**, 187 (1873); Sitzber. Wiener Ak. **56**, 46 (1867).

[2]) Fr. Sandberger, N. JB. Min. etc 1869, 298.

[3]) F. Genth, Miner. N. Carol. 1891, 26.

[4]) J. Roth, Chem. Geol. **1**, 278 (1879).

Allerdings weist das Vorkommen von Reichenstein (siehe über dessen Bildung die Arbeit von A. Beutell bei Arsenkies) auf eine magmatische Abscheidung hin, und es wäre auch denkbar, daß bei starkem Überschuß von Arsen, welchen man sich dampfförmig denken könnte, diese Verbindung sich bilden kann. Aus einem gewöhnlichen Schmelzflusse bei gewöhnlichem Drucke ist die Verbindung jedoch nicht stabil; das Reichensteiner Vorkommen hat wohl eine andere Entstehung, wie die oben genannten.

Arsenoferrit.

Kristallklasse: Dyakisdodekaedrisch.

Demnach ist die Verbindung $FeAs_2$ dimorph, da sie außer im rhombischen System noch in der oben genannten Kristallklasse vorkommt.

Analysen.

	1.	2.	3.
Fe . .	28,90	28,30	27,16
As . .	71,10	71,70	72,84
	100,00	100,00	100,00

1. Analyse des Arsenoferrits, auf Gneis sitzend, von der Alpe Lercheliny, Binnental; anal. A. Schneider bei H. Baumhauer, Z. Kryst. **51**, 144 (1913).
2. Zweite Bestimmung des Eisens auf maßanalytischem Wege.
3. Theoretische Zusammensetzung nach der Formel $FeAs_2$.

Eigenschaften. Farbe der Kristalle dunkelbraun, metallglänzend. In Splittern rot durchsichtig. In Salzsäure löslich.

Arsenkies (Arsenopyrit).

Synonyma: Mispickel, Arsenkies, Rauschgelbkies, Arsenikalischer Kies, Arsenopyrite, Pyrite blanche arsenicale.

Varietäten: Plinian, Thalheimit, Giftkies.

Kristallsystem: Rhombisch, $a:b:c = 0{,}67726:1:1{,}18871$ nach A. Arzruni.

Analysen.

Eine chemische Einteilung ist wegen der großen Übereinstimmung der Analysen nicht tunlich, es wurden aber einige Analysen, welche einen auffallend geringen Schwefelgehalt zeigen, abgesondert und schließlich einige Analysen mit Silber- und Goldgehalt besonders betrachtet, ebenso die mit Co-, Ni- oder Sb-, Bi-Gehalt. Die übrigen Analysen werden in ältere und neuere eingeteilt.

Analysen mit auffallend geringem S-Gehalt.

	1.	2	3.
δ	6,00	6,21	4,94?
Fe	36,40	38,20	33,18
Pb	—	—	0,62
As	48,10	54,70	42,06
S	15,40	7,44	15,29
Al_2O_3 . . .	—	—	2,32
SiO_2 . . .	—	—	6,10
	99,90	97,34	99,57

1. Von Freiberg; anal. J. Thomson, Syst. chim. 7, 507 (1812).
2. Vom Hühnerkobel bei Bodenmais (Fichtelgebirge); anal. H. Vogel, N. JB. Min. etc. 1855, 674.
3. Von Hüttenberg (Kärnten); anal. F. Bořicky bei A. Brunlechner, Min. v. Kärnten, 1884, 68.

Ältere Analysen.

	4.	5.	6.	7.	8.
δ . . .	6,042	—	—	5,896–5,893	6,067
Fe . . .	34,35	33,08	34,29	33,50	34,83
As . . .	43,78	45,92	45,29	46,60	44,02
Sb . . .	1,05	—	—	—	0,92
S	20,25	19,26	18,34	19,90	19,77
Gangart . .	—	1,97	1,25	—	—
	99,43	100,23	99,17	100,00	99,54

4. Von Altenberg (Schlesien); anal. Behncke, Pogg. Ann. **98**, 184 (1856).
5. Von Reichenstein (Schlesien), aus Serpentin; anal. Weidenbusch bei G. Rose, Mineralsystem 1852, 56.
6. u. 7. Beide von ebenda; anal. wie oben.
8. Auf Gängen im Glimmerschiefer, von Rothenzechau bei Landeshut (Schlesien); anal. Behncke, wie Anal. 4.

	9.	10.	11.	12.	13.
δ . . .	—	—	—	6,046	5,36–5,66
Fe . . .	34,94	36,04	35,62	34,32	35,97
As . . .	43,42	42,88	43,73	44,83	38,23
S . . .	20,13	21,08	20,65	20,38	21,70
SiO_2 . . .	—	—	—	—	3,27
MgO, CaO .	—	—	—	—	Spur
	98,49	100,00	100,00	99,53	99,17

9. Von Freiberg; anal. A. F. Chevreul, Ann. Mus. d'histoire nat. **18**, 156 (1812).
10. Von ebenda; anal. F. Stromeyer, Gött. gel. Anz. 1814, 733.
11. Von ebenda; anal. A. Karsten bei J. F. Hausmann, Miner. 1847, 73.
12. Von ebenda, Grube Morgenstern; anal. Behncke, wie Anal. 1.
13. Von Wettin (Prov. Sachsen), aus Kalkstein; anal. Baentsch, Z. ges. Naturw. Halle **7**, 372 (1856).

	14.	15.	16.	17.
Fe	36,37	36,80	33,10	36,95
Co	0,09	0,16	—	—
As	39,37	38,71	47,40	41,91
S	23,59	22,39	19,30	21,14
	99,42	98,06	99,80	100,00

14. Von Assinghausen bei Brilon (Wesergeb.); anal. Amelung, Naturhist. Ver. Rheinl. **10**, 221 (1853).
15. Von Elpe (Wesergeb.); anal. wie oben.
16. Aus Quarz, von Hawlowitz (Böhmen); anal. F. Ragsky, J. k. k. geol. R.A. **4**, 822 (1853).
17. Derb, vom Melchiorstollen bei Jauernig (Öst.-Schlesien); anal. Freitag bei C. F. Rammelsberg, Min.-Chem. Suppl. V, 55 (1853)

	18.	19.	20.	21.	22.
δ . . .	6,20	—	6,172–6,292	5,82	6,095
Mn . . .	Spur	—	—	—	—
Fe . . .	35,59	32,70	34,46	37,65	34,78
Bi . . .	—	—	—	—	0,14
Sb . . .	—	—	—	1,10	1,43
As . . .	43,85	45,00	45,46	42,05	43,26
S . . .	20,60	21,00	20,07	18,52	19,13
SiO_2 . . .	—	0,70	—	—	—
Al_2O_3 . . .	—	0,30	—	—	—
	100,04	99,70	99,99	99,32	98,74

18. Mit Alloklas im körnigen Kalkstein vom Oravicza (Banat); anal. Baldo bei G. Tschermak, Sitzber. Wiener Ak. **53**, 221 (1866).

19. Von Kindberg (Steiermark); anal. C. v. Hauer, J. k. k. geol. R.A. **9**, 294 (1853).

20. Sog. Plinian, auf Quarz vom St. Gotthard; anal. C. F. Plattner, Pogg. Ann. **69**, 430 (1846).

21. Von Sala (Schweden), auf Bleiglanzlager; anal. Behncke, Pogg. Ann. **98**, 184 (1858).

22. In zersetztem Augit (früher Serpentin benannt), wismuthaltig wie auch der Arsenkies der obigen Analyse von Behncke, von Sala; anal. Potyka, Pogg. Ann. **107**, 302 (1859).

	23.	24.	25.	26.	27.
δ . . .	—	—	5,79	—	6,170
Fe . . .	33,75	34,02	34,94	33,52	34,93
Co . . .	1,03	—	—	—	Spur
Ni . . .	—	—	0,23	—	—
As . . .	44,97	44,00	43,45	45,00	46,95
S . . .	19,89	19,77	20,05	21,36	18,12
Unlösl. . .	0,22	0,92	—	—	—
	99,86	98,71	98,67	99,88	100,00

23. Plinian Breithaupts, vom Sauberg bei Ehrenfriedersdorf (sächs. Erzgebirge); anal. Cl. Winkler bei A. Breithaupt, Min. Stud. 1866. 95.

24. Thalheimit oder Giftkies Breithaupts, von Thalheim, bei Stollberg (Erzgebirge); anal. wie oben.

25. Von Schneeberg (Sachsen), im Kobaltfelde auf Gängen der zinnerz- und kiesigblendigen Bleierzformation, mit Bleiglanz, Kupferkies und Blende, sowie auf Gängen greisenartiger Zusammensetzung mit Turmalin und Wolframit, Chloanthit ähnlich; anal. A. Frenzel, N. JB. Min. etc. 1872, 517.

26. Vom Bergbau Mitterberg bei Mühlbach (Salzburg), Kristalle aus Mergel; anal. C. v. Hauer, J. k. k. geol. R.A. **4**, 400 (1853).

27. Von Inquisivi, Dep. La Paz (Bolivia); anal. D. Forbes, Phil. Mag. **29**, 6 (1865).

Neuere Analysen.

	28.	29.	30.	31.	32.	33.
δ	—	6,0790—6,0796		—	—	—
Fe	34,68	35,017	34,997	34,82	34,07	34,34
Pb	—	—	—	—	0,37	0,37
As	—	43,9	43,9	42,27	44,64	45,00
S.	18,05	20,93	20,728	21,25	20,47	20,27
Unlösl. . . .	—	—	—	1,80	0,45	—
		99,85		100,14	100,00	100,08

28. Von Reichenstein (Schlesien); anal. A. Arzruni, Z. Kryst. **2**, 441 (1878).
29. u. 30. Von Freiberg, Zeche Morgenstern; anal. wie oben.
31. Von ebenda, Kühschacht; anal. M. Weibull, wie oben.
32. Von ebenda, Grube Himmelsfürst; anal. Fr. Scherer, Z. Kryst. **21**, 360 (1893).
33. Dieselbe Analyse nach Abzug des Unlöslichen.

	34.	35.	36.	37.	38.	39.
δ	—	6,1253—6,1826		—	6,082	
Fe	35,07	34,49	34,64	36,97	35,81	35,04
As	(45,52)	45,16	45,62	38,18	(43,55)	44,11
S	19,41	19,76	19,76	19,64	20,64	19,91
Rückstand	—	—	—	1,24	—	—
	100,00	99,41	100,02	96,03	100,00	99,06

34. Von der Anna-Fundgrube bei Hohenstein (sächs. Erzgebirge); anal. A. Arzru Z. Kryst. **2**, 341 (1878).
35. Von ebenda; anal. Balson bei A. Arzruni, wie oben.
36. Von ebenda; anal. wie oben.
37. Aus Drusenräumen des Zechsteins von Bieber (Hessen); anal. Fr. Scherer, wie Analyse Nr. 32.
38. u. 39. Beide von Auerbach aus körnigem Kalk; anal. C. Nagel, Z. Kryst. **11**, 162 (1888).

	40.	41.	42.	43.
δ	—	6,000	6,123	—
Fe	34,73	34,67	34,31	35,05
Pb	0,08	—	—	—
As	(45,35)	47,18	46,92	(46,66)
S	19,84	17,68	18,64	18,29
	100,00	99,53	99,87	100,00

40. Aus der Arkose von Erlenbach bei Weiler, in der Nähe von Schlettstadt (Elsaß); anal. Fr. Scherer, wie Anal. Nr. 32.
41. Vom Hühnerkobel bei Bodenmais (Fichtelgebirge); anal. J. Thiel, Z. Kryst. **23**, 295 (1894).
42. Von Wunsiedel (Fichtelgebirge), aus Marmor; anal. A. Böttiger bei K. Oebbecke, Z. Kryst. **17**, 384 (1890).
43. Von Sangerberg bei Königswart (Böhmen) aus talkigem Gestein; anal. A. Arzruni und K. Bärwald, Z. Kryst. **7**, 340 (1883).

	44.	45.	46.	47.	48.
δ	—	5,90	6,179	6,33	—
Fe	36,53	34,74	33,66	35,57	36,43
Co	—	—	—	Spur	—
Au	—	—	0,0013*)	—	—
As	(42,95)	43,99	45,53	(43,16)	44,20
S	20,52	21,27	19,96	18,91	19,37
Unlösl.	—	—	—	2,36	—
	100,00	100,00	99,15	100,00	100,00

*) Mittel aus 2 Bestimmungen.

44. Von Joachimstal (Böhmen); anal. wie oben.
45. Von Příbram, Clements- und Segen Gottesgang; anal. K. Preis bei V. v. Zepharovich, Z. Kryst. **5**, 27 (1881).

46. Aus Granit von Sestroun bei Selcare (Böhmen) goldhaltig; anal. F. Katzer, Tsch. min. Mit. **16**, 505 (1897).
47. Von Thala Bisztra (Ungarn) aus gelber serpentinartiger Masse; anal. Fr. Scherer, Z. Kryst. **21**, 366 (1893).
48. Dieselbe Analyse nach Abzug des Unlöslichen.

	49.	50.	51.	52.	53.
δ . . .	6,090	6,167	—	6,05	6,078
Fe . . .	35,04	35,04	34,78	33,60	35,72
Co . . .	0,06	—	0,30 }	1,40	—
Ni . . .	—	—	— }		
As . . .	45,12	42,94	45,23	45,19	42,04
Sb . . .	—	0,28	Spur	—	6,16
S	20,10	21,11	20,24	19,80	21,82
Rückstand .	—	—	0,11	—	—
	100,32*)	99,37	100,66	99,99	99,74

*) Rückstand 1,42% bestehend aus SiO_2, Fe, K, TiO_2.

49. Von der Bindt-Alpe bei Igló (Zips) (Ungarn); anal. J. Loczka, Z. Kryst. **11**, 269 (1886).
50. Von Felsöbanya auf haarförmigem Antimonglanz; anal. wie oben.
51. Von Cziklova (Banat), mit Kupferkies; anal. wie oben.
52. Von Oravicza (Banat), mit Kupferkies; anal. Mc Cay, Z. Kryst. **9**, 608 (1881). Siehe auch Anal. Nr. 18.
53. Von Rodna mit Blende und Bleiglanz (Siebenbürgen); anal. J. Loczka, wie oben.

	54.	55.	56.	57.	58.
δ . . .	6,122	5,89	6,08	—	—
Au . . .	0,07	—	—	—	—
Fe . . .	35,30	34,18	34,92	38,13	38,41
Ni . . .	—	0,29	—	—	—
As . . .	43,37	45,23	42,61	40,76	41,06
Sb . . .	0,14	—	—	—	—
S	20,59	21,06	22,47	(19,9)	20,53
Rückstand .	0,42	—	—	1,21	—
	99,89	100,76	100,00	100,00	100,00

54. Von Zalathna (Siebenbürgen); anal. J. Loczka, wie oben.
55. Vom Leyerschlag an der Zinkwand bei Schladming (Steiermark); anal. J. Rumpf, Tsch. min. Mit. **178**, 235 (1874).
56. Von Binnental aus Dolomit; anal. A. Arzruni, Z. Kryst. **2**, 434 (1878).
57. Von Turtmannstal an der Crête d'Omberezza, in der Nähe der Erzgänge (Kobalterze); anal. Fr. Scherer, wie Anal. Nr. 32.
58. Dieselbe Analyse nach Abzug des Rückstandes.

	59.	60.	61.	62.
δ	—	—	—	Spur
Fe	36,96	34,92	34,55	31,90
Co	—	—	—	2,50
As	42,63	44,51	45,03	46,33
S	20,41	20,39	19,85	18,16
Unlösl. . . .	—	—	0,35	0,82
	100,00	99,82	99,78	99,71

59. Von dem Bleiglanzlager von Sala (Schweden); anal. C. Bärwald u. A. Arzruni, Z. Kryst. **7**, 340 (1884).
60. Von ebenda, in Pikrophyll; anal. M. Weibull, ebenda **20**, 15 (1892).
61. Von ebenda, in Talk; anal. wie oben.
62. Von der Venagrube, im Hammar Kirchspiel (Naiko), kobalthaltig; anal. wie oben.

	63.	64.	65.	66.	67.
δ . . .	—	—	6,07	—	6,073
Cu . . .	5,83	—	6,47	0,70	—
Fe . . .	33,99	35,19	35,03	33,84	35,52
Pb . . .	—	—	—	—	0,34
As . . .	42,25	43,74	42,54	47,10	41,90
S	20,36	21,07	20,96	18,32	22,23
Unlösl. . .	3,00	—	—	—	—
	99,60	100,00	99,00	99,96	99,99

63. Von Sabará, Minas Geräes (Brasilien), aus Gangquarz in sericitischem Tonglimmerschiefer; anal. Fr. Scherer, Z. Kryst. **21**, 362 (1893).
64. Dieselbe Analyse auf 100 berechnet.
65. Von Queropulca, als Begleiter des Goldes (Peru); anal. Mc Cay, Z. Kryst. **9**. 609 (1881).
66. Mit Skorodit von N. Alabama; anal. F. A. Genth, Z. Kryst. **12**, 48 (1887).
67. Von Deloro, Marmora (Canada); anal. R. A. Johnston bei Ch. Hoffmann, Ann. Rep. Geol. Survey of Canada **8**, 13 (1897).

	68.	69.	70.	71.	72.
δ . . .	—	—	5,912	—	—
Fe . . .	38,67	34,64	33,15	38,02	38,06
As . . .	42,78	45,78	46,29	40,09	40,14
Pb . . .	—	—	—	1,23	1,25
S	18,55	19,56	20,06	20,53	20,55
	100,00	99,98	100,00		100,00

68. Von der Chalanches Mine (Dep. Isère); anal. Zimmermann, Z. Kryst. **13**, 94 (1887).
69. Von ebenda; anal. wie oben.
70. Von „Cornwall"; anal. C. F. Rammelsberg, Min.-Chem. 1875, 30.
71. Von Modum bei Skutterud, als Begleiter von Kobaltglanz; anal. Fr. Scherer, Z. Kryst. **21**, 369 (1893).
72. Dieselbe Analyse auf 100 berechnet.

	73.	74.	75.	76.	77.
Mn . . .	—	—	—	0,18	0,20
Fe . . .	(34,14)	33,14	34,26	34,72	34,60
Co . . .	—	0,57	—	—	—
Ni . . .	—	0,45	—	—	—
As . . .	45,96	46,02	46,00	46,60	46,32
S	19,96	—	19,86	18,22	17,93
	100,06			99,72	99,05

73.—77. Sämtliche von Wester-Silfberg in Dalarne (Norböcke); anal. M. Weibull, Z. Kryst. **20**, 8—10 (1892).

	78.	79.	80.	81.
δ	—	6,204	—	—
Fe	34,44	34,11	34,23	34,58
Zn	—	—	—	0,46
As	45,38	(48,40)	46,76	42,38
Sb	—	—	—	0,14
S	19,37	17,49	19,00	21,71
Ungelöst	—	—	—	0,22
	99,19	100,00	99,99	99,49

78. Vom Spräkla-Starbro-Tal (Schweden), östl. der Silfberggruben mit Hornblende und Augit; anal. M. Weibull, wie oben.

79. Von ebenda; anal. Hilda Weibull, wie oben.

80. Von den Magnetit-Nyberggruben (Schweden); anal. wie oben.

81. Aus dem Luta-Strana-Stollen, Serbien, mit Pyrit, Kristalle; anal. J. Loczka bei A. Schmidt, Z. Kryst. **14**, 574 (1888).

	82.	83.	84.	84a.	84b.
δ	—	—	5,78	—	6,14
Zn	0,25	—	—	—	0,84
Fe	34,59	34,24	33,28	32,48	34,92
Co	—	—	0,48	1,16	1,13
As	42,80	45,67	46,98	48,72	41,50
Sb	—	—	18,74	18,80	19,12
S	22,36	20,10	—	—	Pb 0,32
Unlöslich	—	—	1,49	—	0,31
	100,00	100,00	100,97	101,16	99,38

82. Von der Neuen Hoffnung Gottesgrube bei Freiberg; anal. A. Frenzel nach C. Hintze, Miner. I, 859. Vgl. auch die Analysen mit Silbergehalt von derselben Grube, S. 617.

83. Von ebenda; anal. wie oben.

84. Von Monte Arco (Elba), Lager Santi; anal. E. Manasse, Atti Soc. Toscana d. sc. naturali Memorie **28**, 118 (1912); Z. Kryst. **55**, 315 (1916/20).

84a. Aus Kalkstein von Franklin Furnace; anal. Ch. Palache, Z. Kryst. **47**, 577 (1910).

84b. Von Rozsnyo; anal. V. Zsivny, Ann. hist. nat. Mus. Hungariae **13**, 579 (1915). Enthält 0,73 Ni, 0,29 Co, 0,22 CaO.

	85.	86.	87.	88.	89.	89a.	89b.
δ	5,87	—	—	—	—	—	—
Fe	35,10	35,74	34,32	26,28	37,87	34,82	31,22
As	42,24	43,02	46,01	30,62	44,12	44,35	52,10
S	20,86	21,24	19,67	12,50	18,01	21,17	16,68
Quarz	1,80	—	—	28,61	—	—	—
Feuchtigkeit		—	—	0,09	—	—	—
Gebundenes Wasser	—	—	—	1,38	—	—	—
	100,00	100,00	100,00	99,48	100,00		100,00

Das Arsen wurde aus der Differenz berechnet.

85. Von der Homestake-Mine, Lead, S. Dakotah; anal. W. J. Sharwood, Econ. Geology **6**, 729 (1911). Ref. Z. Kryst. **53**, 639 (1914).

86. Von ebenda; anal. wie oben.

87. Nach der Formel berechnete Zahlen.

88. Von ?; anal. A. Beutell, ZB. Min. etc. 1911, 317.
89. Nach Abzug von Quarz und Wasser auf 100 berechnet.
89a. Bergmannstrost bei Altenberg, anal. W. Stakmann bei A. Beutell, ZB. Min. etc. 1912, 278.
89b. Von Tammela; anal. H. Petzie bei Eero Makintu, N. JB. Min. etc. 1913, II, 42.

Silberhaltiger Arsenkies (Weißerz).

Bereits im Jahre 1760 erwähnte Cronstedt das silberhaltige Weißerz von Bräunsdorf im Harz. A. Frenzel, welcher die Analysen dieses Erzes ausführte, schreibt den Silbergehalt beigemengtem Pyrit zu, da an zwei anderen Proben von demselben Fundort kein Silber auffindbar war. Jedoch bemerkt er selbst, daß er im Erz mikroskopische Einschlüsse von Pyrit, Zinkblende, jedoch nicht von Pyrargyrit und Antimonit fand.

Analysen.

	90.	91.	92.	93.
Cu	0,79	0,72	0,25	0,20
Zn	1,47	1,96	0,33	0,36
Ag	2,67	2,73	0,19	0,22
Pb	1,51	2,28	1,85	1,03
Fe	36,62	36,66	33,81	34,12
As	33,91	33,46	43,36	42,72
Sb	1,26	2,45	0,33	0,70
S	22,96	20,90	21,00	21,20
	101,19	101,16	101,12	100,55

90. u. 91. Von der Grube „Neue Hoffnung Gottes", Bräunsdorf, von ein und derselben Probe geschlämmt.
92. u. 93. Von einer anderen Probe, ebenfalls geschlämmt; alle anal. A. Frenzel, briefl. Mitteil. an C. Hintze, Mineralogie I, 840.

Vgl. auch die Analysen Nr. 82 und Nr. 83 ohne Silbergehalt. Daß der Silbergehalt doch von Pyrargyrit herrührt, trotzdem es nicht erkennbar ist, geht daraus hervor, daß bei geringem Gehalt an Silber (Analyen Nr. 3 und 4) auch der Antimongehalt geringer ist.

Es folgen jene Analysen von Arsenkiesen, welche Antimon, Wismut oder Kobalt und Nickel enthalten.

Antimonhaltiger Arsenkies.

	94.
Fe	34,07
As	41,36
Sb	3,73
S	20,84
	100,00

94. Von Goldkronach (Fichtelgebirge) aus Quarzgängen; anal. A. Hilger bei Fr. Sandberger, N. JB. Min. etc. 1870, I.

Dieser Arsenkies enthält nach P. Mann 0,002% Ag und Spuren von Gold.

Antimon- und wismuthaltige Arsenkiese.

	95.	96.	97.
Fe	31,90	30,21	28,71
Co	0,16	0,76	1,07
Pb	0,10	Spur	0,10
As	40,15	39,96	39,30
Sb	1,70	1,90	1,50
Bi	1,62	4,13	6,58
Gangart . . .	6,10	4,90	5,70
H_2O u. Verlust	1,93	2,22	2,44
S	16,34	15,92	14,60

95.—97. Sämtliche von Meymac (Dép. Conèze) auf Wismut- und Wolframgängen; anal. A. Carnot, C. R. **79**, 479 (1874).

Dieser Arsenkies wird von A. Lacroix mit Alloklas verglichen.

Nickel-Arsenkiese.

Folgende Analysen zeigen einen merklichen Gehalt an Nickel.

	98.	99.
δ	5,96	4,7
Ni	4,38	4,74
Fe	34,64	34,93
As	42,89	43,68
S	17,27	16,76
	99,18	100,20[1]

98. Von Neusorg (Fichtelgebirge); anal. A. Hilger bei Fr. Sandberger, N. JB. Min. etc. 1870, I, 99.

99. Von Chacaltaya (Peru) aus Quarzgang im Tonschiefer; anal. Kröber, Bg.- u. hütt. Z. **23**, 130 (1864).

Kobalthaltiger Arsenkies.

	100.	101.	102.	103.	104.	105.
δ	—	6,94	6,166	—	—	—
Mn	—	5,12	—	—	—	—
Fe	31,90	29,22	29,65	23,20	26,76	28,83
Co	2,50	3,11	3,05	2,10	3,21	4,83
Ni	—	0,81	—	—	0,76	—
As	46,33	42,83	47,60	49,45	41,76	40,07
Bi	—	0,64	—	—	—	—
S	18,16	18,27	19,70	19,40	17,63	19,25
Unlöslich . . .	0,82	—	—	4,70	—	—
	99,71	100,00	100,00	98,85		

100. Von der Venagrube, Kirchspiel Hammar (Schweden); anal. M. Weibull, vgl. Anal. Nr. 62.

101. Vom Monte Sorata, S. Baldomerogrube, Berg Illampu (Bolivia); anal. D. Forbes, Phil. Mag. **29**, 6 (1865).

102. Von M. Cristo, Evening-Star Mine (Brit. Columbia); anal. R. A. Johnston bei Ch. Hoffmann, siehe Anal. Nr. 67.

103. Minas de S. Francisco del Volcan, S. Simon (Chile); anal. J. Domeyko, Miner. 1879, 164.

[1]) Dazu Ag 0,09%, Au 0,002%.

104 u. 105. Von der La Rose Mine, Temis Kaming, Rep. canad. Min. 1905, II; Z. Kryst. **43**, 395 (1907). Unvollständige Analyse.

Formel.

C. F. Rammelsberg[1]) stellte 1875 die auch heute noch gültige Formel:

$$(FeAsS)_2 = FeS_2 . FeAs_2$$

auf. Doch gibt es viele Analysen, welche von dieser Formel abweichen. In seinem Ergänzungsheft II nennt C. F. Rammelsberg[2]) eine Anzahl von Analysen, welche weniger Schwefel enthalten, als die Formel verlangt. So zeigen: Analyse von M. Weibull (Syruble-Kalkbruch) nur 17,49% S und Analyse von A. Arzruni (Reichenstein) 18,05% S. Die Verhältnisse sind:

Fe : As : S
1,1 : 1,4 : 1
1,1 : 1,4 : 1

Dies entspricht der Formel:

$$5 FeS_2$$
$$2 Fe_3As_7 .$$

Von den schwefelreicheren ergaben:

Fundort	Analytiker	Fe : As : S
Avala	J. Loczka	0,9 : 0,8 : 1
Mitterberg	K. v. Hauer	0,7 : 0,9 : 1
Jauernick	Freitag	1 : 0,8
Freiberg	K. v. Hauer	0,94 : 0,8 : 1
Rodna	J. Loczka	0,9 : 0,8
Binnental	A. Arzruni	0,80 : 0,8
Felsöbánya	J. Loczka	0,95 : 0,9
Příbram	K. Preis	0,94 : 0,9

Demnach entsprechen diese Arsenkiese nicht der Formel FeAsS, sie nähern sich der Zusammensetzung: $5 FeS_2 . Fe_3As_8$, welcher dem Verhältnis 1 : 0,8 : 1 entspricht. Eine Analyse von Arsenkies von Wettin, von Baentsch ergibt R : As = 1,0 : 0,8, daher die Zusammensetzung $3 FeS_2 . Fe_3As_5$.

A. Arzruni und K. Bärwald[3]) sind der Ansicht, daß Arsenkies keine konstante Verbindung habe, auch nicht isomorphe Mischungen von FeS_2 und $FeAs_2$ sind.

M. Weibull,[4]) welcher eine Anzahl von Arsenkiesen untersuchte, berechnet einige seiner Analysen:

	Fe(Co) : S : As : (S + As)
Wester Silfberg II	1 : 1,015 : 1,018 : 2,016
Nyberg	1 : 0,907 : 1,018 : 2,005
Wester Silfberg I	1 : 1,005 : 0,994 : 1,999
Freiberg	1 : 1,069 : 0,911 : 1,974
Sala	1 : 1,022 : 0,952 : 1,974
Spräkla I	1 : 0,985 : 0,984 : 1,969
Spräkla II	1 : 0,901 : 1,068 : 1,969

[1]) C. F. Rammelsberg, Min.-Chem. 1875, 31.
[2]) Derselbe, Min.-Chem., Erg.-Heft II, 16, 1895.
[3]) A. Arzruni u. K. Bärwald, Z. Kryst. **7**, 337 (1884).
[4]) M. Weibull, ebenda, **20**, 20 (1891).

M. Weibull kommt zu dem Resultat, daß die Formel $Fe(S, As)_2$ allgemeine Gültigkeit hat.

A. Arzruni[1]) hat eine Berechnung in der Art angestellt, daß er, um das Verhältnis von Eisen zu Arsen zu erhalten, das zum Schwefel gehörige Eisen als FeS_2 abrechnet und dann das Atomverhältnis zwischen dem Rest des Eisens und des Arsens feststellt. Wie aus der unten angegebenen Tabelle hervorgeht, stimmt mit der Formel, die ein Verhältnis Fe : As = 1 : 2 verlangt, am besten die Analyse des Plinians von K. F. Plattner, dann auch mehrere andere.

	S_2Fe				
	S	Fe	Fe	As	Fe : As
Reichenstein	18,05	15,80	18,88	42,27	1 : 1,87
Sangerberg	18,29	16,00	19,05	46,66	1 : 1,83
Hohenstein I	19,58	17,14	17,71	45,56	1 : 1,92
„ II . . .	19,76	17,29	13,35	45,62	1 : 1,97
„Plinian"	20,08	17,57	16,89	45,46	1 : 1,99
Sala	20,41	17,85	19,11	42,63	1 : 1,67
Joachimstal	20,52	17,96	18,57	42,95	1 : 1,73
Freiberg	20,83	18,22	16,80	44,14	1 : 1,96
Binnenthal	22,47	19,66	15,25	42,61	1 : 2,09

Ähnliche Berechnungen, bei welchen der über die Formel FeAsS noch vorhandene Schwefel ermittelt wurde, hat A. Beutell in einer Tabelle vereinigt, welche sämtliche Analysen enthält. Eine Anzahl Analysen zeigt auch einen Überschuß von $FeAs_2$ über jenes Verhältnis. Es geht aus dieser Tabelle hervor, daß mit wenigen Ausnahmen die Analysen entweder ein Plus von FeS_2 oder von $FeAs_2$ aufweisen. Diese Tabelle bringe ich hier nicht, weil sie nicht die richtigen Atomverhältnisse Fe : As : S zeigt, sondern von einer allerdings sehr wahrscheinlichen Hypothese ausgeht. Vgl. S. 622.

Fr. Scherer[2]) berechnete seine Analysen und fand folgende Formeln:

Fundort	Fe : As : S		Fe : (S + As)	Formel
Freiberg	1 : 1,030	: 0,9796	1 : 2,009	$Fe_{20}As_{22}S_{27}$
Sabará (Minas Geräes)	1 : 0,929	: 1,048	1 : 1,977	$11 FeS_2 + 10 FeAs_2$
Deloro	1 : 1,092	: 0,8818	1 : 1,974	$10 FeS_2 + 8 FeAs_2$
Thal Bisztra	1 : 0,9286	: 0,9053	1 : 1,8339	FeAsS
Turtmannstal	1 : 0,9353	: 0,7992	1 : 1,7345	$Fe_{10}As_8S_9$
Modum	1 : 0,0936	: 0,8067	1 : 1,7429	$Fe_{10}As_8S_9$
Bieber	1 : 0,9298	: 0,7711	1 : 1,70	$Fe_{20}As_{15}S_{18}$

Zusammenfassend ist er der Ansicht, daß die Analysen von Turtmannstal, Modum und Bieber einen zu hohen Eisengehalt enthalten, der nicht durch Einschlüsse zu erklären ist. Im übrigen entsprechen die Arsenkiese der Formel:

$$Fe_{m+n}As_{2n}S_{2m},$$

wobei m : n wenig von 1 abweicht. Er glaubt, daß die Arsenkiese isomorphe Mischungen von FeS_2 und $FeAs_2$ sind, wobei aber $FeS_2 : FeAs_2$ meistens 1 ist; Einschlüsse geben natürlich abweichende Resultate.

[1]) A. Arzruni, Z. Kryst. **2**, 430 (1878).
[2]) Fr. Scherer, Z. Kryst. **21**, 354 (1893).

P. Groth[1]) hat 1898 eine Konstitutionsformel für Arsenkies, im Vergleiche zu jener von Pyrit, gegeben. Die beiden Formeln sind sehr ähnlich, wobei die Formeln von Arsenkies, Pyrit und Löllingit verdoppelt werden müssen, um eine Vertretung von Schwefel durch Arsen zu ermöglichen. Siehe die Konstitutionsformeln S. 601.

P. Groth weist auch darauf hin, daß in der Pyritgruppe die betreffenden Arsenverbindungen noch in höherem Maße wie die reinen Schwefelverbindungen als ungesättigt erscheinen, womit auch die leichtere Oxydierbarkeit im Einklange steht, da z. B. Speiskobalt schon bei gewöhnlicher Zimmertemperatur Arsensesquioxyd abgibt. Ebenfalls ungesättigt wären Markasit und Hauerit.

In seinen letzten Tabellen gibt P. Groth[2]) die Formel: FeAsS.

Während man allgemein das Eisen im Arsenkies wie im Löllingit als zweiwertig annimmt, ist E. F. Smith[3]) der Ansicht, daß das Verhalten gegen Chlorschwefel, wobei Eisenchlorid entsteht, beweist, daß 32,6 % als Ferroeisen vorhanden sein müssen.

F. W. Starke, H. L. Schock und E. F. Smith[4]) sind der Ansicht, daß $^7/_8$ des vorhandenen Eisens einem Ferrosalz, $^1/_8$ einem Ferrisalz entspricht; das Arsen ist dreiwertig. Da der Schwefel leicht durch Wasserstoff entfernt werden kann, so kann er kaum mit dem Schwefel in Verbindung sein. Die Formel ist:

$$14\overset{\text{II}}{\text{Fe}}\overset{\text{III}}{\text{As}}\text{S} : 2\overset{\text{III}}{\text{Fe}}\overset{\text{III}}{\text{As}}\text{S}.$$

Wenn man von der kleinen Menge von Ferrisalz absehen würde, so kann man folgende Formel geben:

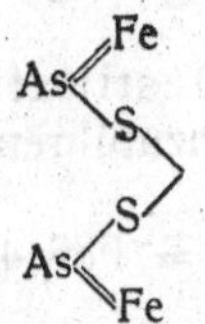

A. Beutell[5]) hat sich eingehend mit dem Arsenkies und auch mit dessen Beziehungen zu Markasit und Löllingit befaßt. Er bespricht auch die Arbeiten A. Arzrunis, Fr. Scherers und M. Weibulls. An der Analysenmethode von Fr. Scherer bemängelt er die Schwefelbestimmung, welche gegenüber anderen Analysen zu hoch ausgefallen sei.

A. Beutell hat bei 88 Analysen, welche er nach fallendem Schwefelgehalt angeordnet hat, das Verhältnis S : As : Fe berechnet, nachdem er den Eisenüberschuß als Pyrit FeS_2 in Abzug gebracht hat, ebenso bei einigen, welche zu viel Arsen aufweisen, eine bestimmte Menge $FeAs_2$. Die Art der Feststellung des Atomverhältnisses ist allerdings infolgedessen nicht einwandfrei, da ja hier mehrere Freiheiten in Rechnung gezogen wurden. Es ist auch zweifelhaft, ob es gestattet ist, Co und Ni zu Eisen zu schlagen und das aller-

---

1) P. Groth, Tab. Übers. 1898, 21.
2) P. Groth u. K. Mieleitner, Tab. 1921.
3) E. F. Smith, Am. Journ. Chem. Soc. **20**, 280 (1898).
4) F. W. Starke, H. L. Schock u. E. F. Smith, Am. Journ. Chem. Soc. **19**, 948 (1897). Ref. Z. Kryst. **31**, 304 (1899).
5) A. Beutell, ZB. Min. etc. 1912, 225.

dings verständliche Zuschlagen des Antimons und Wismuts zu Arsen erhöht, wenn auch nur in geringem Maße, die Unsicherheit der Berechnung. Denn es ist wohl wahrscheinlich, daß Fe als Pyrit vorhanden ist, aber es konnte vielleicht auch z. T. als Arsenid vorhanden sein. Auch ist es nicht sicher, ob der Überschuß von Arsen als FeAs oder FeAsS vorhanden ist. Kobalt und Nickel können sowohl als CoAsS bzw. NiAsS, als auch als $CoAs_2$, $NiAs_2$ vorhanden sein. Trotz dieser Unsicherheit sind die Berechnungen immerhin von Wert, da die als unsicher beanstandeten Differenzen doch nur kleine sind.

A. Beutell geht von der Annahme aus, daß die Formel $FeS_2 . n FeAs_2$ sei und prüft nun die Analysen auf diese; wenn sie richtig ist, so muß nach Abzug des Überschusses von FeS_2 bzw. von $FeAs_2$ eine Verbindung übrig bleiben, welche die Formel $FeS_2 . FeAs_2$ aufweist. Die Atomverhältnisse von S:As:Fe müssen 1:1:1 sein.

In seiner Tabelle zeigt ein Arsenkies von Assinghausen das Maximum von FeS_2 mit 13,2% auf, dieser Gehalt sinkt bis 0,6%. Eine Anzahl von „Normalarsenkiesen" zeigt die gleiche Zahl von Molekülen FeS_2 und $FeAs_2$. Dann gibt es Analysen, welche einen Überschuß von FeAs aufweisen, maximal bei einem Freiberger Vorkommen mit 19% Überschuß.

Nach der Tabelle schließt A. Beutell, daß 87% aller Analysen mit der Formel $FeS_2 . n FeAs_2$ gut übereinstimmen. Die abweichenden Analysen dürften nicht an reinem Material ausgeführt sein.

Versuche von A. Beutell zur Ermittlung der Konstitution des Arsenkieses.

A. Beutell[1]) versuchte eine Destillation des Arsens bei hoher Temperatur im Kathodenvakuum durchzuführen, indem er von der Gleichung ausging:

$$FeAsS = FeS + As.$$

Über die Methode siehe in der Originalabhandlung. Eine vollkommene Destillation gelang jedoch nicht, da nur ein kleiner Teil des Arsens überdestilliert war, nämlich 12,20%. Außerdem war noch freier Schwefel 0,39% und an Arsen gebundener Schwefel 1,58%. Der Arsenkies wurde analysiert und ergab nach Abzug des Wassers und der Gangart folgende Zahlen auf 100 umgerechnet.

Schwefel	18,01%
Arsen	44,12
Eisen	37,87
	100,00%

Da bei dem ersten Versuch nur etwa $^1/_3$ des Gesamtarsens destilliert war, so wurde ein zweiter Versuch durch 85 Stunden lang durchgeführt. Das Resultat, welches die Analyse bei diesem zweiten Versuch ergab, war, daß 25,47% Arsen, statt 30,62%, welche im Mineral enthalten waren, abdestilliert wurden.

[1]) A. Beutell, ZB. Min. etc. 1911, 317.

A. Beutell änderte dann seine Methode, indem er die Arsenabscheidung durch Destillation vereinfachte. Anstatt das Arsenkiespulver zuerst im evakuierten und zugeschmolzenen Rohr zu erhitzen, wurde dasselbe direkt im Destillationsrohr geröstet und dann erst der Destillation im Kathodenvakuum unterworfen. Nach 3 Stunden war die Destillation beendet, es war alles Arsen abdestilliert, eine Schmelzung des Arsenkieses war bei den angewandten Temperaturen nicht beobachtet worden. Trotz der hohen Temperatur (dunkle Rotglut), war der Schwefel beim Rösten nicht überdestilliert, daher ist anzunehmen, daß, da die Gegenwart freien Schwefels ausgeschlossen war, der abdestillierte Schwefel einem höheren Sulfide entstammen muß, welches die Formel FeS_2 hat, da ein anderes Sulfid des zweiwertigen Eisens nicht bekannt ist. Ferner wird aus der Tatsache, daß der Schwefel erst nach dem Rösten auftritt, geschlossen, daß sich dieses Sulfid erst während des Röstens bildet. Bei der Leichtigkeit, mit der diese Umbildung vonstatten geht, kann es sich nur um eine Umlagerung im Molekül handeln. Für die Bildung von FeS_2 sind aber 2 Atome S erforderlich, daher muß dem Arsenkies mindestens die doppelte Molekularformel nämlich $Fe_2As_2S_2$ zukommen. A. Beutell bezieht sich auf die Konstitutionsformel von P. Groth einerseits, von F. W. Starke, H. L. Schok und E. F. Smith andrerseits. A. Beutell schließt die zweite Formel als nicht im Einklang mit den beobachteten Erscheinungen aus. Wie das Auftreten von As_4O_6 bei den Versuchen beweist, oxydiert sich das Arsen mit großer Leichtigkeit, während der Schwefel sich mit dem Eisen zu FeS_2 verbindet. Da nun vom Schwefel nur das eine der beiden Eisenatome gebunden wird, so muß sich das zweite beim Rösten oxydieren. Die leichte Bildung von FeS_2 wäre nach der zweiten Formel unverständlich. Denselben Einwand erhebt auch A. Beutell gegen die P. Grothsche Formel. Er schlägt folgende Konstitutionsformel vor:

```
     S — As
    /  |   \
 Fe    |    Fe .
    \  |   /
     S — As
```

An Stelle des Ringes $FeAs_2$, der bei der Oxydation zerstört würde, könnte sich direkt der neue Ring S_2Fe(Fe<S/S) zusammenschließen.

Das Auftreten von Schwefel im Kathodenvakuum nach vorangegangener Röstung erklärt auch das Abdestillieren von Schwefel aus dem ungerösteten Arsenkies. Offenbar ist schon von vornherein ein kleiner Teil des Arsens und des Eisens oxydiert und zwar unter gleichzeitiger Bildung von FeS_3. Das spurenweise Auftreten von Schwefel nach der Unterbrechung der Destillationen ist durch Oxydation bedingt.

Die Summe der ermittelten Komponenten kann nicht 100 betragen, da der Sauerstoff, welcher an das oxydierte Eisen gebunden ist, nicht durch die Analyse bestimmt werden kann. Die Summe von 99,48 ist also gerechtfertigt. Übrigens bleiben auch viele der in der Literatur verzeichneten Analysen beträchtlich unter 100. Da der im Vakuum ohne vorangegangenes Rösten abdestillierte Schwefel aus bereits vorgebildetem FeS_2 stammt, so wurde die Menge desselben festgestellt.

Zu diesem Zwecke wurde eine Probe zunächst im Vakuum durch vorsichtiges Erwärmen getrocknet und dann (um das Zerstäuben zu verhüten) im zugeschmolzenen Rohr bis zur Rotglut erhitzt. Nach dem Öffnen wurde das Rohr nebst Destillat und Rückstand an das Pumpenrohr angeschmolzen und dann im Vakuum weiter destilliert. Nach 14stündigem Erhitzen gingen nur noch Spuren von Arsen, aber kein Schwefel mehr über. Das Destillat wurde abgeschnitten und der Schwefel bestimmt. Der Rückstand wurde nunmehr geröstet und dann wiederum der Destillation im Vakuum unterworfen. Auch in diesem zweiten Destillat wurde nur auf Schwefel geprüft.

Es destillierten:

vor dem Rösten . . 0,13 % S, entsprechend 0,49 % S_2Fe,
nach " " . . 0,10 % S, " 0,37 % S_2Fe.

Somit enthält der Arsenkies trotz seines frischen Aussehens bereits 0,49 % FeS_2, welches sich durch Oxydation an der Luft gebildet hatte.

Zusammenhang zwischen Achsenverhältnis und chemischer Zusammensetzung.

Bereits A. Arzruni[1]) hat sich mit dieser Frage befaßt; er gab eine Tabelle, in welcher die Länge der *a*-Achse und der S-Gehalt nebeneinander gestellt werden. Er kam zu dem Schlusse, daß keine isomorphen Mischungen von FeS_2 und $FeAs_2$ vorliegen. Das Schwanken des Prismenwinkels entspreche einer Änderung der Brachydiagonale in gleichzeitiger proportionaler Änderung des Schwefelgehalts. Eine Differenz von 0,00001 in der Brachyachse ist äquivalent einer Differenz von 0,00236 % Schwefel.

M. Weibull (siehe S. 619) kommt zu dem Resultate, daß, wenn man in der Formel des Normalarsenkieses FeAsS Substitutionen in der Höhe von höchstens 10 % durch FeS_2 und $FeAs_2$ vornimmt, eine derartige Substitution auf die Kristallstruktur einwirkt. Mit dem Schwefelgehalte nimmt die Brachydiagonale zu und zwar um 0,0001 für 0,0022 % Schwefel. Abweichend zusammengesetzte Arsenkiese enthalten Beimengungen von Magnetkies, Magneteisen u. a.

Auch die Substitution des Eisens durch die isomorphen Ni und Co haben nach M. Weibull Einfluß. Er bezieht sich namentlich auf die kobalthaltigen Arsenkiese von Wester-Silfberg und der Venagrube. Kobalt und Nickel wirken, wenn sie Eisen substituieren, in derselben Weise. Jedes Prozent an Co und Ni verlängert die *a*-Achse um 0,001. Dagegen wird der Wert der *c*-Achse etwa gleich viel vermindert, in letzterem Falle liegt die Vergrößerung aber schon innerhalb der Fehlergrenzen. Bei dem Arsenkies der Venagrube (im Vergleich mit einem Co-freien von Wester-Silfberg), welcher 2,50 % Kobalt enthält, vergrößert dieser Co-Gehalt die *a*-Achse um 0,0029, ebenso wird die *c*-Achse um gleich viel kleiner.

Eingehende Studien über diesen Gegenstand hat Fr. Scherer vorgenommen.

[1]) A. Arzruni, Phys.-Chem. Kristallogr. 1893, 207.

Zusammenhang der Größe der Kristallachsen mit der chemischen Zusammensetzung nach Fr. Scherer.

Fundort	$\frac{\breve{a}}{\bar{b}}$	S-Gehalt	$\frac{a}{c}$	Analytiker bzw. Beobachter
Wunsiedel	0,66713	18,64	0,56057	K. Oebbecke
Thala-Bisztra	0,66733	19,36	0,56405	Fr. Scherer
Leyerschlag	0,66965	21,06	0,566	J. Rumpf
Spräkla II	0,67049	17,49	0,5652	M. Weibull
Reichenstein	0,67092	18,051	0,5644	A. Arzruni
Bieber	0,67125	20,72	0,5826	Fr. Scherer
Deloro	0,67155	22,23	0,5642	Fr. Scherer
Wester-Silfberg	0,67239	18,22	0,5652	M. Weibull
Mitterberg	0,67429	21,36	0,5675	A. Arzruni, K. von Hauer
Hohenstein	0,67726	19,41	0,56998	A. Arzruni
Auerbach II	0,67768	20,099	0,5663	G. Magel
Freiberg (Grube Himmelfahrt)	0,67834	20,27	0,5796	Fr. Scherer
Nyberg I	0,67917	19,00	0,5703	M. Weibull
Plinian	0,67959	20,08	0,5677	A. Arzruni, F. Plattner
Macagão	0,68046	21,07	0,5743	Fr. Scherer
Sala	0,68066	20,41	0,5719	A. Arzruni
Modum	0,68095	20,56	0,5763	Fr. Scherer
Joachimstal	0,68215	20,52	0,5821	A. Arzruni
Auerbach I	0,68236	20,64	—	G. Magel
Freiberg	0,68279	20,83	0,5822	A. Arzruni
Wester-Silfberg II	0,68300	19,86	0,5728	M. Weibull
Turtmanntal	0,68326	20,53	0,5739	Fr. Scherer
Sala	0,68386	20,39	0,5692	M. Weibull
Freiberg	0,689	21,6	—	M. Weibull
Serbien	0,6862	21,86	0,5863	J. Loczka
Binnental	0,68964	22,47	0,5775	A. Arzruni

Fr. Scherer[1]) findet, daß ein gesetzmäßiger Zusammenhang zwischen dem Schwefelgehalt und der Länge der Brachyachse nicht existiert und sprach sich daher gegen die Ansicht von A. Arzruni aus. Er schließt aus seinen Untersuchungen folgendes:

1. Die Arsenkiese sind häufig keine homogenen Verbindungen, sondern enthalten Einschlüsse von Magnetit und anderen Mineralien. 2. Viele derselben lassen einen deutlichen Aufbau aus verschiedenen löslichen, daher auch verschieden zusammengesetzten Schalen erkennen. 3. Sieht man von diesem Schalenbau ab, so sind die meisten Arsenkiese isomorphe Mischungen von m-Teilen FeS_2 und n-Teilen $FeAs_2$, wobei aber das Verhältnis m:n wenig von 1 abweicht. 4. Das Achsenverhältnis $a:b:c$ erscheint nicht in einfacher Weise abhängig von dem Schwefelgehalt.

Zur Frage nach der Abhängigkeit der Achsenverhältnisse von der chemischen Zusammensetzung hat sich in letzter Zeit besonders A. Beutell[2]) geäußert. Er kommt auf Grund der vorhin erwähnten Arbeiten von A. Arzruni,[3])

[1]) Fr. Scherer, Z. Kryst. **21**, 354 (1893).
[2]) A. Beutell, ZB. Min. etc. 1912, 271.
[3]) A. Arzruni, Z. Kryst. **2**, 430 (1878).

M. Weibull,[1]) Fr. Scherer,[2]) G. Magel[3]) zu dem Resultate, daß, wenn man die Resultate aller Forscher in einer Tabelle vereinigt, man den Eindruck erhält, daß der Schwefelgehalt ganz unregelmäßig wirkt, daß dies aber anders ist, wenn man die Resultate eines jeden einzelnen Forschers für sich betrachtet. Er macht dafür die Unzulänglichkeit der analytischen Methoden verantwortlich. Er bemängelt zwar die absoluten Werte jedes Forschers, aber nicht die relativen und die daraus gezogenen Schlüsse. Fr. Scherer hat zu hohe Schwefelmengen erhalten, M. Weibull hat unrichtige Eisenmengen, nämlich zu hohe, erhalten.

Um den Zusammenhang klarer zu machen, benutzt A. Beutell[4]) die graphische Methode. A. Beutell ist der Ansicht, daß bereits A. Arzruni das Richtige getroffen hat, wenn er meint, daß die Arsenkiese als hypothetische, aber ebenfalls rhombische labile Modifikationen von FeS_2 und $FeAs_2$ aufgefaßt werden, deren *a*-Achsen durch Extrapolation aus den entsprechenden Werten der Arsenkiese folgen. Er denkt an Mischungen wie bei $CuSO_4 . 7H_2O$ und $ZnSO_4 . 7H_2O$.

Nach C. Retgers[5]) ist der Löllingit vom Markasit und vom Arsenkies völlig unabhängig und diese können weder isomorphe noch morphotrope Mischungen bilden.

Die graphische Darstellung, bei welcher auf der Abszissenachse die Schwefelprozente und die entsprechenden Längen der *a*-Achse auf der Ordinate aufgetragen wurden, ergibt das in Fig. 58 dargestellte Bild. Alle drei Kurven zeigen einen Knick, welcher bei den Kurven von A. Arzruni und M. Weibull bei dem Normalarsenkies mit Fe : As : S = 1 : 1 : 1 liegt, bei Fr. Scherer erst bei einem höheren Schwefelgehalt. Doch zeigt die abgebildete Kurve der Beobachtungen A. Arzrunis eigentlich keinen ausgeprägten Knick, wie A. Beutell meint, sondern es scheint mehr ein allmählicher Übergang zu sein, auch ist die Abweichung des zweiten Kurventeiles von dem ersten eine sehr geringfügige. Deutlich ist allerdings der Knick auf der Kurve von M. Weibull, während der von Fr. Scherer, da nur drei Beobachtungen vorliegen, keine Bedeutung beigelegt werden kann. Nach A. Beutell erbringen die Kurven den Beweis, daß sich der Schwefelgehalt proportional der *a*-Achse ändert.

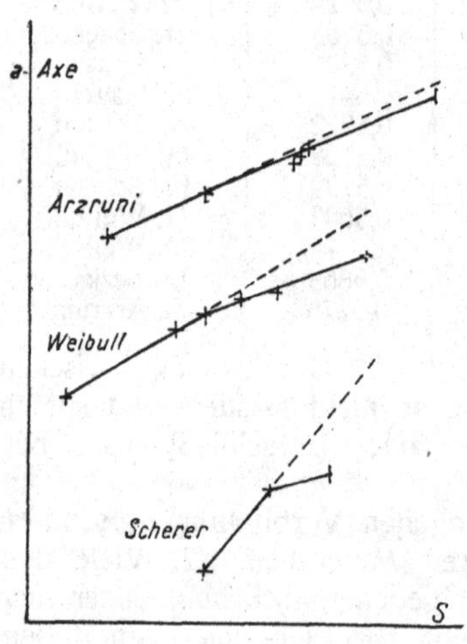

Fig. 58.

Jedoch kommt A. Beutell zur Bestätigung des Satzes von M. Weibull, daß die Progression eine verschiedene ist, ober- und unterhalb des Schwefelgehaltes von 19,62%, welcher dem Normalarsenkies zukommt.

[1]) M. Weibull, ebenda **20**, 1 (1892).
[2]) Fr. Scherer, ebenda **21**, 354 (1893).
[3]) G. Magel, ebenda **11**, 161 (1886).
[4]) A. Beutell, ZB. Min. etc. 1912, 271.
[5]) C. Retgers, N. JB. Min. etc. 1891, I, 153.

Beziehung zwischen Arsenkies, Löllingit und Markasit.

Durch diese Untersuchungen scheint nunmehr allerdings mit großer Wahrscheinlichkeit bestätigt, daß man eine völlig unabhängige Verbindung FeAsS anzunehmen hat. Von den Analysen entsprechen sechs dieser Zusammensetzung. Welcher Art sind nun die anderen Mischungen? Man wird nicht ohne weiteres Markasit und Löllingit als isomorph anzunehmen haben. C. Retgers[1]) hält die drei Verbindungen FeS_2, $FeAs_2$ und FeAsS nicht für isomorph, sondern den Arsenkies $FeS_2 . FeAs_2$ für ein Doppelsalz. Da Markasit wenig FeAs und Arseneisen wenig Schwefel enthält (von 0,70 bis 7,22%), so hat man hier eine Lücke links und rechts des Doppelsalzes. C. Retgers verwirft sowohl die Möglichkeit der Isomorphie der genannten drei Verbindungen, als auch die der Morphotropie. Er glaubt, daß die von der Normalzusammensetzung abweichenden Arsenkiese als inhomogene Mischungen oder als Umwachsungen, z. B. von FeAsS um den FeS_2-Kern aufzufassen sind. A. Beutell[2]) verwirft die Ansicht, daß es sich um Umwachsungen handle, welche allerdings nicht durch Tatsachen genügend gestützt wird.

A. Beutell[3]) bespricht im Anschlusse an die Ansichten von W. Nernst[4]) über Isomorphie, die Analogie bei den drei Verbindungen: Markasit, Löllingit und Arsenkies. Die Mischbarkeit dieser Verbindungen ist eine beschränkte, doch lassen sich die Beimengungen von As im Markasit, von S im Löllingit nicht durch Verunreinigungen erklären. Eine isomorphe Vertretung von S und As (welche P. Groth und andere annehmen), hält A. Beutell wegen der Unähnlichkeit der Elemente As und S nicht für möglich. Wenn also die chemische Analogie nicht in der Ähnlichkeit der Komponenten beruht, so kann sie nur in der gleichen Konstitution ihren Grund haben. Nach A. Beutell wäre der Arsenkies kein Doppelsalz.

Die Hypothese, welche A. Beutell zur Erklärung der von FeAsS abweichenden Analysenresultate gibt, geht dahin aus, daß, wie A. Arzruni bereits vermutete, es zwei Modifikationen von FeS_2 und FeAs gäbe. Diese Annahme A. Arzrunis sucht A. Beutell durch eine graphische Darstellung zu stützen.

A. Beutell bezieht sich auf die Analogie mit den monoklinen Verbindungen $CuSO_4 . 7H_2O$ und $ZnSO_4 . 7H_2O$.

A. Beutell hat die graphische Darstellung gegeben. Es werden die S. 626 gebrachten Kurven (an Resultaten von A. Arzruni, M. Weibull und Fr. Scherer) nach beiden Seiten verlängert, dann müssen, falls die von der Formel FeAsS abweichenden Arsenkiese Mischungen dieses Normalarsenkieses mit Markasit, bzw. Löllingit wären, diese Verlängerungen rechts auf Markasit, links auf Löllingit führen. In Wirklichkeit liegt jedoch der Markasit viel tiefer, der Löllingit viel höher. Bei letzterem ist die Abweichung etwa doppelt so groß als bei Markasit.

Nach A. Beutell sind Löllingit und Arsenkies nicht isomorph, trotzdem enthält z. B. Arsenkies von Freiberg 18 Molekularprozente $FeAs_2$. Er erklärt dies durch Beimengung einer labilen rhombischen Modifikation, welcher die Brachyachse 0,5772 zukäme. Bei den schwefelhaltigen Markasiten liegt keine Schwierigkeit der Deutung vor, wohl aber bei den schwefelhaltigen Löllingiten;

[1]) C. Retgers, N. JB. Min. etc. I, 151 (1851).
[2]) A. Beutell, ZB. Min. etc. 1912, 225, 271 u. 288.
[3]) Derselbe, ebenda 1912, 301.
[4]) W. Nernst, Theor. Chemie 1907, 83.

diese Frage bleibt vorläufig im unklaren. Nur in einem Punkte scheint er mir das Richtige getroffen zu haben, nämlich, daß es Mischungen zwischen Markasit, FeS_2 und FeAsS gibt, dies sind jene Arsenkiese, welche einen Überschuß von FeS_2 enthalten und diese sind ja sehr zahlreich. Es wäre dies meiner Ansicht nach ein Analogon zu Kalkspat und Dolomit, welch letzterer ja auch als Doppelsalz zu betrachten ist. Die dolomitischen Kalke sind Mischungen von Kalkspat und Dolomit, z. T. wohl mechanische Mischungen. Auch bei Arsenkies dürften inhomogene Mischungen vorkommen, besonders bei jenen mit Arsenüberschuß.

Man muß auch in Erwägung ziehen, daß die metallographische Untersuchung doch bei manchem Arsenopyrit Einschlüsse ergeben hat, so daß wohl Überschuß von Arsen oder auch von Schwefel manchmal durch Inhomogenität der Substanz hervorgebracht werden kann, wie die Beobachtungen von Fr. Scherer bewiesen, sogar bei Kristallen.

A. Beutell[1]) faßt das Resultat seiner Untersuchungen folgendermaßen zusammen:

1. Die Zusammensetzung der Arsenkiese läßt sich durch die Formel $FeS_2 . n FeAs_2$ ausdrücken.

2. Die hohe Dichte des Normalarsenkieses, sowie die graphische Darstellung der Beziehungen zwischen Schwefelgehalt und Länge der a-Achse beweisen, daß der Normalarsenkies keine isomorphe Mischung von FeS_2 und $FeAs_2$ darstellt, sondern als selbständige Verbindung, nicht als Doppelsalz angesprochen werden muß.

3. Die Arsenkiese, welche in der Zusammensetzung vom Normalarsenkies abweichen, sind Mischungen von diesem mit Markasit einerseits und einer labilen Modifikation Fe_2As_4 andererseits.

4. Die Zunahme der a-Achse mit zunehmendem Schwefelgehalt ist verschieden ober- und unterhalb des Schwefelgehaltes des Normalarsenkieses, also von 19,63 % an.

5. Die arsenhaltigen Markasite sind Mischungen von Markasit mit Normalarsenkies.

6. Die Molekularformel des Arsenkieses ist mindestens $Fe_2As_2S_2$, ebenso sind die Formeln des Markasits und für die labile Modifikation des Eisenarsenids Fe_2S_4 und Fe_2As_4.

7. Die Konstitutionsformel des Arsenkieses ist höchstwahrscheinlich:

```
     S    As
    / \   | \
 Fe       |   Fe.
    \ /   | /
     S    As
```

Zu den Ausführungen A. Beutells ist zu bemerken, daß die Formel eher zu lauten hätte $n FeS_2 . m FeAs_2$, da ja aus der Beutellschen Formel sonst geschlossen werden müßte, daß stets ein Arsenüberschuß gegenüber der Formel FeAsS vorhanden ist, jedoch meistens ein Überschuß von FeS_2 vorhanden ist. Man wird die Formel des reinen Normalarsenkieses, welcher keine Mischung von FeS_2 und $FeAs_2$ darstellt, schreiben:

FeAsS;

[1]) A. Beutell, l. c. 1912, 309.

Zusammenhang zwischen Dichte und chemischer Zusammensetzung bei Arsenkies.

(Nach A. Beutell.)

		S	As	Fe	Summe	Dichte	S_2Fe	As_2Fe
Macagão	Scherer	21,07	43,74	35,19	100,00	5,83	4,2	—
Schladming	Rumpf	21,06	45,23	34,18	100,76	5,89	3,6	—
Reichenstein	Arzruni, Hase	18,05	47,27	34,68	100,00	5,898	7,2	—
Himmelfahrt	Scherer	20,27	45,00	34,34	99,98	6,022	1,8	—
Freiberg, Morgenstr.	Arzruni	20,93	43,90	35,02	99,85	6,035	3,6	—
Serbien	Schmidt	21,71	42,38	34,58	99,43	6,059	7,2	—
Wester Silfberg	Weibull	19,86	46,00	34,26	100,12	6,07	0,6	—
Deloro	Scherer	22,23	41,90	35,52	99,99	6,073	8,4	—
Auerbach	Magel	19,91	44,11	35,04	99,06	6,082	1,8	—
Bindt	Schmidt	20,10	45,12	35,04	100,32	6,090	1,8	—
Binnenthal	Arzruni	22,47	42,61	34,92	100,00	6,091	7,8	—
Wester Silfberg	Weibull	18,22	46,60	34,72	99,72	6,11	—	5,1
Wunsiedel	Oebbecke	18,64	46,92	34,31	99,87	6,123	—	5,1
Cziklowa	Scherer	20,24	45,23	34,78	100,55	6,16	1,8	—
Hohenstein	Arzruni	19,41	45,52	35,07	100,00	6,192	—	—
Spräkla	Weibull	17,49	48,40	34,11	160,00	6,204	—	10,3
Plinian	Breithaupt, Frenzel	20,07	45,46	34,46	99,99	6,30	1,2	—
Thala Bisztra	Scherer	19,37	44,20	36,43	100,00	6,33	1,2	—

man kann diese Formel auch schreiben: $FeS_2 . FeAs_2$, wobei die Frage, ob Doppelsalz oder nicht, vorläufig ungelöst bleibt.

Die übrigen Arsenkiese sind entweder inhomogene Mischungen von Arsenkies mit Löllingit oder Markasit, oder auch es sind vielleicht feste Lösungen von FeAsS mit FeS_2 oder $FeAs_2$.

Zusammenhang der Dichte mit der chemischen Zusammensetzung.

Bereits A. Breithaupt hat auf diesen Zusammenhang aufmerksam gemacht. Auch andere Forscher, so A. Arzruni, haben sich damit befaßt. Besonders A. Beutell[1]) hat den Zusammenhang zwischen Dichte und chemischer Zusammensetzung untersucht. Er stellt sie in einer Tabelle zusammen, in welcher die genauer auf Dichte untersuchten Arsenkiese nach fallendem FeS_2- und steigendem $FeAs_2$-Gehalt angeordnet sind. Aus ihr müßte ein Parallelismus nachzuweisen sein. Dies ist aber in der vorstehenden Tabelle, in welcher nach der Dichte angeordnet wurde, nicht der Fall, da die Mengen von FeS_2 fortwährend wechseln. A. Beutell sucht dies mit den analytischen Eigentümlichkeiten der einzelnen Analytiker zu erklären. Er bemerkt, daß die einzelnen Daten der Analytiker: M. Weibull, Fr. Scherer und A. Schmidt für sich betrachtet, der Numerierung folgen. Auch ist die Unhomogenität teilweise Schuld. Das Ergebnis ist jedenfalls ein zweifelhaftes.

Der Arsenkies, als Mischung von Markasit-Molekülen und Löllingit.

Theoretisch wäre die Dichte des Markasits, wenn er als Mischung von 1 Mol. Markasit und 1 Mol. Löllingit betrachtet wird, 6,08. Bei einem Arsenkies, welcher der Formel FeS.FeAs entspricht, ist sie aber in Wirklichkeit 6,192. Die Differenz ist zu hoch, um auf Beobachtungsfehler oder auf Verunreinigungen geschoben zu werden. Dies beweist in der Tat, daß der Arsenkies keine isomorphe Mischung von FeS_2 und $FeAs_2$ ist. Nach A. Beutell ist er auch kein Doppelsalz. Diese Ansicht ist aber meines Erachtens diskutierbar (siehe S. 628).

Chemische Eigenschaften.

Von seltenen Elementen finden sich im Arsenkies: Silber, so in den Analysen von Neue Hoffnung Gottes zu Bräunsdorf, dann in dem von Goldkronach, in welchen O. Mann[2]) 0,002 Ag und Spuren von Gold fand. Im Arsenkies von Chacaltaya fand Kröber[3]) 0,09 Ag.

Gold findet sich im Arsenkies von Goldkronach, in dem von Zalathna (Siebenbürgen), in welchem J. Loczka[4]) 0,07 Au fand, ebenso in dem von Chacaltaya (0,002 Au). Es scheint aber, daß sehr kleine Mengen von Silber und Gold in vielen Arsenkiesen vorkommen; doch dürften diese Beimengungen meistens durch Einschlüsse hervorgebracht sein.

---

[1]) A. Beutell, l. c.
[2]) O. Mann, siehe S. 617, Analyse 94.
[3]) Kröber, siehe Analyse 99.
[4]) J. Loczka, Z. Kryst. **15**, 40 (1889).

Vor dem Lötrohr im Kölbchen gibt Arsenkies ein rotes Sublimat, von A_2S_3 dann einen Ring metallischen Arsens. Im offenen Rohr entwickeln sich Dämpfe von SO_2 und As_2O_3.

J. Loczka[1]) studierte die Umwandlung in einer CO_2-Atmosphäre in einer an einem Ende zugeschmolzenen Glasröhre. Zuerst sublimierte sehr wenig Schwefel, dann sehr wenig Arsensulfid, dann bildete sich ein starker Arsenspiegel.

2,3798 g Arsenkies verloren 0,9685 g = 40,60%. Der Rückstand enthält viel As, Fe und Co, auch Schwefel. Löllingit verhält sich ganz anders. J. Loczka schließt aus seinen Versuchen, daß im Arsenopyrit fast der ganze Schwefel beim Glühen gebunden bleibt, während fast der ganze Arsengehalt frei wird und sublimiert.

Auf Kohle entwickeln sich reichlich Dämpfe von As_2O_3, in der Oxydationsflamme weißer Beschlag, in der Reduktionsflamme bildet sich eine magnetische Kugel, die im Bruch tombackbraun.

Verhalten gegen Lösungen. Durch Salpetersäure unter Abscheidung von Schwefel und arseniger Säure zersetzbar.

Löslich in Schwefelmonochlorid nach E. F. Smith,[2]) beim Erkalten bilden sich olivengrüne Blättchen von Eisenchlorid. Er schließt aus dem Vergleich, daß Fe teilweise als Ferriverbindung vorhanden sind.

J. Lemberg[3]) behandelte auch dieses Erz mit Silbersulfatlösung (vgl. S. 608) und zwar bei 75°; nach 1—2 Minuten wird das Mineral blauviolett. Eingeschlossener Pyrit kann meist sehr scharf erkannt werden, weil er sich z. T. blaßviolett färbt. Kupferkieseinschlüsse lassen sich dadurch erkennen, daß sie sich bei 50° violettblau färben, während der Mispickel z. T. blaßbraun anläuft.

Bromlauge oxydiert Mispickel rasch zu Eisenoxyd, welches gut haftet; man kann auch eine alkalische Lauge (25 ccm Bromwasser und 1 g KHO) eine Minute lang einwirken lassen, um einen ockergelben Überzug zu erhalten. Man kann das gebildete FeO durch NaS in Schwefeleisen überführen, wenn begleitender Pyrit oder Markasit durch die Bromlauge stärker angegriffen werden.

F. Scherer ätzte Arsenkies mit Königswasser. Die Ätzlinien gehen parallel den Kombinationskanten 110:001 auf der Basis. Mit Salpetersäure tritt Schwefelabsonderung ein.

C. Doelter[4]) untersuchte die Löslichkeit in Wasser und fand bei Arsenkies von Altenberg, daß auf 100 Teile Wasser 0,021% des Arsenkieses gelöst waren. Fe:S waren in der Lösung gleich 2:1. Derselbe Arsenkies mit Schwefelnatrium durch 24 Tage bei 80 behandelt, ergaben 3,2% Eisen gelöst. Hierbei hatten sich kleine charakteristische Kriställchen (Prisma und Doma) gebildet.

C. Doelter[5]) konstatierte alkalische Reaktion des Arsenkieses im aufgeschlämmten Zustande.

A. de Gramont[6]) untersuchte das Funkenspektrum auch bei diesem

[1]) J. Loczka, Z. Kryst. **15**, 40 (1889).
[2]) E. F. Smith, Am. Journ. Chem. Soc. **20**, 289 (1898).
[3]) J. Lemberg, Z. Dtsch. geol. Ges. **46**, 795 (1894).
[4]) C. Doelter, Tsch. min. Mit. **11**, 323 (1890).
[5]) Derselbe, ebenda 390 (1890).
[6]) A. de Gramont, Bull. soc. min. **18**, 302 (1895).

Mineral. Es ist ähnlich, wie das des Pyrits, wobei aber noch dazutreten sehr helle, rote und grüne Arsenlinien.

J. D. Clark und P. L. Menaul[1]) haben außer Pyrit, Magnetkies, Fahlerz, Bleiglanz, auch die hier zu betrachtenden Erze: Arsenkies, Kobaltglanz, Speiskobalt, Rotnickel dahin untersucht, ob deren alkalische Lösungen die Fähigkeit besitzen, bei Gegenwart von Schwefelwasserstoff in kolloidale Lösungen überzugehen. Es wurden drei Arten von Versuchen angestellt.

I. Bei der ersten Versuchsreihe wurde feines Sulfidpulver ($^1/_{20}$ Korngröße) mit 100 ccm n/100 KOH-Lösung übergossen, wobei 1 g Pulver verwendet wurde. Durch 67 Tage wurde H_2S-Gas durchgeleitet. Nach 6 Tagen begann die kolloidale Auflösung. Alles Material, welches nach 5 Minuten noch nicht sedimentiert war, wurde als in kolloidaler Lösung befindlich abgetrennt und bestimmt.

II. Die zweite Versuchsreihe, welche an denselben Mineralien ausgeführt wurde, unterscheidet sich von der ersten dadurch, daß in jede Flasche ein Stück geschmolzener Tonerde eingehängt und der Betrag von Metallsulfiden bestimmt wurde, der sich nach Beendigung des Versuchs daran niedergeschlagen hatte.

III. Die dritte Versuchsreihe unterscheidet sich von der vorhergehenden zweiten dadurch, daß die Tonerde durch Kalk ersetzt wurde.

Ich gebe hier einige Resultate, auch anderer Sulfide zum Vergleich.

Mineral	Versuchsreihe I	Versuchsreihe II	Versuchsreihe III
Arsenkies	15,82	2,32	1,01
Kobaltglanz	9,71	1,38	0,83
Pyrit	20,17	2,32	1,00
Magnetkies	2,22	1,69	0,84
Zinnkies	29,77	0,64	0,32
Speiskobalt	16,72	—	—
Rotnickel	14,35	—	—

Bemerkt sei noch, daß die größte Zahl sich bei Zinnkies und dann bei Covellin ergab: nämlich 28,88 bei Versuch I, 2,80 bei Versuch II und 1,40 bei Versuch III. Sehr klein sind die Zahlen bei Bornit, Fahlerz, Antimonit, groß sind sie bei Zinkblende (15,88 für Versuch I, Realgar 24,71, Enargit 21,87, 2,53, 1,35).

Übrigens gehen die Zahlen bei den drei Versuchsreihen nicht ganz parallel, so sind sie bei Zinnkies bei den zwei letzten Versuchen sehr klein, im Gegensatz zu Versuch I, bei welchem die Menge ein Maximum zeigt.

Physikalische Eigenschaften.

Spaltbar nach (110) deutlich, dagegen undeutlich nach 001. Bruch uneben; spröde. Härte $5^1/_2$—6. Gibt mit Stahl Funken, wobei sich Knoblauchgeruch entwickelt. Dichte 5,8—6,2.

Spezifische Wärme nach F. E. Neumann 0,1012, nach A. Sella[2]) 0,103 (berechnet 0,111). P. Oeberg[3]) bestimmte an derbem Material von Dannemora 0,121.

[1]) J. D. Clark u. P. L. Menaul, Econom. Geol. **11**, 37 (1916); N. JB. Min. etc. 1921, I, 146. Ref. von H. Schneiderhöhn.

[2]) A. Sella, Z. Kryst. **22**, 180 (1895).

[3]) P. Oeberg, ebenda **14**, 622 (1888).

Strich grauschwarz mit violettem oder bräunlichem Stich.[1])
Arsenkies leitet die Elektrizität.

Thermoelektrizität. H. Bäckström[2]) untersuchte in bezug auf diese Eigenschaft den Arsenkies. Es wurde ein Stab mit seinen Endflächen zwischen zwei Dosen von Kupferblech gebracht, von welchen die eine auf 100°, die andere auf 20° konstant gehalten wurde, wobei die elektromotorische Kraft des entstehenden Thermostromes gering ist, sie beträgt 0,0002879 Volt von der zur Hauptachse senkrechten Fläche 001 zum Kupfer, während sie gemessen von einer der Hauptachse parallelen Fläche zum Kupfer den Wert: 0,0003138 besitzt für Eisenglanz. Für Arsenkies sind die Zahlen:

$$(110):\mathrm{Cu} = 0{,}0002410 \text{ Volt},$$
$$(101):\mathrm{Cu} = 0{,}0002429 \text{ Volt}.$$

Kristallstruktur von Arsenkies, Markasit und Löllingit. Die Kristallstruktur des Arsenkieses ist nach M. L. Huggins[3]) der des Löllingits und Markasits bezüglich der Dimensionen der Elementarparallelepipede unter Annahme der gleichen Anordnung analog.

Für Markasit nimmt dieser Forscher an, daß die S-Atome paarweise angeordnet sind. Jedes S-Atom ist durch Elektronenpaare an 1 S- und 4 Fe-Atome, jedes Fe-Atom an 6 S-Atome gebunden.

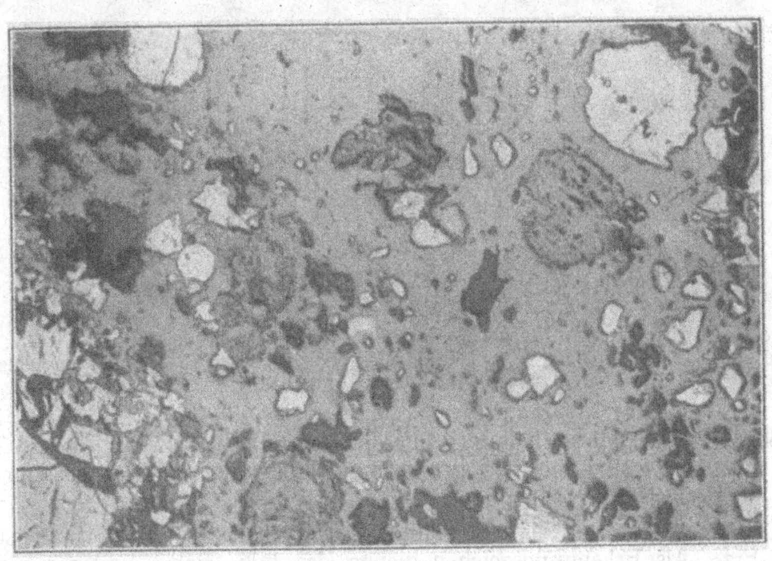

Fig. 59.

Chalkographische Untersuchungen.[4]) Arsenkies läßt sich schlecht polieren, gegen weichere Erze, welche mit ihm vorkommen, wie Magnetkies, Kupferkies,

---

[1]) J. C. Schroeder van der Kolk, ZB. Min. etc. 1901, 77.
[2]) H. Bäckström, Öfv. k. Vet.-Ak. Förh. 1888, 553; Z. Kryst. **17**, 423 (1890).
[3]) M. L. Huggins, Phys. Review. [2] **19**, 369. Ref. Physik. Ber. **4**, 1925.
[4]) Nach H. Schneiderhöhn, l. c., S. 197.

Bleiglanz, Zinnkies poliert er sich stets mit starkem Relief heraus. Er ist fast reinweiß. Gediegen Silber erscheint gegen Arsenkies gelblich. Starkes Reflexionsvermögen. Ungeätzte wie geätzte Anschliffe wirken stark auf polarisiertes Licht. Die rhombenförmigen Querschnitte zeigen symmetrische Auslöschung.

HNO_3 gibt erst nach langer Ätzung eine sehr schlechte Struktur. Negativ wirken: HCl, KCN, $FeCl_3$.

Fig. 60. Polierter Anschliff. Geätzt mit alkal. Permanganatlösung. Vergr. 48 : 1. Arsenkies von Freiberg i. S. Zwillingslamellen in zwei Systemen eingelagert. (Nach H. Schneiderhöhn.)

Sehr gute Struktur erhält man mit alkalischer Perhydrollösung (2—3 Teile KOH und 1 Teil 30%ige Perhydrollösung). Ebenfalls eine gute Struktur gibt alkalische Permanganatlösung.

Die Arsenkieskörner sind oft idiomorph, Arsenkies ist mit Pyrit meist das älteste Erz. Als Erkennungszeichen dienen das hohe Relief und die geringe Polierfähigkeit. Er wird leicht mit Pyrit verwechselt, von dem man ihn jedoch durch seine deutliche Anisotropie unterscheiden kann.

Synthese.

H. de Sénarmont[1]) erhitzte Schwefelarsen mit Schwefelnatrium oder mit Soda und Schwefelnatrium; auch versuchte er die Einwirkung von Eisensulfat, arsenigsaurem Natron und Soda aufeinander in wäßriger erhitzter Lösung. In

[1]) H. de Sénarmont, C. R. **32**, 409 (1851).

beiden Fällen bildete sich graues Pulver, in Salzsäure unlöslich. Es ließen sich in diesem Pulver glänzende Arsenkieskristalle beobachten, welche deutlich die Formen (110), (101), (014) zeigten. Die Versuchstemperatur betrug etwa 400°.

Ich[1]) konnte durch Umkristallisieren von feinstem Arsenkiespulver in Schwefelnatriumlösung den Arsenkies umkristallisieren. Der Versuch dauerte 30 Tage, wobei aber der Versuch immer nachts unterbrochen wurde, so daß die Bedingungen gegeben sind, welche nach H. Ste. Claire Deville für die Erzielung von Kristallen aus Pulvern am günstigsten sind. Es bildeten sich deutliche, den natürlichen sehr ähnliche Kristalle. Die Versuchstemperatur war etwa 80°. Es liegen ähnliche Verhältnisse wie bei Zinkblende vor. Das Schwefelnatrium begünstigt die Kristallbildung, was auch durch spätere Versuche amerikanischer Forscher bestätigt wurde. Näheres siehe S. 336 bei Synthese der Zinkblende. Fig. 61 zeigt die neugebildeten Arsenkieskristalle.

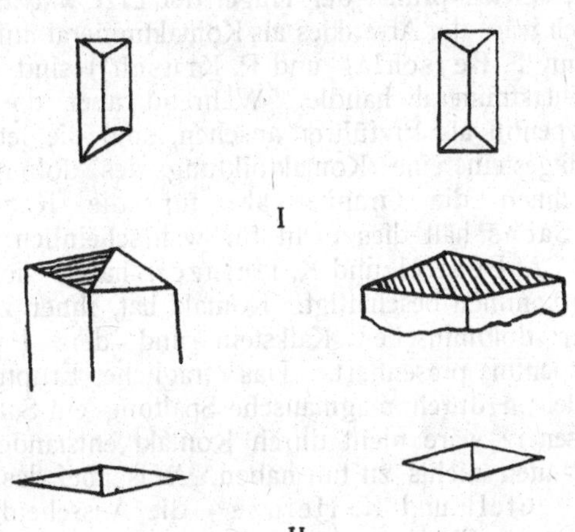

Fig. 61. Künstlicher Arsenkies II und Markasit I.

Vorkommen und Genesis.

Arsenkies kommt in verschiedenen Lagerstätten vor, daher kann man auch verschiedene Bildungsweisen annehmen. So erscheint er öfters mit Wolframerzen, wie bei Schlaggenwald und Meymac, er dürfte sich vielleicht hier auf pneumatolithischem Wege gebildet haben. Eine hydrothermale Bildungsweise ist die der Freiberger und ähnlicher Gänge, als Begleiter von Bleiglanz, Blende und Kupferkies. Bei Cziklova und Oravitza sind es vielleicht Kontaktmineralien, während er sich auf Eisenlagerstätten bei ziemlich niedriger Temperatur sekundär gebildet haben kann.

Als Begleiter des Arsenkieses treten Pyrit, Kupferkies, andere Kiese, Kupferfahlerz, auch Bleiglanz, Blende auf. Als Nichterze sind anzuführen Braunspat, Quarz, Kalkspat. Als ein wichtiges, mit Arsenkies oft zusammen vorkommendes Mineral ist das Gold zu erwähnen.

Über die Temperaturen, bei welchen sich Arsenkies bilden kann, sind wir noch nicht völlig orientiert. Wahrscheinlich haben wir keine sehr hohe Temperatur anzunehmen, wie die Begleitmineralien dartun. Unter Druck kann allerdings diese erhöht werden. Wahrscheinlich dürfte zum Teil auch Arsenkies aus alkalischen Lösungen durch Einwirkung von Schwefelwasserstoff kolloidal sich abgesetzt haben (siehe S. 632 die Versuche von J. D. Clark und P. L. Menaul.

[1]) C. Doelter, Tsch. min. Mitt. 11, 319 (1890).

Eingehender ist' die Bildung des Vorkommens von Reichenstein in Schlesien studiert worden. M. Websky[1]) und A. Sachs[2]) vertreten die Ansicht, daß der Serpentinstock aus einem Feldspat-Augitgestein hervorgegangen sei, welches primär der Träger der Erze war und den Kalkstein infiltrierte. Demnach wäre der Arsenkies als Kontaktmineral aufzufassen. Auch O. Wiennecke,[3]) dann F. Beyschlag und P. Krusch[4]) sind der Ansicht, daß es sich um ein Kontaktmineral handle. Während aber die vorhin genannten Autoren den Serpentin als Erzführer ansehen, sind die letztgenannten der Ansicht, daß das Salitgestein eine Kontaktbildung des dolomitischen Kalksteins sei und bezeichnen die Granite als für die Kontaktmetamorphose verantwortlich. A. Sachs hält dies nicht für wahrscheinlich.

A. Beutell und K. Heinze[5]) haben sich ebenfalls eingehend mit diesem Vorkommen beschäftigt. Kontakt hat, ihnen zufolge, nur stattgefunden zwischen dem dolomitischen Kalkstein und dem Peridotit, welcher sich heute als Serpentin präsentiert. Das fragliche Eruptivgestein war ein Peridotit, aus welchem durch magmatische Spaltung ein Salitgestein hervorgegangen ist. Das Arsenerz wäre nicht durch Kontakt entstanden und würde demnach mit den Graniten nichts zu tun haben. Was aber das Erz selbst anbelangt, so schreiben A. Beutell und K. Heinze[5]) die Ausscheidung der Hauptmasse des Arsenerzes der Einwirkung des dolomitischen Kalksteins zu, wobei sich das Erz aus Schmelzfluß abschied und eine Spaltung in einen basischeren Teil und einen weniger basischen eintrat.

Die genannten Forscher fassen den Arsenkies von Reichenstein als magmatisch auf und meinen, daß das Arsenerz, gleichzeitig mit dem Peridotit emporgedrungen sei.

Umwandlung des Arsenkies.

Umwandlung in Chlorit beschrieb A. Miers[6]) von Cran Brea in Cornwall.

Arsenkies[7]) kann sich in Pittizit und Skorodit umwandeln. R. Blum[8]) führt Arsenkies nach Stephanit an, Fundort Freiberg.

E. Döll[9]) erwähnt eine Pseudomorphose von Arsenkies nach Schwefelkies von Rodna.

Arsenkies gibt bei der Zersetzung arsenige Säure. Nach Potyka[10]) wird er von heißem Wasser zersetzt, wobei Schwefelsäure, Eisenoxydul und arsenige Säure entstehen.

So ist auch in manchen Mineralquellen die darin befindliche arsenige Säure aus einem Arsenkies führenden Gestein entstanden, so nach Bouquet[11]) in Quellen von Vichy; dasselbe ist nach meiner Ansicht bei der Arsenquelle von Roncegno der Fall.

---

[1]) M. Websky, Brief an V. v. Zepharovich, Lotos **17**, 115 (1867).
[2]) A. Sachs, ZB. Min. etc. 1914, 12.
[3]) O. Wiennecke, Z. prakt. Geol. 1907, 203.
[4]) F. Beyschlag u. P. Krusch, Festschrift, XII. allgem. dtsch. Bergmannstag, Breslau 1913, 55—92.
[5]) A. Beutell u. K. Heinze, ZB. Min. etc. 1914, 592.
[6]) A. Miers, Min. Mag. **11**, 263 (1897).
[7]) Nach Heusser u. Claraz, von Passagem. Brasiliens, Z. Dtsch. geol. Ges. 1859, 464.
[8]) R. Blum, Pseudomorphosen III, 240.
[9]) E. Döll, Tsch. min. Mit. 1874, 88.
[10]) Potyka, Pogg. Ann. 1859, 107, 502.
[11]) Bouquet nach J. Roth, Chem. Geol. 1879, 578.

Anhang zu Arsenkies.

Stahlerz.

Anhangsweise sei noch die **Analyse** eines Erzes von sehr sonderbarer Zusammensetzung gebracht, dessen Homogenität einigermaßen zweifelhaft ist. Die Zusammensetzung ist folgende:

Cu	0,33
Ag	8,63
Fe	29,88
Co	0,11
As	44,72
Sb	0,82
S	15,78
	100,27

Von der Grube Christianus sextus, Revier Kongsberg (Norwegen); anal. Chr. A. Münster, Der Kongsberger Erzdistrikt, Christiania 1894; nach Z. prakt. Geol. 1896, 93; Z. Kryst. **30**, 666 (1899).

Formel. Chr. A. Münster berechnet die Analyse und findet die Formel:

$$n[(Fe, Co)(As, Sb, S)_2] + (Ag, Cu)_2(As, Sb, S),$$

wobei n etwa 13 ist. Diese Formel ist jedoch unwahrscheinlich, da ein solch komplexes Erz bisher nicht bekannt ist. Es handelt sich wahrscheinlich um einen Arsenkies oder Löllingit, welcher gediegen Silber in Verwachsung enthält, oder Argentit.

Eigenschaften. Stahlgrau, wenn frisch. Meistens aber bleigrau oder bronzegelb. Bruch feinkörnig. Härte 6. Dichte 5,958—5,983. Diese weiten Grenzen der Dichte deuten auch auf Inhomogenität.

Sulfide von Eisen, Kobalt und Nickel.

Wir haben hier einerseits einfache Sulfide zu behandeln, zu welchen wir den Pentlandit, Horbachit von der Formel RS oder R_nS_m (wobei $n < m$) rechnen. Ferner gehören hier die dem Pyrit nahestehenden Mineralien Kobaltnickelpyrit (Hengleinit), Bravoit.

Abseits steht der Vilamanit, welcher ein Antimonid ist und zwar ein solches von Kobalt, Nickel, Kupfer und Eisen. Der geringe Gehalt an Selen würde seine Einreihung in die Selenide nicht rechtfertigen. Die Analyse läßt den Verdacht aufkommen, daß hier kein homogenes Mineral vorliegt.

Außer den genannten Sulfiden haben wir derartige Verbindungen, welche der Formel eines Sulfosalzes mehr entsprechen, obwohl sie vielfach als einfache Sulfide R_nS_m behandelt worden sind. Wahrscheinlicher ist es aber, wenn auch nicht sicher, daß wir es mit Sulfosalzen zu tun haben. Es sind dies die Mineralien: Carrollit, Sychnodymit, Polydymit und Linneit.

Wir beginnen mit den einfachen Sulfiden von der Formel RS oder R_nS_m, also mit den Mineralien Pentlandit und Horbachit.

Pentlandit.

Von **M. Henglein** (Karlsruhe).

Synonyma: Eisennickelkies, Nicopyrit, Lillhammerit, Folgerit, Heazlewoodit, Gunnarit.

Kristallsystem: Regulär.

Analysen.

	1.	2.	3.	4.	5.	6.
δ	4,600	4,500	—	—	4,500	—
CaO	—	—	—	—	1,45	—
Cu	1,16	1,78	—	—	—	—
Fe	42,70	40,21	40,86	43,73	43,76	50,66
Ni	18,35	21,07	22,28	19,25	14,22	11,33
S	36,45	36,64	36,86	37,02	34,46	38,01
SiO_2	—	—	—	—	5,90	—
	98,66	99,70	100,00	100,00	99,79	100,00

1.—4. Von Espedalen im Gausdal (Norwegen); anal. Th. Scheerer, Ann. d. Phys. **58**, 316 (1843). — Fundort ist nicht ganz sicher; das Analysenmaterial stammt von einem Kaufmann der Stadt Lillehammer.

5.—6. Von Essochossan Glen bei Inverary (Schottland) mit Eisenkies und Magnetkies; anal. 5. bei R. P. Greg und Lettsom, Min. Brit. 1858, 297; 6. bei D. Forbes, Phil. Mag. **35**, 176 (1868).

	7.	8.	9.	10.	11.
δ	4,600	—	—	—	4,956
Cu	Spur	0,28	—	0,24	—
Fe	50,87	30,51	30,60	25,81	30,25
Ni	10,01	32,97	33,34	39,85	34,23
Co	1,02	0,45	0,46	Spur	0,85
As	0,04	—	—	—	—
S	37,99	34,15	34,25	34,25	33,42
Gangart	—	0,29	—	—	0,67
	99,93	98,65	98,65	100,15	99,42

7. Von Craigmuir am Loch Fyne (Schottland); anal. D. Forbes, Phil. Mag. **35**, 180 (1868).

8.—9. Von Eiterjord, Südseite des Beiernflusses in Nordland; anal. J. H. L. Vogt, Geol. För. Förh. Stockh. **14**, 325 (1892).

10. Reiner derber Pentlandit von der Nickelmagnetkieslagerstätte zu Sudbury, Ontario (Canada); anal. J. K. Mackenzie bei E. S. Dana, Min. 1892, 65.

11. Ebendaher; anal. S. L. Penfield, Am. Journ. **45**, 494 (1893).

	12.	13.	14.	15.	16.	17.
δ	—	—	—	—	—	4,638
CaO	—	—	—	—	—	1,58
Cu	—	—	—	—	—	0,30
Fe	30,00	29,17	30,04	30,25	30,68	27,64
Ni	34,82	33,70	34,98	34,23	34,48	32,13
Co	0,84	0,78	0,85	0,85	1,28	0,90
S	32,90	32,30	33,30	33,42	32,74	34,82
Unlöslich	—	—	—	—	0,56	0,78
	98,56	95,95	99,17	98,75	99,74	98,15

12.—15. Nicht magnetisches Material aus dem Nickelmagnetkies von Sudbury; 12. von der Creighton-; 13. von der Worthington-; 14. von der Frood-; 15. von der Cooper Cliffmine; anal. C. W. Dickson, Trans. Am. Inst. Min. Eng. **34**, 3 (1903). Ref. Z. Kryst. **41**, 203 (1905).

16. u. 17. Ebendaher von der Worthingtonmine mit Pyrrhotin, Chalkopyrit, Pyrit, Polydymit, Sphalerit, Niccolit und Molybdänit; anal. T. L. Walker, Econ. Geol. **10**, 536 (1915). Ref. in N. JB. Min. etc. 1917, 151.

Analysen von Folgerit, der nach S. L. Penfield[1]) mit Pentlandit identisch ist:

	18.	19.	20.
δ	4,730	—	—
Fe	33,70	31,01	26,89
Ni	35,20	31,45	29,78
S	31,10	37,54	43,33
	100,00	100,00	100,00

18.—20. Von der Worthington Mine, 30 Meilen südlich Sudbury; anal. von Mixer bei Emmens, Journ. Am. Chem. Soc. **14**, Nr. 7.

Chemische und physikalische Eigenschaften.

Formel. Th. Scheerer,[2]) der in den Analysen einen beträchtlichen Fe-Gehalt fand, stellt die Formel

$$2\,FeS + NiS$$

auf; C. F. Rammelsberg[3]) deutete sie als isomorphe Mischung der beiden Sulfide und schreibt

$$\left.\begin{matrix} 9\,FeS \\ 2\,NiS \end{matrix}\right\}$$

Das schwankende Verhältnis Fe:Ni gab später Veranlassung, die Formel (Fe, Ni)S zu schreiben. C. W. Dickson[4]) berechnete auf Grund seiner Analysen das Verhältnis (Fe + Ni) : S = 11 : 10 und schreibt die Formel daher

$$(Fe + Ni)_{11}S_{10},$$

worin Ni : Fe = 11 : 10 und Ni : Co fast 42 : 1. T. L. Walker gibt die Formel $(Ni, Fe)_{11}S_{10}$.

Löslichkeit. Pentlandit löst sich in Salpetersäure. Nach H. Schneiderhöhn[5]) sind alle Reagenzien negativ für die Ätzung von polierten Schliffen. Auch bei elektrolytischer Behandlung mit Salzsäure wird keine Wirkung erzielt, was zur Unterscheidung von Magnetkies dient.

Lötrohrverhalten. Pentlandit entwickelt im offenen Rohr SO_2 und schmilzt auf Kohle zur stahlgrauen Kugel. Nach dem Abrösten des Schwefels erhält man in den Perlen die Nickel- und Eisenreaktion.

---

[1]) S. L. Penfield, Am. Journ. **45**, 495 (1893).
[2]) Th. Scheerer, Ann. d. Phys. **58**, 316 (1843).
[3]) C. F. Rammelsberg, Mineralchem. 1875, 54.
[4]) C. W. Dickson, Am. Inst. Min. Eng. **34**, 3 (1903). Ref. Z. Kryst. **41**, 203 (1905).
[5]) H. Schneiderhöhn, Anl. z. mikrosk. Best. Berlin 1922, 178.

Physikalische Eigenschaften.

Die Dichte ist 4,6—5, die Härte $3^1/_2$, etwas weniger als bei Pyrrhotin.

Th. Scheerer[1]) u. J. H. L. Vogt[2]) stellten Spaltbarkeit nach dem Oktaeder fest; nach S. L. Penfield zeigt der Pentlandit von Sudbury keine eigentliche Spaltbarkeit, sondern nur Absonderung. H. Schneiderhöhn[3]) beobachtete auf den glatt polierten Flächen im auffallenden Licht gute Spaltung der Oktaederflächen und oft gerade Rißsysteme, manchmal herausgesprungene Dreikante.

Pentlandit ist unmagnetisch und nach F. Beijerinck[4]) Nichtleiter der Elektrizität.

Die Farbe des Pentlandits ist hell tombackbraun, der Strich bronzebraun bis grünlichschwarz.

Die Farbe der Anschliffe ist mehr cremegelb als Magnetkies; es fehlt der Stich ins Rosa. In Zedernholzöl tritt keine Änderung ein. Farbbezeichnung nach W. Ostwald: *ec* 13, d. i. 36°/₀ Weiß, 44°/₀ Schwarz, 20°/₀ erstes Kreß. Im polarisierten Licht optisch isotrop, bei einer vollen Umdrehung keine Änderung. Doch tritt völlige Dunkelheit nicht ein, was ebenso wie bei Magnetkies wohl auf Entwicklung elliptisch polarisierten Lichtes bei der Reflexion zurückzuführen ist.

Paragenesis. Vorkommen.

Pentlandit kommt bei Eiterjord südlich des Beiernflusses in Nordland am Kontakt von Uralitnorit und granatführendem Glimmerschiefer vor, eingesprengt in Magnetkies; im Sudburydistrikt ebenfalls mit Magnetkies. Hier sind die Einzelkörner oft idiomorph ausgebildet und oktaedrisch begrenzt. An den Grenzen der Magnetkiesindividuen reicherte sich der Pentlandit mit sinkender Temperatur durch Entmischung an. Siehe auch Näheres unter Magnetkies und die Fig. 43 daselbst.

Begleitmineralien sind außerdem häufig Nickelin, Millerit, Gersdorffit, Markasit, Pyrit, Kupferkies.

Heazlewoodit wird von W. F. Petterd[5]) ein Sulfid des Nickels und Eisens benannt, das in schmalen Bändern im Serpentin der Heazlewoodmine in Tasmanien unregelmäßige, hell bronzegelbe, stark magnetische Partien mit Magnetit und Zaratit bildet, zu Leslie Junction in Dundas mit Pyrit und Magnetkies vorkommt. Die Dichte ist 4,6, die Härte 5, der Ni-Gehalt 38°/₀. Der starke Magnetismus dürfte von beigemengtem Magnetit herrühren. Analysen liegen keine vor.

Der von G. Landström[6]) beschriebene, aus einem in Diorit auftretendem Nickelmagnetkiesvorkommen von Ruda, Kirchspiel Skedevi (Östergötland) stammende Gunnarit ist ebenfalls ein nicht näher untersuchtes Eisen-Nickelsulfid mit 22°/₀ Ni.

Die beiden Mineralien können auch Polydymit sein.

---

[1]) Th. Scheerer, Ann. d. Phys. **58**, 316 (1843).
[2]) J. H. L. Vogt, Geol. För. Förh. Stockh. **14**, 325 (1892). Ref. Z. Kryst. **21**, 139 (1891).
[3]) H. Schneiderhöhn, Anl. z. mikrosk. Best. Berlin 1922, 178.
[4]) F. Beijerinck, N. JB. Min. etc. Beil.-Bd. **11**, 431 (1897).
[5]) W. F. Petterd, Min. Tasm. 1896, 66.
[6]) G. Landström, Geol. För. Förh. **9**, 364 (1887).

Horbachit.

Von **C. Doelter** (Wien).

Synonym: Nickelmagnetkies.

Vielleicht regulär? Es ist immerhin zweifelhaft, ob Horbachit als eigene Mineralart zu gelten hat; möglicherweise kann ein Gemenge von Magnetkies mit einem Nickelsulfid vorliegen; Gewißheit darüber, ob es sich um homogenes Material handelt, müssen metallographische Untersuchungen herstellen; anscheinend ist er allerdings homogen. Man hat aus seiner magnetischen Eigenschaft geschlossen, daß er diese beigemengtem Magnetkies verdankt, doch ist dies keineswegs bewiesen.

A. Knop glaubt, daß eine Mineralreihe Pyrit–nickelhaltiger Magnetkies–Horbachit existiert, er zieht die Dichten dieser Mineralien nach F. Rammelsberg zum Vergleiche heran.

	δ
Pyrit	4,7
Nickelhaltiger Magnetkies . .	4,60—4,67
Künstliches Fe_2S_3	4,11
Horbachit	4,43

Analysen.

	1.	2.	3.	4.	5.
Fe	41,94	41,62	42,15	42,13	41,96
Ni	11,52	12,44	—	—	11,98
S	45,87	46,07	45,68	—	45,87
	99,33	100,13			99,81

1.—5. Sämtliche von Horbach bei St. Blasien (Badischer Schwarzwald) in serpentinisierten Gneismassen, von Kupferkies begleitet, der stellenweise Eisenglanz einschließt; anal. Wagner bei A. Knop, N. JB. Min. etc. 1873, 522.

Die technischen Analysen, ausgeführt von E. Günther, sind:

	6.	7.	8.	9.
Fe	8,96	17,07	27,33	25,53
Ni	2,17	5,45	6,76	5,88
Cu	0,54	0,67	2,13	1,38

Siehe bei E. Weinschenk, l. c. 74, vgl. S. 642.

Formel. C. F. Rammelsberg[1]) stellte den Horbachit zu Magnetkies. Das Verhältnis S : Fe : Ni ist 1,43 : 0,75 : 0,20 oder S : Fe + Ni = 1,5 : 1. Er schließt auf Sesquisulfurete:

$$15 Fe_2S_3 . 4 Ni_2S_3 .$$

Annähernd wäre die Formel: $Fe_8Ni_2S_{15}$, vielleicht $(Fe, Ni)_2S_3$.[2])

Eigenschaften. Eine unvollkommene Spaltrichtung, auf welcher Fläche sich lebhafter metallischer Schimmer zeigt. Härte 4—5, Dichte 4,43. Farbe tombakbraun mit Stich ins Stahlgraue, dunkler wie bei Magnetkies. Strich schwarz.

Nach F. Beijerinck[3]) sehr guter Leiter der Elektrizität.

Nach A. Knop wirkt er auf die Magnetnadel retraktorisch.

[1]) C. F. Rammelsberg, Min.-Chem. 1875, 57.
[2]) P. Groth u. K. Mieleitner, Tab. 17 (1921).
[3]) F. Beijerinck, N. JB. Min. etc. Beil-Bd. 11, 433 (1897).

A. Knop betrachtete das Erz als eine isomorphe Mischung von $4FeS + NiS$. Er meint, der Horbachit sei ein Glied einer Reihe von Sulfiden, welche mit vom Schwefelkies zum Troilit reicht. Horbachit wäre eine Zwischenstufe zwischen Bisulfid und Magnetkies.

Umwandlung. Wird an der Luft durch gleichzeitige Wirkung von Sauerstoff und Wasserdampf oxydiert, wobei sich Eisen- und Nickelvitriol bildet.

Gepulverter Horbachit läßt nach kurzer Zeit in feuchter Luft ein grünes Filtrat entstehen. Laugt man mit warmem Wasser aus, so findet man in der Lösung Nickel- und Eisensulfat. Dabei oxydiert sich das Nickelsulfuret rascher als das Eisensulfuret; natürlich geht die Vitriolbildung an Pulver rascher vor sich, als an großen Stücken.

E. Weinschenk[1]) hat die Horbacher Nickellagerstätte untersucht. Die Paragenesis ist hier dieselbe wie bei anderen Nickellagerstätten: Kupferkies und Pyrit.

Bei der innigen Mengung der drei Erze ist die Neuaufstellung ihm zufolge nicht ganz gerechtfertigt. Auch P. Groth hat Zweifel in bezug auf die Selbständigkeit des Horbachits geäußert. Auf Grund hüttenmännischer neuer Analysen kommt E. Weinschenk zu dem Schlusse, daß der Nickel–Magnetkies von Horbach einer Mischung von Eisen- und Nickelsulfid, entsprechend:

$$(Fe_3Ni)S \quad \text{oder} \quad Fe_4NiS$$

vorliege, doch dürfte die Formel $(Fe, Ni)_2S_3$ meiner Ansicht nach richtiger sein.

Vorkommen und Genesis des Horbachits. Das Erz kommt nach E. Weinschenk nicht in zusammenhängenden Massen, sondern in Form von Imprägnationen vor. Nach diesem Forscher handelt es sich hier nicht, wie die canadischen Geologen, ferner N. v. Foullon und auch J. H. L. Vogt annehmen, um magmatische Ausscheidungen, sondern wie überhaupt alle Nickelmagnetkieslagerstätten stehen diese unter dem direkten Einfluß granitischer Massen und treten besonders in der Grenzzone zwischen Granit und einem basischeren Eruptivgestein auf. Es handelt sich um sekundäre Erzablagerungen am Kontakt zwischen granitisch aplitischen Gesteinen und intermediären bis basischen Eruptivgesteinen (vgl. über die Genesis auch W. Sauer.[2])

Gegen die Ansicht E. Weinschenks sind jedoch viele Einwendungen gemacht worden; so halten F. Beyschlag, P. Krusch und J. H. L. Vogt[3]) an der magnetischen Ausscheidung der Nickel–Magnetkieslagerstätten fest (siehe dort die Literatur).

Verbindungen von Eisen, Nickel, Kobalt mit Schwefel RS_2.

Hierher gehören Mineralien, welche sich chemisch und kristallographisch dem Pyrit nähern und auch zur Pyritgruppe gerechnet werden. Es sind dies M. Hengleins Kobaltnickelpyrit und der Bravoit; chemisch einigermaßen verschieden, doch ebenfalls der Formel RS_2 folgend, ist der Villamaminit, welcher oft zur Pyritgruppe gerechnet wird.

---

[1]) E. Weinschenk, Z. prakt. Geol. **15**, 73 (1909).
[2]) W. Sauer, Ber. Freiberger geol. Ges. **8**, 78 (1920).
[3]) E. Beyschlag, P. Krusch u. J. H. L. Vogt, Erzlagerst., Bd. I, 323.

Das erste Mineral ist der Kobaltnickelpyrit. W. Vernadsky[1]) hat bald nach dem Erscheinen der Untersuchung von M. Henglein bemerkt, daß er den Namen „Kobaltnickelpyrit" bereits früher (in seiner russisch geschriebenen Mineralogie 1910) für die kobalt- und nickelhaltigen Pyrite verwendet habe. Er hält es daher für richtiger, wenn das Hengleinsche Mineral einen neuen Namen erhalten hätte.

W. Vernadsky unterscheidet in seinem Werke folgende Arten des Pyrits: 1. Pyrit; 2. Arsenikalischer Pyrit (0,2—1,7 Arsen); 3. Kobaltnickelpyrit, Kobaltgehalt 2,0—3,5, Nickelgehalt 2,2—5,8; 4. Blueit mit 3,7—6,3 Nickel; 5. Kobaltpyrit mit 1,7 Kobalt; 6. Manganpyrit mit 0,5 bis 4,1 Mangan; 7. Hauerit. W. Vernadsky meint, daß, falls nicht etwa eine mechanische Mischung bei dem Mineral M. Hengleins vorläge, es besser wäre einen neuen Namen zu geben. Da dies auch meine Ansicht ist und tatsächlich der Name Kobaltnickelpyrit bereits eine etwas abweichende Bedeutung hat, schlage ich vor, das bisher als Kobaltnickelpyrit bezeichnete Mineral Hengleinit zu benennen.

Hengleinit (Kobaltnickelpyrit).

Kristallklasse: Kubisch-dyakisdodekaedrisch.

Analysen.

	1.	2.	3.
Co	9,33	[6,61]	10,6
Ni	4,37 (?)	17,50	11,7
Fe	25,92	21,15	22,8
Cu	0,27	—	—
As	1,11	—	—
S	53,37	53,70	53,9
Unlösl. Rückstand	—	1,04	0,7
	94,37	100,00	99,7

1.—3. Von Grube Viktoria bei Müsen (Westfalen); 1. anal. von Kessler, unvollständig infolge Ni-Verlust; 2. von Varga, wobei Co aus der Differenz bestimmt ist; 3. von A. Henglein; alle bei M. Henglein, ZB. Min. etc. 1914, 131.

Auf Disulfide umgerechnet, ergibt sich:

	2a.	3a.
CoS_2	13,77	22,13
NiS_2	36,62	24,49
FeS_2	45,62	48,97
Rückstand	1,04	0,70
	96,85	96,29

Formel.

Ein geringer Überschuß an Schwefel ist vorhanden, etwas ist an die Verunreinigungen Cu und As gebunden. M. Henglein[2]) stellt die Formel:

$$(Co, Ni, Fe)S_2$$

analog dem Pyrit auf.

[1]) W. Vernadsky, ZB. Min. etc. 1914, 494.

[2]) M. Henglein, ZB. Min. etc. 1914, 132.

Chemische Eigenschaften.

Kobaltnickelpyrit ist in Salpetersäure löslich, wobei der Schwefel oxydiert wird. Im geschlossenen Röhrchen erhitzt, gibt er sehr leicht ein Sublimat von Schwefel ab; im Röhrchen bleibt ein magnetischer Rückstand von blauschwarzer Farbe. Auf Kohle entzündet sich die Probe und brennt wie Pyrit. In der Boraxperle erhält man nach Abrösten des Schwefels die Kobaltfärbung, die die übrigen Färbungen verdeckt. Durch Reduktion der Kobaltnickel-Boraxperle mit einem ausgewalzten Goldkorn, welches das Nickel aufnimmt und dann grau wird, und Behandlung desselben neben einer Phosphorsalzperle auf Kohle nach der von C. F. Plattner-Kolbeck[1]) angegebenen Methode erhält man nach dem Erkalten eine von Nickeloxydul gelb bis rötlichgelb gefärbte Perle.

Physikalische Eigenschaften.

Die Dichte wurde zu 4,716 ± 0,028 bestimmt.

Die Härte ist 5—5$^1/_2$.

Eine Spaltbarkeit nach dem Würfel ist deutlich zu erkennen.

Kobaltnickelpyrit hat starken Metallglanz und stahlgraue Farbe. Der Strich ist grauschwarz. Die oft angelaufenen Kristalle haben einen Stich ins Rotbraune.

Vorkommen und Paragenesis.

Bisher ist Hengleinit der besonders wegen der stark vom Pyrit verschiedenen stahlgrauen Färbung und des hohen Ni- und Co-Gehalts wegen nicht als kobaltnickelhaltiger Pyrit bezeichnet wurde, nur von der Grube Viktoria bei Müsen in Westfalen bekannt geworden, wo er als Seltenheit vor etwa 20 Jahren einbrach. Auf dem Eisenspat und wenig Quarz sitzen derber Pyrit und auf diesem als jüngste Bildungen die Hengleinitkriställchen, auch Kupferkies und seltener Schwerspat.

Bravoit.

Von **M. Henglein** (Karlsruhe).

Krystallsystem: Nicht bekannt, wohl pentagonal-hemiedrisch wie Pyrit.

Analysen.

	1.	2.
Fe	25,38	29,46
Ni	15,70	18,23
Co	Spur	—
S	45,06	52,31
Vd	4,31	100,00
Mo	0,09	
C	0,47	
H_2O	1,38	
TiO_2	0,93	
SiO_2	1,93	
Al_2O_3	2,45	
	97,70	

[1]) C. F. Plattner-Kolbeck, Probierkunst mit dem Lötrohr 1907, 225.

1.—2. Von Minasragra (Peru) im Vanadiumerz butzenartig eingeschlossen; anal. W. F. Hillebrand, Am. Journ. **24**, 141 (1907). — 2. aus 1. umberechnet.

Die Formel ist $(Fe, Ni)S_2$ mit einem Verhältnis Fe:Ni = 1,7:1.

Das Mineral ist ein nickelreicher Pyrit, von hellerer Farbe als dieser und mit einem deutlich rötlichen Stich. Wegen des immerhin bedeutenden Ni-Gehalts mag ein besonderer Name berechtigt sein.

Bravoit kommt mit dem Vanadinsulfid Patzonit zusammen vor.

Villamaninit.

Von **C. Doelter** (Wien).

Regulär.

Analysen.

δ	4,433	4,523	—	
Cu	17,65	18,51	22,13	19,48
Fe	4,39	4,17	5,11	6,00
Co	7,45	7,24	6,30	6,79
Ni	18,19	18,24	15,94	15,53
S	49,00	49,13	49,63	47,27
Se	1,54	1,44	0,88	0,88
SiO_2	0,88	0,34	0,22	3,80
	99,10	99,07	100,21	99,75

Von der Carmenes-Mine bei Villamania, Prov. Leon (Spanien); anal. W. R. Schoeller u. A. R. Powell, Min. Mag. **19**, 14 (1920).

Formel. Die Verfasser stellen die Formel:

$$(Cu, Ni, Co, Fe)(S, Se)_2$$

auf. Sie reihen das Mineral der Pyritgruppe an. Da aber das Mineral aus 2 Teilen besteht, aus kristallinem Material und Knötchen mit radialer Faserstruktur, so wäre doch noch zu eruieren, ob wirklich homogenes Material vorlag. Man kann dieses Mineral wegen seines sehr geringen Selengehaltes nicht zu den Seleniden stellen. Ganz stimmt übrigens die Formel RS_2 nicht, da zu wenig S vorhanden ist. Ob das Selen hier als Vertreter von S auftritt oder ob nicht eine mechanische Beimengung vorliegt, wäre noch zu entscheiden.

Nach der metallographischen Untersuchung von E. Thomson[1]) ist dieses Mineral tatsächlich ein Gemenge.

Polydymit-Carrollit-Gruppe.

Es handelt sich hier um die vier Mineralien: Linneit, Polydymit, Carrollit mit Sychnodymit. Der in dieser Gruppe oft eingeführte Barracanit ist nach unserer Einteilung bei Kupfererzen behandelt worden; er gehört nicht hierher.

Zu dieser Gruppe wird auch von manchen Mineralogen der Daubréelith gestellt. Er konnte nach unserer Einteilung auch mit mehr Recht bei der Klasse A, bei Berthierit behandelt werden; da er aber wegen seines Chromgehaltes ganz isoliert ist, so folge ich der am meisten üblichen Einteilung und stelle ihn zu der Linneitgruppe.

[1]) E. Thomson, Contr. to Canad. Miner. 1921, 32. Ref. N. JB. Min. etc. 1925, II, 75.

Die Stellung der genannten Mineralien ist insofern nicht eindeutig, als sie nach der einen Auffassung als Sulfide, nach der anderen aber als Sulfosalze behandelt werden.

In früherer Zeit wurden sie bei den Kobaltsulfiden eingereiht, so in den Lehrbüchern von C. Hintze, G. Tschermak, F. Zirkel. Jedoch bereits E. S. Dana[1]) schreibt sie dualistisch: $RS . R_2S_3$.

C. F. Rammelsberg[2]) schrieb 1895 den Polydymit: $2RS . R_2S_3$.

P. Groth[3]) faßte diese Mineralien bereits 1898 als Sulfosalze auf, wobei er die Säuren:

$$HFeS_2 \quad \text{und} \quad H_4Fe_2S_6$$

annimmt. Später hat F. Zambonini dies näher ausgeführt (S. 655). In den neuen Tabellen von P. Groth und K. Mieleitner[4]) werden die unten angegebenen Formeln angeführt. Die Auffassung als Sulfosalz wäre ganz einleuchtend, wenn man bei dieser Ansicht nicht genötigt wäre, einen Teil des Nickels oder Kobalts als zur Säure gehörig zu betrachten, während ein anderer Teil als Basis betrachtet werden muß. Da keine Bestimmung der Oxydationsstufen vorliegt, so ist dies immerhin gewagt. Die Analogie mit Magneteisen $FeFe_2O_4$ liegt allerdings vor, aber hier wissen wir genau, daß FeO und Fe_2O_3 wirklich vorhanden sind.

Man hat sich auch auf die Analogie mit Kupferkies und Barracanit berufen, um so mehr als die Kristallstruktur des Kupferkieses mit jener des Magneteisens eine gewisse Ähnlichkeit zeigt, wie seinerzeit (vgl. S. 144) bemerkt wurde.

So ist also dermalen eine Entscheidung nicht möglich: nur bei Daubréelith entfällt diese Schwierigkeit, da hier die Säure eine Sulfochromsäure wäre, deren Anhydrid Cr_2S_3 ist.

Bemerkt sei noch, daß E. T. Wherry und W. F. Foshag[5]) diese Gruppe nicht in ihre Sulfosalzgruppe eingereiht haben, ebensowenig wie G. Cesàro.[6]) P. Niggli[7]) rechnet sie zu den Sulfosalzen.

Es muß immer noch mit der Möglichkeit gerechnet werden, daß Komplexverbindungen vorliegen.

Was den Linneit anbelangt, so liegt die Sache nicht einfacher. Nach den Analysen von A. Eichler, M. Henglein und W. Meigen ist die Formel:

$$5Co_3S_4 . 6Ni_3S_4 ,$$

welche nicht für ein Sulfosalz spricht.

F. Zambonini,[8]) welcher Polydymit als Sulfosalz ansieht, bezeichnet ihn als „Nickellinneit“.

Die Frage nach der Konstitution des Linneits scheint noch einigermaßen ungelöst, da aber die Verbindungen Co_3S_4 und Ni_3S_4 auch synthetisch hergestellt sind, so kann man ihn, wie die ähnlichen als einfaches Sulfid R_3S_4

[1]) E. S. Dana, Mineral. 1892, 76.
[2]) C. F. Rammelsberg, Min.-Chem. Erg.-Bd. II, 29 1895.
[3]) P. Groth, Tab. Übers. 1898, 30.
[4]) Derselbe u. K. Mieleitner, ebenda 1921.
[5]) E. T. Wherry u. W. F. Foshag, Journ. Washington Acc. II, 1 (1921).
[6]) G. Cesàro, Bull. soc. min. **47** (1915).
[7]) P. Niggli, Mineral. 1920.
[8]) F. Zambonini, Riv. min. crist. it. **47**, (1916). Ref. N. JB. Min. etc. 1923, II, 25.

auffassen. Die ganze Gruppe bedarf einer metallographischen Untersuchung und auch einer synthetischen, mit Hinsicht auf den Eisengehalt. Ferner wäre es notwendig bei Kobalt die Oxydationsstufe zu eruieren.

Carrollit und Sychnodymit.

Diese beiden Mineralien wurden bisher getrennt behandelt, dürften aber, wie unten noch ausgeführt werden soll, identisch sein. Wahrscheinlich ist Sychnodymit ein nickelreicher Carrollit.

Kristallsystem: Regulär.

Analysen von Carrollit.

	1.	2.	3.	4.
δ	4,850	—	—	—
Cu	17,48	17,79	19,18	17,55
Fe	1,26	1,55	1,40	0,46
Ni	1,54	1,54	1,54	1,70
Co	37,25	38,21	37,65	38,70
As	Spur	Spur	Spur	Spur
S	41,93	40,94	40,99	41,71
SiO_2	—	—	—	0,07
	99,46	100,03	100,76	100,19

1.—4. Von einem Kupferkiesgang der Patapsco Mine bei Finksburg, Carroll Co. (Maryland); 1.—3. anal. von L. Smith und G. J. Brush, Am. Journ. **16**, 367 (1853); 4. anal. von F. A. Genth, ebenda **23**, 418 (1857).

Analysen von Sychnodymit.

	1.	2.	3.
δ	4,758	—	4,580
Cu	18,98	17,23	23,46
Fe	0,93	0,82	3,86
Ni	3,66	5,74	5,70
Co	35,79	35,64	26,80
S	40,64	40,33	39,28
Rückstand	—	—	0,47
	100,00	99,76	99,57

1.—2. Von Grube Kohlenbach bei Eiserfeld (Bergrevier Siegen I); anal. H. Laspeyres, Z. Kryst. **19**, 19 (1891).

3. Aus dem Siegtal; anal. W. Stahl, Bg.- u. hütt. Z. **58**, 182 (1899). Ref. Z. Kryst. **35**, 289 (1901).

H. Laspeyres hat seine Analysen berechnet und findet:

	1.	2.
S	1,271	1,261
Cu	0,300	0,273
Fe	0,016	0,015
Co	0,611	0,608
Ni	0,062	0,098
S : R =	1,271 : 0,989	1,261 : 1
	1,285 : 1	1,269 : 1
	5,140 : 4	5,076 : 4

Vergleicht man nach H. Laspeyres dieses Verhältnis mit jenem des Polydymits, so bekommt man für die Analysen von Grüne Au:

I. 1,274 : 1 = 5,096 : 4
II. 1,261 : 1 = 5,044 : 4

Die Analyse von Canada (F. W. Clarke) ergibt:

1,272 : 1 = 5,088 : 4.

Die Formel wäre nach H. Laspeyres die des Polydymits, in welchem jedoch statt Nickel, Kobalt und zweiwertiges Kupfer vertreten ist (S. 651).

Vergleicht man die Zusammensetzung nach den Formeln:

$$(^1/_3\,Cu,\ ^2/_3\,Co)_4S_5 \quad \text{und} \quad (^1/_3\,Cu,\ ^2/_3\,Co)_4S_5,$$

so erhält man für die beiden Formeln folgende Zahlen:

Cu. . . .	20,52	21,07
Co. . . .	38,07	39,08
S	41,41	39,85
	100,00	100,00

Die Differenzen können sich nach F. Zambonini[1]) erklären durch Unreinheit des Materials, oder durch Unvollkommenheit der analytischen Methoden.

Berechnet man die Analysen, so erhält man folgende Atomverhältnisse:

Sychnodymit .	1 : 1,24; 1 : 1,27; 1 : 1,28
Carrollit . .	1 : 1,29; 1 : 1,30; 1 : 1,34; 1 : 1,37

Diese Verhältnisse bilden eine Reihe, in welcher nicht nur bei Sychnodymit, sondern auch bei Carrollit für die Formel R_3S_4 etwas zu wenig Schwefel enthalten ist. F. Zambonini meint, daß die Mineralien bereits durch sekundäre Vorgänge etwas Schwefel verloren hätten.

Als Sulfosalz würde der Carrollit nur dann das Verhältnis 1 : 1 ergeben, wenn ein Teil des Kobalts samt Nickel und Eisen als Vertreter des Kupfers aufgefaßt würde. Dann ergäbe sich die Formel:

$$(Cu, Co, Ni, Fe)Co_3S_4.$$

Dasselbe ergäbe sich auch, F. Zambonini zufolge, aus dem Atomverhältnis, welches man nach der Analyse des Sychnodymits von H. Laspeyres berechnet.

Es scheint aber die Auffassung als Sulfosalz doch einigermaßen gewagt. Eine Vertretung von Kupfer durch Kobalt und Eisen ist nicht sehr wahrscheinlich. Es wäre einfacher, an Doppelverbindungen zu denken.

Man würde dann für die beiden Mineralien zu schreiben haben:

$$Cu_3S_4 \, . \, Co_3S_4 \, .$$

Der angenommene Sulfosalzcharakter ist nicht erwiesen. Noch schwieriger ist der Linnéit als Sulfosalz zu erklären.

Nach H. Laspeyres ist die Formel des Sychnodymits:

$$(Co, Cu, Ni, Fe)_4S_5 \, .$$

Er faßt aber die Verbindung als Sulfosalz auf, unter Annahme von drei-

---

[1]) F. Zambonini, Riv. min. crist. it. 47 (1916). Ref. N. JB. Min. etc. 1923, II, 25.

wertigem Nickel und Kobalt, neben zweiwertigem abgeleitet aus einer vierbasischen Di-Nickel–Sulfosäure bzw. Kobalt–Sulfosäure, welche folgende Konstitution haben soll:

$$\begin{array}{l} \quad\quad\quad\;\, \diagup S-H \\ (Co, Ni) \lessdot S-H \\ \quad\quad\quad\;\, \diagdown S \\ \quad\quad\quad\;\, \diagup \\ (Co, Ni) \lessdot S-H \\ \quad\quad\quad\;\, \diagdown S-H \end{array}$$

Bei Annahme des Kupfers als einwertig wäre das Molekularverhältnis:

$$S:(\overset{II}{R}\overset{I}{R}_2) = 1{,}515:1$$

für die erste Analyse, für die zweite:

$$S:(\overset{II}{R}\overset{I}{R}_2) = 1{,}409:1\,.$$

Das Mittel ist:

$$S:(\overset{II}{R}\overset{I}{R}_2) = 1{,}492:1 = 3:2\,,$$

also wie bei Horbachit.

Es muß aber schon jetzt betont werden, daß die Hypothese von H. Laspeyres bezüglich des dreiwertigen Nickels und Kobalts zwar möglich, aber doch unsicher ist.

Was den Carrollit anbelangt, so berechnet sich die Analyse nach H. Laspeyres folgendermaßen:

$$S:R = 1{,}363:1$$
$$S:R = 1{,}366:1$$
$$S:R = 1{,}288:1$$
$$S:R = 1{,}336:1$$

Im Mittel ergibt sich: 1,322 : 1 = 4 : 5.

Als Sulfosalz aufgefaßt, würde sich die Verbindung auffassen lassen als Kupferferrisalz einer einbasischen Kobaltsulfosäure:

$$\begin{array}{l} S-Co-S \\ S-Co-S \end{array} > (Cu, Fe)\,.$$

H. Laspeyres vergleicht ihn mit dem Cuban $CuFe_2S_4$.

Zusammenfassend kann man sagen, daß die Formeln der beiden Mineralien also noch nicht sichergestellt sind. Man kann sie als Sulfide oder als Sulfosalze auffassen.

C. Hintze schreibt die Formel des Carrollits, $CuCo_2S_4$. Für den Sychnodymit nimmt er die Formel $(Cu, Co, Ni)_4S_5$.

P. Groth und K. Mieleitner[1]) stellen die Gruppe des Linneits auf, welcher auch Carrollit, Polydymit und Daubréelith und Barracanit angehören.

Linneit . .	$[(Co, Ni, Fe)S_2](Co, Ni, Fe)$,
Polydymit .	$[(Ni, Co, Fe)S_2](Ni, Co, Fe)$,
Carrollit . .	$Cu(CoS_2)_2$,
Barracanit . .	$Cu(FeS_2)_2$,
Daubréelith .	$Fe(CrS_2)_2$.

[1]) P. Groth u. K. Mieleitner, Tab. 1921.

Chemisch-physikalische Eigenschaften.

Lötrohrverhalten. Auf Kohle schmilzt Carrollit zu einer weißen, spröden, magnetischen Kugel; mit Salzsäure befeuchtet, wird die Flamme azurblau gefärbt. Nach Abrösten des Schwefels werden die Perlen smalteblau. Carrollit ist in Salpetersäure löslich mit rosaroter Farbe.

Sychnodymit ist mit roter Farbe löslich in Salpetersäure, in Salzsäure unlöslich.

Die Dichte des Sychnodymits ist 4,580—4,758, für Carrollit wird 4,85 angegeben, die Härte $4^1/_2$—$5^1/_2$.

Die Farbe ist dunkelstahlgrau, die vom Sychnodymit des Siegtales hell- bis schwarzgrau. Carollit hat mitunter einen Stich ins Rötliche.

Paragenesis. Sychnodymit kommt auf der Grube Kohlenbach bei Eiserfeld in einem devonischen Eisensteingang vor in Gestalt von etwa 1 mm großen, häufig verzwillingten Oktaedern in einem Haufwerk, in dem noch Quarz, Eisenspat, Fahlerz, Schwefelkies und etwas Malachit auftreten. Die Würfelgestalt des Haufwerks rührt nach H. Laspeyres[2]) wohl von Speiskobalt oder Kobaltglanz her; es lägen also Pseudomorphosen von Sychnodymit nach Speiskobalt vor. Auch Verwachsungen mit Kupferglanz treten auf.

Carrollit kommt mit Kupferkies, Buntkupfer und Kupferglanz auf der Patapsco und Springfield Mine in Carroll Co. vor.

Polydymit.

Von **M. Henglein** (Karlsruhe).

Synonyma: Saynit, Nickelwismutglanz, Grünauit, Theophrastit, Wismutnickelkies, Wismutkobaltnickelkies, Nickellinneit.

Kristallsystem: Regulär.

Analysen.

	1.	2.	3.	4.	5.
δ	4,81	—	—	4,541	—
Cu	—	—	0,98	0,62	—
Pb	—	—	—	—	—
Fe	3,84	4,12	4,76	15,57	15,47
Ni	53,51	53,13 (Ni + Co)	49,24	41,96	43,18
Co	0,61		3,95	—	—
As	1,04	2,30	0,11	—	—
Sb	0,51	1,15	0,29	—	—
Bi	—	—	—	—	—
S	40,27	39,20	41,08	40,80	41,35
SiO_2	—	—	—	1,02	—
	99,78	99,90	100,41	99,97	100,00

1.—3. Polydymit ebendaher; anal. H. Laspeyres, Journ. prakt. Chem. **14**, 397 (1876); Verh. nat. Ver. Rheinl. Bonn **34**, 29 (1877). — As und Sb sind Verunreinigungen, wohl von Gersdorffit und Ullmannit.

4.—5. Von Sudbury, Ontario im Gemenge mit Pyrit, Kupferkies, Quarz und geringen Platingehalt, wohl von Sperrylith herrührend; anal. F. W. Clarke und Ch. Catlett, Am. Journ. **37**, 373 (1889).

Hierher kann man auch folgende Analysen stellen:

Analysen des Nickelwismutglanz (Saynit).

	6.	7.	8.
δ	5,14	—	—
Cu	1,68	11,59	11,56
Fe	3,48	5,55	6,06
Co	0,28	11,24	11,73
Ni	40,65	22,03	22,78
Pb	1,58	7,11	4,36
Bi	14,11	10,49	10,41
S	38,46	31,99	33,10
	100,24	100,00	100,00

6. Von der Grube Gruneau, Sayn-Altenkirchen, in regulären Kristallen (Oktaedern); F. v. Kobell, Journ. prakt. Chem. **6**, 332 (1835).

7. u. 8. Beide ebendaher; anal. C. Schnabel bei C. F. Rammelsberg, Min.-Chem. 1875, 61.

Diese Analysen haben nur mehr historisches Interesse, werden anhangsweise hier angeführt. Wahrscheinlich handelt es sich um ein Gemenge.

Formel.

Die erste Analyse war wohl diejenige von F. v. Kobell. Das Material derselben dürfte mit Wismut verunreinigt gewesen sein. Dies wurde jedoch von ihm bestritten, dagegen auch von A. Kenngott behauptet. C. F. Rammelsberg[1]) hatte den Polydymit zuerst unter Kobaltnickelkies eingereiht und eine Analyse von C. Schnabel mit jener von F. v. Kobell zusammengebracht. Es ist dies der Wismutnickelkies oder Wismutnickelglanz C. F. Rammelsbergs (Saynit).

A. Kenngott[2]) hat die Analysen von H. Laspeyres diskutiert und ebenso die früher genannten. Er kommt mit H. Laspeyres zu dem Resultate, daß die Analyse von F. v. Kobell an einem Gemenge von Polydymit mit Wismutin, Galenit und Kupferkies vorgenommen wurde. Dagegen glaubt er nicht, daß die Analyse von C. Schnabel an derart verunreinigtem Material vorgenommen wurde. Jedoch ist H. Laspeyres der Ansicht, daß die an kristallinischem Material durchgeführte Analyse von C. Schnabel 40—43% Verunreinigungen enthalten habe. Jedenfalls stimmen beide darin überein, daß sich der Nickelwismutglanz C. Schnabels nicht auf einen Polydymit beziehen kann.

Die Analysen von F. W. Clarke und Ch. Catlett zeigen nach den Verfassern das Verhältnis R:S = 4:5. Daraus ergäbe sich: Ni_3FeS_5. Zieht man SiO_2 ab und berechnet das Kupfer als Kupferkies, so erhält man die Zahlen unter 9. Die Zahlen für die Formel:

$$Ni_3FeS_5,$$

sind folgende:

	9.
Ni	44,60
Fe	14,40
S	41,00
	100,00

[1]) C. F. Rammelsberg, Min.-Chem. 1875, 90.

[2]) A. Kenngott, N. JB. Min. etc. 1878, 183.

Demnach handelt es sich um einen eisenreichen Polydymit, wobei in der Formel Ni_4S_5 ein Viertel des Ni durch Fe ersetzt ist.

H. Laspeyres hat später die Vorkommen von Gruneau wieder untersucht; es gelang ihm mit verdünnter warmer Salzsäure den Wismutglanz herauszuziehen. Hierbei entwickelt sich Schwefelwasserstoff. Dabei löste sich eingeschlossener Eisenspat. Dagegen ist das Nickelsulfid in konzentrierter kochender HCl unlöslich. Ferner hat H. Laspeyres in dem gereinigten Material das Verhältnis Ni : Co ermittelt. Dieses ist sehr verschieden. Er berechnet für Co : Ni die Werte an verschiedenen Exemplaren mit:

1 : 225, 1 : 16,16, 1 : 6,18 und 1 : 4,10.

Die Kobellsche Analyse ergibt 1 : 145,18. Berechnet man die Analysen von C. Schnabel, so ergeben sich die Werte: 1 : 1,96 und 1 : 1,94.

H. Laspeyres[1]) konnte auch an einer Stufe von Polydymit den eingesprengten Wismutglanz nachweisen; sie lassen sich im frischen Erz deshalb nicht nachweisen, weil die Nadeln von dem gleichfarbigen Polydymit ganz umhüllt und bedeckt sind; erst in zerzetztem, mit Eisensulfat bedecktem werden sie sichtbar, die Substanz des Polydymits ist dann teilweise weggeführt.

Als Formel schlug H. Laspeyres vor:

$$(Ni, Co, Fe)_4S_5,$$

also analog dem Sychnodymit (siehe S. 648).

Er ist aber der Ansicht, daß beide Sulfosalze seien. Die betreffende Säure ist die für Sychnodymit angegebene, siehe die Konstitutionsformel dort.

Vor kurzem hat sich F. Zambonini auch über den Polydymit geäußert. F. Zambonini[2]) ist der Ansicht, daß die Analyse von H. Laspeyres ebenfalls an unreinem Material durchgeführt wurde. Er berechnet aus der Analyse von F. W. Clarke und Ch. Catlett das Verhältnis 1 : 1,35 oder 3 : 4. Daher die Formel:

$$R_3S_4.$$

F. Zambonini stellt den Polydymit zum Linnéit und bezeichnet ihn als „Nickellinnéit" (siehe auch dessen Ansichten bei Carrollit). Dagegen spricht sich M. Henglein für Linnéit entschieden für eine Formel als Sulfid aus (S. 655).

Chemische und physikalische Eigenschaften.

Der Polydymit von Sudbury enthält 0,006—0,024 °/₀ Platin. Wahrscheinlich ist etwas Sperrylith beigemengt.

Lötrohrverhalten. Auf Kohle schmilzt Polydymit zu einer magnetischen Kugel. In der Borax- und Phosphorsalzperle Nickelreaktion, sowie Spuren von Eisen und Kobalt (Reduktionsfeuer).

Polydymit ist in Salpetersäure löslich, welche Grünfärbung annimmt. Im Funkenspektrum treten nach A. de Gramont[3]) intensive Nickellinien auf. Die des Schwefels sind weniger deutlich als beim Millerit. Stark hervortretende Eisenlinien rühren von beigemengtem Schwefelkies oder, wenn auch Kupferlinien bemerkbar, wie beim Polydymit von Sudbury, vom Kupferkies her.

---

[1]) H. Laspeyres, Z. Kryst. **19**, 417 (1891).
[2]) F. Zambonini, Riv. crist. it. **47**, Sep. 21 S. (1916).
[3]) A. de Gramont, Bull. soc. min. Paris **18**, 271 (1895).

Die Dichte ist 4,54—4,8; die Härte ist $4\frac{1}{2}$. Die Spaltbarkeit nach dem Hexaeder ist unvollkommen. Die Farbe ist silberweiß bis stahlgrau, oft angelaufen. Die Kristalle überziehen sich öfter mit einer Hülle von Nickelvitriol.

Vorkommen. Im frischen Eisenspat tritt auf Grube Grüneau der Polydymit mit büschelig-strahligem Millerit, Kupferkies, Eisenkies, Blende, Wismutglanz, Ullmannit und Gersdorffit auf und ist mit den drei letzteren Mineralien öfter so innig verwachsen, daß eine Trennung unmöglich wird.

Über die Genesis der Nickel-Kobaltsulfide siehe E. Weinschenk S. 642.

Linnéit.

Von **M. Henglein** (Karlsruhe).

Synonyma: Kobaltnickelkies, Koboldin, Kobaltkies, Siegenit, Müsenit, Linnaeit.

Kristallsystem: Regulär.

Analysen.

	1.	2.	3.	4a.	4b.	4c.
δ	5,000	—	—	—	—	—
Cu	0,97	—	—	1,67	—	0,49
Fe	2,30	4,69	2,29	1,06	—	—
Ni	—	42,64	33,64	14,09	17,70	14,60
Co	53,35	11,00	22,09	39,35	36,82	40,77
S	42,25	42,30	41,98	42,76	—	43,04
	98,87	100,63	100,00	98,93		98,90

1. Von der Schwabengrube bei Müsen; anal. Wernekinck, Leonh. Z. Min. **2**, 38 (1826).

2. Von der Jungfergrube bei Müsen; anal. Ebbinghaus bei C. F. Rammelsberg, Mineralchem. **4**, Suppl. 1849, 118.

3. Ebendaher; anal. C. Schnabel bei C. F. Rammelsberg, ebenda.

4a, b, c. Ebendaher; anal. C. F. Rammelsberg, Journ. prakt. Chem. **86**, 343 (1862); Mineralchem. 1875, 61. — 4c. aus 4a. Nach Abzug von Kupferkies (1,06 Fe und 1,2 Cu).

	5.	6.	7a.	7b.	8.	9.	10.
δ	—	—	—	—	5,755	4,825	—
Mn	—	—	—	—	—	—	0,16
Pb	—	—	0,39	—	—	—	0,78
Cu	2,23	3,63	Spur	—	8,22	2,28	0,57
Fe	1,96	3,20	3,37	3,42	4,19	4,29	9,02
Ni	29,56	} 50,76	30,53	31,00	0,19	12,33	26,55
Co	25,69		21,34	21,67	44,92	39,33	16,47
S	39,70	41,15	41,54	42,13	41,83	42,19	37,66
Unlösl.	0,45	1,26	1,07	—	—	—	4,68
	99,59	100,00	98,24	98,22	99,35	100,42	95,89

5.—6. Von der Mineral Hill Mine in Carroll Co. (Maryland) mit Kupferkies, Blende und Magnetit; anal. F. A. Genth, Am. Journ. **23**, 419 (1857).

7a. Von La Motte (Missouri) mit Bleiglanz, Kupferkies und Markasit; anal. Derselbe, ebenda. 7b. Ohne Pb und Unlösl.

8. Von der Bastnäsgrube bei Riddarhytta (Schweden); anal. P. T. Cleve, Geol. För. Förh. **1**, 125 (1872).

9. Von Gladhammer in Smålendorf Kupfergruben; anal. Derselbe, ebenda.

10. Von Grube Charlotte bei Hilgenroth (Rev. Hamm); anal. G. Wolf, Beschr. Bergrev. Hamm 1885, 34.

	11.	12.	13.	14.
δ	4,800	—	—	4,85
Mn	—	—	0,25	—
Pb	—	—	4,00	—
Ag	—	0,13	—	—
Au	—	0,53	—	—
Cu	—	5,32	—	—
Fe	0,57	3,32	2,98	0,62
Ni	38,16	17,15	27,78	31,18
Co	20,44	29,64	23,39	26,08
S	40,61	44,31	40,40	42,63
Gangart . . .	—	0,43	1,64	0,16
	99,78	100,83	100,44	100,67

11. Von Grube Wildermann, Rev. Müsen; anal. Th. Häge, Min. Sieg. 1887, 29.
12. Von der Santa Fé-mine, Chiapas (Mexico) mit Bornit; anal. H. F. Collins, Min. Mag. **13**, 360 (1903). Ref. Z. Kryst. **41**, 426 (1905). — Gold ist teils mechanisch beigemengt, teils vertritt es Co. Wahrscheinlich stark verunreinigt durch Bornit.
13.—14. Von Grube Viktoria bei Littfeld (Müsen); anal. A. Eichler, M. Henglein und W. Meigen, ZB. Min. etc. 1922, 226; A. Eichler, Diss. Freiburg 1921.

Chemische Eigenschaften.

Formel. Die älteren Analysen weisen nur Kobalt und Schwefel als Hauptbestandteile auf. Nach Frankenheim[1]) ist die Formel Co_3S_4. C. F. Rammelsberg[2]) berücksichtigt den Ni-Gehalt, der nach den damals vorliegenden Analysen sehr wechselt und schreibt die Formel

$$R_3S_4 = 2RS.RS_2,\ \text{später aber}\ R_8S_{11} = 2RS.3R_2S_3,$$

und zwar ist:		Ni : Co	Fe : Ni, Co
in Analyse	3	1,5 : 1	1 : 23
	4c	1 : 2,8	—
	2	1,9 : 1	1 : 9,6
	5	1,17 : 1	—
	7	1,46 : 1	1 : 14,8

P. v. Groth[3]) faßt die Verbindung als ein Sulfosalz von FeS_2H auf und schreibt

$$[(Ni, Co, Fe)S_2]_2(Ni, Co, Fe).$$

Allgemein wird nun die Formel

$$(Co, Ni)_3S_4$$

geschrieben.

H. F. Collins[4]) gibt auf Grund obiger Analyse (12) die Formel:

$$(Ni, Cu, Fe, Co)S.CoS_2.$$

Die Analyse 14 von A. Eichler[5]) ist an reinen Kristallen vorgenommen worden. Die Atomzahlen für Co + Ni + Fe sind innerhalb der Fehlergrenzen

[1]) Frankenheim, Verh. Leop.-Carol. Ak. **11**, 494, 643 (1842).
[2]) C. F. Rammelsberg, Mineralchem. 1875, 61; Suppl. 1895, 29.
[3]) P. v. Groth, Tab. Übers. 1898, 30.
[4]) H. F. Collins, Min. Mag. **13**, 360 (1903). Ref. Z. Kryst. **41**, 426 (1905).
[5]) A. Eichler, M. Henglein u. W. Meigen, ZB. Min. etc. 1922, 226.

genau $^3/_4$ der Atomzahl des Schwefels. Das Verhältnis Co:Ni ist fast genau 5:6. Dem Linnéit kommt demnach die Formel

$$5\,Co_3S_4 \,.\, 6\,Ni_3S_4$$

zu, wobei ein kleiner Teil des Kobalts und Nickels durch Eisen ersetzt ist. Die Analyse 13, an einer Erzstufe, der noch etwas Bleiglanz beigemengt war, vorgenommen, führt auf dasselbe Verhältnis, wenn man das Blei auf Bleiglanz rechnet.

Lötrohrverhalten. Linnéit gibt im offenen Rohr SO_2 ab. Auf Kohle ziemlich leicht zu einer Kugel schmelzbar, die sich mit einer schwarzen magnetischen Rinde bedeckt. Das geröstete Pulver gibt in der Boraxperle eine violettblaue Perle, die in der Reduktionsflamme metallisches Nickel ausscheidet und die blaue Kobaltfärbung aufweist.

Löslichkeit. Linnéit ist unter Schwefelabscheidung mit roter Farbe löslich, nach E. F. Smith[1]) in Schwefelmonochlorid bei 170° C. J. Lemberg[2]) hebt den großen Widerstand gegen schwefelsaure Silbersulfatlösung hervor, wobei erst nach längerer Behandlung bei 100° C Blaufärbung eintritt. Mit alkalischer Bromlauge wird ein schwacher dunkler Anflug von Kobalt- und Nickelsuperoxyd erzeugt.

Ätzfiguren erhielten H. Baumhauer[3]) mit rauchender Salpetersäure, F. Becke[4]) mit heißer Salzsäure und wenig Salpetersäure als kleine, dreiseitige Vertiefungen. Mit konzentrierter Kalilauge erzeugte F. Becke dreiseitiige Ätzfiguren parallel den Umrißkanten, welche Lichtbildstrahlen der Ikositetraederzone entsprechen. Die den Oktaederkanten parallelen Molekelreihen leisten somit gegen Alkalien den größten Widerstand. F. Becke glaubt, daß die Metallatome des Linnéits der Hexaederfläche, die Schwefelatome der Dodekaederfläche zugekehrt sind.

Physikalische Eigenschaften.

Die Farbe des Linnéits ist licht stahlgrau, jedoch in größeren Kristallen und derben Massen nach kurzer Zeit gelblich bis kupferrot angelaufen, der Strich schwarzgrau.

Die Härte liegt zwischen 5 und 6.

Die Dichte ist nach den Bestimmungen von A. Eichler, M. Henglein und W. Meigen[5]) 4,85, nach H. Buttgenbach bei einem Oktaeder von 3 cm Kantenlängen von Katanga 4,82, nach J. J. Saslawsky[6]) 4,808—4,816. Letzterer bestimmte die Kontraktionskonstante $C = 0{,}96$ durch Vergleich des Molekularvolums mit der Summe der Atomvolumina der im Linnéit enthaltenen einfachen Körper.

Die Spaltung nach dem Hexaeder ist unvollkommen.

---

[1]) E. F. Smith, Am. Journ. Chem. Soc. **20**, 289 (1898). Ref. Z. Kryst. **32**, 608 (1900).
[2]) J. Lemberg, Z. Dtsch. geol. Ges. **46**, 797 (1894).
[3]) H. Baumhauer, N. JB. Min. etc. 1875, 194.
[4]) F. Becke, Tsch. min. Mit., N. F. **7**, 225, 246 (1886).
[5]) A. Eichler, M. Henglein u. W. Meigen, ZB. Min. etc. 1922, 225.
[6]) J. J. Saslawsky, Z. Kryst. **59**, 204 (1924).

Thermische Konstanten. Nach H. Fizeau[1]) ist der lineare Ausdehnungskoeffizient für 40° C $\alpha = 0{,}000001037$, der Zuwachs für 1° C

$$\frac{\Delta\alpha}{\Delta\Theta} = 0{,}00000000159,$$

Linnéit ist ein guter Leiter der Elektrizität.

Synthese.

H. de Sénarmont[2]) erhielt durch Zersetzung einer Chlorkobaltlösung mit Schwefelkalium bei 160° C die Verbindung Co_3S_4 als schwarzgraues Pulver.

Paragenesis.

Linnéit ist ein typisches Gangmineral und kommt mit Kupferkies, Bleiglanz, Blende, Schwefelkies, Eisenspat und Quarz zusammen auf verschiedenen Gängen des Bergreviers Müsen sowohl derb, als auch in Kristallen von mm- bis cm-Größe vor. Merkwürdig ist hier, daß dort, wo Linnéit auftritt, in den Gängen der Millerit fehlt, während dieser an andern Stellen des Ganges ohne Linnéit in langen, dünnen Nadeln den Bleiglanz durchwächst. Sonstige Fundorte sind in den Revieren Siegen, Hamm und Burbach, auf der Himmelfahrtgrube zu Freiberg, mehrere Kupfergruben in Schweden, sowie in Carroll Co. (Maryland U.S.A.), in Missouri und Luushia in Katanga.

Daubréelith.

Von **C. Doelter** (Wien).

Wahrscheinlich regulär.

Analysen.

	1.	2.	3.
Fe	20,10	20,36	19,42
Cr	35,91	36,38	36,13
S	42,69	43,26	44,45
	98,70	100,00	100,00

1. Mittel aus drei Analysen, aus dem Meteoreisen von Bolson de Mapini (Mexico); anal. F. L. Smith, Am. Journ. **16**, 270 (1878). Ref. Z. Kryst. **3**, 79 (1879).
2. Mittel der Analysen auf 100 berechnet.
3. Theoretische Zusammensetzung nach der Formel: $FeS \,.\, Cr_2S_3$.

Formel. Die erste Analyse führte zu der Zusammensetzung CrS, da das Eisen dem beigemengten Troilit zugeschrieben worden war. Spätere Untersuchungen von F. L. Smith ergaben jedoch die obigen Zahlen. Das Mineral ist mit Troilit vermengt und es muß dieser getrennt werden. Dies gelingt durch Digestion mit starker Salzsäure, welche den Troilit löst, während der Daubréelith nicht angegriffen wird.

Die Zahlen für die angenommene Formel:

$$FeCr_2S_4 = FeS \,.\, Cr_2S_3,$$

stimmen ziemlich gut überein, mit Ausnahme des Schwefelgehalts, welcher zu niedrig gefunden wurde; indessen ist die Abweichung keine sehr große, so daß man die Formel annehmen kann.

Eigenschaften. Anscheinend nach einer Richtung spaltbar. Bruch uneben, sehr spröde. Dichte 5,01. Wenn er vom Troilit befreit und isoliert ist,

[1]) H. Fizeau bei Th. Liebisch, Phys. Kryst. 1891, 92.
[2]) H. de Sénarmont, Ann. chim. phys. **30**, 14 (1850).

bildet er stark metallglänzende, schwarze Schuppen. Unter dem Mikroskop zeigt er nach E. Cohen[1]) im auffallenden Licht einen bläulichen Reflex, ähnlich wie Magneteisen. Der Strich ist schwarz. Von Magneteisen läßt er sich dadurch unterscheiden, daß er nicht magnetisch ist.

Vor dem Lötrohr unschmelzbar, nach dem Erhitzen in der Reduktionsflamme wird das Mineral matt und schwach magnetisch. In Salzsäure unlöslich, dagegen in Salpetersäure oder Königswasser beim Erwärmen löslich ohne Schwefelabscheidung. Flußsäure bleibt wirkungslos, wie Salzsäure.

Synthese. St. Meunier[2]) gelang es, den Daubréelith künstlich darzustellen. Er konnte aus verschiedenen Mischungen: 1. Chrom mit überschüssigem Eisen, 2. Gemenge von Eisenchlorür mit Chromchlorid oder 3. aus gepulvertem Chromeisenstein, durch Einwirkung von Schwefelwasserstoffgas bei Rotglut, ein schwarzes kristallines Pulver erhalten, welches folgende Zusammensetzung hatte:

Fe	19,99
Cr	(35,00)
S	45,01
	100,00

Daneben hatte sich Schwefeleisen gebildet, welches er, wie beim Daubréelith aus Meteoreisen durch konzentrierte heiße Salzsäure trennen konnte.

Vorkommen. Kommt in verschiedenen Meteoreisen vor, so im Tolucaeisen, Cohahuila, Cañon Diablo, Lime Creek, Braunau (siehe bei E. Cohen). Die Menge ist immer gering, F. L. Smith erhielt aus 2800 g Eisen von Toluca nur 6 g. L. H. Borgström[3]) fand ihn auch in Steinmeteoriten von Hvittis, Farbe dunkelviolett. Auch A. Lacroix fand ihn in Meteoriten.

Verbindungen von Arsen, Schwefel mit Eisen, Nickel und Kobalt.

Von **C. Doelter** (Wien).

Wir besprechen jetzt eine Reihe von Verbindungen, bei welchen die Metalle Eisen, Kobalt und Nickel an Arsen und Schwefel gebunden sind, wobei meistens zwei der genannten Metalle zusammen vorkommen, bisweilen alle drei. In den meisten kommt Arsen neben Schwefel vor. Hierher gehören vor allem: Glaukodot (Kobaltarsenkies), dann Alloklas (welcher neben Arsen, auch Wismut enthält), dann Safflorit und vielleicht Rammelsbergit.

Bei den zwei ersten gehört das Eisen, wie auch der Schwefel zur Kondraution des Minerals und es liegt, vorläufig wenigstens, kein Anhaltspunkt vor, diese Mineralien als Gemenge zu betrachten.

Safflorit (Spathiopyrit) wird von manchen Autoren einfach als Kobaltarsenid, dimorph mit Speiskobalt angegeben; dies ist aber nicht richtig, da das Eisen in bedeutender Menge vorhanden ist; allerdings wechselt das Verhältnis

[1]) E. Cohen, Meteoridenkunde 1894, 212.
[2]) St. Meunier, C. R. **112**, 818 (1891).
[3]) L. H. Borgström, Z. Kryst. **41**, 574 (1906).

Ni:Fe in ziemlich weiten Grenzen, kann aber, solange kein Beweis dafür vorliegt, nicht als Verunreinigung erklärt werden, dies um so mehr als die kleine Menge von Schwefel wahrscheinlich infolge von Verunreinigung durch ein Sulfid entstanden ist. Aber eine Erklärung, daß es sich etwa um Markasit oder Magnetkies handeln würde, scheitert daran, daß doch nach Abzug dieser Menge von FeS_2 oder FeS, immer noch viel Eisen übrig bleibt. Die genaueste Analyse dieses Minerals, die von R. Mauzelius (siehe S. 672), enthält mehr Eisen als Kobalt. Die Formel $CoAs_2$, welche z. B. C. Hintze gibt, kann daher nicht als richtig bezeichnet werden.

Zweifelhaft ist dagegen die Stellung des Rammelsbergits. Ein Teil der Analysen enthält beträchtliche Mengen von Eisen; auch Schwefel ist manchmal in merklichen Mengen vorhanden, welcher aber wahrscheinlich doch durch Verunreinigung bzw. durch Beimengung von Sulfiden zu erklären ist. Man hat daher vielfach den Rammelsbergit als Nickel-Kobalt-Arsenid betrachtet, während andere Forscher ihm die allerdings sehr angenäherte Formel $NiAs_2$ geben und ihn als die heteromorphe Form des Chloanthits betrachten. P. Groth und K. Mieleitner stellen ihn zu den Nickel-Eisenarseniden. Bei C. F. Rammelsberg kommt dieser, bekanntlich von J. D. Dana herrührende Name überhaupt nicht vor; er benutzt den alten Namen Weißnickelkies, welcher aber verwirrend wirkt, weil dieser Name auch für Chloanthit gebraucht wird.

Durch die neuen Untersuchungen von T. L. Walker und A. L. Parsons wird die Sache etwas geändert, da sie Rammelsbergite, allerdings gemengt mit vielen anderen Sulfarseniden und Arseniden (siehe S. 676 diese Analysen) fanden, welche nur wenig Eisen enthalten, so daß diese Rammelsbergite (falls es sich wirklich um solche und nicht etwa um Maucherit oder Chloanthit handelt) als ziemlich reine Arsenide zu bezeichnen wären.

Ich habe vorläufig den Rammelsbergit noch unter die Nickel-Eisenarsenide gestellt, mit manchen anderen hierher gehörigen Erzen.

Bei Safflorit, Rammelsbergit usw., müßten neue Methoden ausfindig gemacht werden, um konstatieren zu können, ob es sich um reine Kobalt- bzw. Nickelarsenide handelt. Eine schöne Methode, um solche Arsenide von Fe, Co, Ni von den Sulfiden oder auch Arsenosulfiden, dieser Metalle zu trennen, hat Chase Palmer gegeben, indem er durch Silbersulfat die Arsenide von den Sulfarseniden, die darin nicht löslich sind, trennt. Er hat seine Methode bei Maucherit, Löllingit, Rotnickel und Speiskobalt erprobt. Bei Maucherit ergaben sich sehr günstige Resultate, welche teilweise gestatten, die Formel dieses Minerals zu deuten. Eine weitere Anwendung derselben kann noch von großem Vorteil sein. Sie wäre namentlich bei Safflorit und Rammelsbergit am Platze. Eine Trennung von Eisenarsenid und Nickelarsenid gestattet sie jedoch nicht; hier und namentlich bei den Arseniden im Speiskobalt wäre es von großer Wichtigkeit, die Löslichkeit in verschiedenen Agenzien festzustellen, um zu ersehen, ob die verschiedenen, durch das Mikroskop konstatierten Verbindungen, wie z. B. bei Speiskobalt (wo man die Verbindungen $CoAs_2$, Co_2As_5 und $CoAs_3$ vermutet) voneinander zu trennen. Bereits J. Loczka ist es gelungen, bei Berthierit und anderen Sulfiden, eine Trennung der verschiedenen beigemengten Verbindungen durchzuführen; diese Methoden müßten erweitert werden.

Andrerseits hat die metallographische Untersuchung durch das Metallmikroskop bei vielen Erzen das Resultat ergeben, daß sogar bei Kristallen keine homogene Substanz vorlag, sondern daß mehrere verschiedene Erze vorlagen. So hatte bereits 1874 P. Groth konstatiert, daß in Speiskobaltkristallen Beimengungen vorhanden seien. Die metallographische Untersuchung ist daher von großer Wichtigkeit, namentlich wenn sie noch weiter ausgebaut sein wird. Es müßten aber Hand in Hand mit der reinen mikroskopischen Untersuchung auch chemische Methoden gefunden werden, damit man auch über die chemischen Verschiedenheiten der Substanzen, welche das Metallmikroskop aufdeckt, etwas erfahren könnte. Vielleicht sind hier mikrochemische Versuche am Platze, aber nicht nur in qualitativer Hinsicht, denn bei Speiskobalt vermuten wir ja verschiedene Arsenide des Kobalts, sondern auch quantitative (nach den Methoden von F. Emich). Am besten wurden allerdings Trennungsmethoden durch auflösende Mittel, wie z. B. von Chase Palmer und J. Loczka durchgeführt.

Es ist selbstverständlich, daß auch die Synthesen von größter Wichtigkeit wären; leider hat man aber bei den Erzsynthesen, welche hier in Betracht kommen, kaum deutliche Kristalle erhalten, sondern meistens nur kristalline Pulver, was eben auf die nicht geringen technischen Schwierigkeiten bei der Synthese der Arsenide und ähnlicher Verbindungen zurückzuführen ist.

Kobaltarsenkies (Glaukodot).

Von **C. Doelter** (Wien).

Synonyma: Danait.

Kristallklasse: Rhombisch-dipyramidal.

$a:b:c = 0{,}6732:1:1{,}1871$ (nach F. Becke[1]) Danait).

$a:b:c = 0{,}6942:1:1{,}1925$ (nach W. J. Lewis[2]) Glaukodot).

Diese Mineralien sind wahrscheinlich isomorphe Mischungen von FeAsS und CoAsS, welche Verbindungen dem Arsenkies und dem Glanzkobalt entsprechen. Jedoch ist bisher die reine Verbindung CoAsS im rhombischen Kristallsystem nicht bekannt. Die meisten Mischungen enthalten jedoch melt von der Eisenverbindung, als von der Kobaltverbindung. Man muß aber, trotzdem die rhombische Verbindung CoAsS noch nicht aufgefunden wurde, doch annehmen, daß sie existiert. Versuche, sie künstlich herzustellen, sind bisher nicht ausgeführt worden.

Die Kobaltnickelkiese sind chemisch nicht übereinstimmend, was ja bei Mischkristallen zu erwarten ist. Doch lassen sie sich auf die allgemeine Formel RAsS ziemlich ohne Zwang zurückführen, wenn auch Abweichungen, die unten noch zu erörtern sein werden, vorkommen. Der Hauptunterschied liegt in dem Verhältnis Fe:Co, der schwankend ist.

Wir unterscheiden die Analysen in solche, die wenig Kobalt enthalten, sich also an die kobalthaltigen Arsenkiese anschließen, dann solche mit beträchtlicherem Kobaltgehalt und schließlich solche mit vorwiegendem Kobaltgehalt.

---

[1]) F. Becke, Tsch. min. Mit. 1877, 165 (Beil. z. J. k. k. geol. R.A.).
[2]) W. J. Lewis, Z. Kryst. 1, 67 (1877); 2, 5188 (1878).

Analysen mit geringem Kobaltgehalt (bis 8%).

Es gehören hierher die meisten Analysen.

	1.	2.	3.	4.	5.
Fe	33,12	33,32	30,91	28,77	32,94
Co	3,95	4,09	4,75	6,50	6,45
Ni	—	0,93	—	—	—
As	41,48	42,22	47,45	—	41,44
Sb	—	0,60	—	—	—
S	19,81	18,84	17,48	—	17,84
	98,36	100,00	100,59		98,67

1. Von Chile, ohne weitere Fundortsangabe; anal. J. Domeyko, Miner. Chile 1879, 181.
2. Derb von Graham, Prov. Ontario (Canada); anal. R. A. A. Johnston bei G. Chr. Hoffmann, Ann. Rep. Geol. Surv. Canada **5**, 18 (1892).
3. Aus den Gruben von Skutterud bei Modum (Schweden); anal. F. Wöhler, Pogg. Ann. **43**, 591 (1838); N. JB. Min. etc. 1838, 289.
4. Von ebenda; anal. Th. Scheerer, Pogg. Ann. **42**, 546 (1837). Unvollständige Analyse.
5. Aus feinkörnigem Gneis- mit Kupferkies von Franconia (New. Hampshire), Danait von Hayes; anal. derselbe, Am. Journ. **24**, 386 (1833).

	6.	7.
Fe	30,21	26,50
Co	5,84	7,80
As	44,30	42,80
S	20,25	20,10
	100,60	97,20

6. Von Copiapó (Chile); anal. J. L. Smith bei J. D. Dana, System. Miner. 1868, 79.
7. Von San Simon (Chile); anal. J. Domeyko, Miner. 1879, 180.

Analysen mit mittlerem Kobaltgehalt (über 8%).

Bei den folgenden Analysen ist der Kobaltgehalt 8—9, dieses Verhältnis scheint ein sehr häufiges zu sein.

	8.	9.	10.
Fe	26,54	26,36	26,97
Co	8,31	9,01	8,38
As	47,55	46,76	46,01
S	17,57	17,34	18,06
	99,97	99,47	99,42

8. Von Skutterud bei Modum (Norwegen); anal. Th. Scheerer, Pogg. Ann. **42**, 546 (1837).
9. Von ebenda; anal. wie oben.
10. Von ebenda; anal. wie oben.

Th. Scheerer behauptete, daß bei den Kristallen von Modum der Kobaltgehalt mit der Größe der Kristalle abnehme. Dies würde vielleicht mit der bei isomorphen Mischkristallen gemachten Wahrnehmung übereinstimmen, daß die in der Mitte liegenden Mischungen weniger gut kristallisieren.

Analysen mit hohem Kobaltgehalt (über 10%).

	11.	12.	13.	14.
Fe	19,07	19,34	16,46	16,27
Co	15,00	16,06	16,18	18,64
Ni	0,80	—	2,80	—
As	44,30	44,03	45,74	45,84
S	19,85	19,80	18,67	19,01
SiO_2	0,98	—	—	—
	100,00	99,23	99,85	99,76

11. u. 12. Beide von Håkansboda, mit Kupferkies (Westmannland, Schweden).

11. Anal. F. v. Kobell, Akad. München 1867, Juli; Journ. prakt. Chem. **102**, 409 (1867).

12. Anal. E. Ludwig bei G. Tschermak, Sitzber. Wiener Ak. **55**, 447 (1867).

13. Von Skutterud bei Modum (Norwegen); anal. Renetzki bei C. F. Rammelsberg, Min.-Chem. 1875, 31.

14. Von ebenda; anal. Schulz bei C. F. Rammelsberg, Min.-Chem. ebenda. Bei dieser Analyse übersteigt der Co-Gehalt den des Eisens.

Kobaltreichere neueste Analyse.

	15.	16.
Cu	1,93	—
Fe	21,83	21,39
Co	16,36	17,37
Ni	0,46	0,46
As	38,80	41,22
S	20,35	19,56
	99,73	100,00

15. Von Håkansbo; anal. A. Beutell, ZB. Min. etc. 1911, 412.

16. Dieselbe Analyse nach Abzug des Kupfers und den entsprechenden Meng von Eisen und Schwefel 1,69 und 1,24, welche notwendig sind, um das Kupfer , Kupferkies in Rechnung zu bringen, auf 100 berechnet.

Analysen mit wenig Eisen.

	17.	18.	19.
Fe	11,90	12,45	13,68
Co	24,77	20,23	22,24
Ni	Spur	—	—
As	43,20	39,84	43,79
S	20,21	18,46	20,29
Unlöslich	—	9,38	—
	100,08	100,36	100,00

17. Von Huasco (Chile), gangförmig in Chloritschiefer mit Kobaltglanz, Kobaltblüte, Kupferkies, Malachit, Azurit, Axinit und Quarz; anal. F. Plattner bei A. Breithaupt, Paragenesis 1840, 27; Pogg. Ann. **77**, 128.

18. Von der Standard consolitated Gold Mine, Sumpter (Oregon); anal. W. T. Schaller, Bull. geol. Surv. U.S. **262**, 132; **419**, 244 (1910).

19. Dieselbe Analyse nach Abzug des Rückstandes auf 100% berechnet.

Formel.

Nur wenige dieser Analysen sind früher berechnet worden. C. F. Rammelsberg[1]) berechnete das Verhältnis Co:Fe in einigen Analysen.

Fundort	Analytiker	Co : Fe
Franconia	Hayes	1 : 5,2
Skutterud	F. Wöhler	1 : 7
"	"	1 : 3,3
"	Th. Scheerer	1 : 4,7
"	Schulz	1 : 1
"	Renetzki	1 : 1
Håkansboda	E. Ludwig	1 : 1,25
Huasco, Chile	E. Plattner	1 : 2

Für das Vorkommen von Ontario; anal. G. Chr. Hoffmann, berechnet C. F. Rammelsberg:[2])

$$R:As:S = 1,2:1:1,06.$$

Man kann wohl annehmen, daß das Verhältnis R:As:S nahezu 1 : 1 : 1 ist. Daher die Formel:

$$RAsS.$$

R = Fe, Co in schwankenden Verhältnissen, meistens n FeAsS gegen 1 CoAsS oder aber auch in seltenen Fällen umgekehrt m CoAsS mit 1 FeAsS.

Zur Formelfeststellung des Glaukodots hat A. Beutell[3]) das Atomverhältnis S : As : (Fe + Co) neu berechnet. Aus seiner Tabelle ergibt sich, daß dieses Verhältnis ungefähr 1 : 1 : 1 ist. Die größte Abweichung ergibt drei Einheiten der ersten Dezimale. Was das Atomverhältnis Fe : Co anbelangt, so ist es in vier Glaukodoten von Skutterud nahezu 1 : 1. Dies führt zu der Annahme eines Normalglaukodots $CoFeAs_2S_2$. Nur in einem Vorkommen, dem von Huasco, überwiegt Co, in den anderen findet sich oft beträchtlicher Überschuß von Fe. (Tabelle 2.)

A. Beutell prüft dann eine ähnliche Hypothese, wie sie bei Arsenopyrit aufgestellt wurde, ob es sich um Mischungen eines Normalglaukodots mit FeS_2 oder $FeAs_2$ handelt. Zu diesem Zwecke wurden die Atomzahlen von S und As gleichgemacht und der Überschuß des einen oder anderen als FeS_2 oder $FeAs_2$ abgerechnet. Die Rechnung ergibt, daß der Gehalt an $FeAs_2$ von 2,06—8,24 % steigt, während der Gehalt an FeS_2 zwischen 0,60 % und 4,80 % steigt.

Wenn man die zulässige Fehlerquelle auf eine Einheit der ersten Dezimale festsetzt, so führen von 19 Analysen 13 auf das richtige Verhältnis S : As : Fe + Co = 1 : 1 : 1. Die Analysen, welche größere Abweichungen aufweisen, haben einen Überschuß an Metall. Auch der von A. Beutell analysierte Glaukodot von Håkansbo ist unter diesen; er zeigt das Atomverhältnis

[1]) C. F. Rammelsberg, Min.-Chem. 1875, 31.
[2]) Derselbe, ebenda Erg.-Bd. II, 19 (1895).
[3]) A. Beutell, ZB. Min. etc. 1912, 302.

1,0 : 1,0 : 1,2. Durch Anschleifen konnte er in demselben Einschlusse von Magnetit nachgewiesen werden; wahrscheinlicherweise erklärt sich der Eisen-

Tabelle 1.

	Nach Abzug von S_4Fe_2	As_4Fe_2	(S : As : (Fe + Co)	S : As : (FeCo)
Skutterud . Nr. 8	—	8,24	55 : 55 : 43 + 14	= 1,0 : 1,0 : 1,0
„ . „ 9	—	8,24	54 : 54 : 43 + 15	= 1,0 : 1,0 : 1,1
„ . „ 10	—	5,15	56 : 56 : 46 + 14	= 1,0 : 1,0 : 1,1
„ . „ 3	—	8,24	55 : 55 : 56 + 8	= 1,0 : 1,0 : 1,2
„ . „ 14	—	2,06	59 : 59 : 28 + 32	= 1,0 : 1,0 : 1,0
„ . „ 13	—	3,09	58 : 58 : 28 + 27	= 1,0 : 1,0 : 1,0
Håkansboda „ 12	1,80	—	59 : 59 : 33 + 27	= 1,0 : 1,0 : 1,0
„ „ 11	1,80	—	59 : 59 : 32 + 25	= 1,0 : 1,0 : 1,0
Siegen (Shahlkobalt)	1,80	—	59 : 59 : 49 + 15	= 1,0 : 1,0 : 1,1
„	4,80	—	57 : 57 : 46 + 15	= 1,0 : 1,0 : 1,1
„	—	6,18	52 : 52 : 41 + 14	= 1,0 : 1,0 : 1,1
Franconia . Nr. 5	0,60	—	55 : 55 : 58 + 11	= 1,0 : 1,0 : 1,3
Graham . „ 2	1,80	—	56 : 56 : 58 + 9	= 1,0 : 1,0 : 1,2
Huasco . . „ 17	3,00	—	58 : 58 : 19 + 42	= 1,0 : 1,0 : 1,0
San Simon „ 7	3,60	—	57 : 57 : 44 + 18	= 1,0 : 1,0 : 1,1
Chile . . „ 1	4,20	—	55 : 55 : 56 + 7	= 1,0 : 1,0 : 1,1
Copiapó . „ 6	2,40	—	59 : 59 : 52 + 10	= 1,0 : 1,0 : 1,0
Håkansbo . „ 15	3,00	—	52 : 52 : 33 + 28	= 1,0 : 1,0 : 1,2

überschuß anderer Analysen ebenso. In einer anderen Tabelle werden die Analysen, d. h. die Atomverhältnisse nach Abzug der Gewichtsprozente von FeS_2 und $FeAs_2$ dargestellt, in der zweiten Kolonne die Atomverhältnisse S : As : Fe + Co. (Tabelle 1.)

Man ersieht daraus, daß die Atomzahlen von Fe und Co auch nach Abzug von FeS_2 und $FeAs_2$ sich noch nicht im Verhältnis 1 : 1 befinden, wie es bei Normalglaukodot sein müßte, da ein beträchtlicher Eisenüberschuß zu beobachten ist. Nur drei Analysen der Tabelle 7, 8 und 19 haben das Verhältnis 1 : 1.

A. Beutell macht daher die Hypothese, daß außer Markasit- und Löllingitmolekülen noch Arsenkies beigemengt sein sollte.

Es wurde dann die G. Tschermaksche Hypothese, daß die Glaukodote isomorphe Mischungen von FeAsS und CoAsS seien, geprüft. In der nächsten Tabelle wurden zunächst die Gewichtsprozente S und As, welche zu Fe gehören, in Abzug gebracht. Ist die Hypothese zutreffend, dann muß für 1 Atom Co je 1 Atom As und S übrig bleiben. Das Verhältnis muß sein S : As : Co = 1 : 1 : 1.

Die Berechnung der Analysen auf Grund der G. Tschermakschen Hypothese führt nach A. Beutell zufolge der von ihm gegebenen Tabelle zu dem Resultate, daß (falls wieder, wie früher als zulässige Fehlerquelle eine Einheit der ersten Dezimale angenommen wird), nur vier Analysen, nämlich 6, 7, 8 und 9 seiner Tabelle von 10 übereinstimmen, dies sind die Normalglaukodote; auch bei diesen ist die Übereinstimmung nur sehr angenähert, sie stimmen weniger gut, als bei der Umrechnung nach A. Beutells Hypothese. Daher wäre nach A. Beutell diese Annahme zu verwerfen. (Tabelle 3.)

Tabelle 2. Glaukodot. (Nach A. Beutell).

	S	As	Fe	Co	Summe	Inklusive	S : As : (Fe + Co)
Skutterud	17,57	47,55	26,54	8,31	99,97	—	55 : 63 : 47 + 14 = 1,0 : 1,1 : 1,1
"	13,34	46,76	26,36	9,01	99,47	—	54 : 62 : 47 + 15 = 1,0 : 1,1 : 1,1
"	18,06	46,01	26,97	8,38	99,42	—	56 : 61 : 48 + 14 = 1,0 : 1,1 : 1,1
"	—	—	28,77	6,50	—	—	— — 52 + 11 = — — —
"	17,48	47,45	30,91	4,75	100,59	—	55 : 63 : 55 + 8 = 1,0 : 1,1 : 1,1
"	19,01	45,84	16,27	18,64	99,76	—	59 : 61 : 29 + 32 = 1,0 : 1,0 : 1,0
"	18,67	45,74	16,46	16,18	99,85	2,80 Ni	58 : 61 : 29 + 27 = 1,0 : 1,1 : 1,0
Håkansboda . . .	19,80	44,03	19,34	16,06	99,23	—	62 : 59 : 34 + 27 = 1,0 : 1,0 : 1,0
" . . .	19,85	44,30	19,07	15,00	100,00	0,80 Ni + 0,98 SiO_2	62 : 59 : 34 + 25 = 1,0 : 1,0 : 1,0
Siegen (Stahlkobalt) .	19,98	42,53	25,98	8,67	100,00	2,84 Sb	62 : 59 : 46 + 15 = 1,0 : 1,0 : 1,0
"	20,86	42,94	28,03	8,92	100,75	—	65 : 57 : 50 + 15 = 1,1 : 1,0 : 1,1
"	19,08	43,14	24,99	9,62	100,75	1,04 Sb, 2,36 Cu, 0,52 Gangart	59 : 57 : 45 + 14 = 1,0 : 1,0 : 1,0
Franconia	17,84	41,44	32,94	6,45	98,67	—	56 : 55 : 59 + 11 = 1,0 : 1,0 : 1,3
Graham	18,84	42,22	33,32	4,09	100,00	0,60 Sb, 0,93 Ni	59 : 56 : 59 + 9 = 1,1 : 1,0 : 1,2
Huasco	20,21	43,20	11,90	24,77	100,08	Ni Spur	63 : 58 : 21 + 42 = 1,1 : 1,0 : 1,1
San Simon	20,10	42,80	26,50	7,80	97,20	—	63 : 57 : 47 + 18 = 1,1 : 1,0 : 1,1
Chile	19,81	41,48	33,12	3,95	98,36	—	62 : 55 : 59 + 7 = 1,1 : 1,0 : 1,2
Copiapo	20,25	44,30	30,31	5,84	100,60	—	63 : 59 : 54 + 10 = 1,1 : 1,0 : 1,1
Håkansbo [1])	18,41	38,80	20,14	16,36	100,00	0,46 Ni	57 : 52 : 36 + 28 = 1,1 : 1,0 : 1,2

[1]) Die Zahlen beziehen sich auf Analyse Nr. 15, jedoch ergibt die Summe in Wirklichkeit 94,17. Es dürfte ein Irrtum vorliegen.

Tabelle 3. Umrechnung des Glaukodots auf nSAsFe + SAsCo.

	SAsFe			SAsCo			S : As : Co
	Fe	S	As	Co	S	As	
Skutterud . .	26,54	15,2	35,7	8,31	2,4	11,8	1,0 : 2,3 : 2,0
" . .	26,36	15,0	35,4	9,01	2,3	11,4	1,0 : 2,1 : 2,1
" . .	26,97	15,4	36,2	8,38	2,7	9,8	1,0 : 1,4 : 1,7
" . .	30,91	17,6	41,5	4,75	−0,1	6,0	— : 1,0 : 1,0
" . .	16,27	9,3	21,8	18,64	9,7	24,0	1,0 : 1,0 : 1,0
" . .	16,46	9,4	22,2	16,18	9,3	23,5	1,1 : 1,1 : 1,0
Håkansboda .	19,34	11,0	25,8	16,06	8,8	18,2	1,1 : 1,0 : 1,1
"	19,07	10,8	25,6	15,00	9,0	18,7	1,1 : 1,0 : 1,0
Siegen (Stahlkobalt)	25,98	14,8	35,0	8,67	5,2	7,5	1,6 : 1,0 : 1,5
" . . .	28,03	16,0	37,5	8,92	4,9	5,4	2,1 : 1,0 : 2,1
" . . .	22,90	13,0	30,7	9,62	3,7	12,4	1,0 : 1,4 : 1,3
Franconia .	32,94	18,8	44,3	6,45	−1,0	−2,9	— : — : —
Graham . . .	33,32	19,0	44,7	4,09	−0,2	−2,5	— : — : —
Huasco . . .	11,94	6,8	16,0	24,77	13,4	27,2	1,2 : 1,0 : 1,2
San Simon . .	26,50	15,1	35,5	7,80	5,0	7,3	1,6 : 1,0 : 1,3
Chile	33,12	18,8	44,3	3,95	1,0	−2,8	1,0 : — : 2,0
Copiapó . . .	30,31	17,2	40,6	5,84	3,0	3,7	1,8 : 1,0 : 2,0
Håkansbo . .	20,14	11,4	27,0	16,36	7,0	11,8	1,5 : 1,0 : 1,7

Achsenverhältnisse der Mineralien: Markasit, Glaukodot, Arsenopyrit, Löllingit. A. Beutell[1]) hat die geometrischen Konstanten zusammengestellt.

Mineral	Achse *a*	Differenz	Achse *c*	Differenz
Markasit	0,7662		1,2342	
		0,0720		0,0417
Glaukodot . . .	0,6942		1,1925	
		0,0112		0,0002
Arsenopyrit .	0,6830		1,1923	
		0,0141		0,0404
Löllingit . . .	0,6689		1,2331	

Während die Differenzen in der *c*-Achse ungefähr gleich sind, zeigen die Differenzen in der *a*-Achse größere Verschiedenheit. Die Mischbarkeit des Glaukodots mit Markasit und Löllingit ist ungefähr die gleiche. Im Maximum kommt auf etwa 7 Moleküle Normalglaukodot je ein Molekül Markasit oder Löllingit.

Schließlich kommt A. Beutell zu dem Schlusse, daß die Glaukodote Mischungen des Normalglaukodots sind:

$$FeCoAs_2S_2 \text{ mit } Fe_2S_4, \text{ resp. } Fe_2As_4,$$

welchen sich noch Arsenkies $Fe_2As_2S_2$ zugesellt.

Man muß sagen, daß durch die Arbeiten von A. Beutell die Frage nach der chemischen Zusammensetzung noch nicht geklärt ist. Denn seine schließliche Ansicht, daß im Glaukodot außer dem FeS_2 und dem $FeAs_2$ noch Arsenkies FeAsS beigemengt ist, wäre so kompliziert, daß sie unwahrscheinlich wird.

Daß Arsen und Schwefel sich nicht gegenseitig vertreten, ist wahrscheinlich. Jedenfalls scheint es einen Normalglaukodot $FeCoAs_2S_2$ zu geben, da

[1]) A. Beutell, ZB. Min. etc. 1912, 307.

eine Anzahl Analysen diesen folgen. Wie es mit den anderen bestellt ist, wissen wir nicht. Die Ansicht von G. Tschermak ist jedenfalls wahrscheinlich, jedoch folgen ihr nach A. Beutell nur 4 Analysen. Aber, wie gesagt, auch die Hypothese von A. Beutell befriedigt nicht. Vielleicht ist doch die Ansicht von G. Tschermak richtiger, es liegt eben vielleicht manchen Analysen unreines Material zugrunde, so daß keine der Deutungen als richtig nachgewiesen werden kann, da die Beimengungen das Analysenresultat trüben.

Übrigens dürfte man auch die Erklärung in der Weise versuchen, wie bei Dolomiten, bei welchen auch ein Normaldolomit existiert, welcher mit $CaCO_3$ sich mengt und so Dolomite mit geringerem Magnesiagehalt hervorbringt. Die Mischung könnte bei Glaukodot wohl leicht zu erklären sein, da FeAsS und CoAsS doch isomorph sein dürften. Da eine chalkographische Untersuchung noch nicht vorliegt, so wissen wir auch nicht, in welchem Grade von Reinheit das Analysenmaterial war und inwieweit die Verunreinigung durch Pyrit, vielleicht durch Löllingit vor sich ging. Vorläufig werden wir doch Mischungen von CoAsS und FeAsS annehmen, wobei das Verhältnis 1 : 1 kein seltenes sein dürfte.

Vielleicht bringt eine systematische chalkographische Untersuchung Klarheit, auch der synthetische Weg wäre von großer Wichtigkeit.

Konstitution des Glaukodots nach Versuchen von A. Beutell.[1])

P. Groth[2]) gibt eine Konstitutionsformel des Glaukodots.

```
    S   S
 Fe<     >Co.
    As  As
```

A. Beutell[3]) hat nun versucht, in analoger Weise wie bei Arsenkies (siehe S. 622) die Konstitution des Glaukodots zu erforschen. Es wurde ein Kristall von Håkansbo zur Untersuchung gewählt und die Destillation, wie früher beschrieben, durchgeführt. Es wurde durch 10 Stunden im Kathodenvakuum bei Rotglut erhitzt.

Vor dem Rösten war überdestilliert:

Freier Schwefel	0,44 %
Amorphes Arsen	1,37 %
An Arsen gebundener Schwefel	0,66 %
Metallisches, sowie an Schwefel und Sauerstoff gebundenes Arsen .	4,06 %

Das Destillat vor dem Rösten enthielt mithin 1,10 % Schwefel und 5,43 % Arsen.

In dem bei abwechselndem Rösten und Destillieren im Vakuum gewonnenen Destillat fand sich:

Freier Schwefel	0,91 %
Amorphes Arsen	2,78 %
An Arsen gebundener Schwefel	2,37 %
Metallisches, sowie an Schwefel und Sauerstoff gebundenes Arsen .	15,16 %

[1]) A. Beutell, ZB. Min. etc. 1911, 663.
[2]) P. Groth, Tab. Übers. 1898.
[3]) A. Beutell, ZB. Min. etc. 1912, 413.

Es waren also im Destillat enthalten 3,28% Schwefel und 17,94% Arsen. Im ganzen war somit überdestilliert:

Schwefel	4,38%
Arsen	23,37%

Demnach war hier nicht das ganze Arsen überdestilliert. Sonst ist das Bild der Zersetzung im Kathodenvakuum ähnlich wie beim Arsenkies. Es wiederholt sich, daß nach dem Rösten im hohen Vakuum wieder Schwefel überdestilliert. A. Beutell nimmt auch hier eine teilweise Oxydation an, unter Bildung eines Bisulfides, welches dann im Vakuum in Monosulfid und Schwefel zerfällt. Auch der Glaukodot war schon etwas oxydiert, da bereits ohne Rösten Schwefel überdestillierte. Dies geht auch aus der Analyse hervor. Dividiert man die Prozente durch die Atomgewichte, so ergibt sich, daß 0,58 Atome S, 0,52 Atome As, 0,65 Atome Fe + Co + Ni entsprechen.

Nach der Formel müßten diese Zahlen S : As : Fe + Co + Ni = 1 : 1 : 1 ergeben.

In Wirklichkeit enthält der Glaukodot einen bedeutenden Überschuß von Metall, weil ein Teil des Arsens und des Schwefels durch Oxydation und darauffolgende Auflösung in Wasser verloren gegangen ist.

A. Beutell diskutiert wie bei Arsenkies die Formeln des Glaukodots von P. Groth, dann von F. W. Starke, H. L. Shock und E. F. Smith[1] und schließt die zweite Formel aus, weil sie die leichte Bildung eines Bisulfids nicht zulassen würde. Auch müßten die beiden Arsenatome ein verschiedenes Verhalten beim Destillieren zeigen. Die an Eisen gebundenen Atome müßten durch Destillieren leicht auszutreiben sein, dagegen die an das edlere Kobalt geketteten Arsenatome schwerer. Es würde daher die Hälfte des Arsens ebenso schnell destillieren wie beim Arsenkies. Die Untersuchung ergab jedoch, daß bei letzterem in 2 Stdn. 39% des Arsens destillierten, beim Glaukodot jedoch in 10 Stdn. nur 14%. Er schließt daraus, daß die beiden Arsenatome in gleicher Weise im Glaukodot gebunden sind. Auch nach der ersten Formel gelangt man zu zwei verschieden gebundenen Arsenatomen.

Das Kobaltatom muß mit den beiden Arsenatomen verbunden sein, nicht mit den Schwefelatomen, daher erhält man folgende Konstitutionsformel für einen Normalglaukodot $FeCoAs_2S_2$:

```
    S ── As
   /      |\
Fe        | Co .
   \      |/
    S ── As
```

Physikalische Eigenschaften.

Spaltbar nach der Basis deutlich, dagegen weniger gut nach (110), darin vom Arsenkies abweichend. Spröder, unebener Bruch; Härte 5; Dichte 5,96 bis 6,6.

Kobaltarsenkies ist undurchsichtig, metallglänzend; die Farbe ist gräulichweiß bis rötlichweiß oder silberweiß. Strich schwarz.

---

[1]) F. W. Starke, H. L. Shock u. E. F. Smith, Am. Journ. Chem. Soc. **19**, 948 (1897)

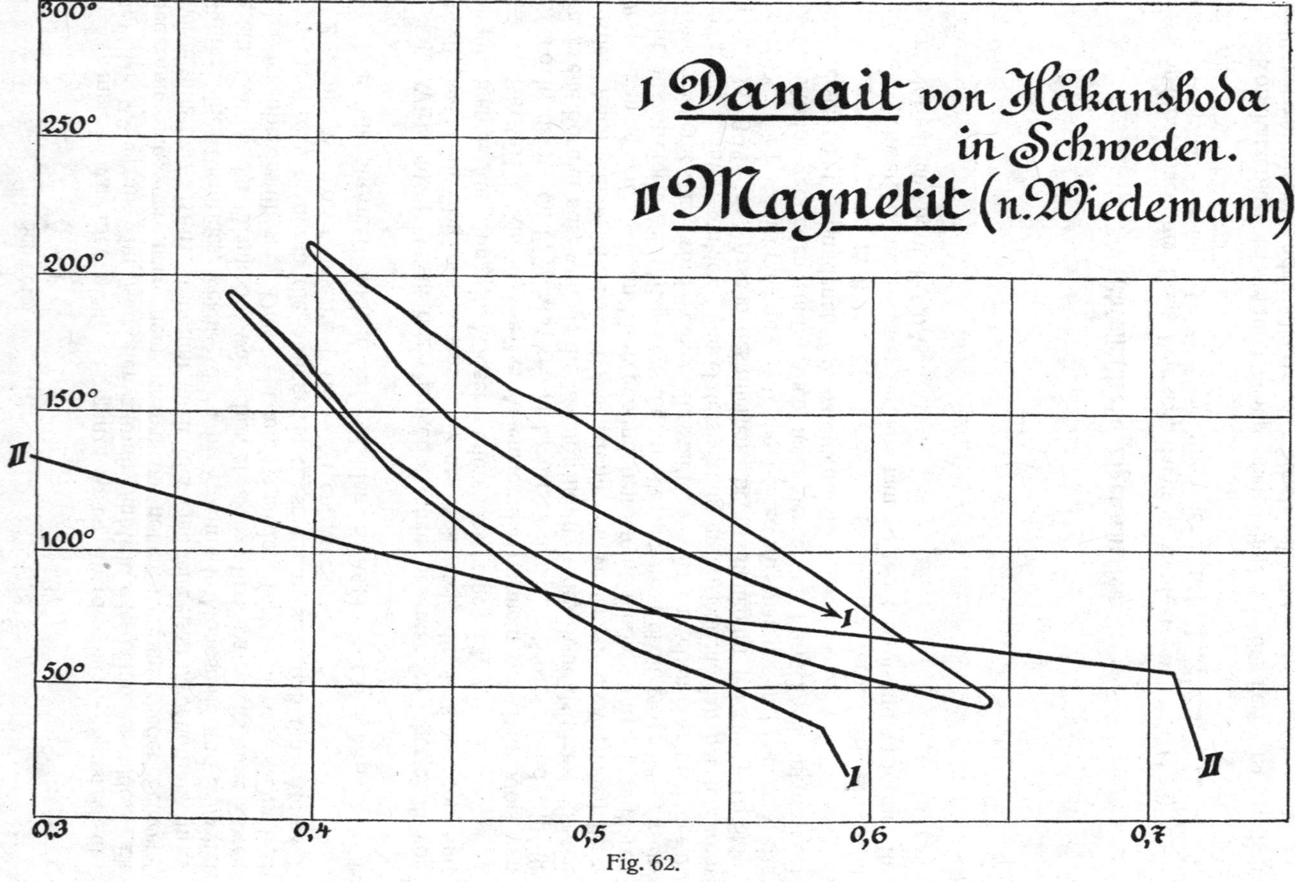
I Danait von Håkansboda
in Schweden.
II Magnetit (n. Wiedemann)
300°
250°
200°
150°
100°
50°
0,3
0,4
0,5
0,6
0,7
I
II

Fig. 62.

Kobaltarsenkies ist guter Leiter der Elektrizität nach F. Beijerinck.[1]) Er zeigt nach ihm metallische Leitung und es sinkt der Widerstand mit der Temperatur, die Kurven wurden von 17—215° verfolgt. Die zwei Kurven sind fast parallel. F. Beijerinck vermutet einen Polarisationsstrom. Die eine Vergleichskurve bezieht sich auf Magnetit, sie ist nahezu parallel der des Danaits. Es ist die Abnahme des Widerstandes mit steigender Temperatur eine regelmäßige, wenn auch nicht ganz geradlinige. (Siehe Fig. 62. Vergl. aber bei Magnetit.)

Die von E. S. Dana und A. Schrauf[2]) untersuchte Thermoelektrizität im Kontakt mit Kupfer ist bei verschiedenen Vorkommen verschieden, so bei dem vor Modum (siehe Analyse Nr. 11) negativ, bei jenem von Franconia, dem eigentlichen Danait, dagegen positiv. Bei großen Kristallen von Håkansboda wurde sogar im Kern positive Elektrizität beobachtet, während die Rinde sich positiv verhielt.

Chemische Eigenschaften.

Vor dem Lötrohr ist das Verhalten wie das des Kobaltglanzes; wie dort erhält man auf Kohle eine Kugel, welche schwach magnetisch ist und eine rauhe schwarze Oberfläche hat und im Bruch Metallglanz und helle Bronzefarbe zeigt. Behandelt man diese Kugel mit Borax in der Reduktionsflamme, bis sich eine metallglänzende Oberfläche einstellt, so erhält man zunächst nur die Eisenreaktion. Um die blaue Kobaltfarbe zu erhalten, muß man Borax hinzufügen und in der Oxydationsflamme erhitzen.

Die Dissoziation des Glaukodots ist experimentell nicht so wie bei Pyrit untersucht, doch bemerkt L. H. Borgström[3]) daß wie bei Arsenkies und Pyrit auch bei Glaukodot die Dissoziationstemperatur wahrscheinlich bei einem Druck von 60 Atm. über 800—1000° liegen dürfte, was die Erklärung dafür abgibt, daß er primär sich aus Tiefengesteinen abscheiden kann.

In Salpetersäure zersetzbar. J. Lemberg[4]) behandelte ebenso wie Glanzkobalt auch den Glaukodot mit Silberlösung (mit Schwefelsäure versetzte Silbersulfatlösung). Beim Erhitzen auf 60° wurde der Glaukodot rasch blau. Bromlauge färbt ihn, wie Arsenkies in einer Minute hellbraun. Nach längerer Einwirkung wird die Farbe immer dunkler und nach etwa 10 Minuten ist der Schliff von einem dunkelbraunen Gemenge von Eisenoxyd und Kobaltsuperoxyd bedeckt. Die weitere Prüfung mit Ferricyanwasserstoff ist unsicher. Durch die mikrochemische Untersuchung konnte J. Lemberg nachweisen, daß ein Kristall von Håkansboda einen Lampriteinschluß beherbergte, der durch Silberlösung und Bromlauge nur wenig verändert wurde. Es ist dies wichtig für die Bewertung der Analysenresultate.

Vorkommen. Glaukodot kommt meistens mit anderen Kobalterzen, insbesondere Kobaltglanz vor, oft sogar mit letzterem verwachsen. Von anderen Erzen sind namentlich Kupferkies, auch Magnetkies, Bleiglanz zu nennen; der Stahlkobalt kommt mit Eisenspat vor. Von Nichterzen ist auch zu nennen: Quarz.

Bezüglich der Genesis sei auf Kobaltglanz und auf Speiskobalt verwiesen; bei einigen Vorkommen, wie jenem von Auerbach, scheint ein Kontakt-

---

[1]) F. Beijerinck, N. JB. Min. etc. Beil.-Bd. **11**, 437 (1897).
[2]) E. S. Dana u. A. Schrauf, Sitzber. Wiener Ak. **69**, 152 (1874).
[3]) L. H. Borgström, Öfers. Finska Vetensk. Loe. Förh. **59**, N. 16 (1916/17). N. JB. Min. etc. 1923, I, 7.
[4]) F. Lemberg, Z. Dtsch. geol. Ges. **46**, 796 (1896).

produkt vorzuliegen. Die Begleitung von Axinit (Huasco) könnte auch auf Pneumatolyse deuten.

Das Vorkommen von Kobaltblüte, welches oft bei den Glaukodoten beobachtet wird, dürfte als Zersetzungsprodukt von diesem Mineral durch Oxydation und Wasseraufnahme gedeutet werden.

Stahlkobalt (Ferrokobaltit).

Synonym: Ferrokobaltin, faseriger Speiskobalt.

Das so benannte Mineral wird von einigen Autoren zum Glanzkobalt, von anderen zum Glaukodot gestellt; wegen der Verschiedenheit der Ansichten ist es zweckmäßig, dasselbe selbständig zu betrachten. P. Groth und C. Hintze stellten ihn zu Glaukodot, dagegen C. F. Rammelsberg, E. S. Dana sowie A. Des Cloizeaux zu Glanzkobalt.

Analysen.

	1.	2.	3.
δ	5,83	—	—
Cu	—	—	2,36
Fe	25,98	28,03	24,99
Co	8,67	8,92	9,62
As	42,53	42,94	43,14
Sb	2,84	—	1,04
S	19,98	20,86	19,08
Gangart	—	—	0,52*)
	100,00	100,75	100,23

*) Die Gangart ist in der Summe nicht enthalten.

1. Mit Eisenspat und Quarz durchsetzte Massen von sog. faserigem Speiskobalt, von der Grube „Grüner Löwe“, Revier Siegen; anal. C. Schnabel bei C. F. Rammelsberg, Min.-Chem. 1875, 43.

2. Derb, Farbe grau mit violettem Stich, von der Grube Hamberg, Revier Siegen; anal. wie oben. (Auch Verh. nat. Ver. Rheinland Bonn 1850, 159).

3. Von ebenda; anal. Ebbinghaus bei C. F. Rammelsberg, wie oben.

Formel. C. F. Rammelsberg[1]) berechnete für diese Analysen:

1. Co : Fe = 1 : 3 Sb : As = 1 : 23,6,
2. Co : Fe = 1 : 3,3
3. Co : Fe = 1 : 3 Sb : As = 1 : 64.

Die Formel ist:

$$\begin{matrix} n\,FeAsS\,, \\ CoAsS\,, \end{matrix}$$

mit vorwiegendem FeAsS.

Das Kupfer dürfte durch Beimengung zu erklären sein.

Eigenschaften. Die Dichte beträgt nach C. Schnabel 5,83, weicht also von der des Kobaltglanzes ab und ist auch geringer als die des Glaukodots. Sonst verhält es sich chemisch wie Glanzkobalt oder Kobaltarsenkies, nur daß die Eisenreaktion deutlicher hervortritt. Die Farbe ist stahlgrau (daher der Name Stahlkobalt), zeigt aber einen violettfarbenen Stich, grauschwarz anlaufend, bildet kristallinisch-blätterige Massen. Vorkommen mit Spateisen und Quarz.

---

[1]) C. F. Rammelsberg, Min.-Chem. 1875, 43.

Safflorit.

Von **M. Henglein** (Karlsruhe).

Synonyma: Spathiopyrit, Eisenkobaltkies, Arsenkobalteisen, Arsenikkobalt, grauer Speiskobalt, Eisenspeiskobalt, Quirlkies, Schlackenkobalt, einfach Arsenik-Kobalt.

Kristallklasse: Rhombisch-dipyramidal;

$a:b:c = 0{,}5685:1:1{,}118$ nach H. Sjögren,[1])

$= 0{,}5910:1:1{,}149$ nach G. Flink.[2])

Safflorit gehört der Markasitgruppe an; Zwillinge nach (110) und (101).

Analysen.

	1.	2.	3.	4.	5.	6.
δ	—	6,950	6,84	7,131	6,915	—
Cu	1,39	Spur	1,90	—	1,78	4,22
Fe	11,71	18,48(?)	11,60	4,94	4,63	16,47
Ni	1,79	—	—	—	1,58	—
Co	13,95	9,44(?)	21,21	23,44	22,11	14,97
As	70,37	71,08	66,02	69,46	69,53	61,46
Bi	0,01	1,00	0,04	—	0,33	—
S	0,66	Spur	0,49	0,90	0,32	2,37
	99,88	100,00	101,26	98,74	100,28	99,49

1.—3. Von den Gruben bei Schneeberg mit Nickelin, Speiskobalt, Pyrit, Wismut und Hypochlorit; anal. 1. (von Grube Sauschwart, derb) von E. Hoffmann, Pogg. Ann. **25**, 493 (1832); 2. anal. F. v. Kobell, Grundz. Min. 1838, 300; 3. (kugelige, faserige, stahlgraue Masse) anal. Jäckel bei G. Rose, Krist.-chem. Min.-syst. 1852, 53. — Bei 2. nach L. W. Mc Cay wahrscheinlich eine Verwechslung von Co und Fe vorliegend; Eisenkobaltkies.

4. Von Södermanland bei Tunaberg, derb in Kalkspat- und Kupferkiesgemenge mit Glanzkobaltkristallen; anal. Varrentrapp, Pogg. Ann. **48**, 505 (1839).

5. Von Grube Dreikönigstern, Reinerzau bei Wittichen (Schwarzwald); anal. Th. Petersen bei F. Sandberger, N. JB. Min. etc. 1868, 410.

6. Von Bieber bei Hanau (Prov. Hessen) auf Speiskobalt; anal. A. v. Gerichten bei F. Sandberger, Ber. Ak. München 1873, 138. — Spathiopyrit.

	7.	8.	9a.	9b.	10.
δ	7,260	7,28	7,167	7,167	7,410
Cu	0,26	0,69	0,62	0,62	0,33
Fe	14,56	11,95	9,40	9,51	15,28
Ni	1,90	—	—	—	0,20
Co	13,29	17,06	18,36	18,58	12,99
As	69,12	69,34	69,52	70,36	71,13
Bi	—	—	Spur	Spur	—
S	1,32	0,51	0,90	0,90	0,68
Unlöslich	—	—	1,30	—	—
	100,45	99,55	100,10	99,97	100,61

[1]) H. Sjögren, Bull. geol. Inst. Upsala **2**, 95 (1894).

[2]) G. Flink, Arkiv för Kemi, Min. **3**, 1, Nr. 11 (1908). Ref. Z. Kryst. **48**, 533 (1911).

7. Von Bieber (Prov. Hessen), radialfaserige Kugeln, in rundliche Täfelchen auslaufend; anal. L. W. Mc Cay, Diss. 1883, 21. Ref. Z. Kryst. **9**, 607 (1884).

8. Von Wolfgang Maasen bei Schneeberg, kugelig, im Bruch radialfaserig; anal. Derselbe, ebenda.

9a. u. b. Von Schneeberg; anal. mit 0,5 g Derselbe, Am. Journ. **28**, 342 (1885). Ref. Z. Kryst. **11**, 297 (1886). — b) berechnet. — Schlackenkobalt.

10. Von der Kogrube zu Nordmarken (Wermland) mit Magnetit, Zinkblende, Tremolit; anal. R. Mauzelius bei H. Sjögren, Bull. Geol. Inst. Upsala **2**, 96 (1894).

Formel. Aus Analyse 3 berechnet C. F. Rammelsberg:[1])

$$RS_2 . 40 R_2As_3, \quad Co:Fe = 3:2,$$

aus der F. v. Kobellschen Analyse 2:

$$2 FeAs_2 . CoAs_2,$$

aus der Analyse E. Hofmann (1):

$$RS_2 . xRAs_2; \quad x = 48; \quad 8Co:8Fe:Ni,$$

in 5 ist $x = 90$; $15Co:3Fe:Cu$,
in 4 ist $x = 31$; $9Co:2Fe$.

Nach L. W. Mc Cay[2]) ergibt sich aus Analyse 9 die Formel:

$$x(RS_2) + X(RAs_2), \quad R = Co, Fe, Cu.$$

Für Analyse 11, die infolge des hohen Bi-Gehaltes auffällt, wäre die Formel:

$$(Co, Ni, Fe)(As, Bi)_2.$$

Doch ist der Bi-Gehalt sehr wahrscheinlich auf Verunreinigungen zurückzuführen.

Ebenso dürften in den meisten Analysen Beimengungen enthalten sein, so daß ein Sulfid, wo Schwefel enthalten ist, mindestens in Abzug zu bringen ist. Der Eisengehalt ist allerdings beträchtlich, so daß isomorphe Mischungen von $CoAs_2$ und $FeAs_2$ vorliegen. Die Formel des Safflorits kann also geschrieben werden:

$$(Co, Fe)As_2.$$

Immerhin ist es möglich, daß ähnliche Verhältnisse wie bei Glaukodot vorliegen.

Der Verbindung $CoAs_2$, welcher nur die Analysen 4 und 5 nahekommen, würden entsprechen: 28,12 Co und 71,88 As.

Chemische und physikalische Eigenschaften.

Lötrohrverhalten und Löslichkeit. Safflorit gibt im geschlossenen Rohr ein Sublimat von metallischem Arsen, im offenen Rohr bei vorsichtigem Erhitzen ein Sublimat von arseniger Säure, bisweilen schweflige Säure. Auf Kohle schmilzt er unter Arsenabgabe zur grauschwarzen, magnetischen Kugel, die spröde ist. In den Perlen die Kobaltreaktion.

Safflorit löst sich unter Abscheidung von arseniger Säure in Salpetersäure; die Farbe der Lösung ist rot.

---

[1]) C. F. Rammelsberg, Mineralchem. 1875, 36.
[2]) L. W. Mc Cay, Am. Journ. **28**, 369, 386 (1885).

Die Dichte unterliegt ziemlichen Schwankungen. L. W. Mc Cay[1]) fand 6,83—6,86, nach Kochen in Wasser 7,167 bei 25,5° C. A. Breithaupt[2]) gibt 7,123—7,129 an.

Die Härte ist 4,5—5.

Eine gute Spaltbarkeit ist nach (010). Der Bruch ist uneben, spröde. Safflorit ist nach F. Beijerinck[3]) ein guter Leiter der Elektrizität.

Die Farbe ist zinnweiß bis stahlgrau, dunkelgrau anlaufend. Der Strich ist graulichschwarz.

Vorkommen und Paragenesis.

Safflorit ist ein typisches Gangmineral und findet sich mit anderen Kobalt- und Nickelmineralien auf den Gängen bei Schneeberg (Sachsen) und Bieber bei Hanau, bei Wittichen mit Speiskobalt und Wismut, bei Tunaberg im Kalkspat-Kupferkiesgemenge mit Kobaltglanz, auf der Kogrube in Wermland mit Tremolit, Magnetit und Zinkblende im dolomitischen Kalkstein.

Badenit.

Von **C. Doelter** (Wien).

Struktur faserig oder körnig, Kristallklasse unbekannt.

Analyse.

Fe	5,98
Co	20,56
Ni	7,39
As	61,54
Bi	4,76
S	0,27
	100,50

Der Badenit stammt von Badeni-Ungureni, Distrikt Muscel (Rumänien); anal. P. Poni.[4])

$$(As + Bi + S) : Co + Ni + Fe = 1,47 : 4,$$

daher die Formel $(Co, Ni, Fe)_2(As, Bi)_3$ oder $(Co, Ni, Fe)_3(As, Bi)_4$.

Das Mineral steht dem Linneit darin nahe, daß die Formel ungefähr R_3S_4 ist. P. Groth[5]) unterscheidet eine eigene Gruppe R_2S_3, zu welcher er Horbachit und Badenit rechnet. Ein Isomorphismus zwischen beiden ist wohl ausgeschlossen, da Schwefel und Arsen sich nicht vertreten. Badenit wird von manchen als Varietät des Safflorits betrachtet.

Eigenschaften. Metallglänzend, stahlgrau, wird an der Luft matt. In Salpetersäure leicht zersetzbar, Mit Borax blaue Kobaltfärbung.

Vor dem Lötrohr gibt er Arsendämpfe und schmilzt zu magnetischem Korn. Im offenen Glasrohr Sublimat von As_2O_3.

Dichte bei 20° C 7,104.

---

1) L. W. Mc Cay, Am. Journ. **28**, 369 (1885). Ref. Z. Kryst. **11**, 296 (1886).
2) A. Breithaupt, Journ. prakt. Chem. **4**, 265 (1835).
3) F. Beijerinck, N. JB. Min etc. Beil.-Bd. **11**, 436 (1897—98).
4) P. Poni, Ann. scient. Univ. Jassy 1900, I, 15. Ref. Z. Kryst. **36**, 199 (1902).
5) P. Groth u. K. Mieleitner, Tab. 1921.

Alloklas.

Rhombisch. $a:b:c = 0,75:1:1,36$ (nach G. Tschermak).

Analysen.

	1.	2.	3.	4.	5.	6.	7.
Zn . .	2,41	—	—	—	—	—	—
Cu . .	—	0,20	0,45	0,28	0,16	0,16	0,22
Au . .	0,68	1,24	1,10	1,10	1,20	1,10	1,70
Fe . .	5,58	3,50	3,66	3,80	3,36	3,24	2,66
Co . .	10,17	20,80	24,20	22,25	23,00	21,43	19,90
Ni . .	1,55	—	—	—	—	—	—
As . .	32,69	32,64	27,86	28,10	30,11	32,23	27,74
Bi . .	30,15	25,67	28,33	(28,87)	22,68	23,80	32,27
S . .	16,22	17,99	16,05	15,60	17,88	18,14	15,80
	99,45	102,04	101,65	100,00	98,39	100,10	100,29

1. Von der Elisabethgrube bei Oravicza (Banat), mit Arsenkies in Kalkspat eingewachsen; anal. Hein bei G. Tschermak, Sitzber. Wiener Ak. **53**, 220 (1866).

2.—7. Die übrigen Analysen von ebenda; anal. A. Frenzel, Tsch. min. Mit. **5**, 181 (1883).

Die Analyse 1 zeigt das Verhältnis:

$$Zn:Fe:Co,Ni:As:Bi:S = 1:2,7:5,4:15,8:13,7.$$

Bringt man das Gold, welches jedenfalls nicht zur Zusammensetzung des Minerals gehört, in Abzug, da es beim Auflösen desselben in Salpetersäure in Form von goldgelben Blättchen verschiedener Größe zurückbleibt, so erhält man folgende Zahlen:

	2.	3.	4.	5.	6.	7.
Cu	0,20	0,45	0,28	0,16	0,16	0,22
Fe	3,54	3,70	3,84	3,40	3,28	2,71
Co	21,06	24,46	22,50	23,29	21,66	20,25
As	33,04	28,17	28,41	30,48	32,59	28,22
Bi	25,99	28,65	29,19	22,96	24,07	32,83
S	18,21	16,22	15,78	18,10	18,34	16,06
	102,04	101,65	100,00	98,39	100,10	100,29

Hieraus berechnen sich folgende Verhältnisse:

	(Co, Fe) : (As, Bi) : S
2.	1 : 1,33 : 1,34,
3.	1 : 1,05 : 1,04,
4.	1 : 1,14 : 1,08,
5.	1 : 1,13 : 1,23,
6.	1 : 1,28 : 1,34,
7.	1 : 1,35 : 1,27.

Formel.

Bei der Analyse 1 erhielt C. F. Rammelsberg:[1])

$$R:As,Bi:S = 1:1,75:1,5.$$

[1]) C. F. Rammelsberg, Min.-Chem. 1875, 33.

Aus der Analyse von Hein ergibt sich:

$$R_4(As, Bi)_7S_6.$$

Nach G. Tschermak wäre das Erz von demselben Fundort, welches A. v. Huberdt und A. Patera untersuchten, dasselbe gewesen, demnach kein Glaukodot (siehe bei Glaukodot).

Die Analysen von A. Frenzel führen nicht ganz zu der Formel:

$$(Co, Fe)(As, Bi)S.$$

Die Analysen weichen allerdings untereinander nicht gerade wenig ab. Nimmt man das Mittel aller sechs Analysen, so erhält man

$$(Co, Fe) : (As, Bi) : S = 1 : 1{,}21 : 1{,}21,$$

$$(Co, Fe)_{10}(As, Bi)_{12}S_{12} \text{ oder nahezu } (Co, Fe)_5(As, Bi)_6S_6.$$

Nach den Frenzelschen Analysen ist dies die richtige Formel.

V. v. Zepharovich[1]) stellte die Formel: $(Co, Fe)_6(As, Bi)_{10}S_9$ auf. P. Groth[2]) gibt die Formel: $(Co, Fe)(As, Bi)S$.

Diese ist eine oft angenommene Formel. C. F. Rammelsberg hatte behauptet, es läge ein Gemenge vor, was aber unrichtig ist.

Eigenschaften des Alloklas. Spaltbar, deutlich nach (001) und vollkommen nach (110). Der Name rührt davon her, daß er eine andere Spaltbarkeit wie Arsenkies hat. (G. Tschermak.) Härte 4—5. Die Dichte wird von G. Tschermak mit 6,65, von A. Frenzel mit 6,23—6,50 angegeben. Es ist nicht aufgeklärt, woher diese Unterschiede stammen.

Vor dem Lötrohr gibt Alloklas einen Wismutbeschlag unter Entwicklung von Dämpfen von arseniger Säure, schließlich schmilzt er zu einer grauen Kugel. Im Kölbchen sublimiert arsenige Säure.

Wird von Salpetersäure zersetzt, wobei eine rote Lösung entsteht, diese gibt mit Wasser einen weißen Niederschlag von Wismutoxyd.

Vorkommen. Kommt mit Arsenkies, mit Wismut- und Kobalterzen, mit Kupferkies und gediegen Gold vor.

Rammelsbergit.

Synonyma: Weißnickelkies, Arsennickelkies, z. T. weißer Kupfernickel.

Rhombisch $a:b:c = 0{,}537:1:?$ (nach A. Breithaupt).

Analysen.

A. Mit wenig Kobalt und Eisen.

	1.	2.	3.	4.
Cu	0,50	Spur	—	—
Fe	—	2,06	Spur	1,40
Co	—	Spur	0,64	—
Ni	28,14	26,65	27,76	35,10
As	71,30	68,30	66,33	56,40
Bi	2,19	2,66	5,11	—
S	0,14	Spur	0,16	2,30
Bergart	—	—	—	4,70
	102,27	99,67	100,00	99,90

[1]) V. v. Zepharovich, nach A. Frenzel l. c.
[2]) P. Groth, Tab. Übers. 1898, 94.

1. Von Schneeberg (Sachsen), mit anderen Nickelerzen, auf Quarz oder Hornstein; anal. E. Hoffmann, Pogg. Ann. **25**, 492 (1832).

2. Von ebenda, von der Grube Fürstenvertrag; anal. A. Hilger bei Fr. Sandberger, Sitzber. Münchener Ak. 1971, 202.

3. Von ebenda; anal. Mac Cay, Inaug.-Diss. 1903, 8; Z. Kryst. **9**, 606 (1884).

4. Von Portozuelo del Carrizo bei Morado, Prov. Huasco (Chile), anal. J. Domeyko, Miner. 1879, 186.

B. Analysen mit merklichem Gehalt an Co und Fe.

	5.	6.	7.
Zn	—	2,42	—
Fe	13,49	4,70	1,40
Co	5,10	8,09	3,93
Ni	13,37	12,25	26,75
As	60,41	72,91	65,02
S	5,20	0,14	2,90
	99,57	100,51	100,00

5. Vielleicht von Lölling-Hüttenberg oder angeblich von Schladming in Steiermark; anal. E. Hoffmann, wie Analyse 1.

6. Von Ayer bei Grand Praz (Wallis); kristallinische Massen (aus Dolomit); anal. C. F. Rammelsberg, Z. Dtsch. geol. Ges. **25**, 282 (1873).

7. Von Annivierstal (Wallis); anal. P. Berthier, Ann. Mines **11**, 504. Wird auch als Chloanthit bezeichnet.

Neue Analysen von Rammelsbergit.

	8.	9.	10.	11.
δ	6,999	—	—	—
Fe	0,66	0,44	0,66	0,78
Co	2,61	2,24	2,70	2,93
Ni	26,47	27,19	26,21	25,73
As	66,12	68,03	66,60	65,90
Sb	0,60	0,43	0,85	0,96
S	2,45	2,24	2,97	3,33
SiO_2	0,25	—	0,21	0,32
	99,16	100,57	100,20	99,95

8.—11. Von der Silver Bar Mine, Cobalt, Ontario (Canada), mit Nickelin und Speiskobalt; anal. T. L. Walker und A. L. Parsons, Contr. to Canada Miner. 1921. Univ. Toronto Stud. Geol. Ser. 1921, Nr. 12, 27.[1])

Die Analysen wurden berechnet und ergaben folgende Resultate:

	10.	8.
FeAsS (Arsenopyrit)	1,95	1,96
CoAsS (Kobaltglanz)	7,29	7,35
NiSbS (Ullmannit)	1,00	1,25
NiAsS (Gersdorffit)	2,65	5,12
$NiAs_2$ (Rammelsbergit)	79,8	81,7
NiAs (Nickelin)	0,38	2,81
SiO_2 (Quarz)	0,25	—

Es liegt also ein Gemenge von vorherrschendem Rammelsbergit mit Kobaltglanz und geringen Mengen von Ullmannit, Arsenopyrit, Gersdorffit und Nickelin vor.

[1]) Nach Ref. N. JB. Min. etc. 1925, II, A, 64.

Vergleicht man diese Analysen mit den oben angeführten älteren, so sind diese sehr ähnliche, nur der Eisengehalt ist bei den neueren etwas geringer. Es ist zu vermuten, daß auch diese älteren Analysen nicht an ganz reinem Material ausgeführt wurden. Eine weitere Analyse ist folgende:

	12.
Cu	0,16
Fe	0,56
Co	1,94
Ni	27,08
As	65,78
Sb	0,91
S	3,05
	99,48

12. Von der Hudson Bay Mine, rundliche Massen, grobdendritische Aggregate, ähnlich dem Schneeberger Vorkommen; zusammen mit Gersdorffit und Kobaltglanz. Dichte 7,02; anal. wie oben.

Vielleicht gehört hierher die folgende Analyse:

Fe	19,48
Co	1,72
Ni	11,09
As	66,84
S	0,56
	99,69

Kommt in kugeligen Knollen mit zinnweißen, bläulich anlaufenden Fasern in Begleitung von Arsen und Arsenopyrit von Markirch (Elsaß) auf den dortigen Erzgängen vor; anal. L. Dürr, Mitt. geol. L.A. Elsaß-Lothr. **6**, 183. Ref. Z. Kryst. **47**, 307 (1910).

L. Dürr berechnet aus seiner Analyse die Formel:

$$Fe_{11}Ni_6CoAs_{31} \quad \text{oder} \quad R_{18}As_{31}.$$

L. Dürr hebt die Ähnlichkeit mit dem Chatamit hervor (siehe bei Speiskobalt). Es dürfte aber hier kaum ein homogenes Mineral vorliegen, was auch bei Chatamit der Fall sein dürfte. Wahrscheinlich sind Arsen und Arsenopyrit beigemengt; es wäre jedoch verfehlt, den Eisengehalt letzterem allein zuzuschreiben, da der Schwefelgehalt dazu viel zu gering ist; hier dürfte man an eine Beimengung von $FeAs_2$, also an Löllingit, denken. Immerhin ist es aber nicht ausgeschlossen, daß ein Teil des Eisens zur Konstitution des Minerals gehört und eine eisenhaltige Verbindung vorliegt. Da das Mineral als Weißnickelkies bezeichnet ist, so wurde es hier behandelt, obgleich auch die Möglichkeit vorliegt, daß es wie Chatamit bei Chloanthit zu behandeln ist.

Formel. C. F. Rammelsberg[1]) vereinigte unter dem Namen Weißnickelkies eine Reihe Ni, As, S und auch Fe-haltiger Erze.

Für das Vorkommen von Grand Praz berechnet er:

$$Ni:Co:Fe = 1,7:1:1.$$

Die Analyse von A. Hilger ergibt Ni:Fe = 123:1.

---

[1]) C. F. Rammelsberg, Min.-Chem. Erg.-Heft II, 29 (1898).

Eine Analyse von P. Berthier von demselben Vorkommen vom Annivierstal (Gand Praz) ergäbe Ni : Co : Fe = 18 : 2,7 : 1. Diese Analyse wird von C. Hintze dem Speiskobalt zugeteilt, was aber nicht richtig ist, da es ein Nickelerz und nicht ein Kobalterz ist. Allerdings vereinigt er mit Recht Speiskobalt mit Chloanthit, doch scheint es sich um dasselbe Vorkommen, welches C. F. Rammelsberg analysierte, zu handeln. Möglicherweise kommen beide kristallographisch verschiedene, aber chemisch idente Arten vor (siehe unter Chloanthit). Sieht man von den kleinen Beimengungen von Eisen und Kobalt ab, so ist das Verhältnis Ni : As zwar nicht ganz gleich 1 : 2, aber immerhin annähernd, so daß man die Formel gegeben hat:

$$NiAs_2 .$$

Doch scheinen stets die Verbindungen $CoAs_2$ und $FeAs_2$ isomorph beigemengt zu sein.

Was die Formel des Rammelsbergits anbelangt, so dreht sich die Hauptfrage darum, ob das Eisen zur Konstitution gehört oder nicht. Durch die Analysen von T. L. Walker und A. L. Parsons, welche sehr wenig Eisen enthalten, gewinnt die Ansicht an Wahrscheinlichkeit, daß die Formel

$$NiAs_2 \quad \text{oder wenigstens} \quad (Ni, Co)As_2$$

sei. Allerdings nehmen die Genannten ohne weiteres an, daß die Formel $NiAs_2$ sei und berechnen das Kobalt, das Eisen und Antimon als Arsenopyrit, Kobaltglanz, Ullmannit und Gersdorffit. Man müßte, um dies Verfahren zu rechtfertigen, zum mindesten im Metallmikroskop eine Schätzung der verschiedenen Komponenten vornehmen, oder Trennungsmethoden ausfindig machen. Insbesondere ist es ebenso wahrscheinlich, daß das Kobalt als isomorpher Vertreter des Nickels vorhanden ist, als durch beigemengte andere Kobaltverbindungen verursacht.

Immerhin scheint es für Eisen wahrscheinlich, daß es wenigstens zum größten Teil durch Beimengung von Arsenopyrit und Löllingit verursacht ist, so daß die Formel vielleicht zu lauten hätte:

$$(Ni, Co)As_2 ,$$

worin $NiAs_2$ bedeutend vorherrscht. Andere Autoren, darunter P. Groth,[1]) schreiben: $(Ni, Co, Fe)As_2$.

Chemische Eigenschaften. Auf Kohle vor dem Lötrohr leicht zur Kugel schmelzbar. Im offenen Röhrchen Sublimat von Arsentrioxyd, im Kölbchen bei sehr starkem Erhitzen auch ein Arsenspiegel.

In konz. Salpetersäure zersetzbar, wobei sich arsenige Säure absetzt. Die Lösung ist grün. In Schwefelmonochlorid nach E. F. Smith[2]) bei 180° löslich. Vgl. bezüglich des chemischen Verhaltens auch den gleich zusammengesetzten Chloanthit.

Physikalische Eigenschaften. Spaltbar prismatisch, Bruch uneben. Härte über 5—6. Dichte 6,9—7,19. Leitet die Elektrizität.

Undurchsichtig, metallglänzend, Farbe zinnweiß. Frische Bruchflächen zeigen einen Stich ins Rötliche. Der Strich ist graulichschwarz. J. L. C. Schroeder van der Kolk[3]) gibt eine bläuliche Nebenfarbe an.

---

[1]) P. Groth u. K. Mieleitner, Min. Tab. 1921, 17.
[2]) E. F. Smith, Am. Journ. Chem. Soc. **20**, 299 (1898).
[3]) J. C. L. Schroeder van der Kolk, ZB. Min. etc. 1902, 77.

Vorkommen und Paragenesis. Auffallend ist das öftere Vorkommen in Hornstein und Quarz, in Hüttenberg, Schneeberg, andererseits kommt er als Begleiter von Pyrit, Arsenkies, Nickelin, Chloanthit vor. Im Annivierstal tritt er in Dolomit auf.

Verbindungen von Kobalt mit Schwefel und Arsen.

Wir haben zu unterscheiden 1. Sulfide, 2. Sulfarsenide, 3. Arsenide. Von Sulfiden existiert in der Natur nur ein einziges, das seltene Mineral Jaipoorit. Wichtig ist aber auch Co_3S_4, welches im Linneit vorkommt. Von Sulfarseniden haben wir außer dem Glaukodot, welcher außer Kobalt Eisen enthält, den Kobaltin (Glanzkobalt) zu behandeln.

Nicht für sich allein kristallisiert CoSbS, welches aber mit NiSbS im Willyamit vorkommt.

Im Alloklas kommt CoAsS mit CoBiS vor.

Von reinen Arseniden haben wir zu behandeln: Speiskobalt, ungefähr aber nur ganz angenähert $CoAs_2$, dann Skutterudit, ungefähr der Formel $CoAs_3$ entsprechend.

Das Biarsenid kommt auch im Safflorit vor. Es braucht nicht besonders betont zu werden, daß in allen Kobaltverbindungen etwas Nickel vorhanden ist.

Wir behandeln hier zuerst das Sulfid, dann das Sulfarsenid, den Kobaltin. Speiskobalt und Skutterudit werden bei den kobalt- und nickelhaltigen Arseniden weiter unten behandet.

Verbindungen von Kobalt und Schwefel.

In der Natur kennen wir den Jaipoorit und die Verbindung Co_3S_4 im Linneit; diese letztere kommt aber nicht ungemischt vor (siehe S. 655). Sie wurde von H. de Sénarmont dargestellt.

Dagegen wurde künstlich noch ein Sulfid von der Formel Co_4S_3, welche nach Th. Hjortdahl[1]) durch Einwerfen von Schwefel in eine Retorte, in welcher glühendes Kobalt sich befand, erhalten. Dasselbe soll sich auch durch Reduktion von Kobaltsulfat im Kohletiegel bei Weißglut bilden. Ferner hat man noch das Sulfid CoS_2, wenn $CoCO_3$ mit S unter dem Glühen aufeinander wirken, oder wenn Schwefelwasserstoff auf CoO beträchtlich unter Glühhitze einwirkt, dargestellt.

Das Kobaltsulfid Co_2S_3 entsteht beim Erhitzen von Co_2O_3 in H_2S. Es ist graphitartig und kristallin.[2])

Das Sulfid Co_2S_3 wurde von M. Schneider[3]) durch Zusammenschmelzen von Kobaltcarbonat mit Schwefel und Soda dargestellt, es ist kristallin, stahlgrau und wird von Königswasser nur schwer angegriffen. Die Durchschnitte der Kristallamellen sind sechsseitig.

Die Analysen der künstlichen Produkte sind:

	C. v. Fellenberg	M. Schneider
Co . . .	55,45	55,54
S . . .	44,55	44,18

[1]) Nach O. Dammer, l. c. IV, 407 (1898).

[2]) C. v. Fellenberg, Pogg. Ann. **50**, 72.

[3]) M. Schneider, Pogg. Ann. **32**, 129 (1851). — Nach F. Fouqué u. A.M. Lévy, Synth. Paris 1882, 307 (vgl. auch Kraut-Gmelin, l. c. 333).

Nach J. und L. Bellucci[1]) entsteht dieses Sesquisulfid beim Schmelzen von Kobaltverbindungen mit Schwefel und Alkalicarbonaten. Die beste Mischung ist die von 1 Teil $CoCO_3$, 6 Teilen Schwefel und 6 Teilen Kaliumcarbonat.

Einfach Schwefelkobalt.

Das Sulfid CoS wurde dargestellt durch Proust,[2]) indem er CoO mit Schwefel glühte. H. Rose[3]) stellte verschiedene Sulfide dar, indem er das Sulfid mit Schwefel im Wasserstoffstrom erhitzte. Je nach der Temperatur erhielt er CoS_2, Co_2S_3 oder CoS. Bei der höchsten Temperatur erhielt er ein Sulfid Co_2S. Mourlot[4]) erhielt CoS, indem er $CoSO_4$ mit Kohle im elektrischen Lichtbogen reduzierte.

Auf wäßrigem Wege stellte es A. Baubigny[5]) dar, indem er die neutrale, mit Schwefelwasserstoff gesättigte Lösung von $CoSO_4$ bei einer Temperatur von 12—15° im Einschmelzrohr stehen ließ.

Proust hatte das Sulfid auch durch Glühen des wasserhaltigen Sulfids bei Luftabschluß erhalten.

Über kolloidales CoS siehe bei Kraut-Gmelin **5**, 232 (1909).

Auch das Sulfid CoS_2 wurde durch Erhitzen von CoO mit der 3fachen Menge von Schwefel in einer Glasretorte, aber nicht ganz zum Glühen erhitzt, dargestellt. Man erhält auch dieses Sulfid, wenn man tief unter Glühhitze CoO mit Schwefelwasserstoffgas behandelt und die schwarzgraue Menge mit Salzsäure auskocht. Es ergibt sich ein schwarzes Pulver [Setterberg[6])]. Die Analyse ergab 47,85% Co und 52,15% S.

Es gibt auch eine Verbindung Co_2S_7, sowie ein Kobaltoxysulfid Co_2S_2O (siehe bei Kraut-Gmelin, l. c.).

Verbindungen von Kobalt und Arsen.

Kobaltarsenide.

Das System Co—As.

Dieses wurde von K. Friedrich[7]) experimentell untersucht. Er konnte Legierungen mit Arsengehalt von 0 bis 53,5% Arsen herstellen. Dabei entstanden folgende Kristallarten: Mischungen mit 1% Arsen und dann Co_5As_2 in α- und β-Modifikationen, Co_2As und Co_3As_2, möglicherweise CoAs. Es existiert ein Eutektikum im System As—Co bei 30% As und einer Temperatur von 916°.

Sowohl Co_2As als Co_3As_2 haben zwei Modifikationen α und β.

Wir kennen in der Natur nur die Verbindung CoAs und $CoAs_2$. Letztere ist der Speiskobalt, erstere kommt für sich allein nicht vor, sondern nur in Beimengung in kleinen Mengen im Nickelin. Über die künstliche Darstellung der Verbindung $CoAs_2$ siehe bei Speiskobalt.

---

[1]) J. u. L. Bellucci, Atti Acc. Linc. **17**, 28 (1907).
[2]) Proust nach Kraut-Gmelin **5**, 231 (1909).
[3]) H. Rose, Pogg. Ann. **110**, 120 (1859).
[4]) Mourlot, Ann. chim. phys. **17**, 546 (1899).
[5]) A. Baubigny, C. R. **105**, 751, 805 (1887).
[6]) Setterberg, Pogg. Ann. **7**, 40 (1826).
[7]) K. Friedrich, Metallurgie, 1908, 150, 212.

Was die Verbindung CoAs anbelangt, so hat A. Gehlen behauptet, daß die beiden Elemente Co und As sich direkt beim Erhitzen vereinigen und zwar unter Feuererscheinung. Es ist aber unbestimmt, ob CoAs vorlag oder ein anderes Arsenid.

Im Schmelzfluß bilden sich nur Arsenide mit hohem Kobaltgehalt. Außer den von K. Friedrich ausgeführten Versuchen ist noch ein solcher von F. Ducellieux[1]) anzuführen, welcher die Verbindung Co_3As_2 auf thermischem Wege erhielt, diese hat auch K. Friedrich erhalten.

A. Brukl[2]) hat versucht, auf nassem Wege die Kobaldarsenide herzustellen, er erhielt einen Niederschlag, dessen Zusammensetzung sich am meisten der des Sulfids CoAs nähert, aber zwischen diesem und Co_3As_2 steht.

Die Verbindung Co_3As_2 entsteht, wenn man zwischen 800—1400° C entweder Co oder ein 39% As enthaltendes Arsenid durch $AsCl_3$ behandelt. Ebenso wenn ein Co-Arsenit oder Arseniat durch Wasserstoff bei 900° C reduziert wird. Es entsteht auch durch Erhitzen von As und Co in Wasserstoff zwischen 800 bis 1400° C. Siehe F. Ducellieux.

Wenn man diese Verbindung auf 1400° C erhitzt, so verliert sie Arsen.

Die Verbindung Co_3As_2 geht bei 600—800° C in CoAs über. Sie entsteht auf dieselbe Art wie das zuerstgenannte Arsenid, wenn man die Temperatur von 600—800° C anwendet.

Co_2As_3. Wenn man CoAs oder Co in $AsCl_3$ zwischen 400—600° C erhitzt, erhält man dieses Arsenid, ebenso beim Erhitzen von Co und As im H-Strom bei 400—600° C. Die hellgraue Substanz ist kristallin.

Unterhalb 400° C verwandelt sich Co_2As_3 in $CoAs_2$; letzteres zersetzt sich oberhalb 400°.

Siehe über diese Verbindungen bei F. Ducellieux.[3])

System Co–Sb.

N. Kurnakow und Podkapajeff[4]) haben dieses System untersucht. Die beiden Metalle bilden eine Verbindung CoSb, die bei 1237,5° C schmilzt und es entsteht bei 1082° C ein Eutektikum, mit 74,3 Atomprozenten Kobalt. Bei 888° C reagiert die Schmelze mit 15 Atomprozenten Kobalt mit der Verbindung CoSb, wodurch sich das Biantimonid $CoSb_2$ bildet. Dieses kristallisiert bei der Temperatur von 612,5° C und drei Atomprozenten Kobalt eutektisch mit reinem Antimon. Beide Elemente sind in allen Verhältnissen mischbar.

Die Verbindung $CoSb_2$ wird durch Einwirkung von $SbCl_3$-Dämpfen auf Kobalt bei 800° C. hergestellt. Auch durch Erhitzen von Kobalt im H-Strom und $SbCl_3$ bei 1200° C.[5])

Das System Co–Bi.

Dieses wurde von K. Lewkonja[6]) thermisch untersucht. Die beiden Elemente lösen sich im flüssigen Zustande gegenseitig. Es existiert eine Mischischungslücke zwischen 6% und 93% Kobalt. Über Verbindungen ist bei diesen Elementen nichts Näheres bekannt.

[1]) F. Ducellieux, C. R. **147**, 914 (1908).
[2]) A. Brukl, Z. anorg. Chem. **131**, 244 (1923).
[3]) F. Ducellieux, C. R. **147**, 424 (1908).
[4]) N. Kurnakow u. Podkapajeff, J. russ. phys. Ges. **38**, 463 (1906). — Nach Gmelin-Kraut, Handbuch d. anorg. Chem. **5**, 1, 1538 (1909).
[5]) F. Ducellieux, C. R. **147**, 1048 (1908).
[6]) K. Lewkonja, Z. anorg. Chem. **59**, 315 (1908).

Jaipurit.

Von **M. Henglein** (Karlsruhe).

Synonyma: Jeypoorit, Syepoorit, Rutenit, Graukobalterz, Schwefelkobalt.

Kristallklasse: unbekannt. Vielleicht trigonal.

Analyse.

Co . . .	64,34
S	35,36
	99,70

Aus den Khetrigruben bei Jaipur in Rajputana (westl. Hindostan); anal. Middleton, Phil. Mag. **28**, 352 (1846).

Die **Formel** ist CoS. Ob ein selbständiges Mineral vorliegt, wird bezweifelt, da es nur in derben Körnern und Bändern mit Magnetkies einmal gefunden wurde. Der von Ross als regulär angegebene Jeypoorit enthält Sb und As.

Die Löslichkeit des Kobaltsulfids wurde von O. Weigel[1]) bestimmt. In einem Liter reinen Wassers lösen sich $41{,}62 \times 10^{-6}$ Mol. bei 18°. Vergleichsweise sei bemerkt, daß für MnS grün, die Zahl $7{,}2 \times 10^{-5}$ gefunden wurde, für Zinkblende $6{,}7 \times 10^{-6}$.

Die Löslichkeitsbestimmungen erfolgten durch Messung der Leitfähigkeit. Die Dichte ist 5,45, die Farbe stahlgrau mit Stich ins Gelbe.

Synthese.

Kleine und weniger vollkommene, zinnweiße Kristalle von gleicher Form wie der künstliche Millerit, stellte E. Weinschenk[2]) aus Kobaltchlorür durch Erhitzen mit Rhodanammonium und Essigsäure dar. Durch Schmelzen eines Gemenges von Kobaltsulfat, Schwefelbarium und Chlornatrium erhielt Th. Hjortdahl[3]) stahlgraue Prismen von CoS. (Vgl. S. 680 die Synthesen).

Kobaltglanz (Kobaltin).

C. Doelter (Wien).

Synonyma: Kobaltite, Glanzkobalt, hexaedrischer Kobaltkies, Glanzkobaltkies, Kobaltguß, Sehta.

Regulär pentagonal-hemiedrisch.

Die **Kristallstruktur** des Kobaltglanzes wurde von Max Mechling[4]) festgestellt, nachdem bereits W. L. und W. H. Bragg die Vermutung ausgesprochen hatten, daß sie nicht dyakisdodekaedrisch, sondern tetraedrisch-pentagondodekaedrisch sei.

Die Gitterkonstante parallel zur Würfelfläche ist $a = 5{,}65 \,.\, 10^{-3} \pm 0{,}02$ cm. Im Elementarwürfel sind vier Moleküle enthalten.

Er schließt aus der Raumgruppe, welche $\mathfrak{T}_4$ ist, daß die Struktur des Kobaltglanzes aus der des Pyrits hervorgehen würde, wenn man die Hälfte

[1]) O. Weigel, Z. f. phys. Chem. **58**, 293 (1907).
[2]) E. Weinschenk, Z. Kryst. **17**, 500 (1890).
[3]) Th. Hjortdahl, C. R. **65**, 75 (1867).
[4]) Max Mechling bei F. Rinne, Abhandl. sächs. Akad. **38**, Nr. III (1921).

der Schwefelatome durch Arsenatome ersetzt. Die trigonalen Achsen sind im Gegensatz zu Pyrit durch die Verschiedenheit von Arsen und Schwefel polar. Vgl. S. 693 die Meinung von H. Schneiderhöhn.

Über die Struktur von Kobaltglanz haben sich auch später R. Gross und N. Gross[1]) geäußert. Bei Kobaltglanz ist a die Kante des Elementarwürfels 4,94. Kobaltglanz ist in der Struktur dem Ullmannit ähnlich.

Analysen.

Die Einteilung der Analysen kann nach dem Eisengehalt erfolgen, indem jene Analysen, welche wenig Eisen enthalten, von den eisenreichen getrennt werden. Dabei vermindert sich der Kobaltgehalt mit steigendem Eisengehalt. Ob der Eisengehalt einer Beimengung, sei es einer mechanischen oder einer solchen als feste Lösung vorhandenen zuzuschreiben ist, läßt sich nicht ganz sicher bestimmen, jedoch ist das letztere wahrscheinlich. Ganz eisenfrei ist kein Glanzkobalt, daher auch der durch die Formel CoAsS verlangte Kobaltgehalt von 35,41 % niemals erreicht wird. Der Schwefelgehalt schwankt am wenigsten, dagegen ist der Arsengehalt meistens bei hohem Eisengehalt geringer, in Ausnahmefällen aber höher, was jedoch auf Unhomogenität hinweist (siehe S. 625).

Unter den vorhandenen Analysen befindet sich auch eine mit hohem Wismutgehalt, die allerdings sehr alt und nicht ganz zuverlässig ist; sie wurde besonders behandelt.

Analysen mit wenig Eisen.

Solche können als die besseren in bezug auf Reinheit bezeichnet werden.

	1.	2.	3.	4.
Fe	1,62	4,43	5,30	5,30
Co	33,71	26,89	29,20	29,20
Ni	—	—	3,20	3,20
As	45,31	48,49	43,12	43,12
S	19,35	20,19	18,73	18,73
	99,99	100,00	99,55	99,55

1. Von der Grube Morgenröte bei Eisern (Bez. Siegen); anal. C. Schnabel bei C. F. Rammelsberg, Min.-Chem., Suppl. **4**, 116 (1845).

2. Von der Elisabethgrube Oravicza (Banat), im körnigen Kalkspat; anal. A. Maderspach bei V. v. Zepharovich, Miner. Lexikon II, 170 (1873).

3. Von ebenda; anal. H. v. Huberth bei W. Haidinger, Ber. Freunde d. Naturw. **3**, 389 (1849). Die zweite Analyse mit hohem Wismutgehalt siehe unten.

4. Von Schladming (?); anal. Mac Cay, Z. Kryst. **9**, 609 (1884). Stammt vielleicht von Oravicza.

	5.	6.	7.	8.	9.
Cu . . .	—	—	0,01	—	—
Fe . . .	3,23	3,42	2,56	4,72	7,83
Co . . .	33,10	32,07	30,03	29,17	28,30
Ni . . .	—	0,48*)	0,64*)	1,68	Spur
Pb . . .	—	—	0,59	—	—
As . . .	43,46	42,97	47,15	44,77	43,87
S . . .	20,08	20,25	19,66	20,23	19,46
Gangart .	—	1,63	—	—	0,80
	99,87	100,82	100,00	100,57	100,26

*) Spätere Bestimmungen von C. F. Rammelsberg.

[1]) R. Gross u. N. Gross, N. JB. Min. etc. Beil.-Bd. **48**, 133 (1923).

5. Aus den Fahlbändern von Skutterud, Kirchspiel Modum (Norwegen), im quarzreichen Glimmerschiefer; anal. F. Stromeyer, Schweigg. Journ. **10**, 336 (1817).
6. Von ebenda; anal. Ebbinghaus bei C. F. Rammelsberg, Min.-Chem., Suppl. IV, 1 (1845).
7. Mit Kupferkies von Tunaberg in Södermanland (Schweden); anal. Riegel bei A. Kenngott, Übers. miner. Forsch. 1850/51, 140.
8. Von Nordmarken, Wermland (Schweden), mit Wismut und Bjelkit auf Kalkspatgängen; anal. G. Flink, Z. Kryst. **13**, 401 (1888).
9. Aus den Khetrigruben von Jaipur, bei Rajputana (Indien), mit Danait. Dieses Vorkommen wird von den indischen Juwelieren zur Emaillierung in blauen Farben auf Gold und Silber verwendet, sie nennen das Mineral „Sehta"; anal. R. J. Mallet, Record Geol. of India **14**, 100 (1880).

Die nächsten Analysen sind neueren Datums.

	10.	11.
Fe	4,55	2,92
Co	29,10	32,36
Ni	0,97	0,32
As	44,55	42,88
S	20,37	21,48

10. Von Coleman Township, nördl. Ontario (Kanada), Vorkommen in Quarz mit Kupferkies und Pyroit; anal. J. S. de Lury, Am. Journ. **21**, 275 (1906); Z. Kryst. **44**, 532 (1907).
11. Hakansbö, Westmannsland (Schweden); anal. A. Beutell, ZB. Min. etc. 1911, 664.

Eisenreiche Glanzkobalte.

	12.	13.	14.	15.
Fe	12,36	6,38	14,30	11,50
Co	24,70	29,77	16,57	27,50
As	37,13	44,75	52,35	42,70
S	23,93	19,10	16,64	18,60
Gangart . . .	1,20	—	—	—
	99,32	100,00	99,86	100,30

12. Von Phillipshoffnung bei Siegen, zuerst für Speiskobalt gehalten; anal. C. Schnabel bei C. F. Rammelsberg, Min.-Chem., Suppl. III, 6 (1845); Pogg. Ann. **71**, 516.
13. Diese zweite Analyse zeigt jedoch weit weniger Eisen auf, was dafür spricht, daß es sich bei der ersten um Beimengungen von Pyrit handelt, wobei aber bemerkt werden muß, daß C. Schnabel selbst gegen diese naheliegende Ansicht polemisierte.
14. Auf Kupfererzlagerstätten von Tambillos bei Coquimbo (Chile); anal. J. Domeyko, Miner. 1879, 80.
15. Derb, von der Mina del Buitre (Chile) mit Kupferkies und Axinit; anal. wie oben.

Wismuthaltiger Kobaltglanz.

	16.	17.	18.
Fe . .	4,85	5,75	4,56
Co . .	25,60	30,37	32,02
As . .	37,20	44,13	43,63
Bi . .	18,40	—	—
S . . .	16,60	19,75	19,78
	102,65	100,00	99,99

16. Aus körnigem Kalk von Oravicza, siehe auch Analyse Nr. 2; anal. H. v. Huberth, wie Analyse Nr. 3.

17. Dieselbe Analyse nach Abzug des Wismuts.
18. Von ebenda; anal. A. Patera, wie oben, ebenfalls nach Abzug des Wismuts.

Formel.

C. F. Rammelsberg[1]) gab die Formel:

$$CoAsS = CoS_2 + CoAs_2,$$

wobei er aber ausdrücklich bemerkt, daß alle Abänderungen noch etwas FeAsS enthalten. Er berechnet das Verhältnis von Kobalt zu Eisen.

Fundort	Analytiker	Co : Fe
Morgenröte	C. Schnabel	19 : 1
Skutterud	F. Stromeyer	9,3 : 1
"	Ebbinghaus	11,3 : 1
Oravicza	A. Patera	6,8 : 1
"	H. v. Huberth	5 : 1
Phillipshoffnung	C. Schnabel	4,4 : 1

Doch unterschied C. F. Rammelsberg nicht ganz präzis Kobaltglanz und Speiskobalt.

In seinen Nachträgen wird von C. F. Rammelsberg der Glanzkobalt nicht mehr erwähnt.

Die Frage, ob das Eisen zur Konstitution des Glanzkobaltes gehört, scheint lange unbeachtet geblieben zu sein. Man schreibt die Formel stets:

$$CoAsS,$$

wobei es offengelassen wurde, was es mit dem Eisen für eine Beziehung hat.

A. Beutell[2]) hat dann die Frage, ob das Eisen zur Konstitution des Glanzkobaltes gehöre, wieder aufgegriffen, wobei er zur Verneinung dieser Frage gelangt (vgl. S. 687).

Untersuchungen und Hypothesen über die chemische Konstitution des Glanzkobalts.

Eine Konstitutionsformel rührt von P. Groth[3]) her. Sie ist auf S. 690 unter Nr. 2 bezeichnet, bei welcher ein Atom Kobalt an Arsenatome einerseits und Schwefelatome andererseits gebunden ist.

Eine andere atomistische Formel rührt von F. W. Starke, H. L. Shock und E. F. Smith[4]) her. Sie stellten diese für den Arsenkies auf. Siehe S. 690. A. Beutell[5]) hat nach seiner früher bei Arsenkies, Glaukodot auseinandergesetzten Methode auch den Glanzkobalt untersucht und zwar den von Håkansbo. Die chemische Analyse führte ihn zu folgendem Resultat.

Fe . . .	2,92
Co . . .	32,36
Ni . . .	0,32
As . . .	42,88
S	21,48
	99,96

[1]) C. F. Rammelsberg, Min.-Chem. 1875, 43.
[2]) A. Beutell, ZB. Min. etc. 1911, 663.
[3]) P. Groth, Tab. Übers. 1898.
[4]) F. W. Starke, H. L. Shock u. E. F. Smith, Am. Journ. Chem. Soc. **19**, 948 (1897).
[5]) A. Beutell, ZB. Min. etc. 1911, 411.

	S	As	Co	Fe	Verschiedenes	Summe	S : As : (Co, Fe)
Philippshoffnung, C. Schnabel	19,10	44,75	29,77	6,38		100,00	1,0 : 1,0 : 1,0
" "	23,93	37,13	24,70	12,36	1,20 Gangart	99,32	1,5 : 1,0 : 1,3
" " , auf 100 berechnet nach Abzug von FeS_2	18,91	45,00	29,93	6,16		100,00	1,0 : 1,0 : 1,0
Morgenröte, C. Schnabel	19,35	45,31	33,71	1,62		99,99	1,0 : 1,0 : 1,1
Oravicza, H. v. Huberth	19,75	44,13	30,37	5,75		100,00	1,0 : 1,0 : 1,0
" Patera	19,78	43,63	32,02	4,56		99,99	1,1 : 1,0 : 1,1
" " , auf 100 berechnet nach Abzug von FeS_2	18,95	44,72	32,81	3,52		100,00	1,0 : 1,0 : 1,0
Nordmarken, G. Flink	20,23	44,77	29,17	4,72	1,68 Ni	100,57	1,0 : 1,0 : 1,0
Skutterud, F. Stromeyer	20,08	43,46	33,10	3,23		99,87	1,1 : 1,0 : 1,1
" "	19,08	44,86	34,17	1,89		100,00	1,0 : 1,0 : 1,0
" " , auf 100 berechnet nach Abzug von FeS_2	17,63	46,76	35,61	—		100,00	1,0 : 1,1 : 1,1
Skutterud, Ebbinghaus	20,25	42,97	32,07	3,42	1,63 Quarz	100,34	1,1 : 1,0 : 1,0
" "	19,27	45,17	33,72	1,84		100,00	1,0 : 1,0 : 1,0
" " , auf 100 berechnet nach Abzug von FeS_2	17,87	47,03	35,10	—		100,00	1,0 : 1,1 : 1,06
Khetri Gruben (Jaipur), R. J. Mallet	19,46	43,87	28,30	7,83	Sb, Ni-Spur, 0,8 Gangart	100,26	1,1 : 1,0 : 1,1
" " " " , auf 100 berechnet nach Abzug von FeS_2	18,94	44,92	28,98	7,16		100,00	1,0 : 1,0 : 1,0
Håkansbo, A. Beutell	21,48	42,88	32,36	2,92	0,32 Ni	99,96	1,2 : 1,0 : 1,1
" "	19,45	45,62	34,44	0,12	0,37 Ni	100,00	1,0 : 1,0 : 1,0
" " , auf 100 berechnet nach Abzug von FeS_2	19,36	45,76	34,54	—	0,34 Ni	100,00	1,0 : 1,0 : 1,0
Oravicza, A. Maderspach	20,19	48,49	26,89	4,43		100,00	1,2 : 1,2 : 1,0
Tunaberg, E. Riegel	19,66	47,15	30,03	2,56	0,01 Cu, 0,59 Pb	100,00	1,1 : 1,1 : 1,0
Schladming, Mc Cay	18,73	43,12	29,20	5,30	3,20 Ni	99,55	1,0 : 1,0 : 1,1
Tambillos (Coquimbo), J. Domeyko	16,64	52,35	16,57	14,30		99,86	1,0 : 1,4 : 1,0
Buitre, E. Domeyko	18,60	42,70	27,50	11,50		100,30	1,0 : 1,0 : 1.2
Nördl. Ontario, J. S. de Lury	20,73	44,55	29,10	4,55	0,97 Ni	99,90	1,1 : 1,0 : 1,0

Es handelt sich um einen eisenarmen Glanzkobalt, bei welchem das Verhältnis von Kobalt zu Eisen = 1 : 0,09 ist.

Nach Abzug der 2,92 % Eisen mit dem dazugehörigen Schwefel 3,34 %, wenn man nämlich annimmt, daß Eisen in der Form von Pyrit FeS_2 vorhanden ist, ergeben sich aus der Analyse folgende Zahlen:

Co	32,36	34,54
Ni	0,32	0,34
As	42,88	45,76
S	18,14	19,36
	93,70	100,00

Die auf 100 % umgerechnete Zusammensetzung gibt das Atomverhältnis:

$$Co : As : S = 0,60 : 0,61 : 0,60 = 1 : 1 : 1 .$$

Nickel wurde zum Kobalt geschlagen. Dabei wird vorausgesetzt, daß das Eisen nicht in die Formel des Glanzkobalts gehört. Um festzustellen, ob die übrigen Analysen von Kobaltglanz zu dem gleichen Ergebnis führen, wurden von A. Beutell die Atomverhältnisse berechnet. Es kann aber nicht das ganze Eisen als Pyrit in Abzug gebracht werden. Die Berechnungen A. Beutells, welche in der Tabelle S. 686 niedergelegt sind, ergeben, wenn man Kobalt und Eisen vereinigt, nicht immer das Verhältnis 1 : 1 : 1, doch sind die Unterschiede keine sehr bedeutenden. Eine Anzahl von Analysen, nämlich die zuletzt angeführten sechs Analysen[1]) lassen sich nicht auf ein richtiges Atomverhältnis zurückführen, was A. Beutell durch unreines Material oder unrichtige Analysenausführung erklären möchte. Demnach gibt es A. Beutell zufolge nur wenig reine Sulfarsenide des Kobalts, nämlich außer dem von Håkansbo noch vielleicht die beiden Kobaltglanze von Skutterud. Die meisten Vorkommen sind jedoch eisenhaltige Kobaltglanze. Es würden Mischungen anzunehmen sein von $Co_2As_2S_2$ mit $Fe_2As_2S_2$, in dem nickelhaltigen müßte noch eine dritte Verbindung angenommen werden, nämlich $Ni_2As_2S_2$.

Versuche von A. Beutell.

A. Beutell[2]) suchte nun in analoger Weise wie bei Arsenkies den Schwefel und das Arsen abzudestillieren. Vgl. S. 622. Es trat bereits bei Beginn der Destillation As_4O_6 auf, was beweist, daß der Kristall schon etwas oxydiert war. Nach 10 Stunden hat sich ein schwarzer Metallring gebildet. Hier die Resultate dieser ersten Versuchsreihe:

	10 Stunden	Weitere 6 Stunden Rösten	Weitere 21 Stunden	Weitere 5 Stunden
Freier Schwefel	0,20 %	0,59 %	0,05 %	0,13 %
Gebundener Schwefel	3,41	1,78	0,14	0,20
Amorphes Arsen	1,83	2,02	0,31	0,59
Metallisches und gebundenes Arsen	7,89	—	—	—
Als As_4O_6 destilliertes Arsen	—	0,11	0,02	1,38
Gesamt-Schwefel	3,61	2,37	0,19	0,33
Gesamt-Arsen	9,72	—	—	—

[1]) Siehe Tabelle S. 686.

[2]) A. Beutell, ZB. Min. etc. 1911, 663.

Es wurde eine weitere Versuchsreihe bei etwas tieferer Temperatur ausgeführt. Die Messungen der Temperatur waren jedoch nicht möglich, da mit Gas geheitzt wurde. Die Resultate befinden sich in der folgenden Tabelle:

	10 Stunden	31 Stunden
Freier Schwefel	0,22%	0,12%
Gebundener Schwefel	0,50	0,64
Amorphes Arsen	0,91	0,28
Metallisches und gebundenes Arsen	4,62	3,31
Gesamt-Schwefel	0,72	0,76
Gesamt-Arsen	5,53	3,59

Das mit Rösten gewonnene Destillat enthielt:

Schwefel	2,12%
Arsen	10,41

Das Resultat ergibt, daß in 10 Stunden mehr überdestilliert war als in 31 Stunden. Endlich wurde ein gleichzeitiger Versuch mit Glaukodot und Glanzkobalt ausgeführt und durch 16 Stunden mäßig erhitzt.

Die Resultate sind:

	16 Stunden mäßig erhitzt	
	Glaukodot	Glanzkobalt
Freier Schwefel	0,03%	0,00%
Amorphes Arsen	0,10	0,00
Als As_4O_6 destilliertes Arsen	0,54	0,15
Metallisches und gebundenes Arsen	0,13	0,00
Gesamt-Arsen	0,77	0,15

Ein weiterer Versuch wurde unter sonst gleichen Bedingungen mit abwechselnden Pumpen und Rösten vorgenommen und vom Anfang an mit starker Flamme erhitzt.

Nun ergibt sich folgendes Analysenresultat:

	52stündiges Rösten	
	Glaukodot	Glanzkobalt
Freier Schwefel	0,42%	0,13%
Gebundener Schwefel	1,37	0,17
Amorphes Arsen	1,22	0,51
Metallisches und gebundenes Arsen	2,93	Spur
Als As_4O_6 destilliertes Arsen	22,27	15,73
Gesamt-Schwefel	1,79	0,30
Gesamt-Arsen	27,42	16,24

Kobaltglanz ist also wie bei der Vakuumdestillation auch beim Rösten viel widerstandsfähiger als Glaukodot. Bei ersterem oxydieren sich durch den Röstprozeß 15,73% Arsen zu As_4O_6, bei Glaukodot aber 22,27% Arsen.

Es ergibt sich, daß nach 5 Stunden Rösten von Kobaltglanz im elektrischen Ofen bereits 0,13% freier und 0,20% gebundener Schwefel sich ergeben hatte, während bei der Doppeldestillation bei 52stündigem Rösten 0,13% freier und 0,17% gebundener Schwefel gefunden wurde. Also bei beiden Versuchen die gleichen Mengen Schwefel trotz der verschiedenen Dauer abdestilliert wurden.

Diese auffallende Gleichheit des destillierten Schwefels unter so verschiedenen Versuchsbedingungeu rührt wahrscheinlich von einer begrenzten Beimengung her, welche beim Rösten und Destillieren eine ganz begrenzte Menge Schwefel verliert. A. Beutell vermutet Pyrit. Er findet eine Bestätigung in den Analysenresultaten; die Berechnung ergibt 0,67 Atome S, 0,57 Atome As und 0,05, 0,55, 0,01 Atome Fe, Co, Ni. Das Atomverhältnis weicht sehr ab von dem aus der Formel gefundenen Verhältnis 1:1:1. Nach Abzug von 2,92 Fe und der dazu gehörigen Zahl 3,34% S ergeben sich für den Kobaltglanz auf 100 berechnet:

Co	34,54
Ni	0,34
As	45,76
S	19,36
	100,00

A. Beutell[1]) schließt nun daraus, da dann das Verhältnis Co + Ni:As:S = 1 : 1 : 1 ist, daß diesem Glanzkobalt Pyrit beigemengt war. Er beruft sich auch auf C. F. Rammelsberg, welcher bei dem Kobaltglanz von Eisern Nr. 1 erwähnt, daß das Resultat der Analyse nach Abzng von FeS_2 erhalten wurde.

A. Beutell hat dann die Analysen derart umgerechnet, daß so viel Schwefel als FeS_2 abgezogen wird, daß das Verhältnis As : S = 1 : 1 wird. So erhielt er bei einer Reihe dieser das theoretische Verhältnis Co + Ni : As : S = 1 : 1 : 1. Diese Berechnung führt trotzdem nicht auf einen eisenfreien Glanzkobalt. Bei zwei Analysen von Skutterud verblieb nur eine geringe Menge von FeS_2, verblieben aber von 16 Analysen immer noch sechs, welche auch nach Abzug von FeS_2 das genannte einfache Verhältnis ergaben. A. Beutell hält aber trotzdem an der Ansicht fest, daß das Eisen nicht zur Konstitution des Kobaltglanzes gehöre.

Als Resultat dieser Betrachtungen möchte ich die Ansicht aufstellen, daß es allerdings einige wenige Glanzkobalte gibt, welche nahezu der Formel:

$$CoAsS$$

folgen, daß aber in vielen dazu, außer der oft vorhandenen Verbindung NiAsS, auch kleine, oft aber nicht unmerkliche Mengen von FeAsS hinzutreten, welche wohl isomorph beigemengt sind, da auch die chalkographische Untersuchung keine beträchtliche Verunreinigung ergeben hat.

Es entsteht nun die Frage, wie diese Versuche des Kobaltglanzes verwertbar sind, ob er ebenso struiert ist wie der Arsenkies und der Glaukodot. Vgl. S. 622.

Das Fehlen von Schwefel und Arsen in der Doppeldestillation ohne Rösten ist mit dieser Formel nicht in Einklang zu bringen. Das Fehlen des Arsens ist unverständlich, weil nicht einzusehen ist, weshalb sich die Gruppe $CoAs_2$ im Glaukodot zersetzen sollte, aber nicht im Glanzkobalt. Man kann daher diese Gruppe nicht im letzteren Mineral annehmen. Ebenso beweist das Fehlen von Schwefel im Destillat, daß auch die Gruppe CoS_2 im Glanzkobalt nicht vorhanden ist. Dieser hat daher eine andere Konstitution wie Glaukodot oder Arsenkies.

[1]) A. Beutell, ZB. Min. etc. 1911, 668.

Konstitutionsformel.

Folgende zehn mögliche Formeln werden von A. Beutell[1]) aufgestellt:

1. S As / Co<>Co, / S As (Ring)

2. S S / Co<>Co, / As=As (Ring)

3. Co Co / As<>As, / S S (Ring)

4. Co S / As<>As, / S Co (Ring)

5. Co S / As<>As, / Co S (Ring)

6. Co, Co >As—As< S, S ,

7. S, Co >As—As< S, Co ,

8. Co=As—S—S—As=Co ,

9. S=As=Co—Co—As=S ,

10. Co=As—S—Co—As=S .

Er entscheidet sich schließlich für eine Formel, welche ringförmig gebaut ist, da die nichtringförmigen die Anwesenheit von zwei dreiwertigen Arsenatomen erfordern.

Es kommen daher nur die Formeln 2—5 in Betracht, von denen wiederum 2 und 4 ausscheiden, da sie auf die Markasitformel führen, wenn Arsen und Kobalt durch Arseneisen ersetzt werden. Arsenkies und Markasit haben nach A. Beutell verschiedene Konstitution. Eine sichere Entscheidung, welche der beiden übrigbleibenden Formeln, nämlich 3 und 5, richtig ist, läßt sich vorläufig noch nicht fällen. Er glaubt, daß die Formel 5, welche die Gruppe AsS_2 enthält, die wahrscheinlichere ist.

Demnach liegt auch bei Kobaltglanz und Glaukodot eine Isomerie vor.

Ich habe die Ansichten A. Beutells hier ausführlich gebracht, muß aber betonen, daß seine Folgerungen einigermaßen hypothetisch sind.

Chemische Eigenschaften.

Vor dem Lötrohr ist Kobaltglanz zu schwarzgrauer, schwach magnetischer Kugel schmelzbar, wobei arsenigsaure Dämpfe entweichen. Die so erhaltene Kugel zeigt mit Borax die charakteristische blaue Farbe.

Im offenen Rohr gibt er Dämpfe von schwefeliger Säure und ein Sublimat von Arsentrioxyd, im Kölbchen wenig Veränderung, nur schwaches Sublimat.

Salpetersäure zersetzt das Mineral in der Wärme, wobei sich Schwefel und arsenige Säure abscheiden und eine rote Lösung entsteht, aus welcher Bariumsalze den Schwefel als weißen Niederschlag abscheiden.

---

[1]) A. Beutell, ZB. Min. etc. 1911, 671.

E. F. Smith[1]) fand den Kobaltglanz in Schwefelmonochlorid bei 180° löslich.

J. Lemberg[2]) fand bei seinen mikrochemischen Versuchen (vgl. bei Arsenkies und Löllingit) den Glanzkobalt gegen Silbersulfatlösung sehr widerstandsfähig. Nach Kochen mit dieser Lösung durch 5, läuft er nur schwarzrötlich an. Wendet man Bromlauge an, so bedeckt er sich nach 5—10 Minuten mit schwarzem Kobaltsuperoxyd. Behandelt man dieses mit Ferricyankaliumlösung und einigen Tröpfchen Salzsäure, so wandelt sich das Kobaltspueroxyd in dunkelbraunes Ferridcyankalium um.

Nach J. Strüver reagiert Kobaltin wie Hauerit auf Silber (siehe S. 486 bei Hauerit).

Physikalische Eigenschaften.

Ziemlich vollkommen nach dem Würfel spaltbar. Unebener bis unvollkommen muscheliger Bruch. Spröde. Härte 5—6. Dichte schwankend 6,1—6,4.

Undurchsichtig, metallglänzend. Farbe silberweiß mit rötlichem Stich, auch stahlgrau mit violettem Stich. Es gibt auch grauschwarze Varietäten, dies sind solche, welche viel Eisen enthalten. Strich graulichschwarz, ähnlich wie Pyrit nach J. L. C. Schroeder van der Kolk.[3])

Spezifische Wärme nach P. E. W. Öberg[4]) 0,097; eine spätere Bestimmung von A. Sella ergab 0,0991. Nach F. E. Neumann 0,107. A. Sella[5]) berechnete die spezifische Wärme aus den Zahlen von As, S, Co: 0,0830, 0,1764, 0,1067, wobei er für die Verbindung CoAsS den Wert von 0,1094 erhielt, welche bedeutend höher ist; vielleicht ist die Nichtberücksichtigung des Eisens daran Schuld, oder aber stimmt die Art der Berechnung hier überhaupt nicht.

H. Fizeau[6]) bestimmte den linearen Ausdehnungskoeffizienten für 40° C $\alpha = 0{,}0_4 0919$. Der Zuwachs für 1° ist:

$$\frac{\Delta \alpha}{\Delta \Theta} = 0{,}0_6 170 .$$

Glanzkobalt ist guter Leiter der Elektrizität nach F. Beijerinck.[7]) Glanzkobal zeigt Thermoelektrizität. Darüber existiert eine Reihe von Untersuchungen W. G. Hankel[8]) fand ihn gegen Kupfer bei Oktaedern negativ, bei Würfeln positiv (Vorkommen von Tunaberg). Siehe auch Marbach.[9]) G. Rose[10]) untersuchte 17 Kristalle von Tunaberg und fand davon 8 positiv, 9 negativ, wobei er sich an die Arbeit Marbachs, welcher Kristalle jenseits des positiven Antimons und solche jenseits des negativen Wismuts fand, anlehnt (siehe bei Pyrit, S. 551, die Arbeiten Marbachs). G. Rose fand ferner unter zwei Kristallen von Skutterud einen positiv, den anderen negativ. Bei den negativen

[1]) E. F. Smith, Am. Journ. Chem. Soc. **20**, 289 (1898).
[2]) J. Lemberg, Z. Dtsch. geol. Ges. **46**, 796 (1894).
[3]) J. C. L. Schroeder van der Kolk, ZB. Min. etc. 1901, 75.
[4]) P. E. W. Öberg, Z. Kryst. **14**, 622 (1888).
[5]) A. Sella, ebenda **22**, 160 (1894).
[6]) H Fizeau bei C. Hintze, Min. I, 771.
[7]) F. Beijerinck, N. JB. Min. etc. Beil.-Bd. **11** (1898).
[8]) W. G. Hankel, Pogg. Ann. **62**, 197 (1844).
[9]) Marbach, C. R. **45**, 707 (1857).
[10]) G. Rose, Monatsber. Berliner Ak. 1870, 359.

Tunaberger Kristallen herrschte das Oktaeder vor, diese zeigten die Fläche (410), welche G. Rose als Leitfläche für die Thermoelektrizität angibt. Eine ausgedehnte Arbeit über diesen Gegenstand rührt von A. Schrauf u. E. S. Dana[1]) her. Sie untersuchten 482 Kristalle, welche zum größten Teil negativ waren und nur ein Viertel war positiv. Auch hier ließ sich beobachten, daß die Oktaeder negativ waren, diejenigen mit vorherrschendem Hexaeder dagegen positiv. Herrschte das Pentagondodekaeder vor, so erhielten sie mehr positive als negative (32 zu 20 V.). Bei den Kombinationen der Flächen (100), (111), (210) waren nur 24 positive gegen 115 negative. Es wurde dann auch die Dichte in Betracht gezogen, wobei es sich ergab, daß die dichteren, welche auch Co-reicher waren und welche den oktaedrischen Habitus zeigten, negativ waren. Die weniger dichten, welche meist Würfel waren, verhielten sich positiv. Als Grenze wurde folgendes angenommen: Es bilden sich bei einer

Dichte $>$ 6,3, Oktaeder, bei Dichte $>$ 6,1, Würfel.

Davon waren nur zwei Ausnahmen.

P. Curie[2]) wollte ähnliche Vergleiche wie bei Pyrit anstellen, nach der Streifung der Flächen, was aber bei Kobaltglanz nicht gelang.

H. Bäckström[3]) fand, daß zwischen den Flächen des Oktaeders und jenen des Hexaeders keine elektromotorische Kraft existiert. Bei regulären Kristallen ist diese in allen Richtungen gleich.

Das Funkenspektrum wurde von A. de Gramont[4]) untersucht, man erhält Linien von Arsen, Eisen und Kobalt, meist auch von Kupfer. Antimon fehlt.

Chalkographische Untersuchung.

H. Schneiderhöhn[5]) gibt folgende Charakteristik des Kobaltglanzes: Das Mineral poliert sich schlecht, darin ähnlich dem Pyrit und nur nach längerem Polieren erhält man eine glatte, einigermaßen rißfreie Oberfläche. Es sind einige wenige unvollkommene Spaltrisse nach dem Würfel und seltene dreieckige Löcher zu bemerken.

Die Farbe ist gelblichweiß mit Stich in Rosa. Das Reflexionsvermögen ist ziemlich hoch.

Kobaltglanz, welcher als regulärer Körper das Verhalten isotroper Körper im polarisierten Licht zeigen müßte, zeigt nicht dieses Verhalten. Die äußerlich einheitlichen Kristalle von Tunaberg zerfallen in anisotrope Teilstücke, die sich meistens lamellar durchdringen. Die Anordnung dieser Lamellen, wie sie im polarisierten Licht hervortreten, entspricht der durch Ätzung entwickelten (siehe unten). Dabei ist es bemerkenswert, daß alle Lamellensysteme dann auslöschen, wenn die Würfelflächen des Kristalles parallel den Nicolhauptschnitten stehen. In den Aufhellungslagen sind die Farben lebhaft, nach der einen Seite rosa, nach der anderen grünlich.

In der Auslöschungslage herrscht fast völlige Dunkelheit, so daß also Reflexion kein elliptisch polarisiertes Licht erzeugt.

---

[1]) A. Schrauf u. E. S. Dana, Sitzber. Wiener Ak. **69**, 156 (1874).
[2]) P. Curie, Bull. soc. min. **8**, 131 (1885).
[3]) H. Bäckström, Z. Kryst. **17**, 415 (1891).
[4]) A. de Gramont, Bull. soc. min. **18**, 304 (1895).
[5]) H. Schneiderhöhn, Anleitung z. mikr. Unters. Berlin 1922, 194.

Ätzverhalten. Kobaltglanz ist sehr widerstandsfähig gegen Ätzmitttel. Keine Wirkung haben: HNO_3, HCl, Königswasser, $FeCl_3$, $HgCl_2$, KCN, H_2O_2, Bromdampf. Es gibt nur ein brauchbares Ätzmittel, die schwefelsaure Permanganatlösung, durch diese werden die Lamellen herausgeätzt (siehe Fig. 63).

Innere Beschaffenheit. Bei den Kristallen von Tunaberg ergibt sich übereinstimmend aus dem Verhalten im polarisierten Licht und aus dem Ätzbild eine Struktur, welche zahlreiche Lamellen in den Kristallen zeigt, wobei im äußeren Teile des Kristalls Lamellen parallel dem Würfel auftreten, während im Innern des Kristalls die Lamellen anders orientiert sind (wahrscheinlich parallel) (111) und (320).

Fig. 63. Polierter Anschliff. Geätzt mit schwefelsaurer Permanganatlösung. Vergr. 5:1. Kobaltglanzkristall von Tunaberg, parallel einer Würfelfläche. Zwillingslamellen nach verschiedenen Flächen sind durch die Ätzung zum Vorschein gekommen.

Seltener kann man unregelmäßig begrenzte Teilstücke innerhalb der Kristalle erkennen.

H. Schneiderhöhn deutet dieses Verhalten darauf hin, daß es sich (ähnlich wie bei Boracit und Leucit) um eine Paramorphose handelt, entstanden durch enantiomorphe Umwandlung der bei höherer Temperatur regulären Kristalle der Verbindung CoAsS und Zerfall in Zwillingsindividuen von niederer Symmetrie.

Er faßt wegen der Isomorphie mit den anderen Gliedern der Markasitgruppe diese Lamellen als rhombische auf. Dazu wäre allerdings zu bemerken, daß dies jedenfalls wahrscheinlich ist, daß aber die Isomorphieverhältnisse der hierher gehörigen Verbindungen doch noch ziemlich ungeklärt sind.

Diese Deutung steht allerdings im Widerspruch mit der früher erwähnten Untersuchung M. Mechlings,[1]) dessen Lauegraphische Untersuchung eine regulär-tetartoedrische Klasse ergab. H. Schneiderhöhn ist der Ansicht, daß dies durch die Untersuchungsmethode M. Mechlings bedingt war, und eine modifizierte Untersuchungsweise die rhombische Symmetrie ergeben würde.

Die Unterscheidung des Kobaltglanzes von Pyrit und Arsenkies geschieht durch die Farbe (Rosastich) und bei Pyrit auch durch die Anisotropie.

Später hat W. Flörke[2]) die Untersuchung von H. Schneiderhöhn, daß der Kobaltglanz aus rhombischen Zwillingslamellen besteht, bestätigen können.

Vorkommen und Genesis des Kobaltglanzes. Dieses Mineral kommt sowohl in Gneis, Glimmerschiefer und ähnlichen vor, als auch auf Fahlbändern. Im Kaukasus bildet es mächtige Lager. Die Begleitmineralien sind verschieden. So haben wir im Siegener Revier mit Eisenspat, ebenso kommt er mit anderen Kobalterzen mit Brauneisen auf Quarz-Kalkspat-Eisenspatgängen bei Ussglio

[1]) M. Mechling bei F. Rinne, Abh. sächs. Akad. 38, Nr. 3 (1921).
[2]) W. Flörke, Metall u. Erz **20**, 297 (1921).

(Italien) vor. Auf der Insel Sardinien finden sich Kobaltin, Nickelin, Kobaltblüte in Eisenspat. Auch auf Kupfererzlagern findet er sich bisweilen, so bei Coquimbo, ebenso auf den Silbergruben von Atacama.

Ebenfalls mit Carbonaten kommt er bei Hasserode im Harz, zusammen mit Wismut vor. In Spanien am Guadalcanal kommt er auf Kalkspat zusammen mit Pyrargyrit vor. Aber auch auf Gängen mit Quarz in Quarzit finden wir ihn in den spanischen Pyrenäen (Gistain, Prov. Huasca).

Auch im Banat auf der Elisabethgrube bei Oravicza findet er sich in körnigem Kalkspat.

Die interessantesten sind wohl die von Modum (Norwegen) und Skutterud, sowie die von Tunaberg (Schweden). Er kommt dort teils direkt im quarzreichen Glimmerschiefer, im Gneis, teils aber auch im körnigen Kalk vor. Bei Tunaberg ist er mit Kupferkies vergesellschaftet.

Das interessante Vorkommen von Hakansboda tritt ebenfalls in mit Gneis umgebenen Lagern von Kalkstein auf; als Begleiter treten auf: Kupferkies, Pyrit, Magnetkies.

Besonders wichtig ist das Kobaltfahlband von Modum, welches sich auf eine Länge von 10 km erstreckt. Das Haupterz ist der Kobaltglanz, daneben findet sich Skutterudit und Glaukodot, Pyrit, Pyrrhotin, Kupferkies und Molybdänglanz.

Die Kobalterze bilden Imprägnationen besonders in den Quarziten und auch im Augengneis. Th. Kjerulf hatte diese Fahlbänder noch als Sedimente aufgefaßt. Jedoch weist nach H. J. L. Vogt die Unregelmäßigkeit im Fallen und Streichen auf epigenetische Bildung. Ebenso wird dies dargetan durch die Begleitmineralien: Turmalin, Yttrotitanit, Zirkon und Malakolith [siehe darüber F. Beyschlag, P. Krusch und J. H. L. Vogt, Lagerst. nutz. Min. II, 625 (1913)].

Im allgemeinen ist nach A. Bergeat[1]) das Vorkommen von Kobaltglanz auf Erzgängen selten. Die wichtigen Kobaltglanzvorkommen werden als metasomatische Kontaktlagerstätten gedeutet, besonders Tunaberg, Skutterud und Snarum sind sogenannte Kobaltfahlbänder. Das herrschende Gestein ist Gneis (sehr quarzreich); dann kommen vor Glimmerschiefer, Hornblendeschiefer, Malakolithfels. Letzterer enthält Anthophyllit, Glimmer, Turmalin, Graphit. Die Erze sind: Markasit, Pyrit, Pyrrhotin, Kupferkies, Molybdänglanz, sekundär auch gediegen Kupfer. Die reichen Kobalterze sind besonders an Malakolithfels gebunden (nach Fr. Müller[2])).

Was die Genesis anbelangt, so dürfte sie an den verschiedenen Lagerstätten nicht ganz dieselbe sein. A. Beutell bezieht sich bei den Kobaltarseniden namentlich auf die Analogie mit dem Löllingit von Reichenstein, welchen er als ein magmatisches Differentiationsprodukt hinstellt, während andere Forscher anderer Ansicht sind, so namentlich neuerdings C. Berg.

Siehe die Genesis auch bei Speiskobalt und besonders die Abhandlung über sulfidische Erze von H. Schneiderhöhn im Verlauf.

Was die Umwandlung des Kobaltglanzes anbelangt, so ist dieses Mineral nicht sehr zu solchen geneigt, immerhin deuten die vorkommenden Anlauffarben auf solche Umwandlung. Die zuweilen mit Kobaltglanz vorkommende Kobaltblüte ist durch Oxydation des ersteren entstanden. Bei der Zersetzung

[1]) A. W. Stelzner-A. Bergeat, II, 1168.
[2]) Fr. Müller bei A. W. Stelzner-A. Bergeat, I, 269.

bildet sich zuerst arsenige Säure, welche sich mit dem Kobalt zu Arseniat verbindet, wobei der Sauerstoff der Atmosphäre die Umwandlung in Arsensäure hervorgebracht hat. Daneben können sich auch Sulfate bilden.

Verbindungen von Nickel mit Schwefel, Arsen und Antimon.

Wir haben hier zu unterscheiden 1. Verbindungen von Nickel mit Schwefel allein, 2. Verbindungen mit Arsen allein, 3. endlich solche, welche sowohl Schwefel als auch Arsen oder Antimon enthalten.

Es gibt demnach Nickelsulfide, Nickelarsenide, Nickelantimonide, schließlich auch solche, welche sowohl Arsen, als Antimon neben Schwefel enthalten. Die Anordnung ist hier eine beliebige, wir werden zuerst das reine Nickelsulfid, dann die Arsenide und Antimonide, ferner die Sulfarsenide und Sulfantimonide behandeln.

A. Verbindungen von Nickel mit Schwefel.

Von Sulfiden haben wir nur das einfache Sulfid NiS zu behandeln, welches in zwei Kristallklassen vorkommt, als Millerit und als Beyrichit; H. Laspeyres[1]) hat es wahrscheinlich zu machen gesucht, daß Millerit durch molekulare Umwandlung aus Beyrichit entstanden sei. Diese Ansicht ist vielfach angenommen worden und auch in C. Hintzes Mineralogie aufgenommen worden. Indessen sind doch Zweifel aufgetaucht, ob aller Millerit so entstanden sei. W. Flörke[2]) hat eine metallmikroskopische Untersuchung des Millerits von einer Reihe von Fundpunkten vorgenommen und H. Laspeyres, welcher die Dichte des Millerits größer fand als die des Beyrichits, behauptete, daß infolge dieser Volumveränderung eine schalige Absonderung bzw. eine faserige Struktur des Millerits eingetreten sei. W. Flörke konnte nun nichts dergleichen beobachten; auch wäre bei einer derartigen Umwandlung ein Zerfall in Zwillingslamellen (wie etwa bei Leucit) zu erwarten; auch dies konnte nicht beobachtet werden. Nach H. Laspeyres soll sich auch der Beyrichit in kürzester Zeit in Millerit umwandeln, was W. Flörke ebenfalls nicht bestätigen konnte. Aus allem schließt W. Flörke[2]) wohl mit Recht, daß diese Frage der Umwandlung Beyrichit in Millerit erneuter Untersuchung bedürfe. Vielleicht ist Beyrichit nur eine Varietät des Millerits; alle Eigenschaften sind bis auf die Dichte gleich.

Das System Ni—S.

Das System Nickel–Schwefel wurde von K. Bornemann[3]) untersucht. Es ergab sich, daß die Verbindung NiS nur bei niederen Temperaturen beständig ist. Dies stimmt ja auch mit den Verhältnissen der natürlichen Bildungsweise von Nickelsulfid überein.

Das von K. Bornemann konstruierte Diagramm reicht von 0% Schwefel bis 31%. Im Schmelzflusse beständig ist nur die Verbindung: Ni_3S_2, welche bei 787° sich bildet.

Diese Verbindung existiert in der Natur nicht.

---

[1]) H. Laspeyres, Z. Kryst. **20**, 535 (1892).
[2]) W. Flörke, Metall u. Erz **20**, 198 (1922).
[3]) K. Bornemann, Metallurgie 1908, 13.

Bei niederen Temperaturen existieren: NiS, Ni_3S_4, NiS_2, vielleicht auch Ni_6S_5.

Eine Verbindung Ni_2S existiert nicht im Schmelzfluß, sie entspricht dem Eutektikum, welche bei 644° zwischen den gesättigten Mischkristallen von Ni_3S_2 und Ni liegt.

Ältere Synthesen der Nickelsulfide.

Künstlich hat man folgende Verbindungen von Schwefel und Nickel erhalten: NiS, Ni_2S, Ni_3S_4, NiS_2 und NiS_2.

Von diesen kommen in Erzen vor: NiS (Beyrichit-Millerit) und NiS_2 in nickelhaltigen Pyriten und Hengleinit. Im Horbachit tritt die Verbindung NiS wie im Magnetkies auf. Die nickelreichen Verbindungen kommen in der Natur nicht vor.

Das Sulfür Ni_3S_4 erhält man durch Glühen von $NiSO_4$, auch aus einem Gemenge von $NiSO_4$ und S. Siehe bei O. Dammer, III, 505 (1893). Das Sulfid Ni_3S_4 entsteht bei Einwirkung von Kaliumpolysulfiden auf eine Lösung von $NiCl_2$ bei 160°. H. de Sénarmont[1]) erhielt auf diese Weise einen schwarzgrauen Niederschlag. A. Geitner[2]) erhielt würfelähnliche Rhomboeder durch Einwirkung von Schwefelsäure oder von Natriumsulfatlösung auf Nickel bei 200°.

Die Resultate der beiden Forscher seien hier gegeben:

	I	II
Ni	58,3	57,7
S	41,7	42,6
	100,0	100,3

Unter I sind die Resultate von H. de Sénarmont (Nickel aus der Differenz bestimmt), unter II die Resultate Geitners angeführt.

Das Disulfid wurde von C. v. Fellenberg[3]) durch Glühen von Nickelcarbonat mit Schwefel und Na_2CO_3 und nachherigem Auslaugen mit Wasser erhalten: Es ergab sich ein dunkeleisengraues Pulver. Doch ist diese Synthese angezweifelt worden (siehe S. 697).

Das Sulfid NiS hat Proust[4]) bei Erhitzen von Nickel mit Schwefel dargestellt, ebenso H. Rose.[5]) Tuputti erhielt diese Verbindung, als er NiO mit Schwefel erhitzte. Arfvedson[6]) leitete Schwefelwasserstoff über glühendes NiO. Tuputti erhielt es auch, indem er wasserhaltiges Nickelsulfid unter Luftabschluß glühte, ebenso O. Weigel.

Bei der Umsetzung von NiO mit FeS bei Gegenwart verschlackender Mittel, ferner bei Reduktion von Nickelsulfat mit Wasserstoff oder Kohle erhielt es Schweder. Poulenc[7]) erhielt es bei Erhitzen von NiF_2 im H_2S-Strom auf Rotglut, wobei sich Kristalle bildeten. Ob hier immer kristalline Substanz sich bildete, ist nicht bekannt. Siehe ferner die Synthesen von A. Baubigny, E. Weinschenk, H. de Sénarmont bei Millerit.

[1]) H. de Sénarmont, Ann. chim. phys. **32**, 129 (1851).
[2]) A. Geitner, Ann. d. Chem. **129**, 354 (1868).
[3]) C. v. Fellenberg, Pogg. Ann. **50**, 75.
[4]) Proust, Gehlen. J. **6**, 580 (1805).
[5]) H. Rose, Pogg. Ann. **42**, 540 (1837).
[6]) Arfvedson, ebenda **1** (1824). (Nach Kraut-Gmelin, l. c.)
[7]) Poulenc, C. R. **114**, 1426 (1882).

C. F. Rammelsberg[1]) erhielt es bei Erhitzung von $Ni_2S_2O_3 . 6H_2O$. Weitere Literatur in Kraut-Gmelin, Handb. anorg. Chem. **5**, 61 (1909).

Es gibt auch ein kolloidales NiS, was insofern von Wichtigkeit ist, als wohl mancher Millerit sich aus Lösungen ursprünglich kolloidal gebildet haben kann und dann langsam spontan sich in kristallines umwandelt. Über Darstellung des kolloidalen NiS siehe Kraut-Gmelin, Handb. anorg. Chem. **5**, 63 (1909).

Das künstliche NiS zeigt wie das natürliche deutliche Leitfähigkeit. Diese wurde von F. Streintz[2]) untersucht.

Was die Eigenschaften des künstlichen Nickelsulfids anbelangt, so war das von Tuputti[3]) dargestellte speisgelb gefärbt, also wie das natürliche; es war spröde, zeigte unebenen Bruch und ist nicht magnetisch. Das von Arfvedson dargestellte NiS ist dagegen dunkelgrau und ebenfalls nicht magnetisch. A. Baubigny und E. Weinschenk erhielten Kristalle. C. F. Rammelsberg[1]) hatte eine gelbe, zusammengesinterte Masse erhalten.

Weniger wichtig ist für uns das Sulfid Ni_2S, das in der Natur nicht existiert. Es wird durch Reduktion von $NiSO_4$ durch Wasserstoff in Weißglut erhalten, ferner nach A. Mourlot, wenn man NiS im elektrischen Ofen erhitzt.

Wichtig für die Mineralogie ist NiS_2. C. v. Fellenberg erhielt es (S. 696). Dagegen sind Italo und L. Bellucci[4]) der Ansicht, daß dieses Bisulfid nicht existiere.

Wichtig ist das Sulfid Ni_3S_4, weil es in der Linneitgruppe vorkommt.

Beyrichit.

Synonym: Haarkies.

Kristallklasse: Hexagonal-rhomboedrisch. $a:c = 0{,}32999$ im Mittel nach H. Laspeyres. Wohl ident mit Millerit (S. 699).

Analysen.

	1.	2.	3.	4.
δ	4,700	4,699	—	—
Mn	Spur	—	—	
Fe	2,79	0,851	—	2,96
Co	Spur	2,016	—	61,46 (Co + Ni)
Ni	54,23	61,046	64,881 (Fe + Co + Ni)	
S	42,86	35,692	35,479	35,58
	99,88	99,605	100,360	100,00

1. Von der Grube Lammerichskaule südwestlich Oberlahr bei Altenkirchen (Rev. Hamm); anal. K. Th. Liebe, N. JB. Min. etc. 1871, 842. — Ist wohl Polydymit.
2. bis 4. Ebendaher; anal. H. Laspeyres, Z. Kryst. **20**, 540 (1892). — Siehe S. 698.

Formel. Die erste Analyse gibt andere Resultate wie die von H. Laspeyres. K. Liebe schloß aus seiner Analyse auf ein Verhältnis R : S = 5 : 7 und schrieb die Formel:

$$3\,(Ni, Fe)S + 2\,(Ni, Fe)S_2 .$$

---

[1]) C. F. Rammelsberg, Pogg. Ann. **50**, 396 (1842).
[2]) F. Streintz, Wied. Ann. **9**, 854 (1902).
[3]) Tuputti nach Kraut-Gmelin, Handb. anorg. Chem. **5**, 61 (1909).
[4]) Italo u. L. Bellucci, Gazz. chim. It. **38**, 635; Chem. ZB. II, 760 (1908).

im Vergleiche zu der H. Laspeyresschen Analyse ergibt sich ein Schwefelüberschuß, dieser ist nach H. Laspeyres durch Verunreinigungen mit Polydymit und Kobaltnickelkies entstanden. Schon K. Liebe konstatierte, daß Beyrichit beim Erhitzen ohne zu schmelzen Schwefel abgebe.

H. Laspeyres hat nun den Schwefel, welcher durch Abdestillation entweicht, bestimmt. Bei dieser Abdestillation wurde das Mineral keineswegs zersetzt oder verändert.

Er fand:

Abdestillierter Schwefel . .	1,35 %
S im Rückstand	34,23
Fe	2,96
Ni und Co	61,46
	100,00

Das Verhältnis S : R = 1,009 : 1.

Dagegen ergab sich bei einer anderen Stufe eine Zusammensetzung, welche dem Polydymit entspricht. Die Analyse von K. Liebe war demnach an Polydymit ausgeführt worden.

Der Versuch, den Schwefel abzudestillieren, führte nämlich zu ganz anderen Resultaten. Es destillierten bei diesem Stück 6,81 % Schwefel ab. Das Verhältnis des Gesamtschwefels zu Eisen, Nickel und Kobalt war 1,229 : 1. Die Analysenzahlen ergeben das Verhältnis:

$$(\mathrm{Ni, Co, Fe}) : \mathrm{S} = 1 : 1{,}25 = 4 : 5.$$

Die Analyse von K. Liebe bezieht sich nicht auf Beyrichit.

F. W. Clarke[1]) schreibt die Formel des Beyrichits Ni_3S_4.

Eigenschaften. Das Achsenverhältnis des Beyrichits ist dasselbe wie das des Millerits. Beyrichit spaltet wie Millerit nach $(01\bar{1}2)$ und $(10\bar{1}1)$ gleich gut, weniger vollkommen nach $(11\bar{2}0)$ dort, wo die Umwandlung zum Millerit schon begonnen hat. Dadurch erhält der neu gebildete Millerit eine auffallend faserige Struktur.

Der Hauptunterschied zwischen den beiden Modifikationen des Nickelsulfids liegt in der Dichte, welche bei Beyrichit 4,699 ist, während Millerit bedeutend schwerer ist. Die Härte scheint nahezu dieselbe zu sein, denn H. Laspeyres bestimmte sie als zwischen 3—4, näher bei 3. K. Liebe hatte sie zwischen 3,2—3,3 gefunden.

Ein beträchtlicher Unterschied liegt allerdings in der Farbe. Die Kristalle und Strahlen zeigen eine ganz unregelmäßige, oft fleckenartige Farbenverschiedenheit. Bald besitzen sie die messinggelbe Farbe des Millerits, bald und zwar vorherrschend eine bleigraue. Die gelbe Farbe tritt am häufigsten auf den Prismenflächen und auf den beiden Flächen der alten Spaltungsfläche auf und dringt von hier aus unregelmäßig in das Innere der Kristalle ein. Dort zeigt sich eine bleigraue Farbe.

H. Laspeyres[2]) deutet diese bei Beyrichit vorkommenden Farbenunterschiede als Verwachsung von Millerit und Beyrichit; diese ist durch die Umwandlung des Beyrichits in Millerit verursacht, sie erinnert an die Uralitisierung des Augits. K. Liebe[1]) sowie Ferber haben die Umwandlung als eine chemische bezeichnet, während H. Laspeyres eine molekulare Umwandlung annimmt. Beide Mineralien sind miteinander innig verwachsen.

[1]) F. W. Clarke, Data of Geochimistry 1916.
[2]) H. Laspeyres, l. c.

In Salzsäure ist Beyrichit wie Millerit unlöslich. Dagegen ist das Mineral in Salpetersäure löslich.

Nach allen diesen Angaben ist es jedenfalls sicher, daß zwei Varietäten — Beyrichit und Millerit — vorliegen, welche nur gewisse Unterschiede in der Farbe und im spezifischen Gewicht zeigen, aber sonst völlig übereinstimmen. Es ist daher fraglich, ob man Beyrichit als gleichberechtigtes Mineral neben Millerit stellen soll, und noch zweifelhafter ist es, ob man wirklich allen Millerit als aus Beyrichit hervorgegangen betrachten kann. Darüber werden doch erst weitere Forschungen zu entscheiden haben.

Vorkommen. Beyrichit ist ein äußerst seltenes Mineral und wurden alle Untersuchungen bisher an einem einzigen Exemplar ausgeführt. Er kommt mit Braunspat und Eisenspat auf weißem Quarz vor.

Über die Genesis ist nichts bekannt geworden.

Millerit.

Von **M. Henglein** (Karlsruhe).

Synonyma: Haarkies, Harkise, Trichopyrit, Capillose, Nickelkies, Gelbnickelkies, thiodischer Pyrrhotin.

Kristallklasse. Trigonal-rhomboedrisch. $a:c = 1:0{,}3274$ nach Ch. Palache und H. O. Wood[2]), nach J. Beckenkenkamp[3]) $c = 0{,}9721$ und hemimorph.

Analysen.

	1.	2.	3.	4.	5.	6.
δ	5,000	—	5,65	—	—	—
Cu	—	—	1,14	—	0,87	4,63
Fe	—	—	1,73	4,16	0,40	1,32
Ni	64,35	64,80	61,34	58,22	63,08	59,96 (Ni + CO)
CO	—	—	—	—	0,58	
S	34,26	35,03	35,79	37,05	35,14	33,60
Gangart u. Rückstand	—	—	—	—	0,28	0,54
	98,61	99,83	100,00	99,43	100,35	100,05

1. Von der Adolphusgrube bei Johann-Georgenstadt (sächs. Erzgebirge), von M. H. Klaproth für Arsennickel gehalten; anal. Arfvedson, Ann. d. Phys. **1**, 68. — F. Rammelsberg, Min.-Chem. 1875, 59.

2. Von Friedrichszeche bei Oberlahr, Altenkirchen; anal. C. Schnabel bei F. Rammelsberg, Min.-Chem. 1875, 95.

3. Von Grube Kronprinz zu Kamsdorf (Thüringen); anal. bei F. Rammelsberg, ebenda.

4. Von der Germaniazeche bei Dortmund, 8 cm lange Kristalle; anal. Marck, N. JB. Min. etc. 1861, 674.

5. u. 6. Von der Gap-Mine, Lancaster-Co. Pennsylvanien, mit Magnetkies; anal. F. Genth, Am. Journ. Chem. Soc. **33**, 195 (1862).

Strukturen. Nach Niels Alsen C_3, C_{3i}, C_{3v} und D_{3d}, also keine Magnetkiesstruktur. Eine endgültige Entscheidung ist noch nicht getroffen. Künstliche NiS zeigt auffallende Ähnlichkeit mit Magnetkies.

$a = 3{,}42 \cdot 10^{-8}$, $c = 5{,}30 \cdot 10^{-8}$, also das Achsenverhältnis 1,55.

---

[1]) K. Liebe, siehe bei H. Laspeyres.

[2]) Ch. Palache u. H. O. Wood, Z. Kryst. **41**, 8 (1905).

[3]) J. Beckenkamp, Z. Kryst. **44**, 257 (1908).

	7.	8.
δ	5,7—5,9	5,028
Fe	1,16	0,80
Ni	63,41	64,45
S	35,27	35,55
	99,84	100,80

7. Von Grube Lammerichskaule bei Oberlahr in feinen Lamellen auf Beyrichit; anal. K. Th. Liebe, N. JB. Min. etc. 1871, 843.
8. St. Louis (Missouri); anal. A. V. Leonhardt, Z. Kryst. **10**, 318 (1885).

Chemische und physikalische Eigenschaften.

Formel. Dieselbe ist NiS. Der Co-Gehalt ist verhältnismäßig sehr gering, Cu und Fe dürften von Verunreinigungen herrühren.

A. de Gramont erhielt im Funkenspektrum zahlreiche Nickellinien, welche die des Schwefels teilweise beeinträchtigten, die des Eisen und Kobalts waren nur schwach.

Millerit schmilzt auf Kohle unter Sprühen zu einer magnetischen Kugel. Nach dem Abrösten des Schwefels erhält man eine rotbraune Borax-Oxydationsperle, die durch geringen Co-Gehalt violettbraun wird. Im Reduktionsfeuer wird die Perle grau; Nickelausscheidung. Der Schwefel ist nur im offenen Rohr nachweisbar als entweichende schwefelige Säure.

Eigenschaften. Millerit löst sich in Salpetersäure und Königswasser unter Grünfärbung der Lösung und Abscheiden des Schwefels. Durch Behandlung mit schwefelsaurer Silbersulfatlösung bei 70° tritt violettblaue Färbung auf. Nach J. Lemberg[1]) wird Millerit durch alkalische Bromlauge mit gut haftendem schwarzen Nickelsuperoxyd überzogen, das durch Ferricyanwasserstoff in braungelbes Ferricyannickel übergeht, durch Ferrocyanwasserstoff in apfelgrünes Ferrocyannickel, das an haarförmigen Kristallen gut haftet, aber nicht an Schliffflächen.

Nach O. Weigel[2]) ist die Löslichkeit von künstlichem Millerit in Mol. im Liter reinen Wassers $16,29 \times 10^{-6}$. Für NiS fand er $39,87 \times 10^{-6}$.

Nickelsulfid schmilzt nach W. Biltz bei 797 ± 2^0.

Nach F. Beijerinck[3]) ist Millerit ein ausgezeichneter Leiter der Elektrizität.

Die Dichte ist nach J. Beckenkamp[4]) 5,26—5,30, die Härte zwischen 3 und 4.

Millerit spaltet ausgezeichnet nach $(01\bar{1}2)$ und $(10\bar{1}1)$; Gleitflächen nach $(01\bar{1}2)$, nach denen auch Zwillingsbildung zu beobachten ist. Durch Druck sind leicht Zwillinge herzustellen. Haarförmige Kristalle sind elastisch biegsam. Die meist haarförmigen Kristalle zeigen, wenn die Säulen dicker werden, oscillatorische Längsstreifung. Unter Verwendung Millerscher Symbole bilden (011) als Gleitfläche und [111] als Grundzone ein rationales Paar von Schiebungselementen. Nach A. Johnsen[5]) stellen $(2 \pm 2\pi \| \mp \pi \| \mp \pi)$ und [111] unendlich viele rationale Paare von Schiebungselementen dar und wird

[1]) J. Lemberg, Z. Dtsch. geol. Ges. **46**, 796 (1894).
[2]) O. Weigel, Nachr. Ges. Wiss. Göttingen, Math.-phys. Kl. 1906, 1.
[3]) F. Beijerinck, N. JB. Min. etc. Beil.-Bd. **11**, 431 (1897).
[4]) J. Beckenkamp, Z. Kryst. **44**, 257 (1908).
[5]) A. Johnsen, ZB. Min. etc. 1916, 129.

anderseits jedes Gitter mit dem primitiven Rhomboeder $\{\pi \| \pi \pm 1 \| \pi \pm 1\}$ durch die Milleritschiebung in sich deformiert. Kein einziges Gitter nach basiszentrierten hexagonalen Säulen zweiter Stellung wird durch die Milleritschiebung in sich übergeführt.

Die Farbe ist messinggelb mit Stich ins Bronzefarbene.

Millerit ist die stabile Modifikation von NiS und angeblich eine Paramorphose des Beyrichits.

Mikrographische Untersuchung. Schliffe annähernd parallel und senkrecht zur *c*-Achse, wurden von mehreren Fundorten durch W. Flörke[1]) untersucht. Millerit poliert sich sehr gut. Die Farbe im Anschliff ist in Luft gelb, die Farbbezeichnung nach W. Ostwald *ec* 00, d. i. 36% Weiß, 44% Schwarz, 20% erstes Gelb.

Im polarisierten Licht zeigen die Schliffe $\| c$ im weißen Licht lebhaften Farbwechsel beim Drehen. Bei Verwendung monochromatisehen Lichtes tritt bei Drehung um 360° ein viermaliger Intensitätswechsel auf.

Ätzverhalten. Konzentrierte HNO_3, Königswasser, Bromnatronlauge, Bromdampf, $FeCl_3$ (schwach) und schwefelsaures $KMnO_4$ (stark) wirken auf Millerit ein und färben zunächst braun infolge der Bildung eines Niederschlags, bei stärkerer Einwirkung immer dunkler, wobei die Oberfläche zunächst irisierend wirkt. Nach Abwischen mit Schwefelkohlenstoff erscheint die Oberfläche rauh; die Spaltrisse werden deutlicher.

W. Flörke konnte nichts von einer schaligen Absonderung bzw. faserigen Struktur des Millerits wahrnehmen. Die Frage, ob wirklich aller Millerit aus Beyrichit entstanden ist, bedarf einer erneuten Prüfung.

Synthese.

A. Baubigny[2]) stellte zuerst einwandfreien Millerit durch Erhitzen einer kalt mit Schwefelwasserstoff gesättigten, etwas freie Schwefelsäure enthaltenden Nickelsulfatlösung auf 80° C in geschlossener und nur halb gefüllter Röhre her. E. Weinschenk[3]) erhielt messinggelbe Nadeln aus einer Nickelsulfatlösung beim Erhitzen mit Rhodanammonium und Essigsäure. Die Nadeln gleichen den natürlichen und sind auch zu büschelligen Gruppen vereinigt; einzelne Kristalle sind auch gewunden.

W. Biltz[4]) bekam durch Einschmelzen von etwa 10 g gefüllten Nickelsulfides im Stickstoffstrom eine kristallinische, feinkörnige, metallisch weißglänzende Masse von der Zusammensetzung des Millerits. Nach der Farbe zu urteilen, scheint der labile Beyrichit vorzuliegen. Siehe auch S. 696.

Vorkommen und Paragenesis.

Millerit kommt mehrfach auf Klüften des unteren und produktiven Steinkohlengebirges in haarfeinen Nadeln vor und zwar in Tiefen eines nickelhaltigen Gemenges von Eisen- und Kupferkies mit Eisenspat, Kalkspat und Quarz. Auf Eisensteingängen im Devon bei Dillenburg, Burbach, Hamm, Siegen, Müsen u. a., bei St. Andreasberg (Harz) mit Fahlerz, Kupferkies und

---

1) W. Flörke, Metall u. Erz, N. F. **11**, 198 (1923).
2) A. Baubigny bei F. Fouqué und M. Lévy, Synthèse 307 (1882).
3) E. Weinschenk, Z. Kryst. **17**, 500 (1889).
4) W. Biltz, Z. anorg. Chem. **59**, 213 (1908).

Kalkspat, zu Annaberg (Sachsen) mit Nickelblüte und anderen Nickelmineralien, zu Freiberg großstrahlige Aggregate und nadelige Kristalle mit Linneït, Bleiglanz und Polybasit auf Fluorit, Kalkbaryt und Quarz. Mehrfach ist das Vorkommen von Millerit im Serpentin beobachtet worden, auch an Rändern von Gabbros oder Peridotiten, die mehr oder weniger zersetzt waren und aus denen der Nickelgehalt stammt. Auf der Ostseite des Bromptonsees (Quebec) findet sich Millerit in einem Kalkspatgang in Serpentin, der an den Salbändern hellgrünen Chromgranat in körnigen Massen und Diopsid führt. Auch im Meteoreisen ist Millerit nachgewiesen worden, ferner als Seltenheit unter den Sublimationsprodukten des Vesuvkraters.

Violarit.[1])

Von **C. Doelter** (Wien).

Dieses neue Mineral wurde früher als Polydymit bezeichnet und stammt von der Key Westmine in Nevada. Die Zusammensetzung ist, wenn das neue Mineral von dem begleitenden Pentlandit befreit wird wahrscheinlich:

$$NiS_2.$$

Synthese. Dieses Sulfid hat C. v. Fellenberg schon vor langer Zeit dargestellt (siehe S. 696). Die Analyse des Kunstproduktes ergab:

	I.	II.
Ni	48,72	47,89
S	51,28	52,11
	100,00	100,00

I. Sind die Zahlen von C. v. Fellenberg, II. die von ihm für NiS_2 berechneten Zahlen. Es wurde jedoch schon früher mitgeteilt, daß diese Synthese von Italo und L. Bellucci in Zweifel gezogen wurde (siehe S. 697).

Das System Ni—As und die künstlichen Nickelarsenide.

Nickelarsenide sind schon frühzeitig dargestellt worden. Bereits A. Gehlen[2]) stellte Ni_2As durch Erhitzen der beiden Elemente in geschlossenem Tiegel als pulverigen Körper dar. Ebenso F. Wöhler[3]) aus Nickelarseniat im Kohletiegel bei Weißglut; er erhielt ein sprödes, grauweißes, unmagnetisches Pulver.

Descamp[4]) stellte die Verbindung Ni_3As_2 durch Reduktion des Nickelarseniats mit Cyankalium bei 600° C dar.

A. Granger und P. Didier[5]) erhielten Ni_3As_2, als sie Nickel in einem Strom von Arsentrichlorür erhitzten.

Nach F. Plattner[6]) wird durch Erhitzen von Ni_2As die Verbindung NiAs gebildet. Nach A. Gurlt[7]) existieren auch die Verbindungen Ni_3As und Ni_5As.

[1]) W. Lindgreen u. W. H. Davy, Econ. Geol. **19**, 318 (1924). Nach Ref. in Miner. Abstractions, London, II, 338 u. 449 (1925).

[2]) Nach O. Dammer, Handb anorg. Chem. III, 513 (1893).

[3]) F. Wöhler, Pogg. Ann. **25**, 302.

[4]) Descamp, C. R. **86**, 1065.

[5]) A. Granger u. P. Didier nach K. Friedrich. Auch Bull. soc. chim. **23**, 506 (1900).

[6]) F. Plattner, Probierkunst. Freiberg.

[7]) A. Gurlt, Künstl. Mineralien. Freiberg 1857, 35.

K. Friedrich[1]) stellte die Legierungen von Nickel und Arsen dar und erhielt das Diagramm Ni—As.

Die möglichen Verbindungen sind ihmzufolge:

NiAs	mit	71,8 % As
Ni_2As_3	mit	65,6
Ni_2As	mit	38,9
Ni_5As_2	mit	33,7
Ni_3As_2	mit	45,9
Ni_3As	mit	29,8

Von diesen existieren in der Natur oder als Hüttenprodukte $NiAs_2$, Ni_3As_2 (A. Breithaupts Plakodin).

K. Friedrich[1]) schmolz Nickel in Tontiegeln mit großem Überschuß von Arsen. Das Schmelzdiagramm reicht von 0 bis 57,4 % Arsen. Es ergeben sich 15 Zustandsfelder, in welchen sechs Kristallarten auftreten. Auch die Nickelkristalle enthielten 5,5 % Arsen. Er erhielt Mischkristalle von Ni_5As_2 mit 35,7 % Arsen, dann die Verbindungen Ni_3As_2 (?) und NiAs. Die diesen entsprechenden Temperaturen liegen bei 998 und 968°.

Zwischen 950 und 998° wandeln sich die α-Arten von Ni_5As_2 in β-Arten um. Wahrscheinlich ist auch eine Verbindung Ni_3As_2. Dagegen sind die Legierungen Ni_3As und Ni_2As am Aufbau nicht beteiligt.

A. Brukl[2]) stellte das Arsenid Ni_3As_2 auf nassem Wege durch Einwirkung von Arsenwasserstoff auf eine Nickelsalzlösung dar.

Die in der Natur vorkommenden Arsenide sind:

NiAs, $NiAs_2$, Ni_3As_2 und Ni_3As.

Das erste kommt im Arsennickel (Rotnickel, Nickelin) auch im Arit vor, das zweite bildet den Chloanthit, kommt aber auch im Rammelsbergit vor, ferner im Safflorit in kleinen Mengen vor, ebenso im Hengleinit.

Das Sesquiarsenid des Nickels dürfte den Maucherit bilden, obgleich es nicht entschieden ist, ob diesem Arsenid nicht die Formel Ni_4As_3 zukommt. Die erstere Formel ist aber deshalb wahrscheinlich, weil das Arsenid Ni_4As_3 nicht im System Ni–As vorkommt, und im Gegensatz zu den anderen Nickelarseniden nicht synthetisch dargestellt ist, während das Arsenid Ni_3As_2 auf verschiedene Arten dargestellt wurde.

Das Arsenid Ni_3As, welches ebenfalls synthetisch dargestellt werden konnte, wurde dann vor nicht langer Zeit auch in der Natur von O. Hackl entdeckt.

Von den genannten Arseniden sind für uns besonders wichtig NiAs, $NiAs_2$, sowie Ni_3As_2. Die von A. Granger und P. Didier erhaltenen Arsenide hatten rötliche Fazetten, sind metallglänzend. Sie sind in Salpetersäure löslich. Ihre Zusammensetzung war:

Ni	54,00
As	45,83
	99,83

[1]) K. Friedrich, Metallurgie 1907, 200.
[2]) A. Brukl, Z. anorg. Chem. 131, 254 (1923).

Ferner ist zu bemerken, daß Ni_3As_2 die kristallisierte Nickelspeise ist, die vielfach untersucht ist.

E. Vigouroux[1]) hat Nickelarsenide dargestellt. Beim Überleiten von $AsCl_3$ auf Nickelpulver erhielt er zwischen 400—800° NiAs und zwischen 800 bis 1400° Ni_3As_2.

Derselbe Forscher konstatierte auch, daß sowohl Ni_3As_2 als auch NiAs beim Erhitzen im Wasserstoffstrom mit Arsen in das Biarsenid $NiAs_2$ übergeht und zwar unter 400°; man erhält ein graues Pulver (siehe auch unten die Synthesen von A. Beutell).

Nickelantimonide.

Die Verbindung NiSb bildet den Breithauptit. Außer NiSb haben wir noch das Biantimonid $NiSb_2$, welches aber in der Natur für sich allein nicht vorkommt, wohl aber neben $NiAs_2$ im Wolfachit. In kleineren Mengen kommt es auch im Speiskobalt bzw. Chloanthit vor.

Die übrigen möglichen Nickel-Antimonverbindungen kommen in der Natur nicht vor.

Das System Ni—Sb.

Dieses wurde von Lossew[2]) untersucht. Die beiden Elemente bilden vier Verbindungen: NiSb, Ni_3Sb_2, Ni_4Sb_5? und Ni_4Sb. Das letztgenannte bildet sich in den Legierungen mit 57—92,5 % Ni bei 677°. (Siehe auch N. Preschin.)[3])

Das wichtigste Antimonid für uns ist das in der Natur vorkommende NiSb. Dasselbe wurde von A. Gehlen durch Zusammenschmelzen erhalten (siehe auch F. Stromeyer). Über seine Bildung aus Schmelzen siehe auch Lossew. Auch E. Vigouroux[4]) stellte es durch Überleiten von $SbCl_3$-Dampf bei 800° über Nickelpulver dar, ferner bei Einwirkung von Antimondämpfen auf Nickelpulver im Wasserstoffstrom bei 1300° oder durch Erhitzen eines Gemisches von pulverisiertem Antimon und Nickel im Wasserstoffstrom bei 1200°.

Das System Ni—Bi, siehe bei A. Poitevin,[5]) dann bei G. Voss.[6]) Es existieren die Verbindungen NiBi und $NiBi_3$. Das erste bildet sich bei 638°, die letztere bei 437°.

Ternäre Systeme Co, Sb, S.

Das ternäre System Ni—Co—S, wurde von Schack[7]) bearbeitet. Er fand im System Ni—S die Verbindungen:

$$Ni_3S_2,\quad Ni_6S_5,\quad NiS.$$

Im System Co—S konstatierte er die Verbindungen:

$$CoS,\quad Co_3S_4.$$

Jedoch ist CoS im Schmelzflusse nicht herstellbar.

---

[1]) E. Vigouroux, C. R. **147**, 426 (1908).
[2]) Lossew, Z. anorg. Chem. **49**, 58 (1906).
[3]) N. Preschin bei Kraut-Gmelin, l. c. V, 1428 (1909).
[4]) E. Vigouroux, C. R. **147**, 976 (1908).
[5]) A. Poitevin, C. R. **145**, 1168 (1907).
[6]) G. Voss, Z. anorg. Chem. **57**, 56.
[7]) Schack, Metall u. Erz **20**, 365 (1923).

Schack[1]) hat auch das ternäre System Ni–Sb–S untersucht. Im binären System Sb–S haben wir das Antimonsesquisulfid Sb_2S_3, den Antimonglanz.

Im System Ni–Sb–S haben wir die für uns wichtige Verbindung NiSbS, den Ullmannit. Die Verbindung kristallisiert einheitlich im Schmelzfluß (siehe dort die Abbildung). Sie entsteht bei einer Zusammensetzung von: 27,7% Ni, 57,1% Sb und 15,2% S. Die weiteren Details über dieses System siehe dort.

Nickelin.

Von **M. Henglein** (Karlsruhe).

Synonyma: Rotnickelkies, Nickelkies, Kupfernickel, Arsennickel, Niccolin, Niccolit, arsenischer Pyrrhotin.

Kristallsystem: Hexagonal-rhomboedrisch-hemimorph; nach V. Dürrfeld[2]) $a:c = 1:0,9508$. Röntgenogramme weisen nach G. Aminoff[3]) auf völlig hexagonale Symmetrie. Die Linien der Debyephotogramme stimmen mit einer hexagonal-quadratischen Form überein $a:c = 1:1,430$. Nach V. Goldschmidt und R. Schröder $a:c = 1:1,3774$.

Analysen:

Ältere Analysen.

	1.	2.	3.	4.	5.	6.
δ	—	—	—	7,663	7,39	—
Cu	—	—	—	0,11	—	—
Pb	0,32	0,56	—	—	—	—
Fe	0,34	0,34	Spur	0,21	0,45	2,70
Ni	44,21	48,90	39,94	44,98	43,50	45,76
Co	—	—	0,16	—	0,32	—
As	54,73	46,42	48,80	54,35	54,05	53,69
Sb	—	—	8,00	—	0,05	—
S	0,40	0,80	2,00	0,14	2,18	0,15
Gangart	—	—	—	—	0,20	—
	100,00	97,02	98,90	99,79	100,75	102,30

1. Von Richelsdorf (Prov. Hessen); anal. F. Stromeyer, Gött. gel. Anz. 1817, 2034.
2. Ebendaher; anal. A. Pfaff, Journ. Chem. **22**, 256 (1818).
3. Von Chalanches bei Allemont in mit Chloanthit bedeckten Nieren; anal. P. Berthier, Ann. mines **7**, 538 (1835).
4. Von Oestra-Langöe bei Kragerö (Norwegen); anal. H. Scheerer, Ann. d. Phys. **65**, 292 (1845).
5. Von Grube Grand Praz bei Ayer im Annivierstal (Schweiz); anal. Ebelmann, Ann. mines **11**, 55 (1847).
6. Von Richelsdorf (Hessen); anal. bei G. Suckow, Verwitterung im Mineralreich 1848, 58.

[1]) Schack, l. c. **20**, 162 (1923).
[2]) V. Dürrfeld, Z. Kryst. **49**, 477 (1911).
[3]) G. Aminoff, ebenda **58**, 203 (1923).

	7.	8.	9.	10.	11.	12.
δ	—	—	—	—	—	7,526
Cu	—	—	—	1,44	—	—
Fe	0,54	—	0,05	—	0,83	0,67
Ni	43,21	48,40	44,48	45,37	23,75	43,86
Co	—	—	—	—	10,81	—
As	54,89	48,70	54,62	52,71	50,94	53,49
Sb	—	—	—	—	—	Spur
Bi	—	—	—	—	—	0,54
S	1,35	2,80	0,74	0,48	5,69	1,18
Rückstand .	—	—	—	—	8,80	—
	99,99	99,90	99,89	100,00	100,82	99,74

7.—8. Von Sangerhausen; anal. Grunow, Z. Dtsch. geol. Ges. **9**, 40 (1857).
9. Von Gerbstädt (Thüringen); anal. G. Suckow, ebenda **9**, 33 (1857).
10. Von Grube Vereinigte Rohnard, Rev. Olpe mit Eisenspat; anal. C. Schnabel bei C. F. Rammelsberg, Mineralchemie 1849, 122.
11. Von St. Andreasberg (Harz); anal. Hahn, Bg.- u. hütt. Z. **20**, 281 (1861).
12. Von Grube St. Anton im Heubach bei Wittichen, ob. Kinzigtal, Schwarzwald; anal. Th. Petersen, Ann. d. Phys. **134**, 82 (1868).

Neuere Analysen.

	13.	14.	15.	16.	17.	18.
δ	7,3	—	—	—	7,314	7,513
Cu	—	—	—	—	1,59	—
Fe	1,40	—	—	1,40	0,60	0,17
Ni	42,41	30,33	38,90	47,90	44,76	42,65
Co	—	8,90	1,20	0,60	1,70	—
As	50,78	60,77	59,90	47,50	46,81	53,33
Sb	—	—	—	—	2,24	2,03
Bi	—	—	—	—	—	0,10
S	3,85	—	—	—	2,52	2,30
SiO_2 . . .	1,65	—	—	—	—	—
	100,09	100,00	100,00	100,00	100,22	100,58

13. Von Grube Telhadella bei Albergaria velha derb mit Bleiglanz und Kupferkies; anal. C. Winkler bei A. Breithaupt, N. JB. Min. etc. 1872, 818. — Der hohe Schwefelgehalt rührt von beigemengtem Millerit her.
14. u. 15. Von Grube Grand Praz bei Ayer im Anniviers tal (Schweiz); anal. Brauns bei Heusler, Z. Dtsch. geol. Ges. **28**, 245 (1876).
16. Colorado de Chañarcillo, Chile; anal. J. Domeyko, Min. 1879, 185.
17. Silver Cliff in Colorado; anal. F. A. Genth, Am. Phil. Soc. **20**, 403 (1882); Ref. Z. Kryst. **9**, 89 (1884).
18. Von Dobschau (Ungarn); anal. L. Sipöcz, Z. Kryst. **11**, 215 (1886).

Eine unvollständige Analyse ist die folgende:

Co	6,16
Ni	20,64
As	45,64

Von der La Rosemine, Temiskaming, körnig; anal. W. G. Miller, Rep. of the canad. Bur. of Mines 1905, II. Ref. Z. Kryst. **43**, 395 (1907).

Formel des Nickelins.

Überblickt man die Analysentabelle, so fällt auf, daß in den meisten merkliche Mengen von Schwefel vorhanden sind, ebenso kleine Mengen von Eisen. Ferner ist der Arsengehalt ziemlich großen Schwankungen unterworfen.

Man wird den Gehalt an Schwefel und Eisen wohl als Verunreinigung durch Pyrit zu erklären suchen.

C. F. Rammelsberg[1]) hat dem Schwefelgehalt größere Bedeutung zugeschrieben, indem er die Formel schrieb:

$$x NiAs . NiS_2 .$$

Er nimmt also den Schwefel als im Nickelsulfid existierend an. Dabei zeigt sich aber, daß der Wert von x sehr groß ist, er schwankt zwischen 330 bis 340; bei zwei Analysen: Ayer (J. Ebelmen) und Sangerhausen (Grunow) ergeben sich für x die Werte 21 und 14; hier wäre also dann ein Sulfarsenid in größeren Mengen beigemengt.

C. F. Rammelsberg[1]) berechnete sogar für die folgenden Analysen:

Allemont	Berthier	$NiS_2 . 2Ni_{10}As_{11}$
Balen	„	$2NiS_2 . 5Ni_5As_6$
Colorado	Genth	$NiS_2 . 4Ni_5As_4$

L. Sipöcz berechnete seine Analyse von Dobschau. Er erhielt:

$$NiAs .$$

Hier glaubte er die geringen Mengen von S und Fe vernachlässigen zu können. Es stimmen aber Berechnung und Analyse nur auf 2,5 Einheiten. Die Übereinstimmung ist also keine gute.

Die metallographische Untersuchung hat bisher nicht zur Aufklärung dieser Frage geführt. Es ist also zwar wahrscheinlich, aber nicht sicher, daß der Schwefel als Verunreinigung, etwa durch beigemengten Pyrit oder Millerit verursacht ist. Die übliche Formel

$$NiAs$$

ist daher nur eine angenäherte Formel. Als Beimengung käme außer Pyrit noch Millerit, vielleicht Antimonnickelglanz in Betracht. Das Antimon braucht aber nicht als durch Beimengung vorhanden gedacht zu werden, denn die beiden Verbindungen NiAs und NiSb sind isomorph und der Arit ist eine isomorphe Mischung der beiden genannten Verbindungen (siehe bei Arit, S. 713).

Chemische und physikalische Eigenschaften des Nickelins.

Lötrohrverhalten. Nickelin gibt im geschlossenen Röhrchen kein Arsen beim Erhitzen ab, im offenen Rohr dagegen arsenige Säure. Auf Kohle schmilzt er zur spröden, weißen Kugel unter Entwicklung von Arsendampf und Knoblauchgeruch. In der Oxydationsperle Nickelfärbung, gelegentlich auch Kobaltreaktion bei Reduktion der Nickelperle auf Kohle. Im Funkenspektrum starke Nickel- und Arsenlinien; die der Beimengungen sind schwach. Nickelin ist löslich in Salpetersäure unter Abscheidung von arseniger Säure, in Königswasser vollständig zu einer grünen Flüssigkeit, die durch Zusatz von

[1]) C. F. Rammelsberg, Min.-Chem. 1875, 34 und Erg.-Heft I, 15.

Ammoniak saphirblau wird. Aus schwefelsaurer Silbersulfatlösung wird nach J. Lemberg[1]) sofort Silber ausgeschieden.

A. Beutell[2]) hat Vakuumröhren mit 58,7 mg Nickel- uud 75 mg Arsenpulver beschickt, dann ausgepumpt, zugeschmolzen und auf 550° C während 24 Stunden erhitzt. Er erhielt mehrere, sehr harte, metallglänzende Klümpchen von AsNi, daneben ein bleigraues Pulver. Die metallischen Teilchen sind nicht homogen, wie an ihrer teils rötlichweißen, teils zinnweißen Farbe hervorgeht. AsNi beginnt bei 450° C zu sintern. Nach J. W. Evans[3]) überzieht sich Nickelin in destilliertem Wasser grün, während er in Wasser mit Calciumcarbonat unverändert bleibt.

Die Dichte liegt zwischen 7,3 und 7,7; die Härte ist 5—5,5.

Der Bruch ist muschlig oder uneben; Spaltbarkeit ist nicht vorhanden.

Der lichtkupferrote Nickelin läuft an der Luft grau bis schwärzlich an. Der Strich ist bräunlich-schwarz. Nach F. Beijerinck[4]) ist Nickelin ein sehr guter Leiter der Elektrizität.

Verhalten unter dem Metallmikroskop.

Nach H. Schneiderhöhn[5]) und W. Flörke[6]), die Nickelin von Richelsdorf, Sangerhausen, Holzappel, Rosenberg und vom Siegerland untersuchten, poliert sich derselbe sehr gut und gibt eine hochglänzende Oberfläche frei von Kratzern und Vertiefungen. Die Farbe der Anschliffe ist leuchtend hellrosa mit Stich ins Gelbliche, das Reflexionsvermögen hoch. Gegen Magnetkies ist Nickelin heller und deutlicher rosa, während Magnetkies einen Stich ins Gelblichgraue hat. Gegen Buntkupfer erscheint Nickelin deutlich cremegelb, wogegen Rotkupfer viel dunkler, rein rosa mit einem Stich ins Violette ist. Gegenüber der kräftigen kupferroten Farbe des gediegen Kupfers hat Nickelin mehr Weißgehalt.

Nach W. Ostwald sind die Farbzeichen zwischen ca. 17 und ca. 21, d. i. 36% Weiß, 11% Schwarz, 53% zweites bis drittes Kreß.

Im polarisierten Licht sind die Auslöschungsstellen hellgrau bis braun. Die Aufhellungslagen zeigen nach der einen Seite grünblaue bis hellgrüne, nach der andern Seite rosa bis violettrote Reflexionsfarben.

Ätzverhalten. Konzentrierte Salpetersäure löst unter Aufbrausen und bewirkt starke Ätzung mit rauher Oberfläche; nach längerer Ätzdauer entsteht ein brauner Niederschlag. 20% Eisenchloridlösung ruft nach 20 Sekunden eine ziemlich gute Strukturätzung hervor. Eine sehr schöne Ätzung erhält man nach 10—30 Sekunden durch saure Kaliumpermanganatlösung, wobei die ursprüngliche Farbe erhalten bleibt. Sie ist das geeignetste Ätzmittel für Nickelin.

Innere Beschaffenheit, Gefüge der Aggregate. Die Lösungsgeschwindigkeiten in saurer Permanganatlösung sind nach verschiedenen Richtungen sehr verschieden. Auf den stärker angeätzten Flächen kommt eine Ätzspaltbarkeit als System paralleler scharfer Risse zum Vorschein; ferner

[1]) J. Lemberg, Z. Dtsch. geol. Ges. **46**, 797 (1874).
[2]) A. Beutell, ZB. Min. etc. 1916, 440.
[3]) J. W. Evans, Min. Mag. Nr. 58, 376.
[4]) F. Beijerinck, N. JB. Min. etc. Beil.-Bd. **11**, 431 (1897).
[5]) H. Schneiderhöhn, Anl. zur mikrosk. Best. u. Unters. von Erzen 1922, 178.
[6]) W. Flörke, Metall u. Erz N. F. XI., 199 (1922).

werden durch die Ätzung ganz ähnliche feine Lamellensysteme entwickelt wie in Magnetkies. Die beiden Lamellensysteme durchdringen sich mit zackigen Grenzen. Auch länger anhaltende geradlinige Lamellen sind häufig und wohl polysynthetische Verzwillingung, die in der Art ihrer Ausbildung den Verdacht auf eine polymorphe Umwandlung des Rotnickelkieses nahelegt. Die Aggregate bestehen meist aus länglichen, annähernd parallelen oder schwach divergentstrahligen Fasern und Blättern, wie langsam erstarrte Eisblumen. In

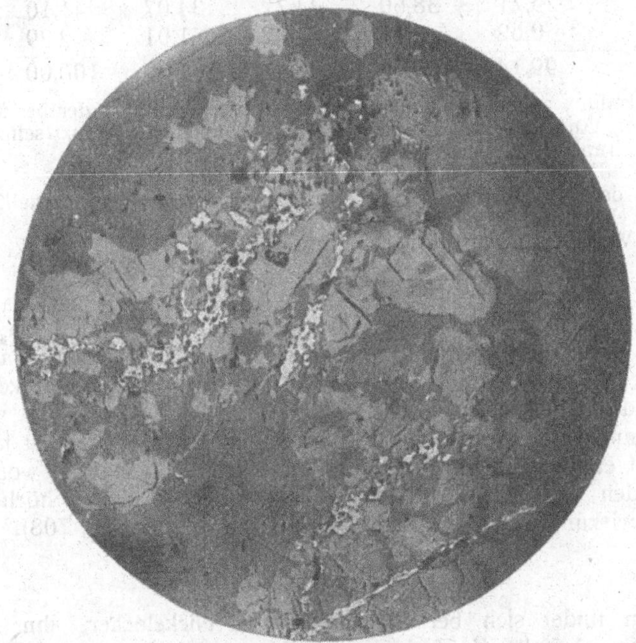

Fig. 64. Rotnickelkies von Neue Hardt im Siegerland. (Nach H. Schneiderhöhn.)

vielen Blei-, Zinkerzen des Rheinischen Schiefergebirges ist Nickelin in Form kleiner, kaum 0,01 mm rundlicher Körnchen als Verdrängungsreste in Bleiglanz und Kupferkies weit verbreitet und bildet perlschnurartige Reihen von Einzelkörnchen (Fig. 64).

Synthese.

Das von J. Durocher[1]) durch Einwirken von Schwefelwasserstoff und Arsentrioxyddämpfen auf Nickelchlorür bei Rotglut erhaltene Arsennickel soll nach F. Fouqué u. A. M. Lévy[2]) Nickelin sein. Durch Erhitzen von Nickelpulver mit Arsen oder von Nickelarseniat im Kohlentiegel zur Weißglut erhält man ein Produkt, das weniger Arsen enthält als Nickelin. (Vgl. S. 703.) Ebenso verhält sich das als Hüttenprodukt erhaltene Arsennickel.

[1]) J. Durocher, Expér. de 1851.
[2]) F. Fouqué u. A. M. Lévy, Synthèse 1882, 277.

Analysen von Nickelspeisen.

	1.	2.	3.	4.	5.	6.
δ	—	—	—	—	7,762	7,694
Cu	0,86	0,67	1,16	—	6,37	—
Fe	—	Spur	0,45	10,06	2,60	—
Co	0,91	35,82	0,81	3,28	—	55,56
Ni	57,04	20,44	49,45	52,58	47,64	
As	39,71	38,60	44,72	34,07	41,10	37,50
S	0,62	4,47	1,82	1,01	2,29	5,76
	99,14	100,00	98,41	101,00	100,00	98,82

1. „Plakodin", angeblich ein neuer Kies von der Grube Jungfer bei Müsen; anal. C. F. Plattner, Ann. d. Phys. **58**, 283 (1843). — Soll Hüttenprodukt sein.
2. C. Schnabel, Nat.-hist. Ver. Rheinl. **8**, 573 (1851).
3. Schloßberger bei G. Rose, Ann. d. Phys. **84**, 589 (1851).
4. Aus der Neusilberfabrik Henniger, Berlin, großblättrig kristallisiert; anal. W. Francis, ebenda **50**, 519 (1840).
5. Aus Westfalen, großblättrig, kupferrot; anal. C. F. Rammelsberg, ebenda **128**, 442 (1866).
6. J. Braun, Z. Kryst. **3**, 425 (1879).

Diesen Analysen entsprechen die Formeln Ni_3As_2 und Ni_4As_3. Der Plakodin ist nach A. Rosati[1]) als Maucherit anzusprechen. Siehe auch S. 713 bei Maucherit. Ob Plakodin, der von C. Schnabel als eine Nickelspeise bezeichnet und auch später von C. F. Plattner dafür gehalten wurde, im Maucherit zum ersten Male als Naturprodukt gefunden wurde, ist nicht sicher. Jedenfalls ist er als Hüttenprodukt öfter in Kristallen gefunden worden.

Nach den Versuchen von A. Beutell wäre $NiAs_2$ das höchte Arsenid, das bei Einwirkung von Arsendampf auf Nickel entsteht (S. 708).

Paragenesis.

Nickelin findet sich bei Richelsdorf mit Nickelocker, ihn oft durchziehendem Speiskobalt, Kupferkies und Baryt in konkretionären Zusammenhäufungen eingewachsen im Kupferschiefer und Weißliegenden, besonders an der Grenze beider Bildungen, der sog. Schwarte, in etwa 5 mm großen Kristallen, sowie in der Nähe der Kobaltrücken mit derbem Kupfernickel, ferner in Thüringen, im Harz, im Erzgebirge bei Freiberg, in Canada, sowie auf vielen andern Erzgängen mit Bleiglanz, Silbererzen, Kiesen und Nickelkobaltmineralien. Durch Zersetzung entsteht Nickelblüte, mit welcher zusammen Nickelin öfter vorkommt.

Ch. Palmer[2]) nimmt an, daß Rotnickelkies eine große Rolle spielt bei der Bildung von freiem Silber auf Erzgängen nach folgender Reaktion:

$$2NiAs + 5Ag_2SO_4 + 3H_2O = 2NiSO_4 + As_2O_3 + 3H_2SO_4 + 10Ag.$$

K. Schlossmacher[3]) hat festgestellt, daß Silber in seinem Vorkommen vorzugsweise an die Rotnickelkies-Kalkspatpartien gebunden ist, unter deren Verdrängung es sich mit deutlicher Resterhaltung ausgeschieden hat. Derselbe erwähnt ferner die Pseudomorphosierung von Kobaltglanz im Speiskobalt durch Rotnickelkies in der canadischen Kobalt-Nickel-Silber-Formation.

1) A. Rosati, Z. Kryst. **53**, 390 (1914).
2) Ch. Palmer, Econ. Geol. **9**, 664 (1914).
3) K. Schlossmacher, Z. prakt. Geol. **29**, 133 (1921).

Breithauptit.

Synonyma: Antimonnickel, Hartmannit, antimonischer Pyrrhotin.

Kristallsystem: Hexagonal; $a:c = 1:1,2940$ nach K. Busz; $1:0,9962$ nach P. Groth.

Analysen.

	1.	2.	3.	4.	5.
δ	—	—	7,54	8,42	8,69
Pb	6,44*)	13,36	—	—	1,39
Cu	—	—	—	—	0,16
Fe	0,86	0,84	0,94	—	1,45
Co	—	—	—	0,29	1,12
Ni	28,95	27,05	30,91	32,94	29,67
As	—	—	—	0,20	—
Sb	63,73	59,71	68,15	65,07	65,46
	99,98	99,96	100,00	98,50	99,25

*) PbS.

1. u. 2. Von Andreasberg (Harz); anal. F. Stromeyer, Gött. gel. Anz. 1833, 2004.
3. Von ebenda, Mittel aus zwei Analysen berechnet von C. F. Rammelsberg, Mineralchem. 1875, 33.
4. Von Gängen im Kalkspat mit Ullmannit von Sarrabus am Monte Narba (Sardinien); anal. E. Mattirolo, R. Acc. d. Linc. **7**, 98 (1891). Ref. N. JB. Min. etc. 1893, II, 15.
5. Künstliche Kristalle aus den Bleiöfen von Mechernich; anal. A. Brand, Z. Kryst. **12**, 237.

Formel. Die ersten zwei Analysen des Breithauptits sind an Material ausgeführt, welches stark mit Bleiglanz verunreinigt war; zuverlässiger sind die Analysen von E. Mattirolo und die an künstlichen Kristallen von A. Brand.

E. Mattirolo stellt die berechneten Zahlen für NiSb neben seine Analysenwerte und diese stimmen gut überein. Man kann daher die Formel

$$NiSb$$

annehmen. Diese Verbindung isr isomorph mit NiAs.

Chemische und physikalische Eigenschaften.

Lötrohrverhalten und Löslichkeit. Breithauptit gibt nach längerem Erhitzen im offenen Rohr Dämpfe von Antimontrioxyd und direkt vor der Probe ein gelbliches Sublimat von antimonsaurem Antimonoxyd. Auf Kohle ist er schwer schmelzbar und gibt einen flüchtigen Beschlag von Sb_2O_3. In der Perle zeigt der auf Kohle erhaltene und pulverisierte Rückstand die Nickelfärbung.

Breithauptit ist in Salpetersäure und Königswasser löslich.

Die Dichte ist von A. Breithaupt[1]) an aus Kalkspat herausgeätzten Kriställchen zu 7,541 bestimmt worden, ist aber nach E. Mattirolo[2]) 8,42. Die Härte ist etwas über 5.

Breithauptit spaltet deutlich nach der Basis.

[1]) A. Breithaupt, Ann. d. Phys. **51**, 513 (1840).
[2]) E. Mattirolo, R. Acc. d. Linc. **7**, 98 (1891).

Er ist ausgezeichneter Leiter der Elektrizität.

Der stark metallglänzende, auf frischem Bruche kupferrote Breithauptit läuft violettblau an und hat einen rötlichbraunen Strich.

Mikrographische Beobachtungen auf sehr gut polierten, rosafarbenen Anschliffflächen machte W. Flörke.[1]) Farbzeichen nach W. Ostwald ca. 50, d. i. 56% Weiß, 11% Schwarz, 33% erstes U-Blau.

Im polarisierten Licht tritt zwischen gekreuzten Nicols beim Drehen des Präparates lebhafter Farbenwechsel auf. Schnitte senkrecht zur *c*-Achse zeigen keinen Farbwechsel.

Ätzend wirken: HNO_3, Königswasser, Bromdampf, Bromsalzsäure, $FeCl_3$ und schwefelsaures $KMnO_4$. Davon wirkt Königswasser sehr energisch; das Mineral wird dunkler; ein Niederschlag bildet sich. Durch HNO_3 wird eine irisierende Oberfläche geschaffen. Brom und Bromsalzsäure wirken am besten; jedoch holt Brom im dampfförmigen Zustand die Struktur schlecht heraus.

Durch Ätzen mit Bromsalzsäure wird auf den sechsseitigen Durchschnitten ein zonarer Aufbau parallel den Umgangslinien sichtbar.

Aus Schliffen des Breithauptits von Andreasberg ergibt sich, daß er jünger als Bleiglanz ist und daß an den Grenzen gegen Bleiglanz und Kalkspat, sowie auch im Innern der Kristalle sich ein weißes Mineral befindet, von der gleichen Härte wie Antimonnickel. Nach seinen Eigenschaften könnte es nach W. Flörke eine Ni- bzw. Co-Verbindung der Pyrit- oder Markasitgruppe sein.

Synthese und Hüttenprodukte.

F. Stromeyer und K. F. Hausmann[2]) erhielten durch Zusammenschmelzen gleicher Äquivalente Nickel und Antimon eine dem Breithauptit ähnliche Masse. Von der Emser Hütte beobachtete F. Sandberger[3]) nadelige Kristalle, ebenso K. F. Hausmann[4]) von der Frankenschaarner Hütte bei Clausthal.

F. Fouqué und A. Michel-Lévy[5]) besprechen die zwei Kunstprodukte von der Bleihütte von Holzappel (Ems) und von K. F. Hausmann, Clausthaler Hütte und sind der Ansicht, daß es nicht erwiesen sei, daß diese Kunstprodukte sich auf Breithauptit beziehen.

Ein auf Klüften von Hartblei der Silberhütte von Antofagasta (Chile) vorkommendes Hüttenprodukt stimmt nach F. Sandberger[6]) in Form und Farbe der Schüppchen mit Breithauptit überein.

A. Brand[7]) sammelte von dieser Lokalität langsäulenförmige, dann gröbere und feinere Kristalle. Die ersten Analysen gaben kein entscheidendes Resultat. Es wurden daher die Kristalle mit kochender Salzsäure ($\delta = 1{,}12$) gereinigt. Dadurch wurden wesentlich Pb, Cu und Fe ausgelaugt. Das spezifische Gewicht, welches vor der Reinigung 8,69 gewesen war, sank auf 8,09. Dabei

[1]) W. Flörke, Metall u. Erz, N. F. XI, 199 (1922).
[2]) F. Stromeyer und K. F. Hausmann, Gött. gel. Anz. 1833, 2001.
[3]) F. Sandberger, JB. Verh. Nat. Nassau **7**, 133 (1851).
[4]) K. F. Hausmann, N. JB. Min. etc. 1853, 179.
[5]) F. Fouqué und A. Michel-Lévy, Synth. d. minér. Paris 1882, 287.
[6]) F. Sandberger, ebenda **1**, 90 (1886).
[7]) A. Brand, Z. Kryst. **12**, 234 (1887).

ergab sich das oben angegebene Resultat. Die Berechnung ergibt: gegenüber der theoretischen Menge von 67,41 und 32,59 Ni (nach den damaligen Atomgewichten berechnet) etwas geringere Mengen von Sb und Ni, welches jedoch nicht so große Differenz zeigt, als man die Formel NiSb nicht annehmen könnte.

Vorkommen. Breithauptit kommt auf Gängen mit Speiskobalt, Ullmannit, Zinkblende, Silbererzen und Kalkspat im Harz, auf Sardinien und in den Pyrenäen vor. Er ist ein typisches Gangmaterial und aus ascendenten Lösungen ausgeschieden.

Arit.

Von **C. Doelter** (Wien).

Außer dem Rotnickel und dem Breithauptit, welche Arsen- bzw. Antimonverbindungen sind, haben wir noch Verbindungen, welche beide Elemente in größerer Menge enthalten. Man hat diese früher bei den beiden Hauptkomponenten NiAs, NiSb verteilt, jedoch ist es richtiger, sie mit dem selbständigen Namen Arit zu bezeichnen.

Analyse.

	1.	2.	3.
Zn	—	—	2,4
Fe	1,4	0,96	—
Ni	34,50	39,81	37,3
As	32,30	30,06	11,5
Sb	28,00	28,22	48,6
S	2,50	1,77	1,7
SiO_2	2,00	—	—
	100,70	100,82	101,5

1. Wahrscheinlich vom Berge Ar im Dép. Basses-Pyrenées (Frankreich); in der Literatur von dem unbekannten Ort Balen angegeben; anal. P. Berthier, Ann. mines **7**, 538 (1835).
2. Von Wolfach im bad. Schwarzwald; anal. Th. Petersen, Ann. d. Phys. **137**, 397 (1869).
3. Von Ar in den Pyrenäen; anal. F. Pisani, C. R. **76**, 239 (1873).

Zwei wahrscheinlich auf Arit sich beziehende Analysen sind folgende:

	4.	5.
Fe	0,98	1,81
Zn	Spur	—
Co	3,91	3,65
Ni	36,81	60,07
As	29,82	8,42
Sb	26,57	23,63
Bi	0,99	1,55
S	0,85	1,00
	99,93	100,13

Analyse 4 bezieht sich auf ein hellrotes, Analyse 5 auf ein dunkelrotes Erz. Beide wurden aus einem Erzgemenge isoliert, daher das Mineral wohl kein reines gewesen sein dürfte. Kommt mit Senarmontit bei Nieddoris (Sardinien) vor; anal. M. Fasolo bei D. Lovisato, Atti R. Acc. d. Linc. (5) **3**, 82 (1894). Ref. Z. Kryst. **26**, 202 (1896).

D. Lovisato vergleicht das Erz mit dem von Th. Petersen von Wolfach analysierten Arit und gibt für die Erze die Formeln:

$$9\,RAs\,.\,5\,RSb \quad \text{und} \quad RAs\,.\,4\,RSb\,,$$

wobei $\overset{II}{R}$ hauptsächlich Ni, Co, da Fe nur in kleinen Mengen vorkommt.

Formel. Es sind nur ältere Analysen zu verzeichnen, welche nach dem Schwefelgehalt und dem Zinkgehalt (bei der Analyse von F. Pisani) zu schließen, nicht sehr rein waren. Die Analyse von Th. Petersen zeigt fast gleiche Prozente von Arsen und Antimon, hat also, in Atome umgerechnet, mehr Arsen als Antimon. Bei anderen Analysen ist Antimon vorherrschend. Wir haben also eine isomorphe Mischungsreihe von NiAs und NiSb, wobei es vorläufig unentschieden ist, ob diese eine Lücke hat.

Der Name „Arit" wurde von Adam[1]) eingeführt für intermediäre Mischungen von NiAs und NiSb. A. Lacroix[2]) betont, daß kein Nickelin mehr als 10% Antimon enthalten dürfe. Man wird daher solche Analysen mit einem merklichen Antimongehalt oder alle Breithauptite mit größerem Arsengehalt als Arite bezeichnen. Bei gleichen Mengen von NiAs und NiSb ist der Arsengehalt ungefähr 24%.

Es muß betont werden, daß der Begriff des Arits etwas verschieden aufgefaßt wird, indem E. S. Dana[3]) ihn doch noch zum Nickelin stellt und C. Hintze behandelt ihn bei Breithauptit. P. Groth und K. Mieleitner stellen ihn als selbständiges Mineral von der Formel

$$Ni(As, Sb)$$

auf.

Eigenschaften. Dichte 7,19 (nach F. Pisani). Die Farbe ist ähnlich wie die des Breithauptits, auf den Bruchflächen ist die kupferrote Färbung dunkler als bei Breithauptit.

Im offenen Glasrohr Sublimat von Antimon und Arsentrioxyd. Auf Kohle entwickeln sich sowohl Dämpfe von antimoniger, als auch von arseniger Säure.

Vorkommen. Mit Zinkblende gemengt, auf einem Kalk-Quarzgang mit Bleiglanz, Ullmannit, Silber, Dyskrasit und Pyrrhotin. A. de Gramont[4]) untersuchte das Funkenspektrum und fand besonders die Linien von Nickel und Antimon vorherrschend, dann die von Arsen und Zink, während die Schwefellinie kaum sichtbar war.

Maucherit.

Von **C. Doelter** (Wien) und **M. Henglein** (Karlsruhe).

Synonyma: Placodin, Temiskamit.
Tetragonal. $a:c = 1:1,0780$.

---

1) Adam, Tab. Min. 1869, 40.
2) A. Lacroix, Min. France **2**, 559 (1897).
3) E. S. Dana, Min. 1893, 71.
4) A. de Gramont, Bull. soc. min. **18**, 289 (1895).

Analysen.

	1.	2.	3.	4.
δ	—	7,830	7,901	—
Pb	—	0,20	—	—
Fe	—	0,40	Spur	—
Ni	49,51	52,71	49,07	54,00
Co	0,93	2,15	1,73	—
Bi	—	—	0,55	—
As	45,66	43,67	46,34	46,00
S	—	0,17	1,03	—
Gangart . . .	—	0,40	—	—
	99,10	99,70	98,72	100,00

1. u. 2. Maucherit von Eisleben; 1. anal. C. Friedrich. 2. L. Prandtl bei F. Grünling, ZB. Min. etc. 1913, 226.

3. Von Moose Horn Mine, Elk Lake (Ontario); anal. T. L. Walker, Am. Journ. Chem. Soc. **37**, 170 (1914); Ref. in N. JB. Min. etc. II. 349 (1914). — Temiskamit.

4. Theoret. Zus. nach F. Grünling.

Maucherit ist, wie neuerdings A. Rosati[1]) nachgewiesen hat, nichts anderes als ein natürliches Nickelarsenid, Ni_3As_2, welche Verbindung längst als Nickelspeise den Metallurgen bekannt war. A. Breithaupt hatte sie Placodin genannt und eigentlich verdient dieser Name die Priorität.

Die Achsenverhältnisse sind:

			Dichte
Maucherit	$a:c = 1:1,0780$		7,83 (nach W. Prandtl)
Placodin	$1:1,125$	(nach J. Braun)	7,694
Nickelspeise	$1:1,1185$	(nach A. Rosati)	—

Formel.

Trotz der verhältnismäßig einfachen Zusammensetzung wird die Analyse verschieden gedeutet.

F. Grünling stellte die Formel $(Ni, Co)_3As_2$ auf.

T. L. Walker, welcher fast gleichzeitig mit F. Grünling ein sehr ähnliches Vorkommen beschrieben hat, nannte es „Temiskanit“ und gab ihm die Formel:

$$(Ni, Co)_4(As, S)_3 .$$

Den Schwefel einzubeziehen, dürfte nicht richtig sein, so daß die Formel im wesentlichen Ni_4As_3 ist.

Dann hat sich Chase Palmer[2]) mit dem Maucherit befaßt. Er untersuchte einen Chloanthit von Mansfeld, auf die Eigenschaft, freies Silber aus Silbersulfatlösung zu fällen. Das feingepulverte Mineral wurde mit einer 3,8% auf 750 ccm Wasser enthaltenden Lösung digeriert und der Niederschlag untersucht, nachdem das ausgeschiedene Silber (1 : 4089 g) entfernt worden war. Die Zusammensetzung ergab:

[1]) A. Rosati, Z. Kryst. **53**, 391 (1914).

[2]) Chase Palmer, Z. Kryst. **54**, 433 (1915).

			Lösung
Bi	2,55	Ni	47,55
S	0,42	Co . . .	1,24
Fe	0,15	As	47,05
Gangart . .	0,93		95,84[1]

Dies ergibt:

$$Ni:Co:As = 0,8101:0,0210:0,6273 \quad \text{oder} \quad Ni_4As_3.$$

Es handelte sich also hier um Maucherit.

Bei einem zweiten Versuch wurde eine teilweise Oxydation ausgeführt. Das Resultat war:

Ni	33,30
As	32,30

Das Verhältnis ist (Ni, Co) : As = 3,96 : 3.

Das Verhältnis des gefällten Silbers und gelösten Minerals ist:

$$2,4179 \text{ Ag und } 0,1434 \; Ni_4As_3.$$

Ferner hat derselbe Forscher mit dem Maucherit von F. Grünling Versuche ausgeführt. Die Atomverhältnisse der aufgelösten Bestandteile sind:

$$\left.\begin{aligned} 48,80:58,7 &= 0,8313 \text{ Ni} \\ 1,32:59 \;\; &= 0,0233 \text{ Co} \end{aligned}\right\} = 0,8536.$$
$$48,50:75 = 0,6467 \text{ As}$$

Das Verhältnis R : As = 3,96 : 3. Daraus ergibt sich für Maucherit die Formel:

$$Ni_4As_3.$$

Das Verhältnis des ausgefällten Silbers zu Ni_4As_3 ist:

$$3,645:0,2144 = 17.$$

Ch. Palmer bemerkt, daß die Resultate der Analyse von C. Friedrich die Atomverhältnisse geben:

$$0,8591:0,6088 = 4,23:3.$$

Die Formel ist daher ebensogut Ni_4As_3 als Ni_3As_2.

Ferner wurde ein Versuch mit dem Temiskamit von T. L. Walker ausgeführt. Das Resultat desselben war, daß dieser sich betrachten läßt als:

Ni_4As_3	92,76
CoAsS	4,42
Bi	1,99
Gangart . . .	0,64
	99,81

Auch bei diesem Versuch ergab sich ein Verhältnis des ausgefällten Silbers zu dem Arsenid, Ni_4As_3, wie 1 : 17.

Ch. Palmer hat auch einen Maucherit von Mansfeld (Dichte 7,80) beschrieben, ebenso kommt im Sangerhausener Revier ein solcher vor; dieser

[1]) Bei Ch. Palmer irrtümlich 99,84.

wurde schon 1857 von A. Bäumler beschrieben, aber nach der Analyse von G. Grunow ist es jedoch nicht, wie jener annahm, ein Gemenge von Nickelin, Kobaltglanz und Speiskobalt. Diese Analyse ergab:

Ni	48,4
As	48,7
S	2,8
	99,9

G. Grunow bei A. Bäumler, Z. Dtsch. geol. Ges. **9**, 25 (1875).

Es handelte sich um ein Gemenge von:

$$85{,}4\,\%\ Ni_4As_3 \quad \text{und} \quad 14{,}5\,\%\ CoAsS.$$

Nach Ch. Palmer dürfte Maucherit sehr verbreitet sein im Mansfelder Revier; er glaubt, daß mancher Chloanthit oder Rammelsbergit Maucherit sei. Seine Identität läßt sich durch die Silbersulfatlösung feststellen.

Aus dem eben Gesagten geht hervor, daß für Maucherit zwei Formeln gegeben wurden, zwischen denen es nicht leicht ist die Entscheidung zu treffen, ob Ni_3As_2 oder Ni_4As_3 die richtige ist.

Für erstere Formel spricht die Analyse von F. Grünling und besonders der Umstand, daß das entsprechende Nickelarsenid des öfteren künstlich dargestellt wurde, während die Versuche von Ch. Palmer und die Analyse von T. L. Walker für die letztgenannte Formel sprechen. Auffallend ist aber, daß die Verbindung Ni_4As_3 bei dem Studium des Systems Ni–As nicht als mögliche Verbindung erscheint und daß sie überhaupt bei keiner der Synthesen erzielt werden konnte. Dadurch wird allerdings ihre Existenz unwahrscheinlich.

Eigenschaften. Die Dichte ist 7,85, die Härte 5. Die Farbe ist auf frischem Bruch rötlich silberweiß, nach einiger Zeit rötlichgrau bis graulich kupferrot; der Strich ist schwärzlichgrau, der Bruch uneben, spröde. Nach Ch. Palmer fällt ein Molekül Maucherit 17 Atome Silber aus einer Silbersulfatlösung aus.

Vor dem Lötrohr schmilzt Maucherit unschwer zur blanken Kugel, die Arsenrauch abgibt und den Beschlag von As_2O_3 liefert. Im geschlossenen Rohr dekrepitiert Maucherit nur ganz wenig, verändert kaum die Farbe und gibt ein schwaches Sublimat. Mit Boraxglas erhält man zuerst die Kobalt-, dann die Nickelperle.

Von starker Salpetersäure wird Maucherit unter Entwicklung brauner Dämpfe heftig angegriffen und vollständig gelöst.

Die Untersuchung der Kristalle künstlicher Nickelspeise ergab die Identität mit den Kristallen des Maucherits durch Übereinstimmung in den Winkeln und allen sonstigen Eigenschaften. A. Breithaupt hat 1841 die Nickelspeise irrtümlich als Mineral beschrieben und Placodin genannt.

Die mikrographische Untersuchung im auffallenden Licht wurde von W. Flörke[1]) vorgenommen. Die Farbe der sehr gut polierten Anschliffe ist grauweiß mit Stich ins Gelbe, Farbzeichen nach W. Ostwald etwa 58, d. i. 56 % Weiß, 11 % Schwarz, 33 % drittes **U**-Blau.

Im polarisierten Licht ist kein Farbwechsel beim Drehen wahrzunehmen.

---

[1]) W. Flörke, Metall und Erz, N. F. **11**, 202 (1923).

Ätzverhalten. Ohne Einwirkung bleiben: HCl, NH_4OH, KOH, $HgCl_2$, $K_3Fe(CN)_6$, $K_4Fe(CN)_6$, K(CN), NaClO. Dagegen ätzen HNO_3, Königswasser, schwefelsaures $KMnO_4$ und H_2O_2 (30 %), $FeCl_3$. Mit HNO_3 tritt fast augenblicklich Schwärzung ein; auch Königswasser wirkt sehr intensiv.

Die meisten Individuen zeigen nach dem Anätzen eine zonare Streifung und Lamellierung.

Die Struktur ähnelt sehr der des Nickelin, mit dem der Maucherit durchwachsen ist. Nickelin schwimmt in unregelmäßigen Körnern in der Maucheritgrundmasse. Nach dem Zusammenvorkommen und der Strukturähnlichkeit scheint nach W. Flörke die Annahme nahezuliegen, daß im Maucherit eine pseudomorphe Umwandlung nach Nickelin vorliegt. Doch ist diese Frage noch nachzuprüfen.

Vorkommen und Genesis.

Maucherit findet sich auf den Kobaltrücken des Kupferschiefers von Eisleben in Thüringen, begleitet von Nickelin, Chloanthit, Wismut, Manganit, Calcit, Baryt, Anhydrit und Gips. Das Nebengestein ist Kupferschiefer, teilweise auch Weißliegendes oder Fäule. Älteste Bildung ist Nickelin, dann Calcit in Skalenoedern, mit deren letzter Wachstumsphase die Bildung des Maucherits zusammenfällt. Dann folgt rötlicher Baryt in rechteckigen Tafeln, die auch etwas in den Maucherit hineinragen und deren letzte Bildungsphase von der Ausscheidung der Hauptmasse des Nickelins begleitet wird. Auch anderwärts im Mansfelder Bezirk ist früher Maucherit gefunden worden. Aus Kalkspatadern in der Moose Horn Mine (Ontario) ist strahlig-faseriger Maucherit mit Rotnickelkies, wenig gediegen Silber und Wismut als Temiskamit von T. L. Walker[1]) beschrieben worden.

Dienerit.

Von **C. Doelter** (Wien).

So nenne ich ein von C. Diener entdecktes und von O. Hackl analysiertes, bisher unbenanntes Mineral. Da es, falls es wirklich homogen ist, chemisch einen besonderen Typus repräsentiert, so erscheint es besser, dasselbe durch einen eigenen Namen zu charakterisieren: schlage ich dafür den Namen „Dienerit" vor.

Regulär, kommt in Würfeln vor.

Analyse.

Cu	0,99
Co	1,29
Ni	67,11
Ag	0,01655
Fe	0,61
As	30,64
	100,66

Von Radstadt (Salzburg); anal. O. Hackl, Verh. geol. R. A. Wien 107 (1921).

Formel. Es berechnet sich aus der Analyse.

As : Ni = 1 : 2,80.

[1]) T. L. Walker, Journ. Am. Chem. Soc. **37**, 170 (1914).

Daraus wird die Formel geschlossen:

$$Ni_3As.$$

Es wäre dies, falls nicht ein Gemenge von Arsennickel mit Nickel vorliegt, was aber unwahrscheinlich ist, ein Analogon zu den Silberarseniden und Silberantimoniden.

Eigenschaften. Metallglänzend, Farbe muß ins Graue spielen. Weitere Daten werden nicht angegeben.

Die Auffindung dieses Minerals ist insofern wichtig, als die Verbindung Ni_3As synthetisch dargestellt wurde, aber bisher in der Natur fehlte (vgl. S. 703).

Nickelglanzgruppe.

Von **C. Doelter** (Wien).

Einteilung der Nickelglanzgruppe. Vom chemischen Standpunkte kann man, dem Beispiel C. F. Rammelsberg folgend, unter diesem Namen alle jene Erze von der Formel NiRS bezeichnen, bei welchen R durch As, Sb, Bi vertreten ist. Man wird Arsenhaltige, Antimonhaltige und Wismuthaltige zu unterscheiden haben. Da die Verbindungen:

NiAsS,
NiSbS,
NiBiS,

analog konstituiert und die Verbindungen wohl isomorph sein dürften, so ist es verständlich, daß es auch isomorphe Mischlingskristalle geben wird. Eine lückenlose Reihe von Mischkristallen scheint aber nicht zu existieren, wenigstens zeigen die in der Natur vorkommenden Mineralien keine derartige Mischungsreihe. Die Endglieder sind der Gersdorffit NiAsS, der arsenfreie Ullmannit (für welchen ein besonderer Namen nicht existiert); der reine Wismutnickelglanz NiBiS ist in der Natur bisher nicht bekannt. Wir können folgende Arten unterscheiden:

1. Arsennickelglanz, NiAsS,
2. Antimonnickelglanz, NiSbS,
3. Antimonarsennickelglanz, m NiSbS . NiAsS,
4. Arsenantimonnickelglanz, m NiAsS . NiSbS,
5. Wismutantimonnickelglanz, NiBiS . NiSbS.

1. Ist der Gersdorffit. 2. Hat keinen besonderen Namen, wird unter die Ullmannite eingereiht. 3. Ist der Ullmannit. 4. Korynit. 5. Ist der Kallilith. Endlich gehört hierher noch der kobalthaltige Antimonnickelglanz, der Willyamit (auch Antimonnickelkobaltglanz genannt). Er steht dem Ullmannit am nächsten.

Wenn wir einen Namen für die bisher unbenannten Nickelantimonglanze einführten, so wäre auch mineralogisch die Einteilung und Nomenklatur richtiggestellt, denn es ist fehlerhaft, unter Ullmannit die Antimonnickelglanze und die Antimonarsennickelglanze zu bezeichnen.

Vorläufig wird man diese Mineralien benennen: Arsennickelglanz, Arsenantimonnickelglanz, Antimonarsennickelglanz, Antimonnickelglanz, Antimonnickelkobaltglanz, Antimonwismutnickelglanz.

1. Arsennickelglanz (Gersdorffit).

Synonyma: Nickelglanz, Arsennickelglanz, Nickelarsenkies, Arseniknickelglanz, Nickelarsenglanz, Diosmose.

Regulär-pentagondodekaedrisch-tetraedrisch.

Die **Kristallstruktur** des Gersdorffits wurde von S. v. Olshausen[1]) untersucht. Das untersuchte Exemplar enthält 8,22% Eisen (siehe Analyse Nr. 37). Die Indizes entsprechen einem einfachen kubischen Gitter. Die Werte siehe in der von diesem Forscher gegebenen Tabelle. Die auf Grund der Zahl 4 der Moleküle im Elementarbereich berechnete wahrscheinliche Dichte beträgt 5,867, während, wie aus den bei den Analysen hervorgeht, dieser Wert zwar schwankend ist, jedoch meistens gegen 6 beträgt.

In der Tabelle wird $\Gamma_c a_\omega = 5{,}179$ angegeben, wobei Γ_c ein einfaches kubisches Gitter darstellt.

Analysen.

Eine Einteilung auf Grund der chemischen Zusammensetzung ist nicht leicht, da Antimon nur in einer einzigen Analyse, welche auch getrennt gebracht wird, vorkommt. Im Schwefelgehalte finden wir allerdings Unterschiede, was aber meistens durch minderwertige, alte analytische Methoden erklärbar sein dürfte.

Eine Unterscheidung liegt bei jenen vor, welche einen ungewöhnlich hohen Gehalt an Eisen zeigen und bei jenen Analysen, die durch hohen Gehalt an Kobalt ausgezeichnet sind.

Analysen mit geringem Gehalt an Fe (unter 5%) und geringem Kobaltgehalt (unter 3%).

	1.	2.	3.	4.	5.
Cu	—	—	—	2,75	—
Fe	—	2,38	4,19	4,97	1,02
Co	0,70	—	—	2,23	0,27
Ni	26,17	32,66	40,97	35,27	34,18
As	54,04	46,02	37,52	38,92	45,02
Sb	—	—	—	—	0,61
S	19,09	18,94	17,49	17,82	19,04
	100,00	100,00	100,17	101,96	100,14

1. Grube Gottesgabe bei Wulmeringhausen, Revier Brilon (Westfalen), aus Erzgang im devonischen Lenneschiefer; anal. A. v. Bettendorf bei H. Laspeyres, Nat.-hist. Ver. Rheinl. 1893, 204.
2. Grube Jungfer, Wildermann, Revier Müsen, in Eisenspat; anal. C. Schnabel bei C. F. Rammelsberg, Min.-Chem., Supplement **4**, 1849, 163.
3. Von ebenda; anal. Bogen bei A. Streng, Bg.- u. hütt. Z. **23**, 55 (1864).
4. Derb von der Grube Merkur, Revier Diez bei Ems, von Erzgängen im Unterdevon (Material nicht rein); anal. C. Schnabel, wie oben.
5. Kristalle, von ebenda; anal. C. Bergemann, Journ. prakt. Chem. **75**, 244 (1858).

---

1) S. v. Olshausen, Z. Kryst. **61**, 484 (1925).

	6.	7.	8.	9.	10.
δ	—	6,08	—	—	—
Cu	—	—	—	—	0,11
Fe	0,23	2,50	—	—	1,81
Co	—	Spur	—	—	0,60
Ni	35,97	37,34	30,65	31,82	33,04
Pb	—	0,82	—	—	—
As	43,35	45,34	54,14	48,02	46,12
Sb	0,86	—	—	—	0,33
S	19,61	14,00	10,19	20,16	18,96
	100,02	100,00	98,90*)	100,00	100,97

*) $SiO_2 = 3,92$.

6. Von Friedrichssegen bei Ems; anal. in der Beschreibung Bergrev. Wiesbaden und Diez 1893, 51 (nach C. Hintze, Min. I, 185).

7. F. v. Kobells Amoibit, von Lichtenberg, Bergamt Steben, auf dem Friedrich-Wilhelmstollen, kristallinisch; anal. F. v. Kobell, Journ. prakt. Chem. **33**, 404 (1844).

8. Von ebenda; anal. A. Schwager bei C. W. Gümbel, Geogn. Beschreibung Bayerns III, 404 (1879).

9. Aus Eisenspat mit Kupferkies, Nickel- und Kobaltblüte, von Hunusen bei Lobenstein (Thüringen); anal. C. F. Rammelsberg, Min.-Chem. 1841, II, 14.

10. Von ebenda; anal. Heidingsfeld bei C. F. Rammelsberg, Min.-Chem Suppl. V, 174 (1853).

	11.	12.	13.	14.	15.
δ	—	—	5,94	—	—
Cu	0,56	—	1,26	—	—
Fe	3,29	1,75	4,31	3,46	2,09
Co	—	2,14	1,08	1,17	—
Ni	30,02	29,54	31,36	33,94	38,42
Pb	—	—	2,12	—	—
As	53,60	56,83	38,52	41,68	42,52
S	11,05	10,93	19,85	19,73	14,22
SiO_2	—	—	—	—	1,87
	98,52	101,19	99,10*)	99,98	99,12

*) Außerdem 0,60% Hg.

11. Grube Haselhau bei Tanne, aus einem im Diabas aufsetzenden Erzgange, Material unrein; anal. E. Hoffmann, Pogg. Ann. **2**, 494 (1832).

12. Von Dobschau (Ungarn), auf Eisenspatgängen schwärzlichgrau kristalline Massen bildend; anal. L. Sipöcz, Z. Kryst. **11**, 215 (1886).

13. Vom Augustlager zu Tergove (Kroatien); anal. Eschka, Bg.- u. hütt. Z., Jahrb. **13**, 23 (1864).

14. Von ebenda, berechnet aus obiger Analyse nach Abzug von Pb als PbS und Cu als $CuFeS_2$.

15. Von Schladming (Steierm.), Bergbau auf der Neualpe, an der Zinkwand, derbes Material (siehe auch die Analysen Nr. 25, 32 u. 36); anal. A. Löwe bei M. Hörnes, Pogg. Ann. **55**, 505 (1842).

	16.	17.	18.
δ	6,2	6,197	5,856
Cu	—	—	0,25
Fe	Spur	0,99	1,12
Co	13,33	6,75	12,54
Ni	33,65	29,22	24,83
As	35,39	44,35	39,71
Bi	—	0,11	—
S	16,44	18,20	22,01
	98,81	99,62	100,46

16. Vom Moritzschacht bei Sangerhausen (Harz); anal. G. Grunow bei A. Bäumler, Z. Dtsch. geol. Ges. **9**, 41 (1857).

17. Von Oravicza (Banat); anal. L. Sipöcz, Z. Kryst. **11**, 213 (1886).

18. Von Banahanis, Prov. Malaga, in weißem Kalkspat; anal. F. A. Genth, Am. Journ. **1**, 324 (1879).

Es enthalten zwar viele Gersdorffite etwas Antimon, die drei besonders angeführten weisen aber einen merklichen Antimongehalt auf, sie gehören zu der ersten Gruppe mit wenig Eisen und Kobalt.

	19.	20.	21.
Fe	0,60	0,84	2,41
Co	1,00	1,34	Spur
Ni	32,65	30,15	25,43
As	45,20	43,87	27,54
Sb	1,96	1,55	2,03
S	17,75	16,09	13,10
Unlösl. . . .	0,95	5,61	—
	100,11	99,45	

19. Grube „Neue Hoffnung", Schleifsteintal, südlich von Goslar (Harz), im Spiriferensandstein, Kristalle; anal. G. Bodländer bei F. Klockmann, Z. prakt. Geol. **1**, 187 (1893).

20. Von ebenda, derb; anal. wie oben.

21. Vom Schattberg bei Kitzbühel; anal. Kraynag u. Löwe, J. k. k. geol. R.A. **1**, 556 (1850).

	22.	23.	24.
δ	—	—	5,96
Cu	—	—	4,20
Fe	2,47	6,00	5,71
Co	5,21	—	—
Ni	31,98	30,30	23,48
As	37,32	44,01	44,33
Sb	—	0,86	0,54
S	16,18	18,83	17,76
Gangart . . .	5,82	—	0,44
	98,98	100,00	100,00*)

*) Außerdem 3,54 $CaCO_3$.

22. Derb vom Schattberg bei Kitzbühel (Tirol); anal. Kraynag u. A. Löwe, J. k. k. geol. R.A. **1**, 556 (1850).

23. Von der Grube Albertine bei Harzgerode; anal. C. F. Rammelsberg, Min.-Chem., Suppl. II, 1845, 104.

24. Von Crean Hill Mine, Sudbury, Ontario; anal. E. Thomson, Contrib. Canad. Min. 1921, 32, 39. Ref. N. JB. Min. etc. 1925, II A. 75.

	25.	26.	27.
Fe	2,55	4,11	3,63
Co	—	0,92	—
Ni	35,95	29,94	28,17
As	46,39	45,37	55,50
S	13,91	19,34	12,67
Quarz	—	0,90	0,61
	98,80	100,58	100,58

25. Von Schladming (siehe bei Analysen Nr. 15, 31 u. 32); anal. J. H. Vogel bei C. F. Rammelsberg, Min.-Chem. 1875, 47.

26. Von den Loos-Kobaltgruben, Färilla-Kirchspiel in Helsingland (Schweden), dünne Lager in schwarzer Hornblende bildend; anal. J. Berzelius, Ak. Stockholm 1820, 251 (nach C. Hintze, Miner. I, 186).

27. Von ebenda; anal. wie oben.

Analysen mit viel Eisen und wenig Kobalt.

	28.	29.	30.	31.	32.
Cu	—	4,01	0,74	—	—
Fe	9,28	16,64	11,12	14,97	12,19
Co	0,44	1,64	4,26	0,83	2,88
Ni	23,61	22,79	16,24	27,90	28,62
Pb	—	—	0,53	—	—
As	35,64	33,25	56,20	39,88	39,40
Sb	—	0,62	—	—	—
S	22,58	21,51	10,71	16,11	16,91
SiO_2	0,75	—	—	—	—
H_2O	7,50	—	—	—	—
	99,80	100,46	99,80	99,69	100,00

28. Von Grube Hasselhau bei Tanne (Harz), auf einem in Diabas aufsetzenden Gange; anal. Bley, N. JB. Min. etc. 1831, 84.

29. Von der Grube Merkur bei Ems; anal. C. Bergemann, Journ. prakt. Chem. **79**, 412 (1860).

30. Von Dobschau; anal. F. Stromeyer, Gött. gel. Anz. 1920, 514.

31. Von Schladming; anal. Pless, Ann. mines **8**, 677 (1844); Ann. Chem. u. Pharm. **51**, 260 (1844).

32. Von ebenda; anal. wie oben.

Analysen mit hohem Kobaltgehalt und höherem Eisengehalt.

	33.	34.	35.	36.	37.
Mn	—	0,33	0,33	—	—
Fe	5,20	13,12	11,02	11,13	8,22
Co	7,46	6,32	6,64	14,12	—
Ni	25,83	21,59	23,16	19,59	26,97
As	49,73	34,45	35,84	39,04	45,35
S	9,41	20,01	19,75	16,35	18,98
SiO_2	1,63	2,71	2,60	—	0,61
MgO	—	0,66	0,66	—	—
	99,26	99,19	100,00	100,23	100,13

33. Von Dobschau; anal. Zerjäu, Anzeig. Wiener Akad. 1866, 173.

34. Von Loch Fyne, Craigmire, Nickelgrube (Argyleshire); anal. E. H. Forbes, Phil. Mag. **35**, 184 (1868).

35. Von ebenda; anal. wie oben.

36. Von Schladming; anal. Pless, wie Analyse Nr. 31.

37. Ohne Fundortsangabe; anal. bei G. v. Olshausen, Z. Kryst. **61**, 486 (1925). Enthält auch 0,61 % Gangart. Kobalt nicht bestimmt.

Analysen mit viel Eisen 5—16 % und wechselndem Co-Gehalt.

	38.	39.	40.	41.
δ	6,415	6,195	—	—
Cu	—	—	0,10	—
Fe	5,96	5,84	7,90	8,90
Co	2,70	0,60	2,01	—
Ni	28,19	25,96	26,32	28,75
As	49,55	51,21	46,96	46,10
Sb	0,68	7,01	—	—
S	11,72	9,13	16,71	16,25
	98,80	99,83	100,00	100,00

38. Von der Zinkwand bei Schladming, Steiermark; anal. C. F. Rammelsberg, Z. Dtsch. geol. Ges. **25**, 284 (1873).

39. Von ebenda; anal. wie oben.

40. Von Denison, auf O'Connor's Claim, Distrikt Algoma (Ontario Canada), aus Gang von feinkörnigem Diabas, mit Nickelin, Kupfer- u. Magnetkies; anal. R. A. Johnston bei Ch. Hoffmann, Rep. geol. Surv. Canada **5**, 22 (1889/90).

41. Von Prakendorf bei Göllnitz (Karpathen), kristallin; anal. A. Löwe in W. Haidingers Ber. 1874, 83.

	42.	43.
Cu	—	0,74
Fe	9,55	11,12
Co	—	4,26
Ni	26,14	16,24
Pb	—	0,53
As	49,83	56,20
S	14,13	10,71
	99,65	99,80

42. Von Schladming (wie bei Analyse Nr. 15, 31 u. 32); anal. A. Löwe bei C. F. Rammelsberg, Min.-Chem., Suppl. II, 1845, 102.

43. Von Dobschau (siehe Analyse Nr. 12, 28 u. 30); anal. F. Stromeyer, Gött. gel. Anz. 1820, 514.

Dem Gersdorffit wird auch folgende Analyse zugeschrieben:

	44.
Fe	2,36
Ni	35,12
As	44,78
Sb	3,11
Bi	0,91
S	13,72
	100,00

44. Von Nieddoris (Insel Sardinien); anal. M. Fasolo bei D. Lovisato, Atti R. Accad. Linc. **5**, 382 (1894). Ref. Z. Kryst. **26**, 202 (1896).

Diese Analyse ist aber, da das Material aus einem Erzgemenge von Arit oder Breithauptit, Chloanthit isoliert wurde, nicht ganz zuverlässig. Auch fehlt die Trennung von Co und Ni.

Von D. Lovisato wird für diese Analyse eine Formel aufgestellt und zwar:

$$(Ni, Fe, Co)_2(As, SbS)_3.$$

Er vergleicht die Formel mit der des Gersdorffits und mit jener des Dobschauits vom Lichtenberg im Fichtelgebirge.

Formel des Gersdorffits.

Aus den Analysen geht hervor, daß das Verhältnis der drei Metalle Co, Ni und Fe vielfach schwankt, jedoch sind jene Mischungen, welche ein Verhältnis Co+Ni:Fe zeigen, bei denen dieses etwa 1:1 war, wie bei Analyse Nr. 44, Ausnahmsfälle, meistens ist dieses Verhältnis 4:1 oder mindestens 2:1.

C. F. Rammelsberg[1]) berechnete einige Analysen. Er teilt den Nickelglanz ein in Arsennickelglanz, Antimonnickelglanz und in Arsen-Antimonnickelglanz.

Die Analyse von L. Sipöcz, Nr. 12, ergibt Ni:Co = 4,4:1, die von Dobschau desselben Analytikers gibt das Verhältnis:

$$R:As:S = 1,6:2,2:1,$$

er hält es für fraglich, ob die Formel sei:

$$NiS_2 . 2NiAs_2 .$$

Im allgemeinen nimmt er wohl diese Formel an, berechnet aber für einzelne abweichendes Verhältnis. So für die Analyse Nr. 25 von Schladming; anal. C. F. Rammelsberg, für welche er berechnet:

$$R:Sb, As:S = 2:2,6:1,$$

wobei Ni:Fe = 4,5:1 und As:Sb = 12:1.

Für diese Analyse stellt er die Formel auf:

$$RS_2 . R_3As_5 .$$

L. Sipöcz selbst berechnete seine Analysen. Für das Erz von Oravicza fand er die Formel:

$$3CoAsS . 13NiAsS \quad \text{oder} \quad Co_3Ni_{13}As_{16}S_{16} .$$

Dieser Gersdorffit ist deswegen leichter zu deuten, weil er kein Eisen enthält. Die obige Formel verlangt die unter I. angeführten Zahlen, während unter II. die nach Abzug von Bi und Fe, welche nur in kleinen Mengen vorhanden sind, sich ergebenden Zahlen sind:

	I.	II.
Co	6,66	6,75
Ni	28,88	29,22
As	45,18	44,35
S	19,28	18,20
	100,00	98,52

[1]) C. F. Rammelsberg, Min.-Chem. II, Erg.-Heft, 1895, 23.

Für die Analyse des Erzes von Dobschau berechnet L. Sipöcz:

$$S:As:Ni+Co$$
$$1:2:1,48$$

oder

$$2:4:3,$$

was zu der Formel führt:

$$Ni_3As_4S_2 = NiS_2 \,.\, 2NiAs_2 \,.$$

Diese Analyse enthält aber etwas mehr Eisen. Wohl deshalb sind die Differenzen auch größer zwischen berechneten und gefundenen Werten. Unter I. sind die berechneten, unter II. die reduziert gefundenen Werte:

	I.	II.
Co	—	2,14
Ni	32,72	29,54
As	55,45	56,83
S	11,83	10,93
	100,00	

Überblickt man die Analysentabellen, so fällt sofort der große Unterschied im Eisengehalt und im Arsengehalt auf. Die Analyse Nr. 29 weist 16,64% Eisen auf, manche fast gar kein Eisen. Der Arsengehalt der Verbindung NiAsS beträgt 45,23%. Es gibt aber Analysen mit nur 33,25% As und solche mit bis 56,83% (Dobschau, L. Sipöcz Nr. 12). Obgleich die Atomgewichte von Fe und Ni nicht sehr stark voneinander differieren, zeigen die Analysen mit viel Eisen meistens einen viel geringeren Arsengehalt, aber deshalb nicht, wie man vermuten könnte, einen höheren Schwefelgehalt. Man kann also den höheren Gehalt an Eisen nicht unbedingt dem Pyrit als Beimengung zuschreiben. Auch $FeAs_2$ als Beimengung zu vermuten, wäre nicht richtig, da sonst der Arsengehalt eher steigen müßte. Die Ursachen dieser Schwankungen sind daher noch unklar. Dazu ist zu bemerken, daß die Verbindung FeAsS einen Arsengehalt und einen Schwefelgehalt aufweist, welcher von den Werten der Verbindung NiAsS wenig abweicht. Ich gebe hier diese Werte (Berechnung nach C. Hintze):

I. NiAsS: S = 19,33; As = 45,26%
II. FeAsS: S = 19,65; As = 46,01%.

Eine Berechnung mit den neuesten Atomgewichten ergibt für die erste Verbindung S = 19,354; As = 45,235. Für FeAsS erhält man 46,02% As und 19,69% Schwefel.

Von diesen Zahlen entfernen sich aber nahezu die meisten Analysen und zum Teil recht beträchtlich. Wo ein stark verminderter Schwefelgehalt vorliegt, kann man dies durch Oxydation erklären, wie bei anderen Sulfiden und Sulfosalzen; auch der geringere Arsengehalt läßt zum Teil sich so erklären, dagegen ist eine Steigerung von S wohl nur durch Beimengung eines Sulfids und die Steigerung des Arsengehaltes nur durch Beimengung eines Arsenids zu erklären; hier müßten $FeAs_2$ oder $NiAs_2$ bzw. NiS_2, FeS_2 herangezogen werden, vielleicht die entsprechenden Kobaltverbindungen.

Von den hier angeführten Analysen entsprechen nur höchstens neun der Formel RAsS, und auch von diesen weichen manche nicht wenig ab, was man aber wohl durch Analysenfehler erklären kann. Ich habe dabei Differenzen von + oder — 3% nicht in Betracht gezogen. Solche ziemlich übereinstimmende Analysen sind die Analysen: 4, 5, 6, 23, 24, 10, 17, 19, 37.

Mehr Schwefel, als der Formel entspricht, enthalten nur 2 Analysen, nämlich die Nr. 18, 29.

Dagegen ist die Zahl der Analysen, welche mehr Arsen enthalten als es die Formel zeigt, groß, nämlich 9. Es sind dies die Analysen 1, 8, 12, 15, 17, 28, 34, 38 und 39.

Die Zahl der Analysen, welche in dem genannten Ausmaße weniger Schwefel, als es die Formel erfordert, aufweisen, ist ziemlich groß, nämlich 16. Ebenso zeigen 15 Analysen weniger Arsen als theoretisch erforderlich.

Stets wurden nur Unterschiede von + oder − 3% in Betracht gezogen, kleinere Unterschiede wurden als übereinstimmende Resultate betrachtet.

Man kann diese zu wenig Schwefel oder zu wenig Arsen enthaltenden Analysen durch die ja sehr verständliche Oxydation des Schwefels und Arsens zu Schwefelsäure bzw. arseniger Säure erklären. Wir haben ja oft in Verbindung mit Gersdorffit Eisenvitriol und Arseniate. Schwieriger ist das + an Schwefel und Arsen zu erklären. Man wird hier Beimengungen vermuten. Bei allen jenen Analysen, welche mehr Arsen enthalten, bemerkt man aber eine Abnahme des Schwefels, das würde darauf hinweisen, daß die Verbindung NiAsS durch $NiAs_2$ ersetzt ist, was durch Beimengung mit Chloanthit erklärbar wäre.

Die metallographische Untersuchung des Gersdorffits durch W. Flörke hat wenig zur Erklärung der abweichenden Analysenresultate beigetragen. Von Wolfsberg selbst, welches Material er untersuchte, fand ich keine Analyse; dieser scheint sehr rein zu sein. Es müßten die fraglichen oben erwähnten Gersdorffite mit anomaler Zusammensetzung untersucht werden.

Immerhin wird man, da sich die Abweichungen, wie eben auseinandergesetzt wurde, durch Zersetzung oder Beimengung erklären lassen, zu dem Resultat kommen, daß im allgemeinen jedoch die Formel annähernd ist:

NiAsS,

wobei etwas Ni durch Co oder durch Fe vertreten sein kann. Man wird daher außer der Hauptverbindung: NiAsS noch Beimengungen von CoAsS und FeAsS anzunehmen haben. Die Vertretung von Ni durch Co und Fe in der Formel NiAsS ist durchaus möglich. Was den in einigen Gersdorffiten auftretenden Antimongehalt anbelangt, so ist dieser bei der Isomorphie der Verbindungen NiAsS und NiSbS ganz selbstverständlich. Wie bei Kobaltglanz liegt eine Schwierigkeit darin, daß man eine reguläre Kristallart FeAsS annehmen muß, und zwar ist oft sehr viel von dieser Verbindung enthalten, wenn sie auch nirgends vorherrscht. Was die Konstitution anbelangt, so haben wir wohl ähnliche Verhältnisse, wie bei Kobaltglanz. Ich verweise auf die Formeln von A. Beutell.[1])

Eigenschaften.

Spaltbar nach dem Würfel, ziemlich vollkommen. Unebener Bruch, spröde, Härte etwas über 5. Dichte schwankend, zwischen 5,6—6,2, was auf Verschiedenheit des Materials durch Beimengungen deutet, denn die chemischen Unterschiede sind nicht so groß, um so große Unterschiede zu erklären, um so mehr, als die Dichte des Kobaltglanzes nicht viel verschieden ist. Als die richtige Zahl für einen Nickelglanz, welcher wenig Kobalt und

[1]) A. Beutell, ZB. Min. etc. 1911, 663.

Eisen enthält, wie es die meisten Analysen zeigen, wird man wohl 6,2 ungefähr annehmen können.

Undurchsichtig, metallglänzend, Farbe silberweiß bis stahlgrau, manchmal grau bis grauschwarz angelaufen. J. C. L. Schroeder van der Kolk[1]) fand den Strich, ähnlich wie Graphit, reingrau.

Gersdorffit leitet gut die Elektrizität.

A. de Gramont[2]) untersuchte das Funkenspektrum. Gersdorffit gibt ein gutes Spektrum, in welchem besonders die Arsenlinien vorherrschen, während die des Nickels zurücktreten. Die Linien des Schwefels und auch des Eisens sind nur schwach.

Vor dem Lötrohr schmiltzt Gersdorffit auf Kohle zu einer Kugel, wobei sich Knoblauchgeruch und Dämpfe von schwefliger Säure entwickeln. Die geschmolzene Kugel gibt zunächst Eisenreaktion mit Borax, dann bei erneutem Zusatz von Borax auch die Kobalt- und am schwersten die Nickelreaktion.

Im offenen Rohr entwickeln sich Dämpfe von schwefliger Säure und es bildet sich ein weißes Sublimat von As_2O_3. Im Kölbchen entsteht ein gelbbraunes Sublimat von Arsensulfid, wobei die Substanz dekrepitiert.

Der Gersdorffit wird durch konzentrierte Salpetersäure in der Wärme unter Schwefelabscheidung zersetzt, auch ein Niederschlag von arseniger Säure bildet sich dabei; die Lösung zeigt die grüne Nickelfarbe. Ein Teil des Schwefels findet sich in der Lösung, aus welcher er durch Chlorbarium ausfällbar ist.

E. F. Smith[3]) löste auch dieses Mineral in Schwefelmonochlorid bei 170°.

J. Lemberg[4]) behandelte Gersdorffit mit saurer Silbersulfatlösung bei 70°, er färbt sich dunkelblau, in der Kälte scheidet sich dabei Silber aus. Bromlauge muß mindestens $^1/_4$ Stunde einwirken, damit sich schwarzes Nickelsuperoxyd abscheidet. Man kann dann mit Ferro- und Ferridcyanwasserstoffsäure weiter prüfen.

Metallographische Untersuchung des Gersdorffits.

W. Flörke[5]) untersuchte mit dem Metallmikroskop den Gersdorffit von Wolfsberg im Harz. Er erhielt leicht eine glatte Oberfläche. Spaltbarkeit nach dem Würfel ist überall zu beobachten, häufig sind auch dreieckige Vertiefungen.

Die Farbe ist reinweiß. Das Mineral verhält sich im polarisierten Licht isotrop.

Bezüglich des Ätzverhaltens blieben wirkungslos: HCl, KOH, NH_4OH, $FeCl_2$, $HgCl_2$, KCN, $K_3Fe(CN)_6$, $K_4Fe(CN)_6$, NaClO, Bromsalzsäure.

Dagegen ätzen: HNO_3, Königswasser, H_2O_2 (30 %) und mit Schwefelsäure versetzte Lösung von $KMnO_4$.

Salpetersäure gibt eine braune Färbung durch Bildung eines Schwefelniederschlags. Braun färbt auch Königswasser, welches das beste Ätzmittel ist. H_2O_2 und $KMnO_4$ geben schlechte, fleckige Ätzung.

---

1) J. C. L. Schroeder van der Kolk, ZB. Min. etc 1901, 77.
2) A. de Gramont, Bull. soc. min. **18**, 296 (1895).
3) E. F. Smith, Am. Journ. Chem. Soc. **20**, 289 (1898).
4) J. Lemberg, Z. Dtsch. geol. Ges. **46**, 797 (1894).
5) W. Flörke, Metall und Erz **20**, 197 (1922).

Innere Beschaffenheit. Gersdorffit besteht aus zahllosen Lamellen, welche sich unter 90° oder anderen Winkeln kreuzen. Es sind parallel den Würfelflächen gelagerte Zwillingslamellen. Dies deutet auf eine polymorphe Umwandlung des ursprünglichen Gersdorffits, wobei sich aber wieder eine isotrope, also reguläre Modifikation bildet. Bestimmtes über die Umwandlung könnte eine chemisch-physikalische Untersuchung des Systems Ni–As–S bringen.

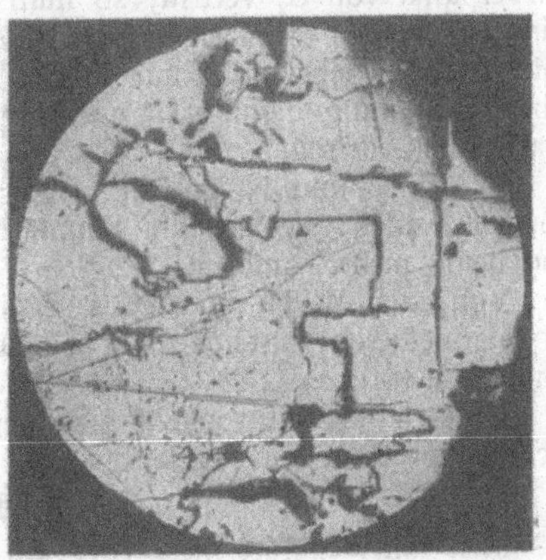

Fig. 65. Gersdorffit, Wolfsberg, ungeätzt. Rechts Gersdorffit heller als Bournonit, in den er idiomorph eingreift. Die würfelige Spaltbarkeit des Gersdorffits ist in einzelnen kräftigen, langen Spaltrissen und dreieckigen Ausbrüchen gut zu erkennen. (Nach W. Flörke.)

Paragenesis. Mit dem Gersdorffit kommt in Wolfsberg zusammen vor: Siderit, Kupferkies, Zinkblende, Bournonit. Kupferkies soll nach W. Flörke älter sein als Bournonit; in manchen Bournonitpartien findet sich auch Zinkblende. Siderit ist älter als Bournonit und Gersdorffit.

Die Altersfolge ist: Siderit, Zinkblende, Kupferkies, Bournonit, Gersdorffit.

Chalkographisch wurde der Gersdorffit auch von E. Thomson[1]) untersucht, es zeigen sich teils regelmäßig zonare, teils unregelmäßige Durchwachsungen.

Umwandlung. Der Gersdorffit verwittert leichter als Ullmannit, er wird dabei matt, läuft schwarzgrau an und bedeckt sich nach H. Laspeyres[2]) mit einer dicken grünen Rinde von Nickelblüte und Nickelvitriol.

Vorkommen und Genesis. Der Gersdorffit kommt häufig auf Eisensteingängen vor mit Eisenerzen, auch mit Kupferkies, Blende, Bleiglanz. Über seine Genesis liegt wenig vor; er mag sich aus Thermoquellen, ähnlich, wie andere Nickelerze, gebildet haben. Ob die Versuche von A. Beutell[3]) zur Synthese der Nickelarsenide angewandt werden können, ist zweifelhaft. Eine Synthese dieses Minerals ist noch nicht ausgeführt worden.

Antimon-Arsennickelglanz (Ullmannit).

Von **C. Doelter** (Wien).

Synonyma: Nickelantimonglanz, Nickelantimonkies, Antimonnickelkies, Nickelspießglanzerz und Nickelspießglaserz.

Kristallklasse. Nach H. A. Miers,[4]) tetraedrisch-pentagondodekaedrisch also tetartoedrisch.

Kristallstruktur. Ullmannit wurde früher als isomorph mit Pyrit betrachtet. P. Niggli[5]) hat gezeigt, daß das Raumgitter des Ullmannits wegen des Auf-

[1]) E. Thomson, Contrib. to Canad. Min. 1921, 32; nach Ref. N. JB. Min. etc. 1925, II, 75.
[2]) H. Laspeyres, Mitt. naturh. Ver. für Rheinland. Bonn 1893, 203.
[3]) Siehe A. Beutell bei Chloanthit und bei Synthese der Nickelarsenide.
[4]) H. A. Miers, Min. Soc. London **2**, 211 (1890).
[5]) P. Niggli, ZB. Min. etc. 1916, 503.

baues aus drei verschiedenen Atomen einer niedrigeren Symmetrieklasse angehören muß, wie Pyrit. Wenn der Schwerpunkt von SbS oder AsS den Schwerpunkt von S_2 vertritt, so muß das schwerere Atom näher der Kantenmitte liegen, als das leichtere. Einwertige Punktzuordnung besitzen Kantenmitte und Würfelzentrum nur in der Gruppe T_2, der Typen III und IV. In Übereinstimmung damit erklärt K. Mieleitner[1]) den Ullmannit für tetraedrisch-dyakisdodekaedrisch.

R. Gross und N. Gross[2]) untersuchten die Struktur des Ullmannits mit Röntgenstrahlen; die Struktur stimmt nicht mit der des Pyrits überein. Daher sind beide nicht isomorph.

Vgl. auch W. H. und W. L. Bragg[3]), welche den Ullmannit ebenfalls für tetartoedrisch ansehen, wie bereits früher auf Grund kristallographischer Studien A. Miers.

Unter Ullmannit versteht man gegenwärtig sowohl Antimonnickelglanz als auch Antimon-Arsennickelglanz.

Analysen.

Man unterscheidet diese Erze am besten nach dem Verhältnis des Arsens zu Antimon. C. F. Rammelsberg unterschied die As und Sb enthaltenden Ni-Erze in Antimonnickelglanz, Arsennickelglanz und Antimon-Arsennickelglanz, bzw. Arsen-Antimonnickelglanz. Den Korynit hätten wir als Arsen-Antimonnickelglanz einzureihen, ebenso den Wolfachit, der ja ungefähr dieselbe Zusammensetzung zeigt.

Wir unterscheiden daher: 1. Antimonnickelglanze ohne Arsen. Diese sind selten. 2. Antimonnickelglanze mit sehr wenig Arsen. 1—2%. 3. Antimonarsennickelglanze mit Arsengehalt von 2—4%. 4. Antimonnickelglanz mit noch höherem Arsengehalt.

Die Antimonnickelglanze mit vorwiegendem Arsengehalte gehören jedoch nicht mehr hierher.

1. Antimonnickelglanz. Analysen ohne Arsengehalt.

	1.	2.	3.	4.
δ	6,6	6,8	6,65	—
Fe	—	—	—	0,03
Co	—	—	—	0,65
Ni	28,04	27,36	28,85	27,82
Pb	—	—	0,61	—
As	—	—	—	Spur
Sb	54,47	55,76	56,01	57,43
S	15,55	15,98	14,81	14,02
	98,06	99,10	100,28	99,95

1.—2. Beide von dem Bleierzgange der Grube Landskrone an Ratzenscheid, Revier Siegen II; anal. H. Rose, Pogg. Ann. **15**, 588 (1829).

3. Aus dem Kalklaerschurf bei Waldenstein (Kärnten), blätterige und körnige Aggregate in Mergeln eines Kalksteins aus einer Gangkluft in Glimmerschiefer; anal. F. Uhlik, Sitzber. Wiener Ak. **61**, 7 (1871).

4. Vom Monte Narba im Gange Canale Figu Sarrabus (Sardinien), mit Kalkspat; anal. P. Jannasch, N. JB. Min. etc. 1887, II, 171.

[1]) K. Mieleitner, Z. Kryst. **569**, 105 (1921).

[2]) R. Gross u. N. Gross, Jahrb. Rad. u. Elektrotonik **15**, 305 (1909). Siehe auch Dieselben, N. JB. Min. etc. Beil.-Bd. **48**, 132 (1923).

[3]) W. H. u. W. L. Bragg, X-Rays and cristall structure, London 1915.

2. Analysen mit wenig Arsen (bis 2%).

	5.	6.	7.	8.
δ	—	—	6,803–6,883	6,694–6,738
Ag	—	0,10	—	—
Fe	0,17	—	—	0,09
Co	Spur	—	—	0,25
Ni	28,17	24,00	27,50	28,13
As	0,75	0,78	0,94	1,38
Sb	55,73	52,51	56,07	55,71
S	14,64	13,37	15,28	14,69
Unlösl.	0,11	—	—	0,27
	99,57		99,79	100,52

5. Von Monte Narba (siehe Analyse Nr. 4); anal. P. Jannasch, wie oben.
6. Von ebenda; anal. A. Mascazzini bei G. B. Traverso, N. JB. Min. etc. 1899, II, 220.
7. Von Rinkenberg a. d. Drau bei Bleiburg, derb; anal. A. v. Lill, Verh. k. k. geol. R.A. 1871, 182.
8. Von Lölling aus dem erzführenden Kalk des Erzberges, mit Baryt und Pyrit; anal. P. Jannasch, N. JB. Min. etc. 1887, II, 17.

3. Antimon-Arsennickelglanz. Analysen mit 2—4% Arsen.

	9.	10.	11.	12.	13.
δ	6,506	—	6,72	—	—
Fe	1,83	1,83	—	—	1,30
Ni	29,43	29,43	27,38	28,48	32,41
Pb + Bi	—	—	3,89	—	—
As	2,65	2,65	3,10	3,23	3,96
Sb	50,84	47,50	50,53	52,56	47,38
S	17,38	19,38	15,22	15,73	14,59
	102,13	100,79	100,12	100,00	99,64

9. Von Harzgerode, auf Grube Albertine, mit Eisenspat, Quarz und Kupferkies; anal. C. F. Rammelsberg, Min.-Chem. 1860; Pogg. Ann. **64**, 189 (1845).
10. Von ebenda; anal. derselbe, Min.-Chem. Erg.-Heft 1895, 24.
11. Von Lölling-Hüttenberg (Kärnten) mit Pyrit (vgl. Anal. Nr. 8); anal. W. Gintl bei V. v. Zepharovich, Sitzber. Wiener Ak. **60**, 812 (1869).
12. Von ebenda, nach Abzug des Wismuts und Bleis auf 100 berechnet.
13. Von der Grube „Jungfer", Wildermann im Revier Müsen; anal. Haege, Min. Siegerl. 1887, 28.

4. Analysen mit höherem Arsengehalt.

	14.	15.	16.	17.	18.	19.
δ	—	—	6,448	—	6,333–6,833	6,580
Cu	0,40	—	—	—	—	—
Fe	0,43	—	0,39	0,42	—	—
Co	1,06	—	1,13	} 30,07	26,10	25,25
Ni	26,05	27,43	28,89			
As	5,08	5,27	8,33	12,24	9,94	11,75
Sb	50,56	32,90	45,05	40,81	47,56	47,75
Bi	—	—	0,39	0,97	—	—
S	16,00	34,40	16,33	16,11	16,40	15,25
	99,58	100,00	100,51	100,62	100,00	100,00

14. Aus Nassau (vielleicht Sayn-Altenkirchen); anal. Behrendt bei C. F. Rammelsberg, Min.-Chem. 1875, 41.

15. Von Grube Storch und Schöneberg bei Gambach, Revier Siegen I; anal. in der Berliner Bergak. siehe H. Laspeyres, Z. Kryst. **19**, 10 (1891). Vgl. Analyse Nr. 16.

16. Von ebenda, derb auf Eisenspatgang; anal. H. Laspeyres, Z. Kryst. **19**, 10 (1891).

17. Von ebenda; anal. wie oben.

18. Von Grube „Aufgeklärtes Glück" südlich von Eisern, Revier Siegen II, derb mit Spateisen und Kiesen, Fahlerz, Blende; anal. Ullmann, Syst. Tab. Übers. 1814, 383.

19. Von Grube Friedrich Wilhelm zu Freusburg, Revier Daaden-Kirchen; anal. M. Klaproth, Beitr. **6**, 339 (1815).

Formel und Konstitution des Ullmannits.

C. F. Rammelsberg unterschied den „Nickelglanz" in drei Arten: Arsennickelglanz, Antimonnickelglanz und den Arsen-Antimonnickelglanz. Zu letzterem rechnet er auch den Korynit von Olsa. Wenn es auch nicht viel arsenfreie Nickelglanze gibt, so ist der chemische Typus des arsenfreien Minerals immerhin so gut abgegrenzt, daß man ihn besonders behandeln kann. Es ist daher vielleicht auch nicht richtig, ihn in den übrigen Arsen-Antimonnickelglanzen einfach einzureihen, zu diesem könnte man auch die Analysen rechnen, welche nur wenig Arsen enthalten, wie die Analysen 5—8.

Der Rammelsbergsche Arsennickelglanz dagegen entfällt hier, es ist dies der Gersdorffit, wogegen für den arsenfreien Antimonnickelglanz kein Name existiert. Wir unterscheiden: 1. Antimonnickelglanz und Arsen-Antimonnickelglanz. Natürlich ist hier, da es sich um isomorphe Mischungen von Arsennickelglanz und Antimonnickelglanz handelt, ein Übergang vorhanden, ebenso wie bei den Feldspaten. Gegenwärtig werden unter Ullmannit jene Nickelglanze verstanden, welche wenig oder nicht vorwiegend Arsen enthalten. Es wäre aber richtig, für die Endglieder besondere Namen zu geben, also nicht nur für das reine Arsenerz (Gersdorffit), sondern auch für das reine Antimonerz.

Formel des Ullmannits.

P. Jannasch berechnet für seine Analyse des arsenfreien Antimonnickelglanzes die Formel:

$$NiSbS.$$

Diese erfordert (I):

	I	II
S	15,10	15,22
Sb	57,55	56,90
Ni	27,35	27,88
	100,00	100,00

Die Zahlen unter II sind die von C. Hintze (Miner. I, 795).

C. F. Rammelsberg[1]) berechnet für folgende Analysen mit ganz geringem Arsengehalt die Verhältnisse:

Fundort	Nr.	Analytiker	As : Sb
Sarrabus	4	P. Jannasch	1 : 46,4
Lölling	8	"	1 : 26

[1]) C. F. Rammelsberg, Min.-Chem. Erg.-Heft II, 24 (1895).

Dies sind also Mischungen, in welchen sehr wenig Arsen vorhanden ist. Die Analysen von A. Mascazzini entsprechen fast dem arsenfreien Mineral.

Antimon-Arsennickelglanz.

Fundort	Nr.	Analytiker	As:Sb
Lölling	11	V. Gintl	1:10
Harzgerode	9	C. F. Rammelsberg	1:12
Nassau	14	Berendt	1: 6,2
Sayn-Altenkirchen	18	Ullmann	1: 3
Freusburg	19	M. Klaproth	1: 2,5
Siegen	16	H. Laspeyres	1: 2

Die Formeln dieser Nickelglanze entsprechen also nicht mehr der Formel NiSbS. Es sind Mischungen von:

$$n\,NiSbS \quad \text{mit} \quad NiAsS\,,$$

wobei As:Sb zwischen 2 und fast 50 schwankt.

H. Laspeyres rechnete seinen Ullmannit überhaupt wegen des hohen Arsengehaltes von 10—12 % zu den Koryniten und dies ist richtiger, als ihn zum Ullmannit zu rechnen. Er berechnete für seine drei Analysen:

$$\text{Nr. 15} \quad Ni:As:Sb:S = 0{,}468:0{,}070:0{,}272:1{,}076\,,$$

$$\text{Nr. 16, 17} \quad Ni:Co:Fe:As:Sb:Bi:S = 0{,}493:0{,}019:0{,}007:0{,}111:0{,}375:0{,}019:0{,}511\,.$$

Der Ullmannit (Korynit) dieser Lokalität besteht aus 1 Molekül Gersdorffit und 2 Molekül Ullmannit. Wir sehen also, daß eine kontinuierliche Mischungsreihe vom arsenfreien Antimonnickelglanz zum Korynit führt, bei welchem das Verhältnis As:Sb = 4,5:1 ist. Es scheint also zwischen dem Korynit und dem arsenreichsten Antimonnickelglanz, dem von H. Laspeyres analysierten, für welchen dieser As:Sb = 1:2,5 berechnet, eine Mischungslücke zu bestehen. Ob diese nur deshalb vermutet wird, weil zu wenig Analysen vorliegen oder ob sie wirklich vorhanden ist, müßten synthetische Versuche entscheiden. Dagegen scheint eine große Lücke auf seiten der arsenreichen Nickelglanze zu bestehen, da diese, wie bei Gersdorffit gezeigt wurde, nur ganz wenig Antimon enthalten. Die Mischungsreihe ist also von etwa As:Sb = 90:10 bis zum Korynit vorhanden.

Überblickt man die Analysen, so fällt außer dem leicht erklärlichen Schwanken von As und Sb noch weiter auf, daß der Nickelgehalt mehr in engeren Grenzen schwankt, und daß Eisen bei manchen Analysen gar nicht vorhanden ist oder bei den übrigen doch nur in geringen Mengen. Blei und Kupfer sind jedenfalls durch beigemengte Erze verursacht. Die Beurteilung ist daher einfacher als bei Gersdorffit. Auffallend ist bei der Analyse Nr. 15 der ganz abnorme Schwefelgehalt. Es wird sich bei dieser Analyse entweder um ganz unreines Material gehandelt haben, oder die Methode und Ausführung waren verfehlt. Sonst haben wir Abweichungen von der theoretischen Formel im Schwefelgehalt nur bei der Analyse von Harzgerode Nr. 10, bei welcher die richtige Zahl von 15,22 bedeutend überschritten ist. Da jedoch hier 1,83 % Fe vorhanden ist, so muß man die entsprechende Menge von S als Pyrit FeS_2 in Abzug bringen und dann ist die Abweichung keine so auffallende mehr.

Die früher genannte Formel ist daher gerechtfertigt.

Was die Nomenklatur anbelangt, so ist es nicht richtig, aus der Mischungsreihe gerade den Korynit hervorzuheben, man müßte, wenn man die Mischungsglieder, welche 5—12% As enthalten, nicht mit einem eigenen Namen belegen will, diese eher zum Korynit rechnen. Dann hätte man: Arsennickelglanz (Gersdorffit), Antimon-Arsennickelglanz (Korynite) und Antimonnickelglanz (Ullmannit).

H. Laspeyres hat auch eine Konstitutionsformel für das Siegener Vorkommen von Antimonnickelglanz gegeben. Diese wäre:

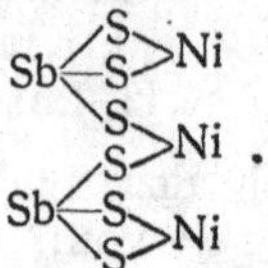

Er hält das Mineral für normales (neutrales) Sulfantimonit des Nickels.

Synthese.

Eine Synthese, welche den natürlichen Verhältnissen entsprechen würde, existiert nicht. Gelegentlich des Studierens des Systems Ni–Sb–S hat Schack den Ullmannit von dieser Formel dargestellt, er bildet eine homogene Masse (vgl. S. 705).

Eigenschaften.

Chemische Eigenschaften. Wir haben auch hier wieder zu unterscheiden zwischen Antimonnickelglanz und Antimon-Arsennickelglanz. Nur der Raumersparnis halber betrachten wir sie zusammen.

1. Antimonnickelglanz. Im offenen Rohr gibt das Pulver bei Erhitzung weißen Rauch und Beschlag von Antimonoxyd, im untersten Teil der Röhre kleine Kriställchen und schmilzt leicht unter Bildung von schwefeliger Säure, es bildet sich eine in der Glühhitze lebhaft silberglänzende, beim Erkalten aber sich mit einer grauen Oxydschicht überziehende Perle. Rings um dieselbe kann man die Entstehung einer schwefelgelben durchsichtigen Schmelze beobachten, welche in CS_2 unlöslich ist und, für sich erhitzt, Antimonrauch entwickelt.

Arsengeruch wurde hier, da ja kein Arsen vorhanden ist, nicht wahrgenommen.

Konz. Salpetersäure zersetzt die fein gepulverte Verbindung momentan, ohne Erwärmung, unter Bildung einer grünen Lösung und unter Abscheidung von Metaantimonsäure und Schwefel; die erstere ist bei Zusatz von Salzsäure löslich. Wendet man verdünnte Salpetersäure an (1 : 3), so erfolgt die Reaktion nur bei Erwärmung, Königswasser löst rasch, doch bleibt ein Teil des Schwefels unoxydiert zurück. Salzsäure löst nicht, dagegen wirkt konzentrierte Schwefelsäure schon in der Kälte.[1])

Mit Phosphorsalz erhält man vor dem Lötrohr die Nickelreaktion.

2. Antimon-Arsennickelglanz. Das Verhalten ist ein ähnliches, doch kann man hier beim Erhitzen im Rohr Arsengeruch wahrnehmen. Vor dem Lötrohr leicht schmelzbar. Mit Borax und Phosphorsalz Reaktion auf Nickel.

---

[1]) P. Jannasch, N. JB. Min. etc. 1883, I, 186.

Gegen Säuren ist das Verhalten ähnlich wie oben, doch erhält man bei der Lösung mit Salpetersäure auch einen Niederschlag von antimoniger Säure, daneben aber arsenige Säure. J. L. Smith[1]) fand, daß Ullmannit in Schwefelmonochlorid löslich ist.

Physikalische Eigenschaften. Eine Unterscheidung zwischen arsenfreiem und arsenhaltigem Nickelglanz erscheint hier nicht geboten.

Spaltbar hexaedrisch vollkommen. Bruch uneben. Spröde. Härte etwas über 5. Dichte schwankend 6,62—6,883.

Das Schwanken dürfte auf verschiedenen Gehalt an Eisen und Kobalt zurückzuführen sein. Die arsenhaltigen sind leichter als die arsenfreien. Der reine Antimonnickelglanz von Sarrabus hat nach P. Jannasch[2]) das spezifische Gewicht von 6,803.

Undurchsichtig, metallglänzend, Farbe blei- bis stahlgrau, auch mit Stich ins Zinnweiße oder Silberweiße, oft bunt oder graulichschwarz anlaufend. Strich graulichschwarz. Ullmannit ist guter Leiter der Elektrizität, nach F. Beijerinck.[3])

Der lineare Ausdehnungskoeffizient wurde von H. Fizeau bestimmt. Er ist für 40° C = $0{,}0_4 1112$, der Zuwachs für 1° beträgt $\Delta\alpha / \Delta\Theta = 0{,}0_6 0015$.

A. de Gramont[4]) untersuchte das Funkenspektrum, es erschienen darin alle Nickellinien, dann starke Antimonlinien, deutlich die Kobaltlinien und einige des Schwefels, dagegen waren keine Linien von Eisen und Arsen nachweisbar. Zur Untersuchung war der Antimonnickelglanz von Sarrabus (siehe Analyse Nr. 4) verwendet worden.

Vorkommen und Genesis. Der Ullmannit kommt auf verschiedenen Erzlagern vor, häufig in Verbindung mit Eisensteinlagern, besonders mit Spateisen, so im Revier von Siegen, in dem von Müsen, im Burbacher Revier, in Thüringen, dann besonders am Lölling-Hüttenberger Eisensteinbergwerk.

Eine andere Art der Paragenesis ist die mit Kiesen, Blende, Nickelin, wie auf der Insel Sardinien, in der Gegend von Sarrabus.

Ferner kommt Ullmannit auf Bleiglanzlagern vor, z. B. in Westfalen und Rheinpreußen, überall dürfte er aus heißen Quellen sich abgesetzt haben.

Was die Entstehung anbelangt, so wäre eine magmatische Ausscheidung wohl möglich, da dieses Mineral bei höherer Temperatur beständig ist und sich ja aus dem Schmelzfluß abscheiden kann, jedoch dürfte eine solche meistens nicht in Betracht kommen, wie das Vorkommen auf Gängen lehrt.

Korynit.

Regulär.

Analyse.

Fe	1,98
Ni	28,86
As	37,83
Sb	13,45
S	17,19
	99,31

[1]) J. L. Smith, Am. Journ. Chem. Soc. **20**, 289 (1898).
[2]) P. Jannasch, N. JB. Min. 1883, I, 186; 1887, II, 171.
[3]) F. Beijerinck, N. JB. Min. etc. Beil.-Bd. **11**, 436 (1897).
[4]) A. de Gramont, Bull. soc. min. **18**, 339 (1895).

Von Olsa (Kärnten), auf dem Kreiniglager des Eisenspatbergbaues; anal. Payer bei V. v. Zepharovich, Sitzber. Wiener Ak. **51**, 119.

Formel.

Th. Petersen verglich die Zusammensetzung des Korynits und des Wolfachits und kam zu dem Resultat, daß dieselbe Zusammensetzung vorliege, wobei allerdings zu bemerken ist, daß der Schwefelgehalt der beiden Analysen doch ziemlich differiert.

H. Laspeyres[1]) bezeichnete als Korynit ein qualitativ gleiches, aber durch den Arsengehalt quantitativ verschiedenes Erz von Siegen, welches wegen seines hohen Antimongehaltes richtiger zum Ullmannit zu stellen ist.

H. Laspeyres[1]) möchte alle Ullmannite mit merklichem Arsengehalt als Korynite bezeichnen, was auch C. F. Rammelsberg[2]) annimmt. Letzterer führt die Analyse des Erzes von Olsa unter Arsen-Antimonnickelglanz neben der Analyse von H. Laspeyres auf.

Die Berechnung der Analyse von Payer führte C. F. Rammelsberg zu dem Verhältnis:

$$R:As,Sb:S = 0{,}98:1{,}14:1, \quad Ni:Fe = 14:1, \quad As:Sb = 4{,}5:1.$$

Man hat nun die Formel, wie schon Th. Petersen berechnete, zu schreiben.

$$Ni(As,Sb)S = NiS_2 . Ni(As,Sb)_2 .$$

Die vorwiegend antimonhaltigen Erze dieser Zusammensetzung wird man besser als Ullmannite bezeichnen oder man kann solche, welche beide in merklichen Mengen enthalten, als Arsen-Antimonnickelglanze, den Ullmannit als Antimonnickelglanz bezeichnen. Dann wäre das Erz von Siegen als solcher Antimon-Arsennickelglanz zu bezeichnen. Hier ist dieses Erz bei Ullmannit untergebracht.

Nach E. Thomson[3]) wäre Korynit, wie auch Kallilit ein Gemenge.

Eigenschaften. Spaltbar nach dem Würfel, jedoch unvollkommen, Bruch uneben, wenig spröde. Härte 4—5°. Dichte 5,994.

Undurchsichtig, metallglänzend, Farbe silberweiß ins Stahlgraue. Zeigt Anlauffarben Gelb, Grau und Blau. Strich schwarz.

Nach F. Beijerinck[4]) leitet Korynit die Elektrizität gut.

A. de Gramont[5]) untersuchte das Funkenspektrum, dasselbe gibt besonders starke Arsenlinien, dann auch Antimon. Ferner erscheinen als Hauptlinien Ni und Co. Im Violett sieht man die Eisenlinien.

Vor dem Lötrohr schmilzt Korynit leicht unter Entwicklung von schwefliger Säure, wobei sich auf Kohle ein Antimonbeschlag bildet. In der Reduktionsflamme erhält man eine eisenschwarze, innen weiße Kugel, welche nicht magnetisch ist. Mit Borax auf Kohle bekommt man zuerst Reaktion auf Eisen, dann Kobalt und schließlich auf Nickel; dabei ist Arsengeruch zu verspüren.

---

[1]) H. Laspeyres, Z. Kryst. **9**, 3019 (1891).
[2]) C. F. Rammelsberg, Min.-Chem. Erg.-Heft II, 24.
[3]) E. Thomson, Contrib. Canad. Miner. 1921, 32; N. JB. Min. etc. 1925, II, 75.
[4]) F. Beijerinck, N. JB. Min. etc. Beil.-Bd. **11**, 437 (1896).
[5]) A. de Gramont, Bull. soc. min. **18**, 298 (1895).

Im offenen Glasrohr gibt Korynit ein weißes kristallines Sublimat arseniger Säure unter Entwicklung von schwefliger Säure. In geschlossenem Rohr bildet sich Sublimat von Arsentrioxyd, ferner in geringer Entfernung der Probe Arsenspiegel, wobei an den ersten inneren Beschlag von As_2O_3 ein schmaler gelbroter grenzt.

Wie Wolfachit in heißer Salpetersäure löslich unter Abscheidung von Schwefel und Antimonoxyd.

Wolfachit.

Rhombisch.

Analyse.

Es existiert nur eine einzige Analyse, neben welche die nach Abzug von PbS und Ag_2S und dann auf 100 berechneten Zahlen gestellt wurden.

	1.	2.
Cu	Spur	—
Zn	Spur	—
Ag	0,12	—
Fe	3,71	3,74
Co	Spur	Spur
Ni	29,53	29,81
Pb	1,32	—
As	38,46	38,83
Sb	13,17	13,26
S	14,43	14,36
	100,74	100,00

1. Vom Wenzelgang bei Wolfach, in Kalkspat; anal. Th. Petersen, Pogg. Ann. **137**, 369 (1869); N. JB. Min. etc. 1869, 313.
2. Diese Analyse nach Abzug von PbS und Ag_2S auf 100 berechnet.

Formel. C. F. Rammelsberg berechnete die Atomverhältnisse und fand:

$$R : As, Sb : S = 58,1 : 62,7 : 44,9$$

oder 1,3 : 1,4 : 1. Daraus berechnet er die Formel:

$R_{18}As_{14}S_{10} = 5RS_2 . 2R_4As_7$ oder wenn man: $R : (As + Sb) : S = 2,5 : 3 : 2$ setzt, so erhält man: R_5AsS_4. (Bei C. F. Rammelsberg sind die Zahlen vertauscht.)

Diese Formel verlangt nach C. F. Rammelsberg[1]) folgende Zahlen:

Fe	3,40
Ni	28,22
As	41,03
Sb	13,35
S	14,00
	100,00

Die heute zumeist angenommene Formel ist:

$$Ni(As, Sb)S.$$

Ob Eisen als Beimengung, oder in fester Lösung vorhanden ist, bleibt ungewiß.

[1]) C. F. Rammelsberg, Min.-Chem. 1875, 42.

Eigenschaften. Unebener Bruch, Spaltbarkeit nicht wahrnehmbar, sehr spröde. Härte 4—5. Dichte nach Th. Petersen 6,372.

Undurchsichtig, stark metallglänzend, silberweiß bis zinnweiß. Strich schwarz.

Wolfachit leitet die Elektrizität nach F. Beijerinck.

Vor dem Lötrohr entwickelt er Antimon- und Arsendämpfe und schmilzt auf Kohle leicht zu einer weißen, spröden magnetischen Kugel.

In Salpetersäure ist er unter Abscheidung von Schwefel und eines weißen aus Antimon- und Arsenoxyd bestehenden Rückstandes löslich, die Lösung zeigt grüne Farbe. Er verhält sich chemisch ähnlich wie Korynit, unterscheidet sich aber durch die Dichte, ferner dadurch, daß er eine größere Widerstandskraft gegen Luftoxydation zeigt, er läuft nicht an der Luft an, wie Korynit.

Nickel-Antimon-Arsenid.

Ein Erz, welches zwischen Korynit und Gersdorffit steht und chemisch dem Wolfachit ähnelt, wurde von C. F. Rammelsberg analysiert.

Fe	15,42
Ni	20,49
As	21,30
Sb	29,08
S	13,71
	100,00

Von der Grube Albertine, Harzgerode; anal. C. F. Rammelsberg, Min.-Chem. Suppl. II, 1845, 104.

C. Hintze[1]) deutet diese Analyse als ein Gemenge von Gersdorffit und Nickelin. Auffallend ist der hohe Eisengehalt, von dem nicht gesagt werden kann, ob er durch Verunreinigung mit Eisensulfid entstanden ist oder nicht.

Kallilith.

Synonym: Wismutantimonnickelglanz.

Regulär; pentagondodekaedrisch?

Analysen.

	1.	2.	3.	4.
Fe	0,361	0,214	0,261	0,276
Co	1,103	0,776	0,788	0,889
Ni	26,692	27,264	26,869	26,943
As	1,34	2,462	2,644	2,026
Sb	45,710	44,617	44,495	44,942
Bi	11,722	11,703	11,848	11,758
S	14,173	14,595	14,442	14,391
	101,061	101,231	101,347	101,225

1—3. Von der Grube Friedrich bei Schönstein a. d. Sieg; anal. H. Laspeyres, Z. Kryst. **19**, 15 (1891).

4. Mittel aus diesen Analysen.

---

[1]) C. Hintze, Min. I.

Formel. H. Laspeyres berechnete seine Analysen und erhielt:

1. Fe : Co : Ni : As : Sb : Bi : S = 0,006 : 0,019 : 0,455 : 0,018 : 0,380 : 0,056 : 0,442,
2. „ = 0,004 : 0,013 : 0,465 : 0,028 : 0,371 : 0,056 : 0,457,
3. „ = 0,005 : 0,014 : 0,458 : 0,037 : 0,370 : 0,057 : 0,452,

Im Mittel „ = 0,005 : 0,015 : 0,459 : 0,028 : 0,374 : 0,056 : 0,450.

Das Verhältnis R : (Sb, As, Bi) : S = 1,064 : 1,018 : 1 (Mittel).

Nimmt man das mittlere Atomverhältnis, so kommt man zu einer Mischung von:

1 Mol.	Arsennickelglanz	NiAsS,
2 „	Wismutnickelglanz	NiBiS,
13 „	Antimonnickelglanz	NiSbS,

wobei auf 29 Mol. Nickel 1 Mol. Kobalt kommen würde. Die berechnete Zusammensetzung dieser Mischung wäre:

Co	0,890
Ni	25,860
As	2,137
Sb	44,618
Bi	11,897
S	14,598
	100,00

Die berechnete Zusammensetzung eines reinen Wismutnickelglanzes NiBiS, welcher aber bisher noch nicht aufgefunden wurde, wäre:

Ni	19,600
Bi	69,703
S	10,697
	100,000

Eigenschaften. Gut hexaedrisch spaltbar, Dichte 7,011. Undurchsichtig, metallglänzend, Farbe hellblaugrau, dem Gersdorffit mehr als Ullmannit ähnlich. Verwittert wenig an der Luft.

Lötrohrverhalten nicht angegeben, in Königswasser löslich, sehr langsam in heißer konz. Salzsäure unter Entwicklung von Schwefelwasserstoff und geringer Abscheidung von Schwefel.

Vorkommen. Hauptsächlich auf Spateisengängen in Nestern desselben mit Quarz, Kupferkies, Pyrit. Auf Grube Bautenberg bei Wilden (Burbach) auch mit Bleiglanz, Fahlerz.

Kobalt- und Nickelarsenide.

Von **C. Doelter** (Wien).

Allgemeine Bemerkungen. Wir haben bereits eine Anzahl von Verbindungen kennen gelernt, in welchen neben Kobalt oder Arsen auch Eisen vorkommt; ferner haben wir eine Anzahl von Nickelarseniden behandelt; endlich hatten wir auch Gelegenheit die Verbindungen kennen zu lernen, in denen neben Kobalt oder Nickelarsen auch Schwefel vorkommt.

Folgende Übersicht zeigt das Vorkommen der Nickel- und Kobaltarsenide in der Natur, welchen die bisher nur künstlich dargestellten Arsenide folgen.

Natürliche Kobaltarsenide	Natürliche Nickelarsenide
$CoAs$	$NiAs$
$CoAs_2$	$NiAs_2$
$CoAs_3$	$NiAs_3$
	Ni_4As_3 oder Ni_3As_2
	Ni_3As

Künsliche Kobaltarsenide	Künstliche Nickelarsenide
Co_2As_3	Ni_2As_3
Co_2As_5	Ni_2As
Co_3As_2	Ni_3As_2
Co_2As	

Die Zahl der Nickelarsenide ist, was die natürlichen Vorkommen anbelangt, eine etwas größere als die der Kobaltarsenide.

Betrachten wir die Kobalt- und Nickelverbindungen, in welchen kein Schwefel vorkommt, sondern nur Arsen und Kobalt oder Nickel, so haben wir zu behandeln das Kobaltdiarsenid und das Nickeldiarsenid. Beide Verbindungen, $CoAs_2$ und $NiAs_2$, sind dimorph; sie kommen regulär-pentagonalhemiedrisch einerseits vor, dies sind die Mineralien Speiskobalt und Chloanthit, dann rhombisch im Safflorit und Rammelsbergit. Die rhombischen Kristallarten sind die selteneren, also ist hier wie bei FeS_2 die reguläre Form die stabilere, auch wie bei anderen Gliedern der Pyritgruppe. Nur die Eisenarsenide sind im rhombischen System stabil.

Von Kobaltarseniden haben wir noch zu nennen den Skutterudit, welchem die Formel $CoAs_3$ zugeschrieben wird, dann auch $NiAs_3$. Auf die Zusammensetzung der Kobalt und Nickelarsenide, welche nicht immer der Formel RAs_2 entsprechen, wird noch zurückzukommen sein.

Bei der Einteilung der Mineralien dieser Gruppe bietet sich die Schwierigkeit, daß es kaum ein reines Nickel- oder Kobaltarsenid gibt, sondern, daß fast immer beide Arsenide in isomorpher Mischung vorhanden sind. In der rhombischen Reihe macht dies weniger Schwierigkeit als in der regulären, weil in ersterer der Gehalt des zweiten Metalls doch ein verhältnismäßig geringerer ist, ebenso wie im Skutterudit ein fast reines reguläres Kobaltarsenid $CoAs_3$ vorliegt (abgesehen von der Varietät Nickel-Skutterudit, welche ein besonderes Mineral ist). Bei dem Kobaltdiarsenid und dem Nickeldiarsenid ist eine Trennung schwer möglich, wir haben hier eine ziemlich vollständige Mischungsreihe und können diese vielleicht mit jener der Plagioklase vergleichen, obzwar wir doch keine so vollständige Reihe haben.

Daher haben manche Autoren diese beiden Mineralien zusammengezogen. Dazu kommt noch die Schwierigkeit, daß, wie bereits 1874 P. Groth[1]) nachwies, diese Mineralien nicht immer rein sind, sondern in vielen Fällen ein Gemenge darstellen, wodurch die Deutung der Analysen erschwert wird. Namentlich die schwefelhaltigen Vorkommen dürften solche verunreinigte sein.

In einigen Analysen ist sogar Kobalt und Nickel nicht getrennt worden, wodurch diese unbrauchbar erscheinen.

---

[1]) P. Groth, Pogg. Ann. **152**, 251 (1874).

Es sollte in Zukunft vor jeder Analyse auch eine metallographische Voruntersuchung auf Reinheit ausgeführt werden.

Da die beiden Verbindungen $CoAs_2$ und $NiAs_2$ sich, wie es scheint, in nahezu allen Proportionen mischen können, ist eine scharfe Scheidung zwischen Speiskobalt und Chloanthit (Weißnickel) nicht möglich. So haben wir einzelne Analysen, welche neben $CoAs_2$ beträchtliche Mengen von $NiAs_2$ enthalten, wie wir auch unten sehen werden, daß es Weißnickelkiese mit beträchtlichem Kobaltgehalt gibt.

Da wir ja auch bei den Plagioklasen einzelne besonders wichtige Mischungen außer den Endgliedern unterscheiden, so müssen wir auch hier trachten wenigstens die Endglieder möglichst von den intermediären Mischungen zu unterscheiden.

Kobaltbiarsenid oder Speiskobalt.

Synonyma: Smaltin, Smaltine, Speiskobold.

Es gibt einzelne Analysen, welche als nickelfrei angegeben werden, doch ist es, da es sich um alte Analysen handelt, zweifelhaft, ob nicht einfach die quantitative Bestimmung von Nickel unterlassen wurde. Es gibt aber doch einige Analysen, welche nur einen ganz kleinen Nickelgehalt aufweisen; die betreffenden Mineralien können als die reinen Vertreter des Speiskobaltes gelten. Ferner haben wir dann die Mischkristalle, bei denen häufig Kobalt und Nickel in gleichen Mengen vorhanden sind, dann die Mineralien mit ganz wenig Kobalt und die mit untergeordnetem Kobalt.

Wir behandeln die Mineralien nach fortschreitendem Ni-Gehalt.

Analysen.

Kobaltarsenide ohne Nickelgehalt.

	1.	2.	3.	4.
Cu	0,16	—	—	0,16
Ag	—	—	4,60	—
Fe	3,42	4,27	1,19	15,99
Co	20,31	19,73	4,93	11,59
Pb	—	—	17,64	2,05
As	74,21	74,47	71,60	63,82
Bi	—	—	—	1,13
S	0,88	1,53	0,60	1,55
SiO_2	—	—	—	2,60
	98,98	100,00	100,56	98,89

1. Von Richelsdorf (Hessen), auf Gängen im Kupferschiefer; anal. F. Stromeyer, Gött. gel. Anz. 1817, 715.
2. Von Glücksbrunn (Sachsen-Meinigen), mit Baryt und oxydischen Kobalterzen; anal. C. F. Rammelsberg, Min.-Chem. 1860, 24.
3. Von Punta Brava bei Copiapó (Chile); anal. J. Domeyko, Miner. 1879, 178.
4. Von Gunnison Co. (Colorado); anal. Iles, Am. Journ. **23**, 380 (1882).

Kobaltarsenide mit geringem Ni-Gehalt.

	5.	6.	7.	8.
δ	—	—	6,11	6,498
Cu	2,55	1,39	0,01	0,22
Zn	—	—	—	4,11
Fe	8,59	11,71	7,31	7,84
Co	18,49	13,95	18,07	7,31
Ni	1,24	1,79	1,02	4,37
As	67,31	70,37	71,53	76,55
Sb	—	—	—	0,32
Bi	—	0,01	—	—
S	1,82	0,66	1,38	0,75
	100,00	99,88	99,32	101,47

5. Aus dem körnigen Kalk von Auerbach (Hessen); anal. Reinhardt bei W. Harres, N. JB. Min. etc. 1882 I, 190.
6. Von Schneeberg (Sachsen) (vgl. die Analysen Nr. 21—25 von denselben Fundort); anal. E. Hoffmann, Pogg. Ann. **25**, 493 (1832).
7. Von ebenda; anal. Mc Cay, Diss. college N. Jersey, Z. Kryst. **9**, 608 (1884).
8. Von Usseglio, Valle di Viu (Italien); anal. C. F. Rammelsberg, Z. Dtsch. geol. Ges. **25**, 284 (1873).

Alle diese Analysen zeigen sehr hohen Eisengehalt, so daß man das Eisen eigentlich in der Formel nicht vernachlässigen kann.

	9.	10.
Cu	0,41	—
Fe	4,05	7,16
Co	24,13	15,16
Ni	1,23	2,62
As	70,85	68,51
S	0,08	0,70
	100,75	94,15

9. Von Atacama (Chile); anal. Smith nach E. S. Dana, Miner. 1892, 88.
10. Von der Emilia mina, Cerro de Cabeza de Vaca, mit Silbererzen (Chile); anal. J. Domeyko, siehe Analyse Nr. 3.

Analysen mit mittlerem Nickelgehalt.

	11.	12.	13.	14.
δ	6,272	—	—	—
Cu	0,94	—	—	0,31
Ag	—	2,06	3,20	—
Fe	5,05	2,61	6,20	5,22
Co	10,11	15,90	15,80	10,93
Ni	8,52	5,16	11,40	6,12
As	69,70	73,82	60,30	75,04
Bi	0,97	—	—	—
S	4,71	0,20	—	1,61
Rückstand	—	—	—	0,70
	100,00	99,75	96,90	99,93

11. Von Wittichen (badischer Schwarzwald), auf Granitgängen mit Baryt; anal. Th. Petersen, Pogg. Ann. **134**, 70 (1868).
12. Von Bandurrias (Chile); anal. J. Domeyko, Miner. 1879, 179.
13. Von Punta Brava bei Copiapó (Chile); anal. wie oben.
14. Aus dem Kobaltgang bei Schweina-Glücksbrunn (Thüringer Wald); mit Schwerspat; anal. P. Krusch, Z. Dtsch. geol. Ges. **54**, Verh. 55 (1902).

Es wird daraus die Formel berechnet:

$$(Co, Ni)_2As_5 .$$

Analyse mit hohem Nickelgehalt.

	15.
Cu	0,45
Co	16,37
Ni	12,15
Fe	2,30
As	68,73
	100,00

15. Von Richelsdorf (Hessen); anal. Klauer bei C. F. Rammelsberg, Min.-Chem. Suppl. V, 226 (1853).

Chloanthite.

Analysen mit vorwiegendem Nickel.

Wir haben einen vollständigen Übergang von Kobaltbiarsenid zu Nickelbiarsenid. Diese Mineralien sind Chloanthite oder Arsennickel. **Synonym:** Weißnickel, Weißnickelkies, Chathamit.

Wir haben auch hier wieder Analysen mit geringem Kobaltgehalt (ausnahmsweise auch ohne einen solchen), dann Chloanthite mit merklichem Kobaltgehalt und einige Analysen mit hohem Kobaltgehalt.

Nickelarsenide mit wenig Kobalt.

	16.	17.	18.	19.	20.
δ . . .	6,735	—	6,734	6,6	6,41
Cu . . .	—	—	—	—	—
Fe . . .	Spur	Spur	2,30	17,39	6,82
Co . . .	—	—	1,60	1,94	Spur
Ni . . .	28,40	29,50	18,96	17,00	18,71
As . . .	70,34	70,93	76,38 *)	72,00	71,11
S . . .	—	—	0,11	0,43	2,29
	98,74	100,43	100,00	98,76	98,93

*) Sb 0,31 %, Bi 0,34 %.

16. Von Kamsdorf auf Gängen im Kupferschiefer mit Erdkobalt, Brauneisen, Speiskobalt, Chloanthit und Baryt; anal. C. F. Rammelsberg, Min.-Chem. 1845, 15.
17. Von ebenda; anal. wie oben.
18. Von Annaberg (Sachsen), auf Marcus Rohling; anal. C. F. Rammelsberg, Z. Dtsch. geol. Ges. **25**, 283 (1873).
19. Von Andreasberg (Harz), eine feinkörnige Varietät, bei welcher das Eisen vorwiegt; anal. F. v. Kobell, Ber. Akad. München 1868, 402.
20. Von Allemont, Isère, Mont. des Chalanches; nach C. F. Rammelsberg, Journ. prakt. Chem. **55**, 456 (1852); Min.-Chem. 1849, 4.

	21.	22.	23.	24.	25.	26.
δ . . .	6,537		—	6,54	6,45	6,33
Cu . . .	0,94	0,88	—	0,39	—	—
Fe . . .	6,52	6,35	7,33	7,50	0,69	9,86
Co . . .	3,32	3,38	3,79	3,42	4,20	7,65
Ni . . .	12,04	11,57	12,86	11,90	24,95	9,85
As . . .	75,85	(77,82)	74,80	75,40	68,40	58,76
S	—	—	—	—	—	1,06
Bi . . .	—	—	—	—	0,21	—
S	—	—	0,85	0,73	1,06	2,94
	98,67	100,00	99,63	99,34	99,51	99,31

21. Von Schneeberg (Sachsen); anal. Bull bei G. Rose, Krist.-Chem. Mineralsystem 1852, 52.
22. Von ebenda; anal. wie oben.
23. Von ebenda; anal. Karstedt bei C. F. Rammelsberg, Min.-Chem. 1853, Suppl. 225.
24. Von ebenda, stängelig; anal. Mc Cay, Z. Kryst. **9**, 608 (1884).
25. Von ebenda, faserig; anal. wie oben.
26. Von Niddoris (Sardinien); anal. D. Lovisato, Atti. R. Acc. Lincei **3**, 82 (1894). Ref. Z. Kryst. **26**, 201 (1892). Enthält auch 0,72% Zn, 6,33 Pb, 2,14 SiO_2.

	27.	28.	29.	30.	31.
δ . . .	—	—	—	—	6,89
Cu . . .	—	—	—	—	0,29
Fe . . .	0,80	0,47	0,38	0,47	2,83
Co . . .	3,01	2,30	2,03	2,30	3,62
Ni . . .	35,00	19,89	19,88	19,89	21,18
Pb . . .	—	0,01	0,36	0,01	—
As . . .	58,71	75,78	73,46	75,78	71,47
Bi . . .	—	0,16	0,41	0,16	—
S	2,80	0,61	0,61	(0,61)	0,58
SiO_2 . .	—	0,13	0,12	—	—
	100,32	99,35	97,25	99,22	99,97

27. Von Schneeberg; anal. Salvétat u. Wertheim, Thèse, Paris 1854, 79.
28. Von ebenda; anal. C. Vollhardt, Z. Kryst. **14**, 407 (1884).
29. Von ebenda; anal. wie oben. Inaug.-Diss. München 1886.
30. Von ebenda; anal. wie oben.
31. Von Joachimstal, mit Nickelin, Bleiglanz, Blende, Wismut, Silbererzen; anal. Marian bei Vogl, Miner. Joachimstal 1857, 142, 158. — Nach C. Hintze, Min. I, 811.

	32.	33.	34.	35.	36.
δ . . .	—	—	—	—	6,6
Fe . . .	17,70	11,85	12,92	1,40	3,25
Co . . .	1,35	3,82	3,85	3,93	3,37
Ni . . .	12,16	9,44	10,17	26,75	20,74
As . . .	70,00	70,11	(67,44)	(65,02)	72,64
S	—	4,78	5,62	2,90	—
	101,21	100,00	100,00	100,00	100,00

32. Von Chatham (Connecticut), derb, mit Arsenkies und Nickelin, im Glimmerschiefer; anal. C. U. Shepard, Am. Journ. **47**, 351 (1844).

33. Chathamit vom vorigen Fundort; anal. F. Genth nach J. D. Dana, Miner. 1855, 512.

34. Chathamit von ebenda; anal. wie oben.

35. Vom Anniviertal bei Ayer, Grube Grand Praz (Wallis), im grünen Schiefer; anal. F. Berthier, Ann. mines **11**, 504 (1837). Sehr eisenarm!

36. Von Richelsdorf (Hessen), vgl. die Analysen Nr. 37 u. 43; anal. Booth, Am. Journ. **20**, 241 (1836).

Die drei Analysen von Chatam bilden eigentlich ein neues Mineral, den Chathamit, dem wegen seines Eisengehalts die Formel (Fe, Ni)As_2 zukommt.

Analysen mit mittlerem Kobaltgehalt.

	37.	38.	39.	40.	41.
δ	—	6,83	—	—	—
Ag	—	—	—	—	2,18
Fe	6,82	2,31	4,43	5,20	—
Co	4,56	6,37	6,81	6,28	4,11
Ni	12,25	18,63	11,59	14,49	23,24
As	76,09	70,66	75,73	73,55	67,17
S	—	1,54	0,87	0,27	2,18
$CaCO_3$	—	0,89	—	—	—
	99,72	100,40	99,43	99,79	98,88

37. Von Richelsdorf (Hessen); anal. Bull bei G. Rose, siehe Analyse Nr. 36.

38. Von Franklin, N. Jersey, auf der Trotter Mine, mit Zinkblende; anal. W. Koenig, Proc. Acad. Philadelphia 1889, 184.

39. Von Schneeberg (Sachsen); anal. C. Renetzki bei C. F. Rammelsberg, Min.-Chem. 1860, 23.

40. Von ebenda; anal. Lange bei C. F. Rammelsberg, wie oben.

41. Von der La Rose-Mine bei dem Lake Temiskaming, Ontario; anal. W. G. Miller, Rep. Canad. Mines 1905; Z. Kryst. **43**, 395 (1907).

	42.	43.	44.	45.
δ	6,7	—	6,057	—
Cu	3,24	—	2,09	—
Fe	4,45	2,24	9,88	9,70
Co	8,28	9,17	6,65	6,94
Ni	8,50	14,06	11,37	11,87
As	74,84	73,53	68,12	71,13
S	1,70	0,94	1,40	0,36
	101,01	99,94	99,51	100,00

42. Von Bieber (Hessen), mit Wismut, Baryt, Kobaltblüte, Siderit; anal. A. v. Gerichten bei Fr. Sandberger, Akad. München 1873 137.

43. Von Richelsdorf; anal. W. v. Sartorius, Ann. Chem. u. Pharm. **66**, 278 (1844).

44. Von Dobschau; anal. A. Löwe, J. k. k. geol. RA. **1**, 363 (1850).

45. Dieselbe Analyse nach Abzug des Buntkupfererzes auf 100 berechnet.

	46.	47.	48.
δ	6,374		—
Cu	—	—	0,92
Fe	0,80	0,72	—
Co	10,80	18,30	11,85
Ni	25,87	19,38	26,04
As	60,42	59,38	55,85
S	2,11	2,22	6,24
	100,00	100,00	100,90

46. Von Richelsdorf (Hessen); anal. C. F. Rammelsberg, Min.-Chem., Suppl. V, 1853, 226.
47. Von ebenda; anal. Weber bei C. F. Rammelsberg, wie oben.
48. Von St. Andreasberg (Harz), vielleicht rein; anal. Hahn, Bg.- u. hütt. Z. 1861, 261. Auffallend hoher Schwefelgehalt, kein Eisen.

Analysen ohne Trennung des Kobalts vom Nickel.

Solche Analysen haben natürlich keinen großen Wert, da man aus ihnen nicht entnehmen kann, ob ein vorwiegendes Nickelarsenid oder vorwiegendes Kobaltarsenid vorliegt, ob also das Mineral Speiskobalt oder Chloanthit vorliegt. Der Vollständigkeit halber seien sie auch aufgezählt. Anordnung nach dem Fundort.

	49.	50.	51.	52.
Fe	0,37	1,35	1,35	1,22
Co, Ni	21,94	21,19	22,49	22,24
Pb	0,37	—	—	—
As	73,53	71,19	(71,19)	75,43
Bi	0,31	—	—	—
S	0,61	(4,58)	4,58	0,37
SiO_2	0,14	0,30	0,30	(0,30)
	97,29	98,61	99,91	99,56

49. Beide von Schneeberg (Sachsen); anal. C. Vollhardt, Inaug.-Diss. München 1886; Z. Kryst. **14**, 407 (1884).
50.—52. Alle drei von Wolkenstein (Sachsen), große Würfel, nach A. Baumhauer zonaren Bau zeigend (vgl. S. 765); anal. C. Vollhardt, wie oben.

Silberhaltiger Chloanthit.

Eine vollständige Analyse, bei welcher das Verhältnis Co:Ni nur geschätzt wurde und mit 1:3 angegeben wurde, welche aber wegen des Silbergehaltes von Bedeutung ist, stammt von Grant Co, sie enthält fast kein Eisen.

	53.	54.
Cu	0,04	—
Ag	4,78	2,18
Fe	0,44	4,11
Co, Ni	19,52	23,24
Pb	0,03	—
As	74,04	67,17
S	0,13	2,18
	98,98	

53. Von der Rose Mine, Grant Co, New Mexico; anal. W. Hillebrand, Proceed. Col. Sc. Soc. **3**, 46 (1886).
54. Von der La Rose Mine, Tamiskamg, wurde bereits S. 745 erwähnt.

Neue Analysen von A. Beutell und Fr. Lorenz.

	55.	56.	57.
Fe	0,75	0,78	2,78
Co	10,98	10,23	10,88
Ni	9,79	10,41	9,41
As	77,10	77,32	72,97
Sb	0,47	0,62	—
Bi	—	—	1,31
S	0,39	0,42	1,70
Unlösl. . .	0,56	0,13	0,58
	100,04	99,91	99,63

55.—57. Von Richelsdorf (Hessen); anal. die genannten, ZB. Min. etc. 1815, 364.

Diese Analysen führen zum Skutterudit.

Cheleutit.

Folgende Analysen gehören vielleicht mehr zu Skutterudit als zu Speiskobalt. Sie werden im Original als Cheleutite oder Wismutkobalterze bezeichnet, weichen aber von dem eigentlichen Bismutosmaltin doch insofern ab, als der Wismutgehalt klein ist. Die Formel stimmt aber mehr mit der des Skutterudits meist RAs_3 überein.

	58.	59.	60.	61.	62.	63.
δ	6,3		—	—	—	6,807
Cu	1,65	4,52	1,60	1,42	1,30	1,00
Fe	5,10	5,23	5,22	4,93	4,77	5,26
Co	12,66	12,27	12,61	13,18	9,89	11,72
Ni	3,02	3,00	3,05	1,72	1,11	1,81
As	75,14	75,05	76,00	75,85	77,96	74,52
Bi	0,66	0,90	—	1,59	3,89	3,60
S	1,31	1,30	1,32	0,88	1,02	1,81
Quarz . . .	0,32	0,52	—	—	—	—
	99,86	99,79	99,80	99,57	99,94	99,72

58. u. 59. Von Schneeberg (Sachsen), von C. Kersten Cheleutit genannt. Zeigt hexaedrische Spaltbarkeit und graue Farbe; anal. Mc Cay.[1])

60. Nach Behandlung des feingepulverten Erzes mit Hg gelang es das Bi auszuziehen, dann ergeben sich die obigen Zahlen.

61. Dasselbe Mineral nach A. Frenzel bei C. Hintze, Miner. I, 810.

62. Von ebenda; anal. C. Kersten, Schweigg. Journ. **47**, 265 (1826).

63. Von Joachimstal; anal. Marian bei Vogl, Mineral. Joachimstals 1857, 158. Vgl. aber die Analyse Nr. 31 von wismutfreiem Speiskobalt.

Formel. Aus den Zahlen der Kolonne 59 ergibt sich das Atomverhältnis:

$$Cu : Fe : Ni : Co : As : S = 0,025 : 0,093 : 0,051 : 0,215 : 1,013 : 0,041 .$$

Daher ist $R : As = 1 : 2,80$. Mc Cay findet zwar, daß das Mineral chemisch mehr dem Tesseralkies verwandt sei, daß jedoch das niedrigere spezifische Gewicht ihn von dem Skutterudit unterscheide. Er stellt ihn daher zu Speiskobalt und faßt ihn als sehr arsenreiche Varietät auf. Es unterliegt

[1]) Mc Cay, Z. Kryst. **9**, 607 (1884).

aber keinem Zweifel, daß selbst, wenn das Wismut nicht zur Konstitution des Minerals gehört, doch die chemische Zusammensetzung sehr vom Speiskobalt abweicht und man es nicht als solchen bezeichnen kann. Es findet übrigens ein Übergang vom Speiskobalt zu Skutterudit statt (siehe S. 781).

Unvollständige Analysen.

A. Kornhuber[1]) gibt eine Bestimmung von Dobschauer Chloanthit, welche von Szontagh ausgeführt wurde und welche ein Verhältnis 20 Ni : 2 Co ergab.

Bei V. v. Zepharovich[2]) findet sich eine Angabe, nach welcher Analysen von Huss, bei Chloanthit (Weißnickel) von der Grube Hilfe Gottes bei Dobschau 14 Ni und 8 Co ergaben.

Chloanthit von Zemberg ergab 15 % Ni und 8 % Co.

Chloanthit von der Augustinergrube und Thimotheusstollen bei Dobschau enthält 8,1 % Co und 7,7 % Ni.

Über die Zusammensetzung des Speiskobaltes vom Turtmanntal im Wallis macht M. Ossent[3]) einige Mitteilungen.

Speiskobalt mit 28 % Co, 72 % As, z. T. bis 7 % Ni und ebenso viel Eisen enthaltend. Eine zweite Varietät enthält 14 % Fe, 14 % Co und bis 1 % Ni.

Ein Chloanthit von dort zeigt 20—28 % Ni + Co und 8—10 % Eisen.

Ein Chloanthit vom Annivierstal (Eifischtal) zeigte 7—11 % Co, 0 – 6 % Fe und 1—2 % S.

M. N. Hartley u. H. Ramage[4]) fanden spektroskopisch in allen Kobalt- und Nickelerzen: K, Na, Cu, Co, Fe, Ni, Mn, in einigen auch: Pb, Ag, Co, Cr, Ba, Sr.

Formel des Speiskobalts und Chloanthits.

Die Formel $CoAs_2$ (bzw. $NiAs_2$) rührt von J. Berzelius her, sie ist aber nicht richtig, da nur wenige Analysen ihr gerecht werden.

C. F. Rammelsberg stellte 1875 den Speiskobalt unter die Erze von der Formel RAs_2 ein und berechnete bei mehreren Analysen das Verhältnis: Co : Ni : Fe.

Im Ergänzungshefte II wird der Name Speiskobalt sowohl für kobalthaltige, als auch für nickelhaltige gebraucht. Es werden die Arsenide von Ni und Co und deren Mischungen mit Sulfuriden zusammen behandelt. C. F. Rammelsberg[5]) hat aber mit Nachdruck auf den Umstand aufmerksam gemacht, daß R : As nicht 2 sei, sondern überhaupt wechselnd; er bezieht auch die kleinen Schwefelmengen in die Formel ein, so daß diese zu lauten hätte: $x RAs_n + RS_2$ oder $x R_m As_n + RS_2$; m : n schwankt zwischen 1 : 1 und 1 : 3. Er nimmt sehr verschiedene Arsenide an: RAs, R_3As_4, R_2As_3, R_3As_5 und RAs_2.

P. Groth erklärte die Abweichungen von der Formel RAs_2 durch Verunreinigung hervorgerufen. M. Bauer dagegen weist darauf hin, daß weder die Isomorphie mit Pyrit nachgewiesen sei, noch eine Beimengung von CoAs oder $CoAs_3$.

[1]) A. Kornhuber, Sitzber. des Vereins f. Naturkunde Preßburg IV, 53 und Ref. N. JB. Min. etc. 1860, 351.

[2]) V. v. Zepharovich, Mineral. Lexicon 1859, 11 u. 416.

[3]) M. Ossent, Z. Kryst. **9**, 563 (1884).

[4]) M. N. Hartley u. H. Ramage, Journ. chem. Soc. **71**, 533 (1897). Z. Kryst. **32**, 281 (1899).

[5]) C. F. Rammelsberg, Min.-Chem., Erg.-Heft II, 1895, 20.

G. Vollhardt[1]) unternahm eine Untersuchung, um festzustellen, ob der bei Speiskobalt (auch bei Chloanthit) vorkommende zonare Aufbau aus Schichten von verschiedener Löslichkeit durch verschiedene Zusammensetzung der Schichten verursacht sei. Es wurde das gepulverte Erz mit Salzsäure und Kaliumchlorat behandelt, wodurch ein Teil gelöst wurde; der Rest wurde z. T. zur Analyse verwendet, z. T. in derselben Weise behandelt und der verbleibende Rückstand analysiert. Er geht dabei von der Erwägung aus, daß verschiedene Arsenide, wie CoAs, $CoAs_2$ und $CoAs_3$ verschiedene Löslichkeit haben mußten. Untersucht wurden die Nickelarsenide, seltener eigentliche Speiskobalte. Die Resultate seien hier zusammengestellt:

	Ursprüngliches Erz A.	B.	1. Rückstand	2. Rückstand
Fe . . .	0,37	0,38	0,47	0,30
Co . . .	19,88	2,03	2,30	21,71
Ni . . .		19,88	19,89	
Pb . . .	0,37	0,36	0,01	0,12
As . . .	73,53	73,46	75,78	76,19
Bi . . .	0,31	0,41	0,16	0,18
S . . .	0,61	0,61	0,61	0,61
SiO_2 . .	0,14	0,16	0,13	0,17
	97,27	97,25	99,35	99,27

Der Verlust gegenüber den Analysen des ursprünglichen Erzes ist Sauerstoff, da es mit Arsenblüte imprägniert war. Da der Arsengehalt in den Rückständen zugenommen hat, so ist vorwiegend eine arsenärmere Verbindung gelöst worden. Ursprünglich war das Verhältnis R:As = 1:2,58, in den Rückständen 1:2,63 und 1:2,71. Dasselbe Resultat und gleichzeitig Steigen des Kobaltgehaltes war bei den früheren Versuchen wahrgenommen worden. Es stimmt dies damit überein, daß $CoAs_3$ (Tesseralkies von Skutterud) schwerer löslich ist, als Speiskobalt und Chloanthit. Es läßt sich nicht nachweisen, ob im Chloanthit eine Beimengung von RAs_3 vorhanden ist oder eine solche von freiem Arsen.

Bei Chloanthitkristallen von Wolkenstein erhielt G. Vollhardt[2]):

	Ursprüngliches Erz		Rückstand
Fe	1,35	1,35	1,22
Ni	21,19	22,49	22,24
As	71,19	—	75,43
Bi	—	4,58	—
S	0,30	—	0,30

Das Verhältnis R:As ist demnach von 1:2,4 auf 1:2,62 im Rückstand gegangen. Da das Wismut fast ganz gelöst wurde, scheint es nicht an die Metalle gebunden gewesen zu sein.

Was die Zusammensetzung des Chloanthits anbelangt, so zeigt der von Markirch im Elsaß die Zusammensetzung RAs_3, während andere RAs_2 zeigen. Es wurde auch versucht auf pyrogenem Wege Chloanthit darzustellen, aber ohne Erfolg.

Versuche und Berechnungen von A. Beutell.[2])

A. Beutell und Fr. Lorenz geben eine Tabelle (siehe Tabelle, Nr. I) sämtlicher Kobalt- und Nickelarsenide, die unter dem Namen Speiskobalt be-

[1]) G. Vollhardt, Inaug.-Diss. München, siehe S. 746.

[2]) A. Beutell, ZB. Min. etc. 1915, 360.

Tabelle I.

Die bis jetzt bekannten Speiskobaltanalysen nach fallendem Arsengehalt geordnet.

Fundort	Analytiker	% As	% S	% Co	% Ni	% Fe	% andere Metalle	Summe	Co-Atome	As-Atome	Co : As
Joachimsthal . . .	Marian	74,52	1,81	11,72	1,81	5,26	1,00 Cu; 3,60 Bi	99,72	0,32	1,07	1 : 3,30
Schneeberg . . .	Bull	77,82	—	3,38	11,57	6,35	0,88 Cu	100	0,37	1,04	1 : 2,81
„ . . .	Vollhardt	76,19	0,61	21,71		0,30	0,12 Pb; 0,18 Bi	99,27	0,37	1,04	1 : 2,77
Schweina-Glücksbrunn	Krusch	75,04	1,61	10,93	6,12	5,22	0,31 Cu	99,23	0,38	1,05	1 : 2,73
Schneeberg . . .	Bull	75,85	—	3,32	12,04	6,52	0,94 Cu	98,67	0,38	1,01	1 : 2,69
„ . . .	Vollhardt	73,53	0,61	21,94		0,37	0,37 Pb; 0,31 Bi	97,27	0,38	1,02	1 : 2,68
„ . . .	„	75,78	0,61	2,30	19,89	0,47	0,01 Pb; 0,16 Bi	99,35	0,38	1,03	1 : 2,68
Wittichen	Petersen	69,70	4,71	10,11	8,52	5,05	0,94 Cu; 0,97 Bi	100	0,41	1,08	1 : 2,65
Schneeberg . . .	Renetzky	75,73	0,87	6,81	11,59	4,43	—	99,43	0,39	1,04	1 : 2,65
„ . . .	Vollhardt	73,46	0,61	2,03	19,88	0,38	0,36 Pb; 0,41 Bi	97,25	0,38	1,00	1 : 2,63
Wolkenstein . . .	Mc Cay	75,40	0,73	3,42	11,90	7,50	0,39 Cu	99,34	0,39	1,03	1 : 2,62
Schneeberg . . .	Vollhardt	71,19	0,30	21,19		1,35	4,58 Bi	98,61	0,35	0,98	1 : 2,55
Wolkenstein . . .	„	75,43	0,30	22,24		1,22	0,37 Bi	99,56	0,40	1,02	1 : 2,54
Richelsdorf . . .	Stromeyer	74,21	0,88	20,31	—	3,42	0,16 Cu	98,98	0,41	1,02	1 : 2,54
„ . . .	Bull	76,09	—	4,56	12,25	6,82	—	99,72	0,41	1,01	1 : 2,52
Schweina-Glücksbrunn	Rammelsberg	74,47	1,53	19,73	—	4,27	—	100	0,41	1,04	1 : 2,51
Chatham	Genth	70,11	4,78	3,82	9,44	11,85	—	100	0,44	1,08	1 : 2,48
Schneeberg . . .	Karstedt	74,80	0,85	3,79	12,86	7,33	—	99,63	0,41	1,02	1 : 2,47
Wolkenstein . . .	Vollhardt	71,19	0,30	22,49		1,35	4,58 Bi	99,91	0,41	0,98	1 : 2,41
Richelsdorf . . .	Sartorius	73,53	0,94	9,17	14,06	2,24	—	99,94	0,43	1,01	1 : 2,35
Allemont	Rammelsberg	71,11	2,29	—	18,71	6,82	—	98,93	0,44	1,02	1 : 2,34

Chatham	Genth	67,44	5,62	3,85	10,17	12,92	—	100	0,47	1,08	1 : 2,29
Schneeberg . . .	Lange	73,55	0,27	6,28	14,49	5,20	—	99,79	0,45	0,96	1 : 2,21
„ . . .	Mc Cay	71,53	1,38	18,07	1,02	7,31	0,01 Cu	99,32	0,46	1,00	1 : 2,19
Cerro de Cabeza de Vaca . . .	Domeyko	68,51	0,70	15,16	2,62	7,16	—	94,15	0,43	0,94	1 : 2,18
Andreasberg . . .	Kobell	72,00	0,43	1,94	7,00	17,39	—	98,76	0,45	0,97	1 : 2,17
Schneeberg . . .	Mc Cay	71,53	1,38	18,07	1,02	7,31	0,01 Cu	99,32	0,47	1,00	1 : 2,11
Riechelsdorf . . .	Booth	72,64	—	3,37	20,74	3,25	—	100	0,47	0,97	1 : 2,07
Joachimsthal . . .	Marian	71,47	0,58	3,62	21,18	2,83	0,29 Cu	99,97	0,47	0,97	1 : 2,05
Schneeberg . . .	Hoffmann	70,37	0,66	-13,95	1,79	11,71	1,39 Cu; 0,01 Bi	99,88	0,48	0,96	1 : 2,01
Kamsdorf	Rammelsberg	70,34	—	—	28,40	—	—	98,74	0,48	0,94	1 : 1,94
„	„	70,93	—	—	29,50	—	—	100,43	0,50	0,95	1 : 1,89
Dobschau	A. Löwe	71,13	0,36	6,94	11,87	9,70	—	100	0,51	0,96	1 : 1,88
Atacama	Smith	70,85	0,08	24,13	1,23	4,05	0,41 Cu	100,75	0,50	0,95	1 : 1,88
Colo	Iles	63,82	1,55	11,59	—	15,99	0,16 Cu; 1,13 Bi	98,89	0,48	0,91	1 : 1,87
Schneeberg . . .	Mc Cay	68,40	1,06	4,20	24,95	0,69	0,21 Bi	99,51	0,51	0,95	1 : 1,86
Annivier-Tal . . .	Berthier	65,02	2,90	3,93	26,75	1,40	—	100	0,55	0,96	1 : 1,75
Richelsdorf . . .	Klauer	68,73	—	16,37	12,15	2,30	0,45 Cu	100	0,53	0,92	1 : 1,74
Chatham	Shepard	70,00	—	1,35	12,16	17,70	—	101,21	0,55	0,93	1 : 1,70
Andreasberg . . .	Hahn	55,85	6,24	11,85	26,04	—	0,92 Cu	100,90	0,64	0,94	1 : 1,46
Richelsdorf . . .	Rammelsberg	60,42	2,11	10,80	25,87	0,80	—	100	0,64	0,87	1 : 1,35
„ . . .	Weber	59,38	2,22	18,30	19,38	0,72	—	100	0,65	0,86	1 : 1,32
Schneeberg . . .	Salvétat und Wertheim	58,71	2,80	3,01	35,00	0,80	—	100,32	0,66	0,87	1 : 1,32

A. Beutells Analysen von 3 Riechelsdorfer Varietäten.

Richelsdorf . . .	Fr. Lorenz	77,32	0,42	10,23	10,41	0,78	0,62 Sb; 0,13 Rückst.	99,91	0,36	1,05	1 : 2,87
„ . . .	„	77,10	0,39	10,98	9,79	0,75	0,47 Sb; 0,56 Rückst.	100,04	0,36	1,04	1 . 2,85
„ . . .	„	72,97	1,30	10,88	9,41	2,78	1,31 Bi; 0,58 Rückst.	99,63	0,41	1,03	1 : 2,53

kannt sind, geordnet nach fallendem Arsengehalt. Nach ihren Berechnungen der Atomverhältnisse schwankt die Zusammensetzung zwischen $CoAs_{3,3}$ und $CoAs_{1,3}$. In der Tabelle findet sich die Analyse 24 von Mc Cay doppelt.

Wir haben gesehen, daß bereits G. Rose und C. F. Rammelsberg die Formel $CoAs_2$ nicht für richtig hielten. Letzterer nimmt eine ganze Menge von Arseniden an. C. Vollhardts vorhin erwähnte Untersuchungen führen zu keinem entscheidenden Resultat über die abweichenden Ansichten von C. F. Rammelsberg und M. Bauer einerseits und P. Groths andrerseits. A. Beutell und Fr. Lorenz untersuchten wie bei anderen Arseniden die Luftoxydation des Speiskobalts. Sie gingen aus von dem Richelsdorfer Speiskobalt (Analyse siehe oben S. 747). Die Atomverhältnisse der drei Analysen ergaben:

$$Co:As = 1:2{,}85, \quad 1:2{,}87 \quad 1:2{,}53.$$

Es wurde zuerst konstatiert, daß im Speiskobalt kein metallisches Arsen vorhanden ist. Dann wurde die Vakuumdestillation vorgenommen. Nach dem völligen Evakuieren wurde das Mineralpulver in einem Kaliglasröhrchen, welches an die Quecksilberpumpe angeschmolzen war, erhitzt. Die Anfangstemperatur war 385°. Nach 22 Stunden waren 2,23% As_4O_6 überdestilliert, dann wurde die Temperatur auf 510° gesteigert, auf welcher sie 186 Stunden lang belassen wurde. Das Pulver hatte die Zusammensetzung $CoAs_{0,91}$, also fast CoAs. Eine später zu anderen Zwecken ausgeführte Destillation lieferte nach 10 Tagen das Verhältnis Co:As = 1:1,01 und 1:1,05. Schließlich wurde noch auf 700° erhitzt und durch 146 Stunden lang die Destillation fortgesetzt. Die Kurven, welche den Verlauf ergeben, verlaufen kontinuierlich und zeigen als einzige Verbindung CoAs, das als Rückstand bei 510° und 600° zurückbleibt. Siehe Tabelle II.

Dadurch ist nach den genannten Forschern die Verbindung CoAs sichergestellt, was aber nicht beweist, daß dieselbe im Speiskobalt schon vorhanden war. Die weiteren Untersuchungen betrafen die Oxydation durch Luftsauerstoff und es wurde zu diesem Zwecke die analysierte Varietät 2 von Richelsdorf in verdünnter Salzsäure entweder in der Luft stehen gelassen oder Luft durchgesaugt. Es wurde die Lösung analysiert und die Zusammensetzung des Rückstandes berechnet oder ebenfalls analysiert. Das Resultat siehe auf folgenden Tabellen.

Tabelle II.

Vakuumdestillation der Varietät 1.

Temperatur	Destillat	Einzeldauer Stunden	Gesamtdauer Stunden
385°	2,23% As_4O_6	$22\frac{1}{4}$	$22\frac{1}{4}$
510	21,74% As	42	$66\frac{1}{4}$
"	29,90 "	25	$91\frac{1}{4}$
"	35,00 "	$21\frac{3}{4}$	113
"	42,23 "	21	134
"	45,74 "	$16\frac{1}{4}$	$150\frac{1}{4}$
"	51,71 "	$22\frac{3}{4}$	173
"	53,04 "	13	186
700	60,20 "	$46\frac{1}{2}$	$232\frac{1}{2}$
"	61,52 "	$22\frac{1}{4}$	$254\frac{3}{4}$
"	66,03 "	16	$270\frac{3}{4}$
"	69,15 "	41	$311\frac{3}{4}$
"	70,21 "	20	$331\frac{3}{4}$

Tabelle III.

Luftoxydation beim Speiskobalt, Varietät 2: $(As_{2,82}Co)$.

Salzsäure ccm	Wasser ccm	Dauer Tage	In der Lösung					Im Rückstand			
			Speiskobalt %	Atome		Atomverhältnis		Atome		Atomverhältnis	
				Co	As	Co : As	Co : Ni	Co	As	Co : As	Co : Ni
—	—	—	—	—	—	—	—	0,3648	1,0309	1 : 2,82	1 : 1,02
2	100	5	6,46	0,0264	0,0653	1 : 2,47	—	0,3384	0,9656	1 : 2,95	—
2	100	6	9,57	0,0393	0,0966	1 : 2,46	—	0,3245	0,9343	1 : 2,94	—
4	50	1	11,35	0,0465	0,1148	1 : 2,47	—	0,3183	0,9161	1 : 2,87	—
2	100	22	13,07	0,0526	0,1329	1 : 2,52	1 : 1,21	0,3122	0,8980	1 : 2,87	1 : 1,00
2	100	22	13,13	0,0545	0,1322	1 : 2,43	—	0,3103	0,8987	1 : 2,93	—
2	100	39	20,97	0,0826	0,2146	1 : 2,59	1 : 1,21	0,2822	0,8163	1 : 2,89	1 : 1,00
4	50	4	29,29	0,1156	0,2996	1 : 2,59	—	0,2492	0,7313	1 : 2,93	—
4	100	$\frac{3}{4}$	45,61	0,1582	0,4500	1 : 2,84	—	0,2066	0,5809	1 : 2,81	—
4	50	21	71,69	0,2989	0,8522	1 : 2,85	—	0,0659	0,1787	1 : 2,71	—
4	50	30	92,44	0,3348	0,9695	1 : 2,87	—	0,0300	0,0614	1 : 2,05	—
4	50	30	91,89	0,3253	0,9528	1 : 2,92	—	0,0395	0,0781	1 : 1,97	—
4	100	210	93,26	0,3312	0,9837	1 : 2,97	—	0,0327	0,0645	1 : 1,97	1 : 0,41

Luftoxydation beim Speiskobalt, Varietät 1:

Salzsäure ccm	Wasser ccm	Dauer Tage	Speiskobalt %	Co	As	Co : As	Co : Ni	Co	As	Co : As	Co : Ni
4	50	2	25,73	0,1094	0,2572	1 : 2,36	—	—	—	—	—
4	50	2	25,16	0,1083	0,2505	1 : 2,31	—	—	—	—	—

Betrachtet man den gelösten Anteil, so zeigt sich, daß zuerst Co:As = 1:2,5 ist, während am Schlusse das Verhältnis 1:3 wird. Das erste Verhältnis war in allen Versuchen bis zu einer Dauer von 39 Tagen fast konstant geblieben, erst dann war das Verhältnis 1:3 bemerkbar. Da die zuerst in der Lösung auftretenden Mengen von Co und As sich wie 1:2,5 verhalten, während in dem angewandten Mineralpulver dieses 1:2,86 ist, so muß sich Arsen im Rückstande angereichert haben.

Es ergibt sich, daß in der Lösung zuerst das Arsenid Co_2As_5 und $CoAs_3$ auftritt, während im Rückstand schließlich nur $CoAs_2$ bleibt. Auffallend ist die Reihenfolge der Arsenide, welche nicht dem Arsengehalt entspricht. Man sollte glauben, daß das höchste Arsenid das löslichste sein müßte, nämlich $CoAs_3$; während im Gegenteil das mittlere Arsenid Co_2As_5 zuerst uns entgegentritt. Man beobachtet auch bei der Einwirkung der Salpetersäure, daß das ursprüngliche Speiskobaltpulver $CoAs_{2,82}$ viel heftiger angegriffen wird, als das übrigbleibende $CoAs_2$. Bei einem weiteren Versuche zur Feststellung des Arsenids Co_2As_5 ergaben sich etwas abwechselnde Resultate, da das Verhältnis Co:As = 1:2,31 ergab. Die Existenz des Arsenids Co_2As_5 erscheint daher noch nicht sicher, dagegen glauben A. Beutell und Fr. Lorenz, daß die Arsenide $CoAs_2$ und $CoAs_3$ im Speiskobalt sichergestellt sind. Vgl. aber unten S. 757.

Synthese.

Um die Synthese der Kobaltarsenide zu erreichen, haben A. Beutell und Fr. Lorenz[1]) das Pulver eines Kobaltkieses erhitzt, um das Arsen auszutreiben und dann wieder mit Arsendampf durch Vakuumdestillation zu sättigen.

Tabelle IV.

Synthetische Versuche mit Speiskobalt, der durch Vakuumdestillation auf die Formel $As_{0,95}R$ gebracht worden war.

Temperatur	Dauer	Atomverhältnis R:As	Formel	Beständigkeits-Intervall
275°	12 Tage	1:0,96	AsR	75°
360	50 „	1:1,06		
350	42 Stunden	1:1,08		
355°	20 Tage	1:1,33	Das Verhältnis muß wegen der Verunreinigungen als zufällig angesehen werden; es hat sich mit reinem Kobalt nicht bestätigt	
365	15 Stunden	1:1,33		
375	23 „	1:1,33		
385	24 „	1:1,33		
395°	20 Tage	1:1,84	As_2R	10°
405	15½ Stunden	1:1,84		
415°	96 Tage	1:2,41	As_3R	118°
500	16 „	1:2,82		
618	23 Stunden	1:2,84		

[1]) A. Beutell u. Fr. Lorenz, ZB. Min. etc. 1916, 10.

Als Ausgangsmaterial diente das Vorkommen von Richelsdorf (siehe Analyse Nr. 57). Sein Atomverhältnis ist: (Co + Ni + Fe) : As = 1 : 2,53.

Zuerst wurde das eine Pulver bei 600° im Vakuum erwärmt, bis kein Arsen mehr abdestillierte und dann noch einige Stunden zwischen 600—700° erhitzt. Die Zusammensetzung war R : As = 1 : 0,95. Als es 12 Tage lang bei 275° in Arsendampf verblieb, stieg der Arsengehalt auf R : As = 1 : 0,96. Es wurde daher die Temperatur noch weiter gesteigert (die Resultate siehe in der Tabelle).

Als Resultat nehmen A. Beutell und Fr. Lorenz die Bildung von drei Arseniden an: RAs, RAs_2, RAs_3.

Bei den beiden letzteren sind die Abweichungen beträchtlich, was auf die Verunreinigungen des Minerals zurückgeführt wird, wie der Gehalt an Bi, S und besonders Fe beweist.

Die zweite Methode, welche jedenfalls die einwandfreiere ist, bestand darin, daß Kobaltpulver, chemisch rein durch Arsendämpfe, wie vorhin in demselben Apparat behandelt wurde. Es wurden dieselben Temperaturen angewandt. Die Resultate finden sich in folgender Tabelle:

Tabelle V.

Darstellung der Kobaltarsenide aus reinem Kobalt.

Nach A. Beutell und Fr. Lorenz.

Temperatur	Dauer	Atomverhältnis Co : As	Formel	Beständigkeits-Intervall
275°	12 Tage	1 : 0,16	AsCo	60°
310	180 Stunden	1 : 0,97		
325	34 „	1 : 1,03		
335	11 „	1 : 1,03		
345°	10 Stunden	1 : 1,08	As_3Co_2	20°
355	275 „	1 : 1,52		
365	19 „	1 : 1,55		
385°	250 Stunden	1 : 1,99	As_2Co	20°
395	14 „	1 : 2,02		
405	18 „	1 : 2,03		
415°	232 Stunden	1 : 2,49	As_5Co_2	15°
430	14 „	1 : 2,53		
450°	325 Stunden	1 : 2,96	As_3Co	168°
580	19 „	1 : 2,96		
618	18 „	1 : 2,99		

Die weiteren Versuche wurden gleichzeitig mit Speiskobalt, Kobalt und Nickel ausgeführt. Die Resultate sind in folgenden Tabellen verzeichnet.

Tabelle VI.
Vergleich der Arsenide des reinen Kobalts und Eisens mit den aus Speiskobalt erhaltenen.
Nach A. Beutell und F. Lorenz.

Temperatur	Arsenide des Eisens gefunden am		Arsenide des Kobalts gefunden an			
	Löllingit		reinem Kobalt		Speiskobalt	
	Fe : As	Formel	Co : As	Formel	R : As	Formel
275°	—		—		1 : 0,96	
285	1 : 0,89		—		—	
310	—		1 : 0,97	AsCo	—	
315	1 : 0,89		—		—	
325	1 : 0,89		1 : 1,03		—	AsR
335	1 : 0,90		1 : 1,03		—	
340	1 : 1,03	AsFe	—		—	
345	—		1 : 1,08		—	
350	1 : 1,03		—	As_3Co_2	1 : 1,08	
355	—		1 : 1,52		1 : 1,33	
360	1 : 1,08		—		—	
375	1 : 1,09		1 : 1,55		1 : 1,33	
385	1 : 1,12		1 : 1,91		1 : 1,33	As_2R
395	1 : 1,55		1 : 2,02	As_2Co	1 : 1,84	
405	1 : 1,58	As_3Fe_2	1 : 2,03		1 : 1,84	
415	1 : 1,59		1 : 2,49	As_5Co_2	1 : 2,41	
430	—		1 : 2,53		—	
450	—		1 : 2,96		—	
460	1 : 1,74	As_2Fe	—		—	As_3R
500	1 : 1,86		—	As_3Co	1 : 2,82	
580	—		1 : 2,96		—	
618	1 : 1,90		1 : 2,99		1 : 2,84	

Außer den in der Tabelle V angeführten Versuchen wurde ein 9 Wochen andauernder Versuch bei 350° ausgeführt; dieser führte auf die Formel $CoAs_{1,68}$ statt $CoAs_{1,5}$ und ein zweiter bei 400° durch 8 Wochen, letzterer ergab $CoAs_{2,44}$ statt $CoAs_2$.

Demnach ergaben sich hier außer den Arseniden, welche bei den Versuchen mit Speiskobalt erhalten worden waren, nämlich RAs, RAs_2 und RAs_3, noch die Kobaltarsenide Co_2As_3, Co_2As_5.

Die Farbe der Arsenide nimmt durch Arsenaufnahme zu, das letzte $CoAs_3$ ist schwarz, CoAs ist hellgrau, mit Stich ins Rot.

A. Beutell und Fr. Lorenz machen aufmerksam, daß das Arsenid Co_2As_5 bei der Luftoxydation gefunden wurde. Dies bestätigt, daß ein Arsenid von dieser Formel existiert, und kein Grund besteht daran zu zweifeln, daß dieses Arsenid auch im Speiskobalt existiert.

Aus den Versuchen folgern die Genannten:

Chloanthit und Speiskobalt besitzen keine einfache Formel, sondern bestehen aus verschiedenen Arseniden.

Die langsame Oxydation durch Luft gestattet eine quantitative Trennung der Komponenten.

Im Speiskobalt von Richelsdorf wurden die Arsenide $CoAs_2$, Co_2As_5 und $CoAs_3$ nachgewiesen. Es läßt sich seine Zusammensetzung berechnen aus: 63% $CoAs_3$, 30% Co_2As_5 und 7% $CoAs_2$.

Der Tesseralkies stellt ein Gemenge von $CoAs_3$ mit niederen Arseniden dar.

Durch direkte Synthese wurden hergestellt: $CoAs$, Co_2As_3, $CoAs_2$, Co_2As_5 und $CoAs_3$.

Es ist möglich, daß noch die Arsenide $CoAs$ und Co_2As_3 auftreten.

Die Synthese der Kobaltarsenide läßt die Entstehung des Speiskobalts auf pyrogenem Wege zu, bei gesättigten Arsendampf besitzen die höchsten Arsenide die höchste Bildungstemperatur.

Freies Arsen ist im Speiskobalt nicht enthalten.

Synthese der Nickelarsenide.

Speiskobalt hat bekanntlich immer einen Nickelgehalt, welcher allmählich zum Chloanthit, dem Nickelbiarsenid hinführt. A. Beutell[1]) wollte ergründen, warum im Speiskobalt zwar das Monoxyd NiAs, jedoch nicht CoAs vorkommt. Über einige Abänderungen der früher S. 754 genannten Methode siehe bei A. Beutell.[1]) Eine Änderung sei erwähnt: bei der Darstellung der Kobaltarsenide war die Temperatur entsprechend der Arsenaufnahme geändert worden, um die Grenzen der Beständigkeitsintervalle der einzelnen Arsenide möglichst genau festzustellen, während bei den folgenden Versuchen die Temperaturen willkürlich gewählt wurden.

Tabelle VII.

Arsenaufnahme des Speiskobalts, Kobalts und Nickels bei 450°.
(Angewandte Substanz 0,2 g.)
Nach A. Beutell.

Dauer	Speiskobalt		Kobalt		Nickel	
	Atomverhältnis R : As	Differenz	Atomverhältnis Co : As	Differenz	Atomverhältnis Ni : As	Differenz
a) Ohne jedesmaliges Pulvern der Substanz						
Anfangs	1 : 1,05		1 : 0,00		1 : 0,00	
		0,86		1,53		1,34
Nach 1 Woche .	1 : 1,91		1 : 1,53		1 : 1,34	
		0,19		0,14		0,11
„ 2 Wochen	1 : 2,10		1 : 1,67		1 : 1,45	
		0,07		0,06		0,03
„ 3 „	1 : 2,17		1 : 1,73		1 : 1,48	
		0,11		0,05		0,07
„ 4 „	1 : 2,28		1 : 1,78		1 : 1,55	
b) Mit jedesmaligem Pulvern der Substanz						
		0,06		0,09		0,46
Nach 5 Wochen	1 : 2,34		1 : 1,87		1 : 2,01	
		0,08		0,12		0,03
„ 6 „	1 : 2,42		1 : 1,99		1 : 2,04	

[1]) A. Beutell, ZB. Min. etc. 1916, 49.

Da die Versuche lange andauerten (eine Woche), hat die Arsenierung von Speiskobalt und Kobalt nicht auf Gewichtskonstanz geführt. Die ersten Versuche bezogen sich wieder auf Speiskobalt und Kobalt.

Tabelle VIII.
Arsenaufnahme des Speiskobalts, Kobalts und Nickels bei 400°.
(Angewandte Substanz etwa 0,1 g.)
Nach A. Beutell.

Dauer	Speiskobalt		Kobalt		Nickel	
	Atomverhältnis R:As	Differenz	Atomverhältnis Co:As	Differenz	Atomverhältnis Ni:As	Differenz
a) Ohne jedesmaliges Pulvern der Substanz						
Anfangs.	1:1,05		1:0,00		1:0,00	
		1,11		1,31		1,36
Nach 2 Wochen	1:2,16		1:1,31		1:1,36	
		0,14		0,15		0,07
„ 3 „	1:2,30		1:1,46		1:1,43	
		0,09		0,04		0,04
„ 4 „	1:2,39		1:1,50		1:1,47	
		0,07		0,06		—
„ 5 „	1:2,46		1:1,56		—	
		0,01		0,03		—
„ 6 „	1:2,47		1:1,59		—	
b) Mit jedesmaligem Pulvern der Substanz						
		—		—		0,41
Nach 5 Wochen	—		—		1:1,88	
		—		—		0,04
„ 6 „	—		—		1:1,92	
		0,20		0,32		0,07
„ 7 „	1:2,67		1:1,91		1:1,99	
		0,09		0,23		0,01
„ 8 „	1:2,76		1:2,14		1:2,00	

Als Resultat dieser Versuchsreihen, Tabelle VII und VIII, führt A. Beutell[1]) an, daß die Reaktion zwischen Nickel und Arsen viel energischer verläuft, als zwischen Kobalt und Arsen. Wenn das Resultat jedoch bei Nickel geringer ist, als bei Kobalt, so kann sich dies nur dadurch erklären, daß infolge stärkerer Sinterung die Arsenierung bei Nickel nicht nach dem Innern fortschreiten kann. Nachdem nämlich die Arsenide gepulvert worden waren, erfährt die As-Aufnahme bei Co nur eine geringe Beschleunigung, während das Nickelarsenid einen Sprung von $As_{1,55}Ni$ bis $As_{2,01}Ni$ macht.

Die vorhin erwähnten Versuche wurden von 400° schließlich bis 500° C fortgesetzt. Hierbei wurde bei Speiskobalt die Formel $As_{2,01}Co$ erreicht. Die Arsenierung des Nickels, welche bei 400° schon zu $NiAs_2$ geführt hatte, schritt durch weiteres Erhitzen bis 500° C nicht weiter. Darin gleicht Nickel dem Eisen, bei welchem das höchste Arsenid $FeAs_2$ ist.

[1]) A. Beutell, l. c. 1916, 55.

Weitere Versuche wurden besonders zur Aufklärung der Genesis unternommen. Siehe S. 771. Es sind direkte Versuche. Es wurde dabei nicht mit einem Arsenüberschuß gearbeitet, sondern es wurden die Arsenmengen zugesetzt, die den betreffenden Kobalt- oder Nickelarseniden entsprechen.

Bei Kobalt wurden vier Vakuumröhrchen durch 24 Stunden auf 550° C erhitzt, bei Nickel wurde ebenso verfahren, jedoch nur drei Vakuumröhrchen angesetzt, da die Verbindung Ni_2As_5 nach A. Beutell[1]) nicht existiert. Die Ergebnisse waren:

CoAs war gesintert, doch so lose, daß es beim Schütteln in graues Pulver zerfiel.

Co_2As_3 war nur etwas gesintert und zerfällt wie das frühere.

$CoAs_2$ und Co_2As_5 sind pulverförmig und zeigen grauschwarze Farbe.

NiAs bildet harte, metallglänzende Klümpchen, sowie bleigraues Pulver, doch sind die metallischen Teilchen nicht homogen, was aus ihrer teils rötlichweißen, teils zinnweißen Farbe geschlossen wird.

Ni_2As_3 enthält neben festen, metallglänzenden Teilchen von rötlichweißer Farbe auch bleigraues Pulver.

$NiAs_2$ ist pulverförmig, bleigrau, frei von metallischen Teilchen. Durch diese Versuche wird erwiesen, daß nur die niederen Arsenide sintern und zwar bei den Kobaltarseniden so schwach, daß beim Schütteln Zerfall eintritt. Nur die niederen Nickelarsenide ergeben harte metallische Massen. Bei der Bildung der höheren Kobaltarsenide tritt starke Volumzunahme ein. Niedere Kobaltarsenide können im Arsendampf nicht existieren.

Zu den von A. Beutell ausgeführten Synthesen ist zu bemerken, daß, wie bereits S. 703 erwähnt, ältere Synthesen von Kobalt- und Nickelarseniden existieren, die die Arsenide Co_2As_3, Co_2As_5, $CoAs_2$, $CoAs_3$, sowie CoAs betreffen. Ebenso kennen wir entsprechende Nickelarsenide, welche bereits früher hier erwähnt worden sind. Siehe auch das System Co–As und das System Ni–As. A. Beutell scheint diese Arbeiten, welche einige Jahre früher erschienen sind, nicht gekannt zu haben, da er sie nicht erwähnt. Namentlich die Arbeiten von E. Vigouroux[2]) und F. Ducellieux zeigen, daß die genannten Arsenide bei verschiedenen Temperaturen entstehen. Die Existenz der fraglichen, in der Natur für sich allein nicht vorkommenden Arsenide Co_2As_5, Co_2As_3, CoAs, dann Ni_2As_3, welche nach A. Beutell im Speiskobalt bzw. im Chloanthit vorkommen sollen, war daher schon früher sichergestellt.

Als Endresultat der Versuche gibt A. Beutell folgendes an:

1. Das höchste Arsenid, welches bei Einwirkung von Arsendampf auf Nickel entsteht, ist das Biarsenid $NiAs_2$.

2. Bei 400° zeigt die Arsenierung von Kobalt und Nickel keinen Unterschied.

3. Bei 450° tritt bei Ni stärkere Sinterung auf als bei Co.

4. Wegen der starken Sinterung kommt bei 450° die Arsenierung des Nickels zum Stillstande, während sie bei Kobalt bis zur Sättigung fortschreitet.

Physikalische Eigenschaften.

Keine charakteristische Spaltbarkeit, undeutlich nach (111) oder (100), auch nach (110), wahrscheinlich vom eigentümlichen, oft zonaren Bau herrührend

[1]) A. Beutell, ZB. Min. etc. 1916, 440.
[2]) Vgl. S. 703.

(vgl. S. 761). Bruch uneben, spröde. Härte etwas über 5—6. Dichte sehr schwankend, je nach der chemischen Zusammensetzung etwa 5,7—6,8. Siehe die Analysen.

Metallglänzend, undurchsichtig, Farbe zinnweiß, ins Stahlgrau, oft bunt oder grau angelaufen (vgl. die chalkographische Untersuchung S. 762). Strich grauschwarz.

Spezifische Wärme 0,0920 nach F. E. Neumann. Nach A. Sella[1]) ist sie für eine eisenreiche nickelhaltige Varietät 0,0848. Die Berechnung ergibt für reines $CoAs_2$ 0,0897, für $NiAs_2$ 0,090, für $FeCoNiAs_2$ 0,0902.

H. Fizeau[2]) bestimmte den linearen Ausdehnungskoeffizienten bei $40^0 = 0{,}0_40919$.

Der Zuwachs für $1^0 = 0{,}0_60164$.

Nach F. Beijerinck[3]) leitet Speiskobalt von Schneeberg und von Wittichen, sowie Chloanthit von Richelsdorf gut. Die Werte stimmen mit den für Pyrit gefundenen überein.

Nach P. Groth[4]) ist Speiskobalt thermoelektrisch. Die Mehrzahl der Kristalle ist gegen Kupfer negativ, andere sind positiv. A. Schrauf und E. S. Dana[5]) hatten Kristalle von Schneeberg (Sachsen) und Richelsdorf (Hessen) negativ befunden.

A. de Gramont[6]) untersuchte Chloanthit auf sein Funkenspektrum: es herrscht die Arseniklinie vor, erst in zweiter Linie tritt Nickel auf. Kobaltlinien fanden sich nicht. Schwache Linien sind aus der Gruppe des Schwefels S_α, S_β, S_γ.

Wenn man den Strom unterbricht, zündet Chloanthit wie Arsen. Speiskobalt leitet gut. Starke Arsenlinien; sie herrschen im Spektrum vor. Die Kobaltlinien sind wenig stark. Deutlich sind die Eisenlinien. Man sieht auch Nickellinien. Es kommt auch Wismut zum Vorschein.

Chemische Eigenschaften.

Vor dem Lötrohr auf Kohle wird Arsendampf entwickelt. Man erhält eine magnetische Kugel, die, mit Borax behandelt, die Reaktion auf Eisen, Kobalt oder Nickel (im Chloanthit) ergibt.

Das Mineral ist leicht schmelzbar. Im offenen Rohr Arsendampf, auch Spuren von schwefeliger Säure; im Kölbchen erhält man erst bei starkem Erhitzen ein Sublimat von metallischem Arsen.

In konzentrierter Salpetersäure unter Abscheidung von Arsentrioxyd löslich. Die Lösung ist bei Speiskobalt rot, bei Chloanthit grün.

Nach F. v. Kobell[7]) erkennt man im Speiskobalt den Nickelgehalt, wenn man das Pulver mit einer kleinen Menge von konzentrierter Salpetersäure zersetzt und dann tropfenweise Ammoniak zusetzt, bis zu deutlicher alkalischer Reaktion, hierauf filtriert man, wobei das Filtrat eine himmelblaue Färbung haben muß. Schmiltzt man mit Ammoniumnitrat[8]) und kocht die Schmelze

[1]) A. Sella, Ber. Gött. geol. Ges. 1891, 311.
[2]) H. Fizeau bei Th. Liebisch, Physik. Krist. 1891, 92.
[3]) F. Beijerinck, N. JB. Min. etc. Beil.-Bd. **11**, 436 (1897).
[4]) P. Groth, Pogg. Ann. **152**, 49 (1874).
[5]) A. Schrauf und E. S. Dana, Sitzber. Wiener Ak. **69**, 149 (1874).
[6]) A. de Gramont, Bull. soc. min. **18**, 279 u. 285 (1895).
[7]) F. v. Kobell, Bestim. d. Min. 1873, 5.
[8]) C. Burghardt, Min. Mag. **9**, 233 (1894).

mit Wasser, so geht die arsenige Säure in Lösung, während im Rückstand die Oxyde von Co, Ni, Fe enthalten sind. Gibt man dann Schwefel zur Schmelze, so erhält man lösliche Sulfate. Dabei lassen sich Kobalt und Nickel trennen, wenn man zur Schmelze von Zeit zu Zeit etwas Ammoniumnitrat zusetzt, wobei nur das Co-Metall in Nitrate übergeführt wird, das in kochendem Wasser löslich ist, während NiO rein zurück bleibt.

J. Lemberg[1]) konstatierte, daß Smaltin (Co, Ni)As_2 aus der Lösung von schwefelsaurem Silber nach 10 Minuten Silber ausscheidet und sich der Schliff mit schwarzem Kobalt- und Nickelsuperoxyd bedeckt. Bei reichlichem Kobaltgehalt ist die Prüfung mit Ferridcyanwasserstoffsäure zulässig, sie kann aber bei Gegenwart von Eisen und Nickel versagen. Meistens gelingt es jedoch die Boraxperle durch den Ferricyanidniederschlag zu färben und zwar blau. In einem Speiskobalt konnte ein sonst nicht zu unterscheidendes beigemengtes Mineral durch Bromlauge nachgewiesen werden.

Chloanthit wird durch Bromlauge sehr langsam oxydiert und scheidet aus der Silberlösung metallisches Silber ab.

C. Vollhardt[2]) (vgl. S. 749) beobachtete an Kristallen mit zonarem Aufbau bei Behandlung des feinen Pulvers mit Salzsäure und Kaliumchlorat, daß die arsenärmere Verbindung leichter gelöst wurde, Speiskobalt leichter als Tesseralkies; es reichert sich bei wiederholter Behandlung der Arsengehalt des Rückstandes an.

Nach E. Baumhauer[3]) zeigen die Kristalle beim Ätzen mit Salpetersäure einen Aufbau aus Schichten verschiedener Löslichkeit.

Nach E. F. Smith[4]) ist Speiskobalt in Schwefelmonochlorid bei 180° löslich.

J. W. Evans[5]) hat in der Pyritgruppe Studien über die Umwandlung durch unterirdische Wässer durchgeführt (siehe bei Pyrit). Speiskobalt blieb unverändert im Wasser mit Calciumcarbonat, im destillierten Wasser überzog sich Speiskobalt weiß, wohl durch As_2O_3.

Chase Palmer,[6]) welchem wir auch bezüglich des Maucherits und des Löllingits, sowie des Nickelins wichtige Versuche verdanken, hat auch die Einwirkung des Silbersulfats auf Speiskobalt untersucht. Auch dieses Mineral hat die Fähigkeit, Silber aus der Silbersulfatlösung niederzuschlagen, wobei sich Arsensesquioxyd und die Sulfate von Kobalt und Nickel bilden.

Diese Versuche gelingen aber nicht bei den Sulfiden, z. B. Pyrit und Hauerit, ebensowenig wie die Sulfarsenide Arsenkies, Kobaltglanz, Ullmannit auf Silbersulfat reagieren. Dagegen ist Silbersulfat ein wirksames Lösungsmittel für reine Arsenide, während der Schwefel als Schützer des Arsens gegen Oxydation durch die Silbersalzlösung erscheint. Es gibt uns auch diese Reaktion ein Mittel, um zu erkennen, ob den reinen Arseniden ein Arsenosulfid oder ein Sulfid beigemengt ist und es gelang auf diese Weise, die schon früher vermutete Anwesenheit von Beimengungen dieser Art in einigen

---

[1]) J. Lemberg, Z. Dtsch. geol. Ges. **46**, 797 (1894).
[2]) C. Vollhardt, Z. Kryst. **14**, 407 (1889).
[3]) E. Baumhauer, Z. Kryst. **12**, 18 (1889).
[4]) E. F. Smith, Journ. Am. Chem. Soc. **20**, 289 (1898).
[5]) J. W. Evans, Min. Mag. **12**, 371 (1900); Z. Kryst. **36**, 171 (1902).
[6]) Chase Palmer, Econ. Geol. **12**, 207 (1917). Ref. N. JB. Min. etc. 1924, II, 327.

Arseniden zu erkennen. Auch der Speiskobalt hinterläßt in Silbersulfatlösung einen kleinen Rest im Arsenkies.

Die Reaktion ist bei Speiskobalt:

$$CoAs_2 + 4Ag_2SO_4 + 3H_2O = CoSO_4 + As_2O_3 + 3H_2SO_4 + 8Ag.$$

Die Fähigkeit eines Nickel- oder Kobaltarsenids, Silber auszufällen, hängt von der vorhandenen Menge des nicht an Schwefel gebundenen Arsens ab. Chase Palmer hat bereits bei der Untersuchung des Maucherits darauf hingewiesen, daß, wenn man den chemischen Eigenschaften der Mineralien ebensoviel Beachtung schenken würde, wie bisher den physikalischen, so wäre dies für die Mineralogie von großem Werte.

Metallographische Untersuchung des Speiskobalts und Chloanthits.

Bereits A. Beutell[1]) hat die Untersuchung von Speiskobalt und Chloanthit mit dem Metallmikroskop ausgeführt.

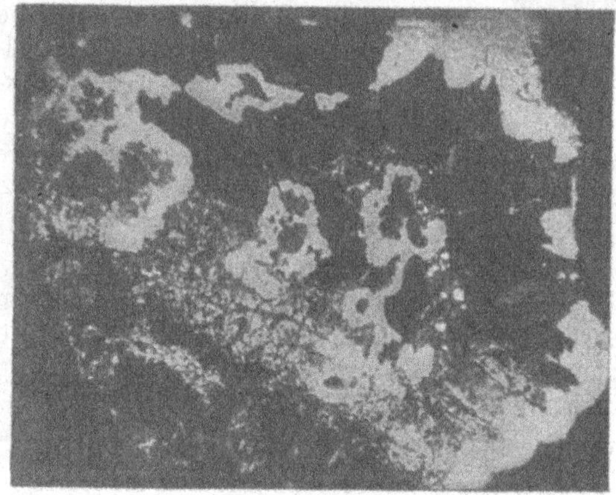

Fig. 66. Chloanthit von Freiberg. (Nach A. Beutell.)

Er fand bei Kristallen, z. B. bei dem Richelsdorfer Smaltin, Zonarstruktur, wobei er zwei verschiedene Substanzen nachwies. Auch andere Vorkommen zeigen, daß zwei oder drei verschiedene Substanzen im Speiskobalt vorhanden sind.

Besonders interessant erwies sich jener Speiskobalt von Richelsdorf, der durch Luftoxydation quantitativ zerlegt wurde (vgl. S. 752). Es ist dies eine besonders arsenreiche Varietät. Es kommt ihm die Zusammensetzung:

$$CoAs_3\ 63\%,\quad Co_2As_5\ 30\%\quad \text{und}\quad CoAs_2\ 7\%$$

zu. Die mikroskopische Untersuchung ergibt drei verschiedene Stoffe, das hell gefärbte Mineral wird als Triarsenid, das fast schwarze als Pentarsenid gedeutet. Das Biarsenid tritt nur als sekundäre Fällung feiner Sprünge auf. Für das Triarsenid ist seine lamellare Struktur, welche an die des Meteoreisens erinnert, charakteristisch. Die Abgrenzung der einzelnen Lamellen gegeneinander geschieht durch feine Teilchen des dunkel gefärbten Pentarsenids.

Die drei Arsenide sind gut durch Ätzung mit Salpetersäure zu unterscheiden, da das Triarsenid hellbleigrau, das Pentarsenid schwarz ist, während das Biarsenid zinnweiß bleibt.

A. Beutell kommt durch seine mikroskopischen Studien zu dem Resultate, daß die arsenärmeren Speiskobalte (bis $CoAs_{2,5}$), außer dem Pentarsenid

[1]) A. Beutell, ZB. Min. etc. 1916, 180 u. 206.

reichlich das zinnweiße $CoAs_2$ enthalten. In vielen tritt noch ein gekröseartiges Arsenid auf, von hellbräunlicher Farbe (angeätzt, mit Stich in Rosa) hinzu, welchem die Formel Co_2As_5 zukommen soll.

Die Tesseralkiese, bzw. die arsenreichen Speiskobalte, enthalten außer dem Pentarsenid reichlich $CoAs_3$, während bei ihnen das Diarsenid nur in untergeordneten Mengen als sekundäre Spaltenbildung auftritt.

Ferner schließt A. Beutell, daß die äußere Schicht der Speiskobaltkristalle aus dem Diarsenid besteht. Die reguläre Kristallgestalt stammt von diesem.

Fig. 67. Derber Speiskobalt von Richelsdorf. (Nach A. Beutell.)

Die regulären Skutterudite dürften ihm zufolge Pseudomorphosen nach dem Biarsenid sein.

Durch die Untersuchung von A. Beutell klärt sich vieles auf, indessen können seine letzten Schlußsätze doch nicht als sichergestellt angesehen werden, wenn sie auch eine große Wahrscheinlichkeit besitzen.

H. Schneiderhöhn[1]) hat den Speiskobalt weiter untersucht; er bildet einen solchen von Richelsdorf ab, in welchem der zonare Bau des Kristalls durch Ätzung mit konzentrierter (Fig. 70) Salpetersäure deutlich wird. Die einzelnen Zonen sind von verschiedenem Widerstand gegen die Säure und daher verschieden chemisch zusammengesetzt. Der Speiskobalt besteht aus mehreren in HNO_3 verschieden löslichen Bestandteilen, die in einzelnen Zonen, teils parallel den Kristallflächen, teils ganz unregelmäßig angeordnet sind.

W. Flörke[2]) hat ebenfalls diese Arsenide untersucht. Letzterer bemerkt, daß beide Mineralien wegen des stetigen Übergangs, des engen Zusammenvorkommens und weil sie sich äußerlich nicht voneinander trennen lassen und mikroskopisch ineinander übergehen, zusammengezogen werden.

Speiskobalt poliert sich sehr gut, hat hohes Reflexionsvermögen, noch höher als Bleiglanz. Farbe reinweiß. Im polarisierten Licht isotrop.

Ätzverhalten. Keine Einwirkung zeigen: HCl, KOH, NH_4OH, $HgCl_2$, KCN, $K_3Fe(CN)_6$, $K_4Fe(CN)_6$. Dagegen ätzen: HNO_3, $FeCl_3$, $KMnO_4$, H_2O_2 und Königswasser. Konzentrierte Salpetersäure ätzt sehr rasch und gibt bei nicht zu langer Einwirkung ausgezeichnete Strukturbilder. Weniger gut sind saure Permanganatlösung, Wasserstoffsuperoxyd und Eisenchlorid. Die Ätzung mit konzentrierter Salpetersäure bringt drei verschiedene Bestandteile zum Vorschein, die sich durch ihr Verhalten dem oxydierenden Ätzmittel gegenüber unterscheiden. Es sind zu unterscheiden:

---

[1]) H. Schneiderhöhn, Anleit. usw. Berlin 1921, 130 u. 192.
[2]) W. Flörke, Metall und Erz 1922, 192.

Unangegriffene Stellen, wenig angegriffene, sehr heftig angegriffene und nach ganz geringer Einwirkung völlig geschwärzte Stellen. Diese drei Bestandteile beruhen nicht auf verschiedener Lösungsgeschwindigkeit in verschiedenen kristallographischen Richtungen. Es sind vielmehr die Einzelkristalle und Individuen der Aggregate aus diesen drei verschiedenen Bestandmassen aufgebaut. Die Verteilung letzterer ist sehr verwickelt, meist sind es schmale Lamellen, wodurch eine Bänderung entsteht, diese kann den kristallographischen Begrenzungen parallel gehen, oft hat sie aber mit den Kristall-flächen nichts zu tun, ist krumm gebogen, zerknittert, fachartig oder girlandenförmig angeordnet.

Fig. 68. Speiskobalt von Schneeberg, geäzt mit konz. HNO_3. Vergr. 50:1. Breite Quarzadern von jüngerem weißen, nicht durch HNO_3 angegriffenem Speiskobalt umsäumt. (Nach W. Flörke.)

In einem und demselben Kristall kommen oft viele Formen des Streifenverlaufs vor.

Dann treten Kalkspat und Quarzadern auf, viele Stücke zeigen stufenweise Zersetzung zu karbonatischen Oxydationsstufen, so namentlich der von Richelsdorf.

W. Flörke hat auch den Chloanthit untersucht. Er poliert sich gut, ist weiß mit gelblichem Ton, gegen Bleiglanz heller und gelblich.

Das Ätzverhalten ist ähnlich wie bei Smaltin. Am besten ätzt konzentrierte Salpetersäure, dann H_2O_2, sowie $KMnO_4$.

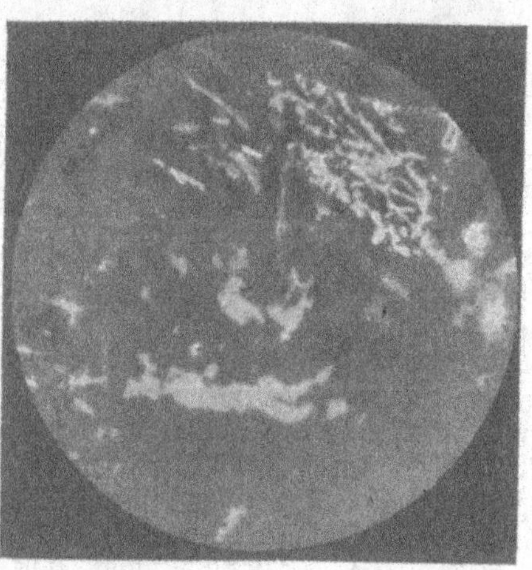

Fig. 69. Chloanthit (Weißnickelkies), Wallis. Im polarisiertem Licht zwischen gekreuzten Nicols. Vergr. 100:1. Hauptmasse isotrop, darin anisotrope Einlagerungen. (Nach W. Flörke.)

Der Weißnickelkies vom Wallis zeigt eine Grundsubstanz, welche keine Änderung bei kurzer Ätzung zeigt und aus zahllosen Einlagerungen besteht, welche z. T. beim Ätzen bräunlich werden, z. T. aber unverändert bleiben. Diese Einlagerungen erweisen sich im polarisierten Licht als anisotrop, im Gegensatz zu der isotropen Grundmasse. Nach W. Flörke besteht die Grundmasse aus Chloanthit, welchem er die Formel (Ni, Co)As_2 zuweist, während die andere eingelagerte Substanz rhombisch ist, aber auch dieselbe Zusammensetzung haben soll, was aber wohl kaum bewiesen und nicht ganz wahrscheinlich ist.

Der Speiskobalt von Sangerhausen ist ganz in die rhombische Modifikation (Weißnickelkies) umgewandelt. Die Individuen bestehen fast alle aus Zwillingslamellen. (Eine Analyse dieses Stückes wäre sehr wichtig, um zu entscheiden, ob die Umwandlung nur eine molekulare ohne chemische Veränderung ist.) Es würde wohl hier vielleicht Rammelsbergit vorliegen.

Zusammenfassung der Untersuchungen über die Zusammensetzung des Smaltins und Chloanthits.

Wir schließen auf die Zusammensetzung der hier behandelten Nickel- und Kobaltarsenide sowohl aus den Analysen, als auch aus den Oxydationsversuchen, dann aus den Synthesen und endlich auch aus der Untersuchung mit dem Metallmikroskop.

Aus der S. 750 befindlichen Tabelle geht hervor, daß nur wenige Analysen der Formel RAs_2 folgen (in welcher R wesentlich Co und Ni sind, mit nur wenig Fe). Diese Formel ist nur eine ganz angenäherte.

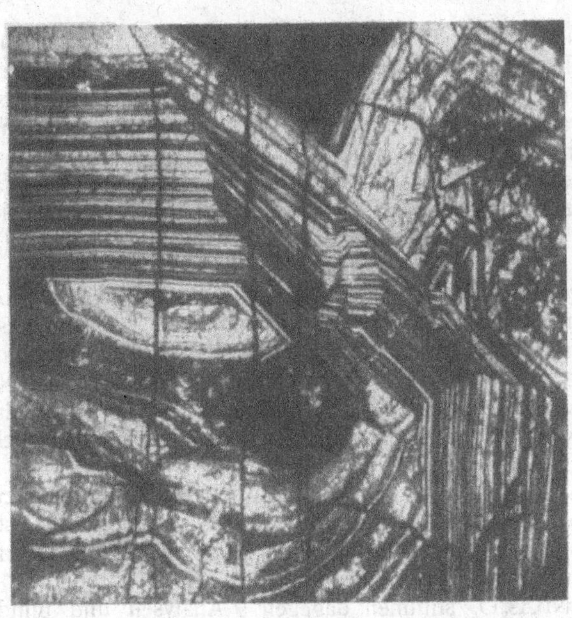

Fig. 70. Polierter Anschliff. Mit konz. HNO_3 geätzt. Vergr. 26 : 1. Speiskobalt, Richelsdorf. Zonar gebauter Kristall; die einzelnen Zonen von verschiedenem Widerstand gegen HNO_3, und deshalb chemisch verschieden zusammengesetzt. (Nach H. Schneiderhöhn.)

Die meisten Analysen zeigen ein höheres Verhältnis als 1 : 2, wenige zeigen ein Verhältnis R : As, kleiner als 2. Unter letzteren sind mehr ältere, also weniger zuverläßliche Analysen.

Die ganz neuen, besonders wichtigen Analysen von A. Beutell nähern sich mehr dem Verhältnis 1:3. Dieses zeigen auch mehrere ältere Analysen. Es ist also wahrscheinlich, daß bei manchen Analysen vielleicht der Arsengehalt zu niedrig befunden wurde.

Ein wichtiger Umstand ist aber der, daß durch die neuen mikroskopischen Untersuchungen, sowohl von A. Beutell, als auch von H. Schneiderhöhn und endlich auch von W. Flörke, die Inhomogenität des Speiskobalts und des Chloanthits außer Zweifel steht. Sogar die Kristalle, welche zonar gebaut sind, bestehen aus zwei bis drei verschiedenen Substanzen, welche durch ihre Löslichkeit in Salpetersäure zu unterscheiden sind (Fig. 70).

Allerdings geht A. Beutell zu weit in seiner Identifizierung dieser drei Bestandteile mit bestimmten Arseniden; obgleich seine Ansicht (vgl. S. 763) durchaus nicht unwahrscheinlich ist. Aber mit Sicherheit lassen sich diese Substanzen doch nicht identifizieren. Dazu wäre es notwendig, die drei verschiedenen Verbindungen voneinander zu trennen und zu analysieren, was bisher noch nicht geschehen ist. Eine Stütze für die Ansicht von A. Beutell und Fr. Lorenz findet sich in den Versuchen dieser Forscher zur Luftoxydation, durch welche die Arsenide RAs_2, R_2As_5 und RAs_3 konstatiert wurden; es ist daher immerhin wahrscheinlich, daß diese Arsenide die drei von ihnen aufgefundenen Substanzen sind, wenn das auch noch nicht einwandfrei erwiesen ist.

Die Synthesen, sowohl die neuen von A. Beutell, als auch ältere machen das genannte Resultat wahrscheinlich; jedoch darf nicht vergessen werden, daß auch das Arsenid CoAs bzw. NiAs möglicherweise vorhanden sein kann und daß vielleicht auch Co_2As_3 und Ni_2As_3 vorhanden sein könnten?

Man kann daher nicht mit Sicherheit bei einem Speiskobalt oder Chloanthit eine Zusammensetzung aus bestimmten Arseniden quantitativ feststellen. Die Methode A. Beutells, aus der mikroskopischen Untersuchung und der Luftoxydation diese zu kombinieren, ist doch noch unsicher. (Vgl. auch dagegen W. Flörke, S. 764.)

Als einigermaßen sicher kann man behaupten, daß die Arsenide RAs_2 und RAs_3 in unseren Mineralien, wie im Skutterudit vorhanden sind: wobei es mmerhin wahrscheinlich ist, daß noch andere Arsenide, vor allem Co_2As_5, aber möglicherweise, wenn es auch nicht wahrscheinlich ist, auch R_2As_3 oder gar RAs in kleinen Mengen vorhanden sein können. Sogar das Maucheritarsenid Ni_4As_3 oder N_3As_2 ist nicht ganz ausgeschlossen, wenn auch nicht wahrscheinlich (vgl. S. 716) bei eisenarmen Chloanthiten.[1])

Wenn man die Analysentabelle durchsieht, so muß man zu dem Schluß kommen, daß die Formel $CoAs_2$ bzw. $NiAs_2$ nicht richtig ist. Nur ganz wenige Analysen stimmen damit überein, nämlich 5 von 46 und von diesen ist nur eine aus neuerer Zeit, die von Mc Cay (Schneeberg).

Mit $(Co, Ni)As_2O_5$ stimmen dagegen 9 Analysen und mindestens 12 mit RAs_3. Darunter sind viele neue.

Man muß natürlich auch den Einfluß der Zersetzung berücksichtigen. Dieser dürfte sich in einer Verminderung von Arsen äußern; es ist daher möglich, daß die 12 Analysen, welche unter 1:2 geben, vielleicht auch mehr auf verwittertes Material sich beziehen. Übrigens sind es lauter alte Analysen, bei welchen die Trennung der Bestandteile nicht sehr genau war; man kann sie also nicht mit den anderen gleichsetzen. Jedenfalls spricht nichts zwingend

[1]) Nach Ch. Palmer wäre mancher Chloanthit Maucherit (vgl. S. 716).

dafür, daß etwa CoAs in merklichen Mengen in Speiskobalt oder Chloanthit vorhanden ist. Bemerkt sei noch, daß die überwiegende Anzahl dieser Analysen mit R:As kleiner als 2 sich auf Chloanthite bezieht.

Aus allem schließe ich, daß die Analysen eher auf

$$R_2As_5 \quad \text{als auf} \quad RAs_2$$

führen. Letztere Formel ist, wie schon G. Rose und C. F. Rammelsberg ausführten, nicht die richtige; sie mag wohl nur deswegen angenommen worden sein, um den vermeintlichen Isomorphismus mit Pyrit zu erklären.

Ob die Formel R_2As_5 daraus resultiert, daß im Speiskobalt eine Mischung zweier Arsenide $CoAs_2$ und $CoAs_3$ vorhanden sind, läßt sich zwar nicht sicher sagen, ist aber wahrscheinlich nach den übereinstimmenden Versuchen der metallographischen Untersuchung; dazu mag auch noch R_2As_5 selbst kommen.

Wie man sich die Zusammensetzung eines Kristalls erklären soll, der aus diesen drei Komponenten besteht, von denen man nicht sagen kann, sie seien isomorph, ist derzeit kaum möglich zu sagen. Vielleicht lag ursprünglich nur ein Arsenid vor und die anderen bildeten sich durch Umwandlung. Bei einem dieser Arsenide zeigt die mikroskopische Untersuchung, daß es eine spätere sekundäre Bildung ist.

Einfluß des Schwefels und Eisens auf die Zusammensetzung.

Bei der Diskussion der Analysen können wir uns nicht auf die Arsenverbindungen von Kobalt und Nickel beschränken; wir müssen uns auch mit den fast nie fehlenden Mengen von Schwefel und Eisen befassen, obgleich diese meist bei der Formel außer acht gelassen werden.

C. F. Rammelsberg hat allerdings diese Mineralien als

$$x\,RAs_2\,.\,RS_2$$

aufgefaßt, was wieder zu weitgehend ist, er unterschied eben nicht ganz so wie heute die einzelnen Mineralien, sondern zog mehrere zusammen.

Was den Schwefelgehalt anbelangt, so wäre die naheliegendste Erklärung, ihn durch Beimengung mit Schwefelkies zu betrachten. Dies ist aber nicht möglich, da wir sonst einen gewissen Parallelismus zwischen Eisen und Schwefel konstatieren müßten. Dies ist aber durchaus nicht zutreffend. Die Tabelle, S. 750, zeigt dies nur stellenweise, es gibt aber viele Analysen, welche viel Eisen und wenig Schwefel enthalten, z. B. die Analysen von U. Shepard, die vom Schneeberg von Hoffmann Nr. 6, die von F. v. Kobell Nr. 22; bei anderen, z. B. den Chatamiten, dann bei Nr. 25 ist dies eher der Fall. Da aber wieder in vielen Analysen wenig Schwefel und doch viel Eisen enthalten ist, so können wir dies nur ausnahmsweise annehmen. Andererseits kann man auf Grund der Beobachtung sagen, daß, da viele Analysen keinen oder nur unmerkliche Mengen von Schwefel enthalten, dieses Element nicht unbedingt zur Konstitution dieser Arsenide gehört.

Es ist wohl teilweise der Schwefel, vielleicht durch beigemengten Arsenkies veranlaßt; denn daß es Beimengungen sind, ist wahrscheinlich, auch Millerit, Arsenkies kann manchmal vorhanden sein oder Kobaltglanz. Es ist heute noch nicht möglich, eine Entscheidung zu treffen. Was das Eisen anbelangt, so könnte ein Teil doch als Vertreter des Nickels vorhanden sein und man braucht nicht gerade an eine Verunreinigung zu denken. Aber die Möglichkeit einer solchen ist bei kleinen Eisenmengen in Verbindung mit kleinen Schwefelmengen immerhin möglich. Andererseits könnte auch die Verbindung $FeAs_2$, welche regulär als Arsenoferrit vorkommt, wohl vorhanden sein. Wir wissen allerdings nicht bestimmt, ob $FeAs_2$ mit $CoAs_2$ und $NiAs_2$ isomorph ist, doch ist dies wohl wahrscheinlich. Hier würde es sich also um Mischkristalle handeln. Außer $FeAs_2$ kann man an FeAs denken, über dessen Kristallklasse wir nicht sicher unterrichtet sind; es scheint aber wie NiAs, also hexagonal, isomorph mit Wurtzit und Nickelin zu kristallisieren. Vom chemischen Standpunkt wäre die Beimengung von FeAs erklärlicher, weil dann die zahlreichen Analysen, deren R : As kleiner als zwei ist, auch erklärbar wären.

Chatamit. Dieses Mineral ist vielleicht nicht ganz mit Chloanthit zu identifizieren. In diesem Mineral überwiegt der Eisengehalt, so daß die Formel $(Fe, Ni, Co)As_2$ ist.

Schwefel ist nicht übermäßig viel enthalten, immerhin mehr als in den eisenärmeren Analysen. Er steht jedenfalls dem Glaukodot nahe. Man kann an Mischungen von $FeAs_2$ und $NiAs_2$ denken, wozu vielleicht noch etwas FeS_2 käme; möglich wäre auch, daß zu $NiAs_2$ noch NiAsS und FeAsS treten würde. Vor allem wäre auf Homogenität zu prüfen.

Vorkommen und Genesis.

Es fehlen über die Genesis der Kobalterze so ziemlich eingehendere Ausführungen, wenigstens was die chemische Seite anbelangt. Erst in letzter Zeit hat A. Beutell[1]) über die Genese von Speiskobalt und Chloanthit sich ausführlicher verbreitet. Angaben über die Paragenesis finden sich bei C. Hintze.[2]) Demnach kommen diese Mineralien namentlich mit Kiesen, Blende, auch Bleiglanz vor, an einigen Orten mit Wismut, manchmal auch mit Silbererzen.

Über die Lagerungsverhältnisse verweise ich auf das Werk von F. Beyschlag, P. Krusch und J. H. L. Vogt.[3]) H. Laspeyres[4]) hat über die Verbreitung der Nickelerze im rheinischen Schiefergebirge ausführliche Mitteilungen gemacht. Von Wichtigkeit sind auch für diesen Gegenstand die Ausführungen von J. H. L. Vogt,[5]) über die Bildung von Kobalt- und Nickelerzen durch Differentiation in basischen Eruptivgesteinen. Bemerkenswert ist seine Wahrnehmung, daß die Kobaltsulfide, bzw. Arsenide eine höhere Verbindungsstufe (CoAs, $CoAs_2$, CoAsS) zeigen als die Nickelerze (NiS, NiAs, NiAsS). Indem ich auf die Paragenesis, auf die Ausführungen von H. Schneiderhöhn verweise, welche hier im Verlaufe folgen sollen, will ich mich nur mit den Versuchen und Beobachtungen von A. Beutell befassen, weil dieselben einen ersten Versuch darstellen, die Genesis vom rein chemischen Standpunkt zu behandeln.

[1]) A. Beutell, ZB. Min. etc. 1916, 433.
[2]) C. Hintze, Miner. I, 800.
[3]) F. Beyschlag, P. Krusch, J. H. L. Vogt, Erzlagerstätten 1913.
[4]) H. Laspeyres, Verh. naturh. Ver. Bonn, 1893, 149 u. 375.
[5]) J. H. L. Vogt, Z. prakt. Geol. 1, 125–257 (1893).

A. Beutell macht vorerst auf den Zusammenhang zwischen Zinnerzlagerstätten und den Gängen der edlen Kobaltformation aufmerksam. Er hat dann, da er bemerkte, daß bisher die Sublimationshypothese zwar auf Arsenerze, nicht aber auf die Kobalterze angewandt worden ist, Versuche angestellt, um durch Einwirkung von Arsendämpfen die Synthese der Eisen-, Kobalt- und Nickelarsenide durchzuführen (vgl. bei Speiskobalt, Löllingit usw.).

Er betont, daß die Exhalationsprodukte eines Magmas Arsendämpfe enthalten können, wie auch das Löllingitvorkommen von Reichenstein sich als magmatisches Differentiationsprodukt eines Peridotits erwiesen hat (vgl. bei Löllingit).

Während die Zinnsteinbildung sich unmittelbar an die Erstarrung des umgebenden Granits anschließt, und daher bei sehr hohen Hitzegraden stattgefunden hat, setzt die Bildung des Speiskobalts bedeutend später ein.

Da die von ihm ausgeführten Synthesen Temperaturen von 300—600° erforderten, so ist vor allem zu untersuchen, ob in den Erzgängen solche Hitzegrade möglich waren. Er verweist darauf, daß die einschlägigen Erzgänge sich in der unmittelbaren Nähe der Eruptivgesteine (Granite, Diabase, Peridotite) befinden. Schon lange vor der Erzbildung waren die Erzgänge aufgerissen und hatten sich mit Quarz und Schwerspat ausgekleidet. Erst als durch die intensiven Prozesse, die sich in den Gängen abspielten, der größte Teil der Gangmineralien zerstört war, traten Bedingungen ein, welche der Bildung von Kobalt- und Nickelarseniden günstig waren.

Die genannten Hitzegrade erscheinen nach A. Beutell in den Gängen durchaus wahrscheinlich, auch die nötigen Arsenmengen waren vorhanden. In den Gängen dürfte sehr hoher Druck geherrscht haben, welcher die chemischen Prozesse merklich verzögert hat. Abgesehen davon wird die Arsenierung so verlaufen sein, wie bei den synthetischen Versuchen. Bei der Arsenierung des Kobaltpulvers hatten sich verschiedene Arsenide ergeben. In folgender Tabelle sind die Bildungstemperaturen angeführt:

Nach A. Beutell sind die Bildungstemperaturen der Kobaltarsenide bei gesättigtem Arsendampf folgende:

Zwischen	275 und	335°	entsteht hauptsächlich	CoAs
„	345 „	365	„ „	Co_2As_3
„	385 „	405	„ „	$CoAs_2$
„	415 „	430	„ „	Co_2As_5
„	450 „	618	„ „	$CoAs_3$

Vergl. auch das System Co–As, bei welchem allerdings nur die Arsenide mit hohem Gehalt an Co entstehen konnten (S. 680). Daß die höchsten Arsenide den höchsten Temperaturen entsprechen, und nicht umgekehrt, rührt von der mit steigender Temperatur schnell zunehmenden Arsentension her.

Zu hohe Temperaturen waren für die Bildung von Speiskobalt nicht günstig, was auch daraus hervorgeht, daß in den Zinnsteingängen kein Speiskobalt sich findet, auch sind dort wo sich Zinnstein und Kobalterzgänge kreuzen, keine Übergänge vorhanden. Auch vertauben die letzteren in größerer Tiefe und lassen sich nicht bis an den Granit selbst verfolgen, während die Zinnsteinbildung im Granit selbst vor sich geht. Eine Ausnahme ist das reiche Speiskobaltvorkommen von „Weißen Hirsch“ bei Schneeberg, welches sich im Granit befindet. Daß die Gangfüllung sich unter Mitwirkung pneumatolythischer Prozesse vollzog, wird durch den ziemlich verbreiteten Flußspat bewiesen; auch der häufige Begleiter, Arsen, ist in diesem Sinne zu deuten. Das Auftreten von Gediegen Arsen beweist auch, daß sich die Genese der Kobalt- und Nickelerze unter Luftabschluß vollzog.

A. Beutell vergleicht nun seine in Vakuumröhren ausgeführten Versuche mit jenen Bedingungen, welche die Erzgänge bieten. Der Unterschied liegt in dem hohen Druck, welcher aber nur imstande war, die Reaktionsgeschwindigkeit zu vermindern, ein Unterschied im Verlaufe der Reaktionen trat aber, nach A. Beutell, nicht ein. In den Gängen herrscht allerdings nicht wie in einem Ofen gleichmäßige Temperatur und daher auch verschiedene Tension der Arsendämpfe. Das Arsen wandert von den Orten höherer Temperatur nach denen niederer Temperatur, wo es sich als Gediegen Arsen absetzt.

Daß die aus derselben Grube geförderten Speiskobalte eine verschiedene Zusammensetzung haben, ist bei der Bildung durch Sublimation zu erwarten, weil der höheren Temperatur auch höhere Arsenide entsprechen und umgekehrt. Im allgemeinen wird man in den Gängen mit gesättigtem Arsendampf zu rechnen haben.

Will man sich eine Vorstellung machen, welche Temperatur bei der Entstehung von Speiskobalt geherrscht hat, so muß man sich die Temperaturen der Bildung der höheren Arsenide $CoAs_2$, $CoAs_3$ und Co_2As_5 zugrunde legen. A. Beutell berechnet für die niedrigste Temperatur der Kobaltarsenide 395°, während bei 450° die Temperatur der Sinterung von NiAs liegt.

Zwischen diesen Grenzen vollzog sich die Bildung des Speiskobalts. Es wurden Versuche angestellt, um die Temperaturen der Sinterung der Co- und Ni-Arsenide festzustellen.

Das Biarsenid entsteht in größerem Maßstabe erst von 385° an, während die Anfangstemperatur des Triarsenids erst bei 450° liegt. Beide Temperaturen liegen höher als die kritische Temperatur des Wassers.

Es sei auf die früher erwähnten Versuche der Arsenaufnahme von Kobalt und Nickel hingewiesen. Während bei 450° das Kobalt bis zu der Formel $CoAs_{1,78}$ gelangt ist, hat das Nickelarsenid erst die Formel $NiAs_{1,55}$ erreicht. Es ist dies durch die stärkere Sinterung des Ni-Arsenids hervorgerufen. Bei 450° wird der Fortgang der Arsenierung zum Stehen gebracht, für Kobalt aber nicht. Dadurch erklärt sich, daß NiAs zwischen höheren Co-Arseniden auftritt, während das Co-Monoarsenid fehlt.

Speiskobalt hat sich daher, A. Beutell zufolge, zwischen 385 und 450° gebildet.

Bei einem Versuche wurden, um die Temperaturgrenze nach oben genauer zu bestimmen, 200 mg Co- und Ni-Pulver während 21 Stunden mit überschüssigem Arsen im Vakuum zuerst auf 510°, später auf 550° und schließlich auf 590° erhitzt. Bei diesen Versuchen ergab sich die Arsenaufnahme wie folgt:

510°	Co : As	1 : 2,43	Ni : As	1 : 1,24,
550°	„	1 : 2,86	„	1 : 1,58,
590°	„	1 : 2,93	„	1 : 1,67.

Daraus wird geschlossen, daß auch bei höheren Temperaturen das stark gesinterte Ni-Arsenid noch Arsen über das Verhältnis 1 : 1 aufnimmt.

Aus der Tatsache, daß die Analysen der natürlichen Rotnickelkiese nicht über das Verhältnis 1 : 1,21 hinausgehen, wird geschlossen, daß die Temperatur von 510° auf den Kobalterzgängen nicht erreicht ist. Das höchste Nickelarsenid $NiAs_2$ konnte schon bei 400° erhalten werden. Die Höchsttemperatur auf den Speiskobaltgängen mußte über 450° (Beginn der Sinterung von NiAs) aber unter 510° liegen. Der Bildungsintervall dürfte 100° nicht übersteigen. Daß die Temperatur über 510° nicht gestiegen ist, geht auch daraus hervor, daß bei dieser Temperatur sämtliches Kobalt in $CoAs_2$ verwandelt werden müßte, weil sein Bildungsintervall bei 450° beginnt. Die Arsenierung geht bei Kobalt unter außerordentlich starker Volumzunahme vor sich, wodurch bereits gesinterte niedere Arsenide wieder zerfallen.

Nach den früher mitgeteilten Versuchen war für die Kobaltarsenide weder bei 510° noch bei 550 und 590° Sinterung eingetreten, trotzdem bei einem früheren Versuch schon bei 400° nach 14tägiger Einwirkung deutliche Sinterung bemerkt worden war, wurden zur Klärung dieses Widerspruches weitere Untersuchungen ausgeführt.

Es wurden auch neue Versuche gemacht, bei welchen anstatt mit Arsenüberschuß zu arbeiten, bestimmte Arsenmengen zugesetzt wurden, welche den Formeln CoAs, $CoAs_2$, Co_2As_3, Co_2As_5 entsprechen, ebenso wurde bei Nickel verfahren. (Siehe diese S. 755.)

Die beiden Versuchsreihen erbringen den Beweis, daß nur die niederen Arsenide sintern und zwar schon bei Kobalt so schwach, daß bereits bei Schütteln ein Zerfall eintritt. Die niederen Nickelarsenide dagegen bilden eine harte metallglänzende Masse, während $NiAs_2$ ebenfalls pulverförmig ist.

Es bestätigt sich, daß bei der Aufnahme von Arsen Zerfall der vorher gesinterten niederen Kobaltarsenide eintritt, besonders auffallend ist die starke Volumzunahme bei der Bildung der höheren Kobaltarsenide. Niedere Kobaltarsenide können im Arsendampf nicht bestehen.

A. Beutell hat dann auch die mikroskopische Untersuchung herangezogen. Die feine Lamellierung des Speiskobalts erinnert oberflächlich an die Achatbänderung. Diese Bänderung könnte zwar auch durch Lösungen entstanden sein, aber es tritt der erschwerende Umstand ein, daß die aufeinander folgenden Schichten aus zwei Arseniden: $CoAs_2$ und Co_2As_5 bestehen; es mußten also zwei immer abwechselnd zirkulierende Lösungen angenommen werden.

Dagegen erklären sich diese Schichten leicht bei einer Bildung durch Sublimation. Abwechselnde Schichten von verschiedener chemischer Zusammensetzung erscheinen bei der Bildung des Speiskobalts durch Sublimation als notwendige Folge der Druckschwankungen, während sie bei der Bildung aus Lösungen unerklärlich bleiben.

War vor dem Gasausbruch z. B. die Arsentension bei der herrschenden Tension für die Bildung von $CoAs_2$ günstig, so kann sich bei Druckverminderung nur ein niederes Arsenid bilden und so folgt auf die erste Schicht eine solche eines niederen Arsenids. Erst wenn die Arsentension wieder (durch Verdampfen von Arsen oder höherer Arsenide) auf die alte Höhe gestiegen war, bildete sich wieder eine neue Schicht von Co_2As_5. Die abwechselnden Schichten sind eine Folge der Druckschwankungen, die bei dem Sublimationsvorgang leicht erklärbar sind.

Ferner verweist A. Beutell auf die in derben Varietäten veranschaulichte Breccienstruktur, als Beweis für die bei der Arsenierung erzeugten heftigen Druckkräfte. Auch durch Druck entstandene Zwillingslamellierungen, welche dem Pentarsenid eigen sind, beweisen denselben. Solche Erscheinungen können durch hydrothermale Prozesse nicht erklärt werden. Auch der oft bei Speiskobalt zu beobachtende poröse, schlackenartige Aufbau deutet auf Bildungsweise aus Dämpfen.

Es gäbe allerdings bei Annahme von wäßrigen Lösungen drei Möglichkeiten. 1. Die in den Gängen zirkulierenden Wässer haben das eine Mal $CoAs_2$, das andere Mal Co_2As_5 in Lösung. A. Beutell hält diese Möglichkeit, da sich die Erscheinung überall wiederholt, für ausgeschlossen. 2. Wechselnde Temperatur könnte die Ursache sein, wenn man einem der beiden Arsenide eine größere Löslichkeit bei hoher Temperatur zuschreibt. Dies würde eine periodisch wechselnde Temperatur erfordern, was unwahrscheinlich ist. 3. Eine weitere Möglichkeit wäre die des wechselnden Druckes, welcher die Löslichkeit beeinflußt. Jedoch ist bekannt, daß die Löslichkeit fester Körper vom Druck wenig beeinflußt wird.

Eine sehr wichtige Rolle spielt auch bei der Erklärung die nach der Bildung des Speiskobalts eingetretene Sammelkristallisation und die Umkristallisierung, die wesentlich von der Dauer der Bildungsperiode und der darauf folgenden langsamen Abkühlung abhängt.

Ferner können noch andere Möglichkeiten für die Bildung des Speiskobalts durch Sublimation vorhanden sein. Durch einen Versuch wurde festgestellt, daß an eine merkliche Flüchtigkeit der Co-Arsenide innerhalb des Bildungsintervalls des Speiskobalts nicht zu denken ist. Weitere Versuche galten der Frage, ob nicht etwa andere Kobaltverbindungen in Dampfform in Betracht kämen, etwa Chloride, Fluoride. Versuche ergaben, daß zwischen 400 und 500° weder die Chloride noch die Fluoride von Co und Ni flüchtig sind. Gleichzeitiges Auftreten der Salzdämpfe der beiden Metalle mit Arsendampf ist im genannten Bildungsintervall des Speiskobalts ausgeschlossen. Diese sind erst bei 580° merklich flüchtig.

Nach den negativen Resultaten, die mit den genannten Halogenverbindungen zwischen 400 bis 500° erhalten wurden, muß die Bildung des Speiskobalts auf die Einwirkung von Arsendämpfen auf feste Co-, Ni-, Fe-Verbindungen zurückgeführt werden.

Weitere Versuche von A. Beutell beziehen sich auf Diffusionen im festen Zustand. Er versuchte zunächst mit Silber. Ein Silberblech wurde im Vakuum mit überschüssigem Schwefel bei 450° in Berührung gebracht. Schon nach 24 Stunden war das ganze Blech mit einem kristallinen Überzug von Schwefelsilber bedeckt. Am vierten Tage war das Silberblech verschwunden, an seiner Stelle war eine Kristallkruste von Silberglanz erschienen. A. Beutell schließt daraus, daß sich die Silbermoleküle des Blechs herausheben und Wanderungen vollführen können.

Hierauf wurden ähnliche Versuche zuerst mit einem Metallwürfel von Nickel bei 580° gemacht, es bildeten sich aber keine Kristalle. Ferner wurde ein Versuch mit Kobalt gemacht und zwar bei 400°. Nach fünf Tagen war nur wenig Arsen aufgenommen. Somit blieben diese Versuche nicht entscheidend.

Zum Schlusse seiner Ausführungen stellt A. Beutell die Ergebnisse zusammen. Er hält eine hydrothermale Bildung für ausgeschlossen und hält an der Wirkung von Arsendämpfen auf Verbindungen von Fe, Co und Ni fest.

Daß eine Temperatur von 450° erreicht wird in den Erzgängen, kann man nach ihm aus dem Zusammenvorkommen von Rotnickel mit den höheren Kobaltarseniden schließen. Die Bildungstemperatur des Smaltin war 385° bis etwa 485°, wahrscheinlich etwas weniger hoch. Die Chloride und Fluoride sind deshalb ausgeschlossen, weil sie erst von 580° an flüchtig sind. Die Arsenierung des Kobalts geht unter starker Volumzunahme vor sich, wodurch bereits gesinterte niedere Arsenide wieder zerfallen.

Die Versuche von A. Beutell sind schon deshalb sehr beachtenswert, weil hier eigentlich zum ersten Mal bei sulfidischen Erzen der Versuch gemacht ist, die Entstehung durch das chemische Experiment zu erklären, während bisher nur das geologische Vorkommen und allenfalls die mikroskopische Untersuchungsmethode herangezogen wurde.

Allerdings ist es noch nicht entschieden, ob nur der Weg der Sublimation oder der hydrothermale Weg in der Natur vorlag. Da, wie A. Beutell zeigte, die Bildung bei 400° oder darüber sich vollzog, so kann man jedenfalls annehmen, daß sie sich bei höherem Druck bildete. Eine eigentliche Sublimation wäre dies wohl nicht, sondern es wäre ein Analogon zu den Synthesen der Sulfide, hervorgerufen durch Einwirkung von Schwefelwasserstoff auf flüssige oder feste Oxyde oder Salze dieses Metalls. Es ist nicht unbedingt anzunehmen, daß Arsendämpfe auf metallisches Kobalt einwirken, sondern es wird ein analoger Vorgang wie bei den Sulfiden gewesen sein.

Dann ist auch zu bemerken, daß W. Flörke[1]) bei Speiskobalt von Schneeberg zwei Generationen von Speiskobalt beobachtete, es wird sich Speiskobalt jedenfalls auch aus Lösungen abscheiden können. Darüber müßten noch weitere Untersuchungen ausgeführt werden.

Umwandlung des Speiskobalts.

In der Grube Daniel bei Schneeberg entsteht aus Speiskobalt, in dessen Nähe Zinkblende und in Vitriol umgewandelter Pyrit auftritt, der Köttigit $3RO.As_2O_5.8H_2O$, wobei R = Zn, Cu ist.

Fr. Sandberger[2]) bemerkt, daß Speiskobaltkristalle von Wittichen in feuchter Luft blau anlaufen; es bildet sich durch zahlreiche Übergänge schließlich schwarzer Erdkobalt, wobei sich die Härte von 5,5 auf 2,5 vermindert. Diese schwarze Masse ist aber ein Gemenge von Speiskobalt, Kobaltblüte, mit 24,25% arseniger Säure, die sich durch kochendes Wasser ausziehen läßt, und etwa 20% metallisches Arsen, welches, zu Suboxyd übergehend, die Schwärzung des Gemenges bewirkt.

Aus dem Vergleich der Analysen des Speiskobalts und des Erdkobalts geht hervor, daß fast aller Schwefel, alles Kupfer und das meiste Eisen ausgetreten ist, während die Arsenmenge gestiegen ist und die Mengen von Kobalt und Nickel fast unverändert blieben.

Auch der Speiskobalt von Bieber gibt als Verwitterungsprodukte Kobaltblüte mit gelbem Erdkobalt gemengt und ein Gemenge von Kobaltblüte mit arseniges Säure.

Weitere Verwitterungsprodukte sind: Roselith, Arsenosiderit [nach Sandberger[3])], dann nach A. Weisbach[4]) in Schneeberg auch Kobaltspat und Heubachit, sowie nach Fr. Sandberger und nach A. Frenzel der Heterogenit (arsenhaltiges Kobaltoxyd).

Pseudomorphosen von braunem und gelbem Erdkobalt nach Speiskobalt beobachtete A. Breithaupt.[5])

---

[1]) W. Flörke, Metall und Erz **20**, Heft 11, 205 (1922).
[2]) Fr. Sandberger, N. JB. Min. etc. 1868, 405.
[3]) Derselbe, Sitzber. Bayr. Ak. 1873, 936.
[4]) A. Weisbach, N. JB. Min. etc. 1877, 409.
[5]) A. Breithaupt, Paragenesis 231.

R. Blum[1]) beobachtete Pseudomorphosen von Kobaltblüte nach Speiskobalt in Riechelsdorf. Die Kubooktaeder sind z. T. span- oder berggrün. Die grünen Kristalle haben oft rote Kerne.

Umwandlung in schwarzen Erdkobalt im Innern beobachtete J. F. Vogl[2]) in Joachimstal.

Umwandlung in ein Gemenge von Speiskobalt und Quarz beschrieb A. Reuß.

Fr. Sandberger[3]) beobachtete in Wittichen (St. Anton) bei der Verwitterung eine Konzentration des Kobalts gegenüber dem Nickel, er führt folgende Werte an:

	Co : Ni
Frischer Speiskobalt	10,11 : 8,52 %,
Halbzersetzter von St. Anton .	8,87 : 6,04 ,
Stark zersetzter von St. Joseph	6,53 : 1,21 ,
Kobaltblüte	23,3 : 2,86 .

Umwandlung des Chloanthits.

Chloanthit. Dieses Mineral wandelt sich schnell in Nickelblüte um. D. Forbes[4]) beschreibt ein aus faserigen Kristallen gewonnenes Mineral von Staerma, welches A. Kenngott „Forbesit" nannte. Es ist: $2RO . As_2O_5 . 8H_2O$, wobei $RO = 2NiO + 1CoO$ ist.

Weißnickel von Schneeberg bedeckt sich nach Fr. Sandberger[5]) mit einer hellgrünen Kruste, welche aus Nickelblüte und farblosen, glänzenden Oktaedern von arseniger Säure besteht.

Sowohl dort, wie in Schneeberg bildet das Nickelsulfid den Kern, der Speiskobalt die Hülle von Sphäroiden.

Die neuesten Arbeiten über Zersetzung der Kobaltarsenide.

Über die Lösung und Oxydation der Kobalt- und Nickelarsenide ist uns sehr wenig bekannt. Löslichkeitsversuche existieren nicht (für NiS siehe bei Millerit eine Bestimmung von O. Weigel).

Wichtig wären Versuche, wie sie E. Ebert, G. E. Siebental, R. C. Wells unternahmen, und namentlich wären auch die Spannungsreihen festzustellen, wie sie V. H. Gottschalk und H. A. Bühler ausgeführt haben.

Leider sind in der interessanten Reihe der Angreifbarkeit der Sulfide, welche R. C. Wells gegeben hat, die Kobalt- und Nickelerze nicht berücksichtigt.

Daraus ersehen wir, daß bezüglich der Sulfide und Arsenide von Ni und Co noch viele Probleme zu lösen sind. Hierbei sei bemerkt, daß diese Mineralien oft in bereits zersetztem Zustande analysiert wurden, wobei sich Oxysulfide bzw. Oxyarsenide bildeten, daher der Schwefel- bzw. der Arsengehalt nicht richtig bestimmt ist. Solche Analysen zeigen weniger als 100 %. Über den Einfluß auf die Formel siehe G. Cesàro, S. 591.

---

[1]) R. Blum, Pseudom. 212.
[2]) J. F. Vogl, Gangverhältnisse 155.
[3]) Fr. Sandberger, N. JB. Min. etc. 1868, 409.
[4]) Nach E. S. Dana, Miner. 1868, 397.
[5]) Fr. Sandberger, Sitzber. Bayr. Ak. 1871, 202 und N. JB. Min. etc. 1871, 935.

Bisher war also das Material in bezug auf die Verwitterung und Zersetzung der Kobalt- und Nickelarsenide ein geringes; vor kurzem erschien indessen eine Arbeit, in welcher eine experimentelle Untersuchung der Angreifbarkeit solcher Arsenide durchgeführt erscheint.[1])

Es wurde zuerst folgendes Ausgangsmaterial untersucht, welches einem Gemenge von Rammelsbergit, Safflorit, Kobaltin, Skutterudit, Löllingit entspricht. Das unzersetzte Material hat folgende Zusammensetzung:

δ . . .	6,537
Fe . . .	0,78
Ni . . .	15,91
Co . . .	11,29
As . . .	64,10
S	4,00
Unlösl. . .	3,44
	99,52

Diese Analyse stammt von H. C. Rickaby. Nach der metallographischen Untersuchung haben wir ein Gemenge von 70% Rammelsbergit-Safflorit, 12% Kobaltin, 8% Skutterudit und 6% Löllingit.

Die Versuche wurden dergestalt ausgeführt, daß drei Flaschen mit destilliertem Wasser mit dem Pulver zusammengebracht wurden, in welches 1. Luft eingepumpt wurde, 2. Sauerstoff und 3. 1800 ccm Sauerstoff mit 200 ccm CO_2. Die Versuche dauerten mehrere Stunden täglich und es wurden diese durch 10 Tage fortgesetzt.

Die Flaschen wurden während dieser Zeit geschüttelt. Es ergab sich im Verlauf der Versuche eine Druckverminderung des Sauerstoffes infolge der Oxydation des Arsens und der Metalle; das ursprünglich klare Wasser der Flasche wurde trüb infolge Bildung der Arsenate.

Nach 10 Tagen wurde filtriert und der Rückstand gewogen. Dabei ergab sich, daß ungefähr ein Sechstel des ursprünglichen Materials angegriffen war. Dann wird der Rückstand mit verdünnter HCl behandelt. Die folgenden Zahlen beziehen sich auf die drei Versuche mit den drei Flaschen. Das klare Filtrat enthält Arsenate von Co und Ni. Die dritte Portion enthält außerdem noch Arsenate von Fe.

		1.	2.	3.
Unlösl. Rückstand	. . . .	86,28	81,72	81,86
Filtrat	As aus As_2O_3 .	4,70	5,43	5,26
	As aus As_2O_5 .	1,90	4,85	4,57
	Ni	1,31	1,31	1,31
	Co	0,38	0,33	0,44
	S.	0,12	0,06	0,08
Arsenate	As aus As_2O_5 .	2,45	1,99	2,57
	Ni	2,26	2,38	2,28
	Co	0,69	0,69	0,68
	Fe . . .	0,04	0,07	0,07
		100,06	98,83	99,12

[1]) T. L. Walker u. A. L. Parsons, Univ. Stud. Toronto Contr. to the Canad. Min. No. 20, 40 (1925).

Die Versuche zeigen, daß Kobaltin intakt blieb, Löllingit wird wenig oxydiert, während Rammelsbergit-Safflorit in demselben Verhältnis wie bei dem unzersetzten Mineral gelöst wird. Die löslichen Arsenate von Nickel und Kobalt sind im Filtrat mit der Zusammensetzung $H_2Ni_2As_2O_8$ vorhanden, welche Formel dem Mineral Forbesit entspricht. In der zweiten und dritten Flasche entsprachen sie $H_4Ni_2As_2O_8$.

Übrigens hatte bereits A. Karsten Untersuchungen über die Zersetzung begonnen. Pogg. Ann. **60**, 27 (1843).

Eine zweite Versuchsreihe wurde mit den unten angegebenen Materialien ausgeführt. Diese vier Mineralgemenge haben nach der metallographischen Untersuchung die unten angegebene Zusammensetzung. Es wurden 4 Flaschen mit je 8 g des feinen Pulvers angefüllt in 500 ccm Wasser, in welches 1800 Teile Sauerstoff mit 200 Teilen CO_2 eingepumpt wurde.

Als Resultat dieser Versuchsreihe ergibt sich, daß Nr. 5 am meisten oxydiert wurde, die veränderte Menge beträgt 35,98 %; Nr. 7 war fast ganz unversehrt, da nur ein halbes Prozent in Lösung gegangen war.

Bei dieser Versuchsreihe wurde in den ersten 5 Tagen nur durch 2 bis 3 Stunden täglich geschüttelt, in den 5 weiteren Tagen jedoch 8 Stunden.

Es wurde beobachtet, daß in den ersten 6 Tagen keine Sauerstoffzuführung notwendig war, während in den weiteren 4 der Druck durch Zuführung von Sauerstoff erhöht werden mußte, um das Gleichgewicht mit der Atmosphäre herzustellen. Durch die tägliche Druckbestimmung war es möglich, den Oxydationsverlauf kennen zu lernen, wobei sich ergab, daß Nr. 5 849 ccm O oder 1,127 verbrauchte, während die Berechnung nach der Analyse die Zahl 1,151 ist.

Die Nummern 5 und 3 stimmen überein, jedoch ist der zersetzte Teil bei 5 zweimal so groß, wegen der längeren Versuchsdauer.

Bei 4 und 6 stimmt die Zusammensetzung des Filtrats mit der Formel $H_4Ni_2As_2O_8$.

In 4, 5 und 6 sind die Anteile von As und den Metallen im Verhältnis zur Formel gelöst. Was die verschiedenen Mineralien anbelangt, so wird Rammelsbergit in 4 Stunden ebenso schnell gelöst wie Nickelin in 8 Stunden, und ebenso schnell wie Nr. 4, und 75 mal so schnell wie 7, welches Material dem Löllingit entspricht; dieses Mineral wäre also das am wenigsten angreifbare.

Hier die Zahlen dieser Versuchsreihe.

Ausgangsmaterial.

	4.	5.	6.	7.
Fe	11,85	0,78	0,28	17,58
Co	14,40	11,29	2,78	8,20
Ni	Spur	15,91	40,52	Spur
As	70,55	64,10	55,35	65,85
Sb	—	—	Spur	—
Unlösl.	2,40	3,44	0,22	7,54
S	0,48	4,00	0,78	0,63
	99,68	99,52	99,93	99,80

Nach der metallographischen Untersuchung von E. Thenard ergab sich für die vier Proben folgende quantitative Zusammensetzung:

	4.	5.	6.	7.
FeAsS	—	—	—	1
Kobaltin	—	12	—	—
$FeAs_2$	70	10	—	85
$NiAs_2$	—	—	92	—
Safflorit-Rammelsbergit	10	70	—	6
Skutterudit	20	8	3	8
Smaltin	—	—	5	—

Demnach würde 4 einem Gemenge von $FeAs_2$ und $CoAs_3$ entsprechen, 5 wäre ein Gemenge von Safflorit, Rammelsbergit, Kobaltin, Löllingit, 3 ein Gemenge von vorwiegendem Löllingit mit etwas Skutterudit und Speiskobalt, während 6 fast reiner Chloanthit ist.

Zersetzungsresultate.

Die erhaltenen Daten bei der Zersetzung sind folgende:

		4.	5.	6.
Rückstand		95,50	64,02	92,41
Filtrat	S.	0,09	0,34	0,06
	As aus As_2O_3	0,37	9,06	1,50
	As aus As_2O_5	1,80	10,93	0,63
	Ni	Spur	4,19	0,22
	Co	0,63	0,54	0,17
Arsenate	As aus As_2O_5	0,70	4,55	2,11
	Ni	Spur	3,98	2,68
	Co	0,06	1,35	0,18
	Fe	0,60	0,04	Spur
		99,75	99,00	99,96

Nach Abschluß des Manuskriptes während der Korrektur erhielt ich noch Kenntnis von einigen wichtigen Arbeiten über die Veränderung der Kobalt- und Nickelarsenide, welche ich daher nicht so ausführlich schildern kann, als es wünschenswert wäre.

T. L. Walker und A. L. Parsons[1]) schildern die aus den Arseniden gebildeten Arsenate der silberführenden Gänge von Ontario. Am meisten widersteht Kobaltin der Zersetzung, er findet sich noch in den neugebildeten Kobalt- und Nickelarsenaten. Meistens ist dort Kobalt gegen Nickel vorherrschend. Die Zersetzungsprodukte sind ein Gemenge von Erythrin und Annabergit. Es wurde auch ein neues Arsenat, Eisensymplecit (Ferrisymplesit) gefunden. Durch die Farbe kann man meistens unterscheiden, ob es sich um ein Nickelarsenat (grün) oder um ein Kobaltarsenat handelt. Letztere sind bekanntlich rosa; bei gleichen Mengen kann man ein farbloses Zersetzungsprodukt erhalten, da sich die beiden Farben gegenseitig aufheben.

[1]) T. L. Walker u. A. L. Parsons, Univ. Stud. Toronto Contr. to the Canad. Min. **17**, 13 (1924).

Eine Arbeit von genetischem Interesse ist die Untersuchung vom J. Makintosh Bell und E. Thomson[1]) über den Einfluß der Veränderung der Gänge in der Tiefe auf den mineralogischen und geologischen Charakter der Keely Silbermine in Canada. Es werden dort auch Unterscheidungsmittel und charakteristische Mikroreaktionen für Nickel-, Kobalt- und Eisenerze angegeben. Die Erze sind Gemenge von Kobaltin, Löllingit, Rammelsbergit, Safflorit und Skutterudit.

Vergleicht man die veränderten Erzgänge mit den nicht umgewandelten, so findet man, daß in beiden Löllingit, Skutterudit und Kobaltglanz vorkommen; diese Verbindungen herrschen in beiden vor. Die rhombischen Kobalt- und Nickelarsenide, Safflorit und Rammelsbergit, welche in dem nicht veränderten Material häufig sind, verschwinden gänzlich in den umgewandelten Teilen der Erzlagerstätte, sie werden ersetzt, wenn auch in geringer Quantität, durch die kubischen Arsenide von $CoAs_2$ und $NiAs_2$. Die Reihenfolge der Eigenschaft der Angreifbarkeit ist folgende:

Rammelsbergit, Safflorit, Chloanthit, Smaltin, Löllingit, Skutterudit, Kobaltin.

Die weiteren Details, wie die Verfasser sich die Entstehung der verschiedenen Erze denken, können hier nicht ausführlich besprochen werden. Hier noch zwei Tabellen zur Charakteristik der unveränderten Gangteile I und der umgewandelten Teile II.

	I	Mittel
Kobaltin	$CoAsS$	7,31
Löllingit	$FeAs_2$	41,05
Rammelsbergit	$NiAs_2$	6,83
Safflorit	$CoAs_2$	13,51
Skutterudit	$CoAs_3$	31,17
		99,87

	II	Mittel
Kobaltin	$CoAsS$	10,43
Gersdorffit	$NiAsS$	10,28
Löllingit	$FeAs_2$	42,30
Skutterudit	$CoAs_3$	32,67
Chloanthit	$NiAs_2$	8,77
Smaltin	$CoAs_2$	5,02
Tetraedrit	$Cu_8Sb_2S_7$	0,21

Im Original sind die drei ersten Zahlen bei II falsch, sie lauten richtig: 10,86; 9,85; 31,73.

Skutterudit.

Synonyma: Tesseralkies, Modumit, Arsenikkobaltkies, Hartkobaltkies, Hartkobalterz, Paratomer Markasinkies, arsenreicher Speiskobalt.

Kristallklasse: Kubisch, wohl dyakisdodekaedrisch, nach L. Fletcher[2]) pentagonikositetraedrisch.

[1]) J. Makintosh Bell u. E. Thomson, Univ. Stud. Toronto Contr. to the Canad. Min. No. 17, 18 (1924).

[2]) L. Fletcher, Z. Kryst. 7, 20 (1882).

Analysen.

	1.	2.	3.	4.	5.	6.
δ . . .	6,780	—	—	—	—	—
Cu . . .	Spur	—	—	—	—	—
Fe . . .	1,51	1,30	1,40	3,90	3,84	—
Co . . .	20,01	18,50	19,50	16,47	18,90	20,68
As . . .	77,84	79,20	79,00	74,45	72,05	79,32
Bi . . .	—	—	—	4,40	—	—
S . . .	0,69	—	—	0,72	2,30	—
Gangart .	—	—	—	0,28	—	—
	100,05	99,00	99,90	100,22	100,49	100,00

1. bis 3. Von Skutterud im Kirchspiel Modum (Norwegen); 1. anal. Th. Scheerer, Ann. d. Phys. **42**, 553 (1837). 2. und 3. von Fr. Wöhler, ebenda, **43**, 591 (1838).

4. Vom Turtmanntal (Wallis) in Braunspat eingewachsene Kristalle mit Arsenkies; anal. L. Staudenmaier, Z. Kryst. **20**, 469 (1892). Bei Co = 16,47 ist ein geringer Ni-Gehalt inbegriffen.

5. Von Skutterud; anal. Fr. Lorenz, Diss. Breslau; ZB. Min. etc. 1915, 363; 1916, 215.

6. Theoret. Zus. nach C. Hintze.

Neueste Analysen von Skutterudit.

	1.	2.	3.	4.	5.
Fe . . .	6,89	5,22	2,35	2,87	1,84
Co . . .	16,03	17,60	20,57	20,89	20,18
Ni . . .	0,89	0,44	1,31	2,54	0,11
As . . .	74,51	75,02	74,72	72,71	76,38
Sb . . .	0,40	0,56	—	—	—
S . . .	1,38	1,51	1,25	0,99	1,50
	100,10	100,35	100,20	100,00	100,01

1.—2. Von der La Rose Mine, Cobalt (Ontario); anal. E. W. Todd bei T. L. Walker u. A. L. Parsons, Contr. Canad. Min., Univ. Toronto Geol. Ser. Nr. 17, S. 9 (1924).

Ist ein Gemenge, welches unten berechnet wird.

3.—5. Von der Crean Hill-Mine Sudbury; anal. E. Thomson, Contr. to Canad. Min. 1921, 32; nach Ref. N. JB. Min. etc. 1925, II, A, 75.

T. L. Walker und A. L. Parsons meinen, daß das Erz ein Gemenge von vorwiegendem Skutterudit, Löllingit, Kobaltglanz ist. Die Berechnung ergibt für die 2 Analysen:

CoAsS . .	7,14	7,80
$CoAs_2$ . .	4,80	0,42
$FeAs_2$ . . .	25,34	19,16
$CoAs_3$ . .	62,76	72,70

Der Skutterudit ist später als der Löllingit gebildet und findet sich auch im Nachbargestein in schönen Kristallen.

Im Referat ist offenbar infolge eines Druckfehlers die Formel des vorwiegenden Skutterudits ebenfalls mit $CoAs_2$ angegeben.

T. L. Walker[1]) bestätigt anläßlich der Untersuchung des Skutterudits die Ansicht von A. Beutell, daß Smaltin–Chloanthit und Skutterudit isomorph seien.

[1]) T. L. Walker, Amer. Min. **6**, 54 (1921).

Nach Abschluß des Manuskriptes während des Druckes kam ich noch zur Kenntnis weiterer Skutteruditanalysen, welche im letzten Heft 1925 der Contr. to Canad. Miner. S. 25 angeführt sind.

	6.	7.	8.
δ	—	6,519	—
Fe	3,56	0,95	017
Co	17,66	20,50	347
Ni	0,66	0,20	003
Cu	—	0,10	001
As	75,70	75,15	1,002
Bi	0,06	—	—
S	0,66	1,18	037
CO_2	—	0,16	—
Unlösl. . .	1,64	1,22	—
	99,94	99,46	

6. Von der Keeley Mine, South Lorrain, Ontario; anal. E. W. Todd bei T. L. Walker, Contr. Canad. Miner. No. 20, 49 (1925).
7. Von ebenda; anal. H. C. Rickaby, wie oben.
8. Atomverhältnisse der letzten Analyse Nr. 7.

T. L. Walker berechnet aus den Analysen ein Gemenge von $CoAs_3$, $CoAs_2$, $FeAs_2$ und CoAsS wie folgt:

	6.	7.
$CoAs_3$	80,57	88,32
$CoAs_2$	1,05	—
$FeAs_2$	13,09	3,50
CoAsS	3,44	6,14

Über die chalkographische Untersuchung siehe auch in derselben Zeitschrift 1925, S. 54, die Arbeit von E. Thomson.

Es muß jedoch zu obigen Berechnungen bemerkt werden, daß es doch nicht genau ist, die Berechnung unter Annahme der Formel $CoAs_2$ für Speiskobalt, $CoAs_3$ für Skutterudit und $FeAs_2$ für Löllingit durchzuführen, denn, wie wir gesehen haben, sind dies nur angenäherte Formeln; speziell Speiskobalt ist eher Co_2As_5. Die Formeln RAs_2 sind hauptsächlich aus dem Gesichtspunkte entstanden, daß wegen der Isomorphie mit Pyrit oder Markasit die chemische Formel auch der genannten Arsenide RAs_2 sein müssen (vgl. S. 778). Diese Art der Berechnung kann daher zu Irrtümern führen (z. B. in der Arbeit von J. Makintosh Bell und Ellis Thomson sind die Berechnungen zweifelhaft).

Formel.

C. F. Rammelsberg[1]) hatte bereits 1875 die richtige Formel $CoAs_3$ aufgestellt, wobei Co : Fe im Mittel 1 : 13 ist. Nur für die Analyse Th. Scheerers, welche etwas Schwefel enthält, berechnet er die Formel $CoS_2 . 33 CoAs_3$. Es ist aber wahrscheinlich, daß der Schwefel einer Beimengung zu verdanken ist. (Kobaltglanz?)

Auch L. Mac Cay[2]) bestätigte die Formel.

[1]) C. F. Rammelsberg, Min.-Chem. 1875, 43.
[2]) L. Mac Cay, Z. Kryst. **9**, 607 (1884).

Wir verdanken A. Beutell und Fr. Lorenz eine Diskussion der älteren Analysen. Die Zahl der eigentlichen Skutteruditanalysen, wenn man von den Nickelskutteruditen und den Wismutskutteruditen, welche allerdings auch zu den kobalthaltigen gehören, ist eine geringe. A. Beutell und Fr. Lorenz haben sämtliche Analysen (auch die der Bi- und die der Ni-haltigen) in folgender Tabelle vereinigt (S. 782). Die Diskussion zeigt, daß nur wenige Analysen das theoretische Verhältnis 1 : 3 ergeben, etwa 5, aber die anderen weichen doch nicht sehr stark ab, da keine Analyse unter 1 : 2,65 ergibt. Die letzte von Fr. Lorenz ergibt diese Zahl, aber die übrigen zeigen die Werte 2,78 bis 2,88, bei diesen ist die Abweichung keine sehr große.

Durch die zum Schlusse diskutierte Arbeit von T. L. Walker und A. L. Parsons[1]) zeigt es sich, daß die canadischen Analysen einem Gemenge von $CoAs_3$, Löllingit, $FeAs_2$ und $CoAs_2$ entsprechen, während der Schwefel als Kobaltglanz vorhanden sein kann. Auf diese Weise wird man auch die anderen Analysen erklären können, es sind eben keine reinen Substanzen Gegenstand der Untersuchung gewesen. Insofern hat A. Beutell recht, wenn er den Skutterudit als arsenreichen Speiskobalt betrachtet, beide können sich mengen. Indessen herrscht doch im Skutterudit das Arsenid $CoAs_3$ vor, welches im Speiskobalt etwas mehr untergeordnet in einzelnen vorkommt (vgl. S. 754).

In der Arbeit von T. L. Walker[2]) wird hervorgehoben, daß das Atomverhältnis 1 : 3 ist, wobei er der Ansicht ist, daß $CoAs_2$ und $CoAs_3$ sich isomorph mischen; bezüglich seiner Berechnungen siehe die Einwände S. 780.

Beziehung zwischen Speiskobalt und Skutterudit. Diese beiden Kobaltarsenide haben ähnliche Zusammensetzung und gehören auch in dieselbe Kristallklasse.

Eine genaue Unterscheidung ist bei der ähnlichen Zusammensetzung oft nicht ganz leicht, denn, wenn wir die Formel $CoAs_3$ adoptieren, so müßte das Verhältnis $CoAs_3$ = 1 : 3 sein, was aber nicht stets zutrifft, ebensowenig als bei Speiskobalt dieses Verhältnis stets 1 : 2 ist. Allerdings zeigen die Skutterudite meistens ein Verhältnis Co : As größer als 2,5, während bei Speiskobalt dieses seltener zwischen 2,5 und 3 liegt, aber es scheint ein Übergang vorhanden zu sein. Dagegen ist es nicht unwahrscheinlich, daß beide Mineralien die Arsenide $CoAs_2$ und $CoAs_3$ enthalten, vielleicht in kleinen Mengen auch das Oxyd Co_2As_5. So wäre es möglich, daß beide eine kontinuierliche Reihe von Mischungen aufweisen, die aus den Arseniden $CoAs_2$ und $CoAs_3$ gebildet sind. Die an ersterem reicheren, sind die Speiskobalte, die an letzterem reichen sind die Skutterudite.

Auch bei den nickelreichen Varietäten, Chloanthit und Nickelskutterudit dürfte ähnliches der Fall sein, ist doch mancher Nickelskutterudit als Chloanthit angesehen worden. Wir haben allerdings in den nickelhaltigen Varietäten vier Komponenten $CoAs_2$, $CoAs_3$, $NiAs_2$, $NiAs_3$. Daher sind die Berechnungen nicht einfach.

Um den Zusammenhang zwischen Skutterudit und Speiskobalt zu zeigen, siehe die Tabelle von A. Beutell und Fr. Lorenz.[3])

Bei dem stetigen Übergange zwischen Skutterudit und Speiskobalt kann man A. Beutell und Fr. Lorenz recht geben, wenn sie beide vereinigen; Skutterudit ist nur eine Varietät des Smaltins.

---

[1]) T. L. Walker u. A. L. Parsons, l. c., s. S. 779.
[2]) T. L. Walker, Contrib. Canad. Miner. 1921, 54.
[3]) A. Beutell u. Fr. Lorenz, ZB. Min. etc. 1916, 362.

Analysen von Skutterudit, nach fallendem Arsengehalt geordnet

(Nach A. Beutell und Fr. Lorenz.)

Fundort	Analytiker	As %	S %	Bi %	Ni %	Co %	Fe %	andere Metalle %	Summe	Co : As
Skutterud . . .	Wöhler	79,20	—	—	—	18,50	1,30	—	99,00	1 : 3,14
Zschorlau, Sachs.	Frenzel[2])	61,59	0,05	20,17	—	13 70	3,71	0,69 Cu; 0,16 Sb	100,07	1 : 3,09
Turtmannthal . .	Staudenmaier	74,45	0,72	4,40	—	16,47	3,90	0,28 Gangart	100,22	1 : 2,98
Skutterud . . .	Wöhler	79,00	—	—	—	19,50	1,40	—	99,90	1 : 2,96
Markirch . . .	Vollhardt[1])	77,94	—	—	12,01	3,69	5,07	—	98,71	1 : 2,91
Skutterud . . .	Scherer	77,84	0,69	—	—	20,01	1,51	—	100,05	1 : 2,88
Unbekannt . . .	Ramsay[2])	46,10	—	37,64	5,66	10,18	0,55	—	100,13	1 : 2,82
Bullards Park, New Mexico .	Waller u. Moses[1])	67,37	—	—	11,12	5,13	2,64	8,38 Ag; 4,56 SiO_2	99,20	1 : 2,78
Bullards Park, New Mexico .	Waller u. Moses[1])	78,10	—	—	12,89	5,95	3,06	—	100	1 : 2,78
Markirch . . .	Vollhardt	78,26	—	—	15,05		6,69	—	100	1 : 2,78
Skutterud . . .	Fr. Lorenz	72,05	2,30	—	—	18,90	3,84	—	100,49	1 : 2,65

[1]) Nickel-Skutterudite.

[2]) Wismut-Skutteruditte.

Eigenschaften des Skutterudits.

Von Speiskobalt unterscheidet er sich dadurch, daß er im Kölbchen etwas mehr Arsenoxyd abgibt; sonst ist sein Lötrohrverhalten sehr ähnlich. In Salpetersäure löslich.

Eine eingehende metallographische Untersuchung des Skutterudits fehlt.[1]) Nur A. Beutell[2]) gibt in seiner mikroskopischen Untersuchung des Speiskobalts auch ein Bild des Skutterudits von Modum (siehe Fig. 71). Von diesem Stück stammt auch die Analyse von Fr. Lorenz. Der Schliff besteht aus einer hell bleigrauen Grundmasse, in die feine, scharfe Lamellen eingebettet sind, deren Durchschnitte als schwarze, gerade Linien erscheinen. Abweichend von den Speiskobaltschliffen ist außer der Feinheit, die große Anzahl von Lamellen. Es sind im ganzen acht Lamellensysteme. Wahrscheinlich hatte dieser Tesseralkies ursprünglich früher denselben mikroskopischen Befund wie die anderen Speiskobalte.

Fig. 71. Derber Skutterudit von Modum (nach A. Beutell).

Nach der Analyse, welche auch mit der mikroskopischen Untersuchung im Einklange steht, hat dieses Mineral beträchtliche Mengen von Co_2As_5. Nach A. Beutell existiert ein fundamentaler Unterschied zwischen Speiskobalt und Skutterudit nicht.

Die Dichte ist 6,5—6,9, die Härte 6. Das zinnweiße bis blaugraue Mineral läuft oft bunt an; es hat schwarzen Strich. Skutterudit spaltet nach dem Würfel. Thermoelektrische Untersuchungen stellten A. Schrauf und E. S. Dana[3]) an und fanden positiv elektrische Kristalle von Skutterud, negative von Tunaberg.

Vorkommen und Paragenesis.

Tesseralkies wird besonders häufig in den Fahlbändern von Skutterud im Kirchspiel Modum gefunden, wo er meist auf Kobaltglanzkristallen aufgewachsen oder sogar damit verwachsen auftritt, jedoch ohne Gesetzmäßigkeit. Quarz, Strahlstein und Titanit sind weitere Begleiter in dem Hornblendegestein, das Gänge im Gneis bildet. Bei Tunaberg bildet Skutterudit nach A. Breithaupt den Kern wahrscheinlich von Speiskobaltkristallen; im Turtmanntal (Wallis) ist er mit Speiskobalt und Arsenkies in Braunspat eingewachsen.

Noch wichtiger sind die Gänge in Ontario (vergl. S. 780).

[1]) In der während des Druckes erschienenen Arbeit von T. L. Walker und A. L. Parsons, sowie in der von J. Makintosh Bell finden sich metallographische Daten. Siehe auch E. Thomson l. c. (siehe S. 778).

[2]) A. Beutell, ZB. Min. etc. 1916, 214.

[3]) A. Schrauf u. E. S. Dana, Ber. Akad. Wien **69** (11), 153 (1874).

Nickel-Skutterudit.

Von **M. Henglein** (Karlsruhe).

Analysen.

	1a.	1b.	2.
δ	—	—	6,320
Ag	8,38	—	—
Fe	2,64	3,06	5,07
Ni	11,12	12,89	12,01
Co	5,13	5,95	3,69
As	67,37	78,10	77,94
Sb	—	—	—
S	—	—	—
SiO_2 u. unlösl. Rückst.	4,56	—	—
	99,20	100,00	98,71

1. Körniges graues Erz mit Silber in Eisenspat von Silver City (Neu-Mexico); anal. A. J. Moses und E. Waller, N. JB. Min. etc. 1894, I, 17. 1b. umgerechnet auf 100 ohne Ag u. SiO_2.

2. Kristalle von Markirch im Elsaß als „Chloanthit" bezeichnet; anal. G. Vollhardt, Z. Kryst. **14**, 408 (1888).

Siehe auch die Analysen von Richelsdorf (Hessen); anal. A. Beutell u. Fr. Lorenz, ZB. Min. etc. 1915, 364 (siehe S. 782). Von den Autoren als Speiskobalt bezeichnet; doch ist As : (Co, Ni, Fe) = 2,86 : 1.

Formel. $(Ni, Co, Fe)As_3$.

Wismut-Skutterudit.

Synonym: Bismutosmaltin.

Analysen.

	1.	2.
δ	7,55	6,92
Cu	—	0,69
Fe	0,55	3,71
Ni	5,66	—
Co	10,18	13,70
As	46,10	61,59
Sb	—	0,16
Bi	37,64	20,17
S	—	0,05
	100,13	100,07

1. Fundort unbekannt; Kristalle im Quarz; anal. W. Ramsay, Journ. chem. Soc. **29**, 153 (1876).

2. Von Zschorlau bei Schneeberg (Sachsen); anal. A. Frenzel, Tsch. min. Mitt. N. F. **16**, 524 (1897).

Formel.

Die Analyse von A. Frenzel ergibt:

$$Fe : Co : As : Sb : Bi = 0,066 : 0,233 : 0,821 : 0,001 : 0,097$$

oder $Co + Fe : As + Sb + Bi = 1 : 3,07$.

Also führt auch diese Analyse, trotz des hohen Arsengehalts zu derselben Formel.

Die Härte ist 6, die Dichte 6,92, bei größerem Bi-Gehalt höher. Der Bismutosmaltin ist lebhaft metallglänzend, zinnweiß und hat schwarzen Strich.

Vorkommen. Im Wismutgang von Zchorlau als Niere eines dunkelblaugrauen Erzes, von Wismut und Wismutocker begleitet.

Willyamit.

Synonym: Antimonnickelkobaltglanz.

Regulär-, pentagondodekaedrisch.

Analysen.

Cu	Spur	Spur
Fe	Spur	Spur
Co	13,92	13,84
Ni	13,38	13,44
Sb	56,85	56,71
S	15,64	15,92
Pb	Spur	Spur
	99,79	99,91

Von der Brocken Hill cons. Mine (New South Wales) mit Dyskrasit in einem Kalkspat- und Braunspatgange; anal. J. C. H. Mingaye bei E. S. Pittman, Journ. R. Soc. N.S.-Wales **27**, 366 (1893); Z. Kryst. **25**, 291 (1896).

Formel. E. S. Pittmann berechnet aus der Analyse:

$$Co:Ni:Sb:S = 2:2:2:4,$$

daher die Formel: $CoS_2 . NiS_2 . CoSb . NiSb$

oder $(Co, Ni)S_2 + (Co, Ni)Sb_2$ oder $(Co, Ni)SbS$.

Eigenschaften. Spaltbar vollkommen hexaedrisch, Bruch uneben, spröde, Härte 5—6. Dichte 6,87.

Metallglänzend, Farbe zwischen zinnweiß und stahlgrau. Strich grauschwarz. Schmilzt leicht vor dem Lötrohr. Im Kölbchen gibt er ein rotes Sublimat, im offenen Röhrchen dekrepitiert er.

Hauchecornit.

Von **M. Henglein** (Karlsruhe).

Synonym: Wismutnickelsulfid.

Kristallsystem: Tetragonal, $a:c = 1:1,05215$.

Analysen.

	1.	2.	3.	4.
δ	6,350	6,470	—	—
Pb	0,64	0,03	—	—
Zn	0,12	—	—	—
Cu	—	—	—	0,09
Fe	0,89	0,27	0,17	Spur
Ni	41,08	45,05	45,88	45,26
Co	2,83	0,70	0,82	—
As	1,96	0,90	0,45	3,04
Sb	5,69	6,74	6,23	3,14
Bi	24,06	24,51	23,72	24,74
S	22,71	22,88	22,62	22,71
	99,98	101,08	99,89	98,98

1.—4 Von Grube Schönstein, östlich Wissen (Bergrev. Hamm a. d. Sieg); anal. bei R. Scheibe, Z. Dtsch. geol. Ges. **40**, 611 (1888) und Jahrb. geol. Landesanst. 1891, 92.

Chemische und physikalische Eigenschaften.

Formel. Die Analysen 2—4 wurden an Kristallen vorgenommen. Nach Abzug von PbS, ZnS, $CuFeS_2$ bzw. CuS ergibt sich die Formel

$$(Ni, Co)_7(S, Bi, Sb)_8.$$

Wegen der Verunreinigungen dürfte nach H. Laspeyres[1]) das Verhältnis Ni : S größer sein.

Lötrohrverhalten. Auf Kohle leicht zu lichtbronzegelber magnetischer Kugel schmelzbar, Wismutoxydbeschlag gebend; Geruch nach Arsensuboxyd. Nach dem Abrösten des Schwefels wird die Borax-Oxydationsperle violett, in der Kälte rotbraun. Hauchecronit ist in Königswasser leicht, in Salpetersäure unter Abscheidung von Schwefel löslich.

Die Dichte ist 6,4, die Härte 5, der Bruch flachmuschelig.

Die Farbe ist lichtbronzegelb, angelaufen dunkler, der Strich grauschwarz.

Paragenesis. Hauchecronit kommt in einem Eisenspatmittel, das ein vom Haupteisensteingang der Grube Schönstein, östlich Wissen getrenntes hangendes Trumm bildet, mit Millerit, Linnéit, Blende, Wismutglanz und Quarz vor. Die Kristalle sind bis 1 cm groß.

Verbindungen von S, As, Sb mit Platinmetallen.

Von C. Doelter (Wien).

Wir haben hier nur ein Sulfid, den Laurit und ein Arsenid, den Sperrylith. Künstlich sind dargestellt das Antimonid und das Bismutid des Platins $PtSb_2$ und $PtBi_2$.

Sperrylith.

Regulär, dyakisdodekaedrisch.

Analysen.

	1.	2.	3.
Fe	0,08	0,07	0,07
Rh	0,75	0,68	0,72
Pd	Spur	Spur	Spur
Pt	52,53	52,60	52,57
As	40,91	41,05	40,98
Sb	0,42	0,59	0,50
SnO_2	4,69	4,54	4,62
	99,38	99,53	99,46

1. Von der Vermillonmine, Distrikt Algoma, Provinz Ontario (Canada); anal. Horace L. Wells, Am. Journn. **37**, 69 (1889); Z. Kryst. **15**, 287 (1889).

[1]) H. Laspeyres, Verh. nat. Ver. Rheinl. Bonn 1893, 79.

2. Von ebenda, anal. wie oben.
3. Mittel aus den beiden vorigen Analysen.

T. L. Walker[1]) analysierte Waschprodukte von Kupferkies, Magnetkies und Nickeleisensulfiden, in welchen sich Sperrylith, Magneteisen und Zinnstein befanden.

Eine Analyse des vermittelst des Manchéeverfahrens dargestellten Produkts ergab folgende Zahlen, welche insofern wichtig sind, als dadurch auch das Vorkommen nicht nur von Iridium, sondern auch anderer Platinmetalle nachgewiesen ist.

Ni (mit Spur Co)	48,82
Cu	25,92
Fe	2,94
S	22,50
Au	0,000075
Ag	0,001775
Pt	0,000420
Ir	0,000056
Os	0,000057
Rh	Spur
Pd	Spur
	100,182393

Daher kommen im Sperrylith außer Platin und Rhodium auch Iridium und Osmium vor.

Formel. Aus den Wellsschen Analysen berechnet sich:

$$As + Sb : Pt + Rh = 0{,}550 : 0{,}274 = 2:1.$$

Daher die Formel:

$$PtAs_2 .$$

Diese entspricht der Formel des Pyrits, doch läßt sich nicht mit Sicherheit eine Isomorphie behaupten, obzwar beide Mineralien für pentagonal-hemiedrisch gehalten wurden. P. Groth reiht den Sperrylith nicht in die Pyritgruppe ein, sondern in eine besondere, die Lauritgruppe, weil er sie für vielleicht dyakisdodekaedrisch, aber nicht für isomorph mit Pyrit hält.

Eigenschaften. Bruch muschelig, spröde, Härte 6—7; Dichte 10,602. Lebhafter Metallglanz, undurchsichtig, Farbe fast zinnweiß, platinähnlich. Strich schwarz.

Über Deformationsindices siehe A. Colomba.[2]) E. Thomson[3]) untersuchte die Mikrostruktur.

Beim Erhitzen schwach dekrepitierend. Während er in geschlossenem Rohr unverändert bleibt, gibt er in offenem Glasrohr ein Sublimat von As_2O_3, ohne zu schmelzen wenn er langsam erhitzt wird, nur bei sehr raschem Erhitzen schmilzt er leicht unter Verlust von nur einem Teil des Arsens. Beim Herabfallen auf ein rotglühendes Platinblech schmilzt das Mineral augenblicklich unter Entwicklung von weißen Arsentrioxyddämpfen, welche nur wenig Geruch zeigen und unter Bildung von porösen Auswüchsen, welche sich in der Farbe von dem nicht berührten Platinblech nicht unterscheiden.

[1]) T. L. Walker, Z. Kryst. **25**, 563 (1896).
[2]) A. Colomba, Z. Kryst **50**, 488 (1912).
[3]) E. Thomson, Univ. Toronto, Geol. Ser. Nr. 12, 32 (1921).

Ich vermute, daß das Nichtschmelzen bei langsamem Erhitzen dem Umstande zuzuschreiben ist, daß dadurch das Arsen langsam entweicht und unschmelzbares Platin zurückbleibt.

Nach Horace L. Wells wird das Mineral von Königswasser nur schwer angegriffen, auch wenn es feingepulvert ist, auch bei mehrtägigem Erwärmen erhielt er keine Lösung. T. L. Walker[1]) dagegen fand, daß das Mineral zwar in Salzsäure schwer, leichter jedoch in Königswasser löslich war, dagegen in Salpetersäure unlöslich.

Synthese.

Ältere Darstellungen, namentlich von A. Murray[2]) geben an, daß man durch Zusammenschmelzen von Platin mit überschüssigem Arsen oder beim Erhitzen von Platin mit arseniger Säure und Natriumcarbonat die Verbindung $PtAs_2$ erhält.

Horace L. Wells[3]) wiederholte den Versuch von A. Murray, indem er Arsendämpfe über zur Rotglut erhitztes Platin leitete. Er erhielt folgende Zahlen:

	Angewandtes Platin	Absorbiertes Arsen	Verhältnis Pt : As
I.	0,3806	0,2922	1 : 2,02
II.	0,5725	0,4354	1 : 2,00
III.	1,0657	0,8112	1 : 2,00

Das Arsen verband sich mit Platin unter Aufglühen, während die Verbindung etwas unter Rotglut schmilzt. Gegen Ende der Operation erstarrt die Schmelze, es wachsen eigentümliche baumartige Formen aus. Gegen Lösungsmittel und beim Erhitzen verhält sich das künstliche PtAs so, wie das natürliche.

F. Rössler[4]) untersuchte Kristalle, welche sich beim Schmelzen von Platinrückständen aus der Goldscheidung gebildet hatten und schmolz den braunen Platinschlamm mit Fluß und Kohle. Da er aber mit Arsen keine Kristalle erhalten konnte, da Arsen sich in offenen Röhren nicht schmelzen läßt, so mußte er sich damit begnügen, die wohl isomorphen Antimon- und Wismutverbindungen herzustellen, nämlich $PtSb_2$ und $PtBi_2$. Zu diesem Zwecke schmolz er 10 g Platin mit 400 g Antimon (oder Wismut) unter einer Glasdecke in einem Koksofen. Die erhaltenen Kristalle deutete er als quadratisch bei dem $PtBi_2$. P. Groth[5]) ist aber mit Recht der Ansicht, daß es sich bei diesem, wie bei dem Platinantimonid, um Kubooktaeder (100) (111) handle.

Es seien hier die beiden Analysen F. Rösslers angeführt, von welchen die I. sich auf die Untersuchung der Platinrückstände bezieht, während die II. die Resultate des Versuchs mit Kohle und Fluß gibt.

---

[1]) T. L. Walker, Z. Kryst. **25**, 563 (1896).
[2]) A. Murray, Edinburgh phil. Journ. **4**, 202; nach Gmelin-Kraut, Handb. anorg. Chem. **3**, 1192 (1875).
[3]) Horace L. Wells, l. c., siehe S. 786.
[4]) F. Rössler, Z. anorg. Chem. **9**, 61 (1895).
[5]) P. Groth, Z. Kryst. **29**, 300 (1898).

	I.	II.
Fe	1,67	0,25
Cu	8,18	0,42
Ag	1,09	—
Au	2,61	—
Zr	—	4,26
Pd	2,48	Spur
Pt	44,77	51,07
As	36,85	39,69
Sb	2,03	2,19
Bi	—	0,95
	99,68	98,83

Vorkommen. Auf der Vermillongrube kommt das Mineral als Gast des Kupferkieses mit Goldquarz, Magnetkies, Pyrit vor. Der Sperrylith findet sich am Kontakt von Erz und Gestein. Auch in Sibirien beobachtete ihn P. Pilipenko.

Analysenmethode des Sperryliths.

Horace L. Wells[1]) beschreibt folgendermaßen den Gang seiner Analyse: Die pulverisierte Menge von 1,5 g wird im Chlorstrom erhitzt und die flüchtigen Chloride in einer Vorlage aufgefangen.

In die Lösung wird etwas Weinsäure zugesetzt, um die geringe Menge von Antimon in Lösung zu erhalten, diese ammoniakalisch gemacht und das Arsen als Magnesiumpyroarsenat bestimmt. Im Filtrate des Ammonium-Magnesiumpyroarsenats werden Antimon und eine Spur Platin als Schwefelmetalle gefällt. Das Antimonsulfid wurde in konz. Salzsäure gelöst, das Sulfid wieder gelöst, auf ein Asbestfilter abfiltriert und nach dem Erhitzen im Kohlensäurestrom gewogen. Die Spur Schwefelplatin wird geröstet und der Rückstand der Hauptmenge zugefügt, welche bei der Behandlung im Chlorstrom zurückgeblieben war.

Dieser Teil wird mit verdünntem Königswasser behandelt, wobei ein unlöslicher Rückstand verblieb, z. T. aus Kassiterit, z. T. aus Rhodium bestehend. Dieser Rückstand wird mit Natriumcarbonat und Schwefel geschmolzen, das gebildete unlösliche Schwefelrhodium geröstet, dann im H_2S-Strom erhitzt und gewogen, während das Zinn als Dioxyd gewogen wird. Die Reinheit sowohl des Rhodiums, als des Zinnoxyds hat Horace L. Wells bestätigen können.

Die Lösung in Königswasser, welche Platin und etwas Rhodium, Eisen, sowie eine Spur von Palladium enthält, wurde bezüglich der Platinmetalle nach der Methode von A. Claus[2]) behandelt. Das Platin wurde wiederholt vom Rhodium getrennt und das Platin wird als Metall gewogen.

Laurit.

Regulär, wahrscheinlich dyakisdodekaedrisch, nicht isomorph mit Pyrit (vgl. P. Groth und K. Mieleitner).[3])

[1]) Horace L. Wells, l. c.
[2]) H. Rose u. R. Finkener, Analyt. Chemie 2, 236; 6. Aufl.
[3]) P. Groth u. K. Mieleitner, Min. Tabellen, 1921.

Analyse.

Ru	65,18
Os	3,03
S	31,79
	100,00

Von Borneo; anal. F. Wöhler, Ann. d. Chem. u. Pharm. **139**, 111 (1866).

Formel. F. Wöhler[1]) hatte Schwefel durch Glühverlust in H-Gas bestimmt. Die erhaltene RS-Menge war zu groß, da sowohl der Rückstand in Königswasser als die Lösung noch Os enthalten.

F. Wöhler hatte zuerst die Formel $12 Ru_2S_3 + OsS_4$ aufgestellt, welche J. D. Dana[2]) in $20 RuS_2 + Ru_4Os$ umänderte.

C. F. Rammelsberg[3]) vermutete zuerst die Formel Ru_2S_3, doch ist die Formel des künstlichen, ganz übereinstimmenden Laurits, nämlich:

$$RuS_2$$

richtiger.

Eigenschaften. Oktaedrisch spaltbar und zwar sehr vollkommen. Auf den Spaltflächen hoher Stahlglanz. Bruch flachmuschelig. Härte 7—8. Sehr spröde. Dichte 6,99.

Farbe dunkel, eisenschwarz, ähnlich wie Eisenglanzkristalle. Strich dunkelgrau.

Beim Erhitzen verknistert er wie Bleiglanz. Vor dem Lötrohr unschmelzbar, dabei aber Entwicklung von schwefliger Säure und dann anhaltend nach Osmiumsäure riechend.

Beim Schmelzen mit Kalihydrat und Salpeter im Silbertiegel mit grünlicher Farbe löslich, die Lösung riecht nach Osmiumsäure, sie gibt mit Salpetersäure einen schwarzen Niederschlag von Rutheniumsulfid beim Lösen. Vermehrung des Geruchs nach Osmiumsäure. Im Wasserstoffstrom geglüht, wird Schwefelwasserstoff, aber kein Wasserdampf entwickelt.

Wird von Königswasser nicht angegriffen; auch von einer Kaliumbisulfatschmelze nicht.

Synthese.

Die Darstellung von RuS_2 bietet Schwierigkeiten; die gewöhnliche Methode, Überführung von $RuCl_2$ oder $RuCl_3$ gibt oft Gemenge. Namentlich mit letzterem erhält man RuS_3 und RuS_2. A. Claus[4]) erhitzte diese Sulfide in einem Kohlensäurestrom und erhielt schwarzgraues RuS_2.

Die Synthese wurde von H. Ste. Claire Deville und A. Debray[5]) ausgeführt. Sie stellten eine Mischung von 1 Teil Ruthenium, 1 Teil Borax und 10 Teilen Schwefeleisen her und schmolzen diese Gemenge zur hellen Rotglut. Der Laurit wurde von dem Überschuß des Eisensulfurets dadurch getrennt, daß letzteres durch Salzsäure gelöst wurde, während der Laurit unlöslich ist. Es bildeten sich bläuliche Oktaeder, mit starkem Glanz. Die Kristalle wurden von A. Des Cloizeaux[6]) untersucht.

---

[1]) A. Wöhler, Ann. d. Chem. u. Pharm. **130**, 119 (1866).
[2]) J. D. Dana, System. Miner. 1868, 74.
[3]) C. F. Rammelsberg, Min.-Chem. 1875, 82.
[4]) A. Claus nach O. Dammer, Anorg. Chem. **3**, 853 (1893).
[5]) H. Ste. Claire Deville u. A. Debray, C. R. **89**, 587 (1879).
[6]) A. Des Cloizeaux, Bull. soc. min. **2**, 185 (1879).

Die Analysen ergaben:

	I.	II.	III.
Ru	63,00	61,90	61,90
S	37,00	38,10	38,10
	100,00	100,00	100,00

Unter I. und II. sind die durch die Analyse gefundenen Zahlen angegeben, während unter III. die berechneten Zahlen nach der Formel RuS_2 angeführt sind.

Wenn die Temperatur noch höher gesteigert wird, bilden sich kleine Würfel von gediegenem Ruthenium, welche 1 % Fe enthalten.

Wird Platin auf dieselbe Weise behandelt, so bildet sich eine Verbindung PtS_2, die in der Natur bisher nicht bekannt ist.

Die Löslichkeit des künstlichen Laurits in Säuren ist dieselbe, wie bei den natürlichen Kristallen.

Oxysulfide.

Es könnte die Frage entstehen, ob es richtig ist, diese wenig zahlreichen Verbindungen in einer besonderen Klasse zu behandeln. Eigentlich wäre es zweckmäßiger, sie bei den entsprechenden Sulfiden zu behandeln. Ich folge aber hier nur der allgemein in mineralogischen Lehrbüchern eingeschlagenen Anordnung, die auch C. F. Rammelsberg in seiner Mineralchemie befolgt hat.

Wir haben hier nur drei Mineralien zu behandeln, welche Sb, Bi und Zn als vorwiegenden Bestandteil aufweisen.

Es sind die Mineralien: Antimonblende, Karelinit und Voltzin.

Antimonblende (Pyrostibit).

Synonyma: Rotes Spießglaserz, Kermesit, Pyrantimonit, Kermes, Rotspießglaserz, Rotspießglanzerz, Purpurblende.

Kristallsystem: Rhombisch oder monoklin.

$a:b:c = 3{,}9650:1:0{,}8535.$

Analysen.

	1.	2.	3.
Sb	74,45	75,66	75,13
S	20,49	20,49	20,04
O	5,29	4,27	4,83
	100,23	100,42	100,00

1. u. 2. Mit Bleiglanz und Berthierit auf Gängen der edlen Quarzformation. Auf der Grube Neue Hoffnung Gottes zu Freiberg; anal. H. Rose, Pogg. Ann. **3**, 453 (1825).

3. Ohne Fundortangabe; anal. H. Baubigny.[1])

Formel. Es ist merkwürdig, daß dieses Mineral, das ja kein ganz seltenes ist, seither nie analysiert worden ist, so daß die Formel nur auf diesen wenigen Analysen beruht. Die angenommene Formel:

$$Sb_2S_2O \quad \text{oder} \quad 2Sb_2S_3 \,.\, Sb_2O_3$$

erfordert folgende Mengen:

[1]) H. Baubigny, C. R. **119**, 737 (1894).

Sb	74,96
S	20,04
O	5,00
	100,00

Man kann demnach die obige Formel, als den Analysen entsprechend, annehmen.

Synthese. Dieses Mineral ist mehrmals künstlich dargestellt worden.

V. Regnault[1]) brachte amorphes Antimonsesquisulfid im Wasserstoffstrom zum Glühen und erhielt eine orangerote Masse, deren Schwefelgehalt 17,94% war, was nicht zu sehr von der natürlichen Antimonblende abweicht. Ein schwarzes Pulver, dessen Schwefelgehalt 19,6 war, also fast den theoretischen Schwefelgehalt erreicht, erhielt V. Schumann,[2]) als er trockenes Antimonsesquioxyd auch mit trockenem Schwefelwasserstoffgas behandelte, ob jedoch dieses Pulver mit dem Mineral auch sonst übereinstimmt, ist nicht ganz sicher.

H. Rose[3]) schmolz das Sesquioxyd und das Sesquisulfid des Antimons in verschiedenen Verhältnissen zusammen, wobei er verschiedene Oxysulfüre des Antimons erhielt.

Der durch Einwirkung von Natriumthiosulfat auf Antimonoxydsalz (z. B. $SbCl_3$) in Lösungen erhaltene Antimonzinnober ist nach H. Baubigny und auch nach Teclu nur Antimonsesquisulfid.

Karelinit.

Derb, Kristallsystem unbekannt.

Analysen.

Bi	91,26	86,15
S	3,53	10,13
O	5,21	3,72
	100,00	100,00

Von Sawodinskoi im Altai; anal. R. Hermann, Journ. prakt. Chem. **75**, 448 (1858).
Künstlicher Karelinit; anal. wie oben.

Formel. C. F. Rammelsberg[4]) gibt die Formel: Bi_4SO_3. Diese verlangt folgende Werte:

Bi	91,26
S	3,50
O	5,24

Wie man sieht, entsprechen die Werte sehr gut der Analyse.

Synthese. R. Hermann[5]) stellte dieses Mineral auch künstlich dar. Er erhitzte ein Gemenge von Wismutoxyd mit Schwefel, wobei sich zuerst schwefelige Säure entwickelte, später der überschüssige Schwefel entfernt

[1]) V. Regnault, Ann. chim. phys. **62**, 383 (1836).
[2]) V. Schumann, nach Kraut-Gmelin, Handb. Chem. IIb, 828 (1897).
[3]) H. Rose, Pogg. Ann. **89**, 316 (1859).
[4]) C. F. Rammelsberg, Min-Chem. 1875, 192.
[5]) R. Hermann, Journ. prakt. Chem. **75**, 448 (1858).

wurde. Er erhielt eine grau metallglänzende Masse, welche kein freies Wismut mehr enthielt. Die Dichte war etwas kleiner als bei dem Mineral, nämlich 6,31.

Die Analyse dieses künstlichen Produkts stimmt aber nicht ganz mit jener des Minerals überein, wie aus dem Vergleich der beiden Analysen hervorgeht. Die Zusammensetzung entspricht nicht Bi_4SO_3, sondern liegt zwischen $Bi_2(SO)_3$ und $Bi_{10}S_9O_6$. Letztere Formel ergäbe die Werte:

Bi	84,80
S	11,71
O	3,49
	100,00

Man sieht also, daß ein bedeutender Unterschied zwischen beiden Analysen existiert, was also zu dem Schlusse führt, daß das Kunstprodukt anders zusammengesetzt ist, als das Mineral. Möglicherweise war doch nicht bei der Synthese der ganze Schwefel vertrieben worden.

Eigenschaften. Dichte 6,60, Härte 2. Undurchsichtig, metallglänzend, Farbe blaugrau.

Das Mineral kann vor dem Lötrohr in offenem Röhrchen zu einem Metallkorn reduziert werden, wobei schweflige Säure entweicht.

Das Korn ist von einer braunen Oxydschicht umgeben. Im Kölbchen entwickelt sich ebenfalls schweflige Säure und es bildet sich eine graue Schlacke, aus der Wismutkügelchen ausschwitzen.

Im Wasserstoffstrom wird das Mineral zu Wismut reduziert, unter Entweichen von schwefliger Säure und unter Bildung von etwas Wasser.

In Salpetersäure unter Abscheidung von Schwefel zersetzbar. Durch Salzsäure kann man das Mineral von dem anhaftenden Wismutspat, welcher sich löst, befreien, während der Karelinit als graues Pulver ungelöst zurückbleibt. In diesem Rückstand war kein metallisches Wismut vorhanden.

Voltzin.

Kristallform unbekannt.

Synonyma: Voltzit, Leberblende.

Analysen.

	1.	2.	3.
Zn	67,59	69,08	59,22
Sb	—	—	2,20
S	27,64	27,47	27,85
O	3,03	3,45	10,73
Fe_2O_3 . . .	1,84	—	—
	100,10	100,00	100,00

1. Von der Rosiersgrube, Dép. Puy de Dôme bei Pontgibaud; anal. R. Fournet, Pogg. Ann. **31**, 62 (1834).
2. Von der Eliaszeche am Geistergang bei Joachimstal; anal. J. Lindacker; J. k. k. geol. R.A. **4**, 220 (1853).
3. Von Felsöbanya; anal. G. T. Prior, Min. Mag. **9**, 10 (1890).

Formel. C. F. Rammelsberg[1]) berechnet 1875 aus den zwei ersten Analysen die Formel:

$$Zn_5S_4O = 4ZnS.ZnO.$$

[1]) C. F. Rammelsberg, Mineralchem. 1875.

Diese Formel verlangt:

Zn	69,35
S	27,25
O	3,40
	100,00

Wie man sieht, weicht die Analyse von G. T. Prior bedeutend ab, da der Sauerstoffgehalt fast dreimal so hoch ist, als ihn die Theorie verlangt.

Die Formel von C. F. Rammelsberg auf Grund der alten Analysen ist also unsicher, offenbar war das Analysenmaterial nicht rein.

Zufällige juvenile Bildungen. Nach A. Kersten haben sich in einem Hüttenofen bei Laposbanya (Kapnik, Ungarn) Kristalle gebildet, welche die Zusammensetzung des Voltzins besitzen. Kristalle aus einem Freiberger Ofenbruch, hohle sechsseitige Säulen aufweisend, haben zwar die Zusammensetzung des Voltzins, sind nach A. Breithaupt regulär.

Eigenschaften. Dichte 3,7—3,8. Härte etwas über 4.

Undurchsichtig bis durchscheinend, Farbe ziegelrot oder schmutzig rosenrot, manchmal auch mehr gelblich, grünlich oder bräunlich. Perlmutterglänzend auf schaligen Absonderungsflächen mehr diamantglänzend; auf Bruchflächen glas- bis fettglänzend.

E. Bertrand beobachtete unter dem Mikroskop Absonderungsflächen, welche sich unter 60^0 schneiden. Die Sphärolithen des Voltzins sind nach demselben Autor optisch positiv.

Interessant ist die Eigenschaft, die Elektrizität nicht zu leiten, wie F. Beijerinck[1]) nachwies. Wenn, wie manche behaupten, Voltzin eine isomorphe Mischung von Zinksulfid und Zinkoxyd ist, müßte seine Leitfähigkeit zwischen der von Wurtzit (oder Zinkblende) und Zinkit liegen. Allerdings wurde nur ein radialstrahliger Voltzin von Joachimstal untersucht und wäre es auch denkbar, daß die Eigenschaft des Nichtleitens vielleicht besonderen Umständen zu verdanken wäre.

Vor dem Lötrohr verhält sich Voltzin wie Zinkblende, sowohl auf Kohle, als auch im Kölbchen.

Voltzin ist in konz. Salzsäure unter Entwicklung von Schwefelwasserstoff löslich.

Vorkommen. Kommt mit verschiedenen sulfidischen Erzen vor, so mit Bleiglanz oder Silbersulfosalzen, auch mit Pyrit, ferner mit Kieselzink, Zinkblende, Zinkspat; dann, wie bei Felsöbanya mit Antimonglanz. Näheres über seine Bildungsweise liegt nicht vor.

Analysenmethoden der selenhaltigen Mineralien.

Von **A. Brukl** (Wien).

Seltener trifft man das Selen als Hauptbestandteil in Mineralien an, meist begleitet es in geringen Mengen den elementaren oder gebundenen Schwefel. In diesem Vorkommen ist es oft mit dem ihm sehr ähnlichen Tellur vergesellschaftet und vertritt auch manchmal dessen Stelle, bis zu mehreren Prozenten, in den Tellurerzen.

[1]) F. Beijerinck, N. JB. Min. etc. Beil.-Bd. 11, 442 (1896).

Qualitativer Nachweis.

a) In elementarem Schwefel.

Liegt Schwefel vor, der nicht mit Gangart vermischt ist, so eignet sich die von H. Rose[1]) empfohlene Methode. Das möglichst fein zerriebene Pulver wird mit einem großen Überschuß einer Lösung von Cyankalium längere Zeit nur so stark erwärmt, daß der ausgeschiedene Schwefel sich nicht zusammenballen kann. Man erhitzt nun zum Sieden und filtriert vom Schwefel ab. Selen löst sich leicht unter Bildung von Selencyankalium, während der Schwefel viel schwerer zu Rhodankali aufgenommen wird. Hierauf übersättigt man mit Salzsäure (guter Abzug!) und fällt dadurch das Selen. Namentlich in starker Verdünnung fällt dasselbe sehr langsam aus und es setzt sich aus der blauen Lösung oft erst nach einigen Tagen quantitativ ab. Rathke,[2]) der diese Methode zur quantitativen Bestimmung verwendete, bestätigte ihre Brauchbarkeit.

Die von J. Smith angegebene Vorschrift zur quantitativen Bestimmung des Selens im Schwefel läßt sich natürlich auch bei qualitativen Untersuchungen anwenden (siehe quantitativer Teil). Sie ist sehr einfach und verdient gegenüber der Methode von F. W. Steel,[3]) die komplizierter und zeitraubender ist, den Vorzug.

b) In Pyriten und Erzen

H. Rose (l. c.). Man trennt durch Sublimation die leicht flüchtigen Chloride des Schwefels, Selens, Tellurs, Arsens, Antimons und Eisens von den nicht flüchtigen Schwermetallchloriden. Hiezu bringt man das Schiffchen mit dem feingepulverten und getrockneten Mineral in ein Verbrennungsrohr, dessen mittlerer Teil von einem Luftbad umgeben ist. (Man kann auch einen kurzen Verbrennungsofen benutzen.) Hierauf schließt man das mit verdünnter Salzsäure beschickte Absorptionsgefäß an (ein Zehnkugelrohr oder eine gut wirkende Spiralwaschflasche) und leitet zuerst in der Kälte so lange gut getrocknetes Chlorgas durch, bis die gesamte Luft verdrängt ist. Man erwärmt anfangs gelinde und beobachtet bald darauf die durch die Einwirkung entstandene Nebelbildung. Man erhitzt nun nach und nach stärker, bis auf die dunkelbraunen Dämpfe keine weiteren mehr folgen. Die an dem kälteren Teile des Rohres kondensierten Tropfen und Schuppen treibt man durch sorgfältiges Erwärmen mit einer kleinen Flamme (Fächelflamme) in die Vorlage. Ihren Inhalt gießt man in eine Abdampfschale, setzt 1—2 g Kaliumchlorid zu und dampft zur Trockne ein. Der Rückstand wird in Wasser und möglichst wenig Salzsäure gelöst und mit Zinnchlorür gefällt. Rote Flocken zeigen Se an; ist Te vorhanden, so ist der Niederschlag schwarz. In diesem Falle filtriert man durch ein Asbestfilter, wäscht mit verdünnter Salzsäure gut aus und erhitzt den Niederschlag samt Filter in wenig konzentrierter Salpetersäure, bis keine schwarzen Punkte mehr zu sehen sind, verdünnt und filtriert. Das Filtrat dampft man zur Trockne ein, löst den Rückstand in 10 ccm Salzsäure, spez. Gew. 1,175 und fällt in der Hitze mit Schwefeldioxydgas. Das Selen fällt rot aus. Das Filtrat vom Selenniederschlag wird stark verdünnt und nochmals mit SO_2 behandelt, wobei Te ausfällt.

---

[1]) H. Rose, Pogg. Annal. **113**, 621; Z. f. anal. Chem. **1**, 76 (1862).
[2]) Rathke, Journ. prakt. Chem. **108**, 235 (1869); Z. f. anal. Chem. **9**, 484 (1870).
[3]) F. W. Steel, Ch. N. **86**, 135 (1902); Z. f. anal. Chem. **50**, 505 (1911).

Eine andere Trennungsmöglichkeit bietet der feuerflüssige Aufschluß mit Soda und Salpeter (siehe quantitativer Teil). Dieser Weg ist besonders dann zu empfehlen, wenn das Erz Quecksilber und Wismut enthält. Beide gehen bei der Sublimation im Chlorstrom in die Vorlage über und erschweren besonders bei geringen Mengen von Se seinen Nachweis.

Die nach a) und b) erhaltenen Niederschläge müssen noch sicher bestimmt werden, deshalb seien einige wichtige Reaktionen angegeben. Kalte konzentrierte Schwefelsäure löst das Se, ohne es zu oxydieren, zu einer dunkelgrünen Flüssigkeit auf, aus der beim Verdünnen rote Flocken ausfallen (empfindliche Reaktion. Tellur bildet eine purpurfarbige Lösung). Heiße konzentrierte Schwefelsäure, konzentrierte Salpetersäure, Königswasser, sowie Salzsäure und Kaliumchlorat oxydieren zu seleniger Säure. Diese gibt bei Gegenwart von freier Salzsäure mit Schwefelwasserstoff in der Kälte einen gelben Niederschlag, der beim Erwärmen rotgelb wird und in Schwefelammon leicht löslich ist. Reduktionsmittel scheiden elementares Selen ab. SO_2 fällt selbst aus stark salzsauren Lösungen (konz. HCl) rotes flockiges Selen. (Tellur fällt nicht aus konzentrierter Salzsäure, desgleichen nicht aus stark schwefelsaurer Lösung.) Ferrosulfat fällt aus stark salzsaurer Lösung rasch nur das Selen. Hydrazinsulfat fällt aus weinsaurer Lösung nur Selen. Alle andern Reduktionsmittel sind wenig charakteristisch, da sie sowohl das Se als auch das Te fällen. Kodeinphosphat zeigt durch eine auftretende Grünfärbung noch 0,0001 % seleniger Säure in konzentrierter Schwefelsäure an. (TeO_2 färbt erst nach längerer Zeit rötlich oder blaßblau.)

Selenverbindungen geben eine rein kornblumenblaue Flammenfärbung und bei der Verflüchtigung tritt der faule Rettichgeruch auf. (Te ist geruchlos und hat eine fahlblaue Flamme.) Durch Schmelzen von Se oder Se-Verbindungen mit Soda und Salpeter, sowie durch Oxydation in alkalischer Lösung entsteht Selensäure. Diese ist ein starkes Oxydationsmittel, entfärbt eine schwefelsaure Indigolösung und macht in der Hitze aus Salzsäure Chlor frei, wobei sie zur selenigen Säure reduziert wird. Schwefelwasserstoff fällt eine Selensäurelösung nicht, erst nach dem Eindampfen mit Salzsäure (Tellur verhält sich ebenso).

Quantitative Bestimmung.

a) Im Schwefel.

W. Smith.[1]) 50 g fein gepulverten Schwefel übergießt man mit 55 ccm Brom und läßt 15 Minuten stehen, überführt dann die Mischung in einen Scheidetrichter und schüttelt kräftig 1 Minute lang mit 40 ccm Bromwasser durch. Die wäßrige Lösung trennt man vom Bromschwefel und filtriert sie durch ein angefeuchtetes Filter. Den Bromschwefel behandelt man noch zweimal mit je 2 ccm Brom und 40 ccm Bromwasser und vereinigt die wäßrigen Filtrate. Man kocht nun bis zur Klärung auf und entfärbt mit schwefliger Säure, wobei das Selen schon zum Teil ausfällt. Nach dem Verdünnen auf 250 ccm setzt man 15 ccm Salzsäure und 5 g Jodkali zu und kocht zwecks vollständiger Fällung. Selen fällt in schwarzer Modifikation aus. Das nach der Gleichung $H_2SeO_3 + 4HJ = 3H_2O + 2J + Se$ entstehende Jod wird mit 5 ccm Sulfitlösung entfernt, hierauf kocht man 20 Minuten und filtriert

[1]) W. Smith, Journ. of Ind. and Engin. Chem. **7**, 849 (1915); Chem. ZB. 1915, II, 1214.

durch einen bei 100° getrockneten und gewogenen Goochtiegel. Man wäscht mit heißem Wasser gut aus und trocknet bei 100° bis zur Gewichtskonstanz. Selen wird ausgewogen.

b) In Pyriten.

A. Grabe und J. Petrèn.[1]) Man löst 10 g der Probe in 50 ccm Salzsäure 1,19 und 50 ccm Salpetersäure 1,40, indem man zuerst gelinde erwärmt und schließlich zum Sieden erhitzt. Hierauf gibt man 15 g wasserfreies Natriumcarbonat zu, verdampft zur Trockne und erhitzt den Rückstand einige Stunden auf etwas über 100°. Dann kocht man mit 50 ccm Salzsäure 1,19, bis die nitrosen Dämpfe verschwunden sind und kein Chlor mehr nachweisbar ist (diese Operation wiederholt man so oft, bis die Dämpfe chlorfrei sind). Die nun stark eingeengte Lösung wird mit 100 ccm Wasser verdünnt und filtriert (ist der Rückstand oder das Filtrat rot gefärbt, hat sich das Selen infolge unrichtigen Verdampfens abgeschieden und muß durch Salpetersäure gelöst werden, die dann durch Einkochen entfernt wird). Das Filtrat wird auf 50° erwärmt und mit einer gesättigten Lösung von Zinnchlorür in Salzsäure 1,19 behandelt (10—15 ccm genügen in der Regel, um alles Eisen zu reduzieren). Nach zweistündigem Erhitzen bis nahe zur Siedetemperatur filtriert man die noch warme Lösung durch ein kleines Asbestfilter und wäscht den Niederschlag mit warmer, verdünnter Salzsäure (1 Teil HCl 1,12 und 1 Teil H_2O) vollständig aus. Filter und Niederschlag bringt man in das Fällungsgefäß zurück und löst in 10 ccm konzentrierter Salzsäure und 2 Tropfen Salpetersäure. Man erwärmt die Lösung, bis der Geruch nach Chlor verschwunden ist, verdünnt auf 150 ccm und setzt ein abgemessenes Volumen einer n/10-Natriumthiosulfatlösung zu. Nach J. F. Norris und H. Fay,[2]) von J. T. Norton jr.[3]) bestätigt, muß die Zugabe des Thiosulfats in die eiskalte Lösung (0—5°) erfolgen und man achte, daß der Überschuß nicht zu groß wird. Man titriert sofort mit einer n/20-Jodlösung zurück.

$$SeO_2 + 4\,Na_2S_2O_3 + 4\,HCl = Na_2S_4SeO_6 + Na_2S_4O_6 + 4\,NaCl + 2\,H_2O,$$
$$1\,SeO_2 \;.\;.\;.\;.\;. \;4\,Na_2S_2O_3 \;.\;.\;.\;.\;. \;4\,J.$$

Die Anwesenheit von Tellur stört nicht.

Peter Klason und Hjalmar Mellquist[4]) fanden in Kiesen, die nur einige Gramm Selen pro Tonne hatten, nach dieser Methode zu geringe Werte. Sie geben folgende Vorschrift an. 20—30 g des feingepulverten Pyrits werden in konzentrierter Salzsäure unter Zusatz von Kaliumchlorat gelöst und von der Gangart abfiltriert. Der sauren Lösung setzt man Zink in Stücken zu, bis alles Ferrichlorid reduziert ist. Man säuert mit Salzsäure nochmals an, kocht und fällt den Rest des Selens durch Zinnchlorür. Um das Selen vom mitgefällten Arsen zu trennen, löst man den Niederschlag in einer Cyankalilösung und fällt es durch Salzsäure. Man filtriert durch ein Asbestfilterröhrchen, wäscht gut aus und trocknet. Der weitere Teil des Filtrierröhrchens wird mit einem Asbestpfropfen geschlossen, durch das enge Rohr leitet man

[1]) A. Grabe u. J. Petrèn, Journ. of the soc. of chem. industry **29**, 945 (1910); Z. f. anal. Chem. **50**, 513 (1911).

[2]) J. F. Norris u. H. Fay, Am. Journ. **18**, 703 und **23**, 119; Z. f. anal. Chem. **50**, 510 (1911).

[3]) J. T. Norton jr., Z. anorg. Chem. **20**, 221 (1899); Z. f. anal. Chem. **50**, 510 (1911).

[4]) Peter Klason u. Hjalmar Mellquist, Z. f. angew. Chem. **25**, 514 (1912).

langsam Sauerstoff ein und erhitzt mit einer kleinen Flamme, wobei das Selen oxydiert wird. Durch vorsichtiges Erwärmen sublimiert man die selenige Säure gegen den Asbestpfropfen und, falls das Sublimat nicht ganz weiß sein sollte, ändert man die Stromrichtung des Sauerstoffes und sublimiert zurück. Die so erhaltene selenige Säure wird in Wasser gelöst (TeO_2 ist unlöslich!) und in einen Kolben mit eingeschliffenem Gaszu- und -ableitungsrohr gebracht. Man verdünnt auf 100—300 ccm und setzt je nach dem Volumen 2—10 Tropfen konzentrierter chlorfreier Salzsäure zu. Nun verdrängt man die Luft im Kolben durch Kohlensäure und erwärmt. Ist aller Sauerstoff entfernt, gibt man in den Kolben 2—5 g Jodkali, schüttelt gut durch, kühlt im fließenden Wasser ab und läßt 1 Stunde im Dunklen stehen, wobei immer Kohlensäure über der Flüssigkeit sein soll.

Man titriert mit n/100-Natriumthiosulfat, das nach der Gleichung:

$$SeO_2 + 4KJ + 4HCl = Se + 4J + 4KCl + 2H_2O$$

freigewordene Jod. 1 Se . . . 4 J.

c) In Erzen (bei Gegenwart von Schwermetallen).

Das feingepulverte Mineral wird mit der 6—8 fachen Menge einer Mischung von 2 Teilen wasserfreiem Natriumcarbonat und 1 Teil Natriumnitrat gut verrieben, in einen Nickeltiegel gebracht und mit der Soda-Salpetermischung bedeckt. Man erhitzt anfangs ganz allmählich, da sich Selen leicht verflüchtigt, wodurch merkliche Verluste auftreten können. Wenn die Schmelze ruhig fließt, läßt man abkühlen und laugt mit Wasser aus. Man filtriert die vorhandenen Oxyde ab, wäscht gut, säuert das Filtrat mit Schwefelsäure schwach an und fällt in der Kälte mit Schwefelwasserstoffwasser die geringe Menge von Schwermetallen (Pb, Cu, Bi), etwas Arsen und Antimon aus. Man läßt 1 Stunde stehen, filtriert, verdrängt den Schwefelwasserstoff aus dem Filtrat durch CO_2, setzt reichlich konzentrierte Salzsäure zu und erhitzt, bis kein Chlor mehr nachzuweisen ist. In der Lösung befinden sich nun 4 wertiges Selen und Tellur. Die auf ein kleines Volumen eingeengte salzsaure Lösung läßt man tropfenweise in eine siedende Lösung von 5—10 g Jodkali einfließen (L. Moser u. R. Miksch),[1]) wobei eine Reduktion zu metallischem Selen eintritt, während Tellur als K_2TeJ_6 in Lösung bleibt. Man kocht, bis alles Jod vertrieben ist, filtriert nach dem Erkalten durch einen bei 100° getrockneten, dann gewogenen Goochtiegel, wäscht gut mit Wasser und trocknet 2 Stunden bei 100°.

Ist sehr wenig Selen ausgefallen, so kann man sich der unter b) angegebenen jodometrischen Methode bedienen, filtriert durch ein Asbestfiltrierröhrchen und verfährt wie angegeben.

Die elektrolytische Fällung des Selens bei Gegenwart von Kupfersalzen als Kupferselenid hat wenig Bedeutung.

Allgemeines über Verbindungen der Elemente der sechsten Vertikalreihe.

Von **C. Doelter** (Wien).

Wir haben hier zuerst die Schwefelverbindungen, von welchen wir soeben einen Teil betrachtet haben, nämlich die Sulfide und Sulfosalze. Ein zweiter

[1]) L. Moser u. R. Miksch, Wiener Monatshefte für Chemie **44**, 335 (1923).

enthält die Sauerstoffsalze des Schwefels, welcher Teil hier anzureihen wäre. Weil jedoch unter den Mineralien eine Anzahl von Selen- und Tellurverbindungen existieren, welche mit den Sulfiden isomorphe Gruppen bilden, unterbrechen wir die Reihenfolge und behandeln zuerst die Selenide und Telluride wegen ihrer Analogie mit den Sulfiden. Bekanntlich werden ja die Sulfide, Selenide und Telluride in der mineralogischen Literatur zusammen behandelt. Es ist daher eine systematische Reihenfolge: Sulfide, Selenide, Telluride um so mehr geboten, als wir bei den Sulfiden auch die Arsenide, Antimonide, Arsenosulfide, Antimonosulfide, Bismutide usw. zusammen betrachtet haben.

Es folgen also hier die Selen- und Tellurmineralien.

Diese Selen- und Tellurmineralien sind mit wenigen Ausnahmen Selenide und Telluride; jedoch kommen auch gediegen Selen und Tellur vor, welche wir wie bei Schwefel vor den entsprechenden Verbindungen behandeln.

Bei den Sauerstoffverbindungen der Elemente S, Se und Te haben wir keine analogen Verbindungen und keine isomorphen Mineralien wie bei den Sulfiden, Telluriden, Seleniden.[1]) Überhaupt treten in der Natur die Elemente Se und Te mit wenig Ausnahmen als Selenide bzw. Telluride auf; die Sauerstoffverbindungen sind sehr selten und auch ihrer Zahl nach ganz wenige. Es war daher aus Rücksicht auf die mineralogische Systematik hier eher am Platze, diese wenigen Sauerstoffverbindungen nicht erst nach den Sulfaten zu bringen.

Wir bringen die selenigsauren Salze und die ebenso seltenen tellurigsauren (tellursauren) Salze gleich nach den anderen Selen-, bzw. Tellurverbindungen.

Isomorphie zwischen Sulfiden, Seleniden und Telluriden.

Wie bereits S. 38 mitgeteilt wurde, haben wir solche namentlich bei den Verbindungen von Blei, Quecksilber, Silber und auch Kupfer. Ebenso sind Schwefel und Selen isomorph und können sich mischen, wie auch Tellur mit Selen. Ein Unterschied in den Verbindungen des S, Se und Te tritt nur in einer Beziehung schärfer hervor bezüglich des Goldes, welches nur in Verbindung mit Tellur, ganz selten mit Schwefel und nie mit Selen in der Natur zu finden ist.

Verbindungen von Gold mit Selen oder Tellur.

Gold ist in der Natur oft an Tellur gebunden, dagegen niemals an Selen. Es existiert allerdings eine Verbindung Au_2Se_3 nach Ülsmann;[2]) diese bildet sich aber nur bei Lichtabschluß und scheint eine ganz labile Verbindung zu sein, kann daher in der Natur nicht existieren. Jedenfalls scheint aber die Affinität des Goldes gegen Selen eine weit geringere zu sein, als die des Silbers zu Selen.

Eine Betrachtung des Systems Au—Se entfällt demnach.

---

[1]) Eine Ausnahme dürfte $PbSeO_4$ bilden, welches mit $PbSO_4$ isomorph ist.

[2]) Ülsmann, Über Selenverbindungen, Göttingen 1860, 28; siehe bei Kraut-Gmelin, Handb. d. anorg. Chem. **5**, II, 271 (1914).

Das System Au—Te.

Untersuchungen liegen vor von A. Coste,[1]) H. Pélabon,[2]) sowie von G. Pellini und E. Quercigh.

Nach dem ersteren gibt AuTe mit Au und mit Te Eutektika.

H. Pélabon[3]) fand, daß im Vakuumrohr Gold in Tellur löslich ist. Die Schmelzpunktskurve verläuft vom Schmelzpunkt des Tellurs bei 452° bis zu einem Eutektikum mit 16% Gold (Erstarrungsp. 415°) fast geradlinig. Bei 472° hat die Kurve ein Maximum, welches einem Au-Gehalte von 41—45% entspricht.

Auch G. Pellini und E. Quercigh[4]) fanden ein Maximum, entsprechend der Verbindung $AuTe_2$ bei 646°. Die Kurve zeigt zwei Eutektika, das eine mit 12 Atom-Proz. Gold krystallisiert bei 416°, während das zweite mit 47 Atom-Proz. Gold bei 447° erstarrt.

Aus allem geht hervor, daß nur eine Verbindung existiert, das ist eben die in der Natur vorkommende, Krennerit genannte. (Siehe uuten dieses Mineral.)

Verbindungen von Silber mit Selen und Tellur.

Sowohl Selen, als Tellur bilden Verbindungen mit Silber, welche auch in der Natur vorkommen, es ist daher die Betrachtung der Systeme Ag—Se und Ag—Te von Wichtigkeit.

Das System Ag—Se.

K. Friedrich und A. Leroux[5]) haben dieses untersucht. Das Erstarrungsdiagramm Ag—Ag_2Se zeigt die typische Form für Systeme, die im flüssigen Zustande Schichten bilden. Es treten keine Verbindungen auf. Die Legierungen von Se—Ag_2Se sind zweierlei Art, die einen sind fast reines Ag, die andern sind feste Lösungen von Ag in Ag_2Se.

Es gibt zwischen Ag und Se nur eine Art von Verbindung: Ag_2Se. Die vermutliche Verbindung Ag_2Se_2 existiert nach H. Pélabon[6]) nicht.

Das Selenid Ag_2Se kann durch Zusammenschmelzen erzeugt werden (H. Pélabon). Nach R. D. Hall und V. Lenher[7]) wurden Silberlösungen durch Se reduziert, wobei sich Ag_2Se bildet. Der Schmelzpunkt des aus Ag und Se erhaltenen Selenids liegt nach H. Pélabon bei 880°, während K. Friedrich und A. Leroux ein Intervall von 834—850° angeben (siehe auch J. Margottet). Siehe ferner die Darstellung von Seleniden durch L. Moser und R. Artinski.[8])

Das System Ag—Te.

Die Schmelzkurve zeigt ein Maximum bei 855°; es entspricht dies der Verbindung Ag—Te; ferner treten zwei Minima bei 345° und 825° auf,

---

[1]) A. Coste, C. R. **152**, 191 (1911).
[2]) H. Pélabon, Ann. chim. phys. **17**, 564 (1909).
[3]) Derselbe, C. R. **148**, 1176 (1909).
[4]) G. Pellini u. E. Quercigh, R. Acc. d. Linc. **19**, 445 (1910).
[5]) K. Friedrich u. A. Leroux, Metallurg. **5**, 357 (1908).
[6]) H. Pélabon, C. R. **143**, 294 (1905).
[7]) R. D. Hall u. V. Lenher, Am. Journ. Chem. Soc. **24**, 918; Chem. ZB. II, 1355 (1902).
[8]) L. Moser u. M. Artinski, Sitzber. Wiener Ak. 133, II 6, 242 (1925).

welche eutektischen Gemengen entsprechen (siehe darüber H. Pélabon).[1]) Über die Existenz der Verbindung Ag—Te siehe auch N. Puschin.[2])

Auch G. Pellini und E. Quercigh[3]) haben die Schmelzkurve untersucht, wobei sie den ersten eutektischen Punkt bei 351° fanden, welcher einer Mischung mit 33,33 Atom-Proz. Ag entspricht. Das Maximum wurde bei 959° für die Mischung von 66,2 Atom-Proz. Ag gefunden; der zweite eutektische Punkt liegt bei 872°, entsprechend 86—87°/₀ Ag.

Verbindungen von Kupfer mit Selen und Tellur.

In der Natur haben wir den Berzelianit, das Selenkupfer, während das analoge Tellurkupfer bisher nicht gefunden wurde. Immerhin zeigt das System Cu—Te, daß eine Verbindung CuTe und eine zweite Cu_2Te existieren. Wahrscheinlich ist die Affinität von Cu für Se größer als für Te; jedenfalls scheint Selen mit Kupfer stabilere Verbindungen einzugehen. Siehe bei Rickardit.

Verbindungen von Kupfer und Selen.

Es gibt eine Reihe solcher Verbindungen, von welchen jedoch in der Natur wohl höchstens zwei existieren.

Die drei bekannten Selenide sind: Co_2Se, Cu_3Se_2 und CuSe. Das erste wurde schon von J. Berzelius[4]) durch Erhitzen von Kupfer und Selen dargestellt, ferner durch Glühen von Cupriselenid in geschmolzenem Rohr. Fonzès-Diacon[5]) reduzierte CuSe durch Wasserstoff; er erhielt die Verbindung auch durch Erhitzen von $CuSeO_4$ mit Kohle unter Luftabschluß. Derselbe Forscher erhielt Resultate, indem er Selenwasserstoff im H-Strom bei Rotglut auf $CuCl_2$ oder CuCl einwirken ließ. Siehe auch die mineralogische Synthese von J. Margottet.

Parkmann[6]) kochte Cuprisalzlösungen mit Selen und schwefeliger Säure; er erhielt ein schwarzes Pulver; löst man dieses in geschmolzenem Blei, läßt man die Schmelze erkalten und behandelt sie mit kalter verdünnter Salzsäure, so erhält man unter dem Mikroskop rotgelbe und stahlblau angelaufene Oktaeder, ferner federförmige Bildungen und kupferfarbene Blättchen, welche aus aneinander gereihten Kriställchen mit rhombischem Durchschnitt bestehen. Es geht aus der Beschreibung nicht hervor, ob es sich um eine oder um mehrere Substanzen handelt. Jedenfalls wäre eine Wiederholung wünschenswert.

Das System Cu—Se haben K. Friedrich und A. Leroux[7]) untersucht. Zwischen Cu und Cu_2Se treten beim Zusammenschmelzen in den erstarrten Legierungen keine weiteren Verbindungen auf. Der eutektische Punkt liegt zwischen 2 und 3°/₀ Selen. Die Legierungen haben zwischen 95°/₀ Cu und 61,6°/₀ Cu ausgesprochene Neigung zum Saigern. Siehe auch A. Heyn und O. Bauer[8]) (nach Kraut-Gmelin).

---

[1]) H. Pélabon, C. R. **143**, 294.
[2]) N. Puschin, Journ. russ.-phys. Ges. **39**, 13; Chem. ZB. 1907, I, 1726.
[3]) G. Pellini u. E. Quercigh, R. Acc. d. Linc. **19**, II, 415 (1910).
[4]) J. Berzelius nach A. Kraut-Gmelin, Handb. anorg. Chem. **5**, 878 (1909).
[5]) Fonzès-Diacon, C. R. **131**, 1207 (1909).
[6]) Parkmann, Am. Journ. **2**, 33, 334 (1906).
[7]) K. Friedrich u. A. Leroux, Metallurg. **5**, 357 (1908).
[8]) A. Heyn u. O. Bauer, ebenda **3**, 84 (1906).

Außer dem eben erwähnten Selenür haben wir noch Cu_3Se_2 und CuSe. Der erstere wird als Cuprocupriselenid betrachtet Cu_2Se. CuSe. Es ist dies der Umangit. Von diesem scheint bisher keine Synthese zu existieren.

Das Cupriselenid CuSe ist dagegen in der Natur nicht bekannt, wurde aber wiederholt dargestellt.

Bereits J. Berzelius bekam aus Lösungen von Kupfervitriol durch Selenwasserstoff ein amorphes Selenid CuSe. Little,[1]) welcher eine Reihe von Selenidsynthesen ausführte, leitete Selendampf in langsamem Stickstoffstrom bei Rotglut über Kupferblech, dasselbe führte J. Margottet[2]) aus, wobei er den Selendampf in einem Stickstoffstrom langsam einwirken ließ. Fonzès-Diacon ließ H_2Se auf $CuCl_2$ bei 200° einwirken, wobei nicht zu stark erhitzt werden darf, da bei Rotglut das Cuproselenid sich bildet.

Das Cupriselenid bildet nach Fonzès-Diacon schwarze prismatische Nadeln. Little erhielt kristalline Massen von schwärzlichgrauer Farbe, deren Dichte 6,665 ist. J. Berzelius beobachtete, daß sein flockiger Niederschlag beim Trocknen dunkelgrau wurde und durch den Strich Metallglanz annahm.

Quecksilber bildet sowohl mit Selen als auch mit Tellur Verbindungen, welche auch in der Natur vorkommen; so haben wir den Tiemannit und den Onofrit unter den Seleniden, den Coloradoit unter den Telluriden.

Das System Hg–Te.

Weil Gemenge von Hg und Te in Pulverform mit großer Wärmeentwicklung leicht reagieren, ist das Schmelzdiagramm nur bei Schmelzen mit Überschuß von Te durchführbar. Bei großem Überschuß von Hg treten Explosionen auf. Das Diagramm wurde von G. Pellini und C. Aureggi[3]) untersucht. Sie fanden eine Verbindung HgTe, deren obere Grenze bei 550° C liegt. Das Eutektikum Hg–Te entspricht einer Konzentration von 87 Atomprozenten Te und ist sehr ausgesprochen kristallin.

Künstlich wurde nur die Verbindung HgTe dargestellt.

Quecksilberselenide und das System Hg–Se.

Wir haben hier nur HgSe und Hg_2Se zu besprechen. Das Mercuroselenid Hg_2Se soll durch Erhitzen von Hg mit Selen darstellbar sein nach J. Berzelius;[4]) dies wurde von Little[5]) behauptet, während später G. Pellini und R. Sacerdoti[6]), wie auch andere Forscher (Uelsmann z. B.), die Existenz dieser Verbindung bezweifeln. In der Natur kommt sie nicht vor.

Dagegen kennen wir das natürliche HgSe, den Tiemannit. Ferner haben wir einige Mineralien, in welchen HgSe neben PbSe und CuSe anzunehmen ist. Im Onofrit haben wir eine Verbindung von HgSe mit HgS.

---

[1]) Little, Pogg. Ann. **112**, 213 (1859); Inaug.-Diss., Göttingen 1859.
[2]) J. Margottet, C. R. **85**, 1142 (1877).
[3]) G. Pellini u. C. Aureggi, Atti Accad. Lincei **18**, 215 (1909); auch Gazz. chim. ital. **40**, II, 42 (1910).
[4]) J. Berzelius nach Kraut-Gmelin, Handb. anorg. Chem. **5**, 878 (1909).
[5]) Little, Inaug.-Diss. Göttingen 1859; Ann. chem. **112**, 214 (1859).
[6]) G. Pellini u. R. Sacerdoti, Atti R. Accad. Lincei **18**, (1909) und Gazz. chim. ital. **40**, (1910).

Es kommt daher für uns nur HgSe in Betracht. Mit diesem beschäftigte sich außer Little besonders Uelsmann,[1] dann später G. Pellini und R. Sacerdoti[2]) sowie H. Pélabon.[3]) Letzterer versuchte das Schmelzdiagramm Hg–Se festzustellen, jedoch sind die Schwierigkeiten sehr große. Der Schmelzpunkt des Selens liegt bei 220° C. Es wurden bei der Ablesung der Temperatur zwei Haltepunkte konstatiert, 1. bei 132—139° und 2. bei 216—218° C.

Der Haltepunkt auf der Schmelzkurve entspricht einem Eutektikum HgSe.Se, während der Haltepunkt auf der Erstarrungskurve nach G. Pellini und R. Sacerdoti auf der Umwandlung des Selens in die stabile Form des grauen metallischen Selens beruht. Das Mercuriselenid ist mehrfach dargestellt worden, namentlich von J. Margottet durch Vereinigung von Hg und Se bei gewöhnlicher Temperatur, auch von J. Berzelius unter Erhitzung. Ebenso erhielt es Fabre. Nach G. Pellini und R. Sacerdoti[2]) erfolgt die Vereinigung nur bei Gegenwart von überschüssigem Selen. Völlige Vereinigung der beiden Elemente erfolgt nach diesen Forschern nur bei einem Atomverhältnisse 1 : 1 bei Erhitzung in zugeschmolzenem Rohr und zwar bei einer Temperatur von 500—600° C. Das Produkt ist kristallinisch. Durch Sublimation bei 700° erhält man aus dem Produkt schöne violettschwarze Kristalle, während die natürliche Verbindung stahlgrau ist. G. Pellini gibt folgende Werte:

Hg 70,65, 71,44, 71,54, 71,81 %.

Auch Uelsmann[1]) erhielt Kristalle; aus einer Versuchsreihe ergab sich im Mittel folgende Zusammensetzung:

	I.	II.
Hg	72,06	72,68
Se	28,17	28,23

Unter II. ist die theoretische Zusammensetzung angegeben.

J. Margottet[4]) erhielt durch Sublimation Kubooktaeder, sowie Zwillinge nach dem Spinellgesetz. Zwillingsebene (111). Derselbe stellte auch CdSe dar.

Man erhält auch schwarze glänzende Kristalle, wenn man amorphe HgSe in einem inaktiven Gas sublimiert.

Blei bildet sowohl mit Selen als auch mit Tellur Verbindungen; wir kennen PbSe und PbTe, welche auch als Mineralien vorkommen.

Das Selenid wurde durch Reduktion von Bleisulfat mit Wasserstoff oder Kohlenstoff dargestellt (H. Fonzès-Diacon).

Das System Pb–Se siehe bei Clausthalit.

PbTe wurde neben anderen Telluriden von A. Brukl[5]) dargestellt.

Nickelselenid kommt in der Natur nicht vor. NiSe wurde von H. Fonzès-Diacon[6]) durch Einwirkung von Selendampf, welcher mit Stickstoff verdünnt war, auf Nickelstreifen erhalten.

Außerdem hat man Ni_2Se_3 und Ni_2Se dargestellt, auch $NiSe_2$.

NiSe kristallisiert regulär, Farbe grau mit bläulichem Reflex.

---

[1]) Uelsmann, Ann. chem. **116**, 122 (1860).
[2]) G. Pellini u. R. Sacerdoti, l. c.
[3]) H. Pélabon, l. c.
[4]) J. Margottet, C. R. **85**, 1142 (1877).
[5]) A. Brukl, l. c.
[6]) H. Fonzès-Diacon, C. R. **131**, 1231 (1909).

Auch das Tellurid NiTe existiert (siehe unten).

Das System Bi–Te hat K. Mönkemeyer[1]) untersucht. Er erhielt zwei Eutektika und eine Verbindung, charakterisiert durch ein Maximum, Temperatur 373° C, Konzentration 40% Bi.

Übersicht der Selenmineralien.

Von **C. Doelter** (Wien).

	Kristallklasse	Angenäherte Formel
Element u. Legierungen:		
Gediegen Selen	Monoklin, Trigonal	Se
Selenschwefel	Rhombisch, Monoklin	nS, Se
Selenide der Metalloide:		
Selenwismut	Rhombisch-bipyramidal	Bi_2Se_3
Selenide der Metalle:		
Berzelianit		Cu_2Se
Umangit		Cu_3Se_2
Naumannit	Kubisch-Hexakisoktaedrisch	Ag_2Se
Eukairit	" " "	$Ag_2Se.Cu_2Se$
Aguilarit		$nAg_2S.mAg_2Se$
Crookesit		$(Cu, Tl, Ag)_2Se$
Tiemannit	Kubisch-tetraedrisch	HgSe
Onofrit		nHgSe.HgS
Clausthalit	Hexakisoktaedrisch	PbSe
Zorgit		(Pb, Cu)Se?
Lerbachit		nPbSe.HgSe
Selenquecksilberkupferblei		?
Salze (Selenobismutosalze):		
Weibullit		$PbBi_2(Se, S)_4$
Platynit		$PbBi_2SSe$
Wittit		
Selenite:		
Selenolith		SeO_2
Chalkomenit	Monoklin	$CuSeO_3.2H_2O$
Kobaltomenit		
Molybdomenit		
Selenat:		
Selenbleispat, Kerstenit	Rhombisch	$PbSeO_4$

Übersicht über die Tellurmineralien.

Wir haben hier 1. Elemente, 2. Telluride, 3. Tellurige Säure, 4. Tellurite, 5. Tellurate. Es sind also dieselben Abteilungen wie bei Selen.

Name des Minerals	Kristallklasse	Angenäherte Formel
1. Element Tellur:	Trigonal	Te
Selentellur		Se_2Te_3

[1]) K. Mönkemeyer nach Abeggs Handb. anorg. Chem. III, 363 (1907).

Name des Minerals	Kristallklasse	Angenäherte Formel
2. Telluride:		
Tellurwismutglanz, Wehrlit, Pilsenit	Trigonal	Bi_2Te_3
Tetradymit		Bi_3Te_2S
Oruetit		Nicht homogen
Joseit		Siehe S. 857
Grünlingit		Siehe S. 857
Rickardit		Cu_4Te_3
Coloradoit	Regulär-tetraedrisch	HgTe
Stützit	Hexagonal	Ag_2Te
Hessit	Regulär	Ag_2Te
Empressit		AgTe
Petzit	Regulär	$(Ag, Au)_2Te$
Muthmannit		(Ag, Au)Te
Sylvanit	Monoklin	$AuAgTe_4$
Krennerit	Rhombisch	$(Au, Ag)Te_2$
Goldschmidtit	Monoklin	Siehe S. 877
Calaverit	Monoklin oder triklin	$AuTe_2$
Nagyagit	Rhombisch	Siehe S. 882
Tellursulfobismutite:		
Tapalpit		$Ag_3Bi(S, Te)_3$
Vondiestit		$(Ag, Au)_5BiTe_4$
Goldfieldit		
Arsenotellurit		$Te_2As_2S_7$

Unvollständig bekannte Telluride, wahrscheinlich Gemenge, sind Koolgoordit, Kalgoorlit, Weißtellur, Gelberz, Müllerit.

Name des Minerals	Kristallklasse	Angenäherte Formel
3. Tellurige Säure:		
Tellurit	Rhombisch	TeO_2
4. Tellurite:		
Durdenit		$Fe_2(TeO_3)_3 . 4H_2O$
Emmonsit		
5. Tellurate:		
Montanit		$(Bi . 2OH)_2TeO_4$
Magnolit		Hg_2TeO_4 (?)
Ferrotellurit		$FeTeO_4$

Selenmineralien.

Von **C. Doelter** (Wien).

Die im Mineralreiche vorkommenden Selenverbindungen sind zumeist Verbindungen mit Metallen, also Selenide; es gibt einige Selensulfosalze und ganz wenige Selenite, d. h. Salze der selenigen Säure. Von diesen letzteren ist nur ein einziges gut definiert, das selenigsaure Kupfer oder Chalkomenit, außerdem haben wir das Selendioxyd.

Dagegen gibt es eine Anzahl von Seleniden. Ich führe sie hier an:

Clausthalit, Naumannit, Aguilarit, Umangit, Selenkupfer, Crookesit, Tiemannit, Onofrit, Lerbachit, Berzelianit und Selenwismut.

Einige Verbindungen sind Doppelverbindungen eines Sulfids mit Selenid, welche man jedoch auch als isomorphe Mischungen von Selenid und Sulfid auffassen kann, so der genannte Aguilarit $Ag_2(Se, S)$ oder der Onofrit und Lerbachit.

Dagegen sind Verbindungen salzartigen Charakters, welche also den Sulfosalzen analog wären, selten. Selenosulfosalze sind: Weibullit, Platinit und Wittit.

Was die Einteilung dieser Mineralien anbelangt, so scheiden wir die Selenide von den sauerstoffführenden Seleniten, unter den ersteren befinden sich auch nur wenige Verbindungen, so daß eine spezielle Einteilung sich erübrigt. Da manche Selenide mit analogen Sulfiden isomorph sind, so wurde bei der Anordnung darauf Rücksicht genommen.

Selen kommt übrigens als ganz akzessorischer Gemengteil auch in andern Mineralien vor, in Sulfiden. So enthalten manche Pyrite Spuren von Selen. Obgleich dies meistens quantitativ nicht feststellbar ist, ist dies doch wichtig; denn beispielsweise ist Schwefelsäure, welche aus selenhaltigem Pyrit stammt, in der Papierfabrikation nicht verwendbar, weil sich diese Spur unangenehm bemerkbar macht. Selen tritt in manchen Mineralien in Spuren als Vertreter des Schwefels auf, ohne daß man die reine Verbindung des Selens mit dem Metall kennen würde. Im Villamaninit kommt Selen vor.

Vor allem ist aber auch zu bemerken, daß Selen mit Schwefel zusammen vorkommen kann im Selenschwefel, ebenso mit Tellur, als Selentellur. Es ist aber nicht sicher, ob hier eine wirkliche Verbindung vorliegt, oder aber eine isomorphe Mischung der isomorphen Elemente S, Se, Te.

Da die Annahme von isomorphen Mischungen wahrscheinlicher ist, als die von Verbindungen, so wird man sie also unter den Legierungen behandeln.

Selen kommt außer in Pyriten noch vor in folgenden Mineralien: Kupferkies (Rammelsberg im Harz, Insel Anglesea, Paris Mountains), Kupferblüte (Rheinbreitenbach), Uranpecherz (Johanngeorgenstadt, Schneeberg), Galenit (Fahlun, nach J. Berzelius), Molybdänglanz von Schlackenwald, Pseudomalachit (Rheinbreitenbach).

Ferner finden sich kleine Mengen von Selen in den Tellurerzen. Beträchtliche Mengen, welche Anlaß zur technischen Verwertung auf Selen gegeben haben, finden sich im Mansfelder Kupferschiefer (siehe S. 807).

Nach H. W. Turner,[1]) kommen in den Golderzen von Table Mountains, Californien, gediegen Selen und Tellur vor.

Selen findet sich auch in den Fumarolenprodukten mancher Vulkane, so fanden es R. V. Matteucci und E. Giustianini[2]) bei der Vesuveruption von 1895, R. Bellini[3]) auf der Lava von Bosco aus dem Jahre 1906.

Sehr merkwürdig ist das Vorkommen von Selen im Koks von Yorkshire; Smith[4]) fand in diesem 0,015% Se. Manches Silber und auch Rohkupfer enthält Selen beigemengt, wohl durch Beimengung von Silberselenid, bzw. Kupferselenid.

---

[1]) H. W. Turner, Am. Journ. Sc. **5**, 412 (1898). Z. Kryst. **32**, 594 (1900).
[2]) R. V. Matteucci u. E. Giustianini, Rend. Accad. Napoli **3**, 110 (1897).
[3]) R. Bellini, ZB. Min. etc. 1907, 641.
[4]) Siehe darüber Kraut-Gmelin, Handb. anorg. Chem. I, **1**, 707 (1907).

Gediegen Selen.

Dieses Element war zwar schon früher als in der Natur vorkommend bezeichnet worden, aber es scheint, daß die betreffende alte Angabe von W. Haidinger nicht richtig war. In letzter Zeit hat man natürliches Selen in einem Hydrosilicat nachgewiesen. Es kommt in tiefroten durchscheinenden Prismen, wahrscheinlich rhombisch vor.[1])

Sublimationsproben deuten auf Selen, es erscheint ein rotes Sublimat, manchmal auch ein weißes. Das Mineral tritt als Begleiter des Metahewettits, eines Calciumvanadinats auf.

Zur Herstellung von Selen dienen der Bleikammerschlamm und der Flugstaub der Mansfelder Hütte, man kann das Selen auch aus der Säure H_2SeO_3 oder dem Kalisalz durch SO_2 ausfällen. Chemisch unterscheidet man das in Schwefelkohlenstoff lösliche amorphe rote Selen und das glasige, metallglänzend, bleigrau, im durchfallenden Licht in dünnen Schichten rubinrot; dieses leitet die Elektrizität nicht.

Aus der heißen Lösung des amorphen Selen in CS_2 erhält man Kristalle; aus kaltgesättigten Lösungen in CS_2 erhält man eine andere Art von Kristallen (siehe darüber bei W. Muthmann).

Das in CS_2 unlösliche Selen entsteht durch langsames Erstarren von geschmolzenem amorphen Selen.

Darstellung von künstlichem Selen.

Es gibt drei verschiedene Kristallarten, zwei rote und eine metallische.

I. Monoklin. $a:b:c = 1,63495:1:1,6095$; $\beta = 75^0 58'$.

Farbe orangerot. Dichte 4,46—4,51.

E. Mitscherlich[2]) stellte diese Selenart dar, indem er Selen mit Schwefelkohlenstoff in zugeschmolzenem Kolben erhitzte und langsam abkühlen ließ. W. Muthmann[3]) ließ eine gesättigte Lösung von Selen in Schwefelkohlenstoff langsam verdunsten.

Beim Erhitzen auf 110—120° verwandelt es sich in die dritte Art.

II. Monoklin. $a:b:c = 1,5916:1:1,1352$; $\beta = 86^0 56'$ (W. Muthmann).

Dunkelrot, halbmetallischer Glanz, W. Muthmann erhielt diese Art neben der ersten beim Lösen von Selen in Schwefelkohlenstoff. Bei Erhitzung dieser Kristallart auf 125—130° erhält man die dritte metallische Kristallart.

III. Trigonal. $a:c = 1:1,3298$.

Vom chemischen Standpunkte unterscheidet man: 1. In CS_2 lösliches, a) amorphes rotes, b) amorphes glasiges, c) kristallisiertes. 2. In CS_2 unlösliches. Diese Einteilung rührt von E. Mitscherlich. Dagegen unterscheidet Saunders 1. Flüssiges Selen (in CS_2 löslich). 2. Rotes kristallisiertes, welches wieder in zwei Arten zerfällt. 3. Graues metallisches kristallisiertes Selen.

---

[1]) D. F. Hewett, Tr. amer. inst. min. engin. **40**, 291 (1909). — W. F. Hillebrand, H. E. Merwin u. E. Wright, Z. Kryst. **54**, 209, 231 (1915); N. JB. Min. etc. 1915, II.

[2]) E. Mitscherlich, Journ. prakt. Chem. **66**, 257 (1856).

[3]) W. Muthmann, Z. Kryst. **17**, 353.

Außer den Kristallen gibt es zwei amorphe Modifikationen, eine rote und eine schwarze. Letztere entsteht beim Schmelzen der roten. Die schwarze ist glasig. Beim langsamen Erhitzen gibt es bei 90° die grauen Kristalle.

Die graue Kristallart wird meistens als „die metallische" bezeichnet. Die zweite Kristallart bildet darin eine Art Übergang, da sie halbmetallisch ist.

Dann haben wir noch das kolloide Selen zu unterscheiden. Dieses wurde von J. Meyer, A. Paal, A. Koch u. A. dargestellt.

Eigenschaften.

Die Dichten sind:

Metallisch graue, in CS_2 unlösliche Art	4,80—4,82
Rote kristalline Art	4,47 bei 25
Glasige (in CS_2 lösliche)	4,28
Amorphes rotes (in CS_2 löslich) . . .	4,26

(Nach M. Coste 1909 und Saunders 1909).

A. Wigand gibt für kristallines Selen (welches?) 4,8; für amorphes 4,3 an.

Die spezifische Wärme wird für kristallines von A. Dewar mit 0,068 (zwischen — 188° und 18°) angegeben, für amorphes von Bettendorff und A. Wüllner mit 0,9533 (zwischen 21 und 57°) und 0,11255 für 21 bis 47°.

Für kristallines Selen erhielten die letztgenannten: 0,08401 (zwischen 22 bis 62°).

Die Schmelz- und Siedepunkte sind folgende:

Metallisches 217° nach W. Hittorf, Siedepunkt 688° nach H. Le Chatelier.

Monoklines rotes Se 144° (nach M. Coste).

Glasiges amorphes, geht bei 80° in metallisches Selen über.

Die lineare Wärmeausdehnung wurde von H. Fizeau gemessen. Bei amorphem Selen fand er bei 40° 0,0000368, für kristallines 0,0000493 bei 20° für den Ausdehnungskoeffizienten.

W. Spring fand bei kristallinem Selen von der Dichte 4,7176 (also wohl graues), den Wert von 0,0001478 bei 20°.

Über Absorption und Reflexion des Lichtes siehe A. H. Pfund.

Bekanntlich ist die elektrische Leitfähigkeit und ihre Änderung der Temperatur, des Druckes, unter dem Einfluß von Licht, verschiedenen Strahlen usw., von großer Wichtigkeit. Die Literatur ist darüber sehr groß und verweise ich auf das zum Schluß angeführte Verzeichnis. Nur einige kurze Bemerkungen über diese Eigenschaft.

Die Physiker unterscheiden hinsichtlich der elektrischen Leitfähigkeit drei Formen: Se_0, Se_1, Se_2. Die erste ist das amorphe Selen, welches im Gegensatz zu den kristallinen, Nichtleiter ist und zwar sowohl das rote, als das schwarze, welche sich darin und auch sonst in den meisten Eigenschaften nicht unterscheiden. Nichtleiter ist aber auch das rote kristalline Selen, welches also darin dem amorphen gleichkommt. Leiter sind das durch Erhitzung und das durch Behandlung mit Chinolin gewonnene Selen (siehe Chr. Ries, Das Selen 1918, 21).

Aus amorphem Selen erhält man bei 90° eine mattgraue, kristalline Masse. Bei reinem Selen erhielt R. Marc bei 100° eine vollständige Umwandlung.

Die Kristallisation des Selens geht unter Wärmeentwicklung vor sich (siehe R. Marc).

Ferner fand R. Marc, daß auch kurz vor dem Schmelzpunkt bei 200 bis 210° eine größere Wärmeabgabe stattfand, wobei wieder eine Umwandlung eintrat. Diese Umwandlung vollzieht sich ganz allmählich, sie ist erst nach vielen Tagen vollständig. Diese beiden Kristallarten haben verschiedene Leitfähigkeit.

Über die interessanten komplizierten Eigenschaften des Selens, bezüglich der Leitfähigkeit von auf verschiedenem Wege hergestellten Selenpräparaten siehe bei R. Marc und bei Chr. Ries.

Ausführliche Untersuchungen über die Leitfähigkeit des Selens hat O. Weigel[1]) ausgeführt. Selen ist ein poröser Körper, wie dies bei unipolaren Leitern der Fall ist. Selen zeichnet sich von den übrigen unipolaren Leitern (Silberglanz, Bleiglanz z. B.) dadurch aus, daß es in gewissen kristallinen Modifikationen bei Belichtung eine Zunahme der elektrischen Leitfähigkeit zeigt. Diese Tatsache fand verschiedene Erklärungen. So vermutete W. v. Siemens[2]) eine Veränderung der kristallinen Oberfläche, F. Adams und A. Day[3]) sind der Ansicht, daß das Licht die Kristallisation erleichtert und die Masse besser leitend macht. Moser[4]) führt die Erscheinung auf eine Erwärmung durch die Lichtstrahlen zurück. N. Hesehus[5]) dagegen nimmt Dissoziation durch Licht an.

W. v. Uljanin[6]) ist der Ansicht, daß das Selen aus zwei oder mehreren Modifikationen bestehe, darunter eine lichtempfindliche und eine elektrolytische. Endlich vermutet Sh. Bidwell,[7]) daß die Leitfähigkeit auf Beimengung von Seleniden beruhe.

R. Marc[8]) machte die Beobachtung, daß bei Selen, das schlecht leitete, die Lichtwirkung in die Tiefe drang. Bei einem durch schnelles Abkühlen der Schmelze erhaltenen besser leitenden Selen war die Wirkung des Lichtes oberflächlich.

Nachdem O. Weigel konstatiert hatte, daß Selen adsorbiertes Wasser enthält, wenn es lichtempfindlich ist, konnte er die Abhängigkeit der Lichtempfindlichkeit vom Wassergehalte nachweisen. Er kam zu folgendem Resultate:

Die Lichtempfindlichkeit beruht auf Zunahme der Leitfähigkeit, aber nicht des Selens selbst, sondern der auf einer Widerstandsverminderung des adsorbierten Wassers, wahrscheinlich bildet sich Selensäure. Die Lichtempfindlichkeit nimmt bei steigender Temperatur rasch ab. Wahrscheinlich spielen Ozon oder Wasserstoffsuperoxyd bei der Wirkung des Lichtes eine Rolle.

Über Darstellung des kolloiden Selens finden sich mehrere Angaben, doch würde uns das Eingehen auf diesen Gegenstand zu weit führen. Siehe darüber bei Kraut-Gmelin und anderen Handbüchern der anorganischen Chemie. Vgl. namentlich die Arbeiten von A. Paal und A. Koch.

---

1) O. Weigel, N. JB. Min. etc. Beil.-Bd. **23**, 325 (1906).
2) W. v. Siemens, Pogg. Ann. **159**, 117 (1876).
3) F. Adams u. A. Day, Proc. Roy. Soc. **25**, 113 (1877).
4) Moser, Phil. Mag. **12**, 212 (1888).
5) N. Hesehus, Carls Report **20**, 564 (1884).
6) W. v. Uljanin, Wied. Ann. **24**, 247.
7) Sh. Bidwell, Phil. Mag. **12**, 212 (1881).
8) R. Marc, Z. anorg. Chem. **37**, 459 (1903).

Später stellte J. Meyer aus Selensulfat, durch Fällung mit verdünnter Salzsäure, ein kolloides Selen her.

A. Gutbier und G. L. Weiss stellten es durch Elektrolyse dar, sie verwendeten Platinelektroden und setzten eine geringe Menge von Alkohol hinzu.

Kristallstruktur.

Das Strukturbild der metallischen Selenmodifikation wurde von S. v. Olshausen[1]) untersucht. Sie ist die gleiche, wie bei Arsen und Tellur. Es ist jedoch nicht gelungen, den Parameter x zu berechnen, da starke Widersprüche zwischen beobachteten und berechneten Werten vorhanden sind. Die Störungen der beobachteten Linien sind vielleicht durch eine zweite kristalline Modifikation hervorgerufen. Es ist dies röntgenographisch für diese zweite Selenart erbracht, nachdem schon Chr. Ries darauf aufmerksam machte. Siehe die Tabelle bei S. v. Olshausen für die einzelnen Werte. Die Dichte ergibt sich mit 4,838.

Das Achsenverhältnis der trigonalen Kristalle wurde mit $c:a = 1{,}330$ gefunden, so wie es direkt durch Messungen bekannt ist. Demgegenüber hatte M. K. Slattery[2]) den Wert von $c:a = 1{,}14$ gefunden, da dieser für die Dreieckseite den Wert 4,34 statt S. v. Olshausen 4,138 bekam. Letzterer meint, daß die Unhomogenität des Selens an diesen Unstimmigkeiten schuld sei. $a = 4{,}379$, $\alpha = 56{,}24$ (rhomboedrische Achsen).

Siehe auch in der Literaturübersicht die Arbeiten von W. L. Bragg sowie von W. Grahmann.

Literatur.

Da es hier nicht möglich ist, auf die physikalischen Eigenschaften des Selens näher einzugehen, so sei wenigstens die wichtigere neuere Literatur über diesen Gegenstand unter Benutzung des Verzeichnisses von Ch. Ries (Das Selen, Berlin 1918) zusammengestellt.

1881.

M. Bellati u. Romanese, Über die Schnelligkeit der Änderung des Widerstandes des Selens bei Belichtung, Atti R. Istit. Ven. **7**, 5 (1881); Beibl. Ann. d. Phys. **6**, 116 (1882).

Sh. Bidwell, Wirkung der Temperatur auf den Widerstand des Selens, Phil. Mag. **11**, 302 (1881); Beibl. Ann. d. Phys. **5**, 526 (1881).

W. Spring, Die Ausdehnung des Schwefels, Selens und Tellurs, Bull. Acad. Bruxelles **2**, 88 (1881); Beibl. Ann. d. Phys. **5**, 884 (1881).

1883.

N. Hesehus, Einfluß des Lichtes auf die Elekt.-Leitung des Selens, Rep. d. Phys. **20**, 490 (1884).

Derselbe, Über die Ursache der Veränderung der Elektr.-Leitung des Selens, ebenda **20**, 565 (1884).

Derselbe, Lichtempfindlichkeit des Selens, J. phys.-chem. Ges. Petersburg 1884, 146.

1885.

Sh. Bidwell, Empfindlichkeit des Selens gegen Licht, Phil. Mag. **20**, 178 (1885).

D. Clark, Wirkung des Lichtes auf Selen, Ch. N. **51**, 261 (1885).

W. Siemens, Elektromotorische Wirkung des beleuchteten Selens, Sitzber. Berliner Ak. **8**, 147 (1885).

1886.

Fabre, Über die Kristallisationswärme des Selens, C. R. **103**, 53 (1886).

---

[1]) S. v. Olshausen, Z. Kryst. **61**, 495 (1925).

[2]) M. K. Slattery, Phys. Rev. **21**, 378 (1923).

1887.
M. Bellati u. A. Lussana, Einfluß des Lichtes auf das Wärmeleitungsvermögen des kristallinischen Selens, Gazz. chim. It. **17**, 391 (1887); Beibl. Ann. d. Phys. **11**, 818 (1887).
S. Kalischer, Über die Beziehung der Leitfähigkeit des Selens zum Lichte, Ann. d. Phys. **32**, 102 (1887).

1888.
A. Righi, Über die elektromotorische Kraft des Selens, Beibl. Ann. d. Phys. **12**, 683 (1888); auch Ann. d. Phys. u. Chem. **36**, 464 (1889).

1889.
A. Cornu, Brechungsquotient des Selens, C. R. **108**, 917 u. 1211 (1889).
Korda, Elektrische Wirkungen des Lichtes auf Selen, Journ. de phys. **8**, 231 (1889).

1890/91.
W. Muthmann, Untersuchung über den Schwefel und Selen, Z. Kryst. **17**, 336.
Th. Petersen, Über die allotropen Zustände einiger Elemente, Z. f. phys. Chem. **8**, 601.

1895.
Sh. Bidwell, Elektrische Eigenschaften des Selens, Phil. Mag. **40**, 233.

1897.
G. C. Schmidt, Elekr. Erscheinungen an Selen und Flußspat, Ann. Phys. **62**, 407.

1898.
Agostini, Einfluß elektromagnetischer Wellen auf die elektrische Leitfähigkeit des Selens, Nuovo Cimento **8**, 81; Fortschr. d. Phys. **5**, 592.

1899.
Perreau, Einfluß der X-Strahlen auf den elektrischen Widerstand des Selens, C. R. **129**, 856.

1900.
Saunders, Die allotropen Formen des Selens, Journ. of phys. Chem. **4**, 423.

1901.
Broch, Wirkung der Radiumstrahlen auf Selen, C. R. **132**, 914.

1902.
Chr. Ries, Das elektrische Verhalten des Selens gegen Wärme und Licht, Ann. d. Phys. **27**, 1101.
R. W. Wood, Absorption, Dispersion und Berechnung des Selens, Phil. Mag. **3**, 607.

1903.
H. Aubel, Einfluß der radioaktiven Körper auf das elektrische Leitvermögen des Selens, C. R. **136**, 929.
N. Hesehus, Abhängigkeit der Elektrizitätsleitung des Selens von der Belichtung, Journ. russ. phys.-chem. Ges. **35**, 661.
R. Marc, Verhalten des Selens gegen Licht und Temperatur, Z. anorg. Chem. **37**, 459.

1904.
Amaduzzi, I. Selenio, Ref. Phys. Z. **5**, 647.

1905.
Aichi und Tanakadate, Einfluß der Temperatur auf das elektrische Leitvermögen, Beibl. Ann. d. Phys. **20**, 997.
M. Coste, Elektrische Leitfähigkeit, C. R. **141**, 715.
N. Hesehus, Journ. russ. chem-phys. Ges. **37**, 221; Phys. Z. **7**, 163.
Fr. Weidert, Einfluß der Belichtung auf die thermoelektrische Kraft, Ann. d. Phys. **18**, 811.

1906.
O. Weigel, Beitrag zur Kenntnis fester unipolarer Leiter, N. JB. Min. etc. Beil.-Bd. **21**, 325.
M. Coste, Elektrisches Leitvermögen, C. R. **143**, 822.
R. Marc, Verhalten des Selens gegen Licht und Temperatur, Z. anorg. Chem. **50**, 446
R. Marc, Zur Kenntnis der allotropen Formen des Selens, Ber. Dtsch. Chem. Ges. **39**, 697.
Schrott, Das elektrische Verhalten der allotropen Selenmodifikationen gegen Wärme und Licht, Sitzber. Wiener Ak. **115**, 1081.

1907.
R. Bellini, Spuren von Selen auf der Vesuvlava, ZB. Min. etc. 1907, 611.
F. C. Brown und J. Stebbins, Einfluß der Radiumstrahlung auf den Widerstand der Selenzelle, Phys. Rev. **25**, 505.

R. Marc, Verhalten des Selens gegen Licht und Temperatur, Z. anorg. Chem. **53**, 298.
R. Marc, Die physikalisch-chemischen Eigenschaften des Selens, Hamburg.

1908.

G. Athanadiasis, Wirkung der Röntgenstrahlen auf den elektrischen Widerstand des Selens, Ann. d. Phys. **27**, 890.
F. Moten, Einfluß des Druckes auf den elektrischen Widerstand des Selens und Schwefelsilbers, Beibl. Ann. d. Phys. **33**, 628.
Chr. Ries, Lichtempfindlichkeit des Selens, Phys. Z. **9**, 164.

1909.

Chiarini, Einige elektrische Eigenschaften des Selens, R. Acc. d. Linc. **18**, 246.
M. Coste, Umwandlungen des Selens, C. R. **149**, 674.
L. S. Mc Dowell, Einige elektrische Eigenschaften des Selens, Phys. Rev. **29**, 1.
H. R. Kruyt, Dynamische Allotropie des Selens, Z. anorg. Chem. **64**, 305.
A. H. Pfund, Elektrische und optische Eigenschaften des Selens, Phys. Z. **10**, 340.
A. Pocchetino, Über die Umwandlung des Selens, Atti R. Acc. d. Linc. **18**, 449.

1910.

F. C. Brown, Eine neue lichtelektrische Eigenschaft des Selens, Phys. Z. **11**, 482.

1911.

F. C. Brown, Die Natur der Lichteinwirkung auf Selen, Phys. Rev. **33**, 1.
N. Hesehus, Die elektrischen Eigenschaften der Körper in Abhängigkeit von ihrem allotropischen Zustand, Journ. russ. phys.-chem. Ges. **43**, 365.
A. Pocchetino, Neue Verfahren kolloides Selen darzustellen, R. Acc. d. Linc. **20**, I, 428.

1912.

E. F. Fournier d'Albe, Über die Änderung des Widerstandes von Selen mit der Spannung, Proc. Roy. Soc. Lond. **86**, 452.
W. S. Gripenberg, Über die Kristallisation dünner Selenplatten, Phys. Z. **13**, 161.
W. E. Pauli, Phosphorescenz von Selenverbindungen, Ann. d. Phys. **38**, 870.

1913.

W. S. Gripenberg, Der Brechungsindex des kristallinen Selens, Phys. Z. **14**, 123.
W. Steubing, Fluorescenz der Elemente der 6. Gruppe, Schwefel-Selen-Tellurdampf, Phys. Z. **14**, 887.

1914.

F. C. Brown und L. P. Sieg, Der Sitz der Lichtwirkung in bestimmten Kristallen von metallischem Selen, Phil. Mag. **28**, 497.
F. C. Brown, Die Kristallformen des metallischen Selens und einige seiner physikalischen Eigenschaften, Beibl. Ann. d. Phys. **39**, 114 (1915); Ref. Am. phys. Soc. **4**, 85.
P. J. Nicholson, Die physikalischen Eigenschaften des Selens, Am. phys. Soc. **3**, 1; Ref. Beibl. Ann. d. Phys. **38**, 1343.
P. Pignatoro, Verhalten des kristallinischen Selens gegenüber sichtbarer Strahlung, Nuovo Cimento **8**, 296; Ref. Beibl. Ann. d. Phys. **38**.

1915.

F. C. Brown, Die elektrischen, photoelektrischen und elektromechanischen Eigenschaften des metallischen Selens mit Anwendung auf die Kristallstruktur, Am. phys. Soc. **5**, 167; Ref. Beibl. Ann. d. Phys. **39**, 529.
F. C. Brown, Einige Experimente über die Natur der Lichtwirkungsübertragung in Kristallen metallischen Selens, Am. phys. Soc. **5**, 404; Ref. Beibl. Ann. d. Phys. **39**, 722.
D. S. Elliot, Vergleichende Untersuchung der Lichtempfindlichkeit von Selen und Schwefelantimon bei 20 und -190°, Beibl. Ann. d. Phys. **39**, 528.
L. P. Sieg und F. C. Brown, Reflexion eines bestimmten Selenkristalls, Am. phys. Soc. **5**, 341.

1916.

R. Fürstenau, Elektrischer Widerstand des Selens, Verh. Dtsch. phys. Ges. **18**, 184.

1917.

Chr. Ries, Abhängigkeit der Leitfähigkeit und Lichtempfindlichkeit des Selens vom Druck, Z. f. Feinmechanik **25**, 207.

1918.

L. Ancel, Das Selen und seine Anwendung, Chemie u. Indust. **2**, 73; Chem. ZB. III, 180 (1919).

1919.
M. H. Morris und H. T. Binder, Gewinnung von Selen und Tellur bei der Kupferraffinerie, Eng. Mining. Journ. **106**, 443; Chem. ZB. II, 558.
R. Meyer, Kolloides Selen, Z. f. Elektroch. **25**, 80.
A. Gutbier und G. L. Weiss, Kolloides Selen, Ber. Dtsch. Chem. Ges. **52**, 1374.
Henry B. Weiser und B. Garrison, Flammenreaktionen des Selens und Tellurs, Journ. phys. Chem. **23**, 478; Chem. ZB. II, 226 (1920).
W. L. Bragg, Kristallstruktur, Phil. Mag. **40**, 169; Chem. ZB. III, 807 (1920).
1920.
H. Pélabon, Die Eigenschaften der Mischungen von Selen und Antimon, Ann. d. Chem. **13**, 121.
A. O. Rankine, Beziehung zwischen Beleuchtung und elektrischer Leitfähigkeit, Phil. Mag. **3**, 1482.
G. U. Vonwiller, Elastische Eigenschaft, Nat. **104**, 347; Chem. ZB. III, 434 (1921).
A. L. Williams, Legierungen mit Kupfer, Phil. Mag. **40**, 281; Chem. ZB. IV, 873.
P. Niggli, Schmelzpunkt des Selens, Z. Kryst. **56**, 170.
1922.
H. Conti, Sobre la presencia del Selenio en los compuestos minerales de S., Div. g. minas rep. argentina, Bd. **5**, F. 21 [nach N. JB. Min. etc. II, 60 (1925)].
W. Grahmann, Kristallstruktur des trigonalen Tellurs, Z. Kryst. **57**, 914.
1923.
Calgagni, Löslichkeit von Selen in Ätzalkalien, Chem. ZB. 1923, II, 1555.
H. L. Huggins, Kristallstruktur von Seleniden, Phys. Rev. 21, 211. Ref. Phys. Rev. 1923, 805.
J. C. Pomeray, Transm. Effect in Selen-Crystals, Phys. Rev. 19, 414; Physikal. Rev. 1923, 55.
W. S. Gripenberg, ebenda 1923, 55.
1924.
P. B. Brown, Selen, Chem. ZB. 1924, 300.

Selenschwefel.

Synonyma: Volcanit, Eolide.

Derb. Künstliche Kristalle rhombisch und monoklin (siehe S. 814).

Eine **Analyse** des natürlichen Selenschwefels wurde erst vor kurzem ausgeführt.

	1.	2.	3.
S	12,44	94,82	2,956
Se	0,68	5,18	0,065
Verlust bei 103°	3,16		
Lava	(83,72)		
	100,00	100,00	

1. Handstück mit Selenschwefel von Hawai; anal. G. V. Brown, Am. Journ. **42**, 132 (1916).
2. Analyse des Selenschwefels nach Abzug des Silicats.
3. Atomverhältnis.

Das Verhältnis ist also S : Se = 45,5 : 1.

Es handelt sich also hier nur um einen selenhaltigen Schwefel.

E. Quercigh untersuchte den „Selenschwefel“ von der Insel Volcano, welcher aber eigentlich nur ein wenig selenhaltiger Schwefel ist. Dieser kommt in amorpher und kristallisierter Phase vor. Die Analysen ergaben:

	4.	5.
S	98,11	99,06
Sb	1,00	0,83
Te	0,18	—
	99,29	99,89

4. u. 5. Von der Insel Volcano; anal. E. Quercigh, Rendic. Accad. Napoli **31**, 65 (1925).

Es wurde auch der Brechungsquotient bestimmt, derselbe ist bei dem amorphen Seelenschwefel im Mittel größer als 2,6; zwischen 2,5444 und 2,675 aber näher bei letzterem Werte.

Eigenschaften. Dichte 2,378. Farbe orangerot bis rotbraun. Vor dem Lötrohr wird die Flamme blau gefärbt, Schwefel- und Selengeruch. Im einseitig geschlossenen Glasrohr gibt er ein schwefelähnliches Sublimat, der innere Teil ist hell, gelblich, der äußere Teil mehr grau. Der gelbe Teil des Sublimats ist in Schwefelkohlenstoff unlöslich, aber in Brom löslich. Die Trennung der Lava vom Selenschwefel erfolgte mit Brom.

Vorkommen. Kommt mit Schwefel als vulkanische Bildung auf der Insel Volcano und auch auf Hawai vor. Offenbar ist die Entstehungsweise ähnlich der des vulkanischen Schwefels.

Künstlicher Selenschwefel.

Es gibt dreierlei Kristallarten von Selenschwefel. Zwei davon gleichen den Schwefelarten, nämlich der rhombischen und der monoklinen, die dritte entspricht der gewöhnlichen, nichtmetallischen Selenart und ist rhombisch.

1. Rhombischer Selenschwefel. Dieser war bereits von G. Rathke[1]) dargestellt worden. G. vom Rath und v. Bettendorf[2]) haben ihn näher untersucht.

G. Rathke schmolz die beiden Elemente zusammen und erhielt zunächst eine angeblich amorphe (wahrscheinlich kryptokristalline) Masse, welche bei längerem Erhitzen auf 100^0 kristallin wurde. Diese wird in Schwefelkohlenstoff gelöst und verdunsten gelassen. Der Selengehalt schwankt zwischen 40—60$^0/_0$. G. Rathke vermutete eine Mischung von SeS und Se_2S.

Die Kristalle des rhombischen Selenschwefels zeigen nach G. vom Rath folgendes Achsenverhältnis:

$$a:b:c = 0,810:1:1,896.$$

Die Kristalle sind orangerot. Die Analyse ergab:

S	67,43
Se	32,57

Dies entspricht der Formel: SeS, sie bildet sich den genannten Autoren zufolge dann, wenn in der Schmelze die prozentische Menge des Schwefels $^2/_3$ erreicht.

W. Muthmann, welcher diese Versuche wiederholte, gelang es nicht, diese rhombischen Kristalle zu erhalten.

2. Monokline Kristallart. Sie wurde auch von G. vom Rath und Bettendorf erhalten, dann bei ausgedehnten Versuchen von W. Muthmann.[3]) Das Achsenverhältnis ist:

$$a:b:c = 1,0614:1:0,70461;\ \beta = 88^0\,42' \text{ (nach W. Muthmann).}$$

[1]) G. Rathke, Ann. Chem. u. Pharm. **152**, 188 (1869).
[2]) G. vom Rath u. v. Bettendorf, Pogg. Ann. **139**, 329 (1870).
[3]) W. Muthmann, Z. Kryst. **17**, 357 (1890).

G. Rathke hatte diese Kristallart für rhombisch gehalten. W. Muthmann faßt die Resultate seiner Untersuchungen wie folgt zusammen:

Es gibt zweierlei Mischkristalle, welche wie die beiden Schwefelkristalle kristallisieren.

1. Erste rhombische Schwefelart. Man erhält solche Mischkristalle mit einem Selengehalt bis 35 %. Eine entsprechende Selenmodifikation existiert nicht.

2. Nach der dritten Schwefelkristallart erhält man Mischkristalle mit 35—66 % Selengehalt. $a:b:c = 1{,}0614:1:0{,}70461$; $\beta = 88^0 42'$.

3. Nach der ersten Selenart: $a:b:c = 1{,}5925:1:1{,}5567$; $\beta = 74^0 31'$, erhält man Mischkristalle, wenn von einem Schwefelgehalte bis zu 33 % ausgeht.

Mischungen von S und Se.

Schon J. Berzelius konnte konstatieren, daß S und Se sich in allen Verhältnissen zusammenschmelzen lassen. Es entsteht dabei die Frage, ob es außer Mischkristallen auch Verbindungen von S und Se gibt. J. Berzelius glaubte, daß SeS_3 und SeS_2 Verbindungen seien. G. Rathke nahm an, daß die verschiedenen Selenschwefelkristalle Verbindungen seien, was jedoch M. Muthmann mit Recht bezweifelt. Es wurde dann von verschiedenen Forschern untersucht, ob namentlich der aus H_2SeO_4 durch H_2S gefällte Niederschlag SeS_2 eine Verbindung sei. Aus dem Umstande, daß diese Substanz sich nicht in Ammoniak löst, schließt H. Rose,[1]) daß es sich um keine Verbindung handle, während A. v. Gerichten[2]) aus anderen Gründen derselben Ansicht ist.

A. Ditte[3]) stellte einen Körper SeS dar, der aber sehr unbeständig ist. E. Divers und T. M. E. Shimidzu halten die verschiedenen Mischkristalle von Selenschwefel für Gemenge dieses SeS mit Se und S, wenigstens die auf nassem Wege erhaltenen.

Nach A. Ditte findet die Vereinigung von Se und S unter Volumvergrößerung und Wärmeabsorption statt. Die Dichte ist bei 0° 3,056 bei 52° 3,035.

Die Substanz ist in Schwefelkohlenstoff löslich, läßt sich aber nicht wieder gewinnen.

A. Ditte hat eine Reihe von Analysen an dieser Substanz ausgeführt, wobei sich als Mittel von vier ersten Analysen die Zahlen I, und als Mittel von weiteren drei die Werte II ergaben, während der berechnete Wert unter III angeführt ist.

	I	II	III
S	28,68	28,23	28,72
Se	71,40	71,97	71,28

Gegen die Ansicht von A. Ditte und von E. Divers u. M. T. E. Shimidzu[4]) wendete sich G. Rathke, indem er betont, daß die auf nassem Wege oder durch Zusammenschmelzen erhaltenen Produkte verschiedenen Verbindungen entsprechen, sie enthalten zwischen 82,2 und 63,9 % Se.

[1]) H. Rose, Pogg. Ann. **107**, 186 (1859); **112**, 472 (1861).
[2]) A. v. Gerichten, Ber. Dtsch. Chem. Ges. **7**, 26 (1874).
[3]) A. Ditte, C. R. **73**, 625 u. 660 (1871).
[4]) E. Divers u. T. M. E. Shimidzu, Ber. Dtsch. Chem. Ges. **18**, 1212 (1885).

G. Ringer[1]) hat die Mischkristalle von S und Se systematisch untersucht und ihre Schmelzpunkte bestimmt und die Kurve gegeben. Ferner hat er Löslichkeitsbestimmungen in CS_2 vorgenommen. Als Resultat seiner Untersuchungen teilt er folgendes mit:

1. S und Se sind im Schmelzfluß in allen Verhältnissen mischbar. Sobald aber der Se-Gehalt 10 % übersteigt, ist die geschmolzene Masse schwer zur Kristallisation zu bringen.

2. Aus den Schmelzkurven ergibt sich keine Andeutung für eine chemische Verbindung.

3. Man erhält dreierlei Mischkristalle: A. Monokline, mit monoklinem Schwefeltypus bei 0—27 Atomprozenten Se. B. Monokline Mischkristalle der zweiten monoklinen Form W. Muthmanns mit 50—82 Atomprozenten Se. C. Hexagonal-rhomboedrische Mischkristalle mit 87—100 % Se.

4. Die Kristalle der ersten Reihe erleiden unterhalb gewisser Temperaturen eine Umwandlung in rhombische Kristalle. Die Temperaturen liegen zwischen 75 und 95,5°.

5. Bei gewöhnlicher Temperatur (25°) bestehen dreierlei Kristalle, a) rhombische mit 0—10 % Se, b) mit 55—75 % Se, c) mit 90—100 % Se.

Eigenschaften. Die Farben siehe oben S. 814. W. Muthmann hebt hervor, daß die von ihm erhaltenen Mischkristalle sich nicht verändern. Alle drei Kristallarten sind pleochroitisch, am meisten die zweite Art.

W. Muthmann bestimmte auch die Schmelzpunkte. Die zweite rhombische Art mit 40 % Se wurde bei 118° weich und war bei 126° zusammengeschmolzen. Mischkristalle mit 46 % Selen wurden bei 119° weich und schmolzen bei 135° zusammen.

Die Formeln dieser zweiten Art schwanken zwischen SeS_4 bis Se_9S_5.

Die monoklinen Kristalle der dritten (wie die erste Selenkristallart) wurden bei einem Selengehalt von 68 % bei 110° weich und schmolzen erst bei 136° gänzlich.

Nach dem Erkalten war die Masse amorph, weich und zähe und ließ sich mit dem Messer schneiden.

Die Kristalle der zweiten Art zeigen keine Spaltbarkeit.

Leider fehlen Angaben über die spezifischen Gewichte.

Selenwismutglanz (Bi_2Se_3).

Von **M. Seebach** (Leipzig).

Rhombisch-bipyramidal, isomorph mit Antimonglanz. Nadelige längsgestreifte Kristalle mit einem Prismenwinkel von etwa 90°; gewöhnlich in derben, feinstrahligen und spätigen Aggregaten vorkommend.

Synonyma: Guanajuatit, Frenzelit, Castillit, Selenwismut, Selenbismutit.

---

[1]) G. Ringer, Z. anorg. Chem. **32**, 183 (1902).

Analysen.

	1.	2.	3.	4.	5.	6.	7.
δ . . .	—	6,62	—	6,25	—	6,845	6,977
Fe . . .	—	—	} 2,8	—	—	—	—
Zn . . .	—	—		—	—	—	—
Bi . . .	63,78	61,00	65,4	67,38	65,01	71,78	68,86
Se . . .	36,22	35,18	16,7	24,13	34,33	22,02	25,50
S . . .	—	0,12*)	—	6,60	0,66	6,62	4,68
Gangart .	—	3,70	—	—	—	—	—
	100,00	100,00	84,9	98,11	100,00*)	100,42	99,04

1. Theor. Zusammensetzung.

2. Gr. Santa Catarina, Guanajuato, Mexico; anal. V. Fernandez, La República; Periódoco oficial del Gobierno del Estado de Guanajuato, 13. Juli 1873; Z. Kryst. **1**, 499 (1877). *) In S sind enthalten Fe und ein kleiner Verlust.

3. Vom gleichen Fundorte; anal. C. F. Rammelsberg bei Ant. del Castillo, N. JB. Min. etc. 1874, 228.

4. Vom gleichen Fundorte; anal. A. Frenzel, N. JB. Min. etc. 1874, 680.

5. Vom gleichen Fundorte; J. W. Mallet, Am. Journ. **15**, 294 (1878). *) Berechnet nach Abzug von 6,72% Halloysit und 0,56% Quarz.

6. Vom gleichen Fundorte; anal. C. F. Rammelsberg, Handb. Min. Chem. 1886, 127.

7. Vom gleichen Fundorte; anal. F. A. Genth, Am. Journ. **41**, 403 (1891). Die Analyse entspricht der Formel $2Bi_2Se_3 . Bi_2S_3$.

Das Mineral wurde von A. del Castillo (La Naturaleza **2**, 174 [1873]; N. JB. Min. etc. 1874, 225) als Selenwismutzink (un doble seleniuro di bismuto y cinz) beschrieben; da er aber in anderen Proben (bei Burkart, N. JB. Min. etc. 1874, 227) keinen wesentlichen Zinkgehalt nachweisen konnte, ist ein einfaches Selenid anzunehmen.

Die Analysen des reinsten Materials ergeben die Formel Bi_2Se_3. Der Schwefelgehalt dürfte durch Mischkristallbildung mit Bi_2S_3 bedingt sein, weshalb die Angabe von Formeln sich wohl erübrigt.

Eigenschaften. Selenwismutglanz schmilzt vor dem Lötrohr auf Kohle leicht unter Verbreitung von Selengeruch und Blaufärbung der Flamme und liefert mit Jodkalium den roten Beschlag von Jodwismut. Der anfangs graue, später weiße Beschlag (schwefel- und selenigs. Wismutoxyd) verschwindet beim Anblasen. Im geschlossenen Rohr gibt er ein gelbrotes Sublimat von Schwefel und Selen.

Schmelzpunkt nach L. H. Borgström[1]) bei 690°.

Löslichkeit. In heißem Königswasser bei längerem Behandeln vollständig löslich.

Im Spektrum lassen sich nach A. de Gramont[2]) die Linien des Wismuts und die Hauptlinien des Selens beobachten; von letzteren wurden mehrere durch Wismutlinien verdeckt.

Spaltbarkeit nach (010). Härte = 2—3. Mild, etwas schneidbar. Dichte = 6,25—6,98. E. Wittich[3]) ermittelte an Material von der Grube

[1]) L. H. Borgström, Öfv. af Finska Vet.-Soc. Förh. **57**, 1 (1914/15); N. JB. Min. etc. 1916, I, 10.

[2]) A. de Gramont, Bull. soc. min. **18**, 349 (1895).

[3]) E. Wittich, Z. prakt. Geol. **18**, 119 (1910).

„La Industrial", Sierra von Santa Rosa, Guanajuato, Mexico, δ = 6,25—6,97. Farbe bleigrau bis bläulichgrau; Strich grau, glänzend; Metallglanz.

Nach F. Beijerinck[1]) Leiter der Elektrizität.

H. Pélabon[2]) versuchte nähere Angaben über das Diagramm Bi—Se zu machen.

Synthese. J. J. Berzelius[3]) und später R. Schneider[4]) erhielten durch Zusammenschmelzen von Bi und Se in entsprechenden Mengen und wiederholtes Schmelzen des zuerst gewonnenen Produkts mit wenig Se eine metallisch glänzende, leicht pulverisierbare Masse vom spez. Gew. 6,82 und der Zusammensetzung Bi_2Se_3. Dieselbe Verbindung läßt sich auch als amorph. Niederschlag darstellen durch Einleiten von Selenwasserstoff in eine angesäuerte Lösung von Wismutnitrat. Sie ist in Salpetersäure löslich und schmilzt beim Erhitzen zu einem metallglänzenden Körper. Nach Fr. Rössler[5]) scheiden sich aus Wismutschmelzen mit 5% Selen Kriställchen in anscheinend verzerrten Oktaedern und sechsseitigen Tafeln von wechselnder Zusammensetzung aus, die annähernd der Formel Bi_2Se entsprechen.

Das **Vorkommen** ist auf die Gruben „Santa Catarina", hier z. T. in weichem Galapektit (Halloysit) und „La Industrial", Santa Rosa, Guanajuato in Mexico beschränkt. An letzterem Fundorte ist das Erzvorkommen (außer Selenwismutglanz: Silaonit, Bismutosphärit, selenhaltiger Wismutglanz, Eisenkies, Arsenkies und Molybdänglanz) an eine Zertrümmerungslinie im Rhyolith gebunden; die Gangmasse besteht hier aus Quarz, Galapektit, Smektit, Fluß- und Schwerspat.

Silaonit?

Von V. Fernandez und S. Navia[6]) als ein neues derbes, blaugraues Mineral (H. = etwa 3, δ = 6,43—6,45) von der Zusammensetzung Bi_3Se beschrieben, das später von H. D. Bruns und J. W. Mallet[7]) als ein inniges Gemenge von Selenwismutglanz mit gediegen Wismut erkannt und von V. Fernandez wieder aufgegeben wurde.

Berzelianit.

Von **C. Doelter** (Wien).

Synonym: Selenkupfer.

Kristallform unbekannt, kommt nur in Krusten vor. Wahrscheinlich nach den künstlichen Kristallen zu urteilen, regulär.

Analysen.

	1.	2.	3.	4.
Cu	64,00	53,14	52,15	57,21
Ag	—	4,73	8,50	3,51
Tl	—	0,38	Spur	—
Se	40,00	39,85	38,74	39,22
Fe	—	0,54	0,35	—
	104,00	98,64	99,74	99,94*)

*) Außerdem 0,0073 Au.

[1]) F. Beijerinck, N. JB. Min. etc. Beil.-Bd. **11**, 422 (1897).
[2]) H. Pélabon, Journ. Chim. Phys. 1904, II, 328.
[3]) J. J. Berzelius, Lehrb. Chem. Dresden u. Leipzig 1834, **3**, 328.
[4]) R. Schneider, Pogg. Ann. **97**, 480 (1856).
[5]) Fr. Rössler, Z. anorg. Chem. **9**, 46 (1895).
[6]) V. Fernandez u. S. Navia, La República 25. Dez. 1873; Z. Kryst. **1**, 499 (1877).
[7]) H. D. Bruns u. J. W. Mallet, Ch. N. **38**, 94, 109 (1878); Z. Kryst. **6**, 96 (1882).

1. Kupfergrube Skrikerum Smaland (Schweden); anal. J. Berzelius, Afh. Fys. **6**, 42 (1818).

2. u. 3. Von ebenda; anal. A. E. Nordenskjöld, Öfv. Akad. Stockholm 1866, 361; N. JB. Min. etc. 1869, 235.

4. Von ebenda; anal. C. G. Särnström bei E. Svedmarck, Z. Kryst. **34**, 693 (1901).

Formel. C. F. Rammelsberg berechnete für die Analysen die Atomverhältnisse:

	Ag : Cu : Se
Analyse 2	1 : 18 : 11
„ 3	1 : 10 : 5,5

C. F. Rammelsberg[1]) gibt die Formel:

$$Cu_2Se.$$

Für die Formel berechnete er: 38,39 % Se und 61,61 % Cu. Demnach stimmen die Analysen ziemlich mit der Formel überein.

Eigenschaften. Kommt in dünnen dendritischen Krusten vor. Undurchsichtig, metallglänzend. Farbe silberweiß und oft schwarz angelaufen. Weich und geschmeidig. Die Dichte ist 6,71. Strich nach J. L. C. Schroeder van der Kolk[2]) schwach bräunlichgrau.

Nach A. de Gramont[3]) gibt das Mineral ein gutes Funkenspektrum, in welchem die Cu-Linien trotz ihrer Helligkeit die Linien des Se nicht auslöschen, außerdem sieht man noch die Linien des Ag, Pb, Tl und Mg. Die Untersuchung wurde an dem Vorkommen von Lerbach ausgeführt.

Vor dem Lötrohr schmilzt der Berzelianit unter Entwicklung stark riechender Selendämpfe zu einer grauen Metallkugel. Mit Soda bekommt man ein Kupferkorn. Im offenen Glasrohr entsteht ein Sublimat von rotem Selen und ein weißes Sublimat aus Kristallen von SeO_2.

In konzentrierter Salpetersäure löslich.

Synthese des Berzelianits. Von diesem Mineral existieren mehrere Synthesen. Die erste war wohl die von Little. Er schmolz zuerst Selen und Kupfer zusammen und erhielt eine kristalline Masse von schwarzgrauer Farbe, deren Dichte 6,55 war. Dasselbe Resultat erhielt er beim Überleiten von Selendampf auf Kupferblech.

J. Margottet ließ auf Kupfer bei Rotglut einen mit Selendämpfen geschwängerten Stickstoffstrom einwirken; er erhielt schöne, bläulichschwarze Oktaeder mit metallischem Glanz. Auf ähnliche Weise hatte er das Kupfertellurid erhalten (Cu_2Te).

A. Bruckl erhielt nach seiner Methode einen Niederschlag von Cu_2Se, welcher aber amorph war.

Vorkommen. Das Muttergestein scheint in Skrikerum der Serpentin zu sein, aber auch in Klüften des Kalkspats kommt er vor. Bei Lerbach kommt er mit Lerbachit auf einer gangartigen Kluft des Eisensteinlagers vor; er ist auch mit Kupferglanz und Calcit vergesellschaftet.

---

[1]) C. F. Rammelsberg, Min.-Chem. 1875, 48; Erg.-Heft II, 8.

[2]) J. C. L. Schroeder van der Kolk, ZB. Min. etc. 1901, 75.

[3]) A. de Gramont, Bull. soc. min. **18**, 347 (1895).

Umangit (Selenkupfer).

Von **C. Doelter** (Wien).

Kristallform unbekannt. Dichte sehr feinkörnige Aggregate.

Analysen.

	1.	2.	3.	4.	5.
Fe	—	—	0,16	0,16	—
CaO	—	0,32	—	0,32	—
Cu	56,03	9,12	44,27	53,39	—
Ag	0,49	—	0,45	0,45	—
Se	41,44	1,37	36,18	37,55	38,41
CO_2, H_2O und O aus der Differenz ber.	2,04	—	—	8,13	—
	100,00			100,00	

Von Umango mit Eukairit vergesellschaftet auf dem gleichen Gang, aus der Provinz La Rioja, Sierra de Umango, Argentinien; anal. G. Bodländer bei F. Klockmann, Z. Kryst. **19**, 269 (1891).

1. Gesamtanalyse des Minerals.

2., 3. u. 4. Mit verdünnter Essigsäure von Carbonaten befreites Mineral. Unter 2. sind die in Essigsäure löslichen Bestandteile, unter 3. die unlöslichen und unter 4. die Summe aller Bestandteile angeführt. Unter 5. ist der Gesamtgehalt an Selen ausgewiesen, wie er direkt nach Schmelzen des Minerals mit Soda und Salpeter gefunden wurde, nachdem mit Essigsäure behandelt worden war.

Formel. Nimmt man die Resultate des gereinigten Minerals (3.), so erhält man das Atomverhältnis:

$$Cu : Ag : Se = 3{,}055 : 0{,}018 : 2.$$

Nimmt man den Selenwert nach Bestimmung 5. nach Abzug von 1,37 % im essigsauren Extrakt, so wäre diese Summe mit 36,74 % einzusetzen. Dann erhält man:

$$Cu : Ag : Se = 3{,}008 : 0{,}018 : 2,$$

daher ist die Formel: Cu_3Se_2. Das Verhältnis Cu : Ag ist = 168 : 1.

Die für diese Formel gerechneten Zahlen I sind im Vergleiche mit den unter II. angegebenen gefundenen:

	I	II
Cu	54,58	54,35
Ag	—	0,55
Se	45,42	45,10
	100,00	100,00

Man kann daher obige Formel als richtig annehmen. Unter Berücksichtigung des Silbers erhält man:

$$CuSe + (Cu, Ag)_2Se.$$

C. F. Rammelsberg[1]) nimmt die Formel:

$$Cu_5Se_3 = 2\,Cu_2S + CuSe.$$

P. Groth[2]) nimmt die Formel an:

$$(Cu, Ag)_2Se + CuSe = (Cu, Ag)_3Se_2.$$

---

[1]) C. F. Rammelsberg, Min.-Chem. II. Erg.-Heft 1895, 7.

[2]) P. Groth u. K. Mieleitner, Tabellen, 1921.

Jedoch ist Ag in so geringer Menge vorhanden, daß es in der Formel nicht zum Ausdruck zu kommen braucht.

Als empirische Formel wird man die Formel Cu_3Se_2, F. Klockmanns, nehmen.

Eigenschaften. Spaltbarkeit nicht wahrnehmbar, Bruch feinkörnig, uneben bis muschelig, wenig spröde. Härte 3. Dichte 5,620.

Metallglanz, undurchsichtig, Farbe auf frischem Bruch kirschrot ins Violette; läuft an der Oberfläche matt an und wird dann mehr violettblau. Strich schwarz, stark metallglänzend.

Gibt im offenen, wie einseitig verschlossenen Glasrohr Selensublimat, zunächst der Probe ist dieses graurot, weiter weiß und feinkristallin. In offener langer Glasröhre weißer Rauch. Auf Kohle leicht schmelzbar, gibt einen grauen Beschlag. Mit Soda Kupferkorn.

Beim Erhitzen mit Soda bildet sich kein solches Sublimat. In rauchender Salpetersäure leicht löslich, dagegen in verdünnter nur schwer. Salzsäure erzeugt einen Niederschlag von Chlorsilber.

Vorkommen. Auf Gangtrümmern mit Eukairit, Tiemannit: Kupfersalzen und Calcit im Kalkstein.

Eukairit.

Synonyma: Berzelinit, Selenkupfersilber.

Regulärholoedrisch.

Analysen.

Ältere Analysen.

	1.	2.	3.	4.	5.
Cu	25,30	23,83	24,86	25,30	28,00
Ag	42,73	44,21	42,57	42,73	39,80
Se	28,54	32,01	32,22	31,97	32,20
Fe	—	0,35	nicht best.		
Te	—	Spur	Spur	—	—
	96,57	100,40		100,00	100,00

1. Von der Kupfergrube Skrikerum in Smaland (Schweden), in Serpentin; anal. J. Berzelius, Afh. Fys. **6**, 42 (1818).
2. Von ebenda; anal. A. E. Nördenskjöld, Öfv. Vet. Akad. Stockholm 1866, 361; Journ. prakt. Chem. **102**, 156.
3. u. 4. Von ebenda; anal. wie oben. (Rest Eisen und Thallium.)
5. Von Aguas blancas, Cordillere von Copiapó (Chile), körnig; anal. J. Domeyko, Miner. 1879, 401.

	6.	7.	8.	9.
Cu	26,42	25,41	25,47	26,35
Ag	43,14	42,20	42,71	43,39
Se	32,54	32,32	31,53	30,04
		99,93	99,71	99,78

6. Von La Rioja in der Sierra Umango (Argentinien), aus einem Gange, welcher im Kalkstein aufsitzt, mit Tiemannit; anal. G. Bodländer bei F. Klockmann, Z. Kryst. **19**, 267 (1891).
7. Von ebenda (Nr. 6); anal. wie oben.
8. Von ebenda; anal. J. Fromme bei F. Klockmann, wie oben.

9. Von ebenda; anal. J. Fromme, Journ. prakt. Chem. **42**, 57 (1890); gleiche Werte erhielt R. Otto, ebenda. Siehe auch Z. Kryst. **21**, 178 (1893).

Formel. R. Otto und J. Fromme[1]) berechnen für eine Zusammensetzung: AgCuSe folgende Zahlen (10), während F. Klockmann die Werte (11) gibt:

	10.	11.
Ag	43,1	43,13
Cu	25,3	25,32
Se	31,6	31,55
	100,0	100,00

Diese Formel stimmt mit den oben angeführten Analysen, so daß man sie annehmen kann.

C. F. Rammelsberg[2]) hatte aus den Analysen von A. E. Nordenskjöld die Formeln $Ag_2Se . 18Cu_2Se$ und $Ag_2Se . 5Cu_2Se$ berechnet.

Die neueren Analysen stimmen gut mit der Formel:

$$Ag_2Se . Cu_2Se$$

überein. Es liegt eine Ähnlichkeit mit Jalpait vor ($Ag_2S . Cu_2S$).

Eigenschaften. Zinnweiß bis bleigrau, leicht bräunlich anlaufend. Strich schimmernd; opak. Spaltbarkeit undeutlich, Bruch blättrig. Mild und geschmeidig; Härte 2—3, Dichte 7,6—7,77. J. Fromme und R. Ottos Bestimmungen ergaben 7,661 und 7,675.

Vor dem Lötrohr gibt er starke Dämpfe von Selen. Auf Kohle leicht zu grauer Kugel schmelzbar; diese Kugel gibt, mit Blei auf Knochenasche abgetrieben, ein Silberkorn. Die Boraxperle gibt Kupferreaktion.

In kochender konzentrierter Salpetersäure zersetzbar.

A. de Gramont[3]) untersuchte das Funkenspektrum, wahrscheinlich ist Vanadin in Spuren vorhanden.

Synthese. J. Margottet[4]) wandte dieselbe Methode wie bei Naumannit an, indem er Selendämpfe bei Rotglut auf ein Gemenge von Silber und Kupfer einwirken ließ. Es bildeten sich Oktaeder.

Selensilber (Naumannit).

Synonyma: Selensilberglanz, Selensilberblei.

Kristallform: Regulär-hexakisoktaedrisch. Wahrscheinlich isomorph mit Argentit und Hessit.

Silberglanz	Ag_2S,
Hessit	Ag_2Te,
Petzit	$(Ag, Au)_2Te$,
Naumannit	$(Ag_2Pb)Se$.

[1]) R. Otto u. J. Fromme, Ber. Dtsch. Chem. Ges. **23**, 1039 (1890); Z. Kryst. **21**, 178 (1893).

[2]) C. F. Rammelsberg, Min.-Chem., Erg.-Bd. II, 7 (1895).

[3]) A. de Gramont, Bull. soc. min. **18**, 345 (1895).

[4]) J. Margottet, C. R. **85**, 1142 (1877). — F. Fouqué u. Michel-Lévy, Synthèse, Paris 1882, 350.

Dazu die isomorphe Mischung von Ag_2S und Ag_2Se Aguilarit, die isomorphe Mischung von Ag_2S und Cu_2S, der Jalpait und die Mischung von Ag_2Se und Cu_2Se, der Eukairit.

Analysen des Selensilbers.

1. Silberreiche.

	1.	2.	3.	4.
Fe	—	2,20	3,10	—
Co	—	0,70	1,26	—
Cu	—	1,80	12,91	—
Ag	65,56	21,00	20,85	75,98
Pb	4,91	43,50	36,80	—
Se	29,53	30,00	22,40	22,92
S	—	—	—	1,10
	100,00	99,20	97,32	100,00

1. Von Tilkerode (Harz); anal. H. Rose, Pogg. Ann. **14**, 473 (1828).
2. Vom Cerro de Cacheuta, in der Sierra de Mendoza, mit Cerussit und Selenblei; anal. J. Domeyko, C. R. **63**, 1064 (1866).
3. Von ebenda; anal. derselbe.
4. Von der De Lamar Mine, Silber-City-District, Idaho; anal. E. V. Shannon, Am. Journ. **50**, 390 (1920).

2. Silberarme, bleireiche (Selensilberblei).

	5.	6.	7.
δ	—	6,28	—
Fe	—	1,20	3,35
Co	—	2,80	1,97
Cu	—	10,20	13,80
Ag	11,67	9,80	3,73
Pb	60,15	37,10	21,25
Se	26,52	30,20	?
Gangmasse	—	6,50	—
$PbCO_3$	—	—	15,20
	98,34	97,80	

5. Von Tilkerode (Harz), Gänge im Bitterspat; anal. C. F. Rammelsberg, Min.-Chem., Erg.-Bd. 1845, 128.
6. u. 7. Von Cacheuta; anal. wie Analyse 2 u. 3.

Formel. Wie aus den Analysen ersichtlich, ist das Verhältnis Ag : Pb : Cu ein schwankendes. Eigentlich ist außer Nr. 4 nur die erste, wohl unvollständige Analyse einem Selensilber entsprechend, bei den übrigen ist viel Blei und Kupfer in schwankenden Verhältnissen vorhanden. C. F. Rammelsberg berechnete aus der Analyse von H. Rose und seiner eigenen die Formeln:

$$\begin{matrix} 25\,Ag_2Se \\ PbSe \end{matrix} \qquad \begin{matrix} Ag_2Se \\ 5\,PbSe \end{matrix}$$

für die Analyse 2 von J. Domeyko berechnet er keine Formel und meint später, es seien die Analysen nicht befriedigend. Die letzte Analyse von J. Domeyko ist unbrauchbar, die anderen ergeben eine Mischung:

$$Ag_2Se \quad \text{mit} \quad PbSe \quad \text{und} \quad Cu_2Se.$$

Daher wäre die richtige Formel entweder:

$$(Ag, Pb, Cu)_2Se,$$

oder wenn man nur die kupferarmen Analysen zur Richtschnur nimmt:

$$(Ag_2, Pb)Se.$$

Demnach sind alle Naumannite, mit wenigen Ausnahmen, keine reinen Silberselenide, sondern Silberbleiselenide, mit viel Blei, zum Teil sogar vorwiegendem Blei.

Nur die erste Analyse von H. Rose ergibt sehr wenig Blei, während die neueste von E. V. Shannon gar kein Blei aufweist. Dieser Forscher betont, daß er weder Blei noch Kupfer, Gold, Zink, Wismut, Antimon, Arsen oder Tellur gefunden habe. Der kleine Schwefelgehalt rührt nach demselben nicht von beigemengtem Markasit her, sondern wird von ihm gedeutet als durch isomorphe Beimengung von Ag_2S hervorgebracht.

Die Dichte dieses Naumannits weicht bedeutend ab von der gewöhnlichen; sie beträgt (allerdings mit etwas Ton gemengt) 6,527. In reinem Zustand wäre sie 7,0. Vielleicht rührt diese geringe Dichte von dem Fehlen des Bleies her. Diese letzte Analyse ist demnach die einzige, welcher die Formel

$$Ag_2Se$$

zukommt, abgesehen von der kleinen Beimengung von Ag_2S. Zusammenfassend kann man sagen, daß unter Naumannit dreierlei Mineralien zu verstehen sind:

1. Reines Selensilber, wie sie die Analyse von E. V. Shannon und annähernd wenigstens die von H. Rose darstellt. Nur diesen kommt die Formel Ag_2Se zu.

2. Mischungen von Ag_2Se mit PbSe ohne Kupfer. Hierher gehören die Analysen Nr. 2 und 5. Diese entsprechen der Formel $Ag_2Se, PbSe$.

3. Die restlichen Analysen entsprechen der Formel:

$$Ag_2Se . Cu_2Se . PbSe.$$

Es läßt sich nicht entscheiden, ob ein Teil oder der ganze Cu- oder Pb-Gehalt Beimengungen zuzuschreiben ist, doch ist eine Beimengung von PbSe, Clausthalit, sehr wahrscheinlich.

Vor allem müßte die metallographische Methode Anwendung finden, um zu entscheiden, ob wirklich homogenes Material vorliegt, was bei den meisten Analysen kaum der Fall war.

Eigenschaften.

Opak, starker Metallglanz, Farbe eisenschwarz, Strich ebenfalls. Nach der Würfelfläche vollkommen spaltbar. Geschmeidig. Härte 2,5. Dichte nach G. Rose 8,00. Bei den späteren Analysen von J. Domeyko fehlen die Bestimmungen des spezifischen Gewichts.

Nach F. Beijerinck[1]) leitet Naumannit die Elektrizität.

M. Bellati und S. Lussana[2]) haben auch den Widerstand gemessen. Er beträgt bei künstlichem Ag_2Se für $25,6^0: 2033 \times 10^{-5}$, bei $200,4^0: 2742 \times 10^{-5}$

M. Bellati und S. Lussana[2]) haben die spezifische und Umwandlungs-

[1]) F. Beijerinck, N. JB. Min. etc. Beil.-Bd. **11**, 439 (1896).

[2]) M. Bellati u. S. Lussana, Atti Ist. Veneto **7**, 1051 (1890); Z. Kryst. **23**, 167 (1894).

wärme von Schwefelsilber und Selensilber, wie auch die von Schwefelkupfer gemessen. Es wurden künstlich dargestellte Kristalle verwendet. Bezeichnet man mit t die Temperatur, mit q die Wärmemenge, welche der Körper beim Abkühlen von t auf 0 verlor, so erhält man folgende Tabelle:

t	q Beobachtet	q Berechnet
36,6°	2,345	
79,3	5,431	5,421
96,1	6,546	6,568
101,4	6,940	6,932
109,6	7,495	7,493
140,5	15,27	15,25
144	15,47	15,49
183,3	18,14	18,18
187	18,46	18,42

Aus den Daten wird die Umwandlungswärme mit 5,642 und die spezifische Wärme mit 0,06843 berechnet.

Bei 133° tritt bei Ag_2Se eine Umwandlung ein, womit Anomalien im elektrischen Widerstand zusammenhängen, solche Umwandlungen treten auch bei den anderen genannten Verbindungen von Se und S ein. Über elektrische Untersuchungen an Kupfer- und Silberseleniden siehe die Untersuchungen derselben Verfasser.[1])

Chemische Eigenschaften.

Vor dem Lötrohr ist Naumannit leicht auf Kohle schmelzbar und zwar in der inneren Flamme unter Aufschäumen, während in der äußeren Flamme ein ruhiger Schmelzfluß beobachtet wird. Beim Erstarren beobachtet man wieder Aufglühen. Mit Soda erhält man ein Silberkorn, welches beim Abkühlen sich oberflächlich schwärzt, nach dem Umschmelzen mit Borax aber rein erscheint und glänzend, silberweiß, wie reines Silber ist. Auch im Kölbchen schmilzt das Mineral unter Bildung von etwas Sublimat. In offenem Rohre ein Absatz von rotem Selen und Kriställchen von seleniger Säure, wobei sich starker Selengeruch entwickelt.

Synthese.

J. Margottet[2]) hat Seleniumdampf, durch Stickstoffstrom getragen, auf rotglühendes Silber einwirken lassen. Es bildeten sich zuerst 2 cm lange fadenartige Nadeln, später wandelten sie sich bei Fortsetzung des Versuches in Kristalle von stahlgrauer Farbe um. Es sind Rhombendodekaeder von Selensilber.

Das von J. Margottet[2]) erhaltene Silberselenid ist weich und läßt sich mit dem Messer schneiden. Seine Zusammensetzung ist, I gefunden, II berechnet.

	I	II
Ag . . .	72,60	72,97
Se . . .	26,30	27,03
	98,90	100,00

[1]) M. Bellati u. S. Lussana, ebenda **6**, 189 (1887).
[2]) J. Margottet, C. R. **85**, 1142 (1877).

F. Rössler[1]) verwendet zur Kristallisation den Rösslerschen Gasofen, z. T. einen Muffelofen oder gewöhnlichen Schmelzofen mit Koksfeuerung. Er löst die Verbindung des Selensilbers, wie auch des Schwefelsilbers in Silber; da sie niedereren Schmelzpunkt haben als Silber, scheiden sie sich aus der Lösung tropfenförmig ab, während das Silber zuerst erstarrt. Die Analyse der regulären Kristalle ergab:

Ag	72,88
Se	27,12
	100,00

Selensilber kommt manchmal im Hüttensilber vor.

Vorkommen und Genesis. Kommt mit Selenblei, Bleicarbonat in Gängen von Bitterspat vor.

F. Fouqué und A. Michel-Lévy[2]) sind geneigt, für die Entstehung von natürlichem Naumannit eine Bildung aus Dämpfen, wie bei der Synthese von J. Margottet anzunehmen, dies dürfte dann richtig sein, wenn man eine bedeutend niedrigere Temperatur annimmt.

Aguilarit.

Regulär, in Dodekaedern vorkommend.

Analysen.

	1.	2.	3.	4.
Fe	—	0,26	—	—
Cu	—	0,07	0,50	0,49
Ag	79,07	80,27	79,41	84,40
Se	14,82	12,73	13,96	3,75
S	5,86	6,75	5,93	11,36
Sb	—	0,41	—	—
	99,75	100,49	99,80	100,00

1.—4. Sämtliche von der Grube San Carlos bei Guanajuato (Mexico) mit Quarz und Kalkspat; anal. F. A. Genth, Am. Journ. **41**, 401 (1894); **44**, 381 (1892); Z. Kryst. **22**, 414 (1894); **23**, 595 (1894).

Umgewandelte Kristalle.

	5.	6.	7.	8.	9.	10.
Fe	—	—	—	0,82	0,42	—
Cu	—	—	—	6,44	6,83	1,83
Ag	78,09	77,85	75,75	67,08	67,58	84,05
S	—	7,55	8,32	13,62	14,76	8,76
Se	12,39	12,22	—	—	3,51	3,82
As	—	—	—	1,29	—	0,28
Sb	—	—	—	10,82	6,83	1,24
	97,62			100,07	99,93	99,98

[1]) F. Rössler, Z. anorg. Chem. **9**, 49 (1895).

[2]) F. Fouqué u. A. Michel-Lévy, Synth. d. min. Paris 1881.

5.—10. Von demselben Fundorte; anal. wie oben.

5. 6. u. 7. Kerne von Stephanitpseudomorphosen.

8. Ein schuppiges, eisenschwarzes Zersetzungsprodukt, welches ungefähr dem Stephanit entspricht.

9. Der äußere brüchige Teil der Stephanitpseudomorphose.

10. Der innere geschmeidige Teil.

Für diese beiden Analysen berechnet F. A. Genth:

	11.	12.
Ag_2S	62,85	55,49
Ag	—	25,28
Ag_2Se	16,35	14,28
CuS	9,27	2,75
FeS	0,56	—
Sb_2S_3	9,56	1,74
As_2S_3	—	0,46
	98,59	100,00

Formel. F. A. Genth berechnet aus der ersten Analyse:

79,50% Ag, 5,89% S und 14,61% Se,

demnach ergäbe sich die Formel:

$$Ag_2Se + Ag_2S,$$

für die weiteren Analysen ergibt sich dasselbe. Das schuppige eisenschwarze Zersetzungsprodukt ergibt das Verhältnis:

$$Ag:Cu:Sb:S = 11,6:2:2:8,$$

er berechnet daraus die Formel:

$$5(Ag, Cu)_2S \,.\, (Sb, As)_2S_3 \,.$$

C. F. Rammelsberg berechnete für das frische Material, also für den eigentlichen Aguilarit, aus den Analysen von F. A. Genth die Mischungen:

$$Ag_2S \,.\, Ag_2Se$$

und für die Analyse Nr. 10:

$$7Ag_2S \,.\, Ag_2Se \,.$$

Demnach ist die Formel im allgemeinen:

$$Ag_2(S, Se)_2 \quad \text{oder} \quad nAg_2S \,.\, mAg_2Se.$$

Umwandlung. Der Aguilarit neigt stark zur Zersetzung, wobei sich, wie die Berechnung der obigen Analyse Nr. 10 zeigt, etwas metallisches Silber bildet, daneben aber hauptsächlich ein kupferhaltiger Stephanit.

Eigenschaften. Keine Spaltbarkeit. Hackiger Bruch. Läßt sich schneiden. Härte 2—3 und Dichte 7,586.

Im Röhrchen erhitzt, gibt er bei Rotglut metallisches Silber ab, dabei bildet sich ein schwaches Selensublimat, dünne seidenglänzende Nädelchen von SeO_2, sowie auch schwefelige Säure, welche letztere zur Bildung von Ag_2S führt. SeO_3 wurde nicht beobachtet.

Kupfer-Thallium-Selenid. Crookesit.

Derb, Kristallform unbekannt.

Analysen.

	1.	2.	3.
Fe	0,63	0,36	1,28
Cu	46,11	46,55	44,21
Ag	1,44	5,04	5,09
Tl	18,55	16,27	16,89
Se	33,27	30,86	32,10
	100,00	99,08	99,57

1.—3. Von der Grube Skrikerum (Schweden), Fundort des Eukairits früher für Berzelianit gehalten; anal. A. E. Nordenskjöld, Öfv. Akad. Stockholm **23**, 365 (1868); N. JB. Min. etc. 1869, 235.

Formel. Die Atomverhältnisse der beiden Analysen 2 und 3 stimmen nicht ganz überein. In der ersten ist:

$$Cu:Ag:Tl:Se = 14{,}7:1:1{,}6:7{,}8,$$

in der dritten:

$$Cu:Ag:Tl:Se = 15{,}0:1:1{,}8:9.$$

Also ungefähr:

$$15:1:2:9.$$

Daraus ergibt sich:

$$15\,CuSe,$$
$$2\,TlSe,$$
$$Ag_2Se.$$

Man kann, wenn man annimmt, daß Cu_2Se, Ag_2Se und Tl_2Se isomorph sind, schreiben:

$$(Cu, Ag, Tl)_2Se.$$

Eigenschaften. Farbe grau, bleigrau, Metallglanz, Härte 2—3. Spröde. Dichte 6,90.

Vor dem Lötrohr sehr leicht zu grünlichschwarzem Email schmelzend, wobei sich die Flamme infolge des Thalliumgehaltes grün färbt. In Salzsäure unlöslich, dagegen in Salpetersäure vollkommen löslich. Aus dieser Lösung fällt Salzsäure Chlorsilber.

Tiemannit.

Synonyma: Selenquecksilber.

Regulär-tetraedrisch.

Analysen.

	1.	2.	3.	4.
Hg	75,11	74,82	74,50	75,15
Pb	—	—	—	0,12
S	—	—	—	0,20
Se	24,39	24,90	25,50	24,88
	99,50	99,72	100,00	100,35

1. u. 2. Beide von der Grube Charlotte bei Claustal; anal. B. Kerl nach C. F. Rammelsberg, Min.-Chem. 1860, 35.

3. Von ebenda; anal. C. F. Rammelsberg, Pogg. Ann. **88**, 319 (1853).

4. Von ebenda; anal. Th. Petersen, Offenbacher Ver. Naturk. 1866, 59. Jahresber. Chem. 1866, 919.

	5.	6.	7.
Cu	—	—	8,80
Hg	74,02	69,84	56,90
S	0,70	0,37	—
Se	23,61	29,19	29,00
	98,33	99,80*)	100,00**)

*) 0,34 Cd; 0,06 unlöslich. **) 5,30 Ag.

5. Eskeborn bei Tilkerode (Harz); anal. C. Schultz bei C. F. Rammelsberg, Min.-Chem. 1860, 1010; 1875, 50.

6. Südwestlich von Marysvale, in den oberen Lagern des Kalksteines, im Staate Utah; anal. S. L. Penfield, Am. Journ. **29**, 450 (1885); Z. Kryst. **11**, 300 (1885).

7. Mit Eukairit verwachsen von der Sierra de Umango (Argentinien); anal. G. Bodländer bei F. Klockmann, Z. Kryst. **19**, 267 (1891). Cu und Ag rühren vom Eukairit her.

Formel. C. F. Rammelsberg[1]) hatte zuerst auf Grund der alten Analysen 1—4 die Formel Hg_6Se_5 aufgestellt.

Später berechnete derselbe folgende Atomverhältnisse:

Fundort	Analytiker	Hg : (S, Se)	S : Se
Marysvale	S. L. Penfield	1 : 1,1	1 : 12
Tilkerode	Schultz	1,07 : 1	
"	Kalle	1 : 1,1	1 : 8,6
Claustal	C. F. Rammelsberg	1,07 : 1	
"	B. Kerl	1,2 : 1	
"	Th. Petersen	1,17 : 1	1 : 45

Daraus schließt er auf die Formel:

$$HgSe,$$

welche jetzt allgemein angenommen ist.

Eigenschaften. Kommt derb und dicht vor, undurchsichtig, Farbe stahlgrau bis bleigrau, Strich fast schwarz, Bruch uneben bis splitterig. Härte 2—3, spröde, Dichte 7,1—8,5. Guter Leiter für Elektrizität.

Vor dem Lötrohr dekrepitiert er und verflüchtigt sich im Kölbchen zu schwarzem, oben rotbraunem Sublimat. Mit Soda auf Kohle scheiden sich Quecksilberkügelchen ab. Im offenen Rohr ein Sublimat wie oben, aber mit weißem Rand von Quecksilberselenid, wobei Selengeruch sich entwickelt. Auf Kohle leicht schmelzbar, die Flamme färbt sich azurblau, der Beschlag ist dunkelbraun eingesäumt.

In Säuren unlöslich, nur in Königswasser löslich. Man zersetzt ihn jedoch leicht durch einen Chlorgasstrom.

Vorkommen. Aus dem Vorkommen, welches an verschiedenen Fundorten nicht gleich ist, läßt sich wenig auf die Genesis schließen. In Utah scheint das Mineral als Kontaktprodukt im Kalk vorzukommen.

Synthese. Schon J. Berzelius beobachtete die Vereinigung der beiden Dämpfe zu Selenquecksilber. Little[2]) sublimierte ein Gemenge der beiden Bestandteile und erhielt Kristalle, purpurfarbig bis violett, dem regulären System angehörig. Die Dichte war allerdings bedeutend höher, 8,887. Auch

[1]) C. F. Rammelsberg, Min.-Chem. 1875.

[2]) Little, Ann. Chem. u. Pharm. **112**, 2111 (1859).

der Quecksilbergehalt von 83,76 % ist für Tiemannit zu hoch, wie aus einem Vergleich mit den Analysen hervorgeht, denn auch die theoretische Zusammensetzung eines HgSe verlangt nur 71,69 % Hg. Daher ist die Identität des synthetischen Produktes mit dem natürlichen unsicher. Dasselbe gilt vielleicht von dem Versuche Uelsmanns.[1])

J. Margottet[2]) erhielt dieses Mineral auf folgende Weise. Er erhitzte im Vakuum bei 440° Selen in Gegenwart von Quecksilber und destillierte das Produkt. Er erhielt in der Röhre eine Geode, welche mit schönen Kristallen gefüllt war. Dieselben Kristalle erhielt er, indem er sie in einem inaktiven Gas entstehen ließ, aber sie waren nicht so gut entwickelt. Es waren Kombinationen von Würfel und Oktaeder und Zwillinge nach dem Spinellgesetz. Das spezifische Gewicht war 8,21, also auch höher, als das der natürlichen. (Vgl. auch die Synthesen S. 803.)

Onofrit.

Synonym: Selenschwefelquecksilber.

Kristallform unbekannt. Derb, körnig.

Analysen.

	1.	2.	3.
δ	7,63	—	—
Zn	0,54	—	1,30
Hg	81,93	81,33	77,30
S	11,68	10,30	10,30
Se	4,58	6,49	8,40
Mn	0,69	—	—
	99,42	98,12	97,30

Spur Eisen.

1. Aus dem Minendistrikt von Marysvale, Utah; anal. W. J. Comstock bei G. J. Brush, Am. Journ. **21**, 314 (1881); Z. Kryst. **5**, 469 (1881).
2. Von S. Onofro, in Kalkspat und Quarz eingewachsen, Mexico; anal. H. Rose, Pogg. Ann. **46**, 318 (1839).
3. Von Wön-schan-tshiaug (China) mit Zinnober auf Quarzgängen; anal. F. Pisani bei P. Termier, Bull. soc. min. **20**, 205 (1897). Das Zink rührt wohl von Verunreinigung her.

C. F. Rammelsberg berechnete die zwei ersten Analysen:

Fundort	Analytiker	Hg : S : Se
S. Onofro	H. Rose	5,07 : 4 : 1
Marysvale	J. Comstock	7,4 : 6,3 : 1

Daraus berechnet er eine Mischung von:

$$6\,HgS\,.\,HgSe\,.$$

P. Termier fand $S + Se : Hg + Zn = 1$.

Nimmt man an, daß es sich um isomorphe Mischung des Selenids mit dem Sulfid handelt, so kann man die Formel allgemein schreiben:

$$Hg(Se, S)\,.$$

Farbe schwärzlichgrau, Strich ebenso.

---

[1]) Uelsmann, Ann. Chem. u. Pharm. **116**, 122 (1860).

[2]) J. Margottet, C. R. **85**, 1142 (1877).

Eigenschaften. Metallglänzend, undurchsichtig, Bruch muschelig. Spröde, Härte 2—3. Dichte verschieden 7,61—8,09, was wohl damit zusammenhängt, daß die Gehalte von S und Se in den verschiedenen Stücken schwanken. S. L. Penfield berechnete aus den Werten von Metacinnabarit und von Tiemannit die Dichte des Onofrits und schloß aus der Übereinstimmung auf die Isomorphie von HgS und HgSe.

Verhalten beim Erhitzen. In geschlossenem Rohr dekrepitiert das Mineral und verflüchtigt sich größtenteils, wobei es die Reaktion auf S und Hg gibt. Im Rohr setzt sich ein grauschwarzes Sublimat ab, das einen geringen Rückstand hinterläßt. Im offenen Rohr entweicht SO_2, es bilden sich Sublimate von metallischem Hg und von Schwefeleisenverbindungen desselben.

Auf Kohle im Reduktionsfeuer färbt die Probe die Flamme blau und es entwickelt sich Selengeruch, die Kohle bedeckt sich dabei mit einem metallglänzenden Sublimat. Es verbleibt ein kleiner Rückstand, welcher mit Soda einen kleinen Zinnbeschlag gibt. Ebenso wie der Tiemannit wird auch der Onofrit nur durch Königswasser gelöst und durch Erhitzen im Chlorgasstrom zersetzt.

Selenquecksilberkupferblei.

Synonym: Seebachit z. T.

Analysen.

	1.	2.	3.
Cu	22,13	17,49	47,74
Hg	13,12	3,61	2,07
Pb	25,36	43,05	16,18
Se	38,53	34,19	33,89
	99,14	98,34	99,88

1.—3. Sämtliche von Zorge im Harz.
1. u. 2. anal. E. Knoevenagel bei C. F. Rammelsberg, Min.-Chem. 1875, 51.
3. anal. E. Knoevenagel u. Hübner, ebenda.

Formel. Die Atomverhältnisse sind nach C. F. Rammelsberg[1]) folgende:

	Cu : Hg : Pb : Se
1.	5,4 : 1 : 2 : 7,5,
2.	15,3 : 1 : 11,6 : 25,2,
3.	75,3 : 1 : 8 : 43.

Daraus ergeben sich die **Formeln:**

2 PbSe	34 PbSe	8 PbSe
4 CuSe	30 CuSe	37 Cu_2Se
Cu_2Se	8 Cu_2Se	HgSe
HgSe	3 HgSe	

C. F. Rammelsberg läßt die Frage offen, ob es sich um ein homogenes Mineral oder um ein Gemenge handelt. P. Groth entscheidet sich für letzteres. Eine Untersuchung mit dem Metallmikroskop könnte die Frage wohl entscheiden, wahrscheinlich sind es Gemenge.

[1]) C. F. Rammelsberg, Min.-Chem. 1875, 51.

Selenquecksilberblei (Lerbachit).

Von **C. Doelter** (Wien).

Ein Vorkommen von Tilkerode, mit wenig Blei dürfte Tiemannit mit wenig Selenblei sein, also ein verunreinigter Tiemannit.

	1.
Hg	69,60
Pb	1,48
S	1,24
Se	27,34
	99,66

1. Anal. Kalle bei C. F. Rammelsberg, Min.-Chem. 1875, 51.

Dichte 7,116. Grobkörnig. Man könnte dieses Erz zum Tiemannit stellen.

Anders sind die stark bleihaltigen.

	2.	3.	4.	5.
Hg	44,69	16,94	16,93	8,38
Pb	27,33	55,84	55,52	62,10
S	—	—	1,10	0,80
Se	27,98	24,97	24,41	28,36
	100,00	97,75	97,96	99,64

Sämtliche von Tilkerode.

2. u. 3. Grobblätterig, nach dem Würfel spaltbar. Dichte 7,804—7,876; anal. H. Rose, siehe C. F. Rammelsberg, Min.-Chem. 1875, 51 (Pogg. Ann. 1824, 418 u. 1825, 301.)

4. Vorkommen vom Jahre 1824; anal. C. Schultz bei C. F. Rammelsberg, ebenda.

5. Feinkörnig, Dichte 7,089; anal. Kalle bei C. F. Rammelsberg, ebenda.

Daraus berechnet C. F. Rammelsberg für 3. und 4. die Formel:

$$3\,PbSe\,.\,HgSe,$$

für das letztgenannte (5.) ergibt sich:

$$7\,PbSe\,.\,HgSe.$$

Es fragt sich, ob eine Verbindung, ein isomorphes Gemenge oder ein mechanisches Gemenge vorliege. Auch hier wäre eine metallographische Untersuchung am Platze.

Das Mineral verhält sich vor dem Lötrohr ähnlich wie Selenblei. In der offenen Röhre gibt es Quecksilber, Selendampf und ein Sublimat von selenigsaurem Quecksilber in Tröpfchen, nach A. Zinken.

Clausthalit.

Von **M. Seebach** (Leipzig).

Regulär (hexakisoktaedrisch).

Synonyma: Selenblei (Selenbleiglanz, Selenkobaltblei, Kobaltbleiglanz, Kobaltbleierz, Tilkerodit) Plomb sélénié.

Analysen.

	1.	2.	3.	4.	5.	6.	7.	8.	9.
δ . .	—		7,697		—	—	—	—	7,6
Cu . .	—	—	—	—	—	—	—	0,39	—
Hg . .	—	—	—	—	—	—	—	1,98	—
Fe . .	—	—	—	—	—	0,45	—	—	1,00
Co . .	—	1,10	0,71	0,67	0,83	3,14	—	—	—
Pb . .	72,34	70,85	71,26	70,81	70,98	63,92	71,81	67,78	69,90
Se . .	27,66	27,99	27,83	28,52	28,11	31,42	27,59	29,47	27,60
	100,00	99,94	99,80	100,00	99,92	98,93	99,40	99,62	98,50

1. Theor. Zusammensetzung.
2.—4. „Selenkobaltblei", Clausthal, Harz; anal. F. Stromeyer, Pogg. Ann. **2**, 409 (1824).
5. Mittelwerte aus 2.—4.
6. Von demselben Fundorte; anal. H. Rose, Pogg. Ann. **2**, 417 (1824); **3**, 289 (1825).
7. Tilkerode; Harz; anal. H. Rose, wie oben **3**, 287 (1825).
8. Eskeborner Stollen b. Tilkerode, Harz; anal. F. Rengert bei C. F. Rammelsberg, Handb. Min.-Chem. 2. Aufl. I, 47 (1875).
9. Kleinkörniger, bleiglanzähnlicher Clausthalit, mit Cerussit gemengt von Cerro de Cacheuta, Argentinien; anal. J. Domeyko, C. R. **63**, 1064 (1866); Min. 1879, 335, 404.

Formel.

Die Analysen ergeben einen nicht unbeträchtlichen Kobaltgehalt. Auch Silber, Gold, Kupfer und Quecksilber werden beobachtet. Da indes die mikroskopische Untersuchung des Analysenmaterials fehlt, läßt sich nicht ermitteln, ob isomorphe Mischungen oder Gemenge vorlagen. Bei den ähnlichen thermischen Beziehungen der entsprechenden Systeme scheint eine Mischfähigkeit nicht ausgeschlossen. Eine erneute Analyse mit reinem Material wird notwendig. Vorläufige Formel: PbSe.

Eigenschaften.

Für Selenblei (Clausthalit) bestimmte S. v. Olshausen[1]) die Gitterstruktur. Er erhielt ein flächenzentriertes kubisches Gitter. Die Intensitäten scheinen sich wie bei Steinsalz zu verhalten und wurden für diese Struktur berechnet. Rechnung und Beobachtung stimmen gut überein. Es liegt also tatsächlich dieser Typus vor, während der Bleiglanz dem CsCl-Typus entspricht. Siehe im übrigen die Tabelle, welche dieser Forscher gegeben hat. Er gibt in seiner Tabelle $\Gamma_{c'}\ a_w = 6{,}162$ Å an, wobei $\Gamma_{c'}$ ein flächenzentriertes kubisches Gitter darstellt.

Selten ausgebildete Würfel, gewöhnlich feinkörnige oder blättrige bleiglanzähnliche Massen mit bläulichem Schimmer; Strich graulichschwarz.

Spaltbarkeit nach {100}; Bruch körnig. Härte 2,5, $\delta = 7{,}6$—$8{,}8$.

Leitet die Elektrizität.[2])

Im Funkenspektrum fand A. de Gramont[3]) an kristallisiertem Material von Cacheuta die Linien des Bleis und Selens, besonders schön die letzteren

[1]) S. v. Olshausen, Z. Kryst. **61**, 482 (1925).
[2]) F. Beijerinck, N. JB. Min. etc. Beil.-Bd. **11**, 439 (1897).
[3]) A. de Gramont, Bull. soc. min. **18**, 341 (1895).

im Grün. Drei Hauptlinien des Silbers weisen auf Beimengungen dieses Elements hin.

Lötrohrverhalten. Dekrepitiert beim Erhitzen und entwickelt im offenen Glasrohr Selen, das sich in der Nähe der Probe mit stahlgrauer Farbe, die in einiger Entfernung in Cochenillerot übergeht, niederschlägt. Auf Kohle verflüchtigt es sich zum großen Teil,[1]) ohne zu schmelzen, mit charakteristischem Selengeruch; nach längerem Blasen bleibt sehr wenig schwarze, schlackige Masse zurück, welche in der Phosphorsalz- und Boraxperle etwa vorhandenes Kobalt, Kupfer oder Eisen anzeigt. Der Lötrohrbeschlag auf Kohle (oder besser auf Glas, das nach dem Erkalten mit weißem Papier unterlegt, die Betrachtung der Farben erleichtert) ist grau bzw. rötlich; nach einiger Zeit entsteht auch ein wohl erkennbarer Beschlag von Blei. Das Blei läßt sich durch Schmelzen mit Soda, leichter mit Kaliumoxalat reduzieren und durch Abtreiben auf Silber prüfen.

Löslichkeit. Selenblei ist in Salpetersäure löslich, in der Lösung erzeugt Schwefelsäure einen Niederschlag von Bleisulfat. Wird es mit konzentrierter Schwefelsäure erhitzt, so färbt sich diese schön grün. In der Lösung wird durch Wasser rotes Selen gefällt.

Die **Schmelztemperatur** von PbSe (mittels Thermoelements bestimmt) liegt nach K. Friedrich und A. Leroux[2]) bei 1088° C, nach H. Pélabon[3]) bei 1065° C, also bedeutend höher als die der Komponenten (Pb 326,9° C und Se 217° C).

Von ihnen ist das **System Pb–Se** ziemlich vollständig ausgearbeitet. Bei 50 Atom-% liegt ein Maximum, dem kongruenten Schmelzen von PbSe entsprechend. Weitere Verbindungen scheinen nicht aufzutreten. Aus bleireichen Schmelzen kristallisiert reines PbSe, was auch schon F. Roessler[4]) feststellte, welcher aus einer Mischung von Bleiselen mit 10% Se als primär ausgeschiedene Kristallart Würfelterassen erhielt (Kristallaggregate, die mit 72,77% Pb auf die Formel PbSe führten). Die Liquiduskurve endet bei der Schmelztemperatur von Blei bei 326,9° C. Selenreichere Legierungen mit mehr als 50 Atom-% Se beginnen tiefer zu kristallisieren. Nach A. Pélabon tritt hier im flüssigen Zustande Schichtenbildung auf. K. Friedrich und A. Leroux konnten mikrographisch in der sekundären Bleimasse keinerlei Andeutung einer eutektischen Selenidbeimengung konstatieren.

Synthese. Little[5]) erhielt durch Zusammenschmelzen der Komponenten nicht kristallisiertes PbSe mit 71% Pb, $\delta = 8{,}154$. J. Margottet[6]) sublimierte PbSe bei Rotglut in einem langsamen Wasserstoffstrom, wobei sich kleine spaltbare Würfel bildeten. Zur Prüfung der Frage nach der Existenz eines bleireicheren Selenids Pb_2Se erhitzte H. Fonzès-Diacon[7]) ein in den entsprechenden Mengenverhältnissen dargestelltes Präparat, das sich aber als nicht einheitlich und unregelmäßig zusammengesetzt erwies bis auf einzelne Stellen mit wohl ausgebildeten Würfeln des normalen Selenids PbSe.

---

[1]) Reines Selenblei ist vollkommen flüchtig (E. S. Dana, Min. 6. Aufl. 1909, 52.
[2]) K. Friedrich u. A. Leroux, Metallurgie **5**, 357 (1908).
[3]) H. Pélabon bei W. Guertler, Metallographie I, Berlin 1912, 962.
[4]) F. Roessler, Z. anorg. Chem. **9**, 41 (1895).
[5]) Little, Ann. Chem. Pharm. **112**, 211 (1859).
[6]) J. Margottet, C. R. **85**, 1142 (1877).
[7]) H. Fonzès-Diacon, Bull. soc. chim. **23**, 811 (1900); C. R. **130**, 1710 (1900).

Vorkommen. In den mit Kalkspalttrümern durchsetzten Roteisensteinlagern in der Nachbarschaft des Diabases von Lerbach, Tilkerode und Zorge im Harz; namentlich aber auf einem Gange in Trachyt am Cerro de Cacheuta in Argentinien zusammen mit anderen Selenerzen, die in den oberen Lagen bis 21 % Silber enthalten.

Zorgit.

Synonyma: Selenkupferbleiglanz; Raphanosmit,[1]) (Rhaphanosmit) von *ῥαφανίς* Rettig und *ὀσμή* Geruch (vor dem Lötrohr); von C. F. Zincken[2]) je nach dem Überwiegen von Blei oder Kupfer als Selenkupferblei und Selenbleikupfer unterschieden.

Analysen.

	1.	2.	3.	4.	5.	6.	7.
δ	7,0	5,6	—	6,96–7,04	7,4–7,5	5,5	6,38
Cu	7,86	15,45	46,64	8,02	4,00	20,60	16,70
Ag	—	1,29	—	0,05	0,07	—	1,20
Fe	0,77	—	—	—	—	—	0,80
Co	—	—	—	—	—	—	0,80
Pb	59,67	47,43	16,58	53,74	63,82	30,60	40,00
Se	29,96	34,26	36,59	30,00	29,35	48,40	37,30
Fe_2O_3	—	2,08*	—	2,00	Spur	—	—
SiO_2	—	—	—	4,50	2,06	—	—
Gangart	1,00	—	—	—	—	1,20	1,70
	99,26	100,51	99,81	98,31	99,30	100,80	98,50

	8.	9.	10.	11.	12.	13.	14.
δ	7,55	6,26	—	—	—	—	—
Cu	6,70	42,80	12,43	25,40	36,30	35,41	35,77
Ag	—	—	19,20	27,49	15,81	19,22	19,16
Fe	0,30	0,40	—	—	—	—	—
Co	0,20	0,30	Spur	0,39	[1,64]	[3,79]	[3,45]
Pb	62,10	13,90	35,70	17,10			
Se	29,70	42,50	32,77	29,54	46,25	41,58	41,62
	99,00	99,90	100,10	99,92	100,00	100,00	100,00

* Fe_2O_3 + PbO.

1. u. 2. Tilkerode, Harz; anal. H. Rose, Pogg. Ann. **2**, 417; **3**, 293, 296 (1825).

3. Zorge, Harz; anal. Hübner bei C. F. Rammelsberg, Handb. Min.-Chem. 1860, 1010; 1875, 49.

4. u. 5. Dunkelbleigraues bzw. rötlichbleigraues Material, Gr. Friedrichsglück i. Glasbachgrund, Meiningen; anal. C. M. Kersten, Pogg. Ann. **46**, 265 (1839).

6.—9. Kupferglanzgraue (6.—8.) und buntkupferähnliche (9.), mikrokristallinische Erze mit Malachit, Kupferlasur und Kieselkupfer aus den Peruanischen Anden(?) (wahrscheinlich aber vom Cerro de Cacheuta, Argentinien); anal. F. Pisani, C. R. **88**, 391 (1879); N. JB. Min. etc. 1880, **1**, 15; Z. Kryst. **4**, 403 (1880).

10.—12. Silberglänzende Massen vom Cerro de Cacheuta, Prov. Mendoza, Argentinien; anal. Fr. Heusler und H. Klinger, Ber. Dtsch. Chem. Ges. **18**, 2556 (1885); Z. Kryst. **12**, 186 (1887).

13. u. 14. Bleifarbige Massen, Cacheuta; anal. H. Wittkopp bei Fr. Heusler u. H. Klinger, wie oben.

---

1) F. v. Kobell, Mineral-Namen. München 1853, 87.

2) C. F. Zincken, Pogg. Ann. **3**, 275 (1825).

Formel.

Auf Grund der Analysenergebnisse stellte F. Pisani[1]) Formeln wie (Pb, Cu)Se (Analyse 6.—8.) und $(Cu, Pb)_3Se_2$ (Analyse 9.) auf. Von C. Klein[2]) und A. Arzruni[3]) wurde gezeigt, daß diese Formeln erzwungen sind. Genauer stimmen die Analysen weder auf (Pb, Cu)Se noch $(Pb, Cu_2)Se$; aus Analyse 9. ließe sich etwa die Formel $PbSe + 4CuSe + 3Cu_2Se$ ableiten. Da aber das Untersuchungsmaterial nicht auf Homogenität geprüft wurde, läßt die Diskussion der Analysen keine eindeutigen Schlüsse zu. Auch die Synthese von H. Rose,[4]) der durch Zusammenschmelzen von Selenblei und Selenkupfer (wohl Cu_2Se) ein leichtflüssiges Gemisch, leichter schmelzbar als Selenkupfer allein (Schmelztemperatur 1114° C), erhielt, gibt ohne Prüfung der erstarrten Reguli keinen Anhalt. Zorgit dürfte demnach als ein Gemenge von Selenblei mit Selenkupfer anzusprechen sein.

Eigenschaften. Wird nur in derben körnigen, dunkel- bis lichtbleigrauen Massen beobachtet; die kupferreichen sind dunkler gefärbt als die kupferärmeren, zuweilen mit einem Stich ins Rötliche oder auch mehr oder weniger „veilchenblau". Dichte geringer als beim Selenblei. Vor dem Lötrohr verhält er sich wie PbSe, ist aber leichter schmelzbar als dieses. Hinterläßt auf Kohle einen schwarzen, schlackigen Rückstand, der mit Soda ein häufig silberhaltiges Kupferkorn gibt.

Vorkommen. Auf Eisensteingängen im Diabas bei Zorge und Tilkerode (Harz); im Tonschiefer vom Glasbachgrund (Meiningen), zusammen mit Quarz, Flußspat, Kalkspat, Eisenspat, Bleiglanz und Kupfererzen; gleichfalls mit Kupfer- und anderen Selenerzen am Cerro de Cacheuta, Argentinien.

Weibullit.

Von **C. Doelter** (Wien).

Kristallform unbekannt.

Synonym: Selenbleiwismutglanz, selenhaltiger Galenobismutit.

Analysen.

	1.	2.	3.
δ	6,97	7,145	6,940
Fe	0,61	—	0,88
Cu	0,77	—	1,38
Pb	24,62	27,88	14,08
Ag	—	0,33	—
Bi	49,73	49,88	59,70
Se	13,61	12,43	12,54
S	9,82	9,75	10,48
	99,16	100,27	99,06

1. Von der Falungrube (Schweden); anal. M. Weibull, Geol. För. Förh. **7**, 657 (1885). Z. Kryst. **12**, 511 (1887).

2. Ebendaher; anal. F. A. Genth, Am. Phil. Soc. **23**, 34 (1885). Ref. in Z. Kryst. **12**, 487 (1887).

[1]) F. Pisani, C. R. **88**, 391 (1879); N. JB. Min. etc. 1880, **1**, 15; Z. Kryst. **4**, 403 (1880).
[2]) C. Klein, N. JB. Min. etc. 1880, **1**, 286.
[3]) A. Arzruni, Z. Kryst. **4**, 654 (1880).
[4]) H. Rose, Pogg. Ann. **3**, 294 (1825).

3. Von Falun; anal. E. W. Todd bei T. L. Walker, Contr. Canad. Miner.; Univ. Toronto Stud. Geol. Ser. Nr. **12**, 5 (1921).

Formel. Das Mineral Weibullit war zuerst von M. Weibull als selenhaltiger Galenobismutit beschrieben worden. Er berechnete aus seiner Analyse das Atomverhältnis, welches zur Formel:

$$PbS.Bi_2S_3 + PbS.Bi_2Se_3$$

führt. Die Zahlen für diese Formel berechnet er mit:

Bi . . .	50,88
Pb . . .	25,68
S	9,69
Se . . .	14,55

Er verglich das Mineral mit dem von Hj. Sjögren beschriebenen Bleiwismutglanz.

F. A. Genth schrieb die Formel:

$$Pb(S, Se).Bi_2(S, Se)_3.$$

In dieser Formel ist $S:Se = 2:1$.

P. Groth[1]) schrieb die Formel: $Bi_2(S, Se)_4Pb$.

Das Erz war schon früher von A. Atterberg analysiert worden; er fand:

Pb . . .	17,90
Bi . . .	68,40
S	10,39
Se . . .	1,15
Fe . . .	1,52
Quarz . .	1,60
	100,96

Der Selengehalt war viel zu niedrig bestimmt. Er hatte es übrigens für ein Gemenge von Wismut mit einem Bleisalz gehalten.

Der Name Weibullit wurde von G. Flink[2]) gegeben. Er gibt ihm die Formel:

$$2PbS.Bi_4Se_3S_3.$$

P. Groth und K. Mieleitner[3]) reihen es in die Sulfosalze ein und stellen es zu Skleroklas, Berthierit, Galenobismutit und Platynit. Die Formel ist $[(Bi(Se, S)_2]_2Pb$.

Eigenschaften. Die Dichte ist nach G. Flink 6,97, während F. A. Genth 7,245 angab. Härte 2—3, näher 3 (G. Flink). Der Weibullit ist kristallinblätterig, er zeigt eine deutliche Spaltbarkeit. Bruch blätterig.

Undurchsichtig, metallglänzend; blei- bis stahlgrau, Strich dunkelgrau, spröde.

Vorkommen. In der Falungrube kommt Weibullit mit Kupferkies, Gold, Pyrit vor.

Vor dem Lötrohr unterscheidet er sich von Galenobismutit durch starken Selengeruch. Sonst verhält er sich ähnlich wie jenes Mineral.

---

[1]) P. Groth, Tabellen 1898.
[2]) G. Flink, Arkif f. Kemi, Min. **3**, 1 (1910). Z. Kryst. **53**, 409 (1914).
[3]) P. Groth u. K. Mieleitner, Min. Tab. 1921, 25.

Platynit.

Dieser etwas merkwürdige Name stammt von πλατινειν, ausbreiten.

Kristallklasse: Trigonal-Rhomboedrisch $a:c = 1:1{,}226$.

Analyse.

Cu . . .	0,32
Fe . . .	0,30
Pb . . .	25,80
Bi . . .	48,98
S	4,36
Se . . .	18,73
Unlöslich .	0,36
	98,85

Von Falun (Schweden), kommt in schmalen Lamellen im Quarz vor; anal. R. Mauzelius bei G. Flink, Archiv for Kemi. Min. etc. **3**, 35 (1910). Ref. Z. Kryst. **53**, 409 (1914).

Formel. Aus der Analyse berechnet sich:

$$PbBi_2SeS \quad \text{oder} \quad PbS\,.\,Bi_2Se_2\,.$$

P. Groth[1]) faßt die Verbindung als Sulfosalz auf und stellt sie zu Zinckenit.

Eigenschaften. Spaltbar nach der Basis und dem Rhomboeder. Härte 2—3, Dichte 7,98.

Platynit zeigt dieselbe Farbe wie Graphit, Strich glänzend.

Wittit.

Rhombisch oder monoklin.

Analyse.

Fe	0,28
Cu	0,08
Zn	0,26
Ag	0,19
Pb	33,85
Bi	43,33
S	12,14
Se	8,46
Unlöslich	0,54
	99,13

Mit Quarz, Magnetit, Anthophyllit, Cordierit und Pyrit von der Falungrube (Schweden); anal. K. Johansson, Arkiv Kemi, Min. **9**, Nr. 9 (1924). — Nach A. Schwantke, Fortschritte Min. 1925, 118.

Formel. $5\,PbS\,.\,3\,Bi_2(S, Se)_3$.

Eigenschaften. Ähnlich dem Molybdänglanz, vollkommen spaltbar nach einer Richtung. Härte 2—2½. Dichte 7,12.

Rúbiesit (bisher unbenanntes Mineral).

Das nachfolgende Mineral ist schon seit einigen Jahren bekannt, es wurde hier noch nicht gebracht, weil es nicht ganz klar ist, ob es den Sul-

[1]) P. Groth u. K. Mieleitner, Min. Tab. 1921, 25.

fiden, den Seleniden oder Telluriden angereiht werden soll. Möglicherweise liegt, wie bei dem Begleitmineral, dem Oruetit, ein Gemenge vor. Da dies jedoch nicht wahrscheinlich ist, liegt ein neues Mineral vor, für welches ich den Namen „Rúbiesit" vorschlage.

Analyse.

Pb . . .	0,82
Cu . . .	Spur
Sn . . .	0,09
Bi . . .	73,38
Sb . . .	4,50
As . . .	Spur
S. . . .	17,08
(Se, Te) . .	4,98

Aus dem Dolomit der Serrania de Ronda; anal. Piña de Rubies, Ann. de la sociedad española fis-quimica **18**, 335. Ref. Min. Austr. 1920, 201. (Ref. J. L. Spencer.)

Formel. Aus der Analyse wurde berechnet:

$$8\,Bi_2S_3 \,.\, Sb_2S_3 \,.\, Bi_2(Te, Se)_3 \,.$$

Das Mineral steht demnach zwischen Wismutglanz und Selenwismutglanz, wozu aber noch Tellurwismut hinzutritt.

Eine Trennung des Selens wäre notwendig, um beurteilen zu können, ob das Mineral mit dem Selenwismut mehr Verwandtschaft hat, oder eher bei den Tellurwismutverbindungen einzureihen wäre. Es ist auch nicht ausgeschlossen, daß ein Gemenge von Bismutin, Selenwismutglanz, Tellurwismut vorliegen könnte? Es wäre dies mit Rücksicht auf die Begleitmineralien nicht ganz unmöglich.

Eigenschaften. Härte 2. Dichte 6,8. Leitet die Elektrizität, wodurch es sich von dem Oruetit unterscheidet; Farbe stahlgrau.

Vorkommen. Als Begleitmineralien treten auf: der früher erwähnte Oruetit (siehe S. 855), dem das unbenannte Mineral ähnlich sieht, dann Tetradymit, Wismut, Wismutglanz, Mispickel, Scheelit, im Dolomit der Serrania de Ronda.

Sauerstoffverbindungen des Selens.

Von **C. Doelter** (Wien).

Selenolith.

Nach E. Bertrand[1]) bildet sich aus Selenblei ein Mineral in sehr feinen Nadeln, welche aus Selendioxyd bestehen.

Dieses Mineral, von welchem keine Analyse bekannt ist, wurde Selenolith benannt. Die Zusammensetzung entspricht der Formel: SeO_2.

Synthese des Selendioxyds.

Diese Verbindung kann auf verschiedene Arten dargestellt werden: 1. Durch Erhitzen in Sauerstoff. 2. Man löst Selen in Salpetersäure und erhitzt in einer Retorte, zuletzt sublimiert Selendioxyd (siehe darüber bei Kraut-Gmelin.[2]) C. F. Rammelsberg[3]) bestimmte die künstlichen Kristalle als monoklin; $a:b:c = 1{,}292:1:1{,}067$, $\beta = 79^0 0'$.

[1]) E. Bertrand, Bull. soc. min. **5**, 90 (1882).
[2]) Kraut-Gmelin, Anorg. Chemie I, 1, HFH (1907).
[3]) C. Hintze, Mineral. **3**, 125.

Chalkomenit.

Monoklin. $a:b:c = 0{,}7222:1:0{,}2460$ (A. Des Cloizeaux).

Analyse.

CuO	35,40
SeO_2	48,12
H_2O	15,30
	98,82

Vom Cerro de Cacheuta, 12 Meilen von Mendoza (Argentinien); anal. A. Damour, Bull. soc. min. **4**, 164 (1881).

Formel. A. Damour[1]) berechnet das Sauerstoffverhältnis:

$$7{,}12:13{,}82:13{,}60.$$

Daraus ergibt sich die Formel:

$$CuSeO_3 \cdot 2H_2O.$$

Die Formel erfordert folgende Mengen:

CuO	35,09
SeO_2	49,00
H_2O	15,89
	99,98

Die Unterschiede sind klein, daher die obige Formel stimmt.

Eigenschaften. Farbe blau, durchsichtig. Dichte 3,76. Die optische Achsenebene ist normal zu (010). Der Winkel der optischen Achsen ist sehr klein, für Blau etwa 10°.

Beim Erwärmen gibt das Mineral etwas saures Wasser, dann Selenigsäureanhydrid ab, welch letzteres in weißen Nadeln sublimiert.

Vor dem Lötrohr schmiltzt er leicht zu schwarzer Schlacke, entwickelt Selendampf und färbt die Flamme blau.

In Säuren löslich, namentlich in Schwefelsäure, Salpetersäure und Salzsäure, auch wenn diese verdünnt sind. Ein Tropfen der schwefelsauren Lösung auf ein Kupferblech gebracht, gibt einen schwarzen, in Wasser unlöslichen Fleck. Die salzsaure Lösung gibt unter schwefligsaurem Natrium einen ziegelroten Niederschlag, welcher beim Siedepunkt schwarz wird.

Mit Phosphorsalz erhitzt, gibt das Mineral ein grünlichblaues Glas, welches in der Reduktionsflamme blutrot wird, ebenso, wenn man etwas Zinnfolie hinzugibt.

Synthese.

Ch. Friedel und Edm. Sarrasin[2]) haben dieses neue Mineral bald nach seiner Entdeckung künstlich dargestellt. Wenn man eine neutrale Lösung vom selenigsauren Kupfer mit Kupfersulfat behandelt, erhält man einen amorphen weißen Niederschlag, welcher sich allmählich in ein blaues kristallines Pulver umwandelt. Dieser pulverige Niederschlag wurde in einem verschlossenen Rohr mit Wasser zwischen 130–200° erhitzt. Sie erhielten zwei Pulver, eins gelb, das andere blau. Die blauen Kristalle stimmen überein mit den natürlichen Kristallen des

[1]) A. Damour, Bull. soc. min. **4**, 164 (1881).
[2]) Ch. Friedel u. Edm. Sarrasin, ebenda **4**, 176 (1881).

Chalkomenits. Das blaue kristalline Pulver verliert bei 100° einen Teil des Wassers, es gelingt nicht, das ganze Wasser zu verjagen, ohne etwa selenige Säure zu verlieren. Die Analyse ergab:

SeO_2	49,60	49,18
CuO	35,06	—
H_2O	16,39	15,44
	101,05	

Im Vergleiche mit den oben angeführten Zahlen stimmt die Analyse mit der Formel: $CuO . SeO_2 . 2H_2O$.

Es wurde dann von den beiden Forschern[1]) eine Kaliumselenitlösung in einer mit einem Schlitz versehenen Röhre in eine Kupfersulfatlösung gebracht, wobei in der Kälte bis 1 cm große Kristalle entstanden, deren Form aber von denen der natürlichen abweicht, obzwar die Zusammensetzung die gleiche ist:

$$a:b:c = 0,9071:1:1,3322.$$

Die Verbindung $CuSeO_3 . 2H_2O$ ist übrigens schon früher dargestellt worden. L. F. Nilson ließ Alkaliselenitlösung auf Kupfersulfatlösung einwirken, wobei er einen grünen Niederschlag erhielt, der aber amorph war; er wird jedoch spontan kristallin und nimmt eine blaue Farbe an. N. O. Nilsson erhielt blaue Prismen.

Künstlich hat man noch eine Reihe von Seleniten herstellen können, das basische Salz $2CuSeO_3$, dann $CuO . 2SeO_2$ ferner $CuO . 2SeO_2$ mit $2H_2O$, sowie auch mit $4H_2O$ und mit $5H_2O$. Alle diese Salze kommen in der Natur nicht vor. Ebensowenig sind uns die Selenate $CuSeO_4$ bekannt.[2])

Molybdomenit, Kobaltomenit.

Weitere Selenite sind Molybdomenit und Kobaltomenit.

Molybdomenit (Molybdoménite) nannte E. Bertrand[3]) ein Selensalz. Es kristallisiert rhombisch, zeigt zwei Spaltrichtungen und kommt in Lamellen vor. Das Mineral enthält selenige Säure und Blei. Es wird daher vermutet, daß ein Bleiselenit vorliegt. Kommt mit Chalkomenit in Cacheuta, Argentinien, vor. Eine quantitative Analyse fehlt.

Das Mineral ist durchsichtig bis durchscheinend. Optisch zweiachsig, positiv. Die stumpfe Bisektrix ist normal zu einer der Spaltrichtungen. Farbe weiß, perlmutterglänzend.

Eine Varietät zeigt hellgrüne Färbung und enthält außer seleniger Säure und Bleioxyd noch Kupferoxyd. Es wird von E. Bertrand als ein kupferhaltiger Molybdomenit angesehen.

Kobaltomenit (Cobaltoménite) wurde von demselben Autor ein Mineral von demselben Fundort genannt. Es kommt mit den Seleniten von Blei und Kobalt vor. Das Kristallsystem ist das monokline. Die Farbe ist rosa, ähnlich dem Erythrin. Die Ebene der optischen Achsen ist parallel der Längsrichtung der Kristalle. Die spitze Bisektrix steht normal senkrecht zu dieser Richtung. Optisch negativ.

Ob es sich um ein Kobaltselenit handelt, ist fraglich. Mit diesem Mineral kommt auch Selenolith vor (siehe S. 839).

---

1) Ch. Friedel u. Edm. Sarrasin, Bull. soc. min. **4**, 225 (1881).
2) Siehe Kraut-Gmelin, Anorg. Chem. V (1909).
3) E. Bertrand, Bull. soc. min. **5**, 91 (1882).

Selenbleispat.

Synonyma: Kerstenit, Bleiselenit.

Kommt in kleinen kugeligen Massen vor, auch derb.

Nach C. Kersten besteht es aus seleniger Säure und Bleioxyd PbO.

Eine quantitative Analyse fehlt.

Da die Isomorphie mit Anglesit wahrscheinlich ist, so wird die Zusammensetzung:

$$PbSeO_4$$

vermutet.

Eigenschaften. Deutlich nach einer Richtung spaltbar. Härte 3—4. Schwefelgelb, Strich farblos, Glas- bis Fettglanz.

Auf Kohle leicht zu schwarzer Schlacke schmelzbar, wobei sich Selengeruch bemerkbar macht, schließlich erhält man ein Metallkorn. Außer Blei ist etwas Kupfer enthalten. Mit Borax gelbgrüne Perle. Mit Soda bekommt man metallisches Blei.

Vorkommen. Mit einem antimonhaltigen Bleiselenit und Malachit auf Grube Friedrichsglück bei Hildburghausen.

Synthese.

L. Michel[1]) hat eine Reihe von Selenaten dargestellt, darunter auch das Bleiselenat. Seine Methode war im allgemeinen die des Zusammenschmelzens eines Alkaliselenats mit dem Chlorid des betreffenden Metalls unter Zugabe einer kleinen Menge von Chlornatrium. Es tritt eine doppelte Umsetzung ein, wobei er verschiedene Selenate erhielt, welche so gut ausgebildet waren, daß sie gemessen werden konnten.

Auf diese Weise erhielt L. Michel die Selenate des Bariums, des Strontiums, des Calciums, aber nicht das Bleiselenat, da die Kristalle etwas Chlor enthielten.

Um das Bleiselenat darzustellen, erhitzte er bei einer Temperatur von ungefähr 300° amorphes Bleiselenat in einem Gemenge von Kaliumnitrat und Natriumnitrat, welche geschmolzen waren. Die erhaltenen Kristalle sind in ihren Eigenschaften dem Bleisulfat Anglesit ganz ähnlich. Sie gehören dem rhombischen System an und die spitze Bisektrix ist positiv und liegt senkrecht zur Fläche h^1.

Die Analyse ergab die Bestätigung der angenommenen Formel $PbSeO_4$.

Untersuchungsmethoden der tellurhaltigen Mineralien.

Von **A. Brukl** (Wien).

Das Tellur findet sich als Hauptbestandteil in den natürlichen Metalltelluriden und als Begleiter des freien oder gebundenen Schwefels vor.

Qualitative Bestimmung.

a) In Erzen.

F. Heberlein und C. Heberlein[2]) erhitzen die feingepulverte Substanz mit stark konzentrierter Kali- oder Natronlauge und feinem Kornzink. Das

[1]) L. Michel, Bull. soc. min. **11**, 186 (1888).

[2]) F. Heberlein u. C. Heberlein, Bg.- u. hütt. Z. **54**, 41 (1895); Chem. ZB. 1895, I, 667.

gebildete Alkalitellurid wird in Wasser aufgenommen, wobei eine amethystrote Färbung auftritt, die beim Schütteln durch den Luftsauerstoff unter Bildung von schwarzem Tellur entfärbt wird.

Diese, sowie die von G. Küstel[1]) angegebene Farbreaktion (Reduktion durch Natriumamalgam) wird durch die Gegenwart von Schwefel verdeckt; die Flüssigkeit wird dann braun gefärbt. Nach Kobell[2]) geben manche fein gepulverte Erze, wie gediegenes Tellur, Sylvanit und Tetradymit mit konzentrierter Schwefelsäure bei gelindem Erwärmen eine rote Lösung, aus der beim Verdünnen schwarzes Tellur ausfällt. Bei stärkerem Erhitzen wird die Lösung unter Entwicklung von Schwefeldioxyd entfärbt. Nagyagit und Blättertellur geben unter gleichen Bedingungen eine trübe, bräunliche Flüssigkeit, die beim Stehenlassen hyazinthfarbig wird und beim Verdünnen eine Fällung gibt.

E. Donath[3]) hat für Mineralien und Schliche eine quantitative Methode empfohlen, die, da sie sehr rasch auszuführen ist, auch für qualitative Untersuchungen geeignet ist (siehe quantitativen Teil).

Schließlich sei der Aufschluß mit dem Soda-Salpetergemisch, sowie die Trennung der Schwermetalle von Tellur durch Destillation im Chlorstrom erwähnt (siehe dieses Handbuch „Selen").

b) In Schwefel und Pyriten.

P. Klason und H. Mellquist[4]) rösten Schwefel und Pyrite in einer 1 m langen, 20 mm breiten Glasröhre ab, die durch einen 5 cm langen Asbestpfropfen einseitig geschlossen ist. Die Substanz bringt man auf Schiffchen in die Röhre, leitet durch das offene Ende Sauerstoff ein und erwärmt gelinde. Schwefel verbrennt zu Schwefeldioxyd, Selen wird teilweise als Metall verflüchtigt und vom Asbestpfropfen zurückgehalten, Tellur bleibt als Dioxyd quantitativ in der Asche und kann nach einer der oben angegebenen Methoden nachgewiesen werden.

Reaktionen: Kalte konzentrierte Schwefelsäure löst gepulvertes Tellur mit Purpurfarbe auf, durch Verdünnen fällt es wieder aus. Beim Erhitzen wird diese rote Lösung entfärbt und es scheidet sich nach dem Abkühlen Tellursulfat aus. Salpetersäure, sowie Salzsäure und Kaliumchlorat lösen leicht zu telluriger Säure, die folgende Reaktionen zeigt: In kaltem Wasser ist sie schwer, in verdünnter Salzsäure und Salpetersäure leicht löslich. Beim Verdünnen, sowie auf Zusatz von Alkalihydroxyden oder Carbonaten fällt sie wieder aus und ist im Überschuß leicht löslich. Schwefelwasserstoff in die saure Lösung gebracht, fällt einen zuerst roten, dann rasch braun, beim Erhitzen schwarz werdenden Niederschlag, der in Schwefelammon leicht löslich ist. Reduktionsmittel schlagen Tellur nieder, z. B. Schwefeldioxyd, Zinnchlorür, Zink, Magnesium usw. in saurer, Glucose in alkalischer Lösung. Tellursäure erhält man durch Oxydation der alkalischen Lösung mit Wasserstoffsuperoxyd oder Ammonpersulfat, sowie durch Schmelzen mit Soda und Salpeter. In der kalten Lösung des sechswertigen Tellurs erzeugt Schwefelwasserstoff keinen Niederschlag, erst in der Siedehitze tritt Fällung ein. Nach R. Bunsen zeigen

---

[1]) G. Küstel, Österr. Z. **21**, 109 (1873); Chem. ZB. 1873, 231.
[2]) Kobell, Sitzber. Bayr. Ak. d. W. 1857, Nr. 37, 302; Chem. ZB. 1857, 685.
[3]) E. Donath, Z. f. angew. Chem. **3**, 214 (1890); Z. f. anal. Chem. **30**, 482 (1891).
[4]) P. Klason u. H. Mellquist, Z. f. angew. Chem. **25**, 514 (1912).

Tellurverbindungen im oberen Reduktionsraum eine fahlblaue Flammenfärbung, während der darüber befindliche Oxydationsraum grün erscheint. Am Kohlenstäbchen mit Soda erhitzt, entsteht Natriumtellurid, das, auf blankes Silber gebracht, einen schwarzen Fleck erzeugt. Die unterscheidenden Reaktionen zwischen Selen und Tellur sind in diesem Handbuch bei „Selen“ angegeben.

Quantitative Bestimmung.

E. Donath.[1]) In einer Porzellanschale wird 3—4 g der fein gepulverten Substanz nach und nach mit möglichst wenig konzentrierter Salpetersäure oxydiert und die dickbreiige Masse erhitzt, bis alle überschüssige Salpetersäure entfernt ist, wobei die Temperatur nicht so hoch gesteigert werden soll, daß sich die Nitrate zersetzen können. Der trockne und in einem Achatmörser fein zerriebene Rückstand wird nun mit konzentrierter Natronlauge befeuchtet, nach $^1/_2$ Stunde Digerieren wird noch etwas Lauge und eine entsprechende Menge Wasser zugefügt, filtriert und im Filtrat das Tellur durch überschüssige reine Traubenzuckerlösung durch höchstens 20 Minuten langes Kochen gefällt. Man filtriert durch einen bei 105° getrockneten, hierauf gewogenen Goochtiegel, wäscht zunächst mit kaltem Wasser, dann mit Alkohol aus und trocknet bis zur Gewichtskonstanz. Manchmal kommt es vor, daß in dem Rückstand noch geringe Mengen von Tellur vorhanden sind; man prüft ihn durch Schmelzen mit Cyankalium (12fache Menge) im Wasserstoffstrom und laugt nach dem Erkalten mit ausgekochtem Wasser aus. Eine weinrote Färbung zeigt Tellur an.

Mac Ivor[2]) erhitzt eine Stunde lang mit starker Salpetersäure, dampft ein und kocht den Rückstand mit starker Natronlauge. Nach Zusatz von Wasser wird die heiße Lösung filtriert, mit etwas Salzsäure versetzt, die Flüssigkeit auf ein kleines Volumen verdampft und Invertzucker im Überschuß zugefügt. Man wäscht mit heißem Wasser und mit Alkohol aus. Resultate genau.

Der Aufschluß mit Soda und Salpeter wurde bei „Selen“ ausführlich beschrieben. Man nimmt die Schmelze in Wasser auf, filtriert von den Metalloxyden, wäscht mit Wasser gut aus, säuert das Filtrat mit Schwefelsäure schwach an und setzt in der Kälte so viel Schwefelwasserstoffwasser zu, bis die geringen Mengen von Schwermetallen, sowie Antimon und ein Teil Arsen gefällt sind. Man läßt eine Stunde stehen, filtriert, verdrängt aus der Lösung den Schwefelwasserstoff durch CO_2, säuert mit konzentrierter Salzsäure stark an und erwärmt vorsichtig so lange, bis keine Chlorentwicklung mehr nachzuweisen ist. Man fällt nun nach P. E. Browning, G. S. Simpson und L. E. Porter[3]) das Tellur mit Kaliumjodid und Natriumsulfit in schwach salzsaurer Lösung. Arsen bleibt im Filtrat; das Tellur wird, wie oben angegeben, behandelt.

Ist das Tellur von Selen begleitet, so fällt man beide im Gange der Analyse durch Jodkalium und Natriumsulfit in schwach salzsaurer Lösung, filtriert, wäscht gut mit Wasser aus, löst in möglichst wenig konzentrierter Salpetersäure, dampft zur Trockne ein, nimmt in starker Salzsäure auf und erwärmt vorsichtig, bis kein freies Chlor mehr vorhanden ist. Nun fällt man nach P. E. Browning und W. R. Flint[4]) das Tellur als Dioxyd nach folgender

[1]) E. Donath, l. c.

[2]) Mac Ivor, Ch. N. **87**, 163 (1903); Chem. ZB. 1903, I, 1095.

[3]) P. E. Browning, G. S. Simpson u. L. E. Porter, Am. Journ. (Sill.) [4] **22**, 106 (1916); Chem. ZB. 1918, I, 868.

[4]) F. E. Browning u. W. R. Flint, Z. anorg. Chem. **64**, 104 (1909).

Vorschrift: Man verdünnt auf 200 ccm mit siedend heißem Wasser und fällt das Tellurdioxyd kristallinisch aus der heißen Lösung durch vorsichtigen Zusatz von verdünntem Ammoniak in geringem Überschuß. Durch möglichst wenig Essigsäure wird die Lösung angesäuert und erkalten gelassen. Man filtriert durch einen Goochtiegel, trocknet bei 105° und wägt als TeO_2 aus.

Gediegen Tellur Te.

Von **F. Slavík** (Prag).

Kristallsymmetrie: Trigonal, wahrscheinlichst ditrigonal-skalenoedrisch.

Isomorph mit Arsen, Antimon, Wismut, Zink einerseits, der metallischen (künstlichen) Selenmodifikation W. Muthmanns andererseits. Ob auch der schwarze Schwefel Magnus' in dieselbe Reihe gehört, konnte bisher nicht sicher nachgewiesen werden.

Vertikalachse $c = 1{,}3298$, G. Rose.[1]

Kristallstruktur des gediegenen Tellurs wurde zuerst von M. K. Slattery,[2] dann von A. J. Bradley[3] und neuestens von S. v. Olshausen[4] mit gut übereinstimmenden Resultaten untersucht. Das Raumgitter des Tellurs ist trigonal, mit der Seite des Basisdreiecks $a = 4{,}440$ Å nach M. K. Slattery und S. v. Olshausen, $a = 4{,}445$ Å nach A. J. Bradley; die Gruppierung entspricht zwei ineinander gestellten, flächenzentrierten Rhomboedern $(02\bar{2}1)$, mit dem Parameter der Verschiebung nach S. v. Olshausen angenähert $x = 0{,}025$.

Die Dimension der Vertikale $c = 1{,}33$, die aus diesen Messungen resultiert, stimmt sehr genau mit dem oben angeführten, goniometrisch festgestellten Werte G. Roses überein.

Die röntgenometrisch konstatierte Symmetrie des Tellurs sowie der isostrukturellen Elemente Se, As, Sb usw. entspricht den Sohnckeschen regelmäßigen Punktsystemen 23 oder 24, d. h. der trigonal-trapezoedrischen oder der ditrigonal-skalenoedrischen Klasse des trigonalen Systems.

Analysen.

	1.	2.	3.	4.	5.	6.
δ	—	—	—	—	6,084	—
Te	92,55	97,22	81,28	80,39	97,92	96,91
Se	—	—	5,83	0,33	Spur	—
S	—	Spur	—	9,26	—	—
Au	0,25	2,78	—	0,33	0,15	0,60
Ag	—	—	—	—	—	0,07
Fe	7,20	Spur	—	8,55	0,53	—
Beimeng.	—	—	13,50 (Pyrit u. Quarz)	1,54 (Quarz)	1,62 (Quarz u. Kupfer)	2,42
	100,00	100,00	100,61	100,40	100,22	100,00

1. Tellur von Zalatna in Siebenbürgen (Originalvorkommen); anal. M. H. Klaproth, Beiträge **3**, 8 (1802).
2. Dasselbe; anal. W. Petz, Pogg. Ann. **57**, 477 (1842).

[1]) G. Rose, Abh. Berl. Ak. 1849, 84; Pogg. Ann. **77**, 147 (1849).
[2]) M. K. Slattery, Phys. Rev. **21**, 378 (1923).
[3]) A. J. Bradley, Phil. Mag. VI. **48**, 477—496 (1924).
[4]) S. v. Olshausen, Z. f. Kryst. **61**, 494 u. 495 (1925).

3. Dasselbe; anal. H. v. Foullon, Verh. geol. R.A. Wien 1884, 275.
4. u. 5. Dasselbe; anal. J. Loczka, Z. Kryst. **20**, 319 (1892).
6. Tellur vom Magnolia District (Colorado); anal. F. A. Genth, Z. Kryst. **2**, 1 (1877). Die Beimengungen sind 0,49 V_2O_5, 0,78 FeO und im Reste MgO, Al_2O_3, Hg usw.

	7.	8.	9.	10.	11.
δ	—	—	—	—	6,2
Te	92,29	93,64	97,94	99,45	96,935
Se	—	—	—	0,40	—
Au	3,40	2,18	1,04	—	2,399
Ag	1,69	1,15	0,20	—	—
Fe	0,12	0,18	0,89	0,11	—
Beimengungen .	2,44	2,85	0,32 (Zink)	—	—
	99,94	100,00	100,39	99,96	99,334

7. u. 8. Tellur vom Ballerat District (Colorado); anal. Derselbe, ebenda. Beimengungen: Hg, Pb, Cu, MgO.
9. Tellur von der John Jay Mine, Boulder Co. (Colorado); anal. Derselbe, ebenda.
10. Tellur von Gunnison Co. (Colorado); anal. W. P. Headden, Proc. Color. Sci. Soc. **7**, 141 (1903).
11. Tellur vom Hannans District (Westaustralien); anal. R. W. E. Mac Ivor, Ch. N. **82**, 272 (1900).

Andere Analysen, die an allzu unreinem Material ausgeführt worden sind, werden hier nicht angeführt, darunter auch der sogenannte Lionit von Boulder Co., Colorado. Von solchen ist nur Nr. 3, falls richtig, wegen des ungemein hohen Selengehaltes bemerkenswert. Wie durch das Vorkommen von natürlichem Selentellur und durch die Ergebnisse der experimentellen Untersuchungen von G. Pellini und G. Vio[1]) (eine Schmelzkurve vom I. Typus Bakhuis-Roozebooms und eine kontinuierliche Reihe von Selentellur - Mischkristallen) festgestellt wurde, ist das Selen im Tellur als eine isomorphe Beimischung zugegen. Die anderen in den Analysen ausgewiesenen Bestandteile beruhen wohl durchgehends auf mechanischen Beimengungen.

Chemische Eigenschaften.

Vor dem Lötrohr leicht schmelzbar, brennt mit grünlicher Farbe und verflüchtigt sich. Im offenen Röhrchen gibt das Tellur ein weißes Sublimat von TeO_2, das zu farblosen Tröpfchen schmilzt.

Löslichkeit. In Salzsäure unlöslich; konzentrierte Salpetersäure oxydiert das Tellur leicht zu telluriger Säure, mit Königswasser bildet sich dabei auch Tellursäure; in konzentrierter Schwefelsäure löst sich das Tellur teilweise und färbt dieselbe purpurrot; durch Verdünnen der Säure mit Wasser wird schwarzes pulveriges Tellur ausgefällt.

Nach G. Pellini[2]) löst sich das Tellur in einer gesättigten Lösung von Schwefel in Schwefelkohlenstoff und Benzol; aus diesen Lösungen scheiden sich Tellurschwefel-Mischkristalle aus, jedoch mit einem niedrigen Sättigungsgrade (0,174 % Te im rhombischen S_α, 1,178 % im monoklinen S_β).

[1]) G. Pellini u. G. Vio, R. Acc. d. Linc. [5] **15**, I. 711—714 u. II. 46—53 (1906).
[2]) G. Pellini, R. Acc. d. Linc. [5a] **18** I, 701—706 u. **18** II, 19—24 (1909). Über morphotropische Wirkung des Te in S-Kristallen siehe E. Billows, Riv. min. crist. **38**, 91—94 (1909).

Mikrochemisches Verhalten. Nach W. M. Davy und C. M. Farnham[1]) braust natürliches gediegenes Tellur mit HNO_3 schnell auf und wird schwarz, nach Abreiben grau. HCl und KCN ohne Wirkung. Mit $FeCl_3$ bedeckt sich das Tellur langsam mit einem irisierenden Anflug. KOH ohne Wirkung.

Physikalische Eigenschaften.

Härte etwas über 2. Spröde, wenig dehnbar.

Spaltbarkeit nach dem Prisma $(10\bar{1}0)$ vollkommen, nach der Basis (0001) unvollkommen.

Dichte an möglichst reinem, durch Destillation im Vakuum dargestelltem Tellur von G. W. A. Kahlbaum, K. Roth und P. Siedler[2]) zu $\delta_4^{20} = 6{,}2354$ bestimmt.

Farbe zinnweiß mit Metallglanz, Strich ebenso; ausgeriebener Strich nach J. L. C. Schroeder van der Kolk[3]) rötlich-violettgrau, der Stich ins Violette rührt vielleicht von Verunreinigungen her.

Mittleren Ausdehnungskoeffizient für 1^0 bei 40^0 bestimmte A. H. L. Fizeau[4]) an gegossenem Tellur zu $\alpha = 0{,}00001675$, die Ausdehnung von $\Theta = 0^0$ bis $\Theta = 100^0$ $100\left(\alpha + 10\frac{\Delta\alpha}{\Delta t}\right) = 0{,}001732$, $\frac{\Delta\alpha}{\Delta t} = 0{,}0000000575$.

Schmelzpunkt 428^0 nach K. Mönkemeyer,[5]) 450^0 nach W. Guertler und M. Pirani.[6])

Für die spezifische Wärme fanden G. W. A. Kahlbaum, K. Roth und P. Siedler (l. c.) den Wert $c = 0{,}0487$, während A. Wigand[7]) in den Grenzen $\Theta = 15^0$ bis $\Theta = 100^0$ für das kristallinische Tellur den nur wenig von dem vorigen abweichenden Wert $c = 0{,}0483$ fand; für das amorphe Tellur von $\delta = 6{,}0$ bestimmte jedoch A. Wigand in den gleichen Temperaturgrenzen $c = 0{,}0525$.

Thermisch positiv; Achsenverhältnis der Ellipse auf der Prismenfläche $(10\bar{1}0)$ ist nach E. Jannettaz[8]) 1 parallel zur Hauptachse: 0,78 senkrecht dazu.

Natürliches Vorkommen und Genesis.

Gediegenes Tellur kommt auf Gängen und Imprägnationen in Gesellschaft von Telluriden (hauptsächlich jenen von Gold, Silber, Blei), Sulfiden (Pyrit, Galenit, Alabandin) und quarziger oder carbonatischer Gangart vor; seine Entstehung ist auf nassem Wege bei höheren Temperaturen erfolgt. In den meisten Fällen ist die Verwachsung von gediegenem Tellur mit den Erzen und Gangarten und seine Verteilung auf die Tiefenzonen eine derartige, daß man nicht auf eine nachträgliche Bildung durch Zersetzung der ersteren, sondern auf eine mit ihnen gleichzeitige Entstehung schließen muß.

---

[1]) W. M. Davy u. C. M. Farnham, Microscopic examination of the ore minerals, 1920, 61.

[2]) G. W. A. Kahlbaum, K. Roth u. P. Siedler, Z. anorg. Chem. **29**, 177—294 (1902).

[3]) J. L. C. Schroeder van der Kolk, ZB. Min. etc. 1901, 76.

[4]) A. H. L. Fizeau, C. R. 1869. 1125.

[5]) K. Mönkemeyer, Z. anorg. Chem. **46**, 418 (1905).

[6]) W. Guertler u. M. Pirani, Ref. Z. Kryst. **56**, 110 (1921).

[7]) A. Wigand, Ann. d. Phys. **22**, 64 (1907).

[8]) E. Jannettaz, Bull. soc. min. **15**, 137 (1892).

Die natürliche Umwandlung des Tellurs liefert in den oberen Oxydationszonen der Vorkommen in der Regel Tellurit TeO_2.

Selentellur (Te, Se).

Trigonal.

Analyse: H. L. Wells, Am. Journ. **40**, 78 (1890).

Te . . .	70,69
Se . . .	29,31
	100,00

Die Zahlen für beide Komponenten nach Abzug von 65,68% quarzig-barytischer Gangart erhalten.

Das Verhältnis von Se:Te ist sehr nahe 2:3, was die Zusammensetzung Te 70,72, Se 29,28 erfordern würde. An der Natur des Selentellurs als isomorpher Mischung beider Elemente ist jedoch nicht zu zweifeln, nachdem einmal die mit Tellur übereinstimmende Spaltbarkeit nach einem hexagonalen Prisma konstatiert worden ist; vgl. auch oben S. 845.

Chemische und physikalische Eigenschaften.

Sehr leicht schmelzbar; auf trockenem und nassem Wege die Reaktionen auf beide Elemente.

Härte 2—$2^1/_2$. Spröde.

Vollkommene hexagonal-prismatische Spaltbarkeit.

Schwarzgrau mit Metallglanz. Strich schwarz.

Vorkommen auf einem barytführenden Quarzgang mit Oxydationsprodukten: Tellurit? und Durdenit (Tegucigalpa, Honduras).

Allgemeines über das Vorkommen des Tellurs und seiner Verbindungen in der Natur.

Von **F. Slavík** (Prag).

Das Tellur kommt als Mineral im gediegenen Zustande ziemlich selten vor; von seinen natürlichen Verbindungen sind die Telluride weitaus die wichtigsten, während das wasserfreie Oxyd, Tellurite und Tellurate seltene sekundäre Mineralien sind.

Die natürlichen Telluride sind insgesamt von metallischem Habitus und in ihren Eigenschaften sowie dem Vorkommen den Sulfiden analog; auch hier gibt es in der Erdrinde keine Tellurverbindungen von leichten Metallen.

Der auffallendste Unterschied zwischen der Mineralienreihe des Tellurs und derjenigen des Schwefels ist die große Rolle, welche das Gold in der ersteren spielt: abgesehen von dem seltenen Wismutgold Maldonit Au_2Bi — Verbindung oder Legierung? — und von dem unlängst entdeckten Aurobismutit Koenigs, dessen Homogenität nicht ganz sicher ist, bildet das Gold in der Erdrinde keine anderen Verbindungen, deren wesentlicher Bestandteil es wäre, als Telluride. Binäre natürliche Tellurverbindungen bilden außer dem Gold noch das Silber, Blei, Quecksilber, Kupfer, Nickel und Wismut, während das Antimon nur in der komplizierten Verbindung des Nagyagits (und des fraglichen Goldfieldits) auftritt und Eisen und Kobalt nur als spurenweise Beimischungen angetroffen worden sind.

Den so häufigen und mannigfaltigen Sulfosalzen entsprächen nur wenige Tellurverbindungen von bis jetzt nicht eindeutig festgestellter Zusammensetzung und zum Teil zweifelhafter Homogenität: Nagyagit, Tapalpit, Vandiestit und Goldfieldit. Einige von den natürlichen Telluriden bilden isomorphe und isodimorphe Gruppen mit den entsprechenden Sulfiden und Seleniden: vor allem die Gruppen des Argentits und Galenits, sowie die des Metacinnabarits, alle regulär bzw. pseudoregulär, während die Tellurglieder der pseudohexagonal-rhombischen Chalkosingruppe fraglich und diejenigen der regulär-tetraedrischen Sphaleritreihe bis jetzt nur künstlich dargestellt worden sind. Viele von den wichtigsten natürlichen Telluriden lassen sich jedoch zu keinen analogen Schwefelverbindungen in ungezwungener Weise in einen Zusammenhang bringen und tragen den Charakter von Hypertelluriden, die den Hypersulfiden der Pyritgruppe entsprechen würden. Die graphischen Konstitutionsformeln sind in diesen Fällen hypothetisch, so für den einfachsten, Calaverit $AuTe_2$ nach E. S. Simpson:

$$\begin{matrix} Te \\ | \\ Te \end{matrix} \!\!>\! Au{-}Au \!<\!\! \begin{matrix} Te \\ | \\ Te \end{matrix}$$

mit trivalentem Gold, oder

$$Au{-}Te{-}Te{-}Te{-}Te{-}Au$$

mit monovalentem; die letztere Konstitution hält der Autor angesichts der unzweifelhaften isomorphen Beimischung von analogem Silbertellurid für viel wahrscheinlicher.

V. Lenher, der sich in der letzten Zeit um unsere Kenntnisse von den Telluriden durch wichtige experimentelle Untersuchungen verdient gemacht hat, wirft die Frage auf, ob den Telluriden der Charakter von Verbindungen oder eher Legierungen zukomme. Seine und Ch. A. Tibbals jr.[1]) Experimente, deren Resultate wir noch mehrfach zitieren werden, führten zur Synthese einer Reihe von Metalltelluriden und -telluridhydraten auf nassem Wege, verfolgten eine Reihe von Reaktionen zwischen gediegenem Tellur, oder Telluriden einerseits und Salzen von schweren Metallen andrerseits und wiesen nach, daß sowohl gediegen Tellur als auch natürliche Telluride: Calaverit, Hessit, Nagyagit u. a. metallisches Gold aus der Goldchloridlösung fällen. Diese Wirkung erklärt V. Lenher für unvereinbar mit der Auffassung der natürlichen Telluride als Goldtellurverbindungen, denn wir kennen keine echten chemischen Verbindungen, die in solcher Weise eine von ihren Komponenten fällen würden. Die künstlichen Goldtellurprodukte seien ebenso wie die Tellurgoldmineralien eher Legierungen als chemische Verbindungen.

Gegen die Ausführungen V. Lenhers hat besonders E. S. Simpson[2]) Stellung genommen. Mit Recht sieht er in der bis jetzt nicht erfolgten Darstellung der Telluride im Laboratorium keinen Beweis gegen ihre Natur von chemischen Verbindungen, und zu den Reaktionen von V. Lenher (Calaverit)

$$3\,Au_2Te_4 + 16\,AuCl_3 = 22\,Au + 12\,TeCl_4$$

[1]) Ch. A. Tibbals jr., Bull. of the University of Wisconsin, No. 274, 417—446 (1909); vgl. besonders V. Lenher, Am. Journ. Chem. Soc. **24**, 355 sq. (1902); Econ. Geol. (IV) 544—564 (1909).

[2]) E. S. Simpson, W. Austr. Geol. Survey, Bull. No. 42, 161—167 (1912).

oder (die Au-Komponente im Petzit)

$$3\,Au_2Te + 4\,AuCl_3 = 10\,Au + 3\,TeCl_4$$

führten E. S. Simpson und unabhängig von ihm W. J. Sharwood[1]) folgende bekannte Reaktionen von unzweifelhaften Verbindungen als Seitenstück an:

$$PbS + 2\,PbO = 3\,Pb + SO_2,$$
$$2\,H_2S + SO_2 = 3\,S + 2\,H_2O.$$

Da auch eine isomorphe Mischung von Gold und Tellur durch den kristallographischen Charakter beider Elemente sowie der natürlichen Telluride ausgeschlossen ist, bleibt nach wie vor nur die Erklärung der Gold- und Silbertelluride Calaverit, Krennerit und Sylvanit als stöchiometrisch bestimmter Verbindungen annehmbar, die allerdings den gewöhnlichen Wertigkeitsverhältnissen der sie bildenden Elemente nicht entsprechen und als Polytelluride sich den Polysulfiden anreihen.

Auch P. Groth[2]) weist dieser Anschauung gemäß den Telluriden der Calaverit-Sylvanitgruppe in seinem chemischen System den Platz neben den Polysulfiden zu.

Die isomorphe Mischbarkeit der natürlichen Telluride mit den entsprechenden Sulfiden ist als eine minimale zu bezeichnen, da in der Tellurwismutgruppe und beim Nagyagit eher Doppelverbindungen von konstanter Zusammensetzung vorliegen dürften und bei den übrigen Telluriden die kleinen Schwefelmengen vielfach von Beimischungen herrühren können; auch enthalten die natürlichen Sulfide keine nennenswerten Anteile von unzweifelhaft isomorph beigemischten Telluriden. So fand G. Lindström[3]) 0,94% Te im Bismutin von Riddarhyttan in Schweden. Nur im seltenen Tapalpit, $Ag_3Bi(S,Te)_3$, wurden von C. F. Rammelsberg und F. A. Genth Schwankungen des Verhältnisses Te:S in weiten Grenzen nachgewiesen (s. unten S. 884) und der ebenfalls sehr seltene und nicht ganz sicher homogene Goldfieldit wäre vielleicht als eine isomorphe Mischung einer Schwefel- und Tellurverbindung anzusehen.

Synthetisch wurde auch die beschränkte Mischbarkeit von Tellur und Schwefel als Elemente besonders von F. X. M. Jaeger und J. B. Menke[4]) sowie von G. Pellini[5]) nachgewiesen. Der letztere Forscher fand für die Kristalle von

rhombischem Schwefel Sα 0,56%,
monoklinem " Sβ 1,9%,
für den amorphen " 1,54% Te

als Sättigungsgrad; bei dem Gehalt von 1,2% Te sind die orangefarbigen monoklinen Mischkristalle stabil; fast genau übereinstimmend stellte M. Chikasnige[6]) Mischkristalle von Sβ mit maximal 2% Te, jene von Sα mit einem niedrigeren Tellurgehalt dar. Kristallisiertes Tellur vermag nach Demselben bis 2% S aufzunehmen.

---

[1]) W. J. Sharwood, Econ. Geol. VI, 22 (1911).
[2]) P. Groth, Chem. Krystallographie, I. Teil, 154—156 (1906).
[3]) G. Lindström, Geol. För. Förh. **28**, 198 (1906).
[4]) F. X. M. Jaeger u. J. B. Menke, Z. anorg. Chem. **75**, 241 sq. (1912).
[5]) G. Pellini, R. Acc. d. Linc. [5] **18**, I, 701 sq. und II, 19 sq. (1909); kristallographische Bestimmungen von E. Billows, Rivista miner. crist. **38**, 91 sq. (1909).
[6]) M. Chikasnige, Z. anorg. Chem. **72**, 109 sq. (1911).

P. J. Saldau[1]) wies synthetisch nach, daß PbS und PbTe keine kontinuierliche Mischungsreihe bilden.

Auch die isomorphe Mischbarkeit von Tellur und Selen ist bei den natürlichen Verbindungen derselben nur in geringem Maße nachzuweisen.

Kolloide natürlicher Verbindungen des Tellurs sind bisher nicht gefunden worden.

Das natürliche Vorkommen von gediegenem Tellur ist in vielen Fällen deutlich sekundär, jedoch schließen einige Angaben über dasselbe auch eine mit den primären Erzen gemeinsame Entstehung nicht aus. Das allermeiste Tellur in der Erdrinde ist in den Telluriden enthalten, welche ausgesprochene Gangmineralien sind und auch in ihrem Auftreten die engsten Beziehungen von Tellur und Gold erkennen lassen.[2])

Der verbreitetste und am längsten bekannte Typus von Gängen mit den Telluriden des Goldes und Silbers ist derjenige, welcher in Siebenbürgen und in den Kordillerenstaaten der nordamerikanischen Union durch die Lokalitäten wie Nagyag, Offenbánya, Calaveras County, Cripple Creek u. a. vertreten ist. Fast sämtliche Tellurmineralien und das Element Tellur selbst sind auf Gängen von dieser Beschaffenheit entdeckt worden; es ist der sogenannte „propylitische" Gangtypus.

Die enge Verknüpfung mit jungvulkanischen Gesteinen von zumeist mittelbasischer Natur (Andesiten, Daciten, Trachyten, Phonolithen), die intensive der Erzbildung vorangehende Veränderung dieser Gesteine zu Propyliten, wobei jene zersetzt werden und hauptsächlich Quarz, verschiedene Carbonate, Chlorit, Epidot, Sericit, Leukoxen-Titanit, Zeolithe und Hämatit die Stelle der primären Gesteinsbestandteile einnehmen, die gleichzeitig wesentlichen Gehalte an Gold und Silber, die Verästelung und Zertrümmerung der Gänge zu förmlichen Netzwerken sind die charakteristischen Merkmale dieses Gangtypus; der mineralogische Bestand solcher Gänge wechselt, die Tellurerze werden außer Pyrit von verschiedenen anderen Sulfiden und Sulfosalzen (u. a. Alabandin, Tetraëdrit, Bournonit) und von einer quarzigen, carbonatischen oder fluoritischen Gangart begleitet. Sämtliche Umstände weisen auf eine hydrothermale Entstehung nicht tief unter der Erdoberfläche hin.

Abweichend von diesem Typus sind die Verhältnisse der anderen massenhaften Vorkommen von Telluriden, nämlich jener von Westaustralien (Kalgoorlie, Coolgardie) in Verbindung mit geologisch älteren, stark metamorphosierten basischen Intrusivgesteinen (Quarzdiabasen, Gabbros und aus ihnen hervorgegangenen Amphiboliten), deren einzelne Zonen mechanisch sehr stark alteriert und mit Erzen imprägniert sind; die Telluride von Gold, Silber, Blei und Quecksilber bilden da derbe Gemenge mit gleichzeitig entstandenem Pyrit, Arsenfahlerz u. a. Sulfiden in Gangmassen, welche außer Quarz und Carbonaten auch einige, für metamorphe Gesteine charakteristische Silicate enthalten (Albit, Turmalin, Glimmer- und Chloritmineralien).[3]) Alles deutet darauf hin, daß diese Ansammlungen von natürlichen Tellurverbindungen in viel tieferen

[1]) P. J. Saldau, Annales de l'Institut des mines à St. Pétersb. IV, 228—237 (1913).

[2]) Zusammenfassend behandelt die mannigfachen Vorkommen von Gold- und anderen Telluriden J. F. Kemp, Mineral Industry 1897, S. 295—320. — W. J. Sharwood, Econ. Geol. **6**, 22—36 (1911).

[3]) Eine gründliche Beschreibung des Vorkommens von Kalgoorlie bietet die Monographie von E. S. Simpson u. C. G. Gibson, Bulletin of the Western Australia Geological Survey Nr. 42 (1912).

Niveaus der Erdrinde und unter bedeutend höherem Drucke gebildet wurden, als jene des ersten Typus.

Alle anderen Vorkommen von natürlichen Telluriden sind verschiedenartige Lagerstätten von sulfidischen Erzen, auf denen die Telluride bloß die Rolle von akzessorischen Bestandteilen spielen. Es sind z. B. pyritische Goldquarzgänge, die gelegentlich auch beigemischte Gold-, Silber- oder Wismuttelluride führen (Appallachengebirge, Kalifornien, Kasejovic u. a. in Böhmen), ferner häuft sich Tellursilber und Tellurblei lokal auf den Sulfidgängen dieser Metalle an (Zavodinskij im Altai) oder kommt Tellurwismut auf den sulfidischen Kontaktlagerstätten vor (Čiklova, wahrscheinlich auch Rézbánya).

Es tragen somit alle nennenswerten Vorkommen von natürlichen Tellurverbindungen einen ausgeprägt perimagmatischen Charakter.

Wiederholt wurden auch Spuren von Tellur in den Produkten der pneumatolytischen Phase des Vulkanismus nachgewiesen, so von E. Divers und T. Shimidzu[1]) im vulkanischen Schwefel von Japan, von A. Cossa[2]) in den Fumarolenabsätzen von Vulcano.

Doch werden unter den natürlichen Tellurmineralien die sublimierten Vorkommen nur eine verschwindende Minderheit ausmachen; die allermeisten sind aus wäßrigen Lösungen auskristallisiert. Über die Natur derselben und die chemischen Reaktionen, durch welche die Telluride, besonders von Gold, abgesetzt worden sind, haben in neuerer Zeit besonders amerikanische Forscher Beobachtungen und Versuche angestellt. Ch. R. van Hise[3]) hat in seinem bekannten Werke diese Fragen ausführlicher berührt, und es wurden von V. Lenher[4]) und von W. F. Hillebrand mit W. Lindgren und F. L. Ransome[5]) weitere wichtige Beiträge zu ihnen geliefert.

Van Hise und F. W. Clarke neigen dazu, den Goldtransport in der Natur hauptsächlich den Goldchloridlösungen zuzuschreiben, da dieselben beständiger sind als z. B. die Sulfat-, Nitrat- und anderen Lösungen, und der erstere weist darauf hin, daß es nach V. Lenhers und A. Halls Versuchen kein Lösungsmittel für die Telluride gibt, das sie nicht in metallisches Gold und Tellursalze zerlegen würde; gediegen Tellur und die Telluride fällen im Gegenteil Gold aus seinen Lösungen und gehen selbst in die Lösung; es kann also das Tellur nicht auf demselben Wege mit dem Gold gekommen sein. Nach Ch. R. van Hise scheint es, daß in den Lösungen Goldchlorid und Tellurchlorid beisammen enthalten waren und zugleich auf den immer mitvorkommenden Sulfiden niedergeschlagen worden sind. V. Lenher hält für die Mehrzahl der natürlichen Telluride, die eine Mischung von Gold- und Silbertellurid darstellen und in den nicht oxydierten Niveaus der Erzgänge sich gebildet haben, folgenden Bildungsprozeß für den wahrscheinlichsten: Lösungen von Gold- und Silberchlorid, in Alkalichloriden gelöst, reagieren mit einer Tellur enthaltenden Lösung von Alkalisulfid.

Demgegenüber haben W. F. Hillebrands Versuche dennoch die Möglichkeit erwiesen, daß Tellur und Gold nebeneinander in der Lösung existieren

---

[1]) E. Divers u. T. Shimidzu, Ch. N. **48**, 284 (1883).

[2]) A. Cossa, Z. anorg. Chem. **17**, 205 (1898).

[3]) Ch. R. van Hise, A Treatise on Metamorphism, bes. S. 1120—21 (1904).

[4]) V. Lenher, Econ. Geol. IV, 561—564 (1909).

[5]) W. Lindgren u. F. L. Ransome (mit chem. Beiträgen von W. F. Hillebrand, Geology and gold deposits of the Cripple Creek District, Col., Professional Paper No. 54 of the U.S. Geol. Survey, S. 223—225.

können und zwar in zwei in der Natur ganz möglichen Lösungsmitteln, nämlich Natriumsulfid und Natriumcarbonat.

W. F. Hillebrand behandelte den Calaverit mit Natriumcarbonatlösung und beobachtete vorerst eine Aufnahme von Tellur in die Lösung, die aber nur aus dem Telluritanflug erfolgt und bald aufhört. Das gleiche Verhalten zeigt der Calaverit gegenüber der Chlorwasserstoffsäure. Nachher ging auch nach einer vielstündigen Behandlung bei 150° im geschlossenen Rohr in einem CO_2-Strome kein Tellur in die Lösung. Wenn aber die Lösung mehr oder weniger mit Schwefelwasserstoff gesättigt worden ist, wurden schon bei gewöhnlicher Temperatur in 2 Stunden (bei Luftabschluß), sowohl Gold als Tellur merklich gelöst. Aus 0,4 g Calaverit wurde 0,0011 g Gold und 0,0008 g Tellur erhalten, also ungefähr in derselben Proportion wie im Mineral selbst.

Aus diesen Ergebnissen haben W. Lindgren und F. L. Ransome die Überzeugung gewonnen, daß die Telluride als solche gelöst werden und durch bisher näher nicht bekannte Reaktionen wieder ausfallen und leiten die Entstehung der Cripple Creek-Telluride von Alkalisulfidlösungen ab, die magmatischer Herkunft waren und etwa bei der Temperatur 100—200° und dem hydrostatischen Drucke von ungefähr 100 Atm. reagierten.

Die Umwandlung der natürlichen Telluride geht zumeist in einer den Sulfiden analogen Weise vor sich, wobei das Tellur teils gediegen ausgeschieden, teils zu Tellurdioxyd oxydiert wird; die Salze der tellurigen und Tellursäure (Emmonsit und Durdenit sind Tellurite des Eisens, Montanit ein Wismut-, Ferrotellurit ein Eisen-, Magnolit ein Quecksilbertellurat) sind bisher nur von wenigen Vorkommen bekannt und ihrem mineralogischen Charakter nach unvollständig bestimmt. Die mit dem Tellur kombinierten Metalle ergeben da bei der Umwandlung ihre gewöhnlichen sekundären Verbindungen oder scheiden sich gediegen aus. Das letztere ist natürlicherweise für das Gold die Regel, welches hierbei einige besondere, für zersetzte Tellurerze charakteristische Formen annimmt; E. S. Simpson führt dieselben in seiner Beschreibung als flake gold, mustard, paint und sponge gold an, welch letzteres bisher ausschließlich am Ausgehenden der Telluridvorkommen gefunden wurde.[1]) Diese Formen können auch künstlich bei der langsamen Zersetzung eines Goldtellurids durch Schwefel- oder Salpetersäure oder durch seine Erhitzung im Vakuum mit einem Silberblech nachgeahmt werden.[2])

Die Wismuttelluride und -tellursulfide.

Historisches und Allgemeines.

Die erste bekannte natürliche Verbindung von Tellur und Wismut wurde von Ign. von Born[3]) (1790) für eine Verbindung von Silber mit Molybdän gehalten; M. H. Klaproth[4]) beschäftigte sich damit vor seiner Entdeckung des Tellurs und fand im Mineral nur Wismut und Schwefel. Die richtige

---

[1]) Western Australia Geol. Survey, Bullet.: a) Nr. 6, S. 10 (1902); b) Nr. 42, S. 81 bis 87 (1912).

[2]) A. G. Holroyd, zitiert bei E. S. Simpson, l. c. b) S. 583; vgl. auch a) S. 16. — A. Beutell, ZB. Min. etc. 1919, 14—28.

[3]) Ign. von Born, Catal. Collect. Raab **2**, 419 (1790).

[4]) M. H. Klaproth, Beitr. **1**, 253 (1795).

Zusammensetzung bestimmte 1822 H. Rose[1]) und fast gleichzeitig mit ihm J. J. Berzelius[2]) an anderen Vorkommen. Die für das häufigste hierher gehörige Mineral geltende Formel Bi_2Te_2S ergab sich zuerst aus einer Analyse von A. Wehrle[3]); es war die Lokalität von Schubkau bei Schemnitz, welche auch W. Haidinger[4]) das Material zur kristallographischen Untersuchung des Minerals geliefert hat. Dasselbe, von ihm Tetradymit benannt, bleibt auch heute die einzige wohldefinierte Species der Gruppe; von den 39 im folgenden zitierten Analysen natürlicher Wismuttellurverbindungen ergaben 23 die Zusammensetzung Bi_2Te_2S. Die übrigen weichen von diesem Typus einerseits durch ein anderes Verhältnis Bi : Te : S ab, indem in ihnen das Wismut einen viel höheren Prozentsatz aufweist, andrerseits durch die Abwesenheit oder nur einen spärlichen Anteil an Schwefel. In die erste Gruppe gehören der Joséit[5]) und die ihm jedenfalls sehr nahestehenden Grünlingit[6]) und Oruetit[7]), in die zweite jene Vorkommen von Deutsch-Pilsen und Nordamerika, die gewöhnlich schlechthin als Tellurwismut bezeichnet werden (Synon. Wehrlit, Pilsenit einiger Autoren).

Auf **synthetischem Wege** versuchte K. Mönkemeyer[8]) der Frage der Tellurwismutverbindungen nahezukommen. Derselbe hat das Schmelzdiagramm des binären Systems Bi—Te ausgearbeitet, indem er die beiden Elemente in verschiedenen Konzentrationen nach Atomprozenten, in der Quantität von je 10 g, in Röhren aus schwer schmelzbarem Glase schmolz, die im Sand in einen eisernen Zylinder eingelegt waren; die Temperatur wurde thermoelektrisch bestimmt (näheres über die Methode ist im Original nachzusehen), die erstarrten Schmelzen metallographisch untersucht. K. Mönkemeyer fand folgende Schmelzpunkte:

Bi	267°
Te	428
Bi_2Te_3	573

und eutektische Verhältnisse:

	Θ	Atom.-% Bi
Bi—Bi_2Te_3	261	98,5
Bi_2Te_3—Te	388	9,0

Bei der metallographischen Untersuchung wurden die Schmelzprodukte geschliffen, poliert, mit Salpetersäure geätzt und mit Kupferammoniumchlorid behandelt; dabei wird das eutektische Gemenge schwarz, während das Wismuttellurid glänzend bleibt. Die Kristallisation der drei Substanzen Bi, Bi_2Te_3 und Te, sowie die nachherige Erstarrung des Restes zu Eutektikum geschieht unter folgenden quantitativen Verhältnissen:

---

[1]) H. Rose, Gilberts Ann. **72**, 196 (1822).
[2]) J. J. Berzelius, Akad. Stockh. 1823.
[3]) A. Wehrle, siehe weiter unter Tetradymit, Anal. 1.
[4]) W. Haidinger, Baumgartners Ztschr. **9**, 129 (1831); Pogg. Ann. **21**, 596 (1831).
[5]) G. A. Kenngott, Mineralogie 121 (1853).
[6]) W. Muthmann u. E. Schröder, Z. Kryst. **29**, 144 (1897).
[7]) S. Piña de Rúbies, Ref. Min. Mag. **18**, 384 (1919).
[8]) K. Mönkemeyer, Z. anorg. Chem. **46**, 415—422 (1905).

Atom.-% Bi	Erstarrungspunkt
100—98½	Wismut und Eutektikum $Bi—Bi_2Te_3$
98½—40	Bi_2Te_3 und Eutektikum $Bi—Bi_2Te_3$
40	Bi_2Te_3 rein
40—9	Bi_2Te_3 und Eutektikum $Bi_2Te_3—Te$
9—0	Tellur und Eutektikum $Bi_2Te_3—Te$

Weitere vom Autor angekündigte Untersuchungen über die Systeme Wismutsulfid–Wismuttellurid, Wismut–Schwefel, sowie die entsprechenden Substanzenpaare mit Selen wurden leider bis jetzt nicht durchgeführt; da jedoch von den natürlichen Tellurwismutverbindungen nur eine kleine Minderzahl binär, schwefelfrei ist, wird die Anwendbarkeit der Resultate K. Mönkemeyers zur Deutung der Natur und Entstehung dieser Mineralien wesentlich beschränkt, um so mehr, als die natürlichen Tellurwismutverbindungen wohl insgesamt nicht durch magmatische Erstarrung gebildet worden, sondern Produkte von komplizierteren hydrothermalen und pneumatolytischen Reaktionen sind. Es wird somit natürlich ihr chemisches Bild eine größere Mannigfaltigkeit aufweisen als die Schemen der Schmelzdiagramme.

Im folgenden sind die Analysen in drei Gruppen getrennt, von denen die erste und umfassendste die Tetradymite von der Zusammensetzung Bi_2Te_2S, die zweite die übrigen ternären Verbindungen von Wismut, Tellur und Schwefel, die dritte binäre Tellurwismutverbindungen ohne wesentlichen Schwefelgehalt enthält.

S. Piña de Rúbies,[1]) der sich durch metallographische Untersuchung von der Inhomogenität des „Oruetits" (Anal. unten) überzeugt hat, betrachtet die natürlichen aus Tellur, Schwefel und Wismut bestehenden Mineralien als eutektische Gemenge der Doppelverbindung $Bi_2Te_3 . Bi_2S_3$ mit ihren beiden Komponenten und gediegenem Wismut.

δ . . .	7,6
Bi . . .	86,78
Te . . .	6,35
S . . .	6,84
	99,97

1. „Oruetit" von der Serrania de Ronda (Spanien) (Mittel aus 7 Analysen); anal. S. Piña de Rúbies, Anal. Soc. Españ. Fis. Quim. 1919 (XVII). Ref. Miner. Abstracts I, 201 (1921).

I. Tetradymit, Bi_2Te_2S.

Analysen.

	1.	2.	3.	4.
δ	7,5	—	—	7,581
Bi	60,00	58,30	59,20	59,77
Te	34,60	36,05	35,80	34,75
S	4,80	4,32	4,60	4,18
Se	Spur	—	—	—
(Gangart) . .	—	(0,75)	—	(0,16)
	99,40	99,42	99,60	98,86

[1]) S. Piña de Rúbies, Ref. in Miner. Abstracts I, 201 (1921) aus Anal. Soc. Españ. Fis. Quim. 1919 (XVII).

1.—7. Schubkau bei Schemnitz (Slovakei):
1. Anal. A. Wehrle, Schweiggers Journ. **59**, 482 (1830).
2. Anal. J. J. Berzelius, Jahresber. **12**, 178 (1831).
3. Anal. J. Hruschauer, Journ. prakt. Chem. **45**, 456 (1848).
4. Anal. J. Loczka, Mathem. u. naturw. Berichte aus Ungarn **8**, 99—112 (1890).

	5.	6.	7.	8.
δ	7,0946	—	—	7,022
Bi	60,36	59,98	60,34	59,00
Te	35,25	35,35	35,68	36,67
S	4,20	4,35	4,39	4,11
Se	Spur	—	—	—
(Fe)	—	—	—	(0,19)
(Cu)	—	—	—	(0,03)
	99,81	99,68	100,41	100,00

5.—7. Anal. W. Muthmann u. E. Schroeder, Z. Kryst. **29**, 143 (1897).
8. Tetradymit von Rézbánya; anal. J. Loczka, s. Nr. 4.

	9.	10.	11.	12.	13.
Bi	59,33	58,93	59,34	59,86	59,15
Te	35,92	35,30	35,56	34,97	35,57
S	4,26	4,51	4,47	nicht best.	4,45
Se	Spur	—	—	—	—
(Cu)	—	—	—	—	0,48
	99,51	98,74	99,37	94,83	99,65

9.—12. Tetradymit von Čiklova-Oravica (Banat):
9. Anal. A. Frenzel, N. JB. Min. etc. 1873, 800.
10.—12. Anal. W. Muthmann u. E. Schröder, Z. Kryst. **29**, 143 ff. (1897).
13. u. 14. Beziehen sich auf das vom Autor nicht spezifizierte Material von drei russischen Fundorten, den Gruben: Vojickij rudnik (Gouv. Archangelsk), Frolovskij r. und Šilovo-Isetskij r. (Ural); anal. von K. Nenadkevič, Trav. du Musée Géol. Pierre le Grand t. **1**, 81—82 (1907).

	14.	15.	16.	17.	18.
δ	—	—	7,237	—	7,332
Bi	59,44	58,80	61,35	57,70	60,49
Te	35,80	35,05	33,84	36,28	34,90
S	4,24	3,65	5,27	5,01	4,26
Se	Spur	—	Spur	—	Spur
(Fe)	—	—	—	(0,54)	(0,09)
(Cu)	Spur	—	—	(0,41)	Spur
(Au)	—	(2,70)	—	—	(0,21)
Gangart	—	—	—	—	(0,05)
	99,48	100,20	100,46	99,94	100,00

15. Tetradymit von den Whitehall-Goldgruben (Virginia); anal. C. T. Jackson, Am. Journ. **10**, 78 (1850); mit Au auch Fe_2O_3 inbegriffen.
16. Tetradymit von Davidson Co. (N.-Carolina); anal. F. A. Genth, Am. Journ. **16**, 81 (1853).
17. Tetradymit von Cabarrus Co. (N.-Carolina); anal. Derselbe, Am. Journ. **45**, 317 (1868).
18. u. 19. Tetradymit vom Highland-District (Montana); anal. Derselbe, Amer. Phil. Soc. Philad. **14**, 224 (1874).

	19.	20.	21.	22.	23.
δ	7,542	—	—	7,387	—
Bi	59,24	62,23	53,69	59,66	51,98
Te	34,41	33,25	37,29	33,16	32,86
S	5,16	4,50	4,45	4,54	4,04
Se	0,14	—	Spur	—	2,60
(Fe)	—	—	—	0,42	1,37 (Pb)
(Cu)	0,47	—	—	—	—
Gangart . . .	0,58 (SiO_2)	—	—*)	0,40 (SiO_2)	6,57
	100,00	99,98	100,00	98,18	98,57

*) Pb 3,63, Ag 0,94, Tl Spur als Telluride (Altait und Hessit) beigemengt, daher der höhere Gehalt an Te.

20. Tetradymit von Bradshaw City (Arizona); anal. Derselbe, Am. Journ. **14**, 114 (1890).

21. Tetradymit vom Liddell Creek (Brit. Columbia); anal. R. A. A. Johnston, Rep. Geolog. Surv. Canada **8**, 10 R (1895).

22. Tetradymit von Norongo (N.-S.-Wales); anal. J. C. H. Mingaye, Record Geol. Surv. N.-S.-Wales **1**, 25 (1908).

23. Tetradymit von Hailey Quadrangle, Idaho; anal. E. V. Shannon, Amer. Mineralogist **10**, 199 (1925).

II. Andere Wismuttellurverbindungen (Joséit, Grünlingit).

Analysen.

a) **Joséit.**

	1.	2.	3.	4.
δ	—	—	—	a) 7,793 b) 7,688
Bi	79,15	78,40	81,23	82,92
Te	15,93	15,68	14,67	9,16
S	3,15	4,58 (S + Se)	2,84	6,19
Se	1,48		1,46	Spur
Gangart . .	—	—	—	1,56*)
	99,71	98,66	100,20	99,93

*) Davon im löslichen Teile 0,77 Mn + 0,47 Fe, Rest 0,32 unlöslich.

1—3. Joséit von San José, Braislien.

1. u. 2. Anal. A. Damour, Ann. chim. phys. **13**, 372 (1845).

3. Anal. F. A. Genth, Amer. Phil. Soc. Philad. **23**, 31 (1880).

4. Joséit von der Whipstick mine N. S. Wales; anal. von J. C. H. Mingaye, Rec. Geol. Surv. N. S. W. IX, p. 127—135 (1916).

b) **Grünlingit** von Carrock Fells, Cumberland.

δ	7,321	—
Bi	79,31	78,82
Te	12,82	12,66
S	9,31	9,40
	101,44	100,88

Die beiden Analysen haben W. Muthmann und E. Schroeder [Z. Kryst. **29**, 145 (1897)] ausgeführt. Die ältere Analyse von C. F. Rammelsberg (5. Suppl. z. Mineralchem. 238, 1853) weicht mit bloß 6,65% Tellur — 6,35 S, 83,30 Bi — von diesen stark ab und weist samt 1,22% Quarz die Summe von bloß 97,52% auf.

III. Wismuttelluride ohne wesentlichen Schwefelgehalt (Tellurwismut, Wehrlit, Pilsenit).

a) Der Formel Bi_2Te_3 sich nähernd (nordamerikanische Vorkommen):

	1.	2.	3.	4.		5.
δ	—	—	—	7,491		—
Bi	53,07	53,78	51,56	50,83		50,97
Te	48,19	47,07	49,79	48,22		47,25
S	—	—	—	Spur		Spur
Se	Spur	Spur	Spur	Spur		Spur
Fe	—	—	—	0,17		0,25
Cu	—	—	—	0,06		0,06
Gangart	—	—	—	0,72	(Gold, Quarz etc.)	0,80
	101,26	100,85	101,35	100,00		99,33

1.—3. Tellurwismut von den Tellurium mine, Fluvanna Co. (Virginia); anal. F. A. Genth, Am. Journ. **19**, 16 (1855).

4. u. 5. Tellurwismut von Fields's Vein, Dahlonega (Georgia); anal. Derselbe, ebenda **31**, 368 (1861).

	6.	7.	8.		9.	
δ	7,642	—	—		7,816	
Bi	51,46	51,57	50,43		52,14	
Te	48,26	48,73	47,90		46,62	
S	—	—	—		0,14	
Se	—	—	—		0,20	
Fe	—	—	—		—	
Cu	—	—	—		—	
Gangart	—	—	1,68	(SiO_2, Fe_2O_3)	0,37	(Fe_2O_3 u. unlösl.)
	99,72	100,30	100,01		99,47	

6. u. 7. Tellurwismut desselben Fundorts; anal. D. M. Balch, ebenda **35**, 99—101 (1863).

8. Tellurwismut von Highland (Montana) (aus den Goldseifen); anal. F. A. Genth, ebenda **45**, 317 (1868).

9. Tellurwismut von Whitehorn, Fremont Co. (Colorado); anal. W. F. Hillebrand, Bull. geol. Surv. U.S. **262**, 56 (1905).

b) Der Formel Bi_3Te_2 nahe (von Deutsch-Pilsen bei Gran in Ungarn).

Bi	70,02
Te	28,52
S	1,33
Fe	0,52
Ag	0,48
	100,87

Anal. L. Sipöcz, Z. Kryst. **11**, 212 (1885).

Von derselben Lokalität und demselben Autor liegt jedoch auch eine Analyse mit ganz verschiedenen Ergebnissen vor:

δ . . .	8,368
Bi . . .	59,47
Te . . .	35,47
Fe . . .	0,29
Ag . . .	4,37
	99,60

Die alte Analyse von A. Wehrle [Pogg. Ann. **21**, 599 (1831)] würde zwischen den beiden Analysen von L. Sipöcz stehen, näher an die erstere, ist jedoch mit ihrer Summe 95,29 nicht verwendbar.

Chemische Konstitution.

Die Zusammensetzung der natürlichen Tellurwismutverbindungen läßt sich durch empirische Formeln ausdrücken, denen folgende prozentische Zusammensetzung entspricht:

	I. Tetradymit Bi_2Te_2S	IIa. Joséit Bi_3TeS	IIb. Grünlingit Bi_4TeS_3
Bi	59,17	79,64	78,81
Te	36,27	16,27	12,08
S	4,56	4,09	9,11
	100,00	100,00	100,00

	IIIa. Tellurwismut Bi_2Te_3	IIIb. Wehrlit-Pilsenit Bi_3Te_2
Bi	52,22	70,99
Te	47,78	29,01
	100,00	100,00

Die Deutung der Konstitution ergibt sich von selbst für die Tetradymite und die (nordamerikanischen) schwefelfreien oder -armen Wismuttelluride, welche als Verbindungen von dreiwertigem Wismut mit zweiwertigem, zum Teil von Schwefel vertretenem Tellur der Antimonit-Bismutingruppe analog sind; wenn wir von der fraglichen, weiter unten zitierten Angabe F. A. Genth's absehen, die auf eine Dimorphie des Tellurwismuts hinweisen würde, besteht kein Nachweis von kristallographischen Beziehungen zwischen diesen beiden Gruppen. Die Vertretung von Tellur durch Schwefel geschieht in den Tetradymiten in dem schon von J. J. Berzelius[1]) erkannten konstanten Verhältnisse 2Te:S, in den Tellurwismuten Bi_2Te_3 ist der Schwefel als in Tetradymitform isomorph beigemischt anzusehen. Die Rolle des Selens ist selbstverständlich ebenfalls die eines isomorphen Vertreters von Tellur und Schwefel.

Andere natürliche Verbindungen (IIa, IIb, IIIb) fügen sich jedoch nicht der Formel und über die Deutung ihrer Konstitution ist man bisher nicht zum endgültigen Schlusse gekommen. G. Rose[2]) erklärte die ganze Gruppe für isomorphe Mischungen von elementarem Wismut und elementarem Tellur; ihm ist C. F. Rammelsberg gefolgt, der eine weitere Klassifizierung nach dem jeweilig vorhandenen Schwefel und Selen vornahm,

[1]) J. J. Berzelius, Jahresbericht **12**, 178 (1831).
[2]) G. Rose, Abh. Akad. Berlin 1849, 93.

sowie P. Groth und E. S. Dana in den älteren Ausgaben ihrer bekannten Sammelwerke. Dagegen hielt sich G. A. Kenngott an J. J. Berzelius, nahm jedoch eine isomorphe Vertretung von Tellur und Schwefel an und betonte die Selbständigkeit des Joséits. G. Rose's Deutung wurde von F. A. Genth[1]) endgültig widerlegt, der die Unmöglichkeit hervorhob, den konstanten Schwefelgehalt auf diese Weise zu erklären, sowie auf die bedeutenden Unterschiede in der Spaltbarkeit hinwies; auch sind die Winkel allzu verschieden, so beträgt die Polkante des Grundrhomboëders beim:

Tellur	93° 3′
Wismut . . .	92° 20′
Tetradymit . . .	98° 58′

(Von W. Retgers wird nicht einmal die Isomorphie des Tellurs mit Wismut angenommen.)

Die schwierig zu deutenden Formeln weisen alle den vorerwähnten gegenüber den Überschuß an Wismut auf, der im Grünlingit das Verhältnis Bi : (Te, S) = 1 : 1 erreicht, im Joséit und Wehrlit sich an 3 : 2 nähert. Da auch auf synthetischem Wege zur Lösung des Problems bisher nur unvollständige (negative) Ergebnisse K. Mönkemeyers vorliegen, müssen alle Erklärungsversuche einen rein hypothetischen Charakter aufweisen, wie F. A. Genths[2]) Annahme einer zweifachen chemischen Funktion des Wismuts in diesen Verbindungen, als Metall und als Vertreter von Tellur, allgemeine Formel also $Bi_2(Te, S, Se, Bi)_3$, oder W. Muthmanns und E. Schroeders Hypothese von der Zweiwertigkeit des Wismuts im Grünlingit[3]) und die oben zitierte Interpretation von S. Piña de Rúbies.

Chemische Eigenschaften.

In Salpetersäure leicht löslich, die schwefelhaltigen Glieder der Gruppe scheiden dabei Schwefel ab; mit KOH gibt die Lösung einen weißen, im Überschuß der Kalilauge unlöslichen Niederschlag. In warmer Salzsäure bei Zugabe von etwas Salpetersäure ebenfalls löslich, jedoch in verdünnter kalter HCl unlöslich.

Vor dem Lötrohr leicht schmelzbar.

Schmelzpunkt für künstliches $Bi_2Te_3 = 573°$ (K. Mönkemeyer), für den natürlichen Tetradymit 593—602 (L. H. Borgström).[4])

Die auf Kohle erhaltene spröde Kugel läßt sich ganz verflüchtigen, wobei sie weiße Dämpfe abwickelt, die Flamme blau färbt und die Kohle erst mit weißem TeO_2-, dann mit orangegelbem Bi_2O_3-Anflug beschlägt. Im offenen Kölbchen geben alle Tellurwismutmineralien ein weißes Sublimat von TeO_2, das zu farblosen Tröpfchen schmelzbar ist, daneben die schwefel- und selenhaltigen Vorkommen die entsprechenden Reaktionen. Der Schwefel geht dann vor, das Selen nach dem Tellur ab; auf den Wänden des Röhrchens wird über dem Tellurdioxyd ein ziegelroter Se-Beschlag, unter demselben gelbes Wismutoxyd abgesetzt. Mit Kaliumjodid, besonders nach vorherigem Schmelzen mit Schwefel, entsteht auf der Kohle ein roter Beschlag von Wismutjodid;

---

1) F. A. Genth, Amer. Philos. Soc. Philad. **23**, 31—34 (1886).
2) F. A. Genth, Amer. Philos. Soc. Philad. 1885, 31—34.
3) W. Muthmann u. E. Schroeder, Z. Kryst. **29**, 144 u. 145 (1897).
4) L. H. Borgström, Referat im N. JB. Min. etc. 1916, I, 11.

doch wird diese Reaktion nach E. S. Simpson[1]) oft durch die Verflüchtigung des Tellurs mit dem Wismutjodid markiert.

Das Spektrum wurde am Joséit von A. de Gramont[2]) eingehend untersucht.

Mit HNO_3 auf polierter Oberfläche behandelt, braust der Tetradymit nach W. M. Davy und C. M. Farnham[3]) lebhaft auf und läuft schnell an; auch nach Abreiben bleibt die Oberfläche bunt angelaufen. Mit $FeCl_3$ läuft der Tetradymit nur langsam an und wird angeätzt.

HCl, KCN, $HgCl_2$ und KOH bleiben ohne Wirkung.

Physikalische Eigenschaften.

Nur der Tetradymit von Schubkau erlaubt genauere geometrische Bestimmungen, die eine rhomboëdrische Symmetrie mit $c = 1{,}5871$ ergeben.

Alle sonstigen Vorkommen der natürlichen Tellurwismutmineralien sind derb, zumeist blättrig oder blättrig-körnig. Trigonale Symmetrie wurde an dem schwefelfreien Tellurwismut von Highland von F. A. Genth durch die Konstatierung eines hexagonalen Prismas, an dem Joséit von G. F. H. Smith[4]) durch die Konstatierung von drei sich unter 60° schneidenden Knickungsrichtungen auf der Basis sowie durch die kreisförmige Wärmeleitungsfigur nach der Methode von K. Röntgen nachgewiesen.

Für das Tetradymitvorkommen von Bradshaw City (Anal. I, 20) gibt F. A. Genth unvollkommene rhombische Kristalle an.

Härte 2 oder darunter; am Papier abfärbend. Biegsam. Rhomboedrische Gleitflächen.

Spaltbarkeit vollkommen nach der Basis.

Dichte 7,1—7,58 bei den Tetradymiten, 7,32 beim Grünlingit, 7,6 beim Oruetit, 7,64—7,94 bei den Tellurwismuten, 7,92—7,94 beim Joséit.

Die Angaben von 8 und darüber beschränken sich auf den Deutsch-Pilsener „Wehrlit".

Farbe zumeist lichtgrau in verschiedenen Nuancen, mit starkem Metallglanz; der Tetradymit und Wehrlit spielen ins Zinnweiße, Grünlingit und Joséit ist etwas dunkler stahlgrau bis gräulichschwarz. Dunkelgraue Anlaufsfarbe.

Strich grau.

Thermisch deutlich negativ.[5])

Thermoelektrisch nach A. Schrauf und E. S. Dana[6]) im Kontakt mit Kupfer einige Tellurwismutmineralien positiv (Tetradymite von Schubkau und dem Banat, Pilsenit), andere negativ (Grünlingit, schwefelfreie Vorkommen von Georgia, Anal. IIIa, 4—5).

Elektrisch leitend (Tetradymite und Grünlingit) nach F. Beijerinck.[7])

---

1) E. S. Simpson, Bull. Geol. Surv. West. Austr. **42**, 88 (1912).
2) A. de Gramont, Bull. soc. min. **18**, 352 (1895).
3) W. M. Davy u. C. M. Farnham, Microscopic examination of the ore minerals 1920 (S. 61).
4) Bei W. Muthmann u. E. Schroeder, Z. Kryst. **29**, 144 (1897).
5) E. Jannettaz, Bull. soc. min. **15**, 136 (1892).
6) A. Schrauf u. E. S. Dana, Sitzber. Wiener Ak. **69**, 151 (1874).
7) F. Beijerinck, N. JB. Min. etc. Beil.-Bd. **11**, 422 (1897).

Vorkommen und Genesis.

Die Tellurwismutmineralien begleiten besonders oft das Gold sowohl an gewöhnlichen Quarzgängen mit goldhaltigem Pyrit (Georgia, North Carolina, Virginia, Mittelböhmen), sowie an propylitischen Vorkommen (Schubkau, Deutsch-Pilsen, Colorado); nicht selten begegnet man ihnen auch an Kontaktlagerstätten der sulfidischen, vorwaltend Kupfer-Erze (Banat, Brasilien).

Natürliche Umwandlung liefert das seltene Wismuttellurat Montanit $Bi_2TeO_6 . 2H_2O$ (Highland, Montana; Davidson Co., N. Carolina; Norongo, N. S. Wales). Pseudomorphosen von gediegenem Gold nach Tetradymit erwähnt F. A. Genth.[1]

Altait (PbTe).

Kristallsymmetrie hexakisoktaedrisch, isomorph mit Galenit. Nur Würfel und (322).

Kristallstruktur nach L. S. Ramsdell's[2]) Untersuchungen über die X-Strahlen-Diffraktion an künstlichem PbTe ist vollkommen analog derjenigen des Galenits: das flächenzentrierte würfelige Raumgitter hat die Würfelkantenlänge von 6,34 Å.

Analysen.

	1.	2.	3.
δ	—	—	—
Pb	60,35	60,71	47,84
Ag	1,28	1,17	11,30
Au	—	0,26	3,86
Te	38,37	37,31	37,00
	100,00	99,45	100,00

1. Originalaltait von der Grube Zavodinskij im Altai; anal. G. Rose, Pogg. Ann. **18**, 68 (1830).

2. u. 3. Altait (etwas mit Petzit gemengt), Stanislaus Mine, Calaveras Co. (Californien); anal. F. A. Genth, Am. Journ. **45**, 310—312 (1868).

	4.	5.	6.	7.	8.
δ	8,060		8,081	—	—
Pb	60,22	60,53	54,04	57,40	62,60
Ag	0,62	0,79	2,27	Spur	—
Au	0,19	0,16	—	—	—
Cu	0,06	0,06	—	—	—
Zn	0,15	0,04	—	—	—
Fe	0,48	0,33	0,68	0,20	—
Te	37,99	37,51	43,01	34,20	37,40
Beimengungen .	0,10 (Quarz)	0,32 (Quarz)	—	5,90	—
	99,81	99,74	100,00	97,70	100,00

4. u. 5. Altait von der Red Cloud Mine, Boulder Co., (Colorado); anal. Derselbe, Amer. Philos. Soc. **14**, 225 (1874).

---

[1]) F. A. Genth, Amer. Philos. Soc. Philad. **23**, 32 (1886).
[2]) L. S. Ramsdell, Amer. Miner. **10**, 281—304 (1925).

6. Altait vom Lakeview Claim (British Columbia); anal. R. A. A. Johnston bei G. C. Hoffmann, Rep. Geol. Surv. Can. **8**, 11 (1895).

7. u. 8. Altait von Choukpazat (Ober-Burma); anal. H. Louis, Min. Mag. **11**, 215 (1897). Die Anal. 8 aus 7 nach Abzug der Beimengungen auf 100,00 berechnet.

	9.	10.
δ . . .	—	8,223
Pb	65,0	61,33
Ag	Spur	0,43
Au	—	0,02
Cu	—	0,01
Zn	—	Spur
Fe	Spur	0,13
Te	32,5	38,43
Se	Spur	0,08
S	Spur	—
	(97,5)	100,43

9. Altait von der Birney pocket Mine, Tuolumne Co. (Californien); anal. W. T. Schaller, Bull. Univ. Calif. **2**, 324 (1901).

10. Altait von der Hidden Secret Mine, Kalgoorlie District (Westaustralien); anal. E. S. Simpson, Bull. W. Austr. Geol. Surv. **42**, 94 (1912).

Formel. Der Altait ist Bleimonotellurid PbTe, analog dem Galenit und Clausthalit. Das Silber vertritt in Spuren isomorph das Blei, obwohl (Anal. 3 u. a.) auch mechanische Beimischung von Hessit nicht ausgeschlossen ist. Schwefel und Selen als isomorphe Vertreter des Tellurs spielen eine untergeordnete Rolle.

Chemisches Verhalten. In warmer verdünnter Salpetersäure leicht löslich; leicht schmelzbar, auf trockenem Wege die Reaktionen auf Tellur und Blei, eventuell auch auf Silber.

Nach W. M. Davy und C. M. Farnham (l. c., S. 43) wird der Altait, auf polierter Oberfläche mit HNO_3 behandelt, unter Aufbrausen angeätzt, wobei die Farbe dunkler wird und Kriställchen und baumartige Skelette sich entwickeln.

Mit HCl wird der Altait schnell braun, nach Abreiben blaßbraun mit weißen Flecken; mit $FeCl_3$ ist der braune Anflug bunt angelaufen und bleibt nach Abreiben grau; KCN, $HgCl_2$ und KOH ohne Wirkung.

Physikalische Eigenschaften.

Härte 3. Spröde.

Spaltbarkeit nach dem Hexaeder, der Grad derselben wird in verschiedenen Fällen ungleich bezeichnet: unvollkommen (G. Rose, Anal. 1), ziemlich vollkommen (H. Louis, Anal. 7 u. 8); vereinzelt steht die Beobachtung einer vollkommenen oktaedrischen Spaltbarkeit durch E. S. Simpson an australischem Altait (Anal. 10). — Bruch uneben bis etwas muschelig.

Translationsflächen nicht beobachtet (O. Mügge).

Dichte im Durchschnitt der Angaben etwa 8,15.

Farbe zinnweiß ins Gelbliche mit metallischem Glanz; bronzegelb anlaufend.

Synthese.

J. Margottet[1]) erhielt Tellurblei-Hexaeder nach der Dumasschen Methode, indem er Blei und Tellur bei etwa 500° zusammen schmolz und im Stickstoffstrom verflüchtigte. Ch. A. Tibbals[2]) erhielt durch Wirkung des von ihm dargestellten Natriumpolytellurids Na_4Te_3 auf essigsaure Lösung von Bleiacetat einen Niederschlag der von Zusammensetzung $Pb_2Te_3 . 4H_2O$, welcher bei der Erhitzung in einer Wasserstoffatmosphäre zuerst Wasser verliert, dann schmilzt und zuletzt Tellursublimat abgibt und kristallines Tellurblei hinterläßt.

Vorkommen und Genesis.

Der Altait ist, wie andere Telluride, ein typisches Gangmineral, welches sowohl auf jungen propylitischen Gängen (Westamerika) als auch auf älteren (Altai, Kalgoorlie) zusammen mit anderen Telluriden, goldhaltigen Kiesen und gediegenem Gold vorkommt.

Melonit ($NiTe_2$).

Kristallsymmetrie unbekannt. Die vollkommene Spaltbarkeit nach einer Richtung liefert zuweilen sechsseitige Blättchen, weshalb in der ersten Beschreibung von F. A. Genth[3]) das Mineral als hexagonal angesprochen wurde, doch fand später A. Dieseldorff,[4]) daß die Winkel bedeutend von 120° abweichen.

Analysen von reinem Material:

	1.	2.
δ	—	7,36
Ni	18,31	16,73
Co		0,75
Fe	—	1,33
Ag	0,86	0,077
Au	—	0,322
Bi	—	0,04
Te	80,75	80,17
Se	—	
(Ca, Al)	—	0,407
	99,92	99,826

1. Melonit von der Stanislaus Mine, Calaveras Co. (Kalifornien) (Originalfundort von F. A. Genth); anal. W. F. Hillebrand, Am. Journ. **8**, 295 (1899).
2. Melonit von Worturpa (Südaustralien); anal. P. Georgi bei A. Dieseldorff, ZB. Min. etc. 1901, 170. (Mittel aus drei sehr nahe übereinstimmenden Analysen.)

Auf Selen entfällt in der Analyse 2 etwa 3%.

---

1) J. Margottet, C. R. **85**, 1142 (1877).

2) Ch. A. Tibbals, Bull. of the Univ. of Wisconsin, Nr. 274 (Science Series **3**, 9, 438—439) (1909).

3) F. A. Genth, Am. Journ. **45**, 313 (1868).

4) A. Dieseldorff, ZB. Min. etc. 1901, 168—170.

Formel und Konstitution.

Die ursprüngliche Analyse F. A. Genths, an spärlichem und unreinem Material ausgeführt, ergab annähernd die Zusammensetzung Ni_2Te_3, um welche in ziemlich weiten Grenzen auch zwei Analysen inhomogenen Erzes von Kalifornien (W. F. Hillebrand, l. c.) und drei von F. A. Goyder und A. G. Higgin[1]) gemachten Analysen des australischen Materials schwanken. W. F. Hillebrand kam auf Grund der nur mit 0,35 g ausgesuchten reinen Tellurids ausgeführten Analyse zur Formel $NiTe_2$, die P. Georgi an reichlicherem Material bestätigte. Eisen und Kobalt sind unzweifelhaft isomorphe Vertreter von Nickel, Selen von Tellur, die übrigen Bestandteile scheinen von beigemischten anderen Telluriden und Gangarten herzurühren.

Ob die Konstitution des Melonits, wie A. Dieseldorff meint, derjenigen des Sylvanits analog ist, oder vielleicht Beziehungen zur Markasitgruppe zeigen würde, läßt sich mangels der kristallographischen Daten nicht entscheiden.

Chemisches Verhalten.

Leicht schmelzend, Tellurdämpfe gebend, unter Zurücklassung von graugrünlichem Reste auf der Kohle, welcher, mit Soda geglüht, dunkelgrau und magnetisch wird. In Salpetersäure mit grüner Farbe löslich; in verdünnter und konzentrierter Salzsäure unlöslich, ebenfalls in verdünnter Schwefelsäure, während er sich in warmer konzentrierter Schwefelsäure mit blutroter Farbe auflöst.

Nach W. M. Davy und C. M. Farnham wird die polierte und mit HNO_3 behandelte Oberfläche des Melonits schwarz, nach Abreiben grau; dabei beobachtet man lebhaftes Aufbrausen.

Mit $FeCl_3$ bildet sich langsam ein Anflug, nach dessen Abreiben die Fläche matt bleibt.

HCl, KCN, KOH ohne Wirkung.

Physikalische Eigenschaften.

Härte 1—1$^1/_2$. Biegsam.

Dichte 7,27 F. A. Goyder,[1]) 7,403 bzw. 7,36 A. Dieseldorff.[1])

Spaltbarkeit vollkommen nach einer Richtung.

Farbe zinnweiß ins Rötliche, mit starkem Metallglanz, der Farbe des gediegenen Wismuts ähnlich; gelbbraun und hellbraun anlaufend. Strich dunkelgrau.

Vorkommen. In Kalifornien auf einer quarzigen Gangmasse mit Petzit, Hessit, Pyrit und Galenit; in Australien ohne Begleitung anderer Telluride mit Kalkspat, Siderit, Quarz, goldhaltigem Pyrit und Chalkopyrit sowie gediegenem Gold.

Rickardit, Cu_4Te_3.

Kristallsymmetrie unbekannt.

Analyse.

δ . . .	7,54
Cu . . .	40,74
Te . . .	59,21
	99,95

[1]) Zitiert bei A. Dieseldorff, ZB. Min. etc. 1900, 98—100.

Die einzige Analyse stammt von W. E. Ford und bezieht sich auf das derbe Material von der Good Hope Mine, Vulkan (Colorado); Am. Journ. **15**, 69 (1903).

Die **Formel** wird vom Autor $Cu_4Te_3 = Cu_2Te \cdot 2CuTe$ geschrieben.

Chemisch-physikalische Eigenschaften.

Leicht schmelzbar, in Salpetersäure löslich, Reaktion auf Kupfer und Tellur.

Härte $3^1/_2$. Spröde.

Dichte 7,54.

Spaltbarkeit nicht vorhanden. Bruch uneben.

Farbe tief purpurrot mit Metallglanz, dem Buntkupfererz ähnlich.

Strich purpurrot.

Mit HNO_3 auf polierter Oberfläche behandelt, braust der Rickardit nach W. M. Davy und C. M. Farnham (l. c., S. 35) auf und wird schwarz; HCl bedingt unter Anätzung der Oberfläche, einen blaßbläulichen Anflug. Durch KCN wird die Farbe des Rickardit blasser, durch $FeCl_3$ bräunlich, durch $HgCl_2$ blaßbläulichgrün. Mit KOH behandelt, läuft der Rickardit bunt an.

Vorkommen an einem Gang mit vorwaltendem Pyrit, in Gesellschaft von gediegen Tellur, Petzit, Berthierit und Schwefel.

Coloradoit, HgTe.

Regulär-tetraedrisch.

Von F. A. Genth[1]) beschrieben und nach den Fundorten in Boulder Co. benannt.

Analysen.

	1.	2.	3.
δ	8,062—	—8,077	8,025
Hg	60,95	59,4	61,62
Te	39,38	(35,8)	38,43
	100,33	(95,2)	100,05

1. Coloradoit vom Great Boulder Main Reef bei Kalgoorlie; anal. L. J. Spencer, Min. Mag. **13**, 274—278 (1903).

2. Eine andere Probe von ebenda (das Tellur nicht vollständig gefällt); anal. Derselbe, ebenda.

3. Coloradoit von der Oroya Gold Mine bei Kalgoorlie; anal. E. S. Simpson, West. Australia Geol. Surv. Bull. Nr. **42**, 97 (1912).

Die früheren Analysen wurden an unreinem Material ausgeführt; F. A. Genths[2]) Originalmaterial von Colorado war mit Gold, Sylvanit, gedigen Tellur und Tellurit verunreinigt; ebenso wurde an inhomogenem Materiale von E. S. Simpson[3]) bloß das Quecksilber zu 50,40 bestimmt und daraus die Formel Hg_2Te_3 gefolgert, nach neuer Analyse (Nr. 3) richtiggestellt.

Gemenge von Coloradoit mit anderen Telluriden sind, wie L. J. Spencer nachgewiesen hat, die westaustralischen, unter den Namen Kalgoorlit

[1]) F. A. Genth, Am. Philos. Soc. **17**, VIII (1877).

[2]) Derselbe, l. c. (1877).

[3]) E. S. Simpson, Ann. Prog. Rep. Geol. Surv. West-Austr. for 1898, 57—59.

[E. F. Pittmann[1])] und Coolgardit [A. Carnot[2])] beschriebenen Tellurerze: der erstere besteht aus Coloradoit und Petzit, denen im Coolgardit noch Sylvanit und Calaverit beigesellt sind.

Auf die Formel HgTe schloß schon F. A. Genth[3]) aus der Berechnung seiner an inhomogenem Material aus Colorado gemachten sieben Analysen, in demselben Jahre wurde von J. Margottet[4]) auch künstliches HgTe in regulärer Kristallform erhalten und so die Zugehörigkeit zur isomorphen Reihe des Metacinnabarits, Tiemannits und Onofrits wahrscheinlich gemacht; jedoch erst L. J. Spencers Analysen bewiesen endgültig die Formel HgTe.

Chemisches Verhalten.

In Salpetersäure leicht löslich.

Vor dem Lötrohr dekrepitiert, schmilzt und verflüchtigt sich leicht. Im offenen und geschlossenen Röhrchen die gewöhnlichen Reaktionen auf Tellur und Quecksilber.

Auf polierter Oberfläche läuft der Coloradoit nach W. M. Davy und C. M. Farnham (l. c., S. 97), mit HNO_3 behandelt, langsam bunt an und läßt sich nachher rein abreiben; mit $FeCl_3$ sehr schwach braun anlaufend, nach Abreiben blank.

HCl, KCN, $HgCl_2$ und KOH ohne Wirkung.

Physikalische Eigenschaften.

Härte $2^1/_2$—3.

Spaltbarkeit nach (111), erst von E. S. Simpson (l. c., 1912) beobachtet. Bruch muschelig. Spröde.

Dichte 8,0—8,1.

Farbe eisenschwarz ins Graue mit einem etwas purpurroten Abstich; an der Oberfläche schwarz oder bunt angelaufen. Strich schwarz, glänzend. Metallischer Glanz an frischen Flächen stark.

Synthese.

J. Margottet[5]) erhielt unregelmäßig ausgebildete Kubooktaeder von HgTe im Vakuum bei $\Theta = 360^0$ durch Sublimation des schwarzen, pulverigen Quecksilbertellurids, welches er durch Vereinigung der Dämpfe beider Elemente bei etwa 800^0 dargestellt hatte.

Natürliches Vorkommen und Genesis.

Der Coloradoit tritt unter den gleichen paragenetischen Verhältnissen wie die Gold- und Silbertelluride sowohl an jungen propylitischen Gängen und Imprägnationen (westl. Amerika) als auch an älteren (Westaustralien) auf.

---

[1]) E. F. Pittmann, Zitate bei L. J. Spencer, Min. Mag. **13**, 290 (1903) und E. S. Simpson, l. c. (Anal. 3).
[2]) A. Carnot, C. R. **122**, 1298—1302 (1901); Bull. soc. min. **24**, 357—367 (1901).
[3]) F. A. Genth, Amer. Phil. Soc. **17**, VIII (1877).
[4]) J. Margottet, C. R. **85**, 1142 (1877).
[5]) Derselbe, ebenda.

Stützit, Ag_4Te.

Kristallsystem wahrscheinlich hexagonal,

$c = 1,253$, A. Schrauf.[1])

A. Schrauf selbst nahm monokline, A. Des Cloizeaux[2]) rhombische Symmetrie an; die hexagonale oder höchst annähernd pseudohexagonale Natur der Stützitkristalle wird von V. Goldschmidt[3]) und C. Hintze[4]) betont; E. S. Dana hebt eine chemische Analogie zur Domeykitgruppe hervor und es wäre somit rhombisch pseudohexagonale Symmetrie wahrscheinlich; Kristalle höchst flächenreich, bis kugelähnlich.

Analysen. Wegen der außerordentlichen Seltenheit des Stützits wurde keine vollständige Analyse ausgeführt. A. Schrauf nahm zwei Lötrohrproben vor, die 72 und 77 % Ag ergaben; die Formel Ag_4Te würde 77,50 % Ag erfordern. Die Probe auf Gold fiel negativ aus.

Chemische Reaktionen. Leicht schmelzbar, gibt schon ohne Soda ein Silberkorn. Tellurreaktionen; kein Nachweis irgendeines anderen Elementes.

Physikalische Eigenschaften.

Härte und **Dichte** nicht geprüft.

Keine **Spaltbarkeit.**

Farbe bleigrau, etwas ins Rötliche, Strich schwärzlich bleigrau.

Bei G. Pellini und E. Quercighs thermischer Analyse des Systems Ag—Te wurde keine entsprechende Verbindung erhalten.

Vorkommen. Nur höchst selten auf dem bekannten propylitischen Telluridenfundorte Nagyag in Siebenbürgen.

Hessit[5]) (Botesit), Ag_2Te.

Kristallsystem regulär.

Die ungleichmäßige Entwicklung der Flächen veranlaßte einige Autoren zur Annahme von niedrigeren Symmetrien: rhomboedrisch (H. Hess, G. Suckow), rhombisch (G. A. Kenngott, K. F. Peters), sogar triklin (F. Becke); nach A. Schrauf, P. Groth, A. J. Krenner, Ch. Palache, V. Rosický, R. Pilz und L. Tokody ist jedoch das reguläre System anzunehmen.

Die **Kristallstruktur** des Hessits entspricht nach den röntgenometrischen Untersuchungen von L. S. Ramsdell[6]) derjenigen des Argentits, ist also pseudoregulär, wahrscheinlich rhombisch; die reguläre äußere Form ist als einer anderen Modifikation von Ag_2Te angehörend zu betrachten, die bei höheren Temperaturen gebildet wurde und nach der der rhombische Hessit eine Paramorphose bildet.

---

[1]) A. Schrauf, Z. Kryst. II, 245 (1878).
[2]) A. Des Cloizeaux, Mineralogie 320 (1893).
[3]) V. Goldschmidt, Index III, 194 (1891).
[4]) C. Hintze, Mineralogie I, 433 (1899).
[5]) Eigentlich gehört die Priorität dem Namen Savodinskit — richtig Z. — (J. J. N. Huot 1841) vor Hessit (Fröbel 1843). Der erstere Name fand jedoch keinen Eingang in die Literatur.
[6]) L. S. Ramsdell, Amer. Miner. **10**, 289 (1925).

Analysen.

	1.	2.	3.	4.	5.
δ . . .	8,412	8,565	8,31–8,45	8,318	8,390
Ag . . .	62,42	62,32	61,55	60,69	61,52
Au . . .	—	—	0,69	1,37	1,01
Te . . .	36,96	36,89	37,76	37,22	37,77
(Fe) . . .	0,24	0,50	Spur	—	Spur
(Pb) . . .	—	—	Spur	—	—
(S) . . .	—	—	Spur	—	—
(Unlösl.) .	—	—	—	0,40	—
	99,62	99,71	100,00	99,68	100,30

1. u. 2. Hessit von der Grube Zavodinskij im Altai; anal. G. Rose, Pogg. Ann. **18**, 64 (1830).
3. Hessit von Nagyág, anal. W. Petz, ebenda **57**, 471 (1842).
4. Hessit von Botes; anal. Fr. Becke, Tsch. min. Mit. **3**, 312 (1881).
5. Hessit von Botes; anal. J. Loczka, Ref. Z. Kryst. **20**, 317 (1890).

	6.	7.	8.	9.	10.
δ . . .	8,178	8,789?		8,359	
Ag . . .	59,91	59,68	59,83	62,87	62,34
Au . . .	0,22	3,31	3,34	—	—
Te . . .	37,86	37,60	36,74	37,34	37,05
(Fe) . . .	1,35	0,15	0,21	—	—
(Pb) . . .	0,45	—	—	0,28	0,30
(Cu) . . .	0,17	0,05	0,06	—	—
(Se) . . .	—	—	—	Spur	Spur
(Unlösl.) .	—	0,18	0,13	—	—
	99,96	100,97	100,31	100,49	99,69

6.—8. Hessit von der Red Cloud mine, Boulder Co. (Colorado); anal. F. A. Genth, Proceed. Am. Phil. Soc. **14**, 226 (1874).
9. u. 10. Hessit von der West Side mine (Arizona); anal. Derselbe, Am. Phil. Soc. 1887. Ref. Z. Kryst. **14**, 294 (1888).

	11.	12.	13.	14.	15.
Ag . . .	59,58	58,00	56,60	61,0	61,7
Au . . .	—	—	—	0,8	0,1
Te . . .	38,60	37,60	38,00	38,2	38,2
(Pb) . . .	1,82	4,70	5,40	—	—
(Cu) . . .	—	—	—	Spur	Spur
(Se) . . .	Spur	—	—	—	—
	100,00	100,30	100,00	100,0	100,0

11. Hessit von der Grube Refugio, Distrikt San Sebastian (Mexico); anal. F. A. Genth u. S. L. Penfield, Amer. Journ. Chem. Soc. **43**, 187 (1892).
12. u. 13. Hessit von der Grube Condorriaco bei Coquimbo (Chile); anal. J. Domeyko, C. R. **81**, 632 (1875).
14. u. 15. Hessit von der Hidden Secret mine, Kalgoorlie Distrikt; anal. E. S. Simpson, W.-Austr. Geol. Surv. Bull. Nr. **42**, 90 (1912).

Formel und Konstitution.

Die einfache Formel einer Verbindung von einwertigem Silber mit zweiwertigem Tellur Ag_2Te würde 63,27 Ag und 36,73 Te erfordern, was den angeführten Analysen gut entspricht. Der Hessit gehört somit in die (pseudo-) reguläre Argentitreihe und die gefundenen Mengen von Gold (Blei) und Kupfer einerseits, Schwefel und Selen anderseits sind als isomorphe Beimengungen zu betrachten. Von den goldreicheren Mischgliedern, den Petziten, werden die natürlichen Hessite durch eine ziemlich bedeutende Lücke getrennt, deren untere Grenze der Goldgehalt von 3,34 (Anal. 8, S. 869), deren obere derjenige von 13,09 (Petzit-Anal. 7, S. 871) bildet.

Chemisches Verhalten.

Vor dem Lötrohr leicht zur Kugel schmelzbar, welche zuerst an der Oberfläche mit Silberdendriten bedeckt, mit Soda ziemlich leicht zu einem Silberkorn reduziert wird; durch Säuren zersetzbar unter eventueller Zurücklassung von metallischem Gold, in der Salzsäure einen reichen Chlorsilberniederschlag gebend. Reaktionen auf Silber und Tellur wie bei den anderen verwandten Mineralien.

HNO_3 ruft auf polierter Oberfläche nach W. M. Davy und C. M. Farnham (l. c., S. 66) allmählich einen bunten bis braunen Anflug hervor, bisweilen unter langsamem Aufbrausen; auch $HgCl_2$ bedingt einen braunen Anflug. Die Wirkung von HCl, $FeCl_3$ und KCN ist schwächer, der Anflug bunt; mit KOH reagiert der Hessit nur sehr langsam und schwach.

Physikalische Eigenschaften.

Härte $2^1/_2$. Spröde, nur etwas schneidbar.

Spaltbarkeit nach dem Würfel unvollkommen.

Dichte der goldarmen bis -freien Varietäten etwa 8,4; der von F. A. Genth gefundene Wert 8,789 bei $3^1/_2\,^0/_0$ Au (Anal. 7 u. 8, vor. S.) scheint zu hoch zu sein.

Farbe metallisch grau in verschiedenen Nuancen (blei-, stahl-, eisengrau), welche nicht vom Goldgehalt abzuhängen scheinen.

Schmelzpunkt des künstlichen Ag_2Te: 955° nach H. Pélabon, 959° nach G. Pellini und E. Quercigh; der eutektische Punkt von Hessit und Silber liegt nach Denselben bei 872° und 86—87 Atom-Proz. Silber; die Bildungswärme ist dabei ziemlich gering.

Synthesen.

J. Margottet[1]) hat künstliche Hessitkristalle nach einer von J. A. B. Dumas herrührenden Methode dargestellt: Tellurdämpfe, mit Stickstoff gemischt, wurden in einem sehr langsamen Strome über metallisches Silber in einem zur Rotglut erhitzten Rohr geführt; bei hinreichend langsamer Einwirkung bilden sich deutliche Kristalle von dodekaedrischer Form. B. Brauner[2]) versuchte die so hergestellte Verbindung Hg_2Te zur Bestimmung des Atomgewichtes des Tellurs anzuwenden, erhielt jedoch nicht so genaue Resultate wie aus Tetrabromid. V. Lenher erhielt Ag_2Te durch die Einwirkung von Lösungen verschiedener Silbersalze auf metallisches Tellur, Ch. Tibbals jr. aus den Lösungen von Natriumtellurid und Silberacetat bei Gegenwart von Essigsäure.[3])

G. Pellini und E. Quercigh[4]) stellten durch einfaches Zusammen-

[1]) J. Margottet, C. R. **85**, 1142 (1877).

[2]) B. Brauner, Sitzber. Wiener Ak. **98**, II (1889) und Journ. chem. Soc. **55**, 382 bis 411 (1889).

[3]) Ch. Tibbals jr., Bull. of the Univ. of Wisconsin Nr. 274, 439 (1909).

[4]) G. Pellini u. E. Quercigh, R. Acc. Linc. XIX, 415—421 (1910).

schmelzen der entsprechenden Mengen von Silber und Tellur graues, sprödes, kristallinisches Ag_2Te von radialer Struktur dar; eine dimorphe Modifikation derselben Verbindung wurde bei der thermischen Analyse des binären Systems Ag—Te nicht erhalten.

Vorkommen und Genese in der Natur.

Die Hessitfundorte von Siebenbürgen und den Cordilleren gehören dem propylitischen Typus an, diejenigen von Kalgoorlie bieten einen Spezialfall von älteren Gold-Silbergängen, die altaische Originallokalität steht wohl den letzteren nahe, unterscheidet sich aber von ihnen hauptsächlich durch die Assoziation mit Tellurblei.

Petzit $(Ag, Au)_2Te$, vorwaltend $3Ag_2Te.Au_2Te$.

Kristallsystem: regulär.

Analysen.

	1.	2.	3.	4.	5.	6.	7.
δ	8,72–8,83	9–9,4	—	—	—	—	8,897
Ag	46,76	40,60	41,93	42,36	41,86	40,87	50,56
Au	18,26	24,80	25,55	25,70	25,60	24,97	13,09
Te	34,98	35,40	32,52	31,94	32,68	34,16	34,91
(Cu)	—	—	—	—	—	—	0,07
(Pb)	Spur	—	—	—	—	—	0,17
(Zn)	—	—	—	—	—	—	0,15
(Fe)	Spur	—	—	—	—	—	0,36
(S)	Spur	—	—	—	—	—	—
(Beigem. Quarz)	—	—	—	—	—	—	0,70
	100,00	100,80	100,00	100,00	100,14	100,00	100,01

1. Petzit von Nagyág (Siebenbürgen); anal. W. Petz, Pogg. Ann. **57**, 471 (1842).
2. Petzit von der Stanislaus mine, Calaveras Co. (Kalifornien); anal. G. Küstel, Bg.- u. hütt. Z. 1866, 128.
3. u. 4. Petzit von ebenda; anal. F. A. Genth, Am. Journ. Sc. **45**, 310 (1868).
5. u. 6. Petzit von der Golden Rule mine, Tuolumne Co. (Kalifornien); anal. Derselbe, ebenda.
7.—9. Petzit von der Red Cloud mine, Boulder Co. (Colorado); anal. Derselbe, Amer. Philos. Soc. **14**, 226 (1874).

	8.	9.	10.	11.	12.	13.	14.
δ	9,010	9,020	—	—	—	—	—
Ag	40,73	40,80	43,15	40,70	40,47	40,55	41,22
Au	24,10	24,69	24,67	24,33	24,64	24,62	24,16
Te	33,49	32,97	32,18	32,60	34,60	34,83	32,33
(Hg)	—	—	—	—	0,29	—	2,00
(Cu)	—	—	—	0,10	—	—	0,10
(Pb)	0,26	—	—	—	—	—	—
(Zn)	0,05	0,21	—	—	—	—	—
(Fe)	0,78	1,28	—	0,07	—	—	—
(Ni)	—	—	—	0,08	—	—	—
(Bi)	0,41	—	—	—	—	—	—
(Se)	—	—	—	1,45	—	—	—
(S)	—	—	—	0,26	—	—	—
Quarz	0,62	0,05	—	—	—	—	—
	100,44	100,00	100,00	99,59	100,00	100,00	99,81

10. Petzit von Kara-Issar (Kleinasien); anal. C. Friedel, veröff. bei A. DesCloizeaux, Manuel de Minéralogie 1893, 312.

11.—19. Von E. S. Simpson (Bull. West-Austr. Geol. Surv. Nr. 42, 91 (1912) angeführte Petzitanalysen aus dem Kalgoorlie-Golddistrikt: 11. anal. Wölbling bei P. Krusch, ZB. Min. etc. 1901, 199—202; 12. u. 13. (aus der Associated Gold mine) anal. Grace; 14.—16. anal. Ad. Carnot; 17.—19. sind Doppelkupellationsproben, welche E. S. Simpson an reinen Proben von der Hidden Secret mine vornahm.

	15.	16.	17.	18.	19.
Ag	41,37	43,31	42,0	41,8	41,7
Au	23,42	23,58	25,3	25,2	25,2
Te.	33,00	31,58			
(Hg)	2,26	0,88	—	—	—
(Cu)	0,16	0,20	Spur	Spur	Spur
(Fe)	—	Spur	—	—	—
(Sb)	—	0,30	—	—	—
	100,21	99,85			

Formel und Konstitution.

Es folgt aus den Analysen mit Sicherheit, daß der Petzit eine isomorphe Mischung von Hessit mit der entsprechenden Goldverbindung darstellt; auch durch die Synthesen von J. Margottet und B. Brauner wird die Existenz eines (in der Natur nicht vorkommenden) Goldtellurids Au_2Te, seine reguläre Kristallform und Mischbarkeit mit Ag_2Te nachgewiesen, während beim Zusammenschmelzen von Au und Te keine andere als die Calaveritverbindung $AuTe_2$ entsteht. Bei den natürlichen Petziten wiegt bei weitem das Verhältnis Ag:Au = 3 : 1 vor, von welchem nur die Analysen 1 und 7 wesentlich abweichen, während alle 17 anderen den theoretischen Perzentzahlen Ag 41,71, Au 25,42 sehr nahe stehen. Die unwesentlichen Beimischungen anderer Elemente sind teils als solche isomorpher, teils mechanischer Natur anzusehen.

Chemische und physikalische Eigenschaften.

Wie beim Hessit. Farbe zumeist etwas dunkler, Dichte höher (durchschnittlich 9,0).

Ch. Tibbals hat den Petzit mit alkalischer Kaliumpermanganat- und schwefelsaurer Kaliumbichromatlösung in der Siedetemperatur behandelt und mit der ersteren nach längerer Zeit, mit der letzteren schon nach $^1/_2$ Stunde das Tellur vollständig extrahiert, wobei im ersten Falle beide Metalle, im zweiten Gold allein zurückblieb.

Derselbe hat feingepulverten P. von der Boulder Co. (Anal. 7—9, S. 871) in einem Porzellanrohr in trockener CO_2-Atmosphäre erhitzt; nach 24 Stunden war das Tellur quantitativ (35,07 $^0/_0$) entfernt, unter Zurücklassung einer mit Gold inkrustierten Silberkugel. Derselbe Petzit wurde auch in einem HCl-Strome unter Luftabschluß auf dunkle Rotglut erhitzt und lieferte einen schwarzen Spiegel von metallischem Tellur, ferner Silberchlorid und ein Goldkorn.

Eine starke Natriumsulfidlösung, mit Petzit in geschlossenem Rohr auf 50^0 erhitzt, blieb auch nach 2 Wochen ohne Einwirkung; auch nach einer 24stündigen Erhitzung auf 200^0 blieb der Petzit unverändert.

Auf polierter Oberfläche mit HNO_3 behandelt, läuft der Petzit nach W. M. Davy und C. M. Farnham (l. c., S. 97) braun bis schwarz an, nach Abreiben bleibt die Farbe grau; in einigen Fällen braust der Petzit mit KNO_3 auf.

Der mit $FeCl_3$ gewonnene Anflug ist braun und läßt sich ganz blank abputzen; mit $HgCl_2$ ist der Anflug heller und bleibt auch nach Reiben blaßbraun.

HCl, KCN, KOH ohne Wirkung.

Synthese.

J. Margottet (l. c.) erhielt neben Hessit auch Petzit in dodekaedrischen Kristallen bei Anwendung einer Goldsilberlegierung.

Von der reinen Goldkomponente berichtet B. Brauner (l. c.), daß er Mischungen von silberglänzendem Au_2Te mit freiem Gold erhielt, nachdem er Legierungen von Tellur und Gold zur Rotglut im Kohlensäurestrome erhitzt hatte.

Empressit, AgTe.

Kristallsymmetrie unbekannt.

Analysen.

	1.	2.	3.	4.
δ	7,510		—	—
Ag	45,16	45,17	43,71	43,695
(Fe)	(0,30)	(0,22)	(2,17)	(2,165)
Te	54,62	54,89	53,86	53,835
(Unlöslich) . .	(0,38)	(0,39)	(0,32)	(0,335)
	100,46	100,60	100,60	100,03

1.—2. Empressit von der Empress Josephine Mine (Colorado); anal. von W. M. Bradley, Am. Journ. IV, **38**, 163—165 (1914); 3. u. 4. dto. von E. J. Dittus, ebenda **39**, 223 (1915). Das Mineral wurde metallographisch auf die Homogenität geprüft.

Chemische Eigenschaften. In warmer Salpetersäure leicht löslich. Leicht schmelzbar. Reaktionen auf Tellur und Silber.

Physikalische Eigenschaften. Nur in derben Aggregaten bekannt.

Härte 3—$3^1/_2$.

Etwas spröde. Bruch muschelig bis uneben. Keine deutliche Spaltbarkeit.

Farbe blaß bronzeartig; Metallglanz; Strich schwarzgrau bis schwarz.

Synthese. Die Existenz der selbständigen Verbindung AgTe wurde von G. Pellini und E. Quercigh[1]) durch die thermische Analyse des Systems Ag—Te erwiesen. Diese Verbindung bildet sich bei $\Theta = 444^0$ und ist bei höheren Temperaturen instabil; wahrscheinlich besteht neben derselben noch eine andere polymorphe Modifikation, β-AgTe, die bei $\Theta = 412^0$ aus α-AgTe entsteht.

Für die Polymorphie des Silbermonotellurids scheint auch die Tatsache zu sprechen, daß das reine AgTe, der natürliche Empressit, durch den Mangel

[1]) G. Pellini u. E. Quercigh, R. Acc. d. Linc. **19**, 5, II, 415—421 (1910).

an Spaltbarkeit von der isomorphen Mischung (AgAu)Te, dem Muthmannit, physikalisch verschieden ist.[1])

Vorkommen und Genese. Das natürliche Silbermonotellurid, bisher nur an einer einzigen Fundstelle, der Empress Josephine Mine in Colorado, in Begleitung von Galenit und gediegen Tellur gefunden, unterscheidet sich in seinem Auftreten nicht von dem gewöhnlichen paragenetischen Typus der Telluride.

Muthmannit, (Ag, Au)Te.

Kristallsymmetrie unbekannt.

Von F. Zambonini[2]) im Jahre 1911 vom Krennerit unterschieden und zu Ehren von W. Muthmann benannt.

Analysen.

	1.	2.	3.
δ	—	(5,598?)	—
Au	31,00	34,97	22,90
Ag	21,00	19,44	26,36
(Pb)	—	—	(2,58)
Te	48,00	45,59	46,44
(Fe)	—	—	(Spur)
(Cu)	—	—	(Spur)
	100,00	100,00	98,28

1. „Krennerit“ von Nagyág; anal. A. Schrauf, Z. Kryst. **2**, 326 (1878).
2. Derselbe; anal. R. Scharizer, J. k. k. geol. R.A. **30**, 604 (1880).
3. Muthmannit; anal. C. Gastaldi, Z. Kryst. **49**, 249 (1911).

Die Schraufsche Analyse 1 war bloß eine Lötrohrbestimmung von Au und Ag an 0,0021 g Substanz, die Analyse 2 von R. Scharizer ist nach Abzug von beigemengtem Antimonit auf 100,00 berechnet worden; die (als Differenz auf 100 % angeführte) Menge von Antimon 9,75 % und die gefundene Schwefelmenge 4,39 stimmen jedoch nicht mit der Zusammensetzung Sb_2S_3 überein, sondern weisen einen beträchtlichen, nicht weiter berücksichtigten Überschuß an Schwefel auf. Als einzige maßgebende Analyse kann also nur 3 gelten. Außerdem bezeugt auch die geringe Dichte die Nichthomogenität des Materials von Scharizers Analyse.

Chemische Konstitution. Der Muthmannit ist eine isomorphe Mischung von Silber- und Goldmonotellurid, mit dem Verhältnisse Ag:Au = sehr nahe 2:1.

Löslichkeit. In Salpetersäure zum großen Teile gelöst unter Hinterlassung einer bedeutenden Goldmenge.

Lötrohrverhalten demjenigen des Sylvanits sehr ähnlich; nur schwaches Dekrepitieren.

Physikalische Eigenschaften. Farbe sehr hell messinggelb, auf frischen Spaltflächen graulichweiß.

Strich eisengrau.

Spaltbarkeit vollkommen nach einer Richtung, welche (im Gegensatz zu Krennerit nicht quer, sondern) parallel zur Längserstreckung der Kristalle

[1]) Vgl. dagegen W. T. Schaller, Journ. of the Washington Acad. of Sc. IV, 497 bis 499 (1914). Ref. N. JB. Min. etc. 1915, II, 21.

[2]) F. Zambonini, Z. Kryst. **49**, 246—249 (1911).

verläuft. Das reine Silbermonotellurid, der Empressit, zeigt im Gegensatz zum Muthmannit keine Spaltbarkeit.

Härte sehr wenig über 2.

Vorkommen und Genesis in der Natur. Der Muthmannit kommt gemeinsam mit Krennerit vor und die Bildung des einen oder anderen hängt von den Schwankungen im Verhältnisse Au:Ag ab, wie F. Zambonini zeigt: beim Überwiegen des Goldes entsteht der Krennerit $(AuAg)Te_2$, der der einzigen Tellurgoldverbindung der thermischen Analyse des Systems Au—Te, nämlich $AuTe_2$, entspricht; nimmt das Silber überhand, zwingt es das Gold in den ihm fremden Kombinationstypus RTe, dessen Nichtexistenz im binären thermischen System Te—Au von G. Pellini und E. Quercigh[1]) nachgewiesen worden ist.

Sylvanit, $AuAgTe_4$.

Kristallsystem: Monoklin. $a:b:c = 1{,}63394:1:1{,}12653$; $\beta = 90^0\,25'$ (A. Schrauf).[2])

Analysen.

	1.	2.	3.	4.	5.
δ . . .	—	8,28	8,0733	8,036	7,943
Au . . .	26,97	26,47	25,87	26,08	24,83
Ag . . .	11,47	11,31	11,90	11,57	13,05
(Pb) . . .	0,25	2,75	—	Spur	
(Cu) . . .	0,76	—	0,10	0,09	0,23
(Zn) . . .	—	—	—	—	0,45
(Fe) . . .	—	—	0,40	0,30	3,28
(Sb) . . .	0,58	0,66	—	—	—
Te	59,97	58,81	62,45	61,98	56,31
S . . .	—	—	—	—	1,82
Se . . .	—	—	—	—	Spur
Unlösl. . .	—	—	—	0,32 (Quarz)	0,32 (Quarz)
	100,00	100,00	100,72	100,34	100,29

1. u. 2. Sylvanit von Offenbánya; anal. W. Petz, Pogg. Ann. **57**, 473 (1842).
3. Sylvanit von Offenbánya; anal. L. Sipöcz, Z. Kryst. **11**, 210 (1885).
4. Sylvanit von Nagyág; anal. V. Hankó, Math. term. Tud. Ert. **6**, 340 (1888).
5. u. 6. Sylvanit von der Red Cloud mine, Boulder Co. (Colorado); anal. F. A. Genth, Amer. Phil. Soc. **14**, 228 (1874).

	6.	7.	8.
δ	7,943	—	8,161
Au	26,36	29,35	26,09
Ag	13,86	11,74	12,49
(Fe)	—	—	1,19
Te	59,78	58,91	60,82
Unlöslich . . .	—	—	1,02
	100,00	100,00	101,61

7. Sylvanit von der Red Cloud mine, Boulder Co. (Colorado); anal. F. W. Clarke, Am. Journ. Sc. **14**, 286 (1877).

[1]) G. Pellini u. E. Quercigh, R. Acc. d. Linc. **19**, 5, II, 445—449 (1910).
[2]) A. Schrauf, Z. Kryst. II, 211 sq. (1878).

8. Sylvanit vom Cripple Creek (Colorado); anal. Ch. Palache, Am. Journ. Sc. **10**, 422 (1900).

Diese Analysen zeigen insgesamt eine bedeutende Annäherung an das Verhältnis Au : Ag = 1 : 1, welches 24,45 Au und 13,39 Ag erfordern würde. Dagegen führt E. S. Simpson[1]) vier eigene Analysen und sechs von E. H. Liveing an, welche Au 25,5—36,6 und Ag 3,5—11,4 ergeben haben, in welchen somit das Verhältnis beider Metalle zwischen 1,3 Au : 1 Ag und 6 Au : 1 Ag schwankt. Alle diese Erze stammen aus dem Kalgoorliedistrikt.

Zwei von ihnen sind typische Sylvanite mit 25,5 bzw. 26,1 Gold und 11,2 bzw. 11,4 Silber, spez. Gew. 8,04 (E. H. Liveing). Die goldreichsten von E. H. Liveings Proben enthalten 36,6 bzw. 36,1 Au und 3,5 bzw. 4,45 Ag, spez. Gew. 8,64; der Autor hält dieselben für eine selbständige Mineralspezies, die er Speculit nennt, während C. Hintze[2]) für das Material A. Frenzels mit 36,60 Au, 3,82 Ag, spez. Gew. 8,14 und für dasjenige E. F. Pittmanns mit 41,76 Au, 0,80 Ag, spez. Gew. 9,377 eher eine Identität mit Krennerit vermutet. L. J. Spencer und E. S. Simpson (l. c.) halten jedoch das Erz eher für Sylvanit, nachdem sie Anzeichen von Zwillingslamellierung nach einer zur Spaltbarkeit senkrechten Fläche und ein ruhiges Schmelzen ohne Dekrepitation beobachtet hatten, enthalten sich jedoch eines definitiven Urteils, solange nicht deutliche Kristalle gefunden worden sind. (Vgl. auch den Anhang über Goldschmidtit).

Es bleibt also die Frage offen, ob der Sylvanit ein Doppelsalz von konstanter Zusammensetzung oder eine isomorphe Mischung ist; in letzterem Falle würde er zum Krennerit im Verhältnisse der Dimorphie stehen.

Die Beimischungen in unzweifelhaft homogenen Sylvaniten sind, wie aus den angeführten Analysen zu ersehen ist, geringfügig und gehören dem Kupfer, Blei und Eisen, viel seltener dem Antimon und Zink an; Schwefel ist nur einmal (Anal. 5) in nennenswerter Quantität gefunden worden. Wenigstens zum Teil dürften die Beimischungen von Cu und S isomorpher Natur sein.

Die **Konstitution** des Sylvanits ist — abgesehen von der Frage der stöchiometrischen Konstanz des Verhältnisses von Gold und Silber — schwierig zu deuten. Die einfachste Formel einer isomorphen Mischung $(AuAg)Te_2$ stammt von G. Rose, andere (J. J. Berzelius, C. F. Rammelsberg, P. Groth) lassen die Möglichkeit einer Koexistenz von $AuTe_3$ und AgTe im Sylvanit zu. Über die Valenz der den Sylvanit und die übrigen Minerale dieser Gruppe zusammensetzenden Elemente sind wir vollständig im Unklaren, und mit den Bisulfiden (Pyrit–Markasitgruppe, Molybdänit) sind die Gold- und Silbertelluride durch keine chemischen oder kristallographischen Beziehungen verknüpft.

Chemisches Verhalten.

Der Sylvanit löst sich in der Salpetersäure unter Abscheidung von metallischem Gold, im Königswasser unter derjenigen von Chlorsilber; mit der Schwefelsäure gibt er die bekannte Tellurreaktion.

Vor dem Lötrohre schmilzt der Sylvanit leicht und ruhig, ohne die für den Krennerit charakteristische Dekrepitation, und gibt zuletzt eine aus einer Goldsilberlegierung bestehende metallische Kugel, die — wie beim Calaverit —

[1]) E. S. Simpson, Western Australia Geolog. Survey, Bullet. Nr. 42, 104 (1912).
[2]) C. Hintze, Mineralogie I, 898 (1901).

öfters, nachdem die Abkühlung bis zum Verschwinden der Rotglut fortgeschritten ist, ein momentanes Wiederaufglühen (Rekaleszenz) zeigt; dieselbe ist wahrscheinlich auf das Entweichen der letzten Tellurreste zurückzuführen. Die Beschläge auf Kohle und im offenen Rohre wie bei den anderen Telluriden.

Auf polierter Oberfläche bewirkt die HNO_3 nach W. M. Davy und C. M. Farnham[1]) (l. c., S. 98) einen braunen Anflug, der durch Reiben tiefbraun wird; bisweilen löst sich dabei der Sylvanit nach den Spaltflächen auf.

HCl, KCN, $FeCl_3$, $HgCl_2$ und KOH bleiben ohne Wirkung.

Physikalische Eigenschaften.

Härte $1^1/_2$.

In dünnen Blättchen spröde, sonst schneidbar.

Spaltbarkeit klinopinakoidal, vollkommen.

Dichte 8,07 als Durchschnitt der sechs angeführten Werte.

Farbe silberweiß bis lichtstahlgrau, bisweilen etwas ins Gelbliche; Strich grau, ausgerieben weist er nach J. L. C. Schroeder van der Kolk einen bläulichen Stich auf.

Die monoklinen Elemente des Sylvanits zeigen eine große Annäherung an die rhombische Symmetrie, die auch früher von einigen Autoren (W. Phillips, J. F. L. Hausmann, z. T. A. Schrauf) angenommen worden ist. Der Kristallhabitus ist typisch monosymmetrisch oder pseudorhombisch: tafelig nach dem Klinopinakoid, säulig nach der Vertikale oder nach der Orthodiagonale, auch isometrisch. Die Zwillingsbildung nach (101) ist sehr häufig und bedingt die charakteristischen Gestalten der Kristallskelette vom „Schrifttellurerz".

Künstlich bis jetzt nicht dargestellt.

Paragenesis und Genesis an den siebenbürgischen, westamerikanischen und westaustralischen Fundorten zeigt die gemeinschaftlichen Züge des Vorkommens von Telluriden in der Erdkruste.

Anhang: Goldschmidtit.

Kristallsystem monoklin nach W. H. Hobbs;[2]) nach Ch. Palache[3]) lassen sich die Formen des Goldschmidtits ungezwungen auf jene des Sylvanits zurückzuführen, dessen vertikal-säulenförmigen Typus dann der Goldschmidtit repräsentieren würde.

Analysen.

	1.	2.	3.
δ	8,6	—	—
Au	31,41	28,89	24,25
Ag	8,95	—	8,68
Te	—	—	65,97
(Fe)	—	—	Spur
			98,90

[1]) W. M. Davy and C. M. Farnham, Microscopic examination of the ore minerals. New York 1920.

[2]) W. H. Hobbs, Am. Journ. Sc. VII, 357—364 (1899); Z. Kryst. **31**, 418 bis 425 (1901).

[3]) Ch. Palache, Am. Journ. Sc. X, 422—426 (1900).

Alle drei Analysen beziehen sich auf den Goldschmidtit vom Cripple Creek-Distrikt: 1. ist die unvollständige Originalanalyse von W. H. Hobbs, bei welcher das Tellur durch Oxydation auf Kohle entfernt und in dem zurückgebliebenen Metallkorne das Silber in Lösung, das Gold als Pulver bestimmt wurde. 2. ist Ch. Palaches Goldbestimmung in einer goldschmidtitähnlichen Probe. 3. Eine neue, von C. Gastaldi[1]) ausgeführte Analyse von zwei silberweißen skelettartigen Kristallen.

Formel. W. H. Hobbs nahm die ganze Differenz auf 100% als Tellur an und berechnete daraus die Zusammensetzung Au_2AgTe_6, wonach der Goldschmidtit ein Ditellurid vom Sylvanittypus mit dem Verhältnis Au : Ag = 2 : 1 wäre; Ch. Palache folgert aus dem zwischen 1 und dem normalen Sylvanit liegenden Goldgehalt von 2 die Instabilität des Verhältnisses von beiden Metallen im Sylvanit, ähnlich wie E. S. Simpson (s. S. 876) aus den Zahlenwerten der an westaustralischen Goldsilbertelluriden ausgeführten Analysen, und tritt für die vollständige Identität von Goldschmidtit und Sylvanit ein, welcher Ansicht sich nachträglich auch W. H. Hobbs anschließt. C. Gastaldi deduziert aus seiner Analyse (3) die Formel $(AuAg)_2Te_5$, also eines noch höheren Polytellurids, und will den Goldschmidtit wieder als ein selbständiges Mineral gelten lassen.

Krennerit, $(Au, Ag)Te_2$.

Kristallsymmetrie. Rhombisch:

$a : b : c = 0{,}94071 : 1 : 0{,}50445$, G. vom Rath.[2])

Kristallreihe bedeutend (23 Formen). Habitus der Kristalle vertikalsäulig.

Analysen.

	1.	2.
δ	8,3533	—
Au	34,77	43,86
Ag	5,87	0,46
(Cu)	(0,34)	—
(Fe)	(0,59)	—
Te	58,60	55,68
(Sb)	(0,65)	—
	100,82	100,00

1. Originalkrennerit von Nagyág (Siebenbürgen); anal. L. Sipöcz, Z. Kryst. **11**, 210 (1885).

2. Krennerit vom Cripple Creek (Colorado); anal. W. S. Myers bei A. H. Chester, Am. Journ. Sc. **5**, 377 (1898); Z. Kryst. **30**, 593 (1898).

Von allen in der Literatur angeführten Analysen beziehen sich nur diese zwei auf einwandfreies, kristallisiertes Material; über A. Schraufs und R. Scharizers Analysen des Nagyáger Minerals siehe unter Muthmannit, S. 874; die W. Petzschen Analysen vom Nagyáger „Gelberz" weisen sehr variable Mengen von Antimon (2,50—8,54%) und Blei (2,54—13,82%) auf, beziehen sich zum Teil auf derbes Erz und sind insgesamt aus der Differenz auf 100% berechnet worden. Über das Tellurgold von Kalgoorlie und den sogenannten Speculit, siehe oben S. 876.

[1]) C. Gastaldi, R. Acc. d. Linc. 1911, 22—24.
[2]) G. vom Rath, Z. Kryst. **1**, 614—617 (1877).

Formel und Konstitution.

W. S. Myers Analyse entspricht sehr genau der fast silberfreien Verbindung $AuTe_2$, welches 44,03 Gold und 55,97 Tellur erfordert; in dem von L. Sipöcz analysierten Minerale erreicht die isomorphe Beimischung von Silber das Verhältnis 3 Ag : 10 Au bei Erhaltung der Relation (AuAg) : Te = 1 : 2.

E. S. Simpson[1]) hält die verzweifachte Formel $(AuAg)_2Te_4$ für wahrscheinlicher und drückt dieselbe aus:

$$\begin{cases} \text{Au—Te—Te—Te—Te—Au} \\ \text{Ag—Te—Te—Te—Te—Ag} \end{cases} .$$

Chemische Eigenschaften.

Verhalten vor dem Lötrohre nur insoweit vom Sylvanit verschieden, als der Krennerit auf Kohle geglüht, heftig dekrepitiert, während der Sylvanit ruhig schmilzt; auf nassem Wege identisches Verhalten in bezug auf Löslichkeit und Reaktionen.

Ch. Tibbals Versuche (s. S. 872) über die Einwirkung des Chlorwasserstoffgasstromes, der Kaliumpermanganat-, Kaliumbichromat- und Natriumsulfidlösung ergaben beim Krennerit das gleiche Resultat, wie beim Petzit, nur mit dem Unterschiede, daß der Krennerit nach einer 24 stündigen Behandlung mit der Natriumsulfidlösung sich mit einem Goldanflug bedeckte und etwas Tellur an die Lösung abgab, während der Petzit, wie erwähnt, unverändert blieb.

Nach W. M. Davy und C. M. Farnham (l. c., S. 63) braust der Krennerit langsam auf, wenn er auf polierter Oberfläche mit HNO_3 behandelt wird, und nimmt eine braune Farbe an, welche durch Anreiben heller wird.

Mit KOH blaß braun werdend, nach Anreiben mattbraun. HCl, KCN, $FeCl_3$, $HgCl_2$ ohne Wirkung.

Physikalische Eigenschaften.

Farbe hell messinggelb bis fast silberweiß, mit lebhaftem Metallglanz.

Härte $2^1/_2$. Spröde.

Spaltbarkeit nach (001) vollkommen, die säulenförmigen Kristalle spalten also quer zur Länge.

Dichte 8,3533 (L. Sipöcz, s. Anal. 1).

Vorkommen und Genesis in der Natur.

Sichere Funde von kristallographisch charakterisiertem Krennerit sind nur an den propylitischen Gängen von Nagyag und vom Cripple Creek gemacht worden; als Gemengteil der Kalgoorliegolderze ist der Krennerit unsicher.

Calaverit, $AuTe_2$.

Kristallsystem nicht endgültig festgesetzt.

Nach S. L. Penfield und W. E. Ford[2]) ist der Calaverit monoklin mit den Elementen:

$$a:b:c = 1,6313:1:1,1449; \quad \beta = 90^0\,13',$$

[1]) E. S. Simpson, Bull. West. Austr. Geol. Survey **42**, 164 (1912).

[2]) S. L. Penfield u. W. E. Ford, Am. Journ. Sc. XII, 225—246; Z. Kryst. **35**, 430—451 (1901).

während ihn G. F. H. Smith[1]) für triklin hält und seine Elemente mit folgenden Werten bestimmt:

$$a:b:c = 2{,}0013:1:1{,}1743,$$
$$\alpha = 83^{0}58', \quad \beta = 100^{0}39', \quad \gamma = 96^{0}19'.$$

Analysen.

	1.	2.	3.
δ	—	—	9,043
Au	40,70	40,59	38,75
Ag	3,52	2,24	3,03
Te	55,89	57,67	57,32
	100,11	100,50	99,10

1. Calaverit von der Stanislaus mine, Calaveras Co. (Californien); anal. F. A. Genth, Am. Journ. Sc. **45**, 314 (1868).

2. u. 3. Calaverit von der Red Cloud mine, Boulder Co. (Colorado); anal. Derselbe, Am. Phil. Soc. **14**, 229 (1874); **17**, 117 (1877); Z. Kryst. **2**, 6 (1877).

	4.	5.	6.	7.	8.	9.	10.	11.
δ . . .	—	—	9,0	—	9,328	9,388	9,148 9,153	9,163
Au . . .	40,14	39,17	40,83	41,80	40,99	42,77	41,66	41,90
Ag . . .	3,63	3,23	1,77	0,90	1,74	0,40	0,77	0,79
Te . . .	56,22	57,60	57,40	57,30	(57,25)	(56,75)	57,87	56,93
(Gangart) .	—	—	—	—	0,02	0,08	—	—
	99,99	100,00	100,00	100,00	100,00	100,00	100,30	99,62

4.—11. Calaverit vom Cripple Creek-Distrikt (Colorado); die 8 Analysen wurden von W. Lindgren u. F. Ransome, Professional paper of the U.S. Geol. Survey Nr. 54, S. 117 (1906) zusammengestellt; es stammt die Nr. 4 von F. C. Knight, Nr. 5—7 von W. F. Hillebrand [Am. Journ. Sc. **50**, 130, 426 (1895)], Nr. 8 u. 9. von S. L. Penfield u. W. E. Ford,[2]) 10. u. 11. von G. T. Prior [Min. Mag. XIII, 149 (1902); Z. Kryst. **37**, 233 (1903).

	12.	13.	14.	15.	16.	17.	18.	19.
δ . .	9,311	9,377	—	—	—	—	9,314	9,238
Au . .	41,37	41,76	38,70	42,6	37,54	33,90	42,15	42,41
Ag .	0,58	0,80	1,66	0,7	2,06	4,82	0,60	0,61
(Cu) .	—	—	0,21	—	0,29	0,63	—	0,16
(Pb) .	—	—	(Spur)	—	—	—	—	—
(Zn) .	—	—	(Spur)	—	—	—	—	0,05
(Fe) .	—	—	0,18	—	0,09	(Spur)	—	—
(Ni) .	—	—	—	—	0,07	—	—	—
(Bi) .	—	—	(Spur)	—	—	—	—	—
Te . .	57,27	56,64	59,69	54,1	58,63	60,30	57,00	56,52
Se . .	—	—	—	—	1,13	—	—	—
S . .	—	—	0,09	—	0,10	—	—	—
	99,22	99,20	100,53	97,4*)	99,91	99,65	99,75	99,75

*) 2,4% Arsenopyrit beigemengt.

---

[1]) G. F. H. Smith, Min. Mag. XIII, 121—150; Z. Kryst. **37**, 209—234 (1903).

[2]) S. L. Penfield u. W. E. Ford, siehe S. 879; vgl. auch L. J. Spencer, Min. Mag. XIII, 271 (1903).

12.—19. Calaverit vom Kalgoorlie-Golddistrikt (Westaustralien); E. S. Simpson, der die Analysen zusammengestellt,[1]) hat die Nr. 12 selbst ausgeführt, die Autoren der anderen sind: 13. J. C. H. Mingaye, 14. A. F. Rogers, 15. Mc George Block, 16. Klüss, 17. A. Carnot, 18. R. W. E. Mc Ivor, 19. H. Bowley.

Die **Formel** $AuTe_2$, welche aus allen Analysen unzweifelhaft hervorgeht, erfordert 44,03 Gold und 55,97 Tellur. Die Beimischung von Silber ist evident isomorph und bleibt in niedrigen Grenzen; der Calaverit ist das goldreichste natürliche Tellurid. Das im westaustralischen Calaverit einmal gefundene Selen ist als ein isomorpher Vertreter von Tellur anzusehen. Die übrigen Beimengungen sind ziemlich bedeutungslos.

Die **Konstitution** wäre analog dem Krennerit (s. d.).

Chemisches Verhalten.

Ähnlich wie beim Sylvanit. In Salzsäure unlöslich. W. F. Hillebrand[2]) konstatierte, daß das beim Anfang der Behandlung des Calaverits mit HCl in Lösung gehende Tellur aus dem Telluritanflug herrührt und bald aufhört, sich auszulaugen; nachher wurde auch binnen viel Stunden im geschlossenen Rohre im CO_2-Strome bei 150° kein Tellur im Filtrate nachgewiesen. In der Gegenwart von Schwefelwasserstoff bis zum Sättigungsgrade wurde jedoch im Filtrate schon bei gewöhnlicher Temperatur in 2 Stunden sowohl Tellur als auch Gold gefunden, und zwar erhielt W. F. Hillebrand aus 0,9 g Calaverit 0,0011 Au und 0,0008 Te, d. h. sehr annähernd in derselben Proportion 56 : 44 wie im ursprünglichen Mineral. In Salpetersäure unter Abscheidung von Gold in der schwammartigen Form zersetzbar, im Königswasser nur wenig Chlorsilber zurücklassend; in heißer konzentrierter Schwefelsäure Rotfärbung und Goldabscheidung.

V. Lenhers und Ch. A. Tibbals Reaktionen siehe in der Einleitung.

Leicht schmelzbar. Den Schmelzpunkt des künstlichen $AuTe_2$ gibt K. Rose mit 452°, H. Pélabon mit 472°, G. Pellini und E. Quercigh[3]) mit 464° an. Das Eutektikum mit Gold liegt nach den beiden letztgenannten Autoren bei der Temperatur von 447° und beim Verhältnis 47 Atomprozente Gold: 53 Tellur, dasjenige mit dem Tellur bei 416° und bei 12 Au : 88 Te.

Die Lötrohrreaktionen wie beim Sylvanit und den übrigen Mineralien der Gruppe.

Nach W. M. Davy und C. M. Farnham (l. c., S. 61) braust der Calaverit, auf polierter Oberfläche mit HNO_3 behandelt, langsam auf, wird angeätzt und nimmt eine braune Farbe an, die durch Anreiben heller wird.

Mit $FeCl_3$ entsteht nur langsam ein brauner Anflug, desgleichen mit KOH, während HCl, KCN und $HgCl_2$ ohne Wirkung bleiben.

Physikalische Eigenschaften.

Härte $2^1/_2$. Spröde.

Spaltbarkeit im Gegenteil zu Sylvanit und Krennerit keine vorhanden.

Dichte im Durchschnitt etwa 9,2.

---

[1]) E. S. Simpson, Bull. West. Aust. Geol. Survey **42**, 107 (1912).

[2]) W. F. Hillebrand bei W. Lindgren u. F. Ransome, Profess. Paper Nr. 54 U.S. Geol. Survey (1906).

[3]) G. Pellini u. E. Quercigh, R. Acc. d. Linc. XIX, **2**, 445—449 (1910).

Farbe gewöhnlich hellgelb, jedoch oft bis silberweiß (W. Lindgren, E. S. Simpson); es scheint, daß die gelbe Färbung einem an mikroskopischen Sprüngen das ganze Mineral durchdringenden Anflug zuzuschreiben ist.

Metallglänzend, am Striche gelblich- bis grünlichgrau.

S. L. Penfield und W. E. Ford halten den Calaverit für monoklin, G. F. H. Smith für triklin; E. S. Fedorov[1]) weist auf die Annäherung zum hypohexagonalen Typus hin. Selbst weitere umfangreiche, bisher nicht publizierte Untersuchungen von Ch. Palache, R. Görgey und V. Goldschmidt[2]) sind nach der Mitteilung des letzteren nicht dazu gelangt, eine Klärung der kristallographischen Verhältnisse des Calaverits zu bringen.

Synthesen.

Nach G. Pellini und E. Quercigh genügt es, Gold und Tellur in der Calaveritproportion zusammenzuschmelzen, um die Verbindung $AuTe_2$ zu erhalten. Doch sagen die Autoren nichts Näheres über die Eigenschaften des von ihnen dargestellten Produktes. Auf nassem Wege ist dieselbe noch nicht dargestellt worden; nach den Untersuchungen von V. Lenher[3]) und Ch. A. Tibbals[4]) entsteht bei den Reaktionen von Goldchloridlösung mit metallischem Tellur, Tellurwasserstoff oder Natriumtelluridlösung stets Tellurtetrachlorid und metallisches Gold.

Vorkommen, Paragenesis und **Genesis** wie beim Sylvanit (Cripple Creek, Kalgoorlie usw.)

Nagyagit (Formel unsicher).

Kristallsymmetrie: Rhombisch.

$a:b:c = 0{,}28097:1:0{,}27607$ A. Schrauf[5]) bzw. E. S. Dana.[6])

A. Schrauf hebt die Pseudosymmetrie der äußerlich rhombischen Kristalle hervor, die aus monosymmetrischen oder asymmetrischen Individuen polysynthetisch aufgebaut sind.

Kristallhabitus immer tafelig oder blätterig nach (010), vier- oder achtseitig pseudotetragonal.

Analysen.

(Ältere, zum größeren Teile unvollständige Analysen, deren erste von M. H. Klaproth a. d. J. 1802 stammt, beziehen sich sämtlich auf das Originalvorkommen von Nagyág in Siebenbürgen und schwanken in sehr weiten Grenzen, so für Tellur zwischen 13 und 32%. Was das Antimon anbelangt, wird dasselbe von P. Berthier[7]) zum ersten Male mit 4,5 angeführt, während die späteren Analysen von Schönlein (1853) und Kappel (1859) ein negatives Resultat ergaben.

[1]) E. S. Fedorov, Z. Kryst. **37**, 611—618 (1903).
[2]) V. Goldschmidt, Atlas der Kristallformen II (1913), S. 1—4 (Text).
[3]) V. Lenher, Economic Geology IV, 550—551 (1909); Ch. N. **101**, 123, 149 (1910).
[4]) Ch. A. Tibbals, Bulletin of the University of Wisconsin Nr. 274, S. 442—443; Journ. Am. Chem. Soc. **31**, 902 (1909).
[5]) A. Schrauf, Z. Kryst. II, 239—242 (1878).
[6]) E. S. Dana, Mineralogy 6. ed. 106 (1909).
[7]) P. Berthier, Ann. chim. phys. **51**, 150 (1832).

Neuere Analysen.

	1.	2.	2a.	3.*)	4.	4a.	5.
δ	7,4613	7,347	—	—	—	—	—
Au	7,51	7,61	7,21	8,11	9,47	9,56	10,16
Ag	—	—	—	—	—	—	1,12
Pb	56,81	57,20	57,13	51,18	53,55	53,76	52,55
Fe	0,41	0,34	0,31	—	—	—	—
Sb	7,39	6,95	7,03	—	6,05	vorhanden	7,00
Te	17,72	17,85	17,90	29,88	18,99	19,51	18,80
Se	—	—	—	Spur	—	—	—
S	10,76	9,95	10,08	10,83	11,90	n. best.	8,62
Unl. Rückst. .	—	0,31	0,25	—	0,56	„ „	—
	100,60	100,21	99,91	100,00	100,52	—	98,25

*) Nach Abzug von 1,56% Quarz auf 100 berechnet.

1.—4. Von Nagyág:

1. L. Sipöcz, Z. Kryst. **11**, 211 (1885).
2. u. 2a. W. Hankó, Ref. ebenda **17**, 514 (1890).
3. E. Přiwoznik, ebenda **32**, 185—186 (1899); Österr. Ztschr. f. Berg- u. Hüttenw. 1897, 265.
4. W. Muthmann u. E. Schröder, Z. anorg. Chem. **14**, 432—436; 4a. eine unvollständige Parallelanalyse.
5. Nagyagit von Oroya, Kalgoorlie-Golddistrikt (Westaustralien); anal. H. A. Shipman bei E. S. Simpson, W. Austr. Geol. Surv. Bull. Nr. 42, 108 (1912).

Das negative Ergebnis E. Přiwozniks bezüglich des Antimons steht den vier anderen vereinzelt gegenüber; aber auch diese untereinander schwanken nicht unbeträchtlich und lassen schon die empirische Formel, geschweige denn die Konstitution des Nagyagits, als unsicher erscheinen.

Aus den übrigen 4 Analysen ergeben sich die Atomproportionen:

	(Pb, Fe)	(Au, Ag)	Sb	Te	S
1.	280	38	60	138	335
2.	283	38	58	140	314
4.	259	48	49	150	370
5.	259	63	58	150	275

Daraus ergeben sich die gewiß nicht einfachen empirischen Formeln:

1,2 . . . . $Pb_{14}Au_2Sb_3Te_7S_{16}$
4 . . . . $Pb_{10}Au_2Sb_2Te_6S_{15}$
5 . . . . $Pb_{17}(AuAg)_4Sb_4Te_{10}S_{18}$

Es ist vollkommen ausgeschlossen, diese Zahlen mit den Valenzen der vorhandenen Elemente in Einklang zu bringen und wir müssen den resignierenden Schlußworten W. Muthmanns und E. Schröders beipflichten, die bloß durch den Hinweis auf Pyrit und Sylvanit auch den Nagyagit mit den Polysulfid- bzw. Polytelluridverbindungen vergleichen.

Chemisches Verhalten.

Leicht schmelzbar unter Bildung von Blei- und Antimonbeschlag und Zurücklassung eines Goldkorns. Löslich in Salpetersäure und im Königswasser, wobei im ersteren Falle Gold, im zweiten Schwefel und Chlorsilber abgeschieden wird. Bekannte Tellurreaktionen.

Auf polierter Oberfläche nach W. M. Davy und C. M. Farnham (l. c., S. 98) mit HNO_3 langsam bunt anlaufend, nach Abreiben grau.

HCl, KCN, $FeCl_3$, $HgCl_2$ und KOH ohne Wirkung.

Physikalische Eigenschaften.

Härte kaum über 1; biegsam und hämmerbar.

Spaltbarkeit sehr vollkommen nach (010), der Tafelfläche.

Dichte 7,2—7,5.

Farbe bleigrau, Strich schwärzlich mit einem Stich ins Braune. Metallglanz.

Guter Leiter der Elektrizität.

Gibt leicht ein Funkenspektrum von Pb, Au, Sb, Te und S.

Synthesen bisher nicht durchgeführt.

Vorkommen.

Bei Nagyág an einer propylitischen Lokalität mit Quarz, Dialogit, Sphalerit und Tetraedrit. Andere Vorkommen unbedeutend.

Tapalpit, $Ag_3Bi(S, Te)_3$.

Kristallsymmetrie unbekannt.

Analysen.

	1.	1a.	1b.	1c.
δ	7,803	—	—	—
Ag	23,35	20,43	20,78	21,84
Cu	Spur	—	—	—
Bi	48,50	—	—	—
Te	24,10	—	—	—
S	3,32	—	—	—
	99,27	—	—	—

1. u. 1a—c. Tapalpit aus der Sierra de Tapalpa; anal. C. F. Rammelsberg, Z. Dtsch. geol. Ges. **21**, 82 (1869).

	2.	3.	4.	5.
δ	—	—	—	7,744
Ag	38,59	39,41	43,76	46,09
Pb	7,24	6,22	—	—
Cu	0,21	0,17	—	—
Bi	25,05	21,37	28,41	24,99
Te	17,43	18,53	19,76	21,67
S	8,24	7,16	8,07	7,25
	96,76	92,86	100,00	100,00

2.—5. Tapalpit aus der Sierra de Tapalpa; anal. F. A. Genth, Amer. Phil. Soc. **24**, 41 (1887).

Von diesen Analysen F. A. Genths sind 2 und 3 Durchschnitte, und zwar 2 von zwei, 3 von drei wenig abweichenden Analysen, in denen z. T.

Tellur bzw. auch Schwefel unbestimmt blieben; der Abgang war Quarz und Silicate. Die Analysen 4 und 5 sind die Ergebnisse einer Umrechnung von 2 und 3 nach Abzug dieses Rückstandes und alles Bleies in der Form des (makroskopisch nachgewiesenen) Galenits. In dem Material der Analyse 3 bzw. 5 erklärt F. A. Genth den niedrigeren Wert für Schwefel durch eine Beimischung von Silbertellurid.

Formel. Die drei neueren Analysen von F. A. Genth führen auf die Zusammensetzung eines normalen Orthosulfobismutites mit einer teilweisen Vertretung von Schwefel durch Tellur, die ältere Analyse C. F. Rammelsbergs weist viel mehr Wismut und weniger Silber auf und entspricht ungefähr der Formel $Ag_2Bi_2Te_2S$.

Chemische Eigenschaften.

Leicht schmelzbar, in Salpetersäure schon in der Kälte löslich, Reaktionen auf die vorhandenen Elemente.

Nach W. M. Davy und C. M. Farnham (l. c., S. 43) braust der Tapalpit, auf polierter Oberfläche mit HNO_3 behandelt, schnell auf und wird dunkel, nach Abreiben bräunlichgrau. Mit HCl ist die Reaktion nur langsam, mit $FeCl_3$ schneller. Mit $HgCl_2$ wird der Tapalpit allmählich tiefbraun, nach Abreiben heller braun.

KCN und KOH ohne Wirkung.

Physikalische Eigenschaften.

Nur derb, körnig.

Härte 2—3. Schneidbar. Bruch splitterig.

Dichte. Außer den bei den Analysen angeführten Werten gibt C. F. de Landero[1]) $\delta = 7,395$ an; es schwanken also die Bestimmungen zwischen 7,4 und 7,8.

Farbe blaß stahlgrau bis bleigrau, zuweilen bunt angelaufen, metallglänzend.

Vorkommen. In der San Antonio mine, Sierra de Tapalpa (Mexico) auf Quarz–Pyritgängen mit beigeselltem Galenit.

Vondiestit $(AgAu)_5BiTe_4$.

Nur in Fasern bekannt.

Analyse.

Ag	40,25
Au	4,30
Pb	2,25
Bi	16,31
Te	34,60
S	0,54
Unlöslich	0,54
	98,79

Die einzige Analyse stammt von F. C. Knight und wird von E. Cumenge angeführt: Bull. soc. min. **22**, 25—26 (1899).

Die Zusammensetzung entspricht nur annähernd der oben angeführten Formel, welche einem dem Stephanit Ag_5SbS_4 analogen Typus angehören würde.

[1]) C. F. de Landero, Ref. Z. Kryst. **13**, 320 (1887).

Vorkommen auf zwei Gruben in der Sierra Blanca (Colorado) mit Kupfererzen und goldführendem Pyrit.

Goldfieldit?

Formel unsicher.

Hauptbestandteile: **Cu, Sb, Bi, Te, S.**

Nebenbestandteile: **Au, Ag, As.**

Nur als derbes Aggregat gefunden; Homogenität zweifelhaft. Im Jahre 1909 von F. L. Ransome[1]) beschrieben und nach dem Fundorte benannt.

Chemische Zusammensetzung.

Die einzige quantitative Analyse stammt von Ch. Palmer und ist in Ransomes Werk über Goldfield angeführt:

Cu . . .	33,49
(Au) . . .	(0,51)
(Ag) . . .	(0,18)
Sb . . .	19,26
Bi . . .	6,91
(As) . . .	0,68
Te . . .	17,00
S	21,54
(Gangart) .	(2,00)
	101,57

Von dem Goldgehalt ist 0,11 als Freigoldbeimischung zu betrachten, der Rest 0,40 wahrscheinlich mit Tellur kombiniert.

Interpretation der Analyse. W. J. Sharwood[2]) erwägt die Möglichkeit, daß das derbe Erz ein Gemenge von Tetraedrit und einem Goldtellurid, wahrscheinlich Calaverit, sein könnte; F. L. Ransome führt jedoch an, daß die gelben Partikel Markasit sind und die Analyse Ch. Palmers an dem von den letzteren befreiten Material ausgeführt worden ist. Ch. Palmer hält den Goldfieldit für:

$$5\,CuS\,.\,(Sb, Bi, As)_2(S, Te)_3\,,$$

also mit dem Verhältnis:

$$(\overset{II}{R}_1\overset{I}{R}_2)S : (SbAs)_2S_3 = 5 : 1$$

wie beim Geokronit und Stephanit. Auffallend wäre dabei die isomorphe Vertretung von Tellur und Schwefel in einem Sulfosalze sowie die in dieser Gruppe einzig dastehende Zweiwertigkeit des Kupfers.

F. L. Ransome zieht noch die Möglichkeit in Betracht, daß im Goldfieldit eine Beimengung von Bismutin stecken könnte; nach Abzug alles Wismuts als Bi_2S_3 würden sich die Molekularproportionen ergeben:

---

[1]) F. L. Ransome, Bull. geol. Surv. U.S. Prof. Paper **66**, 116 u. 117 (1909).

[2]) W. J. Sharwood, Min. and Sci. Press. **94**, 731 (1907); zit. bei F. L. Ransome, l. c.

$$(CuAuAg):(SbAs):Te:S = \underbrace{530:169}:\underbrace{133:624}_{757}$$

$$\text{approx} = 6:2:9 \quad Cu_6Sb_2S_9 = 6\,CuS.Sb_2S_3.$$

F. L. Ransome hebt hervor, der an der Lokalität anwesende Famatinit mit dem Verhältnisse Cu:Sb:S = 3:1:3 weiche sehr bedeutend von diesen Proportionen ab, ohne jedoch die Möglichkeit von „intermediären Arten oder Varietäten" abzuweisen. W. J. Sharwood[1]) versucht unter Beibehaltung eines Teiles von Bi_2S_3 als eines im Goldfieldit selbst enthaltenen Bestandteils die Formel desselben dem Enargit–Fanatinittypus näherzubringen. Eine andere Erklärung wäre nach demselben Autor die Konstitution eines Sulfoantimonats $Cu_{10}Sb_4S_{15} = 5\,Cu_2S.2\,Sb_2S_5$ anzunehmen.

E. V. Shannon[2]) kommt jedoch wieder zur Ansicht, daß der Goldfieldit kein homogenes Mineral ist, sondern ein Gemenge, dessen wahrscheinliche Bestandteile Famatinit, Wismutglanz und gediegen Tellur wären.

Physikalische Eigenschaften.

Die **Härte** 3—3,5. Spröde. Bruch muschelig.
Die **Farbe** dunkelbleigrau mit starkem Metallglanz.

Genesis und Vorkommen.

Der Goldfieldit ist bis jetzt nur von der Mohawk mine im Goldfield-Distrikt, Nevada, bekannt, wo er in Gesellschaft von Pyrit, Markasit, Wismutglanz, Enargit, Famatinit und anderen sulfidischen Erzen auf einer Gangbildung propylitischen Charakters einbricht.

Arsenotellurit?

Ein ganz zweifelhaftes Mineral ist der Arsenotellurit J. B. Hannays, den auch E. S. Dana und C. Hintze in ihren Sammelwerken bezweifeln. Es sind braune, auf arsenhaltigem Eisenkies sitzende Schüppchen, deren Analyse ergeben hat:[3])

Te . . .	40,71
As . . .	23,61
S	35,81
	100,13

Dies würde ziemlich genau der Zusammensetzung $Te_2As_2S_7 = 2\,TeS_2.As_2S_3$ entsprechen.

Keine weiteren Angaben über die Eigenschaften, auch nicht über das Vorkommen.

---

[1]) W. J. Sharwood, Economic Geology **6**, 31 (1911).
[2]) E. V. Shannon, Am. Journ. Sc. IV, 44, S. 469—470 (1917).
[3]) J. B. Hannay, Am. Journ. Chem. Soc. **26**, 989 (1873).

Anhang:
Telluride, welche als Gemenge zu betrachten sind.

Von **C. Doelter** (Wien).

Nur aus historischem Interesse und weil diese Mineralnamen in den Lehrbüchern genannt werden, soll hier über diese Mineralien gesprochen werden. Es handelt sich um Coolgardit, Kalgoorlit und Müllerin (Gelberz).

Coolgardit.

Es wurde bereits S. 866 bemerkt, daß nach den Untersuchungen von J. L. Spencer[1]) ein Gemenge vorliegt.

Analysen.

Cu	0,10	0,25	0,88
Fe	Spur	Spur	0,90
Ag	16,65	13,60	4,71
Au	23,15	27,75	37,06
Hg	3,10	3,70	3,70
Sb	0,20	0,15	1,20
Te	56,55	53,70	51,13
	99,75	99,15	99,58

Sämtlich von den Coolgardie-Goldfeldern, Westaustralien; anal. A. Carnot, Bull. soc. min. **24**, 357 (1901).

Angebliche Formel: $(Au, Ag, Hg)_2Te_3$.

Außer J. L. Spencer betrachten auch E. S. Dana und P. Groth das Vorkommen als ein Gemenge.

Ebenso ist ein Gemenge der Kalgoorlit (vgl. S. 866). Siehe darüber V. Lenher[2]) und J. L. Spencer.

Analyse.

δ	8,791
Cu	0,05
Ag	30,98
Au	20,72
Hg	10,86
S	0,13
Te	(37,26)
	100,00

Von Karlgoorlie, Westaustralien; anal. J. C. H. Mingaye, bei E. F. Pitman, Rec. Geol. Surv. N. South Wales **5**, 203 (1898). Z. Kryst. **32**, 799 (1900).

Müllerin (Gelberz).

Das Gelberz dürfte ein verunreinigter Krennerit sein.

Analyse.

Ag	8,50
Au	26,75
Pb	19,50
S	0,50
Te	44,75
	100,00

[1]) J. L. Spencer, Min. Mag. **13**, 268 (1903).
[2]) V. Lenher, Journ. Am. Chem. Soc. **24**, 354 (1902).

Gelberz von Nagyág; anal. M. Klaproth, Beiträge 1802, 325.
Es dürfte auch hier ein verunreinigter Krennerit vorliegen.

Weißtellur.

Analysen.

	1.	2.	3.	4.	5.
δ . . .	8,27	7,99	8,33	—	—
Ag . . .	14,68	10,69	7,47	10,40	2,78
Au . . .	24,89	28,98	27,10	25,31	29,62
Pb . . .	2,54	3,51	8,16	11,21	13,82
Sb . . .	2,50	8,42	5,75	8,54	3,82
Te . . .	55,39	48,40	51,52	44,54	49,96
	100,00	100,00	100,00	100,00	100,00

1.—5. Sämtliche von Nagyág, gehören zu Krennerit und dürften ein Gemenge von Krennerit, Bleiglanz und einem Silbersulfosalz sein. Kommt mit Rotmangan zusammen vor; anal. W. Petz, Pogg. Ann. **57**, 475 (1842).

Daß ein Gemenge vorliegt, beweisen auch die so sehr verschiedenen Dichten.

Verbindungen von Tellur und Sauerstoff.

Von **C. Doelter** (Wien).

Wir haben hier zu behandeln die tellurige Säure, dann deren Salze: Durdenit, Emmonsit, endlich die Tellurate Montanit, sowie Ferrotellurit, Magnolit.

Tellurit.

Synonyma: Tellurocker, tellurige Säure.

Rhombisch: $a:b:c = 0{,}4596:1:0{,}4649$ (J. Krenner);[1]) 0,45656 : 1 : 0,46927 (A. Brezina).[2])

Analysen.

	1.	2.
Te	78,68	80,07
O	19,58	19,93
Fe_2O_3 . . .	0,70	—
Bi_2O_3 . . .	Spur	—
Unlöslich .	1,04	—
	100,00	100,00

1. Als weißer Beschlag auf Tellur, auch als bräunlichgelbes Pulver, sowie in Kristallen, von der Goodhope Mine, Gunnison Co. (Colorado).
2. Theoretische Zusammensetzung; 1. u. 2. nach W. P. Headden, Proc. Color. Sci. Soc. **7**, 105 (1901). Ref. Z. Kryst. **41**, 203 (1906).

Der Sauerstoff wurde aus der Differenz bestimmt.

Formel. Bereits W. Petz,[3]) welcher dieses Mineral entdeckte, bestimmte es als tellurige Säure. C. F. Rammelsberg führt es bereits 1860 als Tellurocker an. Die Analyse von W. P. Headden stimmt mit der Formel:

$$TeO_2$$

gut überein.

[1]) J. Krenner, Z. Kryst. **13**, 69 (1888).
[2]) A. Brezina, Ann. nat.-hist. Mus. Wien **1**, 139 (1886); Z. Kryst. **13**, 610 (1888).
[3]) W. Petz, Pogg. Ann. **57**, 467 (1842).

Eigenschaften. Farbe weiß, auch gelblich, oft wasserhell. Manche Kristalle sind honiggelb. Spaltbarkeit nach J. A. Krenner ausgezeichnet nach *b* (010). Dichte 5,90, Härte 2. Biegsam. Durchsichtig bis durchscheinend. Die Ebene der optischen Achsen ist parallel zu *a*; die spitze Bisektrix ist normal zu der Fläche *b*, also parallel der Makrodiagonale. Der Achsenwinkel $2H$ ist $140,8^0$ für Na-Licht. Der Brechungsquotient in α-Monobromnaphthalin ist (Mittelwert) 1,6567. Nach F. Beijerinck[1]) leitet Tellurit nicht die Elektrizität. Glasglanz, zu Harzglanz neigend, auf den Spaltflächen Diamantglanz. In Wasser schwer löslich.

In Ammonhydrat leicht löslich; die Lösung enthält nur tellurige Säure, daher auf die Zusammensetzung TeO_2 geschlossen werden kann (F. A. Genth).[2]) Vor dem Lötrohr in offenem Röhrchen schmelzbar, gibt dann braune Tropfen und verdampft.

Vorkommen. Als Anflug oder in büschelförmigen, auch in kugeligen Aggregaten; außerdem in einzelnen kleinen Kristallen.

Kommt in Facebaj (Siebenbürgen) mit Tellur in Hohlräumen eines grauen Quarzes, sowie in einem spröden, glasartigen Quarzsandstein vor. In Colorado kommt er nach F. A. Genth in den Spalten von gediegen Tellur vor.

Synthese des Tellurits.

Die tellurige Säure kann auf verschiedenen Wegen dargestellt werden. Bei Verbrennung von Tellur in Luft oder Sauerstoff bildet sich Tellurit. Ferner kann man TeO_2 durch Abspaltung von Wasser aus H_2TeO_3 erhalten.

Kristalle erhält man aus einer Lösung von Tellur in Salpetersäure oder Königswasser; wenn diese Lösung sofort nach ihrer Bereitung in Wasser gegossen wird, so scheidet sich nach längerem Stehen das Anhydrid aus (nach J. Berzelius). Um gute Kristalle zu erhalten, fügt man nach Oppenheim Alkohol hinzu.

D. Klein und J. Morel[3]) erhielten auf diese Weise tetragonale Pyramiden, welche nur wenig vom Oktaeder abweichen. Dichte 5,65—5,68. Demnach ist TeO_2 dimorph. Das künstlich dargestellte TeO_2 bedarf nach den Genannten 150000 Teile H_2O zur Lösung.

K. Vrba bestimmte die Kristallform einer von B. Brauner erhaltenen tellurigen Säure. Sie war aus einer heißen, 20 $^0/_0$ Schwefelsäure enthaltenden Lösung abgeschieden worden. Diese Kristalle sind zwar oktaederähnlich, aber tetragonal und die Achse *c* ist nach K. Vrba 0,5538. Die Dichte war 5,899. Diese ist demnach sehr verschieden von der durch D. Klein und J. Morel erhaltenen.

Man kann diese Verbindung auch aus Schmelzfluß erhalten. D. Klein und J. Morel[3]) erhielten Kristalle aus geschmolzenem TeO_2.

Diese Kristalle sind aber anscheinend rhombisch, wie die natürlichen. Die Dichte dieser rhombischen Modifikation fanden die Genannten 5,88—5,92. Die Kristalle zeigten (100) (010) und ein Doma von etwa 90^0.

B. Brauner stellte auch aus Schmelzfluß Kristalle her, welche K. Vrba[4]) untersuchte. Er fand nadelförmige und säulenförmige Kristalle. Die Symmetrie derselben ließ sich jedoch nicht genau feststellen.

[1]) F. Beijerink, N. JB. Min. etc. Beil.-Bd. **11**, 442 (1897).
[2]) F. A. Genth, Z. Kryst. **2**, 7 (1878).
[3]) D. Klein u. J. Morel, C. R. **100**, 1140 (1885).
[4]) K. Vrba, Z. Kryst. **19**, 1 (1818).

Das künstliche TeO_2 wird nur von Schwefelsäure angegriffen und von anderen konzentrierten Säuren in der Wärme, dagegen nur wenig von verdünnten Säuren. Alkalien lösen es und bilden die entsprechenden Tellurite. Das Oxyd wird auch aus kochend heißer HCl-Lösung von $TeCl_4$ erhalten.

Aus den Versuchen folgt, daß das Tellurdioxyd dimorph ist und daß die reguläre oder tetragonale Kristallart aus Lösungen, die rhombische aus Schmelzfluß kristallisiert, demnach ist die oktaedrische bei niederen Temperaturen, die rhombische bei hohen Temperaturen stabil. Nähere Daten über die Temperaturen fehlen.

Durdenit.

Kristallklasse: unbekannt.

Analysen.

	1.	2.
Fe_2O_3 . . .	19,24	25,41
SeO_2 . . .	1,60	2,12
TeO_2 . . .	47,20	62,34
H_2O . . .	7,67	10,13
Unlöslich .	23,89	—
	99,60	100,00

1. Von der El Plomo-Mine, Ojojoma-Distrikt, im Bezirk von Tegucigalpa, Honduras, mit Tellur in einem quarz- und tellurreichen Konglomerat; anal. H. L. Wells bei E. S. Dana u. H. L. Wells, Am. Journ. **40**, 80 (1890); auch Z. Kryst. **20**, 471 (1892).
2. Dieselbe Analyse nach Abzug des unlöslichen Rückstandes auf 100 berechnet.

Formel. Aus den Werten berechnet sich das Atomverhältnis:

$$TeO_2 : SeO_2 : Fe_2O_3 : H_2O = 157 : 111 : 160 : 18$$

oder

$$TeO_2 + SeO_2 : H_2O : Fe_2O_3 = 3 : 4,06 : 1,14 .$$

Wir haben es also mit einem normalen Ferritellurit zu tun, welches die Formel hat:

$$Fe_2(TeO_3)_3 . 4H_2O .$$

Dabei ist $^1/_{21}$ stel des Tellurs durch Selen vertreten. Die theoretische Zusammensetzung mit den damaligen Atomgewichten ist nach E. S. Dana und H. L. Wells:

Fe_2O_3 . .	22,97
TeO_2 . .	64,41
SeO_2 . .	2,28
H_2O . .	10,34
	100,00

Eigenschaften. Härte 2—2,5. Zerreiblich. Durchscheinend, bis fast undurchsichtig. Farbe grüngelb, Glasglanz.

Im offenen Röhrchen gibt es die bekannte Tellurreaktion. Vor dem Lötrohr zu einer magnetischen Kugel schmelzend.

Daß das Mineral wirklich ein Tellurit ist, wird dadurch bewiesen, daß beim Kochen mit konzentrierter Salzsäure kein Chlor ausgetrieben wird und beim Zersetzen mit kalter Salzsäure keine Eisenoxydulreaktion auftritt.

Vorkommen. In Körnern, in einem quarzreichen Konglomerat, welches fast reines Tellur enthält.

Emmonsit.

Monoklin(?).

Analysen.

	1.	2.	3.	4.	5.
Fe . . .	14,00	14,06	14,90	14,20	14,29
ZnO . . .	—	—	—	1,94	—
CaO . . .	—	—	—	0,56	—
Te(Se) . .	59,77	59,15	59,05	59,14	58,75
H_2O . . .	3,28	—	—	—	—

1.—3. Eingesprengt in eine harte braune Gangmasse, aus Bleicarbonat, Quarz und dem fraglichen Mineral bestehend, von Arizona bei Tombstone, genauer Fundort unbekannt; anal. W. F. Hillebrand, Proc. Color. Sci. Soc. [II] **1**, 20; Z. Kryst. **12**, 492 (1887).

4. Ausgesuchtes, noch nicht ganz reines Material.

5. Mittel aus den genannten Analysen, unter Abzug von 0,53% Selen.

Aus diesen Analysen berechnete W. F. Hillebrand:

$$Fe : Te(Se) = 1 : 1{,}82 .$$

Es wurde konstatiert, daß das Eisen als Ferrieisen vorhanden ist. Weitere Analysen sind folgende:

	6.	7.	8.	9.
Al_2O_3 . . .	—	0,58	0,54	0,56
P_2O_5	0,34	—	—	0,34
Fe_2O_3	22,67	22,81	22,79	22,76
TeO_2	70,83	71,80	70,20	70,71
SiO_2	—	—	—	0,88
H_2O bei 105° .	—	4,82 (bei und über 105°)	0,21	0,21
H_2O über 105°	—			4,54
				100,00

6.—8. Von Cripple-Creek (Colorado); anal. W. F. Hillebrand, Bull. geol. Surv. U.S. **262**, 105 (1905); s. auch Z. Kryst. **42**, 297 u. **43**, 382 (1907).

9. Mittel aus den drei Analysen; anal. wie oben.

Formel. Das Verhältnis

$$TeO_2 : Fe_2O_3 : H_2O = 3{,}16 : 1 : 1{,}77 ,$$

also kein einfaches. Der Analytiker vermutet Beimengung von Tellur.

Eigenschaften. Spaltbar nach b (010) und nach einer Fläche der Orthodomenzone. Dichte 4,53—5. Bei dem zweiten Mineral ist die Ebene der optischen Achsen (010); $2E$ zirka 40°.

Es ist nicht sicher, ob die letzten Analysen sich auf den ursprünglichen Emmonsit beziehen.

Tellurate.

Ferrotellurit.

Kristallinisch, kommt auch in kleinen prismatischen Kristallen vor. Diese finden sich mit folgendem Mineral zusammen.

Fe . . .	41,01
Ni . . .	0,72
Te . . .	4,06
S	41,73
	87,52

Kristalliner Überzug auf Quarz, in Begleitung von gediegen Tellur und Tellurit von der Keystone Mine, Magnolia District (Colorado); anal. F. A. Genth, Z. Kryst. **2**, 8 (1878).

Die Analyse wird vom Analytiker als eine vorläufige bezeichnet. Mit diesem noch unvollständig bekannten Mineral kommt der Ferrotellurit vor, von welchem keine Analyse vorliegt, sondern nur eine qualitative Untersuchung, nach welcher TeO_3, Fe_2O_3 und eine Spur NiO vorhanden wäre. F. A. Genth vermutet daher die Formel:

$$FeTeO_4.$$

Also ein Tellurat? Das Mineral ist unlöslich in Ammoniumhydrat, in HCl löslich.

Montanit.

Kristallklasse: unbekannt.

Analysen.

	1.	2.	3.
Cu_2O . . .	—	1,04	—
Fe_2O_3 . . .	0,56	1,26	0,32
PbO . . .	0,39	—	1,08
Bi_2O_3 . . .	66,78	68,78	71,90
TeO_3 . . .	26,83	25,45	25,90
H_2O . . .	5,44	3,47	0,80
	100,00	100,00	100,00

1.—3. Von Montana, im Highland, als Inkrustation auf Tetradymit; anal. F. A. Genth, Am. Journ. **45**, 318 (1868).

Das Wasser wurde aus der Differenz bestimmt.

Eine sehr abweichende Zusammensetzung hat folgendes Vorkommen; es weicht namentlich durch den hohen Eisengehalt ab, von dem nicht ganz klar ist, ob er zum Mineral gehört, oder durch Verunreinigungen hervorgebracht ist; wahrscheinlich ist letzteres der Fall.

	4.	5.
Fe_2O_3 . . .	14,38	—
Bi_2O_3 . . .	50,68	68,64
TeO_3 . . .	27,65	26,04
H_2O . . .	6,16	5,32
Unlöslich .	1,00	—
	99,87	100,00

4. Von Norongo in N.S.-Wales, bei Captains Flat, ebenfalls mit Tetradymit, wird von T. W. E. David als Pseudomorphose nach Pyrit angesehen, da das Mineral in kleinen Würfeln vorkommt; anal. C. Mingaye, Record geol. Surv. of N.S.-Wales **1**, 28; nach E. S. Dana, Syst. Miner. 1892, 979.

5. Theoretische Zusammensetzung, nach C. F. Rammelsberg, Min.-Chem. 1875, 375 u. Erg.-Heft II, 182 (1895), für $Bi_2O_3 . TeO_2 . 2H_2O$.

Formel. C. F. Rammelsberg, welcher damals nur die drei ersten Analysen kannte, kam zu dem Resultat, daß die Formel durch folgende Atomverhältnisse fixiert sei:

$$Bi_2O_3 : TeO_3 : H_2O = 1 : 1 : 2{,}2 \text{, für (1)}$$

und

$$1 : 1 : 1 \text{, für (3)}.$$

Daraus ergibt sich die Formel für diese beiden Analysen:

$$\begin{array}{cc} 1. & 3. \\ Bi_2TeO_6 \cdot 2H_2O & Bi_2TeO_6 \cdot H_2O . \end{array}$$

E. S. Dana nimmt zwei Wasser an, was wohl richtig sein dürfte, da die Analyse (4) mehr Wasser zeigt. Ebenso schreiben P. Groth und K. Mieleitner:

$$TeO_4(Bi \cdot 2OH)_2 .$$

Eigenschaften. Erdig. Farbe gelblich, grünlich bis weiß, auch bräunlichrot. Glanz wachsähnlich, Opak.

Im offenen Röhrchen Wasserabgabe beim Erwärmen. Vor dem Lötrohr Reaktion auf Wismut und Tellur. Ist in konzentrierter Salzsäure unter Entwicklung von Chlor löslich.

Dichte 3,789.

Soll sich aus Tetradymit durch dessen Zersetzung gebildet haben.

Magnolit.

Dieses Mineral wurde von F. A. Genth[1]) aufgestellt, jedoch gab er keine quantitative Analyse desselben.

Es sind feine, haar- und nadelförmige Kristalle, manchmal radialfaserige Aggregate bildend. Das Mineral ist sehr leicht löslich in höchst verdünnter Salpetersäure. Die Lösung gibt mit Salzsäure einen weißen Niederschlag von HgCl, welcher auch in Salzsäure teilweise löslich ist.

Da die Lösung sowohl $HgCl_2$ als $TeCl_4$ enthält, zieht F. A. Genth den Schluß, daß die Verbindung ein Quecksilber-Tellurat sei und daß die Reaktion nach der Formel

$$Hg_2TeO_4 + 8HCl = 2HgCl_2 + TeCl_4 + 4H_2O$$

verläuft. Durch Ammoniumhydrat wird die Verbindung geschwärzt.

Farbe weiß, seidenglänzend.

Findet sich im Magnoliadistrikt, in dem oberen zersetzten Teil der Keystonegrube, in Begleitung von gediegen Quecksilber, Limonit, Psilomelan und Quarz. Es soll ein Oxydationsprodukt des Coloradoits sein. Eine neue Untersuchung ist jedenfalls nötig.

Genesis und Paragenesis der Sulfidmineralien.

Von **H. Schneiderhöhn** (Freiburg i. B.).

Eine Darstellung der Genesis und Paragenesis der Sulfidmineralien ist gleichbedeutend mit der Systematik der Erzlagerstätten. Diese hat gerade in unsern Tagen grundlegende Änderungen erfahren. Die physikalisch-chemischen Grundlagen sind in allererster Annäherung vorhanden. Ein Gerüst zu einem Rohbau der natürlichen genetischen Systematik der Minerallagerstätten zeichnet sich ab. Noch ist vieles für viele ungeklärt. Noch verhalten sich weite geologische Kreise, denen physikalisch-chemisches Denken ungewohnt ist, ablehnend oder mißtrauisch. Deshalb müßten die nachfolgenden Darlegungen

[1]) F. A. Genth, Z. Kryst. **2**, 7 (1878).

eigentlich viel eingehender begründet sein, als es dem Zweck und dem Rahmen des Buches entspricht.

Im folgenden wird zunächst mit kurzer Begründung eine Klassifikation der Lagerstätten gegeben, nachdem die einzelnen mineralbildenden Vorgänge kurz aufgezählt wurden. Sodann folgt als zweiter Abschnitt eine Untersuchung über die Verbreitung der einzelnen Sulfide innerhalb jeder Lagerstättengruppe, über typomorphe Sulfide, typomorphe Kennzeichen und Paragenesen.

I. Entstehungsvorgänge und natürliche Systematik der Lagerstätten sulfidischer Erzmineralien.

Wir unterscheiden drei natürliche Zyklen oder Abfolgen von mineralbildenden Vorgängen. Wie sie für die genetische Einteilung der Minerallagerstätten und der gesteinsmäßigen Paragenesen die Grundlage bilden, so auch für jede speziell zu betrachtende Mineralgruppe, in unserem Fall hier also für die Sulfide.

Es sind dies:

A. Die eruptive oder magmatische Abfolge.

B. Die sedimentäre Abfolge.

C. Die metamorphe Abfolge.

Von diesen stellt die eruptive Abfolge stets eine Reihe gesetzmäßig aufeinanderfolgender Vorgänge dar, die in einer einsinnig verlaufenden Richtung vor sich gehen. Die eruptiven oder magmatischen Lagerstätten lassen sich deshalb heute, wo wir den Ablauf des magmatischen Geschehens überhaupt in allererster Annäherung einigermaßen kennen, in eine natürliche, genetische Systematik ordnen.[1]

Die sedimentären Vorgänge sind sehr viel verwickelter, oft zusammenhanglos und auseinanderstrebend. Sie lassen sich in eine einzige linear verlaufende Reihe von Abfolgevorgängen nicht mehr ordnen und demzufolge ist auch die Klassifikation der auf ihnen beruhenden Lagerstätten unübersichtlicher und z. T. sogar notwendigerweise etwas willkürlich.

Eine größere Geschlossenheit ist im metamorphen Zyklus vorhanden infolge des Vorherrschens der Tiefenstufen. Die Einzelvorgänge werden aber durch Verschiedenheiten des Ausgangsstoffes, durch rückbildende Vorgänge („Diaphthorese") und vor allem durch mangelnde Gleichgewichtseinstellung oft unkenntlich, verwischt und unübersichtlich. Somit ist ihre Klassifikation oft mehr eine ideale Konstruktion als ein getreues Abbild der Wirklichkeit.

A. Die Lagerstätten der eruptiven oder magmatischen Abfolge.[2]

Man bezeichnet als eruptive oder magmatische[3]) Abfolge die Gesamtheit aller Vorgänge, die mit dem Nachaußendringen und der Festwerdung des

[1]) P. Niggli, Versuch einer natürlichen Klassifikation der im weiteren Sinn magmatischen Erzlagerstätten. Abh. prakt. Geol. Bd. I, 69 p. (1925). — H. Schneiderhöhn, Bildungsgesetze eruptiver Erzlagerstätten und Beziehungen zwischen den Metallprovinzen und den Eruptivgesteinsprovinzen der Erde. Metall u. Erz **22**, 267—274 (1925).

[2]) Die nachfolgenden Erörterungen über die eruptiven Lagerstätten sind zum größten Teil wörtlich aus meiner oben zitierten Arbeit in „Metall und Erz" entnommen.

[3]) Die Ausdrücke „eruptiv" oder „magmatisch" sind hier gleichbedeutend gebraucht. Die Bezeichnung „magmatisch" würde an und für sich besser passen. Indessen ist zurzeit noch eine Verwechslung zu befürchten mit den „magmatischen Ausscheidungs-

Magmas, d. h. schmelzflüssiger tieferer Teile der Erdrinde, in Verbindung stehen. Innerhalb dieser „magmatischen Abfolge" gibt es eine Reihe gesetzmäßig aufeinanderfolgender Vorgänge, die wechselnde Mineralparagenesen liefern. Alle diese Vorgänge verlaufen in einer einsinnig ablaufenden Richtung. Trotzdem wir annehmen müssen, daß größere Teile des flüssigen Magmas in gewisser Tiefe im großen und ganzen ungefähr homogen waren, sind die in den aufeinanderfolgenden Erstarrungsvorgängen sich bildenden Mineralausscheidungen voneinander verschieden. Diese Verschiedenheiten entstehen während der Kristallisation und bedingt durch die Kristallisation. Sie werden in ihrer Gesamtheit als Differentiation des Magmas bezeichnet. Zu den verschiedenen Differentiaten des Magmas zählen nicht nur die Eruptivgesteine, sondern auch die während der Eruptivgesteinsbildung und in mehreren Etappen nach ihr gebildeten Mineral- und Erzlagerstätten. Die Ursache der Differentiation während der Kristallisation ist im wesentlichen durch das Schwerefeld der Erde bedingt, ferner durch Änderung äußerer Inhomogenitätsfelder, vor allem durch das Temperatur- und Druckgefälle während der Erstarrung.

Dadurch, daß eine ganze Menge zeitlich und auch örtlich verschiedener Mineralparagenesen, Eruptivgesteine und eruptiver Lagerstätten ursprünglich aus einem homogenen Magma stammt, zeigen sie oft untereinander trotz aller chemischen und mineralogischen Verschiedenheit doch gewisse gegenseitige Beziehungen. Sie sind im eigentlichen Sinne untereinander „blutsverwandt". Wie man die Gesamtheit aller aus derselben großen Magmeneinheit stammender Eruptivgesteine schon lange als eine „petrographische Provinz" bezeichnet, so bildet auch die Gesamtheit aller aus dieser Magmeneinheit sich herleitenden eruptiven Lagerstätten eine „magmatische Metallprovinz". Sie bildet mit der dazugehörigen petrographischen Provinz eine provinzielle Einheit höheren Grades.

Tieferes Verständnis für die Vorgänge der Differentiation wie überhaupt für alle Bildungsvorgänge sämtlicher eruptiver Mineralparagenesen einschließlich der Lagerstätten gibt uns die physikalisch-chemische Natur des Magmas.[1]) An der Zusammensetzung der Magmen nehmen die schwerflüchtigen Bestandteile, Oxyde und Silicate, welche erst über 1000° schmelzen, nur etwa zu rund 90% teil. Den Rest bilden leichtflüchtige Bestandteile wie H_2O, H_2S, HF, HCl, CO, CO_2, SO_2, Chloride und Fluoride von Schwermetallen usw. Ihre Schmelz- und Siedetemperaturen und zum großen Teil sogar ihre kritischen Temperaturen liegen wesentlich unter den Schmelztemperaturen der schwerflüchtigen Bestandteile. Trotzdem sind sie in der Schmelze der schwerflüchtigen silicatischen Bestandteile infolge des enormen Druckes im Innern der Erde gelöst. Die Verbindung dieser heterogenen Bestandteile in Form einer gegenseitigen Lösung verleiht nun dem Magma bei der Abkühlung seine besonderen Eigenheiten: Es verhält sich ähnlich wie wäßrige Destillationsgemische, es besitzt eine hohe Innenspannung infolge des hohen Dampf- und Gasdruckes der leichtflüchtigen Bestandteile, und vor allem steigert sich dieser hohe Innendruck mit sinkender Temperatur immer mehr,

---

lagerstätten", den hier als „liquidmagmatisch" bezeichneten Paragenesen. P. Niggli spricht daher in seiner erwähnten Abhandlung von „in weiterem Sinne magmatischen Lagerstätten". Ich würde vorläufig die Bezeichnung „eruptiv" vorziehen, die aber allmählich durch „magmatisch" ersetzt werden könnte.

[1]) Näheres hierüber in den Arbeiten von P. Niggli.

weil mit sinkender Temperatur und demzufolge wachsender Ausscheidung der schwerflüchtigen Silicate sich die leichtflüchtigen Stoffe immer mehr im Restmagma anreichern. Dies kann bei fortschreitender Abkühlung zu Siedevorgängen und Abdestillationen leichtflüchtiger Bestandteile führen. Sie finden stufenweise statt und dauern noch lange Zeit nach der Erstarrung der schwerflüchtigen Eruptivgesteinsmineralien an und liefern so mit sinkender Temperatur fortschreitend eine gesetzmäßig sich entwickelnde Abfolge von Mineral- und Erzlagerstätten.

Genau so wie man es schon lange bei den Eruptivgesteinen machte, muß man nun auch bei dem ganzen Komplex der eruptiven Bildungen und damit auch bei den Lagerstätten zwei grundlegend verschiedene Vorgangsreihen unterscheiden je nach der Tiefenlage der Erstarrung in bezug auf die Erdoberfläche und je nach den dabei herrschenden Druckverhältnissen und Abkühlungsgeschwindigkeiten:

a) Die intrusiv-magmatische Lagerstättenabfolge: Bei ihr vollzieht und vollendet sich die Mineralbildung im Innern der Erde.

b) Die extrusiv-magmatische Lagerstättenabfolge, wobei die Mineralbildung schon in einer gewissen Tiefe beginnen kann, ihren Abschluß zum wesentlichen Teil aber erst an der Erdoberfläche oder in ihrer Nähe, jedenfalls aber in Verbindung mit atmosphärischen Faktoren und geringen Außendrucken erreicht.

Die charakteristischen Glieder dieser beiden verschiedenen Bildungszyklen unterscheiden sich grundlegend voneinander, so daß damit ein Haupteinteilungsgrund für eine natürliche Systematik der eruptiven Lagerstätten gegeben ist.

a) *Die intrusiv-magmatische Lagerstättenabfolge.*

Die weitere Einteilung jeder der beiden Abfolgen ist zwangsläufig gegeben durch den Kristallisationsablauf des Magmas. Sie zerfällt danach in zwei große Abschnitte: einerseits

das liquidmagmatische Stadium, es umfaßt die Abscheidung der 90% der schwerflüchtigen Bestandteile, die Entstehung der Eruptivgesteine und der liquidmagmatischen Lagerstätten; andererseits

die Stadien nach der Eruptivgesteinsbildung.

I. Die ältesten Gruppen bilden die liquidmagmatischen Lagerstätten. Wir verstehen darunter solche Lagerstätten, deren Bildung zeitlich, örtlich und ursächlich mit der Kristallisation der silicatischen schwerflüchtigen Bestandteile, d. h. mit der Eruptivgesteinsbildung zusammenfällt. Ihre Bildungsgesetze sind die nämlichen wie die der Eruptivgesteine. Ihre getrennte Ausscheidung und ihre Konzentration vollzieht sich im wesentlichen durch zwei Vorgänge: einmal durch Entmischung des Magmas im flüssigen Zustande, andererseits durch gravitative Kristallisations-Differentiation (in Verbindung mit dem sogenannten Reaktionsprinzip).

Zur Magmenentmischung sei folgendes bemerkt: Viele Magmen enthalten geringe Reste von Sulfidschmelzen, welche bei hohen Temperaturen, etwa über 1500°, in der Silicatschmelze gelöst sind. Unter 1500° ist diese Löslichkeit meist so gering, daß eine Sonderung eintreten muß. Da bei diesen Temperaturen der Kristallisationspunkt weder für die Silicate noch für die Schwermetallsulfide schon erreicht ist, findet also eine Entmischung im flüssigen Zustand statt. Die schweren Sulfidschmelzen sammeln sich in einzelnen sich immer mehr vergrößernden Tröpfchen an und sinken in dem Magma in die Tiefe. Es ist dies, worauf neuerdings besonders V. M. Goldschmidt hingewiesen hat, derselbe Vorgang, der im Kupferhochofen vor sich geht, wenn sich der Stein von der Schlacke sondert.[1]) In diesen Sulfidschmelzen treten von Schwermetallen vor allen Dingen Nickel, Kupfer und ein Teil des Eisens ein. Die Sulfidmagmen können sich am Boden des Kristallisationsraumes ansammeln und mit den Eruptivgesteinsmineralien zusammen erstarren. Das ist die Entstehungsweise z. B. der Nickel-Magnetkieslagerstätten von Sudbury und von vielen anderen Orten, der Kupferkies-Buntkupferlagerstätten von Ookiep usw., die oft in den tieferen Magmateilen Schlieren und unregelmäßige Verteilungen innerhalb basischer Eruptivgesteine bilden. Man kann diese Lagerstätten als „liquide Entmischungssegregate“ in Anlehnung an die in der Metallographie übliche Benennungsweise bezeichnen. Es sind also im wesentlichen Sulfidlagerstätten.

Betrachten wir nun das eigentliche Silicatmagma. In ihm scheiden sich als zunächst unlöslich werdende Bestandteile die Silicate von Fe und Mg (Olivin und Augite), sowie die oxydischen Erze, Magnetit, Titaneisen und Chromeisen, ferner die eventuell vorhandenen Platinmetalle aus. Alle diese Erstausscheidungen sind wesentlich schwerer als das Restmagma, können bei langsamer Erstarrung in die Tiefe sinken („gravitative Kristallisations-Differentiation“) sich dort anreichern und so ultrabasische Schlieren bilden, aus denen die als Peridotite, Pyroxenite, Dunite bezeichneten Olivin-Augitgesteine mit mehr oder weniger großem Gehalt an Eisenerzen, Titaneisenerzen, Chromeisenerz und Platinmetallen sich bilden. Ein großer Teil, vor allem der Eisenerzbildung, reicht noch etwas weiter in die nächsten Phasen der Eruptivgesteinsbildung hinein, wo sich neben Olivin und Augit auch noch basische Kalk-Natronfeldspate ausscheiden und sich Gesteinstypen von der Art der Gabbros und Norite bilden. Auch in diesen Gesteinen sind sehr oft Konzentrationen von Schwermetallerzen vorhanden. Die Hauptmasse der Titaneisenerze und Titanomagnetite gehört sogar in diese Gesteinsgruppe hinein. Man kann mit einem Namen diese Lagerstätten von Titaneisenerzen, Titanomagnetiten, Chromeisen, Platinmetallen, zu denen dann noch von nichtmetallischen Lagerstätten die Diamantvorkommen zu rechnen wären, als „Kristallisations-Differentiate“ bezeichnen. Sulfide fehlen in ihnen fast ganz.

Zuweilen hat sich bei erheblichen Konzentrationen, die vielleicht durch langdauernde Abkühlungszeiten sehr großer Magmenräume bedingt waren, eine sehr starke gravitative Absinkung von Sulfidschmelzen oder von auskristallisierten Eisen-, Titan- und Chromerzen gebildet. Letztere wurden dann wohl in größeren Tiefen und bei den dort herrschenden höheren Temperaturen wieder aufgelöst. Jedenfalls war auf diese Weise eine Voraussetzung geschaffen zur Bildung eigener sulfidischer oder oxydischer Erzmagmen. Wurde nun durch spätere tektonische Vorgänge dieses Erzmagma zu einem selbständigen Nachaußendringen gezwungen, so verhielt es sich natürlich rein mechanisch-

[1]) V. M. Goldschmidt hat in grundlegenden Arbeiten besonders auch betont, daß dieser Vorgang in ganz großem Umfang schon in vorgeologischen Zeiten innerhalb des schmelzflüssigen Zustandes der Gesamterde vor sich gegangen ist. Die heute in den Lagerstätten auftretenden Elementkombinationen wurden im wesentlichen schon damals angelegt, indem sich nach dem Nernstschen Verteilungsgesetz die einzelnen Elemente je nach ihrer Affinität in den verschiedenen „Erdschalen" in ganz verschiedenen Mengen ansammelten.

geologisch nicht anders wie jedes beliebige Silicatmagma. Höchstens war es infolge seiner relativ hohen Dünnflüssigkeit zu intensiverem Eindringen in das Nebengestein befähigt. Es bildet sich so der Typus der intrusiven Kieslagerstätten, wenn Sulfidmagmen selbständig intrudieren und ins Nebengestein eingepreßt werden, oder es können oxydische Eisenerzmagmen, wie in den großen nordschwedischen Magnetit-Apatitlagerstätten, selbständig emporgepreßt werden und eigene geologische Körper in fremder Umgebung bilden, „intrusive Magnetit-Apatit-Lagerstätten". Auch intrusive Chromeisenlagerstätten ähnlicher Entstehung sind bekannt. Gewiß spielen bei diesen Erzinjektionen schon die in der nächsten Epoche der Lagerstättenbildung vorherrschenden pneumatolytischen Agenzien eine gewisse Rolle, so daß sie Übergangsformen zu den pneumatolytischen Lagerstätten darstellen, wenn man sie auch ihren grundlegenden ersten Entstehungsvorgängen entsprechend besser noch zu den liquidmagmatischen Lagerstätten rechnet.

Während die liquidmagmatischen Lagerstätten mit der Bildung basischer und sogar ultrabasischer Eruptivgesteine im engsten Zusammenhang standen, bilden sich normalerweise während der Erstarrung der den basischen Gesteinen folgenden intermediären und sauren Gesteine keine Lagerstätten von größerem Ausmaß. Es sind also mit der Bildung der Diorite, Granodiorite, Syenite und Granite im allgemeinen keine gleichzeitig entstandenen liquidmagmatischen Lagerstätten verknüpft.

II. Erst nach Abschluß der Graniterstarrung bzw. in ihren letzten Phasen fängt eine zweite Epoche der Lagerstättenbildung an, welche nun vor allem auf die Gegenwart der leichtflüchtigen Bestandteile zurückzuführen ist. Diese haben sich nämlich mittlerweile in Restschmelzen und magmatischen Restlaugen angereichert, welche durch diese Anreicherung außerordentlich hohe Innendrucke erreicht haben. Das grundsätzliche physikalisch-chemische Verhalten der an leichtflüchtigen Bestandteilen reichen Restschmelzen ist durch zahlreiche neuere und grundlegende Arbeiten besonders von P. Niggli heute im wesentlichen als aufgeklärt zu betrachten. Es findet danach unmittelbar im Anschluß an die Graniterstarrung zunächst eine Ausstoßung silicatreicher, aber schon mit leichtflüchtigen Bestandteilen sehr stark versetzter Magmenrestlösungen statt. Sie ergießen sich teils in die radial und tangential im Eruptivkörper und im Vorland aufreißenden Kontraktionsrisse, teils durchdringen sie diffusionsartig größere Teile in den Randzonen des Eruptivkörpers. Es bilden sich auf diese Weise die Pegmatitgänge und die pegmatitischen und miarolithischen Zonen innerhalb der Eruptivgesteine. Sie spielen als Erzlagerstätten weniger eine Rolle (nur Gold und Scheelit kommen ab und zu in ihnen vor), vor allem fehlen in ihnen die Sulfide fast völlig. Wohl aber sind sie durch ihren Gehalt an mannigfachen und schönen Edelsteinen sowie an Mineralien der seltenen Erden ausgezeichnet. Bei gewissen Verhältnissen des Außendruckes zum Innendruck finden bei der weiteren Abkühlung auch plötzliche Siede- und Destillationsvorgänge statt, wobei die leichtflüchtigen Bestandteile nacheinander abdestillieren und ebenfalls in Gangspalten und zwischen die Schichtfugen des Nebengesteins eingepreßt werden können. Es entstehen auf diese Weise die großen und wichtigen Gruppen der pneumatolytischen Gänge von dem Typus der Zinnerzgänge, Wolframgänge und der turmalinführenden Kupfer-, Gold-, Blei- und Silbergänge. Treffen die leichtflüchtigen Bestandteile bei dieser Gelegenheit auf ein reaktionsfähiges Gestein, welches das Gasgleichgewicht der leichtflüchtigen Bestandteile energisch zu stören imstande ist, wie es z. B. bei Kalken und Dolomiten der Fall ist, so können sich Reaktionslagerstätten bilden, die auf dieser Wechselwirkung zwischen den durchstreichenden leichtflüchtigen Bestandteilen und den Carbonatmineralien beruhen. Es findet dabei ein Austausch des Kalkes und des Dolomites durch Kalk- und Magnesiasilicate und durch sulfidische Erze statt und es entsteht der Typus der pneumatolytischen Verdrängungslagerstätten oder der kontaktpneumatolytischen Lagerstätten (auch oft einfach als „Kontaktlagerstätten" bezeichnet).

Man rechnet nun im allgemeinen die Wirkungssphäre der pneumatolytischen Mineralbildungen so weit, als die sogenannten pneumatolytischen Mineralien reichen, vor allem die bor-, fluor-, lithiumhaltigen Mineralien. Mit ihnen sind bekanntermaßen eine Reihe von charakteristischen Erzen wie Zinnerz, Wolframerze, Molybdänglanz, Magnetit, Magnetkies verknüpft. In den Kontaktlagerstätten treten dazu noch als charakteristische Begleitmineralien die als Reaktionsprodukte der leichtflüchtigen Bestandteile mit dem Carbonatgestein aufzufassenden Kalk- und Magnesiasilicate. Es scheint, als ob die untere Temperaturgrenze dieser solchermaßen definierten und charakterisierten pneumatolytischen Lagerstätten ungefähr die kritische Temperatur des Wassers ist, das ja ein Hauptbestandteil der leichtflüchtigen Stoffe ist. Man kann natürlich bei den komplexen Lösungen, um die es sich hierbei handelt, nicht eine bestimmte Temperatur angeben, dürfte aber nicht fehlgehen, wenn man die untere Temperaturgrenze der pneumatolytischen Lagerstätten auf das Intervall zwischen 400 und 350° ansetzen wird.

III. Unterhalb dieser Temperatur bildet sich nun die dritte große Gruppe der eruptiven Lagerstättenabfolge, die hydrothermalen Lagerstätten. Wir haben es im wesentlichen hier mit überhitzten Dampflösungen zu tun und es scheint, als ob diese Lösungen im allgemeinen sehr stark verdünnt sind, während die pneumatolytischen Lösungen z. T. noch relativ konzentriert sein werden. Man kann die hierher gehörenden Lagerstätten rein formal noch in drei Gruppen einteilen: Hydrothermale Gänge, hydrothermale Verdrängungslagerstätten und hydrothermale Imprägnationslagerstätten. Es gehören hierher die Hauptmasse der eigentlichen Erzgänge, vor allem die Lagerstätten der Metalle Gold, Silber, Kupfer, Blei, Zink, z. T. auch Eisen (als Sulfid), Antimon, Arsen und Wismut. Vorherrschend sind sulfidische Erze mit Quarz, Kalkspat, Dolomit, Eisenspat, Schwerspat und Flußspat als Gangarten. Daß die hierher gehörigen Verdrängungslagerstätten nur einen formalen Typus der eigentlichen passiv aufsetzenden Gänge darstellen, ist eine schon seit längerer Zeit bekannte Tatsache, ebenso bilden die Imprägnationslagerstätten in nur teilweise auflöslichem oder in porösem Gestein (zu denen die großen „disseminated copper ores" gehören) nur einen formalen Typus.

b) *Die extrusiv-magmatische Lagerstättenabfolge.*

Da für die Bildungsvorgänge der Lagerstätten die im Magma gelösten Bestandteile in erster Linie verantwortlich zu machen sind, spielt der auf dem Magma während der Erstarrung lastende Außendruck natürlich eine ausschlaggebende Rolle. Infolge des geringen Außendruckes, der bei einer Extrusion flüssigen Magmas auf die feste Erdrinde vorhanden ist, entweichen die leichtflüchtigen Bestandteile rasch und stürmisch und es ist im allgemeinen deshalb eine viel geringere Wahrscheinlichkeit, extrusive Lagerstätten zu finden, als intrusive. Ferner fehlt für Extrusivmagmen auch oft das Vorland, in dem sich Lagerstätten niederschlagen könnten, wenn nämlich das Magma als Lava frei an der Luft ausfließt. Aus physikalisch-chemischen Gründen fehlt der pneumatolytische Typus hier fast ganz und es treten von den vorher erwähnten Typen nur die eigentlich hydrothermalen Lagerstätten auf. Wir wollen sie als extrusiv-hydrothermale Lagerstätten bezeichnen. Es sind Gänge und Imprägnationszonen innerhalb des Extrusivgesteins selbst oder gebunden an seine nächste Umgebung, die vor allen Dingen die Metalle Gold und Silber enthalten, ferner Quecksilber, Antimon und in geringem Maße Kupfer, Blei und Zink. Da diese Lagerstätten mit Ergußgesteinen genetisch verknüpft sind und diese naturgemäß in den jüngeren Formationen sich häufen, so werden diese Lagerstättentypen auch oft als „junge Formationen" bezeichnet.

Innerhalb der extrusiv-magmatischen Abfolge ist nun noch ein zweiter Typus vorhanden, der sehr eigenartig ist und der sehr oft kein reiner Lagerstättentypus ist, sondern zu dessen Entstehung auch andere Prozeße der Mineralbildung, die schon der sedimentären Abfolge entsprechen, eine ausschlaggebende Rolle spielen. Es sind dies Exhalationslagerstätten, wie wir sie mit einem Wort bezeichnen können, weil ein großer Teil des Metallinhaltes aus Exhalationen basischer Lava stammen. Sie können in dem Falle festgehalten und ausgefällt werden, wo diese Laven untermeerisch ausgeflossen sind und eine Wechselwirkung zwischen den heißen Exhalationsdämpfen und dem Meerwasser und den darin gelösten Salzen stattfand. Dahin gehören einerseits die Lagerstätten von gediegenem Kupfer in Blasenräumen von basischen Laven, z. B. am Oberen See. Ein zweiter Typus zeigt besonders gut einen Mischcharakter einer submarinen Exhalationslagerstätte mit wechselnder Beteiligung von chemisch und biochemisch ausgeschiedenen Bestandmassen. Zu ihm gehören die weit verbreiteten Roteisensteinlager mit und ohne Magnetit, Pyrit, Spateisen, Eisenkiesel in Verbindung mit submarinen Diabasen und Schalsteinen mit überlagernden Kieselschiefern und Lyditen. Ihre Kieselsäure ist zweifellos auch aus den Exhalationen und den damit in Verbindung stehenden Silicatzersetzungen herzuleiten, wurde dann aber durch ein extensiv gesteigertes Radiolarienleben fixiert und ausgefällt.

Dieses sind in ganz groben Zügen die einzelnen Gruppen der eruptiven Lagerstättenabfolge. Man sieht, daß zwei Höhepunkte der Entwicklung von Lagerstätten innerhalb des ganzen Zyklus vorhanden sind, die sich am schärfsten in der intrusiv-magmatischen Abfolge ausprägen: einerseits zu Beginn des ganzen Zyklus überhaupt in den liquidmagmatischen Lagerstätten. Dann folgt während der weiteren Erstarrung der intermediären und sauren Eruptivgesteine keine wesentliche Lagerstättenbildung. Erst mit Abschluß des ganzen liquidmagmatischen Zyklus, also nach Erstarrung sämtlicher Eruptivgesteine, beginnt dann die zweite lagerstättenbildende Abfolge, die in zwangsläufig hintereinanderfolgender Weise von den pneumatolytischen bis zu den hydrothermalen Lagerstätten fortschreitet. Ob sich innerhalb dieser Gruppen Gänge, Verdrängungslagerstätten oder Imprägnationen bilden, ist nur eine lokale Frage. Die Kontaktlagerstätten stellen deshalb im Vergleich zu den beiden Hauptgruppen der pneumatolytischen und hydrothermalen ebenso nur eine Untergruppe zweiten Grades dar, wie es die hydrothermalen Verdrängungslagerstätten innerhalb der hydrothermalen Lagerstätten überhaupt sind.

Für die Paragenesis der Sulfidmineralien ist der Unterschied zwischen den kontaktpneumatolytischen und pneumatolytischen Lagerstätten wichtig, ebenso z. T. der zwischen den hydrothermalen Gängen, Verdrängungs- und Imprägnationslagerstätten. Der Unterschied prägt sich weniger in den Sulfidmineralien selbst aus als vielmehr in ihren nichtmetallischen Begleitmineralien.

B. Die Lagerstätten der sedimentären Abfolge.

Alles sedimentäre Geschehen geht auf die Verwitterung zurück. Die Vorgänge sind oft geschildert worden und ihre systematische Anordnung kann je nach der Einstellung des Verfassers verschieden gewählt werden.[1])

I. Eine *erste Gruppe sedimentärer Lagerstätten* entsteht, wenn Lagerstätten direkt an Ort und Stelle verwittern und sich chemisch umbilden. Hierher gehören vor allem die Oxydations- und Zementationszonen älterer Lagerstätten.

II. Die *nächsten Gruppen* sind mit einer tiefergreifenden Umbildung verknüpft, indem nicht nur der Chemismus des Ausgangsstoffes weitgehend geändert wird, sondern auch fast stets erhebliche Ortsverschiebungen und Wanderungen eintreten. Bei der Verwitterung erfolgt ja stets eine Lösung gewisser Teile, während in demselben Stadium des Prozesses andere Teile ungelöst bleiben. Diese ungelösten Teile sind entweder die unveränderten ursprünglichen Mineralien, oder es ist nur noch ein Restprodukt, aus dem gewisse Stoffe ausgelöst und abgebaut sind. Es ergibt sich so theoretisch eine Dreiteilung der Verwitterungsprodukte, die aber zweckmäßig auf eine Zweiteilung in Verwitterungsrückstand und Verwitterungslösung beschränkt wird. Der Verwitterungsrückstand wird durch verschiedene Agenzien verschieden weit transportiert, dabei reichern sich gewisse Stoffe an; er wird später in verschiedenen Räumen sedimentiert; er kann noch später diagenetisch verändert und verfestigt werden. Die hierdurch neu entstehenden Lagerstätten sind die Seifen und Trümmerlagerstätten. Sulfidmineralien spielen in ihnen keine Rolle.

III. Die *Verwitterungslösungen* werden auf bekannten Wegen weiterbewegt. Aus ihnen können sich auf verschiedenste Weise Lagerstätten bilden: durch Verdunstung des Wassers, Entziehung von Kohlendioxyd, Ausfällung darin gelöster Stoffe durch neu hinzutretende Fällungsmittel, die auf die verschiedenste Weise und auf den verschiedensten Wegen hinzutreten können, endlich durch biochemische Vorgänge der verschiedensten Art. Es ist im einzelnen oft sehr schwer und manchmal so gut wie unmöglich, alle Vorgänge zurückzuverfolgen, und genau anzugeben, welche Vorgänge zur Bildung einer aus Verwitterungslösungen entstandenen Lagerstätte geführt haben. Auch sind meist an einer Lagerstätte mehrere Vorgänge hintereinander und gleichzeitig beteiligt gewesen. Es ist deshalb für die praktische Gliederung dieser Gruppen der sedimentären Lagerstätten zweckmäßig, den Bildungsraum als ersten Einteilungsgrund in den Vordergrund zu stellen und die weitere Unterteilung teils stofflich, teils nach Bildungsvorgängen oder Herkunftsmaterial zu geben.

Somit bilden die dritte Hauptgruppe der sedimentären Lagerstätten die Verwitterungslagerstätten auf dem Festland.

---

[1]) P. Niggli, Einteilung und Systematik der Minerallagerstätten, Schweiz. min.-petr. Mit. **1**, 405—408 (1920). — H. Harrassowitz, Die Bedeutung der gesteinsbildenden Vorgänge für die Erzlagerstättenlehre, Z. prakt. Geol. **29**, 65—72 (1921).

Die weitere stoffliche Gliederung ergibt folgende Untergruppen: 1. Tonerde- und Silicatlagerstätten, meist aus Abbauresten bestehend, aber auch neu ausgefällte Stoffe enthaltend. 2. Eisen-Manganlagerstätten, oft als Verwitterungslagerstätten im engeren Sinn bezeichnet. 3. Phosphatlagerstätten. 4. Schwermetallagerstätten, durch Konzentration aus Oberflächenwässern in ariden Schuttwannen entstanden. 5. Terrestrische Salze.

Nur in der Untergruppe 4 spielen Sulfide eine Rolle.

IV. Als eine *vierte Hauptgruppe* sollen diejenigen Lagerstätten zusammengefaßt werden, die unterirdisch durch zirkulierendes Grundwasser oder absteigende kühle Minerallösungen mit oder ohne Beteiligung lateralsekretionärer Vorgänge gebildet werden.

Sie können als deszendente Kluftabsätze, Gänge und Verdrängungslagerstätten bezeichnet werden.

V. Als fünfte Hauptgruppe sind endlich die *im Meer und in terrestrischen Oberflächengewässern teils biochemisch, teils anorganisch-chemisch gebildeten Auscheidungslagerstätten* anzuführen. Es sind dies: 1. Eisenerzlager, 2. Manganerzlager, 3. Lagerstätten des Schwefelkreislaufs, 4. Phosphatlager. — Nur in Untergruppe 3 kommen Sulfide herrschend vor.

VI., VII. Die weiteren Gruppen der sedimentären Abfolge, die *Marinen Salzlagerstätten* und die *Lagerstätten der Kaustobiolithe* kommen als Sulfidlagerstätten nicht in Frage.

C. Die Lagerstätten der metamorphen Abfolge.

Es sind zwei Gruppen [1]) zu unterscheiden: einmal die eigentlich metamorphosierten Lagerstätten und andererseits Neubildungen sekretionärer Art im Bereich der Metamorphose.

I. Die Eigenart der *ersten Gruppe* besteht darin, daß sie an Ort und Stelle umgebildete Mineralparagenesen enthalten, deren Bestandteile denen der Ausgangsstoffe $\pm$ gleich sind. Die Erforschung der metamorphen Gesteine hat gezeigt, „daß eine Einteilung der Produkte der Metamorphose nach Temperatur-, Druck- und Konzentrationsfeldern erfolgen müsse“. [2]) Die beiden ersten Faktoren führen bekanntlich zur Aufstellung der drei Tiefenzonen der Epi-, Meso- und Katazone und der in ihnen neuentstandenen Epi-, Meso- und Katagesteine. Das Ideal der metamorphen Systematik besteht ja nun darin, daß für jedes System aus den in der Natur in größerem Ausmaß vorkommenden Bestandteilen die Zustandsdiagramme für die metamorphen Tiefenzonen bekannt sind. Während diese für eine Anzahl gesteinsmäßiger Assoziationen bekannt sind, steht die Erforschung der Stabilitätsverhältnisse der Systeme der Schwermetalle mit Schwefel, Arsen oder Antimon bei höheren Drucken und Temperaturen noch so weit zurück, daß eine rationelle Systematik ihrer Neubildungsprodukte auf experimenteller Grundlage heute noch durchaus unmöglich ist. Zugleich ist auch das Beobachtungsmaterial über metamorph umgebildete Sulfidlagerstätten noch sehr gering.

---

[1]) P. Niggli, Einteilung und Systematik der Minerallagerstätten, Schweiz. min.-petr. Mit. 1, 401, 408 (1920).

[2]) U. Grubenmann-P. Niggli, Die Gesteinsmetamorphose I. Teil, 372 (1924).

II. Die *zweite Gruppe* metamorpher Lagerstätten sind Neubildungen sekretionärer Art innerhalb von Mineralklüften im Bereich metamorpher Umbildungen. Ihre Repräsentanten sind die bekannten alpinen Mineralklüfte. Auch sie werden zweckmäßig nach der Tiefenzone gegliedert.

Die tabellarische Zusammenfassung aller unterschiedenen Lagerstättengruppen ergibt folgende Übersicht:

Genetische Systematik der Minerallagerstätten.

A. Lagerstätten der eruptiven oder magmatischen Abfolge.

a) *Intrusiv-magmatische Abfolge.*

I. Liquidmagmatische Lagerstätten.

1. Intramagmatische Bildungen.
   Liquide Entmischungssegregate: Lagerstätten mit Nickelmagnetkies, Kupferkies, Buntkupferkies.
   Kristallisationsdifferentiate: Lagerstätten mit Platin, Chromit, Titaneisen, Titanomagnetit.
2. Abgepreßte Erzinjektionen (± Beteiligung von Pneumatolyse).
   Intrusive Kieslagerstätten.
   Intrusive Magnetit-Apatitlagerstätten.

II. Pneumatolytische Lagerstätten.

1. Pegmatite, pegmatitische Schlieren und miarolithische Randzonen.
2. Pneumatolytische Gänge mit Zinnerz, Wolframerzen, Molybdänglanz; turmalinführende Gold-, Kupfer-, Blei-, Silbererze.
3. Kontaktpneumatolytische Lagerstätten. Eisen-, Kupfer-, Gold-, Blei-, Zinkerze mit Kalk- und Magnesiasilicaten.

III. Intrusiv-hydrothermale Gänge, Verdrängungslagerstätten und Imprägnationen.
Gold-, (Platin)-, Arsen-, Kupfer-, Eisenformationen.
Blei-, Silber-, Zinkformationen.
Silber-, Kobalt-, Nickel-, Arsen-, Uran-, Wismutformationen.
Oxydische und carbonatische Eisen- und Manganformationen.
Sulfidfreie carbonatische, sulfatische und fluoridische Formationen.

b) *Extrusiv-magmatische Abfolge.*

I. Extrusiv-hydrothermale Lagerstätten.
Propylitische und alunitische Gold-, Silberformationen.
Kupfer-, Blei-, Zink-, Silber-, Zinn-, Wismutformationen.
Quecksilber- und Antimonformationen.

II. Submarine Exhalationslagerstätten (± biochemischen Bildungen).
Schichtige Roteisensteinlagerstätten ± Magnetit, Pyrit, Spateisen, Eisenkiesel.
Gediegen Kupfer mit Kalkspat und Zeolithen in Mandelsteinen und Tuffen.

B. Lagerstätten der sedimentären Abfolge.

I. Verwitterungszonen älterer Lagerstätten.
Oxydations- und Zementationszone.

II. Mechanisch aufbereiteter Verwitterungsrückstand, Seifen und Trümmerlagerstätten. (Diamant-, Edelstein-, Zinnerz-, Gold-, Platin-, Seifen, Eisentrümmerlagerstätten, Quarz-, Granat- etc. Sande.)

III. Verwitterungslagerstätten auf dem Festland.

1. Tonerde- und Silicatlagerstätten.
   Kaolin, Ton.
   Bauxit.
   Magnesiasilicate.
   Nickelsilicate.
   Gelmagnesit.
2. Eisen-Manganlagerstätten.
   Eisen-Manganerze auf Kalken und Schiefern.
   Bohnerze.
   Basalteisenerze.
   Krusteneisenstein, Lateriteisenerze.
3. Phosphatlagerstätten.
4. Konzentrationslagerstätten in ariden Schuttwannen.
   Kupfermergel, Kupfersandsteine und -schiefertone.
   Blei- und Zinkknottenerze und -sandsteine.
   Silbersandsteine.
   Vanadium-, Uran-, Radiumlagerstätten in Sandsteinen.
5. Terrestrische Salzablagerungen.

IV. Deszendente Kluftabsätze, Gänge und Verdrängungslagerstätten im Bereich des tieferen Grundwassers ± Lateralsekretion.

V. Ausscheidungslagerstätten im Meer und in terrestrischen Oberflächengewässern, z. T. biochemisch, z. T. anorganisch-chemisch entstanden.

1. Eisenerzlager.
   Raseneisenerze, Sumpferze, Seeerze.
   Weißeisenerz, Kohleneisenstein.
   Toneisenstein.
   Marine oolithische Eisenerze.
2. Manganerzlager.
3. Lagerstätten des Schwefelkreislaufs.
   Sedimentäre marine Kieslager.
   Kupferschiefer.
   Sedimentäre Schwefel- und Sulfatlagerstätten.
4. Guano- und Phosphatlager.

VI. Marine Salzlagerstätten.

VII. Lagerstätten der Kaustobiolithe.

C. Lagerstätten der metamorphen Abfolge.

I. Metamorph umgebildete Lagerstätten.
1. Im Bereich der Epizone.
2. „ „ „ Mesozone.
3. „ „ „ Katazone.
4. „ thermischen Kontakt.

II. Neubildungen sekretionärer Art.
1. Im Bereich der Epizone.
2. „ „ „ Mesozone.
3. „ „ „ Katazone.

II. Die Verteilung der einzelnen Sulfidmineralien auf die verschiedenen Lagerstättengruppen.

Die zahlreichen Sulfidmineralien verteilen sich in doppelter Weise auf die verschiedenen Lagerstättengruppen. Einmal sind gewisse Metalle in ihren sulfidischen Verbindungen auf einzelne Lagerstättengruppen beschränkt. So kommt z. B. Molybdän nur in pneumatolytischen, Quecksilber nur in extrusiv-hydrothermalen Lagerstätten vor. Andere Metallsulfide, so von Kupfer, Blei, Zink, Eisen, sind in allen Lagerstättengruppen verbreitet.

Im Rahmen dieser Ausführungen interessieren aber diese „geochemischen Verteilungsgesetze" (V. M. Goldschmidt) weniger als vielmehr die Verteilung der Mineralien selbst. Zwar hängt diese natürlich zu einem gewissen Grad von der Natur des Metalls ab. Dazu kommt aber als sehr wichtiges Moment die spezifische physikalisch-chemische Natur des Minerals.

Die wenigen experimentellen Studien, die bis jetzt über Bildungsbedingungen, Stabilitäts- und Haltbarkeitsbereiche sulfidischer Mineralien gemacht wurden, reichen zur generellen induktiven Behandlung dieses Problems nicht im entferntesten aus. Die deduktive Methode der Naturbeobachtung und statistischen Einwertung wird noch lange für die sulfidischen Lagerstätten das Haupthilfsmittel sein, wo die experimentellen Schwierigkeiten so groß und die Vergleichssetzung der Synthese mit dem Naturprodukt oft so vieldeutig ist.[1])

1. Tafel der Sulfidverteilung in den Lagerstätten.

Der beste Überblick über die Genesis und Paragenesis der Sulfidmineralien ergibt sich, wenn man in eine Darstellung der einzelnen natürlichen Lagerstättengruppen, wie sie eben gegeben wurde, die Verbreitung der einzelnen Sulfidmineralien schaubildlich einzeichnet. Es ist dies in der nachfolgenden Tabelle versucht worden. Die stark ausgezogenen Striche deuten nur die vorzugsweise Verbreitung und größere Häufigkeit der Mineralien an Das schließt nicht aus, daß jedes Sulfid auch ab und zu in den anderen Gruppen als mineralogische Seltenheit vorkommen kann. Ferner ist für die Beurteilung dieser Tabelle zu bedenken, daß auf vielen Lagerstätten Absätze mehrerer lagerstättenbildender Vorgänge vorhanden sind. Da man oft nun der Lagerstätte als ganzer nur einen systematischen Namen zu geben pflegt,

[1]) Vgl. dazu die in demselben Sinne sich bewegenden Ausführungen von W. Eitel (Wiss. Forschungsberichte XIII, Phys.-chem. Min. u. Petr. 1925, S. 96—97).

werden leicht bei weniger kritischer Betrachtung einem bestimmten Lagerstättentyp Mineralien zugeordnet, die in Wirklichkeit einer anderen Gruppe angehören. So z. B. findet sich auf Zinnerzgängen auch öfters Zinnkies. Zinnkies ist aber kein Mineral der pneumatolytischen Zinnsteingänge, sondern gehört zur späteren, hydrothermalen Phase. Beide Mineralien sind also nicht „isogenetisch", sondern „heterogenetisch".[1]) Ihre genauere Bildungsgeschichte ist erst durch erzmikroskopische Untersuchungen aufgeklärt worden. Ähnliche Fälle von „Übergangslagerstätten" sind noch mehr bekannt und sie wurden bei der Aufstellung der Tabelle besonders sorgfältig berücksichtigt.

Die Tabelle enthält die Sulfide in der in den vorhergehenden Abschnitten des Handbuches angeführten Reihenfolge. Ganz seltene Mineralien sowie unsichere Spezies und solche, die ihrer genetischen Stellung nach unbekannt sind, sind weggelassen.

Auf den ersten Blick sieht man auf der Tabelle den Gegensatz zwischen solchen Sulfiden, die in vielen oder den meisten Gruppen auftreten und solchen, welche nur auf einige oder wenige Gruppen beschränkt sind. Nach der Bezeichnungsweise, wie sie zuerst für die metamorphen Gesteine von F. Becke und U. Grubenmann angewandt wurde, wollen wir erstere als Durchläufer oder persistente Mineralien, letztere als typomorphe Mineralien bezeichnen.

2. Durchläufersulfide.

Kupferkies, Zinkblende, Bleiglanz, Pyrit, Arsenkies sind die typischen Durchläufer. Sie sind nicht für bestimmte Gruppen charakteristisch, sondern in bezug auf Drucke und Temperaturen sind ihre Bildungs- und Haltbarkeitsbezirke sehr groß. Bleiglanz und Zinkblende sind die einzigen sulfidischen Blei- und Zinkverbindungen. Dagegen kommen außer Kupferkies noch andere Kupfereisensulfide uud außer Pyrit noch andere Eisensulfide vor, aber jeweils mit viel engerem Bildungs- und Stabilitätsbereich.

Über die Bildungsverhältnisse des Buntkupfers herrscht noch ebensolche Unklarheit, wie über seine Konstitution und sein Verhältnis zu Kupferkies. Es ist eigenartig, daß Buntkupfer sich einmal bei hohen Temperaturen und relativ hohen Drucken bildet im Bereich der liquidmagmatischen, pneumatolytischen und des bei höheren Temperaturen entstandenen Teils der intrusiv-hydrothermalen Lagerstätten, und dann erst wieder ungefähr bei Zimmertemperatur und Atmosphärendruck in der Zementationszone, in ariden Konzentrationslagerstätten und marinen Sulfidlagern. Im ganzen zwischenliegenden Teil der Lagerstättenbildung, wo mittlere Drucke und Temperaturen herrschen, fehlt Buntkupfer fast völlig. Cuban, bzw. der mit ihm identische Chalmersit ist typomorph für die Wende von pneumatolytischen zu heißhydrothermalen Lagerstätten, wo er meist in engster Verwachsung, z. T. sogar orientiert, mit Kupferkies vorkommt. Sein Verhältnis zu ihm ist aber ebenfalls nicht bekannt, wie überhaupt das ternäre System Cu—Fe—S trotz zahlreicher metallographischer Arbeiten in den für die Lagerstättenerkenntnis wichtigsten Teilen völlig ungeklärt ist.

Etwas besser kennen wir das System Fe—S. Seine experimentelle Erforschung läßt sich gut mit dem Naturvorkommen vereinigen. Daß der

[1]) P. Niggli, Lehrb. d. Min. 1920, 469.

Tafel der Sulfidverteilung in den Lagerstätten.

	A. Magmatische Abfolge										B. Sedimentäre Abfolge						C. Metamorphe Abfolge	
	a) Intrusiv-magmatische Lagerstätten							b) Extrusiv-magmatische Lagerstätten										
	I. Liquid-magmat.		II. Pneumatolytisch		III. Intrusiv-hydrotherm.			I. Extrusiv-hydrotherm.			I. Verwitterungszonen älterer Lagerstätten		III. Verwitterungslagerstätten	IV. Deszendente Lagerstätten	V. Ausscheidungslagerstätten	VII. Kaustobiolithe	I.	II.
	Entmischungssegregate	Intrusive Erzinjektionen	Pegmatite	Pneumatolytische Gänge	Kontaktpneumatolytische Lagerstätten	Au-, As-, Cu-, Fe-Formationen	Pb-, Ag-, Zn-Formationen	Ag-, Co-, Ni-, As-, Ur-, Bi-Formationen	Au-, Ag-Formationen	Cu-, Pb-, Zn-, Ag-, Sn-, Bi-Formationen	Hg-, Sb-Formationen	Oxydationszone	Zementationszone	Konzentrationslagerstätten	Deszendente Kluftausfüllungen, Gänge und metasomatische Lagerstätten	Sulfidlager	Kaustobiolithe	Metamorph umgebildete Lagerstätten	Umbildungen sekretionärer Art
Realgar, Auripigment									■		■	■							
Antimonglanz						■			■		■								
Wismutglanz				■	■			■		■									
Molybdänglanz			■	■															
Patronit																	■		
Rhombischer Kupferglanz													■	■		■			

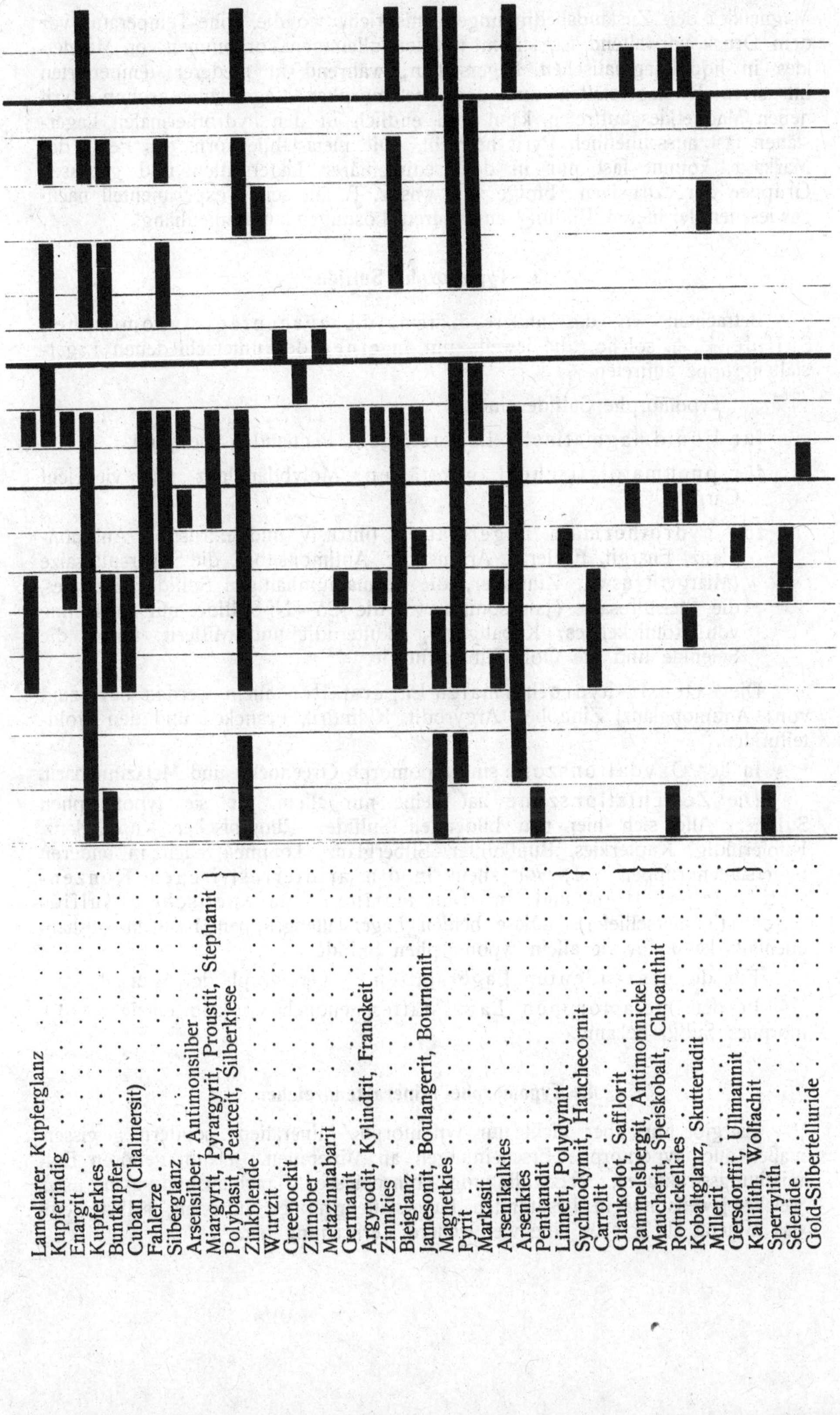

Lamellarer Kupferglanz
Kupferindig
Enargit
Kupferkies
Buntkupfer
Cuban (Chalmersit)
Fahlerze
Silberglanz
Arsensilber, Antimonsilber
Miargyrit, Pyrargyrit, Proustit, Stephanit
Polybasit, Pearceit, Silberkiese
Zinkblende
Wurtzit
Greenockit
Zinnober
Metazinnabarit
Germanit
Argyrodit, Kylindrit, Franckeit
Zinnkies
Bleiglanz
Jamesonit, Boulangerit, Bournonit
Magnetkies
Pyrit
Markasit
Arsenikalkies
Arsenkies
Pentlandit
Linneit, Polydymit
Sychnodymit, Hauchecornit
Carrolit
Glaukodot, Safflorit
Rammelsbergit, Antimonnickel
Maucherit, Speiskobalt, Chloanthit
Rotnickelkies
Kobaltglanz, Skutterudit
Millerit
Gersdorffit, Ullmannit
Kallilith, Wolfachit
Sperrylith
Selenide
Gold-Silbertelluride

Magnetkies den Zustandsbedingungen entspricht, wo die hohe Temperatur vor dem Druck vorwaltend ist, stimmt mit dem alleinigen Vorkommen von Magnetkies in liquidmagmatischen Lagerstätten, während in niederer temperierten intrusiven Kieslagerstätten und den metamorphen Lagerstätten schon Pyrit neben Magnetkies auftreten kann und endlich in den hydrothermalen Lagerstätten fast ausschließlich Pyrit herrscht. Die metastabile Form des FeS_2, der Markasit, kommt fast nur in den sedimentären Lagerstätten und gewissen Gruppen der extrusiven Abfolge vor, was z. T. mit seiner experimentell nachgewiesenen leichteren Bildung aus sauren Lösungen zusammenhängt.

3. Typomorphe Sulfide.

Betrachten wir das andere Extrem, die ausgeprägt typomorphen Sulfide, d. h. solche, die jeweils nur in einer der unterschiedenen Lagerstättengruppe auftreten.

Typomorphe Sulfide sind:

für liquidmagmatische Lagerstätten: Pentlandit, Sperrylith,

für pneumatolytische Lagerstätten: Molybdänglanz und vielleicht Carrolit,

für hydrothermale Lagerstätten (intrusiv und extrusiv): Antimonglanz, Enargit, Fahlerze, Arsensilber, Antimonsilber, die Silbersulfosalze (Miargyrit usw.), Zinnober, die germaniumhaltigen Sulfide, Zinnkies, die Bleisulfosalze (Jamesonit usw.), die Co—Ni-Sulfide, mit Ausnahme von Rotnickelkies, Kobaltglanz, Skutterudit und Millerit, ferner die Selenide und die Gold-Silbertelluride.

Die extrusiv-hydrothermalen Lagerstätten allein werden bevorzugt von: Antimonglanz, Zinnober, Argyrodit, Kylindrit, Franckeit und den Goldtelluriden.

In der Oxydationszone sind typomorph Greenockit und Metazinnabarit.

Die Zementationszone hat keine nur allein für sie typomorphen Sulfide. Alle sich hier neu bildenden Sulfide: Rhombischer Kupferglanz, Kupferindig, Kupferkies, Buntkupfer, Silberglanz, kommen auch in anderen Lagerstättengruppen vor, vor allem in den aridterrestrischen Konzentrationslagerstätten und in den marinen syngenetischen Sulfidlagern (Kupferschiefer). Diese beiden Lagerstättengruppen besitzen deshalb ebenfalls keine für sie allein typomorphen Sulfide.

Für die deszendenten Lagerstätten ist typomorph der Wurtzit.

In den metamorphen Lagerstätten endlich ist kein einziges typomorphes Sulfid bekannt.

4. Typomorphe Mineralkennzeichen.

Es gibt nun aber nicht nur typomorphe Mineralien, sondern gewissermaßen auch typomorphe Erscheinungen an Mineralien. Dahin gehören Entmischungsstrukturen, Verzwillingung, Einschlüsse, Trachtausbildungen usw., welche jeweils nur in bestimmten Lagerstättengruppen auftreten, selbst wenn das Mineral als solches eine viel weitere Verbreitung hat.

a) *Entmischungsstrukturen.*

Bei den Sulfiden zählen hierzu besonders die Entmischungsstrukturen. Auf ihre außerordentlich weite Verbreitung hat H. Schneiderhöhn[1]) aufmerksam gemacht und zahlreiche weitere Arbeiten haben dies seither bestätigt. Sie treten naturgemäß um so eher auf, bei je höheren Temperaturen ein Sulfid entstanden ist und fehlen bei solchen, die bei gewöhnlicher Temperatur sich gebildet haben. Orientierte Entmischungssegregate von Kupferkies oder Zinnkies in Zinkblende, von Zinkblende und Kupferkies in Zinnkies, von Silbererzen in Bleiglanz, von Kupferkies und lamellarem Kupferglanz in Buntkupfer, oder von Buntkupfer in lamellarem Kupferglanz, von Pentlandit in Magnetkies und vieles andere sind Beispiele hierfür. Sie geben einstmals wichtige geologische Thermometerzahlen für die Mindestentstehungstemperaturen, wenn die Zustandsdiagramme dieser Systeme auch im festen Zustand bis in niedere Temperaturbereiche bekannt sind.

b) *Verzwillingung.*

Zwillingsverwachsungen dürften brauchbare typomorphe Kriterien abgeben, wenn es sich um „Umwandlungszwillinge"[2]) von der Art des Leucits handelt. Sie beruhen auf dimorpher Umlagerung bei der Unterschreitung eines enantiotropen Umwandlungspunktes, sind also als gutes geologisches Thermometeranzeichen zu benutzen. Sie treten auf bei Kupferglanz (Umwandlungsp. 91°), Silberglanz, Buntkupfer, Magnetkies, Kobaltglanz. Die Umwandlungstemperaturen der letzten vier Erze ist nicht oder nicht sicher bekannt.

Ob die „Wachstumszwillinge"[3]) in ihrer Ausbildung typomorph sind, ist noch nicht sicher erwiesen, es liegen aber gewisse Anzeichen dafür vor. So sind die nie fehlenden Zwillingslamellen im Kupferkies in höher temperierten Lagerstätten anscheinend breiter als in niederer temperierten. Doch müssen hierüber noch systematische Untersuchungen gemacht werden.

c) *Trachtausbildung aufgewachsener Mineralien.*

Sie bezieht sich auf aufgewachsene, einseitig frei ausgebildete Kristalle, also auf offene Gangpartien, drusige, poröse und miarolithische Lagerstättenteile.

Ob das mehr oder minder häufige Auftreten von Drusen an und für sich irgendwie als typomorphes Merkmal gewertet werden kann, ist nicht erwiesen. Tatsache ist, daß alle Sulfosalze in ungleich höherem Maße drusig struiert und teilweise kristallographisch ausgebildet erscheinen als die einfachen Sulfide und daß in ganzen Lagerstättengruppen, in denen nur einfache Sulfide vorkommen, die Drusen zu den größten Seltenheiten gehören. Es ist aber zunächst sehr schwer zu sagen, wie weit hierbei die allgemeinen physikalisch-chemischen Verhältnisse der Lagerstätte und wie weit die speziellen Eigenschaften der auftretenden Mineralien eine Rolle spielen. Man weiß noch nicht, was hier Ursache und Wirkung ist. Besonders ausgeprägt ist die viel stärkere

---

[1]) H. Schneiderhöhn, Entmischungserscheinungen innerhalb von Erzmischkristallen ..., Metall u. Erz **19**, 501 ff. (1922).

[2]) Derselbe, Anl. z. mikr. Unters. u. Best. von Erzen 1922, 124.

[3]) Derselbe, ebenda 1922, 124.

Drusigkeit der extrusiv-hydrothermalen Gänge im Vergleich zu den intrusiv-hydrothermalen.

Was nun den Habitus der in die Drusen ragenden kristallisierten Sulfide anlangt, so ist ja seine einsinnig oft wiederkehrende Regelmäßigkeit schon seit alten Zeiten bekannt. Sie hat zuletzt ihren systematischsten und doktrinärsten Ausdruck gefunden in der „Bildungsreihe der Mineralien“ von W. Maucher.[1]) So zweifellos die Beziehungen und Zusammenhänge der Tracht zu den Zustandsbedingungen bei der Bildung sind, so hoffnungslos erscheint es bis auf weiteres, irgendwelche physikalisch-chemisch faßbare Gesetzmäßigkeiten allgemeinerer Art und Brauchbarkeit für die Lagerstättenforschung aufzufinden. Statistische quantitativ messende und auszählende Beobachtungen dürften bis auf weiteres eine mühsam und langsam zu erzielende aber sichere Grundlage sein, aus der im Laufe der Zeit gewisse Gesetzmäßigkeiten sich herausschälen werden.

d) *Trachtausbildung eingewachsener (kristalloblastischer) Mineralien.*

Kristallographisch begrenzte Formausbildungen kommen bei eingewachsenen Mineralien in den kontaktpneumatolytischen, hydrothermal-metasomatischen, deszendent-metasomatischen und metamorphen Lagerstätten vor. Ihrer Entstehung nach sind es Kristalloblasten, welche zum Teil unter Aufzehrung vorher vorhandener Mineralien an ihre Stelle gelangt sind. Die Entzifferung der Vorgänge, die mit ihrer Bildung verbunden sind, hat ja bei den metamorphen Gesteinen große Fortschritte gemacht, wie die neueren Darstellungen von F. Becke, U. Grubenmann, P. Niggli, W. Schmidt, Br. Sander u. a. zeigen. Für sulfidische Erzmineralien liegt ein größeres Beobachtungsmaterial darüber z. B. in älteren Arbeiten von W. Lindgren und neueren von G. Berg vor. Ihre systematische Vervollständigung und Bearbeitung nach moderneren Gesichtspunkten steht aber noch aus.

5. Die Paragenesis isogenetischer Mineralien als typomorphes Kennzeichen.

Von ganz besonderer Bedeutung ist das Zusammenvorkommen von Mineralien als typomorphes Kennzeichen. Es muß aber mit großer Vorsicht beurteilt werden, ob es sich dabei auch wirklich um isogenetische Mineralien handelt, d. h. solche, die demselben lagerstättenbildenden Vorgang angehören. So würden in dem schon vorhin angeführten Beispiel Zinnstein und Zinnkies nicht isogenetisch sein, sondern ersterer gehörte zu den pneumatolytischen, letzterer zu den hydrothermalen Vorgängen. Wenn auch natürlich hier ein stetiger Übergang herrscht, so haben doch die als „pneumatolytisch“ definierten Mineralien untereinander so viele gemeinsamen Merkmale gegenüber den „hydrothermalen“ Mineralien, daß beide Gruppen in unserer Betrachtungsweise getrennt werden und somit folgerichtig auch als „heterogenetisch“ bezeichnet werden müssen. Die mineralogisch-mikroskopische Untersuchung zeigt dann auch in all diesen Fällen, daß verschiedenaltrige Generationen vorliegen, von denen sogar oft die jüngere auf der älteren nicht passiv aufsitzt, sondern sie sogar angefressen und verdrängt hat.

---

[1]) W. Maucher, Leitfaden für den Geologieunterricht. 2. Aufl. 1914.

Zu den isogenetischen Sulfiden der einzelnen Gruppen treten nun noch die mit ihnen isogenetischen nichtmetallischen Begleitmineralien, die Gangarten, sowie die charakteristischen Nebengesteinsumwandlungen, die das Bild der Lagerstätte erst vollständig machen.

Es würde den Rahmen und Zweck dieses Kapitels im Handbuch der Mineralchemie weit überschreiten, wenn diese durch die nichtsulfidischen Erzmineralien und die nichtmetallischen Gangarten vervollständigte Tabelle der Paragenesis der Lagerstättengruppen hier aufgeführt würde.

6. Mineralien, die sich gegenseitig ausschließen.

Gewissermaßen die Umkehrung der „Para"genesis stellt der Fall dar, wo gewisse Mineralien, die denselben physikalischen Zustandsbedingungen entsprechen, sich trotzdem isogenetisch gegenseitig ausschließen. Aus der Petrographie der Eruptivgesteine und metamorphen Gesteine sind ja öfters derartige Fälle bekannt, die dann auch meist einfach zu deuten sind. So kommen z. B. Quarz und die Feldspatvertreter, Quarz und Olivin, Quarz und Korund, falls Gleichgewicht bei der Bildung herrschte, nicht zusammen vor. Auf einen ähnlichen Fall der gegenseitigen „Antipathie" bei Sulfiden hat kürzlich G. Gilbert[1]) aufmerksam gemacht. Magnetkies und Buntkupfer kommen anscheinend nie zusammen auf einer Lagerstätte vor, trotzdem jeder für sich zum Teil für dieselben Lagerstättengruppen charakteristisch ist. Zweifellos wird die genauere Kenntnis des Systems Cu—Fe—S eine Erklärung dafür bringen. Weitere Fortschritte in der erzmikroskopischen Erforschung der Lagerstätten werden wohl mehr Beispiele für diesen interessanten Fall bringen.

7. Sukzessionen und Altersfolgen.

Schließlich ist die zeitliche Aufeinanderfolge der einzelnen Sulfide nebst ihren Begleitmineralien auf einer Lagerstätte gewissen Regeln unterworfen. Innerhalb einer isogenetischen Mineralgesellschaft wird ja immer ein gewisser Altersunterschied im einzelnen herrschen, der auf derselben Lagerstättengruppe meist konstant ist. Vergleichende Zusammenfassungen darüber fehlen noch, aber jedem Lagerstättenforscher sind solche Konstanzen eine bekannte Erscheinung. So sei erinnert an die Altersfolge: Pyrit, Zinkblende, ältere Kupfererze (Enargit, Fahlerz usw.), Kupferkies, Bleiglanz, lamellarer Kupferglanz, die stets auf hydrothermalen Lagerstätten sich vorfindet, oder an die konstante Altersfolge auf den sehr charakteristischen Nickel-, Kobalt-, Silberlagerstätten usw. Eine übersichtliche Darstellung dieser Sukzessionen gibt W. Maucher in dem vorhin zitierten Werk, in der die einzelnen „Formationen" und Lagerstättengruppen allerdings gemeinsam behandelt werden, statt, wie es wohl richtiger wäre, für jede von ihnen ein besonderes Schema aufzustellen. — Auch die Anführung dieser Altersfolgentabellen würde in diesem Kapitel zu weit führen.

8. Laterale und temperale Teufenunterschiede.

Verschiedene isogenetische Mineralgesellschaften sind öfters auf einer und derselben Lagerstätte zeitlich nacheinander ausgeschieden worden. Sie bilden

---

[1]) G. Gilbert, Antipathy of bornite and pyrrhotite. Econ. Geol. **20**, 364—370 (1925).

dann nach der Nigglischen Bezeichnungsweise temporale Teufenunterschiede. Oder aber in ein und derselben Gangspalte bauen sich vertikal übereinander oder horizontal nebeneinander isogenetische Mineralgesellschaften auf, so daß hier gewissermaßen die temporalen Unterschiede auch räumlich auseinandergezogen sind. Das sind die lateralen Teufenunterschiede. Das Charakteristische und gewissermaßen Typomorphe all dieser Teufenunterschiede ist nun, daß sie fast stets in einem bestimmten Richtungssinn aufeinander oder nebeneinander folgen.

Sie bieten ein Mittel, eine bestimmte Lagerstättengruppe noch eingehender zu unterteilen und damit das genetische System noch zu verfeinern. Ansätze dazu finden sich in einigen Arbeiten von G. Berg,[1] W. H. Emmons,[2] P. Niggli,[3] aber von einem systematischen Ausbau der Lagerstättenkunde nach dieser Richtung ist es noch weit entfernt. — Eine wichtige Aufgabe der Lagerstättenkunde ist die nähere Erforschung und statistische Erfassung der Mineralparagenesis in den „Übergangslagerstätten", d. h. solchen Lagerstätten, auf denen zwei oder mehrere isogenetische Gruppen aufeinander folgen.

Zusammenfassung.

Die kurzen Darlegungen über Genesis und Paragenesis der sulfidischen Mineralien und über die Systematik und Klassifikation ihrer Lagerstätten haben mehr auf die Probleme hingewiesen, als ihre Lösung bringen können. Der Weg dieser Lösung ist heute klar vorgezeichnet; die eingehendste mineralogische, vor allem auch die mikroskopische Untersuchung der Lagerstätten, die quantitative Erforschung des Mineralbestandes und seine statistische Vergleichung bildet seine erste Grundlage. Es ist dabei anzustreben, stets die Lagerstätten oder vielmehr ihre einzelnen isogenetischen Mineralgesellschaften möglichst scharf und genau in ein natürliches Lagerstättensystem von der Art des von P. Niggli oder des hier angegebenen einzuordnen. Ferner ist besonders bei vergleichenden Bearbeitungen sorgfältig auf solche Merkmale zu achten, die als typomorph für eine bestimmte möglichst eng begrenzte Lagerstättengruppe dienen können.

Die Beziehungen der magmatischen Lagerstätten zu den Eruptivgesteinen und ihrer Differentiation sind stets weiter aufzuklären, ebenso Beeinflussungen durch das Nebengestein und Abhängigkeit von der lokalen und regionalen Tektonik. Die Aufdeckung der größeren Einheiten der Metallprovinzen und Lagerstättenprovinzen bildet ein besonders wichtiger Zielpunkt.

Daß endlich nach Möglichkeit die experimentellen Schwierigkeiten, die sich der physikalisch-chemischen Erforschung der Sulfide entgegenstellen, zu überwinden sind, ist selbstverständlich. Die Bearbeitung der Systeme der Schwermetalle mit Schwefel, Arsen usw., bis herunter zu tieferen Temperaturen unter besonderer steter Berücksichtigung der Mineralien und Erzlagerstätten muß die induktive Erforschung der Naturvorkommen ergänzen und kann sie erst bekräftigen.

---

[1] G. Berg, Die Beziehungen der primären Gangmineralien zueinander und zu den Eruptivgesteinen, Z. prakt. Geol. 101, **27** (1919).
[2] W. H. Emmons, Mining and Metallurgy **5**, 245—246 (1924).
[3] P. Niggli, Abh. z. prakt. Geol. **1** (1925).

Übersicht der Verbindungen von S, As, Sb, Bi, Se, Te mit Metallen bzw. Metalloiden.[1]

Von **C. Doelter** (Wien).

Wir teilen sie ein: I. In einfache Sulfide, Arsenide, Selenide usw., dann: II. In Verbindungen von salzartigem Charakter (Sulfosalze).

I. Die erste Art von Verbindungen hat die Formeln: $\overset{II}{R}S$, $\overset{I}{R}_2S$, $\overset{II}{R}S_2$, $\overset{II}{R}_2S_3$, R_3S_4, R_4S_3, R_3S_2, $\overset{II}{R}_2S_5$, $\overset{II}{R}_4S$, $\overset{II}{R}_3S$, R_6S, R_4S, wobei S auch ersetzt werden kann durch As, Sb, Bi, Se und Te. Statt S wird man daher schreiben Q. Diese Verbindungen kann man einteilen: A. in solche Verbindungen, bei welchen für Q ein Metalloid oder B. ein Metall zu setzen ist.

A. *Verbindungen von S oder Se, Te mit As, Sb, Bi, Mo, V.*

Typus AsS, Monosulfide.

		$a:b:c$	
Realgar	Monoklin-prismatisch	1,4403 : 1 : 0,9729 $\beta = 113^\circ 55'$	AsS

Typus $As_{n+1}S_n$.

Dimorphin	Rhombisch	0,895 : 1 : 0,776	As_4S_3
Wehrlit		0,907 : 1 : 0,603	Bi_3Te_2

Typus As_2Q_3, Auripigmentreihe.

Auripigment	Monoklin-prismatisch	0,5962 : 1 : 0,665 $\beta = 90^\circ 41'$	As_2S_3
Antimonit	Rhombisch-dipyramidal	0,9926 : 1 : 1,0179	Sb_2S_3
Wismutglanz	"	0,9676 : 1 : 0,9850	Bi_2S_3
Guanajuatit	"	1 : 1 ?	$Bi_2(Se, S)_3$
Tellurwismut			Bi_2Te_3
Metastibnit	Kolloid		Sb_2S_3
Arsenschwefel	Tetragonal		$As_2S_3 . H_2O$ (?)

Typus RS_2.

		$a:c$	
Molybdänglanz	Hexagonal	1 : 1,9077	MoS_2
Jordisit	Kolloid		MoS_2
Tungstenit	Kolloid?		WS_2
Patronit	Amorph		VS_4?

Unbestimmt ist die Zusammensetzung folgender Verbindungen, welche vielleicht Doppelsalze sind oder feste Lösungen. Siehe S. 855.

		$a:c$	
Tetradymit	Trigonal	1 : 1,5871	Bi_2Te_2S
Grünlingit			Bi_4TeS_3
Joseit			Bi_3TeS

Oruetit ist ein Gemenge (S. 855).

[1]) Die chemischen Formeln sind zum Teil nur angenäherte (siehe darüber die einzelnen Mineralien). Die kristallographischen Daten sind zumeist nach P. Groth u. K. Mieleitner angegeben.

B. *Verbindungen von S, As, Sb, Bi, Se, Te mit den Metallen Cu, Ag, Ca, Au, Tl, Hg, Ge, Sn, Pb, Fe, Co, Ni, Cr.*

Typus $\overset{I}{R}_4Q$.

Stützit	pseudohexagonal		Ag_4Te

Typus $\overset{I}{R}_2Q$, regulär.

Argentit	Kubisch-hexakisoktaedr.		Ag_2S
Naumannit	„		Ag_2Se
Hessit	„		Ag_2Te
Jalpait			$(Ag, Cu)_2S$
Petzit	„		$(Ag, Au)_2Te$
Eukairit			$(Ag, Cu)_2Se$
Aguilarit			$Ag_2(S, Se)$

Rhombische Reihe.

		$a:b:c$	
Kupferglanz	Rhombisch-dipyramidal	0,5822 : 1 : 0,9701	Cu_2S
Stromeyerit	„	0,5822 : 1 : 0,9668	$(Cu, Ag)_2S$
Akanthit	„	0,6886 : 1 : 0,9945	Ag_2S
Berzelianit			Cu_2Se
Tellursilber	Rhombisch?		Ag_2Te
Crookesit			$(Cu, Tl, Ag)_2Se$

Typus $\overset{II}{R}Q$.

		$a:c$	
Covellin	Dihexag.-dipyramidal	1 : 3,972	CuS
Metacinnabarit	Kubisch-hexakistetraedr.		HgS
Tiemannit	„		HgSe
Coloradoit	„		HgTe
Onofrit			Hg(S, Se)
Lerbachit			Gemenge
Zinnober	Trigonal-trapezoedrisch	1 : 1,1453	HgS

Typus $\overset{II}{R}Q$.

Zinkblende	Regulär-Hexakistetraedrisch		ZnS
Manganblende	„		MnS
Wurtzit	Dihexagonal-pyramidal	$a:c = 1:1,6350$	ZnS
Greenockit	Dihexagonal-pyramidal	$a:c = 1:1,6218$	CdS
Oldhamit	Regulär		CaS
Kaneit			MnAs
Jaipurit			CoS
Pentlandit	„		(Ni, Fe)S
Troilit	„ ?		FeS
Hydrotroilit	Kolloid		$FeS . nH_2O$
Pyrrhotin	Hexagonal	$a:c = 1:1,7402$	Fe_nS_{n+1}
Millerit	„	$a:c = 1:0,3295$	NiS
Beyrichit	„	„	NiS
Nickelin	„	$a:c = 1:0,8194$	NiAs
Breithauptit	„	$a:c = 1:1,2940$	NiSb
Arit	„		Ni(As, Sb)

Verbindungen $\overset{I}{R}Q$.

Muthmannit			(Au, Ag)Te
Empressit			AgTe

Typus $\overset{II}{R}_2S_3$ oder $\overset{II\,III}{R_2Q_3}$.

Horbachit	$(Fe, Ni)_2S_3$
Badenit	$(Co, Ni, Fe)_2(As, Bi)_3$
Melonit	Ni_2Te_3

Typus $\overset{I}{R}Q_2$.

		a:b:c		
Krennerit	Rhombisch-dipyramidal	0,9389:1:0,5059		$(Au, Ag)Te_2$
Sylvanit	Monoklin-prismatisch	1,6339:1:1,1265	$\beta = 90^0 25'$	$AuAgTe_4$
Calaverit	Trimorph			$AuTe_2$
	Endweder monoklin oder triklin (siehe S. 879).			

Typus $\overset{I}{R}_2Q_5$.

Goldschmidtit	Monoklin, wahrscheinlich wie Sylvanit	$(Au, Ag)Te_2$

Typus RQ_2, wobei R zweiwertig ist.

a) Reguläre.

Hauerit	Dyakisdodekaedrisch	MnS_2
Pyrit	"	FeS_2
Speiskobalt	"	$(Co, Ni)As_2$ Diese übliche Formel ist nicht ganz richtig.
Chloanthit	"	$(Ni, Co)As_2$
Cobaltin	Tetraedr.-pentagondodekaedr.	CoAsS Es gilt dasselbe, wie bei Speiskobalt.
Gersdorffit	"	NiAsS
Ullmannit	"	NiSbS
Arsenoferrit	Regulär	$FeAs_2$

b) Rhombische.

		a:b:c	
Markasit	Rhombisch-dipyramidal	0,7623 : 1 : 1,2167	FeS_2
Arsenopyrit	"	0,6773 : 1 : 1,1882	FeAsS
Glaukodot	"	0,6732 : 1 : 1,1871	(Fe, Co)AsS (siehe S. 662).
Löllingit	"	0,6689 : 1 : 1,2331	$FeAs_2$
Safflorit	"	0,5685 : 1 : 1,1180	$(Co, Fe)As_2$
Rammelsbergit	"	0,537 : 1 : ?	$(Ni, Co, Fe)As_2$
Lautit	"	0,6912 : 1 : 1,0452	CuAsS
Alloklas	"	0,75 : 1 : 1,36	siehe S. 675
Melnikowit	Kolloid		FeS_2
Hengleinit	Kubisch		$(Co, Ni, Fe)S_2$
Korynit	Kubisch, isomorph mit Gersdorffit		Ni(As, Sb)S
Willyamit	Kubisch		(Ni, Co)SbS
Kalillith	Kubisch		Ni(Sb, Bi)S
Villamaninit	Wahrscheinlich Gemenge		$(Cu, Ni, Co, Fe)(S.Se)_2$

Wolfachit	Rhombisch-dipyramidal		Ni(As, Sb, Bi)$_2$
Laurit	Kubisch		RuS_2
Sperrylith	„		$PtAs_2$

Verbindungen RQ_3.

Skutterudit	Kubisch (wie Smaltin)		ungef. $CoAs_3$
Bismutosmaltin			Co(As, Bi)$_3$
Nickelskutterudit	„		(Ni Co)As_3

Gruppe Ni_4Q_3 oder R_3Q_2.

		$a:c$	
Maucherit	Tetragonal	1 : 1,078	Ni_4As_3? oder Ni_3As_2
Nickelspeise	„		Ni_3As_2
Orileyit			(Fe, Cu_2)$_3As_2$
Umangit			R_3Se_2
Rickardit			Cu_4Te_3

Typus R_3Q.

Dienerit			Ni_3As
Domeykit	Dihexag.-dipyramidal	1 : 1,539	Cu_3As
		$a:b:c$	
Dyskrasit	Rhombisch-dipyramidal	0,5775 : 1 : 0,6718	Ag_3Sb bis Ag_6Sb

Verbindungen $\overset{I}{R}_2Q$.

Maldonit	Au_2Bi
Keweenawit	Cu_2As

Verbindungen $\overset{I}{R}_4Q$ bis $\overset{I}{R}_9Q$.

Ledouxit	ungefähr Cu_4As
Algodonit	Cu_6As
Horsfordit	Cu_nSb (n = 4—5)
Whitneyit	Cu_9As
Chilenit	$Ag_{10}Bi$ (?)

Typus $\overset{II}{R}Q$ bzw. $\overset{I}{R}_2Q_2$.

Galenit	Kubisch-hexakisoktaedr.	PbS
Clausthalit	„	PbSe
Altait	„	PbTe

II. Verbindungen von S, As, Sb, Bi, Se, Te und Metallen von salzartigem Charakter (Sulfosalze, Selenosalze).

Sulfarsenite, Sulfantimonite, Sulfobismutite.

1. Metasalze.

Typus $\overset{I}{R}QS_2$, ableitbar von H_2QS_2, Verhältnis von $\overset{I}{R}S : Q_2S_3 = 1:1$.

		$a:b:c$	
Miargyrit	Monoklin-prismatisch	2,9945 : 1 : 2,9095	$AgSbS_2$
		$\beta = 98^0\ 37'$	
Smithit	„	2,2206 : 1 : 1,957	$AgAsS_2$
		$\beta = 101^0\ 12'$	
Lorandit	„	0,8534 : 1 : 0,6650	$TlAsS_2$
		$\beta = 90^0\ 17'$	

Plenargyrit			$AgBiS_2$
Matildit			$AgBiS_2$
Wolfsbergit	Rhombisch-dipyramidal	0,5312 : 1 : 0,6396	$CuSbS_2$
Emplektit	"	0,5430 : 1 : 0,6256	$CuBiS_2$
Andorit	"	0,6771 : 1 : 0,4458	$AgPb(SbS_2)_3$
Hutchinsonit	"	0,8172 : 1 : 0,7549	$(Tl, Ag)_2Pb(AsS_2)_4$
Alaskait	"		$(Pb, Ag_2, Cu_2)Bi_2S_4$

Typus $\overset{\text{II}}{R}Q_2S_4$.

		$a:b:c$	
Zinckenit	Rhombisch-dipyramidal	0,5693 : 1 : 0,1495	$PbSb_2S_4$
Skleroklas	Monoklin-prismatisch	0,2755 : 1 : 1,1949 $\beta = 102^0\ 12'$	$PbAs_2S_4$
Galenobismutit			$PbBi_2S_4$
Weibullit			$PbBi_2(S, Se)_4$
Platynit			$PbBi_2SSe_3$
Berthierit			$FeSb_2S_4$
Trechmannit	Hexagonal-rhomboedr.		$Ag_2As_2S_4$

Zu den Metasalzen gehört auch der Kupferkies, dann der Daubréelith ($FeCr_2S_4$). (Siehe S. 922.)

2. Polysalze.

Typus Vrbait $\overset{\text{I}}{R}_2Q_6S_{10}$, Verhältnis $R_2S:Q_2S_3 = 1:3$.

		$a:b:c$	
Vrbait	Rhombisch-dipyramidal	0,5659 : 1 : 0,4836	$TlAs_2SbS_5$
Eichbergit			Unsicher

Typus $\overset{\text{I}}{R}_2S:Q_2S_3 = 1:2$.

Livingstonit	$HgSb_4S_7$
Chiviatit	$Pb_2Bi_6S_{11}$ oder $PbBi_4S_7$
Dognacskait	$Cu_2Bi_4S_7$

Typus Rezbanyit $\overset{\text{I}}{R}_2Q_6S_{11}$, Verhältnis $\overset{\text{II}}{R}S:Q_2S_3 = 2:3$.

Rezbányit	Vielleicht $Pb_3Bi_8S_{15}$ oder $Pb_4Bi_{10}S_{19}$
Keeleyit	$Pb_2Sb_6S_{11}$

Typus $\overset{\text{I}}{R}_2S:Q_2S_3 = 3:4$.

Cuprobismutit	$Cu_6Bi_8S_{15}$

3. Pyrosalze.

Typus $\overset{\text{II}}{R}_2Q_2S_5$, $\overset{\text{II}}{R}S:Q_2S_3 = 2:1$.[1]

Reihe des Dufrénoysits.

		$a:b:c$	
Dufrénoysit	Monoklin-prismatisch	0,6510 : 1 : 0,6126 $\beta = 90^0\ 33\,^1/_2$	$Pb_2As_2S_5$
Plumosit	Vielleicht Rhombisch		$Pb_2Sb_2S_5$
Cosalith	Rhombisch-dipyramidal	0,9187 : 1 : 1,4601	$Pb_2Bi_2S_5$
Schapbachit			$Ag_2PbBi_2S_5$

[1]) Hierher gehört wohl auch Semseyit (S. 920) $RS:Q_2S_3 = 9:4$.

Owyheeit			$Ag_2Pb_6Sb_6S_{15}$
Berthonit			$Cu_{18}Pb_5Sb_{14}S_{35}$
Semseyit	Monoklin-prismatisch		$Pb_9Sb_8S_{21}$

Demselben Typus gehört der Barnhardtit an, welcher bei den Sulfoferriten erwähnt wird. Vielleicht gehört zu den Pyrosalzen auch der Stannin (s. S. 922 bei den Sulfostannaten).

Typus $\overset{II}{R}_5Sb_4S_{11}$, $RS:Q_2S_3 = 5:2$.

		$a:b:c$	
Diaphorit	Rhombisch-dipyramidal	0,4919 : 1 : 0,7345	$Ag_4Pb_3Sb_4S_{11}$
Freieslebenit	Monoklin-prismatisch	0,5872 : 1 : 0,9278	„
Boulangerit	Rhombisch	0,5527 : 1 : 0,7478	$Pb_5Sb_4S_{11}$
Comuccit			$Pb_{18}Fe_7Sb_{30}S_{70}$?

4. Orthosalze.

Typus R_3QS_3; $\overset{I}{R}_2S:Q_2S_3 = 3:1$.

Pyrargyritreihe.

		$a:c$	
Proustit	Ditrigonal-pyramidal	1 : 0,8038	Ag_3AsS_3
Pyrargyrit	„	1 : 0,7892	Ag_3SbS_3

Xanthokonreihe.

		$a:b:c$	
Xanthokon	Monoklin-prismatisch	1,9187 : 1 : 1,0152 $\beta = 91^0\ 13'$	Ag_3AsS_3
Feuerblende (Pyrostilpnit)	„	1,9465 : 1 : 1,0973 $\beta = 90^0$ ca.	Ag_3SbS_3
Stylotyp	„	1,9202 : 1 : 1,0355	$(Cu,Ag)_3(Sb,As)S_3$
Wittichenit			Cu_3BiS_3?
Tapalpit			$Ag_3Bi(S,Te)_3$
Samsonit	„	1,2776 : 1 : 0,8180 $\beta = 92^0\ 46'$	$MnAg_4Sb_2S_6$

Bournonitreihe.

Seligmannit	Rhombisch-dipyramidal	0,9233 : 1 : 0,8734	$CuPbAsS_3$
Bournonit	„	0,9380 : 1 : 0,8969	$CuPbSbS_3$
Aikinit	„	0,9719 : 1 : ?	$CuPbBiS_3$

Kobellitreihe.

Kobellit			$Pb_3(Sb,As)_2S_6$
Lillianit	Rhombisch?	0,8002 : 1 : 0,5433	$Pb_3Bi_2S_6$
Embrithit		$Pb_{10}Sb_6S_{19}$ oder	$Pb_3Sb_2S_6$
Plumbostibit			$Pb_3Sb_2S_6$
Guitermannit			$Pb_3As_2S_6$

5. Intermediäre Salze (zwischen Meta- und Pyrosalzen).

Typus $R_5Q_8S_{17}$, $\overset{II}{R}S:Q_2S_3 = 5:4$.

Plagionitreihe.

		$a:b:c$	
Liveingit	Monoklin	$\beta = 90^0\ 17'$	$Pb_5As_8S_{17}$
Plagionit	Monoklin-prismatisch	1,1331 : 1 : 0,4228 $\beta = 107^0\ 10'$	$Pb_5Sb_8S_{17}$
Bismutoplagionit			$Pb_5Bi_8S_{17}$

Typus $R_4Q_6S_{13}$, $RS:Q_2S_3 = 4:3$.

		$a:b:c$	
Baumhauerit	Monoklin-prismatisch	1,1368 : 1 : 0,9472 $\beta = 97^0\ 17'$	$Pb_4As_6S_{13}$

Typus $\overset{II}{R}_3Q_4S_9$, $\overset{II}{R}S:Q_2S_3 = 3:2$.

		$a:b:c$	
Rathit	Rhombisch-dipyramidal	0,4782 : 1 : 0,5112	$Pb_3As_4S_9$
Klaprothit	„	0,74 : 1 : 1 ca	$Cu_6Bi_4S_9$
Schirmerit			$Ag_4PbBi_4S_9$
Fizelyit	Monoklin		$Ag_2Pb_5Sb_8S_{18}$

Typus $\overset{II}{R}_5Q_6S_{14}$, $\overset{II}{R}S:Q_2S_3 = 5:3$.

Jamesonitreihe.

		$a:b:c$	
Jamesonit	Rhombisch	0,8195 : 1 : ?	$(Pb, Fe)_5Sb_6S_{14}$
Heteromorphit			$Pb_7Sb_8S_{19}$
Warrenit			

6. Basische Sulfosalze.

Tetraedrit Tennantit Schwatzit Freibergit	Kubisch-hexakistetraedrisch	Zusammensetzung siehe S. 203.
Miedziankit		
Lengenbachit		$Ag_2Pb_6As_4S_{13}$

Zu den basischen Salzen gehören auch Argyrodit, Canfieldit (S. 922).

Typus $\overset{II}{R}_4Q_2S_7$, $\overset{II}{R}S:Q_2S_3 = 4:1$.

		$a:b:c$	
Jordanit	Monoklin-prismasisch	0,4945 : 1 : 0,2655	$Pb_4As_2S_7$
Meneghinit	Rhombisch-dipyramidal	0,5289 : 1 : 0,3632	$Pb_4Sb_2S_7$
Goongarrit	Monoklin ?		$Pb_4Bi_2S_7$

7. Perbasische Salze.

Typus $\overset{I}{R}_5QS_4$, $\overset{I}{R}_2S:Q_2S_3 = 5:1$.

		$a:b:c$	
Stephanit	Rhombisch-dipyramidal	0,6291 : 1 : 0,6851	Ag_5SbS_4
Geokronit	„	0,6147 : 1 : 0,6796	$Pb_5Sb_2S_8$
Goldfieldit			$Cu_5(As, Sb, Bi)(S, Te)_4$ (?)

Hierher gehört auch Bornit.

Typus $\overset{II}{R}_6Q_2S_9$, $\overset{II}{R}S:Q_2S_3 = 6:1$.

Beegerit	Regulär	$Pb_6Bi_2S_9$
Richmondit		$(Pb, Fe, Cu_2)_6Sb_2S_9$

Typus $\overset{I}{R}_{16}\overset{III}{Q}_2S_{11}$, $\overset{II}{R}S:\overset{III}{Q}_2S_3 = 8:1$.

		$a:b:c$	
Pearcëit	Monoklin-prismatisch	1,7309 : 1 : 1,6199 $\beta = 90^0\ 9'$	$(Ag, Cu)_{16}(As, Sb)_2S_{11}$
Polybasit	„	1,7309 : 1 : 1,5796 $\beta = 90^0\ 0'$	$(Ag, Cu)_{16}(Sb, As)_2S_{11}$

Hierher gehört Ultrabasit.

Das Verhältnis $\overset{II}{R}S:\overset{III}{Q}_2S_3 = 9:1$ kommt nach E. T. Wherry u. W. F. Foshag dem Epigenit zu, welchen ich jedoch dem Beispiel P. Groths folgend, zu den Sulfoarseniaten stelle.

Typus $\overset{I}{R}_{24}\overset{III}{Q}_2S_{15}$, $\overset{II}{R}S:\overset{III}{Q}_2S_3 = 12:1$.

Polyargyrit	Regulär		$Ag_{24}Sb_2S_{15}$

8. Sulfoferrite.

		$a:c$	
Kupferkies	Tetragonal-skalenoedr.	$1:0,9856$	$CuFeS_2$
Bornit	Kub.-hexakisoktaedr.		Cu_3FeS_3
Barnhardit			$Cu_4Fe_2S_5$
Cuban	"		$CuFeFeS_3$
Barracanit			$CuFe_2S_4$
		$a:b:c$	
Chalmersit	Rhombisch-dipyramidal	$0,5725:1:0,9637$	$CuFe_2S_3$
Sternbergit	Rhombisch	$0,5832:1:0,8391$	$AgFe_2S_3$
Argentopyrit	"		$AgFe_3S_2$

An diese kann man anreihen das Metasalz:

Daubréelith			$Fe_2Cr_2S_4$

9. Sulfarseniate, Sulfantimoniate und Sulfovanadate.

Ich stelle diese Mineralien dem Beispiele P. Groths folgend als besondere Gruppe auf, obgleich man sie auch unter den soeben angeführten Gruppen einreihen könnte. Nach G. Cesàro gehören diese Mineralien zu den perbasischen Sulfosalzen: $RS:Q_2S_3 = 5:1$.

		$a:b:c$	
Enargit	Rhombisch-dipyramidal	$0,8694:1:0,8308$	Cu_3AsS_4
Luzonit	Monoklin?		Cu_3AsS_4
Famatinit	"		Cu_3SbS_4
Epiboulangerit			$Pb_3Sb_2S_8$
Sulvanit	Rhombisch?		Cu_3VS_4
Regnolit			$FeZnCu_5As_2S_{12}$
Epigenit	Rhombisch		—

10. Sulfostannate und Sulfogermanate.

		$b:c$	
Stannin	Ditetrag.-skalenoedrisch	$1:0,9827$	$FeCu_2SnS_4$?
Argyrodit	Regulär		Ag_8GeS_6
Canfieldit	"		$Ag_8(Sn, Ge)S_6$
Germanit			$10Cu_2S.4GeS_2.As_2S_3$ (?)

11. Sulfostannate mit Sulfoantimoniate.

Franckeit			$Pb_5Sb_2Sn_2S_{12}$
Kylindrit			$Pb_6Sb_2Sn_6S_{21}$
		$a:b:c$	
Ultrabasit	Rhombisch	$0,988:1:1,462$	siehe S. 384

Canfieldit und Argyrodit werden von E. T. Wherry und W. F. Foshag als basische Sulfosalze betrachtet: $RS:Q_2S_3 = 4:1$.

G. Niggli[1]) reiht Stannin in die Gruppe der Pyrosalze nach G. Cesàro; ebenso würde nach dieser Auffassung Kylindrit zu den Polysalzen vom Typus $RS:Q_2S_3 = 6:7$ gehören. Ultrabasit wird von demselben Forscher eingereiht in die Gruppen der perbasischen Sulfosalze mit $RS:Q_2S_3 = 8:1$.

Linneit-Carrolitgruppe.

Über die Gruppe sind die Ansichten geteilt, da sie einerseits als Sulfide, andererseits als Sulfosalze aufgefaßt werden, siehe darüber S. 645.

Eine Wiederholung des Gesagten ist daher überflüssig.

Histrixit $(Cu, Fe)_{10}(Bi, Sb)_{18}S_{37}$ läßt sich schwer einstellen, ebenso Bolivian.

Nagyagit kann dermalen nicht sicher beurteilt werden.

Neuberechnung der Formeln der wichtigsten Sulfidverbindungen nach den letzten Atomgewichtszahlen.

Von **M. Doelter** (Wien).

Da viele der bisher erwähnten theoretischen Zusammensetzungen noch aus alter Zeit stammen, die Atomgewichtswerte jedoch z. T. geändert sind, so war es notwendig, wenigstens bei den wichtigeren Mineralien eine Neuberechnung der Zahlen für die theoretische Zusammensetzung vorzunehmen.

Solche Berechnungen wurden aber nur dort vorgenommen, wo die Mineralformeln einigermaßen als sicher angenommen werden können und ferner nur dort, wo nicht, wie bei isomorphen Mischkristallen, eine schwankende Zusammensetzung vorliegt.

Die eingehaltene Anordnung ist dieselbe, wie die im Werke.

Wir haben daher außer 1. den wenigen Sulfiden von Metalloiden noch: 2. Kupferverbindungen, 3. Silberverbindungen, 4. Verbindungen mit Zn, Cd, Hg, Tl, Sn, Ge, 5. Bleiverbindungen, 6. Manganverbindungen, 7. Eisenverbindungen, 8. Kobalt- und Nickelverbindungen, 9. Selenide, 10. Telluride.

1. Sulfide der Metalloide.

	AsS	As_2S_3
As	70,037	60,92
S	29,963	39,08
	100,000	100,00

	Sb_2S_3
Sb	71,687
S	28,313
	100,000

	Bi_2S_3
Bi	81,289
S	18,711
	100,000

	MoS_2
Mo	59,95
S	40,05
	100,00

[1]) P. Niggli, Z. Kryst. **60**, 535 (1924).

2. Kupfermineralien.

	CuS	Cu_2S Chalkosin
Cu	66,468	79,857
S	33,532	20,143
	100,000	100,000

	Cu_3As	Cu_6As	Cu_9As
Cu	71,785	83,575	88,416
As	28,215	16,425	11,584
	100,000	100,000	100,000

	$CuFeS_2$ Kupferkies	Cu_3FeS_3	$CuFe_2S_4$
Cu	34,63	55,63	20,945
Fe	30,42	16,29	36,793
S	34,95	28,08	42,262
	100,00	100,00	100,000

3. Silberverbindungen.

	Ag_3SbS_3 Pyrargyrit	$AgSbS_2$ Miargyrit
Ag	59,750	36,716
Sb	22,486	41,454
S	17,764	21,830
	100,000	100,000

	Ag_3AsS_3 Proustit
Ag	65,407
As	15,149
S	19,444
	100,000

	Ag_5SbS_4 Stephanit
Ag	68,323
Sb	15,428
S	16,249
	100,000

	$AgFe_2S_3$ Sternbergit
Ag	34,164
Fe	35,368
S	30,468
	100,000

	$AgBiS_2$ Plenargyrit, Matildit
Ag	28,313
Bi	54,853
S	16,834
	100,000

4. Verbindungen von Zn, Cd, Hg, Tl, Sn, Ge.

	ZnS Zinkblende, Wurtzit
Zn	67,087
S	32,913
	100,000

	CdS Greenockit
Cd	77,80
S	22,20
	100,00

	HgS Zinnober, Metacinnabarit
Hg	86,217
S	13,783
	100,000

	$TlAsS_2$ Lorandit
Tl	59,51
As	21,82
S	18,67
	100,00

Ag_8GeS_6 Argyrodit		Cu_2FeSnS_4 Stannin	
Ag . . .	76,513	Cu . . .	29,57
Ge . . .	6,428	Fe . . .	12,99
S . . .	17,059	Sn . . .	27,60
	100,000	S . . .	29,84
			100,00

5. Bleiverbindungen.

$PbAs_2S_4$ Skleroklas		$Pb_2As_2S_5$ Dufrénoysit	
Pb . . .	42,686	Pb . . .	57,185
As . . .	30,885	As . . .	20,688
S . . .	26,429	S . . .	22,127
	100,000		100,000

$PbSb_2S_4$ Zinkenit	
Pb . . .	35,962
Sb . . .	41,744
S	22,294
	100,000

$Pb_5Sb_4S_{11}$ Boulangerit		$Pb_4As_2S_7$ Jordanit	
Pb	55,22	Pb . . .	68,882
Sb	25,97	S . . .	18,658
S	18,81	As . . .	12,460
	100,00		100,000

$CuPbSbS_3$ Bournonit	
Cu . . .	13,01
Pb . . .	42,39
Sb . . .	24,92
S . . .	19,68
	100,00

6. Manganverbindungen.

	MnS Alabandin	MnS_2 Hauerit
Mn	63,138	46,132
S	36,862	53,868
	100,000	100,000

MnAs Kaneit	
Mn . . .	42,290
As . . .	57,710
	100,000

7. Eisenverbindungen.

	FeS	FeS_2 Pyrit, Markasit
Fe	63,519	46,542
S	36,481	53,458
	100,000	100,000

	$FeAs_2$ Löllingit, Arsenoferrit	FeAs
Fe	27,138	42,691
As	72,862	57,309
	100,000	100,000

	FeAsS Arsenkies
Fe	34,285
As	46,024
S	19,691
	100,000

8. Kobalt- und Nickelverbindungen.

	NiS Millerit, Beyrichit
Ni	64,661
S	35,339
	100,000

	CoS
Co	64,774
S	35,226
	100,000

	NiAs	Ni_2As_3	Ni_3As	Ni_3As_2	$NiAs_2$	Ni_2As
Ni	43,91	34,292	70,135	54,007	28,130	61,023
As	56,09	65,708	29,865	45,993	71,870	38,977
	100,00	100,000	100,000	100,000	100,000	100,000

	CoAs	$CoAs_2$ Speiskobalt	$CoAs_3$ Skutterudit
Co	44,03	28,230	20,775
As	55,97	71,770	79,225
	100,00	100,000	100,000

	NiSb Breithauptit
Ni	32,51
Sb	67,49
	100,00

	CoAsS Kobaltin
Co	35,524
As	45,156
S	19,320
	100,000

	NiAsS Gersdorffit
Ni	35,411
As	45,235
S	19,354
	100,000

	NiSbS Ullmannit
Ni	27,61
Sb	57,30
S	15,09
	100,00

	NiBiS
Ni	19,576
Bi	69,724
S	10,700
	100,000

9. Selenide.

	Cu_2Se
Cu	61,616
Se	38,384
	100,000

	Ag_2Se Selensilber
Ag	73,148
Se	26,852
	100,000

HgSe Tiemannit		PbSe Clausthalit	
Hg	71,694	Pb	72,346
Se	28,306	Se	27,654
	100,000		100,000

10. Telluride.

Ag_2Te Hessit		PbTe Altait	
Ag	62,86	Pb	61,906
Te	37,14	Te	38,094
	100,00		100,000

Au_2Te		AuTe	
Au	75,57	Au	60,733
Te	24,43	Te	39,267
	100,00		100,000

Anhang I.

Neue Sulfidmineralien.

Von **C. Doelter** (Wien).

Während des Druckes erschienen Berichte über einige hierher gehörige neue Mineralien. Ich trage diese, soweit sie zu meiner Kenntnis gekommen sind, nach.

Benjaminit.

Kristallklasse unbekannt.

Analyse.

Cu	4,69
Ag	3,51
Pb	25,18
Bi	50,78
S	15,84

Auf Quarzgängen des Round Mount, Nye County (Nevada); anal. Earl V. Shannon, Proc. U.-S. National Mus. **65**, 24 (1824). Ref. von J. L. Spencer, Miner. Abstr. **2**, 337 (1924).

Formel.

Die Berechnung ergibt:

$$(Ag_2S + Cu_2S) : PbS : Bi_2S_3 = 1:2:2.$$

Dies entspricht der Formel:

$$(Ag, Cu)_2Pb_2Bi_4S_6 \quad \text{oder} \quad Ag_2S . 2\,PbS . 2\,Bi_2S_3 .$$

Die Basizität ist 3:2. E. V. Shannon stellt das neue Mineral in die Gruppe des Klaprothits.

Eigenschaften. Vollkommen spaltbar nach einer Richtung. Härte $5^1/_2$. Farbe grau, Strich dunkelbleigrau, Metallglanz.

Kommt mit Muscovit, Molybdänglanz, Kupferkies auf Quarzgängen vor.

Gladit.

Vielleicht rhombisch.

Analyse.

Cu	3,98
Fe	0,19
Pb	12,40
Bi	64,96
S	18,04
Unlöslich	0,12
	99,69

Von Gladhammer bei Vestervik, Kalmar (Schweden); anal. K. Johansson, Arkiv f. Kemi, Miner. etc. **9**, Nr. 8 (1924); Am. Min. **10**, 157 (1925).

Formel. Aus der Analyse wird von K. Johansson berechnet:

$$Cu_2S . 2PbS . 5Bi_2S_3 .$$

Das Verhältnis der Basen zu der Säure wäre 3:5.

Eigenschaften. Spaltbar nach (010) gut, weniger gut nach (100). Härte 2—3. Dichte 6,96.

Kommt auf den Gängen von Kobalt- und Kupfererzen vor, besonders mit Linneit „Kobaltpyrit" (vielleicht Hengleinit?), dann mit Rezbanyit, Galenobismutit und Lilianit.

Hammartit.

Vielleicht monoklin.

Analyse.

Cu	7,60
Pb	27,40
Bi	47,59
S	17,01
Unlöslich	0,04
	99,64

Zusammen mit Gladit (s. oben) von Gladhammer bei Vestervik; anal. K. Johansson, Arkiv f. Kemi, Miner. etc. **9**, Nr. 8 (1924); Min. Mag. **20**, 399 (1924).

Formel. K. Johansson berechnet aus seiner Analyse:

$$5PbS . 3Bi_2S_3 .$$

Eigenschaften. Unvollkommen spaltbar nach (010). Härte 3—4.

Lindströmit.

Analyse.

Fe	Spur
Cu	5,84
Pb	18,95
Bi	57,13
S	17,88
Unlöslich	0,20
	100,00

Mit Gladit und Hammartit von Gladhammer (siehe oben); anal. K. Johansson; Arkiv f. Kemi, Miner. etc. **9**, Nr. 8 (1924).

Der Schwefel aus der Differenz bestimmt.

Formel. Aus der Analyse berechnet K. Johansson:

$$Cu_2S \cdot 2PbS \cdot 3Bi_2S_3 = CuPbBi_3S_6 .$$

Eigenschaften. Vollkommen spaltbar nach (100) und (010). Härte 3 bis $3^1/_2$; Dichte 7,01.

Bleigrau bis zinnweiß, Strich schwarz, Metallglanz.

Vorkommen wie bei Gladit.

Pufahlit.

So wird von Ahlfeld[1]) ein Bleisulfostannat genannt, welches rhombisch oder monoklin sein soll. Nach dem Referat von L. Spencer konnte es identisch mit Teallit sein. Dasselbe stammt von Bolivia. Es enthält Sn, S, Pb, Zn.

Anhang II.

Nachträge.

Von **C. Doelter** (Wien).

Während des Druckes erschienen eine Reihe von Abhandlungen über die in diesem IV. Bande I. Abt. behandelten Mineralien, von welchen ich die wichtigeren, soweit sie zu meiner Kenntnis gelangt sind, wiedergebe. Sie wurden den gangbaren Fachzeitschriften entnommen, dabei können immerhin solche Aufsätze, die in wenig verbreiteten Schriften von Akademien und anderen gelehrten Gesellschaften erschienen sind, nicht berücksichtigt werden, da sie dem Herausgeber eben nicht zugänglich waren.

Die Reihenfolge ist dieselbe ungefähr, wie in dem Werke selbst.

Zinnsulfid.[2])

In Bootle bei Liverpool wurden in den dortigen Zinnwerken Zinnsulfide gebildet. Es sind rhombische Kristalle:

$$a:b:c = 0{,}3874:1:0{,}3558\ \delta = 5{,}62\text{—}6{,}45.$$

Farbe eisen- bis graphitschwarz auf Papier abfärbend, Härte 2. W. Headden hatte diese Kristalle als monoklin bezeichnet.

Das Zinnsulfur ZnS ist identisch mit dem β-Zinn von C. O. Trechmann.

Eisenstannid.[2])

Analyse.

Fe	13,48
Sn	84,94
S	0,24
	98,66

Findet sich in denselben Zinnöfen. Formel $FeSn_8$. Tetragonal, zinnweiß oft bunt angelaufen, starker Metallglanz, Dichte 7,77.

[1]) Ahlfeld, Metall u. Erz **22**, 135 (1925).
[2]) J. L. Spencer, Min. Mag. **19**, 113 (1921).

Zinnarsenid.[1])

Rhomboedrisch. Formel Sn_3As_2, wohl identisch mit den von W. Headden untersuchten, welchen er die Formel Sn_6As gab, die aber mit Zinn innig verwachsen waren. Das Achsenverhältnis ist $a:c = 1:1,2538$. Härte 2,5.

Enargit.

Von **M. Henglein** (Karlsruhe).

Auf **S. 124:**

	37.	38.
δ	4,490	4,300
Fe	0,14	Spur
Cu	48,16	47,90
Zn	Spur	—
Pb, Bi . . .	0,02	—
As	17,53	18,88
Sb	1,93	1,36
S	32,34	31,66
Unlöslich .	0,06	—
	100,18	99,80

37. Aus dem Középsö-György-Stollen des Lahoczaberges bei Recsk (Komitat Heves, Ungarn); V. Zsivny, Z. Kryst. **62**, 498 (1925). — As, Sb und die Metalle wurden durch Auflösen von 0,5206 g bei Gegenwart von Weinsäure in rauchender HNO_3 bestimmt. S mit einer Probe von 0,7295 g im Chlorstrom aufgeschlossen, bestimmt, ebenso Cu elektrolytisch zur Kontrolle.

38. Von der Südseite des Lahoczaberges bei Recsk, allem Anschein nach von der Region György- und Katalin-Stollen stammend; anal. Nendtvich, Math. és Term. Közlemények **14**, 33 (1877).

Aus Analyse 37 berechnete V. Zsivny das Molekularverhältnis:

S	—	1,000	4,000	4
As	0,2319	0,248	0,992	1
Sb	0,0159			
Cu	0,7513	0,756	3,024	3
Fe	0,0048			

As : Sb = 14,59 : 1.

	berechnet	gefunden	Differenz
S . . .	32,56	32,49	— 0,07
As . . .	19,03	18,82	— 0,18
Cu . . .	48,41	48,69	+ 0,28
	100,00	100,00	

Kupferkies.

Zu **S. 146.** L. Tokody [Földt. Közl. **53**, 127 (1923)] hat Kupferkies von Botes mit H_2SO_4, Königswasser, HNO_3, NaOH und Natriumpikrat geätzt und die Zugehörigkeit zur skalenoedrischen Klasse des tetragonalen Systems fest-

[1]) J. L. Spencer, Min. Mag. **19**, 113 (1921).

gestellt. Die Lichtbilder sind sehr schwach oder fehlen ganz. Mit Salzsäure wurden nur Ätzspuren erreicht. Nach zweistündiger Ätzung mit heißem Natriumpikrat wurden dieselben Resultate erhalten wie bei der Ätzung durch Säuren: auf dem negativen Sphenoid können Ätzfiguren auf dem positiven Ätzhügel beobachtet werden. Die Ätzfiguren sind gleichschenklige Dreiecke mit fast drei gleichen Seiten. Auf den Bipyramiden II. Art entstehen asymmetrische Ätzfiguren. Der Glanz geht bei allen Flächen, außer beim negativen Sphenoid, verloren. Mit HNO_3 vermindert sich auch der Glanz des letzteren.

Zu **S. 93, 151, 163.** H. Schneiderhöhn [Z. Kryst. **58**, 309 (1923)] beschreibt die pyrometamorphe Paragenese:

Kupferkies + Eisenspat → Buntkupferkies + lamellarer Kupferglanz + Eisenglanz

auf den Siegerländer Spateisensteingängen.

Bornit.

Zu **S. 163.** T. L. Walker [Am. Min. **6**, 3 (1921)] stellt am Bornit von Usk, B. C., eine ungewöhnlich vollkommene Spaltbarkeit nach dem Oktaeder fest.

Zu **S. 160.** E. T. Wherry [Am. Journ. **42**, 570 (1915)] führt die schwankende Zusammensetzung auf sehr feine, nicht mehr sichtbare Einschlüsse zurück.

Zu **S. 162.** F. N. Guild [Am. Min. **9**, 201 (1924)] beschreibt Bornitkristalle der Kombination (101) (100), welche sich an den Wänden eines Schmelzofens der Hüttenwerke von Miami (Arizona) gebildet hatten.

Fahlerze.

Zu **S. 173.** P. F. Keer [Econ. Geol. **19**, 1 (1924)] teilt die Röntgenspektren von Sb-, Hg- und Ag-Fahlerz mit. Sie wurden nach der Pulvermethode erhalten und zur Kennzeichnung opaker Erze und ihrer Erkennung in Erzmengen verwendet.

Zu **S. 190.** Nach A. Wagner [Z. angew. Geophysik **1**, 225 (1924)] erwies sich Fahlerz von Ungarn so schwach magnetisch, daß eine feine, 10 cm lange Magnetnadel erst bei einer Annäherung bis auf 2 mm eine Ablenkung erfuhr.

Zu **S. 195.** Das Silber kann im Silberfahlerz durch Reaktion mit gesättigter Jodlösung in Wasser nach G. Silberstein und E. Weis [Z. anorg. Chem. **124**, 355 (1922)] nachgewiesen werden.

Keweenawit.

Von **C. Doelter** (Wien).

E. Thomson[1]) hat eine neue Untersuchung des Keweenawits von A. G. König ausgeführt, nach welcher dieses Mineral ein Gemenge ist.

Die mikrographische Untersuchung ergab ein Gemenge von Nickelin mit einem grauen Kupferarsenid, mit kleinen Mengen von Tennantit, manchmal mit Rammelsbergit und Safflorit, manchmal auch mit Speiskobalt und Chloanthit. Er berechnet nach der mikroskopischen Untersuchung folgende Mengen:

[1]) E. Thomson, Contr. Canad. Miner. Nr. 24, 35 (1925).

	I.	II.
Tetraedrit	—	1
Co- u. Ni-Arsenide . .	17	21
Cu-Arsenid	83	78
	100	100

E. Thomson berechnet auch aus der Analyse die Mengen von $Cu_8As_2S_7$, $CoAs_2$, $NiAs_2$, NiAs und Cu_3As, wobei das letztere gegen Fahlerz vorwiegt. Doch können solche Berechnungen, wie schon früher angegeben, nicht als genau angesehen werden (vgl. S. 780). Eine zweite Probe ergab vorwiegend Cu_2As und NiAs.

Die zwei Analysen ergaben:

	1.	1a.	2.	2a.
Cu	56,60	0,890	30,58	0,002
Ni	5,07	0,86	15,87	0,270
Cu	2,39	0,041	3,71	0,063
As	35,87	0,478	48,73	0,650
S	0,16	0,005	0,05	0,02
	100,09		98,94	

1. u. 2. Analysen.
1a. u. 2a. Molekularverhältnisse.

Die mikroskopische Untersuchung ergab, daß die beiden zu den Analysen benutzten Stücke untereinander verschieden sind. Die zweite Probe hatte bei der mikroskopischen Untersuchung ergeben:

Nickelin 42% (gegen 9,92% berechnet bei 1.), Kupferarsenid 39%, Rammelsbergit-Safflorit 19%, Tennantit unter 0,25%.

Demnach ist Keweenawit kein homogenes Mineral, sondern ein Gemenge der Arsenide von Cu, Co und Ni.

Argentit.

Von **M. Henglein** (Karlsruhe).

Zu **S. 227.** K. Friedrich und A. Leroux [Metallurgie **3**, 36 (1906)] weisen den Silberglanz durch die Lichtreaktion nach, G. Silberstein und E. Weis [Z. anorg. Chem. **124**, 355 (1922)] das Silber selbst durch Reaktion mit gesättigter Jodlösung in Wasser. Sie übertragen die Anwendung dieses Verfahrens auf Silberfahlerz, Silberkupferglanz und Polybasit.

Durch Zerfall von Ag_2S bei höheren Temperaturen entsteht nach A. Beutell (ZB. Min. etc. 1919, 14) das Haarsilber, siehe dieses Bd. III, S. 160. F. Rinne [Z. Kryst. **60**, 299 (1924)] weist auf die optische Anisotropie des Silberglanzes hin.

Zu **S. 234.** V. M. Goldschmidt [Vidensk. Selsk. Skrift. math.-natv. Kl. I, Nr. 5, 57 (1924)] erwähnt die seinen metamikten Mineralien nahestehende, fast amorphe Natur des Silbersulfids.

Xanthokon.

Analyse.

Ag	64,07
As	14,98
S	14,99
	94,04

Von der La-Rose-Mine, Cobalt (Ontario) mit Proustit; anal. E. W. Todd bei A. L. Parsons, Contr. to Canad Min.; Univ. Toronto Stud. Geol. Ser. Nr. **17**, 11 (1924). — Mit Spuren von FeO, CoO, Sb.

Stromeyerit.

Von **C. Doelter** (Wien).

Analyse.

Fe	0,20
Zn	3,28
Cu	30,64
Ag	48,64
Pb	1,53
S	16,23
	100,52

Von der Yellow Pine Mine, Boulder Co. Colorado; anal. W. P. Headden, Am. Min. **10**, 42 (1925).

Die Analyse wurde an einem scheinbar homogenen derben Stück ausgeführt. Dichte 6,1271.

Das Verhältnis:

$$Ag:Zn:Pb:Cu:Fe:S = 4,509:0,502:0,073:4,819:0,036:5,006;$$

$$\overset{II}{R}:S = 1,98:1,00.$$

Algodonit und Whitneyit.

Algodonit von Mohawk zeigte nach L. H. Borgström[1]) 81,1 % Kupfer, ein Whitneyit von demselben Fundort 87,2 %.

Die beiden Verbindungen zeigen ein auffällig langes Schmelzintervall; sie sintern bei 695°, sind aber erst bei 100° höher schmelzbar. L. Borgström vermutet eine Zersetzung vor Erreichung des Schmelzpunktes.

Im Erstarrungsdiagramm kommen die Verbindungen Cu_6As und Cu_9As nicht vor. Das Schmelzdiagramm Cu—As zeigt ein Eutektikum zwischen Cu und Cu_3As mit ungefähr 79 % Kupfer und einem Erstarrungspunkt von 685°.

Bei der metallographischen Untersuchung erwies sich Algodonit als vollkommen homogen, während der Whitneyit 3—4 % metallisches Kupfer enthält.

Demnach existiert die Verbindung Cu_6As tatsächlich, sie ist aber nur unter dem Schmelzintervall beständig.

Die elektrische Leitfähigkeit wurde von L. Borgström und J. Dannholm bestimmt.

Die gefundenen Werte, bezogen in Ohm auf Stäbe von 1000 mm Länge und 1 mm² Querschnitt sind folgende:

Whitneyit, Mohawk	*k* = 0,341
" "	0,335
Algodonit, Mohawk	0,415
Erstarrungsprodukt des geschmolzenen Whitneyits	0,469
Erstarrungsprodukt des geschmolzenen Algodonits	0,634

[1]) L. H. Borgström, Geol. För. Förh. Stockholm **38**, 95 (1916).

Diskrasit.

Neue Analysen.

	1.	2.	3.	4.	5.
Ag	92,19	85,47	93,61	92,60	83,90
Sb	6,78	12,99	5,89	6,59	15,60
As	0,45	1,12	—	—	Spur
Co	—	—	Spur	—	Spur
Hg	—	—	0,35	0,34	—
	99,42	99,58	99,85	99,75	99,50

1. Von der Temiskaming Mine, Cobalt (Ontario); anal. E. W. Todd bei T. L. Walker, Contrib. canad. miner., Univers. Toronto, Geol. Ser.-Nr. **12**, 21 (1921).
2. Von der Kerr Lake Mine; anal. wie oben.
3. Von der Buffalogrube; anal. H. V. Elsworth, wie oben.
4. Von Kobalt; anal. wie oben. (0,22% Unlösliches).
5. Von der La Rose Mine; anal. N. L. Turner, wie oben.

Nach T. L. Walker besteht der Diskrasit aus der eutektischen Mischung $Ag—Ag_2Sb$ mit 27,1 % Antimon, welches Mineral von Andreasberg und Wolfach kristallisiert bekannt ist (siehe Ref. von W. Eitel, N. JB. Min. etc. 1925, II, A. 59).

Animikit.

Bereits **S. 236** wurde bemerkt, daß nach A. L. Parsons und E. Thomson dieses Mineral ein Gemenge ist. Bei der metallographischen Untersuchung zeigten sich: Silber, Nickelin, Galenit, Zinkblende und Kupferkies.

Es waren zwei Partien analysiert, welche durch Sieben voneinander getrennt waren, 1. ist reich an gediegen Silber, 2. reicher an Galenit, 3. ist der Durchschnitt.

	1.	2.	3.
As	5,40	12,27	10,22
Sb	0,48	0,72	0,65
S	—	4,42	3,46
Cu	Spur	Spur	—
Ag	79,91	12,44	32,54
Zn	0,26	0,94	0,59
Hg	0,84	0,21	0,39
Pb	2,01	20,31	14,86
Co	0,31	0,82	0,66
Ni	4,29	9,42	7,92
Fe	0,20	0,44	0,37
MgO	0,64	6,55	4,80
CaO	1,18	14,15	10,29
CO_2	1,40	17,78	12,55
	98,14	100,47	99,30

1.—3. Von Silver Islet, Thunder Bay Lake Superior; anal. A. L. Parsons und E. Thomson, Contr. to Canad. Min., Nr. 12, 23 (1921). Ref. von W. Eitel, N. JB. Min. etc. 1925, II, A. 69.

Nach den genannten Forschern ist Animikit und Macfarlanit ein Gemenge aus folgenden Mineralien:

Dolomit und Calcit .	28,07
Markasit	0,69
Galenit	17,18
Zinkblende	1,10
Breithauptit	0,89
Nickelin	16,83
Kobaltin	1,83
Millerit	0,27
Argentit	1,98
Silber	32,20
Quecksilber	0,40

Demnach sind die Mineralien Animikit und Macfarlanit zu streichen. Man wird den Verfassern dieses Aufsatzes wohl zustimmen können, da ja ohnehin die Selbständigkeit dieser Mineralien schon früher in Zweifel gezogen worden war. Die Berechnungen leiden aber an dem Fehler, daß die theoretischen Formeln als Grundlage gewählt sind, was immerhin etwas willkürlich ist (vgl. S. 780).

Die unter 3. gebrachten Durchschnittszahlen stimmen übrigens nicht mit dem arithmetischen Mittel von 1. und 2. und es läßt sich nicht ersehen, aus welchen Werten sie entstanden sind.

Zinnober.

Von **M. Henglein** (Karlsruhe).

K. Hummel [Z. prakt. Geol. **33**, 166 (1925)] hält den Zinnober des Erzganges „Königsberger Gemarkung" bei Hohensolms, nordwestlich Gießen, mit dem dort vorkommenden Kupferglanz für deszendent. Hier traten auch sehr feine wurmförmige Verwachsungen von Zinnober mit Kupferkies häufig auf. Das Quecksilber des Zinnobers dürfte aus quecksilberhaltigem Fahlerz stammen. Das Auftreten des Zinnobers auf der 130-m-Sohle läßt auf Entstehung durch Zementation schließen.

Zum gleichen Typus stellt K. Hummel auch die gleichalterigen (Devon) zinnoberführenden Blei-, Zink- und Kupfererzgänge des Siegerlandes und des Lahn-Dillgebietes, sowie auch die Zinnoberlagerstätte von Moschellandsberg in der Pfalz, die aber im Zusammenhang mit jüngeren, permischen Eruptionen entstanden ist.

Oldhamit.

Von **C. Doelter** (Wien).

W. Müller[1]) hat künstliches Calciumsulfid untersucht, welches E. Konheim durch Reduktion von Calciumsulfat mit Kohle im Lichtbogenofen erhalten hatte. Die Kristalle sind Hexaeder, welche die Spaltbarkeit nach dieser Kristallform zeigen. Farbe dunkelviolett bis schwarz, hoher metallischer Glanz. Die reinen kristallisierten Sulfide sind durchsichtig und wasserhell, die Farbe rührt von feinem Kohlenstaub her. Die Kristalle sind isotrop. Härte 3, Dichte 2,4—2,5. Es wurden auch Mischkristalle von CaS und BaS hergestellt.

[1]) W. Müller, ZB. Min. etc. 1900, 179.

Germanit.

Eine neue Analyse von E. W. Todd[1]) ergab:

Fe	10,70
Cu	39,44
Zn	3,56
Pb	0,26
Ge	7,04
As	4,86
S	31,44
SiO_2	1,68
	98,98

Das Erz wurde auch metallographisch untersucht und ergab außer Germanit noch ziemlich viel Pyrit, welcher zweifelsohne die Ursache des Eisengehaltes ist. Außerdem ist noch etwas Tennantit vorhanden.

Vor der Analyse wurden vier Schnitte des Minerals im Metallmikroskop untersucht und es ergab eine Schätzung im Durchschnitt:

Germanit	77,3 %
Pyrit	17,1
Tennantit	4,7
Übriges	0,8

Die Formel ist nach E. W. Todd vielleicht:

$$10Cu_2S . 4GeS_2 . As_2S_3 .$$

Bleiglanz.

Von **M. Henglein** (Karlsruhe).

Zu **S. 421.** Die Bildung von PbS aus $PbCO_3$ hat neuerdings F. Behrend [Z. prakt. Geol. **33,** 192 (1925)] experimentell geprüft. Cerussit wurde teils fein gepulvert, teils in Kristallen in kleine Gaswaschflaschen gebracht und wenig H_2S bei 15° C hindurchgeleitet. Besonders bei dem fein gepulverten $PbCO_3$ beginnt sich das Wasser dunkelbraun zu färben von kolloidalem PbS, das sich in der Lösung neu bildet. Das entstehende PbS-Sol ist jedoch nicht haltbar, sondern flockt bald und fällt abseits des Weißbleierzes auf dem Boden und an den Wänden des Gefäßes aus. Die $PbCO_3$-Lösung ist an der Grenzfläche H_2O—$PbCO_3$ am konzentriertesten. Infolgedessen fällt der größere Teil des PbS unmittelbar auf dem $PbCO_3$ sofort nach der Lösung als Koagel aus, und die Umbildung dringt von der Grenzfläche, alle Klüfte und Spaltflächen benützend, allmählich in das Innere der Weißbleierzkristalle vor.

Proben mit verdünnter Natriumsulfidlösung bei Zimmertemperatur behandelt, ergaben keine sichtbare Lösung von Bleicarbonat als solchem und infolgedessen keine Bildung von kolloidalem PbS.

Das in beiden Fällen gebildete Bleisulfid war dicht und ließ nur selten Andeutung von Kristallflächen erkennen.

---

[1]) E. W. Todd bei E. Thomson, Contrib. Canad. Min. **17,** 63 (1924).

Semseyit.

Von **M. Henglein** (Karlsruhe).

Zu **S. 454. Analyse.**

δ	5,84
Fe	0,67
Zn	Spur
Pb	52,37
Sb	25,49
S	18,81
$CaCO_3$	1,66
$MgCO_3$	Spur
Unlöslich	0,81
	99,81

Dieser Semseyit von Glendinning in Eskdale (Dumfriesshire) wurde von G. T. Prior bei G. F. Herbert Smith [Min. Mag. **18**, Nr. 87, 354 (1919)] analysiert.

Das Achsenverhältnis wurde zu 1,1356 : 1 : 1,0218, $\beta = 105^{0}46'$ an guten Kristallen bestimmt.

Skleroklas-Sartorit.

Zu **S. 431.** G. F. Herbert Smith und R. H. Solly [Min. Mag. **18**, Nr. 86, 259 (1919)] unterscheiden einen Sartorit und Sartorit-α, welche wahrscheinlich dieselbe chemische Zusammensetzung haben, jedoch monoklin und triklin kristallisieren.

Kupferglanz und Pyrrhotin.

G. Tammann u. H. Bohner [Z. anorg. Chem. **135**, 161 (1924)] haben die Reaktion, $Cu_2S + Fe \rightleftarrows FeS + Cu_2$, im reziproken Komponentenpaar quadratisch dargestellt. Ein äquivalentes Gemisch $Cu_2S + Fe$ bzw. $FeS + Cu_2$ liefert zwei identische Reguli mit zwei deutlich getrennten Schichten. Charakteristisch ist eine Löslichkeitskurve mit kritischem, quarternärem Mischpunkte nahe der Seite Fe—FeS.

Die Wärmetönung der Reaktion, $Cu_2S + Fe \rightleftarrows FeS + Cu$, ist etwa 4,5 Cal.

Ferner untersuchten Carpenter und Hayward [Eng. and Min. Journ. **115**, 1055 (1923)] das System Cu_2S—FeS und fanden eine Mischkristallreihe mit Eutektikum. Die Methode der thermischen Analyse gibt aber nicht die Vorgänge, die sich langsam im festen Zustand wieder einsetzen, wieder. So ist die Umwandlung des Cu_2S zu berücksichtigen, insofern z. B. die rhombische Modifikation sich anders verhalten muß, als die primär aus Schmelzen stammende reguläre Form.

Nach F. P. Mennel [Min. Mag. **17**, 205 (1915)] zeigte der Pyrrhotin von der Nellygrube in Rhodesien in frischem Zustande eine zinnweiße Farbe, die nach wenigen Monaten in die gewöhnliche bronzegelbe Farbe übergegangen war. Auch die ganze Masse wird allmählich verändert. Chas. W. Cook [Amer. Min. **9**, 151 (1924)] gibt zinnweiße Färbung in frischem Zustand an.

Linneit.

Heuseler [bei F. Behrend, Z. prakt. Geol. **33**, 193 (1925)] fand im Linneit von Mechernich 25 % Co und 15 % Ni, sowie einen erheblichen Eisengehalt.

Jamesonit.

Von **C. Doelter** (Wien).

Eine neue Analyse ist folgende:

Fe . . .	3,68
Pb . . .	40,32
Sb . . .	32,92
S	21,40
	99,56*)

Von Slate Creek, Custer County (Idaho); anal. E. V. Shannon, Americ. miner. **10**, 194 (1925). *) Unlöslich 1,24 %.

Das Verhältnis Fe : Pb : Sb : S = 0,066 : 0,195 : 0,274 : 0,667. Daraus berechnet sich die Formel:

$$Pb_4FeSb_6S_{14} \quad \text{oder} \quad 4\,PbS\,.\,FeS\,.\,3\,Sb_2S_3\,.$$

Pyrit.

Von **M. Henglein**, Karlsruhe.

Zu S. 529. **Analyse.**

Fe . . .	45,95
S	51,66
Unlöslich .	2,14
	99,75

Pyritkristalle unter dem Lisac in der Lika (Jugoslavien); anal. Lj. Barić und F. Tućan, Ann. Géol. Pen. Balkanique **8**, 129 (1925); Ref. N. JB. Min. etc. II, Abt. A, 294 (1925).

Zu **S. 536.** E. Kittl [Z. prakt. Geol. **33**, 140 (1925)] gibt von den kupferhaltigen Pyritgängen von Capillitas folgende Metallgehalte:

Fe . .	48,18	36,34	32,40	32,27	30,71	27,33
Cu . .	4,78	6,47	6,65	7,82	7,39	8,04
Au . .	32 g pro t.					
Ag . .	576 g pro t.					

Zu **S. 538.** M. Watanabé (Sc. Rep. Tôhoku Imp. Univ. 1924, II, 23) erhielt durch Behandlung mit alkalischer Bromlauge auf polierten Oberflächen auf verschiedenen Kristallflächen verschiedene Farben, welche der Dicke der Oxydationsprodukte entsprechen.

Atsushi Matsubara [Mém. College of Sci., Imp. Univ. Kyoto Ser.-B. **1**, 285 (1924)] untersuchte das elektrochemische Verhalten auf Oberflächen von Pyritkristallen und zwar wurden (100), (111) (210) mit Lösungen von KCl, HNO_3, KOH, $FeSO_4$ und Na_2S behandelt. Die von dem Verfasser gezogenen Schlüsse sind nach O. Weigel [N. JB. Min. etc. II, Abt. A, 21 (1925)] nicht beweisend, da schon schwere Bedenken aus der experimentellen Durchführung der Untersuchung sich erheben. Das Potential der Sulfidelektrode ist nur dann ein definiertes, wenn eine bestimmte Konzentration der benutzten Lösung an den das Potential bestimmenden Ionen vorliegt. Das ist bei Verwendung reiner KCl-, HNO_3- und KOH-Lösungen nicht der Fall. Ein Sättigungszustand kann durch das Hinzutreten frischer Lösung eintreten, so daß die Potentialausbildung allen möglichen unkontrollierbaren Faktoren anheimgegeben ist. Auch erscheinen O. Weigel die Erklärungsversuche von Atsushi Matsubara nicht einleuchtend, da eine mit freien Bindungskräften ausgestattete Oberfläche kaum existenzfähig sein, sondern in der Lösung sofort durch Adsorption sich absättigen dürfte.

Die Versuche von Atsushi Matsubara mit $FeSO_4$- und Na_2S-Lösungen zeigen, daß der stromerzeugende Vorgang an der Pyritelektrode an das SH-Ion gebunden ist, daß Fe-Ionen aber nicht beteiligt sind.

Zu **S. 553.** E. Thomsen (Contrib. Canad. Min. 1921, 32) untersuchte ebenfalls den Pyrit nach Härte, Ätzbarkeit und Farbe unter dem Metallmikroskop.

Zu **S. 542.** Pyritkristalle verschiedener Fundorte wurden von L. Tokody [Föld. Közl. **51—52**, 109 (1921—22)] mit H_2SO_4, HNO_3, HCl, Königswasser und Ätznatron geätzt und die Ätzfiguren auf goniometrischem und mikroskopischem Wege untersucht.

Mit H_2SO_4 in kochendem Zustande wurden in einigen Augenblicken gestreckte Sechsecke mit scharfen Grenzlinien auf (100) von 8—10 μ erhalten. Von einem stark glänzenden zentralen Kern des Lichtbildes aus gehen vier Strahlen, die in der Richtung der Hauptsymmetrieebenen verlaufen. Auf den Oktaedern entstehen gleichseitige Dreiecke, deren Spitzen gegen die Oktaederkanten gewandt sind. Drei Strahlen, vom Kern des Lichtbildes ausgehend, entsprechen den Kanten des Triakisoktaeders. Während (001) den Glanz verliert, behält ihn (111). Auf dem Pentagondodekaeder entstehen mit H_2SO_4 gleichschenklige Dreiecke, welche mit ihrer Spitze nach der Kante $(102):(\bar{1}02)$ zeigen. Nach 3 Minuten werden die Kristallflächen von Ätzhügeln bedeckt, welche die Gestalt gleichschenkliger Dreiecke haben. Die Größe der Ätzhügel ist 8—10 μ.

Mit HCl wurden in 1 Stunde (kochende Säure), in 2 Tagen und 3 Wochen (kalte Säure) kleine punktartige Gebilde erhalten. Lichtbilder sind immer vorhanden, welche auf (100) aus einem intensiv glänzenden zentralen Kern bestehen und aus zwei davon ausgehenden Strahlen.

Mit HNO_3 wurden bis zu 4 Minuten Ätzdauer die besten Ätzfiguren auf (100) erhalten, deren Lichtbild ein sehr stark glänzender Kern mit vier gleich langen Strahlen, die aufeinander senkrecht stehen und in die Richtung der Hauptsymmetrieebenen fallen, ist. Auf (111) entstanden mit kochender HNO_3 gleichschenklige Dreiecke, die den gleichseitigen sehr nahe stehen. Die Basis der Dreiecke sind der Oktaederkante parallel. Vom Kern der Lichtfigur gehen 3 Strahlen aus.

Mit $1 HNO_3 : 3 H_2O$ bei 100^0 entstanden in 20 Sekunden bis 4 Minuten Ätzdauer auf den Pentagondodekaedern gestreckte gleichschenkelige Dreiecke von 1 μ Größe. Das Lichtbild ist klein und steinartig.

Mit Königswasser wurden auf (100) drei Typen von Figuren unterschieden. Die Figuren liegen parallel (100) und sind bei 10 Sek. Ätzdauer 2—3 μ groß. Nach 0,5 Minuten langer Ätzung erscheint die Kristallfläche stark zerfressen und ist (100) parallel gefasert. Ein weiteres Gebilde hat verwickelte Formen, wobei eine äußere Figur von vier den Dyakisdodekaedern entsprechenden Flächen begrenzt wird und eine sechseckig aussehende Figur eingelagert ist, die L. Tokody als ein Negativ des Pentagondodekaeders bezeichnet. Die Größe ist 8—10 μ. Die Lichtfiguren bestehen aus zwei senkrechten Strahlen, die in die Richtung der Hauptsymmetrieebenen fallen. Auf den Oktaedern stimmen die Ätzhügel mit den von Fr. Becke beobachteten überein; auf den Pentagondodekaedern bilden sich gestreckte Fünfecke, an einem Kristall auch sechseckige Figuren.

Mit Ätznatron entstehen nach 15 Minuten auf (100) Ätzhügel; nach 45 Minuten wurden die Kanten durch Prärosionsflächen ersetzt, welche die Lage von (101) haben. Auf (111) bilden sich nach 35 Minuten gleichschenklige Dreiecke, auf den Pentagondodekaedern nach 10—15 Minuten winzige Figuren, Fünfecke und Deltoide. Die Luftfiguren waren schwach.

Unter den Kristallen von Porkura zeigten vier natürliche Ätzfiguren. Die Kristalle waren {111} mit oktaedrischen Ätzfiguren, welche typische oktaedrische Lichtbilder gaben, versehen.

Auf Grund der Beschaffenheit der Ätzfiguren ergibt sich nach L. Tokody zweitellos die Tatsache, daß der Pyrit in der dyakisdodekaedrischen Klasse kristallisiert. Ätzfiguren, deren Gestalt oder Orientierung auf tetraedrisch-pentagondodekaedrische Symmetrie hinweisen, sind als anomale Erscheinungen zu betrachten. Auch K. Zimányi [Z. Kryst. **62**, 526 (1925)] bestätigt durch natürliche Ätzfiguren die pentagondodekaedrische Symmetrie.

Kobaltpyrit. [1])

Von **C. Doelter** (Wien).

Unter diesem Namen wird von K. Johansson ein kobalthaltiger Pyrit beschrieben, welcher aber kein neues Mineral darstellt, da er sich einerseits an die Kobaltpyrite W. Vernadskys, andererseits an den Hengleinit anschließt.

Kristallform. Regulär.

Analyse.

Fe	33,32
Co	13,90
Ni	0,19
S	52,45
	99,86

Das Verhältnis Fe : Co = 0,597 : 0,236.

Eigenschaften. Spaltbar oktaedrisch, Bruch muschelig bis splitterig; Härte 6, Dichte 4,965.

Wie im American mineralogist **10**, 180 (1925) betont ist, ist der Name kobalthaltiger Pyrit der richtige.

Gersdorffit.

Analyse.

δ	5,96
Fe	5,71
Cu	4,20
Ni	23,48
As	44,33
Sb	0,54
S	17,76
Unlöslich	0,44
$CaCO_3$	3,54
	100,00

[1]) K. Johansson, Arkiv Kemi, Miner. etc. **9**, 2 (1924). Ref. Americ. miner., wie oben.

Von der Crean Hill Mine, Sudbury (Ontario); anal. E. Thomson, Contr. Canad. Miner. Nr. **12**, 32 (1921). Ref. N. JB. Min. etc. 1925, II, A. 75.

Kristallstruktur der Bleiglanzgruppe und der Pyritgruppe.[1])

L. S. Ramsdell hat sich mit der Kristallstruktur der Bleiglanzgruppe beschäftigt. Er geht von dem Standpunkt aus, daß für die Frage nach dem Isomorphismus von Verbindungen die Kristallstruktur entscheidend sei, eine Ansicht, die allerdings zumeist, wenn auch nicht allseitig geteilt wird. Nach seiner Untersuchung ist Argentit wahrscheinlich rhombisch, obgleich dies nicht sicher nachgewiesen werden kann. Die Verbindungen PbS und Ag_2S sind daher nicht streng isomorph, da zwei Atome Ag nicht äquivalent mit einem Atom Pb sind.

Ebensowenig ist Hessit isomorph mit Galenit; er hat eine ähnliche Struktur wie Argentit.

Auch der Eukairit ist nicht isomorph mit Galenit; es ist noch nicht sicher, ob Eukairit mit Argentit isomorph ist.

L. S. Ramsdell hat die Kristallstrukturen der Glieder der Pyritgruppe untersucht. Beachtenswert sind folgende Resultate: Die Struktur von Sperrylith ist ähnlich der des Pyrits, gewisse Unterschiede beruhen auf den Unterschieden im Reflexionsvermögen der Fe- und S-Atome einerseits, Pt- und As-Atome andererseits. Die Länge des Würfels ist 5,94 Å.

Die Strukturen von Pyrit und Ullmannit sind dieselben. Nickel hat dasselbe Reflexionsvermögen wie Eisen, aber die Anwesenheit der Sb-Atome schafft einen Unterschied in der Intensität bei beiden. Für Pyrit sind die Intensitäten der Flächen (311), (211), (210) = 1 : 5 : 4, während für Ullmannit dieselben Flächen 1,5, 2 und 1 zeigen. Der Wert der Kante des Kubus ist 5,91 Å.

Gersdorffit ist ähnlich dem Ullmannit. Der Wert der Kante des Kubus ist 5,68 Å.

Kobaltglanz gibt für den Würfel den Wert von 5,58 Å; es wurden die Braggschen Resultate und die von M. Mechling bestätigt. L. S. Ramsdell glaubt, daß die Resultate von H. Schneiderhöhn (vgl. S. 693) nicht richtig seien.

Speiskobalt und Chloanthit verhalten sich strukturell ganz gleich. Kobalt und Nickel verhalten sich so, daß ein Unterschied nicht wahrnehmbar ist. Die Kante des Kubus ist 5,96 Å. Die röntgenographische Untersuchung ergibt, daß Störungen eintreten, welche durch Unhomogenität hervorgerufen sind. Dies stimmt ja mit den hier vertretenen Ansichten überein, daß verschiedene Arsenide an der Zusammensetzung dieser Mineralien teilnehmen (vgl. S. 765).

Hier die Zusammenstellung für Pyrit, Sperrylith und Ullmannit.

Fläche	Pyrit	Sperrylith		Ullmannit	
	beob.	beob.	ber.	beob.	ber.
111	5	*x*	550	*x*	12
100	2	2	970	3	227
210	4	3	667	1	590
211	5	4	310	2	320
110	3	2	870	4	119
311	1	1	1434	1,5	325

[1]) L. S. Ramsdell, Americ. miner. **10**, 290 (1925).

Bei den beobachteten Werten bezeichnen diese die intensivste Linie, bei den berechneten Werten sind die Intensitäten proportional den angegebenen Zahlen. Die Zahlen sind beliebige Einheiten und können nicht zum Vergleich gleicher Flächen bei verschiedenen Mineralien benutzt werden.

Die Bezeichnung *x* deutet an, daß eine genaue Bestimmung nicht möglich war.

Als Resultat seiner Untersuchungen gibt L. S. Ramsdell folgendes an:

Clausthalit und Altait haben dieselbe Struktur wie Galenit. Die anderen Mineralien der Bleiglanzgruppe sind nicht isomorph mit Galenit, sie sind wahrscheinlich rhombisch. Die Existenz von zwei Modifikationen von Ag_2S, nämlich Argentit und Akanthit wird definitiv zurückgewiesen. Die kubische Form des Argentits ist erklärt durch eine Pseudomorphose nach einer Form von Ag_2S bei hoher Temperatur.

In der Pyritgruppe hat Sperrylith dieselbe Struktur wie Pyrit, ebenso Ullmannit. Gersdorffit ist strukturell sehr ähnlich dem Ullmannit. Kobaltin hat die Struktur des Pyrits, die Symmetrie des Ullmannits. Smaltin und Chloanthit sind wahrscheinlich isomorph mit Pyrit. Bei Zinnober wurde konstatiert, daß das Einheitsrhomboeder ein Molekül HgS enthält. Covellin ist nicht isomorph mit Zinnober.

Petzit.

Analyse.

Fe . . .	0,76
Co . . .	0,76
Ni . . .	Spur
Ag . . .	49,57
Au . . .	11,10
Te . . .	33,62
As . . .	1,20
Sb . . .	Spur
S	Spur
Unlöslich .	2,38
	99,39

Von der Hollinger Mine, Timins (Ontario); anal. H. C. Rickby bei T. L. Walker u. A. L. Parsons, Contrib. canad. min. Nr. **20**, 40 (1925).

Das Verhältnis:

$$Ag + Au + Fe + Co : Te + As = 569 : 280; \quad Ag : Au = 459 : 056.$$

In Salpetersäure bleibt ein Rückstand von 13,48, welcher aus 11,10 % Gold besteht, welches in Königswasser löslich ist; außerdem enthält er 2,38 % Unlösliches.

Die Formel ist:

$$(Ag_2, Au_2, Fe, Co) . (Te, As).$$

Das Mineral kommt mit Quarz, Ankerit und gediegen Gold vor.

Eigenschaften. Eisenschwarz, Metallglanz, Dichte 7,53. Die metallographische Untersuchung ergab, daß das Mineral homogen ist.

Bravoit.

Von **M. Henglein** (Karlsruhe).

Eine neue Analyse des Bravoits von Mechernich wurde von G. Kalb und E. Meyer ausgeführt (ZB. Min. etc. 1926, 28); sie ergab:

CoS_2 7,12%; NiS_2 53,82%; FeS_2 39,08%; $\delta = 4,62$.

Wismutglanz (Bismutin).

Von **C. Doelter** (Wien).

Eine neue Analyse ist folgende:

Cu	0,57
Fe	0,66
Pb	1,51
Bi	79,04
S	18,40
Unlöslich	0,35
	100,53

Von Crodo (Val d'Ossola), anal. A. Bianchi, Atti Acc. Lincei (5), **33**, II, 254 (1924).

Druckfehler und Berichtigungen.

S. 61 Z. 15 lies: **S** statt Si.
S. 121 letzte Zeile lies: Cuprosulfovanadat statt Cuprosulfanadat.
S. 122 lies auf der zweitletzten Zeile **S** statt SiO_2.
S. 148. Die dritte Zeile von oben ist mit der ersten zu vertauschen.
S. 152. Im Synonymenverzeichnis lies: Castillit statt Castellit.
S. 255. **Chemische und physikalische Eigenschaften** gehört auf S. 256 vor: **Lötrohrverhalten und Löslichkeit.**
S. 256 bei Shmithsonit dsgl. auf S. 257 nach Z. 2 von oben.
S. 287 bei Samsonit dsgl. auf S. 288 nach Z. 6 von oben.
S. 333 Z. 17 lies: entscheiden statt entscheidend.
S. 385. **Vorkommen** und die gleiche Zeile gehört unmittelbar vor **Germanit.**
S. 402 Z. 17 (Boulangerit) lies: $Pb_5Sb_4S_{11}$ statt $Pb_3As_4S_{11}$.
S. „ Z. 20 (Plagionit) lies: $Pb_5Sb_8S_{17}$ statt $Pb_5Sb_8S_{19}$.
S. „ Z. 27 (Guitermanit) lies: $Pb_3As_2S_6$ statt $Pb_3As_2S_4$.
S. 426 Z. 8 lies: $Pb_4As_2S_7$ statt $Pb_4As_3S_7$.
S. 433 Z. 12 von oben lies: Wiltshireit statt Wilshireit.
S. 466 Z. 16 lies: Goongarrit statt Goongarit.
S. 497 letzte Zeile lies: Villamaninit statt Villamanineit.
S. 498 Z. 12 bei Alloklas lies: (Fe, Co)(As, Bi)S statt (Fe, Co)(As, Bi).
S. 585 Z. 9 lies: $2Fe(OH)_3 + 2H_2S + 2H$ statt $2Fe(OH)_2 + 2H_2S + H$.
S. 616. Bei den Analysen 84, 84a, 84b ist zu setzen **S** statt Sb.
S. 749. Bei Analyse A soll es richtig heißen Co + Ni 21,94% statt 19,88%.
S. „ „ „ B „ „ „ „ SiO_2 0,12 statt 0,16%.

Autorenregister.

Die Zahlen beziehen sich auf die Seiten.

Sachregister.

Die Zahlen beziehen sich auf die Seiten.

VERLAG VON THEODOR STEINKOPFF, DRESDEN UND LEIPZIG

FESTSCHRIFT

aus Anlaß des 70 jährigen Geburtstages von CORNELIO DOELTER

HERAUSGEGEBEN VON H. LEITMEIER

Gr.-Oktav-Format, 96 Seiten stark, mit zahlreichen Abbildungen. Preis M. 2.50

Aus dem Inhalt: F. Becke, Über den Monzonit. — E. Dittler, Über einige experimentelle Versuche zur Bildung silikatischer Nickelerze. — H. Michel, Skolezit und Metaskolezit vom Hegeberge bei Eulau westlich Bodenbach a. d. E. — H. Leitmeier und H. Hellwig, Versuche über die Entstehung von Tonerdephosphaten. — H. Tertsch, Anmerkungen zur röntgenographischen Erschließung der Kristallstruktur.

ALLGEMEINE GEOLOGIE UND STRATIGRAPHIE

VON

Dr. A. BORN

Privatdozent an der Universität Frankfurt a. M.

X und 145 Seiten stark. Preis M. 4.—

(Wissenschaftliche Forschungsberichte Band II)

Was ein einzelner Gelehrter, dem eine umfangreiche Institutsbücherei zur Verfügung steht, leisten kann, ist in dem Buche niedergelegt. *(Aus der Natur.)*

MINERALSYNTHETISCHES PRAKTIKUM

EINE PRAKTISCHE ANLEITUNG FÜR DAS LABORATORIUM

VON

Priv.-Doz. Dr. E. DITTLER

Mit einem Beitrag:

OPTISCHE UNTERSUCHUNGSMETHODEN von Dr. H. MICHEL

150 Seiten stark, mit 56 Textfiguren. In Leinen geb. Preis M. 7.—

Zeitschrift für prakt. Geologie: Das Buch ist hervorgegangen aus der Praxis zweier hervorragender Stätten mineralogischer Forschung, nämlich der beiden Wiener Universitätsinstitute, von denen das eine unter C. Doelter stehende hauptsächlich chemischen Untersuchungen gewidmet ist, während das andere F. Becke, einen der erfolgreichsten Förderer der nicht minder wichtigen optischen Untersuchungsmethoden, zum Leiter hat . . .

PHYSIKALISCH-CHEMISCHE MINERALOGIE UND PETROLOGIE

DIE FORTSCHRITTE IN DEN LETZTEN ZEHN JAHREN

VON DR. **WILHELM EITEL**

O. PROF. U. DIREKT. DES MINERALOG. INSTITUTS DER UNIVERSITAT IN KÖNIGSBERG I. PR.

VIII u. 174 Seiten stark mit 53 Abbildungen. Oktav. 1925. M. 8.—, geb. M. 9.20

(Band XII der Sammlung Wissensch. Forschungsberichte herausg. von R. E. Liesegang)

Verfasser gibt in vorliegendem Band einen Bericht über die rein physikalisch-chemischen Forschungen nnerhalb der mineralogischen Disziplin. Der Band wird fortgesetzt werden durch die in Kürze erscheinenden Ergänzungsbände über die „Fortschritte der physikalischen Kristallographie v. Dr. E. Schiebold“ u. „Entwickelung der speziellen physikal.-chemisch. Petrographie von Prof. Dr. K. Spangenberg“.

METHODEN DER ANGEWANDTEN GEOPHYSIK

VON DR. **RICHARD AMBRONN**

GÖTTINGEN

XII u. 260 Seiten stark mit 84 Abbildungen. Etwa M. 17.—

Inhalt: Einleitung — Einfluß des Untergrundes auf die Beschaffenheit des Schwerefeldes an der Erdoberfläche — Magnetische Aufschlußmethoden — Die Verwertung radioaktiver und luftelektrischer Messungen für geophysikalische Aufschlußarbeiten — Energieströme — Elektrische Erderforschungsmethoden — Die Untersuchung des Aufbaues des Untergrundes mittels elastischer (seismischer) Wellen — Die Temperaturverteilung im Erdinnern und die Verwertung von Temperaturmessungen in der angewandten Geophysik.

Printed in the United States
By Bookmasters